国家科学技术学术著作出版基金资助出版

动物日本血吸虫病学

林矫矫　主编

中国农业出版社
北　京

图书在版编目（CIP）数据

动物日本血吸虫病学 / 林矫矫主编．—北京：中国农业出版社，2022.1

国家科学技术学术著作出版基金

ISBN 978-7-109-29327-4

Ⅰ.①动… Ⅱ.①林… Ⅲ.①动物疾病－日本血吸虫病 Ⅳ.①S855.9

中国版本图书馆 CIP 数据核字（2022）第 062213 号

中国农业出版社出版

地址：北京市朝阳区麦子店街 18 号楼

邮编：100125

责任编辑：武旭峰　弓建芳

版式设计：杨　婧　　责任校对：刘丽香

印刷：中农印务有限公司

版次：2022 年 1 月第 1 版

印次：2022 年 1 月北京第 1 次印刷

发行：新华书店北京发行所

开本：787mm×1092mm　1/16

印张：31　　插页：2

字数：720 千字

定价：198.00 元

编审人员名单

主　编　林矫矫（中国农业科学院上海兽医研究所）

副主编　刘金明（中国农业科学院上海兽医研究所）

傅志强（中国农业科学院上海兽医研究所）

洪　炀（中国农业科学院上海兽医研究所）

参　编（按姓氏笔画排序）

朱传刚（中国农业科学院上海兽医研究所）

李　浩（中国农业科学院上海兽医研究所）

陆　珂（中国农业科学院上海兽医研究所）

苑纯秀（中国农业科学院上海兽医研究所）

金亚美（中国农业科学院上海兽医研究所）

审　稿　冯新港（中国农业科学院上海兽医研究所）

胡述光（湖南省参事室）

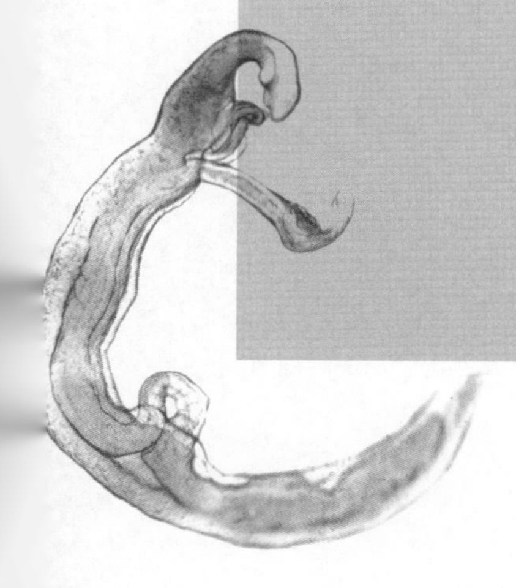

序

日本血吸虫病是一种危害严重的人畜共患寄生虫病，曾在我国长江流域及以南12个省（自治区、直辖市）流行。我国曾有1 160余万人感染日本血吸虫病，该病严重威胁疫区人民的身体健康，阻碍疫区的社会、经济发展。60余年来，在几代血防工作者的不懈努力下，我国血吸虫病防控取得举世瞩目的成就，在12个流行省（自治区、直辖市）中，广东、上海、广西、福建、浙江、四川和江苏已先后达到血吸虫病传播阻断标准，云南、湖南、湖北、江西和安徽已达到血吸虫病传播控制标准，我国血吸虫病防治正处于从疫情控制向疫病消除推进的新时期。牛、羊等家畜是我国血吸虫病传播的主要传染源，有效阻断动物血吸虫病传播，“人病兽防，关口前移”是保护疫区人民身体健康，最终在我国消除血吸虫病的重要保证。出版一部较全面、系统的介绍动物日本血吸虫病基础研究成果和防控技术及经验的学术专著，对加快我国血吸虫病消除进程是很必要的。

林矫矫于1982年1月毕业于厦门大学生物学系寄生虫学专业，毕业后主要在中国农业科学院上海兽医研究所从事家畜日本血吸虫病防控、日本血吸虫病病原分子生物学等研究。他主编的《动物日本血吸虫病学》一书，以在我国流行的日本血吸虫（中国大陆株）作为主要对象，系统地介绍了日本血吸虫的生物学，组学，生理生化，发育与生态学，感染免疫学等相关知识，及家畜血吸虫病流行病学，诊断、防控等的相关技术、经验和研究成果。该书的出版，对从事血吸虫病及其他寄生虫病防控的科研、教学、基层防控专业人员及学生有一定的参考价值，并将给他们带来有益的帮助。

厦门大学生命科学院教授、中国科学院院士 唐崇惕

2021年10月

日本血吸虫病是一种危害严重的人畜共患寄生虫病，曾流行于我国长江流域及以南的湖南、湖北等12个省（自治区、直辖市）。20世纪50年代初期，全国累计查出日本血吸虫病病人1 160余万人，病牛150万头，钉螺面积148亿m^2。除人以外，日本血吸虫感染牛、羊、猪等40余种哺乳动物，引起患病动物消瘦、贫血，家畜使役能力降低，母牛呈现不妊娠或流产现象，奶牛产奶量下降，严重时死亡，是阻碍疫区牛、羊养殖业发展的重要疫病之一。流行病学调查表明，水牛、黄牛、羊等家畜是我国日本血吸虫病主要的传染源，动物日本血吸虫病的流行严重威胁着疫区人民的身体健康，有效阻断动物日本血吸虫病传播，有助于我国消除日本血吸虫病。

日本血吸虫病在我国流行至少有2 100多年的历史。1905年，Logan在湖南常德广德医院从一名18岁渔民的粪便中检出日本血吸虫虫卵，为我国人体日本血吸虫病的首次报道。1911年，Lambert在江西九江发现犬自然感染日本血吸虫，为我国动物日本血吸虫病的首例报道。1924年，Faust等报道在福州的水牛粪便中查到了日本血吸虫虫卵。1937年吴光先生在杭州某屠宰场的2头黄牛体内找到了日本血吸虫虫体。同年，熊大仕先生在成都南门屠宰场淘汰耕牛中发现有日本血吸虫感染。20世纪20年代末30年代初，陈方之先生、李赋京先生、唐仲璋先生、陈国忠先生、姚永政先生等我国寄生虫学前辈先后深入疫区开展日本血吸虫生活史、流行病学和病原生物学等研究。1934年，甘怀杰先生和龚仁济先生在浙江开展日本血吸虫病调查和防治工作，用酒石酸锑钾等治疗病人，试用硫酸铜灭螺。国内外寄生虫学者通过现场调查，初步了解了我国部分地区日本血吸虫病的流行情况及感染宿主种类，认识到我国日本血吸虫病流行及危害的严重性；阐明了日本血吸虫生活史，为我国日本血吸虫病防控工作的开展奠定了重要基础。

我国大规模的日本血吸虫病防控工作始于20世纪50年代。在家畜日本血吸虫病防控方面，国家和各流行省先后组建了家畜血防专业机构。血吸虫病研究科研人员和防治工作者紧密结合，开展了耕牛等家畜日本血吸虫病调查；明确了不同防治时期我国家畜日本血吸虫病的流行态势和流行特征；筛选和推广应用了有效的家畜日本血吸虫病治疗药物；建立了粪便棉析毛蚴孵化法和IHA、ELISA、试纸条法等多种家畜日本血吸虫病病原学和血清学诊断技术；提出了适合不同类型流行区的家畜日本血吸虫病防治技术措施和规范，为我国家畜日本血吸虫病有效控制提供了重要的技术支撑。针对血防工作的主战场在农村，血吸虫病危害的主要对象是农民，血吸虫病的主要传染源是家畜等状况，探索提出了一系列有效的控制家畜传染源和结合农业生产消灭日本血吸虫中间宿主钉螺的技术措施，及“围绕农业抓血防，送走瘟神奔小康”的血防新思路，突破了家畜传染源控制难和易感地带钉螺消灭难等难题。60 多年来，我国家畜日本血吸虫病防治先后经历了耕牛血防、家畜血防和农业血防等发展历程，实施了以（消）灭（钉）螺为主、以化（学药物治）疗为主和以控制传染源为主的血吸虫病综合防治策略，经过几代人的努力，有效地控制了家畜日本血吸虫病疫情，促进了疫区的社会经济发展，既为我国血吸虫病的有效控制做出了贡献，也可为其他血吸虫病流行国家或地区开展防控工作提供借鉴。

几十年来，我国在日本血吸虫病病原生物学和家畜/动物血吸虫病防控等基础研究方面也取得系列重要进展。寄生虫学者通过深入调查，摸清了日本血吸虫病的主要流行特征，明确了牛、羊等家畜在日本血吸虫病传播和防控中的重要作用；阐述了日本血吸虫病流行具有地方性和季节性等特点；根据地理、地貌特征及流行特点将我国日本血吸虫病流行区分为水网型、山丘型和湖沼型三种不同类型，为因地制宜制定不同类型流行区日本血吸虫病防治策略提供了科学依据；率先完成了日本血吸虫的基因组测序和基因功能注释，为深入开展动物日本血吸虫转录组学、蛋白质组学、非编码 RNA 组学、血吸虫与宿主相互作用机制等研究奠定了基础；应用现代生物技术、分子免疫学等技术开展日本血吸虫感染免疫学、病原生物学、宿主适宜性等研究，为阐述日本血吸虫的生长发育机制，鉴定日本血吸虫生长发育关键分子，筛选血吸虫病疫苗候选分子、新药物靶标、新诊断抗原等提供了重要的实验依据，为日本血吸虫病防控提供了新理论和新思路。

至今，我国日本血吸虫病防控工作已取得举世瞩目的成就，在 12 个流行省（自治区、直辖市）中，广东、上海、广西、福建、浙江、四川和江苏已先后达到日本血吸虫病传播阻断标准，云南、湖南、湖北、江西和安徽都已达到日本血吸虫病传播控制标准。日本血吸虫病流行区范围显著压缩，疫情下降至历史最低水平。牛、羊日本血吸虫病感染率与感染强度都显著降低，猪（20 世纪 50—60 年代感染较普遍）、马、驴等其他家畜已少见日本血吸虫感染。但由于传染源尚未得到彻底根除，影响日本血吸虫病传播的生态环境未能得到根本改变，一些消除日本血吸虫病的技术难点仍未突破，日本血吸虫病疫情反弹的风险在一些区域依然存在，要在我国最终消除日本血吸虫病仍是一项艰巨的任务。

国内已有多部有关血吸虫病学相关的学术专著面世。如毛守白先生 1990 年主编的《血吸虫生物学与血吸虫病防治》，周述龙先生、林建银先生和蒋明森先生 1989 年主编的《血吸虫学》（2001 年再版），赵慰先先生、高淑芬先生 1996 年主编的《实用血吸虫病学》，朱荫昌先生、吴观陵先生和管晓虹先生 2008 年主编的《血吸虫感染免疫学》，周晓农先生 2005 年主编的《实用钉螺学》等。这几部专著系统、详尽地记载了日本血吸虫及中间宿主钉螺的生物学、生理生化、生态学和血吸虫的感染免疫学，人体日本血吸虫病的症状及病理变化等的基础知识和研究成果，介绍了我国血吸虫病流行病学、诊断、治疗、防控等方面的研究成果、防控成效和经验。唐崇惕先生和唐仲璋先生 2005 年编著的《中国吸虫学》深入地介绍了血吸虫和钉螺的生物学特性、系统发生、分类，血吸虫病流行病学和防治等知识。这些都对血防工作人员有着重要的指导意义，对从事血吸虫病及其他寄生虫病研究的科研、教学人员和研究生有重要的参考价值。

在家畜日本血吸虫病和农业血防方面，王溪云先生 1959 年出版了《家畜血吸虫病》一书，介绍了家畜血吸虫病的流行情况、危害及相关防治技术。徐百万先生 2004 年主编的《中国农业血防》及李长友、林矫矫 2008 年主编的《农业血防五十年》均介绍了我国家畜日本血吸虫病的防治历程、成效和经验，及农业血防工作思路的形成及其在血吸虫病防控中发挥的作用。笔者 2015 年编写的《家畜血吸虫病》，作为国家出版基金项目"动物疫病防控出版工程"丛书之一，重点介绍了日本血吸虫生物学、流行病学等基础知识，及家畜血吸虫病防控的相关研究成果和采用的技术方法，该书侧重于系列丛书中"防控"这一特色。

当前我国日本血吸虫病防控已从传播控制向传播阻断或疾病消除阶段迈进，现场防控也向精准化防控转变，有效控制家畜/动物日本血吸虫病流行，是最终在我国消除日本血吸虫病的保证。编写出版一部全面、系统介绍家畜/动物日本血吸虫病基础研究和防控实践的专著，对做好我国日本血吸虫病的消除工作是有益的和迫切需要的。本书是在《家畜血吸虫病》的基础上修编而成，将原有的 11 章扩展为 16 章，充实了原有血吸虫病原学、发育生物学与生态学、中间宿主钉螺、感染免疫学与疫苗探索和动物血吸虫病流行病学、诊断、预防、治疗等章节的相关内容，扩展了血吸虫组学、血吸虫病原分子生物学、血吸虫生理生化、血吸虫动物终末宿主与血吸虫感染宿主适宜性、动物血吸虫病的临床症状、危害、防控和重要动物日本血吸虫病、我国家畜日本血吸虫病防控历程及成效等章节，力求形成一部既介绍血吸虫病病原生物学等基础知识，又反映家畜血吸虫病防控和农业血防技术；既介绍既往的实验室研究成果和现场防控经验，又展现国内外新近研究成果；既对疫区血吸虫病防控和管理相关人员有指导意义，又对从事寄生虫学教学、科研工作人员和研究生开展科学研究有参考价值；既有学术性，又具实用性的动物日本血吸虫病学专著，并在家畜/动物日本血吸虫病、家畜/农业血防、血吸虫组学、血吸虫病原分子生物学、日本血吸虫动物终末宿主与宿主适宜性等章节形成本书独有的特色。

广义的"血吸虫"包含吸虫纲裂体总科中寄生于变温脊椎动物鱼类的血居科吸虫和爬行类的旋睾科吸虫，及寄生于恒温脊椎动物鸟类和哺乳类的裂体科吸虫，因它们的成虫都寄生于脊椎动物终末宿主血液循环系统内而得名。其中对人体和畜、禽危害较严重的血吸虫主要是裂体科的裂体属和东毕属吸虫，它们有的可同时感染人体和其他哺乳动物，如日本血吸虫、曼氏血吸虫、埃及血吸虫等，有的只感染牛等家畜，如东毕吸虫、牛血吸虫、日本血吸虫台湾株等。本书以在我国流行、危害严重的日本血吸虫作为主要对象，把介绍牛、羊等家畜日本血吸虫病的基础知识和防控相关研究成果作为重点和特色。考虑到众多日本血吸虫基础研究成果是以啮齿类动物等作为动物模型获得的，故取《动物日本血吸虫病学》这一书名。人体血吸虫病、东毕吸虫病、毛毕吸虫病等相关知识和研究成果在其他专著中已有较多的介绍，本书仅用有限的篇幅对相关知识作简要的概述。

本书主要由中国农业科学院上海兽医研究所动物血吸虫病创新团队科研人员撰写，资料主要来源于国内外公开发表或出版的相关学术论文、专著、研究生学位论文、学术会议论文集，及笔者实验室的部分研究成果等。笔者多年来一直从事日本血吸虫病的科研、防控及研究生培养等工作，但由于水平有限，书中仍有不少疏漏、不足或表述不够准确之处。如每年都有成百上千篇血吸虫研究论文在相关学术期刊上发表，资料不易收集齐全，定有不少重要的研究发现或技术未能收录到本书中，编撰中笔者深深体会到“挂一漏百”的含义。不同章节的编者试图从不同角度、有所侧重地对血吸虫和/或血吸虫病的相关知识、研究进展等作了系统介绍，其中一些章节间的文字表述难免出现了重复。这些都有进一步提高、完善的空间，也诚请专家、同行和读者批评指正。

本书的出版得到众多前辈和同道们的关心和大力支持。承蒙恩师唐崇惕院士为本书作序，袁鸿昌教授、沈纬研究员、蔡幼民研究员、乔中东教授对本书的撰写给予热忱鼓励，中国农业出版社武旭峰、黄向阳和弓建芳为本书的出版倾注了大量的心血，杨健美、彭金彪、韩宏晓、夏艳勋、蒋韦斌、张旻、韩艳辉、邱春辉、曹晓丹、韩倩、翟颀、余新刚、李红飞、石艳丽等博士和吕超等硕士为本书提供了相关的研究资料和图片，周可柔、周雪、陈程、唐亚兰、何宇婷、郭晴晴等协助文献资料的查阅，在此一并致以诚挚的谢忱。本书的出版得到国家科学技术学术著作出版基金资助，特此致谢。

林矜矜

2021年9月

目录

第一章　血吸虫的种类、分类及形态结构

第一节　血吸虫的发现

一、日本血吸虫及其他几种重要人体血吸虫的发现与命名

1851 年德国学者 Bilharz 最早在埃及开罗 Kasr EI Ainy 医院一例血尿患者尸体的门静脉中发现有雄雌异体的白色虫体，1852 年 Von Siebold 将此虫命名为 *Distoma haematobium*，并确认其为引发血尿的病原，后由 Weinland 改名为埃及血吸虫［*Schistosoma haematobium*（Bilharz，1852）Weinland，1856］。

1902 年 Mansoni 在西印度群岛患者粪便中查到带有侧刺的虫卵，但在其尿中未见此种虫卵。1907 年 Sambon 将该种寄生于肠血管，并具侧刺虫卵的血吸虫定名为曼氏血吸虫［*Schistosoma mansoni*（Mansoni，1902）Sambon，1907］。

1903 年 Kasai 在一日本病人粪便中发现血吸虫虫卵。1904 年日本人 Katsurada 在猫的门脉血管内找到血吸虫雌雄虫，定名为日本血吸虫（*Schistosoma japonicum* Katsurada，1904）。1905 年 Catto 在新加坡一福建华侨尸体中找到日本血吸虫成虫，同年 Logan 在湖南常德广德医院从一名 18 岁渔民的粪便中检查到日本血吸虫卵。1906 年 Woolley 在菲律宾莱伊特发现当地首例日本血吸虫感染病例。1907 年 Fujinami 等在人肝门静脉查到日本血吸虫成虫。Fujinami 和 Nakamura（1909，1911）用犬作为实验动物，实验证明日本血吸虫是经过皮肤感染的。1911 年，Lambert 在江西九江发现犬自然感染日本血吸虫。1912 年宫川米次报道了血吸虫幼虫侵入终末宿主体内后的迁移路径。Miyairi 和 Suzuki（1913，1914）发现日本血吸虫的中间宿主是一种水陆两栖、雌雄异体的淡水螺宫入贝或片山贝，即湖北钉螺带病亚种，同时观察了血吸虫幼虫在螺体内的整个发育过程。日本学者前期关于日本血吸虫的系列研究成果总结发表在藤浪鉴和宫川米次等共著的《日本住血吸虫病论》一书中。1924 年，Faust 等在福州的水牛粪便中查到了日本血吸虫虫卵。1937 年吴光在杭州某屠宰场的黄牛体内找到了日本血吸虫虫体。

此后，基于血吸虫的形态学、生物学特征及中间宿主等的深入研究，1934 年 Fisher 把在非洲刚果发现的一种血吸虫定名为间插血吸虫（*Schistosoma intercalatum* Fisher，1934）。Iijima 等（1971）的研究认为分布于柬埔寨 Khong Island 的血吸虫不同于其他已知的日本血吸虫株，可能是一个新种，称之为湄公河株。Harinasuta 等（1972）发现此虫种的中间宿主为开放拟钉螺（*Tricula aperta*）。Voge 等（1978）把此种分布于湄公河流域、原认为是日本血吸虫湄公河株的血吸虫定名为湄公血吸虫（*Schistosoma mekongi*）。1973 年 Murugasu

和 Dissanaike 首次报道马来西亚土著居民的内脏组织中有类似日本血吸虫虫卵。Greer 等(1980)发现卡波小罗伯特螺(*Robertsiella kaporensis*)和吉士小罗伯特螺(*R. gismanni*)为该虫种的中间宿主，并于 1988 年把这一在马来西亚流行的血吸虫定名为马来血吸虫(*Schistosoma malayensis*)。

二、我国古代疑似血吸虫病的相关记载和古尸体内日本血吸虫感染的发现

人类对疾病症候的认识总是先于病原的发现。我国古代医书中多处有关“水毒”“蛊毒”等的描述记载与现代医学认识的我国日本血吸虫病的临床症状、地理分布、感染季节、感染方式等都很相似。

公元前 16—前 15 世纪，《周易》《周礼》中均已有“蛊”字出现。在殷墟甲骨文中有“蛊病”“蛊疫之名”等字句。

晋朝葛洪在他所著的《肘后备急方》中写到“水毒中人……似射工而无物”。他对流行地也作过描述：“今东间诸山川县人无不病溪毒”“蛊毒……江南山间人有此，不可不信之”。葛洪是江苏丹阳人，丹阳县及其周围各县都有血吸虫病流行，故其所记载，不会无据。

易卦象“山风蛊”以及公元 7 世纪初叶的巢元方《诸病源候论》在描述蛊毒病诸侯时写道：“自三吴以东及南，诸山郡山县，有山谷溪源处有水毒病，春秋辄得……以其病与射工诊候相似，通称溪病，其实有异，有疮是射工，无疮是溪病”“山水间有沙虱，其蛊甚细，不可见，人入水浴及汲水澡浴，此虫着身，及阴雨日行划间亦着人，便钻入皮里……”“发病之初乍冷乍热……腹胀满如蛤蟆”。

《图经本草》也有记载：“蛊痢下血，男妇小儿腹大。”

国外曾有报道，距今 3 000～4 000 年前，一埃及出土的木乃伊肾脏切片中找到血吸虫虫卵。我国对古尸体内的寄生虫感染调查始于 1956 年，在调查的 15 具古尸中，均有不同虫种和不同程度的寄生虫感染，其中 1972 年和 1975 年在湖南长沙马王堆出土的西汉女尸和在湖北江陵出土的西汉男尸中均发现有日本血吸虫感染。

古尸的调查发现证实日本血吸虫病在我国至少已流行 2 100 多年。古代医书的相关记载表明该病可能更早就在我国流行、传播。

第二节　血吸虫的种类

寄生虫学者把一类亲缘关系相近，寄生于脊椎动物终末宿主血液循环系统内的吸虫统称为“血吸虫”，包括吸虫纲裂体总科中寄生于变温脊椎动物鱼类的血居科(Sanguinicolidae Graff，1907)吸虫和爬行类的旋睾科(Spirorchiidae Stunkard，1921)吸虫，及寄生于恒温脊椎动物鸟类和哺乳类的裂体科[Schistosomatidae(Stiles & Hassall，1898)Poche，1907]吸虫，其中前两科吸虫雌雄同体，裂体科吸虫雌雄异体。

已报道的裂体科血吸虫有 86 种，分隶于 4 个亚科、13 个属，其中寄生于人体和哺乳动物的血吸虫主要是裂体亚科裂体属和东毕属吸虫，裂体属有 19 种，东毕属有 4 种。寄生于人体的血吸虫都是裂体属吸虫，主要有 6 种：曼氏血吸虫(*S. mansoni*)、日本血吸虫

(*S. japonicum*)、埃及血吸虫(*S. haematobium*)、间插血吸虫(*S. intercalatum*)、湄公血吸虫(*S. mekongi*)和马来血吸虫(*S. malayensis*),其中分布广、危害大的人体血吸虫主要是前3种。曼氏血吸虫病主要流行于中南美洲、中东和非洲。日本血吸虫病主要流行于亚洲的中国、日本、菲律宾和印度尼西亚。埃及血吸虫病主要流行于非洲与东地中海地区。东毕属(*Orientobilharzia*)吸虫不感染人,只感染牛、羊等家畜,给养殖业造成危害。

我国人体、哺乳动物和鸟类已报道的血吸虫有3亚科10属30种和1变种(周述龙等,2001)。其中有的可同时感染人体和其他哺乳动物,如日本血吸虫中国大陆株;有的只感染牛、羊等家畜,如土耳其斯坦东毕吸虫、日本血吸虫台湾株等;有的只感染禽类,如毛毕吸虫、鸟毕吸虫等。在我国已报道的各种血吸虫病中,最受重视的是人兽共患的日本血吸虫病,其次是流行广泛,对牛、羊危害严重的东毕吸虫病等。

徐国余等2003年报道在南京发现一种以钉螺作为中间宿主的裂体吸虫,在形态、生活史及分子水平上均有别于日本血吸虫,命名为一新种——南京血吸虫(*Schistosoma nangingi*)。

■第三节 日本血吸虫分类地位、虫种和地理株

一、日本血吸虫的分类地位

不同时期不同学者对血吸虫及其亚科和属的分类有不同的观点,以下是周述龙等(2001)主编的《血吸虫学》一书列出的日本血吸虫分类地位:

日本血吸虫(*Schistosoma japonicum*):属动物界(Kingdom Animalia)、扁形动物门(Phylum Platyhelminihes)、吸虫纲(Class Trematoda)、复殖目(Order Digenea)、裂体亚目(Suborder Schistosomatata)、裂体超科(Superfamily Schistosomatoidea)、裂体科(Family Schistosomatidae)、裂体亚科(Subfamily Schistosomatinae)、裂体属(Genus *Schistosoma*)。

二、日本血吸虫虫种与地理株(品系)

由于受长期的地理隔离等影响,分布于不同国家或地区的日本血吸虫发生一些遗传分化,形成了中国大陆、中国台湾、日本、菲律宾和印度尼西亚等几个地域品系。原来以类日本血吸虫(*Schistosoma japonicum* - like; Cross, 1976)为名,分布在东南亚湄公河和马来西亚一带的血吸虫,先后作为独立新种,分别命名为湄公血吸虫(*Schistosoma mekongi*; Voge等, 1978)和马来血吸虫(*Schistosoma malayensis*; Greer等, 1988)。

在中国台湾分布的日本血吸虫只感染某些哺乳动物,人不是其适宜宿主,故在我国流行的日本血吸虫有日本血吸虫中国大陆株和中国台湾株之分。

何毅勋等(1960, 1962, 1980)通过形态学、哺乳动物易感性、幼虫与钉螺的相容性、对宿主的致病性、感染动物血清的免疫交叉反应、对治疗药物吡喹酮的敏感性、虫体的抗原分析、多位点酶电泳分析、DNA杂交及群体遗传学等研究,从形态到分子水平对来自安徽、湖北、广西、四川和云南五地的日本血吸虫进行系统的分析和比较,认为分布在我国大陆各

地的日本血吸虫不是单一的品系，而是至少由云南、广西、四川、长江4个不同分化的品系组成的一个品系复合体。

第四节　日本血吸虫的一般形态

一、日本血吸虫生活史

日本血吸虫的生活史包括成虫、虫卵、毛蚴、母胞蚴、子胞蚴、尾蚴、童虫七个阶段，需转换哺乳类终末宿主和中间宿主钉螺两种宿主，历经无性和有性两种繁殖方式的交替才能完成生活史循环。成虫寄生于人、牛、羊、猪、啮齿类动物等40余种哺乳动物的门静脉和肠系膜静脉内。成虫在宿主体内的寿命一般为1～4年，但有报道在黄牛体内寿命可达10多年甚至更长。雌虫在寄生的血管内产卵，一条成熟的日本血吸虫雌虫每天可产卵成百上千枚。雌虫产出的虫卵一部分顺血流至肝脏，另一部分逆血流沉积在肠壁。虫卵在肝脏或肠壁内发育成含毛蚴的成熟虫卵，时间需10～11d。虫卵随坏死的肠组织落入肠腔，再随宿主粪便排出体外。虫卵在有水的环境和适宜的条件下孵出毛蚴。毛蚴在水中遇到中间宿主钉螺（图1-1和彩图1），通过头腺分泌物的溶解组织作用，借助纤毛的摆动和体形的伸缩，经螺体的触角、头、足、外套膜、外套腔等软组织侵入螺体，脱去纤毛板和表皮层，先发育成母胞蚴。母胞蚴的生殖胚团形成许多子胞蚴，子胞蚴内的胚团陆续发育形成尾蚴。尾蚴成熟后穿破子胞蚴的体壁，自钉螺体中逸出。一条毛蚴在钉螺体内经无性繁殖后，可产生数千条尾蚴。毛蚴在钉螺体内发育成尾蚴所需时间与温度密切相关，在25～30℃时需2～3个月。人和动物由于生产和生活活动接触到含有尾蚴的水而感染血吸虫。感染途径主要是经皮肤感染，家畜也可通过吞食含尾蚴的草和水经口感染。尾蚴侵入皮肤后即变为童虫。童虫在皮下组织中停留5～6h，即进入小血管和淋巴管，随着血流经右心、肺动脉在入侵2d左右到达肺部，然后经肺静脉入左心至主动脉，随大循环经肠系膜动脉、肠系膜毛细血管丛在入侵后8～9d进入门静脉中寄生。也有报道童虫到达肺部后，可穿过肺泡壁毛细血管而到达胸腔，再经纵隔的结缔组织穿过横膈直接从表面侵入肝脏并到达门静脉。雌雄虫一般在入侵后14～16d开始合抱，21d左右发育成熟，开始产卵。童虫在终末宿主体内发育为成熟成虫并排出虫卵所需时间因宿主种类不同而有所差异，一般感染后39～42d可在黄牛粪便中检查到虫卵，而在水牛中则需要46～50d（图1-2）。

图1-1　日本血吸虫中间宿主钉螺

日本血吸虫成虫主要寄生在终末宿主门脉系统和肠系膜静脉的血管内，雌虫产出的虫卵主要沉积在宿主肝脏和肠壁组织内。如果成虫寄生或虫卵沉积在此范围以外的组织或器官，称为血吸虫异位寄生。已有一些有关血吸虫异位寄生的报道，详见第五章第五节。

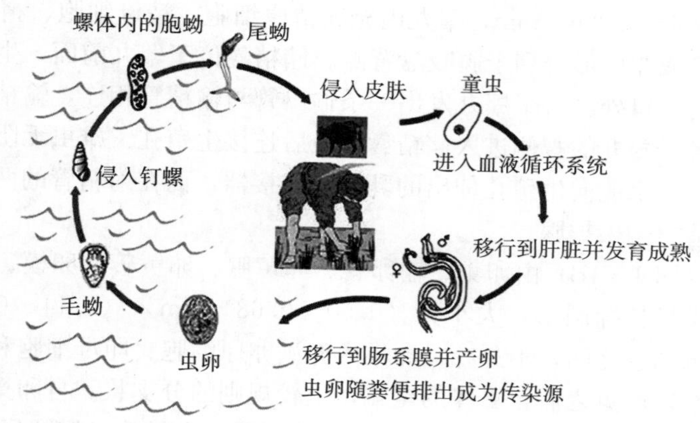

图 1-2　日本血吸虫生活史

二、各期虫体的一般形态

1. 成虫　血吸虫成虫雌雄异体，通常以雌雄虫合抱的状态存在（图 1-3 和彩图 2）。成虫呈圆柱状，以适应血管寄生生活，收集自不同宿主的虫体在大小和形态上存在差别。虫体体表具细皮棘。口、腹吸盘位于虫体前端，腹吸盘较口吸盘大。雄虫较粗短，长 10～20mm，最粗处横径 0.5～0.55mm，乳白色，虫体向腹侧弯曲。口、腹吸盘均较发达。自腹吸盘后，体两侧向腹面卷折，形成抱雌沟（gynecophoral canal）。雌虫较雄虫细长，前细后粗，长 12～28mm，最粗处横径 0.3mm。口、腹吸盘均较雄虫小。肠管内含有虫体消化红细胞后残留的黑褐色或棕褐色的色素，故外观上呈黑褐色。

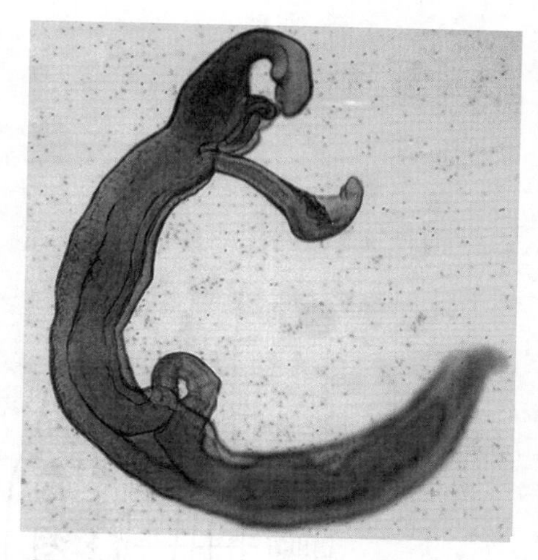

图 1-3　日本血吸虫成虫（雌雄合抱）

消化系统有口、食管、食管腺和肠。口在口吸盘内，下接食管，无咽，在食管周围有食管腺。肠管在腹吸盘前背侧分成两支，向后延伸至虫体后端 1/3 处汇合成一条盲管，伸达体末端，无肛孔。

排泄系统由焰细胞、毛细管、集合管、排泄囊及排泄孔组成。焰细胞对称地分布于全身实质组织中，通过焰细胞收集体内代谢物质，由毛细管与沿着体两侧走向的集合管相连，汇合于体尾端的倒三角形排泄囊，再通向体后端的排泄孔排出虫体外。

神经系统由中枢神经节、纵神经干，及延伸至口、腹吸盘、肌层的神经分支和外周的感觉器组成。雌虫的神经纤维没有雄虫发达。中枢神经节位于虫体背部前端食管两侧，呈左右对称。前后各有背神经干、腹神经干和侧神经干 3 对纵神经干，其中腹神经干最为粗大。

雄虫生殖系统（图 1-4A）由睾丸、输出管、输精管、储精囊、射精管、交接器、生殖孔组成。睾丸数目常见 6～8 枚，多数为 7 枚，呈椭圆形或类圆形，大小为（0.069～

0.170）mm×（0.096～0.206）mm，睾丸内充满精原细胞、精母细胞、精细胞、精子和一些非生殖细胞，串形或非串形排列于腹吸盘背侧。储精囊位于睾丸前面，生殖孔开口位于腹吸盘下方和抱雌沟的入口处。每个睾丸发出一条输出管与输精管相连，输精管从最后一个睾丸开始，镶嵌穿过各个睾丸的腹侧进入储精囊，最后连接生殖孔。雄虫无阴茎，但在其生殖系统的末端部分，有一个能向生殖孔伸出的乳突状交接器，而在射精管的两边具有类似前列腺的单细胞腺体构造——摄护腺。

雌虫生殖系统（图 1－4B）由卵巢、输卵管、卵黄腺、卵黄管、卵模、梅氏腺、子宫和生殖孔等组成。卵巢呈长椭圆形，大小为（0.50～0.68）mm×（0.14～0.17）mm，位于虫体中部偏后方两侧肠管之间，不分叶，卵巢内充满卵原细胞、卵母细胞和成熟卵细胞。卵黄腺分布在虫体后端，卵巢之后至虫体的尾端，呈较规则的分支状。自卵巢后部发出的输卵管与来自卵黄腺发出的卵黄管在卵巢前面合并，形成卵模。卵模略呈椭圆形，大小为 65μm×45μm，为梅氏腺所围绕。梅氏腺是由一种形态的许多单细胞腺体组成，分布于卵-卵黄汇合管、卵模前房和卵模周围的实质组织内，腺细胞呈梭形或梨形，每一腺细胞具有长而细的导管，开口于卵模前房。卵模前为一长管状的子宫，其一端接卵模，另一端开口于腹吸盘下方的生殖孔。子宫内含虫卵 50～300 枚。雌性生殖孔开口于腹吸盘后方。无劳氏管。

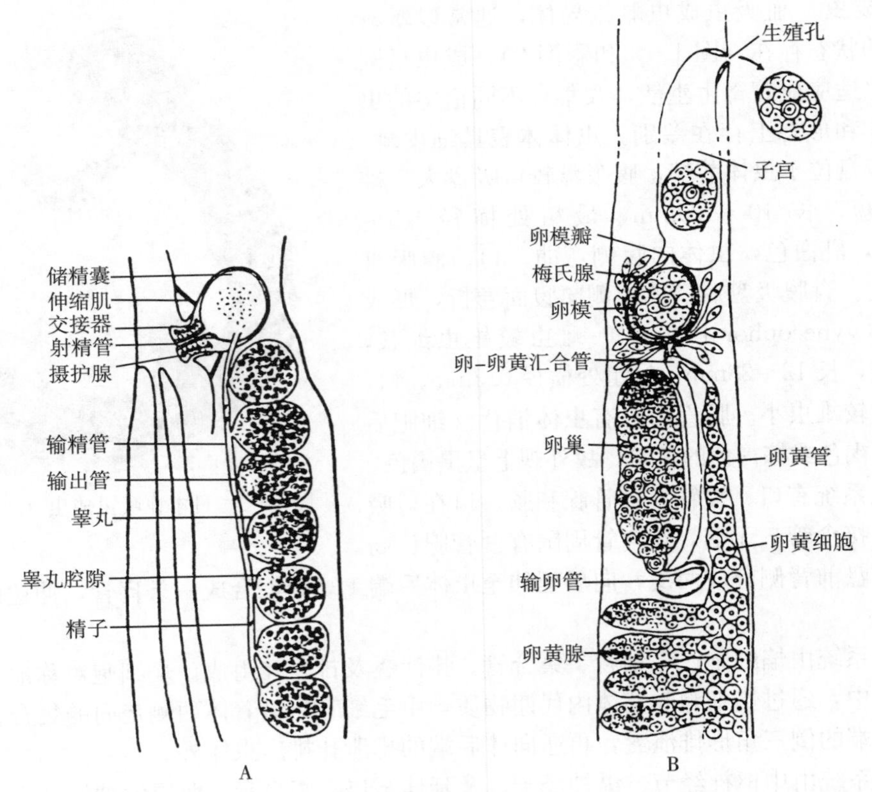

图 1－4 血吸虫生殖系统模式图（引自何毅勋，1962）
A. 雄虫 B. 雌虫

日本血吸虫在终末宿主脊椎动物体内进行有性生殖，雌配子与雄配子相遇受精，在卵模形成虫卵，经子宫排出，在宿主体内进行胚胎发育，形成含毛蚴的成熟虫卵。

2. 虫卵　随粪便排出的虫卵（图 1-5 和彩图 3）大多是含有毛蚴的成熟卵，卵内有构造清晰、纤毛颤动的毛蚴，在毛蚴与卵壳的间隙中常见有大小不等的圆形或长圆形的油滴状毛蚴腺体分泌物。虫卵呈椭圆形或近圆形、淡黄色，大小为（70～106）μm×（50～80）μm。卵壳较薄，无卵盖。有一钩状侧棘。粪便中也有未成熟卵和变性卵。未成熟卵一般略小，卵内虽无毛蚴，但有清晰的不同发育阶段的卵胚构造。变性卵内部结构模糊不清，甚至变黑。

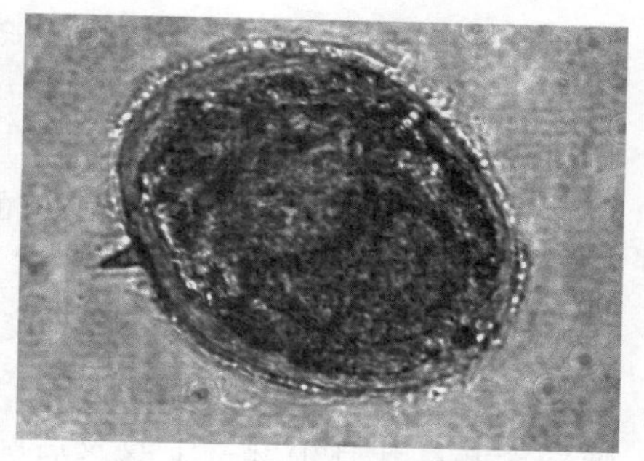

图 1-5　日本血吸虫虫卵

3. 毛蚴　毛蚴（图 1-6 和彩图 4 及图 1-7）活动时其体形及大小随伸缩而改变，静止时或固定后呈卵圆形或略似瓜子形，平均大小（78～120）μm×（30～40）μm。前端有一锥形的顶突，体表覆盖着具有纤毛的上皮细胞或称外胚叶纤毛板。纤毛板界限清楚，有 21 块或 22 块，分列 4 横列，从前至后每列分别有 6、8（9）、4、3 块纤毛板，纤毛板上有很多纤毛。各列纤毛板形状也不相同，第一列呈三角形，第二列呈长椭圆形，第三列呈椭圆形，第四列呈钝角三角形。在第一至第二列纤毛板之间的体两侧各有一个司感觉的侧突。体前方中央有一顶腺，为一袋状结构，内含中性黏多糖，开口于顶突。顶腺稍后的两侧有一对长梨形的侧腺，内含中性黏多糖、蛋白质和酶等物质，开口于顶突的两侧方。

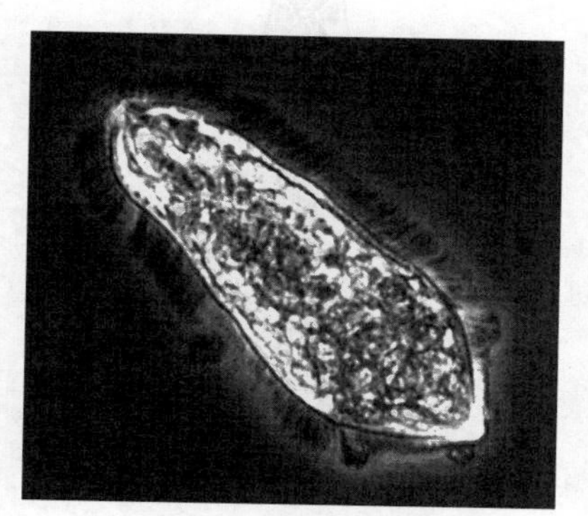

图 1-6　日本血吸虫毛蚴

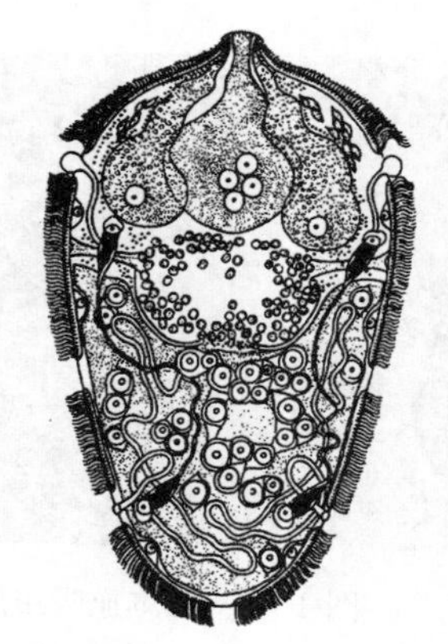

图 1-7　日本血吸虫毛蚴模式图
（引自唐仲璋，1938）

毛蚴的神经系统由中枢神经团、神经干和外周感觉器组成。中枢神经团位于毛蚴体前部的中央，呈双叶状。从中枢神经团向前发出 4 对神经干，其中 3 对是纵向神经干，左右对称，分别称为背神经干、腹神经干和侧神经干。第 4 对神经干呈横向分布，背腹对称。毛蚴的外周神经末端具有多种神经末梢构造的感觉器或感受器，如单纤毛感受器、多纤毛感受器、无纤毛感受器、侧小突和星形结构感受器等。毛蚴前半部的神经分布较后半部复杂，这与毛蚴在水中自由生活和寻找贝类中间宿主的生理活动需求是一致的。

毛蚴的排泄系统由两侧对称的焰细胞、毛细管及集合管组成。每侧各有焰细胞 2 个，前方的焰细胞位于侧腺和神经中枢交接处，后方焰细胞位于排泄孔的附近。每个焰细胞分别由毛细管汇集于集合管，再通入位于第三列纤毛板之间的两侧排泄孔。

毛蚴体后半部充满许多生发细胞，有 30 余个，被一个胚囊的囊状结构所包裹。每个生发细胞具有一个大的细胞核和明显的核仁，细胞质中有核糖体、糙面内质网及小的线粒体。

4. 母胞蚴 早期母胞蚴外形为囊状或袋状，较透明，两端钝圆。体壁由外质膜、基底膜和体被下层三部分构成。体被下层为外环肌和内纵肌两层肌层。胞腔内含许多生发细胞和体细胞，及由生发细胞增生而形成的胚团和不同发育期的子胞蚴，子胞蚴大小形状不一，有圆形、椭圆形或长椭圆形。

5. 子胞蚴 外形呈囊状，较母胞蚴细长。发育中的子胞蚴长短不一，为 300～1 000μm，成熟的子胞蚴体长可达 3mm 或更长。子胞蚴有前后端之分，前端稍狭，有一嘴样突起，并有小棘，中段及后端无棘。子胞蚴能移动至螺体各组织，之后移向螺的肝脏继续发育。子胞蚴体被结构和母胞蚴相似，体内充满了体细胞、生发细胞及其所演化的尾蚴幼胚、不同发育期的尾蚴和支持细胞等。早期子胞蚴体内多为单细胞的胚细胞群，后增殖为胚球、胚胎等胚元（germinal element）。感染 65d 后子胞蚴出现不同成熟程度的尾蚴。

6. 尾蚴 血吸虫尾蚴（图 1-8 和彩图 5 及图 1-9）属叉尾型，由体部和尾部两部分组成，尾部又分尾干与尾叉。尾蚴全长（280～360）μm×（60～95）μm，体部大小为（100～150）μm×（40～66）μm，尾干为（140～160）μm×（20～30）μm，尾叉长 50～70μm。全身披小棘。体壁为 3 层结构，外披一层薄的糖质膜或称糖萼（glycocalyx）。

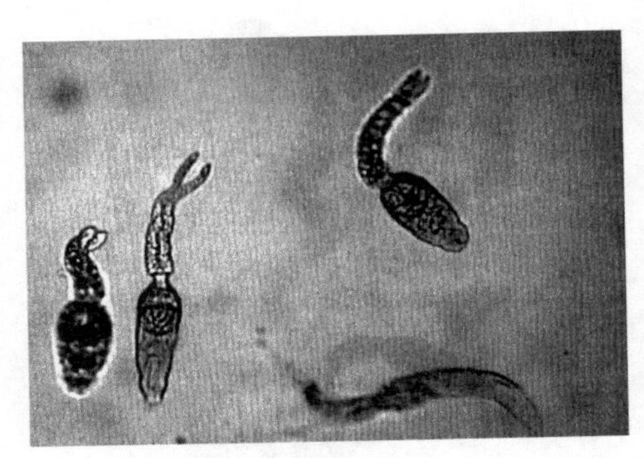
图 1-8 日本血吸虫尾蚴

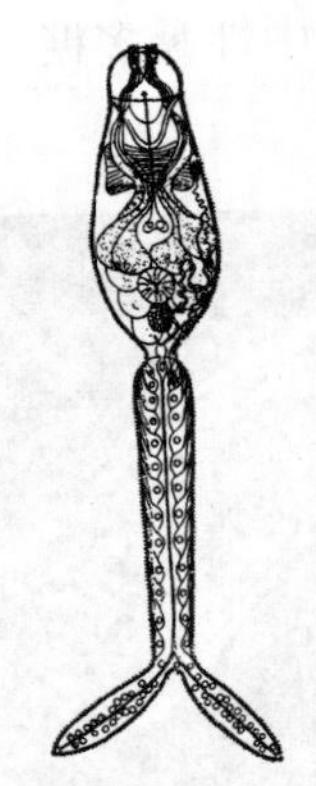
图 1-9 日本血吸虫尾蚴模式图
（引自唐仲璋，1938）

尾蚴体前端为一头器，口在头器腹面亚顶端。腹吸盘位于体后半部。口下连食管，在体中部分成极短的肠叉。在头器中央有一个大的单细胞腺体，称为头腺（head gland）。体内中后部有 5 对单细胞穿刺腺（penetration gland），其中 2 对前穿刺腺位于腹吸盘前，内含嗜酸性的粗颗粒，3 对后穿刺腺位于腹吸盘后，内含嗜碱性的细颗粒。穿刺腺分左右两束对称排列，开口于体前端。

尾蚴神经系统由中枢神经节、神经干及其分支和感觉乳突等组成。中枢神经节位于体部的前 1/3 处，两侧有对称的背神经干、腹神经干和侧神经干 3 对纵神经干。在背部还有 5 根横向神经纤维，与纵神经干交叉成大方格子状。在外周神经末端有三型神经末梢构造的感觉器，分别含有纤毛感觉乳突（uniciliated sensory papila）或感觉小窝（sensory pit）。尾蚴体部背面有 9 对感觉器，腹面有 7～9 对感觉器，体两侧各有 8 个含纤毛的感觉乳突。腹吸盘上有 4 个含纤毛的感觉乳突。尾干上的感觉乳突也含纤毛，其数目常有变异，背、腹面各有

6 个以上。

排泄系统由焰细胞、毛细管、集合管、排泄囊和排泄孔等组成。焰细胞有 4 对，其中 3 对在体部，一对在尾干基部。每个焰细胞分别由小毛细管汇至两侧的排泄管（集合管），最后汇入位于体部和尾部交接处的排泄囊。排泄囊下通尾部的单支排泄管，再分支入尾叉，并开口于尾叉的末端。

7. 童虫　尾蚴侵入终末宿主后脱掉尾部直至发育成熟为成虫前这一阶段称为童虫（图 1－10 和彩图 6）。童虫在终末宿主体内随血流途经肺、肝等脏器，边移行边生长发育，最后定居于肝门静脉和肠系膜静脉。在这一过程中，虫体形态结构不断发生变化，有曲颈瓶状、纤细状、腊肠状、延伸状等，但由于虫体发育速度不同步，故相同日龄的童虫个体间形态存在明显的差异。何毅勋等（1980）根据虫体在终末宿主体内发育过程中的形态构造及生理行为等特点，将童虫划分为 8 期，各期的主要形态特征详见第五章第五节。

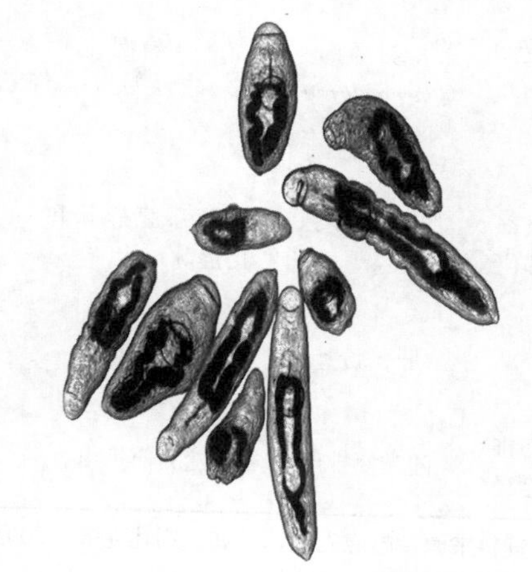

图 1－10　不同形态结构的日本血吸虫童虫

第五节　其他重要人体血吸虫的形态和生活史特点

寄生于人体的其他重要血吸虫有曼氏血吸虫、埃及血吸虫、间插血吸虫、湄公血吸虫、马来血吸虫等，其中曼氏血吸虫和埃及血吸虫地理分布最广，曼氏血吸虫的终末宿主种类最多，它们有不同的分布区域、终末宿主和中间宿主种群及寄生部位。除了裂体属吸虫共有的形态特征外，不同虫种有各自明显的形态和生活史特点。

一、几种重要人体血吸虫的形态和生活史特点

几种重要人体血吸虫的形态和生活史特点见表 1－1 和表 1－2。

表 1－1　重要人体血吸虫生活史及分布比较

	日本血吸虫	湄公血吸虫	曼氏血吸虫	埃及血吸虫	间插血吸虫	马来血吸虫
分布	亚洲（中国、日本、菲律宾和印度尼西亚）	老挝、柬埔寨、泰国	非洲、南美洲、亚洲（阿曼、沙特阿拉伯、也门）	非洲、亚洲	非洲（喀麦隆、中非、乍得、刚果等）	马来西亚
终末宿主	灵长类、牛、猪、羊、犬、猫、啮齿类等 7 个目 40余种	灵长类、犬、牛、羊、田鼠等	灵长类（人、猴、狒狒）、鼠类等 7 个目约 40 种	灵长类（人、狒狒、猩猩、猴）、猪、羊等	灵长类、羊、啮齿类等	灵长类、啮齿类（小鼠、仓鼠、豚鼠等）

（续）

	日本血吸虫	湄公血吸虫	曼氏血吸虫	埃及血吸虫	间插血吸虫	马来血吸虫
中间宿主	钉螺（*Oncomelania*）	拟钉螺（*Tricula*）	双脐螺（*Biomphalaria*）	水泡螺（*Bulinus*）	水泡螺（*Bulinus*）	小劳伯塞拉螺（*Robertsiella*）及拟钉螺（*Tricula*）
成虫寄生部位	肠系膜静脉和门静脉	肠系膜静脉和门静脉	肠系膜静脉	膀胱或盆腔静脉丛	肠系膜静脉和门静脉	肠系膜静脉和门静脉
虫卵分布	肝、肠壁	肝、肠壁	肝、肠壁	膀胱静脉丛	肝、肠壁	肝、肠壁
虫卵排出途径	随粪便排出	随粪便排出	随粪便排出	随尿液排出	随粪便排出	随粪便排出

资料来源：赵慰先等，1996；周述龙等，2001；吴观陵，2005；唐崇惕等，2015。

表 1-2 重要人体血吸虫的形态特征比较

		日本血吸虫	湄公血吸虫	曼氏血吸虫	埃及血吸虫	间插血吸虫	马来血吸虫
雄虫	大小	(10～20)mm×(0.5～0.55)mm	(15～17.8)mm×(0.23～0.41)mm	(6～14)mm×(0.8～1.1)mm	(10～15)mm×(0.75～1.0)mm	(11～14)mm×(0.3～0.4)mm	(4.30～9.21)mm×(0.24～0.43)mm
	表皮	无结节，有尖细体棘	无结节，有细小体棘	表面布满结节，结节上有棘	表面布满结节，结节细小、有棘	有结节和细小体棘	—
	肠管	在虫体后半部联合，盲管短	在虫体后半部联合，盲管很短	在虫体前半部联合，盲管长	在虫体中部后联合，盲管短	在虫体后半部联合，盲管很短	在虫体中部后联合
	睾丸	椭圆形或类圆形，6～8个，常见7个	椭圆形，3～8个，常见6～7个	圆形，2～14个，常见6～9个	圆形，4～5个	2～7个，常见4～6个	卵圆形，6～8个
雌虫	大小	(12～28)mm×0.3mm	(6.48～11.3)mm×0.25mm	(7～17)mm×0.25mm	(20～26)mm×0.25mm	(12～26)mm×0.25mm	(6.48～11.28)mm×(0.15～0.28)mm
	表皮	小体棘	小体棘	小结节	末端有小结节	光滑	—
	卵巢位置	虫体中部	虫体前5/8处	虫体中线之前	虫体中线之后	虫体中线之后	虫体中部
	子宫	长管状，含卵50个以上	管状，肠支之间，含卵20～130个	较短，含卵1～2个	长，含卵10～100个	长，含卵5～50个	含许多虫卵
虫卵	大小	(70～106)μm×(50～80)μm	(45～51.2)μm×(40～41)μm	(112～182)μm×(45～78)μm	(83～187)μm×(40～70)μm	(140～240)μm×(50～85)μm	(52～90)μm×(33～62)μm
	卵形及侧刺	卵圆形或近圆形，侧刺短小	卵圆形，侧刺短	长卵圆形，侧刺长而大	纺锤形，一端有小刺	纺锤形，一端有小长刺	卵圆形，侧刺短
	Ziehl-Neelsen染色	耐酸性	—	耐酸性	非耐酸性	耐酸性	—

资源来源：赵慰先等，1996；周述龙等，2001；吴观陵，2005；唐崇惕等，2015。

二、三种重要人体血吸虫在终末宿主体内发育比较

何毅勋等（1980）根据国内外学者发表的相关文献，对三种最常见的人体血吸虫——日本血吸虫、曼氏血吸虫和埃及血吸虫在实验动物体内的发育情况进行了汇总和比较（表1-3）。相对来说，日本血吸虫入侵宿主后在皮肤滞留的时间比曼氏血吸虫和埃及血吸虫短，在宿主体内的移行比其他2种血吸虫快，因而在终末宿主体内的生长发育最快，其次是曼氏血吸虫，埃及血吸虫最慢。研究认为，日本血吸虫童虫较其他2种血吸虫更快地通过皮肤和肺这两道屏障，较早地抵达富含营养的肝门静脉系统和发生雌雄虫合抱，是其发育快的原因之一（何毅勋等，1980；Clegg 等，1965；Burden 等，1981；Smith 等，1976；He 等，2002；Andreas 等，2004）。

表1-3　三种重要人体血吸虫在终末宿主体内发育情况的比较

发育特点	日本血吸虫（何毅勋等，1980）	曼氏血吸虫（Clegg，1965；Burden 等，1981）	埃及血吸虫（Smith 等，1976；Ghandour，1978；Burden 等，1981）
血吸虫品系	中国大陆	埃及（Clegg） 波多黎各（Burden 等）	苏丹（Smith 等，Ghandour） 加纳（Burden 等）
终末宿主	小鼠	小鼠	仓鼠
停留皮肤时间	1～2d	2～3d	3～4d
移行至肺	第2天	第4天	第3～5天
开始摄食	第3天	第7天	第5～8天
移行至肝	第3天	第8天	第9～10天
肠管汇合	第8～10天	第15天	第18～22天
器官发生	第11天	第21天	第24～25天
移行至门-肠系膜静脉	第11～13天	第25～28天	第29～30天
合抱配偶	第15～16天	第25～28天	第28～31天
配子发生	♂第19天 ♀第20～21天	♂第28天	♂第28～31天
卵壳形成	第22天	第28～34天	第45～57天
排卵	第24天	第30～35天	第60～63天

资料来源：何毅勋等，1980。

第六节　重要动物血吸虫

一、东毕吸虫

东毕吸虫属裂体科东毕属（*Orientobilharzia*），成虫寄生于哺乳动物的门静脉和肠系膜静脉内，是一种危害严重的家畜寄生虫病。东毕吸虫感染人后不能在人体内发育成熟，但尾蚴钻入皮肤后会引起尾蚴皮炎（cercaril dermatitis）。我国已报道的寄生于牛、羊体内的东毕吸虫有土耳其斯坦东毕吸虫（*O. turkestanicum*）、土耳其斯坦东毕吸虫结节变种（*O.*

turkestanicum var. *tuberculata*)、程氏东毕吸虫（*O. cheni*）和彭氏东毕吸虫（*O. bomfordi*），其中土耳其斯坦东毕吸虫在国内外都广泛分布，以下介绍的是土耳其斯坦东毕吸虫的相关情况。

（1）分布　国内外分布。在我国分布广泛，黑龙江、吉林、辽宁、北京、内蒙古、山西、陕西、甘肃、宁夏、青海、新疆、四川、云南、广西、广东、贵州、湖北、湖南、江西、福建、上海、江苏、河北等地均有报道。

（2）终末宿主　绵羊、山羊、黄牛、水牛、马、驴、骡、骆驼、马鹿、猫、兔及小鼠等，主要危害牛和羊。

（3）中间宿主　椎实螺科（Lymnaeidae）的淡水螺类，已报道的有耳萝卜螺（*Radix auricularia*）、卵萝卜螺（*R. ovata*）、狭萝卜螺（*R. lagotis*）、长萝卜螺（*R. pereger*）、梯旋萝卜螺（*R. latispera*）、克氏萝卜螺（*R. clessini*）和小土窝螺（*Galba pervia*）等（图1－11）。

（4）成虫寄生部位　肠系膜静脉或肝门静脉内，在肠系膜静脉中的虫数明显多于肝门静脉中的虫数。

（5）虫卵分布　肝脏和肠壁。

（6）虫卵排出　随宿主粪便排出体外。

（7）成虫和虫卵的主要形态特点

①成虫　雌雄异体，常见雌雄虫呈合抱状态。虫体呈线形，体表光滑无结节，口腹吸盘相距较近，无咽，食道管状，在腹吸盘前方分为两条肠管，在体后部再合并成单管。雄虫大小为（6.057～7.357）mm×（0.394～0.510）mm，抱雌沟起自腹吸盘后方，直延至体末端。睾丸数目65～84个，圆形或椭圆形，单行交错排列于腹吸盘后方。阴茎囊位于第一个睾丸之前，生殖孔开口于抱雌沟前端，腹吸盘之后。雌虫较雄虫纤细，大小为（4.265～5.625）mm×（0.106～0.144）mm，卵巢呈螺旋状扭曲，位于两肠管合并处的前方，卵黄腺排列在肠单管两侧。子宫短，在卵巢前方，子宫内通常只有一个虫卵（图1－12）。

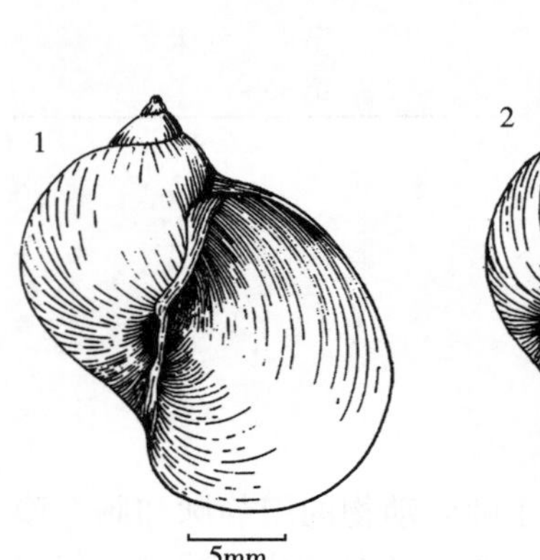

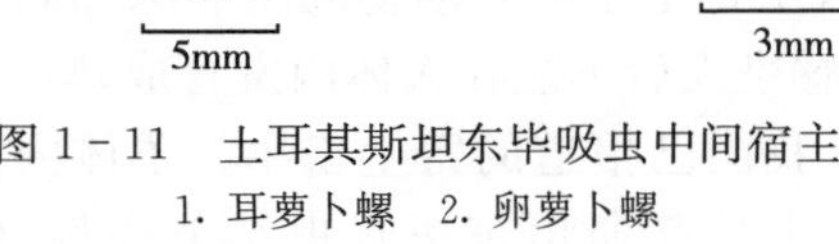

图1－11　土耳其斯坦东毕吸虫中间宿主
1. 耳萝卜螺　2. 卵萝卜螺

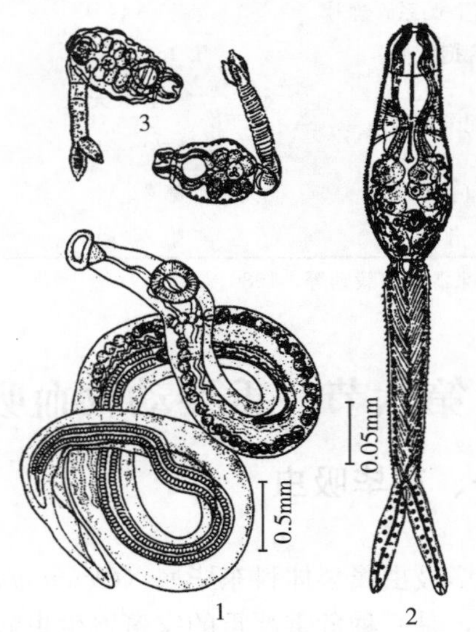

图1－12　土耳其斯坦东毕吸虫（引自唐仲璋，1976）
1. 成虫　2. 尾蚴　3. 尾蚴漂浮水面形态

②虫卵　子宫中的虫卵呈梭形，大小为（72～160）μm×（45～60）μm。羊粪便中收集的虫卵呈长椭圆形，前端有一钝圆的突起，后端有较窄长的突起。卵内有一已发育的毛蚴。

二、毛毕吸虫

毛毕吸虫属裂体科、毛毕属（*Trichobilharzia*），寄生于家鸭、野鸭和其他鸟类的门静脉和肠系膜静脉内。毛毕吸虫不能在人体内发育成熟，但人体接触毛毕吸虫尾蚴后会出现尾蚴皮炎。在我国已报道的有包氏毛毕吸虫（*T. paoi*）、大榆树毛毕吸虫（*T. dayushuensis*）、集安毛毕吸虫（*T. jianensis*）、巨毛毕吸虫（*T. gigantica*）、广东毛毕吸虫（*T. guangdongensis*）、米氏毛毕吸虫（*T. meagraithi*）、中山毛毕吸虫（*T. zongshani*）及平南毛毕吸虫（*T. pingnana*）等，以下以常见的包氏毛毕吸虫为例进行介绍。

（1）分布　分布于我国的黑龙江、吉林、江苏、四川、江西、福建、广东、辽宁、上海等地。

（2）终末宿主　家鸭、野鸭和其他鸟类。

（3）中间宿主　折叠萝卜螺、斯氏萝卜螺和小土窝螺。

（4）成虫寄生部位　门静脉为主，其次为肠系膜静脉，有时肺脏和心脏也能找到虫体。

（5）虫卵分布　肠壁等。

（6）虫卵排出　随宿主粪便排出体外。

（7）成虫和虫卵的主要形态特征　包氏毛毕吸虫雄虫大小为（5.35～7.31）mm×（0.076～0.095）mm，虫体细长，有口、腹吸盘。相对其他血吸虫，抱雌沟短而简单，大小为（0.247～0.380）mm×（0.123～0.152）mm，沟的边缘有许多小刺。睾丸球形，有70～90个，成单行纵列，始于抱雌沟后方，延至体后端。雌虫大小（3.38～4.89）mm×（0.076～0.114）mm，比雄虫纤细。卵巢位于腹吸盘后，狭长，呈3～4个螺旋状扭曲。子宫很短，内只含一个虫卵。卵黄腺呈颗粒状，布满虫体（图1-13）。

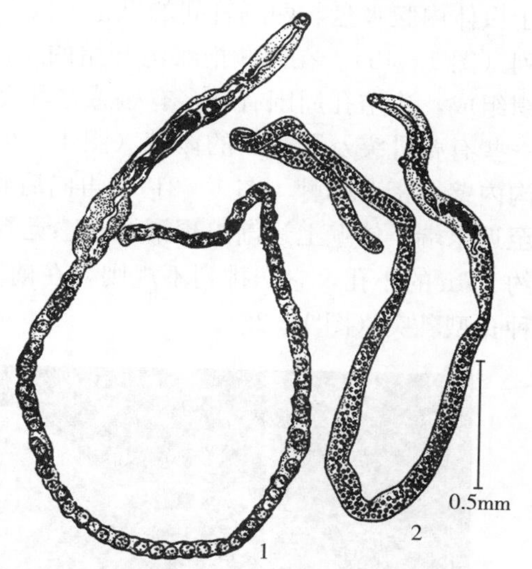

图1-13　包氏毛毕吸虫成虫（引自唐仲璋、唐崇惕，1962）
1. 雄虫　2. 雌虫

虫卵纺锤形，中央膨大两端较尖，大小（0.236～0.316）mm×（0.068～0.112）mm，卵的一端有一个小而弯曲的钩。成熟的卵有两层膜，内有一发育完全的毛蚴。

■第七节　日本血吸虫超微结构

开展血吸虫超微结构研究，有助于加深对该病原生理生化等现象的理解。国内多家实验室（周述龙等，1984，1985，1988，1992，1995；何毅勋等，1979，1981，1985；杨明义等，1997；魏梅雄等，1983；胡敏等，1992；林建银，1986）先后开展了日本血吸虫超微结构研究。在毛守白主编的《血吸虫生物学与血吸虫病防治》、周述龙等编著的《血吸虫学》和《日本血吸虫超微结构》等专著中都对日本血吸虫的超微结构做了详尽的介绍，本节仅结合已有的相关资料和作者实验室近期获得的一些研究结果，对日本血吸虫超微结构做简要的介绍。

一、成虫

日本血吸虫成虫体表呈海绵状，无圆突，具明显而复杂的褶嵴、凹窝、体棘和感觉乳突，其在雌雄虫之间及虫体不同部位的分布都有所差别。

雄虫口吸盘表面有分布均匀的体棘，体棘从凹窝长出，体棘中夹杂有一些感觉乳突，边缘密而中间稀（图 1－14、图 1－15）。在口吸盘的边缘上，长棘区和褶嵴区之间有明显的分界线。口吸盘的中央为口腔，近口腔处表面呈海绵状，有很多小凹陷，无体棘（图 1－15）。雄虫腹吸盘也有排列整齐的体棘，但中央无孔，在腹吸盘的近边缘处有一圈无棘带，表面呈海绵状，感觉乳突特别丰富（图 1－16、图 1－17）。雄虫的背面及口、腹吸盘间有发达而回旋曲折呈木耳边状的皮嵴，其间有一些感觉乳突，但难见有体棘、凹陷及纤毛。在口腹吸盘间腹面体壁的褶嵴中有一些大小不等的泡状突出物，呈细颗粒状（图 1－18）。雄虫睾丸位于虫体内腹吸盘与两肠管间的纵正中线上，通常有 7 个，椭圆形或类圆形，成串行或交互排列（图 1－19）。在两侧抱雌沟开始的中部有一个雄性生殖孔，半球状，由疏松粗网状的组织组成，生殖孔周围有许多有蒂感觉乳突。抱雌沟的内壁表面无褶嵴，前段布满凹陷，间有一些有蒂乳突及刚露头的体棘（图 1－20）。沿内壁向下，体棘逐渐增多，到中段时，抱雌沟内壁上密布体棘（图 1－21），再向后到中后 1/3 处体棘又逐渐变稀、变小，与前段类似，至近末端，体壁上逐渐出现褶嵴，感觉乳突也增加。在抱雌沟的外壁及边缘处，有一些直径约 2μm 的小孔，它们排列不规则，在前段边缘上较多，中后段上较少，有学者认为此为一种孔型乳突（图 1－22）。

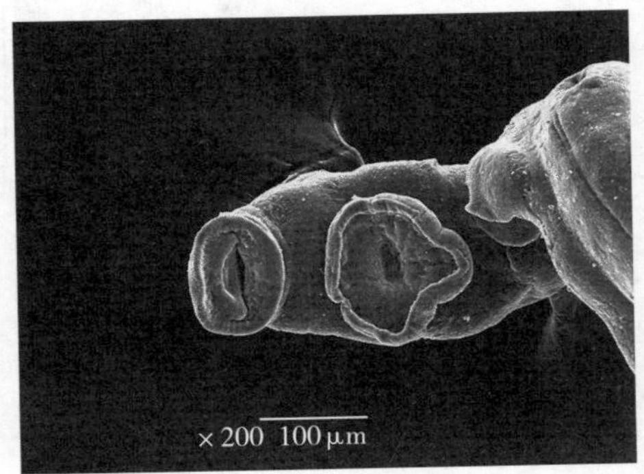

图 1－14　雄虫口、腹吸盘

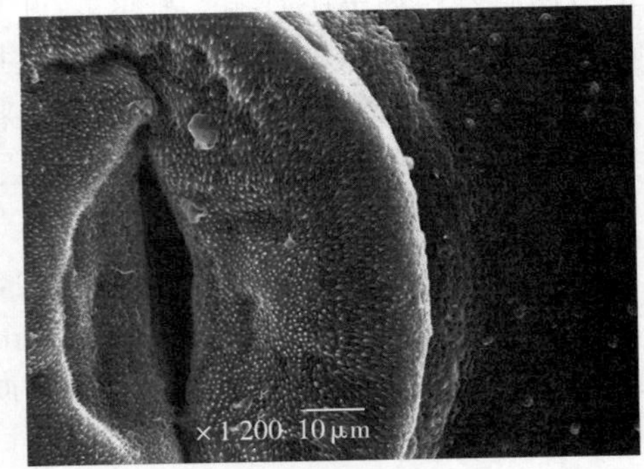

图 1－15　雄虫口吸盘

雌虫的口、腹吸盘表面均与雄虫的类似，但没有雄虫发达，由分布较均匀的体棘所覆盖（图 1－23）。在口、腹吸盘边缘的外侧面上，除有蒂乳突外，还有一种末端钝圆的似纤毛状物。雌虫腹吸盘常缩在体壁所形成的凹窝中，其下方即为雌性生殖孔。雌虫口、腹吸盘之间的体壁上也具有褶嵴，但较雄虫的低矮，其中乳突分布较密。雌虫腹吸盘以后的体壁上均无褶嵴，呈海绵状，其上布满小凹陷，间有少量乳突。自虫体中段开始，有少量体棘出现。到后段时体壁又出现褶嵴，体棘也变密集。在虫体末端可见排泄孔。雌虫卵巢位于虫体中部，卵巢从上至下为成熟程度不同的卵细胞：卵原细胞、卵母细胞和卵细胞，成熟的卵细胞核仁明显（图 1-24）。雌虫卵巢以下至虫体后端遍布卵黄腺，由大量含不同发育期卵黄细胞的卵黄小叶构成（图 1-25）。

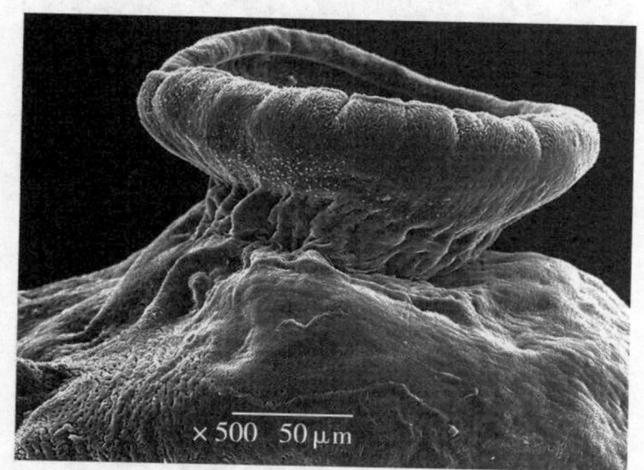

图 1-16　雄虫腹吸盘外侧面

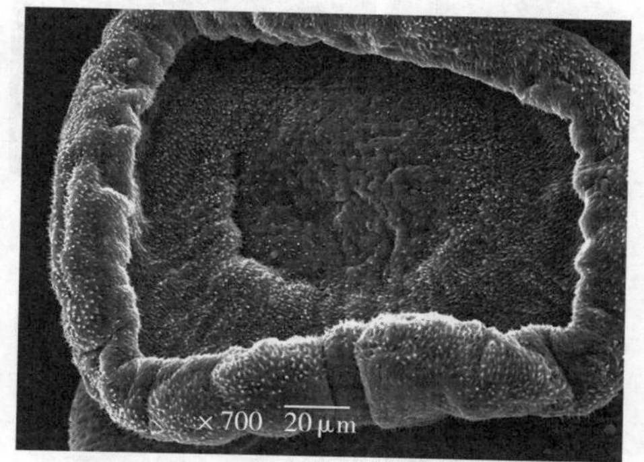

图 1-17　雄虫腹吸盘

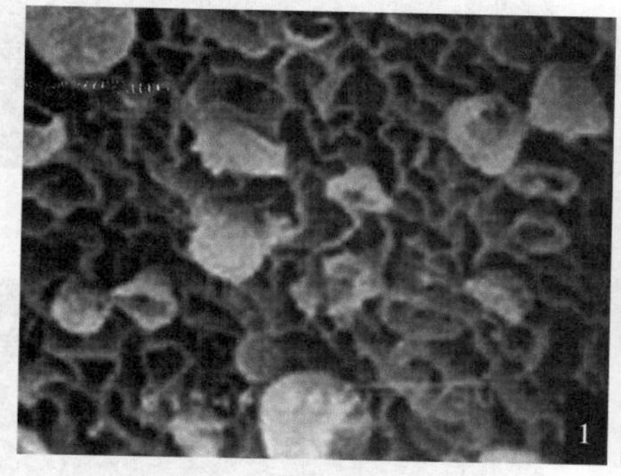

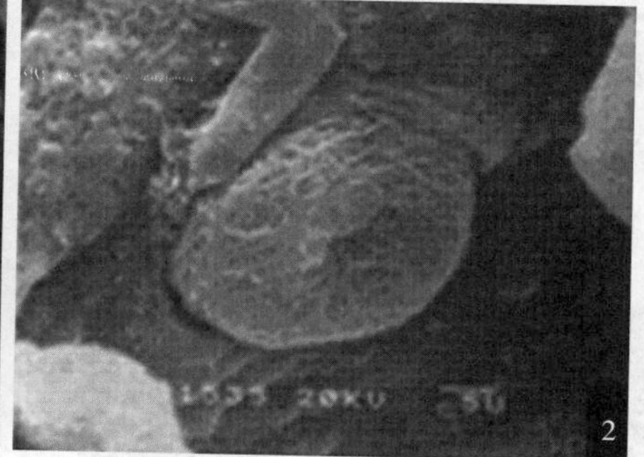

图 1-18　雄虫口、腹吸盘间区的体壁及腹吸盘下方的生殖孔（引自周述龙等，2005）

1. 口、腹吸盘间体壁呈木耳边状的褶嵴及泡状突起物
2. 雄性半球状生殖孔，由疏松网状组织组成

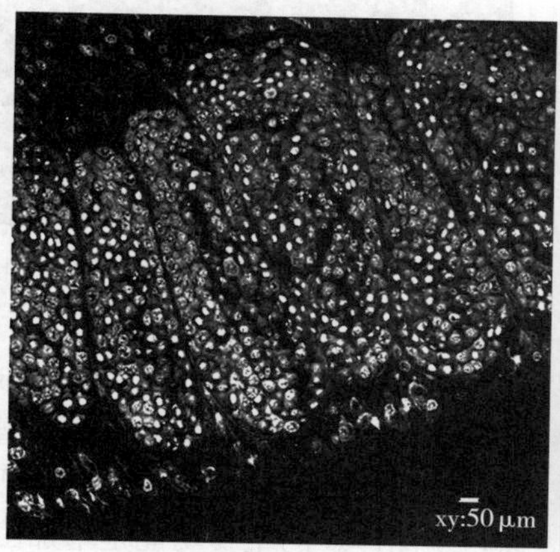

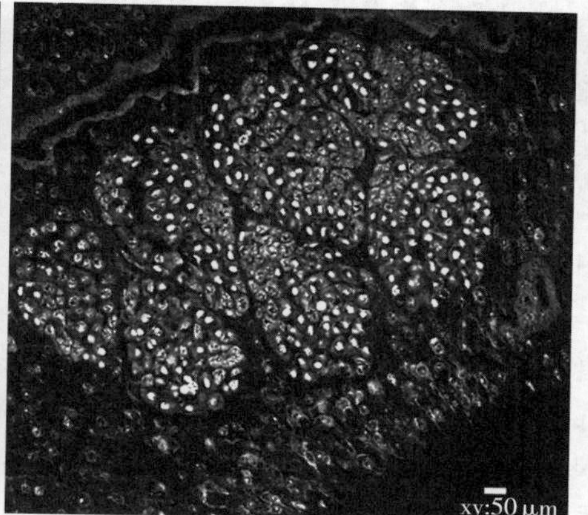

图 1-19　雄虫睾丸，示生殖细胞

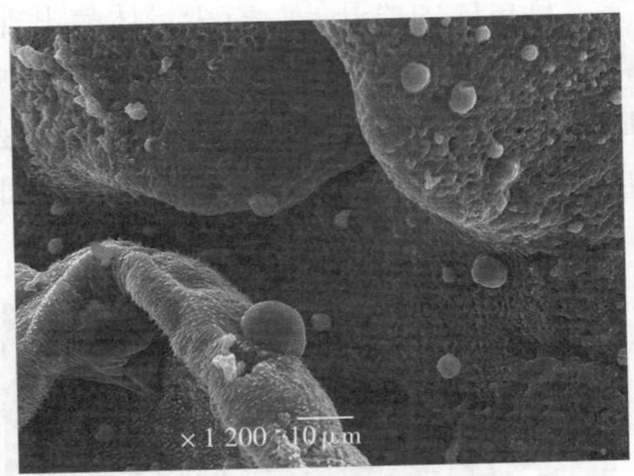

图 1-20　抱雌沟内壁起始部分

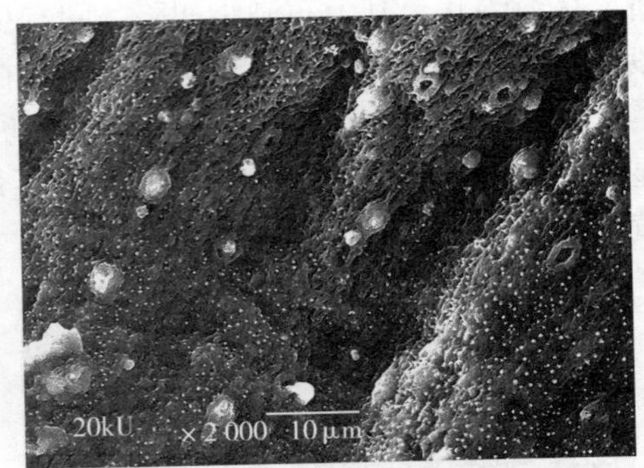

图 1-21　抱雌沟内壁中间部分

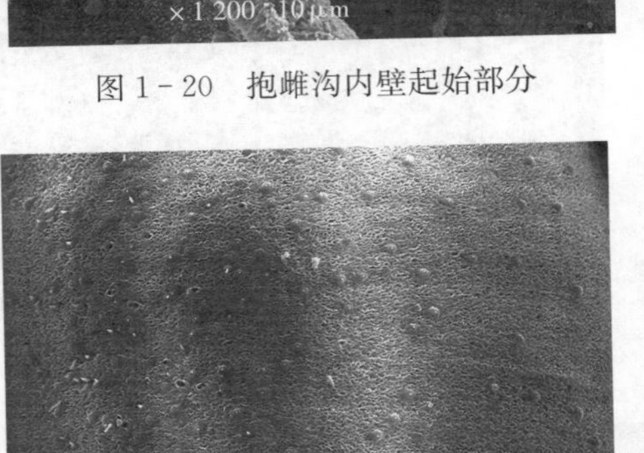

图 1-22　抱雌沟外壁

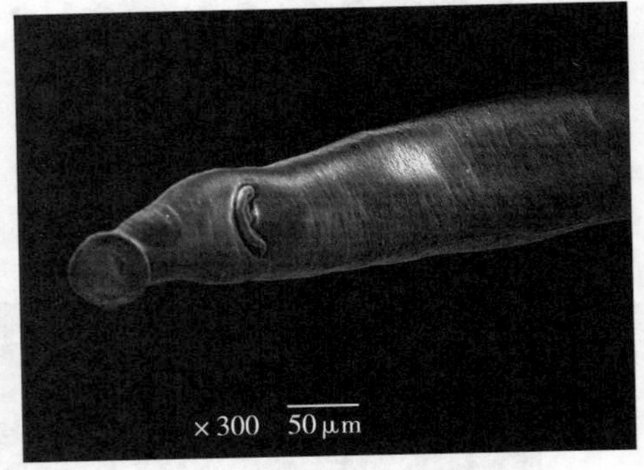

图 1-23　雌虫口、腹吸盘

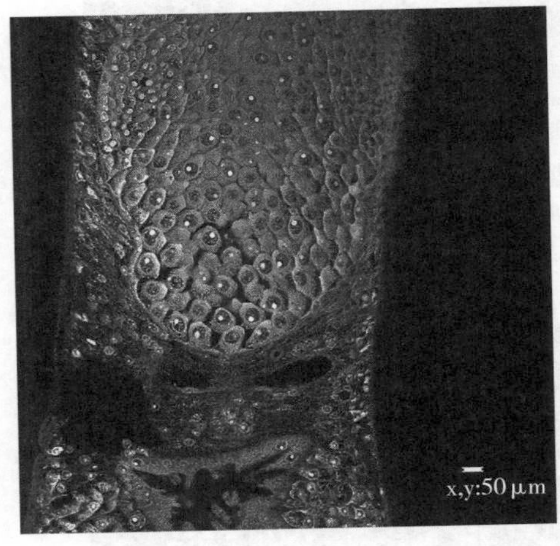

图 1-24　雌虫卵巢（中、下部），示不同成熟程度的卵细胞

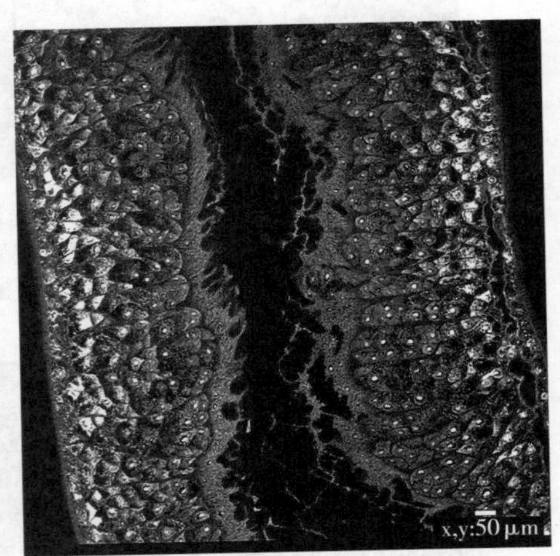

图 1-25　雌虫卵黄腺，示卵黄细胞

雌虫通常位于雌雄合抱的雄虫抱雌沟内，只有头尾暴露在宿主体内环境中，雌虫有褶嵴覆盖的部位正是虫体与宿主内环境直接接触的部分，推测褶嵴的生理功能主要为增加虫体体表的面积，有助于虫体从体表吸收宿主的营养。体棘主要分布在血吸虫口、腹吸盘的内侧面，及雄虫的抱雌沟内侧面和雌虫虫体中后段表面，推测体棘的主要功能是增加虫体表面摩擦力，有助于虫体附着于宿主的血管壁及雌雄虫合抱。

血吸虫成虫寄生于终末宿主血管内，其体表与宿主血液直接接触，不仅是血吸虫与宿主进行物质交换的重要界面，也是血吸虫与宿主免疫系统接触的界面，历来受到血吸虫学者的重视。血吸虫成虫体被由外质膜、基质和基膜三部分组成（图 1－26）。外质膜为体被最外面的膜，一般为 7 层，该层膜不断更新，呈现电子致密区与透亮相间区，外质膜结构及膜上分子的不断变化可能与血吸虫逃避宿主免疫应答等相关。外质膜及基质一方面向外侧突起或延展形成很多皱褶或皮嵴，另一方面外质膜内陷形成凹窝或孔或沟槽状，这样，体被的外伸和内陷使体被切面呈现海绵样结构。一般雄虫体被外伸或内陷的程度比雌虫为甚，雄虫背面外伸或内陷的变化又比腹面的大。基质为外质膜与基膜之间的胞质层，其内含多种分泌小体（secretory granule），包括盘状颗粒（discoil granule）、多膜囊（multilaminate vesicle）和指环体（ring－like granule）等，分泌物通过胞质小管由体被细胞体输送，可能与血吸虫代谢及外质膜的更新有关。基质中有数量不多的线粒体，一般较小，内面的嵴少而短。血吸虫体被的基膜由基质膜、基底膜和间质层构成，它完整地包裹整个虫体。基质膜连接在基底膜之上，并有很多小管内陷入基质之中，基底膜与基质膜的连接处有间歇性排列的半胞质桥或半桥粒和线粒体，这可能与血吸虫在寄生微环境中的离子转运和调节有关。从半胞质桥发出的纤维与基质中的微管、小梁连接，使体被与体被下层的组织连成一个整体。血吸虫体被除了覆盖体表最外层外，还延伸至口吸盘、口腔、食管前段、排泄孔及生殖孔等处。

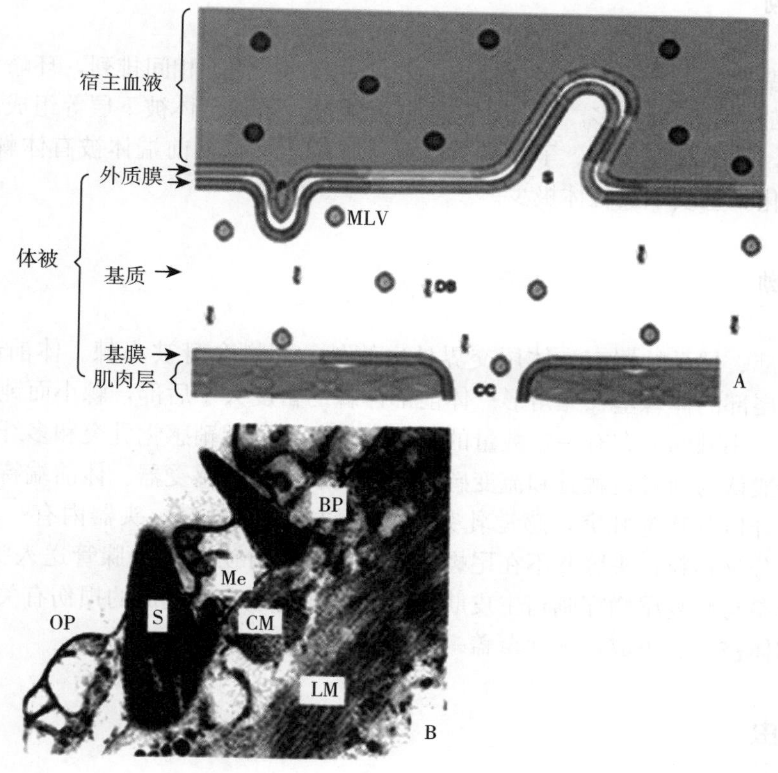

图 1－26 日本血吸虫成虫体被

A. 体被示意图（图片由张旻提供） B. 体被超微结构（引自周述龙等，2005），示外质膜（OP）、基质（Me）、基膜（BP）、体棘（S）、外环肌（CM）、内纵肌（LM）

二、虫卵

日本血吸虫卵壳表面布满微棘，微棘下为网状纤维基质。虫卵的微棘有助于虫卵黏附于宿主血管壁，利于虫卵稳定寄生于宿主组织中，使虫卵分泌物定向分布于卵壳附近。透射电镜观察表明卵壳为双层结构，内层薄但电子密度致密，外层厚但电子密度较内层稀疏，内、外二层紧贴。壳层间有不定形弯曲的微管道。卵壳内胚膜层以及卵壳间的微管道可使卵内抗原性物质、毛蚴代谢产物、分泌物以及水分、气体等与外界进行交换，对卵的生理、孵化与抗力有重要作用。

三、毛蚴

毛蚴顶突由不规则网络状的褶嵴组成，属蜂窝形。顶突中央有顶腺的开口。毛蚴全身披纤毛。每根纤毛含有 2 个中央微管和 9 组周边微管构成的结构。在第 1 和第 2 排纤毛板之间的两侧各有一个侧突，司感觉器官作用。在第 3 和第 4 纤毛板之间的两侧各有一个排泄孔。

四、胞蚴

母胞蚴体壁表面光滑，周身有突起的环嵴和凹陷的环槽，相间排列，环嵴和环槽的数目随着母胞蚴日龄的增长而增多。母胞蚴的体壁由体被、基膜、体被下层等组成。体表有微绒毛，基质较薄，其中有线粒体。子胞蚴结构与母胞蚴相似，但前端体被有体棘，棘为单生。微绒毛开始分化。基质中线粒体极少。

五、尾蚴

除体的顶部、尾叉的尾突、体尾交界处内侧外，尾蚴全身被小棘。体前部的棘呈芝麻状，体后部及尾部的体棘呈长三角形。体前部体棘的密度大于后部，棘小而钝，有利于尾蚴侵入宿主皮肤。小棘间分布有一定数量的呈单根纤毛状的无鞘感觉乳突和多纤毛状的凹窝型感觉乳突，一般认为前者是触觉和流变感受器，后者为化学感受器。体前端特化为头器，有口孔、穿刺腺开口及感觉乳突，感觉乳突为无鞘的单纤毛乳突。头器内有一单细胞腺体头腺，头腺内含分泌颗粒，头腺并不在尾蚴体表开口，其分泌颗粒经腺管送入头器体被基质，其功能可能与参与修复尾蚴穿刺宿主皮肤过程中头器前端表膜造成的损伤有关。尾蚴体壁由体被、基膜和体被下层组成，表面覆盖一层糖萼。

六、童虫

皮肤型童虫有明显的环槽和环嵴，体棘分布和尾蚴相似，乳突明显比尾蚴少。肺型童虫环槽数目增多，体前端和后端体棘分布密集，体中部体棘稀疏，仅见到个别单纤毛半球形的乳突，体被出现大量的皮孔。肝门型童虫环槽逐渐消失，口、腹吸盘上均有发达的体棘，雄性童虫体表偶见少数体棘，雌性童虫体表可见散在性体棘。虫体前后端及口、腹吸盘上有大量的感觉乳突，包括单纤毛半球形和无纤毛半球形乳突。尾蚴进入皮肤后，12h 内体表糖萼消失。尾蚴有 3 层外质膜，侵入终末宿主皮肤 3h 后局部出现 5 层，部分保持 3 层，12h 童虫外质膜 3 层、5 层、7 层的都有。3h 童虫的头腺和穿刺腺腺体、腺管中仍存在一定量的分泌小体，12h 童虫腺体分泌小体排空，或仅有少量残存，而腺管中还存在部分的分泌小体。

（林矫矫、金亚美）

■ 参考文献

何毅勋，1962. 日本血吸虫形态的若干观察［J］. 动物学报，4：453－457.

何毅勋，龚祖埙，马金鑫，1979. 日本血吸虫卵卵壳的超微结构［J］. 中国医学科学院学报，1：144－149.

何毅勋，马金鑫，1980. 日本血吸虫的扫描电镜观察［J］. 中国医学科学院学报，2：38.

何毅勋，马金鑫，1981. 日本血吸虫毛蚴的扫描电镜观察［J］. 动物学报，27：301－303.

何毅勋，毛才生，胡亚青，1985. 日本血吸虫尾蚴及童虫的生理学比较［J］. 动物学报，31：240.

何毅勋，彭辛年，1985. 日本血吸虫在小鼠体内发育形态的扫描电镜观察［J］. 动物学报（2）：41－45.

何毅勋，杨惠中，1960. 日本血吸虫宿主特异性研究Ⅱ. 各哺乳动物体内虫体及其生殖器官的发育状况和子宫内虫卵数［J］. 中华医学杂志，46：476.

何毅勋，杨惠中，1962. 日本血吸虫宿主特异性研究Ⅳ. 哺乳动物粪便排卵情况［J］. 中华医学杂志，48：193.

何毅勋，杨惠中，毛守白，1960. 日本血吸虫宿主特异性研究Ⅰ. 各哺乳动物体内虫体的发育率、分布及存活情况［J］. 中华医学杂志，46：470－475.

何毅勋，杨惠中，1974. 日本血吸虫卵形成的生理［J］. 动物学报，20：243－258.

何毅勋，杨惠中，1980. 日本血吸虫发育的生理学研究［J］. 动物学报，26：32－36.

何毅勋，杨惠中，1980. 日本血吸虫发育的组织化学研究［J］. 动物学研究，1：453.

何毅勋，郁琪芳，夏明仪，1985. 日本血吸虫尾蚴的组织化学及扫描电镜观察［J］. 动物学报，31：6－11.

何毅勋，1962. 日本血吸虫组织化学研究Ⅰ. 成虫体内核酸、氨基酸、糖原和磷酸酶的分布［J］. 动物学报，14：433－438.

何毅勋，1963. 日本血吸虫组织化学研究Ⅱ. 脂类、脂酶和非特异性酯酶的组织化学证明［J］. 动物学报，15：363－370.

何毅勋，1979. 关于血吸虫病病原的史料［J］. 国外医学（寄生虫病分册）（1）：1－6.

何毅勋，1993. 中国大陆株日本血吸虫品系的研究. Ⅻ. 总结［J］. 中国寄生虫学与寄生虫病杂志，11：93－97.

湖南医学院，1979. 长沙马王堆一号汉墓女尸研究［M］. 北京：文物出版社，45－78.

孔繁瑶，1997. 家畜寄生虫学［M］. 北京：中国农业大学出版社，68－76.

李佩贞，1959. 单性感染及复性感染日本血吸虫发育的研究［J］. 动物学报，11：499.

林建银，李瑛，周述龙，1985. 日本血吸虫在终末宿主体内的生长发育［J］. 动物学报，31：70－76.

林建银，1986. 日本血吸虫皮肤型童虫透射电镜观察［J］. 动物学报，32：344－349.

林建银，1988. 日本血吸虫卵黄细胞发育的透射电镜观察［J］. 动物学报，34：378－379.

林矫矫，2015. 家畜血吸虫病［M］. 北京：中国农业出版社.

毛守白，1991. 血吸虫生物学与血吸虫病的防治［M］. 北京：人民卫生出版社，6－51.

唐崇惕，唐仲璋，2015. 中国吸虫学［M］. 2 版. 北京：科学出版社.

唐仲璋，唐崇惕，1962. 产生皮疹的家鸭血吸虫的生物学研究及其在哺乳动物的感染试验［J］. 福建师范学院学报，2：1－14.

唐仲璋，唐崇惕，唐超，1973. 日本血吸虫成虫和童虫在终末宿主体内异位寄生的研究［J］. 动物学报，

19：220－237.

唐仲璋，唐崇惕，唐超，1973. 日本血吸虫童虫在终末宿主体内迁移途径的研究［J］. 动物学报，19：323－336.

唐仲璋，唐崇惕，1976. 中国裂体科血吸虫和稻田皮肤疹［J］. 动物学报，22：341－356.

王陇德，2006. 中国血吸虫病防治历程与展望［M］. 北京：人民卫生出版社.

魏德祥，杨文远，马家骅，等，1980. 江陵凤凰山 168 号墓西汉古尸的寄生虫学研究［J］. 武汉医学院学报，9（3）：1－6.

魏梅雄，郑思民，钱澄怀，等，1983. 日本血吸虫卵卵壳及环卵沉淀物的超微结构［J］. 中华医学杂志，63：278－280.

向选东，1987. 血吸虫的组织化学研究进展（一）. 碳水化合物、蛋白质、核酸、脂类及无机成分的组织化学研究［J］. 动物学杂志，22：39.

肖树华，戴志强，张荣泉，等，1983. 日本血吸虫皮层的扫描电镜观察［J］. 寄生虫学与寄生虫病杂志，1：23－26.

赵辉元，1995. 畜禽寄生虫与防治学［M］. 长春：吉林科学技术出版社.

赵慰先，1996. 实用血吸虫病学［M］. 北京：人民卫生出版社.

周述龙，1958. 日本血吸虫幼虫在钉螺体内发育的观察［J］. 微生物学报，6：110－126.

周述龙，蒋明森，林建银，等，2005. 日本血吸虫超微结构［M］. 武汉：武汉大学出版社.

周述龙，林建银，蒋明森，2001. 血吸虫学［M］. 2 版. 北京：科学出版社.

周述龙，林建银，孔楚豪，1985. 日本血吸虫胞蚴期超微结构的初步观察［J］. 动物学报，31：143－149.

周述龙，林建银，李瑛，1984. 日本血吸虫肝门型童虫扫描电镜观察［J］. 动物学报，30：58.

周述龙，林建银，李瑛，1985. 日本血吸虫童虫体表超微结构动态观察［J］. 水生生物学报，9：68－73.

周述龙，林建银，张品芝，1984. 日本血吸虫尾蚴的扫描电镜初步观察［J］. 寄生虫学与寄生虫病杂志，2：58.

周述龙，王薇，孔楚豪，1988. 日本血吸虫尾蚴头器、腺体及体被超微结构的观察［J］. 动物学报，34：22－26.

Atkinson K H，Atkinson B G，1980. Biochemical basis for the continuous copulation of female *Schistosoma mansoni*［J］. Nature，283：478.

Basch P F，1981. Cultivation of *Schistosoma mansoni* in vitro II. Production of infertile eggs by worm pairs cultured from cercariae［J］. J Parasitol，67：186.

Blakespoor H D，Van Der Schalie H，1976. Attachment and penetration of miracidia observed by scanning electron microscopy［J］. Science，191：291.

Burden C S，Ubelaker J E，1981. *Schistosoma mansoni* and *Schistosoma haematobium*：difference in development［J］. Exp Parasitol，51：28.

Carney W P，Sudomo P M，1978. A mammalian reservoir of *Schistosoma japonicum* in the Napu，Valley，Central Sulawesi，Indonesia［J］. J Parasitol，64：1138.

Catto J，1905. *Schistosoma cattoi*，a new blood fluke of man［J］. Brit Med J，1：11－13.

Cheever A W，Duvall R H，Minker R G，1980. Quantitative parasitologic findings in rabbits infected with Japanese and Philippine strains of *Schistosoma japonicum*［J］. Am J Trop Med Hyg，29（6）：1307－1315.

Cornford E M，Huot M E，1981. Glucose transfer from male to female schistosomes［J］. Science，213：1269.

Cross J H，1976. Preliminary observations on the biology of the Indonesian strain of *Schistosoma japonicum*：Experimental transmission in laboratory animals and Oncomelanid snails［J］. Southeast Asian J Trop Med Pub Health，7：202.

Cross J H，1978. Further observations on the development of the Indonesian strain of *Schistosoma japonicum* in white mice and preliminary studies on Indonesian，Philippine and Formosian strains in the Taiwan monkey［J］. Proc Int Conf Schistosomiasis，173.

Den Hollander J E，Erasmus D A，1985. *Schistosoma mansoni*：Male stimulation and DNA synthesis by the female [J]. Parasitology，91：449.

Donnelly F A，Appleton C C，Schutte C，1984. The influence of salinity on the ova and miracidia of three species of Schistosoma [J]. Int J Parasitol，14：113.

Erasmus D A，1973. A comparative study of the reproductive system of mature，inmature and 'unisexual' female *Schistosoma mansoni* [J]. Parasitology，67（2）：165－183.

Erasmus D A，Popiel I，Shaw J R，1982. A comparative study of the vitelline cell in *Schistosoma mansoni*，*S. haematobium*，*S. japonicum*，and *S. mattheei* [J]. Parasitology，84：283－287.

Erickson D C，Lichtenberg V，Sadun E H，et al，1971. Comparison of *Schistosoma haematobium*，*S. mansoni*，and *S. japonicum* infection in the owl monkey，Aotus trivirgatus [J]. J Parasitol，57：543.

Faust E C，Kellogg C R，1929. Parasitic Infection in the Foochow area，Fukien Province，China [J]. J Trop Med Hgy，32：105－110.

Faust E C，Meleney H E，1924. Studies on Schistosomiasis japonica [J]. Amer Jour Hyg Monographic series，3：339.

Fernandez T J，Petilla T，Banez B，1982. An epidemiological study on *Schistosoma japonicum* in domestic animals in Leyte，Philippines [J]. Southeast Asian J Trop Med Pub Health，13（4）：575.

Ford J W，Blankespoor M D，1979. Scanning electron micrographs of the eggs of three human schistosomes [J]. Int J Parasitol，9：141.

Fujinami A，Nakamura H，1909. New researches in the Japanese schistosome disease [J]. Kyoto Igakai Zasshi（J Kyoto Med Assoc.），6（4）（in Japanese）.

Fujinami A，Nakamura H，1909. Studies on Katayama disease. The route of infection of the parasite，*S. japonicum* [J]. Iji Shimbum（Med News），789；Tokyo Iji Shinji（Tokyo Med Weekly），1635.

Garcia E G，Mitchell T，1983. Innate resistance to *Schistosoma japonicum* in a proportion of 129/J mice [J]. J Parasitol，69（3）：613－615.

Greer G J，Yong O，1988. Schistosoma malayensis sp.：A *Schistosoma japonicum* complex schistosome from Peninsular Malaysia [J]. J Parasitol，74（3）：471－480.

Gupta B C，Basch P F，1987. Evidence for transfer of a glycoprotein from male to female *Schistosoma mansoni* during paring [J]. Parasitol，73：674.

Gupta B C，Basch P F，1987. The role of *Schistosoma mansoni* males in feeding and development of female worms [J]. J Parasitol，73：481.

He Y H，1963. On the host specificity of *Schistosoma japonicum* [J]. Chinese Med J，82：403.

He Y X，Gong Z X，Ma J X，1979. Scanning and transmission electron microscopy of *Schistosoma japonicum* egg shell [J]. Chinese Med J，93：861.

Hockley D I，McLaren D J，1973. *Schistosoma mansoni*：Changes in the outer membrane of the tegument during development from cercariae to adult worm [J]. Int J Parasitol，3：13.

Hsu H F，Hsu S，Chu K Y，1954. Schistosomiasis japonica among domestic animals in Formosa [J]. Riv Parasitol，15：461.

Hsu H F，Hsu S Y L，1960. The infectivity of four geographic strains of *Schistosoma japonicum* in the rhesus monkey [J]. J Parasitol，46：228.

Hsu S Y L，Hsu H F，1968. The strain complex of *Schistosoma japonicum* in Taiwan，China [J]. Z Tropenmed Parasitol，19：43.

Hsu S Y L，Hsu H F，Chu K Y，1962. Interbreeding of geographic strains of *Schistosoma japonicum* [J]. Trans Roy Soc Trop Med Hyg（5）：383－385.

Kasai K，1904. Report of investigation of the so - called Katayama disease in Bingo Province [J]. Tokyo Igakai Zasshi (J Tokyo Med Assn)，18：3 - 4.

Katsurada F，Hasegawa T，1910. Life history of *Schistosoma japonicum* [J]. Tokyo Iji Shinshi (Tokyo Med Weekly)，1681：1 - 4.

Logan O T，1905. A case of dysentery in Hunan province，caused by the trematode，*Schistosoma japonicum* [J]. The China Medical Missionary Journal，19：243 - 245.

MacInnis A J，1969. Identification of chemicals triggering cercarial penetration responses of *Schistosoma mansoni* [J]. Nature，224：1221.

MacInnis A J，Bethel W M，Cornford E M，1974. Identification of chemicals of snail origin that attract *Schistosoma mansoni* miracida [J]. Nature，248 (5446)：361 - 363.

Miyagawa Y，Takemoto S，1921. The mode of infection of *Schistosomum japonicum* and the principal route of its journey from the skin to the portal vein in the host [J]. Path Bact，26：168 - 174.

Moloney N A，Garcia E G，Webbe G，1985. The strain specificity of vaccination with ultra violet attenuatedcercariae of the Chinese strain of *Schistosoma japonicum* [J]. Trans Roy Soc Trop Med Hyg (2)：245 - 247.

Nakayama H，1910. Development of the eggs of *Schistosoma japonicum* in the body of the host and histological changes in this disease [J]. Tokyo Igakai Zasshi (Jour Tokyo Med Assn)，24 (4)：133 - 160.

Narabayashi H，1914b. On the migratory course of *Schistosoma japonicum* in the body of the final host [J]. Kyoto Med Assoc，12 (1)：153 - 154 (in Japanese) .

Phansri W，Ow - Yang C K，Lai P F，1984. SEM studies on differential morphology between the adult Malaysian schistosome and *Schistosoma japonicum* [J]. Southeast Asian J Trop Med Pub Hea lth，15 (4)：525.

Popiel I，1986. The reproductive biology of schistosomes [J]. Parasitol Today，2：10.

Popiel I，Basch P F，1984. Putative polypeptide transfer from male to female *Schistosoma mansoni* [J]. Mol Biochem Parasitol，11：179.

Sobhon P，Anupunpisit V，Yuan H C，1988. *Schistosoma japonicum* (Chinese)：Changes of the tegument surface in cercaria，schistosomula and juvenile parasites during development [J]. Int J Parasitol，18 (8)：1093 - 1104.

Sobhon P，Koonchornboon T，Yuan H C，1986. Comparison of the surface morphology of adult *Schistosoma japonicum* (Chinese，Philippine and Indonesian strains) by scanning electron microscopy [J]. Int J Parasitol，16：205 - 216.

Tang C C，1938. Some remark on the morphology of the miracidium and cercaria of *Schistosoma japonicum* [J]. Chinese Med J (suppl II)：423.

Voge M，Bruce B，1978. *Schistosoma mekoni* sp. from man and animals，compared with four geographic strains of *Schistosoma japonicum* [J]. J Parasitol，64 (4)：577 - 584.

Voge M，Price Z，Jansma W B，1978. Observations on the surface of different strains of adult *Schistosoma japonicum* [J]. J Parasitol，64：368.

Wang W，Zhou S L，1986. In vitro cultivation of *Schistosoma japonicum* from cercariae to egg - producing adult worms [J]. Chinese Med J，99：713.

Wu K，1938. Cattle as reservoir hosts of *Schistosoma japonicum* in China [J]. Amer J Hyg，27：290 - 297.

Wu K，1940. Schistosomiasis japanica among sheep and goats，with a review of the reservoir hosts from China [J]. Trans 10th Congress FEATM，21：721 - 725.

Yao Y T，1936. Report on the investigation of schistosomiasis japonica in I - hsing，Tai - hu endemic area [J]. Chinese Med J，50：1667.

第二章　血吸虫组学

20 世纪 90 年代以来，以人类基因组计划为代表，各种模式生物、资源生物及重要的病原生物等为对象的基因组学研究；以生物信息学为主要工具的序列数据分析和注释研究；以转录组学、蛋白质组学、非编码 RNA 组学等为平台的功能基因组学研究，成为现代生命科学研究的三大热点。随着相关研究的快速发展及研究技术平台的不断完善，人们可以更深入地认识生命的本质，进而实现对生物系统进行更有目的性、针对性、更合理的控制和改造。

开展血吸虫基因组和功能基因组学等研究，深入挖掘血吸虫组学研究数据库资源，系统分析和整合血吸虫基因组、转录组、蛋白质组、非编码 RNA 组等研究成果，可为我们从整体高度、更深层次地了解血吸虫的生物学特征，解析重要分子的生物学功能，以及血吸虫生长发育机制、致病机理和血吸虫与宿主的相互作用机制，进而为血吸虫病诊断抗原分子、疫苗候选分子和新治疗药物靶标的筛选提供新思路，为血吸虫病防控研究取得新突破奠定理论基础。

第一节　染色体

一、血吸虫的染色体数目

已知 6 属 16 种血吸虫的染色体数，其中以 $2n=16$ 的为多，有曼氏血吸虫（*Schistosoma mansoni*）、罗德恒血吸虫（*S. rodhaini*）、埃及血吸虫（*S. haematobium*）、牛血吸虫（*S. bovis*）、麦氏血吸虫（*S. mattheei*）、间插血吸虫（*S. intercalatum*）、马格里血吸虫（*S. margrebowiei*）、日本血吸虫（*S. japonicum*）、湄公血吸虫（*S. mekongi*）、异腺澳毕吸虫（*Austrobilharzia variglandis*）、小管鸟毕吸虫（*Ornithobilharzia canaliculata*）、瓶螺毛毕吸虫（*T. physellae*）、沼泽毛毕吸虫 A（*T. stagnicolae A*）等 13 种，几种重要的人体血吸虫的染色体数均为 $2n=16$。此外，$2n=14$ 的有杜氏小裂体吸虫（*Schistosomatium douthitti*）；$2n=18$ 的有瓶螺毛毕吸虫 B（*Tricobilharzia physellae B*）；$2n=20$ 的有美洲异毕吸虫（*Heterobilharzia americana*）。

二、血吸虫性染色体与核型

裂体科吸虫是吸虫中唯一有两性染色体的寄生虫。一般雄性动物的染色体为 XY，雌性为 XX。但血吸虫雌虫的染色体为 ZW，雄虫为 ZZ。Z 与 W 在常规姬姆萨染色中可区分其大小和形态上的差别。许阿莲等（1985）对日本血吸虫性染色体的测量结果表明，Z 相对臂长为 18.33±1.92，W 相对臂长为 16.86±2.17；而且 W 更接近中部着丝粒，其臂比率为 1.87±0.16，Z 臂的臂比率为 2.36±0.49。Grossman 等（1980，1981）及 Short 和 Grossman（1981）应用 C 带（结构异染色质带）技术，证明日本血吸虫 W 性染色体上的着丝粒异染色质区明显小于非洲地区任何一种 W 性染色体上的着丝粒异染色质区，这些差异表明亚洲地区和非洲地区血吸虫存在进化上的隔离。

Short 等（1983）比较了 11 种人体和其他哺乳类动物血吸虫的核型，并把它们分为三大组，即非洲组、亚洲组和美洲组，其中非洲组血吸虫又分为曼氏血吸虫复合群和埃及血吸虫复合群。不同血吸虫之间在染色体数目，或在核型方面有所不同（Grossman 等，1980，1981a，1981b；Short 等，1981）。在曼氏血吸虫 16 条染色体中，2 对大型染色体和 3 对中型染色体都为亚端（subtelocentric）着丝粒，3 对小型染色体为亚中（submetacentric）或中着丝粒（metacentric）。亚洲组（日本血吸虫、湄公血吸虫）除了染色体长短臂长度有区别外，同时性染色体具有中着丝粒和少量异染色质（heterochromatin）。美洲组的两种血吸虫，不仅染色体数目上不同，其性染色体亦有明显的区别。

高隆声等（1985）和许阿莲等（1985）分别对我国大陆株日本血吸虫染色体核型做了研究，结果表明日本血吸虫染色体数目为 $2n=16$，$n=8$。其核型的组成是：大型染色体 4 个，中型染色体 6 个，小型染色体 6 个，可配成 8 对。根据染色体的大小、形态和着丝粒的位置可将日本血吸虫的 8 对染色体分成 3 组，即大型的 1～2 号染色体，1 号为亚端着丝粒，2 号为亚中部着丝粒。其中，2 号染色体为性染色体。雌虫为异配性别（ZW），雄虫为同配性别（ZZ）；中型 3～5 号染色体为亚端着丝粒；小型 6～8 号染色体，着丝粒位于亚端部和中部。两家实验室的研究结果除在染色体着丝粒位置方面不是完全一致外，其他方面基本相似。

三、血吸虫核型的演化

Short 等（1983）研究了寄生于变温动物如爬行类宿主血管的旋睾类吸虫（*Spirochiidate*）和寄生于鸟类肠道的鸮形类吸虫（*Strigeidae*）的核型，在比较裂体科、旋睾科和鸮形科吸虫染色体后，认为现在的血吸虫是由雌雄同体向雌雄异体演化而来。血吸虫祖先虫体染色体核型大多数为端着丝粒染色体，通过易位、融合、倒位、非整倍体等过程，及通过染色体异质化发展而来。Grossman 等根据上述吸虫染色体的研究，提出血吸虫染色体核型演化的理论，但仍认为这一理论还有很多不足的地方，特别是鸮形类吸虫向旋睾类吸虫演化的论据不足。鸮形类吸虫寄生于鸟类的肠腔，成虫形态、结构与血吸虫相差甚远。鸮形类的尾蚴虽为叉尾型，但具咽，不具穿刺皮肤的能力，具囊蚴期。因此仍需进一步结合遗传学和分子生物学的研究，来加深对血吸虫演化及其亲缘关系的认识。

第二节　基因组

开展血吸虫基因组学研究，创建血吸虫分子生物学等研究的数据挖掘和分析平台，可从本质上认识血吸虫的生物学、进化和演变等特征，解析血吸虫的入侵、发育、繁殖、致病和免疫逃避，及与宿主相互作用机制，为发现新的疫苗候选分子、诊断抗原和新药物靶标等奠定理论基础。

血吸虫基因组计划（SGP）是国际寄生虫学界解析重要寄生虫基因组信息的主要目标之一，该计划最初由巴西提出并于1992年启动，在WHO的支持下，成立了一个由中国、巴西、埃及、英国、美国、法国、澳大利亚和德国等国科学家共同参与的血吸虫基因组工作网络（SNG），以曼氏血吸虫和日本血吸虫为主深入开展基因组学和功能基因组学的研究。2000年，国家人类基因组南方研究中心与中国疾病预防控制中心寄生虫病预防控制所等单位合作，启动了日本血吸虫基因组学研究，对日本血吸虫基因组进行大规模测序和生物信息学分析，揭示了日本血吸虫基因组基本结构特征和基本遗传信息。研究成果于2009年7月16日在*Nature*杂志上以封面论文形式发表（Zhou等，2009）。国内外同行评论说："该论文展示了第一个扁形动物基因组序列，是寄生虫研究史上的里程碑。"该研究取得的重要成果主要有以下几方面（陈竺等，2010）。

一、日本血吸虫基因组框架图

日本血吸虫基因组学研究协作组构建了插入片段分别为2～4kb和6～8kb的日本血吸虫中国大陆株基因组质粒文库，以及插入片段分别为±35kb和±100kb大片段Fosmid和BAC克隆文库。采用全基因组随机测序（whole genome shotgun sequencing，WGS）方法结合大片段克隆（BAC，Fosmid）末端测序方法的综合战略，共完成了367万多个序列的测定，成功获得315万多个克隆末端序列，其中1.6～4kb（plasmid - S）和6～8kb（plasmid - L）的比率为3∶1，成功率为86%，平均序列长度为533bp（phred Q>20）。总序列长度为1.682×10^9个碱基，相当于推测日本血吸虫基因组（270Mb碱基）的6.2倍。应用Phusion（Mullik，2003）WGS序列拼装软件系统，进行基因组序列的拼装，共获得9.5万个序列重叠群（contig），其中最长的contig达92.5 kb，contig全长343.7Mb。框架序列重叠群（supercontig）2.5万个，最长1.7Mb，总长度397.8Mb。通过与精确测序的22个BAC克隆比对，contig和supercontig序列分别覆盖了BAC的90%和99%，表明日本血吸虫基因组框架图代表了90%以上基因组序列。2006年5月16日和2009年7月16日分别通过上海市研发公共服务平台生命科学与生物技术数据中心（http://lifecenter.sgs.tcn/s.jdo）和欧洲分子生物数据库（EMBL，http://www.eb.iac.uk/embl），向全世界公布了日本血吸虫基因组框架图所有数据，供全球开展血吸虫病及其他寄生虫病的研究机构和科学家共享。

通过基因组序列特征分析发现了大量重复序列，如SINE、LINE、Satellite、转座子（Transposon）和反转座子（Retro - transposon）等，约占基因组序列的36.7%，其中反转座子约占重复序列的39%。通过数学统计方法（Kmer 24bp）初步推算出重复序列的分布特征，重复10次的序列占基因组40%左右，重复100次的占10%左右，而高度重复序列（>1 000次）为5%。首次在日本血吸虫基因组中发现了25个反转座子。这些反转座子包含有完整的多蛋白（polyprotein）结构，并被转录，表明这些广泛分布在基因组中的反转座子具有活性，在基因组重组和进化过程中起着重要作用。在日本血吸虫基因组框架图中，识别出编码基因13 469个，其中有首次鉴定的与血吸虫感染宿主密切相关的弹力蛋白酶（elastase）基因。在与具有同等大小基因组的非寄生生物比较中，发现虽然基因数量相近，但其功能基因的组成却有较大差别。日本血吸虫丢失了很多与营养代谢相关的基因，如脂肪酸、氨基酸、胆固醇和性激素合成基因等，它们必须从哺乳动物宿主获得这些营养物质；同时，扩充了许多有利于蛋白消化的酶类基因家族的成员。这一差别充分体现了血吸虫适应寄生生活，与宿主协同进化的重要特性。

Luo 等（2019）采用新一代测序技术对日本血吸虫中国大陆株全基因组进行从头测序与组装，最终组装的基因组大小为 370.5Mb，染色体锚定率为 96.6%，Scaffold 和 contig 的 N50 分别是 1.09Mb 和 871.9kb。结合 PacBio 全长转录组和 Illumina RNA - Seq 测序技术识别出 10 089 个编码基因，其中 96.5%已进行功能注释，重复元件占基因组的 46.80%。分析结果显示，有 20 个基因家族数据存在显著扩展，这些基因功能主要集中在蛋白水解和蛋白质糖基化。

二、血吸虫在分子进化上的独特特征

基因组研究分析揭示了血吸虫在分子进化上的独特特征：与人、线虫、果蝇和蚊子等进行了比较分析，发现其与人的关系更为密切，揭示血吸虫对其终末宿主有着适应和利用的共进化关系。血吸虫除了有大量与其他物种同源的基因外，还有许多血吸虫特有基因。该研究比较了多个物种的基因信息，尤其比较了不同寄生虫的基因信息，鉴定出 1 300 多个血吸虫和扁形动物特有基因，为认识血吸虫生物学特征，开发抗虫药物、疫苗奠定了理论基础。分析发现，仅 30%～40%日本血吸虫基因呈现进化上的保守性，约 30%基因与其他物种基因有较弱的同源性，而 1/3 的基因可能为血吸虫所特有，提示血吸虫在分子进化上有独特的地位。与其他物种基因组比较显示，血吸虫在物种进化上的地位明显要比线虫高，甚至比果蝇还高，更接近哺乳动物如人类。分析了 1 500 多个血吸虫基因分子进化过程，发现少数基因在进化过程中处于进化正选择，其蛋白产物定位在表皮和卵壳上，带有遗传多态性，说明血吸虫在进化过程中，不断适应变化的环境，尤其是在与宿主免疫系统相互作用中进化。一些血吸虫基因与脊椎动物特有基因同源，提示其可能与哺乳动物宿主协同进化。血吸虫有众多的基因参与代谢，其中至少有 16 种分解蛋白质的复杂水解酶体系，并且这些水解酶的结构与宿主（如人类）的同类分子类似，具有分解血红蛋白的作用，在成虫表达量高，反映了血吸虫的摄血特性有其分子生物学基础。血吸虫含有一些与宿主（如人类）高度同源的激素受体，如胰岛素受体、性激素受体、细胞因子 FGF 受体、神经肽受体等，这说明日本血吸虫既可利用自身的，也可利用宿主的内分泌激素、细胞因子等，来促进血吸虫的生长、发育、分化和成熟。这个发现可以解析血吸虫依赖宿主内分泌系统生长的现象。

三、血吸虫-宿主相互作用的分子基础

血吸虫如何逃避宿主免疫攻击一直是人们关注的重要问题之一，以往主要从免疫学研究入手开展相关探讨。另外，一些学者也观察到血吸虫依赖宿主免疫系统生长发育，但其分子机制仍不清楚。该项目从血吸虫遗传多态性和宿主与血吸虫相互作用的界面——血吸虫表皮和卵壳蛋白入手分析和探讨该问题。首次大规模地分析了血吸虫基因的遗传多态性，如单核苷酸多态性、插入和缺失多态性和微卫星多态性等，揭示了血吸虫遗传多态性的基本特征和

分布规律。血吸虫遗传多态性在不同地区（安徽、江西、湖南、湖北和四川）来源的血吸虫中大量存在，提示血吸虫的遗传多态性可能是免疫逃逸机制之一。血吸虫一些表皮和卵壳蛋白与哺乳动物宿主相应蛋白有很高的序列同源性，可以通过抗原模拟逃避宿主免疫攻击。血吸虫表皮和卵壳蛋白中有许多氧化还原酶体系用于分解宿主攻击分子。有些蛋白可以调节宿主免疫细胞、激发特异的宿主免疫应答，有利于虫卵肉芽肿形成。有趣的是，一些血吸虫基因与宿主同类分子相似，可以接受宿主免疫相关信息，促进血吸虫更好地生长和发育，这可能是血吸虫依赖宿主免疫系统生长发育的原因之一。

日本血吸虫基因组数据的完成及公布，展示了我国在血吸虫研究领域所取得的重要创新成果，为国内外血吸虫研究人员提供了一个深入进行数据挖掘和分析的平台，有力地促进血吸虫生物学特征、入侵和致病机制、免疫逃避机制、血吸虫与宿主相互作用机制等研究的发展，及血吸虫病诊断、治疗和预防研究取得新突破，为实现在我国乃至世界范围控制和消除血吸虫病的战略目标提供了重要的生物信息资源和平台。

四、不同虫种或不同地理株虫体和线粒体基因组的比较分析

日本血吸虫中国大陆株和菲律宾株虫体在体被结构、虫体大小、生殖力、潜隐期、致病性、对药物的敏感性和免疫原性等方面都存在一些差别。Gobert 等（2013）应用比较基因组杂交技术（comparative genomic hybridization，CGH）对中国大陆株和菲律宾株虫体基因组进行比较分析，在两株虫体基因组间鉴定到 7 处呈现明显差别的 CGH 区域，表现为序列缺失或重复。在这些有差别的区域内，鉴定到与表型差异相关的编码基因，研究结果为理解两株虫体在生物学和进化上的差别提供了解释。

Yin 等（2016）收集了来自湖区安徽贵池和铜陵、湖南老港，及山区四川西昌四地的血吸虫虫体，应用测序技术（next generation sequencing technique，NGS）对虫体基因组进行比较分析，结果从 4 株虫体的 2 059 个基因中鉴定到 14 575 个 SNPs。进化树分析显示不同地理株虫体间存在明显的遗传变异，相对安徽铜陵和湖南老港两个虫株，四川西昌虫株与安徽贵池虫株更接近，作者认为，山区虫株或许是从湖区虫株进化而来。分析还显示，2/3 以上的 SNPs 编码序列的改变并不影响其所翻译的蛋白质的氨基酸序列。山区收集的虫株有 66 个基因检测到独有的非同义 SNPs 变化，暗示寄生虫可能遗传适应了山区的生态环境。

澳大利亚的 QIMR 研究所测定了曼氏血吸虫、日本血吸虫和湄公血吸虫 3 种血吸虫的整个线粒体编码区，及日本血吸虫和曼氏血吸虫之间的不连续基因重组克隆。英国 NHM 开展了埃及血吸虫线粒体的基因组测序。线粒体基因组序列已用在血吸虫系统发育学的分析中，结果提示，血吸虫在亚洲发展，然后向西传播到非洲。最近有关血吸虫分子进化史的研究支持这一假设。由此也提示，日本血吸虫比曼氏血吸虫更适合作为扁形动物的典型代表。

Yin 等（2015）以采集自不同流行区的 12 株日本血吸虫为研究对象，比较分析了 3 个日本血吸虫线粒体 DNA（nad1、nad4 和 16S - 12S rRNA）片段和 10 个微卫星位点核苷酸序列的遗传多样性，结果显示来自印度尼西亚、菲律宾、中国台湾和中国大陆的日本血吸虫虫株之间存在明显区别，其中台湾株和大陆株差别明显，来自中国大陆山区（四川和云南）和湖区流行区（安徽、湖南、江西）的日本血吸虫虫株之间也存在一些差别，进一步分析推

测收集自中国大陆不同湖区流行区的虫株之间不存在明显的亚群结构。

第三节 转录组

广义的转录组代表细胞、组织或生物体内全部的 RNA 转录本，包括编码蛋白质的 mRNA和各种非编码 RNA（rRNA、tRNA、microRNA 等）；而狭义的转录组单指所有编码蛋白质的 mRNA 总和。转录组研究（图 2－1）从整体水平研究基因功能以及基因结构，反映细胞、组织或生物体在特定时期、生理状态、环境、实验条件下基因的表达情况及其调控规律，进而为揭示特定基因的生物学功能及其在生命活动中的作用奠定基础，已广泛应用于基础研究、临床诊断和药物研发等领域。

血吸虫感染宿主后，为适应寄生生活，维持自身的生长发育、繁殖，其基因表达谱不时地发生变化。通过血吸虫转录组学研究，可为认识特定基因在血吸虫生长发育中的可能生物学功能，解析血吸虫的寄生现象提供重要的实验依据。

一、血吸虫转录组

1992 年启动的血吸虫基因组计划（SGP）以曼氏血吸虫和日本血吸虫为主要研究对象，通过对不同发育时期虫体表达序列标签（expressed sequence tags，ESTs）进行大规模测序分析，获得大量的血吸虫转录组信息。

以巴西学者为主的研究小组从曼氏血吸虫的虫卵、毛蚴、胞蚴、尾蚴、童虫和成虫 6 个不同发育阶段虫体 cDNA 文库中获得 163 584 个 ESTs，聚类分析得到 30 988 个表达序列标签基因簇，这些序列可能代表了 14 000 个表达基因，约占曼氏血吸虫转录组的 92%，并对其中的后生动物特有序列和真核生物的保守序列进行了分析。

由国家人类基因组南方研究中心、中国疾病预防控制中心寄生虫病预防控制所等单位组成的研究小组，主要针对日本血吸虫雌虫、雄虫和虫卵进行大规模基因片段检测并作全面分析和验证。获得 43 707 条基因片段，代表约 13 000 个基因种类，占日本血吸虫基因总数的 65%～87%。在日本血吸虫基因组测序的基础上，该研究小组又开展了日本血吸虫大规模转录组学研究，全面、系统地揭示了日本血吸虫不同发育阶段和不同性别虫体转录组学特征。获得 5 万条基因片段，约 10 万条来自日本血吸虫不同发育阶段（包括虫卵、毛蚴、尾蚴、童虫、成虫）、不同性别的基因表达序列标签（EST），代表了约 15 000 个基因种类。从中分离出 8 400 多个编码蛋白的血吸虫基因，其中包括 3 000 多个全长新基因，约 400 个分泌蛋白和约 580 个膜蛋白基因，为认识日本血吸虫基因组结构奠定了基础，寻找并鉴定出了一批不同发育阶段虫体和雌雄虫特异或差异表达的基因，为血吸虫病的诊断和疫苗研制提供了重要信息。相关研究 2003 年 10 月和曼氏血吸虫转录组研究成果分别在同一期的《自然遗传学》（*Nature Genetics*）上发表，发布了大量的曼氏血吸虫和日本血吸虫转录组的数据信息和分析结果。

Piao 等（2014）利用高通量 RNA 测序技术对日本血吸虫雄虫和雌虫转录组进行了测序，分别鉴定到 15 939 个和 19 501 个蛋白编码序列。分析结果显示，在日本血吸虫雌性和雄性虫体中发现了 4 种类型的转录后加工或可变剪接，包括外显子跳跃、内含子保留以及替

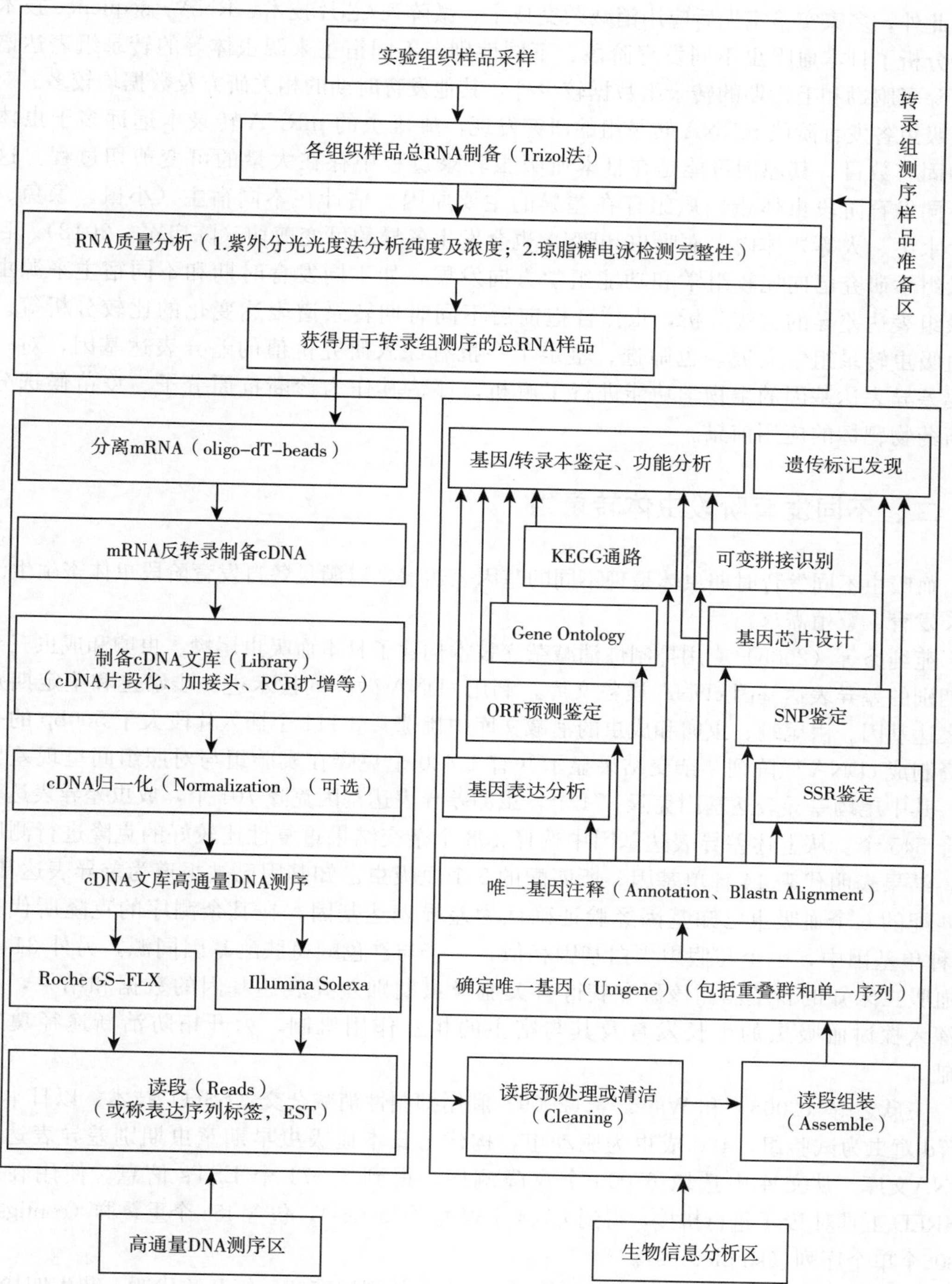

图 2－1　转录组研究的技术路线

代供体和受体位点。与哺乳动物不同，日本血吸虫替代供体和受体位点比其他两种类型的转录后加工更常见。在雌性和雄性虫体的转录组中，分别预测了 13 438 个和 16 507 个可变剪接，该结果对全面了解日本血吸虫转录组数据提供了依据。

此外，多家实验室先后应用消减杂交技术、微阵列/芯片技术、RNA - sequence 技术等比较分析了日本血吸虫不同发育阶段、不同性别、不同宿主来源虫体等的转录组表达谱差异，除了胞蚴和毛蚴期的转录组数据较少外，其他发育时期的相关研究及数据均较多。对日本血吸虫各发育阶段 mRNA 转录组的研究发现，雌雄虫的 mRNA 转录本远远多于虫体基因的固有数目，其原因可能是在日本血吸虫转录过程中存在大量的可变剪切过程。这也是不同发育阶段虫体蛋白质组存在差异的主要原因。估计在不同宿主（小鼠、家兔、黄牛、水牛、人等）体内，血吸虫 mRNA 也会发生各异的可变剪切（陈启军，2018）。目前转录组学研究已向比较组学和功能组学方向发展，如不同发育时期和不同宿主来源虫体转录组表达差异的比较分析，虫体合抱前后不同时期转录谱表达变化的比较分析等。通过血吸虫转录组学研究，也筛选、鉴定了一批有深入研究价值的差异表达基因，对一些重要差异表达基因的生物学功能进行了解析，评估其作为诊断抗原分子、疫苗候选分子和新药物靶标的应用前景。

二、不同发育阶段虫体转录组

血吸虫不同发育时期虫体呈现不同的基因表达谱，以满足各自发育阶段虫体寄生生活的生长发育、繁殖需求。

苑纯秀等（2005）应用抑制性消减杂交技术构建了日本血吸虫尾蚴、虫卵和成虫三个发育期别的差异表达基因 cDNA 质粒文库，利用 cDNA 微阵列技术进一步筛选和鉴定期别差异表达基因。由尾蚴、虫卵和成虫的消减文库中挑选共 3 111 个插入片段大于 500bp 的基因克隆制成 cDNA 微阵列。杂交结果显示共有 1 620 个克隆在实验组与对照组间呈现差异表达。其中尾蚴差异表达基因克隆 374 个，虫卵差异表达基因克隆 701 个，成虫差异表达基因克隆 545 个。从上述差异表达基因中选择 108 个杂交结果重复性比较好的克隆进行测序分析，结果表明代表 44 种单基因。所匹配的 5 个血吸虫已知基因已被报道为差异表达基因，所匹配的 6 个血吸虫已知基因经验证确认为差异表达基因；在其余测序的克隆所代表的 33 种单基因中，一个与假想蛋白基因相似，一个与红色蚓氨肽酶基因同源，另外 31 种均为血吸虫未知的新基因。该研究获得有关血吸虫期别差异表达基因的数据和结果，有助于深入探讨血吸虫的生长发育及其与宿主的相互作用机制，为开拓防治新途径奠定了基础。

王欣之等（2008）和 Wang 等（2009）利用抑制性消减杂交（SSH）技术，以日本血吸虫 7d 童虫为试验组，42d 成虫为驱动组，构建了日本血吸虫早期童虫期别差异表达消减 cDNA文库。从文库中选取 6 000 个克隆测序，得到 5 474 个 ESTs 信息。使用在线的 PHRED 工具对 EST 进行拼接，得到 1 764 个聚类（clusters），包含 456 个重叠群（contigs）和 1 306个单个序列（singletons）。

KEGG 信号通路分析表明有 175 条 clusters 参与到糖酵解、氨基酸代谢、花生四烯酸代谢、嘌呤代谢等代谢途径和细胞通信、泛素生物合成、尿素循环、氧化磷酸化、磷酸戊糖途径、碳固定、蛋白酶体、泛素调节的蛋白质降解等 25 条信号通路中。其中，参与抗寄生虫药物丙体六氯苯降解途径中的重要基因之一（*dehydrogenase*）与文库中 *chgc _ new _ contig*406 基因同源；对维持日本血吸虫在宿主血管内的生存极为重要的血管内皮细胞生长因子受体也在差异表达基因中呈现。

为分析日本血吸虫不同发育阶段差异表达基因状况，王欣之等（2008）和 Wang 等（2009）将 5 000 个日本血吸虫 cDNA 克隆（4 000 个来自 7d 童虫消减 cDNA 文库的克隆和 1 000 个来自尾蚴、雌雄虫、成虫和虫卵消减 cDNA 文库的克隆）定制 cDNA 芯片，每个克隆在芯片上重复点样 3 次。以 7d 虫体 cDNA 为对照，分别和日本血吸虫 6 个不同发育阶段（7d、13d、18d、23d、32d、42d）虫体和 42d 雌虫、42d 雄虫 cDNA 进行双通道杂交，发现了一批不同发育阶段差异表达的基因。聚类分析表明差异表达基因主要归为 9 类变化趋势。GO 功能分析显示，合抱前后虫体（13d、18d）的差异表达基因主要与转录调节活性、代谢、结合、蛋白水解相关；23d 虫体呈现的差异表达基因除了与代谢、转录调节活性、生物合成等基本的生物学功能相关之外，出现较多的是与有性生殖、配子发育、生殖、产卵等相关的基因。这些基因表达特点正和日本血吸虫发育特征相符合，23d 之后的虫体处于雌雄虫合抱、性成熟、生殖产卵阶段。

Gobert 等（2009）利用寡核苷酸芯片技术对日本血吸虫生活史的不同发育阶段虫体（虫卵、毛蚴、胞蚴、尾蚴、3d 童虫、4 周合抱但未产卵的雌虫和雄虫、6 周/6.5 周/7 周的成熟雌虫和雄虫）基因表达变化进行比较分析，筛选、鉴定不同生长发育阶段虫体的差异表达基因，结果显示差异表达基因主要与血吸虫免疫逃避、营养代谢、能量代谢、钙离子信号通路、虫卵产生、鞘脂类代谢和表膜功能等相关。利用显微切割和寡核苷酸芯片技术，对肠道上皮细胞、卵黄腺和卵巢组织的差异表达基因进行了研究，分别筛选到 147、2 553 和 4 149 个上调表达基因。

不同发育阶段虫体呈现不同的基因表达谱，以适应不同发育时期虫体寄生生活的生理和生长发育需求。开展不同发育阶段虫体转录组表达谱比较分析及期别差异表达基因的筛选，可为阐述血吸虫的生长发育机制、血吸虫入侵机制和逃避宿主的免疫应答机制，鉴定有诊断价值的抗原分子、疫苗候选分子和新治疗药物靶标提供理论依据。

三、雌雄虫转录组

日本血吸虫雌雄虫异体。雌虫和雄虫在形态、生理上都有明显的差别。已有的研究表明，不同发育时期的雌雄虫呈现不同的基因表达谱，与虫体发育成熟、雌虫产卵等密切相关。

1. 雌雄虫转录组　夏艳勋（2006）应用抑制性消减杂交技术构建了日本血吸虫雄虫和雌虫的消减杂交文库。从构建好的雌虫和雄虫两个消减文库中共挑选 3 072 个克隆制成 cDNA 微阵列。芯片杂交后获得 953 个雌虫高表达和 1 014 个雄虫高表达的基因克隆。其中，855 个克隆经测序分析表明代表 297 个单基因，雌雄虫分别有 137 个和 160 个。序列同源性搜索结果表明，297 个单基因中，247 个与已知 EST 有 95%～100%同源性。在 137 个雌虫单基因中，蛋白功能已知的血吸虫基因有 18 个，蛋白功能未知的有 96 个，与已知 EST 高度同源的基因有 13 个，其他物种基因 2 个，没有同源性的新 EST 8 个。在 160 个雄虫单基因中，蛋白功能已知的血吸虫基因有 30 个，蛋白功能未知的血吸虫基因有 109 个，与已知 EST 高度同源的基因 15 个，其他物种基因 1 个，没有同源性的新 EST 5 个。所测 EST 编码蛋白的功能预测结果显示，雌虫消减文库中与已知血吸虫基因高度同源的有卵壳蛋白、卵黄铁蛋白、fs800、RXR受体、组织蛋白酶B和组织蛋白酶L、过氧化物歧化酶（SOD）、谷胱甘肽还原酶等，它们多与血吸虫的产卵、能量代谢、转录调节及抗氧化反应等相关。雄虫消减文库与已知血吸虫基因高度同源的有肌动蛋白、原肌球蛋白、肌球蛋白、22.6ku膜蛋白、23ku膜蛋白、钙蛋白酶、calponin、钙调蛋白、钙网蛋白、热激蛋白（HSP60、HSP70、HSP90）等，EST编码蛋白功能预测提示这些基因多为虫体的结构蛋白、虫体运动相关蛋白，及参与离子调节与信号传导、蛋白质的合成、转运和分解代谢等。

王吉鹏等分别收集了感染C57BL6小鼠后14d、16d、18d、20d、22d、24d、26d和28d共8个时期的日本血吸虫雌虫和雄虫（王吉鹏等，2014；Wang等，2017），利用RNA-Seq技术进行测序分析，共拼接获得23 099条序列，其中新转录本5 205条。比较分析了这些基因在不同发育时期虫体表达水平的变化。基因表达热图聚类分析显示，未成熟雌虫（14～20d）与成熟雌虫（22～28d）的基因表达谱差异非常明显，约2/3的基因在虫体成熟过程中表达量下降；未成熟雄虫和成熟雄虫的基因表达差异较小；同时，未成熟雌虫和雄虫的基因表达谱较为接近。不同发育时期雌虫和雄虫出现2倍及以上变化的基因分别有6 535个和1 934个，其中雌虫变化超过100倍的基因有59个，而雄虫均未超过64倍。在所检测的性别差异表达基因中，雌虫表达水平一直高于雄虫的基因有41个，主要为转录调控、mRNA加工及剪切、DNA的合成及修复、生殖细胞生成及发育、细胞周期调控、信号通路、能量代谢和蛋白降解等相关基因；而雄虫表达水平一直高于雌虫的基因有36个，主要为膜外蛋白、转录调控蛋白、合成肌肉及神经活性的小分子（组胺和多巴胺）蛋白、Ca^{2+}结合功能的蛋白、跨膜运输蛋白、神经发育相关蛋白及肌肉发育相关蛋白等。这些基因的差异表达显示了雌雄虫在生殖发育过程中存在明显的生理功能的分化。

Piao等（2011）的研究结果显示日本血吸虫雌虫和雄虫表达的基因数相似，但雌雄虫虫体中有约50%的基因的表达水平有所差别。Cai等（2016）应用芯片技术比较分析了日本血吸虫雌虫和雄虫转录组表达谱的差异，发现约10%已注释的日本血吸虫基因组基因在雌虫和雄虫之间呈现差异表达。结果显示，一些与细胞骨架、运动和神经元活动相关的基因在雄虫中呈现高表达，而一些与氨基酸代谢、核苷酸生物合成、糖原异生作用、糖基化、细胞周期过程、DNA合成、基因组保真和稳定相关的基因则在雌虫中呈现高表达。

日本血吸虫雌虫和雄虫无论在形态上和生理上都存在较大的差别。雌雄虫合抱后雌虫才能发育成熟和产卵，血吸虫感染对宿主造成的损害主要是由虫卵引起的，虫卵也是血吸虫病传播的传染源。开展血吸虫雌雄虫差异表达基因的研究，有助于更好地理解日本血吸虫雌、雄虫的生物学和生理学特征，可为阐述血吸虫的发育、繁殖机制，探讨通过抑制血吸虫发育、成熟、产卵，进而控制血吸虫病提供新思路、新途径。

2. 单性感染雌虫转录组 研究发现单性感染血吸虫雌虫发育受阻，在虫体形态、卵黄腺发育等方面与合抱雌虫存在较大的差别。Sun等（2014）利用Tag-seq（Solexa）转录组测序技术比较了雌雄虫混合感染及单性感染的日本血吸虫18d雌虫和23d雌虫的基因表达差异。结果发现18d的单性雌虫和合抱雌虫转录组表达谱很相似；单性感染的18d雌虫和23d雌虫的转录组表达谱也没有明显差异，而23d单性感染和合抱雌虫有3 000余条基因呈现差异表达，单性感染雌虫中糖和蛋白质代谢相关基因表达水平更高，合抱雌虫中高表达的基因主要与生殖发育及产卵相关，如虫卵蛋白、核糖体蛋白、转铁蛋白ferritin-1和抗氧化蛋白superoxide dismutase等。程贵风等采用RNA-seq技术对25日龄合抱雌虫和单性感染、发育阻遏雌虫的转录组进行测序和比较分析。从合抱雌虫和单性感染雌虫中分别获得3 696 376条和3 662 109条有效数据（clean reads），共得到775个在合抱雌虫和单性感染雌虫间差异表达的基因，其中有401个基因在合抱雌虫中高表达，374个基因在单性感染雌虫中高表达。生物信息学分析表明，在合抱雌虫中高表达的基因多与代谢和生物合成过程相关，这对于促进和维持雌虫性成熟和产卵至关重要；而在单性感染雌虫中高表达的基因多与运动和细胞通信等功能相关。

四、不同适宜宿主来源虫体转录组

收集自不同适宜性宿主的日本血吸虫在虫体发育率、形态、产卵等方面都存在明显差别。研究显示，不同宿主来源的日本血吸虫转录组表达谱差别明显，可能是导致血吸虫在宿主体内的生长发育、成熟、产卵及生存呈现差异的重要原因。

彭金彪等（2010）和Peng等（2011）应用寡核苷酸芯片技术，比较分析了适宜宿主小鼠、非适宜宿主大鼠和抗性宿主东方田鼠来源的日本血吸虫10d童虫的基因表达差异。结果显示，与小鼠来源童虫相比，东方田鼠来源童虫有3 293个基因呈下调表达（fold<0.5），71个基因呈上调表达（fold>2）；大鼠来源童虫有3 335个基因呈下调表达（fold<0.5），133个基因呈上调表达（fold>2）。其中，东方田鼠来源童虫显著性下调表达基因81个（fold<0.2），显著性上调表达基因18个（fold>5）；大鼠来源童虫显著性下调表达基因210个（fold<0.2），显著性上调表达基因54个（fold>5）。东方田鼠和大鼠来源童虫具有相似表达趋势的显著性下调表达基因有27个（fold<0.2），显著性上调表达基因有7个（fold>5）。对显著性差异表达基因进行GO分类和KEGG通路等生物信息分析，结果显示，东方田鼠来源童虫显著性上调表达基因主要与细胞凋亡、细胞外组成部分、细胞组成、酶调节活性和转录调节活性等相关。东方田鼠来源童虫显著性下调表达基因主要与代谢过程、催化活性、发育过程、转运活性、细胞进程、定位和结合等相关。东方田鼠和大鼠来源童虫均显著下调表达基因主要与代谢过程、定位、结构形成自动修饰和催化活性等相关。对东方田鼠和大鼠来源童虫均显著下调表达的基因进行KEGG通路分析，发现这些分子主要为甘氨酸/苏氨酸/丝氨酸代谢分子、DNA复制关键分子、MAPK信号通路分子、蛋白转运、氨酰基tRNA生物合成等分子。该研究发现一批基因在三种宿主来源10d童虫中呈现差异表达，它们可能是导致不同宿主来源童虫发育差异的关键分子，影响血吸虫在不同宿主中的发育。如东方田鼠来源童虫显著上调表达，小鼠来源虫体显著下调表达的有与细胞增殖密切相关的颗粒蛋白，细胞凋亡通路中发挥凋亡效应的关键分子（cell death protein - 3、caspase - 7、caspase - 3）；在小鼠来源童虫显著上调表达，东方田鼠来源童虫显著下调表达的有：与生长发育相关的甲硫氨酰氨肽酶2（MAP2）和magonashi，与胰岛素代谢相关的胰岛素分子（insulin - 2）和胰岛素受体蛋白激酶（insulin receptor protein kinase），与脂肪酸代谢相关的脂肪酸去饱和酶（fatty acid desaturase）、长链脂肪酸延伸相关蛋白（elongation of very long chain fatty acids protein）、脂肪酸脱氢酶（fatty - acid amide hydrolase）、脂肪酸结合蛋白（fatty acid - binding protein），与细胞凋亡通路中发挥抑制凋亡效应的关键分子如杆状病毒IAP重复序列蛋白（Baculoviral IAP repeat - containing protein）、细胞因子诱导的凋亡抑制剂（cytokine - induced apoptosis inhibitor），与信号传导相关的亲环蛋白（cyclophilin)，TGF 通路分子如真核翻译起始因子 3（eukaryotic translation initiation factor 3)、转化生长因子 β-1（transforming growth factor β-1)、Wnt 通路分子 Wnt 抑制因子 1（Wnt inhibitory factor 1）等。这些重要功能分子的发现，为阐述血吸虫在不同宿主生存环境中的生长发育机制，探讨血吸虫与宿主相互作用机制，发现新的血吸虫候选疫苗分子和新药物靶标提供了依据。

相对于黄牛和山羊，日本血吸虫在水牛体内发育率低，且感染后 1～2 年出现自愈现象，故也有人把水牛列为日本血吸虫非适宜宿主。杨健美等（2012）和 Yang 等（2012，2013）利用寡核苷酸基因芯片技术分析适宜宿主黄牛和山羊及非适宜宿主水牛三种天然保虫宿主来源的日本血吸虫基因表达差异。分析结果显示，水牛来源虫体与黄牛来源虫体有 66 个基因呈现差异表达（$P<0.05$，fold>2），水牛来源虫体与山羊来源虫体有 491 个基因呈现差异表达（$P<0.05$，fold>2），其中共同的差异表达基因有 46 个。在非适宜宿主水牛来源虫体上调表达的主要有：蛋白磷酸酶/蛋白激酶类（PP2A、CDK6），神经调节相关分子原钙黏蛋白（protocadherin）、Rab3 相互作用相关分子（Rab3 interacting molecule - related)、LIM 同源盒家族转录因子（LIM - homeobox family transcription factor)，发育相关分子易洛魁人同源盒家族转录因子（iroquois homeobox family transcription factor)，核苷酸代谢相关分子如核苷二磷酸激酶（NDK6)、真核起始因子 3（eIF3)、类组蛋白 h4（histone h4 - like)、Pumilio、超长链脂肪酸延伸酶（elongase of very long chain fatty acids)，凋亡诱导分子血小板反应蛋白 1（TSP - 1)，Wnt 信号通路相关分子 β-连环蛋白样蛋白（beta - catenin - like protein）等编码基因；而在水牛来源虫体下调表达的主要有：细胞结构组成相关分子如收缩蛋白（spectrin)、纤毛小根（ciliary rootlet)、细胞壁蛋白（cell wall protein)、γ-微管蛋白复合物（gamma - tubulin complex)、巨球蛋白（macroglobulin)、卵壳蛋白（eggshell protein)，凋亡相关的蛋白激酶类分子如酪氨酸蛋白激酶（tyrosine - protein kinase)、丝氨酸苏氨酸蛋白激酶（serine threonine protein kinase Akt)、MAPK/ERK 激酶 4（MAPK/ERK kinase 4)、MAPK/ERK 激酶 1（MAPK/ERK kinase 1)，繁殖和胚胎发育相关的 Dlx 同源蛋白（distal less/Dlx homeobox)，神经调节相关分子如牛磺酸转运蛋白（taurine transporter)、谷氨酸受体（glutamate receptor)、富含谷氨酸蛋白（glutamic acid - rich protein)，表皮生长因子受体（epidermal growth factor receptor)，多功能的亮氨酸富集重复区极性蛋白（leucine - rich repeat protein scribble complex protein）和锌指蛋白等编码基因。这些差异表达基因主要参与核苷酸代谢、脂肪代谢、能量代谢、遗传信息加工、免疫系统和 Wnt 信号通路等。这些基因的差异表达可能影响了虫体在三种天然宿主体内的生长和发育，该研究为筛选家畜用血吸虫病疫苗候选分子提供了依据。

Liu 等（2015）利用基因芯片技术比较分析了 BALB/c 小鼠、C57BL/6 小鼠、新西兰大白兔和天然宿主水牛来源日本血吸虫成虫的转录组差异，结果发现，虽然不同来源虫体的基因表达谱有较大的相关性，但仍有 450 个基因差异表达，主要是信号传导途径以及氨基酸、核酸和脂类等代谢途径相关基因，提示血吸虫在啮齿类实验动物中的生存环境与天然宿主环境不同，其研究获得的数据不一定适用于血吸虫的天然宿主牛和羊。

通过对日本血吸虫转录组的相关研究，鉴定了一批不同发育阶段、不同性别和不同宿主来源虫体的差异表达基因，为阐述日本血吸虫的生长发育机制和血吸虫与宿主的相互作用机制，及筛选血吸虫病的诊断抗原分子和疫苗候选分子提供了实验依据。

第四节　蛋白质组

蛋白质组（proteome）是澳大利亚 Macquarie 大学的 Winkins 和 Williams 在 1994 年首先提出的，指细胞中遗传物质所编码的所有蛋白质的组成。伴随着大规模、高通量的蛋白分离、分析技术的建立，蛋白质组研究取得了快速的发展，最终形成了蛋白质组学这一新兴的学科。

蛋白质组学是研究某一种细胞、组织或生物体在特定生理状态下，或在特定时空、环境、实验条件下的蛋白质组成和存在方式，及蛋白与其他生物大分子相互作用机制的科学。蛋白质是基因功能的具体实施者，因而蛋白质组研究可为揭示生命活动现象的本质提供直接的依据。与基因组相比，蛋白质组的组成更为复杂，功能更为活跃，更贴近生命活动的本质，因而其研究的应用前景也更加广泛和直接。

血吸虫生活史复杂，不同发育时期、性别和宿主来源虫体呈现不同的形态结构和生命特征，应用蛋白质组学研究技术对血吸虫虫体蛋白、特定成分蛋白及蛋白翻译后修饰等进行分析，可为解析血吸虫的生长发育、免疫逃避和致病机制，筛选血吸虫病诊断抗原分子、疫苗候选分子和新的治疗药物靶标等提供依据。

一、血吸虫蛋白质组学研究相关技术

现代生物学技术和免疫学技术等的快速发展，促进了血吸虫蛋白质组学研究技术的创新与发展。

早期血吸虫蛋白质组学研究较多地集中于不同发育时期或雌雄虫全虫虫体蛋白等的表达谱分析。近些年有学者采用非渗透性生物素标记技术、免疫亲和技术等分离、制备血吸虫体被表膜蛋白、翻译后特定修饰蛋白等，对血吸虫的某类特定组分蛋白质表达谱进行分析，研究目标更有针对性，研究对象更呈多样性。

已先后建立的蛋白分离技术有：双向凝胶电泳技术（2DE）、荧光差异双向凝胶电泳技术（DIGE）、毛细管电泳技术（CE）、高效液相色谱技术（HPLC）等；蛋白定量分析技术有：非标记定量法（Label free）、同位素标记法、等量异位标签法（iTRAQ 和 TMT）、非数据依赖采集法（DIA）等；蛋白质组分鉴定技术有：基质辅助的激光解析电离-飞行时间质谱分析（MALDI - TOF - MS）、液相色谱-串联色谱分析（LC - MS/MS）等；常用的肽段和蛋白序列分析数据库有：MASCOT、Maxquant、Proteome Discoverer、X！ tandem、SWISS - 2DPAGE、PROWL、Sequest、Peptidesearch 等；蛋白分子结构、结构域等的预测和分析软件有：ScanProsite、PROSITEscan、MotifScan、PDB、SCOP、PDBsum 等；蛋白功能注释、代谢途径分析、蛋白互作分析数据库有：GO、KEGG、STRING 等。随着蛋白分离、鉴定、分析技术不断地创新，研究者可根据蛋白样品的特点和实验目的，选择适合的技术手段。

比较蛋白质组学和免疫蛋白质组学等技术的应用，为血吸虫病诊断抗原、疫苗候选分子和药物靶标的筛选提供了有力的技术手段。

二、不同发育阶段虫体蛋白质组

尾蚴是血吸虫生活史中唯一对终末宿主具有侵染性的发育阶段虫体。在尾蚴入侵宿主过程中，尾蚴钻腺分泌的蛋白水解酶发挥了重要作用。营自由生活的尾蚴入侵宿主后转变为营寄生生活的童虫，童虫和成虫在终末宿主体内寄生过程中，需适应宿主的内环境和应激反应，改变营养摄取方式和能量代谢途径，逃避宿主的免疫应答，以维持自身的生长发育和繁殖。虫卵是诱发宿主病理变化最主要的致病源。开展血吸虫不同发育阶段虫体蛋白质组表达谱分析，可为阐述血吸虫的入侵、生长发育、致病机制等提供重要信息。

Liu 等（2015）采用了胶内鸟枪蛋白质组学分析技术比较了日本血吸虫尾蚴和童虫的蛋白质组，鉴定到 1 972 种蛋白，其中在尾蚴蛋白中检测到 46 种蛋白酶，并发现其中 25 种蛋白酶在钻过小鼠皮肤的童虫中消失。

Hong 等（2013）收集了日本血吸虫尾蚴、8d 和 19d 童虫、42d 雄虫和雌虫及虫卵，分别抽提可溶性及疏水性蛋白，双向电泳分析表明，在尾蚴、8d 童虫、19d 童虫、雄虫、雌虫、虫卵中分别检测到可溶性蛋白斑点（928±61）个、（1 465±41）个、（1 230±30）个、（904±34）个、（1 080±26）个、（1 476±52）个；疏水性蛋白斑点（845±53）个、（986±22）个、（1 145±35）个、（1 066±39）个、（1 123±45）个、（1 337±44）个。图谱比对显示童虫、雌雄成虫蛋白之间图谱相似性较高，其中 8d 与 19d 童虫蛋白图谱相似性最高，尾蚴、虫卵与童虫和成虫蛋白相似性较低。应用电喷雾线性离子阱质谱（LTQ）或基质辅助激光解析电离飞行时间串联质谱（MALDI - TOF/TOF MS）对 95 个表达稳定的差异、特异或共有可溶性蛋白进行鉴定，成功获得了 84 个蛋白斑点的肽指纹图谱及肽序列检测数据，这些蛋白包括 8d 童虫蛋白 29 个、19d 童虫蛋白 16 个、雄虫蛋白 18 个、雌虫蛋白 12 个、虫卵蛋白 9 个，分属 75 种蛋白，其中 60 种有功能相关信息，数据库检索结果表明这些蛋白主要与细胞运动，蛋白折叠、修饰、合成，核酸合成，信号传导，肌肉发育，电子传递等功能相关。

赵晓宇等（2005，2007）对日本血吸虫 16d 童虫和 40d 雌、雄成虫的可溶性蛋白进行分离、分析，获得 26 个童虫差异表达的蛋白斑点，对其所代表的 16 种蛋白进行生物信息学功能预测分析表明，这些蛋白主要与血吸虫能量代谢、生物合成、信号传导和细胞构成等相关。

用经射线致弱的血吸虫尾蚴童虫研制的疫苗，可诱导动物产生高水平的保护性免疫力，是目前公认的诱导保护效果最高、最稳定的抗血吸虫病疫苗。Yang 等（2009）对紫外线辐照致弱日本血吸虫尾蚴及正常尾蚴的可溶性虫体蛋白进行比较分析，发现部分蛋白点存在显著性差异。经过质谱鉴定，得到 20 种差异表达蛋白，根据功能分为五大类：Actin 等结构动力蛋白，甘油醛- 3 -磷酸脱氢酶等能量代谢相关酶类，14 - 3 - 3 蛋白等信号传导通路相关分子，HSP70 家族等相关热休克蛋白，以及 20S 蛋白酶体等功能蛋白。从蛋白水平上为探讨紫外线辐照致弱尾蚴诱导的免疫保护机制，发现新的抗日本血吸虫病疫苗候选分子提供了新思路。

通过开展不同发育阶段虫体蛋白质组学研究，鉴定到一些在不同发育阶段虫体差异或特异表达的蛋白，如 SjCE2b、SjHSP90、SjEnol、SjWnt4 等，分析显示其中一些差异表达蛋白可能在血吸虫入侵宿主、应激、能量代谢、信号传导等生命活动中发挥重要的作用，研究结果为解析血吸虫的入侵、生长发育和致病机制等提供了重要信息，为筛选血吸虫病诊断抗原和疫苗候选分子提供了依据。

三、雌雄虫蛋白质组

1. 雌雄虫蛋白质组 雌虫和雄虫在形态和生理上都存在明显的差别。雌雄虫合抱是血吸虫发育成熟的关键，也是雌虫性成熟和产卵的前提。成熟雌虫每天产下上千枚虫卵，其吞食和消化的宿主红细胞数量要明显比雄虫多。通过对雌雄虫蛋白表达谱进行比较分析获得雌雄虫差异表达蛋白，有助于揭示血吸虫发育、繁殖机理，探索控制血吸虫雌虫成熟、产卵的有效方法，以及筛选新的抗生殖等疫苗候选抗原分子和药物靶标。

Cheng 等（2005）分离了日本血吸虫成熟雌虫和成熟雄虫的可溶性和疏水性蛋白。通过比较分析获得合抱后成熟雌雄虫的差异蛋白质谱，二者特异表达的可溶性蛋白分别有（23±2）个和（41±4）个，疏水性蛋白分别有（26±3）个和（11±1）个。鉴定了其中 28 个蛋白质点（雄虫 16 个，雌虫 12 个），结果表明，这些差异表达蛋白质主要参与虫体代谢、信号传导、调控雌雄虫的发育和雌虫的成熟等生命活动。吴忠道等（2001）通过日本血吸虫雌雄成虫可溶性蛋白组分分析发现两者存在较大差异。两者可溶性蛋白经双向电泳、银染后，雌虫的多肽斑点有 310 个，雄虫有 290 个。图像分析发现两者之间相匹配的蛋白点有 51 个，两性成虫既有特异表达的蛋白，又有一些共有的蛋白。袁仕善等（2009）用双向电泳技术分别对日本血吸虫雌、雄成虫的可溶性蛋白和疏水性蛋白进行了分离，获得的可溶性蛋白点分别有（255±10）个和（224±12）个，疏水性蛋白点分别有（200±11）个和（132±8）个。应用 MALDI - TOF - MS/MS 技术对雌虫和雄虫特异表达的各 10 个蛋白点进行质谱分析，分别鉴定到 5 个和 1 个蛋白，分析表明这些蛋白主要与日本血吸虫的发育、生殖、营养和信号传导等过程有关。曲国立等（2010）收集日本血吸虫湖南株、江西株和江苏株的成虫，分别制备三者雌、雄虫的可溶性蛋白，用双向电泳技术分离，两两比较后获得 14 个雄虫差异蛋白点和 18 个雌虫差异蛋白点，从中分别选择 7 个、3 个蛋白点进行 MALDI - TOF - MS 鉴定分析，结果表明这些不同地理株差异表达的蛋白可能与蛋白翻译后修饰、蛋白代谢、信号传导、细胞调控及能量代谢等过程相关。

通过雌雄虫蛋白质组学研究，鉴定到一些雌雄虫差异表达的蛋白，如 SjGCP、SjCB/SjCL、SjGST 等，它们可能在调控雌雄虫发育、雌虫成熟和产卵等生命活动中起着至关重要的作用。研究结果为阐述血吸虫的发育成熟、繁殖机制等提供了有价值的信息，为研制抗血吸虫生殖疫苗提供新思路。

2. 单性感染雌/雄虫蛋白质组 单性感染的雌虫在宿主体内不能发育成熟，其体长仅为合抱雌虫的 1/3 左右，生殖器官明显较合抱雌虫小。普遍认为，雌雄虫的直接接触及虫体之间的物质交流、信号传递是促进和维持雌虫发育成熟、产卵的必要条件。李肖纯等（2019）利用 iTRAQ 技术结合质谱技术分析了 18d、21d、23d 和 25d 的日本血吸虫单性感染雌虫和合抱雌虫的蛋白表达谱，共鉴定到 19 423 条肽段，编码 3 953 种蛋白。与单性感染雌虫相比，18d、21d、23d 和 25d 合抱雌虫上调表达蛋白数分别有 402、322、415 和 505 个，下调表达蛋白数分别有 230、267、290 和 404 个。四个不同发育阶段合抱雌虫和单性感染雌虫共同上调表达的蛋白有 34 个，共同下调表达的蛋白有 44 个。

KEGG 通路分析显示，在 18d 雌虫中，参与代谢途径，如碳代谢、糖酵解、丙酮酸代谢、谷胱甘肽代谢的蛋白以及氨基酸的代谢合成的差异蛋白在单性感染雌虫中表达上调的较多，其中参与氨基酸的生物合成、果糖和甘露糖代谢、磷酸戊糖途径和有害物质的代谢等的差异蛋白只在单性感染雌虫中表达上调；在之后的三个生长发育时间点中，参与碳代谢的差异蛋白在单性感染雌虫中表达下调的较多；在 21d、23d 和 25d 雌虫中，参与内质网中蛋白质进程、抗原处理和呈递及细胞凋亡的差异蛋白在单性感染雌虫中表达上调的较多。

乔洪宾等（2014）利用 iTRAQ 技术结合 2D LC－MS/MS 技术分析了 25d 日本血吸虫单性感染雌虫和合抱雌虫的蛋白表达谱，共鉴定到 3 413 个蛋白，分析显示两者间显著差异表达的蛋白（$P<0.05$，fold>1.5）有 392 个，与单性感染雌虫相比，合抱雌虫上调表达的蛋白有 173 个，下调表达的蛋白有 219 个。其中，34ku 卵壳前体蛋白、铁蛋白－1 重链、酪氨酸酶 1、胞外超氧化物歧化酶前体、组氨酸富集的糖蛋白前体等雌虫高表达蛋白；组织蛋白酶 B/L、铁蛋白－1、组氨酸富集糖蛋白等与血红蛋白消化相关的蛋白，谷胱甘肽－S－转移酶、硫氧还蛋白等与氧化还原相关的蛋白，延长因子、真核翻译延长因子，真核翻译起始因子 3，真核翻译起始因子 4E 结合蛋白，易位子和核糖体蛋白等与转录、翻译相关的蛋白都在合抱雌虫中高表达，这些蛋白与雌虫的发育、性成熟、卵形成等相关；而副肌球蛋白、肌球蛋白、原肌球蛋白等与细胞骨架及运动相关的蛋白则在单性感染雌虫中高表达，这可能是由于合抱雌虫长期位居于雄虫抱雌沟内，其运动机能减退了。对显著差异表达蛋白进行 GO 和 KEGG 通路分析，结果显示，一些与生殖、酶调节、抗氧化、电子转运等相关的蛋白在合抱雌虫中高表达，而一些与运输、分子传感、蛋白质结合转录、通道调控等相关的蛋白在单性感染雌虫中高表达。

戴橄等（2007）利用双向电泳技术和质谱技术，对日本血吸虫雄虫在合抱与未合抱状态下的蛋白表达差异进行了分析，成功鉴定到二者差异表达蛋白 9 个，功能涉及血吸虫的生长发育、生殖、营养、运动、信号传递等过程。

四、不同适宜宿主来源虫体蛋白质组

已报道我国有 40 余种哺乳动物可自然感染日本血吸虫，但不同的终末宿主为血吸虫提供了不同的生理生化、发育、生存条件，对血吸虫感染产生的免疫应答和应激反应程度也不尽相同，最终导致不同宿主来源的血吸虫虫体在形态、发育率、雌虫产卵量等方面存在差别。

Hong 等（2011）收集来源于易感宿主 BALB/c 小鼠、非易感宿主 Wistar 大鼠和抗性宿主东方田鼠体内的 10 日龄日本血吸虫童虫，应用荧光差异凝胶双向电泳（2D－DIGE）和质谱技术比较分析三种不同易感性宿主来源虫体的蛋白表达差异。结果表明，与大鼠来源 10 日龄童虫相比，小鼠来源 10 日龄童虫有 27 个蛋白高表达、12 个蛋白低表达，这些蛋白主要与蛋白、糖类、RNA 代谢，应激反应，蛋白转运，调节基因表达和细胞骨架蛋白有关；与东方田鼠来源 10 日龄童虫相比，小鼠来源 10 日龄童虫有 13 个蛋白高表达、8 个蛋白低表达，这些蛋白主要涉及蛋白、RNA、糖类代谢途径，还有部分参与构成细胞骨架。研究提示一些不同宿主来源虫体蛋白的差异表达可能是导致血吸虫在三种啮齿动物体内生长发育呈现显著差别的重要原因。

Zhai 等（2018）利用 iTRAQ 联合 LC－MS/MS 技术对非易感宿主水牛和易感宿主黄牛来源的日本血吸虫成虫蛋白质组差异进行了比较分析。结果显示，共鉴定到 131 个差异表达蛋白，与黄牛源虫体比较，蛋白质二硫键异构酶（PDI）、谷胱甘肽－S－转移酶（GST）及四跨膜蛋白－2（TSP－2）等 46 个蛋白在水牛来源的虫体中上调表达，核糖体蛋白（ribosomal protein）、原肌球蛋白（tropomyosin）及肌球蛋白（myosin）等 85 个蛋白下调表达。生物信息学分析表明差异表达蛋白主要参与蛋白合成和分解代谢、转录调控、细胞骨架以及应激反应等生命进程。研究提示一些黄、水牛来源虫体蛋白的差异表达可能是影响血吸虫在黄、水牛体内生长发育的重要因素。

开展不同适宜性宿主来源虫体蛋白质组学研究，可为加深理解血吸虫的生长发育机制、血吸虫与宿主的相互作用机制、血吸虫的免疫逃避机制等提供实验依据，同时可为寻找有效的疫苗候选分子和药物靶标提供新思路。

五、日本血吸虫不同地理株蛋白质组

分布于我国不同流行区的日本血吸虫虫株在形态、对哺乳动物易感性、与钉螺的相容性等方面存在一些差别。曲立国等（2010）分析了日本血吸虫中国大陆株江西、江苏、湖南不同地理株虫体蛋白质双向电泳图谱，三个地理株都检测到 600～700 个蛋白斑点。其中，有 14 个雄虫蛋白点、18 个雌虫蛋白点呈现差异表达。对其中 22 个蛋白点进行质谱分析，成功鉴定到 10 个蛋白，其中，雄虫 7 个、雌虫 3 个。

六、体被和体被表膜蛋白质组

血吸虫生活史包括尾蚴、童虫、成虫、虫卵、毛蚴、母胞蚴、子胞蚴七个不同发育阶段，其中童虫、成虫的生长发育、成熟等在人、牛、羊等终末宿主体内完成。血吸虫完成其生活史既需要宿主为其提供适宜的生理生化环境及营养、激素、信号分子等物质，又面临着宿主针对其感染而产生的一系列免疫应答和复杂的调控机制。血吸虫和宿主共同形成的相互适应的结局使血吸虫可以在宿主的免疫等压力下长期存活，诱发宿主的病理损害而不会被宿主的免疫应答所清除，同时也不会引起宿主迅速死亡，从而使血吸虫生活史得以延续（Verjovshi－Almeida 等，2004）。

童虫和成虫长期寄生于宿主的血管内，其体表一直暴露于宿主血液中，血吸虫体被表面是虫体和宿主交换物质的场所，也是宿主免疫效应分子与虫体直接接触的界面。体被被膜在尾蚴入侵宿主后即逐步形成，尾蚴在脱去单层外质膜后，体被细胞迅速释放膜泡，膜泡快速融合形成被膜（Hockley 等，1973），逐步形成完整的双分子层膜（7 层结构）。扫描电镜和透射电镜观察显示，不同发育时期的血吸虫体被的超微结构在形态上发生了很大的变化，从平坦向褶嵴和凹窝演变，而且这种发展和演变是有一定的顺序和规律的，先是出现了多而明显的小孔，随后则扩展成浅平的蜂窝状褶嵴，它们又可互相连接成不规则的条索状，继而褶嵴和凹窝明显增高增宽（周述龙等，2005）。虫体在终末宿主体内移行和生长发育过程中，体被表面蛋白不断合成和降解，体被被膜不停地更新，不同发育阶段虫体体被结构发生了明显的改变。血吸虫体被结构的改变也伴随着其生物学功能的不断变化。一般认为，血吸虫体被在血吸虫的营养摄取、信号传导及逃避宿主免疫应答中起到了非常重要的作用，使虫体得以维持在宿主体内的生长发育与繁殖（Jones 等，2004；van Hellemond 等，2006）。行使上述体被生物学功能的重要的分子基础是虫体体被表面蛋白的改变。通过对日本血吸虫体被蛋白质组的深入研究可为候选疫苗分子、新药靶标以及新诊断抗原的筛选、鉴定提供新思路。

Balkom 等（2005）收集曼氏血吸虫合抱期成虫，通过冷冻-融化（Roberts 等，1983）实现了对体被和虫体体被下组织的分离，然后对体被蛋白质和体被下层蛋白质分别进行了蛋白质组分析，共鉴定到 740 个蛋白，其中 179 个在体被和虫体实质均存在，43 个为体被特有蛋白。鉴定到的蛋白根据功能可分为几大类：一是与 DNA、RNA 及蛋白合成相关的蛋白，占很小的比例；二是膜蛋白及参与囊泡运输的蛋白，占相当大的比例，在合胞体将蛋白通过胞质桥运送至体被表膜的过程中发挥着重大作用；三是细胞骨架相关蛋白，维持着体被的结构；四是血吸虫特有的蛋白，在其他物种中未发现同源的分子，这类蛋白具有作为诊断抗原或候选疫苗分子的潜力。

Braschi 等（2006）鉴定了 24 个位于曼氏血吸虫体被表膜上的蛋白，其中有 1 个分泌蛋白 Sm29，11 个膜蛋白，3 个细胞骨架蛋白，3 个细胞溶质蛋白，还有 6 个血吸虫特有蛋白。这 24 个蛋白除了一个没有注释外，其他的均能在 Balkom 的实验中检测到。对这些体被表膜蛋白进行功能分析进一步验证了体被在营养摄取、信号传导、虫体形态维持等方面的作用。同时在体被表膜蛋白中还鉴定到了宿主的免疫球蛋白 IgM、IgG1、IgG3 和补体结合 C3 蛋白，这为解释血吸虫如何逃避宿主的免疫应答提供了依据。

Liu 等（2006）应用 Triton X－100 提取了日本血吸虫肝期童虫、雄虫、雌虫及合抱成虫的体被蛋白，并进行了蛋白质组学分析，共鉴定获得 159 个肝期童虫、134 个雄虫、58 个雌虫以及 156 个合抱成虫体被蛋白。其中，有 85 个合抱成虫体被蛋白不存在于从单独雄虫或雌虫提取的体被蛋白中。该研究鉴定获得一些重要的血吸虫功能分子，包括一些骨架蛋白、动力蛋白、分子伴侣（60ku、70ku、86ku、90ku），还有维持氧化还原稳态的酶，如抗氧化的硫氧还蛋白过氧化物酶和超氧化物歧化酶，及一些 Ca^{2+} 信号通路中的关键分子（卡配因、肌钙网蛋白、肌钙网蛋白 A），这些组分可能帮助血吸虫通过体被抵抗药物、毒素和氧化应激等的作用，有作为药物靶标的潜力。另一些蛋白与物质运输相关，如葡萄糖转运载体（SGTP1、SGTP4）、脂肪酸转运载体等，提示体被在血吸虫营养摄取中可能具有重要的作用。还有一些与信号传导相关的蛋白，如转化生长因子－β 受体、烟碱乙酰胆碱受体、Sj14－3－3 等。Sj14－3－3 在很多物种的信号传导过程中扮演着关键的角色，不仅广泛分布于日本血吸虫的体被，也分布在体被下组织及雌虫的生殖系统中（Zhang 等，1999；Qian 等，2012）。鉴定到的另外一些体被蛋白，如 Sj22.6、谷胱甘肽－S－转移酶（GST）等具有较好的抗原性，具有作为候选疫苗分子的潜力而受到关注。在另一研究中，Liu 等（2007）收集制备了日本血吸虫尾蚴、童虫、成虫、虫卵、毛蚴、成虫体被以及虫卵卵壳样品，用 2D－LC 或 1－DE/1－DLC 和串联质谱进行分析，共鉴定到 55 个宿主源性蛋白，包括蛋白水解酶抑制剂、超氧化物歧化酶等蛋白，它们可能与血吸虫抵抗宿主攻击有关。这些研究结果提示血吸虫在终末宿主体内寄生的过程中，通过利用宿主的激素、信号分子等来维持自身的生长发育及逃避宿主免疫应答，为阐述宿主抗血吸虫感染的免疫机理、血吸虫免疫逃避机制、肉芽肿的形成原因等提供了实验依据，加深了对宿主和寄生虫相互作用机制的理解。

Braschi 和 Wilson（2006）用非渗透性生物素标记曼氏血吸虫的体被蛋白，再使用链霉亲和素-生物素系统来分离虫体体被蛋白。所用的两种生物素因间隔臂的长度不同而具有不同的穿透能力，其中，长臂的生物素穿透能力稍差，只能与体被表膜的蛋白结合，而短臂的生物素穿透能力较好，与体被内外的蛋白都可以结合。用链霉亲和素纯化方法获得的体被蛋白先经 SDS - PAGE 进行初步分离，然后用 LC - MS/MS 对其进一步分离鉴定。在最后鉴定得到的蛋白中，由长臂生物素标记获得了 13 种蛋白，包含：4 种宿主蛋白，即 IgM、IgG1、IgG3 三种免疫球蛋白的重链和补体 C3 的 C3c/C3dg 片段；1 种分泌蛋白 Sm29；3 种膜结构蛋白分子；3 种位于膜上的酶；2 种功能未知蛋白。除了这 13 种蛋白质，短臂生物素还标记获得了 15 种蛋白，即膜结构蛋白、位于膜上的酶、膜蛋白各 1 种，转运蛋白 2 种，细胞骨架蛋白、胞质蛋白各 3 种以及功能未知蛋白 4 种。

Mulvenn 等（2009）应用链霉亲和素-生物素的方法提取成虫体被蛋白，酶切后经游离胶分馏器（OFFGEL）分离后，进一步用 LC - MS/MS 鉴定得到 54 个体被蛋白，包括一些葡萄糖转运蛋白、氨基通透酶和亮氨酸氨肽酶、Sm29 同源物、四跨膜蛋白、转运蛋白、热休克蛋白和新发现的具有免疫活性的蛋白。他们应用电子显微镜对标记的体被蛋白进行观察，发现部分膜蛋白经内化而进入连接体被细胞体和体被基质的胞质桥中，在一定程度上解释了日本血吸虫是如何躲避宿主免疫系统攻击的。

张旻（2014）应用非渗透性生物素 sulfo - NHS - SS - biotin 标记日本血吸虫 14d 童虫和 32d 成虫的体被表膜蛋白，利用链霉亲和素-生物素系统纯化获得生物素标记蛋白，随后利用液相色谱串联质谱法进行高通量蛋白质组学分析。结果童虫和成虫分别鉴定到了 245 个和 103 个蛋白分子，包括 59 个共有的蛋白，186 个童虫高表达的蛋白及 44 个成虫高表达的蛋白。鉴定到的童虫和成虫共表达蛋白有钠钾离子通道蛋白（SNaK1）、22.6ku 膜蛋白、钙离子结合蛋白 Sj66、囊泡膜蛋白（VAMP2）等。童虫高表达蛋白主要与 RNA 代谢过程、基因表达、大分子生物合成过程、RNA 结合等相关，而成虫高表达蛋白主要与中性粒细胞凋亡过程的调节、过氧化氢分解代谢过程、丝氨酸型肽酶活性等相关。同时，Zhang 等（2013）利用相同的技术方法，分析了日本血吸虫雌、雄虫体被表膜蛋白质组，分别鉴定到 179 个和 300 个蛋白分子，其中有 119 个蛋白为雌雄虫共有的蛋白，60 个为雌虫高表达的蛋白，181 个为雄虫高表达的蛋白。鉴定到的雌、雄虫共表达蛋白中有抱雌沟蛋白（GCP）、丝氨酸蛋白酶抑制剂（serpin）、CD36 样 B 类清道夫受体（CD36 - like class B scavenger receptor）等参与信号传导的蛋白，这些蛋白在调节雌雄虫间，及虫体与宿主间的相互作用起着关键作用。雄虫高表达蛋白有肌动蛋白、Ras 相关蛋白（Rab - 1A、2、3、5、8A、14），Rab 的 GDP 解离抑制剂等，主要与维持体被结构，细胞内信号传导，丝状肌动蛋白聚合作用的调控，蛋白酶体复合物功能，调节囊泡的形成、运输及融合过程等相关。雌虫高表达蛋白主要与蛋白质糖基化和溶酶体功能等相关。一些在雄虫中高表达的蛋白，可能与雄虫暴露于宿主的表面积更大，承担更多摄取营养、信号传导的功能，及遭受更大的宿主免疫攻击压力等有关。研究结果为了解雌雄虫在生理学上的差异，更好地解析雌雄虫相互作用和雌虫性成熟机制提供重要的信息。

张旻等（2014）同时对 8d、11d、14d、17d、20d、23d、26d、29d、32d 和 42d 10 个不同发育阶段的日本血吸虫童虫和成虫及 42d 雌雄虫体被表膜蛋白质组进行了系统深入的分析，取得的研究结果为阐释血吸虫免疫逃避机制提供了有价值的实验依据：①不同发育阶段虫体含有 5～84 种特异表达的体被蛋白，通过体被蛋白的不断更换，体被结构的不断改变以逃避宿主的免疫监视；②不同发育时期的血吸虫体表覆盖有 22～103 种不同种类的宿主源性蛋白，遮蔽虫体抗原而有利于血吸虫逃避宿主的免疫应答；③血吸虫体表含有一些氧化还原分子、蛋白酶抑制剂、抗体和补体等免疫相关分子的结合蛋白，如硫氧还蛋白过氧化物酶TPx、丝氨酸蛋白酶抑制剂等，以消除或减轻宿主对虫体的免疫杀伤作用。

七、排泄分泌蛋白质组

血吸虫在终末宿主体内寄生过程中，童虫、成虫和虫卵通过口腔、体被、肠上皮表面及卵壳上微孔等释放或分泌一些抗原分子（排泄分泌蛋白，excretory/secretory proteins，ESPs）进入宿主体内，这些分子直接暴露于宿主免疫系统，诱导或调节宿主对血吸虫感染的免疫应答和宿主的免疫病理进程，在血吸虫的感染建立和维持、致病过程中发挥了重要作用。研究日本血吸虫不同发育阶段童虫、成虫和虫卵排泄分泌蛋白质的组成和变化，有助于深入了解血吸虫如何诱导和调节宿主的抗感染免疫应答和宿主的免疫病理进程，发现血吸虫免疫调节关键分子，阐述血吸虫与宿主的相互作用机制，进而发现抗血吸虫感染的疫苗候选分子、药物靶标和诊断抗原。

Liu 等（2009）收集日本血吸虫成虫排泄分泌物，经 SDS-PAGE 分离后，用 LC-MS/MS 鉴定得到 101 种蛋白，其中包括 53 种分泌蛋白。深入分析显示，脂肪酸结合蛋白为其主要组成部分。热休克蛋白 HSP70、HSP90 和 HSP97 是其最大的蛋白家族，提示这些蛋白可能在免疫调节中起着重要作用。其他排泄分泌蛋白还有肌动蛋白、14-3-3、氨肽酶、烯醇化酶以及甘油醛-3-磷酸脱氢酶等，其中部分蛋白已经作为候选疫苗分子和治疗靶标进行研究。该研究还鉴定到抗菌蛋白 CAP18、免疫球蛋白、补体等 7 种宿主源性蛋白，为阐述血吸虫的免疫逃避机制等提供了有价值的信息。

日本血吸虫具有复杂的生活史，童虫是血吸虫在终末宿主体内的早期发育阶段，是疫苗介导保护性免疫的主要靶标。排泄分泌蛋白在宿主与寄生虫相互作用中扮演重要角色。Cao 等（2016）应用高效液相色谱法和串联质谱技术对日本血吸虫 14d 童虫排泄分泌蛋白质的组成进行分析鉴定，最终鉴定到 713 种蛋白。这些蛋白的理论分子质量为 10～70ku，理论等电点为 3～13。

童虫和成虫是日本血吸虫寄生于终末宿主体内的两个发育阶段虫体，它们具有不同的形态学和生物学特征。童虫和成虫期别差异表达的排泄分泌蛋白在血吸虫的感染建立和维持、发育和繁殖过程中发挥了不同的生物学功能。Cao 等（2016）应用 iTRAQ 和液质联用技术，完成了日本血吸虫 14d 童虫和 42d 成虫排泄分泌蛋白质组的比较分析，鉴定到 298 种差异蛋白。其中，童虫高表达蛋白有 161 个，包括热休克蛋白（hot shock proteins）、葡萄糖-6-磷酸异构酶（glucose-6-phosphate isomerase）、甘油醛-3-磷酸脱氢酶（glyceraldehyde-3-phosphate dehydrogenase）、蛋白质二硫键异构酶（protein disulfide isomerase）等，生物信息学分析显示这些蛋白主要参与应激反应、碳水化合物代谢和蛋白降解等过程，与日本血吸虫早期童虫适应寄生生活，维持在终末宿主体内生存、发育等相关；成虫高表达蛋白有 137 个，包括硫氧还蛋白过氧化物酶（thioredoxin peroxidase）、腺嘌呤磷酸核糖转移酶（adenine phosphoribosyltransferase）等，它们主要与免疫调节和嘌呤代谢等相关；另有 31 个蛋白在童虫和成虫间表达水平差异不显著，如磷酸甘油酸变位酶等。该研究可为阐述童虫和成虫生理学上的差异，以及理解这两个发育阶段虫体差异表达 ESPs 在血吸虫生长发育中的作用提供实验依据，同时也可为寻找有效的疫苗候选分子和诊断抗原分子奠定基础。

余传信等用双向电泳技术对日本血吸虫成虫排泄分泌物的蛋白质组成进行分离、分析，获得 1 012 个蛋白点，质谱鉴定得到 139 种蛋白质，其中，虫源性蛋白 76 种，包括谷胱甘肽转移酶、抑免蛋白、硫氧还蛋白过氧化物酶等，这些蛋白主要与血吸虫生命代谢、生长发育、免疫调控等相关。

Carson 等（2020）采用鸟枪质谱分析技术，对日本血吸虫虫卵分泌蛋白质组进行分析，鉴定到 90 种日本血吸虫蛋白，包括 P40、谷胱甘肽转氨酶、丝氨酸蛋白酶、钙网蛋白等，生物信息学分析显示这些蛋白主要参与免疫调节、代谢等。作者注意到虫卵分泌蛋白质组中含有特征性的囊泡蛋白成分，如烯醇化酶、HSP70、伸长因子 1 - α 等，提示分泌蛋白中含有从日本血吸虫虫卵囊泡中释放出的蛋白。他们把本研究鉴定到的 90 种虫卵分泌蛋白与之前报道的日本血吸虫成虫分泌蛋白进行比较，结果相应蛋白序列相似性大（等）于 80%的只有 27 种，表明两个不同发育阶段虫体间的 ESP 呈现显著差别。

Verissimol 等（2019）应用质谱技术对日本血吸虫卵分泌蛋白（ESP）及从粪便中分离的成熟虫卵和从离体培养雌虫中分离的未成熟虫卵的差异表达蛋白进行分析，结果在鉴定到的 957 种虫卵相关蛋白中，仅有 95 种在 ESP 中呈现。分析显示，日本血吸虫成熟虫卵和未成熟虫卵中有 124 种蛋白呈现差异表达，成熟虫卵 ESP 比未成熟虫卵 ESP 更容易刺激宿主免疫应答。

Liao 等（2011）应用生物信息学技术比较分析了日本血吸虫排泄分泌蛋白和非排泄分泌蛋白的序列，发现排泄分泌蛋白含有更多的免疫相关结合肽，更有可能参与宿主的免疫调节。

比较分析日本血吸虫不同发育阶段虫体排泄分泌蛋白的组成和变化，可为发现血吸虫免疫调节分子，解析宿主抗血吸虫感染的免疫应答机制、血吸虫的致病机制，以及血吸虫与宿主的相互作用机制提供依据。

八、翻译后修饰的蛋白质组

蛋白质是机体内各种功能的执行者，如机体免疫、细胞凋亡、信号传导、应激反应及个体发育等。蛋白质功能能否正常发挥决定着有机体生命活动能否有序、高效的进行。体内基因表达产物的正确折叠、空间构象的正确形成决定了蛋白质的正常功能，而翻译后修饰在这一过程中发挥着重要的作用。因为翻译后修饰使蛋白质的结构更为复杂，功能更为完善，调节更为精细，作用更为专一。细胞内许多蛋白质的功能是通过动态的蛋白质翻译后修饰来调控的。细胞的许多生理功能，如细胞对外界环境的应答，也是通过动态的蛋白质翻译后修饰来实现的。正是这种蛋白质翻译后修饰的作用，使一个基因不只对应一个蛋白质，从而赋予生命过程更多的复杂性。因此，阐明蛋白质翻译后修饰的类型、机制及其功能对保障生命有机体的正常运转，预防、治疗相关的疾病有着重要意义。真核动物细胞中有 20 多种蛋白质翻译后修饰过程，常见的有泛素化、磷酸化、糖基化、脂基化、甲基化和乙酰化等。采用蛋白质组学技术从整体上分析蛋白翻译后修饰的状态及变化，可为解析血吸虫生长发育调控机制提供实验依据。

在有机体内，磷酸化是蛋白翻译后修饰中最为广泛的共价修饰形式，同时也是原核生物和真核生物中最重要的调控修饰形式。磷酸化对蛋白质功能的正常发挥起着重要调节作用，涉及多个生理、病理过程，如细胞信号传导、新陈代谢、神经活动、肌肉收缩以及细胞的增殖、发育和分化等。

由于生物体中的磷酸化蛋白所涉及的生物进程通常都错综复杂，如细胞信号传导通路网络等，传统地针对单条信号传导通路以及单个磷酸化蛋白分子的研究策略存在一定的局限性。因此，利用蛋白质组学的理念和分析方法研究蛋白质的磷酸化修饰，可以从整体上观察细胞或组织中蛋白磷酸化修饰的状态及其变化，进而分析特定磷酸化修饰对生命过程的调控作用及其分子机制。由此派生出磷酸化蛋白质组学的概念。其研究的内容主要包括：①磷酸化蛋白质和磷酸肽的检测；②磷酸化位点的鉴定；③磷酸化蛋白质定量。该研究可以揭示蛋白激酶和磷酸酶各自对磷酸化和去磷酸化的影响，以及靶蛋白的结构、功能经修饰后所产生的生物活性。近几年在寄生虫领域已经有不少科学家对不同虫体的磷酸化蛋白质组进行了相关研究。

在血吸虫前期的研究中发现，血吸虫体内磷酸化蛋白的差异可能是造成日本血吸虫童虫在不同适宜性宿主体内生存状态呈现差异的重要原因之一，蛋白磷酸化对虫体的生长发育可能具有重要作用。因此，对日本血吸虫磷酸化蛋白质组进行相关研究，有助于筛选、鉴定影响虫体生长发育的重要蛋白，为寻找新的药物靶标及疫苗候选分子奠定基础。

Luo 等（2012）通过 IMAC 法对日本血吸虫 14d 童虫和 35d 成虫虫体蛋白中的磷酸化位点和磷酸化蛋白进行了研究，结果在虫体的 92 种磷酸化蛋白中共找到 126 个不同的磷酸化位点。其中，在 14d 童虫的 61 种蛋白中鉴定到 67 个磷酸化位点，在 35d 成虫的 53 种蛋白中鉴定到 59 个磷酸化位点，有 30 种磷酸化蛋白在两个时期虫体同时被检测到。这些蛋白主要是虫体的信号分子、酶类和调节因子，如 14－3－3 蛋白、热休克蛋白 90、肽基脯氨酰异构酶 G、磷酸果糖激酶、胸苷酸激酶等。这些蛋白磷酸化位点的基序在生物进化上是比较保守的。Cheng 等（2013）通过二氧化钛富集磷酸化蛋白的方法对日本血吸虫 14d 童虫和 35d 的雌雄虫体内的磷酸化蛋白质组进行了分析，一共鉴定到 180 个磷酸化肽段，代表了 148 个蛋白，其中在童虫 110 种蛋白中鉴定到 127 个磷酸化位点，在雌性成虫 69 种蛋白中鉴定到 75 个磷酸化位点，在雄性成虫 91 种蛋白中鉴定到 102 个磷酸化位点。进一步的分析显示，热休克蛋白 90 在这两个阶段的虫体和雌雄成虫虫体中都能检测到，推测该蛋白能够直接或间接地与其他检测出的信号分子相互作用，在调节虫体的发育过程中具有重要作用。同时，作者对一些检测到的性别特异性的磷酸化蛋白通过免疫组化或实时定量 PCR 进行了验证。

蛋白质乙酰化是在乙酰基转移酶的作用下，在蛋白质赖氨酸残基上添加乙酰基的过程。它是一种普遍存在且保守的翻译后修饰，已被证明可参与原核生物和真核生物中许多不同的非染色质相关的生物过程。为了了解血吸虫中赖氨酸乙酰化的特性、程度和相关生物学功能，Hong 等（2016）采用免疫亲和法对乙酰基-赖氨酸的肽段进行了富集，并结合质谱进行鉴定，结果显示日本血吸虫有 1 109 种蛋白进行了乙酰化修饰，并鉴定到了2 393个乙酰化位点。生物信息学分析表明这些乙酰化蛋白主要参与代谢、基因表达、翻译和转运等生物过程。分子功能分类表明这些蛋白主要与不同酶的催化活性有关，包括氧化还原酶、转移酶和焦磷酸酶活性。在细胞成分类别上，乙酰化蛋白在细胞质、细胞膜、细胞骨架和细胞核中都有分布。这证明了日本血吸虫蛋白乙酰化的普遍存在，为进一步探索日本血吸虫蛋白乙酰化功能奠定了基础。

为了解赖氨酸乙酰化对日本血吸虫发育和性成熟的影响，Li 等（2017）应用免疫亲和法结合质谱分析对 18d 和 28d 的日本血吸虫雌、雄虫虫体蛋白的赖氨酸乙酰化进行了比较分析。在 494 个乙酰化蛋白中共鉴定到 874 个乙酰化位点。分析表明成虫体内的乙酰化位点要远远多于童虫，28d 雌虫和雄虫共有 189 个乙酰化位点和 143 个乙酰化蛋白，高于 18d 雌虫和雄虫共有的 76 个和 59 个。功能分析显示，在不同的发育阶段和雌、雄虫体中，一些参与肌肉运动、糖代谢、脂代谢、能量代谢、抗环境压力、抗氧化等的蛋白，展现不同程度的乙酰化，这和血吸虫发育过程中生物学功能变化一致，提示赖氨酸乙酰化修饰在血吸虫发育过程中发挥了重要的调节作用。

九、免疫蛋白质组

蛋白质组学自形成之后，已逐渐向生命科学的多个领域渗透，形成了多个交叉研究领域。免疫蛋白质组学是一门由新兴的蛋白质组学技术与传统的免疫学技术相结合而产生的交叉学科，由 Klysik 于 2001 年提出。免疫蛋白质组学作为蛋白质组学中一个新的分支，将大规模、高通量、高分辨率地分离鉴定生物体的整体蛋白与抗原抗体在体外特异性结合这两个特点进行融合，为大规模、高通量地研究生物体的免疫原性蛋白提供了强有力的技术手段。

近年来，免疫蛋白质组学技术逐步地在多个研究领域得到运用，不仅使研究者对疾病的致病机制有了更深的理解和认识，同时在疾病诊断标识物、药物靶标和疫苗候选分子的筛选上展示出广阔的应用前景，成为生物学和医学的研究热点。免疫蛋白质组学研究技术可分为基于凝胶的 2DE - WB 和基于蛋白芯片的两个技术体系。前者是先将蛋白样品进行双向电泳分离，再转印到 PVDF 膜等固相载体上，与抗体进行免疫印迹反应，最后通过质谱技术对免疫原性蛋白进行分析鉴定，也被称为血清蛋白质组分析，该技术是免疫蛋白质组学分析的经典技术，大多数研究均利用该技术来完成；后者主要是基于蛋白质芯片或多维液相层析技术来完成。先将高通量的已知蛋白固定到固相载体上，用于捕获与其结合的特异性抗体，继而筛选具有特定功能的蛋白（Fulton 和 Twine，2013）。近年来，随着血吸虫基因组测序的完成和转录组数据的不断完善，免疫蛋白质组技术也越来越多地应用于血吸虫研究中，为血吸虫病诊断抗原的筛选和新疫苗候选分子的发现提供了新途径。

1. 基于凝胶的免疫蛋白质组研究及应用

（1）诊断抗原的筛选　现有的血吸虫病病原学诊断技术检测敏感性偏低，特别在低度感染的情况下往往出现漏检。血清学诊断技术虽提高了检测的敏感性，但特异性不够理想，同时不能有效地区分现症感染和既往感染及用于疗效考核。免疫蛋白质组学技术的应用有助于筛选到既敏感又特异的诊断标识分子，以它们作为血清学诊断的抗原，在保持检测技术高敏感性的基础上，可进一步提高检测技术的特异性。

Zhong 等（2010）用二维电泳技术分离日本血吸虫成虫可溶性抗原，以血吸虫感染兔血清为一抗进行免疫印迹分析，对获得的 10 个蛋白点进行 LC/MS - MS 分离、鉴定，研制了其中两个抗原 SjLAP 和 SjFABP 的重组蛋白，并以它们作为诊断抗原，应用 ELISA 方法来诊断人血吸虫病。结果显示，二者检测的特异性为96.7%，检测急性血吸虫病感染的敏感性分别为98.1%和100%，检测慢性血吸虫病感染的敏感性为87.8%和84.7%。经吡喹酮治疗后，SjLAP和SjFABP特异的抗体滴度也显著降低。作者认为，SjLAP和SjFABP不仅可以用于对血吸虫病的检测，还能用于评估药物的治疗效果。

Wang等（2013）收集日本血吸虫成虫的排泄分泌蛋白，利用2DE-WB的免疫蛋白质组学技术，以健康兔血清、血吸虫感染2～6周和吡喹酮治疗后4～16周的兔血清为一抗，比较分析不同时期血清所识别的抗原点，从中筛选出可诱导产生短程免疫应答的蛋白点进行MALDI-TOF-MS质谱鉴定。结果发现，针对日本血吸虫甘油醛-3-磷酸脱氢酶（glyceraldehyde-3-phosphate dehydrogenase，GAPDH）的特异抗体应答在吡喹酮治疗后4周开始下降，并在8～12周降至阴性水平。研制了SjGAPDH的重组蛋白，评价其检测人血吸虫病的敏感性和特异性分别为82.5%和91.3%。表明以重组蛋白rSjGAPDH为诊断抗原，不仅能有效检测人血吸虫病，而且具有一定的疗效考核价值。

Zhang等（2015）提取、分离日本血吸虫体被表膜蛋白，以日本血吸虫感染前，感染后2周和6周，以及吡喹酮治疗后1个月、2个月、3个月、4个月、5个月、6个月、7个月、8个月的兔血清为一抗，利用免疫蛋白质组学技术筛选具有免疫诊断价值的抗原分子。研究结果显示，有10个蛋白点未被感染前兔血清识别，但在感染后的第2和6周都呈阳性反应，而在治疗后的早期阶段又转为阴性反应。经质谱鉴定，这10个蛋白点分属于SjPGM、SjRAD23等6个不同蛋白。从中挑选磷酸甘油酸酯变位酶（phosphoglycerate mutase，PGM）进行了克隆、表达。经组织定位分析表明SjPGM为一体被蛋白。ELISA法分析结果显示，实验兔感染日本血吸虫2周后，所有兔子都可检测出抗重组蛋白rSjPGM和SEA的特异性抗体。在吡喹酮治疗后的2～7个月，以rSjPGM作为诊断抗原，所有实验兔都陆续转为阴性，而直至吡喹酮治疗后8个月，以SEA作为诊断抗原，所有实验兔仍都呈阳性。表明在考核药物疗效，或区分现症感染和既往感染方面，rSjPGM作为诊断抗原要明显优于目前最常用的SEA。进一步应用ELISA法检测了104份血吸虫感染阳性水牛血清和60份健康水牛血清，结果以rSjPGM和SEA作为诊断抗原，其敏感性分别为91.35%和100.00%，特异性分别为100.00%和91.67%。当应用这两种抗原检测14份前后盘吸虫、9份大片吸虫感染水牛血清时，rSjPGM的交叉反应率分别为7.14%和11.11%，SjSEA的交叉反应率分别为50.00%和44.44%，表明rSjPGM作为牛血吸虫病的诊断抗原具有潜在的应用价值。

在张旻工作基础上，李长健（2014）制备了辐射敏感蛋白23（SjRAD23）重组抗原，以该重组抗原rSjRAD23和日本血吸虫可溶性虫卵抗原SEA作为诊断抗原，分别检测了60份健康水牛血清和75份感染日本血吸虫的水牛血清，以及14份前后盘吸虫感染牛血清和6份大片吸虫感染牛血清，比较两种抗原获得的敏感性、特异性。结果以重组抗原rSjRAD23作为诊断抗原，特异性为98.33%，敏感性为89.33%，与前后盘吸虫和大片吸虫的交叉反应率分别为14.28%和0%。以虫卵可溶性抗原SEA作为诊断抗原，特异性为91.67%，敏感性为100%，与前后盘吸虫和大片吸虫的交叉反应率分别为50%和16.67%。表明以重组抗原SjRAD23作为牛血吸虫病诊断抗原，敏感性略低于SEA，但特异性及与其他寄生虫交叉反应性都好于SEA。以重组抗原rSjRAD23和日本血吸虫可溶性虫卵抗原SEA作为诊断抗原，平行检测了实验兔感染日本血吸虫前，感染日本血吸虫后2周、4周、6周以及用吡喹酮治疗后每月兔血清中两种抗原特异性抗体水平，分析兔血清中两种特异性抗体的消长变化，评价两种诊断抗原的疗效考核价值。结果以两种抗原作为诊断抗原，感染后 2 周、4 周、6 周都出现阳性反应，以重组抗原 rSjRAD23 作为诊断抗原，在吡喹酮治疗后的 2 个月、3 个月、5 个月各有一只实验兔转阴；而以日本血吸虫可溶性虫卵抗原 SEA 作为诊断抗原，7 只实验兔直至治疗后 6 个月转阴率仍然为 0。表明以重组抗原 rSjRAD23 作为诊断抗原，比 SEA 有更好的疗效考核价值。

翟颀（2018）以日本血吸虫成虫体被蛋白为抗原，以日本血吸虫感染前、感染后 8 周和先用血吸虫感染再经吡喹酮治疗后 4 周、8 周、14 周、19 周的水牛血清为一抗，利用免疫蛋白质组学技术筛选潜在的血吸虫病免疫诊断抗原。结果显示，6 个蛋白点未被血吸虫感染前水牛血清识别，在感染后 8 周呈阳性，吡喹酮治疗后又陆续转为阴性。经质谱鉴定这 6 个蛋白点分属于 4 种不同蛋白。从中挑选亲环蛋白 A（cyclophilin A）进行了克隆、表达。ELISA 法分析结果显示，在日本血吸虫感染后 8 周，3 头水牛体内均出现较高水平的抗 rSjCyPA 和 SEA 特异性抗体。以 rSjCyPA 为检测抗原，在吡喹酮治疗后 8 周内 3 头水牛都陆续转为阴性；而以 SEA 为检测抗原，一直到治疗后 19 周均未转阴。结果表明，以 rSjCyPA 作为诊断抗原的疗效考核效果要优于常用的 SEA 抗原。进一步应用 ELISA 法检测了 114 份日本血吸虫感染的水牛血清和 86 份健康水牛血清，结果显示以重组蛋白 rSjCyPA 和 SEA 作为诊断抗原，其敏感性分别为 79.82%和 100.00%，特异性分别为 95.35%和 67.41%。在检测 14 份前后盘吸虫感染水牛血清时，rSjCyPA 的交叉反应率为 14.29%，SEA 为 71.43%。结果表明，以 rSjCyPA 作为水牛血吸虫病的诊断抗原具有潜在的应用价值。

（2）免疫原性蛋白/疫苗候选分子的筛选　黄牛相对于水牛更适合日本血吸虫生长发育，日本血吸虫在水牛体内发育率低，收集到的虫体小。翟颀（2018）应用免疫蛋白质组学技术，利用日本血吸虫感染前和感染后 8 周水牛与黄牛血清，分别对日本血吸虫成虫体被蛋白进行免疫筛选。其中，黄牛和水牛阴性血清识别的蛋白点分别有 83 个和 108 个，而黄牛和水牛感染血吸虫 8 周后血清识别的蛋白点分别有 86 个和 138 个，对这些蛋白点进行比较分析并与制备胶匹配后，挑取 19 个水牛血清特异识别的蛋白点进行质谱分析，成功鉴定了 13 个蛋白点，分别代表 PGM、CyPA 及 FABP 等 10 种蛋白。对鉴定的蛋白进行生物信息学分析，结果显示这些蛋白主要与细胞骨架构成、能量代谢以及蛋白折叠有关。

东方田鼠是至今为止在我国血吸虫病疫区发现的唯一一种对日本血吸虫感染具有天然抗性的哺乳动物。Hong 等（2015）应用免疫蛋白质组学技术，利用日本血吸虫适宜宿主 BALB/c 小鼠和抗性宿主东方田鼠感染日本血吸虫前后的血清，分别对日本血吸虫 10d 童虫的可溶性蛋白进行免疫筛选，通过比较分析共挑选了 116 个蛋白点进行质谱鉴定，成功鉴定 95 个蛋白点，分属于 48 个蛋白。对这些蛋白进行 GO 分析，发现这些蛋白主要与细胞骨架构成、细胞运动、能量代谢、应激以及蛋白的折叠有关。

用辐照致弱的血吸虫尾蚴/童虫苗免疫实验动物和牛、羊等大家畜，可诱导产生较高的抗感染免疫保护作用。Yang 等（2009）对正常的和紫外线辐照致弱的日本血吸虫尾蚴的可溶性虫体蛋白进行比较分析，鉴定到 20 种差异表达蛋白，主要为 Actin 等结构蛋白，甘油醛-3-磷酸脱氢酶等能量代谢相关酶，14-3-3 蛋白等信号传导通路相关分子，HSP70 等热休克相关蛋白，以及 20S 蛋白酶体等。研究结果为阐述紫外线辐照致弱尾蚴诱导的免疫保护机制，发现新的抗日本血吸虫病疫苗候选分子提供了实验依据。

Wu 等（2021）应用免疫蛋白质组学技术筛选到 16 种日本血吸虫蛋白，它们能被菲律宾血吸虫病流行区对血吸虫再感染具有抗性的人群血浆 IgG 或 IgE 抗体特异识别，而对敏感人群血浆抗体不起反应。进一步分析显示抗性人群血浆中抗重组蛋白 Sj6－8 和 Sj4－1 特异抗体水平与抗再感染风险和感染强度相关。研究结果提示免疫蛋白质组学技术是筛选、鉴定血吸虫病疫苗候选分子的有效技术之一。

郑辉等（2009）用双向电泳技术分离日本血吸虫成虫可溶性蛋白，以血吸虫病患者血清为一抗，经 Western blot 免疫印迹检测，鉴定到57个特异性日本血吸虫成虫抗原。

（3）抗血吸虫药物的作用机理研究及新药物靶标的筛选　以药物治疗为主的防治策略是防控血吸虫病的重要手段，吡喹酮是目前大规模使用的唯一一种血吸虫病治疗药物，该药安全、高效，但是随着大规模、反复地使用，已有对该药产生抗药性的报道，同时防治实践也表明，单靠药物治疗不能解决重复感染等问题。因此，鉴定吡喹酮等血吸虫病有效治疗药物的作用靶标，阐明其作用机制，可为筛选新的血吸虫病治疗药物提供依据。张玲等（2008）应用 2D－nano－LC－MS/MS 技术比较分析了体外培养的日本血吸虫成虫吡喹酮处理前后的蛋白质组差别，共鉴定到 16 个差异表达蛋白，其中 12 个呈上调表达，4 个呈下调表达，包括肌动蛋白、副肌球蛋白、热休克家族蛋白、转录调控相关蛋白等，主要涉及细胞应激反应、细胞骨架和信号传导等功能，研究结果为寻找药物作用靶点提供了信息。但由于采用的血吸虫虫体为体外培养的虫体，并通过浸泡的方法给药，得到的结果可能与体内给药对虫体的作用情况会有所差别。Kong 等（2015）分别收集青蒿琥酯治疗过与未治疗小鼠体内的日本血吸虫 10d 童虫、17d 童虫和成虫，应用 iTRAQ 联合 LC－MS/MS 的方法进行虫体的蛋白质组比较分析，结果显示青蒿琥酯治疗前后 10d 童虫有 145 个蛋白，17d 童虫有 228 个蛋白，成虫有 185 个蛋白呈现差异表达，GO 和 KEGG 分析发现这些差异表达蛋白主要为应激反应、信号传导、转录调控和代谢相关蛋白。这些研究为阐明抗血吸虫药物的作用机理提供了实验依据。

2. 基于蛋白芯片或多维液相层析技术的免疫蛋白质组研究及应用　作为循环抗原，血吸虫分泌蛋白是宿主体内存在活虫体的重要指征。Xu 等（2014）对日本血吸虫的分泌蛋白进行了预测，对 204 个预测蛋白进行 GST 标签的融合表达后制成了蛋白芯片，再分别用血吸虫感染患者的血清进行筛选，最终获得一个具有较好诊断价值的重组蛋白 SjSP－13。对 476 份人血清进行检测，其敏感性为 90.4%，特异性为 98.9%；同时和华支睾吸虫病患者血清的交叉反应率仅有 2%，远低于日本血吸虫虫卵可溶性抗原 SEA 的 25%，表明重组蛋白 SjSP－13 是一种有潜力的人血吸虫病诊断抗原。

Chen 等（2014）通过血吸虫转录组数据库，结合生物信息学的分析，制备了日本血吸虫体被蛋白的蛋白芯片，其包含了 200 种虫体体被蛋白。利用该蛋白芯片与人血吸虫病患者血清及非疫区健康者血清分别进行杂交筛选，获得 30 个具有较好免疫原性的蛋白，实验发现 STIPI 和 PPase 具有良好的抗原性和免疫原性，可以作为潜在的疫苗和诊断候选分子。

Driguez 等（2016）根据公布的血吸虫的转录组与蛋白质组数据库，挑选了 289 个体被蛋白，利用无细胞蛋白表达系统表达后制成蛋白芯片，再与血吸虫适宜宿主小鼠感染血清与非适宜宿主大鼠感染血清分别进行杂交，经过数据分析获得 8 个免疫原性蛋白，其中 7 个有作为疫苗候选分子，1 个有作为诊断抗原的价值。

Abdel－Hafeez 等（2009）用高效二维液相色谱分离系统分离日本血吸虫可溶性虫卵抗原和成虫抗原，以辐射致弱尾蚴免疫血清为一抗，经免疫斑点法筛选获得 8 个抗原候选分子，其中有两个蛋白能与免疫血清发生强烈反应且不能被阴性血清识别。

综上所述，应用免疫蛋白质组学等技术方法，可为筛选、鉴定敏感、特异的血吸虫病诊断抗原、治疗药物靶标及候选疫苗分子提供新思路。

■第五节　micro RNA(miRNA)组

一、miRNA

miRNAs 是一类长度为 18～25nt，内源性、非编码的单链小分子 RNA，广泛存在于真核生物体中，能通过与靶标 mRNA 的 3′非编码区（3′UTR）完全或非完全互补结合，引起靶 mRNA 的降解或抑制其翻译，从而对基因进行转录后表达调控。1993 年，Lee 等发现了秀丽隐杆线虫中第一个 miRNA 分子（lin－4），该 miRNA 的缺失导致线虫幼虫由 L1 期向 L2 期的转化发生障碍。2000 年，Reinhart 等发现了秀丽隐杆线虫中第二个具有时序调控作用的 miRNA 分子（let－7）。之后在不同物种中相继发现了一些 miRNA 分子，收录在 miRBase 数据库。截至 2018 年，Sanger miRBase（Release 22：March 2018）中收录的 miRNA 前体数目达到 38 589 个，涉及包括植物、动物和病毒等在内的 271 个物种。在蠕虫、苍蝇和哺乳动物中，1%～2%的基因由 miRNAs 参与组成。

miRNA 在细胞核内由 RNA 聚合酶Ⅱ介导转录出含多聚腺苷酸尾（AAAAA）和帽子结构特征性标志的初级转录产物（pri－miRNA），后者在核酸酶 Drosha 的作用下被切割成约 70 个碱基、具有茎环结构的 miRNA 前体（pre－miRNA），随后由转运蛋白 exportin－5 转运出核，再由胞质中 Dicer 蛋白切割为长约 22 个碱基长度的双链 miRNA。随后，其中一条单链选择性结合到 RNA 沉默复合物（RNA－induced silencing complex，RISC）中，另一条则立即被降解，miRNA 在 RISC 的作用下可与靶基因 3′UTR 完全或不完全配对引起目的 mRNA 片段的降解或是抑制其翻译。miRNA 的作用和功能丰富，靶基因广泛分布，一种 miRNA 可以靶向多种基因的 mRNA，而一种基因的 mRNA 也同时受到多种 miRNA 的共同调节。由此形成复杂而精细的调控网络，调控功能基因的表达，进而影响多种生物学过程。已有研究证实，miRNA 参与包括胚胎发育、细胞凋亡、细胞分裂、细胞分化、免疫、代谢、癌症发生以及病毒感染等多种基因表达调控途径。

由于 miRNA 庞大而复杂的调控作用及其广泛性和序列的特异性，它们被认为是具有潜力的寄生虫疾病诊断和治疗的替代靶标。寄生虫 miRNAs 研究可为探索寄生虫体内基因调节、发育和进化过程提供一个重要的平台，与此同时有助于了解、破译宿主-寄生虫相互作用机制。然而，尽管沉默作用相关的 Ago 和切丁酶样的蛋白已经在许多寄生虫中得到鉴定，但对寄生虫 miRNA 序列的鉴定和特征分析依然很有限。同样，对参与寄生虫感染调节的宿主特异性 miRNA 的了解也很有限。

已有的研究表明，血吸虫 miRNA 在其自身生长发育、血吸虫与宿主相互作用等方面起着至关重要的作用。血吸虫虫体自身可表达大量的 miRNA 分子，并具有明显的期别和性别特异性，对虫体的生长发育、成熟、生殖、适应宿主生存环境和抵抗宿主抗感染免疫应答等方面发挥重要的调节作用；此外，血吸虫 miRNA 还参与对宿主致病的调节作用。miRNA 在血吸虫感染引起的疾病发生、发展以及转归过程中均发挥重要的调节作用。血吸虫感染宿主后，也引起宿主组织器官、血液的 miRNA 表达谱发生改变，并参与抗血吸虫感染和宿主病理过程的调节；虫体的 miRNA 可以通过囊泡的形式分泌进入宿主的血液中，并有可能被宿主的细胞摄取，从而影响宿主细胞的功能；同时，血吸虫感染后，宿主血液中 miRNA 表达谱也会发生变化，并有可能被血吸虫细胞摄取，进而影响虫体的生长发育。miRNA 在血吸虫感染中的作用已受到寄生虫学者的关注，一些重要 miRNAs 有进一步发展成为新的诊断标志物、杀虫药物靶点及疾病治疗靶点的潜力。

二、血吸虫 miRNA 的鉴定与发现

多家实验室对不同来源的血吸虫开展了 miRNA 鉴定工作，但不同研究中鉴定出的血吸虫 miRNA 数量往往有所差别。这可能与原始样本不同（不同种、地理株、不同发育阶段虫体、不同宿主来源虫体等），RNA 抽提以及文库构建等采用的方法不完全相同，以及不同研究中对 miRNA 的标准有不同的定义等相关。

这些年，常采用以下步骤和技术鉴定日本血吸虫 miRNA 和开展 miRNA 的相关研究：①提取血吸虫虫体 RNA，构建 small RNA 文库；②采用 Illumina Solexa 高通量测序平台进行 miRNA 测序；③采用 Burrows - Wheeler Alignment（BWA - ALN）工具与血吸虫基因组（Wormbase Parasite Version 10，http://parasite. wormbase. org/index. html）进行比对，以去除宿主 miRNA 等污染序列；④将比对到血吸虫基因组的序列进一步采用 BWA - ALN 工具与 miRNA 数据库 miRBase v22. 0database（http://www. mirbase. org/）进行比对，获得已知 miRNAs 的表达情况及其表达量；⑤将比对到日本血吸虫基因组而不能比对到其他血吸虫已知 miRBase 数据库的序列，采用 miRDeep2 软件等预测新的 miRNAs（Friedländer 等，2012）。将预测的成熟 miRNA 进一步与其他物种的 miRNA 进行比对。未能比对上的序列，采用 BWA - ALN 将其比对到已知 miRNA 的前体序列上，并根据映射到前体 miRNA 序列的成熟区域的序列读数作为新 miRNA 的表达水平。采用 MFOLD 软件对新 miRNA 的二级结构进行预测；⑥利用 qRT - PCR 或 Northern blot 技术对特定血吸虫 miRNA 的表达情况进行分析；⑦运用生物信息学方法预测 miRNA 的靶基因，采用双荧光素酶报告试验等验证 miRNAs 靶基因；⑧通过对不同发育时期、不同性别、不同宿主来源血吸虫虫体 miRNA，或宿主感染前和感染血吸虫后不同时期血液或特定组织中宿主 miRNA 的表达分析，推测血吸虫或宿主某特定 miRNA 在血吸虫生长发育、致病中的调节作用；⑨通过过表达或抑制血吸虫或宿主某特定 miRNA 的表达，观察其对血吸虫生长发育和宿主病理变化的影响，分析其对特定靶基因及相关信号通路分子表达、特定细胞活性等的调节作用，解析 miRNA 分子的生物学功能；⑩在表达和生物学功能分析基础上，评估某特定 miRNA 分子作为血吸虫病诊断标识或治疗靶标的潜力。

目前，包括血吸虫在内的多种蠕虫虫源 miRNA 已经得到鉴定，并对其在虫体生长发育中发挥的生物学功能做了探索。2008 年，Xue 等利用克隆和测序技术鉴定出日本血吸虫体内含有 miRNAs，包括 Sja - let - 7、Sja - miR - 71、Sja - bantam、Sja - miR - 125 和 Sja - miR - new1，其中 4 条为在后生动物中保守的 miRNAs，1 条为新 miRNA，证实日本血吸虫确实表达 miRNA。之后，他们利用高通量测序的方法分析了童虫小 RNA 文库，发现 20 种在物种间保守的 miRNA 家族，16 条血吸虫特异的 miRNAs。Gomes 等（2009）利用生

物信息学分析显示曼氏血吸虫存在 Dicer、Drosha、Ago、expotin－5 等 13 种蛋白类似物，这些蛋白不同程度地参与了 miRNA 的生物合成过程。Chen 等（2010）发现，日本血吸虫有 3 个 Ago 蛋白，它们在血吸虫的不同生活阶段呈现差异表达。

血吸虫生活史复杂，不同阶段虫体的生长发育均受到基因表达的精确调控。不同宿主为血吸虫提供不一样的生存环境，也影响着血吸虫的生长发育。这些年，多个实验室相继开展了血吸虫虫源 miRNA 的鉴定和功能研究工作，扩展了血吸虫虫源 miRNA 的数量，也加深了人们对虫源 miRNA 功能的认识。特别是高通量测序方法的应用，不仅可以检测出传统方法检测不到的低表达 miRNA 分子，还可以检测出各个 miRNA 的相对丰度。在 miRBase 数据库中已注释的日本血吸虫 miRNA 有 56 条前体序列和 79 条成熟序列，曼氏血吸虫有 115 条前体序列和 225 条成熟序列。已有研究显示，不同生长发育阶段虫体、雌虫和雄虫、不同宿主来源虫体 miRNA 表达谱呈现明显的差异，它们通过调节血吸虫的基因表达进而在血吸虫的生长发育、性成熟和宿主病理变化进程调节中发挥着重要的作用（Cai 等，2011；Marco 等，2013；Zhu 等，2016）。

三、不同发育阶段虫体 miRNA 组

日本血吸虫有七个不同的发育阶段，不同虫体阶段具有独特的基因表达谱（Liu 等，2006；Xue 等，2008），提示其各阶段的基因表达可能受到精确调控。研究表明，有些 miRNAs 在血吸虫的不同发育时期虫体中呈现差异性表达（Xue 等，2008；Cai 等，2011；Sun 等，2014；Zhu 等，2016）。Xue 等利用定量 PCR 技术分析了 5 条血吸虫 miRNAs 在虫卵、毛蚴、胞蚴、尾蚴、童虫、成虫 6 个不同发育阶段虫体的表达水平，结果显示 miRNA 的表达具有明显的期别特异性，其中 let－7 表达量在毛蚴期最低，胞蚴期较高，在尾蚴期达到最高，推测它可能与毛蚴、胞蚴及尾蚴在中间宿主钉螺体内的发育调控相关。另两种 miRNA 分子 Sja－bantam 和 Sja－miR－71 在毛蚴期亦有表达，在尾蚴期达到最高，在童虫期表达水平下降，推测 Sja－bantam 和 Sja－miR－71 在尾蚴期高表达有可能与血吸虫侵染宿主过程中的相关基因调控有关（Xue 等，2008）。Cai 等通过高通量测序发现 74 条日本血吸虫 miRNAs 在尾蚴阶段表达上调，71 条在童虫阶段高表达。与尾蚴期相比，Sja－bantam、Sja－miR－1、Sja－miR－124－3p、Sja－miR－2a－3p、Sja－miR－3492 和 Sja－miR－36－3p 在肺期童虫呈现下调表达（Cai 等，2011）。Simoes 等（2011）对曼氏血吸虫不同期别 miRNAs 的表达分析，发现 7 种 miRNAs 只存在于成虫中，5 种仅存在于童虫中，另外有 2 种在童虫和成虫中均存在。

不同发育时期虫体表达的 miRNAs 在血吸虫生长发育中发挥了重要的调节作用。日本血吸虫存在多个与人、小鼠、果蝇和线虫等模式生物高度保守的 miRNAs，包括 miR－1b、miR－124、miR－8/200b、miR－190 和 miR－7 等，这些 miRNAs 在模式生物中已被证实参与 IGF、EGF、Wnt、Notch、TGF－β 等重要信号通路，靶基因分析推测血吸虫 miRNA 也可能参与上述重要通路的调节。血吸虫虫体 miRNA 分子可通过调节血吸虫的基因表达进而影响其生长发育、营养代谢等生物进程。靶基因分析显示热休克蛋白基因、转录因子 KLF4 等是 miR－1 的靶基因。研究已发现 miR－1 参与胰岛素样生长因子通路的调节。曼氏血吸虫和日本血吸虫都有胰岛素受体，血吸虫的 miR－1 是否参与胰岛素样生长因子通路

的调节进而影响血吸虫的生长发育仍有待验证。有研究表明 miR-124 通过靶向细胞周期依赖激酶 6（CDK6）调控成神经管瘤细胞的生长。miR-124 的靶基因有整合素 β1、SMAD5、NeuroD1 等。这些保守 miRNAs 在血吸虫生长发育中是否具有类似的生物学功能，尚待进一步研究加以阐明。

四、雌雄虫 miRNA 组

血吸虫雌雄虫在形态和生理上均存在较大的差别。雌雄虫合抱是雌虫发育成熟和产卵的基础。已有一些研究表明，miRNA 在血吸虫的性别发育、分化，雌虫产卵方面起重要的调控作用。Cai 等（2011）研究发现，Sja-miR-7-5p、Sja-miR-61、Sja-miR-219-5p 和 Sja-miR-124-3p 在血吸虫雄性成虫中的表达水平高于雌虫，而 Sja-bantam、Sja-miR-71b-5p 和 Sja-miR-3479-5p 则在雌虫中的表达高于雄虫。Marco 等（2013）发现 13 条 miRNAs 在雌性和雄性曼氏血吸虫中呈现差异表达，其中 miR-1b、miR-61 和 miR-281 在雄虫中呈现高表达，而 miR-8447、miR-2f 等 10 条 miRNAs 在雌虫中呈高表达。Huang 等（2009）利用深度测序鉴定了 172 条日本血吸虫 miRNAs，发现 Sja-let-7 等多条 miRNAs 在雄虫刺激雌虫生殖发育中发挥了重要调节作用。赵江平等发现一些 miRNAs 在雌虫中高表达，如 Sja-bantam，而另一些 miRNAs 在雄虫中高表达，如 Sja-miRNA-219。Zhu 等（2016）收集了日本血吸虫感染后 16d、22d 和 28d 的雌雄成虫，并分析其 miRNA 表达情况，结果鉴定到 38 条 miRNAs，其中 14 条在雄虫体内呈现较高表达，而 4 条在雌虫中呈高表达，另外 20 条在血吸虫不同发育阶段虫体中呈现差异表达，而雌雄间无明显差异。进一步研究发现在雌虫中高表达的 4 条 miRNAs（miR-31、bantam、miR-1989、miR-2c）在卵巢中呈表达上调。体外抑制雌虫高表达的 bantam 和 miR-31 后，发现雌虫卵巢破裂，卵巢实质面积减少，表明日本血吸虫 miR-31 和 bantam 对卵巢发育有重要的调节作用。

Sun 等（2014，2015）对感染后 18d 和 23d 的日本血吸虫单性感染雌虫和合抱雌虫 miRNA 表达谱进行了分析，发现两者存在明显差别，其中大部分差异表达 miRNAs 都在 23d 单性雌虫中呈下调表达水平，而 bantam 等呈上调表达。韩愉等（2015）基于二代测序的方法，对 25d 日本血吸虫单性感染雌虫和合抱雌虫 miRNA 表达谱进行了测序分析，共发现 38 条显著差异表达的 miRNAs，其中在单性感染、发育阻遏雌虫中上调表达的有 21 条，下调的有 17 条。其中，miR-1，miR-let-7、miR-124-3p、miR-36-3p 等在单性感染雌虫中呈现上调表达，而 bantam、miR-3491 等在合抱雌虫中呈现上调表达。以上结果提示一些血吸虫 miRNAs 可能参与了雌虫的性成熟、胚胎发育及卵形成的调节。

五、不同适宜宿主来源血吸虫 miRNA 组

不同终末宿主对血吸虫感染的适宜性存在较大的差别，在山羊、黄牛、绵羊、家兔和小鼠等适宜宿主体内血吸虫的发育率可达 40%～70%，而在大鼠、水牛等非适宜宿主体内血吸虫的发育率仅为 10%～20%，东方田鼠是至今发现的唯一一种感染血吸虫后不致病的哺乳动物，血吸虫感染东方田鼠后，虫体发育迟缓，大部分虫体在感染后 2～3 周内死亡，不能发育成熟。不同的宿主有着独特的机体内环境，已有报道表明，不同适宜宿主来源的日本

血吸虫 miRNA 组呈现差异表达，参与血吸虫代谢、凋亡、应激等的调节，进而影响血吸虫的生长发育和存活。

Han 等用 Solexa 深度测序法对血吸虫适宜宿主小鼠、非适宜宿主大鼠和抗性宿主东方田鼠来源的日本血吸虫 10d 童虫 miRNA 进行测序，结果在小鼠、大鼠和东方田鼠来源的童虫中分别鉴定到 131 条、100 条和 144 条 miRNAs，其中有 32 条 miRNAs 在三种宿主来源童虫中均有表达。共鉴定到 50 条新 miRNA 分子，其中保守的有 34 条，日本血吸虫特有的有 16 条。比较分析了小鼠和大鼠来源的日本血吸虫 10d 童虫 miRNA 表达谱，发现 41 条 miRNAs 呈现差异表达，其中有 23 条 miRNAs 在大鼠来源虫体中显著性上调表达，有 4 条 miRNAs 可能与血吸虫性成熟（Sja-miR-1、Sja-miR-7-5p）、胚胎发育（Sja-miR-36-3p）、致病（Sja-bantam）等相关，在血吸虫生长发育及虫体与宿主相互作用中发挥重要作用（Han 等，2015a）。同时比较分析了东方田鼠和小鼠来源的日本血吸虫 10d 童虫 miRNA 表达谱，发现有 24 条呈现差异表达，其中 miR-10-3p、miR-10-5p 和 miR-2b-5p 可通过调节其靶基因如烯醇化酶、水通道蛋白、TGF-β 诱导的核蛋白和副肌球蛋白的表达进一步影响虫体的生长、分化和代谢。

Yu 等（2019）采用高通量测序技术（Illumina Hiseq Xten）测序并比较分析了血吸虫适宜宿主黄牛和非适宜宿主水牛来源的日本血吸虫成虫 miRNA 表达谱，分别获得 6 378 万和 6 321 万条序列。生物信息学分析鉴定了 206 个 miRNAs，包括 79 个已注释的日本血吸虫 miRNAs 和 127 个与其他物种 miRNAs 高度相似的新 miRNAs。在 79 个已注释的日本血吸虫 miRNAs 中，有 5 个 miRNAs（Sja-miR-124-3p、Sja-miR-219-5p、Sja-miR-2e-3p、Sja-miR-7-3p 和 Sja-miR-3490）在水牛组虫体中呈现显著性上调表达。在 127 个新 miRNAs 中，有 10 个 miRNAs 在两组虫体中呈现差异表达，其中有 6 个在水牛组虫体中呈现上调表达。生物信息学分析预测 5 个差异表达 miRNAs 可能参与 268 个靶基因的生物学功能调节，主要与咽肌发育、嘌呤代谢、减数分裂的胞质分裂、减数分裂中纺锤体的定位、细胞骨架依赖性的细胞内运输、rRNA 加工、mRNA 运输、蛋白质运输、繁殖、肌细胞分化调节等相关。其中，Sja-miR-124-3p 和 Sja-miR-219-5p 可能通过调控虫体的神经系统发育、应激反应等进而影响虫体在两宿主体内的生存及发育。

值得一提的是，一些 miRNAs 在非易感宿主和易感宿主来源的虫体中表现出相似的表达趋势，如 Sja-miR-124-3p 在非易感宿主（Wistar 大鼠、东方田鼠、水牛）来源虫体中的表达水平均高于易感宿主（BALB/c 小鼠、黄牛）来源虫体；而 Sja-let-7、Sja-miR-2b-5p、Sja-miR-3493、Sja-miR-125b 和 Sja-miR-2c-5p 等在东方田鼠来源虫体的表达量低于小鼠来源虫体（Han 等，2015a；2015b）。提示不同宿主来源虫体 miRNAs 的差异表达可能是影响血吸虫生长发育和存活的重要原因之一。

第六节 胞外囊泡

一、胞外囊泡

胞外囊泡（extracellular vesicles，EVs）是一类由细胞释放至胞外、具有脂质双分子层结构的包膜性小囊泡，广泛存在于外周血、母乳、尿液等体液中。EVs 根据其形成方式、性质及功能，通常分为外泌体、微囊泡和凋亡小体，外泌体直径为 30～100nm，外观呈圆形或杯状；微囊泡直径为 100～1 000nm；凋亡小体粒径大小为 1～5μm。

EVs 的脂质双分子层膜含有鞘磷脂、胆固醇、磷脂酰丝氨酸和神经酰胺等，其成分与其起源细胞类似。EVs 内携带有种类丰富的蛋白质、脂类、DNA、mRNA 以及非编码 RNAs（miRNA 和 IncRNAs）等生物活性分子。不同细胞来源的 EVs 内含有的成分不尽相同，各自携带一些与起源细胞相关的特定分子并发挥不同的生理学作用或调节功能，如 T 淋巴细胞分泌的 EVs 表面含有颗粒酶和穿孔蛋白；抗原提呈细胞分泌的 EVs 内含有丰富的 CD80、CD86 以及主要组织相容性复合物Ⅰ和主要组织相容性复合物Ⅱ（Keller 等，2006），等等。

EVs 与受体细胞之间递送信息或物质的方式主要有 3 种：①EVs 与受体细胞通过受体-配体结合进行信号传导；②EVs 与受体细胞通过受体-配体结合介导受体细胞内吞 EVs；③EVs与受体细胞胞质膜融合传递效应分子（Coakley 等，2015）。正常生理状态下，EVs 通过细胞间递送蛋白、脂类、核酸等生物活性分子，介导细胞间信号传导，进而影响受体细胞的分化、生理状态等，与多种疾病的发生、发展等密切相关。

近来研究表明，EVs 作为寄生虫分泌物中的重要组成成分，在寄生虫-寄生虫、寄生虫-宿主互作过程中发挥着重要作用。EVs 中的 miRNAs 在被转运至受体细胞后仍具有生物活性，并可影响或改变其受体细胞的生物学行为。同时，EVs 因其外表为脂质双分子层膜，可以保护其囊内生物活性分子免受周围环境的降解，且在长期储存和反复冻融的状态下，EVs 中的 miRNAs 等要比细胞来源的 miRNAs 更稳定。因而，这些年多家实验室相继开展了血吸虫 EVs 的相关研究。

二、血吸虫 EVs

1. 不同发育阶段血吸虫虫体 EVs 的分离及组分分析 血吸虫与宿主均分泌 EVs，二者难以区分，故目前报道的血吸虫 EVs 均从体外培养虫体的培养基上清中分离。

Nowacki 等（2015）从体外培养 72h 的曼氏血吸虫童虫排泄分泌抗原中分离 EVs，大小为 30～100nm。蛋白质组学分析显示 EVs 内含有 109 种蛋白。RNA 测序分析显示，EVs 中含有 35 种已知 miRNA 和 170 种可能的新 miRNA，以及 tRNA 来源的小分子 RNA。

Zhu 等（2016）从体外培养 2h 的 28d 日本血吸虫成虫分泌物中分离 EVs，粒径 50～100nm。质谱分析从 EVs 中鉴定到 403 种蛋白，生物信息学分析显示这些蛋白主要与结合、催化活性以及翻译调节等相关。Solexa 深度测序发现，EVs 内含有 15 种已知的 miRNA 和 19 种新 miRNA，包括 bantam 和 miR－10 等。qRT－PCR 确证宿主源的 miRNA ocu－miR－191－5p 存在于血吸虫分泌的 EVs 中。表明日本血吸虫 EVs 中既包含有虫源性的遗传信息，也有宿主源性的信息。Liu 等（2019）分离了日本血吸虫成虫分泌的 EVs，PKH－67 标记后与宿主外周血免疫细胞共培养或直接通过尾静脉注射至小鼠体内。流式细胞术分析发现，EVs 主要被外周血中的单核细胞摄取；实时定量 PCR 分析显示，外周血免疫细胞摄入了 EVs 中的 miR－125b、bantam、miR－61 以及 miR－277b 等分子。

Zhu 等（2016）从体外培养 24h 的日本血吸虫虫卵分泌物中分离 EVs，粒径大小为 30～100nm。对 EVs 中的 small RNA 测序分析显示，囊内主要含有核糖体 RNA、小 RNA 等，其中包含 miR－10、bantam 和 miR－3479－3p 等 13 种已知的日本血吸虫 miRNA。进一步研究证实，虫卵分泌的EVs能被小鼠肝细胞摄取，在与EVs共培养的小鼠肝细胞及日本血吸虫感染后49d和80d的小鼠肝组织内均检测到EVs内含有Sja-bantam和Sja-miR-71b等日本血吸虫miRNAs。这些研究结果表明，日本血吸虫虫卵可以通过释放EVs的形式将具有调节作用的miRNAs传递至宿主细胞。

2. 血吸虫EVs的功能初探 至今，有关血吸虫EVs的研究大多集中于EVs内蛋白的质谱分析及small RNAs的测序分析。由于缺乏完善的血吸虫体外培养体系，现有的体外培养方法难以维持和促进血吸虫在体外正常发育及繁殖，EVs的分子功能研究目前仅局限于虫体与宿主间的相互作用，主要涉及miRNA调节宿主免疫应答的初步探索。对EVs是否在虫体与虫体间发挥物质交换与信号传导的研究仍几乎没有触及。

Marcilla等（2014）研究提示血吸虫虫源的EVs在调节宿主免疫应答中起着重要的作用，其机制可能与EVs内miRNAs相关。Wang等（2015）的研究发现45d日本血吸虫成虫分泌的EVs能够刺激巨噬细胞向M1亚型分化，进而介导巨噬细胞M1型免疫应答。朱丽慧（2016）和Zhu等（2016）的研究显示，日本血吸虫成虫EVs中存在高丰度的血吸虫Sja-bantam和Sja-miR-10。EVs内虫源miRNAs可被巨噬细胞吞噬，释放虫源性EVs蛋白和RNA至巨噬细胞，刺激后者分泌细胞因子IL-13、TNF和IL-5等。进一步的体内外试验均证明，EVs内的bantam可下调宿主细胞靶基因的表达。体外转染bantam mimics至巨噬细胞，导致细胞中bantam靶基因*CLMP*表达下调，抑制细胞增殖，促进细胞凋亡，同时激活TNF信号通路，提示虫源性bantam可能通过调控其宿主靶基因*CLMP*介导宿主TNF信号通路，诱发宿主病理损伤。应用RNAi技术体外抑制日本血吸虫雌虫bantam表达后，可见虫体卵巢破损，实质面积减少，虫体bantam靶基因表达上升。Liu等（2019）的研究发现，血吸虫来源的EVs能被宿主巨噬细胞和其他外周血中的免疫细胞摄取。RNA测序分析发现，与血吸虫EVs共培养的外周血免疫细胞中有2 569种mRNA呈现差异表达，其中1 211种上调表达，1 358种下调表达，差异表达mRNA主要富集于肿瘤坏死因子（TNF）和Toll样受体、细胞因子-细胞因子受体相互作用、Rap1等信号通路。进一步分析显示，血吸虫EVs中的miR-125b和bantam通过调节靶基因*Pros1*、*Fam212b*和*CLMP*促进巨噬细胞增殖和TNF-α的表达。小鼠感染日本血吸虫后单核细胞数量增加，TNF-α水平增高，降低单核细胞数量和TNF-α水平可有效减少载虫数、虫卵数以及宿主的病理变化。这些结果提示，一些日本血吸虫分泌的EVs中的miRNAs可通过调节宿主的免疫应答来影响寄生虫的生长发育与生存。Meningher等（2020）研究证实，血吸虫成虫EVs中的miR-10可通过靶向宿主*MAP3K7*基因抑制Th2细胞的活化。以上研究进一步证实EVs可能是寄生虫和宿主间传递信息的重要载体，血吸虫miRNAs可通过EVs传递至宿主细胞中并影响宿主基因的表达，进而参与宿主抗血吸虫感染、病理变化等的免疫调节。

第七节 血吸虫组学研究的潜在应用前景

一、基因组学和转录组学

血吸虫基因组测序的完成及数据的公布，为深入开展血吸虫病原生物学等研究，阐述血吸虫入侵和致病、免疫逃避、血吸虫与宿主相互作用机制，鉴定敏感、特异的诊断靶标和血吸虫生长发育、致病的关键分子，以及血吸虫病诊断、治疗和预防研究取得新突破提供了重要的生物信息资源及数据挖掘和分析的平台。

通过血吸虫基因组学研究，绘制了血吸虫基因组框架图，揭示了血吸虫在分子进化上以及血吸虫遗传多态性的基本特征。基因组学研究发现血吸虫基因组存在大量重复序列，如SINE、LINE、Satellite、转座子和反转座子等，约占整个基因组序列的36.7%，其中反转座子约占重复序列的39%。提示可选择高拷贝的血吸虫序列，创建血吸虫病分子检测技术。基因组学研究还显示，血吸虫除了有大量与其他物种同源的基因外，有约1/3的基因可能为血吸虫所特有，为认识血吸虫生物学特征、筛选鉴定血吸虫病诊断抗原、新药物靶标及疫苗候选分子奠定了理论基础。

通过不同发育阶段虫体、雌雄虫和不同适宜宿主来源虫体的转录组学比较分析，获得一些与血吸虫入侵、雌雄虫合抱、性成熟、雌虫产卵、致病等可能相关的关键基因，深入研究也证明一些基因在血吸虫的生长发育中具有重要的生物学功能，如应用RNA干扰技术证实了SjGCP及其相互作用分子SjLGL和SjGALE的表达状况影响了血吸虫雌雄虫的合抱、卵胚发育和虫体的生长发育；重组的日本血吸虫烯醇化酶（SjEnol）具有催化2-磷酸甘油酸生成磷酸烯醇式丙酮酸的酶活力及与人纤维蛋白溶酶原结合活力，在血吸虫的能量代谢及维持寄生生活方面发挥重要的作用；SjWnt4通过经典途径调节血吸虫的生长发育和虫卵的形成，等等。这些研究为血吸虫病疫苗候选分子和新治疗药物靶标的筛选提供了新思路。

二、蛋白质组学

血吸虫蛋白质组学研究为筛选具有免疫原性和诊断价值的血吸虫抗原奠定了重要基础。这些年，一些实验室应用免疫蛋白质组学等技术，筛选获得一些敏感、特异的血吸虫病诊断抗原，如SjPGM、SjSP-13等，建立了检测人群、牛、羊血吸虫病的诊断技术，不仅可以用于对血吸虫病的检测，还能用于评估药物治疗效果。

通过不同发育阶段虫体、雌雄虫和不同适宜宿主来源虫体的总蛋白、体被蛋白、排泄分泌蛋白等的组学比较分析，为解析血吸虫的生长发育机制、免疫逃避机制及血吸虫与宿主的相互作用机制积累了重要实验依据。同时鉴定了一些有重要生物学功能的血吸虫蛋白，如抱雌沟蛋白（GCP）、副肌球蛋白、葡萄糖转运蛋白（SGTP）、烯醇酶（Enolase）、硫氧还蛋白过氧化物酶（TPx-1、TPx-2、TPx-3）、热休克蛋白（HSP60、HSP70）、Sj23、SjTSP、SjVMAP2、SjPDI等虫体蛋白，为血吸虫病疫苗候选分子和新治疗药物靶标的筛选鉴定奠定了基础。

三、miRNAs组学

血清中的miRNA性质稳定，宿主血清中一些血吸虫miRNAs或宿主miRNAs被认为具有监测血吸虫感染和疾病病理进程的潜力，以及作为血吸虫诊断标志物的可能性。He等研究发现日本血吸虫感染后宿主血清中miR-223表达量明显增加并在服用吡喹酮后恢复正常水平，表明宿主miR-223可用作血吸虫病早期诊断和疗效考核的标志物。也有研究表明，血吸虫miR-277和miR-3479-3p亦有作为血吸虫感染诊断标志物的潜力。提示一些血吸虫或宿主 miRNAs 可能发展成为血吸虫诊断的标志物，给血吸虫病的防治提供新的手段。

血吸虫虫源 miRNA 呈现期别和性别差异表达，是虫体生长发育、性成熟和诱发宿主病理变化中一类重要的调节因子，虫源 miRNAs 还可以通过胞外囊泡（EVs）等形式被宿主细胞摄取，跨物种传递调控宿主的抗感染免疫及肉芽肿和肝纤维化的形成和发展。这些年研究表明，来自不同适宜宿主、不同发育阶段、不同性别虫体 miRNA 表达谱都存在差异。日本血吸虫 miR-31 和 bantam 对卵巢发育有重要调节作用；miR-223、miR-146b、miR-181a 等参与宿主抗血吸虫感染免疫应答调节；miR-21、miR-454 等参与了血吸虫感染后宿主肝脏纤维化进程的调节。深入开展重要 miRNAs 的生物学特性、调节机制等研究，可为阐述血吸虫的生长发育机制和血吸虫与宿主的相互作用机制，以及为筛选、鉴定血吸虫治疗药物新靶标等提供新思路。

（洪炀、林矫矫）

■ 参考文献

陈启军，2018. 寄生虫组学研究进展［C］. 中国畜牧兽医学会兽医寄生虫学分会学术研讨会论文集，1-2.

陈竺，王升跃，韩泽广，2010. 日本血吸虫全基因组测序完成［J］. 中国基础科学，3：13-17.

戴橄，汪世平，余俊龙，等，2007. 日本血吸虫单性感染雄虫和双性感染雄虫差异表达蛋白的筛选与鉴定［J］. 生物化学与生物物理进展，34（3）：283-291.

范晓斌，何兴，潘卫庆，2017. 寄生虫来源的外泌体及其功能研究进展［J］. 中国热带医学，17（12）：1267-1272.

高隆声，游绍阳，陈善龙，等，1984. 日本血吸虫中国大陆株染色体组型研究初报［J］. 衡阳医学院学报，1：15-20.

高隆声，游绍阳，陈善龙，等，1985. 日本血吸虫染色体组型的研究［J］. 寄生虫与寄生虫病杂志，3：29-31.

韩愉，2015. 日本血吸虫正常发育与发育阻遏雌虫形态结构观察和差异 miRNAs 研究［D］. 北京：中国农业科学院.

何东苟，余新炳，吴忠道，2003. 蛋白质组学研究及其在寄生虫学上的应用［J］. 中国热带医学，3（4）：507-512.

何兴，潘卫庆，2020. miRNA 介导血吸虫和宿主相互作用的研究进展［J］. 中国寄生虫学与寄生虫病杂志，38（3）：259-262.

姜鹏月，潘卫庆，2018. 血吸虫病肝纤维化及其致病机制研究进展［J］. 中国热带医学，18（8）：847-852.

雷南行，何兴，潘卫庆，2017. microRNA 在血吸虫感染中的表达研究进展［J］. 中国热带医学，17（2）：203-206.

李长健，2014. 日本血吸虫表膜蛋白 SjRAD23 和 SjMBLAC1 的初步研究［D］. 上海：上海师范大学.

李长健，张旻，洪炀等，2014. 日本血吸虫 SjRAD23 基因的克隆表达及基因重组抗原的免疫保护效果［J］. 生物工程学报，30（11）：1669-1678.

李肖纯，2019. 日本血吸虫正常发育雌虫与发育阻遏雌虫差异表达蛋白分析［D］. 上海：上海师范大学.

林玉，朱珊丽，潘卫庆，2017. 血吸虫微小 RNA 及其研究进展［J］. 中国热带医学，17（7）：728-742.

彭金彪，2010. 不同宿主来源日本血吸虫童虫差异表达基因的研究［D］. 北京：中国农业科学院.

蒲广斌，杨小迪，孙新，2015. MicroRNA 在血吸虫病致病机制中的作用［J］. 国际医学寄生虫病杂志，42

(2)：109－111，117.
乔洪宾，2014. 正常发育雌虫和发育阻遏雌虫的蛋白质组学差异分析及单性带虫免疫对继发血吸虫病的影响［D］. 北京：中国农业科学院.
曲国立，陶永辉，李洪军，等，2010. 中国大陆日本血吸虫地理株间成虫蛋白质组分的差异［J］. 中国血吸虫病防治杂志，22（4）：315－319.
沈元曦，张祖航，韩宏晓，等，2017. 日本血吸虫可溶性虫卵和童虫抗原刺激 RAW264.7 巨噬细胞的初步分析［J］. 寄生虫与医学昆虫学报，24（1）：1－6.
孙成松，胡薇，汪天平，2020. 胞外囊泡介导血吸虫与宿主相互作用的研究进展［J］. 中国寄生虫学与寄生虫病杂志，38（3）：378－382.
唐仪晓，沈元曦，洪炀，等，2018. MicroRNA－181a 对日本血吸虫童虫抗原刺激巨噬细胞的免疫应答起负调节作用［J］. 中国兽医科学（2）：204－210.
王欢，卢雅静，高彦茹，等，2017. 日本血吸虫可溶性虫卵抗原诱导肝纤维化相关 miRNA 的变化［J］. 中国血吸虫病防治杂志，29（2）：192－196.
王吉鹏，2014. 日本血吸虫雌雄虫合抱至性成熟过程的转录组分析及雌虫性成熟的营养需求研究［D］. 上海：复旦大学.
王陇德，2006. 中国血吸虫病防治历程与展望［M］. 北京：人民卫生出版社.
王欣之，2008. 日本血吸虫不同发育阶段虫体差异表达基因解析［D］. 北京：中国农业科学院.
吴忠道，徐劲，孟玮，等，2001. 日本血吸虫雌雄成虫可溶性蛋白组分的双向电泳分析［J］. 热带医学杂志，1（2）：120－123.
夏艳勋，2006. 日本血吸虫性别差异表达基因的筛选及新基因的克隆分析［D］. 广州：华南农业大学.
许阿莲，王炳夫，1985. 日本血吸虫染色体的初步研究［J］. 寄生虫学与寄生虫病杂志，3：287－289.
杨健美，2012. 不同终末宿主对日本血吸虫感染适宜性的差异分析［D］. 北京：中国农业科学院.
杨健美，石耀军，冯新港，等，2012. 3 种保虫宿主日本血吸虫特征性差异表达基因的筛选与验证［J］. 中国血吸虫病防治杂志，24（3）：279－283.
余传信，赵飞，殷旭仁，等，2010. 日本血吸虫成虫呕吐和排泄分泌物的蛋白质组学分析［J］. 中国血吸虫病防治杂志，22（4）：304－309.
余新刚，2019. miRNA 在黄牛和水牛日本血吸虫感染中调节作用的研究［D］. 广州：华南农业大学.
袁仕善，邢秀梅，刘建军，等，2009. 日本血吸虫成虫性别差异蛋白的筛选及鉴定［J］. 中华预防医学杂志，43（8）：695－699.
苑纯秀，2005. 日本血吸虫发育期别差异表达基因的筛选研究及新基因的克隆分析［D］. 北京：中国农业科学院.
苑纯秀，冯新港，林矫矫，等，2005. 日本血吸虫期别差异表达基因文库的构建及分析［J］. 生物化学与生物物理进展，32（11）：1038－1046.
苑纯秀，冯新港，林矫矫，等，2006. 日本血吸虫（中国大陆株）虫卵全长 cDNA 文库的构建及分析［J］. 中国预防兽医学报，28（1）：109－112.
翟颀，2018. 水牛和黄牛来源日本血吸虫蛋白质组和免疫蛋白质组比较研究［D］. 广州：华南农业大学.
张玲，徐斌，周晓农，2008. 吡喹酮处理日本血吸虫成虫蛋白质组学分析［J］. 中国寄生虫学与寄生虫病杂志，26（4）：258－263.
张旻，2014. 日本血吸虫体被蛋白质组学研究［D］. 北京：中国农业科学院.
赵晓宇，2005. 日本血吸虫童虫差异表达蛋白质组研究和童虫差异表达基因 SjEnol 的克隆和表达［D］. 北京：中国农业科学院.
赵晓宇，姚利晓，孙安国，等，2007. 日本血吸虫童虫部分差异表达蛋白的质谱分析［J］. 中国兽医科学，37（1）：1－6.

郑辉，吴赟，余轶婧，等，2009. 双向电泳联合免疫印迹技术分析日本血吸虫成虫可溶性抗原 [J]. 临床输血与检验，11 (2)：107 - 112.

周述龙，林建银，蒋明森，2001. 血吸虫学 [M]. 北京：科学出版社.

朱建国，林矫矫，苑纯秀，等，2001. 日本血吸虫成虫蛋白质的性别差异性研究 [J]. 中国寄生虫学与寄生虫病杂志，19 (2)：107 - 109.

朱丽慧，2016. 日本血吸虫 exosomes 调控虫体与宿主互作的功能研究 [D]. 北京：中国农业科学院.

Abdel - Hafeez E H, Kikuchi M, Watanabe K, et al, 2009. Proteome approach for identification of schistosomiasis japonica vaccine candidate antigen [J]. Parasitol Intl, 58: 36 - 44.

Ambros V, 2003. MicroRNA pathways in flies and worms: growth, death, fat, stress and timing [J]. Cell, 113 (6): 673 - 676.

Ambros V, 2004. The functions of animal microRNAs [J]. Nature, 431 (7006): 350 - 355.

Bartel D P, 2009. MicroRNAs: Target recognition and regulatory functions [J]. Cell, 136 (2): 215 - 233.

Balkom B, Gestel R, Brouwers J, et al, 2005. Mass spectrometric analysis of the *Schistosoma mansoni* tegumental sub - proteome [J]. J Proteome Res, 4 (3): 958 - 966.

Berriman M, Haas B J, LoVerde P T, et al, 2009. The genome of the blood fluke *Schistosoma mansoni* [J]. Nature, 460 (7253): 352 - 358.

Braschi S, Borges W C, Wilson R A, 2006. Proteomic analysis of the schistosome tegument and its surface membranes [J]. Mem Inst Oswaldo Cruz, 101 (Suppl 1): 205 - 212.

Braschi S, Curwen R S, Ashton P D, et al, 2006. The tegument surface membranes of the human blood parasite *Schistosoma mansoni*: a proteomic analysis after differential extraction [J]. Proteomies, 6 (5): 1471 - 1482.

Braschi S, Wilson R A, 2006. Proteins exposed at the adult schistosome surface revealed by biotinylation [J]. Mol Cell Proteomics, 5 (2): 347 - 356.

Brennecke J, Hipfner D R, Stark A, et al, 2003. Bantam encodes a developmentally regulated microRNA that controls cell proliferation and regulates the proapoptotic gene hid in Drosophila [J]. Cell, 113 (1): 25 - 36.

Burke M L, McManus D P, Ramm G A, et al, 2010. Co - ordinated gene expression in the liver and spleen during *Schistosoma japonicum* infection regulates cell migration [J]. PLoS Negl Trop Dis, 4: e686.

Cai P, Gobert G N, McManus D P, 2016. MicroRNAs in parasitic helminthiases: current status and future perspectives [J]. Trends in Parasitology, 32 (1): 71 - 86.

Cai P, Gobert G N, You H, et al, 2015. Circulating miRNA: potential novel biomarkers for hepatopathology progression and diagnosis of schistosomiasis japonica in two murine models [J]. PLoS Negl Trop Dis, 9 (7): 0003965.

Cai P, Hou N, Piao X, et al, 2011. Profiles of small non - coding RNAs in *Schistosoma japonicum* during development [J]. PLoS neglected tropical diseases, 5 (8): e1256.

Cai P, Liu S, Piao X, et al, 2016. Comprehensive Transcriptome Analysis of Sex - Biased Expressed Genes Reveals Discrete Biological and Physiological Features of Male and Female *Schistosoma japonicum* [J]. PLoS Negl Trop Dis, 10 (4): e0004684.

Cai P, Piao X, Hao L, et al, 2013. A deep analysis of the small non - coding RNA population in *Schistosoma japonicum* eggs [J]. PloS one, 8 (5): e64003.

Cai P, Piao X, Liu S, et al, 2013. MicroRNA - gene expression network in murine liver during *Schistosoma japonicum* infection [J]. PloS one, 8 (6): e67037.

Cao X D, Fu Z Q, Zhang M, et al, 2016. Excretory/secretory proteome of 14 - day schistosomula, *Schistosoma japonicum* [J]. J Proteomics, 130: 221 - 230.

Cao X D, Fu Z Q, Zhang M, et al, 2016. iTRAQ - based comparative proteomic analysis of excretory - secretory proteins of schistosomula and adult worms of *Schistosoma japonicum* [J]. J Proteomics, 138: 30 - 39.

Carson J P, Robinson M W, Hsieh M H, et al, 2020. A comparative proteomics analysis of the egg secretions of three major schistosome species [J]. Molecular & Biochemical Parasitology, 240: 111322.

Carthew R W, 2006. Molecular biology. A new RNA dimension to genome control [J]. Science, 313 (5785): 305 - 306.

Chen J, Yang Y, Guo S, et al, 2010. Molecular cloning and expression profiles of Argonaute proteins in *Schistosoma japonicum* [J]. Parasitology research, 107 (4): 889 - 899.

Chen J, Zhang T, Ju C, et al, 2014. An integrated immunoproteomics and bioinformatics approach for the analysis of *Schistosoma japonicum* tegument proteins [J]. J Proteomics, 98: 289 - 299.

Cheng G, Fu Z, Lin J, et al, 2009. In vitro and in vivo evaluation of small interference RNA - mediated gynaecophornal Canal protein silencing in *Schistosoma japonicum* [J]. Journal of gene medicine, 11: 412 - 421.

Cheng G, Lin J, Feng X, et al, 2005. Proteomic analysis of differentially expressed proteins between the male and female worm of Schistosoma japonicum after pairing [J]. Proteomics, 5 (2): 511 - 521.

Cheng G, Luo R, Hu C, et al, 2013. Deep sequencing - based identification of pathogen - specific microRNAs in the plasma of rabbits infected with *Schistosoma japonicum* [J]. Parasitology, 140 (14): 1751 - 1761.

Cheng G, Luo R, Hu C, et al, 2013. TiO (2) - Based Phosphoproteomic Analysis of Schistosomes: Characterization of Phosphorylated Proteins in the Different Stages and Sex of *Schistosoma japonicum* [J]. J. Proteome Res, 12 (2): 729 - 742.

Coakley G, Maizels R M, Buck A H, et al, 2015. Exosomes and Other Extracellular Vesicles: The New Communicators in Parasite Infections [J]. Trends in Parasitology, 31 (10): 477 - 489.

de Souza Gomes M, Muniyappa M K, Carvalho S G, et al, 2011. Genome - wide identification of novel microRNAs and their target genes in the human parasite *Schistosoma mansoni* [J]. Genomics, 98 (2): 96 - 111.

Ding N, Yu R T, Subramaniam N, et al, 2013. A vitamin D receptor/SMAD genomic circuit gates hepatic fibrotic response [J]. Cell, 153 (3): 601 - 603.

Du T, Zamore P D, 2007. Beginning to understand microRNA function [J]. Cell Res, 17 (8): 661 - 663.

Esquela - Kerscher A, Slack F J, 2006. Oncomirs - microRNAs with a role in cancer [J]. Nat Rev Cancer, 6 (4): 259 - 269.

Gobert G N, McManus D P, Nawaratna S, et al, 2009. Tissue specific profiling of females of *Schistosoma japonicum* by integrated laser microdissection microscopy and microarray analysis [J]. PoS Negl Trop Dis, 3 (6): e469.

Gobert G N, Moertel L, Brindley P J, et al, 2009. Developmental gene expression profiles of the human pathogen *Schistosoma japonicum* [J]. Bmc Genomics, 10: 128.

Gobert G N, You H, Jones M K, et al, 2013. Differences in genomic architecture between two distinct geographical strains of the blood fluke *Schistosoma japonicum* reveal potential phenotype basis [J]. Molecular & Cellular Probes, 27: 19 - 27.

Gomes M S, Cabral F J, Jannotti - Passos L K, et al, 2009. Preliminary analysis of miRNA pathway in *Schistosoma mansoni* [J]. Parasitology international, 58 (1): 61 - 68.

Grossman A I, McKenzie R, Cain G D, et al, 1980. Sex heterochromatin in *Schistosoma mansoni* [J]. Parasitol, 66: 368 - 370.

Grossman A I, Short R B, Cain G D, et al, 1981. Karyotype evolution and sex Chromosome differentiation in schistosomes (Trematoda, Schistosomatidae) [J]. Chromosoma, 84: 413 - 430.

Grossman A I, Short R B, Kuntz R E, et al, 1981. Somatic chromosomes of *Schistosoma roahaini*, *S. mattheei*, and *S. intercalutun* [J]. Parasitol, 67: 41 - 44.

Guo H, Ingolia N T, Weissman J S, et al, 2010. Mammalian microRNAs predominantly act to decrease target mRNA levels [J]. Nature, 466 (7308): 835 - 840.

Han H, Peng J, Hong Y, et al, 2015. Comparative analysis of microRNA in schistosomula isolated from non - permissive host and susceptible host [J]. Molecular and Biochemical Parasitology. 204 (2): 81 - 88.

Han H, Peng J, Hong Y, et al, 2015. Comparative characterization of microRNAs in *Schistosoma japonicum* schistosomula from Wistar rats and BALB/c mice [J]. Parasitology Research. 114 (7): 2639 - 2647.

Han Q, Hong Y, Fu Z Q, et al, 2016. Characterization of VAMP2 in *Schistosoma japonicum* and the Evaluation of Protective Efficacy Induced by Recombinant SjVAMP2 in Mice [J]. PLoS One, 10 (12): e0144584.

Han Q, Jia B, Hong Y, et al, 2017. Suppression of VAMP2 Alters Morphology of the Tegument and Affects Glucose uptake, Development and Reproduction of *Schistosoma japonicum* [J]. Sci Rep, 7 (1): 5212.

Hao L, Cai P, Jiang N, et al, 2010. Identification and characterization of microRNAs and endogenous siRNAs in *Schistosoma japonicum* [J]. BMC genomics, 11: 55.

He X, Sai X, Chen C, et al, 2013. Host serum miR - 223 is a potential new biomarker for *Schistosoma japonicum* infection and the response to chemotherapy [J]. Parasites & Vectors, 6 (1): 552.

He X, Sun Y, Lei N, et al, 2018. MicroRNA - 351 promotes schistosomiasis - induced hepatic fibrosis by targeting the vitamin D receptor [J]. Proc Natl Acad Sci USA, 115 (1): 180 - 185.

He X, Tang R, Sun Y, et al, 2016. MicroR - 146 blocks the activation of M1macrophage by targeting signal transducer and activator of transcription 1 in hepatic schistosomiasis [J]. Ebiomedicine, 13: 339 - 347.

He X, Wang Y G, Fan X B, et al, 2020. A schistosome miRNA promotes host hepatic fibrosis by targeting transforming growth factor beta receptor III [J]. J Hepatol, 72 (3): 519 - 527.

He X, Xie J, Wang Y G, et al, 2018. Down - regulation of micro - RNA - 203 - 3p initiates type 2 pathology during schistosome infection via elevation of interleukin - 33 [J]. Plos Pathog, 14 (3): e1006957.

Hoefig K P, Heissmeyer V, 2008. MicroRNAs grow up in the immune system [J]. Curr Opin Immunol, 20 (3): 281 - 287.

Hong Y, Cao X D, Han Q, et al, 2016. Proteome - wide analysis of lysine acetylation in adult Schistosoma japonicum worm [J]. J Proteomics, 148: 202 - 212.

Hong Y, Fu Z, Cao X, et al, 2017. Changes in microRNA expression in response to *Schistosoma japonicum* infection [J]. Parasite Immunol, 39: e12416.

Hong Y, Peng J, Jiang W, et al, 2011. Proteomic Analysis of *Schistosoma japonicum* Schistosomulum Proteins that are Differentially Expressed Among Hosts Differing in Their Susceptibility to the Infection [J]. Mol Cell Proteomics, 10 (8): M110 006098.

Hong Y, Sun A, Zhang M, et al, 2013. Proteomics analysis of differentially expressed proteins in schistosomula and adult worms of *Schistosoma japonicum* [J]. Acta Trop, 126 (1): 1 - 10.

Hong Y, Zhang M, Yang J M, et al, 2015. Immunoproteomic analysis of *Schistosoma japonicum* schistosomulum proteins recognized by immunoglobulin G in the sera of susceptible and non - susceptible hosts [J]. J Proteomics, 124: 25 - 38.

Hoy A M, Lundie R J, Ivens A, et al, 2014. Parasite - derived miRNAs in host serum as novel biomarkers of helminth infection [J]. PLoS Negl Trop Dis, 8 (2): 85 - 88.

Hu W, Yan Q, Shen D K, et al, 2003. Evolutionary and biomedical implications of a *Schistosoma japonicum* complementary DNA resource [J]. Nat Genet, (2): 139 - 147.

Huang J, Hao P, Chen H, et al, 2009. Genome - wide identification of *Schistosoma japonicum* microRNAs using a deep - sequencing approach [J]. PloS one, 4 (12): e8206.

Huang Y Z, Yang G J, Kurian D, et al, 2011. Proteomic patterns as biomarkers for the early detection of Schistosomiasis japonica in a rabbit model [J]. Int J Mass Spectron, 299: 191 - 195.

Jason M, Luke M, Malcolm K, et al, 2010. Exposed proteins of the *Schistosoma japonicum* tegument [J]. Int J Parasitol, 40 (5): 543 - 554.

Jiang W B, Hong Y, Peng J B, et al, 2010. Study on differences in the pathology, T cell subsets and gene expression in susceptible and non - susceptible hosts infected with *Schistosoma japonicum* [J]. PLoS One, 5 (10): e13494.

Johnson D A, 1997. The WHO/UNDP/World Bank schistosoma genome initiative: current status [J]. Parasitol Today, 13 (2): 45 - 46.

Keller S, Sanderson M P, Stoeck A, et al, 2006. Exosomes: from biogenesis and secretion to biological function [J]. Immunol Lett, 107 (2): 102 - 108.

Khayath N, Vicogne J, Ahier A, et al, 2007. Diversification of the insulin receptor family in the helminth parasite *Schistosoma mansoni* [J]. FEBS J, 274 (3): 659 - 676.

Lee R C, Feinbaum R L, Ambros V, 1993. The C. elegans heterochronic gene lin - 4 encodes small RNAs with antisense complementarity to lin - 14 [J]. Cell, 75 (5): 843 - 854.

Lee Y, Ahn C, Han J, et al, 2003. The nuclear RNase III Drosha initiates microRNA processing [J]. Nature, 425 (6956): 415 - 419.

Li Q, Zhao N, Liu M, et al, 2017. Comparative analysis of proteome - wide lysine acetylation in juvenile and adult Schistosoma japonicum [J]. Frontiers in microbiology, 8: 2248.

Liao Q, Yuan X, Xiao H, et al, 2011. Identifying *Schistosoma japonicum* excretory/secretory proteins and their interactions with host immune system [J]. PLoS One, 6: e23786.

Liu F, Chen P, Cui S J, et al, 2008. SjTPdb: integrated transcriptome and proteome database and analysis platform for *Schistosoma japonicum* [J]. BMC Genomics, 9: 304.

Liu F, Cui S J, Hu W, et al, 2009. Excretory/secretory proteome of the adult developmental stage of human blood fluke, *Schistosoma japonicum* [J]. Mol Cell Proteomics, 8 (6): 1236 - 1251.

Liu F, Hu W, Cui S J, et al, 2007. Insight into the host - parasite interplay by proteomic study of host proteins copurified with the human parasite. *Schistosoma japonicum* [J]. Proteomics, 7 (3): 450 - 462.

Liu F, Lu J, Hu W, et al, 2006. New perspectives on host - parasite interplay by comparative transcriptomic and proteomic analyses of *Schistosoma japonicum* [J]. PLoS Pathog, 2 (4): e29.

Liu J T, Zhu L H, Wang J B, et al, 2019. *Schistosoma japonicum* extracellular vesicle miRNA cargo regulates host macrophage function facilitating parasitism [J]. Plos Pathog, 15 (6): e1007817.

Liu M, Ju C, Du X F, et al, 2015. Proteomic Analysis on Cercariae and Schistosomula in Reference to Potential Proteases Involved in Host Invasion of *Schistosoma japonicum* Larvae [J]. J Proteome Res, 14: 4623 - 4634.

Liu X, Liu J M, Song Z Y, et al, 2015. The molecular characterization and RNAi silencing of SjZFP1 in *Schistosoma japonicum* [J]. Parasitol Res, 114 (3): 903 - 911.

Luo F, Yin M, Mo X, et al, 2019. An improved genome assembly of the fluke *Schistosoma japonicum* [J]. PLoS Negl Trop Dis, 13 (8): e0007612.

Luo R, Zhou C, Lin J, et al, 2012. Identification of *in vivo* protein phosphorylation sites in human pathogen

Schistosoma japonicum by a phosphoproteomic approach [J]. J Proteomics，75 (3)：868 - 877.

Marcilla A，Martinjaular L，Trelis M，et al，2014. Extracellular vesicles in parasitic diseases [J]. Journal of Extracellular Vesicles，3 (3)：25040.

Marco A，Kozomara A，Hui J H，et al，2013. Sex - biased expression of microRNAs in *Schistosoma mansoni* [J]. PLoS Negl Trop Dis，7 (9)：e2402.

Meningher T，Barsheshet Y，Ofir - Birin Y，et al，2020. Schistosomal extracellular vesicle - enclosed miRNAs modulate host T helper cell differentiation [J]. EMBO Rep，21 (1)：e47882.

Mulvenna J，Moertel L，Jones M K，et al，2009. Exposed proteins of the *Schistosoma japonicum* tegument [J]. International Journal for Parasitology，40 (5)：543 - 554.

Nowacki F C，Swain M T，Klychnikov O I，et al，2015. Protein and small non - coding RNA enriched extracellular vesicles are released by the pathogenic blood fluke Schistosoma mansoni [J]. Journal of extracellular vesicles，4：28865.

Peng J，Gobert G N，Hong Y，et al，2011. Apoptosis Governs the Elimination of *Schistosoma japonicum* from the Non - Permissive Host Microtus fortis [J]. PLoS One，6 (6)：e21109.

Peng J，Han H，Gobert G N，et al，2011. Differential gene expression in *Schistosoma japonicum* schistosomula from Wistar rats and BALB/c mice [J]. Parasit Vectors，4 (1)：155.

Piao X，Cai P，Liu S，et al，2011. Global Expression Analysis Revealed Novel Gender - Specific Gene Expression Features in the Blood Fluke Parasite *Schistosoma japonicum* [J]. PLoS One，6 (4)：e18267.

Piao X，Hou N，Cai P，et al，2014. Genome - wide transcriptome analysis shows extensive alternative RNA splicing in the zoonotic parasite *Schistosoma japonicum* [J]. BMC Genomics，15 (1)：715.

Reinhart B J，Slack F J，Basson M，et al，2000. The 21 - nucleotide let - 7 RNA regulates developmental timing in Caenorhabditis elegans [J]. Nature，403 (6772)：901 - 906.

Short R B，1983. Presidential address [J]. Parasitol. 69：4 - 22.

Simoes M C，Lee J，Djikeng A，et al，2011. Identification of *Schistosoma mansoni* microRNAs [J]. BMC genomics，12：47.

Sun J，Wang S，Li C，et al，2014. Novel expression profiles of microRNAs suggest that specific miRNA regulate gene expression for the sexual maturation of female *Schistosoma japonicum* after pairing [J]. Parasites & Vectors，7 (1)：1 - 15.

Tang N，Wu Y，Cao W，et al，2017. Lentivirus - mediated overexpression of let - 7b microRNA suppresses hepatic fibrosis in the mouse infected with *Schistosoma japonicum* [J]. Exp Parasitol，182：45 - 53.

Verissimo D M，Potriquet J，You H，et al，2019. Qualitative and quantitative proteomic analyses of *Schistosoma japonicum* eggs and egg - derived secretory - excretory proteins [J]. Parasites Vectors，12：173.

Wang J，Yu Y，Shen H，et al，2017. Dynamic transcriptomes identify biogenic amines and insect - like hormonal regulation for mediating reproduction in *Schistosoma japonicum* [J]. Nature Communication，DOI：10. 1038/ncomms14693.

Wang J，Zhao F，Yu C X，et al，2013. Identification of proteins inducing short - lived antibody responses from excreted/secretory products of *Schistosoma japonicum* adult worms by immunoproteomic analysis [J]. Proteomics，87：53 - 67.

Wang L，Li Z，Shen J X，et al，2015. Exosome - like vesicles derived by *Schistosoma japonicum* adult worms mediates M1 type immune activity of macrophage [J]. Parasitology Research，114 (5)：1865 - 1873.

Wang X，Gobert G N，Feng X，et al，2009. Analysis of early hepatic stage schistosomula gene expression by subtractive expressed sequence tags library [J]. Mol Biochem Parasitol，166 (1)：62 - 69.

Wang Y G, Fan X B, Lei N H, et al, 2020. A microRNA derived from *Schistosoma japonicum* promotes schistosomiasis hepatic fibrosis by targeting host secreted frizzled - related protein 1 [J]. Front Cell Infect Microbiol, 10: 101.

Wang Z, Xue X, Sun J, et al, 2010. An "in - depth" description of the small non - coding RNA population of *Schistosoma japonicum* schistosomulum [J]. PLoS neglected tropical diseases, 4 (2): e596.

Wasinger V C, Cordwell S J, Cerpa - Poljak A, et al, 1995. Progress with gene - product mapping of the Mollicutes: Mycoplasma genitalium [J]. Electrophoresis, 16 (7): 1090 - 1094.

Wienholds E, Plasterk R H, 2005. MicroRNA function in animal development [J]. FEBS Lett, 579 (26): 5911 - 5922.

Wu H W, Park S, Pond - Tor S, et al, 2021. Whole - Proteome Differential Screening Identifies Novel Vaccine Candidates for Schistosomiasis japonica [J] . The Journal of Infectious Diseases, 223: 1265 - 1274.

Xia C M, Rong R, Lu Z X, et al, 2009. *Schistosoma japonicum*: a PCR assay for the early detection and evaluation of treatment in a rabbit model [J]. Exp Parasitol, 121 (2): 175 - 179.

Xu F Y, Liu C W, Zhou D D, et al, 2016. TGF - β/SMAD pathway and its regulation in hepatic fibrosis [J]. J. Histochem Cytochem, 64 (3): 157 - 167.

Xu J, Liu A P, Guo J J, et al, 2013. The sources and metabolic dynamics of *Schistosoma japonicum* DNA in serum of the host [J]. Parasitol Res, 112 (1): 129 - 133.

Xu J, Rong R, Zhang H Q, et al, 2010. Sensitive and rapid detection of *Schistosoma japonicum* DNA by loop - mediated isothermal amplification (LAMP) [J]. Parasitol, 40 (3): 327 - 331.

Xu X, Zhang Y, Lin D, et al, 2014. Serodiagnosis of *Schistosoma japonicum* infection: genome - wide identification of a protein marker, and assessment of its diagnostic validity in a field study in China [J]. Lancet Infect Dis, 14 (6): 489 - 497.

Xue X, Sun J, Zhang Q, et al, 2008. Identification and characterization of novel microRNAs from *Schistosoma japonicum* [J]. PLoS One, 3 (12): e4034.

Yang J, Feng X, Fu Z, et al, 2012. Ultrastructural Observation and Gene Expression Profiling of *Schistosoma japonicum* Derived from Two Natural Reservoir Hosts, Water Buffalo and Yellow Cattle [J]. PLoS One, 7 (10): e47660.

Yang J, Hong Y, Yuan C, et al, 2013. Microarray Analysis of Gene Expression Profiles of *Schistosoma japonicum* Derived from Less - Susceptible Host Water Buffalo and Susceptible Host Goat [J]. PLoS One, 8 (8): e70367.

Yang J M, Fu Z Q, Hong Y, et al, 2015. The Differential Expression of Immune Genes between Water Buffalo and Yellow Cattle Determines Species - Specific Susceptibility to *Schistosoma japonicum* Infection [J]. PLoS One, 10 (6): e0130344.

Yang L L, Lyu Z Y, Hu S M, et al, 2009. *Schistosoma japonicum*: proteomics analysis of differentially expressed proteins from ultraviolet - attenuated cercariae compared to normal cercariae [J]. Parasitol Res, 105 (1): 237 - 248.

Yin M, Li H, McManus D P, et al, 2015. Geographical genetic structure of *Schistosoma japonicum* revealed by analysis of mitochondrial DNA and microsatellite markers [J]. Parasites & Vectors, 8: 150.

Yin M, Liu X, Xu B, et al, 2016. Genetic variation between *Schistosoma japonicum* lineages from lake and mountainous regions in China revealed by resequencing whole genomes [J]. Acta Tropic, 161: 79 - 85.

Yu X, Zhai Q, Fu Z, et al, 2019. Comparative analysis of microRNA expression profiles of adult *Schistosoma japonicum* isolated from water buffalo and yellow cattle [J]. Parasit Vectors, 12 (1): 196.

Zhai Q, Fu Z, Hong Y, et al, 2018. iTRAQ - Based Comparative Proteomic Analysis of Adult Schistosoma japonicum from Water Buffalo and Yellow Cattle [J]. Front. Microbiol, 9: 99. doi: 10.3389.

Zhang M, Fu Z Q, Li C J, et al, 2015. Screening diagnostic candidates for schistosomiasis from tegument proteins of adult *Schistosoma japonicum* using an immunoproteomic approach [J]. PLoS NTD, 9 (2): e0003454.

Zhang M, Hong Y, Han Y, et al, 2013. Proteomic Analysis of Tegument - Exposed Proteins of Female and Male *Schistosoma japonicum* Worms [J]. Proteome Res, 12 (11): 5260 - 5270.

Zhong Z R, Zhou H B, Li X Y, et al, 2010. Serological proteome - oriented screening and application of antigens for the diagnosis of Schistosomiasis japonica [J]. Acta Trop, 116 (1): 1 - 8.

Zhou Y, Zheng H J, Liu F, et al, 2009. The *Schistosoma japonicum* genome reveals features of host - parasite interplay [J]. Nature, 460: 345 - 352.

Zhu D, He X, Duan Y, et al, 2014. Expression of microRNA - 454 in TGF - β1 stimulated hepatic stellate cells and in mouse livers infected with *Schistosoma japonicum* [J]. Parasites & Vectors, 7 (1): 148.

Zhu L, Liu J, Dao J, et al, 2016. Molecular characterization of *S. japonicum* exosome - like vesicles reveals their regulatory roles in parasite - host interactions [J]. Scientific Reports, 6: 25885.

Zhu L, Zhao J, Wang J, et al, 2016. MicroRNAs are involved in the regulation of ovary development in the pathogenic blood fluke *Schistosoma japonicum* [J]. PLoS Pathog, 12: e1005423.

Zhu S, Wang S, Lin Y, et al, 2016. Release of extracellular vesicles containing small RNAs from the eggs of *Schistosoma japonicum* [J]. Parasit Vectors, 9 (1): 574.

第三章　血吸虫病原分子生物学

日本血吸虫尾蚴侵入终末宿主后转变为童虫，虫体的生活方式从尾蚴阶段在水中的自由生活方式转变为在终末宿主体内的寄生生活方式，需适应宿主体内的生理生化环境，受宿主的免疫应答、氧化还原反应等各种因素影响，在宿主体内存活、生长发育、成熟产卵。在血吸虫入侵终末宿主及在其体内移行、发育、性成熟、产卵的各个阶段，都有一些血吸虫功能分子发挥了重要的作用。本章对一些已报道的可能与血吸虫入侵、生长发育、虫卵形成、代谢、应激、细胞骨架组成、信号传导、凋亡等相关的分子，以及血吸虫体被蛋白、钙结合蛋白等的研究进行介绍。值得一提的是，大多数基因/蛋白都有多种不同的生物学功能，如组织蛋白酶既与消化、营养有关，也在血吸虫入侵宿主过程和虫卵形成中发挥重要的作用；副肌球蛋白既是血吸虫重要的细胞骨架分子，也与血吸虫的免疫逃避等相关，等等。这些年有关血吸虫功能分子的研究报道众多，由于资料收集不全及篇幅限制等原因，本章只能对其中的某些分子的若干研究进展作些简要的介绍，更多分子的研究成果未能在本书中展现。

第一节　尾蚴入侵相关分子

血吸虫终末宿主在生产、生活、放牧等过程中接触到含有尾蚴的疫水而感染血吸虫。尾蚴成功侵入终末宿主皮肤是血吸虫感染建立的第一步。除了血吸虫尾蚴尾部的机械作用外，尾蚴头部中的钻腺、头腺等分泌腺分泌的多种蛋白水解酶在促进虫体入侵终末宿主的过程中发挥了重要作用。有试验表明，经机械断尾、腺体内容物未排出的尾蚴仍能正常感染动物宿主；但如经刺激使尾蚴腺体内容物排空，即使尾蚴完整（未断尾）也不能感染宿主。Liu 等（2015）采用 in-gel shotgun 蛋白质组学分析技术比较了日本血吸虫尾蚴和童虫的蛋白表达谱，共鉴定到 1 972 种蛋白，其中 46 种在尾蚴蛋白中鉴定到的蛋白水解酶有 25 种未在童虫蛋白中呈现，包括 SjCE2b、SjCB2 等尾蚴高表达蛋白，推测一些尾蚴特有或高表达的蛋白酶可能在日本血吸虫尾蚴入侵宿主皮肤的过程中发挥了重要作用。分析鉴定与血吸虫入侵宿主相关的尾蚴蛋白酶，可为揭示血吸虫入侵宿主的分子机制，以及筛选血吸虫病疫苗候选分子或防护宿主受感染的药靶奠定基础。

寄生虫学者分别对日本血吸虫、曼氏血吸虫和埃及血吸虫等穿透/滞留宿主皮肤的过程进行了观察和比较，结果显示，在感染后 2h 一些日本血吸虫童虫已进入宿主皮肤内血管，24h 内 90%以上的日本血吸虫童虫都到达真皮，日本血吸虫穿透/滞留宿主皮肤的时间为 1～2d（宿主小鼠）。在感染后 24h，90%左右的曼氏血吸虫和埃及血吸虫仍停留在表皮。曼氏血吸虫穿透/滞留宿主皮肤的时间为 2～3d（宿主小鼠），埃及血吸虫为 3～4d（宿主仓鼠）（何毅勋等，1980；Clegg 等，1965；Burden 等，1981；Smith 等，1976；He 等，2002）。

这些结果表明，日本血吸虫入侵终末宿主的速度明显比曼氏血吸虫等其他重要人体血吸虫快。蛋白水解酶谱分析显示，曼氏血吸虫、埃及血吸虫和眼点毛毕吸虫（*T. ocellata*）尾蚴分泌物中有一条很明显的 30ku 蛋白条带，但日本血吸虫的相应条带很弱，提示日本血吸虫尾蚴分泌物中的蛋白水解酶和曼氏血吸虫等其他血吸虫存在差别。研究还显示针对曼氏血吸虫和埃及血吸虫弹性蛋白酶的特异抗体不能识别日本血吸虫尾蚴分泌物。基于以上研究结果，推测日本血吸虫入侵宿主机制，以及尾蚴头腺分泌的与入侵相关的蛋白酶的组成、含量都可能和其他种血吸虫不同（Andreas 等，2004；Bahgat 等，2001）。

这些年，对血吸虫尾蚴入侵宿主相关分子的研究取得一些进展，但了解仍很有限，大多报道都以曼氏血吸虫和日本血吸虫为研究对象，且集中于对尾蚴丝氨酸蛋白酶和半胱氨酸蛋白酶的研究。

一、丝氨酸蛋白酶

丝氨酸蛋白酶是一个蛋白酶家族。在曼氏血吸虫中已鉴定到尾蚴弹性蛋白酶、胰蛋白酶样蛋白、胰凝乳蛋白酶样蛋白等多种丝氨酸蛋白酶（Horn，2014）。

研究显示，曼氏血吸虫（*Schistosoma mansoni*）和埃及血吸虫（*Schistosoma hematobium*）尾蚴腺体中的尾蚴弹性蛋白酶（cercariae elastase，CE）有两种同型异构体，含量丰富，水解活性强，既能水解宿主的表皮和真皮中的角蛋白、胶原质等成分，也能水解真皮的弹性蛋白。在体外曼氏血吸虫尾蚴入侵人体皮肤抑制试验中，Salter 等（2000）发现，经尾蚴弹性蛋白酶 CE 的抑制剂 suc-AAPF-CMK 处理后，曼氏血吸虫尾蚴的入侵率下降了 80%，而用另一抑制剂 FPR-CMK 处理的尾蚴入侵率下降了 50%。Harrop 等（2000）在曼氏血吸虫尾蚴入侵宿主时释放的分泌物中发现了一种丝氨酸蛋白酶抑制蛋白 SmSrpQ。Quezada 等（2012）发现 SmCE 的活性受 SmSrpQ 调控，并证明 SmSrpQ 能调节 SmCE 降解宿主皮肤的过程。这些研究显示，曼氏血吸虫 CE 在尾蚴入侵宿主过程中可能发挥了重要作用。Ingram 等（2012）利用模型预测分析发现各种 SmCE 亚型底物结合的关键位点不同，具有不同的底物偏好性。

Knudsen 等（2005）对曼氏血吸虫尾蚴分泌物的蛋白质组进行了分析，结果表明入侵初始阶段尾蚴分泌的主要蛋白为钙结合蛋白、钙激活蛋白、钙调控蛋白及 SmCE-1a、SmCE-1b、SmCE-2a。Curwen 等（2006）的进一步分析表明 CE 是曼氏血吸虫尾蚴分泌物中含量最丰富的蛋白之一。已在曼氏血吸虫尾蚴中鉴定到 5 种 SmCE，包括 SmCE-1a、SmCE-1b、SmCE-1c、SmCE-2a 和 SmCE-2b（Curwen 等，2006），其中 SmCE-1a 和 SmCE-1b 的含量和酶活性都占曼氏血吸虫所释放的尾蚴弹性蛋白酶量及其活性的 90%以上（Salter 等，2002）。

在日本血吸虫基因组注释的 65 种丝氨酸蛋白酶中仅发现一种日本血吸虫尾蚴弹性蛋白酶 SjCE-2b（Zhou，2009）。Zhang 等（2018）克隆了表达 SjCE-2b 的基因，序列分析表明该基因开放阅读框含 792 个碱基，编码 263 个氨基酸。作者表达了有生物活性的 SjCE-2b 重组蛋白，动物试验显示该重组蛋白免疫鼠获得 19.81%（$P<0.05$）的减虫率和 25.64%（$P<0.05$）的肝脏虫卵减少率。该酶编码基因具有 3 个外显子和 2 个内含子，与 SmCE 的相似。系统进化分析表明，SjCE-2b 与 SmCE-2b 氨基酸序列 90%相似，有共有

的保守结构。免疫荧光试验和免疫印迹试验显示 SjCE - 2b 只在尾蚴中表达，而未见于童虫，提示该酶可能在尾蚴入侵及童虫在皮肤移行过程中被消耗（Liu，2015）。杜晓峰（2014）利用蛋白酶学、分子生物学以及免疫学等方法对日本血吸虫入侵宿主相关尾蚴蛋白酶的功能进行了研究，结果显示 SjCE - 2b 在尾蚴中有较高的丰度且主要分布于尾蚴头部，体内抑制试验结果表明，尾蚴与 SjCE - 2b 特异性抑制剂及兔抗 SjCE - 2b 多抗孵育后感染小鼠，分别获得 33.3%和 27.2%的减虫率，表明该蛋白酶在日本血吸虫尾蚴入侵宿主皮肤的过程中发挥了重要作用。

在杜西特裂体吸虫（*S. douthitt*）和埃及血吸虫（*S. haematobium*）中也分别鉴定到 SdCE - 1a、SdCE - 1b 和 ShCE - 1a、ShCE - 1b（Salter，2002）。序列比对分析显示 SmCE - 1a 与 ShCE - 1a 和 SdCE - 1a 的相似性分别为 94%和 67%，曼氏血吸虫弹性蛋白酶与埃及血吸虫弹性蛋白酶的亲缘关系比杜西特裂体吸虫近些。

二、半胱氨酸蛋白酶

半胱氨酸蛋白酶为日本血吸虫的第二大类蛋白酶，日本血吸虫基因组注释的半胱氨酸蛋白酶有 102 种，分为 17 个亚型（Zhou 等，2009）。在血吸虫半胱氨酸蛋白酶中，对组织蛋白酶的研究最多，已鉴定的有组织蛋白酶 B、F、K、L 等多种，它们主要在血吸虫营养、代谢、入侵宿主中发挥作用。Dvorak 等（2008）在日本血吸虫尾蚴分泌物中鉴定到 15 种蛋白酶，发现日本血吸虫尾蚴分泌物中组织蛋白酶 B 的含量是曼氏血吸虫的 40 倍。Liu 等（2015）应用质谱分析技术从日本血吸虫尾蚴抽提物中鉴定了 6 种半胱氨酸蛋白酶。Dalton（1997）等通过荧光显影及免疫定位等方法发现曼氏血吸虫尾蚴和童虫初期均表达组织蛋白酶 L 和 B，在尾蚴中组织蛋白酶 L 的活性较组织蛋白酶 B 活性高很多倍。组织蛋白酶 L 和 B 都分布于尾蚴后钻腺中，提示组织蛋白酶可能在尾蚴入侵宿主过程中发挥作用。

在与血吸虫入侵相关的半胱氨酸蛋白酶研究中，目前对组织蛋白酶 B2（CB2）的研究最多。在日本血吸虫中已鉴定的组织蛋白酶 B2（SjCB2）的同工酶有 4 种，分别为 SjCB2a、SjCB2b、SjCB2c 和 SjCB（Y）2d（杜晓峰等，2013）。杜晓峰（2014）克隆了表达 SjCB2 的基因，序列分析显示，该基因序列阅读框含 1 047 个核苷酸，编码 348 个氨基酸。SjCB2 在尾蚴中有较高的丰度且主要分布于尾蚴头部，体内抑制试验结果表明，尾蚴与 SjCB2 特异性抑制剂孵育后感染小鼠，获得 48.0%的减虫率。Liu 等（2015）应用免疫荧光技术显示 SjCB2 主要分布于尾蚴的体被和头腺，而未见于童虫。免疫印迹试验显示，SjCB2 重组抗原免疫血清可识别尾蚴抗原中的特异条带，而不能识别童虫抗原，提示该酶可能在尾蚴入侵及童虫在宿主皮肤中移行过程中被消耗。基因结构分析显示 SjCB2 与 SmCB2 和 ShCB2 进化上保守，推测它们具有相似的生物学功能，且日本血吸虫 SjCB2 的含量要明显高于曼氏血吸虫 SmCB2 的含量，因而推测 SjCB2 在尾蚴入侵宿主的过程中发挥了重要作用。Ingram 等（2011）的研究也表明，SjCB2、SmCB2 和 SmCE 一样，都能有效水解人体皮肤中的多种蛋白。SmCB2 和 SmCE 有多种底物重叠，提示这 2 种酶都可促进尾蚴入侵宿主及童虫在宿主体内的移行。

在日本血吸虫中也发现了半胱氨酸蛋白酶的抑制基因 *SjCystatin*，该基因的开放阅读框含 306bp，编码 101 个氨基酸，有着与 SmSrpQ 类似的功能，在逃避宿主免疫应答和应对宿主防御中发挥重要作用（He，2011）。

至今，寄生虫学者对血吸虫入侵宿主的机制仍了解甚少，仍需从多方面继续深入探究，如宿主释放的哪些刺激分子可吸引尾蚴吸附宿主皮肤，在入侵的不同阶段及不同皮层血吸虫尾蚴分泌的哪些溶解酶发挥主要作用，童虫如何进入宿主真皮血管和淋巴管，等等。

■第二节 性成熟和胚胎发育相关分子

1928 年 Sevinghans 等就注意到，血吸虫雌雄虫之间的相互作用不仅限于受精，而且为雌虫成熟所必需。随后的研究进一步证实，雌雄合抱是雌雄虫之间相互作用的重要途径。没有合抱的雌虫生长发育受到抑制，不形成或只形成少量的卵黄细胞。已经发育成熟的雌虫一旦与雄虫分离就会退化为不成熟状态。Erasmus 研究表明未成熟的血吸虫雌虫卵巢和卵黄腺很小。雌虫的卵巢和卵黄腺的发育直接受雄虫合抱的影响，而其他生殖相关细胞和组织如卵母细胞、梅氏腺等不受此影响。他们的研究提示雄虫的合抱并不是使多潜能干细胞发育为卵黄腺和卵巢，而是使生殖细胞分化（Erasmus，1973）。Grevelding 等（1997）通过对体外培养的曼氏血吸虫基因表达情况进行分析发现，雌虫特异性表达的基因（如基因 *P14*、*FerI*、*A11*）受雌雄合抱的影响，而那些在两性虫体皆表达的基因（如基因 *PDI*、*CatL*）则不受影响。他们发现合抱雌雄虫的分离会引起雌虫特异性表达基因的转录水平下降，重新合抱将引起这些基因转录的重新开始。说明雌虫要保持性别特异性基因的表达必须有来自雄虫的持续刺激。

已有研究表明，血吸虫大部分转录本（≥73%）存在于性腺中。在宿主体内生长发育过程中，雌雄虫体间存在着化学吸引和营养物质交换。雌虫需要一种来自雄虫的刺激进而达到并维持性成熟和生殖状态，这种刺激被认为是靠雌雄虫间的物质传递实现的。雌雄虫体合抱对生殖腺转录水平有很大影响。研究发现在生殖腺内产生的某些肽可能参与向中枢神经系统或其他器官提供生殖腺生理状态的反馈信号，或将它们作为控制生殖细胞成熟的旁分泌因子（Collins，2010），提示血吸虫神经肽对生殖腺发育具有重要作用，同时还可能影响血吸虫生殖相关的内分泌和旁分泌。

尽管也有一些物质如胆固醇、糖蛋白、葡萄糖等被证实在血吸虫雌雄虫之间转移，但这些物质雌雄虫均有，而且无发育刺激作用。有试验表明，有机溶剂抽提的曼氏血吸虫雄虫虫体物质能刺激雌虫的发育。Camacho 等（1995）的研究表明，血吸虫体内存在乙酰胆碱和五羟色胺等物质，在未成熟的虫体中检测不到烟碱型乙酰胆碱受体，而当雌雄虫配对后该分子表达增加，说明乙酰胆碱的作用可能与雌虫成熟等有关。在曼氏血吸虫虫体的卵黄腺管口处发现有极性蜕皮类固醇激素的聚集。Briggs 等（1972）的研究表明，曼氏血吸虫可利用宿主的类固醇，如果类固醇激素受到抑制就会影响宿主体内血吸虫的产卵数量。

Schussler 等（1997）用免疫印迹方法证明在曼氏血吸虫体内存在着信息传递物质（Ras 蛋白、GAP 蛋白和 MAP 激酶），并对其在雌雄虫相互作用时的功能进行了探讨，发现它们受发育调控，其表达受合抱的影响，在雄虫介导的雌虫成熟过程中发挥作用。在成熟雌虫中 Ras 的含量比未成熟雌虫至少多 5 倍，而在成熟与未成熟雄虫体内没有区别。雌虫体内的 GAP 蛋白在雌雄虫分开后的 3d 内含量下降，6d 后完全消失，与雄虫合抱后又重新表达。雌虫中 MAP1 的浓度至少为雄虫的 2.5 倍；雌虫中有少量 MAP2，但在雄虫中检测不到。这三个信息传递分子在虫体的不同时期含量不同，提示它们可能是在接收到雄虫信息后从头合成的。

血吸虫雌雄异体，血吸虫雌雄虫合抱是雌虫性成熟的必要条件，而性成熟又是雌虫产卵的前提，因此抑制血吸虫雌雄虫合抱及雌虫的性成熟是控制血吸虫病的重要途径。寻找雌雄虫间的传递物质，分离、鉴定与血吸虫性别分化、发育相关的分子，对探讨血吸虫的性别发育及成熟机制，筛选新的血吸虫病疫苗候选分子或新药物靶标都具有重要意义。

这些年，多家实验室克隆、鉴定了多个可能与血吸虫雌雄虫合抱、性成熟及胚胎发育相关的分子，初步探讨了其生物学功能，为深入阐述血吸虫的性成熟、生殖发育机制积累了有价值的实验依据。

一、抱雌沟蛋白

Aronstien 等（1985）发现在成熟曼氏血吸虫虫体表面表达的一 86ku 蛋白是性别特异表达蛋白。Gupta 等（1987）利用一株针对曼氏血吸虫 86ku 蛋白的单克隆抗体 134B2，应用免疫荧光抗体技术获得了血吸虫雌雄虫之间性别特异性物质传递的证据。他们分别用合抱状态的雌雄虫、未合抱的雄虫和单独的雌虫、雄虫做冰冻切片，利用荧光抗体检测，结果发现合抱的雄虫抱雌沟表面及深部管状结构中荧光反应较强，并在感染后第 28 天，即雌雄虫完成合抱时达到高峰。合抱的雌虫，荧光反应只出现在体表。雌雄虫合抱分开 3d 后雄虫荧光强度开始减弱。单性感染的成熟雄虫表达抱雌沟蛋白，但维持 5～6 周后开始减弱，而单独的未合抱雌虫一直没有发现荧光（Gupts 等，1987；Aronstein 等，1985），提示 86ku 蛋白是一种由雄虫分泌，通过抱雌沟表面传递给雌虫的蛋白。该 86ku 蛋白系一糖基化蛋白质，经酶作用后可裂解为 79ku 及 7ku 两部分。Bostic 等（1996）利用上述单抗 134B2 筛选血吸虫 cDNA 文库，获得一编码 79ku 蛋白的 cDNA 克隆，大小为2 410bp，序列分析发现，该基因的碱基序列与具有发育调节功能的成束蛋白 Fascilin I 编码基因序列高度同源，含有与受发育调节的神经细胞结合分子相似的重复保守序列。该蛋白还与 4 个已知受发育调控的蛋白在氨基酸序列上有相似性，N 端糖基化，缺少穿膜域，显示与细胞表面或细胞外基质的同型连接有关。推测抱雌沟蛋白可能为发育调节的同型连接分子，具有发育调节功能，可能在促进雌雄虫合抱和雌虫发育及性成熟方面发挥重要作用（Schussler 等，1997）。Osman 等（2006）的研究发现，曼氏血吸虫抱雌沟蛋白的表达受到另一个受宿主配体诱导的、在发育调节途径中起作用的转移生长因子 β 受体的调节。

对日本血吸虫抱雌沟蛋白的研究发现，该蛋白为雄虫特异表达蛋白，在日本血吸虫尾蚴感染宿主后第 14 天，即雌雄虫发育至合抱前的雄虫可见该蛋白表达（金亚美，2002，2004；朱建国，2001）。朱建国等在进行日本血吸虫雌、雄虫蛋白的比较分析时，发现抱雌沟蛋白（SjGCP）在雄虫的表达量显著高于雌虫。作者制备了 SjGCP 探针，利用 Southern blot 和 Northern blot 分析了 SjGCP 在雌雄虫中的表达差异，结果 Southern blot 显示，雌雄虫 SjGCP 均为阳性，而 Northern blot 显示，SjGCP 在雄虫呈阳性，雌虫呈阴性，提示日本血吸虫抱雌沟蛋白编码基因可能主要在雄虫表达。他们参照曼氏血吸虫抱雌沟蛋白（SmGCP）序列的保守区片段设计了一对引物，以日本血吸虫中国大陆株成虫 mRNA 为模板，用 RT－PCR 法扩增出一大小为 868bp 的基因片段。经测序证明该片段为编码日本血吸虫抱雌沟蛋白基因保守区的 cDNA，与 SmGCP 相应片段碱基相似性为 86.6%，编码的氨基酸序列相似性为84.1%，命名为SjGCP1。作者将该基因片段克隆到表达载体pET28（a）中，在大肠杆菌中获得表达，重组蛋白分子质量约29ku。用该重组蛋白结合弗氏佐剂免疫昆明系小鼠，与对照组相比，获得35.2%的减虫率和37.8%的肝脏减卵率（$P<0.05$）。同时，朱建国等（2001）将该基因片段克隆至真核表达载体pcDNA3，构建了重组真核表达质粒pcDNA3-SjGCP1，用重组质粒经肌内注射3次免疫昆明系小鼠，与pcDNA3质粒DNA免疫鼠相比，获得32.4%的减虫率和44.6%的肝脏减卵率（$P<0.05$）。在小鼠试验基础上，中国农业科学院上海兽医研究所构建了重组表达质粒pGEX-SjGCP，应用SjGCP重组蛋白结合206佐剂免疫水牛，获得50.15%的减虫率和55.99%的粪便毛蚴孵化减少率。

Cheng等（2009）利用RNAi技术就体内外SjGCP沉默后对日本血吸虫生长发育的影响进行了观察。根据SjGCP的基因序列设计3个dsRNA分子（s1、s2、s3），并分别以低和高剂量（50nmol/L和200nmol/L）加入培养体系以干扰虫体SjGCP的表达，利用RT-PCR，Western blot和免疫荧光技术检测RNA干扰效果。结果表明，当虫体在体外利用不同的dsRNA分子持续干扰培养3d和7d时，血吸虫SjGCP的转录水平分别降低20%～84%和5%～67%。Western blot分析表明在虫体干扰后3d，SjGCP蛋白表达明显受到抑制。免疫荧光试验分析了干扰7d后虫体SjGCP的表达情况，结果显示，雄虫虫体抱雌沟部位的荧光信号明显衰减，虫体荧光信号的衰减与RT-PCR分析结果一致。利用RT-PCR和免疫荧光方法分析了dsRNA分子干扰的剂量效应，结果表明，dsRNA分子（s1）抑制SjGCP的基因表达具有剂量依赖性，在培养体系中dsRNA分子（s1）终浓度为12.5nmol/L时SjGCP的转录抑制不明显，而当dsRNA分子（s1）终浓度为100nmol/L时，SjGCP的转录水平降低75%。对虫体雌雄合抱效应的观察表明，干扰SjGCP后雌雄合抱受到不同程度的影响，其中两个高浓度干扰组（s1、s2）的合抱现象完全受到抑制。利用尾静脉动态注射技术将dsRNA分子导入感染血吸虫的小鼠体内，并于感染后18d剖杀小鼠，通过肝门静脉灌洗法收集虫体，观察表明雌雄虫的合抱受到显著抑制，RT-PCR和免疫荧光分析表明雄虫SjGCP的转录和表达明显降低。这一研究结果揭示了基因治疗用于血吸虫病防治的可能性。利用扫描电子显微镜观察合抱完全受到抑制的雄虫抱雌沟表膜结构，与对照组相比，其结构呈现瘠的间断，瘠间隙大和刺短的变化。以上研究结果表明，SjGCP具有影响雌雄虫合抱的功能。

为进一步阐述SjGCP在血吸虫生长发育中的作用机制，金亚美课题组构建了18日龄日本血吸虫酵母双杂交cDNA文库和诱饵蛋白-血吸虫抱雌沟蛋白重组质粒pGBKT7-SjGCP，应用酵母双杂交技术筛选抱雌沟蛋白的相互作用分子，对初步获得的383个阳性克隆进行序列测定，共获得45个有效基因序列。将初步获得的可能阳性基因序列与pGADT7-AD载体重组，与pGBK-BD-SjGCP进行回复杂交验证，或通过免疫共沉淀进行验证，最终获得24个可能的血吸虫抱雌沟蛋白相互作用分子的基因序列，包括SjLGL、SjGALE、SjActin、SjTwifnilin等。课题组进一步对多个相互作用分子进行了克隆、表达，基因的生物学特性分析结果显示，这些SjGCP的可能相互作用分子在血吸虫的发育、生殖等方面发挥重要的作用。

二、NANOS

王艳等（2010）从实验室构建的7d日本血吸虫童虫消减cDNA文库中挑选一个在童虫

高表达 EST 序列，由获得的 EST 序列作为询问序列设计特异引物进行 PCR 扩增，克隆获得这个基因的全长 cDNA。氨基酸序列比较显示该基因编码蛋白与曼氏血吸虫 NANOS 蛋白（登录号 ref | XP _ 002576493）有 67%相似性，命名为 SjNANOS。SjNANOS（GenBank 登录号为 AY814948）序列长 721bp，其中 ORF 大小为 525bp，编码 175 个氨基酸。以看家基因 *NADH* 为内参，应用荧光定量 PCR 技术分析了 SjNANOS 在日本血吸虫 7d、13d、18d、23d、32d 和 42d 雌雄虫体内的表达情况，结果显示，SjNANOS 在日本血吸虫童虫和成虫均有表达，其中在 18d 童虫表达量最高，在雌虫的表达量高于雄虫，提示该基因可能在血吸虫性别分化、发育中发挥了作用。

构建了 pET28a（+）- SjNANOS 重组原核表达质粒，成功在 *E. coli*（DE3）获得表达。用纯化的 SjNANOS/His 重组蛋白免疫 BALB/c 小鼠，结果与空白对照组相比，诱导了 31.4%的减虫率和 53.8%的肝脏减卵率，差异极显著（$P<0.01$）。

利用 RNAi 技术对 SjNANOS 的基因表达进行了初步探索，根据日本血吸虫 NANOS 的基因序列设计 3 对特异性 dsRNA 分子（s144、s323 和 s396），并分别以不同的剂量（2.0μg 和 20μg）加入培养体系中干扰靶基因的表达。利用 Real - time PCR、Western blot 等技术检测 *SjNANOS* 基因的转录，其中以 s323 的干扰效果最好，在培养 6d 时抑制率高达 88%。比较了不同的转染方式对靶基因表达的干扰效果，结果证明电击法的效果略优于浸泡法。分析了 s323 dsRNA 分子干扰 *NANOS* 基因的剂量效应，结果表明，dsRNA 分子干扰目标基因的表达具有剂量依赖性，培养 3d 时，加入较高剂量（40μg）的 dsRNA 分子可使转录水平降低 84%。从感染后第 10 天起，每天通过尾静脉将 s323 dsRNA 分子注射入感染血吸虫的 BALB/c 小鼠体内，连续注射 7d，结果注射小鼠体内血吸虫 *SjNANOS* 基因的转录和表达受到明显抑制，与无关 dsRNA 对照组相比，s323 dsRNA 注射组小鼠虫体数和雌雄虫合抱虫体数分别减少 56.41%和 69.23%，暗示该基因在血吸虫的生长发育中可能具有重要作用。

Liu 等（2017）通过原位杂交试验观察显示日本血吸虫 NANOS1（SjNANOS1）主要分布于血吸虫雌虫的卵巢和卵黄腺及雄虫的睾丸，在睾丸中的杂交信号比卵巢和卵黄腺中的弱。用 SjNANOS1 特异的 siRNA 转染 28d 的配对成虫，结果在 mRNA 和蛋白水平上虫体 SjNANOS1 的表达都受到抑制。雌虫的卵巢和卵黄腺及雄虫的睾丸的形态发生明显变化，雌虫产卵量减少，虫体一些与生殖相关的基因（*Pumilio*、*CNOT6L* 和 *fs800* 等）的表达水平也发生变化。研究结果表明，*SjNANOS1* 基因在日本血吸虫生殖器官发育和雌虫产卵中起着重要作用。

三、血吸虫雌虫的咽侧体抑制素受体和雄虫的芳香族氨基酸脱羧酶

王吉鹏（2014）和 Wang 等（2017）在雌雄虫合抱前后不同时期虫体转录组表达变化分析的基础上，发现雌虫的咽侧体抑制素受体和雄虫的芳香族氨基酸脱羧酶可能是参与雌虫生殖系统发育和雄虫合抱过程的关键分子。雌虫的咽侧体抑制素受体样基因与昆虫咽侧体抑制素受体同源，定位在卵巢和肠道中。体外试验显示，调节昆虫发育的保幼激素（受咽侧体抑制素调节）和蜕皮素均能够影响成熟雌虫卵母细胞的正常形态。雄虫的芳香族氨基酸脱羧酶基因（催化合成多巴胺等神经递质）定位在抱雌沟中。研究结果认为，日本血吸虫雄虫主要通过神经系统及神经递质的兴奋作用来维持合抱；而雌虫在接受雄

虫的合抱刺激后，经神经系统传递咽侧体抑制素，进而通过与昆虫类似的激素调控模式来调节生殖系统的发育。

四、ELAV - like 1/2

ELAV（embryonic lethal abnormal vision - like 1/2）家族基因最早在果蝇体内发现，因其表达改变致果蝇视神经发育异常并于胚胎期死亡而得名。该蛋白家族是一类 mRNA 结合蛋白，含有 3 个高度保守的 RNA 识别基序（RRM），存在于多种生物体中，对神经系统的发育和功能维持起重要作用。多项研究表明，RRM RNA 结合蛋白在细胞代谢过程中起着重要作用，在人和其他多种生物中其表达量变化或突变会引起发育异常或导致神经性自身免疫病的产生。ELAV - like 蛋白家族包括 ELAV - like 1（HuR）、ELAV - like 2（HuB）、ELAV - like 3（HuC）和 ELAV - like 4（HuD）4 个成员，它们主要通过基因的转录后调控来调节靶基因的表达。其中，ELAV - like 1（HuR）在机体各组织广泛表达，通过调控靶 mRNA 的稳定性或翻译效率来影响靶基因在细胞中的表达水平，当其异常表达时将导致生长发育异常、自身免疫和肿瘤等疾病的发生。ELAV - like 2（HuB）在多种物种的神经系统、小鼠的生殖腺及非洲爪蟾的睾丸、卵巢和早期胚胎中都有表达。研究已表明，在小鼠卵母细胞生长期间，ELAV - like 2 过早降低会导致成熟卵母细胞减数分裂效率低下。

许蓉（2018）利用 PCR 技术获得日本血吸虫 SjELAV - like 1 的基因序列（GenBank 登录号为 MG515727），全长 1 797bp，其中 ORF 序列长 1 533bp，编码 510 个氨基酸。其编码的多肽含 12 个 N 端糖基化位点和 RRM 保守结构域，无信号肽和跨膜结构域。构建了重组表达质粒 pET28 - SjELAV - like 1，并在大肠杆菌 BL21 中获得表达，重组蛋白分子质量约为 62ku。间接免疫荧光试验表明，SjELAV - like 1 蛋白主要分布于日本血吸虫体被。实时定量 PCR 分析表明，*SjELAV - like* 1 基因在不同发育阶段虫体内均有表达，在 25d 虫体中表达水平最高。把不同发育时期合抱雌、雄虫分离，分析显示 SjELAV - like 1 在 18d 雌虫中表达量最高，随后呈下降趋势，而在不同发育时期雄虫中的表达量相对稳定。与合抱的雌虫相比，该基因在单性感染、发育阻遏雌虫中高表达。

作者筛选了 SjELAV - like 1 特异的 siRNA，自 BALB/c 小鼠感染日本血吸虫后 10d，通过尾静脉注射 1 OD siRNA 或无关对照 siRNA，每 4d 注射一次，连续注射 8 次，至感染后 41d 时收集虫体和小鼠肝脏，检测分析干扰效果。结果与无关对照 siRNA 组相比，SjELAV - like 1 siRNA 干扰组小鼠肝脏虫卵减少率和虫卵孵化率分别减少 58.27%（$P<0.05$）和 74.58%（$P<0.01$）。电镜观察发现，与对照组相比，干扰组虫体体被结构发生变化，雄虫体表黏附的泡状物消失，褶嵴结构塌陷，条索状皮嵴变得疏松，网状结构消失，精母细胞数目减少、肿大，其内的染色质减少，细胞间质增宽；雌虫体壁表面组织间隙增宽，体棘减少、变钝，卵黄细胞中卵黄球减少，卵黄滴减少，内质网肿大，皮质颗粒排列散乱。研究结果显示，SjELAV - like 1 受干扰后导致雄虫体被结构异常，可能使其感觉乳突、信号感受器不敏感，影响其对雌虫的识别与合抱，进而导致雌虫卵黄腺、卵黄细胞、皮质颗粒、内质网及雄虫精母细胞发育发生异常。

张媛媛（2018）采用 RT - PCR 技术扩增了日本血吸虫 *SjELAV - like* 2 基因，生物信息学分析表明该基因序列长 1 894bp（登录号为 MG515726），开放阅读框大小为 1 635bp，编码 544 个氨基酸。构建了重组表达质粒 pET28 - SjELAV - like 2，并在大肠杆菌中成功表达，重组蛋白分子质量约为 64ku。荧光实时定量 PCR 分析显示，该基因在血吸虫 7d 童虫中表达量最高，之后逐渐下降，成虫表达量趋于平稳。在合抱的雌雄虫虫体中，该基因在雌虫中的表达量显著高于同期的雄虫。在单性感染的 25d 雌虫中该基因的表达量显著高于雌雄合抱的 25d 雌虫，在雌雄合抱的 25d 雄虫中的表达量显著高于单性感染的 25d 雄虫。免疫组化分析显示，该蛋白主要分布于血吸虫体被，在体内实质中呈散在分布。

作者通过体外 RNAi 试验筛选出对 SjELAV - like 2 表达有干扰效果的 s1 dsRNA，再使用 s1 dsRNA 进行体内干扰试验，评估 SjELAV - like 2 沉默对血吸虫生长发育的影响。自 BALB/c 小鼠感染日本血吸虫 4d 起，每隔 4d 通过尾静脉给小鼠注射 1 OD 的 s1 dsRNA，连续注射 10 次，于感染后 42d 剖杀小鼠，收集虫体和小鼠肝脏。Real - time RT - PCR 分析显示，RNA 干扰可明显抑制 *SjELAV - like* 2 基因的表达。与无关 dsRNA 对照组相比，SjELAV - like 2 干扰组获得 28.57%（$P<0.01$）的减虫率、46.02%（$P<0.01$）的肝脏减卵率和 75.79%（$P<0.01$）的肝脏虫卵孵化减少率，说明 SjELAV - like 2 沉默后对日本血吸虫的生长发育、雌虫产卵和虫卵的孵化都有较大的影响。扫描电镜观察显示，SjELAV - like 2 干扰组虫体体被上泡状突出物明显增多。

五、**Lesswright**（Lwr）

UBC9 参与类泛素化修饰过程，Lesswright（Lwr）是 UBC9 同源物，在黑腹果蝇中介导减数分裂前期异染色质区的解离。Lwr 对原始生殖细胞的调节和随后维持果蝇胚胎中的种系特性，以及在纺锤体形成和减数分裂染色体分离中都起重要作用，此外还是造血和胚胎形成的关键因素。

李肖纯（2019）克隆、表达了日本血吸虫 *SjLwr* 基因（GenBank 登录号为 CAX77005.1），该基因长 501bp，编码 137 个氨基酸。生物信息学分析显示，SjLwr 不含信号肽或蛋白质的磷酸化位点，含有一个 N -糖基化位点，一个 O -糖基化位点和一个氨基乙酰化位点。作者构建了重组表达质粒 pET - 28（+）- SjLwr，在大肠杆菌 BL21（DE 3）中获得成功表达。免疫组化分析表明，该蛋白分布于虫体体表和体内部分组织器官。实时荧光定量 PCR 结果显示，*SjLwr* 基因在血吸虫的不同发育阶段虫体均有表达，其中在 14d 虫体表达量最高，在雌虫中的表达水平高于雄虫，在 25d 单性感染雌虫中的表达水平高于合抱雌虫。

作者筛选获得对 SjLwr 具有较好干扰效果的 s2 siRNA，自 BALB/c 小鼠感染日本血吸虫 11d 起，作者每隔 4d 通过尾静脉给小鼠注射 s2 siRNA，每只每次注射 1 OD，连续注射 8 次，感染后 42d 剖杀小鼠，收集虫体和小鼠肝脏。qRT - PCR 检测显示 RNA 干扰明显抑制了 *SjLwr* 基因的表达。和无关 siRNA 对照组相比，s2 siRNA 干扰组获得 51.37%（$P<0.05$）的减虫率，宿主肝脏虫卵数减少率为 43.98%（$P<0.05$），虫卵毛蚴孵化率下降 64.95%（$P<0.01$）。电镜观察发现，与空白对照组相比，s2 siRNA 干扰组虫体体被上白色点状突出物和泡状突出物增多，体被组织排列不整齐，且部分组织破损；雌虫卵黄细胞卵黄滴和脂滴减少，细胞不饱满，细胞间隙增大。

■第三节　虫卵形成相关分子

日本血吸虫的主要致病作用是由虫卵在宿主肝脏和肠壁沉积，及由其诱导产生的虫卵肉芽肿引起的。同时，随宿主粪便排出的血吸虫虫卵是血吸虫病传播的传染源。如果能有效减少虫卵的形成，就能明显地减轻血吸虫感染引起的宿主病理变化，减少宿主粪便对环境的污染及该病的传播。与雌虫产卵相关的基因及血吸虫虫卵特异表达的基因在雌虫和/或虫卵呈现特异表达或高表达，应用消减杂交、芯片、组学分析等技术，多个实验室已获得一批雌虫和虫卵特异/差异表达基因，如雌虫特异表达的 *P*14、*P*48、*F*10、23*A* 等卵壳前体蛋白基因，与卵形成及产生有关的 *fs*800、*A*11 和 *SmPHGSHpx* 基因等；并对一些重要的雌虫和虫卵特异/差异表达相关基因开展了研究，对深入了解血吸虫的生殖发育机制积累了知识。日本血吸虫雌虫的产卵量大约是曼氏血吸虫和埃及血吸虫雌虫的 10 倍，对日本血吸虫虫卵形成相关基因的研究对该病的防治尤为重要。

一、血吸虫卵壳蛋白

1. 卵壳前体蛋白 P14　Bobek 等（1988）利用消减杂交技术筛选曼氏血吸虫成虫 cDNA 文库，获得几个雌虫高表达基因。其中，*PSMF*61－46 为成熟雌虫的特异表达基因，其 mRNA 长约 950 bp，含有一个 47 个核苷酸串联的编码重复区，及两个完整的开放阅读框（ORF1 和 ORF2），ORF1 编码一个 14ku 多肽，与丝蛾虫卵壳蛋白高度相似，命名为卵壳前体蛋白 P14。Koster 等（1988）构建了曼氏血吸虫 P14 重组表达质粒，并成功进行了表达。曼氏血吸虫 P14 卵壳蛋白基因家族是一组受发育调控，性别、组织、期别特异性表达，高度保守的基因。该基因虽为性别特异性表达，但却位于 2 号常染色体上，而不是性染色体 W 上（Hirai，1993）。现已分离出该基因家族的 6 个成员，它们都只在成熟雌虫中特异表达。基因的表达依赖于雌雄虫的合抱，在 28d 合抱雌虫中检测到表达产物，35d 雌虫表达水平最高。序列分析表明，这些基因的 DNA 序列高度相似，仅有 3～4 个核苷酸有差别（Bobek 等，1988），都含有两个 ORF，无内含子，其中 ORF1 编码富含甘氨酸（gly）和酪氨酸（tyr）的 14ku 多肽，ORF2 在血吸虫体内没有功能性产物（Koster 等，1993）。ORF1 的转录时相及量的变化与雌雄虫合抱及雌虫的产卵状况相一致（Li－Ly，1992），表明该基因的表达受发育调控。免疫组化分析表明，该蛋白位于被称作“卵黄滴”的物质内（Koster 等，1988）。

*P*14 基因上游序列含有与果蝇卵壳蛋白基因上游相似的核心序列 TCACGT，及已知在昆虫基因中受类固醇受体（RXR）家族同系物调控，在性别、期别和组织特异性表达方面发挥作用的顺式调控元件。Freebern 等（1999）从曼氏血吸虫虫体中分离了类固醇受体（SmRXR）同源物，通过凝胶电泳迁移率试验和酵母杂交试验，证明 SmRXR 与卵壳前体蛋白基因 *P*14 的顺式作用元件正向重复序列结合，调节基因表达，对 *P*14 基因有激活转录的作用。Western blot 试验表明，SmRXR 在雌雄虫体内呈差异表达。Fanttpaie 等（2001）对曼氏血吸虫 SmRXR1 和 SmRXR2 的功能和组织分布进行了分析，结果表明 SmRXR1 和 SmRXR2 都可以与卵壳前体蛋白基因 *P*14 上游序列顺式作用元件结合，电泳迁移率试验表

明，SmRXR1 的 DNA 结合域与 *P*14 上游区结合呈规律性，免疫组化分析表明 SmRXR1 和 SmRXR2 主要分布于卵黄细胞等。

Bobek 等（1989）筛选获得一编码埃及血吸虫卵壳蛋白 P14 的基因。Henkle 等（1990）从日本血吸虫基因组文库中分离到日本血吸虫卵壳蛋白 *P*14 基因家族的 4 个成员。序列分析显示，曼氏血吸虫和埃及血吸虫 P14 在基因组排列上类似，转录区序列相似性为 83.1%，5′和 3′非转录区相似性更高，且其 mRNA 表达的调节方式相似（Bobek，1989）。日本血吸虫卵壳蛋白 P14 家族基因在染色体上的排列方式和核苷酸组成与曼氏血吸虫和埃及血吸虫有所不同，曼氏血吸虫和埃及血吸虫卵壳蛋白 P14 编码基因的相似性远高于与日本血吸虫卵壳蛋白 P14 编码基因间的相似性。

2. 卵壳前体蛋白 P48　Johnson 等（1987）首次报道从曼氏血吸虫成熟雌虫中鉴定到一血吸虫 *P*48 基因。Northern blot 分析显示，该基因只在成熟雌虫中呈现阳性反应，在血吸虫雄虫、未合抱雌虫及尾蚴中均为阴性，说明 *P*48 基因是成熟雌虫特异表达的。序列分析表明该基因大小约为 1.5kb，含有 3 个 ORF，无内含子，其中 ORF1 编码一约 50ku 蛋白，ORF2 编码一约 43ku 蛋白，ORF3 编码一约 44ku 蛋白。ORF1 编码产物富含酪氨酸、不含蛋氨酸，含有两个 Gly－Tyr－Asp－Lys－Tyr 的五肽重复区域和富含 His 残基的重复区域，与成熟雌虫 mRNA 体外翻译产物中相应蛋白一致，而雄虫、未合抱雌虫及尾蚴的 mRNA 体外翻译产物没有与此相应物质。P48 与丝蛾卵壳蛋白高度相似，可能是血吸虫卵壳蛋白的组成部分。P48 mRNA 只出现在成熟雌虫的卵黄细胞中，且时间与雌雄虫合抱时间大体一致。P48 卵壳前体蛋白的表达量比 P14 蛋白要少得多，*P*48 基因转录产物占成熟雌虫总 RNA 的 0.31%～0.52%，而 *P*14 基因转录产物占了成熟雌虫总 RNA 的 4.8%～9.7%。*P*48 和 *P*14 基因都位于 2 号染色体上。该基因受发育调控，其表达具有性别、组织、时期特异性。序列分析还显示该基因和 *P*14 基因的 5′端上游区域含有一些共同序列（如 TCACGT、GTAGAAT、AGTGAATAC），这些序列在昆虫中有调节卵壳蛋白基因表达的作用。血吸虫卵黄细胞富含酪氨酸可能与 P48 有关，而酪氨酸含量高说明 P48 可在酚氧化酶介导的卵壳蛋白交联中发挥作用。体外翻译试验证明，P48 与成熟雌虫总蛋白一样，在酚氧化酶催化下均能发生交联作用。

3. F10 蛋白　研究发现，F10 也是受发育调控，性别、组织、期别特异性表达的卵壳蛋白编码基因，仅在成熟雌虫中表达，大小约 0.9kb，含有 2 个 ORF，无内含子，其中 ORF1 编码多肽约 16.5ku，富含甘氨酸（gly）和酪氨酸（tyr）；ORF2 无天然产物。对 *F*10 和 *P*14 基因进行序列分析和比较发现它们从 3′端起至转录起始点有 635bp 的碱基完全同源，其 TATA box 在转录子的位置相似，转录起始点上游有 220bp 序列高度相似，其远上游序列虽仍有一定程度的相似性，但其差异逐渐增加（Kunz 等，1987），因此认为 *F*10 与 *P*14 可能是同一个基因在进化过程中分化的结果。其后对 *F*10 的研究着重在其表达调控方面。发现 *F*10 基因转录的激活主要与核蛋白有关，此类核蛋白均为富含丝氨酸的类固醇结合蛋白。核蛋白与雌雄虫 *F*10 基因的 5′和 3′端的不同区段发生性别差异性结合（Giannini 等，1995），在 *F*10 基因的 3′端非转录区有类固醇反应元件（Engelender 等，1992）。研究发现当雌虫与雌激素的拮抗物在体外孵育后，雌虫与核蛋白的结合方式变得与雄虫的相似，说明类固醇与基因 *F*10 的转录有关（Engelender 等，1993；Giannini 等，1995）。Fantappie 等（1999）用雌雄虫核蛋白与 TAAT 盒和 CAAT 盒结合后进行条带迁移试验，发现采用 TA-

AT 盒时雌雄核蛋白的迁移方式截然不同，提示 *F*10 基因的性别特异性表达还可能与核蛋白的独特亚类有关。

4. 23A 蛋白　Sugiyama 等（1997）用针对雌虫 34ku 抗原的抗血清，从日本血吸虫菲律宾株成熟雌虫 cDNA 文库中，分离到一个编码 34ku 卵壳蛋白的 cDNA 克隆（Sj23A），大小 230bp。RT－PCR 分析表明，*Sj23A* 基因在成熟雌虫体内特异地表达。构建了 Sj23A 重组表达质粒，试验证明 Sj23A 重组蛋白特异抗血清仅与成熟雌虫虫体 34ku 蛋白反应。组织定位分析显示该蛋白分布于卵黄腺的卵黄细胞。序列比对分析表明，*Sj23A* 与曼氏血吸虫、日本血吸虫和埃及血吸虫的 *P*14 和 *P*48 卵壳蛋白基因在核苷酸水平及多肽水平上都有较大的差异，为另一种血吸虫卵壳前体蛋白基因（Sugiyama 等，1997）。

金亚美（2002）以日本血吸虫中国大陆株成虫 mRNA 为模板，用 RT－PCR 方法结合 RACE 技术克隆获得编码 *Sj23A* 基因的全长 ORF，大小为 423bp。将该基因片段克隆到表达载体 pET28c（＋）中进行表达，SDS－PAGE 分析表明重组蛋白分子质量约为 20.9ku，Western blot 检测表明该重组蛋白可被兔抗日本血吸虫成虫粗抗原血清识别。Northern blot 分析显示该基因仅在雌虫体内转录。序列分析发现该基因同其他血吸虫卵壳蛋白基因一样没有内含子。

二、与虫卵形成及成熟相关的分子

1. 黏蛋白样蛋白 A11　Menrath 等（1995）从曼氏血吸虫雌虫 cDNA 消减杂交文库中筛选到一个 1.25kb 的基因 *A*11，测序分析表明该基因编码蛋白与人黏蛋白有高度的同源性，同样富含 N－糖基化位点，苏氨酸占 28%，丝氨酸占 20%，等电点（pI）为 3.4，是一个黏蛋白样蛋白。Northern blot 分析显示只有成熟雌虫呈现阳性反应。原位杂交试验显示只在雌虫生殖管上接近卵模腔入口处的上皮细胞呈阳性反应。该基因的表达依赖于来自雄虫的持续刺激，是受发育调节的。体外培养时合抱的雌虫可以在数天内高水平地表达 *A*11，但当雌雄虫分离 1d 后其表达就明显下降，3d 后 *A*11 的表达完全停止。推测与其他黏蛋白一样，该黏蛋白可形成保护层，覆盖在生殖管膜上，起到保护生殖管的作用。该蛋白的酸性 pI 对防止形成不成熟的卵壳很重要。卵壳前体蛋白在卵黄细胞内合成并储存在卵黄细胞的分泌囊泡里，囊泡里含有酚氧化酶等卵壳交联酶，它们在低 pH 环境中处于非活化状态。当卵壳分泌囊泡在卵模腔壁进行融合时，在较高的 pH 环境中酶被激活，进行卵壳交联反应，卵壳开始硬化。A11 特异性地在邻近卵模腔入口的生殖道周围的上皮细胞表达，维持酸性环境，可能有保护卵壳前体的功能（Menrath 等，1995）。

2. fs800　Reis 等（1989）从曼氏血吸虫 cDNA 文库中筛选获得一个 792bp 的雌虫特异表达基因 *fs*800。研究表明该基因在成熟雌虫的产卵期表达水平最高。原位杂交显示该基因只在成熟雌虫卵黄细胞中呈现阳性，且受发育调控。其他卵壳蛋白编码基因在已合抱但还尚未产卵的雌虫体内已大量表达。当雌虫停止产卵时，*fs*800 的表达也相应地停止。成熟卵黄细胞进入卵模腔时就已开始形成卵壳，*fs*800 在成熟卵黄细胞进入卵模腔时继续表达。同时，*fs*800 编码蛋白与其他已知的卵壳蛋白在序列上相似性低，也不具备卵壳蛋白的生化特性，因此，fs800 可能是一种与卵壳形成无关而与卵形成其他方面有关的蛋白。

3. PHGSHpx　Roche 等首次在曼氏血吸虫雌虫中鉴定到了雌虫特异表达的磷脂过氧化

氢谷胱甘肽过氧化物酶（phospholipid hydroperoxide glutathione peroxidase，*PHGSHpx*）基因。序列分析发现其上游－32位点有TATA盒，－75位点有CAAT盒，在其－486位点还有雌激素反应元件GGTCAA序列。应用免疫组化法对曼氏血吸虫雌虫、雄虫及尾蚴的冰冻切片进行检测，结果显示该基因只在雌虫切片中呈现阳性。应用Western blot检测了雌、雄成虫及尾蚴的总蛋白质提取物，结果只在雌虫20ku蛋白处呈阳性反应，其他均为阴性，表明*SmPHGSHpx*基因只在雌虫和虫卵中表达，在雄虫和尾蚴中不表达。进一步分析显示SmPHGSHpx主要分布于雌虫卵黄细胞，推测其主要作用是减少细胞膜过氧化作用，在维持卵黄细胞膜完整性结构方面发挥重要作用（Roche等，1996）。

4. 组织蛋白酶L Michel等应用消减杂交技术分离得到一个曼氏血吸虫雌雄虫表达差异基因，测序分析表明为组织蛋白酶L基因*SmCL2*。Northern blot分析表明雌虫中该基因的转录产物是雄虫的5倍。免疫组织化学分析表明，曼氏血吸虫组织蛋白酶L不同于其他的组织蛋白酶，并不位于肠道内或肠上皮细胞，而是位于雌虫生殖系统和雄虫抱雌沟的表皮下层区域。SmCL2可改变雌虫生殖道内液体流变性，有助于卵子在生殖道内的移动，同样雄虫抱雌沟内的SmCL2有助于精子进入雌虫的生殖孔，提示组织蛋白酶L2可能与血吸虫的生殖产卵有关（Michel等，1995）。卵黄细胞分泌囊中所含的卵壳蛋白前体成乳胶状，在卵壳硬化过程中该蛋白经交联反应而形成更大的蛋白分子，卵黄细胞中的卵壳蛋白前体颗粒球不会在卵黄细胞原位发生交联反应，而必须通过卵模后才能融合而形成卵壳。卵壳蛋白前体在卵模腔内交联的过程是由酚过氧化物酶催化的。酚过氧化物酶在卵黄腺内合成，与其作用底物一起存在于卵壳蛋白颗粒中。为了防止其在卵黄细胞中交联，酚过氧化物酶必须以一种非活性状态存在。组织蛋白酶L在卵模腔内合成，它可能起着激活酚过氧化物酶的作用。虽然组织蛋白酶L在血吸虫中的确切功能还不能确定，但已有的证据都表明它与雌虫的产卵和卵的形成有关（Koster等，1988）。张慧等（2007）应用RT-PCR技术克隆了一672bp的日本血吸虫中国大陆株组织蛋白酶L保守功能域编码基因，并在大肠杆菌系统中表达，应用纯化的重组表达产物进行小鼠免疫保护试验，结果免疫组获得36.04%的减虫率，34%的肝组织减卵率和49%的粪便虫卵减少率，与对照组相比，差异显著。

三、Fe蛋白

1992年，Dietzel等从曼氏血吸虫cDNA文库中筛选到两个编码铁蛋白的克隆，即Scm-1和Scm-2，它们分别编码血吸虫卵黄腺铁蛋白（Fer1）和体细胞铁蛋白（Fer2）。Fer1只在成熟雌虫卵黄腺中表达；而Fer2无性别特异性，在雌雄虫体中表达水平相当，但表达水平较低。电子显微镜观察发现，铁蛋白主要分布于卵黄腺细胞膜边界小体，这些小体富含磷脂膜，可能具有溶酶体的功能（Jennifer等，1996；Schussler等，1995）。卵黄铁蛋白基因也是血吸虫雌虫体内呈高表达的基因，只在性器官发育成熟且产卵的雌虫卵黄腺中高表达，在未发育成熟的雌虫体内以及雄虫体内的表达水平都很低，是一种具有性别和组织特异性的发育调节蛋白。用构建的卵黄铁蛋白基因核酸疫苗免疫小鼠，能有效地刺激宿主产生特异性IgG3和IgG1抗体及细胞免疫应答，并获得较高的减虫率和肝脏减卵率（Henkle等，1990；Sugiyama，1997）。

在高等动物体内，铁蛋白mRNA的翻译受到位于5′非翻译区（5′UTR）的铁效应元素

(IRE) 的调控。然而，在曼氏血吸虫 Fer1 和 Fer2 的 5′UTR 及 RNA 抽提物中均未发现 IRE，提示曼氏血吸虫铁蛋白 mRNA 可能无 IRE/IRP 转录后的调节机制，可能仅在转录水平受到调控（Schussler 等，1996）。易新元等（1998）用日本血吸虫未成熟虫卵抗原免疫兔血清（RASjIEA）筛选日本血吸虫成虫 cDNA 文库，分离鉴定到编码日本血吸虫铁蛋白基因 *SjFer*，序列分析表明该基因约为 600bp，与 SmFer1 的核苷酸序列相似性为 74.7%，编码蛋白理论分子质量为 22ku。易新元等（1998）构建了 SjFer 重组表达质粒，并在大肠杆菌中获得高效表达，表达产物的分子质量为 40ku。周俊梅等（2001）也构建了日本血吸虫铁蛋白真核表达质粒 pL2 - SjFer1，用重组蛋白免疫动物，结果免疫小鼠能产生较明显的保护性免疫。

■第四节　营养、能量代谢相关分子

血吸虫入侵终末宿主后，随血流经肺、肝移行，最终寄居于终末宿主的肝门静脉和肠系膜静脉内，生活于营养丰富的血液环境中，在长期进化过程中其消化器官简单化，并形成强大的水解酶系统。在终末宿主体内，血吸虫童虫和成虫主要经口不断地吞食宿主红细胞，及通过体被从宿主血液中摄取蛋白质、核酸、脂肪及糖等营养物质，再借助虫体自身的营养代谢系统、能量代谢系统等来获取营养与能量，维持自身的存活和生长发育。

血吸虫的基因组、转录组和蛋白质组学研究为深入认识其营养、能量代谢奠定了重要基础。这些年多个与血吸虫营养、代谢相关的基因已被鉴定。在不同适宜性宿主来源血吸虫虫体的转录组和蛋白质组比较分析中，发现一些与蛋白水解、能量代谢等相关的基因、蛋白呈现差异表达，推测其中一些分子的差异表达可能是影响血吸虫的生长发育甚至存活的重要因素。通过一些重要代谢相关酶等的深入研究，可为血吸虫病新治疗药物靶标及疫苗候选分子的筛选提供新思路。

一、营养代谢相关分子

1. 组织蛋白酶　血吸虫通过其自身的蛋白水解酶体系酶解宿主血红蛋白等以获取其生长、发育、繁殖必需的氨基酸等营养成分。血吸虫拥有众多的生物大分子代谢相关基因，仅分解蛋白质的水解酶至少就有 16 种，且这些水解酶的结构与宿主（如人类）的同类分子相似性高，具有高效分解宿主血红蛋白等的作用，这些酶大多在成虫阶段高表达，反映血吸虫通过摄血获取营养有其分子生物学基础。

组织蛋白酶（Cathepsin）是血吸虫消化血红蛋白的重要酶系。Timms 和 Bueding（1959）发现曼氏血吸虫匀浆上清液中存在对血红蛋白（Hb）专一性的酸性蛋白水解酶，该酶多年来一直被称为"血红蛋白酶"。随着对该酶生化特性和基因序列的深入研究，发现所谓的"血红蛋白酶"并非是单一的一种酶，而是包括组织蛋白酶 B、L、D、C 及 Legumain 在内的一系列酶（Brindley，1997）。这类酶将血吸虫吞食的宿主红细胞中的血红蛋白等降解为多肽或游离氨基酸，再经虫体肠壁吸收、利用，成为血吸虫的重要营养来源。

(1) 组织蛋白酶 B（Cathepsin B，CB）　组织蛋白酶 B 属半胱氨酸蛋白酶家族，分子质量 31ku，是血红蛋白的重要水解酶之一。1979 年 Asch 报道曼氏血吸虫虫卵的抽提物中存在蛋白裂解活性的蛋白酶，抑制剂试验显示该酶为组织蛋白酶 B（CB）。Caffrey 等（1997）在日本血吸虫、曼氏血吸虫、埃及血吸虫和间插血吸虫的成虫肠道排出物中检测到血吸虫组织蛋白酶活性，抑制试验证实 CB 类蛋白酶活性占优势。Klinkert 等（1989）用血吸虫感染血清筛选获得曼氏血吸虫 Sm31 cDNA 片段，测序分析显示该基因编码蛋白为组织蛋白酶 B（SmCB），由 250 个氨基酸残基组成。Ghoneim 等（1995）的研究表明，CB 主要分布于曼氏血吸虫和日本血吸虫的成虫肠表皮、雄虫的睾丸和雌虫的卵巢中，在曼氏血吸虫尾蚴的盲肠和原肾管中也存在 CB。Ghoneim 等（1995）的研究发现，在 pH3.0 时，CB 对血清白蛋白，pH4.0～5.0 时对珠蛋白，pH5.5～6.0 时对合成底物 Z－Arg－Arg－AMC 和 Z－Phe－Arg－AMC 的水解效果最佳。

Gotz 等（1993）在昆虫细胞中表达了曼氏血吸虫 CB，发现重组的 CB 可水解合成的二肽底物，水解活性可被反式环氧琥珀酰基－L－亮氨酰及重氮甲基酮的衍生物抑制，但不被苯甲基砜氟（PMSF）、胃酶抑制剂、1，10－二氮杂菲所抑制。Klinkert 等（1994）的研究发现血吸虫 CB 与人 CB 的蛋白三维结构相似，但它们对抑制剂的敏感性不同。血吸虫 CB 的选择性抑制剂为 Z－TrpMetCHN2，而人 CB 的选择性抑制剂为 E－64 的衍生物 CA－074。Lipps 等（1996）构建了曼氏血吸虫 SmCB 重组表达质粒并在酵母中表达，分析表明重组的 SmCB 可水解 CB 的特异性底物 Z－Arg－Arg－AMC、Z－Phe－Arg－AMC 和 N－苯氧羰基（Z）－Arg－Arg－p－硝基苯胺。Wasilewski 等（1996）报道用半胱氨酸蛋白酶抑制剂治疗感染血吸虫 1 周及 2 周的小鼠，结果治疗鼠虫荷数明显减少，雌虫的产卵量下降。Caffrey 和 Ruppel（1997）在曼氏血吸虫和日本血吸虫成虫匀浆上清液中分别加入 CA－074，结果发现这 2 种匀浆上清液的蛋白水解活性分别下降了 92%和 80%。李雍龙等（1998）用不同类型组织蛋白酶的特异性人工合成底物，对日本血吸虫成虫肠道排出物中蛋白水解酶的类型进行了鉴别。结果成虫肠道排出物对组织蛋白酶 B 的特异性底物 Z－Arg－Arg－AMC 及组织蛋白酶 B 和 L 的共同底物 Z－Phe－Arg－AMC 具有降解作用，且排出物对后者的降解能力能被 CB 抑制剂 E－64 抑制 90%以上，被组织蛋白酶 L 的抑制剂抑制 23%左右，提示日本血吸虫成虫消化道具有组织蛋白酶 B 和 L。他们的研究结果显示，日本血吸虫成虫组织蛋白酶 B 和 L 发挥水解作用的最适 pH 为 5.0～5.5。

（2）组织蛋白酶 L　组织蛋白酶 L（Cathepsin L，CL）属半胱氨酸蛋白酶家族。曼氏血吸虫和日本血吸虫成虫匀浆上清液和排泄分泌物（ES）中都检测到 CL 酶活性。序列分析显示血吸虫 CL 可分为 CL1 和 CL2 两种，它们的酶活化位点、酶原区域及糖基化位点均不相同（Dalton，1996）。SmCL1 的酶原和活性酶分别由 319 个和 215 个氨基酸组成，主要分布于肠道及背侧体表；SmCL2 的酶原和活性酶分别由 330 个和 215 个氨基酸组成，主要分布于雌虫的生殖系统和雄虫的抱雌沟（Brady，1999；Smith，1994）。Western blot 分析显示，曼氏血吸虫天然 SmCL1 和 SmCL2 分子质量分别为 33ku 和 31ku，都比预期的大，提示 SmCL1、SmCL2 可能具有自然糖基化的作用（Michel，1995）。血吸虫雌、雄虫中均有 SmCL1 和 SmCL2 表达，分析显示曼氏血吸虫雌虫中的 SmCL1 和 SmCL2 的酶活性分别为雄虫的 2 倍和 5 倍。曼氏血吸虫成虫 ES 中能检出 SmCL1 及较少量的 SmCL2，但尾蚴中只检测到 SmCL1，且尾蚴 SmCL1 的分子质量为 43ku。SmCL1 和 SmCL2 在虫卵和毛蚴中均无表达（Brady，2000）。已鉴定的血吸虫 CL cDNA 克隆有 4 个，即曼氏血吸虫的 SmCL1、SmCL2 和日本血吸虫的 SjCL1、SjCL2，SmCL1 与 SmCL2 推导氨基酸序列相似性为 43%，

SjCL1 与 SjCL2 为 41%，表明它们是不同基因的产物。SjCL1 与 SmCL1 的推导氨基酸序列相似性为 85.5%，SjCL2 和 SmCL2 为 78%（Brindley，1997；雷智刚，2002）。

Brady 等（1999，2000）建立了曼氏血吸虫 CL1 和 CL2 的三维模型，发现它们对含有亲水残基的底物 Z-Leu-Arg-NHMec、Boc-Val-Leu-Lys-NHMec 和 Z-Phe-Arg-NHMec 都有较高的亲和力。分析了重组曼氏血吸虫 CL1 作用底物的特异性，发现 CL1 可切割人工合成底物 Boc-Val-Leu-Lys-NHMec 和 Z-Phe-Arg-NHMec，以及明胶和血红蛋白，其中切割 Boc-Val-Leu-Lys-NHMec 的能力比 Z-Phe-Arg-NHMec 高，而 SmCL2 正与此相反。这 2 种酶呈现最佳水解活性的 pH 也不同，SmCL1 为 6.5，SmCL2 为 5.35。表明 CL1 和 CL2 是两种不同的组织蛋白酶，可能具有不同的生物学功能。他们的研究结果还提示，组织蛋白酶 L 是血红蛋白（Hb）降解过程中的关键酶之一，其中 SmCL1 和 SjCL1 是参与 Hb 水解最重要的半胱氨酸蛋白酶。

易冰（2004）克隆了日本血吸虫 SjCL1 和 SjCL2，构建了重组表达质粒，并在大肠杆菌和酵母菌中成功表达，其中有 2 种大肠杆菌表达产物和 2 种酵母表达产物均能降解明胶，水解特异性荧光标记底物 Z-Phe-Arg-AMC，且表达产物的酶活性均能被特异性抑制剂 Z-Phe-PheCHN2 所抑制。酶活分析显示，SjCL1 重组蛋白酶在 pH4.5 和 pH6.5 时有降解 Hb 的活性，在 pH 8.0 时无活性；而 SjCL2 重组蛋白酶在 pH6.5 和 pH8.0 时有活性，在 pH4.5 时无活性。

序列分析显示血吸虫组织蛋白酶 L 与哺乳动物及人的同系物序列存在较大差别，包括活性位点氨基酸残基的差异及对抑制剂 diazomethanes 的敏感性等。曼氏血吸虫 CL 的选择性抑制剂为 Z-Phe-AlaCHN$_2$，人 CL 的选择性抑制剂为 Z-Phe-PheCHN$_2$（Dalton，1996；Smith，1994；Day，1995）。体内外试验均表明针对血吸虫半胱氨酸蛋白水解酶的药物具有抗血吸虫效果（Wasilewski，1996）。

（3）组织蛋白酶 D　组织蛋白酶 D（Cathepsin D，CD）属天冬氨酸蛋白酶家族。Bogitsh 等（1992）报道日本血吸虫和曼氏血吸虫的消化道存在 CD 类的天冬氨酸蛋白酶活性，具有降解宿主 Hb 的功能，pH 为 3~4 时酶活性最高。血吸虫排泄分泌物中的天冬氨酸蛋白酶可降解人的 Hb 及合成的 CD 多肽底物 Phe-Ala-Ala-Phe（NO2）-Ple-Val-Leu-OMP4，其活性可被胃酶抑素抑制。Becker 等（1995）报道血吸虫盲肠的 CD 类酶活性最高。

RT-PCR 分析显示日本血吸虫虫卵、毛蚴、单性及合抱成虫中均有 CD 的基因转录。Western blot 分析表明 CD 在各发育阶段虫体的匀浆上清中均有表达，在雌虫中的表达量高于雄虫（Verity 等，1999；Brindley 等，2001）。序列分析显示，曼氏血吸虫和日本血吸虫 CD 序列有 84.0%的相似性（Wong，1997），均与人的 CD 序列有较高的相似性。日本血吸虫 SjCD 酶原和活性酶分别由 424 个和 373 个氨基酸组成（Hola-Jamriska 等，1999）；曼氏血吸虫 SmCD 酶原含 428 个氨基酸，活性酶由 377 个氨基酸组成（Brindley 等，1997）。日本血吸虫 CD 含有 4 个糖基化位点，同时含有底物特异性和蛋白酶催化有关的氨基酸残基（Silva 等，2002）。日本血吸虫 CD 对 Hb 有 13 个酶切位点，曼氏血吸虫 CD 有 15 个酶切位点（Brindley 等，2001）。

（4）组织蛋白酶 C　组织蛋白酶 C（Cathepsin C，CC）属半胱氨酸蛋白酶家族成员，分子质量为 38ku，其在血吸虫中的定位还不清楚。Hola-Jamriska 等（1999）在曼氏血吸虫和日本血吸虫成虫匀浆上清液中均检测到可裂解二肽酶Ⅰ特异性底物 H-Gly-Arg-AMC的CC酶活性，其最适pH为5.5。该酶在雌虫中的活性高于雄虫，可能与雌虫的产卵及卵的形成有关。但半胱氨酸抑制剂反式环氧琥珀酰-1-亮氨酰（4-胍基）-丁烷对该酶只呈现轻微的抑制作用。重氮甲基酮 Z-Phe-AlaCHN$_2$ 和 Z-Phe-PheCHN$_2$ 对该酶可产生部分抑制作用（Hola-Jamriska等，1999）。推测血吸虫CC作用于经CD、CL等蛋白酶降解形成的Hb多肽片段，从氨基端裂解肽链，形成更易被吸收的寡肽或游离氨基酸（Brindley等，1997）。

曼氏血吸虫成虫CC的酶原和活化酶分别由454个和237个氨基酸残基组成。序列比对显示SmCC与大鼠CC的序列相似性为52%，与Sm31、SmCL2序列相似性为31%，大部分保守区位于C末端（Butlet等，1995）。日本血吸虫CC含有458个氨基酸残基，与人CC序列的相似性为43.0%，与鼠CC的相似性为50.0%，与曼氏血吸虫CC的相似性为59.0%，差别主要存在于活性位点的氨基酸残基和潜在的N端糖基化位点（Hola-Jamriska等，1998）。

（5）血吸虫Legumain（天冬酰胺肽链内切酶，AE） Dalton等（1995）在血吸虫匀浆上清液中检测到血吸虫天冬酰胺肽链内切酶活性，该酶分子质量32ku。由于AE最早是从豆科（Leguminions）植物种子中提取的，故曼氏血吸虫和日本血吸虫天冬酰胺肽链内切酶（Sm32/Sj32）也被命名为血吸虫Legumain。Sm32 mRNA编码50ku的单链Legumain，由429个氨基酸残基组成。序列分析显示日本血吸虫和曼氏血吸虫的Legumain序列相似性为73%（Brindley等，1997）。组织定位表明Legumain主要分布于成虫肠道上皮细胞、雄虫腹侧表面及尾蚴的头腺中（Zhong等，1995）。推测Legumain的功能可能与Hb降解有关，但E-64和重氮甲烷不能抑制其活性（Wasilwski等，1996；Becker等，1995），提示其作用可能是间接的。该酶可能与其他组织蛋白酶（如CD、CL等）的活化等有关（Brindley等，1997）。

2. 葡萄糖转运蛋白 终末宿主血液中的氨基酸、葡萄糖、嘌呤、嘧啶及核苷等一些小分子可通过简单扩散和易化扩散进入血吸虫虫体内。借助分布于体表的血吸虫葡萄糖转运蛋白（glucose transporter protein，SGTP）吸收宿主的葡萄糖也是血吸虫获取营养的重要途径之一。血吸虫每5h就会通过其体被上的糖转运蛋白载体从宿主血液中摄取相当于其干体重等量的葡萄糖（Uglem等，1975）。日本血吸虫至少有两个基因编码葡萄糖转运蛋白（SGTP1和SGTP4），已鉴定曼氏血吸虫至少有9个糖转运体的候选物（Hu等，2003；Verjovski-Almeida等，2003）。血吸虫体内有类似哺乳动物的胰岛素信号通路来调节葡萄糖的利用和糖原的合成。SGTP1在血吸虫虫卵、胞蚴、尾蚴、雌雄成虫等多个发育阶段虫体都有表达，而SGTP4只在哺乳动物终末宿主体内寄生的童虫和成虫中呈现（Skelly和Shoemaker，1996）。SGTP（SGTP1、SGTP4）在成虫期大量表达（Chai等，2006）。SGTP4主要分布在血吸虫体被表膜的外质膜，负责将葡萄糖从外界转入体被。尾蚴入侵宿主转变成童虫不久即检测到SGTP4，转化后15min就可看到SGTP4不规则地分布于童虫表面，24h后覆盖整个童虫体表。SGTP1分布于体被基膜和体被下细胞，负责将葡萄糖进一步转运至虫体内（Skelly等，1996；Jiang等，1996；Zhong等，1995；You等，2014）。通过RNA干扰技术抑制曼氏血吸虫的SGTP4和SGTP1的表达，不仅童虫和成虫从宿主体内摄取葡萄糖的量下降约50%，虫体的活力及产卵也受到了影响。当同步对SGTP4和

SGTP1 进行 RNA 干扰时，葡萄糖摄取进一步下降至 70%左右。在体外低糖培养基中 SGTP4 和 SGTP1 干扰虫体的存活受到显著影响（>40%，$P=0.02$）。小鼠体内试验也显示，和未处理的对照组相比，SGTP 干扰组收集的虫体数明显减少（Krautz 等，2010）。

Skelly 等（1994）克隆、鉴定了曼氏血吸虫 SGTP1、SGTP2 和 SGTP4 三个糖转运蛋白的编码基因。序列分析表明，SGTP1 全长 2 921bp，含有一长 1 563bp 的开放阅读框；SGTP4 全长 2 249bp，含有一 1 515bp 的开放阅读框；SGTP2 全长 2 250bp，含两个开放阅读框；序列比对显示 SGTP1 和 SGTP4 相似性为 61%，它们与其他哺乳动物 GTPs 的相似性为 30%～35%。SGTP2 和其他曼氏血吸虫 SGTPs 的序列相似性为 26%～29%。把 SGTP1 和 SGTP4 与转移载体 pSP64T 重组，再把重组质粒注入爪蟾卵母细胞，体外试验显示注射 SGTP1 和 SGTP4 的卵母细胞摄取葡萄糖的能力显著高于未注射的对照组细胞，提示 SGTP1 和 SGTP4 具有葡萄糖转运功能。研究也显示，注射 SGTP1 的卵母细胞摄取葡萄糖的量一直大于注射 SGTP4 的卵母细胞。

You 等（2009，2011，2015）的研究表明，日本血吸虫具有和哺乳类类似的胰岛素信号通路及胰岛素受体 IR1 和 IR2，当干扰日本血吸虫 IRs 表达时，胰岛素信号通路上的 PI3K、GYS、SHC 表达量下降，而 SGTP1 和 SGTP4 的表达量却升高，同时葡萄糖代谢和雌虫产卵也受到影响。

囊泡膜蛋白 2（VAMP2）在神经信号传导、激素释放、胰岛素依赖的葡萄糖转运等过程中均起着重要作用。免疫定位观察显示，日本血吸虫囊泡膜蛋白 2（SjVAMP2）在血吸虫体被中的分布与 SGTP4 和 SGTP1 相似，暗示 SjVAMP2 参与血吸虫葡萄糖的摄取可能与葡萄糖转运蛋白有关。在体外低糖培养基中用 SjVAMP2 的特异 siRNA 处理 6d 童虫，通过检测培养基中的葡萄糖含量来分析虫体对葡萄糖的摄取能力，结果发现干扰组虫体 *SGTP1*、*SGTP4*、*SjIR1* 和 *SjIR2* 四个与葡萄糖吸收、转运相关基因的转录水平均显著下降，培养 4d 和 6d 后虫体的葡萄糖摄取量分别下降 33.2%（$P<0.001$）和 39.3%（$P<0.01$）。同时，观察还显示，与 DEPC 空白对照组相比，干扰组雌虫产卵量下降 43.8%（$P<0.01$）。在两次独立的体内干扰试验中，SjVAMP2 特异 siRNA 干扰组小鼠分别获得 32.8%（$P<0.05$）和 50.4%（$P<0.01$）的减虫率及 48.8%（$P<0.05$）和 40.0%（$P<0.05$）的肝脏减卵率，小鼠肝脏的肉芽肿、纤维化等病理现象明显较未干扰对照组轻，虫体 *SGTP1*、*SGTP4*、*SjIR1* 和 *SjIR2* 四个基因的转录水平分别降低 62.5%（$P<0.01$）、74.7%（$P<0.001$）、51.6%（$P<0.01$）和 66.0%（$P<0.01$）（韩倩，2017；Han 等，2017）。

McKenzie 等（2018）应用 RNA 干扰技术证明抑制曼氏血吸虫成虫 Akt 的表达，雌虫和雄虫 *SGTP4* 的表达水平分别下降 47%和 59%。曼氏血吸虫用 Akt 抑制物处理后，雌虫和雄虫体被 *SGTP4* 表达下降，葡萄糖摄取下降约 40%，研究结果表明曼氏血吸虫葡萄糖摄取受 Akt/Protein Kinase B 信号通路调节。

3. 脂肪酸结合蛋白　血吸虫虫体脂质含量占虫体干重的 1/3，但血吸虫自身不能从头合成长链脂肪酸、类固醇和类固醇类激素等，必须通过吸收、转运或吞噬宿主的脂质、脂肪酸等并加以利用，以满足自身生长发育的需求。转录组数据显示不同发育阶段的血吸虫虫体都高表达脂肪酸结合蛋白（fatty acid binding protein，FABP），提示血吸虫 FABP 可能在宿主源脂肪酸的摄取、转运等过程中发挥重要作用（Hu 等，2003）。

Moser 等（1991）和 Becker 等（1994）分别从曼氏血吸虫和日本血吸虫 cDNA 文库中

克隆了脂肪酸结合蛋白编码基因 *Sm*14 和 *SjFABPc*。序列分析显示，*Sm*14 和 *SjFABPc* 编码区由 399 个核苷酸组成，编码 133 个氨基酸，2 个基因编码区核苷酸序列相似性为 83%，氨基酸序列相似性为 91%。结构分析显示 Sm14 由 10 个反向平行的 β 链折叠而成，内部由短链连接，形成一个桶状的分子。该分子与长链脂肪酸具有较高的亲和性，是运输脂质的载体。免疫定位分析显示曼氏血吸虫 Sm14 分布于雄虫背侧小结节、皮下和皮层连接处（Moser 等，1991）；日本血吸虫 SjFABPc 分布于雌虫卵黄细胞和雌雄虫肌层下/实质的脂滴内。鉴于 FABP 在血吸虫脂质吸收、转运、代谢中的重要作用，多个实验室探讨了该分子作为血吸虫病疫苗候选分子或药物靶标的潜力，WHO/TDR 也把 Sm14 列为血吸虫病优先研究的候选疫苗分子之一。

除了 SGTP 和 FABP 之外，血吸虫尚通过一些其他转运蛋白来获取营养，如极低密度脂蛋白结合蛋白、CD36 样 B 型 scavenger 受体，可能涉及脂质的转运、吸收和与其他代谢产物（如磷脂和三乙酰甘油）的转化等（Fan 等，2003；Dinguirard 等，2006）。

二、糖代谢相关分子

血吸虫能量代谢主要包括糖代谢、脂肪代谢、蛋白质代谢、核酸代谢等，其中对糖代谢的研究较深入。

日本血吸虫和曼氏血吸虫的转录组学等研究显示血吸虫具有完整的糖酵解、三羧酸循环、戊糖磷酸化代谢等的相关酶，说明血吸虫可以利用宿主血液中的糖作为自身的能量来源（Hu 等，2003；Verjovski - Almeida 等，2003）。

1. 血吸虫糖代谢　葡萄糖是血吸虫糖代谢主要的起始原料，在不同糖代谢酶的作用下，糖代谢主要有以下几种途径：

（1）糖酵解途径　在无氧条件下进行。葡萄糖先分解成丙酮酸，消耗 2 个分子 ATP，为耗能过程；再由丙酮酸生成乳酸，产生 4 个分子 ATP，为释能过程。血吸虫通过糖酵解过程多个步骤的酶促反应使一个分子葡萄糖净生成 2 个 ATP 分子。

（2）三羧酸循环途径　葡萄糖在酶的作用下生成糖代谢中间产物——丙酮酸，丙酮酸进入细胞的线粒体中进行有氧代谢，通过三羧酸循环进行脱羧和脱氢反应，并将释放出来的能量合成 ATP，一个分子葡萄糖经有氧代谢途径净生成 32 个分子 ATP。三羧酸循环也是糖、脂类和氨基酸代谢的最后共同途径，其中的部分中间体可作为一些生物合成的前体。

（3）磷酸戊糖途径　在细胞质内进行。起始物为葡萄糖- 6 -磷酸，经氧化分解后生成核糖- 5 -磷酸等，核糖- 5 -磷酸及其衍生物进一步用于合成 DNA、RNA、NAD^+、FAD、ATP 和辅酶 A 等重要生物大分子。

在营自由生活的毛蚴和尾蚴阶段，血吸虫虫体主要利用体内贮存的糖原通过三羧酸循环进行有氧代谢产生 ATP 提供能量，而在营寄生生活的胞蚴、童虫和成虫阶段，虫体则主要靠摄取宿主体内的葡萄糖，通过糖酵解无氧代谢等途径提供能量。在血吸虫复杂的生活史中，消耗宿主葡萄糖和贮存及消耗糖原交替进行，为血吸虫提供生长发育、繁殖必要的能量需求。

当尾蚴侵入宿主皮肤转换为童虫时，虫体迅速地由消耗糖原转变为依赖宿主葡萄糖的供能模式，糖代谢方式从主要靠有氧代谢转变为主要靠无氧代谢方式（Bueding 等，1950；

van Oordt 等，1988；Skelly 等，1993）。普遍认为血吸虫成虫主要依靠糖酵解产生能量，其次是三羧酸循环途径。糖原间歇性降解提供能量更多地用于诸如肌肉收缩或被膜修复等特殊目的，这两项功能更常见于雄性成虫（Gobert 等，2003）。

2. 糖代谢相关分子　王玮（2007）采用生物信息学技术，利用已有的日本血吸虫基因组、转录组和蛋白质组数据，重建了日本血吸虫糖代谢途径，并与其他模式生物该途径进行了比较，共鉴定了 94 个日本血吸虫糖代谢途径相关分子，其中包括多个在低等原核生物中存在，但在后生动物中不存在的酶。

鉴于糖代谢在血吸虫生长发育中的重要作用，多个糖代谢相关酶已被鉴定、克隆和表达，如磷酸丙糖异构酶（TPI）、磷酸甘油酸激酶（PGK）、磷酸果糖激酶（PFK）、烯醇化酶（enolase）、3-磷酸甘油醛脱氢酶（GAPDH）、磷酸甘油酸变位酶（PGAM）、己糖激酶（hexokinase）和葡萄糖-6-磷酸酶（glucose-6-phosphatise）等，并探讨其作为血吸虫疫苗候选分子或新药物靶标的潜力。

（1）磷酸丙糖异构酶（TPI）　磷酸丙糖异构酶（triose-phosphate isomerase，TPI）催化磷酸二羟丙酮和 3-磷酸甘油醛之间的相互转化，是血吸虫糖代谢过程的一个关键酶（二聚体糖酵解酶），也是 WHO 推荐的血吸虫 6 种候选疫苗抗原之一（Bergquist 等，1998）。

TPI 分子质量为 28ku。对该基因片段序列进行分析，结果表明日本血吸虫大陆株 *TPI* 基因与日本血吸虫菲律宾株 *TPI* 基因的相似性为 99.7%（余传信等，1997），与曼氏血吸虫 *TPI* 基因的相似性为 84.0%。该基因在日本血吸虫各个发育阶段均有表达，广泛分布于血吸虫各个组织中，是参与血吸虫生命代谢活动的重要功能分子。

免疫试验表明用天然 TPI 或 TPI 重组抗原或 DNA 疫苗免疫实验动物和猪，都可诱导一定的免疫保护作用。缪应新等（1996）应用天然 SjTPI 抗原加弗氏佐剂免疫小鼠，肝组织减卵率达 57.8%～60.3%。余传信等（1999）将重组 TPI 抗原免疫 C57BL/6 小鼠及昆明系小鼠，8 周后解剖动物，C57BL/6 小鼠获得 27.78%的减虫率，昆明系小鼠获得 21.39%的减虫率及 54.00%的减卵率。朱荫昌等（2003）构建了 pcDNA3.1-SjTPI 重组质粒，用该 DNA 疫苗免疫猪，获得 48.3%的减虫率、53.6%的减雌率和 49.4%的减卵率。免疫猪肝脏肉芽肿内炎性细胞明显减少，肉芽肿平均面积较对照组分别减少 41.95%和 42.50%，肉芽肿直径分别减少 25.14%和 25.66%。免疫机理研究表明，免疫猪细胞毒性 T 细胞（CTL）活性增强，SjTPI 免疫组和 SjTPI+IL-12 免疫组的 CTL 活性分别是 27.6%和 54.4%，而对照组的 CTL 活性仅为 9.1%（Zhu 等，2004）。

（2）磷酸甘油酸激酶（PGK）　PGK 是一个单体的、高度柔曲性的糖酵解酶，主要由两个球形的结构域构成，在与底物结合的过程中发生显著的构相改变，最终发生催化效应。该酶在一些细菌中只有一种，而在大多数生物体内则含 2～3 种同工酶，这些同工酶除在生物体内的分布不一样外，还表现出独特的生物学功能。PGK 存在于所有的有机生命体中，在整个进化过程中，它的序列是高度保守的。

参与糖酵解过程是 PGK 的主要功能，在糖酵解的第二个阶段的第二步，它催化 1,3-二磷酸甘油酸（1,3-diphosphoglycerate）转变成 3-磷酸甘油酸（3-phosphoglycerate），在这过程中消耗一分子的 ADP，产生一分子的 ATP。如果逆反应发生，则形成一个分子的 ADP。在大多数细胞，这种反应是非常必要的，如在需氧菌中 ATP 的产生、在厌氧菌中的发酵以及在植物中碳的固定等。一旦 *PGK* 基因突变而失去功能或功能减弱，将会引起生物体代谢等功能的紊乱，给生命体带来严重威胁。到目前为止，人的*PGK*基因共报道有13种不同的突变体，*PGK*基因发生突变的人可导致许多不同的临床症状，最常见的是慢性贫血（如溶血性贫血），同时可伴有智力减退、神经功能的紊乱和肌肉病（如横纹肌溶解）等。二硫化物还原酶功能是磷酸甘油酸激酶的另一个重要的功能。在生物体内可以触发血管抑制因子——血管他汀的释放，从而间接地影响肿瘤的生长。在长有纤维瘤的实验鼠身上，血浆PGK水平提高。给实验鼠施用PGK，会提高血浆血管他汀的水平，抑制肿瘤的生长。此外，磷酸甘油酸激酶还可调控尿激酶型的纤溶酶原激活受体的表达，引起肿瘤耐药。同时还具有影响哺乳类细胞核内DNA复制和修补以及刺激病毒RNA的合成等生物学功能。

Hong等（2015）克隆了日本血吸虫*SjPGK*基因，生物信息学分析表明该基因全长1 398bp，其中ORF为1 251bp，编码416个氨基酸。SjPGK和曼氏血吸虫SmPGK氨基酸序列的相似性为94%。以看家基因*Tublin*为内参，应用荧光实时定量PCR技术分析了*SjPGK*基因在日本血吸虫7d、14d、21d、28d、35d虫体和42d雌雄虫体内的表达情况，结果表明，*SjPGK*基因在日本血吸虫虫体的各个阶段均有转录，其中在21d虫体内表达量最高，雄虫的表达量明显高于雌虫，在血吸虫适应宿主小鼠来源的虫体中表达量高于非适应宿主大鼠来源虫体。成功构建了pET-28a-SjPGK重组原核表达质粒，分子质量为44ku。以1，3-二磷酸甘油酸和ATP为底物，与3-磷酸甘油醛脱氢酶耦联，通过检测还原型烟酰胺腺嘌呤二核苷酸（NADH）的吸光度来检测SjPGK重组蛋白酶活力，结果表明重组蛋白的比活力为125U/mg，相对于底物3-PGA的米氏常数（K_m）值为2.69mmol/L，相对于底物ATP的米氏常数（K_m）值为1.51mmol/L，当pH在8～9之间，温度在30～35℃之间，该重组蛋白酶活性最高。

用纯化的pET-28a-SjPGK重组蛋白与206佐剂结合免疫BALB/c小鼠，与对照组相比，免疫小鼠获得了34.5%的减虫率（$P<0.05$）和32.2%的减卵率（$P>0.05$）。

利用免疫荧光技术观察SjPGK蛋白在日本血吸虫7d、21d、28d、35d虫体及42d雌雄虫中的表达定位，结果显示，PGK蛋白在日本血吸虫的各个虫体阶段均有表达，主要分布在体被表膜上。提取日本血吸虫42d虫体体被表膜蛋白，Western blot结果显示，在44ku处呈现一阳性反应条带，证实SjPGK蛋白存在于血吸虫的体被表膜中。

（3）磷酸甘油酸变位酶（PGAM） 磷酸甘油酸变位酶（phosphoglycerate mutas，PGAM）广泛地存在于大肠杆菌、酵母、细菌以及人类等生物，具有分子内转移酶活性，和碳水化合物转运、新陈代谢、催化活性及生长发育有关。PGAM是糖酵解途径的一个重要酶，主要催化3-磷酸甘油酸转化为2-磷酸甘油酸。PGAM可以分为两种：一种是依赖2,3-二磷酸甘油酸（2,3-BPG）的PGAM（dPGAM），多存在于脊椎动物、无脊椎动物、酵母和一些细菌；另一种是不依赖2,3-BPG的PGAM（iPGAM），iPGAM通常需要结合锰离子或锌离子才有催化活性，多存在于植物、无脊椎动物和细菌。因为不需要协同因子，所以通常比dPGAM分子质量大两倍。

PGAM不仅在糖酵解途径、葡萄糖异生作用中是个重要的酶，它在别的代谢途径中也有重要作用。通过RNAi技术降低秀丽隐杆线虫PGAM活性，可导致其多样性发展缺陷，如胚胎致死、幼虫致死、机体形态学变异。在以孢子形式出现的敏感性杆状菌中，如果去除非依赖型磷酸甘油酸变位酶（iPGAM）基因，则导致生长极其缓慢并且不能产生孢子。在番茄的假单胞菌中，如果在失活的*iPGAM*基因位点插入一个转位子则可能导致极度突变，从而该基因无法生长或感染番茄。翟自立等观察了蒿甲醚（Art）对小鼠体内日本血吸虫磷酸甘油酸变位酶的影响，认为 Art 对日本血吸虫尤其是雌虫的磷酸甘油酸变位酶有抑制作用。通过对 PGAM 结构与功能的深入研究，寻找可抑制该酶活性、干扰血吸虫糖酵解过程的功能分子，可为鉴定针对 PGAM 蛋白的药物靶标提供新思路。

周岩等（2008）利用 PCR 技术克隆获得日本血吸虫 PGAM 编码基因 *SjPGAM*（GenBank 登录号 EU374631）。生物信息学分析表明，该基因编码的蛋白质具有典型的 PGAM 家族蛋白特征：①在其保守区域同源性为 100%，大部分为催化位点和组氨酸结合域。②在 183～190 氨基酸处为磷酸甘油酸结合位点。③具有三个糖基化位点。*SjPGAM* 基因的 ORF 含 1 003bp，编码 250 个氨基酸。该基因编码的氨基酸序列与华支睾吸虫的 PGAM 相似性为 79%，与人 PGAM 的相似性为 58%。实时定量 PCR 分析显示，该基因在 7d、14d、19d、27d、32d 虫体、42d 雌虫及 42d 雄虫中均有表达，其中 19d 和 14d 童虫的表达量明显高于其他发育阶段。构建了该基因的重组表达质粒 pET28a（+）- SjPGAM，并在大肠杆菌系统中成功地表达。应用重组蛋白 rSjPGAM 免疫 BALB/c 小鼠，获得了 16.48%的减虫率，27.11%的粪便减卵率和 28.42%的肝组织减卵率。

（4）烯醇化酶　烯醇化酶（enolase，Eno）是糖酵解途径的一个重要酶，催化磷酸甘油酸酯生成磷酸烯醇丙酮酸酯，广泛存在于酵母、大肠杆菌及包括人在内的脊椎动物中。赵晓宇等（2007）在分析日本血吸虫童虫、雌虫、雄虫蛋白表达谱时发现烯醇化酶在童虫蛋白中呈现高表达。Yang 等（2010）克隆了编码日本血吸虫烯醇化酶 SjEno 的编码基因。生物信息学分析显示该基因 ORF 含 1 305bp，编码 434 个氨基酸。构建了 pET28a（+）- SjEno 重组质粒，并在大肠杆菌中成功表达。免疫荧光技术观察表明，日本血吸虫 SjEno 蛋白主要分布于虫体的体被表膜，部分存在于虫体内部和肠管。应用连续监测法，利用紫外分光光度计检测在 240nm 时磷酸烯醇丙酮酸酯吸光度的增加量（正向反应 2 - PGA→PEP）或减少量（反向反应 PEP→2 - PGA），结果显示 2 - PGA→PEP 中测得的活性为每毫克蛋白质（35.81±2.02）U；反向反应 PEP→2 - PGA 测得的活性为每毫克蛋白质（15.87±0.97）U。不管使用何种底物，重组蛋白 rSjEno 酶最佳活性 pH 范围为 6.5～7.0。在检测浓度范围内 KCl、LiCl、NaCl、$MgCl_2$、$CaCl_2$ 对 rSjEno 酶活性有一定的抑制作用。如以 2 - PGA 为底物，$ZnCl_2$ 对 rSjEno 酶活性有抑制作用；如以 PEP 为底物，在 $ZnCl_2$ 的浓度为 2.5～7.5mmol/L 时，对 rSjEno 酶活性有很强的激活作用。温度为 15～45℃时，对 rSjEno 酶活性的影响不大。用重组的 rSjEno 与 206 佐剂配伍后免疫 BALB/c 小鼠，诱导了 24.28%的减虫率和 21.45%的减卵率。

（5）日本血吸虫 UDP -葡萄糖表异构酶（SjGALE）　GALE 主要参与半乳糖代谢途径，催化 UDP -葡萄糖和 UDP -半乳糖之间的可逆反应。它的另一功能是参与细胞壁上多种糖化物的合成，如 LPS、EPS 等，这两种物质是构成生物膜的主要成分（Canter 等，1990；Boels 等，2001；Nakao 等，2006）。人体内 GALE 蛋白的缺失会使代谢异常，导致半乳糖血症（Novelli 等，2000）。

刘萍萍（2011）克隆、表达了日本血吸虫 *SjGALE* 基因。生物信息学分析显示，SjGALE 氨基酸序列没有信号肽和 N -糖基化位点及跨膜域。Real - time RT - PCR 和 Western blot 分析显示该基因在日本血吸虫的各个时期均有表达，23d 虫体内表达水平最高，42d 雄虫的表达水平高于雌虫。免疫组化分析表明该蛋白主要分布于日本血吸虫体被，少量存在于虫体内部组织。构建了重组表达质粒 pET-SjGALE，并在大肠杆菌中成功表达，重组蛋白分子质量约 40ku。利用重组蛋白 SjGALE 免疫小鼠，获得 34%的减虫率和 49%的减卵率。

3. 针对糖代谢途径相关分子的血吸虫病治疗相关药物 葡萄糖代谢产生的 ATP 是血吸虫生长发育、繁殖的重要能量来源。直接或间接地阻断葡萄糖的摄取或代谢会导致血吸虫饥饿，生长发育、繁殖的能量供应不足，多种有效的抗血吸虫药物已被证明是通过抑制糖代谢酶活性而发挥作用的。

防治早期应用较多的三价锑血吸虫病治疗药物是通过抑制血吸虫的磷酸果糖激酶 PFK 的活性，阻碍糖酵解过程而发挥杀虫效果（Bueding，1966）。Su 等（1996）的研究表明，酒石酸锑钾对血吸虫的 PFK 有明显的抑制作用，而对哺乳动物 PFK 则否。

蒿甲醚（artemether）是一种高效的抗疟疾药物，也具有抗血吸虫的作用。研究显示蒿甲醚对血吸虫碳水化合物代谢（Zhai 等，2000）、糖酵解关键酶 PFK（Xiao 等，1998）和烯醇化酶（Zhai 等，2000）活性均可产生明显的影响。蒿甲醚能增强成虫体内糖原的代谢，抑制乳酸脱氢酶，从而减少乳酸的形成（Xiao 等，1999）。蒿甲醚引起的血吸虫糖原减少与抑制糖酵解有关，而不是对葡萄糖摄入的干扰（Xiao 等，1997）。

另一种抗疟药物甲氟喹（mefloquine）具有杀成虫和童虫的作用。感染曼氏血吸虫或日本血吸虫的小鼠一次口服甲氟喹可显著降低两种血吸虫的载虫数（Keiser 等，2009）。应用亲和层析法从曼氏血吸虫童虫粗提物中鉴定到一种甲氟喹的特异结合蛋白，即糖酵解途径的烯醇化酶。甲氟喹和一种烯醇化酶特异抑制剂氟化钠都可抑制血吸虫童虫粗提物中的烯醇化酶活性（Manneck 等，2012）。

第五节　应激、氧化还原相关分子

血吸虫入侵终末宿主后，其生活方式从水生生活转变成寄生生活，为适应宿主体内的温度、渗透压等生理生化、生存环境变化，抵御宿主的免疫应答和氧化性损伤等，并建立和维持感染，血吸虫在与宿主共进化的过程中，形成了一整套有利于自身在宿主体内生存、发育的应激反应和氧化还原平衡机制。这些年，一些与血吸虫感染应激和氧化还原相关的分子已被鉴定，为阐述血吸虫的生长发育机制及与宿主的相互作用机制积累了有价值的信息。

一、热休克蛋白

1. 血吸虫热休克蛋白 热休克蛋白（heat shock proteins，HSPs）包括一个庞大的糖蛋白超基因家族，分子质量为 6～170ku。该家族蛋白广泛分布于原核和真核生物细胞中。HSPs 结构保守，不同生物来源相应 HSP 核苷酸序列的相似性为 30%～95%。N-末端序列高度保守，具有 ATP 酶活性；C-末端为肽链结合区，序列相似性相对低。热休克因子 HSF 通过结合热休克蛋白上游的热休克元件 HSE 进而调控热休克反应。正常状态下 HSPs 主要存在于细胞质中，应激时迅速进入细胞核和核仁，表达显著增强，以提高生物体的抗应激能力。一旦外界刺激解除，HSPs 又逐渐恢复至正常水平。

该家族蛋白作为分子伴侣参与蛋白质的折叠、亚基的装配、蛋白质的降解修复和细胞内物质运输；当生物体受病原感染，或生存环境的温度、生理、生化因素发生变化时，HSPs合成增多，以保护细胞/机体免受不利因素的损害。

在血吸虫尾蚴入侵宿主及向童虫转变过程中，一方面宿主遭遇外来寄生虫侵染，另一方面血吸虫需从水生生活方式转变为寄生生活方式和适应宿主新的生存环境，宿主和血吸虫都处于强烈的应激状态，会做出系列的防御性反应，其中热休克反应在这一过程中发挥着重要的作用。此时宿主和血吸虫都通过应激表达 HSPs，参与抗氧化，损伤蛋白的修复、降解和细胞程序性凋亡的调节等，对抗两者间可能造成的相互伤害（Akerfelt，2010；Mittler，2012；王晓婷等，2005；李传明等，1996；谢郁等，2016）。

谢郁（2016）通过生物信息学分析发现日本血吸虫拥有完整的热休克蛋白体系，包括 HSP70 家族、HSP90 家族、HSP40 家族、小热休克蛋白家族、HSP60 和 HSP10 等多种热休克蛋白及热休克因子 HSF。其中，根据结构域、功能及细胞定位的不同，HSP70 家族又可分为 HSPA5、HSPA8、HSPA9 及 HSP110，HSP90 家族可分为 HSP83、Gp96 和 TRAP 等多种分子。它们分布于血吸虫的不同部位，行使不同的功能，通过相互作用组成一个应激的整体，发挥着蛋白转运、折叠、修复、降解等功能。

2. 血吸虫 HSP70 家族蛋白　HSP70 家族是 HSPs 家族中最保守和最主要的一族，有 20 余个成员，在大多数生物中含量最多，广泛分布于细胞内不同部位，在细胞应激后表达变化显著，因此在 HSPs 家族蛋白中该蛋白最受关注，研究也最深入。在血吸虫方面已鉴定到多种 HSPs，但研究报道最多的也属 HSP70。

Neumann 等（1992）克隆了曼氏血吸虫 HSP70（SmHSP70），序列分析显示 SmHSP70 mRNA 长约 2.2kb，由 55（或 52）bp 的 5′端非编码区，1 911bp 的编码区，66bp 的 3′端非编码区及约 150 个 poly（A）尾部组成。起始密码子上游的碱基序列含有典型的启动子，在 −75 碱基处有一 TATA 盒，在 −138、−170、−381 处各有一个 CAT 盒，有 2 个 HSE 分别位于 −101 和 −229 碱基处，其中 HSEI 是 SmHSP70 的主要转录调控元件。Scott 等（1999）克隆了日本血吸虫 HSP70 编码基因 *SjHSP70*。谢郁（2016）对日本血吸虫 HSP70 家族四个蛋白分子 HSPA5、HSPA8、HSPA9、HSP110 与曼氏血吸虫、小鼠、人、秀丽隐杆线虫相应分子的序列相似性进行了比较，结果表明与曼氏血吸虫最接近，相似性分别为 92%、85%、94%和 80%，其次是小鼠和人，最后是秀丽隐杆线虫。Neumann 等（1993）对曼氏血吸虫不同发育阶段虫体 *SmHSP70* 的表达进行了分析，结果显示该基因只在胞蚴、童虫和成虫中表达，而未见于尾蚴，提示该基因的表达受虫体发育阶段调控。

结构分析显示 HSP70 家族蛋白分子结构主要包括 3 部分，具有以下特点：①N 端序列相对保守，由 4 个 α 螺旋形成，具有 ATP 酶活性；②有一多肽结合部位，由 4 个反向平行的 β 折叠和 1 个 α 螺旋构成；③C 端有一空间结构类似主要组织相容性复合物（MHC）结合肽的结构域，由 α 螺旋构成，是多肽和蛋白质结合部位，不同 HSP70 分子该部分的相似性较低。

至今，对血吸虫 HSP70 的生物学功能的了解仍很有限。已有研究表明，日本血吸虫尾蚴和致弱血吸虫尾蚴入侵宿主（小鼠）皮肤后虫体 HSP70 表达增强，认为这可能是日本血吸虫抵抗外界刺激和宿主攻击的基础（谢郁，2016）。Kanamura 等（2002）用人工急性感染和自然慢性感染曼氏血吸虫的狒狒血清筛选曼氏血吸虫 cDNA 文库，获得 4 个阳性克隆，测序分析显示均为 HSP70 的编码基因。阎玉涛等（2001）用未感染日本血吸虫的东方田鼠血清免疫筛选日本血吸虫成虫 cDNA 文库，测序结果表明在 7 个阳性克隆中就有 HSP70 的编码基因。血吸虫感染动物血清和东方田鼠血清都可较强地识别 HSP70 蛋白，提示该蛋白是诱导宿主免疫应答的重要抗原之一。艾敏（2017）的研究表明 SjHSP70 能够诱导小鼠巨噬细胞极化，前期以 M1 极化为主，48h 后 M2 极化占主导。SjHSP70 能够活化 DC 细胞并促进 $CD4^+T$ 细胞向 Th2 型分化；SjHSP70 活化 DC 的信号途径可能以依赖于 NF-κβ 的 TLR2 途径为主，提示 SjHSP70 可能在诱导宿主先天免疫应答中发挥了重要的作用。

二、氧化还原相关分子

血吸虫寄生于终末宿主的血管中，可以存活几年甚至数十年之久，与其自身具有一套维持氧化还原平衡的机制至关重要。宿主在抗血吸虫感染过程中其效应细胞会产生一些活性氧自由基，血吸虫自身在新陈代谢过程中也会产生一些活性氧分子（reactive oxygen species，ROS）。活性氧与供氢体提供的氢离子会结合产生过氧化氢，高浓度的过氧化氢会对蛋白质、核酸、生物质膜等造成损伤。血吸虫在与宿主共进化过程中，形成了各种抗氧化系统以中和由宿主免疫反应和自身产生的游离氧所造成的氧化性损伤，维持其在宿主体内的氧化还原平衡。开展血吸虫氧化还原机制研究，有助于发现抗血吸虫的候选疫苗或新治疗药物靶标。目前已鉴定了多个与血吸虫氧化还原等相关的分子。

1. 谷胱甘肽-S-转移酶 谷胱甘肽-S-转移酶（GST）是一组具有解毒和抗氧化功能的同工酶，催化谷胱甘肽结合反应的起始步骤，从而使得亲核性的谷胱甘肽能与亲电外源物质结合，避免其对机体造成损伤（Liu，1995）。日本血吸虫有 26ku GST 和 28ku GST 两种同工酶，主要存在于虫体体被，雄虫生殖腺的实质组织及雌虫卵黄腺之间的实质细胞内。Mitchell 等研究发现 129/J 小鼠能够抵抗 50%日本血吸虫菲律宾株虫体的感染，存活小鼠表现为门脉系统无完全发育的血吸虫，肝脏无肉芽肿病变及病理损伤。与慢性感染日本血吸虫的 BALB/c、CBA/H 和 C57BL/6 小鼠相比，129/J 小鼠血清特异性针对 26ku 抗原的抗体水平高，分析表明这种抗原就是一种谷胱甘肽-S-转移酶（Davern 等，1987；Comoy 等，1997）。Balloul 等（1987）在曼氏血吸虫的天然抗原免疫试验中发现，成虫抗原免疫的大鼠血清能够识别一 12ku 的蛋白，该蛋白存在于童虫虫体表膜，其核苷酸序列及氨基酸组分分析结果表明是 Sm28GST（Sm28）。

GST 是研究最早的血吸虫疫苗抗原，也是 WHO 推荐的 6 种血吸虫病候选疫苗抗原之一（Bergquist 等，1998）。天然或重组血吸虫 GST 蛋白在鼠、狒狒、猪、牛、羊等各种动物试验中均能诱导部分的免疫保护作用，表现在减少了宿主的载虫数，降低了雌虫的生殖力，减轻了由肉芽肿引起的宿主病理损伤（Auriault 等，1991）。Capron 实验室（Balloul 等，1987）最早在大肠杆菌中表达了重组曼氏血吸虫 28ku GST 分子。Pancre 等用 50μg Sm28-GST 重组蛋白与佐剂 $Al(OH)_3$ 配伍腹腔注射免疫 BALB/c 小鼠，感染血吸虫后 28d 发现，免疫小鼠的脾细胞明显增殖，42d 剖杀动物，结果获得 46%的减虫率，小鼠肝脏肉芽肿面积也减少了 51%。Liu 等（1995）和田锷等（1996）先后在大肠杆菌系统中表达了日本血吸虫 26ku GST 和 28ku GST。Liu 等（1995）用纯化的重组 Sj26GST 免疫小鼠，获得 57.11%的肝脏减卵率和 79.19% 的肠组织减卵率。免疫鼠肝脏肉芽肿明显减小。证明以重组 Sj26GST 免疫小鼠，不仅对攻击感染有减虫作用，而且肝、肠组织内虫卵数明显减少。电镜观察重组 GST 免疫小鼠的成虫卵黄腺和睾丸明显退化，卵黄细胞内卵黄球、卵黄滴及内质网、核糖体和脂滴的数量大为减少，使虫卵的形成和血吸虫生殖生理受到损害，具有抗生殖作用（蒋健敏等，1999）。虫体的卵黄细胞在生殖中具有双重的生理功能，它不仅供应制造卵壳的材料，而且也是胚胎发育所需的营养来源。Sj26GST 使免疫鼠体内日本血吸虫生殖器官受到损害，必然干扰日本血吸虫正常的生殖生理活动，抑制雄虫和雌虫生殖细胞的成熟，使虫卵的形成和产生等生理机能受到影响，从而表现为抗生殖作用（李小红等，2005）。牛和羊是我国血吸虫病传播的重要传染源。Xu 等（1995）用日本血吸虫天然 GST 结合 FCA/FIA 佐剂免疫绵羊 2 次或 3 次，在攻击感染后第 10 周解剖动物，分别获得 49.29%、47.9% 的粪便减卵率和 24.73%、35.93% 的减虫率。Shi 等（2001）以 Sj28GST DNA 疫苗肌内注射绵羊，再用 200 条血吸虫尾蚴攻击，结果获得 65.0%的减虫率和 70.5%的肝脏减卵率。用 Sj28GST DNA 疫苗免疫黄牛，获得 43.6%的减虫率和 76.9%的肝脏减卵率。攻击感染血吸虫尾蚴后宿主粪便虫卵显著减少，肝、肠组织中的血吸虫虫卵数均显著下降。何永康等（2001）用重组的日本血吸虫 26ku GST 抗原免疫水牛后，检测到水牛体内产生的特异性抗体在 20 个月后仍可维持在较高水平，与空白对照组相比，攻击感染后 50d 水牛每克粪便虫卵数（EPG）和每克粪便毛蚴数（MPG）分别降低 57.63% 和 55.81%。

对血吸虫 GST 诱导免疫保护作用的机制研究也取得进展。研究发现，Sm28 可诱导宿主的细胞免疫和体液免疫应答，且对大、小鼠诱导的免疫保护机制略有不同，大鼠保护性免疫力与特异性抗体增高有关，而在小鼠模型中淋巴细胞产生的淋巴因子起了重要作用，Th 细胞释放 IFN-γ、TFN 等细胞因子，这些细胞因子通过活化血小板和巨噬细胞杀伤入侵的童虫（Gobert 等，1998）。用重组 SjGST 免疫小鼠后，诱导小鼠产生高滴度的特异性 IgG 及 IgG1、IgG2a 与 IgG2b 亚类抗体升高，诱导产生了 Th1 型应答因子 IL-2 及 IFN-γ 和 Th2 型应答因子 IL-5（李小红等，2005）。

2. 硫氧还蛋白谷胱甘肽还原酶 研究发现，与哺乳动物不同，血吸虫有自己独特的氧化还原体系。在血吸虫中没有 TrxR 和 GR 这两种酶，取而代之的是一种多功能酶——硫氧还蛋白谷胱甘肽还原酶（thioredoxin glutathione reductase，TGR），这种酶兼具了哺乳动物的谷胱甘肽还原酶（GR）、硫氧还蛋白还原酶（TrxR）和谷氧还蛋白（Grx）三者的角色。在硫氧还蛋白系统中，TR 催化电子从 NADPH 传递到硫氧还蛋白；在谷胱甘肽系统中，GR 催化电子从 NADPH 传递到谷胱甘肽，从而保护细胞免受生物代谢产生的毒性氧损害（Winyard，2005；Holmgren，1995）。谷氧还蛋白为一种依赖谷胱甘肽（GSH）的小分子酶蛋白，通过催化氧化状态的蛋白质二硫键还原为巯基而修复蛋白质活性。已有一些研究以 TGR 为药物靶点，以探究新的抗血吸虫药物，或评估其作为候选疫苗分子的应用潜力。

血吸虫 TGR 的氨基酸序列和区域结构与哺乳动物 TrxR 和 GR 的结构相似，只是额外地在氨基末端有延长的、含有 110 个氨基酸序列的谷氧还蛋白，它典型的活性位点是 CPYC 序列。与所有哺乳动物的 TrxR 亚型一样，曼氏血吸虫 TGR（SmTGR）是一种 C 末端带有 GCUG 活性位点的硒蛋白。2002 年，Alger 等在大肠杆菌中表达了 SmTGR 融合蛋白，并通过 HisTrap 柱收集纯化的蛋白，进行酶活性测定，发现 SmTGR 具有三种酶的活性：TrxR、GR 和 Grx。通过大肠杆菌表达的重组蛋白，没有倒数第二位的硒代半胱氨酸，所以不能用胰岛素检测 TrxR 的活性，而用 DTNB 检测到 TrxR 的活性也很低（0.23U/mg），Grx 的活性为 5.85U/mg，而 Grx 的活性依赖于外源性的 GR。此外，该试验也检测了金诺芬（AF，一种对一些硒蛋白具有抑制作用的化合物）对 SmTGR 活性的作用，证明 AF 对 TrxR 和 GR 的活性均有抑制作用。随后，Kuntz 等（2007）通过构建重组质粒 pET24a-SmTGR-pSUABC，重新表达了 SmTGR 蛋白，采用的质粒 pSUABC 可以增加这种蛋白中硒的含量。为了评估 TGR 作为药物靶标的可能性，用 AF 腹腔注射 C57BL/6 和 NIH-Swiss 小鼠，分别获得 59%和 63%的减虫率。用 RNAi 技术探索 SmTGR 在血吸虫生长发育中的重要性，发现通过 dsRNA 处理过的虫体 TGR 的活性均有所降低，处理 2d 降低 35%，3d 降低 63.5%，并且虫体有的变黑，内部还有空泡。在培养 4d 后，发现大约有 92%的虫体死亡，对照组约 95%的虫体存活。比较了几种抑制物对 TGR 活性的影响，发现 AF 是对 TGR 活性抑制效果较高的金属物。Sharma 等（2009）利用 TR 和 Grx 的模板，模拟了一个同源于 SmTGR 的模型，具有 NADPH（还原型烟酰胺腺嘌呤二核苷酸磷酸）和 FAD（黄素腺嘌呤二核苷酸）两个结合位点。通过分析该模型底物和抑制剂的结合位点，与 TR 和 GR 的晶体结构对比，为探索 TGR 的功能提供了一些信息。Prast-Nielsen 等（2011）进一步分析了 SmTGR 的生物学功能和特性，认为 SmTGR 是一种重要的抗氧化剂，有深入研究的价值。

日本血吸虫 TGR 研究也引起广泛的关注。谢曙英等（2008）应用 PCR 技术扩增日本血吸虫 *TGR* 基因，其基因长度为 1 791 碱基，编码 596 个氨基酸残基。生物信息学分析显示其与 SmTGR 氨基酸序列相似性为 82%。序列分析显示 *SjTGR* 具有 Cys-Val-Asn-Val-Gly-Cys 序列，为吡啶核苷酸二硫化物氧化活性中心，在氨基端还具有 CPFC 基序，为有谷氧还蛋白特征性的活性位点。Han 等（2012）构建了重组表达质粒 pET32a（+）-SjTGR，并在大肠杆菌中成功表达，分子质量大约为 74ku。把该重组蛋白与 ISA206 佐剂混合后免疫小鼠，获得 33.5%的减虫率和 36.51%的肝脏减卵率。Song 等用 pSUABC 质粒表达了 SjTGR，对该酶的活性以及酶动力学进行了分析，结果 TrxR、GR 和 Grx 的活性分别为 10.2U/mg、7.2U/mg 和 9.9U/mg。Song 等（2012）的研究发现，AF 是 TGR 的抑制剂，当日本血吸虫成虫在含 7.40mmol/L AF 的培养基中培养 24h，虫体全部死亡；而用 AF 注射感染日本血吸虫的小鼠，可引起小鼠体内虫荷量和虫卵量的显著下降，获得 41.50%的减虫率和 43.18%的减卵率。Huang 等（2015）基于结构序列比较，构建了日本血吸虫 TGR 的同源结构模型，并对模型进行结构评估，分析了日本血吸虫 TGR 与底物结合的可能位点，为开发新的抗血吸虫药物提供思路。

韩艳辉（2011）对 *SjTGR* 进行了较系统的研究，①克隆获得 *SjTGR* 的全长 cDNA 序列。生物信息学分析表明 *SjTGR* 基因的 ORF 为 1 791bp，编码 596 个氨基酸，*SjTGR* 和 *SmTGR* 的氨基酸序列相似性为 82%。②构建了重组表达质粒 pET28a-SjTGR 和 pET32a-SjTGR，两种重组蛋白都在 *E. coli*（DE3）中以可溶性蛋白形式表达，分子质量分别为 69ku 和 72ku。用纯化的 pET28a-SjTGR 和 pET32a-SjTGR 重组蛋白免疫 BALB/c 小鼠，结果与空白对照组相比，重组蛋白 pET28a-SjTGR 在小鼠中分别诱导了 91.24%的减虫率和 93.37%的肝脏减卵率，差异极显著（$P<0.01$）。重组蛋白 pET32a-SjTGR 诱导了 42.78%的减虫率和 41.29%的肝脏减卵率，差异显著（$P<0.05$）。③分析显示 TGR 蛋白表达部位主要在体被表膜；该基因在日本血吸虫 7d、14d、21d、28d、35d、42d 虫体及 42d 雌虫和雄虫内均有转录，在 35～42d 虫体的表达量较高，雌虫表达量高于雄虫。作者认为

35～42d 虫体发育成熟并大量产卵，新陈代谢旺盛，虫体产生的活性氧增多，TGR 的高表达量可能与减少活性氧对虫体的损害，及血吸虫的生长发育和繁殖相关。④酶学分析显示，rSjTGR 具有 TrxR、GR 和 Grx 三种酶的活性，分别为（1.877 ± 0.169）U/mg、（0.8±0.01）U/mg 和（51.286±4.62）U/mg。该重组蛋白发挥作用的最适温度为 25℃，最佳 pH 为 7。⑤分析了 rSjTGR 的抗氧化作用，发现 rSjTGR 主要靠清除活性氧参与抗氧化作用，而对 H_2O_2 没有直接清除作用。⑥参照 *SjTGR* 基因序列合成了 4 对小 RNA 分子 S1 siRNA、S2 siRNA、S3 siRNA 和 S4 siRNA，通过体内、外干扰试验分析 siRNAs 对 SjTGR 的沉默效果。结果在体外试验中，S2 siRNA 在浓度为 200nmol/L 时可以在转录和蛋白水平上引起部分 *TGR* 基因表达的下调。在日本血吸虫感染小鼠体内，与对照组相比，S2 siRNA 处理组分别诱导了 23.16%和 36.19%的减虫率，S2 siRNA 处理组中的虫体 TrxR 酶活性下降。⑦分析了金诺芬（AF）对 rSjTGR 的抑制作用。体内、外试验结果发现，12.5μmol/L 的 AF 对 rSjTGR 的抑制作用高达 64.29%，但随着 AF 的浓度升高，抑制效果并不会随之升高。AF 对成虫 SjTGR 的抑制效果低于对童虫的效果，可能与虫体对环境和应激的适应性有关。AF 作用童虫 3h 后，童虫全部死亡。10μmol/L 的 AF 作用于成虫 1h 后，对虫体蛋白中 TrxR、GR 和 Grx 的活性，抑制效果分别为 85%、69%和 58%。体内注射 AF 的 BALB/c 小鼠获得 39.18%的减虫率，结果表明 AF 对 SjTGR 有较强的抑制作用。

3. 硫氧还蛋白 硫氧还蛋白（thioredoxin，Trx）是存在于所有生物体内的一类小的有氧化还原作用的蛋白。在很多重要的生物学过程中，Trx 均起到一定的作用，如氧化还原信号的传导等。Trx 是一种抗氧化剂，通过巯基（—SH—）和二硫键（—S—S—）之间的相互转换来还原一些其他蛋白，包括一个巯基-二硫化物活性位点。Trx 存在于很多物种中，对哺乳动物是必不可少的。在体外，有很多类型的底物可以用来检测 Trx 的活性，如核糖核酸酶、凝固因子、糖皮质激素受体和胰岛素，其中胰岛素最为常用。

2002 年，Alger 等在大肠杆菌中表达了曼氏血吸虫的 Trx（SmTrx），并分析了 Trx 的一些特性。实验结果发现，带有 6 个组氨酸（His）标签的 Trx 重组蛋白可以还原胰岛素，并且支持 TR 和 TPx 两种酶的功能。Western blot 分析表明 Trx 在血吸虫的各个发育阶段虫体中均有表达，在虫卵的分泌物中也发现了 Trx。

曹建平等（2005）采用 RT - PCR 技术对日本血吸虫大陆株的硫氧还蛋白（SjcTrx）进行了扩增，并克隆到真核表达质粒 pcDNA3 中，该质粒含有巨细胞病毒启动子（CMV），构建了日本血吸虫 Trx 真核表达质粒 pcDNA3 - SjcTrx。动物免疫保护试验结果显示重组真核质粒诱导小鼠产生了 45.7%的减虫率和 41.4%的肝脏减卵率，显示日本血吸虫大陆株 Trx 的 DNA 疫苗可作为疫苗候选分子深入研究。2012 年，刘建等构建了重组表达质粒 pET28a（+）- SjTrx，重组蛋白以可溶性的形式表达，分子质量约为 38ku。把纯化的重组蛋白免疫新西兰大白兔，收集血清作为抗体，免疫荧光定位试验显示 SjTrx 在虫体内有广泛分布，无组织特异性。通过 RT - PCR 检测 SjTrx 在日本血吸虫各个期别的表达情况，结果显示 SjTrx 在各个期别中均有表达，其中胞蚴、童虫和成虫的表达量比较高，毛蚴和尾蚴相对比较低。

4. 硫氧还蛋白过氧化物酶 过氧化物还原酶（peroxiredoxin，Prx）家族是近些年来发现的，存在于多种物种中的一种抗氧化酶。很多证据表明，Prxs 涉及氧化还原的平衡和氧化还原信号的传导，影响蛋白的磷酸化、转录调节和细胞的凋亡。Prx 也被称为硫氧还蛋白过氧化物酶（thioredoxin peroxidase，TPx），以硫氧还蛋白作为电子供体。

曼氏血吸虫中含有 Prx 蛋白，其主要功能之一是还原 H_2O_2。Kwatia 等（2000）克隆了曼氏血吸虫的 *SmPrx*-1 基因，对该序列进行分析发现，它具有两个保守的半胱氨酸活性位点。免疫定位试验发现，SmPrx-1 表达于虫卵的分泌物中。Western blot 分析显示，用抗重组蛋白 SmPrx-1 的特异性抗体能够识别两条蛋白条带，其分子质量分别为 23.8ku 和 25.1ku。Sayed 等（2004）克隆、鉴定了 SmPrx-2 和 SmPrx-3，预测 SmPrx-3 是一种线粒体蛋白，并且在丙氨酸（Ala）之后有一个切割位点。SmPrx-2 和 SmPrx-3 具有 GSH 和 Trx 依赖性质，可以还原 H_2O_2 和有机物类氢过氧化物。由此可见，Prx-2 和 Prx-3 是双功能酶，可以利用 Trx 和 GSH，对 Trx 的活性低于对 GSH 的活性。分析血吸虫的 Prxs 的序列可见，三种 Sm-Prxs 均含有 GGLG 保守序列，然而，C 末端螺旋和 YF 基序存在于 Prx-2 和 Prx-3 中，而不见于 Prx-1 中。有报道指出，Prx 活性的调节涉及 Prxs 序列 C 末端特异性的蛋白水解酶，它可以防止过氧化物介导的 Prxs 的失活作用（Koo 等，2002）。有试验证明，Prx-1 对氧化过度有一定的抵抗能力，而 Prx-2 对氧化过度比较敏感。如果把 Prx-2 序列中 C 末端的 22 个氨基酸和 YF 基序转移到 *Prx*-1 基因中，会改变 Prx-1 的特性，使其对氧化过度变得敏感。

曼氏血吸虫的三种过氧化物氧化还原酶的基因组序列均含有 2 个内含子和 3 个外显子。小鼠感染曼氏血吸虫后可检测到抗 SmPrx-1 的特异性抗体，抗体水平在产卵后显著升高。SmPrxs 的 mRNA 表达量最高的是 Prx-1，其次是 Prx-2，然后才是 Prx-3。随着寄生虫的生长发育，Prxs 表达量不断增加，在成虫时期表达量达到最高，这可能与成虫时期产卵有关。El Ridi 等（2009）用 6d 童虫的排泄分泌物作为抗原来免疫小鼠，结果显示，免疫后的小鼠机体产生了较强的免疫应答，对血吸虫的再次感染有抵抗作用。进一步分析发现，Prx-1 是分泌物中的主要组分之一。这些试验结果表明，Prx 有作为抗血吸虫候选疫苗的潜在可能，可以作为研制新的抗寄生虫药物的靶标。

日本血吸虫 3 种 Prxs（SjPrx-1、SjPrx-2、SjPrx-3）的氨基酸序列与对应的 SmPrxs 的编码序列相似性高达 90%。对这三种推测的氨基酸序列分析发现，仅日本血吸虫的 Prx-3（SjPrx-3）含有一个线粒体靶位序列，在线粒体内可以作为一种 ROS 清除剂。SjPrx-1 分布于虫卵周围的宿主组织中，及成虫的体表被膜和排泄分泌物中。用 SjPrx-1 特异性抗体检测到 7d 童虫的体表有 SjPrx-1 的表达。SjPrx-2 位于成虫的表皮下层组织、实质、卵黄腺以及肠上皮内，在成虫和童虫的体被上未检测到。Hong 等（2013）克隆了 *SjTPx*-2 全长序列，该基因的 ORF 含 681bp，编码 227 个氨基酸，理论分子质量 25.09ku。他们进一步构建了 pET28a（+）-SjTPx2 重组质粒，在大肠杆菌中以可溶性形式表达。用该重组蛋白免疫 BALB/c 小鼠，诱导小鼠产生了 31.2%的减虫率和 34.0%的肝脏减卵率。实时定量 PCR 结果显示，SjTPx-2 在血吸虫各个时期均有表达，在 7d 和 13d 童虫表达较高，雌虫的表达量是雄虫的 2 倍左右。免疫组化试验结果表明，SjTPx-2 蛋白主要分布于虫体皮下实质组织，体内其他部分也有分布。金属催化氧化（metal-catalyzed oxidation，MCO）和 DNA 切割试验结果显示，SjTPx-2 可以直接清除活性氧自由基，还可以还原 H_2O_2。

Sayed 等（2004）通过 RNAi 敲除了 *SmTPx*-1 和 *SmTPx*-2 基因，血吸虫的生存受到影响，说明 SmTPx-1/SmTPx-2 是曼氏血吸虫生存所必不可少的蛋白。经过 SjTPx-1 dsRNA 处理的童虫对过氧化氢、叔丁基过氧化物和异丙基过氧化物很敏感，这一现象未见于经过 SjTPx-2 dsRNA 处理过的虫体中。

5. 谷胱甘肽过氧化物酶　谷胱甘肽过氧化物酶（glutathione peroxidase，GPx）是一类与氧化还原酶类相关的家族。GPx-1是第一个从牛的红细胞内分离出来的谷胱甘肽过氧化物酶，它通过谷胱甘肽来还原过氧化氢。在脊椎动物体内，GPxs起作用的活性位点主要是过氧化的硒代半胱氨酸（SeCys），而无脊椎动物和植物体内，GPxs起作用的活性位点是过氧化的半胱氨酸（Cys）。这类活性位点是一段非常保守的活性中心。在含有SeCys的GPxs中，被氧化的SeCys通过两个步骤被谷胱甘肽还原，由一个硒代的二硫化物介导。GPx有4种不同的类型：分布于各种细胞的GPx-1；主要分布于胃肠上皮细胞，即胃肠型的GPx-2；血浆型的GPx-3；GPx-4，即PHGPx，它可以催化磷脂过氧化物。这4种不同的GPxs活性区域中都含有Sec，但是它们的分子结构和催化特性又各有特点。

GPx是一种重要的硒蛋白。David等1992年报道，在曼氏血吸虫中，GPx活性随着虫体的成熟而增加，抵抗氧化的能力也提高。曼氏血吸虫中含有一个硒蛋白合成所需要的tRNA（Ser）Sec元件，暗示SmGPx与哺乳动物的GPx有相似的结构。Roche等克隆了SmGPx，并分析了它的特性。SmGPx包括5个内含子，其中有4个很短的内含子（30～51bp）位于5′末端，最后一个比较长，大约有6kb。梅海萍等（1996）提取了曼氏血吸虫几个不同期别的虫体蛋白，检测了GPx的活性，发现该蛋白的活性与虫体体被NP-40（Nonidet P-40）有关，相对于童虫而言，成虫NP-40含量高，对免疫清除不敏感。针对GPx的特异性单克隆抗体可以识别成虫一19ku大小的分子，基于免疫沉淀反应的清除试验，证明在血吸虫体内存在一种单独形式的GPx。

6. 超氧化物歧化酶　超氧化物歧化酶（superoxide dismutase，SOD）是含有金属特征、可以催化除去过氧化物，最终产生水的一种歧化作用的酶类。SOD有三种亚型，其中铜锌-SOD亚型存在于细胞质、细胞核内，锰-SOD亚型主要存在于线粒体内，铁-SOD亚型主要存在于原核细胞内。

研究发现，曼氏血吸虫的铜锌-SOD占总SOD活性的95%以上，而锰-SOD只占很少一部分。SmSOD随着虫体的生长发育表达量逐渐升高，表明铜锌-SOD在血吸虫抗氧化机制中发挥着很大的作用。Hong等发现在曼氏血吸虫体内铜锌-SOD有两种存在形式，胞质内铜锌-SOD（CT-铜锌-SOD）和带信号肽的铜锌-SOD（SP-铜锌-SOD）。检测了血吸虫不同发育时期虫体蛋白SOD的活性，包括虫卵、毛蚴、尾蚴、童虫和成虫，结果显示，成虫的SOD活性最高，是虫卵或毛蚴的5倍、童虫的3倍。等电点聚焦凝胶电泳分析显示，成虫中的铜锌-SOD有4个主要的pI变异型，而只有两种变异型存在于机械方法转化的3h童虫中。Hong对该基因序列进行克隆并在大肠杆菌中表达，得到了有活性的酶蛋白。另外，在转染CMT-3细胞试验中，发现该酶蛋白基因翻译后会发生糖基化修饰，从而产生不同分子质量的蛋白。

1996年，常惠玲等将经SDS-PAGE分离到的蛋白SOD与生理盐水混合制成匀浆后免疫小鼠，诱导小鼠产生了高水平的特异性IgG，并获得25%的减虫率。2004年，赵霞等克隆了日本血吸虫SjSOD，其ORF为462bp，编码154个氨基酸，构建了真核表达质粒pcDNA3-SOD。余传信等（2007，2008）采用反转录PCR的方法，构建了重组表达质粒pGEX-4T-3-SOD，制备了融合蛋白GST-SOD，分子质量大小为43ku。用该重组蛋白和氟氏佐剂混合免疫C57BL/6J小鼠，攻击感染日本血吸虫后45d剖杀小鼠，获得35.63%的减虫率和31.17%的肝脏减卵率，免疫鼠肝脏肉芽肿个数明显少于对照组，肉芽肿的平均直径比对照组小 22.32%。ELISA 试验显示，重组蛋白免疫组的特异性抗体亚型 IgG1、IgG2a、IgG2b 水平也明显高于对照组。试验结果显示，SjSOD 可以作为日本血吸虫病候选疫苗，但该蛋白的保护机制有待深入研究。

7. 蛋白质二硫键异构酶 蛋白质二硫键异构酶（protein disulfide isomerase，PDI）是一种硫醇/二硫化物氧化还原酶，属于硫氧还蛋白超家族（Ferrari 和 Söling，1999）。此类酶普遍存在于生物体内，催化硫醇/二硫化物的交换反应。这些酶的活性位点含有 CXXC 氨基酸序列，在催化过程中，其中的两个半胱氨酸以硫醇和二硫化物形式参与可逆的氧化还原过程。硫氧还蛋白系统参与调节胞内活性氧水平，在蛋白质二硫键还原、蛋白折叠及抗氧化压力等生物过程中发挥重要作用（Nordberg 和 Arner，2001）。PDI 具有 5 个结构域，分别为 a、b、b′、a′、c（Darby 等，1996）。结构域 a（氨基酸 41～115）和结构域 a′（氨基酸 352～462）与硫氧还蛋白功能域具有相似性，均含有独立的活性位点 WCGHCK（Edman 等，1985）。PDI 含有 N 端信号肽序列，被预测为经典分泌型蛋白。

Cao 等（2014）在日本血吸虫排泄分泌蛋白质组分析基础上，克隆了 *SjPDI* 基因，序列分析显示该基因开放阅读框大小 1 410bp，编码 469 个氨基酸。多序列比对分析显示日本血吸虫 PDI 与曼氏血吸虫 PDI、小鼠 PDI 和人类 PDI 分别具有 75%、42%、42%的相似性。该蛋白的氨基酸序列具有两个保守区域（氨基酸 53～58 及氨基酸 396～401），保守区域氨基酸组成 WCGHCK 与硫氧还蛋白结构域具有相似性。生物信息学分析显示该蛋白具有信号肽序列。构建了重组表达质粒 pET - 28a - SjPDI，并在 BL21 大肠杆菌中获得成功表达，重组蛋白 rSjPDI 相对分子质量约为 55ku。Western blot 分析显示，rSjPDI 可以被日本血吸虫成虫蛋白免疫兔血清识别，日本血吸虫成虫蛋白和成虫排泄分泌蛋白可以被 rSjPDI 免疫小鼠血清识别。实时定量 PCR 分析表明 SjPDI 在各个检测的生长发育阶段虫体中均有表达，且在 42d 成虫和早期童虫体内呈高表达。免疫荧光试验结果显示，SjPDI 主要分布于日本血吸虫表膜及实质组织内。生物学特性分析显示，重组蛋白 rSjPDI 具有蛋白异构和抗氧化等功能。PDI 蛋白含有与 TPx 相同的氧化还原结构域，在 MCO 系统中，rSjPDI 可催化二硫键的氧化和还原，使错误折叠 RNase 恢复正常构象。rSjPDI 表现出一定的抗氧化活性，清除 ROS，保护质粒 DNA 免受切割作用。提示 SjPDI 可能在一定程度上保护血吸虫免受氧化损伤，保护虫体在宿主体内正常生长和发育。在两批小鼠免疫保护试验中，与对照组相比，rSjPDI 免疫组分别获得 35.32%和 26.19%的减虫率及 33.17%和 31.7%的肝脏虫卵减少率。

第六节 细胞骨架相关分子

真核细胞中的骨架蛋白由微丝、微管以及中间纤维等组成。已鉴定的血吸虫细胞骨架蛋白有副肌球蛋白、肌动蛋白、肌球蛋白、原肌球蛋白等，并对其特性及作为血吸虫病疫苗候选分子的潜力做了评估。

一、副肌球蛋白

天然副肌球蛋白（paramyosin）是一种具有卷曲螺旋结构的肌纤维蛋白，是无脊椎动物特有的一种蛋白。该蛋白分子质量为 97ku，分布于血吸虫体表被膜，成虫、尾蚴、童虫的肌肉组织及尾蚴腹吸盘后钻腺分泌颗粒内。日本血吸虫副肌球蛋白编码基因长约 2 600bp，编码 866 个氨基酸残基。曼氏血吸虫和日本血吸虫副肌球蛋白的核苷酸相似性在 90.0%以上。副肌球蛋白在成虫和肺期童虫中高表达，能与动物和人的抗体 Fc 片段结合，对补体介导的免疫反应有抑制作用，在虫体生长发育过程中部分副肌球蛋白分泌至虫体表面，发挥免疫调节作用（McManus 等，1998；McManus 和 Bartley，2004；Loukas 等，2001）。

研究表明，副肌球蛋白有多种存在形式并有不同的生物学活性，日本血吸虫中国大陆株和菲律宾株基因组 DNA 的 Southern blot 分析表明，副肌球蛋白基因存在限制性片段多态性。PCR - RFLP 分析进一步表明在副肌球蛋白的两种基因型 B6 和 Y6 中，B6 在血吸虫中的存在较广泛。

用副肌球蛋白虫体蛋白、重组蛋白或 DNA 疫苗免疫啮齿类动物或大家畜，都获得显著的免疫保护效果，因而该蛋白也是 WHO 推荐的血吸虫病候选疫苗分子之一（Bergquist 等，1998）。20 世纪 80 年代首次报道副肌球蛋白具有诱导宿主抗曼氏血吸虫感染的作用。用曼氏血吸虫的提取物与牛结核分枝杆菌卡介苗配伍皮内注射免疫小鼠时，可以部分抵抗随后的血吸虫攻击感染，产生的抗体主要是抗副肌球蛋白的特异抗体。林矫矫等（1996）从日本血吸虫成虫中提取虫体副肌球蛋白，结合佐剂 FCA/FIA 或 BCG 免疫两批 BALB/c 小鼠，获得了 32.18%～48.52%的减虫率。Shi 等（2001）用重组副肌球蛋白 C 端蛋白结合 BCG 皮内注射免疫绵羊，获得 41.4%～44.2%的减虫率和 41.4%～48.0%的肝脏虫卵减少率，用该重组蛋白结合 BCG 免疫水牛，获得 34.7%的减虫率。对日本血吸虫副肌球蛋白诱导免疫保护作用机制研究表明，该蛋白是人抗血吸虫感染免疫中 IgA 应答的主要靶标（Hernandez 等，1999）。

二、肌动蛋白

肌动蛋白（actin）是真核生物中一高度保守的家族蛋白，是微丝蛋白的结构蛋白，而微丝又是细胞骨架三大组成结构之一。肌动蛋白参与了广泛和复杂的生命活动，对于机体肌肉组织的收缩、细胞活动、细胞转移、细胞的形状和连接的建立、维持，以及细胞间信息的传递等都具有重要的作用。近期研究还发现肌动蛋白参与介导炎症反应。

研究表明，肌动蛋白存在于血吸虫的体被，与血吸虫体被损伤的修复及免疫逃避等都有关。肌动蛋白在血吸虫雌雄虫体中呈现差异表达。Aktinson 等（1982）在曼氏血吸虫成虫中发现了两种肌动蛋白基因，并证明雌虫只表达其中一种。Davis 等利用 Nothern blot 和 Southern blot 对提取的曼氏血吸虫 RNA 和 DNA 进行分析，检测到 1.9kb 和 1.4kb 两个 mRNA 片段，发现这两个片段 DNA 转录水平均是雄虫高于雌虫，但在 DNA 水平上无差异。朱建国（2001）利用 Nothern blot、Southern blot 和斑点印迹对 SjAct 在雌雄虫中的表达差异进行了分析，结果显示 SjAct 在雌雄虫中均呈现阳性，但其 RNA 斑点杂交显示雄虫的斑点明显大于雌虫，说明血吸虫雄虫肌动蛋白基因的转录表达水平高于雌虫。Abbas 等（1989）利用双向电泳技术对血吸虫成虫蛋白表达谱进行分析，发现了 7 种肌动蛋白，其中 2 种为雄虫特有。

朱建国等（2001）参照曼氏血吸虫 *SmAct2* 基因序列设计了一对特异性引物，以日本血吸虫中国大陆株成虫 mRNA 为模板，应用 RT - PCR 法扩增出一长为 1 131bp 的 cDNA 片段，测序结果表明该片段含编码日本血吸虫肌动蛋白基因的完整阅读框 cDNA，与 *SmAct2* cDNA 序列相似性为 92%。将该 cDNA 片段克隆到 pET28a（+）载体中进行表达，重组蛋白分子质量为 43ku。用该重组蛋白免疫昆明系小鼠，获得 28.4%的减虫率和 29.2%的肝脏虫卵减少率。

吴启进（2010）通过 PCR 技术扩增了 *SjACTα2* 编码基因，序列分析显示 *SjACTα2* 大小为 1 114bp，构建了重组表达质粒 pET28a - SjACTα2 并在大肠杆菌 BL21 中获得表达，重组蛋白大小约为 45ku，以包涵体的形式存在。Real - time PCR 分析表明 *SjACTα2* 在血吸虫不同发育时期虫体都有表达，在 23d 虫体中表达量最高。

Twifnilin 蛋白（TWF）是一种 Actin 的结合蛋白（Actin - binding protein，ABP），具有促进肌动蛋白单体的解离、循环和微丝解聚，以及调控微丝骨架的重建等功能，进而影响与微丝骨架相关的一些生理功能，如细胞增殖、迁移、凋亡及胚胎发育等。目前发现它与细胞炎症以及肿瘤细胞的转移也有着一定的关系。吴启进（2010）通过 PCR 技术扩增了 *SjTWF* 编码基因，序列分析显示 *SjTWF* 大小为 905bp，构建了重组表达质粒 pET28a - SjTWF 并在大肠杆菌成功表达，重组蛋白大小约为 37ku，以包涵体的形式存在。Real - time PCR 分析表明 SjTWF 在血吸虫不同发育时期虫体都有表达，在 21d 虫体中表达量最高。酵母双杂交试验和回复杂交试验证实在酵母细胞和哺乳动物细胞中 SjAct 和 SjTWF 蛋白均与日本血吸虫抱雌沟蛋白 SjGCP 存在相互作用。激光共聚焦荧光共定位试验表明 SjACTα2 和 SjGCP 主要分布于血吸虫表膜上。

三、Ⅴ型胶原蛋白

Ⅴ型胶原蛋白（ColⅤ）属于纤维性胶原，具有决定胶原纤维的结构，调节胶原纤维的生成，参与胶原的成核化，调节基质的组装等重要作用（Wenstrup 等，2004）。

杨云霞（2012）应用酵母双杂交技术和 CO - IP 技术验证了日本血吸虫抱雌沟蛋白 SjGCP 与 SjColⅤ是两个相互作用的分子。应用 PCR 技术克隆了 *SjColⅤ* 编码基因，构建了 pET28 - SjColⅤ重组表达质粒，在大肠杆菌中进行了表达。Real - time RT - PCR 分析显示 SjColⅤ在日本血吸虫不同发育阶段虫体均有表达，其中在 31d 虫体中的表达量最高，在雌性成虫中的表达量高于雄性成虫。利用 RNAi 技术对 SjColⅤ进行了基因沉默，Real - time RT - PCR 和 Western blot 分析显示 SjColⅤ的转录和表达受到明显抑制。BALB/c 小鼠自感染后第 24 天起通过尾静脉注射 SjColⅤ特异性的 siRNA，连续注射 6 次，每次间隔 3d，每次 siRNA 注射剂量 1OD，于感染后 42d 剖杀小鼠，采用肝门静脉灌注法冲虫并计数虫体数。结果在 2 次重复试验中，单条雌虫的平均产卵率分别下降了 21.41%和 22.12%，同无关 siRNA 对照组相比，虫卵平均孵化率分别下降了 52.86%和 83.89%，差异极显著。利用扫描电镜对干扰后虫体的形态进行了观察，结果显示 *SjColⅤ* 基因沉默导致虫体腹吸盘外壁的棘减少，内壁的棘变钝圆，抱雌沟中段内壁的体刺减少，雌虫尾部皮肤上出现木耳样的皮褶，雄虫体壁正常的褶皱消失，出现皮褶，体壁似由拉长松弛的皮褶堆积而成。这些现象与Ⅴ型胶原蛋白缺陷引起的埃-当二氏综合征相似。

在另一试验中，杨云霞（2012）自 BALB/c 小鼠感染日本血吸虫后第 14 天起，通过尾静脉注射 SjColⅤ和 SjGCP 特异性的 siRNA，连续注射 7 次，每次间隔 3d，每次 siRNA 注射剂量 1OD，于感染后 36d 剖杀小鼠，肝门静脉灌注冲虫并收集虫体。通过透射电镜观察干扰组与无关 siRNA 对照组虫体的形态变化，结果 SjColⅤ干扰组雌虫体内的卵黄球数量有所减少；SjGCP 干扰组卵黄滴数量显著减少但是结构未见明显变化；SjColⅤ和 SjGCP 混合干扰组卵黄滴数量减少，体积明显变小。SjColⅤ干扰组雄虫体壁外侧缘结构不整齐，有较大的空泡样结构；SjGCP 干扰组雄虫体壁有很多较大的空泡样结构；SjColⅤ和 SjGCP 混合干扰组雄虫体壁结构和 SjGCP 干扰组体壁结构相差不明显；三个干扰组（SjColⅤ、SjGCP、SjColⅤ＋SjGCP）雄虫中段体壁的分泌小体数目均减少，皮层变厚且有较大的空泡存在。与无关 siRNA 对照组虫体相比，干扰组雌虫体壁结构的变化不明显，可能是雌虫中段位于雄虫抱雌沟内，其外壁不与外界环境接触，所受影响较小。

■第七节　信号通路相关分子

基因组、转录组分析显示，血吸虫体内存在类似哺乳动物的胰岛素信号通路、Wnt 信号通路等的相关分子及通路（www. chgc. sh. cn/japonicum/sjpathway；Berriman 等，2009；Young 等，2012）。转录组学和蛋白质组学分析显示，血吸虫有系列类似于其哺乳动物终末宿主的胰岛素、甲状腺激素、类固醇激素、生长因子和细胞因子等的受体（Hu 等，2003；Liu 等，2006；Verjovski‑Almeida 等，2003），血吸虫可利用自身的内源性分子，也可利用宿主的同源物，激活通路传导，促进血吸虫的生长、发育与繁殖。至今，对血吸虫信号通路的了解仍很有限，鉴定了一些信号通路相关分子，初步明确了少数重要通路分子在血吸虫生长发育中的作用。通过信号通路及相关分子的深入研究，可为筛选、鉴定防治血吸虫病的新药物靶标或疫苗候选分子提供新思路。

一、Wnt 信号通路及相关分子

1. Wnt 家族蛋白　*Wnt* 基因最早分别独立在果蝇和小鼠中发现，在果蝇中被鉴定为体节极性基因，命名为 wingless（Nüsslein‑Volhard 和 Wieschaus，1980）。在小鼠中发现该基因位于乳腺肿瘤病毒整合相关位点，命名为 int‑1（Nusse 和 Varmus，1982）。“Wnt”一词是由 wingless 和 int‑1 的部分字母组合而得，代表这一类同源性的蛋白。Wnt 蛋白被发现普遍存在于多细胞真核生物当中，从哺乳动物到线虫体内均发现存在该家族蛋白。

Wnt 家族蛋白为分泌性糖蛋白，大小相似，由 350～380 个氨基酸组成。该类蛋白的主要特点是具有 23 或 24 个高度保守的半胱氨酸残基（Sidow，1992），是 Wnt 蛋白发挥特异性信号分子功能的结构基础。不同的 Wnt 家族蛋白由不同的功能域组成，与相应的受体结合，向下游传递特异信号，发挥相应的生物学作用（Hays 等，1997）。

2. Wnt 信号通路　Wnt 信号通路包括依赖 β‑catenin 的经典 Wnt/β‑catenin 信号通路和不依赖 β‑catenin 的非经典 Wnt 信号通路，其中非经典的 Wnt 信号通路主要包括 Wnt/Ca^{2+} 通路和 Wnt/PCP 通路（Bejsovec，1999）。

在 Wnt/β‑catenin 信号通路中，Wnt 的受体由两类蛋白组成：一类是卷曲蛋白（frizzled protein，Fz）家族成员。Frizzled 属于七跨膜蛋白，分为膜外区、跨膜区和胞内区，胞外 N 端有一个富含半胱氨酸的结构域（cysteine‑rich domain，CRD），能与 Wnt 蛋白高亲和力结合。另一类是低密度脂蛋白受体相关蛋白家族（LRP）成员。Wnt 蛋白与这两类受体相结合形成三聚体，由其中的 Fz 将胞外信号向下传递给胞内蛋白 Dishevelled（Dsh），完成膜外信号向膜内的传导（Miller 等，1999）。细胞质内的主要信号传导分子有 Dsh、糖原合成激酶 3β（GSK－3β）、结肠癌抑制因子（APC）、β连环蛋白（β－catenin）等。Wnt 信号在胞内的传递主要取决于β－catenin 在胞质内的水平，当β－catenin 水平低下，Wnt 途径关闭；当胞质内β－catenin 水平升高，Wnt 途径开放（Miller 等，1999）。β－catenin 在胞质内的水平主要通过两组蛋白的功能竞争来调节：一组为 GSK3β－Axin－APC 蛋白复合物，可以降解胞质内的β－catenin，阻断 Wnt 信号的向下传递。另一组蛋白包括 Dsh、CKIε 和 GBP/Frat，它们被 Wnt 信号激活，拮抗破坏复合体的作用，使β－catenin 水平升高，有利于 Wnt 信号向核内传导。β－catenin 进入细胞核内，激活 T 细胞因子/淋巴结增强因子（TCF/LEF）而调节靶基因的表达。TCF/LEF 蛋白是特殊序列的 DNA 结合蛋白，无 Wnt 信号时，通过与 Groucho 形成复合物（Cavallo 等，1998）阻碍靶基因的表达。Groucho 的抑制作用是通过与组蛋白脱乙酰酶（histone deacetylases，HDAC）作用而激活的。Wnt 信号存在时，β－catenin 将 Groucho 从抑制复合物中替换出来，并与组蛋白乙酰化酶 CBP/p300 结合，将抑制复合物转变为转录激活复合物，与 TCF/LEF 相互作用，靶基因的转录、表达被激活。

Wnt/Ca^{2+} 通路通过磷脂酰肌醇途径激活蛋白激酶 C，引起胞内钙离子浓度升高，进而调控靶基因的表达。Wnt/PCP 通路通过 Dsh 和 JNK 途径来调控基因的表达。

3. Wnt 信号通路的生物学作用 研究表明，Wnt 家族蛋白参与了哺乳动物的胚胎发育、干细胞增殖和分化、成骨细胞代谢、神经系统等的发生、增殖和分化等重要生命活动过程。在水螅的胚胎发生中参与调节初级体轴的形成。在非洲蟾蜍属动物胚胎发育过程中参与背鳍的发育过程和诱导异位体轴的形成。在秀丽隐杆线虫体内参与调控神经元细胞沿前-后体轴迁徙过程和前体生殖细胞的分化。研究也发现一些 Wnt 通路相关蛋白表达异常与多种癌症、遗传性疾病等的发生、发展相关。

4. 日本血吸虫 Wnt 通路相关分子鉴定及特征分析 血吸虫基因组测序提示，血吸虫虫体内存在 Wnt 信号通路相关分子。收集自不同适宜宿主（小鼠/大鼠/东方田鼠、黄牛/水牛）的血吸虫虫体的转录组和 miRNA 组的比较分析显示，一些 Wnt 通路相关分子及与调节 Wnt 通路相关的 miRNAs 分子在不同宿主来源虫体中呈现差异表达，可能影响血吸虫在不同宿主体内的生长发育及存活（Peng 等，2011；Yang 等，2013；Han 等，2013；Yu 等，2019）。近些年，苑纯秀等先后鉴定了日本血吸虫 Wnt 信号通路中的 5 个 Wnt 家族成员（Wnt1、Wnt2、Wnt4、Wnt5、Wnt11），4 个 frizzled 家族成员（Fz5、Fz7、Fz8、Fz9）及β－catenin 蛋白（Li 等，2010；Wang 等，2011；张向前等，2016；塔娜等，2014；李红飞等，2011；陶丽红等，2007），进一步证实了日本血吸虫体内存在 Wnt 信号通路，并对 Wnt 信号通路相关分子的生物学特征及功能等作了初步的探讨。

（1）Wnt 家族成员的鉴定及生物学特性分析 在不同种属的真核生物中 Wnt 信号蛋白及其 frizzled 受体蛋白的数目和种类通常是有差别的。目前在人和小鼠中共发现了 19 种 Wnt 家族蛋白、10 种 frizzled 家族蛋白。果蝇的 Wnt 受配体成员分别为 5 个和 7 个，线虫的受配体分别为 3 个和 5 个，在相对低等的动物中受配体的数目相应减少（http：//www. stanford. edu/group/nusselab/cgi－bin/Wnt/）。Wnt 信号蛋白和 frizzled 受体之间的识别和结合是有冗余性的，即一种 Wnt 蛋白可以和一种或几种 frizzled 受体结合，激活相应信号通路，产生不同的生物学效应。反之，frizzled受体也可以和一种或几种Wnt蛋白结合。

利用日本血吸虫和曼氏血吸虫的转录本组数据，搜索到Wnt家族基因的部分cDNA序列，再利用简并引物扩增和RACE技术，获得日本血吸虫的5个Wnt家族成员的完整编码序列，并在GenBank中登记注册。日本血吸虫的Wnt蛋白具有Wnt蛋白家族的典型结构特征，都具有信号肽和糖基化位点，为分泌性的糖蛋白。具有20～24个保守的半胱氨酸，通过二硫键形成Wnt蛋白独特的空间结构。不同物种间的Wnt蛋白氨基酸的相似性比较发现，生物进化层次越高，Wnt蛋白氨基酸序列相似性越高，如人和小鼠间Wnt蛋白的相似性高达90%以上。血吸虫的Wnt蛋白氨基酸序列与高等生物的Wnt蛋白氨基酸序列相似性大多低于40%，与分类上同属扁形动物门的涡虫纲以及吸虫纲动物的Wnt蛋白氨基酸序列相似性一般高于40%，但通常不会超过60%。低等生物间的Wnt蛋白氨基酸序列相似性普遍较低，提示低等生物间信号调节的趋异性和多样性。随着生物分类等级不断提高，Wnt信号分子的数目以及氨基酸序列相似性越来越接近，提示随着进化水平不断提高，细胞间信号传递的方式可能朝趋同发展。

在血吸虫整个生活史中，经历了从尾蚴到童虫再到成虫的生长发育变化，及基因表达变化，这些生命过程都是在生物体严格的调节下进行的。血吸虫Wnt家族成员的mRNA在虫体的细胞分化或器官形成的发育阶段中均呈现差异表达模式。综合比较分析发现，编码Wnt11蛋白的mRNA除虫卵以外在其他各个发育阶段的转录水平均高于其他家族成员，特别是在14d之后的发育阶段，更是显著高于其他家族成员。提示Wnt11激活的信号通路在血吸虫的发育过程中可能起重要的调节作用。相反，编码Wnt1蛋白的mRNA在各个发育阶段的转录水平都远低于其他家族成员，其激活的信号通路可能涉及虫体发育的小范围事件。编码Wnt2蛋白的mRNA在虫卵中的转录水平是所有成员中最高的，并且Wnt2在虫卵中的转录水平也高于其他发育阶段，是唯一一个在虫卵中表达水平最高的家族成员，Wnt2激活的信号通路可能在血吸虫的卵胚发育中起主要的调节作用。Wnt家族成员mRNA在不同发育阶段的表达模式不同，提示它们的调节功能也存在差异。

Wnt蛋白属于分泌性糖蛋白，分泌到细胞外后可以移动一个或几个细胞的距离，与靶细胞上的受体结合，发挥调节作用。由Wnt蛋白的组织定位可以推测相应信号通路调节的靶细胞或者组织器官。血吸虫的5个Wnt信号蛋白在虫体内的组织分布分为三种模式，其中Wnt4比较独特，仅分布于虫体体被下层，靠近基膜，在横纵切面上都呈现一个环形，在虫体体表也有弱阳性染色，提示体被下的Wnt4蛋白可以被输送到体被，推测Wnt4激活的信号通路可能调节虫体的体被发育。Wnt1蛋白在血吸虫的Wnt家族蛋白中表达量是最低的，主要定位于雌虫的卵巢和雄虫的睾丸上，另外在虫体体被下的肌细胞附近也有零星分布，提示Wnt1蛋白激活的信号通路可能调节雌雄生殖细胞及肌细胞的发育。Wnt2、Wnt5和Wnt11在虫体内的组织分布模式类似，在虫体的横纵切面及雌雄生殖系统中广泛分布，没有组织特异性，提示它们参与虫体发育的调节面比较广，它们之间的调节功能可能存在冗余性。

（2）Frizzled家族成员的鉴定及生物学特性分析　用获得Wnt信号蛋白编码基因同样的方法，经过数据库搜索获得了日本血吸虫frizzled5和frizzled7的cDNA部分序列，获得曼氏血吸虫的frizzled8的cDNA部分序列，经RACE扩增后获得上述三个受体蛋白的完整编码cDNA序列。再根据这三个受体蛋白氨基酸序列的保守序列，设计多对简并引物，在日本血吸虫成虫的噬菌体文库中扩增到了frizzled9的cDNA部分序列，经过RACE扩增获得完整编码 cDNA 序列。日本血吸虫的 4 个 frizzled 家族蛋白都具有 frizzled 蛋白的典型结构特征：具有信号肽；具有包含 10 个保守半胱氨酸残基的半胱氨酸富集区；具有 7 次跨膜的 α 螺旋疏水区；C 端尾部位于胞内，含有磷酸化位点。Frizzled 蛋白在真核生物体内分布普遍比较广泛，一般一个细胞上都具有一种或几种 frizzled 受体。日本血吸虫 frizzled 蛋白的组织定位结果也显示，4 个 frizzled 家族蛋白在虫体内分布都比较广泛，横纵切面、口腹吸盘、雌雄生殖系统都有 frizzled 蛋白的分布，分布模式是相似的，不具有组织特异性，提示它们的调节功能也可能存在冗余性。4 个 frizzled 蛋白的 mRNA 在不同发育阶段的转录水平存在差异性，其中 frizzled7 的转录水平在各个发育阶段都显著高于其他家族成员，frizzled7 自身在 7d 童虫的转录水平最高，但与其他发育阶段的转录水平差异不显著，frizzled7 在各个发育阶段的转录水平都比较高，提示 frizzled7 介导的 Wnt 信号通路在虫体的发育过程中起重要作用。Frizzled5 也同样在 7d 童虫阶段转录水平高于其他发育阶段，7d 后的转录水平呈现下降的趋势。Frizzled8 和 frizzled9 在 14d 童虫，即血吸虫器官形成阶段转录水平最高，frizzled8 转录水平在 14d 后急剧下降，而 frizzled9 的转录水平略有下降，但仍在雄虫中维持一定的水平。雌虫 frizzled 受体的转录水平均低于同一发育阶段的雄虫，这一结果与 Wnt 配体一致。

5. Wnt 信号通路研究的潜在应用价值　已有研究表明，Wnt 信号通路家族成员的异常激活很可能引发肿瘤，寻找该通路的有效抑制剂，可能是抗癌药物研发的新切入点。人类的一些骨骼疾病如骨质疏松综合征、骨硬化症等都与 Wnt 信号通路的异常有关，加强骨生物学的 Wnt 信号通路研究，对这一类疾病的有效治疗或许会有所启发。

现有研究已表明，一些 Wnt 信号通路分子在血吸虫的生长发育、生殖等方面发挥着重要的作用，深入开展血吸虫 Wnt 信号通路生物学功能研究，筛选通路的有效抑制剂，可为血吸虫新药靶的鉴定等提供新思路。Ta 等（2015）应用抑制 Wnt 通路相关分子 Porcn 的小分子抑制物 C59，体内外试验证实该抑制剂对体外培养的 7d 和 14d 童虫及体内虫体 Wnt 信号通路分子的表达均可产生抑制作用，同时观察到 C59 处理的 7d 童虫及 14d 童虫的促凋亡相关因子及 DNA 损伤相关因子的转录水平均有不同程度的上调。透射电镜结果显示，与 DMSO 组及空白对照组相比，C59 处理的体外培养的 14d 虫体超微结构模糊，肠腔上皮脱落，肠管微绒毛减少、出现断裂等变化。C59 处理的体内虫体大部分 Wnt 信号通路分子转录水平下调，其中 Wnt/β-catenin 信号通路的成员基因及 Wnt/Ca^{2+} 信号通路成员基因下调程度相对较大。应用特异 siRNA 干扰 *SjPorcn* 基因表达，引起类似 C59 对虫体 Wnt 信号通路产生的作用，导致 Wnt/β-catenin、Wnt/PCP 及 Wnt/Ca^{2+} 信号通路不同程度地受到抑制。该研究提示以血吸虫 Wnt 信号通路作为研究切入点，可为筛选抗血吸虫新的治疗药物提供新思路。

二、胰岛素信号通路及相关分子

1. 胰岛素与血吸虫生长发育　胰岛素在葡萄糖、脂类代谢及蛋白合成与分解，细胞生长与分化，DNA 合成等生物过程中均起重要作用（Thevis 等，2010）。序列分析显示，不同脊椎动物的胰岛素氨基酸序列高度保守，某种脊椎动物的胰岛素对其他物种具有不同程度的生物学活性（Chan，1990）。基因组分析显示日本血吸虫不存在胰岛素分子。血吸虫虽不能自身合成胰岛素，但可利用不同终末宿主的胰岛素来促进自身的生长发育和成熟（You 等，2009，2010）。

有研究提示，胰岛素可能是血吸虫在哺乳动物宿主体内生长发育的“开关”之一，该分子刺激童虫和成虫吸收葡萄糖，促进虫体的代谢和生长发育。给感染血吸虫的宿主注射胰岛素，可以提高虫体发育率，虫体增大。加入胰岛素后，体外培养的血吸虫雄虫和雌虫中的葡萄糖含量分别提高 1.7 倍和 2.9 倍，虫体的活力和发育率提高，虫体增大（You 等，2009；Cushman 等，1980；Saule 等，2005）。微阵列分析显示，加入人胰岛素后，体外培养的日本血吸虫成虫转录组表达谱发生明显变化，上千个基因呈现差异表达，包括一些与生长发育相关的基因，如一些与糖转运和糖原生成相关的磷脂酰肌醇-3-激酶（phosphatidylinositol-3 kinase，PI3K）通路相关基因表达上调等。分析也显示，差异表达基因具有明显的性别特性，与雄虫相关的差异表达基因主要参与蛋白质合成、mRNA 转录和调控蛋白质降解等；而与雌虫相关的差异表达基因则主要通过活化 MAPK 信号通路基因的表达水平来调节雌虫的分化与繁殖能力（You 等，2009，2010；Hanhineva，2010）。

2. 血吸虫胰岛素受体 已鉴定了 2 种血吸虫胰岛素受体（IRs），即曼氏血吸虫 SmIR1/SmIR2（Khayath，2007）和日本血吸虫 SjIR1/SjIR2（You，2010）。埃及血吸虫基因组序列中只发现埃及血吸虫 ShIR2。分析显示 IRs 在血吸虫成虫和童虫期虫体上调表达。SjIRs 在雌虫卵黄腺组织中高表达，提示它们在提供营养和雌虫产卵中发挥了重要作用（You，2010）。免疫定位分析表明，SmIR1 和 SjIR1 主要分布于血吸虫体被基底膜和成虫的肌肉组织（Khayath 等，2007；You 等，2010），与葡萄糖转运蛋白 SGTP1 和 SGTP4 的分布一致（Skelly 等，1994）。而 SmIR2 和 SjIR2 则主要分布于雄虫的实质和雌虫的卵黄细胞。结果提示两种受体呈现不同的生物学功能（Khayath 等，2007）。序列分析显示血吸虫 SmIRs 和 SjIRs 属 IRs 家族，日本血吸虫和曼氏血吸虫 IRs 均具有保守的 $\alpha 2\beta 2$ 异四聚体结构。结构模型分析显示日本血吸虫胰岛素受体 SjIRs 和人胰岛素受体 HIR 结构保守，预测的配体结构域中存在共同的结合位点，都可诱导下游信号传导（Kimura 等，1997；Beall 等，2002；Khayath 等，2007）。酵母双杂交试验证明 SmIR（Khayath 等，2007）和 SjIR（You 等，2010）的配体结构域能特异结合人胰岛素。体外培养的血吸虫用 IR 特异抑制剂羟基-2-萘甲基膦酸三乙酰氧基甲基酯（HNMPA）和 tyrphostin AG1024，或针对 SjIRs 配体结构域的特异抗血清处理后，显著降低血吸虫虫体的血糖水平和虫体的生长发育（You 等，2010；Ahier 等，2008）。这些研究结果都支持了宿主的胰岛素可以与血吸虫 IRs 结合并促进血吸虫生长发育与代谢的假设。

3. 日本血吸虫胰岛素样多肽 Du 等（2017，2019）鉴定了日本血吸虫和曼氏血吸虫胰岛素样多肽（insulin-like peptide，ILP）SjILP 和 SmILP。序列分析显示 SjILP 与 SmILP 氨基酸序列的相似性为 63.0%，而与人胰岛素的相似性仅为 18.0%。Western blot 分析显示，SjILP 和 SmILP 具有很强的交叉免疫反应性。SjILP 和 SmILP 具有 ADP 结合/水解能力，但人胰岛素缺少这一特性。蛋白结合试验表明，SjILP 与日本血吸虫 IRs（SjIR1 和 SjIR2）具有很强的结合力。SjILP 在血吸虫不同发育阶段虫体中呈现差异表达，在虫卵、毛蚴和雌性成虫中呈高水平表达。免疫定位显示，SjILP 主要分布于血吸虫成虫体被和皮下肌肉组织，及雄虫的实质和雌虫的卵黄细胞中，与 SjIR1 及 SjIR2 的分布一致。SjILP 和 SjIRs 分布一致提示血吸虫胰岛素样多肽和 IRs 之间存在相互作用。应用 RNA 干扰技术体外抑制日本血吸虫成虫 SjILP 表达后，虫体葡萄糖消耗减少，蛋白产量显著下降，二磷酸腺苷水平降低。以上结果表明，血吸虫自身表达的内源性 ILPs 与血吸虫 IRs 结合后，会激活胰岛素信号通路，在虫体的生长发育和繁殖中发挥作用。

4. 血吸虫胰岛素信号通路 KEGG 信号通路分析显示日本血吸虫（www.chgc.sh.cn/japonicum/sjpathway）、曼氏血吸虫（Berriman 等，2009）和埃及血吸虫基因组（Young 等，2012）中均存在完整的、类似哺乳动物的胰岛素信号通路，已从血吸虫中鉴定到 43 个与其他物种高度相似的胰岛素信号通路相关基因，包括 Src homology - containing（SHC）、Src homology 2 - B proteins、磷脂酰肌醇- 3 -激酶（PI3K）、细胞外信号调节激酶（ERK）、糖原合成酶（GYS）和葡萄糖转运蛋白 4（GTP4）等（You 等，2009；You 等，2011）。SjIRs 与 SjILP 或宿主胰岛素的结合可刺激血吸虫胰岛素信号通路，激活下游的细胞外信号调节激酶（Erk）/丝裂原活化蛋白激酶（MAPK）和丝氨酸/苏氨酸激酶 Akt（蛋白激酶 B）/磷脂酰肌醇- 3 -激酶（PI3K）亚途径（Du 等，2017；You 等，2009），在成虫的葡萄糖摄取和虫体的生长发育与繁殖中起极其重要的作用（Vanderstraete 等，2013）。已证明 SjIR1 位于血吸虫成虫体被基底膜，与同位于体被上的血吸虫 SjILP 或宿主胰岛素结合后，促进把宿主血液中的葡萄糖转运至血吸虫体内（Du 等，2017；You 等，2010）。分布于血吸虫体内的 SjILP 和 SjIR2/SjIR1 的结合进一步激活，把葡萄糖转运至虫体内不同的细胞和组织中（Du 等，2017；You 等，2015；You 等，2009；Wang 等，2014）。当用 RNA 干扰技术抑制日本血吸虫 IRs 的表达时，胰岛素信号通路中的一些相关基因的表达受到影响，如 PI3K、GYS、SHC 表达量下降，而 SGTP1 和 SGTP4 的表达量却升高，同时虫体葡萄糖代谢和雌虫产卵受到影响（You 等，2015）。

5. 血吸虫胰岛素信号通路研究的潜在应用价值 鉴于胰岛素在血吸虫营养摄取、能量代谢中的重要作用，胰岛素的缺乏无疑会影响血吸虫的生长发育、繁殖直至存活，血吸虫胰岛素信号通路的一些关键组分分子也很有深入研究、开发的价值。近些年一些实验室以血吸虫 IRs 等分子作为研究对象，筛选可与血吸虫 IRs 结合的抑制物，探讨通过阻断/抑制胰岛素通路下游信号传导，能否降低血吸虫葡萄糖摄取量，影响虫体营养摄取、生长发育、雌虫产卵和虫体存活及宿主病理变化，评估其中一些分子作为抗血吸虫病疫苗候选分子或新药物靶标的发展潜力，为血吸虫病的防治提供新的有效的干预手段（You 等，2011）。

基于 SjIR1 和 SjIR2 与胰岛素结合的结构域 L1 抗原性高，同时其序列与人类胰岛素受体 HIR 相应序列相似性低，You 等（2012）用大肠杆菌表达编码 IRs 结构域 L1 的重组蛋白 SjLD1 和 SjLD2，用重组蛋白免疫小鼠后，免疫鼠粪便虫卵数减少 56%～67%，肠组织中成熟虫卵数减少 75%，12%～42%成虫发育迟缓，虫体长度缩短约 42%，宿主肝脏肉芽肿密度降低 55%。

曼氏血吸虫 SmIR1/SmIR2 的催化结构域和维纳斯激酶受体（venus kinase receptors，SmVKR1/SmVKR2）相似。体外试验表明，Tyrphostin AG1024 可同时抑制 SmIRs 和 SmVKRs 的生物学活性，并杀伤曼氏血吸虫童虫和成虫。目前大规模使用的血吸虫病治疗药物吡喹酮对童虫杀伤效果差，对抗血吸虫激酶化合物 AG1024 进一步研究、开发，有良好的发展潜力（Vanderstraete 等，2013）。

三、已鉴定的其他血吸虫信号通路相关分子

一些与血吸虫信号通路相关的其他基因陆续被鉴定（Liu，2009），包括酪氨酸激酶

(protein tyrosine kinases，PTKs)，转化生长因子（transforming growth factor，TGF)，表皮生长因子样多肽（EGF - like peptide)，肿瘤坏死因子 α 受体（tumour necrosis factor - alpha receptor)，成纤维细胞生长因子样多肽（FGF - like peptide)，激活素受体（activin receptor)，TGF - β 受体（TGF - β receptor)，EGF 受体（EGF receptor)，FGF 受体/FGF 受体样 1（FGF receptor/FGF receptor - like 1)，血管紧张素Ⅱ（angiotension Ⅱ）等。序列比对分析显示，寄生蠕虫与其哺乳动物宿主的 EGF 和 FGF 等信号通路相关基因序列高度相似（Dissous，2006)，提示寄生虫既可利用自身的，也可利用宿主的相关通路分子来支持其生长发育。

1. 血吸虫酪氨酸激酶　酪氨酸激酶（protein tyrosine kinases，PTKs）在信号传导中扮演着重要角色，参与了细胞代谢、细胞增殖和分化及免疫调节等重要过程，可分为非受体酪氨酸激酶（CTK）和受体酪氨酸激酶（RTK）两类。

已从曼氏血吸虫中分离到 5 种 CTKs，包括 SmTK3、SmTK4、SmTK5、SmTK6 和 SmFes（Bahia，2006)。SmTK3（Kapp，2004）和 SmTK5（Kapp，2001）与血吸虫生殖相关，属 Src 家族，表现 Src 特异性激酶活性。SmTK3 在雌雄虫的生殖腺中均有表达，体外抑制该基因的表达可降低配对雌虫的产卵量（Quack 等，2009)。SmTK4 属于 Syk 激酶家族，主要在曼氏血吸虫雄虫的睾丸和雌虫的卵巢中表达（Knobloch 等，2002)。体外用 Syk 激酶特异抑制剂或 RNA 干扰技术处理曼氏血吸虫成虫，证实了 SmTK4 在调节血吸虫生殖腺细胞增殖和分化中发挥了作用（Beckmann 等，2010)。SmTK6 为 SmTK4 的一种上游相互作用分子，属丝裂原活化蛋白激酶（MAPK）中的一种激活蛋白（Beckmann 等，2010)。血吸虫侵入中间宿主或终末宿主后，具有 Fes/Fer 激酶特性的 SmFes 可能在幼虫虫体转化中发挥作用（Bahia 等，2007)。

已在血吸虫中鉴定到了血吸虫胰岛素受体 IRs（见本节胰岛素信号通路)、血吸虫表皮生长因子受体 SER 和 SmRTK - 1 等 RTKs 的同源物（Dissous 等，2006；Khayath 等，2007；You 等，2010)。RTK 具有保守的 α2β2 结构，能和宿主的一些生长因子、细胞因子和激素等结合，激活参与血吸虫生长发育的激酶信号通路，控制和调节血吸虫的生长发育（Dissous 等，2006)。血吸虫表皮生长因子受体 SER 含有一个结合表皮生长因子 EGF 配体的细胞外保守结构域及一个细胞内酪氨酸激酶结构域（Shoemaker 等，1992)。SER 主要在肌肉组织中表达（Ramachandran 等，1996)。虽然人和血吸虫 EGF 受体的配体结合域序列只有中等程度的相似性，但在异种脊椎动物细胞中表达时，血吸虫 SER 可以与人 EGF 结合。人表皮生长因子可增强体外培养的血吸虫童虫的蛋白质和 DNA 合成以及蛋白质磷酸化（Vicogne 等，2004)，表明血吸虫 SER 可能在利用宿主 EGF 方面发挥了作用。此外，血吸虫也可利用自身内源性的 EGF 样多肽促进血吸虫生长发育（Liu 等，2009)。SmRTK - 1 含有一个类似 IR 催化结构的酪氨酸激酶结构域，主要在曼氏血吸虫雄虫的实质细胞及雌虫的卵巢细胞和卵巢导管中表达（Vicogne 等，2003)。血吸虫雌虫需与雄虫长时间维持合抱后生殖器官才能发育成熟，以及雌虫卵巢中 SmRTK - 1 的高水平表达，提示 SmRTK - 1 可能在雌虫繁殖和雌雄虫信号传递中发挥一定的作用（Vicogne 等，2003)。

2. 血吸虫转化生长因子（transforming growth factor，TGF)　曼氏血吸虫雌雄虫配对，雌虫卵黄细胞的增殖与分化，雌性特异基因的表达及胚胎的发生等都受到 TGF - β 通路和蛋白酪氨酸激酶的调控（LoVerde 等，2009)。血吸虫编码内源性的生长因子，除利用宿主生长因子外，还可以利用自身的内源性多肽作为发育信号。已从曼氏血吸虫中鉴定到多个TGF-β通路相关分子，包括两种类型的TGF-β受体SmTβRⅠ和SmTβRⅡ（Osman等，2006）；四种Smad蛋白，包括SmSmad1（Beall等，2000），SmSmad1b（Carlo等，2007），SmSmad2（Osman等，2001），SmSmad4（Osman等，2004）；一个TGF-β亚家族的同源物，曼氏血吸虫抑制素/激活素SmInAct（Freitas等，2007）和一个BMP同系物SmBMP（Freitas等，2009）。在人TGF-β1存在的情况下，SmTβRⅡ能够激活SmTβRⅠ，进而激活SmSmad2，并促进其与SmSmad4的相互作用，信号从受体复合体转移至Smad蛋白（Loverde等，2007），提示曼氏血吸虫可以利用宿主配体TGF-β与SmTβRⅡ结合来促进虫体的生长发育。SmTβRⅡ分布于雌虫的卵黄和肠道上皮细胞及雄虫体被（Osman等，2006），提示TGF-β信号通路可能在雌虫的卵黄细胞发育和卵胚发生中发挥重要作用（Loverde等，2007）。曼氏血吸虫抑制素/激活素（SmInAct）与人TGF-β1的序列相似性为29%，该基因的表达与血吸虫的繁殖潜能密切相关。应用RNA干扰技术抑制曼氏血吸虫虫卵*SmInAct*基因的表达，会使虫卵发育受阻，表明SmInAct在虫卵胚胎发生中发挥重要作用（Freitas等，2007）。在曼氏血吸虫中已鉴定到SmSmad1、SmSmad1b和SmBMP等BMP信号通路的重要分子，其中SmBMP与人BMP2序列相似性为49%（Freitas等，2009）。

在培养基中加入人TGF-β1，会增强体外培养的曼氏血吸虫雄虫抱雌沟蛋白（SmGCP）的表达水平，抱雌沟蛋白在雌雄虫相互作用及刺激雌虫发育成熟中起着重要的作用（LoVerde等，2004）。血吸虫雌虫寄居于雄虫抱雌沟中以获得性成熟，SmGCP分布于血吸虫雄虫抱雌沟的表面和合抱雌虫表面，但不见于未交配的雄虫或未成熟的雌虫（Bostic等，1996）。这些结果表明，SmGCP可能是由TGF-β通路诱导产生的产物，是血吸虫雌雄虫配对的重要信号分子（Osman等，2006）。TGF-β信号在血吸虫成虫有性生殖和胚胎发生中起着重要作用，是开发治疗和预防血吸虫病新产品的潜在靶标。

3. 14-3-3信号蛋白 14-3-3信号蛋白是一组高度保守的多功能胞质蛋白，广泛存在于真核生物的细胞内。该蛋白是一种信号接头蛋白，可与多种信号传导蛋白相互作用，调节它们的活性，参与有丝分裂原的信号传导、细胞凋亡和细胞周期调节，因此被认为是发育过程中的关键分子。Zhang等（1999）从日本血吸虫成虫cDNA文库中筛选到了日本血吸虫14-3-3编码基因，分析显示该基因在日本血吸虫生活史各期别虫体中均有表达。用纯化的重组蛋白rSj14-3-3免疫小鼠，再用血吸虫尾蚴攻击感染，免疫鼠获得34.2%的减虫率和50.74%的减卵率。Schechtman等克隆了曼氏血吸虫14-3-3蛋白编码基因，分析推测该蛋白在MAP激酶信号传导系统中发挥作用。免疫组化分析显示该蛋白在虫体内分布广泛，在雌雄虫的生殖器官中大量存在（Schechtman等，2001）。

第八节　凋亡相关分子

一、细胞凋亡

细胞凋亡对多细胞生物除去不需要或异常的细胞、生物体进化、生长发育和内环境稳定都具有重要作用。哺乳动物细胞凋亡通路有3条：外源性死亡受体通路、内源性线粒体通路和内质网通路。外源性细胞凋亡是由外源性的死亡配体和细胞膜表面的死亡受体相互作用，通过胞内形成的死亡诱导信号复合物，激活 Caspase 酶，导致细胞发生凋亡。在内源性凋亡通路中，线粒体处于中心地位，线粒体膜表面的 BCL－2 家族蛋白是控制整个内源性凋亡通路的关键环节，这些蛋白分为促进凋亡和抑制凋亡两大类。内质网通路中 caspase－12 蛋白发挥着凋亡通路放大器的作用，当各种因素导致的未折叠蛋白或错误折叠蛋白大量积累时，会造成内质网应激，进而激活非细胞色素 C（cytochrome C，Cyt－C）依赖性细胞凋亡通路，导致细胞凋亡的发生。无论是内源性途径还是外源性途径，最后细胞凋亡的执行者都是 Caspase 酶，凋亡小体形成后被邻近的吞噬细胞吞噬。细胞凋亡的启动和进行涉及一系列的基因表达和调控，具有独特而复杂的信号系统。

血吸虫是一种营寄生生活的多细胞生物，研究已表明血吸虫存在与高等动物类似的细胞凋亡现象，细胞凋亡在血吸虫生长、发育、繁殖及成熟过程中发挥着重要作用。

二、血吸虫细胞凋亡现象

郭小勇（2014）和 Wang 等（2016）收集了日本血吸虫非易感宿主大鼠和易感宿主小鼠来源的 14d、23d、32d 和 42d 的日本血吸虫虫体，分别应用透射电子显微镜、TUNEL 法观察了大鼠和小鼠不同发育时期虫体的细胞凋亡现象，结果在所有样品中都观察到部分虫体细胞呈现凋亡形态学变化，主要表现为细胞核仁裂解及核膜的肿胀，染色质凝集、边缘化呈新月形，细胞质浓缩、致密性增加，细胞固缩，细胞质空泡化等，其中非适宜宿主大鼠来源虫体细胞凋亡现象比适宜宿主小鼠来源同期虫体呈现的凋亡现象更明显。根据 TUNEL 法绿色荧光的强度和荧光点数的多少评价虫体发生细胞凋亡的程度，发现相比于 32d 和 42d 日本血吸虫虫体，14d 和 23d 虫体细胞凋亡现象更明显，其中大鼠来源 14d 和 23d 血吸虫虫体细胞凋亡现象比小鼠来源童虫明显，而 32d 和 42d 两个时期大鼠和小鼠来源虫体的细胞凋亡现象没有明显差别。

用 Annexin V－FITC/propidium iodide（PI）双染色法标记大鼠和小鼠来源血吸虫不同时期虫体细胞，流式细胞术分析显示，大鼠来源虫体的早期和晚期凋亡细胞比例随着虫龄的增长呈上升趋势（除 14d 虫体晚期凋亡细胞比例略高于 23d 虫体外），而小鼠来源虫体的早期和晚期凋亡细胞比例则随着虫龄的增长呈下降趋势（除 23d 虫体早期凋亡细胞比例高于 14d 虫体，和 42d 晚期凋亡细胞比例略高于 32d 虫体外）。除 23d 小鼠来源虫体的早期细胞凋亡比例略高于大鼠来源虫体外，其余各个阶段大鼠来源虫体的早期和晚期细胞凋亡比例都高于小鼠虫体。

该研究从形态学观察、TUNEL 法和流式细胞术三种方法均在大鼠和小鼠来源日本血吸虫不同时期虫体中观察到了细胞凋亡现象，同时观察到大部分大鼠来源虫体细胞凋亡比小鼠来源虫体更为明显，提示凋亡可能是影响日本血吸虫在大鼠和小鼠体内发育、存活的重要因素之一。

彭金彪（2010）用日本血吸虫尾蚴感染小鼠、大鼠和东方田鼠，10d 后收集虫体。透射电镜观察发现，东方田鼠来源虫体细胞凋亡现象比小鼠和大鼠来源虫体明显。利用 Annexin V－FITC/PI 分析不同宿主来源虫体细胞凋亡状况表明，小鼠、大鼠和东方田鼠来源虫体的凋亡细胞比例分别为 0.40%、5.22%和 62.91%，提示日本血吸虫在不同宿主体内的生长发育状况可能与体细胞凋亡相关。

三、血吸虫凋亡相关分子及凋亡通路

血吸虫基因组研究结果提示血吸虫可能具有和高等动物类似的凋亡通路（Berriman，2009；Zhou 等，2009）。王涛（2016）以人的凋亡基因核苷酸序列作为问询序列，对日本血吸虫基因组数据库进行搜索，共获得 15 个日本血吸虫凋亡相关基因信息。对这 15 个基因进一步分析，明确了日本血吸虫至少存在一条完整但相对简单的内源性凋亡通路，即线粒体通路。虽然在鉴定到的 15 个基因中也有外源性凋亡通路的相关分子，如 SjTNFR，但没有发现与 TNFR 胞内区相互作用的接头分子，故仍无法确定日本血吸虫是否存在一条外源性的凋亡通路。Lee 等（2011，2014）分析发现血吸虫存在 BCL－2 家族相关基因，这些基因涉及多结构域成员和单结构域（BH3）成员，其中多结构域成员 SjA 具有类 BAK/BAX 功能，推测日本血吸虫存在类似哺乳动物 Bcl－2 调节的内源性凋亡通路。Peng 等（2010，2011）应用寡核苷酸芯片技术，对日本血吸虫 10d 童虫的转录组进行分析，结果也显示血吸虫虫体中存在一些凋亡信号通路相关分子，如 caspase－3、caspase－7、Bcl－2、CIAP 等。

彭金彪（2010）比较分析了小鼠、大鼠和东方田鼠来源的日本血吸虫 10d 童虫的基因表达谱，结果显示一些在细胞凋亡通路中发挥凋亡效应的分子，如 cell death protein－3、caspase－7、caspase－3 在东方田鼠来源童虫显著性上调表达，小鼠来源虫体显著下调；而一些在细胞凋亡通路中发挥抑制凋亡效应的分子，如杆状病毒 IAP 重复序列蛋白（Baculoviral IAP repeat－containing protein）、细胞因子诱导的凋亡抑制剂（cytokine－induced apoptosis inhibitor）在小鼠来源童虫显著上调表达，东方田鼠来源童虫显著下调表达。王涛（2016）分别收集了 BALB/c 小鼠和 Wistar 大鼠来源 14d、23d、32d、42d 四个时期日本血吸虫虫体，利用 RT－PCR 技术对 15 个血吸虫凋亡相关基因在不同宿主和不同期别虫体的表达水平进行比较分析。结果发现，大鼠和小鼠来源的早期虫体凋亡基因表达水平差异较小，但随着日本血吸虫的生长发育，凋亡基因的差异表达越来越明显。14d 虫体中表达水平无明显差异的有 11 个基因，23d、32d 和 42d 分别减少为 7 个（*SjAPI*、*SjATM*、*SjBAX*、*SjBCL－2*、*SjCASP3*、*SjCASP9*、*SjCIAP*）、5 个（*SjAPI*、*SjBAX*、*SjBIRP*、*SjCYC*、*SjIAP*）和 3 个（*SjAPI*、*SjBAX* 和 *SjBIRP*）。同时，大鼠来源虫体中呈现高表达的基因数量不断增多，14d 虫体有 1 个（*SjIAP*），23d 有 6 个（*SjAIF*、*SjAPAF*、*SjBAK*、*SjBIRP*、*SjIAP*、*SjTNFR*），32d 有 9 个（*SjAIF*、*SjAPAF*、*SjATM*、*SjBAK*、*SjBCL－2*、*SjCASP3*、*SjCASP9*、*SjCIAP*、*SjTNFR*），42d 虫体增加至 11 个（*SjAIF*、*SjAPAF*、*SjATM*、*SjBAK*、*SjBCL－2*、*SjCASP3*、*SjCASP9*、*SjCIAP*、*SjCYC*、*SjIAP*、*SjTNFR*）。只有 *SjCASP7* 基因在小鼠来源四个时期虫体中均呈现高表达。以上的结果提示，不同适宜宿主来源血吸虫虫体凋亡相关基因的差异表达可能是影响血吸虫生长发育、存活的重要原因之一。

近些年，多家实验室对一些血吸虫凋亡相关基因进行了克隆、表达及特征和生物学功能分析。

Peng 等（2010）利用 RT－PCR 技术克隆了 *SjIAP* 编码基因。荧光实时定量 PCR 和 Western blot 分析表明，该基因在成虫中的表达明显高于其他发育阶段虫体，在雄虫中的表达水平显著高于雌虫。免疫组化研究分析表明，虫体 IAP 蛋白广泛分布于成虫体被表膜。试验证实用该基因真核重组表达质粒 pcDNA3.1－SjIAP 转染 293T 细胞，在体外可有效抑制凋亡诱导剂 ActD 引起的细胞凋亡，同时 SjIAP 重组蛋白对血吸虫虫体 Caspase 活性有明显的抑制作用。荧光实时定量 PCR 和 Western blot 分析显示 *SjIAP* 在东方田鼠来源虫体中的表达水平明显低于大鼠和小鼠来源虫体。

王涛（2016）对日本血吸虫凋亡相关基因 *Sjcaspase*－7 进行了克隆，生物信息学分析表明 Sjcaspase－7 为典型的 Caspase 家族成员。构建了真核重组表达质粒 pXJ40－FLAG－Sjcaspase－7。IFA 分析结果显示 Sjcaspase－7 在转染重组表达质粒的 Hela 细胞中成功表达，流式细胞术分析表明 Sjcaspase－7 可诱导 Hela 发生早期细胞凋亡。Caspase 酶活检测试验表明 Sjcaspase－7 重组蛋白具有切割底物 DEVD 的活性，同时该活性可被抑制剂 Z－DEVD－FMK 所抑制。作者筛选到一个对日本血吸虫 Sjcaspase－7 具有部分干扰效果的小 RNA（siRNA－883）。体内干扰试验的初步结果显示 Sjcaspase－7 部分沉默后，小鼠体内虫体数减少 30.77%，肝脏虫卵数减少 28.85%，表明 Sjcaspase－7 对日本血吸虫的生长发育具有重要作用。

王涛等（2016）利用 PCR 技术扩增获得 *Sjcaspase*－3 基因的编码序列，生物信息学分析表明 Sjcaspase－3 为典型的 Caspase 家族成员。Real－time PCR 分析表明该基因在检测的各阶段日本血吸虫虫体中都有表达，其中在 21d 虫体中表达量最高，42d 雌虫表达量高于 42d 雄虫。构建了 pXJ40－FLAG－Sjcaspase－3 重组质粒并转染到 Hela 细胞内，荧光定量 PCR 和 Western blot 分析表明 Sjcaspase－3 在 Hela 细胞中成功表达。酶活试验提示 caspase－3 重组蛋白具有切割特异性底物天冬氨酸-谷氨酸-缬氨酸-天冬氨酸（DEVD）的活性。流式细胞术分析表明 Sjcaspase－3 可诱导 Hela 细胞发生早期细胞凋亡。

Lee 等（2011）的研究表明日本血吸虫凋亡抑制蛋白 SjA、BH3 类似物可与 BCL－2 蛋白相互作用，从而抑制 BCL－2 蛋白的抑凋亡作用。

Luo 等（2012）鉴定到了日本血吸虫细胞凋亡相关基因 *CIAP*，分析表明 *CIAP* 在血吸虫尾蚴、童虫及成虫各个时期均有表达。血吸虫 *CIAP* 能抑制 Caspase 蛋白的活性，从而抑制细胞凋亡。对 *CIAP* 基因进行了真核表达，发现当 *CIAP* 过表达后，能够有效抑制凋亡诱导物对 293T 细胞的促凋亡作用。

Dao 等（2014）的研究结果表明日本血吸虫调亡相关基因 *SjBIRP* 可以抑制 Hela 细胞 caspase－3、caspase－7 的活性，并能抑制体外培养的日本血吸虫虫体细胞的凋亡。

王飞等克隆了日本血吸虫细胞凋亡相关基因 *caspase*－9。荧光定量 PCR 技术分析显示 Sjcaspase－9 在 7d、14d、21d、28d、35d、42d 日本血吸虫虫体中都有表达，其中在 7d 虫体表达量最高，雄虫表达量高于雌虫。该基因在东方田鼠、大鼠、小鼠来源虫体中均有表达，其中东方田鼠来源虫体表达量最高，大鼠来源虫体次之，小鼠来源虫体表达量最低。构建了 pcDNA3.1－caspase－9 重组表达质粒，运用流式细胞术对转染 pcDNA3.1－caspase－9 重组表达质粒的 Hela 进行分析，表明 Caspase－9 对 Hela 细胞具有明显的促凋亡作用。

陆看等（2015）克隆了日本血吸虫凋亡诱导因子 SjAIF，基因的功能结构分析显示该基因含有一个人线粒体凋亡诱导因子 1 的功能区、一个吡啶核苷酸-二硫化物氧化还原酶家族蛋白功能区及一个 FAD/NAD（P）结合域超家族成员蛋白功能区。实时定量 PCR 分析表明 *SjAIF* 基因在童虫和成虫的各个发育阶段均有转录，其中 7d、14d 和 21d 虫体表达量较低，42d和28d虫体表达量较高，雌虫表达量高于雄虫。*SjAIF*在大、小鼠来源的14d、23d、32d、42d四个时期虫体中均有表达，在大鼠来源虫体的相对表达量均明显高于小鼠来源虫体。应用免疫组化分析显示该蛋白主要存在于日本血吸虫体被，少部分分布于实质组织中。把真核重组表达质粒pcDNA3.1（+）- SjAIF转染Hela细胞，流式细胞术分析显示，重组质粒转染组的细胞早期凋亡比例为35.35%，而对照组为6.7%，转染组的细胞晚期凋亡比例为4.53%，对照组为0.7%。转染组的细胞早期凋亡和晚期凋亡比例均明显高于对照组。推测日本血吸虫凋亡诱导因子SjAIF有一定的促凋亡作用。

窦雪峰等（2017）克隆了在外源凋亡通路中鉴定到的日本血吸虫凋亡相关基因*SjTNFR*。Real - time PCR分析显示该基因在大、小鼠来源14d、23d、32d和42d四个不同发育阶段虫体均有表达，其中大鼠来源虫体*SjTNFR*的表达水平在14d后都明显高于小鼠来源虫体，在感染后32d和42d表达差异更明显（$P<0.05$）。提示该基因的差异表达可能是影响血吸虫在大、小鼠体内生长发育的因素之一。用构建的真核重组表达质粒pxj - 40 - SjTNFR转染293T细胞，流式细胞术分析表明，重组质粒转染组的细胞早期凋亡比例为25.3%，对照组为2.73%，转染组的细胞晚期凋亡比例为11.2%，对照组为2.73%。转染组的早期凋亡和晚期凋亡比例均明显高于对照组，表明日本血吸虫凋亡相关基因*SjTNFR*具有一定的促凋亡作用。

BAD（bcl - 2 associated death promoter）是Bcl - 2相关的死亡启动子，属于Bcl - 2家族的促凋亡基因。马茜茜等（2015）克隆了日本血吸虫*SjBAD*基因。实时定量PCR分析表明*SjBAD*基因在日本血吸虫童虫和成虫中均有转录，在14d虫体中表达量最高，在42d雄虫中的表达量高于雌虫。用构建的真核重组质粒pcDNA3.1（+）- SjBAD转染293T细胞，流式细胞术检测表明该基因能够促进293T细胞凋亡。

四、血吸虫凋亡研究的潜在应用前景

Kumar等（2013）利用生物信息学分析了血吸虫caspase - 3、caspase - 7和人的caspase - 3、caspase - 7序列、一级结构、二级结构和构型等方面的差异，发现血吸虫和人的caspase - 3、caspase - 7之间的相似性很低。三维结构分析表明血吸虫的caspase - 3、caspase - 7与人的caspase - 3、caspase - 7在底物结合方面存在较大差异，可能是未来筛选抗血吸虫药物的重要靶点。Peng等（2010）研究结果表明，日本血吸虫凋亡相关基因*SjIAP*与曼氏血吸虫*IAP*序列的相似性为89%，而与鼠和人的*IAP*序列的相似性分别只有12%和9%。

魏屏等（2006）研究发现感染日本血吸虫的小鼠利用可可碱治疗后，治疗组比对照组小鼠肝脏纤维化程度低。分析其机制可能是可可碱能明显促进小鼠肝细胞BCL - 2表达，且高剂量治疗组比低剂量治疗组BCL - 2表达量显著增加。BCL - 2高表达可抑制肝细胞凋亡，减轻血吸虫引起的肝脏纤维化。

Marek等（2013）的研究发现曼氏血吸虫的组蛋白去乙酰化酶8（histone deacetylase 8，smHDAC8）在三维结构上与人类的组蛋白去乙酰化酶有较大差异，且功能上不互补。以此为靶点发现了可以特异性阻止曼氏血吸虫组蛋白去乙酰化酶8功能的小分子，这种小分子会引起曼氏血吸虫的细胞凋亡，但和人的组蛋白去乙酰化酶无法结合。

■第九节　血吸虫体被蛋白

一、血吸虫体被蛋白与血吸虫感染建立和生长发育

血吸虫能在宿主的血管中存活几年甚至数十年，与血吸虫体被的特殊结构及一些体被分子的生物学功能密切相关（Skelly 等，2006）。血吸虫的体被是由一层合胞体细胞组成的特殊结构，包括顶部的外质膜，体被下部的基膜，基膜和外质膜之间的基质。成虫外质膜通常由两层紧密联结的单位膜构成（McLaren 等，1977），内外两层单位膜组成有所差别，外层富含脂类，称为膜萼。体被外质膜是动态变化的（Wilson 等，1974）。当血吸虫在终末宿主体内移行和生长发育的过程中，体被的被膜呈现一个动态的更新状态。不同发育阶段虫体的体被结构、体被上的表膜蛋白分子及其生物学功能也呈现动态变化（Zhang 等，2012）。这有利于血吸虫逃避宿主的免疫攻击，对虫体感染的建立及随后虫体的生长发育及存活发挥重要的作用。外质膜的不断更新会阻止宿主抗体或免疫细胞的黏附，而外质膜的翻转则有利于血吸虫利用宿主的抗原进行伪装（Wilson 等，1977）。体被的下方是肌细胞和体被细胞体，通过胞质桥与体被联结。基质内可见两种分泌小体，即盘状体和多膜囊。盘状体与体被的基质形成有关，维持体被的完整；多膜囊与体被外质膜的形成与更新有关。多膜囊是外层有膜包裹，内含物为紧密堆积的膜样结构。多膜囊的膜和内层外质膜融合，其膜样的内含物释放到表面，融合形成外层外质膜（Threadgold，1968）。尾蚴体被的外质膜只有一层单位膜，当其侵入终末宿主皮肤后转变为童虫，体被细胞合成大量的多膜囊结构通过胞质桥被运送至细胞基质，并融合逐渐形成双层膜结构，而原来的单层外质膜则脱落。体被结构是血液寄生虫与宿主血液循环系统接触的直接界面，而寄生在肠道或宿主其他部位的寄生虫不存在这一结构。

体被是血吸虫摄取营养物质和运送代谢物的重要场所。血吸虫成虫的体表覆盖着曲褶的嵴、体棘及小凹陷（Morris 等，1968），与虫体寄生环境直接接触，褶嵴的存在增加了虫体体表的面积，有助于直接从体表吸收营养。血吸虫的体表存在葡萄糖转运体和氨基酸转运体（Fripp，1967）。葡萄糖、氨基酸的吸收主要通过体被，而不是肠道（Rogers 等，1975）。研究已表明，一些血吸虫体被蛋白在虫体营养摄取及转运中发挥重要作用。如 SGTP4 仅在寄生于终末宿主体内的虫体中存在，在尾蚴入侵宿主后（30min 内）迅速表达并充满体被下层细胞，而在虫卵、胞蚴和尾蚴均无表达。该蛋白特异性分布于童虫和成虫体被外质膜，其重要功能之一是将葡萄糖从宿主血液中转运至虫体。该蛋白也被认为是血吸虫感染终末宿主后体被上的标记蛋白（Skelly 等，1996），有学者把 SGTP4 作为分子标记，来追踪尾蚴侵入皮肤不同时间内体被表膜的变化（Payares 等，1985）。该蛋白的期别差异性表达与童虫和成虫的葡萄糖摄取有关（Braschi 等，2006；Skelly 等，1996）；而 SGTP1 则特异分布于基膜及体被下细胞，将转入虫体的葡萄糖运送到体被下组织（Jiang 等，1996）。胆固醇和其他脂类也可以通过体被吸收（Moffat 等，1992）。又如血吸虫不能合成长链脂肪酸和胆固醇，需要摄取与利用宿主的有效成分。从血吸虫童虫体被中已分离、鉴定到了脂肪酸结合蛋白 FABP，该蛋白在血吸虫的脂肪转运、摄取中发挥了重要作用（Gobert，1997）。

血吸虫体被上还分布一些生长因子和细胞因子受体、甲状腺激素类受体、类固醇激素类

受体等，血吸虫既可利用自身的，也可利用宿主的生长因子、激素及免疫相关因子等来调节自身的细胞增殖，虫体的生长发育、合抱、分化、成熟及繁殖等生命过程；同时体被上也存在一些通道蛋白、信号传导蛋白等，参与信号传导，调节虫体与宿主间以及雌虫与雄虫间的相互作用，一些分子在血吸虫生长发育中发挥了重要的作用，如血吸虫抱雌沟蛋白（GCP）分布于雄虫抱雌沟表面及深部管状结构中，同时也出现在合抱雌虫的体表。该蛋白可能是一种雌雄虫间的信息传递物质，具有发育调控功能（Gupta 等，1987）。Cheng 等（2009）通过 RNA 干扰等研究发现该蛋白可影响雌雄虫体合抱和虫体生长发育。酪氨酸激酶受体（RTKs）是一类表膜受体，能够识别生长因子、细胞因子，调节细胞增殖和分化。曼氏血吸虫的表皮生长因子受体（SER）是第一个被研究的酪氨酸激酶受体，能够识别结合人类的表皮生长因子（EGF），从而激活下游信号通路（Ramachandran 等，1996）。转化生长因子受体 β 位于雌虫表膜，通过识别结合宿主的转化生长因子，促进雌虫卵黄腺的发育和胚胎形成（Davies 等，1998）。另一类重要的受体是胰岛素受体，能够识别宿主血液中的胰岛素，进而调节虫体的生长发育（You 等，2001）。

血吸虫体被结构不断改变和体被膜蛋白组成不断变化，对血吸虫逃避宿主免疫攻击，在宿主体内存活、发育、繁殖中扮演着重要角色（Mclaren 等，1977；Maizels 等，1993；Thompson，2001；Wieat 等，1998；Abath 等，1996）。血吸虫免疫逃避机制非常复杂，学者认为血吸虫可通过抗原模拟、抗原变异、抗原伪装等自身保护机制逃避宿主免疫攻击，也可通过合成和分泌一些免疫调节分子诱导宿主免疫耐受、免疫下调或抑制宿主免疫应答等发挥作用。前者主要通过①血吸虫不同发育时期虫体体被结构及其被膜蛋白的表达变化（如副肌球蛋白、脂肪酸结合蛋白等只在某些虫体阶段表达）及同型异构体抗原的表达（如不同发育阶段血吸虫虫体的 Actin 具有不同的 pI 或分子质量）；②血吸虫宿主样分子在虫体体被表达，即血吸虫表达与宿主相似或同源性较高的蛋白；③血吸虫摄取宿主的蛋白或糖脂，并结合于虫体体被，掩饰其表面敏感的抗原，使宿主的免疫系统难以识别异己；④血吸虫虫体抗原呈现单核苷酸多态性（Simoes 等，2007）等来逃避宿主的免疫识别、免疫监控及免疫攻击。后者则主要通过激活 $CD4^+CD25^+$ Treg 细胞和 Ts 细胞等具有免疫抑制功能的细胞，诱导 Th1/Th2 免疫应答类型转换，促使 T 细胞凋亡，诱发封闭抗体等抑制宿主的免疫应答。前者可能在血吸虫免疫逃避中起主导作用。有学者认为，使血吸虫免疫逃避失败或使其候选疫苗分子不受免疫逃避机制的影响，可能是血吸虫疫苗设计的新思路。

有关血吸虫体被表面蛋白在免疫逃避中的作用已有一些报道。Brouwers 等（1999）认为成虫体被被膜磷脂脱胆碱（phosphatidylcholine，PC）的快速更新在血吸虫免疫逃避中扮演着重要角色。Torpier 等研究表明，血吸虫童虫体被具有 IgG 的 Fc 受体，IgG 能与这些受体发生特异性结合，童虫体被含有的多种蛋白酶和肽酶能分解结合于虫体表面的特异性抗体，使抗体依赖、细胞介导的细胞毒性不能发生，同时抗体分解过程中产生的三肽（Thr-Lys-Pro）可抑制巨噬细胞的激活，影响巨噬细胞对童虫的效应功能（Torpier 等，1979；Auriault 等，1981）。DAF（CD55）是血吸虫从终末宿主获得的一种分子质量为 70ku 的糖蛋白，该分子可以加速补体 C3 转化酶的衰变，从而阻止补体介导的溶细胞作用，它通过一种特殊的“锚”糖基磷脂酶肌醇（glycosyl-phosphatidyl inositol，GPI）与细胞膜相连（Ramalho-Point 等，1992）。体外试验发现，DAF 能以可溶的形式转移至童虫表面，而使血吸虫逃避宿主的免疫应答。以上结果表明，一些血吸虫体被表面蛋白在血吸虫免疫逃避中确实起到了重要作用。

一些已报道具有较好免疫保护效果的血吸虫病疫苗候选分子，已证明在血吸虫体被表面呈现，如世界卫生组织推荐的6种有发展潜力的曼氏血吸虫候选疫苗中就有Sm23（23ku膜抗原）、Smparamyosin（副肌球蛋白）、SmFABP（脂肪酸结合蛋白）等在血吸虫某一阶段童虫或成虫体被表面呈现。

血吸虫体被也是药物作用的部位（Abath等，1996）。吡喹酮是目前治疗血吸虫病的首选药物。研究已表明，吡喹酮通过影响体被上的某些钙离子通道，干扰血吸虫Ca^{2+}内环境，改变Ca^{2+}的渗透性，从而引起虫体肌肉痉挛性收缩，或引起肌肉皮层损害（Anthony等，2009；Nogi等，2009）。在曼氏血吸虫被膜蛋白中已鉴定出钙离子通道蛋白等一些通道蛋白（Greenberg，2005）。张旻（2014）和Zhang等（2013）在分离的日本血吸虫成虫和14d童虫的体被表面蛋白中也发现有Na^{+}/K^{+}离子通道蛋白等信号通道相关分子。吡喹酮的应用破坏了虫体体被的覆盖物，导致虫体的免疫伪装被剥离，隐蔽的抗原暴露，从而为宿主的抗体和免疫相关细胞所识别。对体被的深入研究将有助于阐明吡喹酮抗血吸虫的作用机制，同时为筛选新的药物靶标及新药提供思路。

近几年血吸虫基因组学、转录组学、蛋白质组学及生物信息学研究的快速发展为深入开展血吸虫体被表面蛋白研究提供了有价值的信息和重要的技术平台。通过不同发育时期日本血吸虫体被表面蛋白质组的系统、深入研究，可以发现更多有深入研究价值的血吸虫重要功能分子。

二、血吸虫体被蛋白

Liu等（2006）收集了日本血吸虫雌虫、雄虫、合抱期成虫和肝期童虫的体被蛋白，利用蛋白质组学方法进行分析，分别在雄虫、雌虫、合抱期成虫和肝期童虫中鉴定出134个、58个、156个和159个体被蛋白，其中包括一些骨架蛋白、动力蛋白、分子伴侣、抗氧化的硫氧还蛋白过氧化物酶和超氧化物歧化酶，以及一些Ca^{2+}信号通路中的关键分子等，这些体被蛋白在血吸虫抵抗药物、毒素和氧化应激等方面发挥重要的作用，有作为药物靶标的潜力。另一些蛋白与物质转运有关，如葡萄糖转运载体SGTP1、SGTP4，脂肪酸结合蛋白等，提示体被蛋白在血吸虫营养摄取中可能具有重要的作用。

林矫矫课题组通过日本血吸虫体被表膜蛋白质组等研究，鉴定到了一些有重要生物学功能的血吸虫体被蛋白，如抱雌沟蛋白（GCP）、β-TGF受体相互作用蛋白1等与信号传导相关分子，葡萄糖转运蛋白（SGTP）、烯醇酶（Enolase）等与营养摄取、代谢相关的蛋白，硫氧还蛋白过氧化物酶（TPx-1、TPx-2、TPx-3）、热休克蛋白（HSP60、HSP70）等与适应宿主寄生环境的氧化还原蛋白和应激相关蛋白，精氨酸酶（arginase）、丝氨酸蛋白酶抑制剂（serpin）、副肌球蛋白（paramyosin）等与虫体免疫逃避相关的蛋白，Sj23、SjTSP等与膜稳定性相关的四跨膜蛋白，myoferlin（SjMF）和dysferlin（SjDF）等与膜修复相关的蛋白，囊泡膜蛋白等与囊泡运输等相关的蛋白，以及IgG和IgM抗体重链，C3补体分子等与宿主同源的蛋白。这些蛋白的鉴定，为阐述血吸虫与宿主的相互作用机制及血吸虫的生长发育机制奠定了重要基础。其中一些蛋白（如GCP、GST、TPx、paramyosin等）已在其他章节作了介绍，本节重点介绍SjVMAP2、Sj23、SjTSP、SjMF、SjDF等蛋白的研究进展。

1. 囊泡膜蛋白 血吸虫体被表膜不断地进行更新，有助于虫体逃避宿主的免疫攻击。血吸虫体被基质中的多膜囊结构通过与表膜的融合，进而帮助表膜形成或更新。膜融合的关键分子是SNARE（N-甲基马来酰胺敏感因子附着蛋白的膜受体），通过囊泡膜上的v-SNARE与靶膜上的t-SNARE形成SNARE复合物，从而促进了两个膜的接近与融合。囊泡膜蛋白（VAMP），即v-SNARE，通过N端保守结构域与t-SNARE的N端聚合，级联放大了整个SNARE复合物形成过程的聚合反应，这一反应也是整个膜融合过程中的限速步骤。VAMP2是研究最早、最多的囊泡膜蛋白，在神经信号传导、激素释放、胰岛素依赖的葡萄糖转运等过程中均起着关键的作用。韩倩（2017）和Han等（2016，2017）在日本血吸虫体被蛋白质组学的研究基础上，鉴定到了VAMP2（SjVAMP2）蛋白分子，并对该分子的特性及生物学功能开展了初步的研究。

生物信息学分析表明，日本血吸虫SjVAMP2为单跨膜蛋白，属于囊泡膜蛋白家族的成员之一。该蛋白N端含有一螺旋卷曲的保守结构功能域，C端含有一个血吸虫所特有的保守结构，有作为血吸虫病诊断抗原及药物靶点的潜在价值。韩倩等克隆了*SjVAMP2*基因的ORF序列，大小为482bp。实时定量PCR分析表明SjVAMP2在各个检测的生长发育阶段虫体中均有表达，其中在28d及42d虫体中的转录水平较高，14d和35d虫体转录水平次之，在42d雌虫中的表达量明显高于42d雄虫，可能与这些阶段虫体处于快速生长期或雌虫产卵的特殊发育阶段有关。此外，SjVAMP2的转录水平在40mg/kg和200mg/kg吡喹酮处理的虫体中随时间呈现不同的变化，暗示着SjVAMP2可能参与吡喹酮引起的虫体受损体被表膜的修复过程。

作者构建了重组表达质粒pET-28a-SjVAMP2，并在大肠杆菌BL21（DE3）中成功表达出约为25ku的rSjVAMP2重组蛋白。用该重组蛋白三次免疫BALB/c小鼠制备的抗rSjVAMP2特异性多克隆抗体血清作为一抗，进行免疫组化及免疫电镜分析，结果显示SjVAMP2蛋白主要定位于虫体体被，且主要分布于表膜内陷处、基质中的扁平体和多膜囊等分泌小体中。

Western blot分析结果表明SjVAMP2蛋白具有较好的免疫原性，用rSjVAMP2蛋白三次免疫小鼠，在两次独立的重复试验中，分别诱导小鼠产生了41.5%（$P<0.001$）和27.3%（$P<0.05$）的减虫率及36.8%（$P<0.01$）和23.3%（$P<0.05$）的肝脏减卵率。提示rSjVAMP2重组蛋白具有作为候选疫苗分子的潜力。

利用RNA干扰技术探究SjVAMP2在日本血吸虫生长发育过程中的作用。实时定量PCR和Western blot分析结果表明筛选到的SjVAMP2特异siRNA能够在转录水平和蛋白水平有效地抑制SjVAMP2的表达。SjVAMP2 siRNA干扰组虫体的存活率仅为空白对照组的69.7%（$P<0.01$），干扰组雄虫变小（$P<0.01$），发育受阻。扫描电镜观察发现约62%干扰组雄虫的体被表膜形态发生了变化，表现为雄虫口腹吸盘间的表膜不同程度地脱落，乳突异常增大增多，中后部的褶嵴发生一定程度的融合。在透射电镜下观察发现，干扰组雌虫的体被变薄，且表膜凹陷内折不全；雄虫的体被中出现大量的空泡，实质组织溶解，体被下组织中也有空泡出现。在体被基质中发现了由7层膜结构包裹的大的多膜囊结构，可能与虫体表膜更新有关。此外，抑制*SjVAMP2*基因的表达导致*SGTP1*、*SGTP4*、*SjIR1*和*SjIR2*四个与葡萄糖吸收、转运相关基因转录水平的显著下降，干扰组虫体在低糖培养基中培养4d和6d的葡萄糖摄取量分别下降33.2%（$P<0.001$）和39.3%（$P<0.01$），雌虫产

卵量下降 43.8%（$P<0.01$）。在两次独立的体内干扰试验中，SjVAMP2 siRNA 分别导致小鼠产生了 32.8%（$P<0.05$）、50.4%（$P<0.01$）的减虫率和 48.8%（$P<0.05$）、40.0%（$P<0.05$）的肝脏减卵率，干扰组小鼠肝脏的肉芽肿、纤维化等病理变化明显较对照组轻。结果表明 SjVAMP2 与血吸虫体被结构的维持密切相关，同时在日本血吸虫葡萄糖摄取和雌虫产卵等过程中发挥着重要作用。

2. 四跨膜蛋白 四跨膜蛋白（TM4SF）家族广泛分布于多种组织、细胞，已报道哺乳动物至少有 28 个不同的 TM4SF 家族成员，果蝇有 37 个家族成员（Todres 等，2000），这一家族成员包括淋巴细胞表面蛋白 CD37（Classon 等，1989），R2（Gaugitsch 等，1991），TAPA-1（Oren 等，1990），泛白细胞表面标记 CD53（Angelisova 等，1990），肿瘤相关抗原 ME491（Hotta 等，1988）和 CD-029（Szala 等，1990），血小板活化抗原 CD63（Azorsa 等，1991），大鼠白细胞抗原 MRC OX-44（Bellaedsa 等，1991）等。四跨膜蛋白家族在结构上具有特殊的四次跨越细胞膜结构，在细胞膜外形成大小两个环状结构（膜外区），小环（EC-1）由 17～22 个氨基酸残基组成，大环（EC-2）由 70～90 个氨基酸残基组成，大环序列中有 4 个或 6 个保守的半胱氨基酸残基，构成了起到稳定 EC-2 结构的 2 个或 3 个二硫键，N 端和 C 端均位于细胞膜的膜内侧（Loukas 等，2007；Kovalenko 等，2005）。TM4SF 的胞内区与细胞内部的信号通路分子相互作用，胞外区可招募邻近蛋白，为其提供支架，从而介导外界刺激信号的传导，产生相应的生物学功能效应（Levy 等，2005）。四跨膜蛋白家族参与了多种不同的细胞生命活动过程，如细胞活化、增殖、黏附、运动、分化、癌变等（Rubinstein 等，1996；Okochi 等，1997）。它们作为分子受体蛋白、特异细胞表面蛋白，对调节跨膜信号传导等具有重要的生物学意义。研究已表明，血吸虫体表存在丰富的四跨膜蛋白家族成员（如 23ku 蛋白、TSP、22.6ku 蛋白和 29ku 蛋白等），初步研究表明，这些蛋白分子是很好的疫苗候选分子或诊断抗原分子，同时四跨膜蛋白分子又可能是宿主体内某些蛋白的受体，与血吸虫的免疫逃避相关（Tran 等，2006；Loukas 等，2007）。

（1）23ku 抗原 血吸虫 23ku 抗原是一种膜蛋白，存在于血吸虫尾蚴、童虫及成虫，尤其是肝期童虫的表膜上，对维持血吸虫的生长发育起着重要作用（Rogers 等，1988）。血吸虫 23ku 抗原是一株血吸虫保护性单抗识别的靶标。抗曼氏血吸虫 23ku 抗原的单抗 M2 能与血吸虫尾蚴、童虫和成虫等的表膜提取物发生阳性反应（Harn 等，1985）。Lee 等（1995）以 Sm23 cDNA 作为探针筛选曼氏血吸虫基因组文库，获得一长度为 2 264bp 的阳性克隆，该基因含有 5 个外显子和 4 个内含子，前 3 个内含子的碱基数量都很少，分别只有 36 个、32 个和 33 个，第 4 个内含子有 1 037 个碱基。该基因编码蛋白含 4 个转膜区和 2 个亲水区，其中 3 个转膜区和 1 个亲水区位于 N 端，1 个大亲水区和另一个转膜区位于 C 端。推测血吸虫 23ku 抗原可能具有与其他 TM4SF 膜蛋白相似的生物学功能，以利血吸虫在宿主体内生存与生长。

血吸虫 23ku 抗原具有的良好免疫原性，已被证明在动物免疫试验中可诱导较高的免疫保护作用，是 WHO 推荐的 6 种血吸虫病疫苗候选分子之一（Bergquist 等，1998）。研究表明血吸虫 23ku 抗原或针对 23ku 抗原的抗体可诱导产生抗血吸虫感染的免疫保护作用。用含抗 22/23ku 抗原的血吸虫膜抗原分子的抗体被动转移小鼠获 30%～45%的抗血吸虫感染的抵抗力（Smith 等，1982；Hazdai 等，1985），转移给大鼠获 70%的抵抗力（Dissous 等，1982）。用从体外培养的血吸虫童虫释放物中提取的 22～26ku 抗原分子混合物免疫大鼠，产生了89%的减虫率（Cryzch等，1985）。把针对曼氏血吸虫23ku抗原的单抗M2转移小鼠，能获得被动免疫保护作用（Reynolds等，1992）。抗原表位分析表明23ku抗原大亲水区具有较强的免疫原性，该段多肽含有多个T细胞和B细胞表位。林矫矫等（1995）应用PCR技术克隆了编码日本血吸虫（中国大陆株）23ku抗原大亲水区多肽的DNA片段（LHD-Sj23），在大肠杆菌中获得高效表达，融合蛋白分子质量约为33.5ku。分析表明该融合蛋白具有良好的抗原性和免疫原性。应用该融合蛋白免疫鼠血清进一步免疫筛选血吸虫成虫cDNA文库，获中国大陆株23ku抗原全长编码基因，其开放阅读框含657个碱基。相似性分析表明该DNA片段的核苷酸序列与菲律宾株相关序列的相似性为99.85%（656/657），氨基酸的相似性为100%；与曼氏血吸虫Sm23相比，核苷酸的相似性为80.37%（528/657），氨基酸的相似性为83.94%（183/218）；与埃及血吸虫（Sh23）相比，核苷酸的相似性为80.21%（527/657），氨基酸的相似性为81.9%（177/218）。用LHD-Sj23/pGEX重组抗原免疫两批小鼠，与空白对照组相比，分别获得57.8%（$P<0.01$）和70.3%（$P<0.01$）的减虫率，与pGEX载体表达蛋白免疫组相比，减虫率分别为52.6%（$P<0.05$）和62%～69%（$P<0.01$）。用该重组蛋白进行了一批绵羊免疫试验，结果LHD-Sj23/pGEX免疫组相对空白对照组获得了66.1%（$P<0.0001$）的减虫率，相对佐剂对照组获得了58.5%（$P<0.005$）的减虫率和58.4%（$P<0.005$）的粪便虫卵减少率，表明该重组抗原可诱导较高的免疫保护作用，是一种值得深入研究的候选疫苗。Shi等（2001，2002）用日本血吸虫Sj23DNA疫苗免疫水牛，在现场试验中获33%的减虫率、66%的粪便毛蚴孵化减少率和34%的肝脏虫卵减少率。免疫机理研究表明用LHD-Sj23/pGEX免疫小鼠/绵羊后诱导了高水平的特异性IgG抗体应答，特别以IgG2b抗体亚型的免疫应答最强。林矫矫等（2003）参照曼氏血吸虫23ku抗原的抗原表位的研究结果和日本血吸虫（中国大陆株）23ku抗原的氨基酸序列，人工合成大亲水区多肽中一段含T细胞和B细胞表位的多肽P14，与鸡血清白蛋白（OVA）偶联后进行了二批动物免疫试验，分别获得22.22%（$P<0.05$）和30.18%（$P<0.01$）的减虫率，明显高于OVA免疫对照组获得的减虫效果，说明该合成多肽的氨基酸序列是日本血吸虫（中国大陆株）23ku抗原的重要抗原表位之一。任建功等（2001）应用Sj23 DNA疫苗（pcDNA3-Sj23）免疫C57BL/c小鼠，获得26.19%的减虫率和22.12%的减卵率。

同时，血吸虫23ku抗原也被认为是一种具有潜力的免疫诊断抗原。针对日本血吸虫23ku抗原的I-134单克隆抗体，可在90%以上的菲律宾株日本血吸虫病人血清中检出抗Sj23的特异抗体，且没有假阳性反应出现（Mitchell等，1981；Cruise等，1981；Mitchell等，1983）。林矫矫等以重组抗原LHD-Sj23/pGEX作为诊断抗原，应用ELISA法检测黄牛、水牛和绵羊血吸虫病，结果对黄牛和水牛的阳性检出率为94.0%（79/84）和85.5%（53/62），阴性符合率为82.7%（81/98）和95.1%（77/81），对绵羊的阳性检出率为86.94%（111/129），阴性符合率为100%（91/91）。与以血吸虫成虫抗原（SWAP）或虫卵抗原（SEA）作为诊断抗原获得的结果相当。对锥虫感染绵羊血清不出现交叉反应。显示该融合蛋白具有良好的诊断抗原潜力。

（2）四跨膜蛋白TSP　TSP蛋白具有四跨膜蛋白家族的主要特征，N端具有信号肽，含有4个跨膜区和大小2个膜外区。胞外区域呈环状，分为大环区和小环区，其中大环区含有4个保守的半胱氨酸。日本血吸虫TSP第二亲水基团由215个氨基酸组成。该蛋白含有多个保守的真核蛋白结构域位点，大膜外区和哺乳动物细胞表面蛋白 CD63、CD53 等四跨膜蛋白家族的保守区相似，提示 TSP 蛋白可能与细胞增殖、虫体发育及跨膜信号传导等有关。蔡鹏飞等（2008）发现日本血吸虫 SjTSP－2 可分为七个亚类，不同亚类之间可以发生重组，他们利用单一成虫进行 RT－PCR 分析，证明 SjTSP－2 亚类表达谱在个体成虫中存在着广泛的变异，推测该蛋白很可能参与了日本血吸虫的免疫逃避，认为由于该蛋白变异较大，并不适合成为日本血吸虫病的疫苗候选分子。

澳大利亚寄生虫学者 Smyth 等（2003）利用跨膜信号缺陷技术鉴定了包含四跨膜蛋白（SmTSP）在内的几十个曼氏血吸虫膜蛋白基因。Tran 等利用其中的 SmTSP1、SmTSP2 进行了现场流行病学调查，发现巴西血吸虫病疫区血吸虫抗性人群的抗 SmTSP1、SmTSP2 特异性 IgG1、IgG3 抗体水平显著高于那些抵抗力较低或没有抵抗力人群。Tran 等（2006）应用重组的曼氏血吸虫 SmTSP1 和 SmTSP2 免疫小鼠，分别获得 34％和 57％的减虫率、52％和 64％的肝脏虫卵减少率及 65％～69％粪便虫卵减少率。此结果发表在 *Nature medcine*（2006），显示 SmTSP 是一个有潜力的血吸虫疫苗候选抗原分子，并引起了相关学者的重视。Tran 等（2006）的研究表明曼氏血吸虫四跨膜蛋白主要定位于虫体体被。van Balkom 等（2005）应用蛋白质组学技术研究也发现 SmTSP2 是血吸虫几个整合蛋白之一，定位于体被。

傅志强（2007）克隆了日本血吸虫 *SjTSP*2 基因（GenBank 登录号 EF553319），该基因 ORF 含 645 个碱基对，编码 215 个氨基酸。生物信息学分析表明，*SjTSP*2 基因推导氨基酸序列的 N 端含有信号肽，有 4 个跨膜区和 2 个膜外区，符合四跨膜蛋白家族的主要特征。该蛋白第二个膜外区（EM2）具有多个功能位点，与 CD63 同源，并有 4 个保守的半胱氨酸。抗原性分析表明 SjTSP2 蛋白 EM2 具有较强的抗原性。荧光定量 PCR 技术分析表明，SjTSP2 在日本血吸虫 7d、14d、23d 及 32d 虫体内均有表达，其中在童虫中表达较高，在成虫中表达较低。应用免疫荧光技术进行组织定位分析，结果表明在血吸虫 10d 童虫和 44d 成虫的体表均可见强烈的荧光信号，而在虫体内部和消化道肠管中均未见明显的荧光信号，表明 SjTSP2 蛋白主要表达于血吸虫体被。作者进一步构建了含 *SjTSP*2 基因第二个膜外区的原核表达质粒 SjTSP2EM2/pET28c 和 SjTSP2EM2/pGEX－4T－2，在大肠杆菌中成功表达，重组蛋白 rSjTSP2EM2/HIS 和 rSjTSP2EM2/GST 分子质量分别为 15ku 和 36ku。用重组蛋白免疫昆明系小鼠，进行了二批免疫保护试验，结果与空白对照组相比，重组蛋白 rSjTSP2EM2/GST 在昆明系小鼠中分别诱导了 25.78％和 21.90％的减虫率，34.54％和 42.67％的肝组织减卵率。重组蛋白 rSjTSP2EM2/HIS 诱导了 22.30％的减虫率和 41.99％的减卵率。用重组蛋白 rSjTSP2EM2/GST 和同属四跨膜蛋白的另一血吸虫蛋白 Sj23 的重组蛋白 LHD－Sj23/GST 联合免疫小鼠后，获得 37.43％的减虫率和 45.27％的肝组织减卵率，与空白对照组比差异极显著。

中国农业科学院上海兽医研究所应用 SjTSP2 重组蛋白结合 206 佐剂免疫水牛，获得 52.0％的减虫率和 62.08％的粪便毛蚴孵化减少率。

（3）22.6ku 抗原　血吸虫 22.6ku 抗原分布于成虫和童虫表膜上。Santiago 等（1998）研究发现，人群对日本血吸虫的抵抗力与抗 22.6ku 抗原的特异性 IgE 和 IgA 抗体有关，并利用重叠肽技术鉴定了 4 个 IgE 结合部位。小鼠免疫试验显示原核表达的日本血吸虫 22.6ku 抗原能诱导特异性 IgE 和 IgA 抗体。苏川等（1998，1999）对 Sj22.6 的编码基因进行了修饰，获得高效表达菌株。在小鼠免疫保护性试验中，Sj22.6 重组蛋白诱导小鼠产生 32.1%的减虫率和 28.4%的减卵率，Sj22.6/Sj26 GST 融合蛋白诱导小鼠产生 34.9%的减虫率和 45.1%的减卵率。胡雪梅等（2001）的研究显示 Sj22.6 重组蛋白具有良好的免疫学活性，免疫组小鼠获得 77.2%的减虫率。朱绍春等（2008）的研究认为该蛋白不适合作为血吸虫病诊断抗原，因为该蛋白具有一定的抗凝血功能，可以与牛凝血酶结合并被水解。

Pacífico 等（2006）克隆表达了曼氏血吸虫 22.6 ku 蛋白编码基因，该基因与日本血吸虫成虫 22.6ku 蛋白编码基因序列的相似性为 79%。用 Sm22.6 重组蛋白免疫小鼠，获得 34.5%的减虫率，并诱导产生 IgG1 和 IgG2a 特异性抗体，及 IFN-γ 和 IL-4 细胞因子的增高表达。

（4）21.7ku 抗原　Francis 和 Bickle（1992）用放射线照射致弱尾蚴免疫的兔血清筛选曼氏血吸虫胞蚴 cDNA 文库，获得一个编码 21.7ku 抗原的 cDNA 克隆，该基因表达的重组抗原能够被免疫鼠血清识别。Sm21.7 与 Sm22.6 在基因序列和氨基酸序列上分别有 64%和 47%的相似性。Sm22.6 mRNA 主要在曼氏血吸虫成虫中表达，Sm21.7 mRNA 在胞蚴、童虫和成虫期均有表达。Sm21.7 和 Sm22.6 都有一段 EF-hand 钙结合区域，但缺乏恒定的甘氨酸，故认为它有可能不会结合钙。Ahmed 等（2011）用重组蛋白 Sm21.7 免疫小鼠，诱导小鼠产生 41%～71%的减虫率。Hafalla 等（1999）用抗血吸虫成虫抗原高 IgE 滴度的人群血清筛选到日本血吸虫菲律宾株的 21.7ku 蛋白编码基因。金亚美等（2002）克隆和表达了日本血吸虫中国大陆株 21.7ku 蛋白编码基因，该重组蛋白能够被日本血吸虫成虫抗原免疫血清识别。余传信等（2002）报道了日本血吸虫中国大陆株 21.7ku 膜蛋白分子的核酸疫苗能诱导部分抗血吸虫感染的免疫保护性作用，IL-12 作为免疫佐剂具有促进减卵的功能。

3. Dysferlin 和 myoferlin 蛋白　张旻（2014）在日本血吸虫体被表膜蛋白质组分析中发现 ferlin 蛋白家族中的 dysferlin（DF）及 myoferlin（MF）蛋白在日本血吸虫多个发育时期虫体中存在，推测这两种蛋白可能在血吸虫寄生生活中起着重要的作用。

Ferlin 蛋白家族含有 dysferlin（DF）、myoferlin（MF）和 otoferlin 三个主要成员。这三种蛋白具有共同的结构特征：①有保守的蛋白序列；②含有不同数量的 C2 结构；③C 末端有一个跨膜结构域（Bansal 和 Campbell，2004）。MF 在哺乳动物多组织内均有表达，研究表明 MF 的 mRNA 和蛋白在健康肌纤维中表达下调，在受损肌纤维中表达上调（Demonbreun 等，2010）。Davis 等（2000）发现 MF 在心肌和骨骼肌细胞中大量表达与质膜和核膜的修复有关。Doherty 等（2008）发现 MF 和 EPS 同源结构域蛋白相互作用能促进质膜的融合。Robinson 等（2009）证实 MF 存在于胎盘和滋养细胞中，推测其可能参与合胞体滋养细胞膜的修复过程。DF 含有多个 C2 结构域及钙离子磷酸结合位点，已被确认在肌细胞膜修复过程中起着重要的作用，可能作为钙离子感受器直接调节 SNARE 蛋白介导的质膜融合（Davis 等，2002；Therrien 等，2009）。在骨骼肌的定位研究中发现 DF 主要存在于肌纤维膜上，参与膜的运输和融合修复（Weiler 等，1996；Anderson 等，1999），在骨骼肌膜修复过程中起重要作用。DF 缺失鼠的肌膜破损后不能自身修复。近几年研究表明 DF 参与胎盘的质膜修复过程，及与前列腺癌发生发展密切相关，并估计该蛋白可能参与前列腺癌的转移过程（王艺昧，2008；黄小玲等，2009）。同时，在阿尔茨海默病患者脑内有 DF 积累（Galvin 等，2006）。关于 DF 在质膜修复过程中的作用，有学者认为 DF 可被视为一种钙离子介导的促融剂（Glover 等，2007），损伤处 DF 表达，激活钙离子，使细胞内的囊泡样结构如高尔基体、溶酶体等相互融合起修复作用。

Xiong 等（2013）利用 PCR 技术克隆了日本血吸虫 *SjMF* 基因，获得了 963 bp 的 cDNA 序列，构建了重组表达质粒 pET-32a（+）-SjMF 并在大肠杆菌中成功表达，重组蛋白分子质量为 62ku。实时定量 PCR 技术分析显示，SjMF 在 42d 虫体中的转录水平最高，在 42d 雌虫中的转录量远高于雄虫。间接免疫荧光试验显示，SjMF 蛋白主要分布于虫体体被，少量分布于实质。应用重组蛋白 rSjMF 免疫 BALB/c 小鼠，分析显示免疫鼠抗 SjMF 的特异性 IgG 抗体水平，以及 IL-2、IL-4、IL-10、IL-12p70、IFN-g 等细胞因子水平显著升高。重组蛋白 rSjMF 免疫鼠获得 21.82%～23.21%（$P<0.05$）的减虫率以及 28.35%～42.58%（$P<0.01$）的肝脏减卵率。给感染血吸虫的 BALB/c 小鼠服用吡喹酮，其中服用高剂量吡喹酮（200mg/kg）的虫体体被损伤严重且不能恢复，*SjMF* 基因的表达受到持续抑制；而服用低剂量吡喹酮（40mg/kg）的虫体，*SjMF* 基因的表达先下调而后呈上调趋势，吡喹酮处理后 12h 和 36h 虫体 *SjMF* 基因的表达水平显著高于未处理的对照组，同时虫体体被呈现明显的修复状态，表明该基因可能与虫体质膜修复相关。

Xiong 等（2013）还利用 PCR 技术对日本血吸虫表膜蛋白 SjDF 的编码基因进行了克隆，获得 681bp 的 cDNA 序列，构建了重组表达质粒 pET-28a（+）-SjDF，在大肠杆菌中成功表达，重组蛋白分子质量约 33ku。实时定量 PCR 分析表明 SjDF 在检测的不同发育阶段虫体中均有转录，其中在 42d、28d 和 7d 虫体中的转录水平较高，而在 21d 和 14d 虫体表达水平较低，在 42d 雌虫中的转录量远高于雄虫。间接免疫荧光定位试验结果表明，SjDF 蛋白主要分布在日本血吸虫体被上，少量分布于实质部分。用不同剂量吡喹酮处理血吸虫虫体，结果表明，200mg/kg 吡喹酮处理组能持续抑制血吸虫 *SjDF* 基因表达，虫体体被损伤严重且不能恢复，而 40mg/kg 吡喹酮处理组在作用 12h 后抑制消失，同时虫体体被呈现恢复状态。

4. 带电多泡体蛋白 5　带电多泡体蛋白家族（chromatin-modifying protein/charged multivesicular body protein，CHMP）为内吞体分选转运复合体Ⅲ（endosomal sorting complex required for transport Ⅲ，ESCRT-Ⅲ）的组分之一，该复合体参与表面受体蛋白的降解以及内吞多泡体（multivesicular bodies，MVBs）的形成等生理活动。有些 CHMPs 同时存在于细胞核以及细胞质/囊泡中，如 CHMP1A，与 MVB 的形成和细胞周期的调控都有着紧密联系（Tsang 等，2006）。在模式生物拟南芥的相关研究中表明，MVB 可以将由高尔基体合成的物质（如糖转移酶、糖蛋白以及多糖）运送至细胞壁，促进其生长并维持其更新。血吸虫的体被是一层覆盖于整个虫体表面的合胞体，它的更新由位于其下的细胞体来维持（Jones，1998）。细胞体含有内质网、高尔基体等细胞器，其合成的产物通过胞质桥运输到体被中，为体被的形成提供原料，维持虫体在宿主体内的生长发育与繁殖。同时，体被的被膜通过内吞作用，将宿主源性蛋白通过胞质桥运输到高尔基体并将其降解，帮助虫体逃避宿主的免疫攻击。张旻（2014）在前期体被蛋白质组学研究的基础上，鉴定到 CHMP5 蛋白，利用 PCR 技术从日本血吸虫成虫 cDNA 文库中克隆了编码 SjCHMP5（GenBank 登录号 FN320038）的 ORF 序列，该序列含 675bp，编码 224 个氨基酸。构建了该基因的重组表达质粒 pET28a（+）-SjCHMP5，在大肠杆菌系统中成功获得表达，重组蛋白 rSjCHMP5 以可溶性蛋白形式存在，其理论分子质量约为 29ku。免疫荧光染色试验分析显示，SjCHMP5

主要分布于日本血吸虫虫体的体被上。应用纯化的 rSjCHMP5 结合 206 佐剂免疫 BALB/c 小鼠，与佐剂对照组相比，诱导了 18.96%的减虫率（$P<0.05$）和 42.98%的肝脏减卵率（$P<0.01$）。

5. 蛋白磷酸二酯酶-5 膜外核苷酸焦磷酸酯酶/磷酸二酯酶（ecto-nucleotide pyrophosphatases/phosphodiesterases，ENPPs）是一组具有相同保守结构的外膜蛋白，具有水解膜外核苷酸、磷脂、胆碱磷酸酯的焦磷酸酯键/磷酸二酯键而释放 5′-核苷单磷酸的活性（段德民等，2007）。蛋白磷酸二酯酶（NPPs）可以通过水解核苷酸（尤其是 ATP 和腺苷）而影响多种生理过程（Zimmermann 等，2000），如血小板聚集，细胞凋亡，细胞增殖、分化、运动等。该家族有 7 个成员，按照其被发现的先后顺序命名（Stefan 等，2005）。研究表明 NPPs 不仅参与多种生理和生化过程，其异常表达产物还与癌症、Ⅱ型糖尿病和骨矿化障碍等多种疾病的致病有关（Stefan 等，2005）。如 NPP-2 可以通过影响其底物 LPA 的含量来刺激多种癌症细胞的增殖（Umezu-Goto 等，2002）。在大鼠的脑膜上发现有一种大小为 50ku 并含有 α-甘露残基的糖蛋白被鉴定为 NPP-5，该蛋白很可能参与神经细胞之间的信号传递（Ohe 等，2003）。实验证明曼氏血吸虫成虫及 21d 虫体具有 SmNPP-5 活性，而尾蚴却没有检测到，表明 SmNPP-5 很可能是尾蚴侵入宿主后形成的新体被的组成部分（Rofatto 等，2009）。张旻（2014）在日本血吸虫不同发育时期虫体体被表膜蛋白分析中，在多个时期虫体中都分离到磷酸二酯酶-5（SjNPP-5）蛋白。利用 PCR 扩增获得编码 SjNPP-5 的全长 cDNA 序列，其 ORF 为 1 371bp，编码 456 个氨基酸。该蛋白有一个跨膜区位于 9～31 氨基酸之间，膜内区为第 1～8 氨基酸，膜外区为第 32～456 氨基酸；其信号肽为其蛋白 N 端的 1～25 氨基酸；四个 N-糖基化位点为 Asn59、Asn113、Asn175 和 Asn258。作者构建了 pET32a（+）-SjNPP-5 重组表达质粒，在大肠杆菌中以包涵体的形式表达，分子质量为 69ku。Western blot 分析表明 pET32a（+）-SjNPP-5 重组蛋白具有较好的抗原性和免疫原性。Real-time RT-PCR 分析在 7d、14d、21d、28d、35d、42d 虫体及 42d 雌、雄虫体中的表达情况，结果表明该基因在 21d 和 42d 虫体中转录水平高于 7d 和 14d 虫体，在 42d 雄虫中的转录水平远高于 42d 雌虫，约为后者的 10 倍。免疫荧光试验结果显示 SjNPP-5 主要表达于日本血吸虫被膜上。用纯化的 pET32a（+）-SjNPP-5 重组蛋白结合 206 佐剂免疫 BALB/c 小鼠，与空白对照组相比，免疫小鼠获得了 29.90%的减虫率（$P<0.05$）和 26.21%的肝脏减卵率（$P>0.05$）。

6. Sj29 张旻（2014）对日本血吸虫成虫表膜蛋白质组分析时鉴定到虫体体被蛋白 Sj29。该蛋白编码基因的 ORF 含 576 个碱基，编码 192 个氨基酸，其碱基序列和氨基酸序列与 Sm29 的相似性分别为 68%和 54%。生物信息学分析表明该蛋白不含信号肽和跨膜区，亚细胞定位预测其为分泌型蛋白。陈虹等（2009）通过免疫组织化学分析表明 Sj29 存在于童虫和成虫的体表。Braschi 等（2006）的研究结果也认为 Sm29 是分泌蛋白。Cardoso 等（2006）研究证实 Sm29 分布于血吸虫被膜上。陈虹等（2009）将重组蛋白 pET28c-Sj29 免疫小鼠，结果与空白对照组相比，免疫组小鼠成虫数和肝脏、粪便虫卵数都有所减少，认为重组蛋白 rSj29 可诱导免疫鼠产生部分的免疫保护效果。Cardoso 等（2008）将重组蛋白 Sm29 免疫小鼠获得了 51%的减虫率、50%的肝组织减卵率以及 60%的粪便减虫率。任翠平等（2008）的研究结果显示纯化的重组蛋白 Sj29-pET28a 能够被急性、慢性和晚期日本血吸虫患者血清识别，而不被健康人血清识别，提示 rSj29 可用作血吸虫病诊断抗原。任翠平还建立了两株特异性分泌抗 Sj29 的单克隆抗体细胞株，抗体亚型均为 IgG1。王萍等（2010）将 rSj29 间接 ELISA 法用于日本血吸虫病的诊断，并与粪检法、间接红细胞凝集试验（IHA）和成虫粗抗原（AWA）间接 ELISA 法进行了比较，发现 rSj29 可用于日本血吸虫病诊断初筛。

第十节 血吸虫钙结合相关蛋白

钙是真核生物体内一种重要的第二信使，在细胞信号传导途径中发挥着重要的作用，很多生理活动的调节都由钙来完成，执行这项功能需由种类繁多的钙结合蛋白来完成。钙结合蛋白广义上是指与钙离子特异结合的蛋白质总称。钙结合蛋白在生物机体中广泛存在，种类繁多，对于维持生物体的生理活动及功能调节方面具有重要的作用。它们中有的与酶或细胞的机能调控有关，通过与 Ca^{2+} 的结合或分离，使蛋白的构型发生变化，进而发挥其调节机能。有的通过与 Ca^{2+} 结合从而使游离的离子浓度降低，具有贮藏钙的功能，多参与细胞间 Ca^{2+} 的运输和贮藏。

Knudsen 等（2005）对曼氏血吸虫尾蚴分泌物的蛋白质组学分析结果表明，入侵初始阶段尾蚴的分泌蛋白中含有大量的钙结合蛋白、钙激活蛋白、钙调控蛋白及 SmCE - 1a、SmCE - 1b 和 SmCE - 2a 等。Dvorak 等（2008）对日本血吸虫尾蚴分泌物的蛋白质组学分析也证实了钙蛋白酶的存在。Hu 等（2009）对日本血吸虫尾蚴阶段高表达基因的分析显示，钙蛋白酶在尾蚴阶段的表达量明显高于成虫阶段，提示钙蛋白酶在尾蚴阶段发挥着某种重要的作用。

已报道的血吸虫钙结合蛋白都具有钙结合位点，根据有无 EF - hand 结构分为 EF - hand 家族和非 EF - hand 家族钙结合蛋白。

一、EF - hand 家族的钙结合蛋白

EF - hand 家族蛋白都具有相似的结构，包括 4～8 个钙结合位点，一个有 29 个氨基酸的螺旋-中央环-螺旋结构，其中两段几乎垂直的 E 和 F 螺旋有利于它们结合钙离子。研究发现，含有 EF - hand 结构域的蛋白几乎都定位在胞质和细胞膜中，其功能可能与胞内钙离子水平的缓冲作用有关。EF - hand 家族蛋白按照功能可分为调节型蛋白和结构组成型蛋白两类。调节型蛋白包括钙调蛋白和肌原蛋白 C，这一类蛋白和 Ca^{2+} 结合后构象发生变化，进而对靶蛋白的功能进行调节；结构组成型蛋白是以微管蛋白为代表的可溶性的肌质钙结合蛋白，这一类蛋白和 Ca^{2+} 结合后构象没有产生类似的变化，仅起到胞内 Ca^{2+} 的缓存作用。

1. 钙调蛋白 钙调蛋白（calmodulin，CaM）具有多种生物学功能，可以作为钙感应器和信号传导分子，可以被转录及翻译后修饰所调控。该蛋白由 148 个氨基酸组成，分子质量为 16.7ku，含有 4 个 EF - hand 基序，其中每一个都可以结合一个钙离子，普遍存在于真核生物细胞中。

Thompson 等（1986）最早报道了曼氏血吸虫中一种分子质量为 19ku 的 CaM。Andrew 和 Yoshino（2011）在曼氏血吸虫毛蚴和胞蚴中鉴定到两个 CaM 的基因 *SmCaM1* 和 *SmCaM2*，这两种蛋白具有 99%的相似性，与哺乳动物 CaM 的相似性为 97%～98%。童虫

体外 RNA 干扰试验表明，在发育不良虫体中 *SmCaM*1 和 *SmCaM*2 转录水平分别下降 30%和 35%，提示 CaM 在曼氏血吸虫早期童虫生长发育过程中发挥着重要的作用。

2. 钙结合蛋白 Moser 和 Klinndert（1992）报道克隆了曼氏血吸虫钙结合蛋白 SmE16 的编码基因，该蛋白含有 4 个 EF－hand 基序，分子质量为 16ku，并证明了该蛋白是血吸虫病血清学诊断的一种优势抗原。王兆军等（2003）克隆表达了日本血吸虫钙结合蛋白 SjE16 的编码基因，分析表明 SjE16 与 SmE16 序列有 69%的相似性。以 SjE16 重组蛋白作为诊断抗原，应用 ELISA 法检测日本血吸虫病兔的特异性和敏感性分别为 94.1%和 88.2%，检测急性和慢性血吸虫病患者的敏感性分别为 85.5%和 70.2%，对健康人群的特异性为 98.3%。

Havercroft 等（1990）报道了一个分子质量为 20ku 的钙结合蛋白（Sm20），该蛋白主要在曼氏血吸虫各期别虫体的肌肉组织中表达。Stewart 等（1992）获得编码该蛋白的全长 cDNA 序列，该蛋白与钙调蛋白、肌原蛋白 C 和肌球蛋白高度相似。氨基酸水平预测该蛋白具有 4 个 EF－hand 基序，但蛋白二级结构预测以及钙结合位点的特异性残基分析显示该蛋白只具有一个功能性的钙结合位点。

Hazdai 等（1985）鉴定了曼氏血吸虫 8ku 钙结合蛋白，该蛋白具有 2 个 EF－hand 结构域，只在尾蚴及早期童虫（3h 内童虫）中表达，在胞蚴及成虫中均不表达，推测该蛋白在改变皮层以适应宿主体内的寄生生活方面起一定的作用。彭鸿娟等（2002）用表达序列标签（expression sequence tag，EST）策略从日本血吸虫尾蚴 cDNA 文库中筛选到一个与曼氏血吸虫 8ku 钙结合蛋白（SmCa8）编码基因高度相似的日本血吸虫 8ku 钙结合蛋白（SjCa8）编码基因，并对该基因进行了克隆和表达。吕志跃等（2006）证明 SjCa8 具有良好的免疫原性和免疫反应性。后期报道表明 8ku 钙结合蛋白在血吸虫生长发育、入侵宿主过程中起着不可或缺的作用。

3. 钙激活中性蛋白酶 Siddiqui 等（1991）用亲和层析法从曼氏血吸虫虫体蛋白、顶端基质膜（apical plasma membrane，APM）、顶端双层复合体（apical bilayer complex）可溶性部分分离到一些钙结合蛋白，分子质量为 15～205ku。其中在 APM 中有种钙激活中性蛋白酶（calcium－activated neutral proteinase，Calpain）具有很强的免疫反应性。该蛋白酶由 80ku 的催化亚基和 30ku 的调节亚基组成，为异二聚体，对细胞内 Ca^{2+} 的结合、蛋白质修饰、信号传导及膜生物合成等起重要调节作用。Siddiqui 等 1993 年又发现 Calpain 的活性是补体 C3b 和 5－HT 诱导加速表膜合成所必需的，对 Th 细胞的靶蛋白具有很强的免疫反应性。Hota－Mitchell 等（1997）在杆状病毒中表达了曼氏血吸虫 Calpain 的大亚基 Sm－p80，该重组蛋白可以被感染人血清的 IgG1、IgG3、IgA 和 IgM 同型抗体所识别，用纯化的 Sm－p80 重组蛋白免疫小鼠，获得 29%～30%的减虫率。Ahmad 等（2009）构建了 Sm－p80核酸疫苗，免疫小鼠后分别获得 59%的减虫率和 84%的减卵率。该 DNA 疫苗诱导小鼠产生强烈的特异性抗体 IgG2a 和 IgG2b，Sm－p80 刺激脾细胞后增强产生的 Th1 型细胞因子（IL－2、IFN－γ）比 Th2 型细胞因子（IL－4、IL－10）多。

Kumagai 等（2005）报道 Calpain 在日本血吸虫不同发育阶段虫体均可表达，主要分布于成虫表膜和尾蚴分泌腺内，与尾蚴穿透皮肤密切相关。重组蛋白 rCalpain 特异性抗体介导了对日本血吸虫童虫的细胞毒作用，具有抗日本血吸虫的作用。用该重组蛋白免疫小鼠，获得 36%～41%的减虫率。

二、非 EF－hand 家族的钙结合蛋白

1. IrV1 钙结合蛋白　Hawn 等（1993）报道用放射性照射尾蚴免疫鼠血清筛选曼氏血吸虫 cDNA 文库，得到一非 EF－hand 家族蛋白 SmIrV1 编码基因。Hooker 和 Brindley（1999）用去垢剂 Triton X－14 溶解的血吸虫膜相关蛋白免疫家兔，制备多克隆抗血清，用该抗血清从日本血吸虫（菲律宾株）表达 cDNA 文库中筛选到编码 SjIrV1 的 cDNA 序列基因。生物信息学分析表明 SjIrV1 与钙连蛋白（Calnexin）相似，序列与 SmIrV1 具有 83％的相似性。该蛋白一级结构上保守的钙结合位点及重组蛋白的钙独立性电泳试验证明 SjIrV1 是一种功能性的钙结合蛋白。

魏梅梅等（2013）利用 PCR 技术克隆了中国大陆株日本血吸虫 66ku 钙结合蛋白（SjIrV1）编码基因，BLAST 分析显示该基因与菲律宾株日本血吸虫 SjIrV1 cDNA 编码序列同源。荧光定量 PCR 分析表明该基因在童虫和成虫期不同发育阶段虫体均有表达，其中在 35d 和 42d 成虫中表达量较高，在 42d 雌虫中该基因表达水平远高于 42d 雄虫。构建重组表达质粒 pET28a（＋）－SjIrV1，在大肠杆菌中成功诱导表达，重组蛋白主要以可溶性形式存在，通过高效液相色谱法（RP－HPLC）以及串联质谱法（MS/MS）鉴定所获蛋白为目的蛋白 SjIrV1。Western blot 分析显示重组蛋白能被感染日本血吸虫鼠血清和免疫鼠血清所识别。免疫荧光染色试验显示 SjIrV1 主要分布在日本血吸虫成虫的体被。应用重组蛋白免疫 BALB/c 小鼠后，免疫鼠血清中检测到较高水平的特异性 IgG、IgG1 和 IgG2a 抗体，且 IgG1/IgG2a 比值呈下降趋势，同时诱导小鼠产生较高滴度的 IL－12p70 和 IFN－γ 细胞因子，说明 rSjIrV1 免疫小鼠后诱导了 Th1/Th2 混合型免疫应答，但以 Th1 型占主导。动物保护试验结果表明，rSjIrV1 诱导小鼠产生 12.25％的减虫率和 34.07％的肝脏减卵率。

2. 钙网织蛋白　钙网织蛋白（calreticulin，CaR）是哺乳类动物骨骼肌、平滑肌肌质网及肝内质网中普遍存在的高亲和性的钙结合蛋白。血吸虫钙离子的调节是虫体肌肉收缩、尾蚴侵入宿主皮肤等的生理需要。Khalife 等（1993，1994，1995）克隆了曼氏血吸虫钙结合蛋白编码基因 *SmCaR*，该蛋白的氨基酸序列与人体 RO/SS－A 抗原（人体 CaR）同源，具有钙结合位点。该蛋白的表达无期别特异性，在成虫和虫卵中高表达，在新转化的童虫中低表达，另外雌虫的 SmCaR 表达水平稍高于雄虫。免疫组化分析表明，该蛋白在虫体消化道和性器官的上皮细胞内含量较高。对该基因序列分析表明在转录起始位点上游的 TGACTAA 为转录因子 AP－1 结合位点，对此基因调控分析表明 AP－1 在 *SmCaR* 基因的转录调控中发挥作用。SmCaR 还可能通过调节 Ca^{2+} 浓度而影响细胞增生。研究发现毛蚴及雌虫生殖器官中含有 SmCaR，抗 SmCaR 的免疫应答可能会干扰虫卵的产生。

Huggins 等（1995）克隆了一与日本血吸虫 CaR 同源的 Sj55 全长 cDNA 序列。曼氏血吸虫成虫可溶性抗原（SAWA）的 62ku 蛋白条带可被辐照致弱尾蚴免疫小鼠血清所识别。Gengehi 等（2000）用 62ku 蛋白免疫小鼠血清筛选曼氏血吸虫成虫 cDNA 表达文库，分析结果表明 62ku 抗原即是曼氏血吸虫 CaR，可能含有辐照致弱尾蚴免疫小鼠 T 细胞和 B 细胞的抗原决定簇。

（林矫矫）

参考文献

艾敏，2017. 日本血吸虫热休克蛋白 70 诱导小鼠先天免疫的初步研究［D］. 北京：中国农业科学院.

陈虹，傅志强，陈雷，等，2009. 日本血吸虫体表蛋白 rSj29 的保护性效果［J］. 中国寄生虫学与寄生虫病杂志，27（6）：476-482.

窦雪峰，王涛，吕超，等，2017. 日本血吸虫凋亡相关基因 SjTNFR 的初步研究［J］. 中国动物传染病学报，3：68-72.

杜晓峰，2014. 日本血吸虫入侵宿主过程中关键尾蚴蛋白酶的研究［D］. 上海：复旦大学.

杜晓峰，鞠川，胡薇，2013. 血吸虫尾蚴侵染分子机制研究进展［J］. 中国血吸虫病防治杂志，25（6）：664-667.

傅志强，2007. 日本血吸虫膜蛋白 SjTSP2 研究［D］. 北京：中国农业科学院.

郭小勇，2014. 日本血吸虫细胞凋亡的初步观察［D］. 北京：中国农业科学院.

郭小勇，洪炀，韩宏晓，等，2014. 日本血吸虫 14d 童虫凋亡现象的观察［J］. 中国兽医科学，44（6）：558-562.

韩倩，2017. 日本血吸虫囊泡膜蛋白 2（SjVAMP2）的生物学功能初探［D］. 北京：中国农业科学院.

韩艳辉，2011. 日本血吸虫硫氧还蛋白谷胱甘肽还原酶（SjTGR）的克隆、表达及免疫保护效果的初步研究［D］. 南京：南京农业大学.

何永康，罗新松，喻鑫松，等，1999. 洞庭湖区东方田鼠天然抗日本血吸虫抗体水平的初步研究［J］. 中国寄生虫学与寄生虫病杂志，17（3）：132-134.

洪炀，韩宏晓，彭金彪，等，2010. 日本血吸虫蛋白酶体 α2 亚基基因的克隆、表达及功能分析［J］. 生物工程学报，26（4）：509-516.

胡薇，冯正，韩泽广，2009. 血吸虫基因组、转录组和蛋白质组研究进展［J］. 国际医学寄生虫病杂志，36（5）：286-293.

蒋守富，魏梅雄，林矫矫，等，2001. 东方田鼠天然抗日本血吸虫抗体及 IgG 亚类的初步观察［J］. 中国血吸虫病防治杂志，13（1）：1-3.

蒋守富，魏梅雄，林矫矫，等，2004. 东方田鼠血清被动转移抗日本血吸虫的保护力研究［J］. 中国寄生虫病防治杂志，17（5）：298-300.

金亚美，2002. 日本血吸虫中国大陆株性别差异表达基因的研究［D］. 北京：中国农业科学院.

金亚美，林矫矫，程国锋，等，2004. 日本血吸虫抱雌沟蛋白基因表达的性别与时相差异性研究［J］. 寄生虫与医学昆虫学报，11（2）：70-73.

雷智刚，孟锦绣，何蔼，等，2002. 日本血吸虫组织蛋白酶 L1 基因的编码区全序列分析及克隆［J］. 中国寄生虫学与寄生虫病杂志，20：325-327.

黎申恺，1965. 东方田鼠对日本血吸虫的不感染性［J］. 寄生虫学报，2（1）：103.

李传明，石佑恩，1996. 寄生虫热休克蛋白及其在血吸虫方面的研究进展［J］. 国外医学寄生虫病分册，23（5）：193-197.

李浩，何艳燕，林邦发，等，2001. 东方田鼠重复感染日本血吸虫试验研究初步［J］. 中国兽医寄生虫病，9（3）：15-17.

李浩，何艳燕，林矫矫，等，2000. 东方田鼠抗日本血吸虫病现象的观察［J］. 中国兽医寄生虫病，8（2）：12-15.

李红飞，王孝波，冯新港，等，2011. 日本血吸虫 β-catenin 基因的克隆及在不同发育阶段的表达水平［J］. 西北农林科技大学学报（自然科学版），39（2）：33-41.

李小红，刘述先，宋光承，等，2005. 日本血吸虫肌球蛋白部分重链基因核酸疫苗的构建与小鼠保护性研究［J］. 中国血吸虫病防治杂志，17：9-12.

李肖纯，2019. 日本血吸虫正常发育雌虫与发育阻遏雌虫差异表达蛋白分析［D］. 上海：上海师范大学.

李雍龙，冯友仁，Conor Caffrey，等，1998. 日本血吸虫组织蛋白酶的研究［J］. 中国寄生虫学与寄生虫病杂志，16（2）：101-104.

林矫矫，1995. 中国大陆株日本血吸虫 23kD 基因重组抗原的研究——编码 23kD 抗原基因克隆的筛选［J］. 中国兽医科技，25（6）：23-25.

林矫矫，1995. 中国大陆株日本血吸虫 23kD 基因重组抗原的研究——23kD 抗原大亲水区多肽基因重组抗原的制备及抗原性测定［J］. 中国兽医科技，25（5）：21-23.

林矫矫，傅志强，吴祥甫，等，2003. 日本血吸虫 23kD 抗原表位及多价疫苗的初步研究［J］. 中国人兽共患病杂志，19（6）：62-65.

林矫矫，田锷，傅志强，等，1995. 中国大陆株日本血吸虫 23kD 基因重组抗原的研究——重组的 23kD 抗原大亲水区多肽对小鼠的免疫试验［J］. 中国兽医科技，25（8）：20-21.

林矫矫，田锷，傅志强，等，1996. 日本血吸虫副肌球蛋白小鼠免疫试验［J］. 中国血吸虫病防治杂志，26（1）：20-22.

刘金明，傅志强，李浩，等，2001. 东方田鼠 ADCC 体外杀伤日本血吸虫童虫效果的初步观察［J］. 寄生虫与医学昆虫学报，8（4）：212-219.

刘金明，傅志强，李浩，等，2002. 东方田鼠血清体外杀伤日本血吸虫童虫效果的初步观察［J］. 中国人兽共患病杂志，18（2）：81-83.

刘萍萍，2011. 日本血吸虫抱雌沟蛋白相互作用分子的鉴定及两个相关蛋白的研究［D］. 北京：中国农业科学院.

刘文琪，李雍龙，2001. 血吸虫酶类研究进展［J］. 国外医学寄生虫病分册，28（5）：198-202.

陆看，韩宏晓，洪炀，等，2015. 日本血吸虫凋亡诱导因子 SjAIF 功能区片段的克隆及表达分析［J］. 中国人兽共患病学报，31（2）：102-108.

马茜茜，洪炀，韩宏晓，等，2015. 日本血吸虫促凋亡基因 SjBAD 的初步研究［J］. 中国血吸虫病防治杂志，27（2）：139-145.

马茜茜，洪炀，韩宏晓，等，2015. 日本血吸虫促凋亡基因 SjBAD 真核表达及其功能研究［J］. 畜牧与兽医，（11）：70-75.

缪应新，刘述先，1996. 日本血吸虫磷酸丙糖异构酶小鼠免疫试验［J］. 中国寄生虫学与寄生虫病杂志，14（4）：257-261.

彭金彪，2010. 不同宿主来源日本血吸虫童虫差异表达基因的研究［D］. 北京：中国农业科学院.

钱磊，张冬梅，庄英萍，等，2004. 修饰后日本血吸虫 Sjc97 基因的真核表达及其免疫原性［J］. 第二军医大学学报，25（1）：29-33.

任翠萍，刘森，赵志荣，等，2008. 日本血吸虫 29000 膜外蛋白的表达和纯化及功能初步鉴定［J］. 中华检验医学杂志，31（6）：685-686.

任建功，朱荫昌，Harn DA，等，2001. 日本血吸虫中国大陆株 23kDa 膜蛋白 DNA 疫苗诱导小鼠保护性免疫的研究［J］. 中国寄生虫学与寄生虫病杂志，19：336-339.

苏川，马磊，吴海玮，等，1999. 日本血吸虫 22.6kDa 重组抗原的高效融合表达及特性鉴定［J］. 中国寄生虫学与寄生虫病杂志，7（4）：205-208.

苏川，沈蕾，赵巍，等，1998. 日本血吸虫（中国大陆株）22.6kDa 重组抗原对小鼠免疫保护性的初步研究［J］. 中国人兽共患病杂志，14（2）：11-14.

塔娜，邓玲玲，冯新港，等，2014. 日本血吸虫 Wnt1 基因的鉴定及在不同发育阶段表达水平分析［J］. 中国预防兽医学报，36（12）：915-921.

陶丽红，姚利晓，付志强，等，2007. 日本血吸虫信号传导蛋白 Sjwnt-4 基因的克隆、表达及功能分析［J］. 生物工程学报，23（3）：1-6.
陶丽红，姚利晓，苑纯秀，等，2007. 日本血吸虫信号传导蛋白 Sjwnt10a 基因的克隆及其在童虫和成虫中 mRNA 表达量的变化［J］. 中国兽医科学，37（2）：93-97.
田锷，杨冠珍，蔡幼民，等，1996. 日本血吸虫中国大陆株 28kDa GST 基因在大肠杆菌中的表达［J］. 动物学报，42（4）：421-427.
王吉鹏，2014. 日本血吸虫雌雄虫合抱至性成熟过程的转录组分析及雌虫性成熟的营养需求研究［D］. 上海：复旦大学.
王萍，任翠平，汪天平，等，2010. 日本血吸虫重组膜外蛋白 rSj29 免疫诊断的初步应用［J］. 中国寄生虫学与寄生虫病杂志，28（4）：284-286.
王涛，2016. 大、小鼠来源日本血吸虫凋亡相关基因的差异表达分析及 Sjcaspase3/7 的克隆/真核表达和生物学功能分析［D］. 北京：中国农业科学院.
王涛，洪炀，傅志强，等，2016. 大、小鼠来源 32d 日本血吸虫凋亡相关基因表达分析［J］. 中国动物传染病学报（3）：55-59.
王涛，洪炀，韩宏晓，等，2016. 日本血吸虫凋亡基因 Sjcaspase3 的克隆、真核表达及其功能分析［J］. 生物工程学报（7）：889-900.
王玮，2007. 基于生物信息学的日本血吸虫糖代谢研究［D］. 武汉：华中师范大学.
王晓婷，朱荫昌，2005. 热休克蛋白及其在血吸虫研究中的进展［J］. 中国血吸虫病防治杂志，17（3）：234-238.
王艳，郭凡吉，彭金彪，等，2010. 日本血吸虫新基因 Sjnanos 的克隆、表达及免疫保护效果评估［J］. 中国人畜共患病学报，26（7）：631-637.
魏梅梅，熊雅念，洪炀，等，2013. 日本血吸虫 SjIrV1 的基因特性及免疫保护效果［J］. 生物工程学报，29（7）：891-903.
吴启进，2010. 日本血吸虫抱雌沟蛋白相互作用因子的筛选及 SjActin 与 SjTWF 的研究［D］. 扬州：扬州大学.
肖西志，于三科，2004. 血吸虫组织蛋白酶研究进展［J］. 中国血吸虫病防治杂志，16（6）：478-480.
谢郁，2016. 日本血吸虫热休克蛋白超家族及其在尾蚴入侵阶段应激反应的初步分析研究［D］. 广州：南方医科大学.
许蓉，2018. 日本血吸虫 SjELAV-like 1 基因的克隆、表达及功能的初步研究［D］. 太谷：山西农业大学.
阎玉涛，刘述先，宋光承，等，2001. 东方田鼠天然抗体相关的日本血吸虫抗原基因筛选和克隆［J］. 中国寄生虫学和寄生虫病杂志，19（3）：153-156.
杨云霞，2012. 日本血吸虫Ⅴ型胶原蛋白功能研究［D］. 北京：中国农业科学院.
易冰，2004. 日本血吸虫组织蛋白酶 L 基因的克隆与重组表达的研究［D］. 广州：中山大学.
张慧，苑纯秀，冯新港，等，2007. 日本血吸虫（中国大陆株）Cathepsin L 基因的克隆、表达及其免疫保护功能的研究［J］. 中国人兽共患病学报，23（1）：11-15.
张亮，程国锋，傅志强，等，2003. 血吸虫新抗原基因 SjMF4 的克隆、表达及功能分析［J］. 生物化学与生物物理学报，35（12）：1099-1104.
张旻，2014. 日本血吸虫体被蛋白质组学研究［D］. 北京：中国农业科学院.
张向前，邓玲玲，冯新港，等，2016. 日本血吸虫 Wnt 信号通路受体和配体真核表达载体的构建及表达［J］. 中国兽医科学，10：1219-1225.
张新跃，何永康，李毅，等，2001. 正常东方田鼠血清及脾细胞体外杀血吸虫童虫作用的初步观察［J］. 中国血吸虫病防治杂志，13（4）：206-208.
张媛媛，2018. 日本血吸虫 ELAV-like 2 的克隆、表达及其对生长发育的影响［D］. 太谷：山西农业大学.

赵巍，苏川，吴海玮，等，2002. 日本血吸虫脂肪酸结合蛋白重组抗原对小鼠免疫保护性的研究［J］. 中国人兽共患病杂志，18（3）：42-44.

赵晓宇，姚利晓，孙安国，等，2007. 日本血吸虫童虫部分差异表达蛋白的质谱分析［J］. 中国兽医科学，37（1）：1-6.

周东明，易新元，曾宪芳，等，2001. 日本血吸虫三个新跨膜蛋白基因的克隆和分析［J］. 中国寄生虫学与寄生虫病杂志，19：321-324.

周岩，林矫矫，姚利晓，等，2008. 日本血吸虫磷酸甘油酸变位酶 SjPGAM 基因的克隆、表达及功能分析［J］. 生物工程学报，24（9）：1550-1555.

朱建国，2001. 日本血吸虫性别特异性基因克隆表达及其免疫保护功能研究［D］. 北京：中国农业科学院.

朱建国，林矫矫，冯新港，等，2001. 日本血吸虫编码抱雌沟蛋白保守区 cDNA 片段的克隆表达及其免疫保护功能［J］. 中国预防兽医学报，23（5）：348-352.

朱建国，林矫矫，冯新港，等，2001. 日本血吸虫肌动蛋白 cDNA 的克隆表达及其免疫保护功能［J］. 中国人兽共患病杂志，17（5）：48-52.

朱荫昌，任建功，Harn DA，等，2002. 日本血吸虫中国大陆株 23kDa 膜蛋白核酸疫苗对猪免疫保护作用的研究［J］. 中国血吸虫病防治杂志，14（1）：3-7.

朱荫昌，司进，Harn DA，等，2003. 日本血吸虫磷酸丙糖异构酶（TPI）DNA 疫苗对肝脏虫卵肉芽肿调节作用的研究［J］. 中国血吸虫病防治杂志，15（5）：323-325.

祝程诚，李宝钏，吕志跃，等，2011. 虫源性蛋白酶在寄生虫感染与免疫作用的研究进展［J］. 热带医学杂志，11（5）：608-611.

Akerfelt M，Morimoto R I，Sistonen L，2010. Heat shock factors：integrators of cell stress，development and lifespan［J］. Nat Rev Mol Cell Biol，11：545-555.

Aronstein W S，Strand M A，1985. Glycoprotein antigen of *Sehistosoma mansoni* experssed on the gynecophoral canal of mature male womrs［J］. Am J Trop Med Hyg，34（3）：508-512.

Bahia D，Andrade L F，Ludolf F，et al，2006. Protein tyrosine kinases in *Schistosoma mansoni*［J］. Memorias do Instituto Oswaldo Cruz，101：137-143.

Bahia D，Mortara R A，Kusel J R，et al，2007. *Schistosoma mansoni*：expression of Fes-like tyrosine kinase SmFes in the tegument and terebratorium suggests its involvement in host penetration［J］. Exp Parasitol，116：225-232.

Balloul J M，Sondermeyer P，Dreyer D，et al.，1987. Molecular cloning of a protective antigen of schistosomes［J］. Nature，326（6109）：149-153.

Beall M J，McGonigle S，Pearce E J，2000. Functional conservation of *Schistosoma mansoni* Smads in TGF-beta signaling［J］. Mol Biochem Parasitol，111：131-142.

Beall M J，Pearce E J，2002. Transforming growth factor-beta and insulin-like signalling pathways in parasitic helminths［J］. Int J Parasitol，32：399-404.

Becker M M，Harrop S A，Dalton J P，et al，1995. Cloning and Characterization of the *Schistosoma japonicum* Aspartic Proteinase Involved in Hemoglobin Degradation［J］. J Bio Chem，270（41）：24496-24501.

Becker M M，Kalinna B H，Waine G J，et al，1994. Gene cloning，overproduction and purification of a functionally active cytoplasmic fatty acid-binding protein（Sj-FABPC）from the human blood fluke Schistosoma japonicum［J］. Gene，148（2）：321-325.

Beckmann S，Buro C，Dissous C，et al，2010. The Syk kinase SmTK4 of *Schistosoma mansoni* is involved in the regulation of spermatogenesis and oogenesis［J］. PLoS Pathog，6：e1000769.

Beckmann S，Quack T，Burmeister C，et al，2010. *Schistosoma mansoni*：signal transduction processes during the development of the reproductive organs［J］. Parasitology，137：497-520.

Bejsovec A，1999. Signal transduction：Wnt signalling shows its versatility [J]. Curr Biol，9 (18)：R684 - R687.

Bergquist N R，Colley D G，1998. Schistosomiasis vaccines：research and development [J]. Parasitol. Today，14：99 - 104.

Berriman M，Haas B J，LoVerde P T，et al，2009. The genome of the blood fluke *Schistosoma mansoni* [J]. Nature，460：352 - 358.

Bobek L A，Loverde P T，Rekosh D M，1989. *Schistosoma haematobium*：analysis of eggshell protein genes and their expression [J]. Exp Parasitol，68 (1)：17 - 30.

Bobek L A，Rekosh D M，Loverde P T，1991. *Schistosoma japonicum*：analysis of egg shell Protein genes, their expression and comparison with similar genes from other Sehistosomes [J]. Experimental Parasitology，72 (4)：381 - 390.

Bobek L A，Rekosh D M，LoVerde P T，1988. Small gene family encoding an eggshell (chorion) protein of the human parasite *Schistosoma mansoni* [J]. Mol Cell Biol，8 (8)：3008 - 3016.

Bogitsh B J，Kirschner K F，Rotmans J P，et al，1992. *Schistosoma japonicum*：immunoinhibitory studies on hemoglobin digestion using heterologous antiserum to bovine cathepsin D [J]. Parasitol，78 (3)：454 - 459.

Bostic J R，Strand M，1996. Molecular cloning of a *Schistosoma mansoni* protein expressed in the gynecophoral canal of male worms [J]. Mol Biochem Parasitol，79：79 - 89.

Brady C P，Brindley P J，Dowd A J，et al，2000. *Schistosoma mansoni*：differential expression of cathepsins L1 and L2 suggests discrete biological functions for each enzyme [J]. Exp Parasitol，94 (2)：75 - 83.

Brady C P，Dowd A J，Brindley P J，et al，1999. Recombinant expression and localization of *Schistosoma mansoni* cathepsin L1 support its role in the degradation of host hemoglobin [J]. Infect Immun，67：368 - 374.

Brady C P，Brinkworth R I，Dalton P J，et al，2000. Molecular modeling and substrate specificity of discrete cruzipain - like and cathepsin L - like cysteine proteinases of the human blood fluke *Schistosoma mansoni* [J]. Arch Biochem Biophys. 380 (1)：46 - 55.

Braschi S，Borges W C，Wilson R A，2006. Proteomic analysis of the schistosome tegument and its surface membranes [J]. Mem Inst Oswaldo Cruz，101 Suppl1：205 - 212.

Briggs M H，1972. Metabolism of steroid hormones by schistosomes [J]. Biochem Biophys Acta，280：481 - 485.

Brindley P J，Kalinna B H，Dalton J P，et al，1997. Proteolytic degradation of host hemoglobin by schistosomes [J]. Mol Biochem Parasitol，89：1 - 9.

Brindley P J，Kalinna B H，Wong J Y，et al，2001. Proteolysis of human hemoglobin by schistosome cathepsin D [J]. Mol Biochem Parasitol，112 (1)：103 - 112.

Caffrey C R，Salter J P，Lucas K D，et al，2002. SmCB2，a novel tegumental cathepsin B from adult *Schistosoma mansoni* [J]. Mol Biochem Parasitol，121 (1)：49 - 61.

Camacho M，Alsford S，Jones A，1995. Nicotinic acetylcholine receptors on the surface of the blood fluke schistosoma [J]. Mol Biochem Parasitol，71 (1)：127 - 134.

Cao X D，Hong Y，Zhang M，et al，2014. Cloning，expression and characterization of protein disulfide isomerase of *Schistosoma japonicum* [J]. Exp Parasitol，146：43 - 51.

Capron A，Riveau G，Capron M，et al，2005. Schistosomes：the road from host - parasite interactions to vaccines in clinical trials [J]. Trends Parasitol，21 (3)：143 - 149.

Carlo J M，Osman A，Niles E G，et al，2007. Identification and characterization of an R - Smad ortholog (SmSmad1B) from *Schistosoma mansoni* [J]. FEBS J，274：4075 - 4093.

Carneiro - Santos P，Martins - Filho O，Alves - Oliveira L F，et al，2000. Apoptosis：a mechanism of immunoregulation during human Schistosomiasis mansoni [J]. Parasite immunology, 22: 267-277.

Cavallo R A, Cox R T, Moline M M, et al, 1998. Drosophila Tcf and Groucho interact to repress Wingless signalling activity [J]. Nature, 395 (6702): 604-608.

Chan S J, Cao Q P, Steiner D F, 1990. Evolution of the insulin superfamily: cloning of a hybrid insulin/insulin-like growth factor cDNA from amphioxus [J]. Proc Natl Acad Sci USA, 87: 9319-9323.

Chen H, Nara T, Zeng X, et al, 2000. Vaccination of domestic pig with recombinant paramyosin against *Schistosoma japonicum* in China [J]. Vaccine, 18: 2142-2146.

Chen L L, Rekosh D M, LoVerde P L, 1992. *Schistosoma mansoni* P48 eggshell protein gene characterization, developmentally regulated expression and comparison to the P14 eggshell protein gene [J]. Mol Bio Chem Parasitol, 52 (1): 39-52.

Cheng G F, Fu Z Q, Lin J J, et al, 2009. *In vitro* and *in vivo* evaluation of small interference RNA-mediated gynaecophornal canal protein silencing in *schistosoma japonicum* [J]. Journal of gene medicine, 1: 412-421.

Chlichlia K, Schauwienold B, Kirsten C, et al, 2005. *Schistosoma japonicum* reveals distinct reactivity with antisera directed to proteases mediating host infection and invasion by cercariae of *S. mansoni* or *S. haematobium* [J]. Parasite Immunol, 27 (3): 97-102.

Cohen F E, Gregoret L M, Amiri P, et al, 1991. Arresting tissue invasion of a parasite by protease inhibitors chosen with the aid of computer modeling [J]. Biochemistry, 30 (47): 11221-11229.

Collins J J, Hou X, Romanova E V, et al, 2010. Genome-wide analyses reveal a role for peptide hormones in planarian germline development [J]. PLoS Biology, 8 (10): e1000509.

Curwen R S, Ashton P D, Sundaralingam S, et al, 2006. Identification of novel proteases and immunomodulators in the secretions of schistosome cercariae that facilitate host entry [J]. Mol Cell Proteomics, 5 (5): 835-844.

Dalton J P, Clough K A, Jones M K, et al, 1996. Characterization of the cathepsin-like cysteine proteinase of *Schistosoma mansoni* [J]. Infect Immun, 64 (4): 1328-1334.

Dalton J P, Clough K A, Jones M K, et al, 1997. The cysteine proteinases of *Schistosoma mansoni* cercariae [J]. Parasitology, 114 (Pt 2): 105-112.

Dalton J P, Hola-Jamriska L, Brindley P J, 1995. Asparaginyl endopeptidase activity in adult *Schistosoma mansoni* [J]. Parasitology, 111 (12): 575-580.

Dao J, Zhu L, Luo R, et al, 2014. Molecular characterization of SjBIRP, another apoptosis inhibitor, from *Schistosoma japonicum* [J]. Parasitology research, 113: 1-7.

Davern K M, Tiu W U, Morahan G, et al, 1987. Responses in mice to Sj26, a glutathione S-transferase of *Schistosoma japonicum* worms [J]. Immunol Cell Biol, 65 (6): 473-482.

Day S R, Dalton J P, Clough K A, et al, 1995. Characterization and cloning of the cathepsin L proteinases of *Schistosoma japonicum* [J]. Biochem Biophys Res Comm, 217: 1-9.

Dewey W C, Ling C C, Meyn R E, 1995. Radiation-induced apoptosis: relevance to radiotherapy [J]. International Journal of Radiation Oncology (Biology Physics), 33: 781-796.

Dinguirard N, Yoshino T P, 2006. Potential role of a CD36-1ike class B scavenger receptor in the binding of modified low-density lipoprotein (acLDL) to the tegumental surface of *Schistosoma mansoni* sporocysts [J]. Mol Biochem Parasitol, 146 (2): 19-30.

Dissous C, Grzych J M, Capron A, 1982. *Schistosoma mansoni* surface antigen defined by a rat monoclonal IgG2a [J]. J Immunol, 129 (5): 2232-2234.

Dissous C, Khayath N, Vicogne J, et al, 2006. Growth factor receptors in helminth parasites: signalling and host-parasite relationships [J]. FEBS Lett, 580: 2968-2975.

Du X，McManus D P，Cai P，et al，2017. Identification and functional characterisation of a *Schistosoma japonicum* insulin - like peptide [J]. Parasit Vectors，10：181.

Duan M M，Xu R M，Yuan C X，et al，2015. SjHSP70，a recombinant *Schistosoma japonicum* heat shock protein 70，is immunostimulatory and induces protective immunity against cercarial challenge in mice [J]. Parasitol Res，114（9）：3415 - 3429.

Dvorak J，Mashiyama S T，Braschi S，et al，2008. Differential use of protease families for invasion by schistosome cercariae [J]. Biochimie，90（2）：345 - 358.

El Ridi R，Tallima H，2009. *Schistosoma mansoni* ex vivo lung - stage larvae excretory - secretory antigens as vaccine candidates against schistosomiasis [J]. Vaccine，27：666 - 673.

Engelender S，Glannini A L，Rumjanek F D，1993. Protein interactions with a gender - specific gene of *Schistosoma mansoni*：characterization by Dnase l footprinting，band shift and UV cross - linking [J]. Mol Cell Bioehem，124（2）：159 - 168.

Engelender S，Rumjanek F D，1992. Protein - DNA associations in a gender - speciifc gene of *Schistosoma mansoni*：characterization by UV cross - linking，Dnase l footprinting and band shift assays [J]. Mem Inst Oswaldo Cruz，87（suppl4）：67 - 70.

Eramus D A，1973. A comparative study of the reproductive system of mature，immuture and unisexual female *Schistosoma mansoni* [J]. Parasitology，67：165 - 183.

Fan J，Gan X，Yang W，et al，2003. A *Schistosoma japonicum* very low - density lipoprotein - binding protein [J]. Int J Biochem Cell Biol，35（10）：1436 - 1451.

Fantappie M R，Corres - oliveira R，Caride E C，et al，1999. Comparison between sit - specific DNA binding proteins of male and female *Schistosoma mansoin* [J]. Comp Biochem Physiol B Biochem Mol Biol，124（1）：33 - 40.

Freebern W J，Osman A，Niles E G，et al，1999. Identification of a cDNA encoding a retinoid X receptor homologue from *Schistosoma mansoni* evidence for a role in female - speciifc gene expression [J]. J Biol Chem，274（8）：4577 - 4585.

Freitas T C，Jung E，Pearce E J，2007. TGF - beta signaling controls embryo development in the parasitic flatworm *Schistosoma mansoni* [J]. PLoS Pathog，3：e52.

Freitas T C，Jung E，Pearce E J，2009. A bone morphogenetic protein homologue in the parasitic flatworm，*Schistosoma mansoni* [J]. Int J Parasitol，39：281 - 287.

Ghoneim H，Klinkert M Q，1995. Biochemical properties of purified cathepsin B from *Schistosoma mansoni* [J]. Int Parasitol，25（12）：1515 - 1519.

Giannini A L，Caride E C，Braga V M，et al，1995. F - 10 nuclear binding proteins of *Schistosoma mansoin*：structural and functional features [J]. Paarsitology，110（2）：155 - 161.

Gotz B，Klinkert M Q，1993. Expression and partial characterization of a cathepsin B - like enzyme（Sm31）and a proposed 'haemoglobinase'（Sm32）from *Schistosoma mansoni* [J]. Biochem，290（3）：801 - 806.

Grevelding C G，Sommer G，Kunz W，1997. Female - specific gene expression in *Schistosoma mansoni* is regulated by pairing [J]. Parasitology，115（6）：635 - 640.

Gupta B C，Baseh P E，1987. Evidenc for transfer of glycoprotein from male to female *Schistosoma mansoni* during pairing [J]. J parasitol，73（3）：674 - 675.

Haas W，Grabe K，Geis C，et al，2002. Recognition and invasion of human skin by *Schistosoma mansoni* cercariae：the key - role of L - arginine [J]. Parasitology，124（Pt 2）：153 - 167.

Han H，Peng J，Gobert G N，et al，2013. Apoptosis phenomenon in the schistosomulum and adult worm life cycle stages of *Schistosoma japonicum* [J]. Parasitology international，62：100 - 108.

Han H, Peng J, Han Y, et al, 2013. Differential Expression of microRNAs in the Non-Permissive Schistosome Host *Microtus fortis* under Schistosome Infection [J]. PloS one, 8 (12): e85080.

Han Q, Hong Y, Fu Z Q, et al, 2016. Characterization of VAMP2 in *Schistosoma japonicum* and the Evaluation of Protective Efficacy Induced by Recombinant SjVAMP2 in Mice [J]. PLoS One, 10 (12): e0144584.

Han Q, Jia B, Hong Y, et al, 2017. Suppression of VAMP2 Alters Morphology of the Tegument and Affects Glucose uptake, Development and Reproduction of *Schistosoma japonicum* [J]. Sci Rep, 7 (1): 5212.

Hanhineva K, Torronen R, Bondia-Pons I, et al, 2010. Impact of dietary polyphenols on carbohydrate metabolism [J]. Int J Mol Sci, 11: 1365-1402.

Harrop R, Jennings N, Mountford A P, et al, 2000. Characterization, cloning and immunogenicity of antigens released by transforming cercariae of *Schistosoma mansoni* [J]. Parasitology, 121 (Pt4): 385-394.

Hays R, Gibori G B, Bejsovec A, 1997. Wingless signaling generates pattern through two distinct mechanisms [J]. Development, 124: 3727-3736.

He B, Cai G, Ni Y, et al, 2011. Characterization and expression of a novel cystatin gene from *Schistosoma japonicum* [J]. Mol Cell Probes, 25 (4): 186-193.

He S, Yang L, Lyu Z, et al, 2010. Molecular and functional characterization of a mortalin-like protein from *Schistosoma japonicum* (SjMLP/hsp70) as a member of the HSP70 family [J]. Parasitol Res, 107: 955-966.

He Y K, Liu S X, Zhang X Y, et al, 2003. Field assessment of recombinant *Schistosoma japonicum* 26 kDa glutathione S transferase in Chinese water buffaloes [J]. Southeast Asian J Trop Med Public Health, 34 (3): 473-479.

He Y K, Luo X S, Zhang X Y, et al, 1999. Immunological characteristics of natural resistance in Microtus fortis to infection with Schistosoma japonicum [J]. Chinese Medical Joumal, 112 (7): 649-654.

He Y X, Chen L, Ramaswamy K, 2002. *Schistosoma mansoni*, *S. haematobium*, and *S. japonicum*: early events associated with penetration and migration of schistosomula through human skin [J]. Exp Parasitol, 102 (2): 99-108.

He Y X, Yu Q F, Yu P, et al, 1990. Penetration of *Schistosoma japonicum* cercaria into host skin [J]. Chin Med J (Engl), 103 (1): 34-44.

Henkle K J, Cook G A, Foster L A, et al, 1990. The gene family encoding eggshell proteins of *Schistosoma japonicum* [J]. Mol Biochem Parasitol, 42 (l): 69-82.

Hernandez M G, Hafalla J C, Acosta L P, et al, 1999. Paramyosin is a major target of the human IgA response against *Schistosoma japonicum* [J]. Parasite Immunol, 21 (12): 641-647.

Hirai H, Tanaka M, LoVerde P T, 1993. *Schistosoma mansoni*: chromosoma localization of female specific genes and a female specific DNA element [J]. Exp. Parasitology, 76 (2): 175-181.

Hola-Jamriska L, Dalton J P, Aaskov J, et al, 1999. Dipeptidyl peptidase dI an dII activities of adult schistosomes [J]. Parasitology, 118 (3): 275-282.

Hola-Jamriska L, Tort J F, Dalton J P, et al, 1998. Cathepsin C from *Schistosoma japonicum*-cDNA encoding the preproenzyme and its phylogenetic relationships [J]. Eur Biochem. 255 (3): 527-534.

Hong Y, Han Y, Fu Z, et al, 2013. Characterization and expression of the *Schistosoma japonicum* thioredoxin peroxidase-2 gene [J]. J Parasitol, 99: 68-76.

Hong Y, Huang L N, Yang J M, et al, 2015. Cloning, expression and enzymatic characterization of 3-phosphoglycerate kinase from *Schistosoma japonicum* [J]. Exp Parasitol, 159: 37-45.

Horemans A M, Tielens A G, van den Bergh S G, 1992. The reversible effect of glucose on the energy metabolism of *Schistosoma mansoni* cercariae and schistosomula [J]. Mol Biochem Parasitol, 51 (1): 73-79.

Hu C, Zhu L H, Luo R, et al, 2014. Evaluation of protective immune response in mice by vaccination the recombinant adenovirus for expressing *Schistosoma japonicum* inhibitor apoptosis protein [J]. Parasitol Res, 113 (11): 4261-4269.

Hu S, Law P K, Fung M C, 2009. Microarray analysis of genes highly expressed in cercarial stage of *Schistosoma japonicum* and the characterization of the antigen Sj20H8 [J]. Acta Trop, 112 (1): 26-32.

Hu W, Yan Q, Shen D K, et al, 2003. Evolutionary and biomedical implications of a *Schistosoma japonicum* complementary DNA resource [J]. Nat Genet, 35 (2): 139-147.

Huang T Y, 1980. The energy metabolism of *Schistosoma japonicum* [J]. Int J Biochem, 12 (3): 457-464.

Ingram J, Knudsen G, Lim K C, et al, 2011. Proteomic analysis of human skin treated with larval schistosome peptidases reveals distinct invasion strategies among species of blood flukes [J]. PLoS Negl Trop Dis, 5 (9): e1337.

Ingram J R, Rafi S B, Eroy-Reveles A A, et al, 2012. Investigation of the proteolytic functions of an expanded cercarial elastase gene family in *Schistosoma mansoni* [J]. PLoS Negl Trop Dis, 6 (4): e1589.

Jiang J, Skelly P J, Shoemaker C B, et al, 1996. *Schistosoma mansoni*: the glucose transport protein SGTP4 is present in tegumental multilamellar bodies, discoid bodies, and the surface lipid bilayers [J]. Exp Parasitol, 82: 201-210.

Jiang W, Hong Y, Peng J, et al, 2010. Study on differences in the pathology, T cell subsets and gene expression in susceptible and non-susceptible hosts infected with *Schistosoma japonicum* [J]. PLoS One, 5: e13494.

Johnson K S, Taylor D W, Cordingley J S, 1987. Possible eggshell protein gene from *Schistosoma mansoni* [J]. Mol Bioehem Parasitol, 22 (l): 89-100.

Kampinga H H, Hageman J, Vos M J, et al, 2009. Guidelines for the nomenclature of the human heat shock proteins [J]. Cell Stress Chaperones, 14: 105-111.

Kanamura H Y, Hancock K, Rodrigues V, et al, 2002. *Schistosoma mansoni* heat shock protein 70 elicicits an early humoral immune response in *Schistosoma mansoni* infected baboons [J]. Mem Inst Oswaldo Cruz, 37 (5): 711-716.

Kapp K, Knobloch J, Schussler P, et al, 2004. The *Schistosoma mansoni* Src kinase TK3 is expressed in the gonads and likely involved in cytoskeletal organization [J]. Mol Biochem Parasitol, 138: 171-182.

Kapp K, Schussler P, Kunz W, et al, 2001. Identification, isolation and characterization of a Fyn-like tyrosine kinase from *Schistosoma mansoni* [J]. Parasitology, 122: 317-327.

Keiser J, Chollet J, Xiao S H, et al, 2009. Mefloquine-an aminoalcohol with promising antischistosomal properties in mice [J]. PLoS Negl. Trop. Dis, 3: e350.

Khayath N, Vicogne J, Ahier A, et al, 2007. Diversification of the insulin receptor family in the helminth parasite *Schistosoma mansoni* [J]. FEBS J, 274: 659-676.

Kimura K D, Tissenbaum H A, Liu Y, et al, 1997. daf-2, an insulin receptor-like gene that regulates longevity and diapause in *Caenorhabditis elegans* [J]. Science, 277: 942-946.

Knobloch J, Winnen R, Quack M, et al, 2002. A novel Sykfamily tyrosine kinase from *Schistosoma mansoni* which is preferentially transcribed in reproductive organs [J]. Gene, 294: 87-97.

Knudsen G M, Medzihradszky K F, Lim K C, et al, 2005. Proteomic analysis of *Schistosoma mansoni* cercarial secretions [J]. Mol Cell Proteomics, 4 (12): 1862-1875.

Koo K H, Lee S, Jeong S Y, et al, 2002. Regulation of thioredoxin peroxidase activity by C-terminal truncation [J]. Arch Biochem Biophys, 397: 312 - 318.

Koster B, Dargatz H, Schroder J, 1988. Identification and localization of a putative eggshell precurdir gene in the vitellarium of *Schistosoma mansoni* [J]. Mol Biochem Parasitol, 31 (2): 183 - 198.

Koster B, Hall M R, Strand M, 1993. *Schistosoma mansoni*: immunoreactivity of human sera with the surface antigen Sm23 [J]. Exp Parasitol, 77 (3): 282 - 294.

Krautz - Peterson G, Simoes M, Faghiri Z, et al, 2010. Suppressing glucose transporter gene expression in schistosomes impairs parasite feeding and decreases survival in the mammalian host [J]. PLoS Pathog, 6: e1000932.

Kumagai T, Maruyama H, Hato M, et al, 2005. *Schistosoma japonicum*: localization of calpain in the penetration glands and secretions of cercariae [J]. Exp Parasitol, 109 (1): 53 - 57.

Kumar S, Biswal D K, Tandon V, 2013. In - silico analysis of caspase - 3 and - 7 proteases from blood - parasitic Schistosoma species (Trematoda) and their human host [J]. Bioinformation, 9: 456.

Kunz W, Opatz K, Finken M, et al, 1987. Sequenees of two genomic ragments containing an identical coding region for a putative eggshell precursor protein of *Schistosoma mansoni* [J]. Nucleic Acids Res, 15 (14): 5894.

Kwatia M A, Botkin D J, Williams D L, 2000. Molecular and enzymatic characterization of *Schistosoma mansoni* thioredoxin peroxidase [J]. J Parasitol, 86: 908 - 915.

Lee E F, Clarke O B, Evangelista M, et al, 2011. Discovery and molecular characterization of a Bcl - 2 - regulated cell death pathway in schistosomes [J]. Proceedings of the National Academy of Sciences, 108: 6999 - 7003.

Lee E F, Young N D, Lim N T, et al, 2014. Apoptosis in schistosomes: toward novel targets for the treatment of schistosomiasis [J]. Trends Parasitol, 30: 75 - 84.

Levitzki A, Gazit A, 1995. Tyrosine kinase inhibition: an approach to drug development [J]. Science, 267: 1782 - 1788.

Li H F, Wang X B, Jin Y P, et al, 2010. Wnt4, the first member of the Wnt family identified in *Schistosoma japonicum*, regulates worm development by the canonical pathway [J]. Parasitology Research, 107 (4): 795 - 805.

Li Y, Auliff A, Jones M, et al, 2000. Immunogenicity and immunolocalization of the 22.6 kDa antigen of *Schistosoma japonicum* [J]. Parasite Immunol, 22: 415 - 424.

Lim K C, Sun E, Bahgat M, et al, 1999. Blokage of Skin Invasion by Schistosome Cercariae by Serine Protease Inhibitors [J]. Am J Trop Med Hyg, 60 (3): 487 - 492.

Liu F, Lu J, Hu W, et al, 2006. New perspectives on host - parasite interplay by comparative transcriptomic and proteomic analyses of *Schistosoma japonicum* [J]. PLoS Pathog, 2 (4): e29.

Liu J M, Cai X Z, Lin J J, et al, 2004. Gene cloning, expression and vaccine testing of *Schistosoma japonicum* SjFABP [J]. Parasite Immunol, 26 (8 - 9): 351 - 358.

Liu M, Ju C, Du X F, et al, 2015. Proteomic Analysis on Cercariae and Schistosomula in Reference to Potential Proteases Involved in Host Invasion of *Schistosoma japonicum* Larvae [J]. J. proteome Res., 14: 4623 - 4634.

Liu Q, Zhu L, Liu F, et al, 2017. Function of Nanos1gene in the development of reproductive organs of *Schistosoma japonicum* [J]. Parasitol Res, 116: 1505 - 1513.

Liu S X, He Y K, Song G C, et al, 1997. Anti - fecundity immunity to *Schistosoma japonicum* induced in Chinese water buffaloes (Bos buffelus) after vaccination with recombinant 26kDa glutathione - S - transferase (rSjc26GST) [J]. Vet Parasitol, 69: 39 - 47.

Liu S X, Song G C, Ding LY, et al, 1993. Comparative study on antigenicity and immunogenicity of 26 -

28kDa antigen and recombinant Sj26 (r Sj26) of *Schistosoma japonicum* [J]. Southeast Asian J Trop Med Public Health, 24 (1): 65.

Liu S X, Song G C, Xu Y X, et al, 1995. Anti-fecundity immunity induced in pigs vaccinated with recombinant *Schistosoma japonicum* 26kDa glutathione-S-transferase [J]. Parasite Immunol, 17: 335-340.

Liu S X, Song G C, Xu Y X, et al, 1995. Immunization of mice with recombinant Sjc26 GST induces a pronounced anti-fecundity effect after experimental infection with Chinese *Schistosoma japonicum* [J]. Vaccine, 13: 603-606.

LoVerde P T, Andrade L F, Oliveira G, 2009. Signal transduction regulates schistosome reproductive biology [J]. Curr Opin Microbiol, 12: 422-428.

LoVerde P T, Niles E G, Osman A, et al, 2004. *Schistosoma mansoni* male-female interactions [J]. Can J Zool, 82: 357-374.

Loverde P T, Osman A, Hinck A, 2007. *Schistosoma mansoni*: TGF-beta signaling pathways [J]. Exp Parasitol, 117: 304-317.

Lundy S K, Boros D L, 2002. Fas ligand-expressing B-1a lymphocytes mediate $CD4^+$ T cell apoptosis during schistosomal infection: induction by interleukin 4 (IL-4) and IL-10 [J]. Infection and immunity, 70: 812-819.

Lundy S K, Lerman S P, Boros D L, 2001. Soluble egg antigen-stimulated T helper lymphocyte apoptosis and evidence for cell death mediated by $FasL^+$ T and B cells during murine *Schistosoma mansoni* infection [J]. Infection and immunity, 69: 271-280.

Luo R, Zhou C, Shi Y, et al, 2012. Molecular characterization of a cytokine-induced apoptosis inhibitor from *Schistosoma japonicum* [J]. Parasitol Res, 111: 2317-2324.

Manneck T, Keiser J, Muller J, 2012. Mefloquine interferes with glycolysis in schistosomula of *Schistosoma mansoni* via inhibition of enolase [J]. Parasitology, 139: 497-505.

Mason J O, Kitajewski J, Varmus H E, 1992. Mutational analysis of mouse Wnt-1 identifies two temperature-sensitive alleles and attributes of Wnt-1 protein essential for transformation of a mammary cell line [J]. Mol Biol Cell, 3: 521-533.

Maxine M, Ruth S K, Anthony J W, 2018. Glucose Uptake in the Human Pathogen *Schistosoma mansoni* Is Regulated Trough Akt/Protein Kinase B Signaling [J]. The Journal of Infectious Diseases, 218: 152-164.

McKerrow J H, Salter J, 2002. Invasion of skin by Schistosoma cercariae [J]. Trends Parasitol, 18 (5): 193-195.

McManus D P, Liu S, Song G, et al, 1998. The vaccine efficacy of native paramyosin (Sj-97) against Chinese *Schistosoma japonicum* [J]. Int J Parasitol, 28 (11): 1739-1742.

McManus D P, Wong J Y, Zhou J, et al, 2001. Recombinant paramyosin (rec-Sj-97) tested for immunogenicity and vaccine efficacy against *Schistosoma japonicum* in mice and water buffaloes [J]. Vaccine, 20 (5-6): 870-881.

Menrath M, Michel A, Kunz W, 1995. A female-specific cDNA sequence of *Schistosoma mansoni* encoding a mucin-like protein that is expressed in the epithelial cells of the reproductive duct [J]. Parasitology, 111: 477-483.

Michel A, Ghoneim H, Resto M, et al, 1995. Sequence, characterization and localization of a cysteine proteinase cathepsin L in *Schistosoma mansoni* [J]. Mol Biochem Parasitol, 73: 7-18.

Miller J R, Hocking A M, Brown J D, et al, 1999. Mechanism and function of signal transduction by the Wnt/β-catenin and Wnt/Ca^{2+} pathways [J]. Oncogene, 18: 7860-7872.

Moser D, Tendler M, Griffiths G, et al, 1991. A 14-kDa *Schistosoma mansoni* polypeptide is homologous to a gene family of fatty acid binding proteins. J Biol Chem，266（13）：8447－8454.

Neumann S，Ziv E，Lantner F，et al，1992. Cloning and sequencing of a HSP70 gene of *Schistosoma mansoni* [J]. Mol Boilchem Paraitol，56（2）：357－360.

Neumann S，Ziv E，Lantner F，et al，1993. Regulation of HSP70 gene expression during the life cycle of the parasitic helminth *Schistosoma mansoni* [J]. Eur J Biochem，212（2）：589－596.

Nusse R，Varmus H E，1982. Many tumors induced by the mouse mammary tumor virus contain a provirus integrated in the same region of the host genome [J]. Cell，31（1）：99－109.

Nüsslein－Volhard C，Wieschaus E，1980. Mutations affecting segment number and polarity in Drosophila [J]. Nature，287（5785）：795－801.

Osman A，Niles E G，LoVerde P T，2001. Identification and characterization of a Smad2 homologue from *Schistosoma mansoni*，a transforming growth factor－beta signal transducer [J]. J Biol Chem，276：10072－10082.

Osman A，Niles E G，LoVerde P T，2004. Expression of functional *Schistosoma mansoni* Smad4：role in Erk－mediated transforming growth factor beta（TGF－beta）down－regulation [J]. J Biol Chem，279：6474－6486.

Osman A，Niles E G，Verjovski－Almeida S，et al，2006. *Schistosoma mansoni* TGF－beta receptor II：role in host ligand－induced regulation of a schistosome target gene [J]. PLoS Pathog，2：e54.

Oswald I P，Eltoum I，Wynn T A，et al，1994. Endothelial cells are activated by cytokine treatment to kill and intravascular parasite，*Schistosoma mansoni*，through production of nitric oxide [J]. Proc Natl Acad Sci USA，91：999－1003.

Oswald I P，Gazzinelli R T，Sher A，et al，1992. IL－10synergizes with IL－4 and transforming growth factor－β to inhibit macrophage cytotoxic activity [J]. J Immunol，49：3578－3582.

Peng J，Gobert G N，Hong Y，et al，2011. Apoptosis governs the elimination of *Schistosoma japonicum* from the non－permissive host *Microtus fortis* [J]. PLoS One，6（6）：e21109.

Peng J，Han H，Gobert G N，et al，2011. Differential gene expression in *Schistosoma japonicum* schistosomula from Wistar rats and BALB/c mice [J]. Parasit Vectors，4：155.

Peng J，Yang Y，Feng X，et al，2010. Molecular characterizations of an inhibitor of apoptosis from *Schistosoma japonicum* [J]. Parasitology research，106：967－976.

Phil J W，Ann B，Marc B B，et al，2003. Invasion by schistosome cercariae：studies with human skin explants [J]. Trends in Parasitology，19（8）：339－340.

Piedrafita D，Spithill T W，Dahin J P，et al，2000. Juvenile *Fazciola hepatica* are resistant to killing in vitro by free radicals compared with larvae of *Schistosoma mansoni* [J]. Parasite Immunol，22（6）：287－295.

Portnoy M，Higashi G I，Kamal K A，1983. Percutaneous infection by *Schistosoma mansoni* "tailless" cercariae [J]. J Parasitol，69（6）：1162－1164.

Quack T，Knobloch J，Beckmann S，et al，2009. The forminhomology protein SmDia interacts with the Src kinase SmTK and the GTPase SmRho1 in the gonads of *Schistosoma mansoni* [J]. PLoS One，4：e6998.

Quezada L A，Sajid M，Lim K C，et al，2012. A blood fluke serine protease inhibitor regulates an endogenous larval elastase [J]. J Biol Chem，287（10）：7074－7083.

Ramachandran H，Skelly P J，Shoemaker C B，1996. The *Schistosoma mansoni* epidermal growth factor receptor homologue，SER，has tyrosine kinase activity and is localized in adult muscle [J]. Mol Biochem Parasitol，83：1－10.

Rege A A，Wang W，Dresden M H，1992. Cysteine proteinases from *Schistosoma haematobium* adult worms [J]. Parasitol，78（1）：16－23.

Reis M G，Kuhns J，Blanton R，et al，1989. Localization and pattern of expression of a female specific mR-

NA in *Schistosoma mansoni* [J]. Mol Biochem Parasitol，32：113－119.

Ren J G，Zhu Y C，Harn D A，et al，2002. Protective immunity effects of co－immnization with Sjc23 DNA vaccine and protein vaccine [J]. 中国血吸虫病防治杂志，14：98－101.

Roche C，Liu J L，LePresle T，et al，1996. Tissue localization and stage－specific expression of the phospholipid hydroperoxide glutathione peroxidase of *Schistosoma mansoni* [J]. Mol Biochem parasitol，75 (2)：1871－1895.

Ruppel A，Chlichlia K，Bahgat M，2004. Invasion by schistosome cercariae：neglected aspects in *Schistosoma japonicum* [J]. Trends Parasitol，20 (9)：397－400.

Ruppel A，Chlichlia K，Bahgat M，2004. Invasion by schistosome cercariae：neglected aspectsin *Schistosoma japonicum* [J]. Trends in Parasitology，20 (9)：397－400.

Salter J P，Choe Y，Albrecht H，et al，2002. Cercarial elastase is encoded by a functionally conserved gene family across multiple species of schistosomes [J]. J Biol Chem，277 (27)：24618－24624.

Salter J P，Lim K C，Hansell E，et al，2000. Schistosome invasion of human skin and degradation of dermal elastin are mediated by a single serine protease [J]. J Biol Chem，275 (49)：38667－38673.

Saule P，Vicogne J，Delacre M，et al，2005. Host glucose metabolism mediates T4 and IL－7 action on *Schistosoma mansoni* development [J]. J Parasitol，91：737－744.

Sayed A A，Williams D L，2004. Biochemical characterization of 2－Cys peroxiredoxins from *Schistosoma mansoni* [J]. J Biol Chem，279：26159－26166.

Schussler P，Grevelding C G，Kunz W，1997. Identification of Ras，MAP kinases，and a GAP protein in *Schistosoma mansoni* by immunoblotting and their putative involvement in male－female interaction [J]. Parasitology，115：629－634.

Scott J C，McManus D P，1999. Identification of novel 70kDa heat shock protein－encoding c－DNA from *Schistosoma japonicum* [J]. Parasitol，29 (3)：437－444.

Seveirnghaus A E，1928. Sex studies on *Sehistosoma japonicum* [J]. Quar J Microscop Sch，71：653－707.

Shi F，Zhang Y，Ye P，et al，2001. Laboratory and field evaluation of *Schistosoma japonicum* DNA vaccines in sheep and water buffalo in China [J]. Vaccine，20 (3－4)：462－467.

Shoemaker C B，Ramachandran H，Landa A，et al，1992. Alternative splicing of the *Schistosoma mansoni* gene encoding a homologue of epidermal growth factor receptor [J]. Mol Biochem Parasitol，53：17－32.

Sidow A，1992. Diversification of the Wnt gene family on the ancestral lineage of vertebrates [J]. PNAS，89：5098－5102.

Silva F P Jr，Ribeiro F，Katz N，et al，2002. Exploring the subsite specificity of *Schistosoma mansoni* aspartyl hemoglobinase through comparative molecular modeling [J]. FEBS Lett，514 (2－3)：141－148.

Skelly P J，Kim J W，Cunningham J，et al，1994. Cloning，characterization and functional expression of cDNAs encoding glucose transporter proteins from the human parasite *Schistosoma mansoni* [J]. Journal of Biological Chemistry，269：4247－4253.

Skelly P J，Shoemaker C B，1996. Rapid appearance and asymmetric distribution of glucose transporter SGTP4 at the apical surface of intramammalian－stage *Schistosoma mansoni* [J]. Proc Natl Acad Sci U S A，93：3642－3646.

Skelly P J，Shoemaker C B，2001. *Schistosoma mansoni* proteases Sm31 (cathepsin B) and Sm32 (1egumain) are expressed in the cecum and protonephridia of cercariae [J]. Parasitol，87 (5)：1218－1221.

Smith A M，Dalton J P，Clough K A，et al，1994. Adult *Schistosoma mansoni* express cathepsin L proteinase [J]. Mol Biochem Parasitol，67：11－19.

Smith M A, Clegg J A, Snary D, et al, 1982. Passive immunization of mice against *Schistosoma mansoni* with an IgM monoclonal antibody [J]. Parasitology, 84 (1): 83 - 91.

Stroehlein A J, Young N D, Jex A R, et al, 2015. Defining the *Schistosoma haematobium* kinome enables the prediction of essential kinases as anti - schistosome drug targets [J]. Sci Rep, 5: 17759.

Sugiyama H, Kawanaka M, Kameoka Y, et al, 1997. A novel cDNA clone of *Schistosoma japonicum*: encoding the 34 000 dalton eggshell precursor protein [J]. International Journal for Parasitology, 27 (7): 811 - 817.

Ta N, Feng X G, Deng L L, et al, 2015. Characterization and expression analysis of Wnt5 in *Schistosoma japonicum* at different developmental stages [J]. Parasitol Res, 114 (9): 3261 - 3269.

Taylor M G, Huggins M C, Shi F, et al, 1998. Production and testing of *Schistosoma japonicum* candidate vaccine antigens in the natural ovine host [J]. Vaccine, 16 (13): 1290 - 1298.

Tielens A G, van de Pas F A, van den Heuvel JM, et al, 1991. The aerobic energy metabolism of *Schistosoma mansoni* miracidia [J]. Mol Biochem Parasitol, 46 (1): 181 - 184.

Tielens A G, 1994. Energy generation in parasitic helminths [J]. Parasitol Today, 10: 346 - 352.

Tielens A G, Horemans A M, Dunnewijk R, et al, 1992. The facultative anaerobic energy metabolism of *Schistosoma mansoni* sporocysts [J]. Mol Biochem Parasitol, 56 (1): 49 - 57.

Tielens A G, van den Heuvel J M, van den Bergh S G, 1990. Continuous synthesis of glycogen by individual worm pairs of Schistosoma mansoni inside the veins of the final host [J]. Mol Biochem Parasitol, 39: 195 - 201.

Timms A R, Bueding E, 1959. Studies of a proteolytic enzyme from *Schistosoma mansoni* [J]. Br J Pharmacol, 14: 68 - 73.

Tran M H, Pearson M S, Bethony J M, et al, 2006. Tetraspanins on the surface of *Schistosoma mansoni* are protective antigens against schistosomiasis [J]. Nat Med, 12: 835 - 840.

van Oordt B E, Tielens A G, van den Bergh S G, 1988. The energy metabolism of *Schistosoma mansoni* during its development in the hamster [J]. Parasitol Res, 75 (1): 31 - 35.

Vanderstraete M, Gouignard N, Cailliau K, et al, 2013. Dual targeting of insulin and venus kinase Receptors of *Schistosoma mansoni* for novel anti - schistosome therapy [J]. PLoS Negl Trop Dis, 7: e2226.

Verity C K, McManus D P, Brindley P J, 1999. Developmental expression of cathepsin D aspartic protease in *Schistosoma japonicurn* [J]. Int Parasitol, 29 (11): 1819 - 1824.

Verjovski - Almeida S, DeMarco R, Martins E A, et al, 2003. Transcriptome analysis of the acoelomate human parasite *Schistosoma mansoni* [J]. Nat Genet, 35: 148 - 157.

Vicogne J, Cailliau K, Tulasne D, et al, 2004. Conservation of epidermal growth factor receptor function in the human parasitic helminth *Schistosoma mansoni* [J]. J Biol Chem, 279: 37407 - 37414.

Vicogne J, Dissous C, 2003. *Schistosoma mansoni* receptor tyrosine kinases: towards new therapeutic targets [J]. J Soc Biol, 197: 367 - 373.

Wang J, Yu Y, Shen H, et al, 2017. Dynamic transcriptomes identify biogenic amines and insect - like hormonal regulation for mediating reproduction in *Schistosoma japonicum* [J]. Nature Communication, DOI: 10.1038/ncomms14693.

Wang S, Luo X, Zhang S, et al, 2014. Identification of putative insulin - like peptides and components of insulin signaling pathways in parasitic platyhelminths by the use of genome - wide screening [J]. FEBS J, 281: 877 - 893.

Wang T, Guo X Y, Hong Y, et al, 2016. Comparison of apoptosis between adult worms of *Schistosoma japonicum* from susceptible (BALB/c mice) and less - susceptible (Wistar rats) hosts [J]. Gene, 592 (1): 71 - 77.

Wang X B, Li H F, Qi X Y, et al, 2011. Characterization and expression of a novel Frizzled 9 gene in *Schistosoma japonicum* [J]. Gene Expr Patterns, 11 (3-4): 263-270.

Wasilewski M M, Lim K C, Phillips J, et al, 1996. Cysteine proteinase inhibitors block schistosome hemoglobin degradation in vitro and decrease worm burden and egg production *in vivo* [J]. Mol Biochem Parasitol, 81: 179-189.

Wong J Y, Harrop S A, Day S R, et al, 1997. Schistosomes express two forms of cathepsin D [J]. Biochem Biophys Acta, 1338 (2): 156-160.

Wu X, Zhao B, Hong Y, et al, 2012. Characterization of *Schistosoma japonicum* estrogen-related receptor beta like 1 and immunogenicity analysis of the recombinant protein [J]. Exp Parasitol, 131 (3): 383-392.

Wu Z, Liu S, Zhang S, et al, 2004. Persistence of the protective immunity to *Schistosoma japonicum* in Chinese yellow cattle induced by recombinant 26kDa glutathione-S-transferase (reSjc26GST) [J]. Vet Parasitol, 123: 167-177.

Wynn T A, Oswald I P, Eltoum I A, et al, 1994. Elevated expression of Th1 cytokines and NO synthase in the lungs of vaccinated mice after challenge infection with *Schistosoma mansoni* [J]. J Immunol, 153: 5200-5209.

Xiao S, You J, Guo H J, et al, 1998. Effect of artemether on hexokinase, glucose phosphate isomerase and phosphofructokinase of *Schistosoma japonicum* harbored in mice [J]. Chinese Journal of Parasitology & Parasitic Diseases, 16: 25-28.

Xiao S H, You J Q, Guo H F, et al, 1999. Effect of artemether on phosphorylase, lactate dehydrogenase, adenosine triphosphatase, and glucosephosphate dehydrogenase of *Schistosoma japonicum* harbored in mice [J]. Acta Pharmacologica Sinica, 20: 750-754.

Xiao S H, You J Q, Mei J Y, et al, 1997. Effect of artemether on glucose uptake and glycogen content in *Schistosoma japonicum* [J]. Acta Pharmacologica Sinica, 18: 363-367.

Xiong Y N, Ai D Z, Meng P P, et al, 2013. Cloning, expression, and preliminary characterization of the dysferlin tegument protein in *Schistosoma japonicum* [J]. Parasitol Int, 62 (6): 522-529.

Xiong Y N, Zhang M, Hong Y, et al, 2013. Characterization Analysis of *Schistosoma japonicum* Plasma Membrane Repair Relative Gene Myoferlin [J]. PLoS One, 8 (6): e66396.

Xu J, Feng X, Jia Y, et al, 2017. Characterization and expression pattern of a novel Frizzled 8 receptor gene in *Schistosoma japonicum* [J]. Parasitol Int, 66 (5): 522-528.

Xu S, Shi F, Shen W, et al, 1995. Vaccination of sheep against *Schistosoma japonicum* with either glutathione-S-transferase, keyhole limpet haemocyanin or the freeze/thaw schistosomula/BCG vaccine [J]. Vet Parasitol, 58 (4): 301-312.

Yang J, Hong Y, Yuan C, et al, 2013. Microarray Analysis of Gene Expression Profiles of *Schistosoma japonicum* Derived from Less-Susceptible Host Water Buffalo and Susceptible Host Goat [J]. PLoS One, 8 (8): e70367.

Yang J M, Qiu C H, Xia Y X, et al, 2010. Molecular cloning and functional characterization of Schistosoma japonicum enolase which is highly expressed at the schistosomulum stage [J]. Parasitology Research, 107 (3): 667-677.

You H, Gobert G N, Cai P, et al, 2015. Suppression of the insulin receptors in adult *Schistosoma japonicum* impacts on parasite growth and development: further evidence of vaccine potential [J]. PLoS Negl Trop Dis, 9: e0003730.

You H, Gobert G N, Duke M G, et al, 2012. The insulin receptor is a transmission blocking veterinary vaccine target for zoonotic *Schistosoma japonicum* [J]. Int J Parasitol, 42: 801-807.

You H, Gobert G N, Jones M K, et al, 2011. Signalling pathways and the hostparasite relationship: Putative targets for control interventions against schistosomiasis [J]. Bioessays, 33: 203 - 214.

You H, Stephenson R J, Gobert G N, et al, 2014. Revisiting glucose uptake and metabolism in schistosomes: new molecular insights for improved schistosomiasis therapies [J]. Front Genet, 5: 1 - 8.

You H, Zhang W, Jones M K, et al, 2010. Cloning and characterisation of *Schistosoma japonicum* insulin receptors [J]. PLoS ONE, 5: e9868.

You H, Zhang W, Moertel L, et al, 2009. Transcriptional profiles of adult male and female *Schistosoma japonicum* in response to insulin reveal increased expression of genes involved in growth and development [J]. IntJParasitol, 39: 1551 - 1559.

You H, Gobert G N, Jones M K, et al, 2011. Signalling pathways and the hostparasite relationship: putative targets for control interventions against schistosomiasis [J]. Bioessays, 33: 203 - 214.

Young N D, Jex A R, Li B, et al, 2012. Whole - genome sequence of *Schistosoma haematobium* [J]. Nat Genet, 44: 221 - 225.

Zhai Z L, You J Q, Guo H F, et al, 2000. Effect of artemether on phosphoglucomutase, aldolase, phosphoglycerate mutase and enolase of *Schistosoma japonicum* harbored in mice [J]. Chinese Journal of Parasitology & Parasitic Diseases, 18: 336 - 338.

Zhai Z L, Zhang Y, Liu H X, et al, 2000. Effect of artemether on enzymes involved in carbohydrate metabolism of *Schistosoma japonicum* [J]. Chinese Journal of Parasitology & Parasitic Diseases, 18: 162 - 164.

Zhang M, Hong Y, Han Y, et al, 2013. Proteomic Analysis of Tegument - Exposed Proteins of Female and Male *Schistosoma japonicum* Worms [J]. Proteome Res, 12 (11): 5260 - 5270.

Zhang T, Mo X J, Xu B, et al, 2018. Enzyme activity of *Schistosoma japonicum* cercarial elastase SjCE - 2b ascertained by *in vitro* refolded recombinant protein [J]. Acta Tropica, 187: 15 - 22.

Zhong C, Skelly P J, Leaffer D, et al, 1995. Immunolocalization of a *Schistosoma mansoni* facilitated diffusion glucose transporter to the basal, but not the apical, membranes of the surface syncytium [J]. Parasitology, 110: 383 - 394.

Zhou S H, Liu S X, Song G C, et al, 2000. Protective immunity induced by the full - length cDNA encoding paramyosin of Chinese *Schistosoma japonicum* [J]. Vaccine, 18: 3196 - 3204.

Zhou Y, Zheng H, Chen Y, et al, 2009. The *Schistosoma japonicum* genome reveals features of host parasite interplay [J]. Nature, 460: 345 - 351.

第四章　血吸虫的生理生化

第一节　营养摄食、消化和吸收

血吸虫生活史中各阶段虫体在营养摄食、消化和吸收方面具有非常大的差异。自由生活阶段，包括虫卵、毛蚴和尾蚴，都可能没有主动摄食和吸收营养的生物学活动，与外界环境之间只有一些被动的小分子营养物质交换。在螺体内发育的各个阶段以及在感染终末宿主后但消化系统没有发育成熟前的幼虫阶段，主要通过皮层从宿主体内吸收营养。成虫和晚期童虫（消化系统部分形成或完全形成）则有两种营养来源途径，一是通过口摄食，二是通过皮层吸收，且前者为主要来源途径。

成虫具有较完整的消化系统，包括口、食管、肠管。肠管在腹吸盘前背侧分为两支，向后延伸到虫体后端 1/3 处汇合成盲管。成虫通过口腔不断吞食血液，主要是宿主的红细胞。雌虫因为要满足生殖需要，吞食量要大于雄虫。据估计每条雌虫摄取红细胞数为 33 万个/h，而雄虫仅为 3.9 万个/h。

血吸虫和其他吸虫一样，在螺体内的胞蚴期没有消化器官，一般不会主动摄食，主要通过体壁吸收螺体内营养物质。进入终末宿主的早期幼虫，也主要通过体壁和宿主发生物质交换，随着消化器官的发育，逐渐过渡到以口摄食为主。

血吸虫营养物质的消化和吸收有两个界面，即体壁和肠道。

在吸虫的体壁和肠道都含有消化酶是最好的证明。在吸虫的皮层内存在磷酸酶，能够在各种磷酸酯的水解过程中行使消化能力，在血吸虫皮层的表面通道内曾发现碱性磷酸酶，说明吸虫的皮层具有“消化-吸收”能力。血吸虫的体壁具有吸收和交换等重要生理功能，目前认为单糖的摄入主要通过体壁而不是肠道，并且体壁尚能吸收介质中的若干氨基酸。

从吸虫肠道发现的消化酶更多，包括蛋白酶、氨基肽酶、脂肪酶、碱性磷酸酶、酸性磷酸酶等，显示在具有消化道的各期虫体中，消化道腔和消化道壁细胞是消化的主战场。李雍龙等（1998）收集日本血吸虫成虫肠道排出物，用含精氨酰键的特异性人工合成底物识别排出物中组织蛋白酶的类型及活性；结果成虫肠道排出物能降解组织蛋白酶 B 的特异性底物 7-氨基-4-甲基香豆素（Z-Arg-Arg-AMC）和组织蛋白酶 B、L 的共同底物 Z-Phe-Arg-AMC；组织蛋白酶 L 的抑制剂 Z-Phe-Phe-CHN2 能部分抑制排出物对 Z-Phe-Arg-AMC 的降解作用。日本血吸虫组织蛋白酶 B、L 的最适 pH 为 5.0～5.5。因此，它们得出结论，日本血吸虫成虫排出物具有组织蛋白酶 B、L 样活性。

自从在曼氏血吸虫匀浆上清液中发现具有对血红蛋白专一性的酸性蛋白水解酶后，该酶一直被称为“血红蛋白酶”，但随着对其生化特性和基因序列的研究，发现所谓的“血红蛋白酶”并非是单一酶，而是包括组织蛋白酶 B、L、D、C 及 Legumain 在内的一系列酶。这些组织蛋白酶的基因在日本血吸虫和曼氏血吸虫种均得到了克隆和体外表达。对曼氏血吸虫组织蛋白酶 B（Sm31）的研究显示，该酶定位于肠道，特异性底物为 Z－Arg－Arg－AMC，反应最适 pH 为 6.0，且虫体体内该酶的酶原需经其他蛋白酶催化才能被活化。虽然 rSm31 在某些位点可裂解血红蛋白，但无明显的血红蛋白专一性。血吸虫 Legumain 是天冬酰胺内切酶，在研究文献中也称 Sm32 和 Sj32，它最早是因具有较高的免疫原性作为诊断性抗原分子而受到重视的；由于其重组表达的 Sm32 融合蛋白具有降解血红蛋白活性而被归为“血红蛋白酶”，后发现 Sm32 与其他蛋白水解酶并无相似性；组织化学定位证实 Legumain 位于成虫肠道上皮细胞、雄虫腹侧表面及尾蚴的头腺中。

血吸虫消化道细胞除分泌各种消化酶进入肠腔外，其本身含有丰富内质网、线粒体，有时还含有高尔基体和各种包涵体、溶酶体或溶酶样体，说明这些细胞在吞噬物质后还有进一步降解的功能。

血吸虫成虫可能会对摄食的血液中的所有大分子营养物质进行消化，但主要还是消化红细胞。红细胞所提供的营养物质为血红蛋白的 α 及 β 链和从红细胞中核苷酸来的核苷，其中血红蛋白消化后产生肽或游离氨基酸。红细胞被消化后的残渣为一种复合的卟啉物质，残存于肠道内，就是形态学观察时看到的肠腔内棕黑色素。

血吸虫肠上皮细胞中的溶酶体或溶酶样体还具有自我吞噬功能，尤其是在饥饿状态或受到药物攻击时，可以将胞内一些细胞器和其他物质水解消化，消化产物可以作为细胞再造的材料和能量供应。

血吸虫成虫的外皮层厚 1～3μm，为胞质性，其细胞各个独立，由胞质通道相连，具有双层外膜结构，能不断更新，具有吸收和交换的功能。体表具有复杂皱褶和凹窝，增加了吸收面积。除吸收葡萄糖外，体壁还能吸收介质中的若干氨基酸，其中半胱氨酸和脯氨酸通过扩散进入虫体，其他氨基酸均能被血吸虫主动吸收和转运。

血吸虫本身不能从头合成嘌呤。嘌呤和嘧啶的吸收也是通过消化道和体壁两个界面完成。体壁中的磷酸水解酶可能与嘌呤和嘧啶的转运有关。研究证明，胞嘧啶、胸腺嘧啶和尿嘧啶完全靠扩散进入虫体，各种嘌呤、腺嘌呤核苷和尿嘧啶核苷的吸收，部分是通过中间系统完成；核糖的吸收是通过间接吸收完成的。

消化吸收后的物质转运，以及各器官和组织之间的物质联系，可能通过肠支基膜和各种细胞（如实质细胞）的直接接触或间接接触来完成。体液也是转运途径之一。某些细胞如吞噬细胞也被证明具有物质运输的作用。

■第二节　代　　谢

血吸虫的代谢同其他生物一样，包括物质代谢和能量代谢。物质代谢是将环境中获得的物质转化成自身新物质，同时将体内旧有物质转化成环境中的物质，包括糖代谢、脂类代谢、蛋白质和氨基酸代谢、核酸代谢等。在这些代谢中均包含了从小分子到大分子物质的逐级合成，也包含从大分子到小分子的逐级降解，其中涉及能量的供应与释放。

一、糖代谢

糖代谢包括碳水化合物的分解和合成。糖的分解产生能量，是机体生命活动最主要的能量来源，糖代谢的中间产物又可以转化机体的其他含碳化合物，因此，糖是机体最重要的碳源和能源。

糖原又称动物淀粉，是动物的储备多糖，其结构与支链淀粉相似。糖原合成是在糖原合酶的催化下将活化形式的葡萄糖与引物分子（未降解完全的糖原分子或糖原素）合成糖原。糖原在血吸虫生活史各个阶段虫体中均有，是自由生活阶段特别是毛蚴和尾蚴阶段的主要能量来源。在成虫中主要贮存在实质组织和肌肉中，雄虫的糖原占干重的9.3%～14.2%，雌虫仅占2.1%～4.2%。这些糖原在饥饿时逐渐消失，但补充葡萄糖又会重新出现，说明血吸虫具有合成糖原的能力，也具有分解糖原的能力。雄虫的多糖水解产物中含有葡萄糖和半乳糖。

糖异生又称为葡萄糖异生，是指由简单的非糖前体（乳酸、甘油、生糖氨基酸等）转变为糖（葡萄糖或糖原）的过程。王玮（2007）基于生物信息学研究，在已有的日本血吸虫转录组、蛋白质组和基因组数据中没有发现日本血吸虫葡萄糖-6-磷酸酶，该酶在糖异生途径中主要起催化1-磷酸-葡萄糖转化为葡萄糖的作用，因而作者认为血吸虫因生活环境中富含葡萄糖而没有从非糖物质转换成葡萄糖的糖异生过程。

血吸虫体内含有参与糖酵解的一系列酶，如已糖激酶、磷酸已糖异构酶、磷酸果糖激酶、醛缩酶、乳酸脱氢酶等，说明血吸虫具有和其他生物一样的糖酵解途径。对血吸虫有治疗作用的锑剂，被认为对血吸虫糖酵解具有抑制作用。血吸虫糖酵解过程中的参与酶，被认为是开展药物研究的作用靶和疫苗研究的候选抗原分子，并取得了一定进展。日本血吸虫和曼氏血吸虫磷酸甘油酸激酶（PGK）、3-磷酸甘油脱氢酶（GAPDH）、磷酸烯醇式丙酮酸羧激酶（PEPCK）、磷酸丙糖异构酶（TPI）等的编码cDNA已得到克隆和表达，其中部分重组蛋白还诱导了一定程度的保护效果。

血吸虫具有完整的三羧酸循环系统，包括琥珀酸脱氢酶、苹果酸脱氢酶、延胡索酸酶等。同时，血吸虫虫体中还存在黄素蛋白、维生素C、辅酶Q、细胞色素（a、b、c)、琥珀酸细胞色素C和细胞色素氧化酶等呼吸链组分。

上述资料说明，血吸虫自身糖酵解和三羧酸循环在能量代谢方面也具有重要性。

血吸虫在自由生活期，包括尾蚴和毛蚴，主要是利用体内糖原通过三羧酸循环进行有氧代谢产生能量；而寄生生活阶段，包括螺内的胞蚴期和哺乳动物体内的童虫期和成虫期，则主要通过吸取宿主营养进行无氧代谢来提供能量。血吸虫尾蚴在钻入终末宿主体内几个小时，糖的代谢就从有氧代谢转换成无氧代谢，一般童虫期有氧代谢所占比例大约在6%，感染三周后下降到2.5%；体外试验显示，毛蚴转化成胞蚴后，虫体利用葡萄糖通过无氧代谢产生的乳酸和二氧化碳会显著高于毛蚴，且对外部环境中的葡萄糖的利用程度提高。这些是在曼氏血吸虫中的研究结果。但对日本血吸虫合抱成虫体外培养研究显示，通过呼吸链的氧化磷酸化产生的ATP大约占葡萄糖产生的全部ATP的一半甚至更多，在动物体内有氧代谢和呼吸链的效率可能会更高，提示有氧代谢在血吸虫成虫中也具有不可忽视的作用。

血吸虫自由生活期和寄生生活期有氧代谢和无氧代谢的差异主要是其生活环境中葡萄糖

浓度有关。血吸虫在终末宿主和中间宿主体内寄生时，宿主为其提供了丰富的葡萄糖，而自由生活时其环境葡萄糖浓度极低。无论是尾蚴还是童虫，当外源葡萄糖浓度较低时，葡萄糖的代谢产物主要是二氧化碳，反之则主要是乳酸。因此，在尾蚴感染宿主后或毛蚴感染钉螺后，糖代谢方式的改变可能先于其形态学的改变。

二、脂类代谢

对所有生物而言，脂类中的脂肪都是重要的能源。脂类还是生物膜的重要组成成分。脂类不仅对血吸虫完成生活史，而且对其逃避宿主免疫攻击具有重要作用。

应用组织化学方法没有在童虫体内发现形态可见的脂类物质，到性成熟时才明显出现，成熟后日渐增多。成虫脂类物质的含量约占其虫体干重的1/3，雄虫主要沉积于实质组织，雌虫则主要在卵黄细胞中。主要成分为磷脂（36.1%～37.2%）、游离甾醇（25.7%～28.4%）、甘油三酯（22.3%～26.5%）、游离脂肪酸（6.2%～7.0%）和甾醇酯（4.4%～6.2%）。

曼氏血吸虫的脂类组成与宿主相似，但在不同发育阶段、不同宿主体内它的脂类组成均有很大的不同。尾蚴、童虫和成虫主要的磷脂是磷脂酰胆碱，同时含有少量其他磷脂，如磷脂酰乙醇胺、磷脂酰丝氨酸、磷脂酰肌醇和神经鞘磷脂。在各发育阶段虫体主要的脂肪酸是软脂酸、硬脂酸和油酸，仅比例不同而已，也有较多的廿烷酸。另外雄性成虫、尾蚴和虫卵中有抗原性糖脂。皮层的鞘磷脂和廿烷酸含量较虫体匀浆的高。

血吸虫不能合成脂类，必须从宿主获得脂类。血浆白蛋白与脂类尤其是脂肪酸相连可能是虫体脂类的主要来源。童虫和成虫可以将培养液中的游离脂肪酸和牛血清白蛋白结合到中性脂和磷脂中。另一种获得脂类的途径可能是血清脂蛋白，童虫的体表蛋白似乎是低密度脂蛋白的受体，从日本血吸虫成虫分离提纯了这种蛋白，但虫体和宿主血清脂蛋白间脂类交换的直接依据还不充分。第三种可能的机制是从宿主细胞膜获得脂类，宿主细胞膜与虫体表面融合，可使虫体产生单软脂酰磷脂酰胆碱（MPPC），用MPPC处理红细胞，能使后者释放胆固醇。因此，MPPC能为血吸虫产生游离胆固醇。日本血吸虫和曼氏血吸虫均具有脂肪酸结合蛋白（FABP）基因，该基因的表达产物（Sj14和Sm14）可能在血吸虫脂类的吸收和体内运输方面具有重要作用。

对曼氏血吸虫FABP的免疫定位研究显示，该蛋白主要定位于雄虫的背侧小结节中，皮下肌层的两侧，以及虫体的实质组织中，显示曼氏血吸虫FABP起脂质载体作用（Huang，1980）。但Gobert等（1997）对SjFABPc的免疫定位显示，在日本血吸虫中FABP主要见于雌虫的卵黄腺、肌层下面和雄虫的实质组织，在表膜中未见表达，因此可能主要参与虫体内部的脂类运输。

血吸虫不能从头合成固醇或脂肪酸，但它们能够修饰脂链的长度和合成脂肪酸代谢物。脂肪酸可合成甘油三酯、胆固醇脂和磷脂。在血吸虫不同发育阶段，这些脂类的合成速度不同，曼氏血吸虫11d童虫合成磷脂的速度高于刚穿透皮肤的童虫或成虫。对于血吸虫如何调节脂类合成和组成目前知道的不多。

在高等动物体内，脂类的分解涉及脂肪的分解、甘油磷脂的降解等多个复杂过程，如脂肪的降解是在脂肪细胞内激素敏感性甘油三酯脂酶作用下，将脂肪分解为脂肪酸及甘油并释放入血供其他组织氧化使用，其中脂肪酸在氧供充足条件下可分解为乙酰 CoA，彻底氧化成 CO_2 和 H_2O 并释放出大量能量。血吸虫在生命活动中离不开脂类物质的降解和使用，如 Huang 等（2012）的研究显示，脂肪酸的氧化是曼氏血吸虫雌虫产卵所必需的。但目前对血吸虫如何降解其体内的脂类物质还知之甚少。

三、氨基酸代谢和蛋白质合成

血吸虫雄虫体内的蛋白质含量为其干重的 45%～47%，雌虫的为 55%～64%。

血吸虫体内的蛋白质大多数是由其自身按照从 DNA 转录得到的 mRNA 上的遗传信息合成的。但在血吸虫体表和消化道等与宿主接触的界面，结合有宿主蛋白，这些蛋白的存在对血吸虫生存和发育具有重要作用。

血吸虫消化道、体壁均含有丰富的蛋白酶，可以将外源性蛋白消化降解为氨基酸或多肽再吸收利用。在其他器官或组织内也含有蛋白酶或肽酶，因此，血吸虫也可以对内生性蛋白进行降解。

蛋白质代谢以氨基酸为核心。血吸虫自身不能合成氨基酸，其体内的氨基酸来源于外源性蛋白和内生性蛋白的降解产物，当然也包含有直接从宿主血液中吸收的游离氨基酸。用纸层析和离子交换层析可证明成虫含有天门冬氨酸、甘氨酸、丙氨酸、丝氨酸、苏氨酸、谷氨酸、脯氨酸、缬氨酸、亮氨酸、异亮氨酸、酪氨酸、苯丙氨酸、赖氨酸、组氨酸和精氨酸，雄虫还有色氨酸。

细胞内、外液中所有游离氨基酸称为游离氨基酸库，其含量不足氨基酸总量的 1%。与其他生物一样，氨基酸的去处有两条途径，一是作为合成蛋白质的原料，二是脱氨后作为能源，该途径是通过三羧酸循环氧化成二氧化碳或通过酵解成丙酮酸再分解成二氧化碳和水，并以 ATP 形式贮存能源。但血吸虫不能通过糖再生将氨基酸转化为葡萄糖。

氨基酸的上述代谢过程涉及蛋白质水解、脱氨基作用、转氨基作用、联合脱氨基作用、脱羧基作用、碳骨架的水解等复杂过程。血吸虫体内有活力较强的转氨酶，如谷丙转氨酶、谷草转氨酶、精氨酸转氨酶等。

四、核酸代谢

核酸代谢涉及核酸和核苷酸，核苷酸是所有生物都必需的一类主要物质，是合成核酸的原材料，其衍生物还是许多生物合成中活跃的中间产品。

血吸虫作为真核生物，核酸作为遗传物质和蛋白翻译的信息物质，其合成和裂解与宿主相一致。

有关血吸虫核酸代谢和核苷酸代谢的研究资料很少，只能根据其生活环境、动物核酸代谢和核苷酸代谢的总体规则进行推断。血吸虫核苷酸的来源可能有以下途径：一是直接吸收宿主血液中的单核苷酸或寡核苷酸，二是消化裂解宿主血液细胞包括红细胞中的核酸再吸收，三是自身核酸的裂解，四是从头合成。日本血吸虫具有从头合成嘧啶的三种酶，即氨基甲酰磷酸合成酶、天冬氨酸转氨甲酰酶、二氢乳清酸酶，说明血吸虫可以合成嘧啶。

五、神经介质代谢

神经介质（neurohumour）又称神经递质，指在化学突触传递中担当信使的特定化学物质，简称递质。随着神经生物学的发展，陆续在神经系统中发现了大量神经活性物质。一般认为主要的神经介质有乙酰胆碱、儿茶酚胺（包括去甲肾上腺素、肾上腺素和多巴胺）、5－羟色胺、氨基酸递质（被确定为递质的有谷氨酸、γ－氨基丁酸和甘氨酸）、多肽类神经活性物质（近年来发现多种分子较小的肽具有神经活性，神经元中含有一些小肽，虽然还不能肯定它们是递质）。

血吸虫有活络的神经肌肉系统，目前来看，主要是以乙酰胆碱、儿茶酚胺作为递质进行信号传递。成虫中存在胆碱能神经的有关神经传导的介质和酶，包括乙酰胆碱（ACh）、胆碱酯酶（ChE）、乙酰胆碱酯酶（AChE）和胆碱乙酰化酶（ChAC），也含有5－羟色胺（5－HT）和儿茶酚胺（CA）类物质。组织化学研究证明这些物质主要存在于血吸虫的神经节、神经干和邻近的神经组织中。此外，日本血吸虫体内还含有大量的多巴胺。因此，一般认为血吸虫存在胆碱能神经和单胺能神经，前者的传导介质为Ach，起抑制虫体活动的作用；后者介质为5－HT，起兴奋虫体活动的作用，这两种神经介质在生理功能上既相互拮抗又统一协调，从而调节血吸虫的神经生理的正常活动。

■第三节　呼吸、排泄及行为反应

一、呼吸

呼吸是指机体与外界环境之间气体交换的过程。对高等生物如哺乳动物而言，呼吸过程包括三个互相联系的环节：①外呼吸包括肺通气和肺换气；②气体在血液中的运输；③内呼吸指组织细胞与血液间的气体交换。对大多数生物而言，呼吸主要是指从环境中获得氧气并将生命活动中产生的二氧化碳排出体外的过程。

血吸虫的生活环境，无论是终末宿主的血液和组织（肝和肠壁）、中间宿主螺的组织，还是自由生活的水，氧的含量都是相对较高的，只有从肠壁落入肠腔到排出体外的短暂时间内生活在肠腔内，而一般认为高等动物的肠腔属于厌氧环境。因此，血吸虫生活史的各个阶段，应当以有氧呼吸为主，同时兼有厌氧呼吸。然而，对血吸虫有氧代谢在其能量代谢中的作用有争论。

1982年Bueding等认为酵解是曼氏血吸虫能量代谢的主要形式，认为血吸虫的耗氧是由于雌虫虫卵鞣化的需要。黄左钺等（1987）在应用氧电极技术测定日本血吸虫呼吸率后认为，有氧代谢在血吸虫成虫中也具有不可忽视的作用。对日本血吸虫合抱虫体测定19次，呼吸速率为每分钟（1.25±0.21）nmol O_2，雌虫及雄虫分别测定13次和33次，雌虫和雄虫都有呼吸，雌、雄虫呼吸速率的合量约等于合抱虫体的呼吸速率，证明日本血吸虫的耗氧不只是为了雌虫体内虫卵鞣化的需要。黄左钺和励正康（1984）还报道了日本血吸虫在体外培养时的正常呼吸率：血吸虫的呼吸率按最初5min平均计算，31～40d组及时测定的值为每分钟每对虫（1.47±0.19）nmol O_2 或每分钟每毫克干重（6.89±1.13）nmol O_2；25～

30d组为每分钟每对虫（1.09±0.13）nmol O_2 或每分钟每毫克干重（8.17±2.13）nmol O_2。

然而，对血吸虫和环境发生氧气和二氧化碳交换的机理，目前还不清楚。

二、排泄

将物质代谢终产物、过剩物质和机体不需要的物质运送到排泄器官并排出体外的生理过程，称为排泄。这一过程还具有调节体内水、盐代谢和酸碱平衡、维持体内环境相对稳定的功能。

血吸虫无肛孔，其消化道内食物消化后的残渣从口排出。

血吸虫生命活动中产生的不能再利用甚至是有毒的废物，可能大部分是通过其排泄系统完成排泄的。血吸虫的排泄系统为原肾管系统。原肾管由动物体外胚层陷入体内形成，是扁形动物、线虫动物、纽形动物的主要排泄器官。焰细胞是该系统最末梢的一个结构，存在于软组织细胞之间，通过毛细小管连接到收集管，收集管再联合并通到排泄囊，最后通过排泄孔与外界相连，排泄孔位于虫体后端。

吸虫的皮层也被认为具有排泄功能。肝片吸虫吞噬血液，但可以从它的皮层找到排除的铁质。但血吸虫皮层能排泄哪些物质以及排泄的机理，因研究较为困难而未见研究报道。

三、行为反应

血吸虫除虫卵以外的各期虫体，包括成虫、童虫、毛蚴、胞蚴和尾蚴，都有行为反应。血吸虫在终末宿主的肠系膜静脉内，雄虫以口吸盘、腹吸盘交替动作并伴以身体的交互伸长和缩短的方式向前移动，雌虫是由雄虫用抱雌沟抱着被动前行。血吸虫毛蚴在水中以其纤毛的摆动而旋转地向前移动，具有向光、向上（负地性）的特性，同时具有穿透棉花纤维层及颗粒粪便表层，主动找寻中间宿主螺的能力。血吸虫尾蚴平时以腹吸盘吸附在水面黏液膜上，几乎静止不动，当遇到哺乳动物皮肤时会快速钻入发生感染。

血吸虫的行为反应是在受到某些物理、化学的刺激下发生的。例如，血吸虫尾蚴和毛蚴在水体内的向上运动，可能是受到地球引力的影响；虫卵的孵化需要光照，毛蚴的运动具有向光性，这些是光源的刺激；据报道，尾蚴从螺体内的释放在24h内可能也有节律性，在自然水体中以上午8：00—12：00尾蚴的数量与密度最高，这可能与受到光照等昼夜节律变化有关；终末宿主体内的血吸虫在动物服用影响有氧呼吸的药物后会发生肝移。

血吸虫的皮层或蚴体内具有神经细胞（或感觉细胞）或器官，能够感知外环境中的物理化学信号刺激，再通过神经系统来协调其行为和反应。例如，毛蚴一般具有一个眼点，里面有色素颗粒和圆形的晶体，可以感受光的变化。血吸虫以Ach为传导介质通过胆碱能神经抑制虫体活动，以5-HT为介质通过单胺能神经兴奋虫体活动，这两种神经介质在生理功能上既相互拮抗又统一协调，从而调节血吸虫神经生理的正常活动。

（刘金明）

■ 参考文献

黄左钺，励正康，1984. 抗血吸虫药物对日本血吸虫呼吸和糖酵解的影响［J］. 药学学报，19（9）：651.

黄左钺，励正康，邱云，等，1987. 呼吸在日本血吸虫能量代谢中的作用［J］. 中国寄生虫学与寄生虫病杂志，5（3）：170－172.

李雍龙，冯友仁，1998. 日本血吸虫组织蛋白酶的研究［J］. 中国寄生虫学与寄生虫病杂志，16（2）：101－104.

刘文琪，2001. 血吸虫酶类研究进展［J］. 国外医学寄生虫病分册，28（5）：198－202.

王玮，2007. 基于生物信息学的日本血吸虫糖代谢研究［D］. 武汉：华中师范大学.

Bueding E，Fisher J，1982. Metabolic requirements of schistosomes［J］. J Parasitol，68（2）：208－212.

Furlong S T，1991. Unique roles for lipids in Schistosoma mansoni［J］. Parasitol Today，7（2）：59－62.

Gobert G N，Stenzel D J，Jones M K，et al，1997. Immunolocalization of the fatty acid－binding protein Sj－FABPc within adult *Schistosoma japonicum*［J］. Parasitol，115（Pt 1）：33－39.

Huang S C，Freitas T C，Amiel E，et al，2012. Fatty acid oxidation is essential for egg production by the parasitic flatworm *Schistosoma mansoni*［J］. Plos Pathogen，8（10）：e1002996.

Huang T Y，1980. The energ metabolism of *Schistosoma japonicum*［J］. Int J Biochem，12（3）：457－464.

Tielens A G，Horemans A M，Dunnewijk R，et al，1992. The facultative anaerobic energy metabolism of *Schistosoma mansoni* sporocysts［J］. Mol Biochem Parasitol，56（1）：49－57.

van Oordt B E，Tielens A G，van den Bergh S G，1988. The energy metabolism of *Schistosoma mansoni* during its development in the hamster［J］. Parasitol Res，75（1）：31－35.

第五章　日本血吸虫的发育生物学与生态学

日本血吸虫生活史复杂，既涉及在哺乳动物体内和钉螺体内的寄生生活，又涉及体外短暂的自由生活。了解血吸虫的生态与发育是制订防控对策、实施干预措施的基础。

第一节　卵的发育及外界环境对虫卵发育的影响

一、血吸虫虫卵发育

血吸虫雌虫在肠系膜静脉和肝门静脉中产卵。初产虫卵为单细胞虫卵。根据虫卵中胚细胞发育、器官形成和毛蚴的发育状况，可将虫卵分为单细胞期、细胞分裂期、器官发生期和毛蚴成熟期四个阶段。

依据何毅勋（1979）对感染血吸虫家兔肝脏的组织学观察以及许世锷（1974）对日本血吸虫在离体培养中产卵和虫卵发育过程的研究，各期虫卵的主要特征如下：

1. 单细胞期　血吸虫初产虫卵和子宫内虫卵为单细胞期。该期虫卵内含有 18～24 个边界清楚的卵黄细胞和 1 个卵细胞。卵黄细胞内充满高度反光的颗粒，而卵细胞则含有黑色颗粒的细胞质和显著而折光性较高的细胞核。卵细胞的大小等于虫卵横径的 1/4～1/3。核仁在核的中央，为黑色致密的颗粒。核膜内缘还有折光较高的染色质。卵细胞核有旋转现象。在卵细胞细胞质中可见一个精子核。

2. 细胞分裂期　初产出的单细胞期虫卵，24h 之内其中的卵细胞就开始分裂。卵细胞经第一次分裂后形成两个大小不等的细胞：体积较小而细胞核较为致密的一个，称为繁殖细胞；另一个体积较大而细胞核较为松散，称为外胚叶细胞。繁殖细胞反复分裂成 40～50 个细胞群，位于卵的中央呈团块状。随着细胞分裂的继续进行，分裂的细胞群呈实体状，犹如桑葚。外胚叶细胞分裂后离开中央的分裂细胞群，接近卵壳的边缘，然后沿着卵壳内壁继续分裂并分化成将来包围于胚胎外面的胚膜。在卵裂的早期，卵黄细胞膨胀，残存在细胞质中的颗粒球已散失在分裂的细胞群周围，致使卵黄细胞显得透亮无色，形如空泡。随后，极度膨胀而透亮的卵黄细胞破裂、崩解，失去细胞的结构。至卵裂后期，卵黄颗粒球也逐渐消失，或只残留少许更细碎的崩解小颗粒。自单一卵细胞分裂为繁殖细胞和外胚叶细胞，经外胚叶细胞的连续分裂，直至繁殖细胞开始分裂前的细胞分裂期，共历时 7～8d。

3. 器官发生期　也有人称其为胚胎发育期。在细胞分裂后期，细胞群中出现有规则的排列和分化。最早分化形成的是神经团，它由具有丰富核染色质特点的许多小细胞聚集而成，位于胚胎的中央。继而分化出现的器官是头腺细胞、焰细胞及纤毛上皮细胞等。在此末期已能分辨出胚胎体形的前后端。本期发育共历时 3～4d。许世锷（1974）对离体培养日本血吸虫虫卵器官发生期观察结果为：到培养后第 8 天时，繁殖细胞开始分裂为二，其中的一个再分裂形成毛蚴的生殖细胞，另一个则发育为体细胞的一部分；到第 9 天卵内开始出现似毛蚴状的胚胎，但内部器官尚不能看出；至第 11 天，由体细胞分化而来的头腺、原肠、神经系统以及生殖细胞已能清楚看到，但排泄系统及毛蚴的外部结构尚不清楚。

4. 毛蚴成熟期　在卵内有一个椭圆形的毛蚴，有时尚可见到毛蚴的伸缩活动。自产卵至毛蚴发育成熟需时 12d 左右。

血吸虫虫卵从雌虫子宫中产出一般在动物感染后的 25～26d，在组织内发育成熟需 10～12d，成熟虫卵到死亡 10～12d，故虫卵寿命一般为 20～24d。用吡喹酮治疗牛和羊后，粪便孵化的转阴时间一般在 34d 左右，提示动物体内的血吸虫虫卵寿命可达 30d 以上。动物从感染到肝脏出现虫卵的时间，家兔为 23d，小鼠为 24d。在感染动物的肝脏和肠壁组织，一般可以观察到上述各期虫卵，同时也可以观察到死亡和钙化虫卵（感染后期）。从尾蚴感染动物到粪便中出现虫卵的时间称为虫卵开放前期。虫卵开放前期的长短依动物种类不同而有差异，且与血吸虫和宿主的适应性有关，适应性差，虫体发育缓慢，开放前期长。黄牛和羊的虫卵开放前期一般在 35d 左右，水牛的虫卵开放前期在 42d 左右。

血吸虫虫卵在动物体内的发育，需要宿主提供各种营养物质。体外培养的结果显示培养基中含有血清及红细胞，特别是后者的存在，是血吸虫虫卵发育至成熟的必需条件。

二、外界环境对虫卵发育和孵化的影响

1. 外界环境对虫卵发育的影响　在粪便内，大多数虫卵含有毛蚴即为成熟卵，未成熟和萎缩性虫卵占少数。根据体外培养血吸虫虫卵发育所需条件看，粪便中未成熟虫卵在体外一般不能再发育成为成熟虫卵。

2. 外界环境对虫卵寿命的影响　血吸虫虫卵随粪便排出体外后，影响其寿命的主要是水和温度两个因素。血吸虫虫卵只有在湿粪内才能保持活力，如果粪便干燥后，虫卵会快速死亡。随粪便排出体外的虫卵如果入水，待粪便被稀释到一定混浊度以下始能孵化。

（1）水渗透压或盐浓度　1.2%以下食盐溶液中对虫卵活力和寿命没有影响；在 3.5%～4.3%食盐溶液中，虫卵 24h 内死亡；在 5%以上食盐溶液中虫卵迅速死亡。作者也曾观察到在 12%甘油溶液中血吸虫虫卵迅速死亡。

（2）pH　水的 pH 在 3～10 范围内时，对虫卵活力和寿命没有明显影响。

（3）水的深度　血吸虫虫卵密度大，在水中沉于水底。水的深度对血吸虫虫卵寿命的影响未见研究报道。

日本血吸虫虫卵在湿粪内 28℃气温 12d 有 3.2%虫卵存活，18℃气温 85d 有 2.9%存活，8℃气温 180d 有 77%虫卵存活。全部虫卵死亡时间分别为：−20℃为 30min，−10℃为 4h，38℃为 19d，45℃为 8h，55℃为 3min；0℃保存 81d、3℃保存 37d 虫卵均不死亡。因此，在 0℃以上气温，虫卵寿命随温度升高而减少，而在 0℃以下，温度越低，死亡率越高。

碳酸氢铵、石灰氮、生石灰可以迅速杀灭虫卵，人和动物尿液对血吸虫虫卵具有很强的杀灭作用，一般在 24～72h 内即能杀灭虫卵内的毛蚴。

3. 外界环境对虫卵（毛蚴）孵化的影响　排出体外的虫卵在未入水的粪便中是不能孵化的。入水以后，毛蚴的孵出受水的深度、渗透压、温度、光照和 pH 等因素的影响。其中水

的渗透压和温度为主要因素。

（1）水的深度　梁幼生等（1999）将相同量的血吸虫虫卵分别放在不同水深处观察孵化率，结果在水深分别为 33.5cm、28.5cm、22.5cm、17.5cm、13.5cm 和 7.5cm 的水下，如果以 7.5cm 深处虫卵孵化率作 100%计算，其相对孵化率分别为 18.54%、36.89%、50.35%、51.69%、69.38%和 100%，水深度与相对孵化率呈非常显著性负相关（$r=-0.9968$，$P<0.01$），水深度越大，成熟虫卵的孵化率越低。

（2）渗透压　血吸虫虫卵中毛蚴的孵出与渗透压有明显关系。成熟的虫卵在血液、肠内容物或尿中不能孵化，在等渗的环境中也不能孵化，只有被淡水稀释后方能孵化。以血吸虫虫卵在清水中的孵化率为 100%，则在 0.2%以下盐水中孵化率可达 100%，在 0.5%盐水中孵化率降低至 60%，在 0.8%盐水中孵化率降低至 7.5%，在 1%盐水中孵化率降低至 1.8%，在 1.2%盐水中虫卵孵化完全被抑制。

（3）温度　血吸虫虫卵可在 2～37℃的水中孵化，但在 10～30℃时孵化居多，而孵化的适宜温度为 25～30℃。当水温在 11℃以下或 37℃以上时，大部分虫卵孵化被抑制。在 13～28℃条件下，大部分虫卵在 48h 内孵出，温度越高，孵化越快。

（4）光照　光照能加速血吸虫虫卵的孵化，光照愈强虫卵孵化速度愈快，在 75W 人工灯光照下，大多数在 5～6h 孵化。在完全黑暗的环境中，虫卵仅部分孵化或完全不能孵化。

（5）水质及 pH　血吸虫虫卵在自然环境的清水中均能孵化，但水质及水的 pH 对血吸虫虫卵的孵化有显著影响。水质越好（如井水）孵化率越高，但在新放出的自来水中不能孵化。孵化的最适 pH 为 7.5～7.8，但在 pH 为 3.0～8.6 时均可以孵化。水的酸性或碱性过高均不利于虫卵孵化，pH 为 2.8 时或 pH 为 10 时，虫卵孵化完全被抑制。水的混浊度也会影响血吸虫虫卵的孵化。

第二节　毛蚴的发育、孵化及感染

一、毛蚴的寿命

毛蚴的寿命很短，一般在 15～94h。毛蚴寿命与水质、水温、pH 有关。适宜虫卵孵化的温度和水质也适宜毛蚴的活动。当水温在 10～33℃时，温度愈高，毛蚴活动愈大，其衰竭与死亡也愈快。在较低的水温（5～10℃）条件下，毛蚴的寿命显著低于 18～33℃时的寿命。在 37℃时放置 20min，活动毛蚴的数量就大大减少，1h 后仅有少数毛蚴缓慢活动，2h 后全部停止活动并趋于死亡。孙乐平（2000）的观察显示，毛蚴在 20℃时的期望寿命为 10.11h，最长存活时间为 38h；25℃时的期望寿命为 9.07h，最长存活时间为 26h。

毛蚴对氯的抵抗力低于虫卵，水中含氯 0.7～1.0μL/L 或余氯 0.2～0.4μL/L 时，30min 内毛蚴全部死亡。

二、毛蚴孵化、活动特性及其影响因素

毛蚴孵出后，借助其纤毛在水中做直线运动，如遇障碍物则做探索性的转折或回转后再做直线运动。

毛蚴的活动具有向上（背地）性，因此，毛蚴多分布于水体的表层。

毛蚴在水中的游速平均为 2.19mm/s，但游速与毛蚴时龄、温度、光照强度有关。刚孵出的毛蚴游速为 2.27mm/s，1h 后为 2.0mm/s，随后保持此游速至 6h，8h 时降为 1.5mm/s。刚孵出的毛蚴游动方向改变率为 55°/s，5h 后增加到 110°/s。光照强度与毛蚴游速呈正相关，但与毛蚴游动方向的改变率无明显关系。

毛蚴活动具有向光的特性。毛蚴的向光性与温度有密切关系，水温在 10℃以下或 35℃以上时，毛蚴无向光性，在 15～34℃时，毛蚴对一定强度的光有向光性，在 15℃时对各种强度的光均有向光性。

毛蚴活动还具有趋清、趋温性等特性。

毛蚴运动还具有一定的“穿泳性”，即毛蚴孵出后具有穿过粪层或棉花纤维构成的微隙层而达到水体上层的特性。把羊的粪粒放入水中，其中的虫卵孵化后毛蚴能穿出粪粒。

水质、水温、pH 等环境条件均能影响毛蚴的活动。毛蚴在一定盐浓度下（如生理盐水）或低温（1～4℃）时，会沉于水底，停止游动。

毛蚴具有主动寻找钉螺的特性。试验观察，在含毛蚴的水体中置入活的钉螺后，毛蚴定向运动显著，相对地聚集于钉螺所在位置。毛蚴寻找钉螺的过程可分为两个时相：第一时相是受物理因素的影响到达钉螺所在的环境，第二时相是受钉螺释放化学物质的引诱而主动寻找。Chernin（1972）提出螺类释放一种水溶性物质即“毛蚴松”来刺激毛蚴改变游动状态，有助于寻找螺类宿主。据观察，放置螺类越久的水对毛蚴的吸引越强。对养螺水进行分析，纯化后的“毛蚴松”主要成分是镁离子。根据多方研究，“毛蚴松”实际上是由多种元素组成的，是螺的排泄分泌物综合起到对毛蚴的吸引作用，其中包括氨、一些脂肪酸、氨基酸以及胺类（5-羟色胺、多巴胺等）。总之，镁离子、钙镁离子摩尔比、氨、多种氨基酸等都对毛蚴向性有影响。其机制有化学趋向和化学激动两种学说。

三、毛蚴感染螺蛳及其影响因素

毛蚴侵袭钉螺是由前端突出的钻器的吸附作用和一对侧腺分泌液作用的共同结果。当毛蚴接触到钉螺时，首先是毛蚴前端钻器上的微绒毛吸附在螺软组织表面，在纤毛强烈运动的作用下，前端钻器明显伸长做钻穿动作，于袭击和吸附后 10～20min，将螺体软组织钻破，从裂口处进入。同时，在毛蚴头腺分泌物的溶解作用下，借助纤毛的摆动和体形的伸缩而迅速钻入。毛蚴经螺体的触角、头、足、外套膜、外套腔等软组织侵入螺体。整个钻入过程是吸附作用、机械运动和化学溶解等共同作用的结果。

在自然条件下，许多因素，如水温、水流速、水质、水的 pH、水的深度、水的浊度、水的盐度、风力和风向、阳光和紫外线照射、毛蚴数量和时龄、钉螺密度、毛蚴与钉螺接触时间的长短、血吸虫地理株与钉螺地理株的相容性等，均可影响毛蚴对钉螺的感染。

（1）水温　当水温为 5～38℃时，毛蚴均可感染钉螺，但适宜温度为 21～33℃，在此温度范围内钉螺的感染率并无差异，低温或高温时钉螺感染率则显著下降。据报道，日本血吸虫毛蚴感染钉螺的最低临界温度为 3.24℃。

（2）水的流速　Webbe（1966）和 Shiff（1968）均报告流动的水会增加曼氏血吸虫或埃及血吸虫毛蚴感染螺蛳的机会，当水的流速为 15.24～115.82cm/s 时，可获得较高的螺蛳的感染率。但 Upatham（1973）指出当水的流速>13.11cm/s 时，双脐螺几乎不发生曼氏血吸虫感染。

（3）水的 pH　对曼氏血吸虫的观察显示，当水的 pH 为 7～9 时，螺蛳的感染率较高，且 pH 为 8 时感染率最高。当 pH 为 5 或 10 时，感染率非常低；当 pH 为 4 时已无螺蛳发生感染。

（4）水的深度　当钉螺在水深分别为 30cm、18cm、12cm、10cm、7.5cm、4cm 和 2cm 的水下，水深与感染率呈非常显著性负相关，即深度愈深，感染率愈低（梁幼生等，1999）。

（5）毛蚴数量与时龄　用 1 只毛蚴感染单只钉螺，其感染率为 20%～27%，以 4 只毛蚴感染单只钉螺，其感染率为 45%，以 10～20 只毛蚴感染单只钉螺，其感染率为 76%～95%。

（6）毛蚴时龄　曼氏血吸虫的研究资料表明，刚孵出的毛蚴 70%具有感染螺蛳的能力，3h 后降为 52%，6h 后降为 11.5%，8h 后降为 3.9%。

（7）毛蚴与钉螺接触时间的长短　钉螺的感染率随暴露时间的增加而升高。

（8）毛蚴的性别　雄性毛蚴更容易感染，也易在钉螺体内发育。

（9）螺龄与性别　螺龄对毛蚴的感染基本没有影响，但对钉螺存活有影响；钉螺性别对毛蚴感染也没有影响，但现场雌螺血吸虫阳性率高于雄螺。

第三节　日本血吸虫幼虫在钉螺体内的发育及其生态

一、日本血吸虫在钉螺体内的发育

毛蚴感染钉螺后，先发育成母胞蚴，母胞蚴的生殖胚团形成许多子胞蚴，子胞蚴内的胚团陆续发育形成尾蚴。整个发育过程为无性繁殖。

1. 母胞蚴的发育　毛蚴侵入螺体后，早期发育多在钻入处的组织及淋巴窦中，5h 后停止游走，纤毛板脱落。24h 后，胚细胞分裂。48h 后，已失去毛蚴的特点，并发育成为一个具有薄壁而充满胚细胞的母胞蚴。毛蚴入侵螺体后一般在其入侵点附近组织内发育成母胞蚴，因此在感染早期（前 9d 内）母胞蚴主要寄生在钉螺的头、足和鳃部，占总数的 90%，其他部位如外套膜、触足等处仅占 10%。但母胞蚴有一定的活动性和移行能力，可从螺体的头足部等移向内脏，感染 45d 以前的母胞蚴仍有 55.5%见于头足部，44.5%见于内脏。45d 后有 14.2%见于头足部，85.8%见于内脏。

母胞蚴的发育可分为单细胞期、胚球期、成熟期和衰退期。

（1）单细胞期　持续约 1 周，可分为 3 个阶段：神经环阶段，约 2d；单细胞阶段，约 4d，即见于感染后 6d；胚球早期阶段，见于感染后 6～7d。单细胞期母胞蚴较小，多呈球形，以后逐渐增大且形状多样，如椭圆形、葫芦形或哑铃形等。

（2）胚球期　从感染后第 2 周开始至第 3 周末。此时的母胞蚴具有较多的胚球，随着时间延长，胚球进一步发育、增长、增粗、初具子胞蚴形状，并逐渐充满整个母胞蚴。每一个胚球最后均发育成一个子胞蚴。胚球期早期，母胞蚴壁较厚，随后逐渐变薄。胚球期母胞蚴的形状、大小常因寄生部位和组织的不同而有差异。

（3）成熟期　母胞蚴的胚球期和成熟期之间没有明显界限，一般在感染后第 4 周左右，母胞蚴进入成熟期。成熟期母胞蚴体内充满由胚球发育而来的子胞蚴，且子胞蚴陆续突破变薄的母胞蚴壁而排出母胞蚴体外。此期母胞蚴的大小、形态不一，但多为椭圆形，其体内子胞蚴的大小、形态也不一样，有球形、三角形、椭圆形和梨形等。

（4）衰退期　一般见于感染后 5 周中期到第 40 天。这一时期的母胞蚴体内子胞蚴不断排出，数量逐渐减少，最后全部排出，因而母胞蚴的体积随时间延长而逐渐变小。这一时期的母胞蚴一般不再增殖，但少数母胞蚴体内残存的生发细胞仍会继续发育成幼胚细胞进而形成少量的子胞蚴并在低水平维持一定时间。一般到 65d 后，母胞蚴即严重萎缩。

2. 子胞蚴的发育　在感染钉螺后 22d 左右，子胞蚴由母胞蚴体内逸出，移行至消化腺并最终寄居，继续发育、繁殖，经过 4 周即可成熟并逸出尾蚴。据观察，毛蚴感染钉螺后 49～56 周，子胞蚴即可散在地寄生于整个消化腺的管间组织内。

子胞蚴的发育可分为单细胞期、胚球期和尾蚴期。

（1）单细胞期　持续时间短，在 3d 左右，体积较小，多呈长形、袋状，分布于螺的消化腺、胃肠周围、鳃和头颈等部位。

（2）胚球期　持续 2 周左右。该阶段子胞蚴体内开始出现几个甚至几十个数目不等的胚球。胚球在早期较小，后逐渐增大且细胞数也逐渐增多。随着胚球的发育，子胞蚴逐渐增长、增大、增宽，其形态可呈细长状、节段状、香肠状等。

（3）尾蚴期　持续时间 1.5 周左右。这一时期子胞蚴体内的大胚球逐渐发育成尾蚴。根据尾蚴的发育状况，可将该期子胞蚴的发育分为初期、中期和成熟期。子胞蚴体内的胚球是逐渐发育成尾蚴的，一般一个胚球可发育成一个尾蚴。开始时胚球数多，尾蚴少，随时间延长，尾蚴数增加而胚球数减少。后期一方面原有胚球不断发育成尾蚴并逸出体外，另一方面新的胚球不断产生、发育并最后形成尾蚴。

根据曼氏血吸虫和牛血吸虫的观察，血吸虫子胞蚴除产生尾蚴外，还可以产生第三代甚至第 n 代子胞蚴。

3. 尾蚴的发育　尾蚴的发育是在子胞蚴体内完成的。毕晓云和周述龙（1991）将尾蚴的发育分为 5 期，即胚细胞期、胚球期、雏体期、成熟前期和成熟期。

（1）胚细胞期　胚细胞存在于子胞蚴体内，附着在子胞蚴体壁内壁。外形为圆形或椭圆形。核和核仁均较大，圆形或椭圆形，居中或稍偏。核质中有明显颗粒状染色质，胞质少，均匀透亮。

（2）胚球期　胚细胞开始分裂产生两种细胞，一种细胞仍保留胚细胞的特点，另一种细胞明显不同于胚细胞，即细胞小、圆形，核相应亦小，核仁点状，胞质丰富，称体细胞。随后，由于体细胞分裂加快并在数量上占优势，而胚细胞数目达到 8～16 个时则未再增加。这时外形如桑葚，之后，一部分细胞移行到外围，其胞质伸延，覆盖于表面而形成一层表膜细胞，整个的外形呈球状。随后，进一步发育，外形成椭圆形。此期由于胚细胞和体细胞不断分裂，胚球的体积逐渐变大，但是这两种细胞的直径大小却相应变小。

（3）尾蚴雏体期　此期最大特点是外形开始出现尾蚴的雏形，内部器官逐步分化。在椭圆形体一端的 1/3 或 1/4 处出现收缩，分为一大一小两部分，但两者无分割。小的部分较窄，它的中轴末出现浅的凹陷，后来凹陷加深，并向两侧分开形成尾叉。大的部分即为体部，呈椭圆形，体前端出现袋状的头器，先由 6 个细胞排列成环状，中间分化为口，下连原肠细胞。体后端另有 6 个细胞排列成环状，以后发育为腹吸盘。头腺出现在头器中央椭圆形的致密区，有膜包绕。钻腺由体中部的 10 个特大而透亮的细胞（钻腺原始细胞）发育而来。

4 对焰细胞及其相应管道均在此期出现，分布在体部有 3 对，尾部有 1 对。每个焰细胞发出一条收集管，并汇集成较粗的排泄管，贯穿尾干，后端分支入尾叉。分散在体部的胚细胞结集在腹吸盘附近。体表有突出体表的表膜细胞。它的下方有一层规则排列细胞，可能是参与肌细胞的分化和尾蚴体壁的形成。此期有时见到胚胎前端具有缓慢伸缩活动能力。

（4）成熟前期　体表出现体棘，头器的前端突起，出现钻腺出口围褶及感觉乳突。此期尾蚴外形接近成熟，但尾部总长不超过体的长度。口与下方的原肠相通，原肠约在体前 1/3 处分叉，叉内各有一个核的结构。腹吸盘隆起，它的中央有浅的凹陷。头腺仍为致密、匀质样结构。钻腺细胞增大。2 对前钻腺胞质内有许多粗大颗粒，3 对后钻腺胞质均匀而透亮。钻腺细胞开始向前伸展形成腺管。渗透压调节系统进一步分化，体后部两侧排泄管汇合处已形成一个圆形排泄囊，焰细胞仍为 4 对。体部胚细胞进一步向腹部下方结集，并形成生殖原基。虽然体尾两部表膜细胞消失，而尾部排泄管的两侧各有两列圆形肌细胞的分化。此期尾蚴除体部能伸缩外，尾部出现摇摆和弯曲活动。

（5）成熟期　尾蚴完全发育成熟时，体尾进一步延长，但尾部延长更快而超过体长。有的时候体表出现 10 条左右的环褶。体表布满体棘，体前比体后及尾部更为密集。体的两侧见到具有单纤毛的感觉乳突。腹吸盘中央有深的凹陷。头腺中央透亮而边缘致密。钻腺体进一步增大，几乎占满虫体的中后部，钻腺管分左右两束向前曲折，分别从两侧穿入头器到达前端。尾干两边外侧各有一列圆形肌细胞。尾叉各有 20 个排列不规则的细胞核。此期尾蚴活动十分活跃。

成熟尾蚴从子胞蚴体壁突破并进入螺体组织，在头腺的作用下，通过螺体组织进入消化腺的小叶间隙，再经血窦到外套膜及暴露于水中的伪鳃，然后溢出螺体。最快可在毛蚴感染螺体后 47d 溢出尾蚴。

二、影响日本血吸虫在钉螺体内发育的因素

从日本血吸虫毛蚴入侵到尾蚴发育成熟的整个过程，除受钉螺机体自身的生物因素（内部生物因素）的影响外，还受外部环境因素的影响。

1. 内部生物因素　钉螺是日本血吸虫幼虫发育的直接环境，其细微的变化即可能影响血吸虫的发育，甚至使血吸虫发育受阻。这样的生物因素包括钉螺的防御力和钉螺体内其他吸虫的感染状况等。

钉螺缺少免疫球蛋白和免疫记忆反应，其抵御外物入侵的系统被称为内部防御系统。该系统包括细胞和体液因子两方面。其中参与内部防御的细胞至少包括四种细胞，即内皮细胞、网状细胞和极性细胞等 3 种“固定”非循环细胞，以及第 4 种最重要的移动细胞——血淋巴细胞。血淋巴细胞为阿米巴样细胞，具有吞噬、消除异物的功能。体液因子主要是植物血凝素，起调理作用、促进血淋巴细胞的吞噬作用。由于钉螺的防御作用，使钉螺具有抗感染现象，其一是感染性钉螺的自愈现象，其二是血吸虫幼虫入侵后不能在钉螺体内正常发育并被钉螺体内防御力所消灭。

血吸虫不同地理株与钉螺不同地理株之间常表现出不同的相容性，这一方面可能与同一地理株血吸虫毛蚴对同地理株钉螺的感染力有关外，另一方面也可能是不同地理株钉螺影响了不同地理株血吸虫的发育。

通常，一种贝类常可充当多种吸虫的中间宿主，但在多种吸虫同时流行的地区，该贝类（螺体）通常都只存在一种吸虫幼虫期，显示其中一种吸虫的感染会对后续感染的其他吸虫具有抗性。唐崇惕等（2008）通过现场调查发现钉螺可以感染日本血吸虫、外睾类吸虫、斜睾类吸虫、侧殖类吸虫和背孔类吸虫 5 种吸虫的幼虫期，但没有发现双重感染。唐崇惕等（2009）通过试验验证如钉螺先感染外睾类吸虫幼虫后，对日本血吸虫幼虫的感染具有100%抗性。

一个钉螺可以同时感染多个毛蚴，但一般只有一个毛蚴能最终发育成尾蚴，说明钉螺体内前期感染日本血吸虫幼虫对后期感染血吸虫幼虫的发育，或同时感染的血吸虫幼虫对其他幼虫的发育，具有显著影响。

幼螺与成螺、雄螺与雌螺对血吸虫幼虫的发育没有明显影响。不同种群钉螺间的变异对血吸虫发育的影响较小，如孙乐平（2003）对日本血吸虫在不同种群钉螺体内发育的有效积温进行了比较，发现不同地理种群的钉螺体内微环境的不同并未影响同一品系血吸虫幼虫发育积温。

2. 外部环境因素 影响血吸虫幼虫在钉螺体内发育的环境因素较多，但试验观察最多的是温度。一般环境温度愈高，血吸虫在钉螺体内的发育速度愈快。钉螺体内血吸虫尾蚴平均开放前期与环境温度呈正相关，其回归方程为 $Y=730.68X^{-0.8918}$；血吸虫发育速度与环境温度的回归方程为 $Y=0.02351\ln(x)-0.0639$，以此推算出血吸虫在钉螺体内发育的起点温度为 15.17℃±0.43℃，在 21～30℃条件下，日本血吸虫在钉螺体内发育至尾蚴开放的平均有效积温为（842.91±143.63）日度，在自然环境中的平均有效积温为（611.17±82.62）日度。

钉螺体内幼虫发育的快慢与环境温度密切相关。平均温度在 16.2～17.0℃时，幼虫发育为成熟尾蚴需 159～165d，若平均温度升高为 30.0～30.6℃时，则仅需 47～48d。在 10℃以下的低温时则停止发育。一般在 6—7 月，血吸虫在钉螺体内发育需 47～48d，10—11 月需 159～165d，在 22～26℃条件下，需 60d。

■第四节 尾蚴的逸出及尾蚴生态

一、尾蚴的逸出及其影响因素

1. 尾蚴的逸出 成熟的尾蚴首先钻破子胞蚴体壁，进入螺的组织。夏明仪（1989）用电镜证明血吸虫尾蚴成熟期的子胞蚴壁具有产孔结构，认为尾蚴是从产孔产出。成熟的尾蚴以头部或尾部从子胞蚴体壁钻出，其速度较快，放入脱氯水中可在 1min 内钻出。钻出的尾蚴在相关腺体的作用下，通过螺体组织，首先聚集于消化腺周围的间隙结缔组织内，然后移行至内脏血腔或静脉（血窦），从直肠周围抵达鳃管和颈部组织，穿过固有组织和钉螺体壁，到达外套膜及暴露于水中的伪鳃，从套膜边缘或伪鳃进入水体。尾蚴从螺体逸出时，一个一个快速向水下或侧面逸出，距离 2～3cm，然后折转慢慢地向上浮至水面下。尾蚴从螺体逸出过程是一个主动逸出的过程。

子胞蚴可长时间持续产生尾蚴，一个毛蚴感染钉螺后可产生数万条尾蚴。钉螺逸出尾蚴具有间歇性，在人工饲养条件下，一周左右可释放一次尾蚴。

一个阳性钉螺排出的尾蚴多为单性，但不能排除有两性尾蚴存在的可能。

毛蚴进入钉螺体内后进行一系列多种形式的无性增殖，毛蚴体内的细胞增殖是以有丝分裂的方式进行的，形成一个具有共同后代的单元。所以单个毛蚴感染钉螺后溢出的尾蚴为同一性别。

单个毛蚴与多个毛蚴感染一个钉螺，其逸出的尾蚴总数差异不大。

据观察，一只钉螺每天逸出的尾蚴数为200～300条，大部分在24h内逸出的总数不超过1 000条，但个别钉螺可达2 469条。一只钉螺分次逸出的尾蚴总数为2 000～3 000条，但个别的可达6 000条以上。国外学者报道，一个南非曼氏血吸虫感染的双脐螺一生最多可逸出32 417条尾蚴。

2. 影响尾蚴逸出的因素 最主要的是水、温度和光线。

尾蚴逸出必须有水。钉螺在露水和潮湿的泥土中均可逸出尾蚴。水的pH对尾蚴逸出有一定影响。pH在6.6～7.8范围内变化不影响尾蚴逸出。在pH为4.0的水中仍有部分尾蚴逸出，但过高或过低的pH会影响尾蚴逸出。水质和水的流速对尾蚴逸出有一定的影响。在一般的江、河、湖、水田、沟或静止过夜的自来水中，尾蚴逸出同样良好，但在蒸馏水中逸出会受到影响，含有微量氯的自来水，会影响尾蚴的逸出。在缓慢的流水中，尾蚴逸出的数量大增，平均逸蚴数与流速成比例（对数）增加。

尾蚴逸出的最适水温为20～25℃，但10～35℃范围内均可逸出，15℃时逸出数为10℃时的10倍，20～25℃时则为15℃时的2～3倍，30℃时显著减少。故当水温在适宜温度以下时，逸出数随水温降低而减少，而当水温高于适宜温度则随水温升高而减少。

光线对尾蚴逸出有良好的促进作用。钉螺在黑暗的环境中只有少数尾蚴逸出，在光亮的环境中则能大量逸出。在自然光照情况下，上午4：00—8：00尾蚴逸出数开始上升，8：00—12：00达高峰。处于完全黑暗中的阳性钉螺，如果立刻暴露于光亮之下（且有水），也可大量逸出尾蚴。汪民视等（1960）在安徽省贵池县南湖湖边定时感染小鼠，观察一昼夜内日本血吸虫尾蚴的感染性，0～4h、4～8h、8～12h、12～16h、16～20h和20～24h小鼠感染率分别为14.3%、90.0%、100.0%、68.0%、41.7%和40.0%，平均每鼠回收的虫体数也呈现类似变化，结果表明湖水中尾蚴的数量以8～12h最高，0～4h最低。

钉螺在入水后40min开始有尾蚴逸出，80min以后开始大量逸出，3～6h逸出的尾蚴数达到高峰。

在室外自然条件下，尾蚴逸出同时受多种因素的影响，且这种因素相互制约。昼夜循环、季节变化、阴晴变化，水位及水温高低均会影响尾蚴的逸出和释放。一般在一天当中，白天逸出尾蚴多于夜晚，在一年当中冬季逸出数少于其他季节。春季、夏季、秋季，雨量的多少也会影响尾蚴的逸出。春季多雨，钉螺和尾蚴均会随之增多；雨后，草叶和地面滴水增多，会增加尾蚴逸出机会，久旱无雨时，水位下降，但钉螺一般不随水位下降而下降，故尾蚴逸出机会少，但“久旱逢甘雨”时，钉螺体内积累发育的尾蚴增多，逸出的尾蚴数量较其他时间大大增加，是感染的最危险时节。

二、尾蚴的活动与分布

日本血吸虫尾蚴从螺体逸出后，向上游动并分布于水的表面，以其腹吸盘附在水体界面、尾巴下垂并略向后弯曲的姿势，呈静止状态并漂浮于水面上，或短暂游动后又恢复静止状态。根据唐仲璋（1938）的观察，上升进而静止漂浮于水表的尾蚴占 98.19%，在水中游动的占 0.39%，沉于水底的占 1.42%。

尾蚴的游动常是尾部在前，体部在后，尾部是推进的主力。尾蚴上双极肌细胞的伸缩，使尾干反复做弧形摆动，加上尾叉的转动，拖着尾蚴的体部前进。

尾蚴在水体中的分布与钉螺逸出尾蚴时的位置有关。钉螺在 50～165cm 的水中，可逸出大量的尾蚴，但钉螺距水面越近，尾蚴上升至水面越多，当钉螺在水面下 155～180cm 时，90% 左右的尾蚴则集中在钉螺的周围或附近活动，即使在水面增加光照或温度也不影响尾蚴的上升率。

张功华等（2006）采用哨鼠测定法观察洪水中血吸虫尾蚴分布及其漂移扩散范围，研究表明长江洪水中血吸虫尾蚴主要分布在距阳性螺点 2 000m 以内的区域，人群血吸虫感染率与距阳性螺点的距离呈负相关关系，居住在距阳性螺点 1 000m 以内的人群血吸虫感染率显著高于 1 000m 以外人群，长江洪水中尾蚴分布及人群血吸虫感染率与距阳性螺点的距离呈负相关关系。

三、尾蚴的寿命、感染力及其影响因素

尾蚴是血吸虫在动物体外的一个短暂的自由生活阶段。尾蚴的生活离不开水，一旦干燥，立刻死亡。

尾蚴在水中不摄食，必须依靠其体内储存的内源性糖原代谢提供能量。尾蚴如果没有遇到合适的感染宿主，一旦能量消耗完，即会死亡。

影响尾蚴寿命和感染力的因素众多，包括水温、水的 pH 和盐度、阳光照射等。

尾蚴的生存时间与水温密切相关，水温越高，生存的时间越短。日本血吸虫尾蚴在水中存活时间最长的温度为 18℃左右。在 18～20℃水温环境中，尾蚴在 24h 内死亡率为 11.9%，48h 为 39.0%，72h 为 72.7%，96h 为 85.2%，120h 为 94.2%，114h 为 100.0%。姜王骥等（1998）报道，在 25℃水温环境中，尾蚴平均期望寿命为 27.5h，最长为 46h，在动水中平均期望寿命为 25h，最长可活 50h。在 5℃时最长可存活 204h。Jones 和 Brady（1947）的试验结果表明，尾蚴在 55℃的水中的寿命为 1s，50℃时为 3s，45℃时为 20s，40℃时为 4h。

尾蚴的感染力是指尾蚴感染终末宿主的能力。尾蚴的感染力因环境温度、水的性质和逸出后的时间长短而异。

水温对尾蚴感染力的影响，主要表现在低温和高温时感染力下降。尾蚴感染动物的适宜水温为 20～30℃。水温低于 20℃时，尾蚴感染力随水温降低而降低，5℃以下水温一般难以感染成功。水温高于 30℃时，尾蚴感染力随水温升高而降低，当水温达 40℃难以感染成功。低温有助于保存尾蚴的感染力。日本血吸虫尾蚴在 3～5℃经过 72h、15～18℃经过 60h、25℃经过 56h，感染力没有明显变化（邵宝若，1956）。

当水的 pH 为 4.6、6.6～7.5、8.4～8.6 时（水温 18～20℃），尾蚴感染力（感染小鼠后的回收率）分别为 65.2%、72.5%～85.2%、8.7%～38%，显示 pH 为 6.6～7.5 时对尾蚴感染力影响较小，但过低或过高的 pH 会使尾蚴感染力显著下降。当 pH 为 1.0～1.2 时，尾蚴立刻死亡。

有关水的盐度对尾蚴寿命和感染力的影响的研究较少，但一般认为低浓度（0%～5%氯化钠）没有影响，但盐浓度的提高会加速尾蚴的死亡、降低其感染力。在自然情况下，疫水pH、盐度变动不大，不会影响尾蚴的生活时间和感染力。

尾蚴对水中明矾的抵抗力较强，在一般用于净水的明矾浓度（0.53g/L）范围内，尾蚴不容易死亡。尾蚴对氯较为敏感，当余氯为0.1μL/L时在60min内死亡，余氯为0.2μL/L时在30min内死亡，余氯为0.35μL/L时在10min内死亡。

水中缺乏钙离子和镁离子时可使尾蚴的游动能力降低，进而使其感染力下降。

光照对尾蚴寿命和感染力的影响，主要是光照影响了水温（特别是水体小且深度小）以及日光中紫外线的作用。日光对尾蚴有显著损害，夏季直接日晒2～3h（水温29～30℃），春季日晒3～4h（水温20～21℃），均能使尾蚴死亡。用紫外线灭菌灯距6cm处照射16s可使尾蚴全部失去感染力。

季节对尾蚴寿命和感染力的影响，是气温以及光照的综合影响结果。在血吸虫疫区，一般每年的4—7月、9—11月自然水体中尾蚴密度最高。尾蚴失去感染力的时间，夏季为8h，最长不超过2d，春季、秋季和冬季大部分为3d，最长春季为5d，冬季为8d。

四、尾蚴入侵

尾蚴借助尾叉的推动作用，口、腹吸盘的附着作用，以及穿刺腺分泌蛋白酶对宿主皮肤组织的溶解作用，钻入宿主皮肤。试验证明，小鼠及家兔接触尾蚴10s即可感染，接触3min的动物几乎全部可以发生感染。在实际情况下，需视不同宿主的皮肤部位、结构、年龄及所附部位毛发的多寡等而定，但总体而言，尾蚴钻入动物突破宿主皮肤的时间是十分短促的。

根据何毅勋（1989）的观察结果，尾蚴的入侵过程大致如下：当尾蚴与宿主皮肤接触后，尾蚴首先以体部腹面紧贴在皮肤表面上爬动，继而通过头器和腹吸盘反复交替地伸缩动作，它们随机地对皮肤界面不断进行探查，寻找入侵的部位。继而，头部前端静止于皮肤接触点上，头器对准皮肤的接触点不断地伸缩施压。与此同时，腹吸盘放松吸着，体部略向上倾斜，致使体部纵径与皮肤表面约呈40°的倾斜角度，摆出钻穿的姿势。此时，尾蚴躯干呈现强烈的伸缩交替动作，并且尾部徐徐摆动以助推进。通过其全身肌肉一伸一缩的机械运动和头器对准皮肤接触点的伸缩施压，以及钻腺分泌物的酶促作用，尾蚴头器很快钻破皮肤的角质层，一旦钻破后即从角质层裂口处进入，而后丢弃尾部。此时虫体所在的角质层部位隆起，并且虫体周围的组织被溶化。进入角质层后，童虫以纵径与表皮呈平行的位置平卧于其中。经过短暂的静止后，童虫又以40°左右的倾斜角度钻穿过Malpighii层，进入真皮层浅部，然后抵达真皮层深部，因真皮层是由大量胶原纤维和网状及弹力纤维所构成的网状结构，是一层黏稠胶状物和密集的血管淋巴管网，所以童虫在其中移动很快。遇血管，童虫亦以约40°的倾斜角度钻破血管壁，而迅速进入血管腔和循环系统。

第五节　童虫的移行与发育

自然水体中的尾蚴，遇到适宜终末宿主即侵入宿主皮肤，转变为童虫。童虫进入皮肤小血管或淋巴管，随血流经右心、肺动脉移行至肺，穿越肺部毛细血管，经肺静脉、左心、主动脉弓、背大动脉后到腹腔动脉及前（后）肠系膜动脉，再经肠系膜毛细血管分别从胃静脉、肠系膜静脉移行至肝门静脉，并在肝内生长发育，然后从肝的门静脉分支逆行至肠系膜静脉，并逐渐生长发育为成虫。

一、童虫的移行

1. 移行途径　童虫的移行先后经历从皮肤至肺、从肺至肝和从肝至肠系膜静脉三个阶段。早期血吸虫童虫虫体小，吸盘尚未发育完整，从皮肤到肝门静脉的移行过程主要是在血管内被动地依赖宿主血液携带，从肺到肝门静脉的移行可能会经过多次的肺-体循环，即到达门静脉的童虫常再随血流回到肺部，经过一次或数次循环，然后定居于门脉系统进而发育为成虫。

有学者报道童虫经宿主皮肤的淋巴管进入血管，从皮肤移行至肺。但也有学者通过外科手术去除实验动物淋巴结，造成淋巴回流障碍，再用常规方法感染血吸虫尾蚴，结果实验动物肺部收集的童虫数未受影响，提示童虫不一定需要经过淋巴管过程，可直接进入宿主组织的血管。

多数学者认为肺-体循环途径是童虫从肺移行至肝的主要途径，即童虫由肺静脉移行至心脏，随背大动脉和肠系膜动脉血流移行至胃肠壁的毛细血管丛，再进入肠系膜静脉和门静脉系统（Sadun 等，1958）。唐仲璋（1973）观察到童虫在移行过程中在胃壁上造成的淤血点数超过全部肠壁上的总和，认为胃静脉是日本血吸虫从背大动脉经腹腔动脉到达肝门静脉的主要通路，而经过肠系膜静脉再汇聚到肝门静脉的途径是次要的通路。也有学者提出童虫到达肺部后，可穿过肺泡壁毛细血管而到达胸腔，再经纵隔或横膈进入腹腔，直接从肝脏表面侵入并到达门静脉（Wilks，1967）。这一现象在大量血吸虫尾蚴感染动物时更容易出现。但有人对该途径提出异议，认为试验中所看到的童虫都在血管中，童虫在宿主体内的移行途径全部随血液循环在血管内进行。

童虫抵达肝内门静脉分支后，一般在肝内停留 8～10d，最早可于感染后第 11 天向门静脉主干和肠系膜静脉移行，但大多数童虫于感染后第 13 天至第 16 天抵达肠系膜静脉。此后，小鼠、豚鼠、家兔和大鼠分别有 80%、80%、95%和 12%～30%的虫体在肠系膜静脉定居和发育成熟。

2. 移行速度　不同种血吸虫童虫在同一种终末宿主体内移行的速度不一样。日本血吸虫和曼氏血吸虫感染小鼠后，在皮肤内停留的时间及移行至肺、肝和肝门系统的时间分别为感染后的 1～2d、2d、3d、11～13d 和 2～3d、4d、8d、25～28d，日本血吸虫童虫在小鼠体内的移行速度明显快于曼氏血吸虫。

同一种血吸虫童虫在不同哺乳动物宿主体内的移行速度也有差别。曼氏血吸虫感染小鼠、大鼠和豚鼠后，童虫在皮肤停留和移行至肺的时间分别为 88h、70h、64.5h 和 5d、6d、6d。用日本血吸虫中国大陆株感染黄牛和水牛，黄牛在感染后 39～42d、水牛在 46～50d 可以从粪便中查到血吸虫虫卵或孵化出血吸虫毛蚴。

二、童虫的生长发育

血吸虫尾蚴侵入终末宿主皮肤后即进入童虫期，童虫在终末宿主体内从皮肤期童虫发育至成熟，历经复杂的变化过程（图 5－1）。

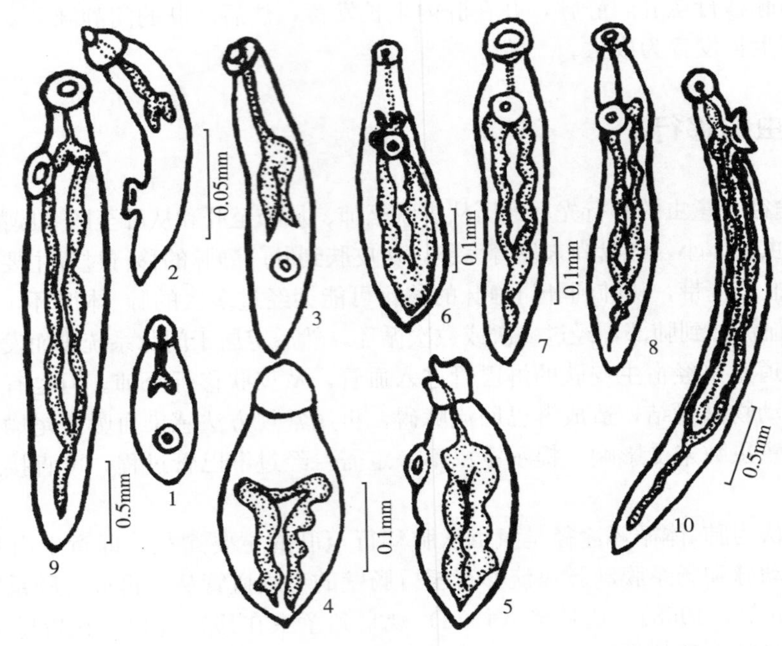

图 5－1　不同发育时间的日本血吸虫童虫（引自周述龙等，2001）
1. 0d 皮肤型童虫　2. 3～5d 肺型童虫　3. 5d 肝门型童虫　4～10. 10～15d 各种形态的肝门型童虫

何毅勋等（1980）根据小鼠体内不同发育时期日本血吸虫童虫的外部形态、内部器官发育状况及生理行为等，将童虫在宿主体内发育过程分为体壁转化期、细胞分化期、肠管汇合期、器官发生期、合抱配偶期、配子发生期、卵壳形成期、排卵期 8 个时期。

1. 体壁转化期　从尾蚴钻入皮肤脱去尾部至第 2 天的童虫。这一时期虫体大多停留在皮肤，其中部分虫体已向肺移行。虫体在外形与内部构造上与尾蚴体部相似，但略微细长。头器上的体嵴和乳突消失，头腺及穿刺腺的内含物排空。体表最外层的糖萼膜断裂或消失。全身体棘变稀疏。原先 3 层结构的体壁外质膜变为 7 层。口位于亚前端的腹面中央，食管明显，肠管透明呈极短的分支。焰细胞呈 2（2＋1）＝6，呈左右对称排列。神经系统的中枢神经节、神经索和纵神经干与尾蚴基本相似，但体表的感觉器大多已退化。

2. 细胞分化期　第 3～7 天童虫，大多数虫体在肺部，部分已移行至肝脏。虫体变长变粗。体壁出现了许多凹窝和环槽。虫体中段的体棘大部分消失。细胞分化增殖。虫体口腔的雏形形成。肠管分叉呈马蹄形，内有消化宿主红细胞残留的棕黑色素。焰细胞为 2（2＋2）＝8，或多于 8 个。神经系统中 2 个中枢神经节膨大如球状，横行神经索增粗，背神经干、腹神经干和侧神经干增长。

3. 肠管汇合期　第 8～10 天的童虫，寄居于肝脏。虫体继续增长增大，口吸盘形成。两支肠管伸长并在体后方汇合成单一盲管，雄虫肠管汇合处的形状为 V 形，雌虫肠管汇合处的形状为 U 形。雌虫分化出卵巢、输卵管和卵模。虫体体壁增厚，全身体棘和环槽减少或消失。焰细胞数目增多。神经系统基本发育完整，口、腹吸盘中均有神经纤维分布，在口、腹吸盘的周围和体前端体壁出现一些球状感觉器。

4. 器官发生期 第 11～14 天的童虫，虫体向肝外血管移行并定居于门-肠系膜静脉。虫体快速增长增大，雌虫的体长开始超过雄虫。童虫体壁上的褶嵴和凹窝更明显和复杂，体棘大都已消失。消化系统形成。雄虫形成了抱雌沟的轮廓，可见 3～5 个生殖细胞团。雌虫卵巢和卵模初具雏形，第 12～14 天卵巢直径 30μm 以上，卵模呈圆形，大小为 29μm×29μm。输卵管和子宫呈一条细胞索的构造。焰细胞数目多，集合排泄管清晰，虫体尾部中央有明显下陷的排泄孔。体前端和尾部都可见外周感觉器。

5. 合抱配偶期 第 15～18 天的童虫，寄居于门-肠系膜静脉。雌虫较雄虫细长。雄虫有 6～7 个睾丸，第 15～16 天睾丸列的长度约为 0.11mm。第 17～18 天睾丸呈横椭圆形，第一个睾丸上方出现贮精囊。抱雌褶增宽，抱雌沟明显。雌虫的卵巢明显，第 15～16 天，卵巢大小为 58.2μm×32.7μm，卵模前房周围分布有梅氏腺细胞，输卵管、卵黄管及子宫的腔道尚未全部形成。神经系统的中枢神经节、神经联合，3 对纵神经干及分布全身的神经分支发达。雌、雄虫体出现合抱。

6. 配子发生期 第 19～21 天的虫体，寄居于门-肠系膜静脉。两性虫体的生殖器官及其相应的管道已全部形成。雄虫一般有睾丸 7 个，睾丸列的长度约为 0.17mm，睾丸及贮精囊中已有精子。雌虫的子宫腔和卵模腔相通，卵巢明显增大，呈椭圆形，大小为 170μm×60μm。卵巢下端的卵细胞发育成熟，第 21 天输卵管中出现卵细胞。神经系统结构已与成虫相同。

7. 卵壳形成期 第 22～23 天的虫体，雌虫卵黄腺小叶开始明显，卵黄细胞发育成熟，其细胞质中出现了酚、酚酶及碱性蛋白质等卵壳形成的相关分子。卵细胞和成熟卵黄细胞分别进入卵模开始造卵。新形成的卵暂存于子宫内。

8. 排卵期 第 24 天以后，雌虫开始排卵，新虫卵连续不断形成。雌雄虫虫体实质组织贮存糖原和脂类物质。

三、童虫发育的生理

血吸虫入侵宿主后，尾部脱落，钻腺内含物排空，体表糖萼逐渐消失，不再适应水生生活。虫体需从适应体外自由生活的生活方式向适应终末宿主体内寄生生活的生活方式转变。伴随着生存环境的改变，童虫自身也发生系列的生理适应性变化。

为抵御宿主对血吸虫感染的免疫应答和氧化性损伤等，童虫体被蛋白不断更新，体被结构不断改变以逃避宿主的免疫监视。虫体体表表达一些氧化还原分子、蛋白酶抑制剂、抗体和补体等免疫相关分子的结合蛋白，如硫氧还蛋白、过氧化物酶、丝氨酸蛋白酶抑制剂等，以消除或减轻宿主对虫体的杀伤作用。童虫 HSP70 等一些与应激、抗氧化等相关的蛋白表达上调，以利于自身在宿主体内的生存和生长发育。

营自由生活的尾蚴主要利用体内贮存的糖原，通过三羧酸循环等进行有氧代谢产生 ATP 提供能量。营寄生生活的童虫和成虫则主要靠摄取宿主体内的葡萄糖等，通过糖酵解无氧代谢等途径提供能量。

血吸虫基因组、转录组和蛋白质组的研究结果显示，血吸虫可利用宿主的一些生长调节因子如甲状腺素、表皮生长因子等来促进或调节自身的生长发育。一些与细胞代谢、应激反应、大分子生物合成过程、RNA 结合、生长发育相关的蛋白等在童虫期虫体呈现高表达。

童虫生理上的一个重要表现是感染后第 3 天开始摄食红细胞和消化吸收红细胞蛋白等营养成分，以满足童虫生长发育的需要。童虫的肠道主要通过胞饮方式摄取大分子肽类和核苷，通过体壁吸收某些游离氨基酸。对曼氏血吸虫 0 ～24d 童虫的湿重、氮含量、氧消耗量等的分析结果显示，移行的童虫（皮肤期童虫至门脉系统前的童虫）虽具有摄食的能力并在形态上有所变化，但它们的生长发育处于半静止状态。哺乳动物门-肠系膜静脉中氨的含量远较其他部位静脉的高，它和 CO_2 经虫体氨甲酸磷酸合成酶作用后产生氨甲酰磷酸，后者是嘧啶和核酸合成的原料，是虫体快速生长发育过程中所必需的。童虫到达门脉系统后，虫体发育的半静止状态终止，童虫短期萎缩、活动减弱，接着急剧迅速生长。从感染后 10～11d 起，童虫生理上进入新的生长期。

按照血吸虫童虫移行过程和寄生部位，可以将其分为皮肤型、肺型和肝门型童虫。皮肤型童虫外形呈曲颈瓶状，3～5d 的肺型童虫为纤细状，肝门脉系统童虫体形随着生长发育进程不断地发生变化，先后出现纤细状、曲颈瓶状、腊肠状和延伸状等形状的虫体（图 5 - 1）。纤细状的体形有利于童虫从肺至肝门脉的移行。曲颈瓶状外形可避免童虫越过肝窦状隙从肝门脉系统逃脱，终止移行，有利于童虫的生长发育。3～5d 的肺型童虫和 5d 的肝门型童虫比 0d 的皮肤型童虫体长增长一倍，但其体宽却相应变小，虫体总体体积变化不大，但其表面积有所增加，扩大了营养吸收面积。光镜下观察，皮肤型和肺型童虫的发育基本是同步的，即同期感染的血吸虫基本处于同一发育阶段。达到肝门后童虫的发育则处于不同步状态（林建银，1985）。

第六节　成虫的发育与生殖生理

一、雌雄虫合抱与性成熟

日本血吸虫雌性童虫和雄性童虫定居于门脉系统后，在感染后的第 15～16 天开始配对合抱，合抱后继续发育，在感染后第 24 天发育成熟开始产卵。

雌雄虫合抱是日本血吸虫童虫特别是雌虫发育的基础和前提条件。单性感染的雌虫不能在宿主体内发育成熟，其生殖器官小而不显眼，生殖器官始终处于童稚状态，唯有雌、雄性复性感染方能发育成熟并产卵。合抱雌虫与未合抱雌虫在形态学和组织学上都存在着很大的差异，单性感染的雌虫平均长度仅为复性感染并发育成熟雌虫长度的 1/3 左右。在裂体科中其他血吸虫单性感染雌虫的发育不完全相同，大多数不能发育成熟，但梅氏血吸虫的单性雌虫能部分发育成熟，寄生于北美啮齿动物的杜氏小血吸虫则能完全发育成熟。单性感染的日本血吸虫雄虫能发育成熟，但长度较合抱雄虫平均短 3mm。

已经合抱且发育成熟的血吸虫，如果将雌雄虫分开并单独转移至其他宿主动物的肠系膜静脉中，已成熟的雌虫能单独生活，但其体长逐渐变短，生殖器官逐渐萎缩退化，卵巢和卵黄腺中的细胞停止分化和更新，部分退化死亡，到移植后 35d，虫体长度和生殖器官几乎完全退化到单性感染雌虫的水平。这些萎缩的雌虫，如果置入雄虫给予其重新配对的机会，则可以重新合抱且回春排卵。同样，如果将合抱且发育成熟的血吸虫雌虫与雄虫分离然后再单独培养，雌虫生殖器官特别是卵黄细胞和卵细胞出现退行性变化，再次加入雄虫后，重新合抱雌虫出现回春现象，而同一瓶中未重新合抱雌虫则不能。因此，雄虫的合抱不仅可以刺激雌虫的发育和成熟，而且对维持雌虫的性成熟和产卵具有重要作用。

血吸虫的配对合抱，一般认为是“一夫一妻制”的，但有人在曼氏血吸虫观察到一条雄虫抱两条雌虫以及雄虫将雌虫从另一条雄虫的抱雌沟中拉出的现象，因此也不排除在感染数较大时存在性竞争和性选择、更换合抱对象的可能性。

若将配对的血吸虫分开进行体外培养，原先配偶伴侣的雌雄虫的合抱率显著高于非原先配偶的合抱率。

血吸虫雌雄虫的配对合抱，基本是前端对前端和后端对后端的位置。这可能是因为雌雄虫体被均具有线性感受器的构造以识别合抱和合抱的正确位置。雄虫的感受器主要分布于后端，致使雄虫的后 2/3 片段的合抱速度和程度比前 1/3 片段要高。

目前尚不清楚到底有多少因素影响和维持雌雄虫合抱，关于合抱机制及合抱对血吸虫雌虫生长发育的影响，学者提出了多种假说：①雌雄虫先随机接触，再靠触觉相互识别进行合抱（Armstong，1965）；②Moore 等（1956）认为雄虫通过传递某种或某些激素来影响雌虫的生长和性成熟；③雄虫传递的营养物质影响雌虫生殖器官的发育（Cornford，1981）；④雄虫传递的精子或精子分泌物影响雌虫生殖器官的发育（Standen，1953）。Popiel 等（1984）将合抱的雌雄虫分开，培养 1～4d 发现大部分能重新合抱，将雄虫切成两半或将雄虫的睾丸切除，雌虫仍能与雄虫合抱，因此，Popiel 等认为雌雄虫合抱的发生不依赖雄虫完整的睾丸精子，也不受雄虫脑神经节的控制。合抱的雌雄虫之间具有营养性和信号性物质的交换，雌雄虫之间可能是通过虫体体被分布的感觉乳突或分泌型泡状物来完成物质交换。合抱中的雄虫为雌虫提供的物质，它们可能是雌虫所需的营养物或者能够调节雌虫的生长、代谢、性成熟的分子。只有与雄虫直接接触的雌虫才出现卵黄细胞的发育、卵细胞的形成和成熟，因而雌雄虫的直接接触和物质传递以及刺激是影响雌虫卵黄腺和卵巢发育成熟的必要条件。

Eramus 等（1977）试验发现，单性感染的雌虫在同雄虫合抱之前卵黄腺未发育至成熟态，与雄虫合抱后，雌虫卵巢、卵黄腺开始分化发育成熟。只有与雄虫合抱的雌虫才能经历完整的性发育过程，才能产生可孵出毛蚴的虫卵。合抱后的雌虫的卵巢、卵黄腺才能分化发育成熟。卵黄腺占成熟雌虫身体的 2/3，卵黄细胞要经历未分化、发育开始、发育旺盛和成熟 4 个不同的发育时期才能成熟。未合抱的雌虫具有高度盘绕的卵巢，卵巢由卵原细胞构成，内部充满未成熟的雌性卵胚细胞（Tinsley，1983）。合抱之后卵原细胞开始经历有丝分裂和减数分裂产生成熟的卵母细胞。合抱雌虫的卵原细胞汇聚在卵巢的前端，而卵母细胞位于卵巢的后端，最后被释放到输卵管。当成熟的卵细胞被输送到输卵管，在输卵管的基部有无数的精子，在此处受精，受精的卵母细胞继续沿着输卵管向前移动，经过卵-卵黄汇合管进入卵模，在这里形成虫卵（LoVerde，1976）。卵黄细胞通过卵模前房的途中与梅氏腺的分泌物接触，在进入卵模时卵黄细胞中的颗粒释放到卵模腔中，在卵黄细胞群表面形成薄壳状物，即卵壳（Neill 等，1998）。

Popiel 等（1984）将雄虫切成片段，发现只有与雄虫片段直接接触的雌虫部分才出现卵黄细胞的发育和卵细胞的形成，认为雄虫的直接接触刺激影响卵黄腺和卵巢的发育成熟。

Cornford 等（1981）认为，通过合抱，雄虫能够为雌虫提供一些物质，它们可能是雌虫所需的营养物或者能够调节雌虫的生长、代谢、性成熟。Lawrence 等（1973）发现合抱后的雌虫糖代谢加速并且雌虫摄入的红细胞量增多，同时与合抱前相比合抱雌虫的肠内容物排空时间显著缩短，这将有利于虫体获得更多的营养来产卵。

Atkinson（1980）等发现雄虫能够合成66ku的多肽，在与雌虫合抱后主要将此多肽传递给雌虫，因此他们认为血吸虫的持续合抱可能与这种多肽相关。Popiel（1984）等发现了约10ku的多肽从雄虫转移到了雌虫，这个多肽可能也与维持血吸虫的持续合抱相关。Popiel（1984）等还发现，单性感染的雄虫显得更活泼，更易与雌虫合抱，可能是在没有遇到雌虫的情况下刺激合抱的一些因子累积所致。

二、雌虫的排卵习性及生育力

不同种的血吸虫排卵习性略有不同。日本血吸虫常在肠系膜等寄居处长时间排卵。雌虫排卵时呈阵发性成串排出，在肝脏、肠组织血管中虫卵沉积成念珠状。

血吸虫的生育力依血吸虫虫种、不同地理株、感染的不同阶段以及寄生宿主的不同而不同。日本血吸虫台湾株感染仓鼠后的58～63d，平均每条雌虫每天产卵数为3 500枚，其中16％随粪便排出体外。日本血吸虫中国大陆株雌虫的产卵数在其感染的不同阶段是不同的，最高时可能每条雌虫每天产1 000～3 500枚。在小鼠体内，感染后26～33d，每条雌虫每天平均产卵150枚；感染后34d为664枚；44d产卵数达高峰，每条雌虫平均每天产卵2 092枚；随后逐渐下降，至感染后58d为929枚；感染后68d为370枚；这些虫卵中7.6％随粪便排出体外，18.3％沉积于小肠组织，50.7％沉积于大肠组织，22.4％沉积于肝脏，1％沉积于肠系膜和其他组织。日本血吸虫虫卵在各组织中沉积的数量比，在感染的不同时期可能是有差异的。早期可能主要沉积于肝脏组织。在家兔中，日本血吸虫日本品系每对虫每天从粪便中排出的虫卵数平均为（289±41）枚。

日本血吸虫在不同动物体内的生育力是不同的，其生育力与血吸虫和宿主的适应性有关，适宜宿主体内血吸虫生育力高。从血吸虫子宫内的虫卵数看，在适宜宿主体内产卵初期（35d前）虫卵数较少（小于100枚），之后平均每条雌虫子宫含卵数在100～200枚；大鼠、马、褐家鼠和水牛体内血吸虫子宫内平均含卵数较少，分别为6.5枚、7.2枚、80.3枚和88.3枚，显示血吸虫在这些宿主的生育力相对较低。

三、影响血吸虫产卵的因素

影响血吸虫产卵的因素是多方面的，包括血吸虫自身因素和宿主因素。血吸虫自身因素主要体现在不同虫种、地理株之间以及不同感染阶段产卵量具有差异。宿主因素包括宿主种类、宿主的生理状况等。

血吸虫繁殖机能发达，必须从宿主摄取大量营养物质以满足产卵需要。因此，营养可能是影响血吸虫产卵的最大因素。在血吸虫从宿主获取营养物质来源看，红细胞居于重要地位。合抱的雌虫摄入红细胞的数量约为雄虫的10倍，每条虫每小时可达33万个。有研究表明，血吸虫肠道消化酶对不同哺乳动物红细胞特别是血红蛋白的消化能力是有差异的，这也可能是血吸虫在不同动物体内发育和产卵差异的一个重要因素。

宿主体内包括IL－7、胰岛素、甲状腺素等细胞因子和激素的分泌/表达水平的差异对血吸虫生长、发育有重要影响，进而影响血吸虫产卵。在IL－7缺乏小鼠体内，曼氏血吸虫感染后，肝脏 EPG 较正常小鼠减少 68%，平均每条雌虫的产卵量减少 64%（Wolowczuk 等，1999）。

虫卵在家畜和人血吸虫病的发病学中具有重要意义。大量虫卵抗原与宿主抗体形成的免疫复合物是急性血吸虫病的主要原因；其所引起的肉芽肿是血吸虫病的基本病理变化。探寻影响血吸虫雌雄虫合抱、雌虫性发育成熟以及产卵的因素，特别是在分子水平阐明血吸虫生殖机理与过程，可为研制抗血吸虫生殖、产卵的药物或疫苗提供新思路。

四、血吸虫在终末宿主体内的寿命

血吸虫在性成熟后的相当长时间内，能保持旺盛的生殖力而不断产卵，再之后生殖力逐渐减少甚至衰老死亡。

血吸虫的衰老死亡是血吸虫自身的衰老和宿主抗性演变的综合作用结果，因而血吸虫在不同动物中的寿命是不同的。

一般认为日本血吸虫在人体中的平均寿命为 3.5 年，但少数可活 30 余年甚至更久。日本血吸虫在感染兔、犬、山羊、猪、黄牛、水牛后，于感染后约 1 年开始，血吸虫存活数和排卵数均有下降趋势。林邦发等（1977）用日本血吸虫尾蚴人工感染 1 岁左右的健康水牛，2 个月后粪便排卵呈强阳性，粪孵毛蚴数随着时间的增长而减少，在感染 2 年后全部转阴；对感染牛进行解剖集虫，感染 4 个月检获成虫数为感染尾蚴数的 27.5%，13 个月为 2.70%，24 个月为 0.45%。何永康等（2003）的研究也发现，1 岁以内的水牛感染血吸虫后 1 年无需治疗，虫体均可消亡，粪卵排出消失。因此，日本血吸虫在水牛体内的寿命一般为 1～2 年。

第七节 影响血吸虫生长发育的相关因素

一、宿主的种类、性别、生理和免疫状况

宿主为血吸虫提供了生长和发育的环境。不同种类宿主血管内理化条件不同，对血吸虫发育具有显著的影响。血吸虫发育的好坏与血吸虫和宿主的适应性有关，在适宜的宿主体内血吸虫发育好，生长快。血吸虫在非适宜宿主大鼠体内大多数不能发育为成熟虫体，但将大鼠体内血吸虫转移至其他适宜宿主（如仓鼠），则可继续发育并产卵，反之，将适宜宿主体内发育成熟的虫体转移到大鼠体内，虫体会不断萎缩。

日本血吸虫对羊、黄牛、水牛、马属动物等家畜的适应性有较大差异，在适宜宿主黄牛和羊体内发育和发育速度均优于非适宜宿主水牛和马属动物。

血吸虫在同种宿主的不同品系之间的发育亦可能存在差异，这与宿主血液中化学物质的细微差别有关。在曼氏血吸虫的观察显示，甲状腺素的分泌状况、IL-7 的过量表达或不足，均会影响血吸虫的发育，当分泌（表达）不足时，血吸虫发育受阻，成为侏儒虫；而当过量分泌（或表达）时，虫体体积较正常虫体大，为巨型虫。例如，Wolowczuk 等（1999）在曼氏血吸虫的研究显示，在 IL-7 不足的小鼠体内，成熟虫体的减少率可达 28%。

宿主的性别和年龄对血吸虫的发育有细微影响。雄虫在雄性动物体内的发育较在雌性动

物体内发育为快，成熟后的长度更长。雄性宿主对雄性血吸虫的发育存在影响，而对雌性血吸虫的影响则不明显。雌雄小鼠或仓鼠分别感染曼氏血吸虫或埃及血吸虫尾蚴，发现雄性动物似乎更易感，尤其是雄性仓鼠感染埃及血吸虫时，其体内的雄虫负荷较雌性仓鼠的为多，而且雄虫也较长。一般幼龄动物较老龄动物易感，也更有利于血吸虫的发育，这在日本血吸虫感染水牛后的发育更为明显，流行病学调查表明，3 岁以下水牛血吸虫感染率明显高于 3 岁以上水牛，而这一现象在黄牛则不明显。

二、宿主营养状况

宿主的饮食与营养状况可以影响宿主自身的生理状况和对病原的防御，进而影响血吸虫的发育。有报道大鼠饲喂缺乏维生素 A 的饲料后其体内发育成熟的曼氏血吸虫虫体数增多；而缺乏维生素 C 的饲料饲喂豚鼠对雌虫的卵形成具有不良影响，虫卵小，卵壳不如正常虫卵卵壳光滑。

三、感染度

用不同剂量的曼氏血吸虫尾蚴感染小鼠，虫体回收率是不同的，攻击剂量愈高，回收率愈低（Grimaldo，1961）。虫体的大小亦与感染度有关，感染度愈高，虫体长度相对愈小，雌虫相对雄虫更明显。重度感染的血吸虫发育速度较轻度感染的慢，并延长了童虫从肺到肝的移行时间（Page，1971）。同时，感染度的高低影响血吸虫在宿主体内的寄生部位（见异位寄生部分）。但日本血吸虫感染水牛后的虫体发育率与感染量的关系可能与上述结论相反。中国农业科学院上海兽医研究所长期的观察显示，如水牛初次人工试验感染日本血吸虫的尾蚴量为 1 000 条时，虫体的发育率在 5%～10%；当感染量为 3 000 条时，发育率高于 30%（He 等，2018）。

四、激素

切除睾丸的雄性小鼠感染曼氏血吸虫后雄虫的回收率降低，若切除睾丸并同时注射睾酮则两性虫体的回收率均降低。雄性小鼠注射睾酮后，雄虫呈现两性畸形的虫数明显增多。雌性小鼠感染曼氏血吸虫后肌内注射大剂量己烯雌酚，虫体回收率显著下降。大多数虫体留居于肝内血管；虫体性成熟发育缓慢。给小鼠投服醋酸可的松，发育成熟的曼氏血吸虫虫数明显减少。大鼠切除垂体后，其体内曼氏血吸虫负荷增多，虫体的长度增长，雌虫卵黄腺发育得到改善，产卵数增多。

五、血吸虫的异位寄生

日本血吸虫成虫通常寄生在人或哺乳动物的肠系膜静脉/门静脉血管中，当血吸虫的成虫寄生于门脉系统以外和虫卵沉积在肝脏和肠壁组织以外的其他组织、器官中引起的损害称为异位损害或异位血吸虫病。

唐仲璋等（1973）等用实验动物小鼠和家兔观察，以 50～100 条不同数量的日本血吸虫尾蚴感染小鼠 75 只，在感染后 23～56d 解剖，有成虫异位寄生的小鼠共 19 只，占全部感染小鼠数的 25.3%。以 2 750～7 200 条尾蚴感染兔子 9 只，在感染后 28～62d 解剖，全部有成虫异位寄生。日本血吸虫成虫动物体内的异常部位，最常见的是肺动脉（77.8%）、后大静脉（88.9%）、右心（66.7%），其次是肺静脉、前大静脉，椎静脉和肝静脉（22.2%～33.3%），较少见的是肋间静脉和左心、主动脉弓及背大动脉等处（各 11.1%）。

我国人体异位血吸虫病病例报道最多的是脑、肺异位血吸虫病损害，其他的还有皮肤、肾、眼结膜、腮腺、腰大肌、膀胱、前列腺、输尿管、阴囊、脊髓、淋巴结、心包、卵巢、输卵管、子宫颈黏膜、睾丸鞘膜及胃等异位损害。丁嫦娥等（2018）检索了《中国学术期刊网络出版总库》《万方数据知识服务平台》2007 年以来所有异位日本血吸虫病的文献报道资料，并进行统计分析与总结。结果 2007—2017 年共报道异位血吸虫病 211 例，其中脑异位损害 160 例，占 75.83%；肺异位损害 45 例，占 21.33%；卵巢、输卵管、眼、脊髓、皮下、腮腺异位损害各 1 例。胃肠等消化道血吸虫病 12 例。表明脑和肺血吸虫病异位损害发生率和误诊率最高，建议具有呼吸系统、神经系统症状和体征血吸虫病患者应排除血吸虫异位损害。

血吸虫成虫在家畜体内的异位寄生未见相关的报道，但日本血吸虫虫卵在家畜体内的异位寄生，如泌尿系统、呼吸系统等异位寄生则较为常见。

血吸虫的异位寄生与感染的尾蚴量密切相关，一般感染剂量越大，异位寄生的概率以及严重程度也越大。

有关异位寄生的成因，学者的推测多种多样，主要推论有：①溢满现象，即由于寄生与侵入宿主体内童虫过多，部分虫体离开了移行的常轨而被阻留在异常的位置；也可能异位寄生与成虫在门脉系统内堆积过多，引起血管的扩大，童虫越出门脉系统，经肝脏的窦状隙越过肝脏的阻隔而入肝静脉，从而转移他处。②童虫扩散与滞留，童虫经过多次肺-体循环进入门脉系统，每次只有 16%虫体进入肝门静脉系统，而其他虫体随感染时间延长而逐渐进入，但有部分虫体残留在相关组织的血管内，生长后因体积增大而不能随血流进入正常寄生部位。③成虫通过侧支循环移行。④急性期门静脉充血扩张，虫卵经肝窦至肝静脉，随体循环散布于体内各处；虫卵经门体侧支循环，经门静脉系统到体循环；成虫异位寄生，就地产卵等。

■第八节　血吸虫单性虫体的发育

本章第六节已提到，在血吸虫的生长发育过程中，雌虫的正常发育需要与雄虫的持续合抱，雄虫的刺激对雌虫发育和保持雌虫的繁殖必不可少。动物试验已证明血吸虫雌虫必须与雄虫合抱相当长的时间才能充分发育和性成熟。单性感染的雌虫则生长缓慢，性器官也不能正常发育。性成熟的雌虫与合抱的雄虫分离后，虫体慢慢变小，性器官也发生明显的退化（李佩贞，1954）。

日本血吸虫尾蚴感染小鼠后约 18d，雌雄虫完成合抱；感染后约 23d，卵壳形成；感染后 25d 左右，配对的雌虫产卵，而未配对的雌虫处于发育不成熟状态，体型细小，不能正常产卵。单性感染的雌虫平均长度仅为合抱雌虫长度的 1/3 左右（李佩贞，1954）。李肖纯

(2019）的观察显示，18d的合抱雌虫形态清晰，可观察到虫体卵巢及肠管。21d合抱雌虫与18d合抱雌虫相比虫体大小差别不大，但21d雌虫的卵巢形态更为清晰，23d虫体明显增大，卵巢、肠管和卵黄腺等的发育逐渐完善，25d雌虫中明显可见成熟的卵巢和卵黄腺，卵黄细胞在卵黄管中。4个不同发育时期的单性感染雌虫生殖器官都处于发育不完善状态，未观察到有成熟的卵巢和卵黄腺等。与单性感染雌虫相比，4个生长发育时间点的合抱雌虫的肠管颜色较深，这与后者吸收消化更多的血红蛋白有关。合抱雌虫产卵后对宿主造成严重的病理性损害，而单性感染雌虫不能正常产卵，不对宿主肝、肠组织造成明显的危害。

韩愉（2015）采用激光共聚焦、透射电镜技术对单性感染的雌虫和合抱雌虫的形态进行了比较观察，结果显示，单性感染发育阻遏雌虫在虫体大小、器官形态、细胞及亚细胞水平与合抱雌虫均存在显著的差异。单性感染雌虫卵巢和卵黄腺中缺少成熟细胞。合抱雌虫卵黄腺特有的脂滴结构未在单性感染雌虫中呈现。在单性感染未成熟的雌虫中未观察到合抱雌虫成熟虫卵及卵黄腺细胞存在的特异性荧光。

合抱雌虫与未合抱雌虫在形态学和组织学上都存在着很大的差异，在形态上单性感染雌虫比合抱雌虫要小很多，反映了单性感染、发育阻遏雌虫的卵黄腺处于未分化状态（Erasmus，1973；Popiel等，1982）。单性感染雌虫的退缩卵巢只含有卵原细胞，表明未成熟的雌虫含有生殖细胞，但在缺少雄虫合抱的情形下无法进行分化产生卵母细胞（Neves等，2004）。与合抱雌虫的卵黄腺相比，单性感染雌虫的卵黄腺要小很多，而且卵黄腺中只含有未成熟的卵黄细胞，处于不成熟状态（Erasmus，1973）。单性感染的雌虫体内的卵壳前驱蛋白及酪氨酸酶的量要比合抱雌虫少很多（Popiel等，1984；Atkinson等，1980）。

（刘金明、林矫矫）

■ 参考文献

毕晓云，周述龙，李瑛，1991. 钉螺体内日本血吸虫尾蚴发育期的形态及其扫描电镜观察［J］. 动物学报，37（3）：244-252.

丁嫦娥，丁兆军，2018. 我国日本血吸虫病异位损害分析［J］. 中国热带医学，18（9）：962-965.

韩愉，2015. 日本血吸虫正常发育与发育阻遏雌虫形态结构观察和差异miRNAs研究［D］. 北京：中国农业科学院.

何毅勋，杨惠中，1979. 日本血吸虫卵胚胎发育的组织化学研究［J］. 动物学报，25（4）：304-308.

何毅勋，杨惠中，1980. 日本血吸虫发育的生理学研究［J］. 动物学报，26（1）：32-39.

何毅勋，郁平，郁琪芳，等，1989. 日本血吸虫尾蚴钻穿宿主皮肤的方式［J］. 动物学报，35（1）：66-72.

何永康，刘述先，喻鑫玲，等，2003. 水牛感染血吸虫后病原消亡时间与防制对策的关系［J］. 实用预防医学，10（6）：831-834.

姜玉骥，洪青标，周晓农，等，1998. 日本血吸虫尾蚴平均期望寿命的初步实验观察［J］. 中国血吸虫病防治杂志，10（5）：283-285.

李佩贞，1954. 单性感染及复性感染日本血吸虫发育的研究［J］. 动物学报，11（4）：499-506.

李肖纯，2019. 日本血吸虫正常发育雌虫与发育阻遏雌虫差异表达蛋白分析［D］. 上海：上海师范大学.

梁幼生，姜元定，姜玉骥，等，1999. 三峡建坝后长江江苏段水位变化对血吸虫病流行影响的研究Ⅲ. 不同水深对血吸虫虫卵孵化、毛蚴感染钉螺的影响［J］. 中国寄生虫病防治杂志，12（4）：47-49.

林建银，李瑛，周述龙，1985. 日本血吸虫在终宿主体内的生长发育［J］. 动物学报，31：70-76.

毛守白，1990. 血吸虫生物学与血吸虫病的防治［M］. 北京：人民卫生出版社.
邵宝若，许学积，1956. 钉螺人工感染血吸虫的研究［J］. 中华医学杂志，42：357－372.
孙乐平，洪青标，周晓农，等，2000. 日本血吸虫毛蚴存活曲线和期望寿命的实验观察［J］. 中国血吸虫病防治杂志，12（4）：221－223.
孙乐平，周晓农，洪青标，等，2003. 日本血吸虫幼虫在钉螺体内发育有效积温的研究［J］. 中国人兽共患病杂志，19（6）：59－61.
唐崇惕，卢明科，陈东，等，2009. 日本血吸虫幼虫在钉螺及感染外睾吸虫钉螺发育的比较［J］. 中国人兽共患病学报，25（12）：1129－1134.
唐崇惕，彭晋勇，陈东，等，2008. 湖南目平湖钉螺血吸虫病原生物控制资源调查及感染试验［J］. 中国人兽共患病学报，24（8）：689－695.
唐仲璋，唐崇惕，唐超，1973. 日本血吸虫成虫和童虫在终末宿主体内异位寄生的研究［J］. 动物学报，19（3）：220－236.
唐仲璋，唐崇惕，唐超，1973. 日本血吸虫童虫在终末宿主体内迁移途径的研究［J］. 动物学报，19（4）：323－336.
汪民视，蔡士椿，顾金荣，等，1960. 贵池县南湖一昼夜同一时间内湖水的血吸虫感染性调查［J］. 流行病学杂志，3（3）：180.
夏明仪，Fournier A，Combes C，1989. 日本血吸虫子胞蚴超微结构的研究：产孔的形态学证明［J］. 动物学报，35（1）：1－4.
许世锷，1974. 日本血吸虫在离体培养中的产卵和虫卵发育过程的研究［J］. 动物学报，20（3）：32－43.
张功华，张世清，汪天平，等，2006. 长江洪水中日本血吸虫尾蚴分布及其对人群血吸虫感染的影响［J］. 热带病与寄生虫学，4（1）：20－22，46.
Armstrong J C，1965. Mating behavior and development of schistosomes in the mouse［J］. Journal of Parasitology，51：605－616.
Atkinson K H，Atkinson B G，1980. Biochemical basis for the continuous copulation of female *Schistosoma mansoni*［J］. Nature，283（5746）：478－479.
Chirnin E，1972. Penetrative activity of *Schistosoma mansoni* miracidia stimulated by exposure to snail conditioned water［J］. Parasitol，58（2）：209－212.
Conford E M，Huot M E，1981. Glucose transfer from male to female schistosomes［J］. Science，213（4513）：1269－1271.
Eramus D A，Shaw J R，1977. Egg production in *Schistosoma mansoni*［J］. Trans Roy Soc Trop Med Hyg，71：289.
Erasmus D A，1973. A comparative study of the reproductive system of mature，immature and "unisexual" female *Schistosoma mansoni*［J］. Parasitology，67（2）：165－183.
Grimaldo P E，Kershaw W E，1961. Results obtained by intensive exposure of white mice to *Schistosoma mansoni* infection. I. Recovery and distribution of adult *S. mansoni* from white mice seven weeks after percutaneous infection，the relation between the size of individual worms and the load of infection，and the longevity of heavily infected mice［J］. Ann Trop Med Parasitol，55：107－111.
He C，Mao Y，Zhang X，et al，2018. High resistance of water buffalo against reinfection with *Schistosoma japonicum*［J］. Vet Parasitol，261：18－21.
Lawrence J D，1973. The ingestion of red blood cells by *Schistosoma mansoni*［J］. J Parasitol，59：60－63.
LoVerde P T，1976. Scanning electron microscopy of the ova of *Schistosoma haematobium* and *Schistosoma mansoni*［J］. Egypt J Bilharz，3（1）：69－72.
Moore D V，Sandground J H，1956. The relative egg producing capacity of *Schistosoma mansoni* and *Schisto-*

soma japonicum [J]. American Journal of Tropical Medicine and Hygiene, 5 (5): 831 - 840.

Moore D V, Yolles T K, Meleney H E, 1954. The relationship of male worms to the sexual development of female *Schistosoma mansoni* [J] . J Parasitol. 40: 166 - 185.

Neill P J, Smith J H, Doughty B L, et al, 1998. Tha ultrastructure of the *Schistosoma mansoni* egg [J]. Am J Trop Med Hyg, 39: 52 - 65.

Neves R H, Costa - Silva M, Martinez E M, et al, 2004. Phenotypic plasticity in adult worms of *Schistosoma mansoni* (Trematoda: Schistosomatidae) evidenced by brightfield and confocal laser scanning microscopies [J]. Mem Inst Oswaldo Cruz, 99 (2): 131 - 136.

Page C R, Etges F J, 1971. Experimental prepatent schistosomiasis mansoni: host mortality and pathology [J]. Am J Trop Med Hyg, 20 (6): 894 - 903.

Popiel I, Basch P F, 1984. Reproductive development of female *Schistosoma mansoni* (Digenea: Schistosomatiodae) following bisexual pairing of worms and worm segments [J]. J Exp Zoology, 232: 141 - 150.

Popiel I, Erasmus D A, 1982. *Schistosoma mansoni*: the survival and reproductive status of mature infections in mice treated with oxamniquine [J]. J Helminthol, 56 (3): 257 - 261.

Sadun E H, Lin S S, Williams J E, 1958. Studies on the host parasite relationships to *Schistosoma japonicum*. I. The effect of single graded infections and the route of migration of schistosomula [J]. Am J Trop Med Hyg, 7 (5): 494 - 499.

Shiff C J, 1968. Location of Bulinus (Physopsis) globosus by miracidia of *Schistosoma haematobium* [J]. J Parasitol, 54 (6): 1133 - 1140.

Standen O D, 1953. The relationship of sex in *Schistosoma mansoni* to migration within the hepatic portal system of experimentally infected mice [J]. Annals Tropical Medicine Parasitology, 47 (2): 139 - 145.

Sun J, Wang S W, Li C, et al, 2014. Transcriptome profilings of female Schistosoma japonicum reveal significant differential expression of genes after pairing [J]. Parasitology Research, 113 (3): 881 - 892.

Tang C Z, 1938. Some remarks on the morphology of miracidium and cercariae of *Schistosoma japonicum* [J]. Chin Med J, Supp 2: 423 - 432.

Tinsley R C, 1983. Ovoviviparity in platyhelminth life - cycles [J]. Parasitol, 86 (Pt 4): 161 - 196.

Upatham E S, 1972. Effect of water depth on the infection of Biomphalaria glabrata by miracidia of St. Lucian *Schistosoma mansoni* under laboratory and field conditions [J]. J Helminthol, 46 (4): 317 - 325.

Webbe G, 1966. The effect of water velocities on the infection of Biomphalaria sudanica tanganyicensis exposed to different numbers of *Schistosoma mansoni* miracidia [J]. Ann Trop Med Parasitol, 60 (1): 85 - 89.

Wilks N E, 1967. Lung to liver migration of schistosomes in the laboratory mouse [J]. Am J Trop Med Hyg, 16 (5): 599 - 605.

Wolowczuk I, Nutten S, Roye O, et al, 1999. Infection of mice lacking interleukin - 7 (IL - 7) reveals an unexpected role for IL - 7 in the development of the parasite *Schistosoma mansoni* [J]. Infect Immun, 67 (8): 4183 - 4190.

第六章　日本血吸虫的动物终末宿主

终末宿主为寄生虫成虫或有性繁殖阶段虫体寄居的宿主。血吸虫童虫和成虫的发育与成熟、雌虫产卵等都在终末宿主体内进行。了解血吸虫终末宿主的种类、分布、数量、对血吸虫的易感性，及在血吸虫病传播中的作用，可为确定不同防控时期的重点防控对象，制订精准的防控对策等奠定重要基础。同时，通过对宿主血吸虫感染适宜性等的深入研究，可为阐述血吸虫与宿主的相互作用机制，筛选、鉴定血吸虫病的疫苗候选分子和新治疗药物靶标等提供新思路。

第一节　日本血吸虫的终末宿主

通过现场调查结合实验室人工感染试验查明，除人以外，在我国大陆流行的日本血吸虫（中国大陆株）自然感染的动物有7个目（食虫目、啮齿目、兔形目、食肉目、奇蹄目、偶蹄目、灵长目），18个科（蝟科、鼩鼱科、豪猪科、鼠科、豚鼠科、仓鼠科、松鼠科、兔科、鼬科、犬科、灵猫科、猫科、马科、猪科、牛科、鹿科、猴科、猩猩科），33个属，46种，包括黄牛、奶牛、水牛、猪、马、驴、骡、山羊、绵羊、犬、猫、兔等家畜和家养动物，猕猴、野猪、野兔、豪猪、褐家鼠、家鼠、姬鼠、社鼠、罗赛鼠、刺毛鼠、黑腹绒鼠、白腹鼠、田鼠、松鼠、刺猬、貂、山猫、小灵猫、笔猫、鼬、豹、南狐、赤狐、獾、山獾、貉、鹿等野生动物（He等，2001）。

在我国台湾省流行的日本血吸虫台湾株可感染菲律宾猴、黑猩猩。在恒河猴和台湾猴中虫体发育率均很低，仅个别猴排出的粪便中含有少数虫卵并很快转阴。人不是其适宜宿主（Hsu，1968；毛守白，1990）。已报道的自然感染的家畜和野生动物有犬、水牛、猪、山羊、褐家鼠、臭鼩、黄毛鼠、黑家鼠。流行区犬和臭鼩动物数量较大，感染率高，排出的粪便中活虫卵多，是当地日本血吸虫的重要终末宿主（Hsu等，1954，1955）。

在菲律宾，除人以外，黄牛、水牛、犬、猪、山羊等都可自然感染日本血吸虫。其中，犬和猪的感染率较高，排出的粪便中虫卵数多且孵化率高，是当地血吸虫病传播的重要动物宿主。野生动物中鼠类的自然感染率较高（Pesigan等，1958；Fernandez，1982）。

Sudomo等（1984）报告在印度尼西亚调查的22种哺乳动物中，有13种自然感染日本血吸虫，包括水牛、乳牛、犬、马、野鹿、野猪、麝猫、缅鼠、鼩鼱、霍夫曼鼠（*Rattus hoffmanni*）、大鼠（*Rattus rallus*）、绒鼠（*Rattus marmosurus*）、金丝鼠（*Rattus chrysocomys*）等。Carney等（1974，1978）报道感染的宿主有牛、犬、缅鼠、帝汶鹿、野猪、灵猫、霍夫曼鼠（*Rattus hoffmanni*）、黄腹鼠（*Rattus chrysocomus rallus*）、绒鼠（*Rattus marmosurus*）、青天鼠（*Rattus celebensis*）等。

第二节　血吸虫的宿主适宜性

一、血吸虫的宿主适宜性

不同的终末宿主有其独特的机体内环境，为血吸虫提供不同的生长发育条件，并影响血吸虫在宿主体内的生存、发育、成熟、产卵，及对宿主造成的病理损伤程度。不同种血吸虫在与宿主的长期共进化过程中，对宿主体内生存环境产生不同的适应性，并最终形成了自己的终末宿主种群。同时终末宿主种群内不同宿主也存在对某一种血吸虫感染的适宜性差别，甚至同一种终末宿主中的不同个体，由于受年龄、自身营养和生理、免疫状况，及之前是否感染过血吸虫等因素影响，对血吸虫感染的适宜性也存在明显差别。因此，血吸虫终末宿主有适宜宿主和非适宜宿主之分。血吸虫感染适宜宿主后，能在其体内发育为成熟成虫，雌虫产出的虫卵能在体外合适的条件下孵出毛蚴。在非适宜宿主体内，血吸虫不能建立感染或虫体不能发育成熟，雌虫产卵数少或产出的虫卵发育不成熟，不能孵出毛蚴。血吸虫的宿主适应性一般从以下几方面进行评价：①虫体在终末宿主体内的存活时间；②成虫的发育率及虫体形态；③雌虫产卵数及虫卵能否孵出毛蚴；④对宿主的致病性等（He 等，2001）。

无论现场流行病学调查还是试验感染均显示各种恒温动物对不同血吸虫的易感性存在明显差异。如东毕属吸虫和毛毕属吸虫感染人体后只引起尾蚴性皮炎，入侵虫体大多在皮肤期被杀灭，未能在人体内继续移行和发育。东毕属吸虫感染牛、羊等家畜，毛毕属吸虫寄生于鸟类，它们均可在其适宜宿主体内发育成熟和产卵。

几种重要的人体血吸虫都有 10 种以上的哺乳动物终末宿主，有的终末宿主对几种不同人体血吸虫虫种同时都易感或不易感，如仓鼠对曼氏血吸虫、埃及血吸虫和日本血吸虫都易感，而大鼠对这三种最重要的人体血吸虫都不是适宜宿主（Draz 等，2008；Tallima 等，2015；毛守白，1990）。更多的哺乳动物宿主对不同人体血吸虫虫种的易感性则存在不同程度的差别，如犬对日本血吸虫易感，对曼氏血吸虫和埃及血吸虫均有较强抵抗力。小鼠对日本血吸虫、曼氏血吸虫易感，但对埃及血吸虫不易感（Hsu 等，1973；Dean 等，1996；Rheinberg 等，1998）。山羊和绵羊都是日本血吸虫的适宜宿主；但埃及血吸虫感染山羊后发育率低，且虫体小。一些学者尝试用埃及血吸虫人工感染绵羊，但都未获得成功。猫对日本血吸虫易感，虽个别报道显示猫能感染埃及血吸虫，但虫体大多寄生于宿主肝脏。

二、日本血吸虫（中国大陆株）的宿主适宜性

与曼氏血吸虫、埃及血吸虫等其他重要人体血吸虫相比，在我国大陆流行的日本血吸虫可感染多达 40 余种哺乳动物，是各种人体血吸虫中终末宿主种类最多、防控中传染源控制最难的一种血吸虫病。不同动物感染日本血吸虫后虫体发育率、大小等都呈现明显差别。

何毅勋等（1960）比较分析了 12 种哺乳动物对日本血吸虫感染的易感性，结果表明日本血吸虫在山羊、小鼠、家犬、家兔、猴、黄牛、豚鼠、绵羊、大鼠和猪体内的发育率依次为 60.3%、59.3%、59.0%、52.3%、46.0%、43.6%、35.2%、30.3%、20.9% 和 8.5%，在马和水牛体内的发育率均在 1% 以下。从不同宿主收集的虫体大小差异悬殊，检

获的雄虫由大到小依次为黄牛、山羊、绵羊、家犬、猪、豚鼠、猴、家兔、水牛、马、小鼠和大鼠；雌虫由大到小依次为山羊、猪、绵羊、黄牛、豚鼠、家犬、家兔、水牛、猴、小鼠、马和大鼠。

杨健美等（2012）用日本血吸虫尾蚴感染黄牛、水牛、山羊、Wistar 大鼠、BALB/c 小鼠及新西兰大白兔，感染后 7 周解剖动物收集虫体，结果也表明不同动物感染后血吸虫虫体回收率和收集到的虫体的大小都有明显差别。虫体回收率由高到低依次为山羊、BALB/c 小鼠、新西兰大白兔、黄牛、水牛和 Wistar 大鼠；雄虫长度由长到短依次为黄牛（10.40mm±0.89mm）、BALB/c 小鼠（10.17mm±0.75mm）、新西兰大白兔（9.5mm±0.87mm）、山羊（9.4mm±0.55mm）、水牛（8.67mm±1.23mm）和 Wistar 大鼠（7.3mm±0.67mm）；雌虫长度由长到短依次为黄牛（16.60mm±1.14mm）、山羊（14.20mm±0.84mm）、BALB/c 小鼠（12.42mm±1.02mm）、新西兰大白兔（11.90mm±0.89mm）、水牛（8.86mm±1.87mm）和 Wistar 大鼠（3.7mm±0.57mm）。其中从大鼠收集的雌虫细小，长度约只为雄虫的一半，宽度约为雄虫的 1/3，虫体呈白色，生殖器官发育不成熟。而收集自其他 5 种宿主的合抱成熟雌虫都比雄虫长，虫体呈黑褐色，生殖器官发育正常。感染日本血吸虫尾蚴 49d 后不同宿主的肝脏病理变化差别也很大。黄牛、山羊、BALB/c 小鼠和新西兰大白兔的肝脏布满虫卵结节，其中山羊、新西兰大白兔和 BALB/c 小鼠的肝脏完全被白色虫卵结节布满，病变严重；而水牛肝脏只有少量虫卵结节；Wistar 大鼠肝脏几乎看不到虫卵结节（图 6－1 和彩图 7）。

有关马属动物的血吸虫人工感染试验相关报道较少。何毅勋等的研究表明血吸虫在马体内的发育率低，虫体小，雌虫卵巢萎缩且子宫内虫卵数量较少，血吸虫感染后虫体有自然消亡的现象（何毅勋，1960；He 等，2001）。大多数流行病学调查也显示，马、骡、驴血吸虫病感染率明显低于牛、羊等易感宿主。

李浩等用日本血吸虫试验感染东方田鼠，结果大部分虫体在感染后 2 周内死亡，感染后 19d 在鼠体内找不到血吸虫虫体。20 世纪 50 年代初，在血吸虫病流行区对 39 种哺乳动物进行血吸虫感染调查时发现，东方田鼠是唯一一种在其体内没有找到血吸虫成熟成虫的哺乳动物（吴光等，1962；黎申恺等，1965）。

根据前面提到的血吸虫宿主适应性评价标准，黄牛、山羊、绵羊、小鼠、家兔、犬、水牛、猪等都是日本血吸虫（中国大陆株）的适宜宿主，而东方田鼠和大鼠等则为非适宜宿主。黄牛、山羊、绵羊、犬、家兔、小鼠等适宜宿主的年龄以及是否感染过血吸虫等与其对血吸虫的易感性关系不显著。相对以上提到的这几种宿主，水牛和猪感染日本血吸虫后出现自愈现象。水牛对血吸虫易感性与其年龄、是否感染过血吸虫相关，一般小水牛易感，而成年水牛特别是感染过血吸虫的成年水牛易感性明显降低。实验室人工攻击试验也证实多次感染和治疗的水牛对血吸虫不易感。现场调查显示，大部分流行区黄牛和羊血吸虫病感染率高于水牛和马属动物。故在一些文献报道中，也有时把水牛、猪、马属动物称为日本血吸虫（中国大陆株）的“非适宜宿主”。

三、牛、羊日本血吸虫（中国大陆株）感染宿主适宜性的比较观察

疫区现场流行病学调查表明，在同一流行区，虽然水牛接触疫水的机会比黄牛多、时间

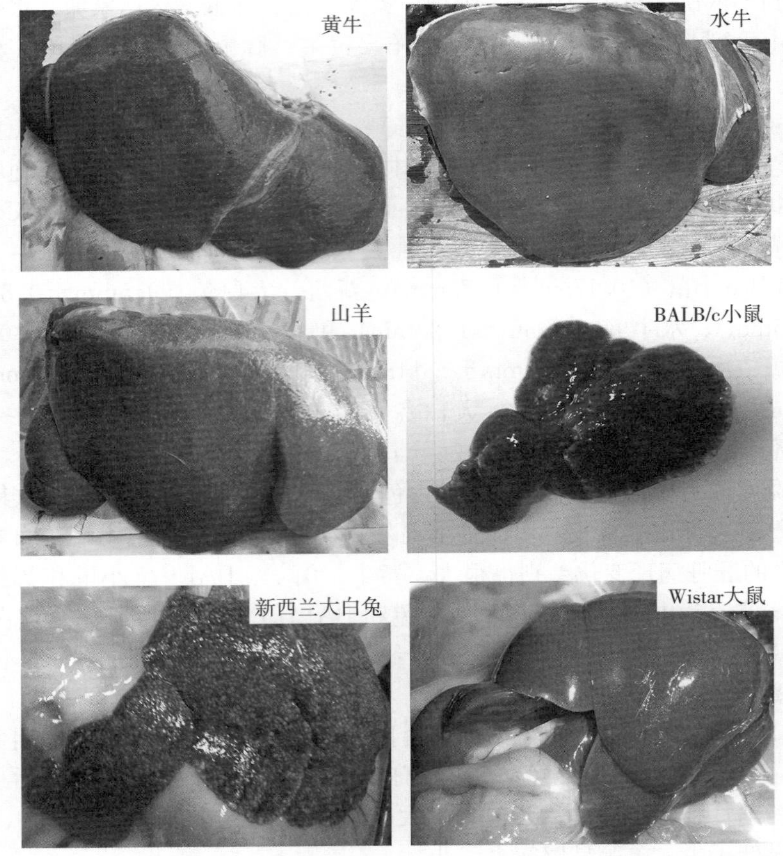

图 6-1 不同动物宿主感染日本血吸虫尾蚴后 49d 的肝脏（图片由杨健美提供）

长，但在同一地区水牛血吸虫感染率一般都低于黄牛。不同年龄段的黄牛对血吸虫的易感性差别不明显，而 3 岁以下水牛的血吸虫感染率明显高于 3 岁以上水牛。

黄牛（*Bos taurus*）、水牛（*Bubalus bubalis*）日本血吸虫人工感染试验结果显示，黄牛感染日本血吸虫后的平均虫卵开放前期较水牛的短 5.7d，说明日本血吸虫尾蚴侵入黄牛皮肤后的移行、定居和发育成熟的时间明显较水牛早。于感染后 54～59d 解剖动物，黄牛体内的虫体回收率为 54%～57%，水牛为 4.6%～7.4%。收集自黄牛的合抱雌虫平均体长 15.7mm±1.8mm、雄虫平均体长 10.8mm±1.9mm，均较收集自水牛的同一虫龄的虫体长（雌虫平均体长 13.2mm±1.3mm、雄虫平均体长 8.6mm±1.4mm），两者差异均为极显著（$P<0.01$）。收集自黄牛的合抱雌虫的卵巢指数为 84.3±17.1，高于水牛的 72.4±14.8，差异极显著（$P<0.01$）。在血吸虫感染黄、水牛肝脏切片的成熟虫卵周围均可观察到“何博礼”现象，黄牛出现的概率为 45.4%，明显高于水牛的 15.0%，其免疫沉淀反应物的强度也远较水牛显著（何毅勋等，1992）。

杨健美等（2012）把黄牛、水牛和山羊三种天然动物宿主感染日本血吸虫尾蚴 49d 后的肝脏做石蜡切片，HE 染色后观察到，黄牛和山羊的肝细胞肿大，炎性细胞明显增多、聚集，虫卵周围有大量嗜酸性粒细胞浸润，呈浸润性坏死，形成典型条纹状嗜伊红沉淀物，呈现特征性“何博礼”现象。水牛的肝细胞以中央静脉为中心，呈放射状排列，无明显的肝细胞变性、坏死及炎症细胞的聚集浸润，小叶结构完整，白细胞少于红细胞，呈散在分布，且以中性粒细胞和单核细胞居多，淋巴细胞很少（图 6－2 和彩图 8）。

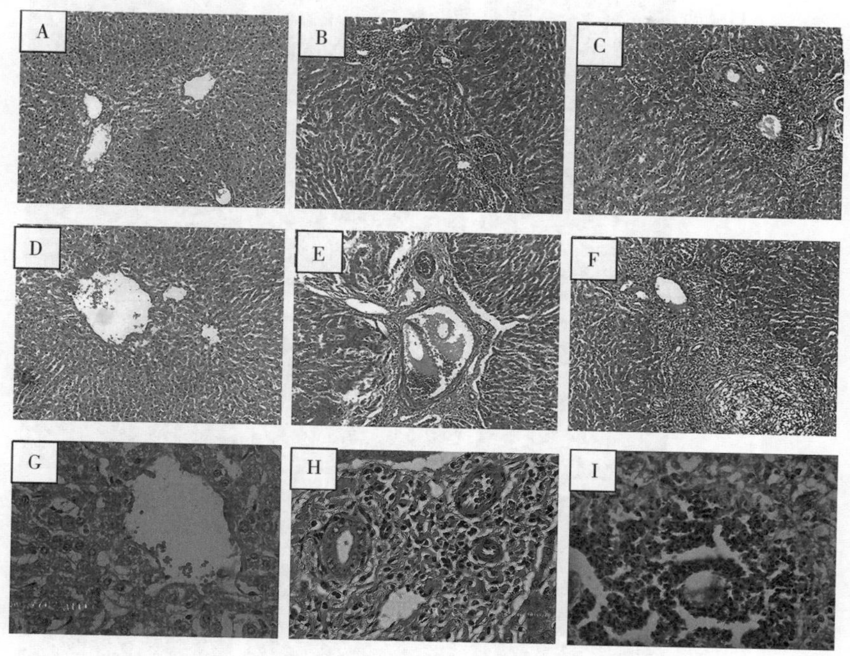

图 6－2　三种天然保虫宿主感染日本血吸虫尾蚴 49d 后的肝脏石蜡切片 HE 染色（图片由杨健美提供）
A、D、G. 水牛组　B、E、H. 黄牛组　C、F、I. 山羊组

收集自黄牛、水牛和山羊体内的 49d 日本血吸虫成虫的超微结构亦存在较大差异。扫描电镜观察显示，水牛组雄虫口吸盘皱缩，张力减弱、松弛，呈花瓣状，腹吸盘外边缘体棘宽度减小，体棘较不明显，雄虫抱雌沟后段褶嵴扁平，花型乳突较少，且呈空泡状；雌虫口吸盘萎缩，退化性变化，口吸盘背部体棘，感觉乳突退化，体壁无褶嵴，仅有少量乳突。山羊组和黄牛组的雄虫腹吸盘感觉乳突丰富，雄虫外壁褶嵴和感觉乳突，及抱雌沟体壁褶嵴明显，花型乳突丰富；雌虫口吸盘感觉乳突和体棘丰富，腹吸盘及生殖孔明显，体壁褶嵴明显，乳突较多（图 6－3）。透射电镜观察显示，与黄牛组和山羊组来源虫体相比，水牛组来源的雄虫体壁有较多空泡结构，内部脂滴明显增多，胞质内细胞器溶解；水牛组来源的雌虫体壁与黄牛组和山羊组来源雌虫体壁相差不大，但内部微绒毛结构较短和少（图 6－4）。

四、啮齿类动物日本血吸虫（中国大陆株）感染宿主适宜性的比较观察

东方田鼠（*Microtus fortis*）又称为米氏田鼠、长江田鼠、沼泽田鼠，俗称湖鼠，是我国血吸虫病流行区洞庭湖流域广泛分布的优势鼠种。20 世纪 50 年代末寄生虫学者对在我国南方 12 个血吸虫病流行省（自治区、直辖市）捕捉到的 39 种哺乳动物进行血吸虫感染调查，解剖了上万只东方田鼠，在其体内都未找到血吸虫成虫或虫卵，认为东方田鼠不是血吸虫的保虫宿主。朱国正等通过日本血吸虫的单次感染和重复感染试验，发现野生东方田鼠和

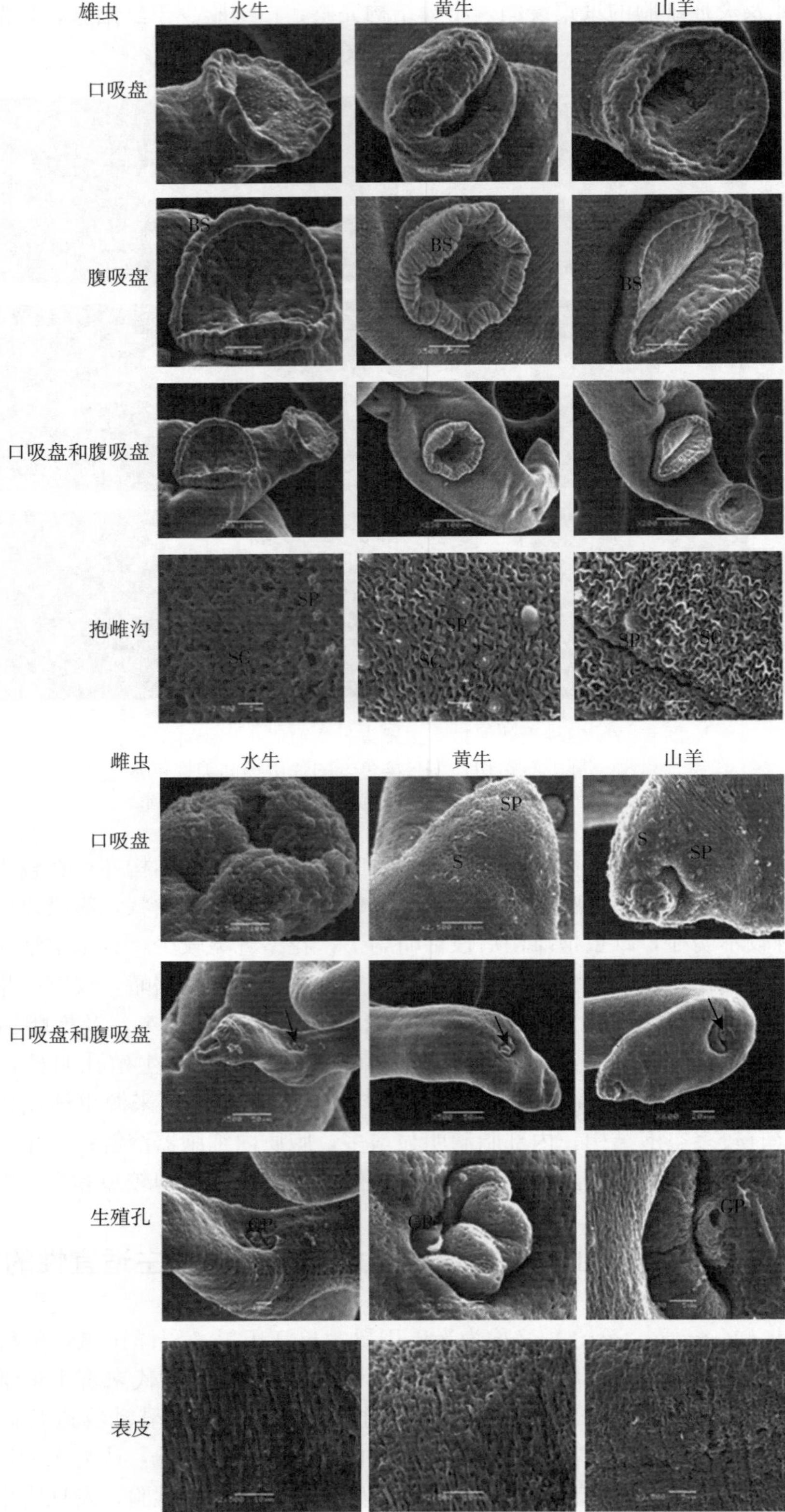
雄虫
水牛
黄牛
山羊
口吸盘
腹吸盘
BS
BS
BS
口吸盘和腹吸盘
抱雌沟
SP
SC
SP
SC
SP
SC
雌虫
水牛
黄牛
山羊
口吸盘
SP
S
S
SP
口吸盘和腹吸盘
生殖孔
GP
GP
GP
表皮

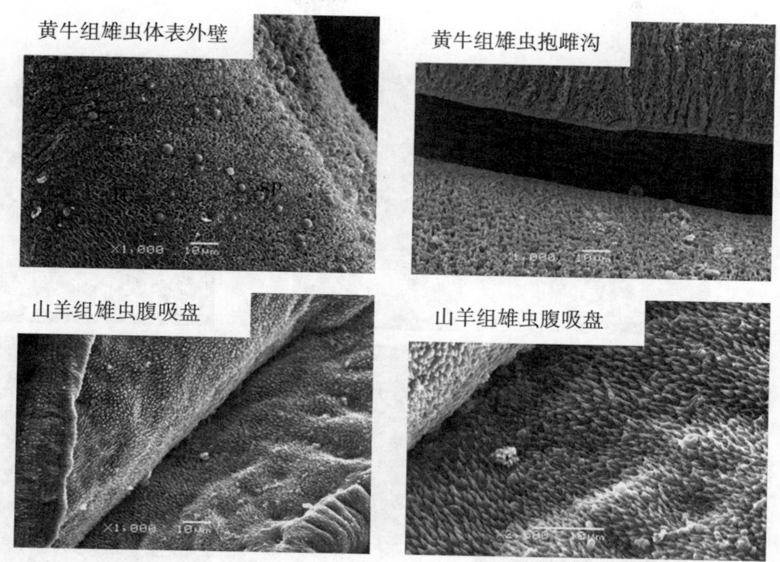

图 6－3 三种天然保虫宿主来源日本血吸虫成虫的扫描电镜观察（图片由杨健美提供）

BS. 边缘棘（border spine） SC. 体表褶嵴（surface crest） SP. 感觉乳头（sensory papillae） S. 体棘（spine） GP. 生殖孔（genital pore） TC. 体被褶嵴（tegumental crest）

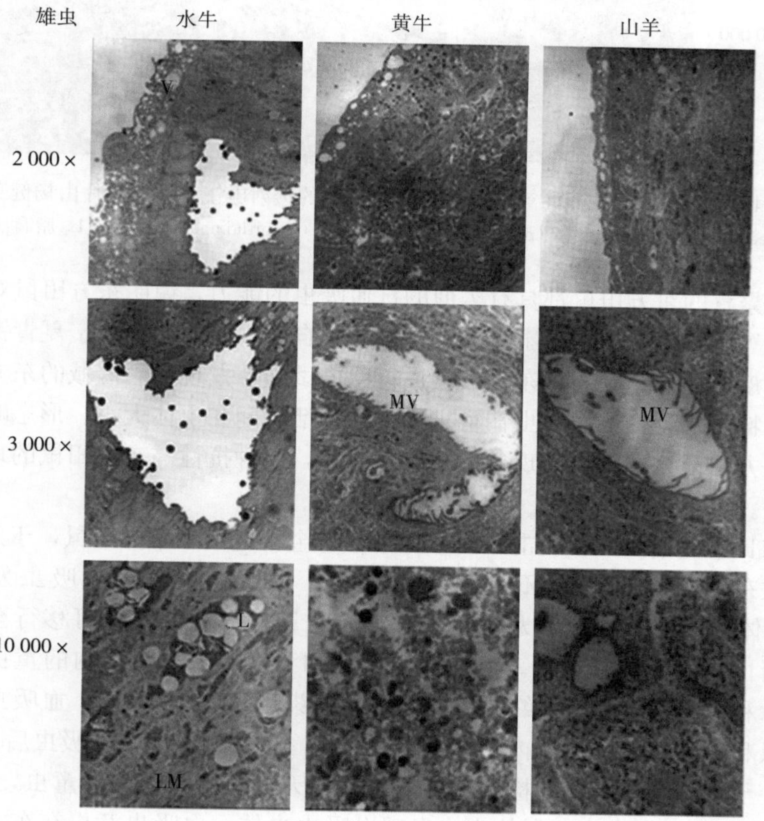

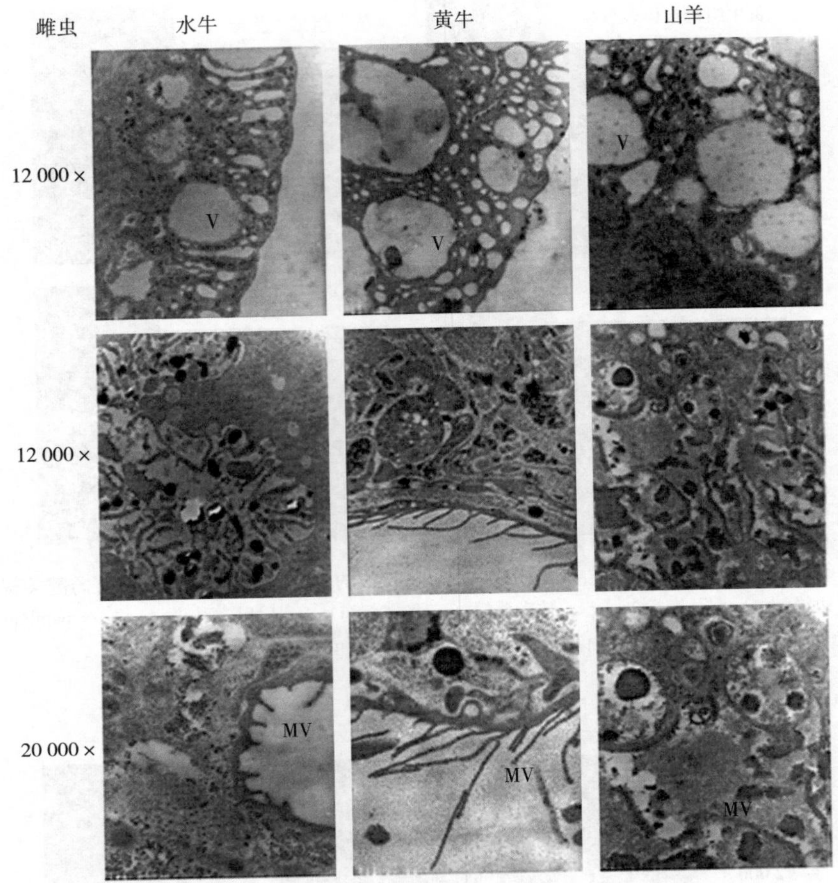

图 6-4 三种天然保虫宿主来源日本血吸虫成虫的透射电镜观察（图片由杨健美提供）
V. 空泡（vacuole） MV. 微绒毛（microvilli） LM. 纵肌（longitudinal muscle） L. 脂滴（lipid droplet）

实验室驯化、繁育的东方田鼠都具有类似的抗血吸虫的能力，说明东方田鼠对血吸虫具有天然抗性。李浩等（2000）利用日本血吸虫尾蚴对来自血吸虫病非疫区宁夏青铜峡种群东方田鼠和血吸虫病疫区的洞庭湖种群东方田鼠进行感染试验，发现不同区域的东方田鼠均具有抗日本血吸虫的特性，仅日本血吸虫在宿主体内的存活时间和虫体大小、形态略有差别。以上结果表明，东方田鼠抗血吸虫的现象是天然存在的，这种抗性与东方田鼠的地域性差别和种群的传代无关。

李浩等用日本血吸虫人工攻击 BALB/c 小鼠、金黄地鼠和东方田鼠，于感染 42d 后解剖动物，结果在东方田鼠体内查不到血吸虫成虫，金黄地鼠体内血吸虫发育率为 65%，BALB/c 小鼠体内血吸虫发育率为 60%。部分东方田鼠体内的童虫可移行至肝脏，但最终都在肝脏内消亡，不能发育成熟。但在金黄地鼠和 BALB/c 小鼠体内的童虫则能继续移行至肠系膜静脉和肝门静脉处，最终发育成熟。在感染后第 1～7 天内，血吸虫童虫在东方田鼠、金黄地鼠和 BALB/c 小鼠体内的发育基本相似。东方田鼠感染血吸虫后，第 2 天在肺中观察到童虫，至 12d 时肺中仍有检出；感染后第 4 天，在肝脏可检到童虫，直到第 18 天时仍有检出；第 19 天后在东方田鼠体内未发现血吸虫虫体。血吸虫童虫在东方田鼠体内可发育至肠管汇合阶段，但在小鼠和金黄地鼠体内血吸虫能发育至成熟成虫并产卵。就血吸虫童虫个体大小而言，在感染 15d 时，东方田鼠体内存活的虫体大小为 676μm×260μm，而金黄地鼠体内虫体大小为 1 338μm×410μm。东方田鼠体内收集的 7d 童虫在大小上与小鼠体内虫体无明显差异，但扫描电镜观察显示东方田鼠来源虫体呈现明显的畸形现象（李浩等，2001）。王庆林等的研究显示，东方田鼠体内 11d 的虫体明显小于同时期小鼠体内虫体，其体表皮棘低平而紊乱，体中部可见细小的体棘，并发现一些虫体死亡，同期小鼠体内虫体体表皮棘较高且连接成条索状，体中部未见体棘。

彭金彪等以日本血吸虫尾蚴感染 BALB/c 小鼠、Wistar 大鼠和东方田鼠，10d 后收集虫体。光镜下观察到不同来源日本血吸虫形态大小有很大差异，东方田鼠来源童虫长 402.2μm±102.2μm，宽 159.1μm±47.3μm；Wistar 大鼠来源童虫长 828.3μm±127.4μm，宽 103.4μm ± 22.8μm；BALB/c 小鼠来源童虫长 878.5μm ± 137.4μm，宽 88.3μm ± 20.0μm。东方田鼠来源虫体明显小于 Wistar 大鼠和 BALB/c 小鼠来源虫体（图 6-5）。

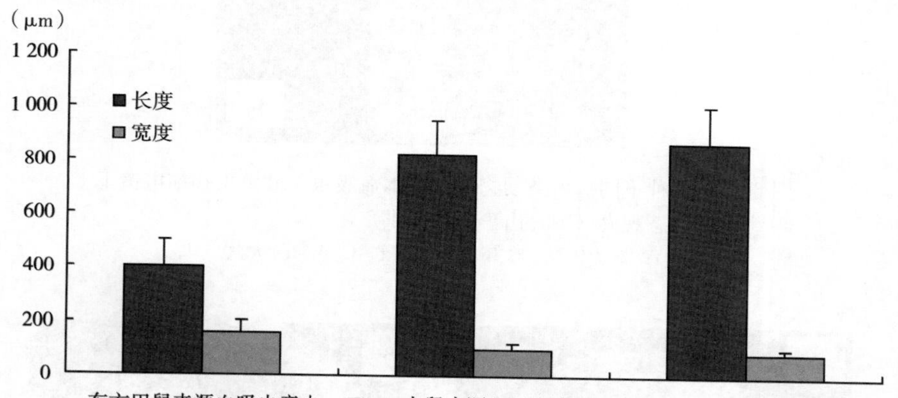

图 6-5　三种不同啮齿类动物来源日本血吸虫 10d 童虫长度和宽度测量（图片由彭金彪提供）

扫描电镜观察不同宿主来源童虫显微结构，表明不同来源虫体差异较大，东方田鼠来源童虫虫体萎缩，发育迟缓，明显小于大鼠和小鼠来源虫体；口吸盘形成空泡，表面结构消失；腹吸盘肌肉张力减弱；体表正常棘消失，萎缩，形成空泡。小鼠来源虫体形态正常，体表棘等结构无异常变化。大鼠来源虫体形态较正常，体表棘等结构无明显变化（图 6-6 至图 6-9）。

透射电镜观察不同宿主来源童虫超微结构，研究表明不同宿主来源童虫差异较大，东方田鼠来源童虫虫体细胞结构破坏，细胞和组织形态异常，细胞崩解，细胞核仁消失，染色质凝集，有细胞凋亡的现象。小鼠和大鼠来源虫体细胞形态正常，细胞核和线粒体无明显变化（图 6-10）。

利用 Annexin V FITC/propidium iodide（PI）分析不同宿主来源虫体细胞凋亡状况，结果表明，小鼠来源虫体的凋亡细胞比例为 0.40%，正常细胞的比例为 98.90%；大鼠来源虫体的凋亡细胞比例为 5.22%，正常细胞的比例为 90.82%；东方田鼠来源虫体的凋亡细胞比例为 62.91%，正常细胞的比例为 35.85%。表明东方田鼠来源 10d 虫体的细胞发生了明显细胞凋亡（图 6-11）。

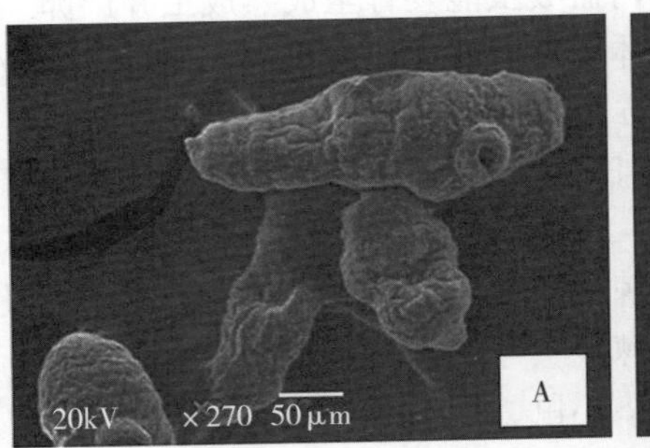

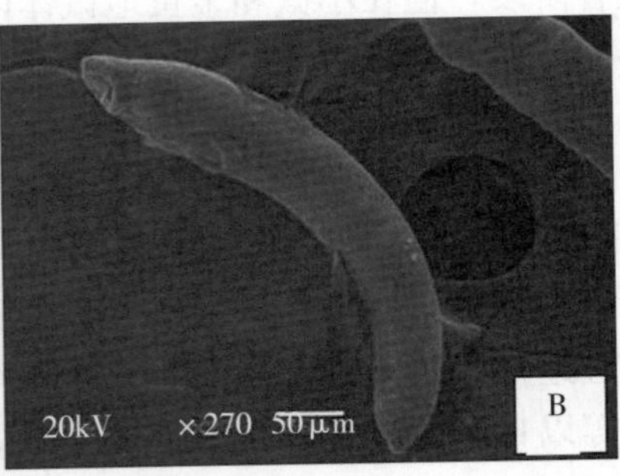

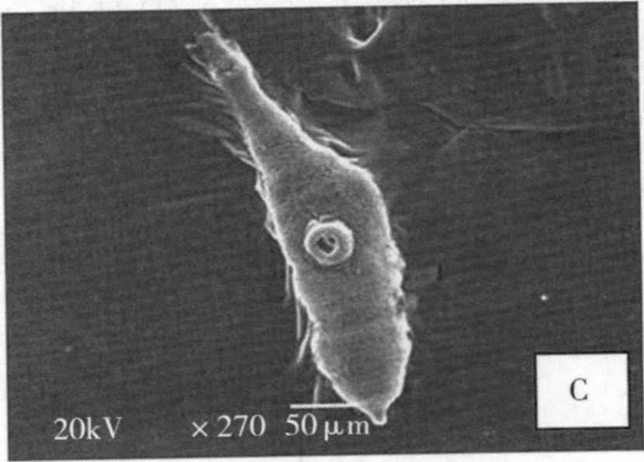

图 6-6 三种不同啮齿类动物来源日本血吸虫 10d 童虫扫描电镜下形态观察（图片由彭金彪提供）

A. 东方田鼠 B. BALB/c 小鼠 C. Wistar 大鼠

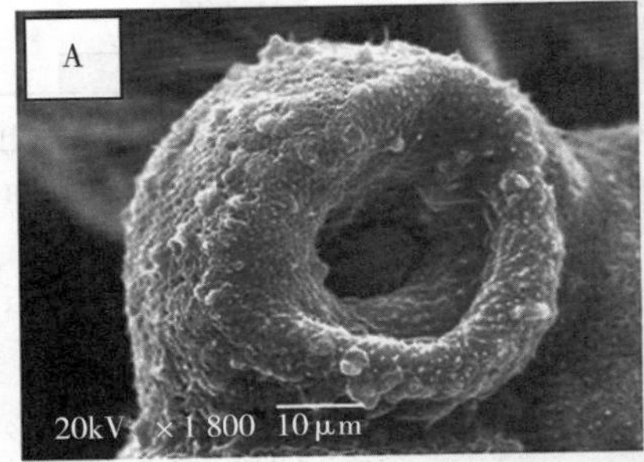

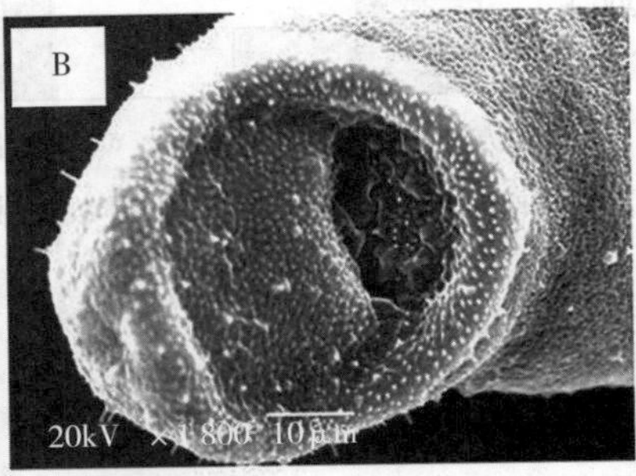

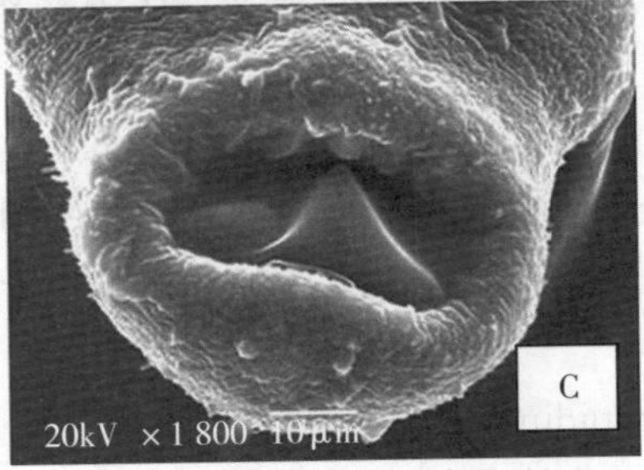

图 6-7 三种不同啮齿类动物来源日本血吸虫 10d 童虫口吸盘扫描电镜下形态观察（图片由彭金彪提供）

A. 东方田鼠 B. BALB/c 小鼠 C. Wistar 大鼠

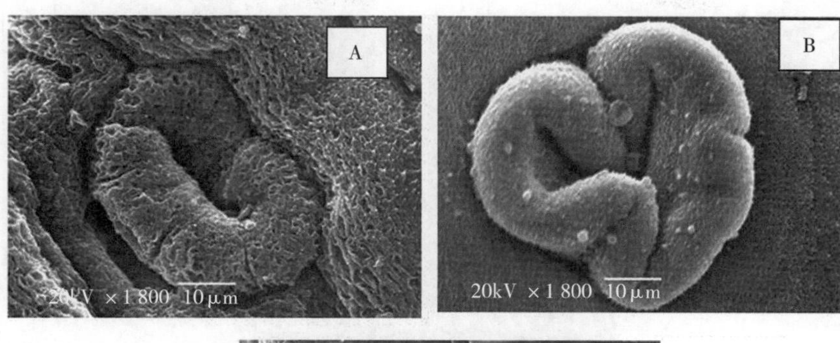

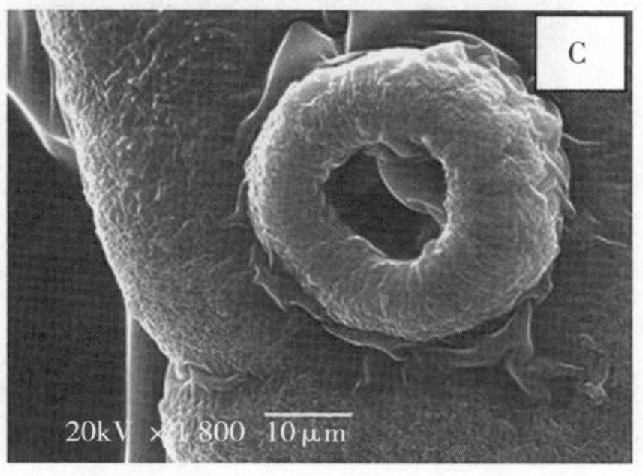

图 6-8　三种不同啮齿类动物来源日本血吸虫 10d 童虫腹吸盘扫描电镜下形态观察（图片由彭金彪提供）

A. 东方田鼠　B. BALB/c 小鼠　C. Wistar 大鼠

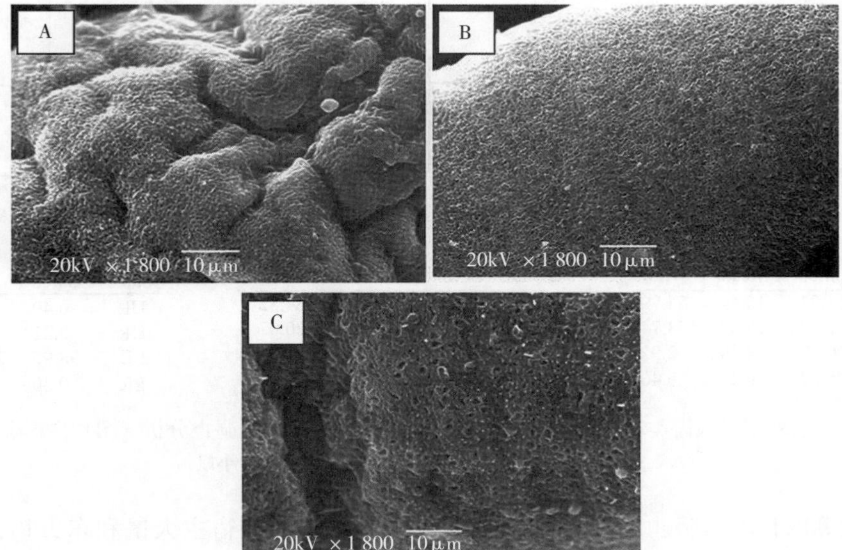

图 6-9　三种不同啮齿类动物来源日本血吸虫 10d 童虫体表扫描电镜下形态观察（图片由彭金彪提供）

A. 东方田鼠　B. BALB/c 小鼠　C. Wistar 大鼠

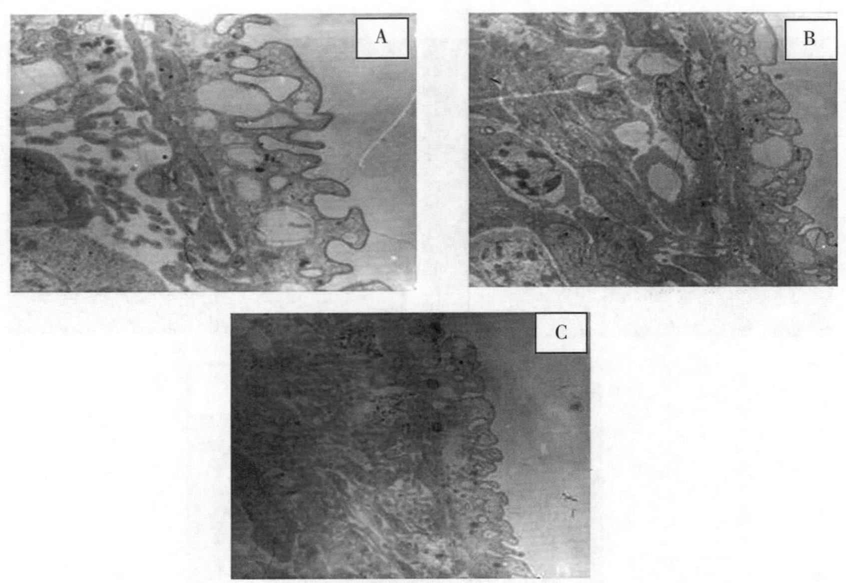

图 6-10　三种不同啮齿类动物来源日本血吸虫 10d 童虫体表透射电镜下形态观察（图片由彭金彪提供）

A. 东方田鼠　B. BALB/c 小鼠　C. Wistar 大鼠

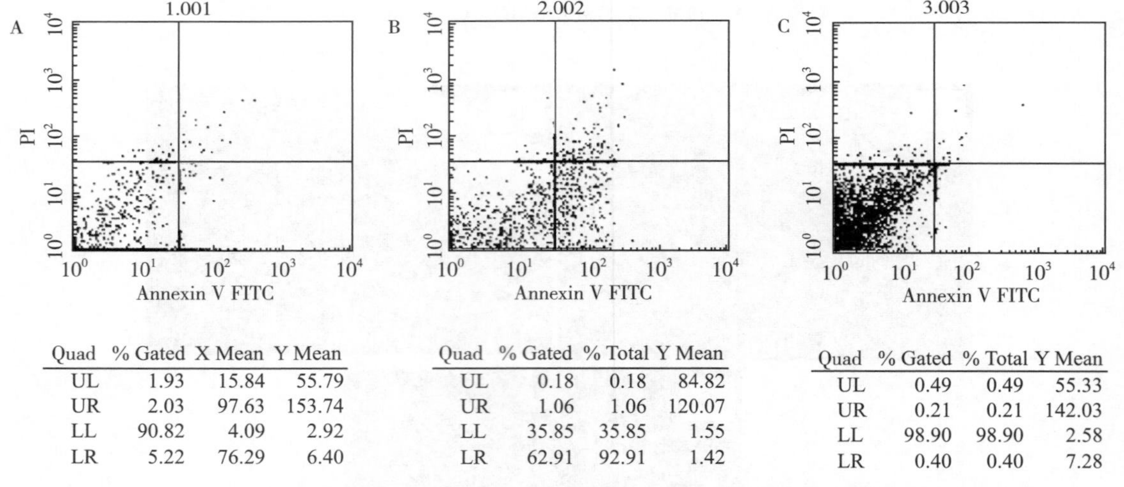

A

Quad	% Gated	X Mean	Y Mean
UL	1.93	15.84	55.79
UR	2.03	97.63	153.74
LL	90.82	4.09	2.92
LR	5.22	76.29	6.40

B

Quad	% Gated	% Total	Y Mean
UL	0.18	0.18	84.82
UR	1.06	1.06	120.07
LL	35.85	35.85	1.55
LR	62.91	92.91	1.42

C

Quad	% Gated	% Total	Y Mean
UL	0.49	0.49	55.33
UR	0.21	0.21	142.03
LL	98.90	98.90	2.58
LR	0.40	0.40	7.28

图 6-11　三种不同啮齿类动物来源日本血吸虫 10d 童虫虫体细胞凋亡分析（图片由彭金彪提供）

A. Wistar 大鼠　B. 东方田鼠　C. BALB/c 小鼠

蒋韦斌等以日本血吸虫易感宿主 BALB/c 小鼠、非易感宿主大鼠和东方田鼠作为动物模型，对不同适宜宿主感染日本血吸虫前及感染早期（10d）肺、肝组织的病理学变化进行比较观察。结果东方田鼠感染日本血吸虫尾蚴 10d 后，肺部出现少量出血点，肝中白色脓肿明显，数量多，显微镜下观察发现，这些肝组织中的脓肿都是由炎性细胞包围日本血吸虫童虫而形成，脓肿内是发育受阻的童虫。小鼠和大鼠感染日本血吸虫后 10d，肺部未见明显的出血点，肝部也未见异常现象，没有出现东方田鼠在感染尾蚴后同时期出现的虫体脓肿，与正常小鼠肝、肺几乎没有差别（图 6－12 和彩图 9）。

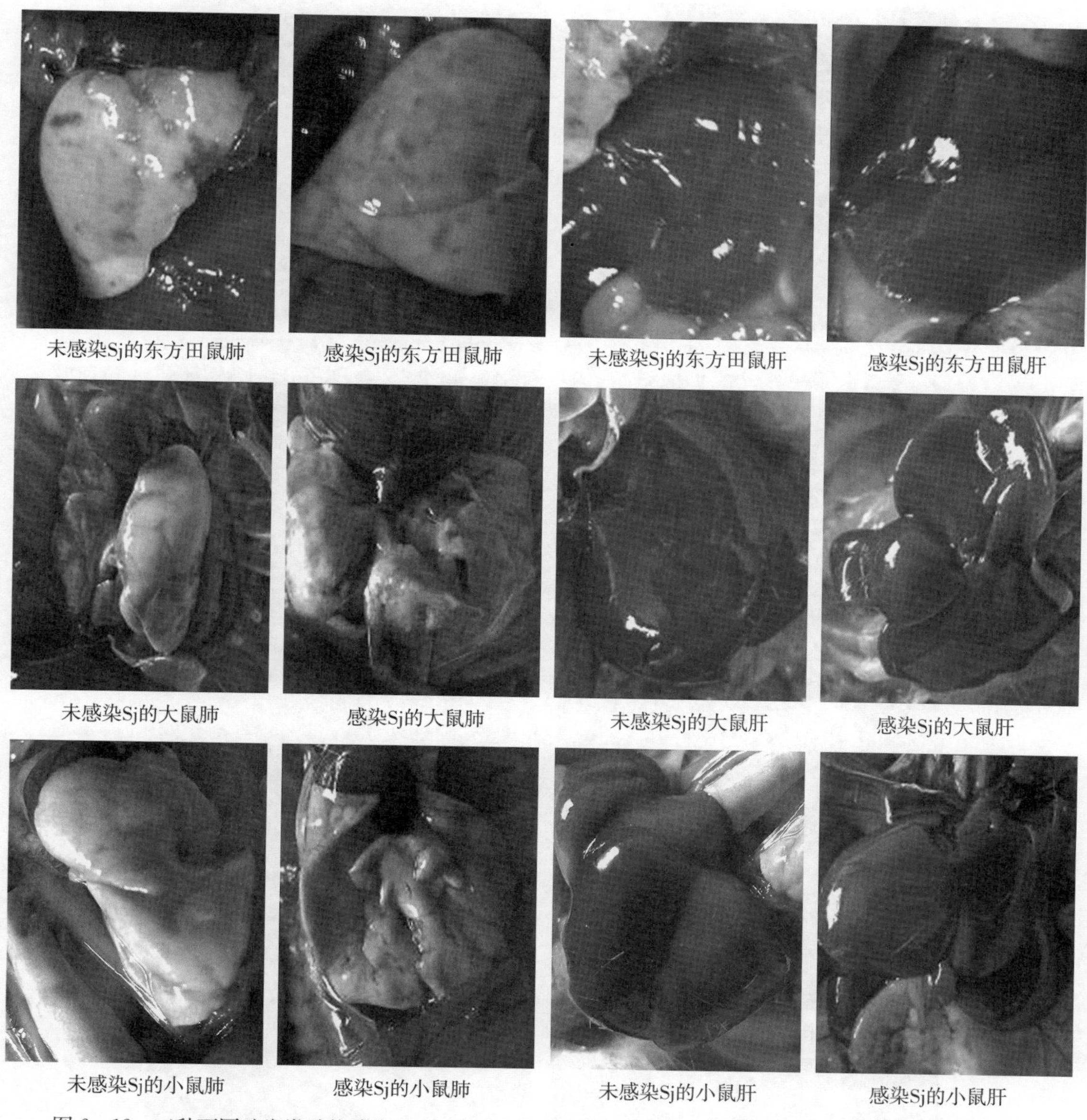

图 6－12　三种不同啮齿类动物感染日本血吸虫（Sj）前与感染后 10d 肺、肝组织（图片由蒋韦斌提供）

光镜组织病理学观察显示，三种宿主感染血吸虫前的肺组织切片未见明显的病理损伤；周围血管和支气管偶见极少量炎性细胞，但未见嗜酸性粒细胞；肺泡结构完整；周围组织无水肿，气道上皮细胞无损伤。感染日本血吸虫 10d 后的东方田鼠肺组织支气管和血管周围及其管腔内有大量炎性细胞浸润，大量嗜酸性粒细胞及淋巴细胞渗出，并可见浆细胞浸润；支气管黏膜上皮水肿、变性和脱落；毛细血管扩张，充血，细小的支气管内可见黏液栓，细支气管和小血管的管壁轻度增厚；肺泡腔融合扩大；周围组织水肿。大鼠肺组织切片偶见轻度的病理损伤；周围血管和支气管偶见极少量炎性细胞。小鼠肺组织炎症轻，但肺泡壁水肿，有较多红细胞渗入（图 6 - 13 和彩图 10）。

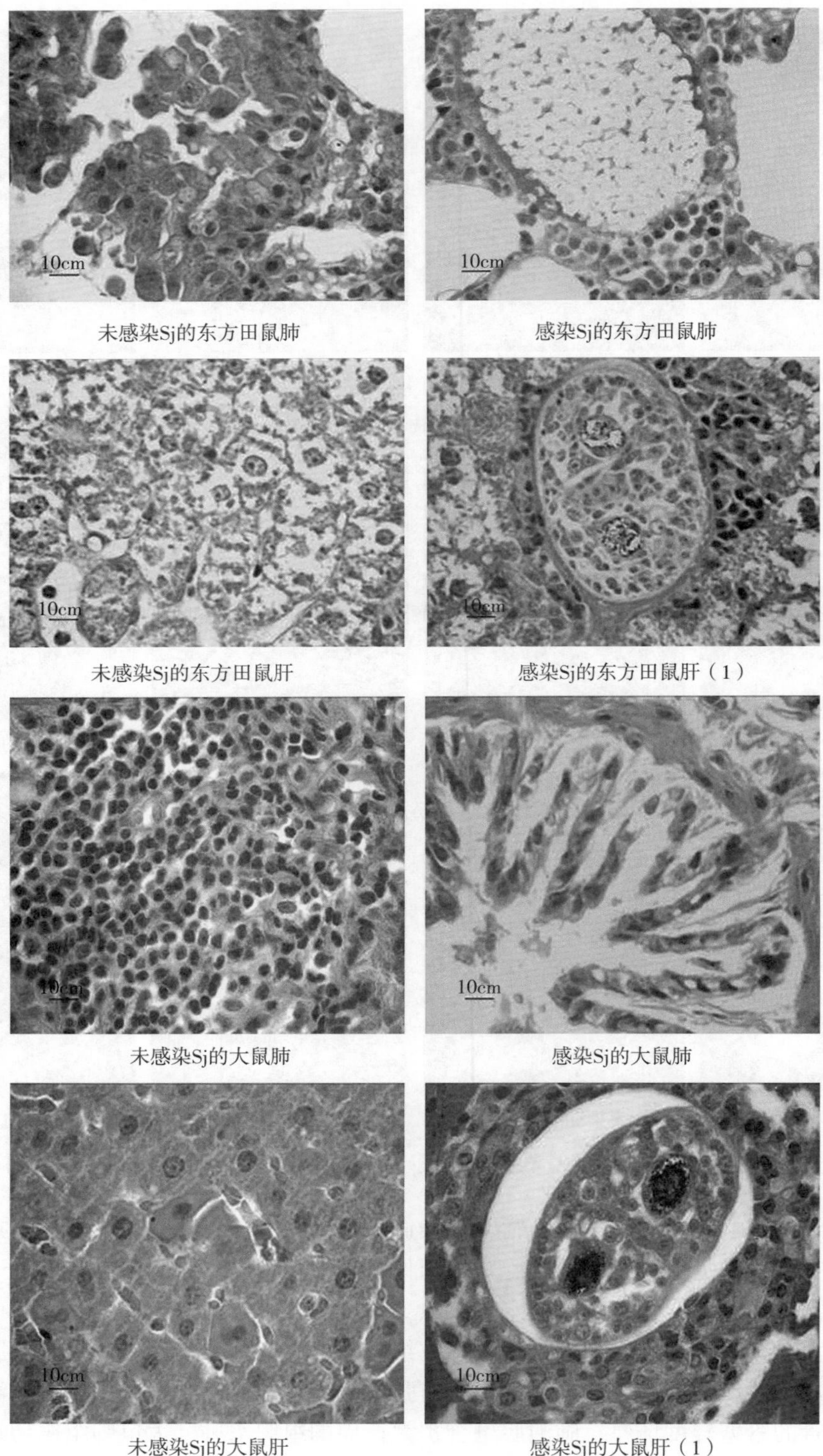

未感染Sj的东方田鼠肺　　感染Sj的东方田鼠肺

未感染Sj的东方田鼠肝　　感染Sj的东方田鼠肝（1）

未感染Sj的大鼠肺　　感染Sj的大鼠肺

未感染Sj的大鼠肝　　感染Sj的大鼠肝（1）

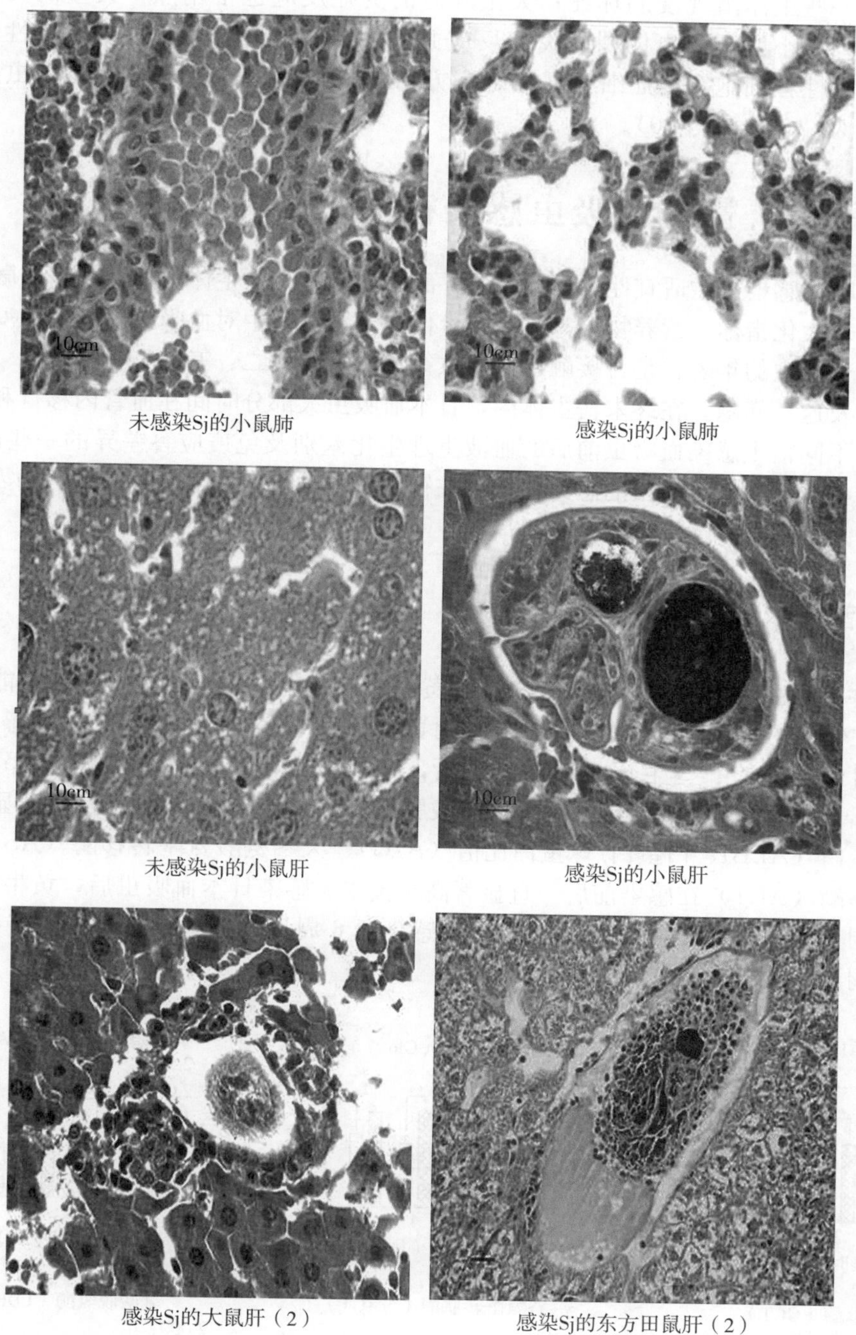

图 6-13　三种不同啮齿类动物感染日本血吸虫（Sj）前和感染后 10d 肺、肝组织切片（图片由蒋韦斌提供）

三种宿主感染血吸虫前肝组织切片病理学观察均显示肝小叶结构完整，肝细胞呈多边形，无水肿。感染日本血吸虫 10d 后的东方田鼠肝组织切片可见，部分肝细胞出现轻度的肿大，肝内虫体周围有大量嗜酸性粒细胞及少量中性粒细胞、巨噬细胞和淋巴细胞等浸润，使一些虫体出现浸润坏死；大鼠肝内的炎症反应也很剧烈，大量的炎症细胞聚集在虫体周围；小鼠肝内虫体周围炎症反应并不明显，部分肝细胞萎缩、变性。上述结果提示，嗜酸性粒细胞等炎症细胞可能是东方田鼠、大鼠体内杀伤日本血吸虫的重要效应细胞（图 6－13 和彩图 10）。

第三节　影响血吸虫感染宿主适宜性的相关因素

影响血吸虫感染宿主适宜性的因素是多方面的，如不同宿主体内的生理生化微环境（体温、血液生理生化指标、营养物质等）和能量代谢差别、宿主对血吸虫感染的免疫应答和应激反应差异、宿主的年龄、是否接触过血吸虫等。本书的第二、三、五、八、九、十章都有部分内容涉及这一问题。在终末宿主体内，日本血吸虫大部分时间在血管内移行和寄居，本节重点介绍不同宿主感染血吸虫前后的血液生理生化差别及免疫应答差异的一些研究结果，其中哪些差异可能影响血吸虫的感染建立和在宿主体内的存活的最重要因素，仍需进一步的实验验证。

一、宿主体内的生理生化因素

1. 水牛和黄牛的血液生化指标　水牛和黄牛血液中的一些生化指标差别可能会影响血吸虫在宿主体内的生长发育。翟颀（2018）对黄牛和水牛感染日本血吸虫前和感染后 2 周、4 周和 6 周血液中的一些生化指标进行分析，结果显示，水牛的球蛋白（Glo）、转肽酶（GGT）、γ-谷氨酰转肽酶（γ－GT）和乳酸脱氢酶（LDH）在感染前后一直显著低于黄牛；而白蛋白（ALB）、白蛋白/球蛋白比值（A/G）、天冬氨酸氨基转移酶（AST）和丙氨酸氨基转移酶（ALT）在感染前后一直显著高于黄牛。感染日本血吸虫后，黄牛的 GGT 在感染后 6 周显著高于感染前；水牛的 ALB 在感染后 6 周显著高于感染前，AST 和 ALT 在感染后 4 周显著低于感染前（图 6－14）。

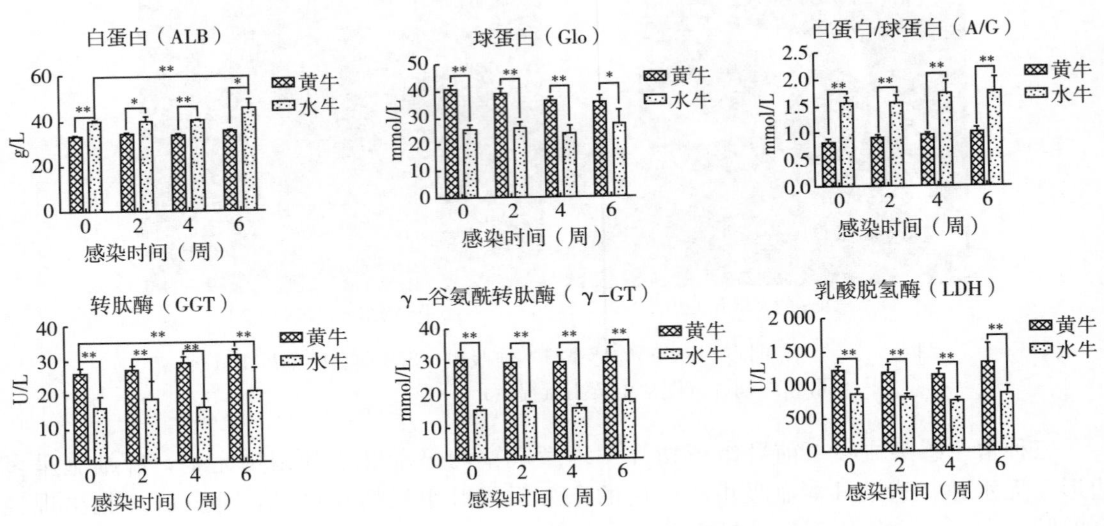

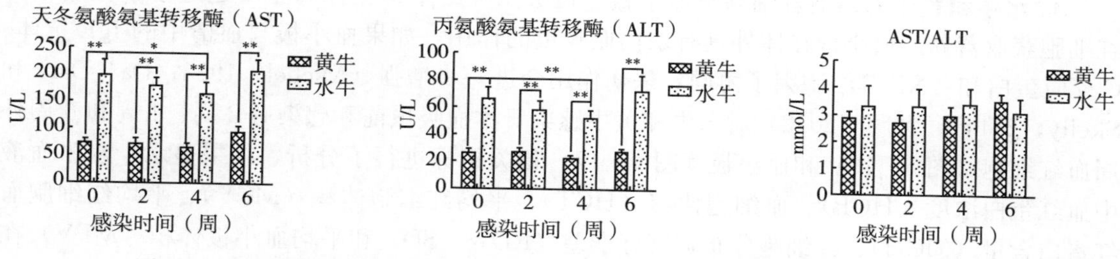

图 6-14　水牛和黄牛感染日本血吸虫前后血液生化指标变化（图片由翟颀提供）

* $P<0.05$　** $P<0.01$

2. 水牛和黄牛的血清 NO 水平　本书第三章第六节中介绍了 NO 在杀灭血吸虫及调节由血吸虫感染引起的病理变化中发挥了重要作用。翟颀（2012）对水牛和黄牛感染日本血吸虫前和感染后 2 周、4 周和 6 周血清 NO 变化进行了检测。结果显示，水牛和黄牛感染日本血吸虫前血清 NO 水平没有明显差别。感染血吸虫后，水牛血清中 NO 含量增幅明显大于黄牛，均显著高于感染前（$P<0.01$），在感染后 2 周和 4 周都显著高于黄牛（$P<0.01$）。黄牛在感染后 2 周和 4 周血清中 NO 水平和感染前差别不明显（$P>0.05$），感染 6 周 NO 含量高于感染前（$P<0.05$）（图 6-15）。

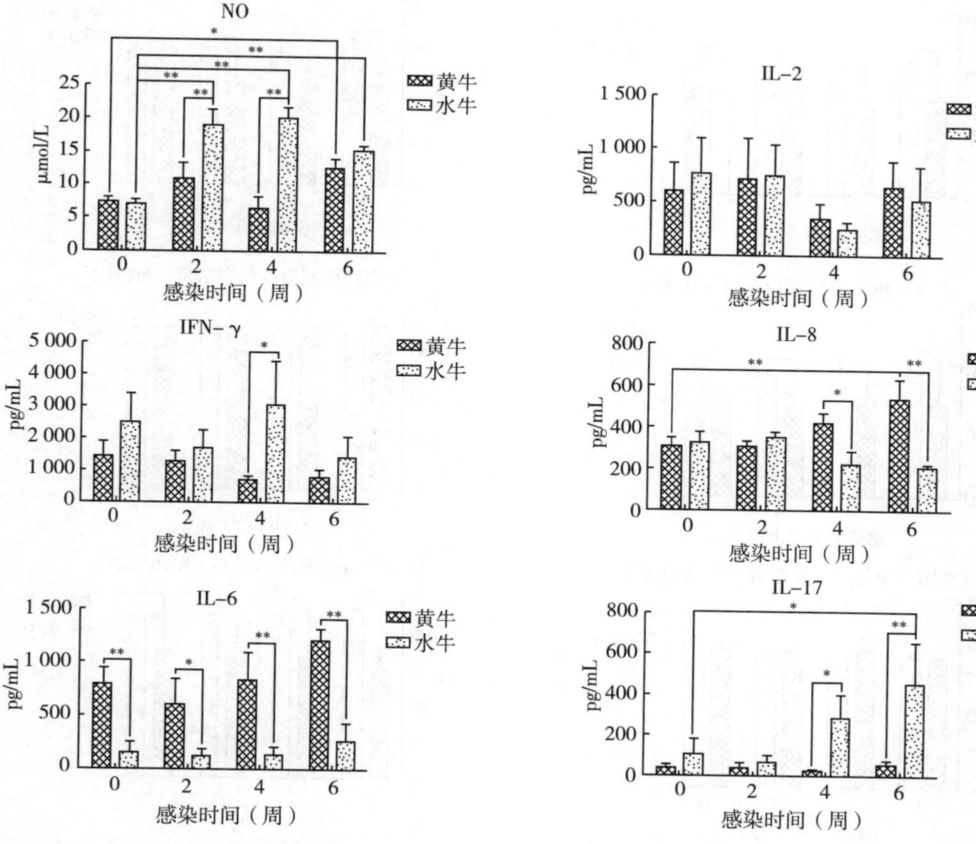

图 6-15　水牛和黄牛感染日本血吸虫前后血清 NO 和细胞因子变化（图片由翟颀提供）

* $P<0.05$　** $P<0.01$

3. 水牛和黄牛的血液红细胞及血小板 血吸虫在终末宿主体内主要通过不断摄食宿主红细胞获取营养。血小板在体外具有杀伤血吸虫的作用，如果血小板与血清中的IgE抗体、C反应蛋白和TNF等细胞因子协同，杀伤作用会进一步增强（Michel，1983；Da'Dara和Skelly，2014）。翟颀（2012）对水牛和黄牛感染日本血吸虫前和感染后2周、4周和6周外周血红细胞（图6-16）和血小板（图6-17）相关指标进行了分析，结果显示，水牛血液中血红蛋白浓度（HGB）、血细胞比容（HCT）、平均红细胞体积（MCV）、平均红细胞血红蛋白含量（MCH）、红细胞分布宽度标准差（RDW-SD）和平均血小板体积（MPV）在感染前后均显著高于黄牛。其他几项测试指标在黄牛和水牛间都没有显著差异。

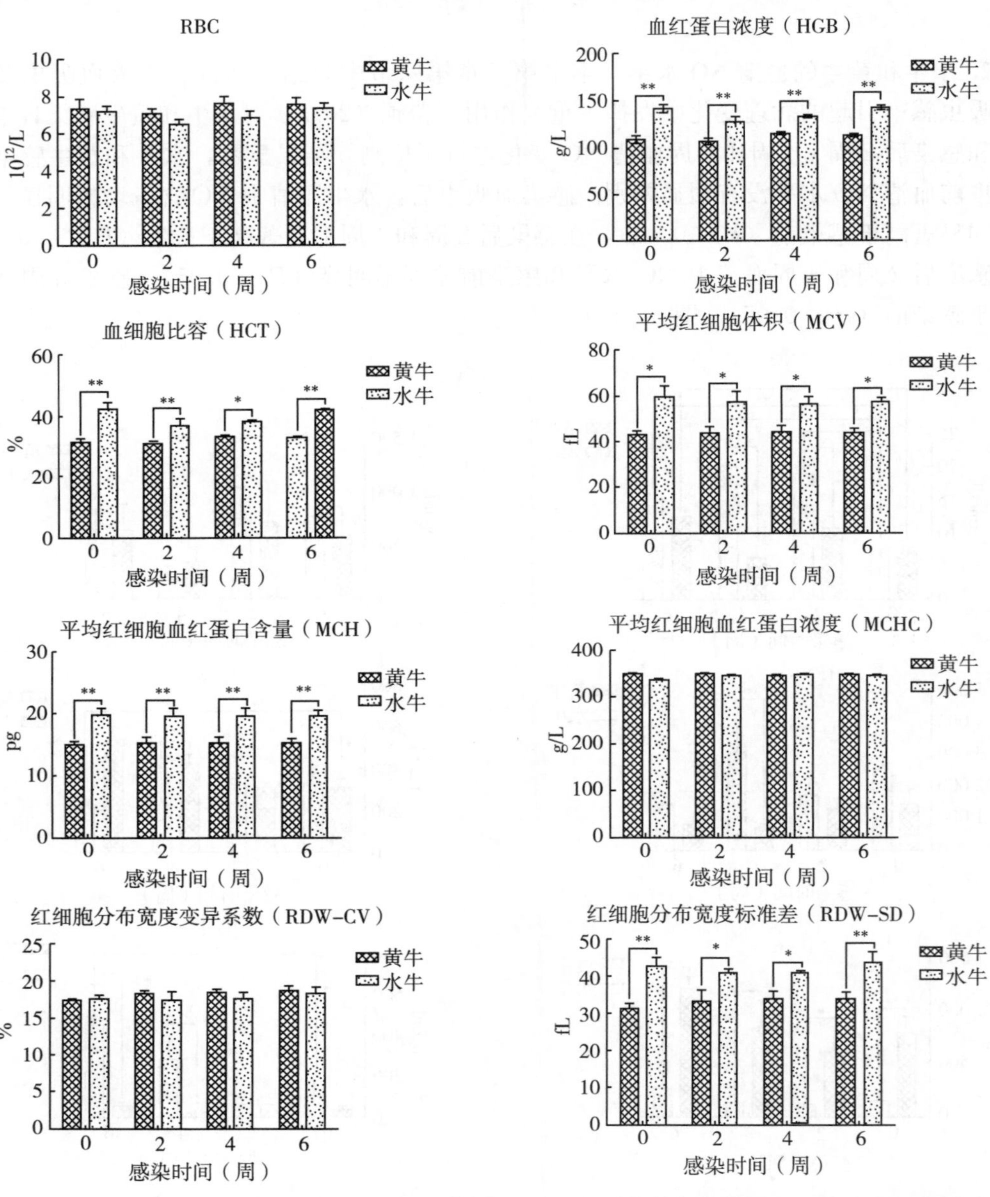

图6-16 水牛和黄牛感染日本血吸虫前后血液红细胞相关指标变化情况（图片由翟颀提供）

$*P<0.05$ $**P<0.01$

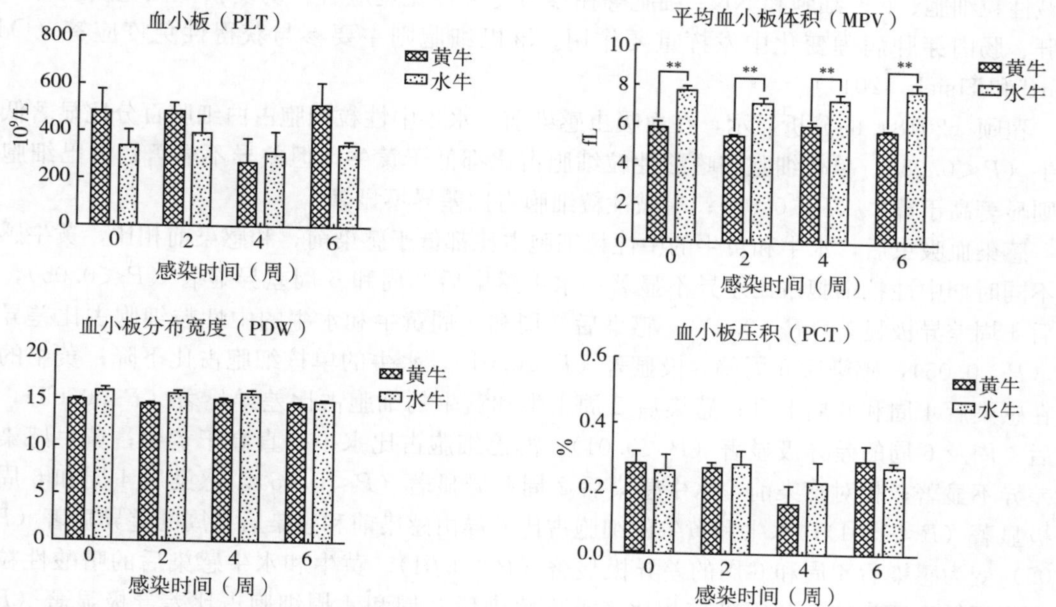

图6-17　水牛和黄牛感染日本血吸虫前后血液血小板相关指标变化情况（图片由翟颀提供）
$*P<0.05$　$**P<0.01$

黄牛和水牛血液中哪一种生化指标的差异可能会影响血吸虫在宿主体内的移行、营养代谢、免疫损伤及生长发育，尚需进一步的实验验证。

二、宿主抗日本血吸虫感染的免疫应答差异

1. 水牛和黄牛抗日本血吸虫感染的免疫应答差异

（1）外周血 $CD4^+$ 和 $CD8^+$ T 细胞　T 细胞在抗血吸虫感染和免疫调节中都起重要作用。Lamb 等（2007，2010）发现 $CD4^+$ T 细胞可通过调节单核巨噬细胞信号通路，来影响血吸虫的虫体发育；而 $CD8^+$ T 细胞与疾病进程中的免疫抑制现象有关。在野生型小鼠体内注入特异性的抗 $CD4^+$ 抗体后，虫体产卵受到了抑制，而注入抗 $CD8^+$ 抗体则不影响（Davies，2001）。杨健美（2012）和翟颀（2018）先后应用流式细胞术技术分析了水牛和黄牛感染日本血吸虫前后不同时期外周血中 $CD4^+$ 和 $CD8^+$ T 细胞的比例及变化。结果都显示，水牛感染日本血吸虫前和感染后不同时期 $CD8^+$ T 细胞的比例都高于 $CD4^+$ T 细胞，感染后不同时期 $CD8^+$ T 细胞的比例都高于感染前。两位作者对黄牛的检测结果不完全一致。翟颀的结果显示感染前 $CD4^+$ 和 $CD8^+$ T 细胞的比例相当；感染后不同时期 $CD4^+$ T 细胞比例显著高于感染前，$CD8^+$ T 细胞的比例都高于感染前，但差异不显著；同时，$CD4^+$ T 细胞的比例都显著高于 $CD8^+$ T 细胞。杨健美的结果显示感染前 $CD4^+$ T 细胞的比例高于 $CD8^+$ T 细胞；感染后不同时期 $CD4^+$ T 细胞的比例都低于感染前；感染后 2 周和 4 周 $CD8^+$ T 细胞比例高于感染前，感染后 7 周和感染前相当。两位作者的结果都一致显示，无论感染前或感染后，黄牛的 CD4/CD8 比例一直高于水牛，推测这或许是血吸虫在黄牛体内发育较好的原因之一。

（2）外周血白细胞　在抗血吸虫感染免疫中，单核细胞、中性粒细胞、嗜酸性粒细胞、

嗜碱性粒细胞、NK 细胞和 NKT 细胞等在参与先天性免疫应答、诱发获得性免疫应答，以及肝、肠肉芽肿病理变化中发挥重要作用。淋巴细胞则主要参与获得性免疫应答（Odegaard 和 Hsieh，2014）。

翟颀（2018）的分析显示，在血吸虫感染前，水牛中性粒细胞占白细胞百分比显著低于黄牛（$P<0.05$）；单核细胞和嗜酸性粒细胞占比都低于黄牛，但差异不显著；淋巴细胞比例则显著高于黄牛（$P<0.05$）；嗜碱性粒细胞占比差异不显著。

感染血吸虫后，水牛和黄牛的中性粒细胞占比都低于感染前；和感染前相比，黄牛感染后不同时期中性粒细胞占比差异不显著；水牛感染后 2 周和 6 周差异显著（$P<0.05$），感染后 4 周差异极显著（$P<0.01$）；感染后 2 周和 4 周黄牛和水牛的中性粒细胞占比差异显著（$P<0.05$），感染后 6 周差异极显著（$P<0.01$）。水牛的单核细胞占比下降；黄牛的占比在感染后 4 周和 6 周上升；感染后 2 周水牛和黄牛的细胞占比差异显著（$P<0.05$），感染后 4 周及 6 周的差异极显著（$P<0.01$）。淋巴细胞占比水牛一直高于黄牛；黄牛感染前后差异不显著；相对感染前，水牛感染后 2 周差异显著（$P<0.05$），感染后 4 周和 6 周差异极显著（$P<0.01$）；水牛和黄牛的细胞占比差异由感染前和感染后 2 周的差异显著（$P<0.05$）变为感染后 4 周和 6 周的差异极显著（$P<0.01$）。黄牛和水牛感染后的嗜酸性粒细胞占比都低于感染前；和感染前相比，黄牛感染后 2 周和 4 周细胞占比差异极显著（$P<0.01$），感染后 6 周差异显著（$P<0.05$）；水牛感染后 4 周差异显著（$P<0.05$）；感染后不同时期黄牛和水牛细胞占比差异都不显著。和感染前相比，黄牛嗜碱性粒细胞占比下降，水牛略有升高，但都差异不显著；感染后 4 周黄牛和水牛细胞占比差异显著（$P<0.05$），2 周和 6 周差异不显著。以上结果提示，参与水牛和黄牛抗血吸虫感染的一些先天免疫细胞类群是有所不同的（图 6-18）。

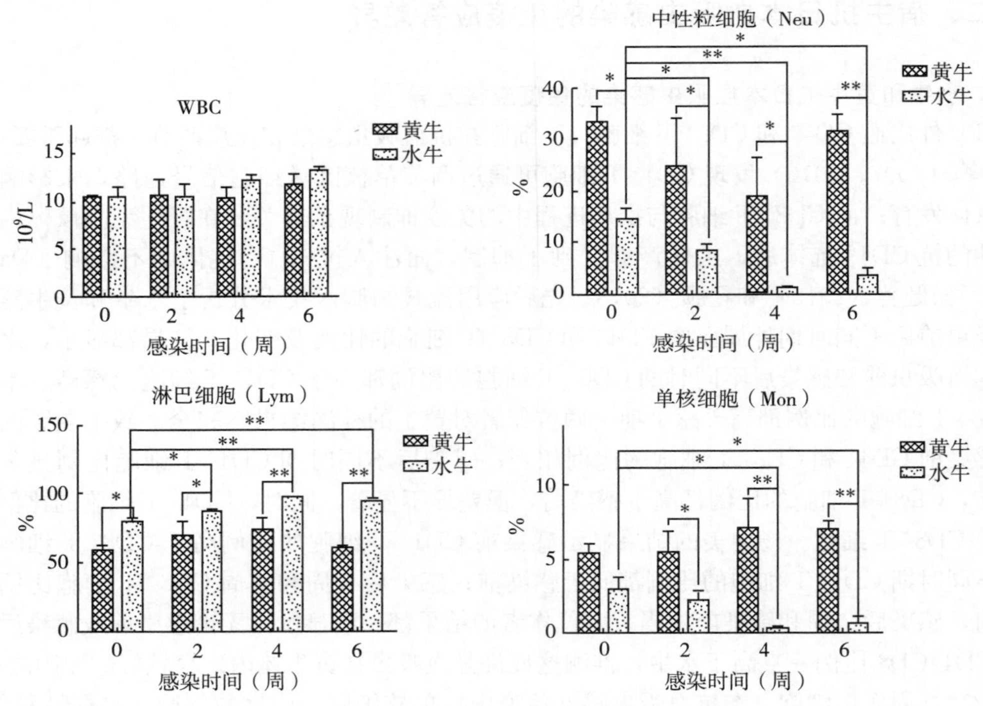

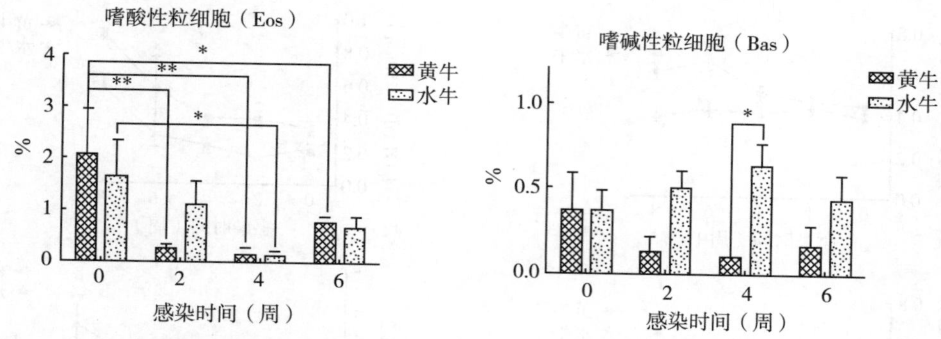

图 6-18　水牛和黄牛感染日本血吸虫前后血液白细胞相关指标变化情况（图片由翟颀提供）
* $P<0.05$　** $P<0.01$

（3）细胞因子　不同亚群的免疫细胞分泌不同种类的细胞因子，在血吸虫感染过程中发挥不同的免疫效应和免疫调节作用。翟颀（2018）的分析结果显示，水牛和黄牛感染日本血吸虫前或感染后不同时期外周血中 IFN-γ、IL-4、IL-6、IL-8、IL-17 等细胞因子呈现差异表达（图 6-15）。水牛组的 IFN-γ 在感染前后一直高于黄牛组，其中在感染后 4 周显著高于黄牛组。水牛和黄牛在感染前后不同时期 IL-6 的表达水平都差异不显著，但水牛组 IL-6 一直显著低于同期的黄牛组。感染前和感染后 2 周水牛和黄牛的 IL-8 水平相近，感染后 4 周和 6 周，水牛组 IL-8 的表达水平下降，而黄牛组则上升，水牛和黄牛的表达水平在感染后 4 周差异显著（$P<0.05$），6 周差异极显著（$P<0.01$）。黄牛组的 IL-17 在感染前后都呈较低水平表达；水牛组在感染前和感染后 2 周 IL-17 表达水平也较低，与黄牛表达水平相近，在感染后 4 周和 6 周明显升高，4 周与黄牛差异显著（$P<0.05$），6 周差异极显著（$P<0.01$）。水牛组和黄牛组血清中 IL-2 的表达水平在感染前后都差异不显著，其中在感染后 4 周表达水平较低。作者推测，黄牛组炎症细胞因子 IL-6 和 IL-8 的表达水平高于水牛组，水牛组 IFN-γ 和 IL-17 的表达水平高于黄牛组，可能与血吸虫感染后在黄牛和水牛中呈现不同的生长发育状况和肝脏病理学变化有关，但仍需进一步实验验证。

（4）抗体　翟颀（2018）应用 ELISA 法分析了水牛和黄牛感染日本血吸虫前后血清中血吸虫虫卵可溶性抗原 SEA 特异的总 IgG、IgG1、IgG2、IgA 和 IgM 抗体水平的变化，结果黄牛血清中 SEA 特异总 IgG、IgG1、IgA 和 IgM 抗体水平自感染后 4 周起升高，IgG2 自感染后 6 周起升高，并明显高于同期的水牛血清抗体水平。水牛感染血吸虫后，除 SEA 特异总 IgG 和 IgG1 抗体水平在感染后 8 周明显上升外，IgG2、IgA 和 IgM 抗体水平在感染前后变化不明显。水牛组的 IgG1/IgG2 在感染前和感染后 2 周和 4 周低于黄牛组，在感染后 6 周和 8 周高于黄牛组（图 6-19）。

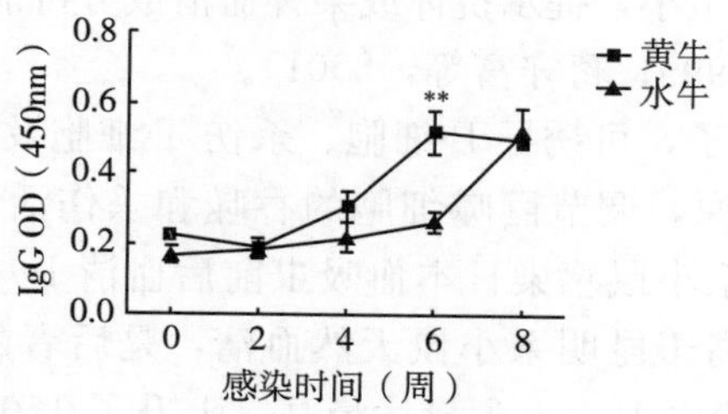

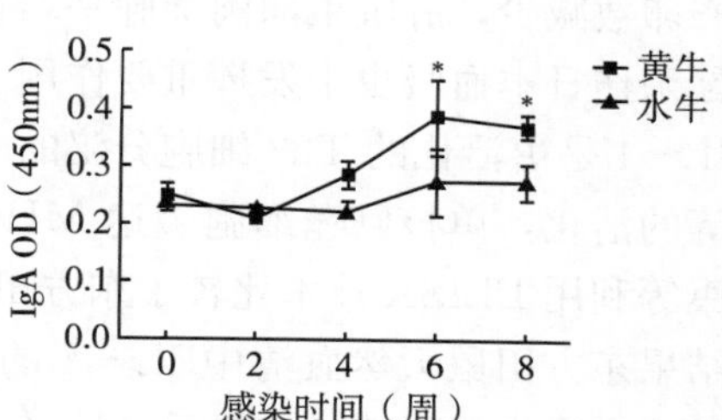

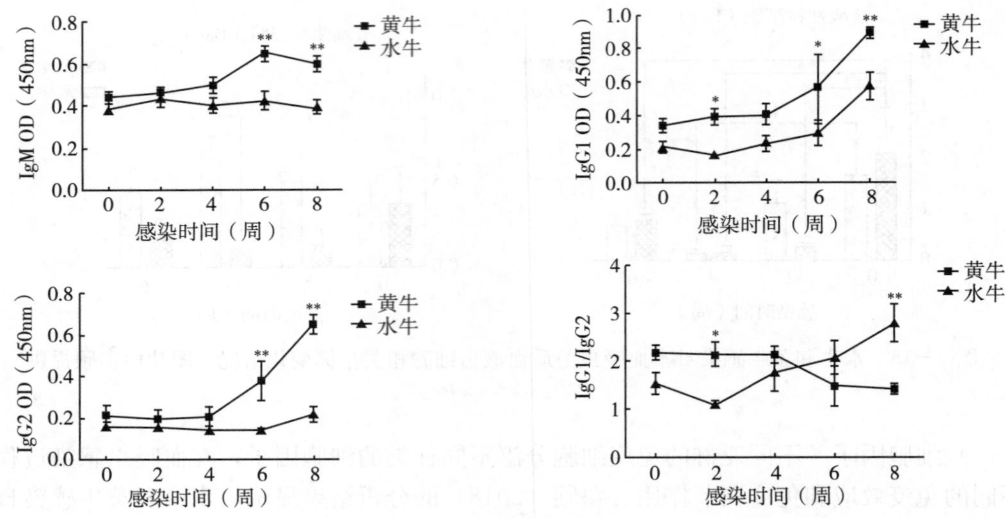

图 6-19 水牛和黄牛感染日本血吸虫前后血清特异性抗体检测（图片由翟颀提供）
$*P<0.05$ $**P<0.01$

2. 不同啮齿类动物抗日本血吸虫感染的免疫应答差异 东方田鼠是日本血吸虫非适宜宿主，日本血吸虫感染后 2 周内大多在其体内死亡，不能发育成熟。李浩等的观察显示，日本血吸虫尾蚴感染东方田鼠后，肺期童虫阶段东方田鼠的肺部炎症反应不是很强烈，虫体周围组织有少量嗜酸性粒细胞浸润；但在肝期童虫阶段肝脏炎症反应强烈，虫体周围出现大量嗜酸性粒细胞、中性粒细胞、巨噬细胞和淋巴细胞等集结，发生细胞浸润，肝组织中出现嗜酸性坏死物和虫体残片遗迹。尾蚴攻击感染 42d 后，东方田鼠肝脏鲜红无斑点，呈结构性恢复。蒋韦斌等对感染日本血吸虫的东方田鼠、大鼠和小鼠的肺、肝进行了组织病理学比较观察，结果在感染早期日本血吸虫在非适宜宿主大鼠和东方田鼠体内引起更强烈的免疫应答和病理损害，免疫效应细胞以嗜酸性粒细胞为主，同时还有中性粒细胞和巨噬细胞等；而血吸虫适宜宿主小鼠体内在感染早期这种免疫反应和病理损害并不强烈。

未感染血吸虫的东方田鼠血清与日本血吸虫童虫体外共培养，可引起部分日本血吸虫童虫死亡。蒋守富等（2001）对东方田鼠抗血吸虫抗体亚型进行分析，发现东方田鼠抗童虫 IgG3 水平明显高于 BALB/c 小鼠和昆明系小鼠，分别为后者的 1.44 倍和 1.55 倍。研究还显示，东方田鼠血清抗童虫可溶性抗原（SSA）的 IgG3 抗体效价高于抗成虫可溶性抗原（SWAP）的效价，提示东方田鼠 IgG3 抗体在抗血吸虫病中可能发挥重要作用。将东方田鼠血清通过肌内注射或尾静脉注射转移给昆明系小鼠，结果小鼠体内虫荷数减少，虫体变小，雌虫产卵数减少，肝脏虫卵肉芽肿平均直径比对照组小，提示抗体或某种血清成分可能在东方田鼠杀伤日本血吸虫中发挥重要作用（He 等，1999；蒋守富等，2001）。

IL-4 是由活化的 Th2 细胞分泌的一种细胞因子，可诱导 B 细胞、杀伤 T 细胞及 LAK 细胞等的活化，单核巨噬细胞表达 MHC-Ⅱ类抗原，调节巨噬细胞的吞噬和杀伤活性等。何永康等利用 ELISA 技术比较了东方田鼠和昆明系小鼠感染日本血吸虫前后血清 IL-4 水平，结果东方田鼠天然血清中 IL-4 的含量显著高于昆明系小鼠天然血清，是后者的 4.2 倍。日本血吸虫尾蚴攻击感染后 9d，东方田鼠血清中 IL-4 含量达最高，上升了 150.88%

(He 等，1999)，提示东方田鼠对日本血吸虫感染的天然抗性可能与其体内高水平细胞因子IL-4及其在感染早期的迅速应答有关。张新跃等分离东方田鼠脾细胞，探讨脾细胞体外杀日本血吸虫童虫的活性。结果发现日本血吸虫童虫与东方田鼠脾细胞共培养16～18h，即导致66%的童虫死亡；且室内繁殖鼠（66.38%±2.18%）与野生鼠（66.02%±1.40%）之间无差异，与对照组（昆明系小鼠脾细胞+童虫）相比差异显著，并且与血清对童虫的杀伤作用具有协同效应。刘金明从东方田鼠腹腔细胞中分离出巨噬细胞及嗜酸性粒细胞作为效应细胞，探讨东方田鼠血清抗体经抗体依赖性细胞介导的细胞毒作用（antibody dependent cell-mediated cytotoxicity，ADCC）体外杀伤日本血吸虫童虫的效果，结果东方田鼠巨噬细胞和嗜酸性粒细胞与童虫共培养3～6h即能黏附于日本血吸虫童虫的表面。黏附于存活童虫表面的细胞数比黏附于死童虫表面的细胞数要少。昆明系小鼠巨噬细胞及嗜酸性粒细胞黏附数量明显少于东方田鼠巨噬细胞及嗜酸性粒细胞的黏附数量。

补体也是东方田鼠杀伤血吸虫的重要分子。C3是连接补体经典和旁路激活途径的枢纽环节，同时也是血清中含量最高的补体成分，与C4一起在补体经典途径的活化阶段发挥重要的作用。东方田鼠天然血清中补体C3、C4的平均含量分别为昆明系小鼠天然血清的3.1倍和4.9倍。东方田鼠感染血吸虫11d后血清中补体C3、C4平均水平呈上升趋势，至第26天时极显著地增加，分别上升了74.58%和95.49%（He 等，1999）。刘金明等（2002）研究发现感染血吸虫的东方田鼠血清对童虫的杀伤力远大于未感染鼠血清，两种血清灭活补体后对童虫的杀伤力明显减弱，杀伤力基本相似。但申群喜等（2002）的研究结果显示东方田鼠新鲜血清与灭活补体血清对童虫的杀伤力无显著差异（$P>0.05$），认为补体参与杀伤童虫的可能性不大。

研究显示，大鼠感染血吸虫的免疫调节效应主要表现为抗体依赖细胞介导的细胞毒作用。其中巨噬细胞和血小板发挥的细胞毒性由IgE特异性介导；而嗜酸性粒细胞由日本血吸虫早期感染的宿主血清中的IgG2a或者感染8周后宿主血清中的IgE特异性介导，并发挥相应的功能。

在巴西一些曼氏血吸虫流行区，有些人群很容易被血吸虫尾蚴感染，而另一部分人群同样经常暴露在易感染环境下却不易被感染（Viana 等，1995；Gaze 等，2014）。研究提示不同人群对曼氏血吸虫的易感性与Th1/Th2免疫应答调节和特异性IgG4抗体水平高低相关（Oliveira 等，2012）。

三、血吸虫感染宿主的组学分析

自从日本血吸虫基因组测序完成后（Zhou 等，2009），日本血吸虫的转录组、miRNA组等研究技术广泛地应用于血吸虫与宿主相互作用机制等研究，为阐述血吸虫感染宿主适宜性提供了有价值的实验依据。

本书第二章介绍了收集自不同适宜宿主来源的日本血吸虫虫体在转录组、蛋白质组和miRNA组表达谱方面存在明显差别，其中一些基因、蛋白和miRNA的差异表达可能是导致血吸虫在不同适宜宿主体内生长发育、繁殖、致病等呈现差异的重要原因。

对感染血吸虫前后和感染后不同时期不同适宜宿主血液和器官组织（肺、肝、脾等）的转录组和miRNA组的表达分析也显示，不同宿主间或同一种宿主不同感染时期基因和

miRNA 表达谱呈现明显差别，不同宿主间一些基因和 miRNA 的差异表达在感染血吸虫前就先天存在，另一些在感染血吸虫后新呈现，其中一些基因和 miRNA 的差异表达可能影响了血吸虫在不同适宜宿主体内的生长发育、繁殖与生存。

1. 转录组 血吸虫感染终末宿主后，诱发宿主的抗血吸虫感染免疫应答和产生不同程度的病理变化，摄取宿主的营养成分，导致宿主的基因表达谱也相应发生变化。通过血吸虫感染前后宿主血液、组织、器官等的转录组学分析，可为阐述宿主抗血吸虫感染机制，以及血吸虫与宿主的相互作用机制等积累知识。

杨健美等利用牛的全基因组芯片对黄牛、水牛血吸虫感染前后的外周血整体基因表达谱进行比较分析：感染前两种宿主的基因表达谱存在较大差异，有差异表达基因 5 740 个，其中 4 185 个在感染 7 周后仍存在，占 72.9%。在日本血吸虫感染 7 周后，两种宿主存在更多的差异表达基因，共 6 353 个，其中有 2 168 个是新呈现的差异表达基因。感染前后，黄牛和水牛共有的差异表达基因有 83 个。黄牛感染前后出现的差异表达基因有 497 个，其中只在黄牛出现，而水牛没有出现的差异表达基因有 390 个。水牛感染后更多的基因呈现表达差异，有 2 197 个，其中只在水牛出现，而黄牛没有出现的差异表达基因有 2 114 个。

对两种宿主在感染 7 周后新呈现的差异表达基因进一步分析表明，这些差异表达基因主要与免疫系统及免疫调节通路（尤其是先天免疫系统及调节通路，包括补体级联及凝血系统、自然杀伤细胞介导的细胞毒性、Toll 样受体信号途径等），造血细胞，p53 通路，嘌呤代谢等有关，且大多为水牛显著下调表达基因。提示一些水牛和黄牛先天存在或感染血吸虫后新呈现的差异表达基因可能影响了日本血吸虫的生长发育。

蒋韦斌等（2010）利用全基因组寡核苷酸芯片技术，比较分析了东方田鼠、Wistar 大鼠和 BALB/c 小鼠感染日本血吸虫前后肺和肝组织基因表达差异。结果显示，血吸虫攻虫感染 10d 后，东方田鼠、大鼠和小鼠与感染前相比肺上调表达基因数分别有 2 678、1 980 和 364 条，下调表达的基因数分别有 1 478、2 306 和 16 条；肝上调表达基因数分别有 330、1 655和 111 条，下调表达基因数分别有 190、540 和 179 条。对三种宿主肺中显著变化（Cy5/Cy3≥2.0 和 Cy5/Cy3≤0.5）的同源基因进行分层聚类分析，发现有 1 334 条基因呈现差异表达，为东方田鼠显著变化、大鼠相对变化而小鼠基本保持不变的基因。GO 功能分析显示这些差异表达基因主要参与信号传导、转录调节活性、细胞黏附、细胞凋亡等；而肝中这类差异表达基因有 265 条，主要涉及细胞骨架构成、催化活性、代谢作用、细胞分化、免疫应答、生长发育等。聚类分析发现，肺、肝组织共同差异表达基因有 74 条，其中东方田鼠显著上调基因 46 条，显著下调基因 28 条，这些基因主要参与了信号传导（*Msr*1、*Scarb*1、*Pnrc*1）、基因转录调控（*Cnot*2、*Znrd*1、*Cited*2、*Xbp*1、*Gpbp*1）、免疫应答（*C*1*qa*、*C*1*ra*、*C*1*rb*、*Psmb*8、*Itgb*2）等。研究结果提示，感染日本血吸虫 10d 时东方田鼠肺、肝中一些与免疫相关的基因和一些细胞凋亡诱导基因表达上调，如肺中的补体成分 1q（C1qa）、补体成分 8a（C8a）、组织蛋白酶 S（Ctss）、免疫球蛋白 γFc 受体 1（cgr1）和免疫球蛋白 γFc 受体 3（cgr3）等；肝中有干扰素调节因子 7（IRF－7）、组织蛋白酶 S（Ctss）、CD74 等；编程性细胞死亡 6（Pdcd6）、半胱天冬酶 7（Casp7）、酪氨酸蛋白激酶 2（Jak2）等；而一些与生长发育相关的重要分子则在东方田鼠呈下调表达，如肺内甲状腺激素受体 α（Thrα）、甲状腺激素应答（Thrsp）基因和类固醇 11β 脱氢酶 1（Hsd11β1）基因，肝中胰岛素样生长因子 1（IGF－1）基因；其中一些基因可能与东方田鼠抗血吸虫感染相关。对基因表达谱深入分析提示，三种宿主对血吸虫感染可能有不同的应答机制，东方田鼠可能通过 Jak-STAT、VEGF、Notch 以及 FcεRⅠ等信号途径介导；大鼠通过补体级联途径介导；小鼠则通过多种细胞因子（主要是趋化因子和 TNF）相互作用及 Ca^{2+} 信号途径介导。

2. miRNA 组　研究表明，不同适宜宿主组织或血浆、外周血单核细胞（PBMC）中 miRNA 表达谱在血吸虫感染前及感染后不同时期都有明显差别。分析显示，宿主 miRNA 分子通过调节相应靶基因的表达而诱发机体抗血吸虫感染免疫应答及由血吸虫感染引起的病理变化进程，进而影响了血吸虫在不同适宜宿主体内的生长发育和存活，提示 miRNAs 是宿主抗血吸虫感染精细、重要的调节分子，在宿主和寄生虫相互作用中发挥重要的调节作用（Hong 等，2017）。

（1）不同宿主感染血吸虫前后和不同感染阶段宿主 miRNA 表达谱呈现差异表达　余新刚（2019）采用高通量测序技术（Illumina Hiseq Xten）对黄牛和水牛感染日本血吸虫前后血浆和 PBMC 中 miRNA 表达谱进行了比较分析。在黄牛和水牛血吸虫感染前及感染后不同时期血浆中共获得 352 727 942 条有效序列。与感染前相比，感染后 14d（早期感染）黄牛和水牛血浆中分别有 3 个和 9 个 miRNAs 呈现差异表达；感染后 42d（急性感染）黄牛和水牛中有 9 个 miRNAs 呈现共性差异表达，黄牛血浆另有 39 个、水牛血浆另有 23 个呈现特异性差异表达。与感染后 14d 相比，黄牛与水牛血浆在感染后 42d 有 4 个 miRNAs 呈现共性差异表达；黄牛血浆另有 35 个、水牛血浆另有 5 个呈现特异性差异表达。分析显示，黄牛和水牛血浆中差异表达的 miRNAs 参与了脂肪酸代谢、胰岛素信号通路等的调节。在日本血吸虫感染前后黄牛和水牛 PBMC miRNA 表达谱的分析中共获得 228 483 170 条有效序列。与感染前相比，黄牛与水牛 PBMC 在感染后 14d 有 45 个 miRNAs 呈现共性差异表达，另有 111 个和 69 个 miRNAs 呈现特异性差异表达。与感染后 14d 相比，黄牛和水牛 PBMC 在感染后 42d 有 64 个呈现共性差异表达，另有 147 个和 36 个 miRNAs 呈现特异性差异表达。生物信息学分析显示，其中一些差异表达 miRNAs 的靶基因与 Th1/Th2 型细胞因子调节、Toll 样受体信号通路等相关，参与宿主抗血吸虫感染的免疫应答，并影响血吸虫在两种不同适宜宿主体内的生存及发育。

Han 等（2013）利用 miRNA 芯片技术分析了日本血吸虫易感宿主 BALB/c 小鼠、非易感宿主 Wistar 大鼠和抗性宿主东方田鼠在血吸虫感染前和感染后 10d 的肝、脾、肺组织 miRNA 表达谱，结果显示，无论在感染前或感染后 10d，3 种不同适宜性宿主肝、脾、肺组织 miRNA 表达谱都有所差别。BALB/c 小鼠感染日本血吸虫后，肝、脾和肺上调差异表达的 miRNAs 分别有 8 个、8 个和 28 个，下调差异表达的分别有 3 个、5 个和 23 个。这些差异表达 miRNAs 分子主要与调节免疫应答（miR-200a、miR-150、miR-98、miR-181a、miR-181b 和 miR-181c）、细胞增殖和分化（miR-150、miR-223）、细胞凋亡（miR-30e、miR-494）、营养代谢（miR-705）和信号传导（miR-484、miR-149 和 miR-3072）等相关。Wistar 大鼠感染后肝、脾和肺中分别有 16 个、61 个和 10 个 miRNAs 呈现差异性表达，主要与调节 Wnt 和 MAPK 信号传导（miR-346、miR-328、miR-3072、miR-3095-3p 和 miR-3584-5p）、细胞内分化（miR-27a、miR-223 和 miR-206）等生物学过程相关。在东方田鼠和 BALB/c 小鼠的肝、脾、肺组织中共检测到 162 个 miRNAs，分别有 12 个、32 个和 34 个 miRNAs 分子呈现差异表达。差异表达的 miRNAs

主要与调节免疫应答（miR-223、miR-15a 和 miR-107）、营养代谢（miR-705、miR-193、miR-27a 和 miR-122）、凋亡（miR-494 和 miR-30e）等相关（Han 等，2013）。

（2）参与宿主抗血吸虫感染的调节　先前研究已表明，miRNAs 是先天性免疫和获得性免疫应答的重要调节分子，这类分子通过调节 Toll 样受体信号通路和细胞因子表达等参与先天性免疫应答，通过调节抗原递呈细胞活性和 T 细胞受体信号传导等途径在获得性免疫应答中发挥重要作用。Han 等（2013）报道在血吸虫感染后 10d，大鼠、小鼠和东方田鼠的肺、脾和肝脏中与免疫相关的多个 miRNAs 的表达水平发生了变化，如在小鼠肺脏中 15 个差异表达的 miRNAs 中有 6 个（miR-200a、miR-125a-5p、miR-150、miR-181a、miR-181b、miR-181c）参与了调节免疫和炎症反应，其靶基因主要涉及 MAPK 信号通路、Toll 样受体信号通路和 TGF-β 信号传导通路等，提示这些 miRNAs 是宿主对血吸虫感染先天性免疫应答中重要的调节分子。Han 等（2013）进一步比较分析了东方田鼠和 BALB/c 小鼠感染日本血吸虫前和感染后 10d miRNA 表达谱，结果显示 2 种宿主血吸虫感染后有 78 个（肝 12 个、脾 32 个、肺 34 个）miRNAs 呈现差异表达，其中多个差异表达 miRNAs 与免疫调节相关，包括 miR-15a、miR-107、miR-125a-5p、miR-223、miR-1224、miR-150、miR-146a 和 miR-200a 等。值得注意的是，大多数东方田鼠肺组织差异表达的 miRNAs 都与免疫调节相关，如 miR-223、miR-200a、miR-150 和 miR-1224 等。KEGG 分析显示这些差异表达 miRNAs 的靶基因主要与 Toll 样受体信号通路、B 细胞受体信号通路和细胞因子-细胞因子受体互作等免疫通路相关，提示 miRNA 调节的免疫应答可能在抗性宿主东方田鼠抗血吸虫感染中发挥重要的作用，并影响着血吸虫在这 2 种不同易感宿主中感染的建立和存活。

（3）参与调节肝型血吸虫病的病理学进程　小鼠感染日本血吸虫前及感染不同时期肝脏一些 miRNAs 的表达水平出现变化，并和血吸虫感染引起的肝脏病理学变化发展进程相一致，提示 miRNAs 在宿主肝脏免疫病理变化进程中发挥了重要的调节作用。

Cai 等（2013）应用 Solexa 测序技术比较分析了感染前、感染后 15d、30d 和 45d BALB/c 小鼠肝脏 miRNAs 表达谱，结果表明在血吸虫感染过程中，小鼠肝脏中有 130 多个 miRNAs 呈现差异表达，miRNAs 表达谱在感染后 30d 呈现明显变化，45d 变化更大。mmu-miR-146b 和 mmu-miR-155 等 miRNAs 在感染后 30d 显著上调，可能参与肝脏炎症反应的调节。另一些 miRNAs（mmu-miR-223、mmu-miR-146a/b、mmu-miR-155、mmu-miR-34c、mmu-miR-199 和 mmu-miR-134）在感染后 45d 呈现高表达，与血吸虫肝脏病理变化进程相一致。

枯否氏细胞是血吸虫感染过程中调节肝脏纤维化的重要细胞。白瑞璞等（2017）分析了 BALB/c 小鼠感染日本血吸虫后肝脏枯否氏细胞内 miRNAs 的差异表达，结果与对照组相比，感染血吸虫后 6 周小鼠肝脏枯否氏细胞样本中差异表达 2 倍以上的 miRNAs 有 106 条，其中上调表达的 89 条，下调表达的 17 条，提示一些差异表达的 miRNAs 可能参与调节感染鼠肝脏纤维化进程。

对 C57BL/6 和 BALB/c 小鼠感染血吸虫前后 4 种与调节宿主免疫病理变化相关的循环 miRNAs（miR-122、miR-21、miR-20a 和 miR-34a）的表达水平和趋势进行分析，显示 C57BL/6 小鼠中的 miR-21 在感染 6 周后显著上调表达，而其他 3 种 miRNAs 变化不明显；而 BALB/c 小鼠在感染 6～7 周后，miR-122、miR-21 和 miR-34a 均显著上调表达。

Cai 等（2015）认为血浆中 miRNA 表达水平的差别可能反映 2 种小鼠感染血吸虫后不同的肝脏病理学进程。

（4）参与调节血吸虫的生长发育　miRNAs 除了参与调节抗感染免疫和肝脏免疫病理进程，还参与了不同宿主体内血吸虫的生存及发育的调节。Han 等（2013）的研究发现，血吸虫感染宿主 10d 后，一些参与调节营养代谢（miR-705、miR-484），细胞凋亡（miR-494、miR-30e），细胞增殖和分化（miR-31、miR-130、miR-126-3p、miR-27a、miR-150、miR-1224、miR-223 和 miR-206），信号通路（miR-346、miR-691、miR-1894-3p、miR-484、miR-214、miR-149、miR-3072、miR-155、miR-3584-5p、miR-328 和 miR-3095-3p）的 miRNAs 表达水平在小鼠、大鼠以及东方田鼠肺、肝、脾组织呈现明显变化。KEGG 分析显示这些差异表达 miRNAs 的靶基因主要参与 MAPK、胰岛素、TGF-β、Wnt、mTOR 和神经营养因子等信号通路（Han 等，2015）。Han 等比较了日本血吸虫抗性宿主东方田鼠和易感宿主 BALB/c 小鼠感染血吸虫后 miRNAs 的表达差异，结果显示东方田鼠差异表达的 miRNAs 参与了营养代谢（miR-122、miR-705、miR-143、miR-375 和 miR-322），分化（miR-27a、miR-193、miR-223 和 miR-451），信号通路（miR-328、miR-466j 和 miR-34c）和凋亡（miR-494 和 miR-30e）等的调节。

血吸虫组学分析表明，一些血吸虫的 miRNAs 具有序列保守性，与其宿主（如小鼠、大鼠等）的 miRNAs 高度同源，并具有相似的生物学功能。Hu 等（2003）的研究证实，日本血吸虫编码类似于哺乳动物的胰岛素受体、孕酮、细胞因子和神经肽等，提示一些与调节代谢、细胞增殖和分化等的宿主 miRNAs 的表达变化也可能参与调节血吸虫的生长发育。

■第四节　水牛和猪日本血吸虫感染的自愈现象

有报道日本血吸虫在黄牛体内可存活 10 年或更长时间。也有多个实验观察表明，水牛和猪感染日本血吸虫后，体内虫荷数随着感染时间的推移逐渐减少，1～2 年内大部分虫体被清除，出现“自愈现象”。了解血吸虫感染自愈现象及其机制，可为制定血吸虫病防控对策提供参考信息。

一、水牛日本血吸虫感染自愈现象的实验室证据

林邦发等（1977）用2 000～3 000 条日本血吸虫尾蚴攻击感染 5 头健康小水牛，感染后一个月起每周 2 次进行粪便毛蚴孵化，确定感染牛初现阳性的天数，计数感染后不同时期水牛的粪便孵化毛蚴数，并分别于攻击后 4 个月和 13 个月各解剖 1 头牛，24 个月解剖余下的 3 头牛。结果 5 头牛分别在感染后 45d（3 头）、49d（1 头）和 51d（1 头）呈现阳性。大多数牛在感染后 2 个月左右呈现强阳性，而后粪孵毛蚴数随着时间的推移而减少，出现弱阳性或转阴。感染 4 个月后解剖的牛收集到 551 条虫体，虫体存活率为 27.55%；感染后 13 个月收集到 81 条虫体，虫体存活率为 2.70%；感染后 24 个月余下 3 头牛收集的虫体数分别为 12 条、2 条和 20 条，存活率分别为 0.6%、0.067%和 0.667%，平均为 0.45%。结果表明感染后 4 个月、13 个月与 2 年解剖的水牛体内血吸虫存活数随着时间的推移持续减少，

差异极显著，血吸虫在水牛体内有自行衰亡现象。虫体形态观察显示，感染后 24 个月的雌虫变小，卵巢萎缩，子宫内虫卵数减少（50 个以下）或极少（10 个以下），雄虫未见异常。

罗杏芳等（1988）报道用 2 000 条日本血吸虫尾蚴感染 22 头 1～2 岁水牛，感染后 54d、60d、150d、180d 和 510d 粪便毛蚴孵化观察显示，22 头感染牛呈现的阳性率分别为 4.5%（1/22）、77.3%（17/22）、90.9%（20/22）、86.4%（19/22）和 4.5%（1/22），毛蚴孵化阳性率在感染后 5 个月内呈递增趋势，随后下降。感染后不同时期解剖水牛收集虫体，结果显示，与感染后 2 个月相比，感染后 1.5 年、2 年、3 年、4.5 年虫体数依次减少为 54.7%、83.6%、94.5%和 97.4%，说明随着感染时间的延长，水牛体内血吸虫会自然衰亡，感染后 2 年仅存极少数萎缩变小的虫体。感染后第 5 年至第 8 年都未检获到成虫。虫体形态学观察发现，随着感染时间的延长，成虫的长度逐渐缩短、子宫中虫卵数量逐渐减少，2 个月、1.5 年、2 年、3 年、4.5 年雌虫和雄虫长度分别为 13.9mm 和 10.6mm、13.0mm 和 9.4mm、10.7mm 和 7.7mm、8.2mm 和 6.5mm、7.5mm 和 6.7mm；以感染后 2 个月雌虫子宫内的虫卵数作为对照，感染后 1.5 年、2 年、3 年、4.5 年子宫内虫卵数减少率分别为 50.5%、52.4%、66.2%和 67.9%。

何永康等（2003）用 2 000 条日本血吸虫尾蚴感染 9 头 8～10 月龄水牛，从感染后第 50 天起定期收集粪便做定量血吸虫虫卵检查和虫卵毛蚴孵化观察，计算每克粪便虫卵数（EPG）和每克粪便毛蚴数（MPG），连续观察 32 个月。结果感染血吸虫 50d 后所有牛均在粪便中发现血吸虫卵和毛蚴，平均 EPG 和 MPG 分别为 4.65±2.08 和 4.36±2.19。感染后 60d EPG 和 MPG 分别为 41.05 ±2.09 和 25.97±2.45，显著高于第 50 天。感染后 80d MPG 为 41.73±3.29，达最高值；感染后 90d，EPG 为 55.04 ±1.44，达最高值。随后随着时间的延长，EPG 和 MPG 逐渐降低，至 330d 所有牛全部转为阴性。肝、脾和肠组织中的虫卵不能孵出毛蚴。作者认为 1 岁以内的水牛感染血吸虫后 1 年无需治疗虫体均可消亡，牛粪便中也不再检出虫卵。

二、水牛日本血吸虫感染自愈现象的现场流行病学调查佐证

多个现场流行病学调查表明疫区水牛的日本血吸虫感染率高低与动物的年龄相关。早在 20 世纪 50 年代，朱允升等（1957）采用粪便毛蚴孵化法在江西省九江地区 3 个农场和十里乡调查了 359 头黄牛和 544 头水牛，结果黄牛平均感染率为 30.36%，显著高于水牛的 5.51%。对不同年龄段的水牛血吸虫感染情况进行了分析，结果表明 1 个月内、1～6 月龄、7～12 月龄、2～3 岁、4～5 岁、6～10 岁、11 岁以上水牛感染率分别为 37.5%、30.0%、10.5%、6.4%、4.0%、1.1%和 5.4%，年龄愈小，水牛血吸虫感染率愈高。Lin 等（2003）在鄱阳湖区日本血吸虫动物宿主的调查中，得到与朱允升等相近的结果，1 岁以下、1 岁、2 岁、3 岁、4 岁水牛血吸虫感染率分别为 14.6%、11.1%、5.1%、2.4%和 2.4%。许绥泰等（1983）在湖南省汉寿县西洞庭湖地区对 1 444 头水牛进行了血吸虫病调查，也发现水牛血吸虫感染率随着年龄的增长而降低，其中 0～4 岁、5～9 岁、10～14 岁、15～19 岁、20～24 岁和 25 岁以上水牛的血吸虫感染率分别为 15.0%、8.7%、6.2%、6.8%、2.2%和 0。鄱阳湖区一现场研究结果显示，试区小于 3 岁的水牛血吸虫感染率为 11.7%，大于 3 岁的水牛感染率为 2.9%。对牛进行了群体化疗，3 个月后 3 岁以下水牛血吸虫再感

染率为12.5%，而3岁以上水牛没有检出阳性（朱卢松等，2001）。Liu等（2012）于2005—2010年在湖南洞庭湖地区的南山和麻塘连续6年分别调查了2 811头和5 714头水牛，结果发现在大多数年份，2个试点3岁以下水牛血吸虫感染率显著高于3岁以上水牛。调查也发现不同年龄段的黄牛血吸虫感染率差别不大。水牛的血吸虫感染率随着年龄的增长而逐渐降低，两者之间呈显著的负相关，这从另一角度提示水牛对日本血吸虫感染可能存在自愈现象。

三、水牛抗日本血吸虫再感染的试验观察

水牛感染血吸虫后具有自愈现象。现场流行病学调查显示3岁以上水牛血吸虫病感染率明显低于3岁以下水牛。近些年，刘金明课题组开展了水牛日本血吸虫再感染的试验观察，试图通过多次感染和治疗的水牛对血吸虫再感染的抗性观察和机制分析，为阐述以上现象提供依据。

1. 水牛再感染日本血吸虫的试验观察　He等（2018）先用日本血吸虫尾蚴二次感染水牛（再感染组），每次3 000条，感染后都用吡喹酮进行治疗，对照组水牛未感染血吸虫，但和感染组在同一时间投服吡喹酮，最后两组同时用3 000条日本血吸虫尾蚴攻击感染，并于感染后9周解剖，试验重复二次。结果和对照组相比，再感染组水牛获得97%～98.0%的减虫率和87.7%～100%肝脏虫卵数减少率。观察还显示收集自再次感染组水牛的血吸虫虫体、口腹吸盘及卵巢等均明显小于对照组虫体（$P<0.05$），雌虫子宫中虫卵数也明显减少（$P<0.05$），提示先前感染过日本血吸虫的水牛对该病原的再次感染产生了获得性抗体，不仅可杀灭大部分再感染的虫体，还会抑制残存虫体的生长发育。

2. 水牛初次感染和再感染血吸虫的免疫学差异　对两次试验中再感染组水牛和初次感染组水牛抗血吸虫特异性抗体和抗体亚型进行检测，观察到再感染水牛在再次攻击尾蚴前已有较高水平的特异性IgG抗体，其抗体亚型主要为IgG1，在第三次感染后产生的抗体和抗体亚型与初次感染产生的抗体和抗体亚型相似，特异性抗体水平甚至低于初次感染（图6-20）。

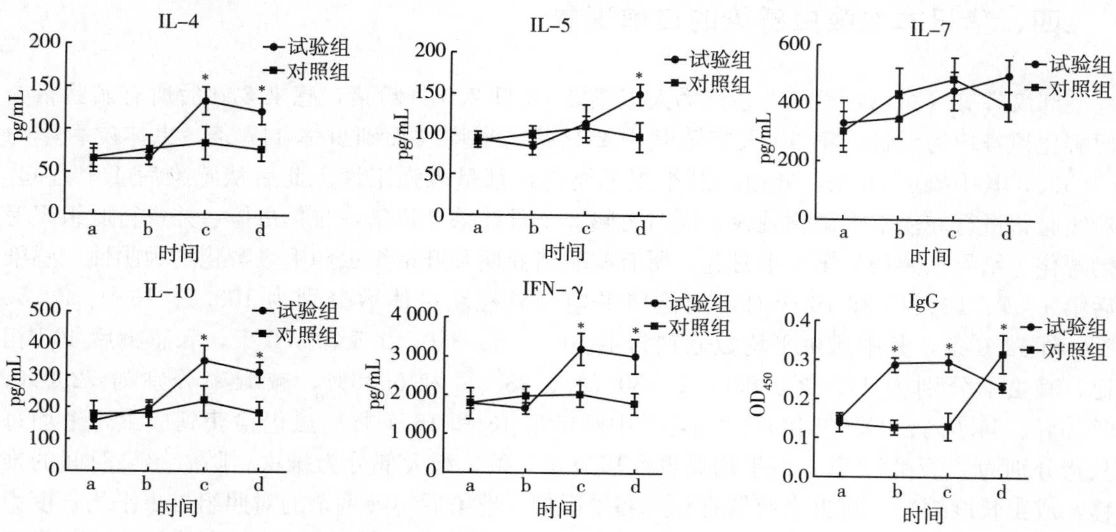

图6-20　水牛血清细胞因子和特异IgG抗体检测

a、b、c和d分别代表血清采集自感染前、第一次感染后4周、第二次感染后4周和第三次感染后9周（*代表差异显著，$P<0.05$）。

对血清中细胞因子IL-4、IL-5、IL-7、IL-10和IFN-γ的检测结果显示，再感染组水牛的细胞因子在第一次感染前和感染后4周与对照水牛的细胞因子没有明显差异，但在第二次感染9周后，血清中IL-4、IL-10和IFN-γ水平显著高于对照组，IL-5和IL-7在整个试验过程中均没有显著差异。对两组水牛的血常规检测发现再感染组水牛的淋巴细胞数量和比例在第三次感染前和感染后均显著增加。

再感染水牛产生的抗血吸虫特异性抗体、较高水平/比例的细胞因子、炎症因子和免疫细胞等可能与水牛抗血吸虫再感染相关。

3. 水牛初次感染和再感染血吸虫虫体的转录组差异 使用RNA-Seq测序技术对来源于初次感染和再次感染水牛的日本血吸虫成虫的转录组进行了比较分析。总共鉴定到了13 605个基因，与来源于初次感染组虫体相比，再次感染水牛中的虫体有112个基因呈现差异表达（DEGs），其中51个上调，61个下调。GO富集分析显示，下调基因主要与氧化还原过程、脂质结合、钙依赖性磷脂结合和钙离子结合等相关；上调基因主要与代谢和生物合成相关。文献报道血吸虫自身不能合成脂类物质，吡喹酮作用机理与钙通道相关，活性氧不利于血吸虫生存。因此，一些重要基因的下调表达可能是导致再感染水牛虫体数量减少以及残存虫体发育不良的原因之一。一些与代谢过程和生物合成相关基因表达上调可能是虫体对再感染水牛体内不利环境产生的补偿机制（Mao等，2019）。

4. 水牛初次感染和再感染血吸虫虫体的蛋白质组差异 利用TMT技术对来源于初次感染和再次感染水牛的日本血吸虫成虫的蛋白质组学进行了比较分析，共鉴定到14个差异表达蛋白（DEPs）。GO通路分析发现，差异表达蛋白主要参与氧化还原反应过程、TOR信号通路和蛋白质代谢过程。上调的DEPs主要涉及虫体的伤口愈合、表皮损伤的修复；下调的DEPs主要参与细胞铁代谢、细胞增殖分化、蛋白质降解、遗传物质的翻译过程、免疫逃逸以及免疫突触的调节等。KEGG富集分析发现这些DEPs主要参与AGE-RAGE信号通路。

四、猪日本血吸虫感染的自愈现象

邱汉辉等（2013）用200条尾蚴人工感染12只2.5月龄猪，感染37d后所有实验猪粪便孵化检查均为阳性。第40天宰杀其中2只猪，平均收集到虫体117条，虫体发育率为58.5%，其中雌虫50条，粪便和肝组织毛蚴孵化都呈现强阳性。此后从感染后4个月起，对实验猪进行粪便毛蚴孵化观察，同时每隔3个月扑杀2只猪，收集虫体，并进行肝组织毛蚴孵化。结果从感染后第4个月起，所有实验猪粪便和肝组织虫卵毛蚴孵化均为阴性。感染后第4、7、10、13和16个月，剖检猪平均每只检获虫体数分别为103.5、16.0、22.5、2.0和52.0条，其中雌虫平均数分别为14.0、1.5、3.0、0.5和0.5条，和感染后40d相比，减虫率分别为11.5%、86.3%、80.7%、98.3%和55.6%，减雌率分别为72.0%、97.0%、94.0%、99.0%和99.0%，其中感染第13和16个月后虽仍检获到成虫，平均每只猪分别为2条和52条，但平均雌虫数都为0.5条，绝大部分为雄虫。随着感染时间的推移，成虫长度缩短，雌虫生殖器官和产卵受影响。感染后40d剖杀的对照组雄虫平均长度为14.1mm（10～18mm），16个月平均长度为7.4mm（5～10mm），与40d虫体相比，差异极显著（$P<0.01$）。40d雌虫平均长度为20.5mm（17～25mm），16个月后仅剩1条雌虫，长度为11mm，差异亦极显著（$P<0.01$）。染色镜检观察显示，雌虫子宫内未见虫卵，且

卵巢结构模糊。这与对水牛的观察结果相似。

黄飞鹏等（1987）用尾蚴攻击 10 只 3 月龄猪，每只 300 条，感染后 46d 所有实验猪粪便毛蚴孵化均为阳性，随机抽取 4 只猪解剖，收集虫体，平均每只猪载虫数为 88.3 条。其余 6 只分别在感染后 46d、93d、111d、153d、204d 和 234d 进行粪便毛蚴孵化和粪便虫卵计数，结果粪便毛蚴孵化阳性率和每克粪便虫卵数分别是 100%和 31.7 个、50%和 4.1 个、33.3%和 6.3 个、0 和 0 个、33.3%和 1.7 个、0 和 0 个。在感染后 234d 解剖余下的 6 只实验猪，结果其中 1 只猪未见虫体，另外 5 只平均每只收集到的虫体数较 46d 对照减少 64%。同时观察到接种后 234d，猪体内嗜酸性粒细胞数恢复到接种前的水平。

刘跃兴等（1991）分别用 50 条、100 条和 200 条日本血吸虫尾蚴攻击购自非疫区的雌猪，每组 2 头。感染后 35d 所有实验猪粪便毛蚴孵化均呈现阳性，93d 后粪便和肝组织毛蚴孵化均为阴性。在另一试验中，刘跃兴等（1993）用 200 条日本血吸虫尾蚴感染 5 只 3 月龄的雄性仔猪，感染后第 45 天，5 只实验猪粪便毛蚴孵化都呈阳性，随后每隔 1 周粪孵 1 次，结果 5 只实验猪分别在感染后第 22 周至第 37 周粪便毛蚴孵化转阴。感染后第 32 周和第 37 周分别剖检了 2 只和 3 只粪检阴性的猪，分别收集到 9～16 条虫体，其中雄虫有 52 条，为雌虫数（16 条）的 3 倍多。

Willingham 等（1998）将长白猪/杜洛克猪杂交猪依性别、重量分成 4 组，其中 3 组分别用 2 000 条、500 条、100 条日本血吸虫尾蚴攻击感染，1 组作为对照。在感染后 4 周、11 周、17 周、24 周每组随机解剖 6 只猪，收集并计数虫体数、组织虫卵数，观察肝、肠损伤等情况，每 2 周计数实验动物粪便虫卵。结果显示，随着感染时间的推移，各试验组检获的虫体数呈下降趋势，2 000 条尾蚴组和其他组在感染后 17 周和 24 周检获到的成虫均极少，具有生殖力的雌虫数明显少于在 4 周和 11 周检获到的虫体。实验猪排出的粪便虫卵数在高剂量组中明显下降，其他剂量组亦逐渐下降，实验结束时，粪检未查到虫卵。2 000 条尾蚴组的平均肝脏虫卵数在 11 周达到高峰，随后逐渐下降。病理检查发现，随着感染时间的推移，实验猪肠损伤出现率逐渐降低，感染后 17 周在 100 条和 2 000 条剂量组中发现肠损伤程度有所减轻，至感染后 24 周损伤已非常轻微；在感染后 11 周，实验猪肝纤维化较严重，随后纤维化程度逐渐减轻。

综上，随着感染时间的推移，水牛和猪感染日本血吸虫后虫体数（特别是雌虫数）、虫体的大小、雌虫子宫中的虫卵数、宿主粪便和肠黏膜中的虫卵数、粪便虫卵及肝肠组织虫卵毛蚴孵化数等均显著减少或下降，肝、肠等组织的损伤亦逐渐减轻或消失。目前对水牛和猪日本血吸虫感染的自愈机制仍知之甚少，对猪的情况了解更少，可能和这两种宿主体内的生理生化因素及宿主对血吸虫感染的免疫应答等众多因素都有关。

■第五节　其他血吸虫的动物终末宿主

已报道的裂体科血吸虫有 86 种，其中分布广、危害大的人体血吸虫主要有曼氏血吸虫、日本血吸虫和埃及血吸虫。

我国已报道的血吸虫有 3 亚科 10 属 30 种和 1 变种。其中日本血吸虫病属人兽共患寄生虫病，对我国人民群众身体健康和社会经济发展危害最大，影响最严重。其他种类血吸虫主要寄生于家畜、家禽和野生动物，其中流行较广泛，对牛、羊等家畜危害严重的有东毕吸虫等。几种重要血吸虫的动物宿主如下（周述龙等，2001）。

一、曼氏血吸虫

曼氏血吸虫是重要的人体血吸虫，除人外，其动物宿主有7个目28个属40种。由于曼氏血吸虫分布于非洲与南美洲，这两大洲的动物分布区系不同，曼氏血吸虫病流行区实际存在的动物宿主相对比日本血吸虫病流行区少，主要有家鼠、野鼠、负鼠、狒狒等（周述龙等，2001）。已报道的分布于非洲的有 *Crocidura luna*、*Crocidura oliviera*、*Arvicanthus niloticus niloticus*、*Dasymus bentbeyae*、*Dasymus incompetus*、*Gerbillus pyramidum*、*Lemniscomys griselda*、*Lophuromys aquila*、*Mastomys natalensis*、*Oenomys hypoxanthus*、*Otomys angoliensis*、*Otomys tugelensis*、*Pellomys fallax*、*Rattus rattus*、*Cercopithecus aethiops*、*Erythrocebus patas*、*Pan troglodytes*、*Papio doguera*、*Papio ursinus*、*Canis familiaris*、*Kabus ellipsiprymus*、*Ovis aries*；分布于南美洲的有 *Cavia aperea aperea*、*Holochilus brasiliensis*、*Holochilus sciureus*、*Neoctomys squamipes*、*Oryzomys mattogrossae*、*Oryzomys subflavus*、*Oxymycterus angularis*、*Rattus norvegicus*、*Rattus rattus flugivorus*、*Zygodontomys lasiurus*、*Zygodontomys microtinus*、*Zygodontomys pixuna*、*Cercopithecus sabeus*、*Saimiri* sp.、*Procyon c. nigripes*、*Bos* spp.、*Myrmecophaga* sp.、*Didelphis paraguayensis paraguayensis*。

二、埃及血吸虫

埃及血吸虫动物终末宿主范围较窄，除人外，迄今报道的自然感染宿主仅有3个目7个属9种，包括 *Arvicanthus niloticus niloticus*、*Otomys tugelensis*、*Cercopithecus aethiops*、*Cercopithecus mitis*、*Pan satyrus*、*Papio doguera*、*Papio rhodesiaw*、*Ovis aries* 和 *Sus scrofa*，其中以人和猩猩、狒狒等5种灵长类动物最为重要。

三、湄公血吸虫

除人外，湄公血吸虫的终末宿主主要有犬、羊、牛、大羚羊、野牛、兔等。

四、马来血吸虫

马来血吸虫的终末宿主主要有人、灵长类及鼠类（小鼠、仓鼠、豚鼠、米氏鼠、贾罗鼠、迪氏鼠、黑尾鼠和马来鼷鹿等）。

五、东毕吸虫

我国已报道的寄生于牛、羊体内的东毕吸虫有土耳其斯坦东毕吸虫（*O. turkestanicum*）、土耳其斯坦东毕吸虫结节变种（*O. turkestanicum* var. *tuberculata*）、程氏东毕吸虫

(*O. cheni*) 和彭氏东毕吸虫 (*O. bomfordi*) 等，其中土耳其斯坦东毕吸虫在国内外都广泛分布，其终末宿主主要有绵羊、山羊、黄牛、水牛、马、驴、骡、骆驼、马鹿、猫、兔及小鼠等。

六、毛毕吸虫

毛毕属吸虫属鸟类寄生虫，在我国已报道的有包氏毛毕吸虫 (*Trichobilharzia paoi*) 等，主要寄生于家鸭、野鸭、鹅、鸡、鸽、麻雀等家禽和野生鸟类。

(林矫矫)

■ 参考文献

何毅勋，许绶泰，施福恢，等，1992. 黄牛与水牛感染日本血吸虫的比较研究 [J]. 动物学报，3 (2)：266-271.

何毅勋，杨惠中，毛守白，1960. 日本血吸虫宿主特异性研究之一：各哺乳动物体内虫体的发育率、分布及存活情况 [J]. 中华医学杂志，46 (06)：470-475.

何永康，刘述先，喻鑫玲，等，2003. 水牛感染血吸虫后病原消亡时间与防制对策的关系 [J]. 实用预防医学，10 (6)：831-834.

黄飞鹏，黄勇军，刘志德，等，1987. 鄱阳湖区猪日本血吸虫病自愈的研究 [M]. 血吸虫病研究资料汇编 (1980—1985)，南京：南京大学出版社.

李浩，何艳燕，林矫矫，等，2000. 东方田鼠抗日本血吸虫病现象的观察 [J]. 中国兽医寄生虫病，8 (2)：12-15.

李孝清，黄四古，程忠跃，等，1996. 城市血吸虫病传染源的研究 Ⅱ 江滩野鼠感染情况调查 [J]. 实用寄生虫病杂志，3 (2)：92.

林邦发，童亚男，1977. 水牛日本血吸虫病自愈现象的观察 [J]. 中国农业科学院上海家畜血吸虫病研究所论文集，431-433.

林丹丹，刘跃民，胡飞，等，2003. 鄱阳湖区日本血吸虫动物宿主及血吸虫病的传播 [J]. 热带医学杂志，3 (4)：383-387.

刘玮，杨一兵，邹慧，等，2006. 日本血吸虫病对湖区养羊业的危害及防治对策 [J]. 中国兽医寄生虫病，14 (1)：18-19.

刘效萍，操治国，汪天平，2013. 不同终宿主在血吸虫病传播中的作用 [J]. 热带病与寄生虫学，11 (1)：54-58.

刘跃兴，邱汉辉，张观斗，等，1991. 猪血吸虫感染一些生物学特性的观察 [J]. 中国血吸虫病防治杂志，8 (5)：294.

刘跃兴，邱汉辉，张咏梅，等，1993. 粪孵法诊断猪日本血吸虫人工感染自然转阴试验观察 [J]. 中国兽医寄生虫病，1 (3)：31-32.

卢潍媛，胡媛，袁忠英，等，2011. 日本血吸虫感染适宜与非适宜宿主的免疫学特征初步研究 [J]. 中国寄生虫学与寄生虫病杂志，29 (4)：267-271.

吕美云，李宜锋，林丹丹，2010. 水牛和猪感染日本血吸虫后的自愈现象及其机制 [J]. 国际医学寄生虫病杂志，37 (3)：184-188.

罗杏芳，林森源，林彰毓，等，1988. 水牛日本血吸虫病自愈现象的观察 [J]. 中国兽医科技 (8)：42-44.

彭金彪，2010. 不同宿主来源日本血吸虫童虫差异表达基因的研究 [D]. 北京：中国农业科学院.

邱汉辉，刘跃兴，张咏梅，等，1993. 猪日本血吸虫病自愈现象研究 [J]. 中国血吸虫病防治杂志，5

(5)：270.

苏卓娃，胡采青，傅义，等，1994. 不同宿主在湖区日本血吸虫病传播中的作用 [J]. 中国寄生虫学与寄生虫病杂志，12 (1)：48-51.

孙军，李浩，王喜乐，等，2006，东方田鼠和小鼠感染日本血吸虫后血清 NO 的变化以及肝、肺病变的比较 [J]. 中国人兽共患病学报，22 (5)：433-436.

汪奇志，汪天平，张世清，2013. 日本血吸虫保虫宿主传播能量研究进展 [J]. 中国血吸虫病防治杂志，25 (1)：86-89.

汪天平，汪奇志，吕大兵，等，2008. 安徽石台县山丘型血吸虫病区疫情回升及传染源感染现状调查 [J]. 中华预防医学杂志，42 (8)：605-607.

王陇德，2006. 中国血吸虫病流行状况——2004 年全国抽样调查 [M]. 上海：上海科学技术文献出版社.

王涛，2016. 大、小鼠来源日本血吸虫凋亡相关基因的差异表达分析及 Sjcaspase3/7 的克隆、真核表达和生物学功能分析 [D]. 北京：中国农业科学院.

王文琴，刘述先，2003. 不同宿主感染血吸虫后的自愈现象 [J]. 中国寄生虫学与寄生虫病杂志，21 (3)：179-182.

吴有彩，邓德章，戴建荣，2007. 不同年龄牛群血吸虫感染调查 [J]. 中国血吸虫病防治杂志，19 (3)：228-229.

熊孟韬，杨光荣，吴兴，等，1999. 高原峡谷区鼠类感染日本血吸虫调查 [J]. 地方病通报，14 (4)：41-43.

熊孟韬，杨光荣，吴兴，等，2000. 永胜县山区鼠类感染日本血吸虫调查研究 [J]. 医学动物防制，16 (2)：81-83.

徐国余，田济春，陈广梅，等，1999. 南京日本血吸虫病沟鼠疫源地研究 [J]. 实用寄生虫病杂志，7 (1)：4-6.

许绶泰，1983. 水牛对日本血吸虫的初次免疫和再感染免疫的证据 [J]. 上海畜牧兽医通讯，4：1-5.

杨光荣，吴兴，熊孟韬，等，1999. 高原平坝区鼠类传播血吸虫病的作用 [J]. 中国媒介生物学及控制杂志，10 (6)：451-455.

杨健美，苑纯秀，冯新港，等，2012. 日本血吸虫感染不同相容性动物宿主的比较研究 [J]. 中国人兽共患病学报，28 (12)：1207-1211.

杨坤，李宏军，杨文灿，等，2009. 云南省山丘平坝型流行区以传染源控制为主的血吸虫病综合防治措施效果评价 [J]. 中国血吸虫病防治杂志，21 (4)：272-275.

依火伍力，周艺彪，刘刚明，等，2009. 四川省普格县血吸虫病综合治理 4 年效果 [J]. 中国血吸虫病防治杂志，21 (4)：276-279.

余晴，汪奇志，吕大兵，等，2009. 血吸虫病流行区各类传染源感染现况调查 [J]. 中华预防医学杂志，43 (4)：309-313.

张强，卿上田，胡述光，等，2000. 1993～1999 年麻塘垸牛羊血吸虫病疫情动态调查 [J]. 中国兽医寄生虫病，8 (4)：37-39.

郑江，毕绍增，高怀杰，等，1991. 大山区粪便污染水源方式及其在传播血吸虫病中的作用 [J]. 中国人兽共患病杂志，7 (1)：47-49.

朱春霞，王兰平，胡述光，等，2007. 湖南省岳阳市麻塘垸牛羊血吸虫病疫情动态调查 [J]. 中国兽医寄生虫病，15 (5)：31-34.

朱红，蔡顺祥，黄希宝，等，2009. 湖北省实施以传染源控制为主的血吸虫病综合防治策略初期效果 [J]. 中国血吸虫病防治杂志，21 (4)：267-271.

朱允升，王溪云，1957. 江西九江地区牛血吸虫病的初步调查研究报告 [J]. 华中农业科学 (6)：428-436.

Cao Z，Huang Y，Wang T，2017. Schistosomiasis Japonica Control in Domestic Animals：Progress and Experiences in China [J]. Frontiers in Microbiology, 8: 2464.

Draz H M, Ashour E, Shaker Y M, et al, 2008. Host susceptibility to schistosomes: effect of host sera on cell proliferation of *Schistosoma mansoni* schistosomula [J]. The Journal of Parasitology, 94 (6): 1249 - 1252.

Driguez P, Mcwilliam H E, Gaze S, et al, 2016. Specific humoral response of hosts with variable schistosomiasis susceptibility [J]. Immunology and Cell Biology, 94 (1): 52 - 65.

Gaze S, Driguez P, Pearson M S, et al, 2014. An immunomics approach to schistosome antigen discovery: antibody signatures of naturally resistant and chronically infected individuals from endemic areas [J]. PLoS Pathogens, 10 (3): e1004033.

Gray D J, Williams G M, Li Y S, et al, 2008. Transmission dynamics of *Schistosoma japonicum* in the lakes and marshlands of China [J]. PLoS One, 3 (12): e4058.

Guo J G, Ross A G, Lin D D, et al, 2001. A baseline study on the importance of bovines for human *Schistosoma japonicum* infection around Poyang Lake, China [J]. The American journal of Tropical Medicine and Hygiene, 65 (4): 272 - 278.

Han H, Peng J, Han Y, et al, 2013. Differential expression of microRNAs in the non - permissive schistosome host *Microtus fortis* under schistosome infection [J]. PLoS One, 8 (12): e85080.

Han H, Peng J, Hong Y, et al, 2012. Molecular cloning and characterization of a cyclophilin A homologue from *Schistosoma japonicum* [J]. Parasitology Research, 111 (2): 807 - 817.

Han H, Peng J, Hong Y, et al, 2013. Comparison of the differential expression miRNAs in Wistar rats before and 10days after *S. japonicum* infection [J]. Parasites Vectors, 6: 120.

Han H, Peng J, Hong Y, et al, 2013. MicroRNA expression profile in different tissues of BALB/c mice in the early phase of *Schistosoma japonicum* infection [J]. Molecular and Biochemical Parasitology, 188 (1): 1 - 9.

Han H, Peng J, Hong Y, et al, 2015. Comparative analysis of microRNA in schistosomula isolated from non - permissive host and susceptible host [J]. Molecular and Biochemical Parasitology, 204 (2): 81 - 88.

Han H, Peng J, Hong Y, et al, 2015. Comparative characterization of microRNAs in *Schistosoma japonicum* schistosomula from Wistar rats and BALB/c mice [J]. Parasitology Research, 114 (7): 2639 - 2647.

He C, Mao Y, Zhang X, et al, 2018. High resistance of water buffalo against reinfection with *Schistosoma japonicum* [J]. Vet Parasitol, 261: 18 - 21.

He Y X, Salafsky B, Ramaswamy K, 2001. Host - parasite relationships of *Schistosoma japonicum* in mammalian hosts [J]. Trends in Parasitology, 17 (7): 320 - 324.

Hong Y, Fu Z, Cao X, et al, 2017. Changes in microRNA expression in response to *Schistosoma japonicum* infection [J]. Parasite Immunology, 39: e12416.

Hong Y, Peng J, Jiang W, et al, 2011. Proteomic analysis of *Schistosoma japonicum* schistosomulum proteins that are differentially expressed among hosts differing in their susceptibility to the infection [J]. Molecular Cellular Proteomics, 10 (8): M110 - M6098.

Jiang W, Hong Y, Peng J, et al, 2010. Study on differences in the pathology, T cell subsets and gene expression in susceptible and non - susceptible hosts infected with *Schistosoma japonicum* [J]. PLoS One. 5 (10): e13494.

Li Y S, Mcmanus D P, Lin D D, et al, 2014. The *Schistosoma japonicum* self - cure phenomenon in water buffaloes: potential impact on the control and elimination of schistosomiasis in China [J]. International Journal for Parasitology, 44 (3 - 4): 167 - 171.

Liu S, Zhou X, Piao X, et al, 2015. Comparative analysis of transcriptional profiles of adult *Schistosoma japonicum* from different laboratory animals and the natural host, water buffalo [J]. PLoS Neglected Tropical Diseases, 9 (8): e3993.

Mao Y, He C, Li H, et al, 2019. Comparative analysis of transcriptional profiles of *Schistosoma japonicum* adult worms derived from primary - infected and re - infected water buffaloes [J]. Parasit Vectors, 12 (1): 340.

Michel J, Auriault C, capron A, et al, 1983. A new function for platelets: IgE dependent killing of cshistosomes [J]. Nature, 303: 810.

Moilanen E, Vapaatalo H, 1995. Nitric oxide in inflammation and immune response [J]. Annals of Medicine, 27 (3): 359 - 367.

Oliveira R R, Figueiredo J P, Cardoso L S, et al, 2012. Factors associated with resistance to *Schistosoma mansoni* infection in an endemic area of Bahia, Brazil [J]. The American Journal of Tropical Medicine and Hygiene, 86 (2): 296 - 305.

Peng J, Gobert G N, Hong Y, et al, 2011. Apoptosis governs the elimination of *Schistosoma japonicum* from the non - permissive host *Microtus fortis* [J]. PLoS One, 6 (6): e21109.

Peng J, Han H, Gobert G N, et al, 2011. Differential gene expression in *Schistosoma japonicum* schistosomula from Wistar rats and BALB/c mice [J]. Parasites Vectors, 4: 155.

Peng J, Han H, Hong Y, et al, 2010. Molecular cloning and characterization of a gene encoding methionine aminopeptidase 2 of *Schistosoma japonicum* [J]. Parasitology Research, 107 (4): 939 - 946.

Peng J, Yang Y, Feng X, et al, 2010. Molecular characterizations of an inhibitor of apoptosis from *Schistosoma japonicum* [J]. Parasitology Research, 106 (4): 967 - 976.

Shen J, Lai D H, Wilson R A, et al, 2017. Nitric oxide blocks the development of the human parasite *Schistosoma japonicum* [J]. Proceedings of the National Academy of Sciences of the United States of America, 114 (38): 10214 - 10219.

Sun J, Li C, Wang S, 2015. The up - regulation of ribosomal proteins further regulates protein expression profile in female *Schistosoma japonicum* after pairing [J]. PLoS One, 10 (6): e129626.

Van Dorssen C F, Gordon C A, Li Y, et al, 2017. Rodents, goats and dogs - their potential roles in the transmission of schistosomiasis in China [J]. Parasitology, 144 (12): 1633 - 1642.

Wang T, Guo X, Hong Y, et al, 2016. Comparison of apoptosis between adult worms of *Schistosoma japonicum* from susceptible (BALB/c mice) and less - susceptible (Wistar rats) hosts [J]. Gene, 592 (1): 71 - 77.

Willingham A L, Hurst M, Bogh H O, et al, 1998. *Schistosoma japonicum* in the pig: the host - parasite relationship as influenced by the intensity and duration of experimental infection [J]. Am J Trop Med Hyg, 58 (2): 248 - 256.

Yang J, Feng X, Fu Z, et al, 2012. Ultrastructural observation and gene expression profiling of *Schistosoma japonicum* derived from two natural reservoir hosts, water buffalo and yellow cattle [J]. PLoS One, 7 (10): e47660.

Yang J, Fu Z, Feng X, et al, 2012. Comparison of worm development and host immune responses in natural hosts of *Schistosoma japonicum*, yellow cattle and water buffalo [J]. BMC Veterinary Research, 8: 25.

Yang J, Fu Z, Hong Y, et al, 2015. The differential expression of immune genes between water buffalo and yellow cattle determines species - specific susceptibility to *Schistosoma japonicum* Infection [J]. PLoS One, 10 (6): e130344.

Yang J, Hong Y, Yuan C, et al, 2013. Microarray analysis of gene expression profiles of *Schistosoma japonicum* derived from less - susceptible host water buffalo and susceptible host goat [J]. PLoS One, 8 (8): e70367.

第七章　日本血吸虫的中间宿主——钉螺

1881年，德国人V. Gredler对德籍神父P. Fuchs采自中国湖北武昌的螺蛳标本进行了鉴定，命名其为湖北钉螺（*Oncomelania hupensis*）。1913年宫入庆之助和铃木稔在日本片山县发现一种光壳钉螺，并证实其为日本血吸虫的中间宿主，称之为"宫入贝"，后由Robson（1915）命名为片山钉螺（*Katayama nosophora* Robson，1915）。1923年美国人Faust和Meleney在苏州发现肋壳钉螺感染日本血吸虫。1924年Faust又在浙江绍兴的光壳钉螺中发现日本血吸虫尾蚴。中国的肋壳钉螺和光壳钉螺均被证实为日本血吸虫的中间宿主。1928年陈方之、李赋京根据浙江嘉兴农村的俗称而采用"钉螺"作为该中间宿主的中文名。

钉螺是日本血吸虫的唯一中间宿主，凡是日本血吸虫病流行的地区，都有钉螺分布。日本血吸虫毛蚴侵入钉螺后，经母胞蚴和子胞蚴发育成对人、畜等具有感染性的尾蚴，在有水的环境和适宜的温度等条件下，成熟的尾蚴从钉螺逸出进入水中，人或动物接触含有尾蚴的疫水而感染血吸虫。几十年的防控实践表明，通过改造钉螺滋生环境或药物灭螺等消灭钉螺或减少单位面积的钉螺数量，对控制血吸虫病流行成效显著。

第一节　钉螺的形态

一、分类与种类

迄今为止，科学家们对钉螺属以上的分类地位认识基本一致，即钉螺隶属于软体动物门（Phylum Adollusca）、腹足纲（Class Gastropoda）、前鳃亚纲（Subclass Prosobranchia）或扭神经亚纲（Subclass Streptoneura）、中腹足目（Order Mesogastropoda）、圆口螺科（Family Pomatiopsidae）、圆口螺亚科（Subfamily Pomatiopsidae）、圆口螺族（*Tribe Pomatiopsini*）、钉螺属（*Genus Oncomelania*）。但对属以下分类尚存异议，有一种或多种之争，及不同学者对该属应分为哪几个亚种有不同的看法。

袁鸿昌（1958）将中国大陆6个不同地区的钉螺与日本血吸虫进行交互感染试验，结果认为分布于云南大理及四川绵阳的钉螺与分布于长江中下游的湖南、江西、湖北、上海及广东等地的钉螺属于不同的地域株。

Wangner等（1959）发现，*O. hupensis*（中国大陆）、*O. formosana*（中国台湾）、*O. nosophora*（日本）和*O. quadrasi*（菲律宾）这4个异域分布、形态差异明显的钉螺，用12种组合进行杂交都获成功，并产生可孕的子代，它们之间没有生殖隔离现象。

Burch发现*O. formosana*（中国台湾）、*O. hupensis*（中国大陆）、*O. nosophora*（日本）和*O. quadrasi*（菲律宾）4种钉螺的染色体均为17对（$2n=34$），认为这4种钉螺均属一个

种，为4个地理亚种。郭源华等（1979）对我国11省18个县的钉螺染色体进行观察，发现这些地区钉螺的染色体数目均为17对（$2n=34$）。王国棠（1989，1991）对湖北省的肋壳钉螺和光壳钉螺以及云南省光壳钉螺的核型进行了研究，发现云南光壳钉螺与湖北的肋壳钉螺和光壳钉螺的染色体核型公式不同，前者为18m＋4sm＋8st＋2t＋1对性染色体，后者为12m＋6sm＋12st＋2t＋1对性染色体。

Davis采用地理隔离及生殖隔离理论认为钉螺（*Oncomelania*）应为一属，下隶微小钉螺（*O. minuma*）和湖北钉螺（*O. hupensis*）两种。前者为单型种，分布于日本，不传播日本血吸虫病；后者为多型种，分为6个亚种，即湖北钉螺邱氏亚种（*O. h. chiui*）、湖北钉螺台湾亚种（*O. h. formosana*）、湖北钉螺指名亚种（*O. h. hupensis*）、湖北钉螺林杜亚种（*O. h. lindoenis*）、湖北钉螺片山亚种（*O. h. nosophora*）和湖北钉螺夸氏亚种（*O. h. quadrasi*）。

刘月英等（1981）根据钉螺在我国的地理分布，并结合壳高、壳形指数等形态学指标，提出我国大陆钉螺应分为7个亚种，即指名亚种（*O. h. hupensis*）、丘陵亚种（*O. h. fausti*）、滇川亚种（*O. h. robertsoni*）、滨海亚种（*O. h. chiui*）、广西亚种（*O. h. guangxiensis*）、福建亚种（*O. h. tangi*）和台湾亚种（*O. h. formosana*）。

周晓农等对我国9省34个现场采集的钉螺16项壳形指标进行了数值分类研究，分析了壳体大小、壳形和壳厚3类指标，结果表明对于光壳钉螺，壳形特征较壳体大小和壳厚更重要；而肋壳钉螺三者重要性相同。1994—1996年他们又从钉螺的地理分布、形态特征与基因遗传变异等方面着手分析，认为刘月英等（1981）提出的我国钉螺分为7个亚种基本符合实际，但分为同一亚种的云南和四川钉螺已有明显的不同遗传特性和进化过程，应为不同亚种。

Davis、张仪、郭源华等（1995）的研究认为湖北钉螺至少可分为3个亚种，即滇川亚种、福建亚种和湖北亚种。其中，滇川亚种主要分布于云南、四川地区，福建亚种（光壳钉螺）主要分布于沿海地区的山区，而湖北亚种（肋壳和光壳钉螺）则分布于长江中下游地区。

周艺彪等对21个湖北钉螺种群的11个螺壳形态数量性状指标进行聚类分析，并用聚类分析中的UPGMA方法和邻结法绘制树状图，UPGMA法将21个钉螺种群划分为3类，而邻结法划分为2类，这可能是由于指名亚种内存在不同程度的分化，导致划分为不同的类别。提示虽然形态特征对钉螺鉴定分类具有重大意义，但是不能作为分类的唯一依据。

周晓农等分析了我国湖北、江苏和四川3地钉螺与菲律宾钉螺的7种酶的14个等位点，结果表明中国大陆钉螺种群的变异程度较高，表明中国大陆钉螺存在多个亚种。Davis等分析了采自我国大陆不同水域、不同螺壳类型14个螺群的同工酶数据，结果表明螺群的遗传分化与形态特征、地理分布相一致，并认为丘陵亚种实为湖北钉螺的同物异名，而广西钉螺尚不能确定为独立的亚种。

李石柱等分析了我国钉螺核糖体DNA的ITS1-ITS2和线粒体mtDNA-16S的基因序列，构建了我国大陆湖北钉螺不同景观群体的系统发生关系，表明我国湖北钉螺群体可分为4个主要类群，即长江中下游地区群体（指名亚种）、云南和四川的高山型群体（滇川亚种）、广西内陆山丘型群体（广西亚种）和福建沿海山丘型群体（福建亚种）。

一些学者采用不同地区来源的日本血吸虫毛蚴感染中国大陆和台湾省、日本及菲律宾等的湖北钉螺，分析钉螺对不同地区来源血吸虫易感性的差别，结果显示各钉螺亚种之间，以及来自不同地区的同一亚种之间对不同来源的血吸虫的易感性存在差别。来自中国大陆的湖北钉螺除对台湾省彰化的血吸虫不易感外，对来自其他地区包括日本和菲律宾的血吸虫都易感。日本的片山亚种除对大陆的血吸虫不易感外，对来源于菲律宾和台湾省彰化的血吸虫易感。菲律宾的夸氏亚种只能感染当地和台湾省彰化的血吸虫（Chiu，1967；Dewitt，1954；Hunter 等，1952；Hsu 和 Hsu，1960，1967；Moose 和 Williams，1963，1964；Pesigan 和 Hairston，1958）。

随着测序技术、生物信息学技术等现代生物技术的快速发展，结合钉螺传统的形态学、生态学及地理分布等知识，将会对湖北钉螺分类有一个更清晰的认识。

二、钉螺的形态

钉螺螺体由两部分组成，一是外壳和厣，主要用以包藏软体及防止在干燥环境中损失体液；二是软体部分，包括头、颈、足、外套和内脏囊。整个内脏囊盘曲于外壳中，内含各脏器，不能伸出壳外，而头、颈、足则可伸出壳口活动，当外界环境因素不利于钉螺活动或生存时即缩入壳内，并以厣密闭壳口，以保护软体。

1. 外壳　钉螺的外壳形态大多呈长圆锥形、右螺旋状。螺壳大小因滋生地不同而呈现较大差别。湖沼地区的钉螺粗大，成螺一般长 8.64～9.73mm，宽 3.49～4.24mm，个别螺长达 14mm，宽 4.7mm；山区钉螺较小，成螺一般长 5.80～6.93mm，宽 2.71～2.85mm；而水网地区钉螺大小介于二者之间，一般长 7.54～7.87mm，宽 3.13～3.42mm。就在同一地区，处在不同环境或不同年份的钉螺大小也有所不同。

指名亚种钉螺螺壳表面有的有纵肋，有的光滑无肋，前者称为肋壳钉螺，后者称为光壳钉螺。其他种或亚种的钉螺均为光壳钉螺。不同地区，甚至同一地区、同一水系不同段、点的肋壳钉螺的纵肋数、肋间宽度与深度往往因钉螺滋生地不同而相异。一般湖沼型地区的钉螺纵肋稀疏但较粗，水网型地区钉螺的纵肋则细密，而山丘型地区的钉螺无纵肋。

钉螺的外壳（图 7－1）分为螺旋部和体螺层两部分，螺壳从壳顶向壳底沿壳轴（壳柱）顺时针方向旋转。螺旋部包括壳顶、壳柱、螺层、壳缝、核螺旋、核后螺旋和体前螺旋几部分，是钉螺内脏盘存的地方。各地钉螺的螺旋数不一样，我国肋壳钉螺的旋数为 5.5～7.5，最多有 9.75 旋；光壳钉螺的旋数为 5.0～7.5，个别有 8.5 旋。体螺层包括壳口和壳底，为容纳钉螺头部和足部的部位。壳口呈卵圆形。有的成螺在壳口外唇的背侧有一唇脊（光壳钉螺多无明显唇脊）。肋壳钉螺的体形和壳口都比光壳钉螺大。

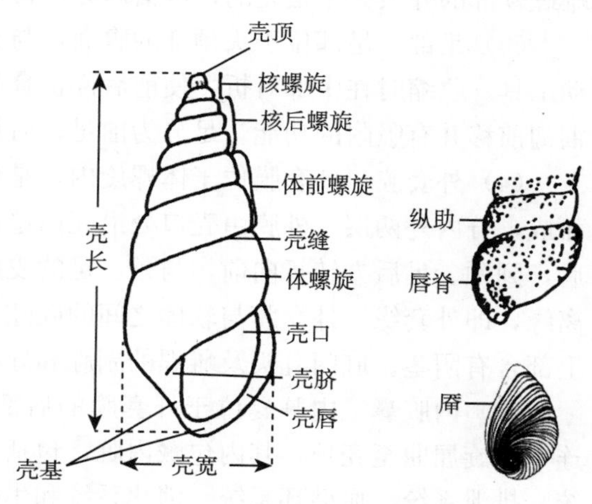

图 7－1　钉螺壳的外形（引自郭源华等，1963）

钉螺螺壳大多呈黄褐色或暗褐色，一般光壳钉螺颜色较深，呈暗褐色，肋壳钉螺则呈淡黄色。幼螺和成螺螺壳颜色不一样，刚孵出的幼螺呈白色或很淡的黄色，壳极薄，呈透明状。随着钉螺的成长，透明度逐渐消失，螺壳颜色逐渐加深，因品种和生存环境的差别呈现不同的颜色。

钉螺属于有厣螺类。厣的形状和壳口一样，呈卵圆形，为角质，较透明，附于腹足后面，有梭状肌与之相连，是螺体缩入螺壳后封闭壳口的盖子。

2. 软体 钉螺的软体包括头、颈、足、外套和内脏囊（图 7-2）。内脏囊包含有各脏器，盘曲于壳中，不能伸出壳外；而头、颈、足部可伸出壳口活动。雌雄钉螺因生殖系统的器官组成不同，其软体结构也有所区别。

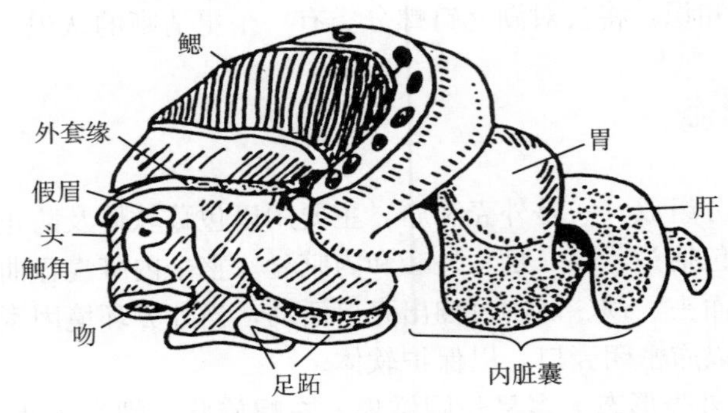

图 7-2 钉螺软体（引自李赋京，1956）

（1）头部 头部位于软体前端，常与足一起伸出壳外活动，形似圆柱，具有一个吻（嘴）、一对触角和一对眼。头前端为吻，呈钝圆状。头部背方两侧各有一个触角，是一对细长的突出，能伸缩转动。眼在触角基部的外侧，各具一个，稍向外突出。眼的内侧后方的皮下组织中有一半月形淡黄色的假眉。

（2）颈部 颈部连接头、足和内脏囊。头与颈界限不明显，常以眼后作为颈部。颈部较肥大，富有伸缩性，能做上下左右活动，常被外套膜所遮盖。雄螺的阴茎盘曲于颈部背面，雌螺颈部的外表完全是光的，可借以分辨钉螺的性别。

（3）足部 足部位于头颈部的腹面，与头颈相连，活动时常伴随头部伸出壳外，作为运动工具。收缩时在中部对折，使前后部折叠起来，缩入壳内。背部后部分与厣相连，底部能匍匐前移并有吸附的功能。足分为前足、后足、中足、侧足和上足 5 部分。

（4）外套膜 外套膜位于体螺旋内，是包围着软体的一层薄膜，由内脏囊向前延伸折叠而成，分内外两层。外膜由壳口处沿壳内壁向后，与内脏囊相连。内膜在壳口处紧贴外膜向后，到颈、足后方转折向前，与颈、足的皮肤相连。内膜与外膜在壳口处连接，形成一个游离缘，即外套缘。外套膜与软体之间的腔隙称为外套腔。外套腔分上下左右 4 部分。雄螺的上部含有阴茎。肛门乳头及雌螺的副腺和导精管乳头位于右部。

（5）内脏囊 内脏囊位于外套膜的后部，是螺体后部分上皮层形成的囊，与外套膜相连，盘旋屈曲至壳顶，其内包藏内脏，包括钉螺的感觉器官、神经系统、肌肉系统、呼吸系统、排泄系统、血循环系统、消化系统和生殖系统等。

（6）钉螺内脏

①感觉器官 钉螺的感觉器官主要包括皮肤、触角、眼、嗅检器和平衡囊等，负责钉螺对外部环境的感知。全部皮肤均具有感觉，其中以头、颈和足部的感觉最灵敏，一旦受到刺

激，即有螺体反应。触角内含有感觉神经细胞和感觉神经末梢，形成触角神经。钉螺眼内有感光细胞，与脑神经节及脑神经节侧面的混合神经相连。嗅检器是外套腔的感觉器官，在鳃附件内有一个嗅检器神经节，其功能主要是检验流入外套腔内水流的质量，也可能具有感受经过鳃囊的水压的功能。平衡囊司体位平衡和辨别方向的作用，有一对，呈球形，位于足神经内侧。

②神经系统　神经系统由神经中枢和外周神经组成（图 7－3）。神经中枢由 8 对和 2 个不成对的神经节组成，神经节间存在着 3 种联合和 7 种连索。外周神经主要由 47 对和 18 条不对称的神经组成（金志良等，1993）。神经节是神经系统的主要部分，神经可分运动神经和感觉神经，分布于内脏各处。钉螺对周围环境的适应和体内新陈代谢的调节均由各神经节发出信息，由到达各内脏和感觉器的神经来控制。

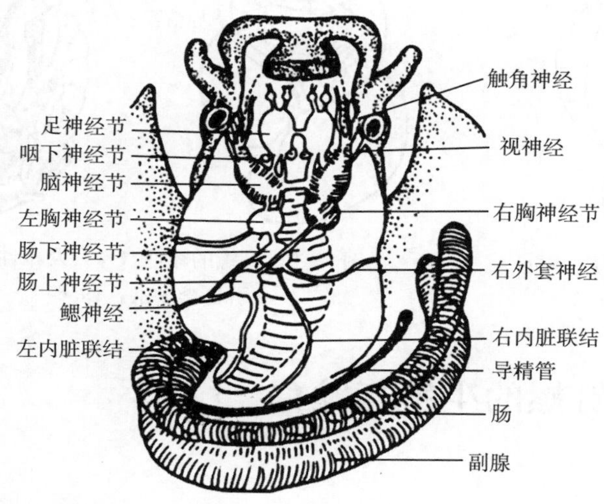

图 7－3　钉螺的神经系统（引自李赋京，1956）

③呼吸系统　钉螺的呼吸器是鳃，位于螺体前面颈部左侧的鳃囊内，有 33～38 个平排的鳃管，其前端开口于外套腔左部，与外界相通，空气和水可由此进出。

④排泄系统　钉螺的主要排泄器官是肾，位于肠、胃、鳃和心脏间，是一个囊状结构。一端与围心腔相连，另一端有短的输尿管通鳃囊。

⑤循环系统　钉螺的血液循环由心脏、血管及血窦组成。心脏位于胃的前左侧，有一个心室和一个心房，外被心包，心脏和心包之间的腔隙是围心腔。心房呈圆球形，较小，壁较薄，位于前端靠近鳃，近鳃端有一鳃静脉通向鳃，另一端则以瓣膜开口于心室。心室位于后方，呈短纺锤形，较心房大，壁也较厚，远端通主动脉。钉螺的血液无色或浅蓝色，没有红细胞，主要由含铜的血蓝素携带氧气，有少量类似淋巴细胞的变形细胞。

⑥消化系统　钉螺消化系统为消化器官和消化腺所构成（图 7－4）。消化器官包括口、口球、齿舌带、咽、食管、胃、肠和肛门。消化腺主要是唾液腺和肝。钉螺摄取食物后，食物在口腔内经齿舌磨碎，通过咽进入胃，在胃中变成食糜，未消化完的食物进入肠内进行再次消化和吸收，最后残渣经肛门排出。唾液腺的功能一方面在钉螺进食时起润滑作用，另一方面帮助消化食物。肝具有分解和储藏养分，分泌淀粉酶和蛋白酶等多种消化酶，以及起继续消化和吸收等作用。

⑦生殖系统　钉螺雌雄异体，交配后在体内受精。雌螺生殖系统主要由卵巢、输卵管、受精囊、交接囊、导精管和副腺等构成。雄螺生殖系统主要由睾丸、输出管、精囊、输精管、前列腺和阴茎等组成（图 7－5）。

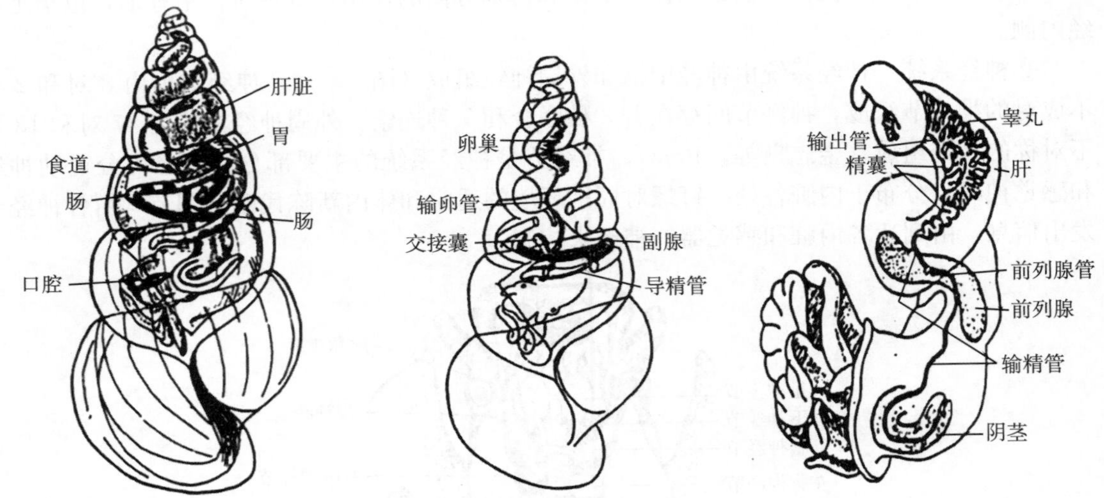

图 7－4　钉螺的消化系统（引自李赋京，1956）

图 7－5　钉螺的雌性（左）及雄性（右）生殖系统（引自李赋京，1956）

第二节　钉螺的生殖与发育

一、性腺发育

雄性钉螺和雌性钉螺的性腺均有“丰满”和“萎缩”的季节性变化。雌性钉螺的卵巢位于肝内侧，一般春季卵巢丰满，呈鲜黄色，大小为肝的 1/3～2/3，夏季和冬季呈萎缩状态，颜色较淡，大小仅为肝的 1/3 或小于 1/3。除在萎缩时期外，其余时间卵巢里均含有不同发育阶段的虫卵，一般 4 月和 5 月含卵量最多。雄螺睾丸丰满时约为萎缩时的 2 倍大，精子的多寡与睾丸的变化呈正相关。一般睾丸开始萎缩的时间比卵巢萎缩的时间稍迟，而恢复的时间则较早。钉螺被土埋或被血吸虫等其他寄生虫感染时，卵巢、睾丸等生殖腺发育受影响，变小或萎缩。

二、雌雄螺交配及影响交配的因素

钉螺大多在近水的潮湿泥土表面或草根附近进行交配。各地钉螺交配的月份不尽相同，一般情况下，在雌螺卵巢和雄螺睾丸发育旺盛的春季，即 4 月、5 月、6 月时钉螺交配最为频繁；随着气温上升，交配率逐渐下降，酷暑时交配极少；秋季的 9 月、10 月、11 月气温较温和时交配率又上升；天气转冷后，交配率又逐渐下降。钉螺交配的最适温度是 15～20℃，大于 30℃或小于 10℃交配率下降。交配的频率与螺的密度有关。单位面积内钉螺的密度越高，接触的机会越多，交配也越频繁。雌螺可多次交配，但一次成功的交配就足以长期受精。

三、产卵

钉螺产卵的时间大抵与性腺变化的周期一致。由于各地气候不同，钉螺的产卵时间也有所不同，但一般春季为旺盛期，秋季次之，酷暑和严冬不产卵。南方地区因气候转暖较早，产卵的开始时间也早些。整个产卵期每个雌螺的产卵量十余枚至百余枚。在实验室较好的环境条件下，有报道一个雌螺在一个产卵季节可产卵9～258个，平均为135.8个±49.7个。

钉螺产卵的最适宜温度为20～25℃。温暖季节期越长，产卵的时间越长。钉螺在泥土和水环境中产卵，在半潮湿泥土中产卵最多，潮湿泥土次之，泥水中最少。40%左右的土壤湿度适宜钉螺产卵，土壤水分过高或过低均影响钉螺的排卵量。螺卵主要分布在近水线的潮湿泥面上。螺卵必须有泥土包被，如仅给予水和草而无泥土，则钉螺不产卵，其体内副腺和卵巢也会逐渐萎缩。光照有助于钉螺产卵，在完全黑暗的环境下钉螺产卵甚少，钉螺产卵的数量与光照时间呈正相关。

四、卵胚发育

螺的胚胎在卵内发育。螺的受精卵在适宜条件下，经单细胞期、双细胞期、四细胞期、八细胞期（桑葚期）、十六细胞期、囊胚期、原肠胚期、担轮幼虫期、缘膜幼虫期（面盘幼虫期）发育成胚胎期幼螺，最后幼螺破膜孵出。刚产出的钉螺卵为单细胞，经2次纵裂和1次横裂发育为桑葚期，然后连续螺旋形卵裂，形成囊胚。囊胚经3～4d发育成原肠胚，并进一步发育为担轮幼虫。随后，卵胚层较快地分化、发育，胚胎呈现钉螺雏形，可见头、足、厣、螺壳，但脏器构造仍不能分辨，属缘膜幼虫期。第16天左右，钉螺内脏明显分化，可见肝、肠、心脏，头部神经细胞也可辨认，螺壳已达2/3层，有明显的外套膜和外套腔。约第20天，可见消化和呼吸器官。第27天，头部可见一对神经节。1个多月后，卵壳发育至2层，幼螺便可从卵中孵出。

螺卵不能在干燥的环境中孵化，只有在水中或潮湿的泥面上才能孵出。在水中的孵化时间为14～35d，在湿泥中为24～64d。在水中的孵化率比潮湿陆地上高。螺卵孵化时间的长短与温度有关。平均温度13℃时需要30～40d；16℃时需要20～28d；23℃时需要18d。幼螺多在温暖、多雨的4—6月出现。洪青标等（2004）的观察显示，27℃左右是螺卵发育的最适温度。光照有利于螺卵孵化，但螺在黑暗情况下也能孵化。螺卵外层的泥皮对螺卵孵化有利。雌螺未经受精而产出的螺卵不能孵出幼螺。

五、螺的生长发育

1. 幼螺发育　钉螺水陆两栖，前3周的幼螺生活在水中，密集于水的边缘；第3周后逐渐离水到陆上生活；第6周后大多栖息在潮湿的泥面。幼螺发育的快慢与当地的地理、气候等自然条件密切相关。气候温暖地区，幼螺2个半月就可发育成熟，并开始交配；气温较低的地区则需4～5个月，甚至更长。一般早期的幼螺在当年内可以发育为成螺。

2. 成螺生长 通常将钉螺壳高大于5mm作为判定钉螺成熟与否的间接指标。洪青标等（2003）报道钉螺在自然环境中从螺卵发育至成熟产卵的平均历期为（334.22±7.52）d，平均积温为（5 821.38±70.05）日度。周晓农等（1988）现场试验观察发现，长江下游（安徽、江苏）的成螺平均生存时间超过1年（368.8～399.6d）。中国医学科学院寄生虫病研究所（1977）报道有的钉螺可存活5年以上。感染寄生虫或季节性水淹的钉螺寿命一般不超过一年。

第三节 钉螺的生态学

一、分布

钉螺为水陆两栖生物，其分布受气温、雨量、植被、土壤、水位变化、水流缓急等多种因素影响。

钉螺分布于亚洲东部和东南部，包括中国、日本、菲律宾和印度尼西亚等国。在我国，钉螺分布于北纬33°15′以南的湖南、湖北、江西、安徽、江苏、四川、云南、浙江、上海、福建、广东、广西和台湾13个省（自治区、直辖市），分别在以上省（自治区、直辖市）中的34、58、39、41、71、62、18、54、9、16、12、19个县（市、区）和台湾的西部沿海一带分布（周晓农，2005）。分布区域海拔最高为2 400m（云南丽江），最低为0m（上海）。各种钉螺的主要分布区域如下：

（1）微小钉螺（*O. minuma*）和湖北钉螺片山亚种（*O. h. nosophora*） 日本。

（2）湖北钉螺夸氏亚种（*O. h. quadrasi*） 菲律宾。

（3）湖北钉螺林杜亚种（*O. h. lindoenis*） 印度尼西亚。

（4）湖北钉螺邱氏亚种（*O. h. chiui*）和湖北钉螺台湾亚种（*O. h. formosana*） 中国台湾。

（5）湖北钉螺指名亚种（*O. h. hupensis*） 中国的江苏、浙江、安徽、湖北、湖南、江西、上海和广东8个省（直辖市）的水网型地区、湖沼型地区及部分山丘型地区的丘陵环境。

（6）湖北钉螺福建亚种（*O. h. tangi*） 中国东部地区的福建、江苏苏北沿海地区及广西。

（7）湖北钉螺滇川亚种（*O. h. robertsoni*） 中国的四川及云南省。

在长江以南的贵州省和重庆市尚无发现钉螺。

不同类型流行区由于受地理环境、水位变化、气候条件等因素影响，钉螺分布有各自的一些独有特征。

湖沼型流行区主要分布在长江沿岸洲滩及与长江相通的大小湖泊周围的滩地，水系面广量大，钉螺分布面积大，呈面状分布。江湖水位呈季节性变化，大量的洲滩呈冬陆夏水现象。钉螺大多分布于水淹1～5个月的洲滩，年均水淹8个月以上或1个月以下的洲滩很难找到钉螺。滩地植被不同钉螺分布也不同，一般芦苇滩钉螺多活螺密度高，其次为草滩和柳林滩。在湖沼型流行区滋生的钉螺体形较水网型和山丘型流行区大，壳厚肋深。

山丘型流行区水系较为独立，地理环境复杂。钉螺主要沿水系自上而下分布于山坡、水溪、沟渠、山涧、坑塘、梯田等常年保持潮湿的地方，呈线状或点状分布。根据地貌可分为高原峡谷、高原平坝和丘陵三种类型。高原峡谷地区钉螺大多分布于梯田、草坡、山涧、菜园、坑塘和水田中。高原平坝地区钉螺大多分布于灌溉渠内，稻田中钉螺分布相对较少。丘陵地区钉螺呈点块状分布于一些水系和沟渠、田塘中。钉螺体形较小，螺壳光滑无肋或仅有浅密肋纹。

水网型流行区河道、沟渠纵横交错，密如蛛网，水流缓慢，钉螺沿河岸、沟渠呈线状或网状分布。与有螺沟渠相通的田、塘里往往可以找到钉螺，入口处一般钉螺密度较高。稻田的钉螺一般分布于田边。浅滩处和近水线处钉螺密度较高，远离水线处密度则低。钉螺体形中等，有纵肋。

我国的钉螺分布区域局限于长江流域及其以南地区，但在这一范围内，仍存在着大片无螺区，主要处在水系的上游地带。凡水系上游地区有钉螺分布的，一般其下游也有钉螺存在。但一些水系下游地区或湖沼地区虽有大量钉螺分布，其上游地区却不一定都有钉螺。

钉螺大多呈不均匀、成群的分布。感染性钉螺多分布于人畜活动频繁的地方。

气候、土壤、雨量、植被、光照等自然因素会影响钉螺的滋生及分布（详见本节：二、钉螺的生存环境）。此外，洪涝灾害、洲滩变迁、气候变暖等自然因素，重大水利工程和生态保护工程建设等人为因素都可能影响钉螺的分布。如洪涝灾害使钉螺随洪水扩散；气候变暖和南水北调工程等因素同时存在时，钉螺向北方扩散的可能性将增加；三峡建坝，平垸行洪、退田还湖措施的实施，湿地保护工程的建设等对疫区钉螺的分布都会产生一定的影响，既有积极的一面（减少溃堤、溃垸和钉螺扩散等），也有消极的一面（形成新的或扩大钉螺滋生地，钉螺扩散等）；等等。这些都应引起重视，加强监测，做好应对方案。

二、钉螺的生存环境

气温适宜、土壤肥沃、雨量充沛、杂草丛生、水位变化小、水流缓慢等是适宜钉螺滋生的环境条件。

1. 土壤　土壤是自然环境中钉螺栖息和活动的场所，土壤的理化性质与钉螺的生存、分布等相关。钉螺从土壤中摄取一定量的有机物和无机盐，富含氮、磷、钙和有机物的肥沃土壤更适宜钉螺滋生，在此类土壤中钉螺的分布密度高、个体大。微酸性、微碱性或中性的土壤都适合钉螺生存。钉螺的分布还与土壤的物理性质有关，板结的土壤，钉螺不宜打洞，完全干燥的土壤钉螺不能在其上爬行，不长杂草的土壤缺乏抵御烈日和寒流的条件，均不适宜钉螺生存。此外，土壤含水量也直接影响着钉螺的生存状态。例如，在含水量＜60％时，钉螺密度随含水量的增加而升高；含水量 60％～80％时，钉螺密度波动不大；若含水量继续增加，钉螺密度则开始逐渐下降。通过分析土壤的理化性质，可以初步判断钉螺是否可以在该地区生存。

2. 水　钉螺是水陆两栖动物，水是钉螺生长、繁殖的必要条件之一。幼螺生活于水中，成螺多滋生于潮湿的泥土表面。在水中或潮湿的地面上，成螺常伸出头足部爬动；但在干燥的环境中，钉螺软体则缩入壳内，闭厣不动，以减少体内水分蒸发。钉螺分布地区降雨量都在 900mm 以上。无论是湖沼型或水网型或山丘型流行区，钉螺总是沿水系分布。水位升降变化不大、水流缓慢、潮湿的地方适宜钉螺滋生。

钉螺喜水，并有一定的耐旱力，但长期水淹或长期干旱都不利钉螺存活和生长发育。江湖洲滩地区水位是钉螺滋生分布的重要影响因素。一般来说，水淹 8 个月以上或 1 个月以下的地带是无螺带，水淹 6～8 个月的地带是稀螺带，而水淹 4～5 个月的地带是密螺带。

水质也会影响钉螺的分布。pH 中性或弱碱、弱酸性的水适合钉螺滋生。钉螺喜淡水而不喜咸水，喜清水而不喜污水。

3. 温度 环境温度是影响钉螺分布、生长、发育与繁殖的重要因素。我国钉螺分布地区的平均年气温都在 14℃以上，或 1 月平均气温在 0℃以上。适宜钉螺滋生的气温是 20～25℃。钉螺开厣与水温有密切关系，在 10～12℃、20℃、30℃和 35℃水中，以 10～12℃和 20℃两组的开厣率较高，35℃水温时绝大部分钉螺缩入壳内（苏德隆，1963）。因钉螺的开厣与尾蚴逸出密切相关，故在流行病学上有较重要的意义。在自然环境中，4—6 月钉螺活动较频繁，7—8 月明显下降，9—10 月增加，11 月下旬之后活动减少。据苏德隆试验观察，10～20℃是钉螺最适宜的舐食温度，5℃钉螺完全不舐食，高于 30℃舐食也不适宜。

当冬季气温降至 5℃以下时，钉螺大多隐藏在草根、草丛、泥土裂隙和落叶下越冬。在炎热的夏季，钉螺也常常蛰伏于草根或落叶下、泥土中或栖于水中。这被称为钉螺的冬眠和夏蛰现象。广东、福建等气候较温暖的地区，钉螺无明显的冬眠现象（毛守白，1990）。洪青标等（2002，2003）的试验观察则认为，钉螺的夏蛰现象不明显。有学者认为这种钉螺冬眠不是真正意义上的冬眠，因为当局部气温回升后钉螺便恢复活动。

洪青标等（2002，2003）在试验条件下，发现当环境温度降到 0℃以下时，钉螺开始出现死亡。进一步降至－3℃时，置钉螺于干燥环境和潮湿环境 12h 后钉螺的死亡率分别为 73.3％和 56.7％。在干燥环境和潮湿环境下半数致死低温分别为－2.34℃和－2.72℃，半数致死高温分别为 40.01℃和 42.13℃。

温度也影响钉螺的生长发育与繁殖，主要表现在钉螺的交配、螺卵的发育、幼螺的孵化等方面。洪青标等（2003，2004）的试验观察显示，钉螺卵的发育阈温度为 1.79℃，钉螺成螺的发育阈温度为 5.87℃；钉螺卵在 15～30℃环境中的平均发育历期为（27.29±17.29）d，平均发育积温和有效积温分别为（557.76±198.95）日度和（236.02±68.20）日度；钉螺从螺卵发育至成熟产卵的平均历期为（334.22±7.52）d，平均总积温为（5 821.38±70.05）日度，平均有效积温为（3 846.28±32.59）日度。环境温度对钉螺的寿命影响显著，在室温 22.1℃条件下，钉螺的平均寿命为 16.88 个月，最长可达 52.2 个月。

4. 植被 植被是钉螺滋生的重要条件之一。适度的植被能为钉螺提供荫蔽、潮湿的环境，避免夏季阳光暴晒，抵御冬季严寒。不少植物还是钉螺的食物。植被的有无、多少和种类是影响钉螺分布的重要因素之一。在水网型流行区，钉螺分布的地点和密度与草量有显著关系，草多的地块，有螺比例高，钉螺的数量和密度也高，反之则较低。在山丘型流行区，钉螺常集聚于小溪旁的草丛里。

钉螺分布与植被类型有一定的关系，不同植被对钉螺的滋生呈现不同的促进或抑制作用。卫星遥感技术对鄱阳湖的蚌湖钉螺滋生草洲植被的分类研究表明，该区域薹草地带最适于钉螺滋生，其次为薹草＋菊叶委陵菜群落带，而马眼子菜和苦草群落带、水藻和马眼子菜＋苦草＋黑藻带及混合植被带不适宜钉螺滋生（姜庆五，2001）。在江滩、洲滩地区，芦苇滩生长区地面腐殖层较厚，往往钉螺密度最高，其次是草滩。因此，可以通过改变某一区域的植被类型，从生态层面控制钉螺滋生。

5. 光线　钉螺能感受到光照强度的变化，喜爱的光照强度为 3 600～3 800lx。高于此照度钉螺表现出背光性，低于此照度表现为趋光性。当照度高于 4 000lx 时，钉螺表现为畏缩，背光而行，或潜伏在隐蔽物之下。观察发现，钉螺白昼活动较少，通常夜间活动比较活跃。现场观察发现，在 6—8 月，气温 25～34℃时，钉螺在无草的干泥面上，经阳光照射 8～10h，其死亡率达 98.3%～99.6%。

6. 天敌　观察发现一些动物可兼食钉螺，如鸭、鹅、螃蟹、青鱼、鲤、草鱼、黄鳝、黑斑蛙、蟾蜍、花龟、金龟等；一些节肢动物（如沼蝇、蝇类、蚜虫、银蜻蜓、豆娘虫、步行虫、花龟子、介形虫等），及一些吸虫、线虫、纤毛虫等对钉螺的生长发育、生存造成不同程度的危害。

7. 食物　钉螺以植物性食物为主，从藻类到高等植物有数十种之多。此外也摄食一些原生动物。解剖野外检获的钉螺时，可见其胃、肠中含有多种藻类、高等植物细胞及原生动物。

实验室人工养殖的钉螺对米粉、麦粉（麦麸）、藕粉、荞麦粉、马铃薯粉、奶粉、鱼粉等都较喜爱。

8. 氧　钉螺通过鳃和外套腔与水接触，以气体交换的方式获得氧气。按体重计小螺的耗氧量高于大螺；周围环境温度高，耗氧量也会相应提高。钉螺在水中的耗氧量高于离水后的耗氧量。成螺对缺氧的耐力比幼螺强。

第四节　钉螺的控制

一、钉螺的控制

钉螺是日本血吸虫唯一的中间宿主，消灭钉螺，切断日本血吸虫病的传播链，是阻断血吸虫病传播的重要途径之一。

20 世纪 50 年代血吸虫病防控初期，我国实施了以灭螺为主的综合防治对策，采用了药物灭螺和环境改造灭螺，查治病人、病牛，加强粪便管理等技术措施，全国血吸虫病流行区掀起了千军万马送瘟神的灭螺大会战，在水网型流行区有效地控制了血吸虫病流行，湖沼型流行区和山丘型流行区钉螺面积和血吸虫病人、病畜数显著减少，疫区范围缩小。到 70 年代末，我国约有 1/3 血吸虫病流行县达到了消灭血吸虫病标准。自 20 世纪 80 年代至 21 世纪初，我国实施了以化疗为主、结合易感地带灭螺的防治策略。在一些不受江河水位影响且尚能消灭钉螺的地区仍实施以钉螺控制为主的防治策略（袁鸿昌等，1986）。在我国几十年的血吸虫病防控实践中，血防工作者探索提出并实施了系列结合农业生产和农业产业结构调整、水利工程建设、林业工程建设等消灭钉螺的技术措施，通过改造钉螺的滋生环境，减少钉螺的分布面积和密度，取得显著的灭螺防病效果及社会经济和生态效益。

钉螺控制技术包括化学药物灭螺、生态灭螺（农业工程灭螺、水利工程灭螺、兴林抑螺等）、生物灭螺、物理灭螺等多项技术。某一流行区在实施控制钉螺技术前要先做好螺情、钉螺分布和流行区环境特点等调查，在此基础上科学制定规划，因地制宜实施适合本地区的综合控制对策和措施。同时，控制钉螺应坚持区域联防联控，按水系分片块，先上游后下游，由近及远，邻近村庄、人畜活动频繁的易感地带优先灭螺，先易后难推进，力争做到消灭一块、清理一块、巩固一块。坚持卫生、农业、水利、林业等部门间的协作，环境改造灭螺和易感地带药物灭螺同步推进。

药物灭螺和生态灭螺（农业、水利和林业工程灭螺等）技术已在我国血吸虫病防控中广泛推广应用，并在该病的有效控制及传播阻断中发挥了重要的作用。

物理灭螺技术指应用物理手段或方法，即直接利用物理能源（包括热、微波等）抑制或杀死钉螺。曾尝试过的技术方法有用热水、热蒸汽或火焰灭螺，燃烧芦苇滩地面落叶和杂草以热能杀灭钉螺，塑料薄膜覆盖法灭螺，及微波灭螺等，并在实践中证明可取得一定的灭螺效果。但由于采用这些技术方法有的需要消耗较大的能源（如热水、热蒸汽、火焰、微波灭螺等），有的存在环保方面的问题（如燃烧芦苇滩地面落叶和杂草等），有的对操作人员身体有害（如微波灭螺）；同时，这些技术方法大多对土层内和土缝内钉螺杀灭效果差，故目前这些技术措施很少在现场应用。

生物灭螺主要是利用自然界中一些生物种群（如鸭、鹅、蟹、鱼、龟等）可捕食钉螺，一些细菌（如凸形假单胞菌等）、放线菌或其代谢产物（蜡黄放线菌代谢产物 530 等）对钉螺有抑制或杀灭作用，或一些吸虫（如外睾吸虫）等感染钉螺后可影响钉螺生长发育、产卵，或竞争性地抑制血吸虫幼虫在钉螺内生存，从而达到灭螺或抑制血吸虫幼虫在钉螺内发育的目的。在我国，引导农民通过养殖鸭、鹅、鱼等消灭钉螺已在一些疫区推广应用，并取得灭螺和发展农村经济的双重目的。但至今为止，其他生物灭螺技术大多仍处于试验探索阶段，尚未有一种较理想、成熟的技术可在现场推广应用。

生态灭螺是指利用钉螺的生物学和生态学特性，通过改变钉螺滋生环境，使之不利于钉螺生长繁殖，从而达到减少或消灭钉螺和控制血吸虫病的目的。生态灭螺是当前国内外推荐和广泛采用的灭螺技术措施。本书第十四章第二节对生态灭螺的常用技术及生物灭螺技术作了简要介绍，故本节重点简要介绍三种灭螺药物的基本情况及通过外睾吸虫生物控制日本血吸虫病原的一些试验研究进展。

二、化学药物灭螺

化学药物灭螺即利用对钉螺有一定毒性的化学物质来杀灭钉螺。该法的优点是省时、省力、见效快、可反复使用。但对水生动物有毒性，在长江流域江湖洲滩等地区难以全面实施。

目前，化学灭螺药的剂型主要有粉剂、可湿性粉剂、颗粒剂等。世界卫生组织（WHO，1989）对理想的灭螺剂提出以下条件：低浓度时对螺有较高的毒性；对哺乳动物无毒，无急、慢性毒性；药物进入食物链不产生不良反应；药物需要稳定，至少稳定 18 个月。

药物灭螺常用的施药方法：一是浸杀法，适用于能控制水位和水量的沟、渠、塘和水田。二是喷洒（粉）法，适用于江湖洲滩滩地和没有积水的沟、渠、塘、田的埂边等有螺环境，应用比较普遍。

由于大多数灭螺药对人、畜或水生动物有或大或小的毒性，实施药物灭螺时，要严格规范操作，做好施药人员的防护，预先出示公示公告，让当地群众了解灭螺时间和范围，做好相应的防范措施。

1913 年日本就试用石灰氮灭螺，埃及于 1920 年用硫酸铜灭螺。此后，各国先后筛选出五氯酚钠、氯硝柳胺、溴乙酰胺等对钉螺有较好杀灭作用的化学药物。

1. 氯硝柳胺　氯硝柳胺（niclosamide）最早由拜耳药厂生产，化学名为 5,2′-氯-4′-硝基水杨酰苯胺。该药系无嗅无味的黄色结晶状粉末，不溶于水。后又研制出其乙醇胺盐（贝螺杀），在水中溶解度为 230mg/L，其乙醇胺盐的可湿性粉剂，含氯硝柳胺乙醇胺盐 70%。国内产品为 50%可湿性粉剂，商品名为螺灭杀，现称杀螺胺。氯硝柳胺是目前唯一被 WHO 推荐使用、国内唯一登记注册批准的灭螺药。

氯硝柳胺主要通过影响钉螺的能量代谢、损伤钉螺腺体等杀伤钉螺。该药对成螺、幼螺、螺卵和尾蚴均有效，幼螺的敏感性高于成螺。氯硝柳胺乙醇胺对大鼠口服 $LD_{50}>$ 5 000mg/kg，对人、畜毒性较低。对植物无害。对鱼的 LD_{50} 在 0.05～0.3mg/L 之间，视鱼种而异，毒性较大，故不建议在鱼塘使用。较适用于滩涂、沟渠、稻田等有螺环境。推荐使用剂量浸杀法为 2g/m^3 水，喷杀法为 2g/m^2。现场使用时应远离水产养殖区，不要在河塘等水体中清洗施药器具。滩涂用该药灭螺后 2 周内禁止牛等家畜在灭螺滩涂放牧。施药时施药人员应做好防护。目前已研制的氯硝柳胺剂型有喷粉剂、悬浮剂和颗粒剂等。

2. 五氯酚钠　五氯酚钠（sodium pentachlorophenate，NaPCP）最早由美国 Monsanto 厂生产，是国内过去使用最广泛的杀螺药。该药有强烈的氯臭味，纯品系白色结晶体，易溶于水，使用方便。对成螺、幼螺、螺卵和尾蚴均有效。浸杀法用药量为 10～20g/m^3 水。喷洒法用药量为 5～10g/m^2，配成 1%～2%溶液喷洒。五氯酚钠对人、畜、鱼和植物都有较大的毒性。在 1mg/L 浓度时即可使鱼死亡，对大鼠的口服 LD_{50} 为 40～250mg/kg。因其毒性较大，会对环境造成较严重的污染，该药自 2000 年起已禁止应用于现场灭螺。

3. 溴乙酰胺　溴乙酰胺（bromoacetamide）由中国预防医学科学院寄生虫病研究所研制。该药呈白色针状结晶，易溶于水，经实验室和现场试验证明对成螺、幼螺和螺卵都有杀伤作用。浸杀用药浓度为 1mg/L，喷杀用药浓度为 1g/m^2。该药对鱼类毒性较低，水中浓度在 6mg/L 时未发现死鱼。但因价格较贵限制了该药在较大规模的现场中使用。

三、钉螺感染单一吸虫现象与"以虫治虫"方法的探索

所有吸虫幼虫期都需要在某种贝类中间宿主体内进行发育和无性繁殖。一种吸虫可能有一种或数种贝类充作其中间宿主，而一种贝类也可作为多种吸虫的中间宿主。观察发现自然环境中一个贝类个体只被一种吸虫幼虫期寄生的现象非常普遍（唐崇惕和唐仲璋，2005）。如日本血吸虫的中间宿主湖北钉螺同时是日本血吸虫、外睾类吸虫、斜睾类吸虫、侧殖类吸虫、盾盘类吸虫、背孔类吸虫及福建并殖吸虫、大平并殖吸虫幼虫期的中间宿主（唐崇惕等，2008；唐仲璋，1940；Hata 等，1988；张仁利等，1993；姚超素等，1996），但自然环境中一个钉螺往往只见一种吸虫幼虫感染。唐崇惕等根据这一现象，先用取自鲶肠道的目平外睾吸虫虫卵饲食钉螺，21d 后再用日本血吸虫毛蚴感染钉螺，在血吸虫感染后 4～82d 的不同时间段取部分试验钉螺固定、连续切片、染色制片，镜检观察发现螺体内血吸虫幼虫均致残死亡（唐崇惕等，2008；Tang 等，2009）。进一步分析发现外睾吸虫阳性钉螺的分泌物颗粒、血淋巴细胞、副腺细胞等会出现在随后感染的血吸虫幼虫周围或侵入体内，使血吸虫幼虫结构异常，停止发育并死亡，在抗日本

血吸虫感染中发挥了重要作用（唐崇惕和舒利民，2000；唐崇惕等，2008，2009，2010，2012，2013，2014；Tang 等，2009）。试验结果提示可以利用这一现象用“以虫治虫”方法生物控制血吸虫病原和媒介钉螺。

第五节　其他血吸虫的螺类宿主

一、曼氏血吸虫

（1）螺类宿主　双脐螺。

（2）分类地位　属扁卷螺科（Family Planorbidae）扁卷螺亚科（Subfamily Planorbidae）双脐螺属（*Biomphalaria*）。

（3）常见种类及分布　光滑双脐螺（*Biomphalaria glabrata*），分布于西印度群岛及南美；亚氏双脐螺（*Biomphalaria alexandia*），分布于北非；菲氏双脐螺（*Biomphalaria pfeifferi*），分布于除北非以外的整个非洲及西南亚。

二、埃及血吸虫

（1）螺类宿主　小泡螺。

（2）分类地位　属扁卷螺科（Family Planorbidae）小泡螺亚科（Subfamily Bulininae）小泡螺属（*Bulinus*）。

（3）常见种类及分布　截形小泡螺（*Bulinus truncatus*），分布于非洲和小亚细亚；非洲小泡螺（*Bulinus africanus*），分布于非洲；球形小泡螺（*Bulinus globosus*），分布于西亚、中非和东非。

三、间插血吸虫

（1）螺类宿主　小泡螺。

（2）分类地位　属扁卷螺科（Family Planorbidae）小泡螺亚科（Subfamily Bulininae）小泡螺属（*Bulinus*）。

（3）常见种类及分布　福氏小泡螺（*Bulinus forskalii*），分布于南非。

四、湄公血吸虫

（1）螺类宿主　拟钉螺。

（2）分类地位　属圆口螺科（Family Triculinae）拟钉螺亚科（Subfamily Triculinae）新拟钉螺属（*Neotricula*）。

（3）常见种类及分布　大口（开放）新拟钉螺（*Tricula aperta*），分布于湄公河下游的老挝、泰国和柬埔寨。

五、马来血吸虫

（1）螺类宿主　小罗伯特螺。

（2）常见种类及分布　卡波小罗伯特螺（*Robertsiella kaporensis*），分布于泰国和马来西亚；吉士小罗伯特螺（*Robertsiella gismanni*），分布于马来西亚。

六、东毕吸虫（土耳其斯坦东毕吸虫 *O. turkestanicum* 等）

（1）螺类宿主　椎实螺类。

（2）常见种类及分布　耳萝卜螺（*Radix auricularia*）、卵萝卜螺（*R. ovata*）、狭萝卜螺（*R. lagotis*）、长萝卜螺（*R. pereger*）、梯旋萝卜螺（*R. latispera*）、克氏萝卜螺（*R. clessini*）和小土窝螺（*Galba pervia*）等。在我国分布广泛，黑龙江、吉林、辽宁、北京、内蒙古、山西、陕西、甘肃、宁夏、青海、新疆、四川、云南、广西、广东、贵州、湖北、湖南、江西、福建、上海、江苏、河北等地均有报道。

七、毛毕吸虫（包氏毛毕虫 *Trichobilharzia paoi* 等）

（1）螺类宿主　椎实螺类。

（2）常见种类及分布　折叠萝卜螺、斯氏萝卜螺和小土窝螺等，分布于我国的黑龙江、吉林、江苏、四川、江西、福建、广东、辽宁、上海等地。

（林矫矫）

■ 参考文献

毕研云，图立红，李枢强，等，2006. 我国常用的灭螺方法［J］. 生物学通报，41（11）：17－18.

蔡新，2012. 食物与温度对湖北钉螺生长发育及繁殖率的影响研究［D］. 武汉：湖北大学.

陈柳燕，徐兴建，杨先祥，等，2002. 三峡建坝后江汉平原土壤含水量及气温对钉螺生态的影响［J］. 中国血吸虫病防治杂志（4）：258－260.

洪峰，2010. 江湖浅滩血吸虫生态控制技术探讨［J］. 人民长江（12）：102－104.

洪青标，周晓农，孙乐平，等，2002. 全球气候变暖对中国血吸虫病传播影响的研究Ⅰ. 钉螺冬眠温度与越冬致死温度的测定［J］. 中国血吸虫病防治杂志（3）：192－195.

洪青标，周晓农，孙乐平，等，2003. 全球气候变暖对中国血吸虫病传播影响的研究Ⅱ. 钉螺越夏致死高温与夏蛰的研究［J］. 中国血吸虫病防治杂志（1）：24－26.

洪青标，周晓农，孙乐平，等，2003. 全球气候变暖对中国血吸虫病传播影响的研究Ⅳ. 自然环境中钉螺世代发育积温的研究［J］. 中国血吸虫病防治杂志，15（4）：269－271.

胡相，王茂连，1987. 湖北钉螺作为一种侧殖吸虫中间宿主的发现［J］. 淡水渔业（4）：3－4.

黄玲玲，2006. 山丘区钉螺分布特征及其与环境因子的关系［D］. 北京：中国林业科学研究院.

姜庆五，林丹丹，刘建翔，等，2001. 应用卫星图像对江西省蚌湖钉螺孳生草洲植被的分类研究［J］. 中华流行病学杂志，（2）：34－35，81.

康在彬，王萃鎧，周述龙，1958. 湖北省钉螺的形态及地理分布［J］. 动物学报（3）：225－241.
柯文山，陈玺，陈婧，等，2014. 湖北钉螺（*Oncomelania hupensis*）对光照的感觉反应［J］. 湖北大学学报（自然科学版），36（2）：103－105，109.
李赋京，1956. 钉螺的解剖与比较解剖［M］. 武汉：湖北人民出版社.
李召军，2007. 鄱阳湖区植被与钉螺分布关系的研究［D］. 南昌：南昌大学.
李召军，陈红根，刘跃民，等，2006. 鄱阳湖区圩垸内外植被与钉螺分布关系研究［J］. 中国血吸虫病防杂志（6）：406－410.
李忠武，张艳，崔明，等，2013. 洞庭湖区钉螺及疫情的空间分布与水环境质量关系［J］. 地理研究（3）：403－412.
梁幼生，孙乐平，戴建荣，等，2009. 江苏省血吸虫病监测预警系统的研究：Ⅰ水体感染性监测预警指标及方法的构建［J］. 中国血吸虫病防治杂志（5）：363－367，451.
林丽君，闻礼永，2013. 湖北钉螺在日本血吸虫病传播中的作用［J］. 中国血吸虫病防治杂志（1）：83－85，89.
刘年猛，2008. 湘江长沙段洲滩钉螺防治前后的种群动态研究［D］. 长沙：湖南师范大学.
刘蓉，牛安欧，李莉，2004. 用 RAPD 技术对湖北钉螺遗传变异的研究［J］. 中国寄生虫病防治杂志（3）：13－16.
刘燕，2013. 湖北钉螺生存环境主要影响因素探析［J］. 九江学院学报（自然科学版），28（3）：1－4.
刘月英，1974. 关于我国钉螺的分类问题［J］. 动物学报（3）：223－230.
刘月英，楼子康，王耀先，等，1981. 钉螺的亚种分化［J］. 动物分类学报（3）：253－267.
吕大兵，姜庆五，2003. 钉螺生态学研究及其应用［J］. 中国血吸虫病防治杂志（2）：154－156.
毛守白，1990. 血吸虫生物学与血吸虫病的防治［M］. 北京：人民卫生出版社.
毛守白，李霖，1954. 日本血吸虫中间宿主——钉螺的分类问题［J］. 动物学报（1）：1－14.
倪传华，郭源华，1991. 中国大陆钉螺杂交的研究［J］. 四川动物（4）：20－22.
卿上田，胡述光，张强，等，2003. 结合农业综合发展进行灭螺与控制血吸虫病［J］. 中国兽医寄生虫病（3）：32－33，44.
申云侠，诸葛洪祥，梁幼生，等，2010. 光强和光色对钉螺趋光性的影响［J］. 中国人兽共患病学报（10）：939－941.
孙乐平，周晓农，洪青标，等，2003. 日本血吸虫幼虫在钉螺体内发育有效积温的研究［J］. 中国人兽共患病杂志（6）：59－61.
孙启祥，彭镇华，周金星，2007. 抑螺防病林生态控制血吸虫病的策略与机理分析［J］. 安徽农业大学学报（3）：338－341.
唐崇惕，郭跃，卢明科，等，2012. 先感染外睾吸虫的钉螺其分泌物和血淋巴细胞对日本血吸虫幼虫的反应［J］. 中国人兽共患病学报（2）：97－102.
唐崇惕，郭跃，王选准，等，2010. 日本血吸虫在先感染外睾吸虫后不同时间钉螺体内被生物控制效果的比较［J］. 中国人兽共患病学报，26（11）：989－994.
唐崇惕，黄帅钦，彭午弦，等，2014. 目平外睾吸虫与日本血吸虫不同间隔时间双重感染湖北钉螺其体内外分泌物的比较观察［J］. 中国人兽共患病学报，30（11）：1083－1089.
唐崇惕，卢明科，陈东，等，2009. 日本血吸虫幼虫在钉螺及感染外睾吸虫钉螺发育的比较［J］. 中国人兽共患病学报，25（12）：1129－1134.
唐崇惕，唐仲璋，2005. 中国吸虫学［M］. 福州：福建科学技术出版社.
唐崇惕，王云，1997. 叶巢外睾吸虫幼虫期在湖北钉螺体内的发育及生活史研究［J］. 寄生虫与医学昆虫学报，4（2）：20－24.
王国棠，1989. 湖北钉螺两个亚种核型的初步研究［J］. 遗传，11（5）：21－23.

王国棠，1991. 云南省钉螺染色体核型的研究［J］. 中国人兽共患病杂志，7（3）：29－30.

王海银，2009. 日本血吸虫中间宿主——钉螺的螺口动力学研究［D］. 上海：复旦大学.

王海银，张志杰，周艺彪，等，2009. 湖南省洞庭湖区钉螺分布状态的动态分析［J］. 复旦学报（医学版），36（2）：138－141，148.

王少海，何立，康在彬，等，1994. 钉螺齿舌的光学显微镜和扫描电镜结果分析［J］. 中国人畜共患病杂志，10（6）：26－29.

王小红，蔡永久，王金昌，等，2013. 鄱阳湖湿地钉螺种群生态变化的初步调查Ⅰ. 干旱因子对湿地钉螺分布的影响［J］. 江西科学，（4）：450－452，460.

吴刚，苏瑞平，张旭东，1999. 长江中下游滩地植被与钉螺孳生关系的研究［J］. 生态学报，19（1）：4.

向瑞灯，徐新文，徐诗文，2005. 刁汊湖河滩钉螺分布影响因素研究［J］. 中国血吸虫病防治杂志，17（1）：2.

许静，郑江，2003. 中国大陆不同地区光壳钉螺遗传多样性的 RAPD 分析［J］. 中国血吸虫病防治杂志，15（4）：4.

姚超素，石孟芝，1996. 在日本血吸虫中间宿主钉螺体内发现盾盘吸虫［J］. 实用预防医学，3（3）：154－155.

姚超素，石孟芝，蔡文华，等，1996. 钉螺体内发现侧殖吸虫幼虫的报告［J］. 中国血吸虫病防治杂志（2）：93－95，129.

袁鸿昌，姜庆五，1999. 我国血吸虫病科学防治的主要成就——庆祝建国 50 周年血防成就回顾［J］. 中国血吸虫病防治杂志（4）：193－195.

张垒，庄黎，陈婧，等，2008. 湖北钉螺在不同温度下的发育速率及形态变化［J］. 湖北大学学报（自然科学版），2：205－207.

张仁利，左家铮，刘柏香，等，1993. 洞庭湖外睾吸虫新种及其生活史［J］. 动物学报（2）：124－129.

张世萍，李安平，徐纯森，等，1995. 几种水生经济动物灭钉螺的初步研究［J］. 华中农业大学学报，1：85－88.

张薇，滕召胜，2006. 血吸虫病预防与治疗的研究进展［J］. 实用预防医学，3：798－800.

张旭东，漆良华，黄玲玲，等，2007. 山丘区土壤环境因子对钉螺（*Oncomelania snail*）分布的影响［J］. 生态学报（6）：2460－2467.

张志杰，彭文祥，庄建林，等，2005. 湖北钉螺分布与年极端低气温的关系分析［J］. 中国血吸虫病防治杂志（5）：341－343.

周述龙，林建银，蒋明森，2001. 血吸虫学［M］. 北京：科学出版社.

周晓农，2005. 实用钉螺学［M］. 北京：科学出版社.

周晓农，洪青标，孙乐平，等，1997. 中国钉螺螺壳的聚类分析［J］. 动物学杂志（5）：5－8.

周晓农，孙乐平，洪青标，等，1995. 中国大陆钉螺种群遗传学研究. 种群遗传变异［J］. 中国血吸虫病防治杂志（2）：67－71.

周晓农，孙乐平，徐秋，等，1994. 中国大陆不同地域隔离群湖北钉螺基因组 DNA 的限制酶切长度差异［J］. 中国血吸虫病防治杂志（4）：196－199，258.

周晓农，杨国静，孙乐平，等，2002. 全球气候变暖对血吸虫病传播的潜在影响［J］. 中华流行病学杂志（2）：8－11.

周艺彪，姜庆五，赵根明，等，2006. 中国大陆钉螺螺壳形态性状聚类分析［J］. 动物分类学报，2：441－447.

周艺彪，赵根明，韦建国，等，2006. 25 个湖北钉螺种群扩增片段长度多态性分子标记的遗传变异研究［J］. 中华流行病学杂志，10：865－870.

周艺彪，赵根明，韦建国，等，2006. 湖北钉螺种群内 AFLP 分子标记遗传变异分析［J］. 中国寄生虫学与寄生虫病杂志，24（1）：5.
朱中亮，1992. 我国钉螺地理分布规律的研究［J］. 动物学杂志，27（3）：6－9.
Burch J B，1965. Chromosomes of intermediate hosts of human bilharziasis［J］. Malacolyia，5：25－28.
Davis G M，1980. Snail hosts of Asian Schistosoma infecting man：evolution and coevolution［J］. The Mekong schistosome（Malacological Review，Supplement 2）：195－238.
Davis G M，Zhang Y，Guo Y H，1995. Population genetics and systematic status of *Oncomelania hupensis*（Gastropoda：Pomatiaopsida）throughout China［J］. Malacologia，37：133－156.
Hata H，Orido Y，Yokogawa M，et al，1988. *Schistosoma japomicum* and *Paragonimus ohirai*：Antagonism between *S. japonicum* and *P. ohirai* in *Omcomelania nosopgora*［J］. Exp Parasitol，65（1）：125－130.
Li S Z，Wang Y X，Yang K，et al，2009. Landscape genetics，the correlation of spatial and genetic distances of *Oncomelania hupensis*，the intermediate host snail of *Schistosoma japonicum* in mainland China［J］. Geospat Health，3（2）：221－231.
Tang C C，1940. A comparative study of two types of Paragonimus occurring in Fukien，South China［J］. Chinese Medical Journal，Suppl，3：267－291.
Tang C T，Lu M K，Chen D，et al，2009. Development of larval *Schistosoma japonicum* was blocked in *Oncomelania hupensis* by pre－infection with larval Exorchis sp.［J］. J Parasitol，95（6）：1321－1325.
Wanger E D，Wong L W，1959. Species crossing in Oncomelania［J］. American journal of tropical medicine and hygiene，8（2，Part1）：195－198.

第八章　动物血吸虫病的临床症状及造成的危害

■第一节　动物血吸虫病的发生与临床症状

一、动物血吸虫病的发生

含有血吸虫虫卵的粪便污染水源，钉螺的存在，以及人畜在生产、生活活动过程中接触含有尾蚴的疫水，是血吸虫病传播的三个重要环节。

家畜在农田耕作、易感地带放牧等过程中接触含血吸虫尾蚴的疫水，或吞食含尾蚴的水草和水而感染了血吸虫。此外，牛、猪中都发现血吸虫也可通过胎盘垂直传播。曾报道人工感染 6 头妊娠黄牛，剖检结果 5 头母牛的胎儿发现有虫体。人工感染 8 头妊娠奶牛，其中 3 例胎儿发现有虫体（朱允升等，1957）。

刚入侵的血吸虫童虫在终末宿主皮下组织中短暂停留后即进入小血管和淋巴管，随着血流经右心、肺动脉到达肺部的毛细血管。然后经肺静脉入左心至主动脉，随大循环经肠系膜动脉、肠系膜毛细血管丛而进入门静脉分支中寄生。成虫寄生于终末宿主的门静脉和肠系膜内。雌虫在寄生的血管内产卵，多数虫卵随血流到达肝脏，部分逆血流沉积在肠壁。虫卵在肝脏或肠壁内逐渐发育成熟，成熟虫卵内卵细胞发育成毛蚴。血吸虫在入侵、移行、生长发育过程中都会不同程度地给宿主造成一定的损伤，引发不同程度的临床症状，主要体现在以下几方面：①血吸虫尾蚴侵入宿主皮肤后引起的尾蚴性皮炎；②童虫在宿主体内移行时引起的肺部等组织机械性损伤及弥漫性出血性肺炎等病理变化；③血吸虫成虫持续地吸血，大量吞噬宿主的红细胞，及童虫、成虫和虫卵的代谢产物、排泄分泌物、更新脱落的表膜及免疫复合物等引起的宿主免疫效应和毒性作用造成的宿主贫血、消瘦、发烧、精神沉郁、免疫复合物肾病等；④虫卵引起的宿主肝硬化和肠壁纤维化等系列病害；⑤血吸虫异位寄生时引起寄生器官组织的损害。

二、动物血吸虫病的临床症状

人体感染日本血吸虫后，根据其病程和主要临床表现，可分为急性、慢性和晚期三个期。牛、羊、猪、犬等动物相对寿命较人短，感染血吸虫后长膘慢，牛、马等的使役能力下降，往往被户主淘汰，故除感染初期出现的尾蚴性皮炎外，一般临床上只分为急性和慢性血吸虫病两个期。

1. 尾蚴性皮炎　尾蚴性皮炎由血吸虫尾蚴侵入宿主皮肤时所造成的机械性损伤，尾蚴的排泄分泌物和死亡虫体蛋白等引起的免疫反应或毒性作用所致。皮肤中入侵尾蚴的死亡率因血吸虫虫种和宿主不同而异，如在曼氏血吸虫适宜宿主田鼠中的死亡率为10%，小鼠为33%，大鼠约50%。日本血吸虫感染后，在动物宿主的入侵部位等局部皮肤经常会出现奇痒的红色小丘疹（图8-1），一般在接触疫水后10min至2d出现，短者数小时内消失，长者瘙痒及丘疹持续1～5d。血吸虫尾蚴感染动物后引起的尾蚴性皮炎一般是适宜宿主轻，非适宜宿主重；首次感染者轻，再次感染者重。如日本血吸虫感染人后呈现的尾蚴性皮炎比非人体血吸虫（如鸟类血吸虫和东毕吸虫）尾蚴感染后呈现的症状轻；日本血吸虫感染鸽子和东方田鼠后呈现的尾蚴性皮炎比兔和小鼠感染后呈现的症状重。可能是血吸虫感染非适宜宿主后，大量虫体在皮肤内消亡，死亡虫体释放出的异体蛋白引起宿主产生更强烈的皮肤过敏反应，同时过敏反应消失也更慢。对血吸虫适宜宿主，首次接触血吸虫尾蚴时一般反应较轻，或不出现。

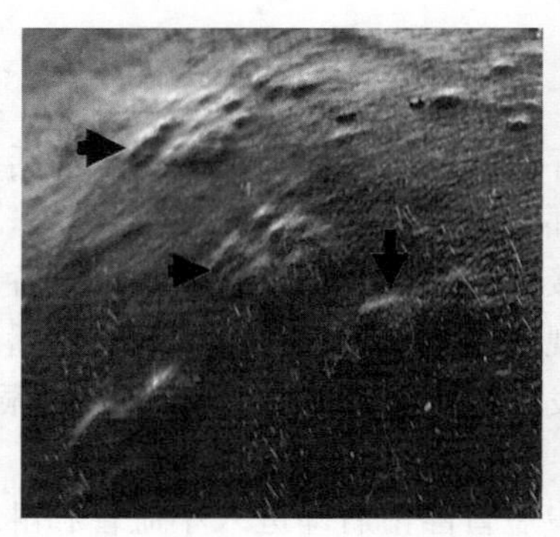
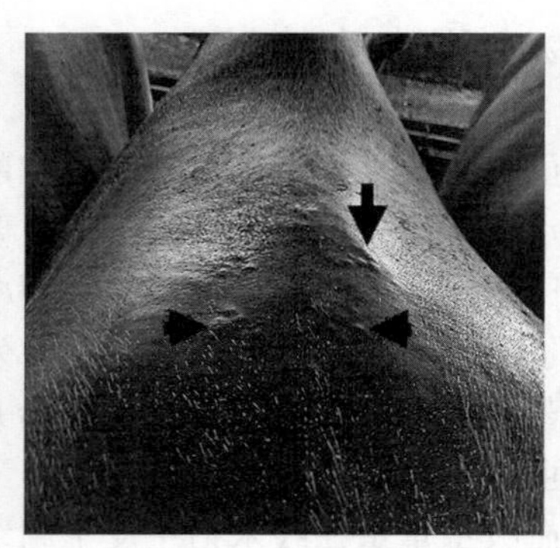

图8-1　水牛日本血吸虫尾蚴性皮炎

箭头示水牛感染日本血吸虫尾蚴20min后感染部位呈现的皮炎反应

2. 急性血吸虫病　家畜，特别是幼龄家畜大量感染日本血吸虫时，往往出现急性感染症状。宿主体温可升至40～41℃，或呈不规则间歇热型，也有个别牛呈稽留热型。病牛（畜）表现精神不佳，食欲不振，行动缓慢，离群久卧或呆立不动。感染20d以后开始腹泻，粪便夹带血液、黏液，被毛粗乱，肛门括约肌松弛，排粪失禁，严重者直肠外翻。病牛消瘦，被毛粗乱、黏膜苍白，严重贫血，步态摇摆、起卧困难，弓背收腹，最终倒地不起，呼吸缓慢，衰竭死亡。胎儿期感染血吸虫病的犊牛，症状更为明显，并常常引起死亡。

3. 慢性血吸虫病　感染较轻的动物，一般症状不明显，体温、食欲及精神尚好，呈隐性带虫状态，但都表现消瘦、时有腹泻，发育缓慢。母牛往往有不妊娠或流产现象，奶牛产奶量下降。据四川、浙江和江苏等地的报告，血吸虫病畜的耕作能力可能下降1/3～2/3，使役年限也相应减少。血吸虫轻度感染的黄牛和山羊，如遇冬季天气寒冷，营养不良，病情会加重。但如果饲养管理良好，不再重复感染，通过治疗可以恢复健康。

4. 异位血吸虫病　当血吸虫重度感染时，虫体会异位寄生在门脉系统以外的器官、组织。异位寄生的雌虫产出的虫卵沉积于肝、肠以外的器官和组织。一些沉积在血吸虫病病畜肝、肠等器官、组织的血吸虫虫卵会经由某种途径（如穿过肝窦至肝静脉等）从门静脉系统进入体循环，再进入肺、脑、皮肤等其他组织。沉积在不同器官、组织的虫卵及异位寄生的虫体会造成多种器官、组织出现虫卵肉芽肿病变、血管炎等损害，称为异位血吸虫病。常见的异位损害部位是肺、脑和皮肤，其他已报道的有血吸虫虫卵沉积的人体器官组织有胃、结膜、腮腺、甲状腺、乳房、心包、心肌、肾、肾上腺、腰肌、膀胱、输卵管、输尿管、睾丸、附睾、卵巢、子宫颈、脊髓等。血吸虫虫卵进入脑和脊髓产生异位损害，可导致严重的神经系统并发症。经侧支循环进入肺的虫卵可引起肺动脉炎，甚至肺源性心脏病。胃血吸虫虫卵肉芽肿往往并发胃溃疡。丁嫦娥等分析了 2007—2017 年有关异位日本血吸虫病的相关文献资料，共查到 211 例报道，其中有脑异位损害 160 例，占 75.83%；肺异位损害 45 例，占 21.33%；卵巢、输卵管、眼、脊髓、皮下、腮腺异位损害各 1 例，胃、肠等消化道血吸虫病 12 例。

5. 免疫复合物肾病　已有人体感染血吸虫后伴发血吸虫免疫复合物肾病的报道，表现为患者肾功能异常或肾病综合征。该病的起因是血吸虫虫卵、成虫及童虫释放的抗原和宿主产生的特异性抗体形成的免疫复合物随血液循环进入肾脏，沉积于血管壁和肾小球并引起肾小球损害，早期主要是血管间质细胞增生和间质增宽，晚期为弥漫性细胞增生和肾小球基底膜增厚。临床表现为不同程度的蛋白尿、血清白蛋白及 C3 减少和浮肿，严重时会导致肾功能衰竭。在动物血吸虫感染中尚未见相关观察报道，但根据血吸虫感染的致病机制，感染后如未及时进行治疗，出现免疫复合物肾病也是有可能的。

第二节　影响临床症状的相关因素

动物感染血吸虫后出现症状的强弱与动物的种类、年龄、感染程度、营养状况、饲养管理方式和动物免疫力等都有关。

一、血吸虫虫种及宿主的种类和年龄

感染血吸虫后宿主出现的症状及危害严重程度与血吸虫虫种、宿主适宜性和年龄等相关。

由于不同种血吸虫具有不同的生物学特性，同一种宿主感染不同血吸虫后呈现的临床症状差别很大。如人是日本血吸虫、曼氏血吸虫、埃及血吸虫的适宜宿主，但人感染这三种人体最重要的血吸虫后呈现的症状也有明显的差异。日本血吸虫雌虫的产卵量比曼氏血吸虫和埃及血吸虫多，在宿主组织中通常虫卵成簇出现，感染后形成的肉芽肿和病灶大，引起的免疫病理变化也比后两种血吸虫严重和复杂。不同的血吸虫虫种寄生于宿主的不同部位，产出的虫卵沉积部位不同，引起宿主病变的部位不同，导致的临床症状也有较大差别。日本血吸虫和曼氏血吸虫主要寄生于宿主的肝门静脉和肠系膜静脉，引起病变的主要部位是宿主的肝脏和肠，表现的症状为腹泻、肝肠组织溃疡、肝硬化和晚期血吸虫病病人的肝腹水等。埃及血吸虫主要寄生于宿主的膀胱及盆腔静脉丛，主要临床表现为泌尿系统慢性炎症和阻塞等症状。可见宿主出现的症状与不同种血吸虫雌虫的产卵量、虫体的寄生部位及虫卵在宿主体内的分布等相关。鸟毕吸虫和东毕吸虫等其他动物血吸虫尾蚴也可感染人，但一般仅仅引起尾蚴性皮炎。牛和羊等家畜都可以感染日本血吸虫和东毕吸虫，由于日本血吸虫雌虫产卵量显著多于东毕吸虫，因此，在相同感染度情况下，日本血吸虫感染引起的家畜症状远较东毕吸

虫严重。

不同的血吸虫虫种都有自己的适宜和非适宜终末宿主种群，如牛是日本血吸虫的适宜宿主，对曼氏血吸虫和埃及血吸虫而言则属非适宜宿主。就是在同一种血吸虫的终末宿主种群内，不同宿主对血吸虫感染也有适宜和非适宜之分，如日本血吸虫对黄牛、羊的适宜性好于水牛，水牛又好于马属动物（详见第六章）。一般在适宜宿主体内，虫体发育好，雌虫产出的虫卵数量多，对宿主引发的临床症状重，造成的危害大，重度感染者病死率也较高；而在适宜性差的宿主体内，虫体大多于皮肤期和肺期死亡或不能成熟产卵，一般仅引起皮肤炎症（如尾蚴性皮炎）或肺部炎症（如日本血吸虫感染的东方田鼠），引起的症状较轻或不明显，病死率低。因此，同一种血吸虫对不同宿主的致病性和危害性差别较大。就日本血吸虫而言，黄牛、奶牛、山羊、绵羊和小鼠感染后的临床症状要比水牛、马、驴、大鼠等严重。

年龄也是影响一些动物症状轻重的因素，一般幼年动物症状重于成年动物。犊牛、羔羊感染日本血吸虫后出现的症状较成年牛和成年羊明显；仔猪大量感染日本血吸虫后会出现明显的症状，但育肥猪一般临床症状不明显。

二、感染度

宿主呈现的症状与感染血吸虫的数量大致呈正相关。感染度轻的动物通常未出现明显症状；中度感染者多有明显的食欲不振、腹泻、黏液血便、消瘦、乏力等征象；重度感染会引起发热、严重贫血等急性血吸虫病症状，严重者甚至会引起动物死亡。重度或反复感染的病人如没有得到及时治疗，会发展成晚期血吸虫病病人，出现巨脾、肝硬化和肠壁纤维化等症状。

三、宿主的生理和免疫状况

同一种宿主不同个体对血吸虫感染易感性也不一样，存在着明显的个体差异。如在曼氏血吸虫重度感染者中，有的出现肝脾肿大，有的则没有。研究显示，血吸虫病的临床表现与宿主的遗传特性、营养、免疫等有关。一般营养条件好，免疫力强的个体感染血吸虫后出现的症状轻。血吸虫病流行区的本地居民或家畜比外来人群或家畜感染血吸虫后呈现的超敏反应及临床征象轻。对日本血吸虫病流行区的人群化疗后再感染的研究表明，血吸虫抗原特异的 Th2 型细胞因子以及 IgE 抗体水平是人群抗血吸虫再感染的保护性相关分子（Kurtis 等，2006；张兆松等，1997）；而高水平血吸虫抗原特异性 IgG4 的人群更容易发生再感染（吴海玮等，1997）。感染日本血吸虫并经吡喹酮治疗的水牛，对血吸虫的再次感染呈现较强的抗性。水牛在再次感染前和感染后产生的抗血吸虫特异性抗体、细胞因子、炎症因子等可能与水牛抗血吸虫再感染相关（He 等，2018）。动物试验分析也提示，一些血液生化指标、免疫细胞、细胞因子、抗体分子、激素、生长因子、miRNAs 等呈现差异的个体或终末宿主群体，可能影响血吸虫在宿主体内的生长发育，进而导致宿主呈现不同的临床症状。

■第三节　血吸虫病造成的危害

一、日本血吸虫病造成的危害

1. 对疫区居民造成的危害　血吸虫病严重危害疫区人民身体健康。血吸虫感染人体后，急性患者出现皮疹、发热等症状；慢性患者可出现肝脾肿大、腹泻、咳嗽、消瘦等症状；晚血患者可引起肝硬化、腹水、丧失劳动能力，甚至危及生命。儿童患血吸虫病，会引起发育不良，甚至成为“侏儒”；妇女患血吸虫病，会影响妊娠和生育。

20世纪50年代以前，我国日本血吸虫病流行猖獗。上海市青浦县任屯村20世纪30—40年代有500多人被血吸虫病夺去了生命，其中全家死亡的有97户，只剩1人的有28户，侥幸活下来的461人也都患有血吸虫病。江西省余江县的蓝田畈，在20世纪前50年内，有3 000多人因患血吸虫病死亡，20多个村庄遭毁灭，933.3hm^{2}以上田地变成荒野。湖北省阳新县40年代有8万多人死于血吸虫病，7 000多个村庄遭毁灭，约15 000hm^{2}耕地荒芜。江西省羊城县百富乡梗头村100年前有100多户，至1954年只剩下2人，其中90%死于血吸虫病。湖南省汉寿县张家昏村1929年有100多户700多人，50年代初只剩下31个寡妇和12个孤儿，变成了“寡妇村”。云南省楚雄县枣子园村原有50户300多人，到50年代初只剩下7户20多人，全村土地荒芜。1950年江苏省高邮县新民乡群众在新民滩涉水劳动，发生急性感染4 019人，死亡1 335人，全家死亡的有31户。

2. 对家畜造成的危害　牛、羊、猪等家畜感染血吸虫后，食欲减退，出现腹泻、消瘦等症状，病畜发育缓慢，感染严重者甚至衰竭、死亡。20世纪50—60年代，我国血吸虫病流行区曾出现过多次血吸虫感染引起家畜批量死亡的事件。如1962年鄱阳湖昌邑东湖农场黄牛暴发急性血吸虫病，47头发病犊牛死亡42头，病死率达89.36%；1960年湖口、九江两个垦殖场从新疆引进细毛羊1 100余只，不到1年时间内90%死于血吸虫病。直至20世纪末，因血吸虫感染导致家畜大量死亡的事件仍屡有报道。1995年安徽贵池县唐田乡沙山养牛场从血吸虫病非流行区购进56头黄牛和500只山羊，除1头种公牛实施舍饲外，其他家畜在有钉螺滋生的草地放牧，55头黄牛3个月内全部感染血吸虫，20头黄牛和200多只山羊几个月内先后死于血吸虫病。20世纪90年代末，江西永修县吴城镇3个养羊专业户饲养的100余只山羊因在湖洲草地上放牧而感染血吸虫，最终所有羊均被淘汰。此外，患病耕牛及马、驴的使役能力减退，据四川、浙江和江苏等地的报告，血吸虫病畜的耕作能力可能下降1/3～2/3，使役年限也相应减少。母畜往往有不妊娠或流产现象，奶牛产奶量下降。如江西省星子县浅湖村2个养羊专业户2004年1月分别从血吸虫病非流行区引进江南黄羊57只，将羊群在湖洲上放牧至秋季，有31只母羊妊娠后发生流产，占产羔总数的73.8%。因此，地处我国血吸虫病流行区的长江洲滩、大小湖洲和山丘虽然拥有众多的天然草地和丰富的牧草资源，但由于血吸虫病流行，不宜牛、羊等家畜放牧，阻碍了当地养殖业发展、减少了流行区农民收入。

二、其他动物血吸虫病造成的危害

1. 东毕吸虫病造成的危害　东毕吸虫病呈世界性分布，在我国分布最为广泛的是土耳其斯坦东毕吸虫。东毕吸虫的终末宿主有绵羊、山羊、黄牛、水牛、马、驴、骡、骆驼、马鹿、猫、兔及小鼠等，成虫寄生于宿主的肠系膜静脉和肝门静脉内。东毕吸虫对牛和羊造成的危害最大，在我国部分地区牛、羊感染率达 66%～100%，死亡率平均为 9.59% 和 19.31%（王春仁等，2002），给畜牧业造成严重危害。

动物感染东毕吸虫后出现症状的强弱与动物的种类、年龄、营养状况和免疫力有关。患畜一般表现为腹泻、贫血、消瘦、发育不良、粪便带血。严重者黄疸、颌下和腹下部水肿，体被毛焦，母畜不孕或流产。感染大量尾蚴时，会引起急性发作，体温升至 40℃以上，食欲减退，精神沉郁，呼吸促迫，腹泻，甚至死亡。

东毕吸虫感染人后不能在人体内发育成熟，但尾蚴钻入皮肤后会引起尾蚴性皮炎或称稻田皮炎。皮肤感觉刺痒，出现点状红斑、丘疹、风团块。有些患者可出现荨麻疹和水疱。皮肤反应一般在感染后 3～4d 达高峰，一周后逐渐消退。

童虫和成虫在宿主体内移行时会使所经过的肺脏等器官机械损伤，产生局部细胞浸润和点状出血，引起血管炎等炎症反应。雌虫排出的虫卵沉积于宿主的肝脏和肠壁组织，引起虫卵周围细胞浸润、结缔组织增生、虫卵肉芽肿形成。感染初期肝脏呈现肿大，后期萎缩、硬化。肠壁增厚，表面粗糙不平，出现大量炎症细胞浸润和坏死，肠消化吸收机能下降。童虫和成虫的代谢产物、排泄物引起的免疫效应和毒性作用引起宿主贫血、消瘦、发热和精神沉郁。

2. 毛毕吸虫病造成的危害 毛毕吸虫病分布于我国的黑龙江、吉林、江苏、四川、江西、福建、广东、辽宁、上海等地。毛毕吸虫的终末宿主主要是家鸭、野鸭和其他鸟类，在我国家鸭体内发现最多的毛毕吸虫是包氏毛毕吸虫（*Trichobilharzia paoi*）。

毛毕吸虫成虫寄生于终末宿主的门静脉和肠系膜静脉内并在此产卵，虫卵沉积在肠壁的微血管内，形成肠壁虫卵小结节，引起肠黏膜发炎，影响肠的吸收功能，病禽消瘦，发育受阻。

人体感染毛毕吸虫 10～20min 内出现刺痛，30min 后出现丘疹，初次感染丘疹仅针头大，重复感染 3～4 次后丘疹可达 1mm。

（林矫矫、陆珂）

■ 参考文献

丁嫦娥，丁兆军，2018. 我国日本血吸虫病异位损害分析 [J]. 中国热带医学，18 (9)：962-965.

何毅勋，许绶泰，施福恢，等，1992. 黄牛与水牛感染日本血吸虫的比较研究 [J]. 动物学报，3 (2)：266-271.

何毅勋，杨惠中，毛守白，1960. 日本血吸虫宿主特异性研究之一：各哺乳动物体内虫体的发育率、分布及存活情况 [J]. 中华医学杂志，46 (6)：470-475.

何永康，刘述先，喻鑫玲，等，2003. 水牛感染血吸虫后病原消亡时间与防制对策的关系 [J]. 实用预防医学，10 (6)：831-834.

胡述光，卿上田，石中谷，等，1996. 洞庭湖区生猪血吸虫病流行及危害情况的调查 [J]. 湖南畜牧兽医，4：25-26.

胡述光，卿上田，张强，等，1996. 考湖杂交绵羊对日本血吸虫易感性的试验 [J]. 中国血吸虫病防治杂志，8 (4)：246.

李长友，林矫矫，2008. 农业血防五十年［M］. 北京：中国农业科技出版社.

李浩，何艳燕，林矫矫，等，2000. 东方田鼠抗日本血吸虫病现象的观察［J］. 中国兽医寄生虫病，8（2）：12-15.

李孝清，黄四古，程忠跃，等，1996. 城市血吸虫病传染源的研究Ⅱ. 江滩野鼠感染情况调查［J］. 实用寄生虫病杂志，3（2）：92.

林邦发，童亚男，1977. 水牛日本血吸虫病自愈现象的观察［J］. 中国农业科学院上海家畜血吸虫病研究所论文集，453-454.

林丹丹，刘跃民，胡飞，等，2003. 鄱阳湖区日本血吸虫动物宿主及血吸虫病的传播［J］. 热带医学杂志，3（4）：383-387.

刘金明，宋俊霞，马世春，等，2012. 2011年中国家畜血吸虫病疫情状况［J］. 中国动物传染病学报，20（5）：50-54.

刘跃兴，邱汉辉，张观斗，等，1991. 猪血吸虫感染一些生物学特性的观察［J］. 中国血吸虫病防治杂志，3（5）：138-140.

刘跃兴，邱汉辉，张咏梅，等，1993. 粪孵法诊断猪日本血吸虫人工感染自然转阴试验观察［J］. 中国兽医寄生虫病，1（3）：31-32.

吕美云，李宜锋，林丹丹，2010. 水牛和猪感染日本血吸虫后的自愈现象及其机制［J］. 国际医学寄生虫病杂志，37（3）：184-188.

彭金彪，2010. 不同宿主来源日本血吸虫童虫差异表达基因的研究［D］. 北京：中国农业科学院.

卿上田，胡述光，丁国华，等，1998. 华容县羊群血吸虫病感染情况调查［J］. 中国兽医寄生虫病，6（1）：45-46.

苏卓娃，胡采青，傅义，等，1994. 不同宿主在湖区日本血吸虫病传播中的作用［J］. 中国寄生虫学与寄生虫病杂志，12（1）：48-51.

汪恭琪，杨正刚，李德泽，等，1997. 沙山养牛场黄牛血吸虫病的疫情报告［J］. 中国兽医寄生虫病，5（1）：47.

汪奇志，汪天平，张世清，2013. 日本血吸虫保虫宿主传播能量研究进展［J］. 中国血吸虫病防治杂志，25（1）：86-89.

汪天平，葛继华，吴维铎，等，1998. 安徽省江洲滩地区血吸虫病传染源及其在传播中的作用［J］. 中国寄生虫病防治杂志，11（3）：196-199.

汪天平，汪奇志，吕大兵，等，2008. 安徽石台县山丘型血吸虫病区疫情回升及传染源感染现状调查［J］. 中华预防医学杂志，42（8）：605-607.

王春仁，皮宝安，仇建华，等，2002. 黑龙江省牛羊东毕吸虫病研究概况［J］. 肉品卫生，11：9-13.

王陇德，2006. 中国血吸虫病防治历程与展望［M］. 北京：人民卫生出版社.

王文琴，刘述先，2003. 不同宿主感染血吸虫后的自愈现象［J］. 中国寄生虫学与寄生虫病杂志，21（3）：179-182.

吴宏春，彭立斌，汤小女，等，2002. 东流观测点家畜血吸虫感染情况分析［J］. 中国血吸虫病防治杂志，14（1）：52-54.

吴昭武，刘志德，卜开明，等，1992. 洞庭湖和鄱阳湖区血吸虫病人畜传染源的作用［J］. 中国寄生虫学与寄生虫病杂志，10（3）：194-197.

熊孟韬，杨光荣，吴兴，等，1999. 高原峡谷区鼠类感染日本血吸虫调查［J］. 地方病通报，14（4）：41-43.

熊孟韬，杨光荣，吴兴，等，2000. 永胜县山区鼠类感染日本血吸虫调查研究［J］. 医学动物防制，16（2）：81-83.

徐国余，田济春，陈广梅，等，1999. 南京日本血吸虫病沟鼠疫源地研究［J］. 实用寄生虫病杂志，7

(1)：4-6.

颜洁邦，戴单建，杨明富，1993. 黄牛和猪人工感染血吸虫的荷虫、排卵及虫卵孵化率研究 [J]. 四川畜牧兽医，21 (2)：3-4.

杨光荣，吴兴，熊孟韬，等，1999. 高原平坝区鼠类传播血吸虫病的作用 [J]. 中国媒介生物学及控制杂志，10 (6)：451-455.

杨健美，苑纯秀，冯新港，等，2012. 日本血吸虫感染不同相容性动物宿主的比较研究 [J]. 中国人兽共患病学报，28 (12)：1207-1211.

郑江，毕绍增，高怀杰，等，1991. 大山区粪便污染水源方式及其在传播血吸虫病中的作用 [J]. 中国人兽共患病杂志，7 (1)：47-49.

朱允升，王溪云，1957. 江西九江地区牛血吸虫病的初步调查研究报告 [J]. 华中农业科学 (6)：428-436.

Guo J G, Li Y S, Gray D, et al, 2006. A drug-based intervention study on the importance of buffaloes for human *Schistosoma japonicum* infection around Poyang Lake, People' s Republic of China [J]. Am J Trop Med Hyg, 74 (2): 335-341.

Guo J G, Ross A G, Lin D D, et al, 2001. A baseline study on the importance of bovines for human *Schistosoma japonicum* infection around Poyang Lake, China [J]. The American journal of Tropical Medicine and Hygiene, 65 (4): 272-278.

He Y X, Salafsky B, Ramaswamy K, 2001. Host-parasite relationships of *Schistosoma japonicum* in mammalian hosts [J]. Trends Parasitol, 17 (7): 320-324.

Liu J, Zhu C, Shi Y, et al, 2012. Surveillance of *Schistosoma japonicum* Infection in Domestic Ruminants in the Dongting Lake Region, Hunan Province, China [J]. PLoS one, 7 (2): e31876.

Liu J M, Yu H, Shi Y J, et al, 2013. Seasonal dynamics of *Schistosoma japonicum* infection in buffaloes in the Poyang Lake region and suggestions on local treatment schemes [J]. Vet Parasitol, 198 (15, 1-2): 219-222.

Wang T P, Shrivastava J, Johansen M V, et al, 2006. Does multiple hosts mean multiple parasites? Population genetic structure of *Schistosoma japonicum* between definitive host species [J]. Int J Parasitol, 36 (12): 1317-1325.

Wang T P, Vang Johansen M, Zhang S Q, et al, 2005. Transmission of *Schistosoma japonicum* by humans and domestic animals in the Yangtze River valley, Anhui province, China [J]. Acta Trop, 96 (2/3): 198-204.

Yang J, Feng X, Fu Z, et al, 2012. Ultrastructural Observation and Gene Expression Profiling of *Schistosoma japonicum* Derived from Two Natural Reservoir Hosts, Water Buffalo and Yellow Cattle [J]. PLoS One, 7 (10): e47660.

Yang J, Fu Z, Feng X, et al, 2012. Comparison of worm development and host immune responses in natural hosts of *Schistosoma japonicum*, yellow cattle and water buffalo [J]. BMC Vet Res, 8: 25.

第九章　重要动物日本血吸虫病

已报道我国有40余种哺乳动物天然感染日本血吸虫，血吸虫在不同宿主体内的移行途径、损伤的主要器官组织等都大致相同，但呈现不同的虫体发育率、雌虫产卵率和差别的形态结构；激发宿主产生不同类型和强度的免疫应答；对宿主诱发程度不一的病理损害和症状（详见第六章）。同时，不同感染宿主在血吸虫病传播上的作用也有所差别。本章就我国不同防控时期对畜牧业和农业生产造成严重损失或影响，在我国血吸虫病传播上起重要作用的牛、羊、猪、犬血吸虫病等的研究概况作一介绍。

第一节　牛日本血吸虫病

一、牛日本血吸虫感染及牛体内日本血吸虫发育生物学

1. 宿主种类及日本血吸虫感染途径　黄牛和水牛是我国血吸虫病流行区饲养量较多、在血吸虫病流行和传播上具有重要作用的两种天然宿主。

黄牛和水牛主要通过以下途径感染血吸虫病：①在有钉螺滋生的易感地带放牧、农田耕作等过程中接触含血吸虫尾蚴的疫水（图9-1），这一感染方式与牛体的部位无关；②吞食含尾蚴的水草或水而经口感染。有试验证明尾蚴也能从肛门附近的黏膜侵入；③经胎盘途径传播。有报道用日本血吸虫尾蚴人工感染6头妊娠黄牛，剖检时发现其中5头母牛的胎儿中有血吸虫虫体。朱允升等（1957）在江西九江一农场3头未满月的小水牛中发现有日本血吸虫虫体，其中一头仅出生15d，说明牛也可通过胎盘途径感染血吸虫。此外，浙江农业科学院畜牧兽医研究所（1960）试验证明羊摄入阳性钉螺后感染了血吸虫病，推测牛在放牧时摄入阳性钉螺而感染血吸虫的可能性也存在。

图9-1　血吸虫疫区放牧牛及在水田中耕作的牛（因接触含尾蚴的疫水而感染血吸虫病）

2. 日本血吸虫在黄牛和水牛体内的发育　日本血吸虫在黄牛和水牛体内的生长发育存

在明显差别，体现在：

（1）虫卵开放前期　何毅勋等（1992）的研究显示黄牛感染日本血吸虫后的平均虫卵开放前期（prepatent period）为（36.3±1.2）d，水牛为（42.0±1.7）d，黄牛较水牛短5.7d，两者呈现极显著差异（$P<0.01$）。暗示日本血吸虫尾蚴侵入黄牛皮肤后的移行、定居和发育成熟的时间明显地较水牛快或早。

（2）虫体发育/回收率及在宿主体内存活时间　何毅勋等（1992）分别用每头牛500条和2 000条日本血吸虫尾蚴人工感染黄牛和水牛，在感染后54～57d解剖动物收集虫体，结果黄牛平均虫体回收率为55.5%，水牛为5.8%；翟颀（2018）分别用每头牛1 000条尾蚴人工感染黄牛和水牛，于感染后56d解剖动物收集虫体，结果黄牛虫体回收率为68.8%，水牛为10.8%。也有报道分别用每头牛1 500条和3 000条尾蚴人工感染25头黄牛和21头水牛，结果黄牛和水牛体内成虫回收率分别为67.7%和22.3%。不同实验室报道的虫体回收率略有差别，这可能受实验动物数量与年龄、每头动物攻击感染的尾蚴数、剖检时间、攻击感染试验当天气温及试验用尾蚴活力等因素影响。根据中国农业科学院上海兽医研究所多年来人工感染试验的数据分析，血吸虫在动物体内的发育率还与尾蚴感染量相关，如当每头水牛人工感染血吸虫尾蚴量为1 000条，并在感染后7周左右解剖动物时，虫体平均发育率大多在5%～10%，当感染尾蚴量为3 000条/头时，平均发育率大多在20%以上（He等，2018）。但所有报道都一致显示日本血吸虫在黄牛体内的发育率明显高于水牛。

试验也显示，用相同数量尾蚴人工感染水牛后，随着感染时间的延长，水牛体内检获的血吸虫成虫数量逐渐减少。罗杏芳等（1988）从非疫区购买22头1～2岁龄水牛，每头人工感染2 000条尾蚴，感染后2个月、1.5年、2年、3年、4.5年解剖牛检获的虫体数分别为155.5条、70.5条、25.5条、8.5条和4.0条，与感染后2个月检获的虫体数相比，感染后1.5年、2年、3年、4.5年检获虫体依次减少54.7%、83.6%、94.5%和97.4%；感染后第5、6、7和8年均未检获到成虫。林邦发等（1977）用2 000～3 000条日本血吸虫尾蚴攻击感染1岁左右的健康小水牛6头，感染后45～51d粪便查到虫卵，此后交替出现阳性或阴性，至17～22个月后陆续转阴。在感染4个月、13个月、24个月后解剖牛，分别收集到551条、81条和11.3条虫体，虫体存活率分别为27.55%、2.70%和0.45%。作者认为，日本血吸虫在水牛体内有自行衰亡现象；而在黄牛体内未明显观察到此现象，有报道表明，日本血吸虫可在黄牛体内存活数年。

（3）成虫大小及其性腺发育　何毅勋等（1992）的观察显示，收集自黄牛的54～57d雄虫平均长度为（10.8±1.9）mm，雌虫为（15.7±1.8）mm，而收集自水牛的雄虫平均长度为（8.6±1.4）mm，雌虫为（13.2±1.3）mm，黄牛体内合抱的雌、雄两性成虫体长均较水牛体内同一虫龄的虫体长，两者差异极显著（$P<0.01$）。在他们收集自黄牛和水牛的虫体中，雄虫含7个睾丸的百分数分别为55.7%和61.3%，雌虫的卵巢指数分别为84.3±17.1和72.4±14.8，表明收集自黄牛的雌虫卵巢比收集自水牛的雌虫卵巢发育佳。

杨健美（2012）的观察显示，来自黄牛的49d雄虫长（10.40±0.89）mm，宽（259.54±14.57）μm，雌虫长（16.6±1.14）mm，宽（238.98±12.33）μm，而来自水牛的雄虫长（8.67±1.23）mm，宽（269.13±13.46）μm，雌虫长（8.86±1.87）mm，宽（242.78±15.67）μm；扫描电镜和透射电镜观察显示收集自黄牛和水牛的49d成虫在超微结构方面也呈现显著的差别（详见第六章）。

林邦发等（1977）和罗杏芳等（1988）的观察都显示，日本血吸虫感染水牛后，随着感染时间的延长，成虫的长度逐渐缩短、子宫中虫卵数量逐渐减少（详见第六章第四节）。

（4）雌虫排卵　寄生于黄牛体内的日本血吸虫可存活数年，至感染后 4 年多雌虫仍持续产卵（孙承铣，1984）。罗杏芳等（1988）报道用 2 000 条日本血吸虫尾蚴感染 22 头 1～2岁水牛，感染后第 150 天，粪便毛蚴孵化阳性率为 90.9%（20/22），至感染后 510d，只剩 1 头牛呈现阳性。林邦发等（1977）用 2 000～3 000 条日本血吸虫尾蚴攻击感染 5 头健康小水牛，在感染后 2 个月 5 头实验牛粪便毛蚴孵化都呈强阳性，至感染后 49d，只剩 1 头牛呈阳性。说明随着感染时间的延长和水牛体内虫体的减少，病牛体内排出的虫卵数逐渐减少。

二、日本血吸虫感染引起的症状及组织病理变化

1. 日本血吸虫感染引起的症状　对百余头血吸虫感染牛的观察显示，牛感染血吸虫后早期表现为食欲减退，精神不振，行动呆滞；粪便夹带黏液或血液，继而腹泻，呈黏稠糊精状，红褐色，腹泻次数随着病情进程而增加，并呈里急后重现象；被毛逆立，失去光泽，发育不良等症状。急性感染时体温升高，嗜酸性粒细胞增加，有腹泻症状时白细胞总数显著增加（朱允升等，1957）。

一般黄牛出现的症状比水牛重，年龄小的牛比年龄大的牛症状严重。1 个月的黄牛和水牛感染后就有症状出现。3 个月至 1 岁的黄牛和 2～6 个月的水牛感染后症状最为明显。2～3 岁的黄牛感染后仍出现症状。6 个月以上的水牛随着年龄的增大感染后症状逐渐减轻（朱允升等，1957）。

2. 日本血吸虫感染引起的宿主肝、肠肉芽肿病变　何毅勋等（1992）观察了黄牛和水牛感染日本血吸虫后肝脏中成熟虫卵引起的肉芽肿变化。在感染后第 54～59 天的肝脏切片中，明显观察到由成熟虫卵引起以嗜酸性粒细胞浸润为主的虫卵肉芽肿病变。对含单个虫卵的增生期虫卵肉芽肿大小进行测量，未见黄牛和水牛肝脏中增生期虫卵肉芽肿体积有明显差别。在黄牛和水牛肝脏切片的成熟虫卵周围均出现"何博礼"现象（Hoeppli phenomenon），黄牛肝组织中出现"何博礼"现象的百分率为 45.4%，明显地高于水牛的 15%，而且黄牛免疫沉淀反应物的强度也远较水牛的显著。Yang 等（2012）以日本血吸虫尾蚴人工感染黄牛和水牛，解剖时观察到黄牛肝脏布满虫卵结节，而水牛肝脏只有少量结节；黄牛的肝脏虫卵周围有大量嗜酸性粒细胞、炎性淋巴细胞聚集浸润，或呈浸润性坏死，呈现特征性"何博礼"现象；而水牛组无明显肝细胞变性，无大量坏死及炎症细胞的聚集浸润，肝小叶结构完整，白细胞以中性粒细胞和单核细胞居多，淋巴细胞很少。表明黄牛感染日本血吸虫后出现的症状明显比水牛严重。

朱允升等（1957）发现急性感染的小牛肠黏膜呈散在性、块状红肿，有灰白色虫卵结节及小溃疡，其周围有炎症或出血性炎症。虫卵结节呈点状，或 1cm 长的条状或方块状，在直肠末端及肛门周围最为明显。在 3 岁左右的成年牛肠黏膜中也找到虫卵结节，其周围炎症亦较明显。老年牛一般肠病变不易发现。朱允升等（1957）也在一感染血吸虫的小牛肺两叶表面看到较多小的出血点，取下压片镜检，在其中找到单一的血吸虫虫卵。

三、我国牛日本血吸虫病流行情况

1. 早期报道及20世纪50年代和60年代 1924年Faust和Meleney及1929年Faust和Kellogg报告在我国福州的水牛粪便中查到了日本血吸虫虫卵。吴光1937年在杭州屠宰场从2头屠宰的黄牛体内找到了日本血吸虫虫体。1938年他又在上海屠宰场调查了805头牛，发现黄牛日本血吸虫病的感染率为12.6%，水牛为18.7%。1937年熊大仕在成都南门屠宰场淘汰耕牛中发现有血吸虫感染，感染率为26%。此后，牛血吸虫病造成的危害及该病的流行在我国血吸虫病传播上的作用一直受到关注。

20世纪50年代后期，农业部和各流行省农业血防部门相继成立了耕牛血防小分队，组织开展了大规模的以耕牛为主的家畜血吸虫病调查，摸清了当时各流行区耕牛等家畜血吸虫病的大致流行现状。1957年农业部在兰州举办了全国家畜寄生虫病讲习班，会后组织了以许绶泰教授为队长，由全国各地数十名专业人员组成的农业部耕牛血吸虫病调查队，在江苏和上海进行了耕牛血吸虫病调查，共调查了4 485头黄牛，查到血吸虫病阳性牛2 006头，阳性率为44.73%；其中公黄牛712头，279头呈阳性，阳性率39.19%；母黄牛3 773头，1 727头呈阳性，阳性率45.77%；在6 549头水牛中，查到阳性牛721头，阳性率为11.01%；其中公水牛3 051头，348头呈阳性，阳性率11.41%；母水牛3 498头，373头呈阳性，阳性率10.66%。湖南、江西、浙江、安徽、福建、湖北等流行省及有关寄生虫学专家也相继开展了牛血吸虫病调查。1955年湖南省家畜保育所在岳阳县大明乡兴旺村开展牛血吸虫病调查，结果黄牛感染率为51%，水牛感染率为34%。1956年湖南调查牛1 883头，查出阳性牛1 615头，阳性率为85.77%。1958年湖南农学院牧医系在岳阳、湘阴两县调查黄牛651头，阳性266头，阳性率为40.86%，调查水牛1 466头，阳性135头，阳性率为9.2%。1958年江西农学院和农业厅组成的调查队在江西鄱阳、余江、德安等6个县进行牛血吸虫病调查，共调查耕牛12 096头，查到病牛3 850头，阳性率为31.83%。江西永修县黄牛的感染率为67.0%（939/1 402），水牛为17.2%（105/612）。1961年安徽省华阳湖黄牛的感染率高达91.9%，水牛为35.1%。1958年福建省农业厅在福建福清调查黄牛9 972头，感染率为30.55%，水牛371头，感染率为18.69%。1958年浙江省农业厅在浙江嘉兴、常山、嵊县、临安四县共粪检耕牛71 475头，检出阳性牛12 800头，阳性率为17.91%。在浙江省嵊县调查了3 089头黄牛，感染率为35.38%，1 641头水牛感染率为14.81%。1958年湖北省阳新县调查了645头黄牛，感染率为36.8%，1 638头水牛感染率为34.6%。1958年华中农学院秦礼让、张耕心等在湖北省阳新县进行耕牛血吸虫病感染情况调查，调查耕牛4 180头，阳性1 053头，阳性率为25.1%，其中黄牛阳性率为39.2%（371/974），水牛阳性率为21%（682/3 233）。1957年江苏省检查耕牛22万多头，查到血吸虫阳性牛5.4万多头，阳性率为25.54%。1956年广西调查了42 899头耕牛，查到血吸虫粪检阳性牛1 321头，阳性率3.08%。林金祥等对1 515头牛进行了血吸虫病调查，直肠检查有17头牛呈现血吸虫虫卵阳性，其中黄牛15头，水牛2头。对阳性牛解剖冲虫，结果显示有11头黄牛带虫，其中13～16岁6头，17～20岁5头；2头水牛均未查见虫体。13～16岁和17～20岁的病牛平均每头检虫33.5条和5.8条，提示病牛带虫数与牛的年龄相关。

据1958年全国家畜血防会议统计，全国有血吸虫病病牛150万头，受血吸虫病威胁的牛约 500 万头。我国大部分流行区牛血吸虫病流行很严重，不仅危害着疫区畜牧业的发展，同时由于血吸虫感染引起的牛死亡及体质衰弱，也影响了一些地区的农田耕作。更为重要的是，血吸虫病牛是当时我国血吸虫病重要的传染源，威胁着人类健康。

2. 20 世纪 80 年代至 21 世纪初　20 世纪 80 年代至 21 世纪初，尽管安全、高效的治疗药物吡喹酮已在疫区广泛推广应用，但由于重复感染严重和中间宿主钉螺难以消灭，一些湖沼型和大山区流行区牛血吸虫病疫情仍很严重。1987 年安徽铜陵县白浪湖区耕牛的感染率为 16.9%（35/207）（汪天平等，1989）；1993—2000 年东至县东流观测点黄牛平均感染率为 50%（21/42），最高年份达 92.8%（13/14）；水牛平均感染率为 14.3%（372/2 460）（吴宏春等，2002）。江西永修县吴城镇观测点 1993—2003 年共查牛 10 042 头，平均阳性率为 21.7%，最高年份达 38.2%（吴国昌等，2005）。湖南沅江市双丰观测点 1993—2004 年牛平均感染率为 12.12%，最高年份达 28.5%。属山丘型流行区的四川丹棱县仁美观测点和云南魏山县大仓观测点 1993 年牛血吸虫病平均感染率分别为 9.1%和 5.8%，2004 年分别降至 2.1%和 0.9%（李长友，2008）。刘金明等根据各省牛、羊及其他家畜血吸虫感染率和放牧家畜数推算，2011 年全国理论病畜数为 10 894 头（只、匹），其中病牛为 8 433 头，占 77%（刘金明等，2012）。

3. 2017 年　经过 60 余年的积极防治，我国家畜血吸虫病防治取得举世瞩目的成就。据全国血吸虫病疫情通报报道，截至 2017 年底，全国 12 个血吸虫病流行省（自治区、直辖市）中，上海、浙江、福建、广东、广西等 5 个省（自治区、直辖市）达到血吸虫病消除标准，四川省达到传播阻断标准，云南、江苏、湖北、安徽、江西及湖南 6 个省达到传播控制标准。2017 年共检查牛 454 830 头，其中血检 282 579 头，阳性 3 423 头；粪检 174 813 头，阳性 1 头。全国 450 余个监测点 2017 年共检查牛 11 726 头，未查到感染牛。

4. 不同种别、性别、年龄的牛血吸虫感染差别

（1）种别　实验室人工感染试验表明日本血吸虫感染黄牛后虫体的发育率要明显高于水牛，收集自黄牛的血吸虫虫体要明显大于收集自水牛的虫体，雌虫虫卵量也多，排卵持续时间长，对宿主的致病性强，水牛感染日本血吸虫后呈现自愈现象。流行病学调查表明，在我国大部分流行区，黄牛血吸虫病感染率高于水牛。这在本章、第六章、第八章和第十一章中都作了较多的阐述。

乳牛大多采用圈养，不在易感地带放牧，感染血吸虫病机会少，在该病传播上的作用小。但如果没有严格做到圈养，一些奶牛场乳牛仍有血吸虫感染的报道。如查明等（1986）报道 1983 年在安徽东至县江心洲放牧的 14 头乳牛全部感染日本血吸虫。

（2）性别　1957 年农业部耕牛血吸虫病调查队在江苏调查了 11 034 头耕牛，结果公黄牛血吸虫感染率为 39.19%（279/712），母黄牛感染率为 45.77%（1 727/3 773），公水牛感染率 11.41%（348/3 051），母水牛为 10.66%（373/3 498），表明同一牛种不同性别之间虽血吸虫感染率略有不同，但总体差别不大。其他地区大部分调查结果也显示牛血吸虫感染与性别无明显关联性。

（3）年龄　大部分实验室感染试验和现场调查结果都显示：犊牛比成年牛易感日本血吸虫，感染后呈现的症状也更严重；3 岁以下水牛血吸虫感染率明显高于 3 岁以上水牛，而不同年龄段黄牛血吸虫感染率则没有太大差别。朱允升等用粪便毛蚴孵化法对江西省九江地区牛血吸虫感染情况进行了调查，结果 1 个月内、1～6 个月、7～12 个月、2～3 岁、4～5 岁、

6～10 岁、11 岁以上水牛感染率依次为 37.5%、30.0%、10.5%、6.4%、4.0%、1.1%和 5.4%，显见年龄越小，检出率越高。林丹丹等（2003）的调查表明，鄱阳湖地区 1 岁以下、1～2 岁、2～3 岁、3～4 岁和 4 岁以上水牛的感染率分别为 14.6%、11.1%、5.1%、2.4%和 2.4%。鄱阳湖区一现场研究结果显示水牛平均感染率为 7.1%，其中，年幼的水牛（<3 岁）感染率为 11.7%，年老的水牛为 2.9%。对所有牛进行药物治疗，3 个月后检查牛平均感染率为 4.9%，其中，年幼水牛感染率为 12.5%，而年老水牛无检出阳性。湖南省岳阳县麻塘镇观测点和安徽省东至县东流镇观测点连续多年的家畜血吸虫病监测结果显示，3 岁以下水牛的血吸虫感染率显著高于 3 岁以上水牛（Liu 等，2012；吴宏春，2002）；在江西鄱阳湖地区的一项横向调查发现 12 月龄以下水牛感染率为 12.82%，显著高于 13～24 月龄水牛和 24 月龄以上水牛的感染率（Liu 等，2013）。现场调查也有一些不完全类同的报道，这可能与不同类型流行区的自然环境条件、牛的饲养习惯等有关。如农业部耕牛血吸虫病调查队在江苏（水网型为主）的调查结果显示，1 岁以下、2 岁和 3 岁的黄牛血吸虫病感染率分别为 33.4%、50.5%和 59.2%。江西省寄生虫病防治所（1957）在山丘型的上饶的调查结果显示，1～2 岁的黄牛没有感染，3～5 岁的感染率为 23.8%，6～10 岁的为 17.4%，10 岁以上的为 15%；1 岁以下的水牛亦无感染，2 岁的感染率为 28.0%，3～5 岁的为 1.9%，6～10 岁的没有阳性。

对水牛血吸虫感染率高低与牛龄密切相关的这种现象，有研究者认为可能与小牛的抵抗力较差有关。随着年龄的增加，水牛感染血吸虫的次数增多后，对血吸虫感染产生了更强的免疫力，因而再感染率也较低。现场观察也显示，一些地区放牧的小水牛一般没有穿鼻绳，活动范围较成年牛广，接触疫水和感染血吸虫的机会也更多。

四、牛日本血吸虫病造成的危害及在传播上的作用

1. 给养牛业造成的损失 图 9-2 和彩图 11 为一群在血吸虫病疫区放牧的牛，牛因接触含血吸虫尾蚴的“疫水”而感染血吸虫病。牛感染日本血吸虫后，食欲减退，出现腹泻、消瘦等症状。病畜发育缓慢，感染严重者甚至衰竭、死亡。20 世纪 50—60 年代，疫区曾出现过多次由血吸虫病引起牛大批死亡的事件。如 1957 年安徽宿松县复兴镇养牛场有牛 1 292 头，因血吸虫病死亡达 416 头，死亡率达 32.2%。1962 年鄱阳湖昌邑东湖农场的黄牛暴发急性血吸虫病，47 头犊牛死亡 42 头，病死率达 89.36%。直至 20 世纪末，因血吸虫感染导致牛大量死亡的事件仍屡有报道。江苏省南京市和安徽省安庆市畜牧部门曾试图利用南京市新生洲和东至县江心洲的长江洲滩的牧草资源来发展奶牛，引进的奶牛在江滩上放牧后，全部感染了血吸虫病。1995 年安徽贵池县唐田乡沙山养牛场从血吸虫病非疫区购进 56 头黄牛，除 1 头种公牛实施舍饲外，其他牛都在有钉螺滋生的草地放牧，55 头黄牛半天在湖洲放牧、半天圈养舍饲，3 个月内全部感染血吸虫，在不到一个月的时间内，16 头黄牛死亡。此外，血吸虫感染耕牛后使其使役能力减退，母畜往往有不妊娠或流产现象，妊娠牛产出的胎儿往往伴有生长发育受阻、死亡等症状。奶牛产奶量下降。由于血吸虫病的流行，疫区牧草资源未能充分利用，阻碍了当地养殖业的发展，减少了疫区农民的收入。

2. 在日本血吸虫病传播上的作用 实验室观察显示，黄牛感染日本血吸虫后，粪便中排出的虫卵数量多，排卵时间持续长。水牛于感染后 7 周在其粪便中查到血吸虫虫卵，但自

图 9-2　血吸虫病牛呈现发育不良、消瘦等症状

感染后第 11 周粪便中排出的虫卵数逐渐减少，感染后第 19～27 周（不同个体间存在差别）粪便中开始查不到虫卵（何毅勋等，1960、1962、1963）。林邦发等用日本血吸虫尾蚴人工感染 1 岁左右的健康水牛，2 个月后粪便毛蚴孵化呈强阳性，而后粪孵毛蚴数随着时间的增长而减少，在感染 2 年后全部转阴。何永康等（2003）的研究显示，1 岁以内的水牛感染血吸虫后 1 年虫体均消亡，粪便不再排出虫卵。

湖沼型流行区和山区型流行区的野粪调查都表明，在大部分流行区的易感地带，牛粪和血吸虫阳性牛粪数在野粪和阳性野粪数中所占比例都较高。20 世纪 80—90 年代初，中国农业科学院上海兽医研究所与湖南、云南和安徽等省动物血防部门合作，先后在湖南省汉寿县目平湖（湖沼型）、云南省南涧县（山区型）和安徽省东至县江心洲（洲岛型）开展家畜血吸虫病流行病学调查和防治对策研究。在目平湖累计查到的 5 017 份野粪中，牛粪占 87.10%，其中 87.8%的阳性野粪为牛粪。在南涧县调查的 348 份野粪中，黄牛粪占 43.1%，其中 83.87%的阳性野粪为黄牛粪。在东至县江心洲的野粪调查中发现，牛粪占 99.5%。吴昭武等（1992）的调查表明，在洞庭湖和鄱阳湖的汉滩型疫区，湖洲检获的野粪中牛粪占 99.3%，367 份阳性野粪均为牛粪；在洲垸型疫区湖洲检获的野粪中牛粪占 90.4%，阳性野粪中有 85.4%为牛粪。陈炎等（1999）在洞庭湖垸外洲滩连续 8 年进行观察，结果显示牛粪数占所有检获野粪数的 83.7%，其中 75.6%的阳性野粪为牛粪。汪天平等在江湖洲滩地区开展的传染源调查结果显示，牛和猪野粪污染指数分别为 99.8%和 0.2%。Wang 等在一洲岛型流行村的调查结果显示，耕牛相对传播指数为 89.8%。何家昶等（1995）报道 1992—1995 年安徽省江湖洲滩地区牛的相对污染指数为 99.83%，洲岛型疫区江心洲牛污染指数为 100%，野粪密度和阳性率都以牛粪最高。湖南省常德五一村牛粪占所有野粪的 92.18%，阳性牛粪占所有阳性野粪的 87.1%；江西省鄱阳湖江滩型流行区野粪中虫卵 99.8%来源于牛粪、洲滩型 100.0%来源于牛粪，高原峡谷型流行区乐秋山牛的相对污染指数占 67.0%；四川省凉山牛的相对污染指数为 97.4%（郭家钢，2006）。林丹丹等（2003）从鄱阳湖湖区洲滩野粪污染指数、实验流行病学研究及耕牛放牧和钉螺感染的季节性变化等方面阐明了鄱阳湖湖区日本血吸虫的主要动物宿主为耕牛，病牛（尤其是 3 岁以下耕牛）为当地血吸虫病的主要传染源。吴国昌等（2005）分析了 1993—2003 年江西吴城镇的野粪调查结果，发现 97.7%的野粪为牛粪，且阳性粪均为牛粪。湖南省岳阳县麻塘和沅江市南大善两个农业部血吸虫病流行病学纵向观测点 2005—2010 年连续 6 年观测结果显示，南大善观测点阳性野粪全部为牛粪，麻塘观测点的阳性野粪中 61.22%为牛粪（Liu 等，2012）。

相对于羊粪、鼠粪等，牛的粪便分量大，成堆，不易干燥，有利于粪便中的血吸虫虫卵在野外环境中存活更长时间。观测显示，成堆、湿润的水牛粪便中的虫卵于 37℃保存 7d 仍有较高的孵化率，于 20℃保存 30d 孵化率为 0.7%，4℃保存 60d 孵化率为 5.9%（尹晓梅等，2009）。牛粪内血吸虫虫卵密度虽较人粪低，但每头牛每天排出的牛粪量远比人排出的粪量多，据调查自然感染的牛每头每天排出的虫卵数平均为 811.5 枚，而人每天排出的虫卵数平均为 805 枚，二者每日排出的虫卵数相近；在低温、潮湿的条件下，牛粪内的虫卵经数月后仍可孵出毛蚴（毛守白，1991）。因而，相对其他动物宿主，牛在我国大部分流行区的血吸虫病传播中起到更大的作用。

流行病学调查还显示，在同一地区水牛血吸虫感染率和感染强度一般都低于黄牛，如湖南沅江市双丰乡农业部动物血吸虫病流行病学观测点 1992—1999 年水牛血吸虫病平均阳性率为 13.88%（6.1%～26.4%），黄牛血吸虫病平均阳性率为 36.61%（15.7%～49.1%）。应用粪便毛蚴孵化法对 1993—1999 年查出的 638 头阳性水牛和 215 头阳性黄牛的感染强度进行比较分析，结果阳性水牛粪孵“+”的平均占 53.8%（46%～59.8%），高于阳性黄牛的 33.5%（28.6%～46.2%）；粪孵“++++”的阳性水牛平均占 8.5%（3.3%～13.3%），少于黄牛的 17.7%（7.7%～21.4%）（卿上田等，2001）。由于我国大部分血吸虫病流行区水牛饲养量比黄牛大，水牛接触疫水的机会比黄牛多、时间长，排出的粪便污染有螺环境机会较黄牛多，血吸虫感染的水牛和黄牛都是我国血吸虫病传播的重要传染源。

流行病学调查还提示，牛血吸虫病感染率与人血吸虫病感染率呈正相关关系。如 1980 年江西进贤新和村村民的感染率为 11.7%，而耕牛的感染率为 26.3%；同年湖南君山农场七分场居民的感染率为 22.4%，黄牛的感染率为 42.2%；1988 年安徽东至江心洲村民感染率为 22.4%，同期黄牛感染率为 92.2%，水牛为 27.0%。1958 年广东三水县六和乡居民血吸虫病感染率为 52.1%，1979 年降至 1.9%，牛的感染率亦由 29.5%降至 0.1%以下（广东省寄生虫病防治研究所等，1985）。1985 年江苏省居民粪检阳性率为 17.47%，1978 年降至 0.98%，牛的感染率亦由 24.54%降至 1.59%（何尚英等，1985）。Guo 等（2001，2006）在江西省永修县选取两个单元性强、环境条件相似、人群及耕牛感染率接近的行政村进行对比试验，连续三年对干预村所有人群和所有小牛都进行治疗，而对照村只对人群进行治疗，结果显示干预村比对照村人群血吸虫病感染率减少 70%。以上结果提示，有效控制牛血吸虫病疫情，可显著降低人血吸虫感染率。因此，牛也是唯一被纳入我国血吸虫病防控规划的动物宿主。

五、牛日本血吸虫病防治

1. 诊断

（1）病原学检测技术　最常用的方法是粪便毛蚴孵化法。取粪样 50～100g，在孵化后 1h、3h、5h 各观察一次。为提高阳性检出率，建议做到一粪三检。

（2）血清学检测技术　目前较常用的技术方法有试纸条法、IHA 和 ELISA 法等。详见第十六章第四节。

2. 治疗　首选治疗药物是吡喹酮。黄牛（奶牛）每千克体重口服 30mg 吡喹酮，限重 300kg；水牛每千克体重口服 25mg 吡喹酮，限重 400kg；一次用药。

3. 防控

（1）加强易感地带放牧牛的查病和治病，及时治疗血吸虫感染牛。

（2）在流行区推广以机耕代牛耕、圈养或限养牛，在易感季节禁止牛在有钉螺滋生的易感地带放牧。

（3）加强对牛粪便的管理，推广沼气池建设等技术。

■第二节　羊日本血吸虫病

一、羊日本血吸虫感染及羊体内日本血吸虫发育生物学

1. 宿主种类及日本血吸虫感染途径　山羊和绵羊都是日本血吸虫的易感宿主，也是我国血吸虫病疫区饲养量较多的两种血吸虫天然宿主，它们主要在有钉螺滋生的易感地带放牧时接触含血吸虫尾蚴的疫水，或吞食含尾蚴的水草而感染血吸虫病（图 9－3）。浙江省农业科学院畜牧兽医研究所（1960）试验证明了羊摄入阳性钉螺后感染了血吸虫病。

图 9－3　在有螺草洲放牧的羊

2. 日本血吸虫在羊体内的发育

（1）虫卵开放前期　神学慧等（2016）用日本血吸虫人工感染 10 只山羊，感染后 34d、37d、38d、40d、41d 和 42d，分别有 3 只、2 只、2 只、1 只、1 只和 1 只山羊粪便检出阳性，结果显示山羊排出虫卵的平均开放前期为（37.70±3.02）d。

（2）虫体发育/回收率　何毅勋等（1960）用日本血吸虫尾蚴人工感染山羊、绵羊、黄牛、水牛等 12 种动物，发现日本血吸虫在山羊体内的发育率最高，为 63.3%，绵羊的为 30.3%。杨健美（2012）用日本血吸虫感染山羊、黄牛、水牛等 6 种动物，感染后 7 周解剖动物，结果显示山羊体内虫体发育率为 49.5%，高于牛、兔和小鼠。神学慧等（2016）用 200 条尾蚴人工感染 6 只山羊，感染后 45d 解剖，平均每只山羊成虫回收率为 34.58%（23.00%～45.50%）。

现场流行病学调查显示，在同一流行区，山羊血吸虫病自然感染率大多高于绵羊，感染强度也大多大于绵羊（卿上田等，1998）。分析认为这可能与日本血吸虫在山羊体内比在绵羊体内发育好，绵羊很少下水吃草，接触疫水的机会较少等因素相关。

（3）成虫大小　杨健美（2012）的观察显示，来自山羊的 49d 雄虫长（9.40±0.55）mm，宽（377.05±15.97）μm；雌虫长（14.20±0.84）mm，宽（267.40±15.24）μm。

（4）在宿主体内的存活及排卵情况　神学慧等（2016）用每只羊 200 条尾蚴的量感染山羊，分别于感染后 2 个月、5 个月、8 个月、11 个月和 14 个月解剖，分别收集到 47 条、93 条、77 条、74 条和 73 条成虫，所获雌虫单条体内含虫卵数量平均为（200.00±42.33）个、（226.20±45.88）个、（168.20±25.85）个、（183.80±55.13）个和（190.80±53.53）个，显示感染日本血吸虫后 14 个月内山羊体内成虫数、雌虫含虫卵数未见显著变化。在山羊感

染日本血吸虫后 2～14 个月，每隔 2 个月收集羊粪进行粪便孵化观察，在 7 次检测中共有 8 只山羊持续毛蚴孵化呈现阳性，有 2 只山羊在感染后 6 个月出现阴性，而后又持续呈现阳性。10 只山羊粪便逐月平均毛蚴孵化强度在感染后第 4 个月最高，8～14 个月仍维持在较高水平。研究结果提示，日本血吸虫在山羊体内可存活较长时间，雌虫可持续产卵和排出可孵化出毛蚴的虫卵，对宿主的致病作用和在该病传播中的作用都可持续较长时间。

二、不同时期我国羊日本血吸虫病流行情况

1937 年和 1938 年吴光教授报道江苏、上海等地的山羊、绵羊血吸虫病的感染率分别为 8.2%和 1.7%。1957 年郑思民等在上海市郊区调查了 667 只绵羊，感染率为 15.14%。1958 年黎由恺等在湖南城陵矶调查 90 只山羊，感染率为 55.56%。广东（1958）、福建（1958）的调查报道显示山羊血吸虫病自然感染率分别高达 73.91%和 66.67%。

20 世纪末 21 世纪初我国一些流行区饲养羊和放牧羊的数量均有所上升，羊血吸虫病感染仍较普遍，一些地区感染仍较严重。张强（1997）报道湖南省岳阳县麻塘镇春风村 1993—1994 年全村饲养山羊尚不到 100 只，1995 年发展到 650 只，1996 年达到 1 200 余只。羊群抽查血吸虫病的感染率分别为 35%（1995）和 32%（1996），此后虽然年年进行查治，到 1999 年山羊的感染率仍达 19%。江苏省镇江市丹徒区江心洲五墩村 2004—2008 年羊血吸虫病感染率为 0～7.3%，2009—2011 年升至 32.0%～54.3%，调查村庄周围江滩野粪 239 份，羊粪占 96.3%（230/239），羊粪粪检阳性率为 15.5%～22.9%（神学慧等，2016）。卿上田等（1998）报道湖南省东洞庭湖华容县的幸福、注滋口、新洲乡等地的 5 个专业户饲养山羊 46 只，绵羊 77 只，粪检结果山羊有 22 只呈阳性，绵羊有 21 只呈阳性，阳性率分别为 47.82%和 27.27%。粪便孵化结果，阳性绵羊粪便毛蚴孵化大多为“＋”，占 71.43%；而山羊则多为“＋＋＋”和“＋＋＋＋”，占 59.09%，粪孵“＋”的只占 22.73%。张强等（2000）自 1993—1999 年连续对湖南省岳阳县麻塘镇牛、羊血吸虫病疫情进行了系统调查，共查耕牛 7 707 头次，查出病牛 390 头次，平均感染率为 5.06%，查羊 346 只次，查出病羊 82 只次，感染率为 23.7%，显示羊血吸虫感染率明显高于牛；野粪调查亦显示羊粪阳性率（29.7%）亦高于牛粪（7.2%）。刘恩勇（2003）等对湖北省血吸虫病疫区羊血吸虫病进行流行病学调查，结果显示羊的血吸虫病血清学阳性率为 16.88%，粪检阳性率为 13.57%；羊粪占所调查的野粪总数的 44.64%。朱春霞等（2007）2001—2005 年对岳阳市麻塘镇放牧的 444 只山羊进行血吸虫病流行情况调查，结果有 53 只山羊呈阳性，感染率为 8.75%～13.6%，平均 11.11%。戴卓建等（2004）报道四川省普格县山区的山羊和绵羊血吸虫感染率分别为 11.1%和 8.1%。采用粪便毛蚴孵化法对羊血吸虫病疫情进行调查的结果显示，我国 2004 年羊血吸虫平均感染率为 1.44%。2010 年检测 39 524 只羊，平均感染率为 1.0%。2011 年检测41 110只羊，平均感染率为 0.95%。2012 年检测 71 473 只羊，平均感染率为 0.57%。

三、羊日本血吸虫病造成的危害及在传播上的作用

1. 给养羊业造成的损失 地处我国血吸虫病流行区的长江洲滩、大小湖洲和山丘拥有

众多的天然草地和丰富的牧草资源，适合山羊和绵羊放牧。但由于血吸虫病流行，严重影响了当地养羊业的发展和农民收入。血吸虫严重感染时会导致羊成批死亡和母羊流产。1954年江西九江赛湖农场50余只山羊因感染血吸虫病一年内全部死亡。1957年4月湖南岳阳城陵矶农场140只山羊因感染血吸虫病，在不到3个月的时间内死亡60余只。1960年江西湖口、九江两个垦殖场从新疆引进细毛羊1 100余只，在湖洲放牧不到一年时间，90%的羊死于血吸虫病。江西省永修县吴城镇20世纪90年代末期有3个专业户饲养山羊100余只，因在湖洲草地上放牧而感染血吸虫病最终被淘汰。星子县浅湖村有2个养羊专业户于2004年1月分别从血吸虫病非疫区引进江南黄羊27只和30只，将羊群在湖洲上放牧，母羊在秋季妊娠后有31只羊发生流产，占产羔总数的73.8%，其余羊虽经吡喹酮治疗，但肝脏受损，生长发育不良而被淘汰（刘玮等，2006）。血吸虫病的流行影响了疫区养羊业的发展及农民的经济收入。

山羊和绵羊都是日本血吸虫的易感宿主，羊感染血吸虫后会呈现明显的临床症状，给养羊业带来巨大损失。胡述光等用日本血吸虫人工感染考湖杂交绵羊，发现绵羊体内成虫发育高，实验羊均表现出明显的临床症状，食欲减退、精神沉郁、逐渐消瘦。感染后50d实验羊先后出现腹泻，粪便带血，及急性死亡。江苏省进行了血吸虫感染对山羊体重变化的试验，6只实验山羊感染前体重共135kg，感染后饲养40d，粪检均为阳性，称重6只羊总共只有99kg，体重下降了26.6%。

2. 在日本血吸虫病传播上的作用 我国一些流行区羊的养殖数量大，羊粪污染的环境面广量大，在当地血吸虫病传播上具有重要作用。2001年，湖北省在3个村的有螺洲滩收集野粪233份，其中羊粪占44.64%（刘恩勇等，2003）。2015年，左引萍等（2016）在江苏扬州江滩收集新鲜野粪35份，其中羊粪占48.6%。湖南省岳阳县麻塘观测点2005—2010年家畜血吸虫病调查结果显示，阳性野粪中38.78%来自羊，根据诊断时孵出的毛蚴数初步估算，羊在血吸虫传播中的作用最高可达16.47%（Liu等，2012）。21世纪以来，牛作为我国血吸虫病主要传染源，已作为重点防控对象被纳入我国血防规划，在疫区实施了“以机耕代牛耕”等牛传染源控制措施，疫区饲养牛的数量大幅度减少。同时，为了充分利用湖区和山区的天然牧草资源，及受市场上羊肉价格持续上涨等因素的影响，一些流行区饲养羊和放牧羊的数量均有所上升，血吸虫感染羊的数量甚至多于牛的数量，成为该地区主要的或仅次于牛的第二重要家畜血吸虫病传染源。2005—2010年在农业部动物血吸虫病流行病学纵向观察点湖南省岳阳县麻塘镇调查的反刍动物中，血吸虫感染羊和牛的数量分别占41.8%～76.5%和23.5%～58.2%，感染羊的数量超过牛的数量。据不完全统计，2012年湖南、湖北、江西、安徽、江苏、云南和四川等7个血吸虫病流行省份的羊存栏数为2 024 512只，放牧羊数量为410 662只，而2013年和2014年流行区放牧羊的数量分别上升至504 854只和680 814只。随之而来的是，推测的理论血吸虫感染羊的数量占总感染病畜的比例呈上升之势，分别由2012年的25.73%上升至2013年的34.00%和2014年的40.05%。

此外，山羊和绵羊都是日本血吸虫的适宜宿主，日本血吸虫在羊体内发育良好，每天从粪便中可排出大量血吸虫虫卵。羊的养殖方式以敞放散养为主，羊群活动范围广，排粪分散，污染面大。一些疫区羊饲养量大，羊一般在防洪大堤和居民生活区周围放牧，和人接触密切，感染性羊分布与感染性钉螺分布及居民活动范围重合度高，这些都表明羊在我国一些地区血吸虫病传播中具有重要的作用。2005—2010年湖北省血吸虫病疫情监测结果显示，在实施综合治理措施后，羊血吸虫感染率由2005年的11.69%下降至2010年的1.41%，而同期钉螺血吸虫感染率由0.295%下降到0.059%，感染性钉螺面积由44.94hm² 下降到4.07hm²，居民感染率亦显著下降（陈艳艳等，2014）。江苏省镇江市丹徒区江心洲五墩村是一个属江滩型流行区的无牛村，实施常规防治措施5年，疫情一直处在徘徊状态，2004—2011年的人群粪检阳性率为0.4%～1.4%，感染性钉螺面积有18万～25万m²，重点水域哨鼠感染率为3.3%～18.0%。2011年明确了羊是当地主要传染源后，在常规防治措施的基础上增加了淘汰羊的措施，次年该村的人群和家畜的感染率都降至0，并连续5年（2012—2016）未查到当地新感染的血吸虫病人和病畜、感染性哨鼠及感染性钉螺，人畜病情、螺情达到国家血吸虫病传播阻断的标准（神学慧等，2016）。

四、羊日本血吸虫病防治

1. 诊断

（1）病原学检测技术　最常用的方法是粪便毛蚴孵化法。取粪样5～10g，在孵化后1h、3h、5h各观察一次。为提高阳性检出率，建议做到一粪三检。

（2）血清学检测技术　目前较常用的技术方法有试纸条法、IHA和ELISA法等。详见第十六章第四节。

2. 治疗　首选治疗药物是吡喹酮。山羊和绵羊每千克体重口服25mg吡喹酮，一次用药。

3. 防控

（1）加强对易感地带放牧羊的查、治，及时治疗或淘汰血吸虫感染羊。

（2）禁止羊在有钉螺滋生的易感地带放牧；鼓励圈养羊，种草养畜。

（3）加强对羊粪的管理，减少羊粪对环境的污染。

第三节　猪日本血吸虫病

一、猪日本血吸虫感染及猪体内日本血吸虫发育生物学

1. 猪日本血吸虫感染　猪是日本血吸虫的天然宿主之一。一些疫区有在湖滩、洲滩、草滩敞放牲猪的习惯，猪主要在有血吸虫阳性钉螺滋生的湖洲等易感地带敞放而感染血吸虫。Iburg等（2002）通过肌内注射的方式人工感染5头怀孕晚期（孕期第10～12周）母猪，每头猪感染10 000条日本血吸虫中国大陆安徽株尾蚴，分别于感染后7d、20d、34d、54d及69d解剖5头母猪所产胎猪（分娩前）或仔猪（分娩后），取肝、肺、脑及胎盘做组织病理检测，采用灌洗法回收部分胎猪和仔猪日本血吸虫虫体，采集仔猪粪便检测虫卵。结果5头母猪均成功感染日本血吸虫。感染后第20天（99d胎龄）发现猪胚胎里有一条日本血吸虫童虫，感染后第34天（109d胎龄）发现猪胚胎中含有虫卵，提示胎猪先天性感染日本血吸虫发育情况与正常感染情况相同；感染后54d和69d胎猪肝脏有炎症反应。所有仔猪肝脏均发现有10～80个灰白色硬性虫卵小结节，被嗜酸性粒细胞等所包围。研究结果显示，猪也可以先天性感染日本血吸虫，日本血吸虫童虫可穿过猪的胎盘屏障进入胎儿，并在猪的

胚胎体内完成发育。

2. 日本血吸虫在猪体内的发育

（1）虫卵开放前期　刘跃兴等在猪血吸虫感染的生物学特性观察中发现，猪人工感染血吸虫的虫卵开放前期为35d，与黄牛的（36.3±1.2）d和山羊的（37.70±3.02）d相近。

（2）虫体发育/回收率　何毅勋等（1960）用1 000～1 200条日本血吸虫尾蚴攻击感染4头猪，解剖时收集到的虫体数为56～155条，发育率为5.6%～12.9%。黄飞鹏等（1987）用300条日本血吸虫尾蚴攻击感染3月龄猪，感染46d后解剖，平均检获虫数为88.3条，平均虫体回收率为29.33%。刘跃兴等（1991）分别用50条±10条、100条±10条和200条±10条尾蚴攻击感染体重20～30kg的母猪，剖检后检获成虫，感染50条、100条和200条尾蚴的猪血吸虫平均发育率分别为12.0%、20.0%和20.5%。颜洁邦等（1993）的试验结果显示，日本血吸虫感染猪后虫体的发育率为14.0%～30.1%，平均发育率为23.1%。

（3）成虫大小　邱汉辉等（1993）用200条日本血吸虫尾蚴人工感染12头2.5月龄猪，感染后40d剖杀，雄虫平均长度为14.10mm（10～18mm），16个月雄虫平均长度为7.45mm（5～10mm），与40d时差异极显著（$P<0.01$）。40d雌虫平均长度为20.5mm（17～25mm），16个月后仅剩1条雌虫，长度为11mm。表明随着感染时间的推移，猪体内寄生的血吸虫虫体变小。

（4）在宿主体内的存活及排卵情况　黄飞鹏等（1987）用300条日本血吸虫尾蚴攻击感染10头3月龄猪，感染46d、93d、111d、153d、204d和234d后毛蚴孵化阳性率和每克粪便虫卵数分别是100%和31.7、50%和4.1、33.3%和6.3、0和0、33.3%和1.7、0和0。感染后234d解剖受试猪，与感染后46d的猪相比，5头实验猪平均每头猪体内血吸虫成虫数减少64%。刘跃兴等（1991）用（50±10）条、（100±10）条和（200±10）条尾蚴攻击感染体重20～30kg的母猪，感染后35d所有实验猪粪便都孵化出毛蚴。感染后第93天所有实验猪粪检和肝组织孵化均为阴性。邱汉辉等（1993）用（200±10）条日本血吸虫尾蚴人工感染12头2.5月龄猪，感染后37d所有实验猪粪便孵化都呈现阳性。分别于感染后第40天和第4、7、10、13、26个月各宰杀2头，平均每头猪检获虫体数分别为117条、103.5条、16条、22.5条、2条及52条，虫体回收率分别为56.8%、51.75%、8%、11.25%、1%和26%。与感染后第40天相比，感染后第4、7、10、13及26个月减虫率分别为11.53%、86.32%、80.77%、98.29%和55.55%，减雌率分别为72.00%、97.00%、94.00%、99.00%和99.00%。其中感染后第13和26个月平均每头猪检获雌虫数都为0.5条，存活的虫体绝大多数为雄虫。作者还观察到，随着感染时间的推移，成虫长度变短，雌虫子宫内未见虫卵，卵巢结构模糊。Willingham等（1998）将长白猪/杜洛克猪杂交猪依性别、体重分成4组，其中3组分别用2 000条、500条、100条日本血吸虫尾蚴攻击感染，1组作为对照组，在感染后第4、11、17、24周每组抽取6头猪解剖，收集计数虫体数、组织虫卵数，观察肝、肠损伤等情况。每2周计数实验动物粪便虫卵，同时对在第24周解剖的猪每2周抽血一次进行临床病理检查。结果显示，随着时间的推移，各组所检获的总虫体数呈下降趋势，在感染后17周和24周时，大部分成虫已被清除；粪便虫卵数在高剂量组中明显下降，其他剂量组亦逐渐下降。试验结束时，粪检未查见虫卵；2 000条尾蚴组的平均肝脏虫卵数在感染后第11周达到高峰，随后逐渐下降。临床病理检查发现感染猪嗜酸性粒细胞增多，感染后6～8周时出现高峰。感染后17周100条和2 000条剂量组的实验猪肠损伤程度变轻，感染后24周损伤已经非常轻微。感染后第 11 周，受试组肝纤维化较严重，随后纤维化程度逐渐降低。

颜洁邦等（1993）的试验表明，寄生于猪体内血吸虫一条合抱雌虫平均每日排卵数和虫卵平均孵化率分别为 595.1（398.2～675.6）个和 20.6%（16.7%～24.2%），均低于黄牛的 1 224.8（1 009.0～1 320.5）个和 98.3%（98.1%～98.5%）。

以上结果表明，猪对血吸虫的易感性比黄牛、山羊、绵羊低。同时，随着感染时间的推移，感染猪体内日本血吸虫虫体数、雌虫产卵数呈下降趋势，肝、肠组织病理损失减轻，和水牛一样出现自愈现象。

二、不同时期我国猪日本血吸虫病流行情况

虽然猪感染血吸虫后期对血吸虫产生一定的抗性，并具有自愈现象，但未感染过血吸虫且在易感地带放养的牲猪对血吸虫却非常易感。一些疫区有在湖滩、洲滩敞放牲猪的习惯，牲猪血吸虫感染也相当严重。20 世纪 50 年代的调查表明，以在湖滩敞放为主的江西永修猪的血吸虫感染率为 51.8%；而以圈养为主的浙江嘉善、常山、嵊县、昌化四县 2 623 头猪的平均感染率仅为 2.5%。1958 年韩盈周等在湖北圻春调查 100 头猪，感染率为 67%。1958 年云南血吸虫病防治委员会在云南凤仪等地调查 214 头猪，感染率为 23.36%。

直至 20 世纪 70、80 和 90 年代，我国一些疫区猪血吸虫感染仍很严重。安徽贵池白杨河边食品公司饲养场放养于草洲上的牲猪，1979 年和 1980 年感染率高达 88.8%和 90.9%。汪天平等（1987）在安徽省铜陵县白浪湖区开展人、牛和猪血吸虫病调查，结果牲猪血吸虫感染率为 22.5%（47/209）。吴昭武等（1992）调查显示，汉滩型流行区猪血吸虫感染率为 23.6%，洲岛型则高达 47.0%。江苏省江宁县新生洲 1986 年牲猪血吸虫感染率为 60%（曹霄等，1991）。苏卓娃等（1993）1990 年初调查东荆河下游有螺外滩处放养 10 个月以上的牲猪 10 头，结果牲猪体内均有合抱成虫寄生，平均成虫负荷数 26.3 条。在他们的另一调查中，也显示在湖区有螺河滩放养的牲猪感染率高达 60.0%。施人杰等（1992）在湖北仙桃市复兴乡通过分检法调查了 112 只敞放猪，结果 30 只猪呈现阳性，感染率为 26.78%，其中 25kg 以下的猪感染率为 30.76%，25～50kg 的猪为 31.42%，都明显高于 50kg 以上猪的感染率（18.42%）。胡述光等（1996）自 1987 年起，对洞庭湖区的牲猪血吸虫病流行及危害情况进行了系列调查。湖南省 30 个纵向观察点调查结果显示，洞庭湖区牲猪血吸虫病感染率平均 9.77%，其中南洞庭湖最为严重，达 17.7%～45.94%，平均为 27.62%。1987 年 9 月在南洞庭湖区花湖口乡 5 个村对 15kg 以上架子猪进行调查，共查猪 281 头，阳性 77 头，阳性率为 25.27%，其中公猪 32 头，母猪 39 头，分别占 45.1%、54.9%，感染率最高的石马村阳性率高达 42.2%（27/64）。

21 世纪以来，随着疫区农村社会经济的发展和猪饲养方式的改变，近年来大多数地区牲猪敞放的习惯已得到根本改变，对牲猪实施圈养，猪血吸虫感染亦少见。

三、猪日本血吸虫病造成的危害及在传播上的作用

1. 给养猪业造成的损失 猪感染血吸虫后表现被毛粗乱、贫血、腹泻、发育不良、进行性消瘦，最后长成“老头猪”或“僵猪”。解剖血吸虫病猪可见脏器受损严重，肝脾肿大、

质地坚硬，肝表面布满虫卵肉芽肿或假性结节，胆囊增大，胆汁浓缩，肠壁溃疡，不可食用而废弃。病猪生长缓慢，饲养周期延长，一般要饲养1年以上才能上市，死亡率增高。据动物血吸虫病观测点统计，湖区敞放猪死亡率达16.67%，而圈养猪死亡率一般在1%以内。给养猪业造成重大损失。

胡述光等（1992）从非疫区购进生猪20头，每头感染血吸虫尾蚴1 000条，感染后50d全部粪检阳性，对15头实验猪进行药物治疗，另5头作为未治疗的对照。治疗组15头猪始重1 252kg，每头平均83.47kg，50d后共重1 598kg，共增重346kg，每头平均增重23.06kg。对照组5头猪始重471.9kg，每头平均94.38kg，50d后共重554.4kg，共增重82.5kg，每头平均增重16.5kg，未经治疗的病猪较治愈的病猪体重平均每头下降6.56kg，治疗猪比未治疗猪平均增重率提高28.45%。

Hurst等（2000）对猪感染血吸虫后的组织病理研究发现，猪的肠、肝损伤最显著，出现炎症反应、肉芽肿、纤维化等现象，有大量的嗜酸性粒细胞、巨噬细胞浸润。之后，炎症逐渐消失，肉芽肿纤维化逐渐降低，同时伴随成虫死亡、新卵沉积减少。

2. 在日本血吸虫病传播上的作用　石中谷等（1992）1991—1992年在湖南益阳的清江村调查，发现在湖洲上活动的人和家畜中，牲猪所占比例最大，达82.85%。牲猪上湖洲活动的时间长，除洪水淹洲外，每天约12h。在检获的182份野粪中，有猪粪146份，阳性率23.29%；牛粪36份，阳性率11.11%；未发现人粪。该区域内猪粪占野粪总数的80.22%，其密度（22.46份/万 m^2）高于牛粪（5.54份/万 m^2）。生猪的年污染指数占总数的89.83%，为耕牛的9倍多，人群的20倍以上。

胡述光等（1996，1997）在湖南湖区的调查结果显示，湖区敞放牲猪数量大，在血吸虫病传播上的作用大。湖区当时有181个乡镇流行血吸虫病，敞放牲猪10万余头。全省4万 hm^2 易感地带60%的地方有牲猪敞放。洞庭湖区敞放耕牛的活动范围广，呈散在性分布；而牲猪活动一般集中在距大堤300m以内的人群活动频繁的高危易感地带，对居民危害大；外洲野粪调查显示猪粪大多集中在距大堤100m以内的区域，超过300m的区域为数极少。

施人杰等（1992）对10只感染猪的粪便进行虫卵计数，每克粪便虫卵数为4.5～18.0个，平均为11.1个。按一头猪一天平均排粪量1 000g计算，每日每只猪约排出虫卵11 000个，作者认为感染牲猪是疫区血吸虫病的重要传染源。

胡述光等（1997）对90头仔猪和82头饲养2年以上的母猪进行连续12个月的追踪调查和阳性猪的治疗，每月进行1次。首月猪的调查阳性率为8.89%，至第12个月阳性率为11.76%。90头猪经12次粪检有62头出现阳性，占总数的68.89%，其中感染2次以上的27头，占43.56%，月平均新感染率为12.75%。82头饲养2年以上的母猪粪检阳性率为29.63%，至第12个月阳性率为10.87%。说明在湖沼敞放的牲猪新感染与重复感染较为严重，并持续成为湖洲的重要传染源。

育肥猪一般饲养期在1年左右，在防治早期缺乏安全高效的血吸虫病治疗药物情况下，有些畜主往往不予阳性猪治疗。猪能食粪。有报道显示无血吸虫感染的猪在摄入含血吸虫虫卵的粪便后，可排出能孵化的虫卵（中国医学科学院寄生虫病研究所，1956）。因而，相当长一段时间内敞放的牲猪一直是一些流行区血吸虫病传播的重要传染源。

目前疫区普遍实行牲猪圈养，育肥猪一般在1年内屠宰，同时猪感染血吸虫后有自愈现象，因而猪已不再成为血吸虫病的主要传染源。

四、猪日本血吸虫病防治

1. 诊断

（1）病原学检测技术　最常用的方法是粪便毛蚴孵化法。取粪样20～30g，在孵化后5h、8h各观察一次。为提高阳性检出率，建议做到一粪三检。

（2）血清学检测技术　目前较常用的技术方法有试纸条法、IHA和ELISA法等。详见第十六章第四节。

2. 治疗　首选治疗药物是吡喹酮，每千克体重口服60mg吡喹酮，一次用药。

3. 防控

（1）及时治疗或淘汰血吸虫感染猪。

（2）对牲猪实施圈养，禁止猪在有钉螺滋生的易感地带放养。

（3）加强猪粪管理，减少猪粪对环境的污染。

第四节　犬日本血吸虫病

一、犬日本血吸虫感染

Fujinami和Nakamura（1909，1911）用犬作为实验动物，试验证实犬是日本血吸虫的动物宿主，同时证明日本血吸虫是经过皮肤感染犬的。何毅勋等（1960）用200条日本血吸虫尾蚴攻击感染4条犬，解剖时收集到的虫体数有100～154条，平均发育率为59%，在13种哺乳动物中虫体发育率仅次于小鼠（59.4%），高于黄牛、山羊等其他11种动物宿主。何尚英等（1965）用每条犬300条尾蚴攻击感染10条家犬，感染后14～23个月发现有6条家犬粪便孵化连续阴性，解剖后平均回收成虫数为（9±3.1）条，比对照组平均成虫数（200±8）条减少90%以上。

犬的感染率一般较高，一些犬感染后会出现便血等急性感染症状，个别犬感染后出现异位损害，大多数犬感染后不会表现出明显的临床症状，一旦出现症状则往往已经处于感染晚期。

二、不同时期我国犬日本血吸虫病流行情况

1911年，Lambert在江西九江发现犬自然感染日本血吸虫。20世纪50年代，我国多地的调查显示，大多数疫区犬的血吸虫感染率都较高。1958年王溪云等在江西省永修县城调查60只犬，感染率为56.66%；据苏州医学院1958年调查，江苏省东台和大丰县犬的感染率高达69.3%；江西鄱阳等6县的调查显示犬的平均感染率为49.3%；四川天全新华乡犬的感染率达52.9%。

20世纪末至21世纪初，调查显示我国犬血吸虫感染仍较严重。苏卓娃等（1994）在湖区的调查表明，犬血吸虫感染率高达75.0%。王尚位等（2002）在山区调查显示犬血吸虫感染率为60%。21世纪初安徽石台县家犬血吸虫感染率为4.35%～26.47%（吕大兵等，

2007)。闫亚贞等（2007）在湖北省江陵县的 5 个行政村，用 Dot－ELISA 法、饱和盐水漂浮集卵法、顶管毛蚴孵化法检测犬的感染情况，结果血清学检测阳性率为 10.59%，饱和盐水漂浮集卵法检测阳性率为 8.24%，粪便毛蚴孵化法检测阳性率为 10.77%。姚邦源等在云南省巍山县中和乡应用尼龙袋集卵孵化法调查了 8 种动物的血吸虫感染情况，结果发现其中 6 种呈现阳性，其中阳性率以黄牛最高，为 16.5%，其次是犬，为 9.6%。用尼龙袋集卵粪渣薄涂片法计数阳性动物的每克粪便虫卵数（EPG），结果犬最高，为 12.8 个；牛次之，为 2.2 个。

三、犬在日本血吸虫病传播上的作用

我国一些农村有养犬看家护院的习俗，且数量较多，一般散放。犬的活动范围大多局限于农宅附近，若周围存在有钉螺分布的沟渠或小溪，犬有较大的机会感染血吸虫，阳性犬排出的粪便也成为沟渠或小溪等水体的污染源。郑江等（1991）在高山峡谷型流行区云南巍山县中山乡的调查显示，在收集到的野粪中犬粪占 27.3%，仅次于牛的 35.0%，高于猪、马属动物、羊和人所占的比例。其传播期排放虫卵总数构成比为 12.0%，在家畜中仅次于牛的 67.1%。苏卓娃等（1994）在湖区的调查表明，犬血吸虫病的感染率和感染度都较高，分别为 75.0%和每克粪便 80.4 个毛蚴，相对传播指数为 46.6%，高于水牛的 38.6%。汪天平等（2008）2006 年和 2007 年在安徽石台县山丘型地区的调查显示，犬野粪孵化阳性率分别高达 18.9%和 21.1%。余晴等（2009）2007 年在安徽一山丘型血吸虫病流行村（垄上村）和一湖沼型流行村（渔业村）开展血吸虫病流行病学调查，结果显示，犬野粪孵化阳性率和感染度垄上村为 23.81%（5/21）和每克粪便 1.21 个毛蚴；渔业村为 55.6%（24/36）和每克粪便 20.00 个毛蚴。调查结果亦表明，犬的野粪孵化率较高，达 23.81%～55.6%。以上结果提示，犬在血吸虫病传播上的作用不可轻视。在一些已实施牛羊圈养或没有饲养牛羊的地方，已报道家犬和其他野生动物可能是当地血吸虫病的主要传染源。

犬具有吞食粪便的习性，一些寄生虫学者也对犬这一习性在血吸虫病传播上的作用做了调查。郑江等（1990）的观察显示，家犬吞食含血吸虫虫卵的人粪后能排出 30.3%～78.6%的虫卵，家犬通过性排出的虫卵在 24h 内形态完整，毛蚴清晰，与正常虫卵无异。但是，绝大多数犬排出的虫卵均未能孵出毛蚴，显示家犬既是血吸虫的终末宿主，又因其吞食人粪而使大量虫卵丧失孵化能力。作者认为家犬可能有清除一部分虫卵的作用。作者观察到，在同一批家犬中，镜检虫卵阳性率为 17.65%，明显高于孵化法的 1.64%。解剖结果证明未能在孵化阴性、镜检阳性的犬查获到血吸虫虫体，提示如果只进行镜检调查，则可能存在较高的假阳性。在确定某地家犬在传播血吸虫病中的作用或在野粪调查时，应以孵化结果，而不是以镜检结果为准，否则将会产生错误的判断。在另一研究中，Wang 等（2006）给 3 只犬吞食含日本血吸虫虫卵的山羊粪便，喂食前虫卵的孵化率为 51.8%，收集犬吞食粪便后 3d 内的粪便并做粪便孵化观察。结果显示从吞食后前 2d 的犬粪便中收集到约 50%的虫卵，在吞食后 25h 收集到 39%的虫卵，且这些虫卵都仍保持有活力，并能孵化出血吸虫毛蚴。结果提示犬可能在疫区起着传播血吸虫的作用。

一些血吸虫病流行区农户养犬户数众多，犬数量较大，这些年流行病学调查发现不少村落仍有犬感染血吸虫，应引起重视。

四、犬日本血吸虫病防治

诊断方法可采用粪便毛蚴孵化法。IHA、ELISA 等血清学诊断技术也可用于犬血吸虫感染的诊断。进行粪便毛蚴孵化时，由于犬粪黏度较高，采用直接孵化法往往虫卵毛蚴孵出率较低，粪便先经尼龙兜充分淘洗后再进行孵化可提高毛蚴孵化率。

吡喹酮是首选治疗药物。对血吸虫病阳性犬及时进行治疗。

第五节 其他家畜和家养动物日本血吸虫病

除牛、羊、猪、犬以外，在云南、四川等地的一些山区，马、骡、驴有时也用于农田耕作、粮食和肥料等的运输，也有接触疫水并感染血吸虫的机会，但它们数量较少，对血吸虫的易感性较低，相对牛和羊，是一些山丘型流行区血吸虫病次要的传染源。

动物试验表明寄生于马体内的血吸虫虫体发育率较低。何毅勋等用 3 230 条和 3 400 条日本血吸虫尾蚴各感染一匹马，结果一匹马解剖时未找到血吸虫虫体；另一匹马于感染后 30 周解剖，马体内找到 24 条血吸虫成虫（雄虫 14 条，雌虫 10 条），发育率为 0.07%。进一步观察显示马体内血吸虫成虫定居肝门肠系膜静脉比例为 70.0%，低于黄牛、山羊等其他家畜的 83.0%～99.0%，且虫体明显较小，雌虫卵巢萎缩且子宫内虫卵数量较少。同时，作者也观察到，在没有找到虫体的马的内脏中呈现明显的由血吸虫感染引起的病变，提示马感染血吸虫后虫体有自然消失的现象（何毅勋，1960；He 等，2001）。

马属动物（马、骡和驴）血吸虫自然感染多见于大山区。现场调查中马、驴、骡血吸虫感染率一般不高。在云南省巍山县的调查中，驴、马、骡的粪检阳性率分别为 4.27%、3.36%、3.22%。姚邦源等在云南省巍山县中和乡用尼龙兜集卵孵化法检测骡、驴和马血吸虫病，结果阳性率分别为 3.5%、1.8%和 1.4%。在高原峡谷地区，熊孟韬等（1999）报道马血吸虫感染率为 2.6%；在高原平坝地区，杨光荣等（1999）报道马感染率为 13.9%，但相对传播指数（RIT）仅为 1.9%，远低于人的 71.3%和牛的 25.1%。也有个别马属动物血吸虫病高感染率的报道，如防治初期湖北省寄生虫病防治研究所曾报告在湖沼地区驴的感染率高达 44.4%。在云南大理市庆洞村，牛和马属动物的阳性率分别为 15.18%和 14.00%（王尚位，2002）。郑江等（1991）在野粪调查中显示马粪占野粪总数的 15.6%，但粪便孵化未检出血吸虫阳性。

进入 21 世纪以来，马属动物已很少用于农田耕作及粮食和肥料等的运输，血吸虫病感染也少有报道。

猫也是血吸虫的天然宿主。周金春等（1995）用日本血吸虫尾蚴人工感染猫、犬及兔，3 个月后发现猫的肝、肠病理损害最轻，多数未见明显的肉芽肿反应，其每克粪便虫卵数（EPG）亦低于兔、犬。猫的活动多局限在农宅周围，有关猫自然感染血吸虫的报道较少。20 世纪 50 年代，有报道四川绵阳猫的血吸虫感染率为 0.6%；广东三水为 2.2%；江苏东台、大丰为 33.3%。汪天平等（1998，2008）在江洲滩地区检查猫 78 只，未发现有血吸虫感染；在山区检获猫粪 58 份，其中 1 份孵化阳性，作者考虑到该地区野鼠感染率高达 20%左右，认为该份猫粪呈阳性，不排除是猫捕食含虫卵的病鼠肝脏等内脏，通过性排出的虫卵所引起。猫血吸虫感染率较低，有排便后自己掩埋粪便的习性，粪便污染有螺环境的机会较少，已有的了解表明猫在血吸虫病传播上的作用相对较小。

■第六节　野生动物日本血吸虫病

日本血吸虫病具有自然疫源性。除牛、羊、猪、犬、猫等家畜或家养动物外，尚有种类繁多的野生动物保虫宿主，如野兔、野鼠等，可感染血吸虫。据菲律宾、印度尼西亚的现场调查，啮齿目中有19种动物可自然感染日本血吸虫，常见的有褐家鼠、黑家鼠、黄胸鼠和缅鼠；在菲律宾，黑家鼠、黄胸鼠血吸虫感染率最高，分别达85%、56.5%～95.5%。我国已报道的可感染日本血吸虫的野生动物有猕猴、野猪、野兔、豪猪、褐家鼠、家鼠、姬鼠、社鼠、罗赛鼠、刺毛鼠、黑腹绒鼠、白腹鼠、田鼠、松鼠、刺猬、貂、山猫、小灵猫、笔猫、鼬、豹、南狐、赤狐、獾、山獾、貉、麂等（He等，2001）。报道最多的是分布于各流行区不同种类的野生鼠和野兔。

各流行区野生动物的种类因动物区系分布和流行区类型不同而不同。在人口密集的水网地区，一般仅有小型啮齿类动物，且以褐家鼠为优势种，感染率亦较高，野兔次之。在山丘型的丘陵地区及人口不稠密的水网地区（如苏北），有姬鼠和野兔出没于草丛及灌木丛之中，并常见感染。

20世纪50—60年代，一些报道显示疫区野生动物的血吸虫感染率都比较高。江苏东台和大丰、安徽贵池和江西九江野兔的平均感染率分别为19.39%、11.92%和11.86%。浙江金华褐家鼠的感染率达61.1%，姬鼠为16.0%，黑腹绒鼠为12.5%。江苏句容黑线姬鼠的感染率为16.5%。安徽贵池褐家鼠的血吸虫感染率达31.3%，每克粪便毛蚴孵出率为人的14倍。浙江衢县小灵猫的感染率为14.3%，麂为10%。上海市血吸虫病研究委员会（1958）曾对10只阳性褐家鼠和6位血吸虫病人每天排出的粪便及粪便虫卵毛蚴孵出情况进行比较分析，结果每鼠每天平均排粪8.2g，每克粪孵出毛蚴62.06只；人每天平均排粪204.3g，每克粪孵出毛蚴4.27只。鼠与人排粪量比为1∶24.9，每克粪孵出毛蚴数比为1∶0.07（毛守白，1990）。

20世纪末21世纪初，调查显示我国疫区野生动物血吸虫感染仍十分普遍。在江湖洲滩型流行区，李孝清等（1996）在武汉市城区有螺江滩捕获野鼠902只，鼠种主要为褐家鼠、小家鼠和黑线姬鼠，血吸虫平均感染率为0.33%。周培盛等（1997）在南湾湖农场剖检了100余只野鼠，结果褐家鼠和黑线姬鼠的血吸虫感染率分别为5.6%（3/54）和7.3%（4/55）；间接血凝试验检测褐家鼠和黑线姬鼠的阳性率分别为50%（15/30）和11.76%（4/34）；虫卵孵化试验褐家鼠的孵化率为11.76%（4/34），而黑线姬鼠为零（0/23）。徐国余等（1999）在南京的两个长江江心岛洲滩——潜洲和子母洲进行野鼠血吸虫病调查，结果沟鼠感染率为53.7%～64.2%，其中重300g以上的沟鼠感染率达92.9%。调查还显示，这两个洲滩的血吸虫病主要在沟鼠中传播，沟鼠一般活三年，鼠与人排粪量比为1∶24.9，但沟鼠的粪便毛蚴孵出率是人粪的14.5倍，作者认为2只沟鼠的粪便危害超过1个人。赵红梅等（2009）的调查显示，湖北四湖地区褐家鼠血吸虫自然感染率为13.89%，褐家鼠在野外、沟渠、室内分布广、数量多、密度高，排出的带虫卵粪便随时可污染水体。在山丘型流行区，杨光荣等（1999）在云南洱源、巍山平坝地区捕获野鼠1 941只，解剖取直肠粪便孵化毛蚴，结果黄胸鼠、褐家鼠及斯氏鼠的感染率分别为0.086%、0.29%和1.75%，平均感染率为0.15%，RIT为0.001。熊孟韬等（1999，2000）分别在云南洱源和永胜高原峡谷地区捕获野鼠778只和713只，解剖取直肠粪便孵化毛蚴，洱源县在黄胸鼠、褐家鼠、斯氏鼠和大绒鼠4种野鼠中有28只检获到血吸虫，感染率分别为4.8%、1.4%、7.1%、53.9%，平均感染率为3.6%；永胜县有1只大足鼠自然感染血吸虫，野鼠感染率为0.1%。两县病鼠每克粪便虫卵数EPG分别为774.2个和228.0个，均远高于当地病人和病畜。姚邦源等在云南省巍山县中和乡进行了动物血吸虫病流行病学调查，结果野鼠血吸虫感染率为1.7%，EPG为14.2个，野鼠的优势种为黄胸鼠。吕大兵等（2007）2006年在安徽石台县垄上村、龙泉村及源头村的调查显示，野鼠的感染率分别为22.73%（5/22）、33.33%（6/18）和22.22%（2/9）；9只阳性野鼠的平均感染度为每克粪便259.06个（虫卵+毛蚴），显著高于人、犬和野兔等。解剖两只野兔即在其中一只兔体内发现血吸虫成虫和虫卵。

周培盛等（1997）剖检了55只黑线姬鼠，在其中4只中找到血吸虫虫体，对23只黑线姬鼠进行粪便虫卵毛蚴孵化均呈现阴性。作者认为黑线姬鼠虽有血吸虫寄生，但其粪便未能孵出毛蚴，在流行病学上的意义似乎不十分重要。张容等（1991）的观察显示，黑线姬鼠无论是一次感染或重复感染，日本血吸虫虫体均能发育成熟，并从粪中排出虫卵，虫卵孵出的毛蚴可感染钉螺，逸出的尾蚴能再感染黑线姬鼠和小鼠，提示黑线姬鼠是血吸虫的保虫宿主。虽然黑线姬鼠体内血吸虫有自然消失趋向，但在自然界中可被多次感染，故在血吸虫病流行病学上有一定的意义。

吕尚标等（2019）在江西省山丘型血吸虫病传播控制地区瑞昌市和彭泽县选择5个流行村开展野生动物血吸虫感染调查，共捕获、收购野鼠、黄鼠狼、野猪、麂子和野兔等野生动物或肝脏样本240只（份），其中捕获野鼠172只，血吸虫感染率为2.91%，其他野生动物未发现血吸虫感染。调查村人群和家畜均未发现血吸虫感染，各村平均钉螺密度为每0.11m^{2}0.13～0.80只，在其中1个村的2只检测管中钉螺出现血吸虫阳性。作者认为，此类地区野生动物在血吸虫病传播中的作用和潜在风险仍不可忽视，应继续加强监测。

寄生虫学者对于野鼠在血吸虫病传播中的作用仍存在不同的看法，一些学者认为鼠类在血吸虫病传播中的作用甚微，主要理由是：①既往流行病学调查结果显示，鼠类血吸虫自然感染率大多低于人和家畜。②鼠类排粪量显著少于人和家畜；鼠粪颗粒小，易干燥，虫卵易于死亡；鼠类排粪地点通常在洞内、洞口周围或取食点旁及墙脚附近，粪便直接入水的机会较少；因而，病鼠粪便对有螺环境的污染程度可能较低。③野鼠寿命较短（2～3年）（李孝清，1996；杨光荣，1999；熊孟韬，2000；汪天平，2008）。也有学者认为野鼠繁殖速度快、种群数量大、活动范围广。褐家鼠等家栖型或半家栖型鼠常在沟渠、田间活动，接触疫水的机会多，不仅易感染血吸虫，其阳性鼠粪也容易污染水源。鼠粪中的每克粪便虫卵数EPG及粪便虫卵毛蚴孵出率均显著高于人粪和畜粪（上海市血吸虫病研究委员会，1958；徐国余等，1999）。因此鼠类在血吸虫病传播上的作用不可忽视（熊孟韬，1999；丁旭佳，2008）。徐国余等（1999）在南京2个没有人群和家畜活动的长江江心岛的调查发现，岛上有血吸虫阳性钉螺，同时褐家鼠的血吸虫感染率达59.8%，提示野鼠可能是维系这2个岛上血吸虫病传播的重要终末宿主，形成自然疫源地。Lu等（2009，2010）研究发现，山丘型地区感染性钉螺室内尾蚴逸出呈“晚逸蚴”特征（逸蚴高峰时间为17：00—21：00），不同于湖沼型地区感染性钉螺的“早逸蚴”（逸蚴高峰为7：00—11：00），提示山丘型地区存在鼠源性血吸虫以及鼠类可维系日本血吸虫病传播的可能。值得一提的是，多数野生动物血吸虫感染调查都采用动物解剖法，以是否检获到血吸虫虫体为判定依据。对动物的排卵情况和虫卵孵化情况了解较少，因而也较难明确该种动物在血吸虫病传播上的作用。

随着疫区生态环境日益改善，当前一些疫区野猪、野兔等野生动物的数量明显增多，它们在血吸虫病传播上的作用值得关注。

已有的研究结果表明，不同流行区感染血吸虫的野生动物主要种群、各种野生动物的感染率和感染强度、可能起传播作用的野生动物种类等都因地而异。因此，对不同野生动物在不同流行地区血吸虫病传播中的作用尚需更深入的调查。由于加强查治和粪便管理等对人、畜行之有效的血吸虫病防控技术措施和对策不适用于野生动物，在钉螺尚未彻底消灭的地区，调查、明确起主要传播作用的野生动物种类，探讨提出有效的防控技术措施和对策，强化易感地带的环境改造和灭螺等，对防止该地区疫情反弹，巩固已有血防成果，直至在该地区最终消除血吸虫病都具有重要意义。

（林矫矫）

■ 参考文献

戴卓建，颜洁邦，毛光琼，等，2004. 不同山区疫区家畜血吸虫病流行病学及防制对策研究［J］. 西南农业学报，17（3）：393-398.

丁旭佳，赵红梅，赵韶阳，2008. 湖北省荆州地区野鼠自然感染日本血吸虫的调查研究［J］. 动物 医学进展，29（5）：14-17.

郭家钢，2008. 我国山丘型血吸虫病的流行与防治［J］. 中国预防医学杂志，42（8）：547-548.

何家昶，王恩木，汪天平，等，1995. 江滩耕牛血吸虫病流行现状及其在传播中的地位［J］. 中国血吸虫病防治杂志，7（5）：288.

何毅勋，许绶泰，施福恢，等，1992. 黄牛与水牛感染日本血吸虫的比较研究［J］. 动物学报，3（2）：266-271.

何毅勋，杨惠中，毛守白，1960. 日本血吸虫宿主特异性研究之一：各哺乳动物体内虫体的发育率、分布及存活情况［J］. 中华医学杂志，46（6）：470-475.

胡述光，卿上田，石中谷，等，1996. 洞庭湖区牲猪血吸虫病流行及危害情况的调查［J］. 湖南畜牧兽医（4）：25-26.

胡述光，卿上田，张强，等，1996. 考湖杂交绵羊对日本血吸虫易感性的试验［J］. 中国血吸虫病防治杂志，（8）4：246.

李长友，林矫矫，2008. 农业血防五十年［M］. 北京：中国农业科技出版社.

李浩，刘金明，宋俊霞，等，2014. 2012 年全国家畜血吸虫病疫情状况［J］. 中国动物传染病学报，22（5）：68-71.

李孝清，黄四古，程忠跃，等，1996. 城市血吸虫病传染源的研究Ⅱ. 江滩野鼠感染情况调查［J］. 实用寄生虫病杂志，3（2）：92.

梁幼生，王宜安，神学慧，等，2016. 羊在日本血吸虫病传播中的作用Ⅲ. 羊粪对环境的污染及血吸虫感染高危环境预测［J］. 中国血吸虫病防治杂志，28（5）：497-501.

林邦发，童亚男，1977. 水牛日本血吸虫病自愈现象的观察［J］. 中国农业科学院上海家畜血吸虫病研究所论文集：453-454.

林丹丹，刘跃民，胡飞，等，2003. 鄱阳湖区日本血吸虫动物宿主及血吸虫病的传播［J］. 热带医学杂志，

3 (4)：383-387.
林矫矫，2015. 家畜血吸虫病 [M]. 北京：中国农业出版社.
林矫矫，2016. 重视羊血吸虫病防治推进我国消除血吸虫病进程 [J]. 中国血吸虫病防治杂志，28 (5)：481-484.
刘恩勇，赵俊龙，何会时，等，2003. 湖北省羊血吸虫病流行病学调查 [J]. 湖北畜牧兽医，3：32-35.
刘金明，宋俊霞，马世春，等，2011. 2010 年全国家畜血吸虫病疫情状况 [J]. 中国动物传染病学报，19 (3)：53-56.
刘金明，宋俊霞，马世春，等，2012. 2011 年中国家畜血吸虫病疫情状况 [J]. 中国动物传染病学报，20 (5)：50-54.
刘金明，朱春霞，喻华，等，2013. 实现 2015 年家畜血吸虫病疫情控制目标的风险分析 [J]. 中国动物传染病学报，21 (2)：61-67.
刘玮，杨一兵，邹慧，等，2006. 日本血吸虫病对湖区养羊业的危害及防治对策 [J]. 中国兽医寄生虫病，14 (1)：18-19.
刘效萍，2013. 湖沼和山丘地区血吸虫病传染源种类调查及感染性钉螺逸蚴节律性观察 [D]. 合肥：安徽医科大学.
刘效萍，操治国，汪天平，2013. 不同终宿主在血吸虫病传播中的作用 [J]. 热带病与寄生虫学，11 (1)：54-58.
刘跃兴，邱汉辉，张观斗，等，1991. 猪血吸虫感染一些生物学特性的观察 [J]. 中国血吸虫病防治杂志 (5)：1.
刘跃兴，邱汉辉，张咏梅，等，1993. 粪孵法诊断猪日本血吸虫人工感染自然转阴试验观察 [J]. 中国兽医寄生虫病，1 (3)：31-32.
吕大兵，汪天平，James R，等，2007. 安徽石台县日本血吸虫病传染源调查 [J]. 热带病与寄生虫学，5 (1)：11-13.
吕美云，李宜锋，林丹丹，2010. 水牛和猪感染日本血吸虫后的自愈现象及其机制 [J]. 国际医学寄生虫病杂志，37 (3)：184-188.
吕尚标，陈年高，刘跃民，等，2019. 江西省山丘型血吸虫病传播控制地区野生动物血吸虫感染调查 [J]. 中国血吸虫病防治杂志，31 (5)：463-467.
罗杏芳，林森源，林彰毓，等，1988. 水牛日本血吸虫病自愈现象的观察 [J]. 中国兽医科技 (8)：42-44.
毛守白，1990. 血吸虫生物学与血吸虫病的防治 [M]. 北京：人民卫生出版社.
农业部血吸虫病防治办公室，1998. 动物血吸虫病防治手册 [M]. 北京：中国农业出版社.
卿上田，胡述光，丁国华，等，1998. 华容县羊群血吸虫病感染情况调查 [J]. 中国兽医寄生虫病，(6) 1：45-46.
邱汉辉，刘跃兴，张泳梅，等，1993. 猪日本血吸虫病自愈现象研究 [J]. 中国血吸虫病防治杂志，5 (5)：270.
神学慧，戴建荣，孙乐平，等，2016. 羊在日本血吸虫病传播中的作用Ⅳ. 羊体内血吸虫的发育及粪便中虫卵数量和分布 [J]. 中国血吸虫病防治杂志，28 (5)：502-506.
神学慧，傅忠宇，戴建荣，等，2017. 羊在日本血吸虫病传播中的作用Ⅵ. 基于消除感染性羊阻断血吸虫病传播的实例 [J]. 中国热带医学，17 (5)：464-469.
盛运熊，赵红梅，2012. 湖北荆州部分地区羊血吸虫病流行病学调查 [J]. 中兽医医药杂志，31 (2)：38-39.
石中谷，胡述光，周庆元，等，1992. 湇江村牲猪在血吸虫病传播中的作用 [J]. 中国血吸虫病防治杂志，4 (5)：293.
苏禄权，吴兴，范崇正，等，1999. 云南省高原平坝区血吸虫病主要宿主的传播作用 [J]. 实用寄生虫病杂志，7 (1)：27.

苏正明，何汇，涂祖武，等，2011. 2010 年湖北省血吸虫病疫情监测 [J]. 中国血吸虫病防治杂志，23 (4)：438-440.

苏卓娃，陈伟，胡采青，等，1993. 牲猪放养对血吸虫病流行的影响及其检查方法的研究 [J]. 湖北预防医学杂志，4 (2)：22-23.

苏卓娃，胡采青，傅义，等，1994. 不同宿主在湖区日本血吸虫病传播中的作用 [J]. 中国寄生虫学与寄生虫病杂志，12 (1)：48-51.

汪恭琪，杨正刚，李德泽，等，1997. 沙山养牛场黄牛血吸虫病的疫情报告 [J]. 中国兽医寄生虫病，5 (1)：47.

汪奇志，汪天平，张世清，2013. 日本血吸虫保虫宿主传播能量研究进展 [J]. 中国血吸虫病防治杂志，25 (1)：86-89.

汪天平，崔新民，李同山，等，1989. 铜陵县白浪湖区家畜在血吸虫病传播中的重要作用 [J]. 中国血吸虫病防治杂志，1 (4)：39-40.

汪天平，葛继华，吴维铎，等，1998. 安徽省江洲滩地区血吸虫病传染源及其在传播中的作用 [J]. 中国寄生虫病防治杂志，11 (3)：196-199.

汪天平，汪奇志，吕大兵，等，2008. 安徽石台县山丘型血吸虫病区疫情回升及传染源感染现状调查 [J]. 中华预防医学杂志，42 (8)：605-607.

王尚位，殷关麟，段所胜，等，2002. 大理市血吸虫病地区野粪的分布及污染调查 [J]. 实用寄生虫病杂志，10 (4)：178-179.

王宜安，汪伟，梁幼生，2016. 羊在日本血吸虫病传播中的作用Ⅴ. 流行区羊养殖状况及在传播中的意义 [J]. 中国血吸虫病防治杂志，28 (5)：606-608.

吴国昌，喻华，董长华，等，2005. 1993—2003 年吴城镇动物血吸虫病流行情况 [J]. 江西畜牧兽医杂志，1：10-12.

吴宏春，彭立斌，汤小女，等，2002. 东流观测点家畜血吸虫感染情况分析 [J]. 中国血吸虫病防治杂志，14 (1)：52-54.

吴昭武，刘志德，卜开明，等，1992. 洞庭湖和鄱阳湖区血吸虫病人畜传染源的作用 [J]. 中国寄生虫学与寄生虫病杂志，10 (3)：194-197.

吴昭武，卓尚炯，卜开明，等，1990. 洞庭湖区各类血吸虫病传染源的实际污染指数的计算与应用价值 [J]. 中国血吸虫病防治杂志，2 (4)：11.

熊孟韬，杨光荣，吴兴，等，1999. 高原峡谷区鼠类感染日本血吸虫调查 [J]. 地方病通报，14 (4)：41-43.

熊孟韬，杨光荣，吴兴，等，2000. 永胜县山区鼠类感染日本血吸虫调查研究 [J]. 医学动物防制，16 (2)：81-83.

徐国余，田济春，陈广梅，等，1999. 南京日本血吸虫病沟鼠疫源地研究 [J]. 实用寄生虫病杂志，7 (1)：4-6.

颜洁邦，戴单建，杨明富，1993. 黄牛和猪人工感染血吸虫的荷虫、排卵及虫卵孵化率研究 [J]. 四川畜牧兽医，21 (2)：3-4.

杨光荣，吴兴，熊孟韬，等，1999. 高原平坝区鼠类传播血吸虫病的作用 [J]. 中国媒介生物学及控制杂志，10 (6)：451-455.

杨健美，2012. 不同终末宿主对日本血吸虫感染适宜性的差异分析 [D]. 北京：中国农业科学院.

杨健美，苑纯秀，冯新港，等，2012. 日本血吸虫感染不同相容性动物宿主的比较研究 [J]. 中国人兽共患病学报，28 (12)：1207-1211.

杨猛贤，欧阳俊，左继茂，等，2003. 南涧县乐秋村血吸虫病流行病学调查 [J]. 中国血吸虫病防治杂志，

15（6）：402.

依火伍力，周艺彪，刘刚明，等，2009. 四川省普格县血吸虫病综合治理 4 年效果［J］. 中国血吸虫病防治杂志，21（4）：276 - 279.

尹晓梅，汪峰峰，张世清，等，2009. 日本血吸虫终宿主粪便中虫卵存活力的实验观察［J］. 热带病与寄生虫学，7（1）：25 - 27.

余晴，汪奇志，吕大兵，等，2009. 血吸虫病流行区各类传染源感染现况调查［J］. 中华预防医学杂志，43（4）：309 - 313.

袁对松，何会时，陈文行，等，2003. 荆州市长江沿线羊血吸虫病流行病学调查［J］. 中国兽医寄生虫病，11（2）：48 - 50.

翟颀，2018. 水牛和黄牛来源日本血吸虫蛋白质组和免疫蛋白质组比较研究［D］. 广州：华南农业大学.

张强，卿上田，胡述光，等，2000. 1993—1999 年麻塘垸牛羊血吸虫病疫情动态调查［J］. 中国兽医寄生虫病，8（4）：37 - 39.

赵红梅，苏加义，刘春华，等，2009. 湖北省四湖地区野鼠血吸虫感染的调查［J］. 中国人兽共患病学报，25（9）：919 - 920.

郑江，毕绍增，高怀杰，等，1991. 大山区粪便污染水源方式及其在传播血吸虫病中的作用［J］. 中国人兽共患病杂志，7（1）：47 - 49.

郑江，钱珂，姚邦源，等，1990. 高山型地区血吸虫病传染源分布特点的研究［J］. 中国血吸虫病防治杂志，2（1）：24 - 27.

郑江、郭家钢，2000. 动物宿主在中国血吸虫病传播中的作用［J］. 中国人兽共患病杂志，16（6）：87 - 88.

周金春，程瑞雪，曾宪芳，1995. 不同动物宿主血吸虫病肝肠病理变化的比较观察［J］. 中国寄生虫学与寄生虫病杂志，13（4）：292 - 294.

周培盛，黄佳亮，1997. 南湾湖农场动物自然感染日本血吸虫的调查分析［J］. 医学动物防制，13（4）：227.

朱春霞，王兰平，胡述光，等，2007. 湖南省岳阳市麻塘垸牛羊血吸虫病疫情动态调查［J］. 中国兽医寄生虫病，15（5）：31 - 34.

朱允升，王溪云，1957. 江西九江地区牛血吸虫病的初步调查研究报告［J］. 华中农业科学（6）：428 - 436.

卓尚炯，吴昭武，仲永康，等，1991. 洞庭湖区血吸虫病流行因素与规律的研究. 中国血吸虫病防治杂志，3（3）：133.

Guo J G，Li Y S，Gray D，et al，2006. A drug - based intervention study on the importance of buffaloes for human *Schistosoma japonicum* infection around Poyang Lake，People's Republic of China［J］. Am J Trop Med Hyg，74（2）：335 - 341.

Guo J G，Ross A G，Lin D D，et al，2001. A baseline study on the importance of bovines for human *Schistosoma japonicum* infection around Poyang Lake，China［J］. The American journal of Tropical Medicine and Hygiene，65（4）：272 - 278.

He C，Mao Y，Zhang X，et al，2018. High resistance of water buffalo against reinfection with *Schistosoma japonicum*［J］. Vet Parasitol，261：18 - 21.

He Y X，Salafsky B，Ramaswamy K，2001. Host - parasite relationships of *Schistosoma japonicum* in mammalian hosts［J］. Trends Parasitol，17（7）：320 - 324.

Iburg T，Balemba O B，Dantzer V，et al，2002. Pathogenesis of Congenital Infection with *Schistosoma japonicum* in Pigs［J］. J Parasitol，88（5）：1021 - 1024.

Liu J，Zhu C，Shi Y，et al，2012. Surveillance of *Schistosoma japonicum* Infection in Domestic Ruminants in the Dongting Lake Region，Hunan Province，China［J］. PLoS one，7（2）：e31876.

Liu J M，Yu H，Shi Y J，et al，2013. Seasonal dynamics of *Schistosoma japonicum* infection in buffaloes in the Poyang Lake region and suggestions on local treatment schemes [J]. Vet Parasitol，198 (15，1-2)：219-222.

Lu D B，Rudge J W，Wang T P，et al，2010. Transmission of *Schistosoma japonicum* in marshland and hilly regions of China：parasite population genetic and sibship structure [J]. PLoS Negl Trop Dis，4 (8)：e781.

Lu D B，Wang T P，Rudge J W，et al，2009. Evolution in a multi-host parasite：chronobiological circadian rhythm and population genetics of *Schistosoma japonicum* cercariae indicates contrasting definitive host reservoirs by habitat [J]. Int J Parasitol，39 (14)：1581-1588.

Wang T P，Shrivastava J，Johansen M V，et al，2006. Does multiple hosts mean multiple parasites? Population genetic structure of *Schistosoma japonicum* between definitive host species [J]. Int J Parasitol，36 (12)：1317-1325.

Wang T P，Vang Johansen M，Zhang S Q，et al，2005. Transmission of *Schistosoma japonicum* by humans and domestic animals in the Yangtze River valley，Anhui province，China [J]. Acta Trop，96 (2/3)：198-204.

第十章　血吸虫感染免疫学与疫苗的探索

从血吸虫尾蚴入侵终末宿主，血吸虫在宿主体内感染的建立和维持，以及虫卵诱发宿主产生的病理变化，均与宿主对寄生虫感染产生的免疫应答有关。因而，有专家认为，从疾病的本质来讲，血吸虫病属一种免疫性疾病。

第一节　血吸虫感染的免疫学特点

一、血吸虫抗原的复杂性

血吸虫虫体大，无论是早期童虫、成虫及成虫产出的虫卵，体积均比细菌、病毒、原虫等其他病原大，形态结构复杂。基因组分析表明，日本血吸虫基因组大小为 1.682×10^9 bp，是秀丽隐杆线虫基因组的 2.7 倍，果蝇基因组的 2.3 倍，预测含有 13 469 个表达基因，编码的蛋白种类多、数量大、抗原复杂（Hu 等，2003；Zhou 等，2009）。

血吸虫生活史含有尾蚴、童虫、成虫、虫卵、毛蚴、母胞蚴、子胞蚴 7 个不同发育阶段虫体，它们分别营自由生活（毛蚴、尾蚴）和寄生生活（童虫、成虫、虫卵、母胞蚴、子胞蚴等）方式，其中与终末宿主相关的有尾蚴、童虫、成虫和虫卵 4 个时期。对终末宿主来说，童虫、成虫和虫卵这几个阶段的虫体及其排泄物、分泌物、脱落物和崩解物都是异己物，即抗原或免疫原。为满足不同发育阶段虫体生长发育及逃避宿主免疫应答的需求，不同发育期虫体、雌雄虫、虫卵既有一些共有的抗原，也有一些不同期别或性别特异或差异表达的抗原。

血吸虫的终末宿主种类多，不同种宿主为血吸虫在其体内完成生长发育、繁殖所提供的内环境（生理生化条件、营养物质、激素、宿主对血吸虫感染的免疫应答等）有所差别，导致不同宿主来源虫体的部分抗原也呈现差异表达。

在免疫学上较受关注的血吸虫抗原有虫体排泄/分泌抗原（excretory/secretory antigen，ES）、虫体体被表面抗原（tegument surface antigen），以及与诱导宿主肝脏病理学变化相关的虫卵抗原等。

二、宿主免疫效应机制的多样性

抗原刺激是宿主免疫应答产生、维持及调节的重要始动因素之一。宿主对血吸虫感染的免疫效应是由众多抗原诱导的免疫应答彼此叠加、相互调节所形成的。血吸虫抗原的复杂性决定了宿主对血吸虫感染免疫效应机制的多样性。体液免疫和细胞免疫均参与了宿主抗血吸虫感染的免疫应答病理学变化进程。无论是体液免疫缺陷，或是细胞免疫缺陷，均会影响宿主对血吸虫感染的免疫效应。不同血吸虫适宜宿主对血吸虫感染呈现差别的免疫应答和调节机制。如有报道显示，大鼠抗曼氏血吸虫感染的免疫应答主要以抗体依赖细胞介导的细胞毒性作用（ADCC）为主，参与的保护性抗体主要是 IgE 等，参与的细胞有嗜酸性粒细胞、巨噬细胞、单核细胞和肥大细胞等（Butterworth，1984）。小鼠的抗感染免疫机制则是非抗体依赖的、以激活巨噬细胞为中心的 Th1 型保护性应答为主。人体感染曼氏血吸虫和埃及血吸虫的研究发现，患者血清中高水平的抗原特异性 IgE 和嗜酸性粒细胞与获得性抵抗力相关，抗血吸虫感染效应机制与大鼠相似。这些年一些实验室的研究显示，miRNA 参与了宿主抗血吸虫感染免疫应答和肝脏病理学进程的调节作用，不同适宜宿主 miRNA 对血吸虫感染和致病呈现不尽相同的调节机制。宿主对血吸虫感染免疫效应机制呈现多样性，并影响血吸虫在不同宿主体内的生长发育和存活。

三、免疫逃避与感染慢性化

血吸虫感染适宜宿主后，通过抗原模拟、抗原伪装、释放一些抑制或调节宿主免疫应答的分子等，以逃避宿主的免疫应答，维持在宿主体内的生存和发育。宿主感染血吸虫后虽然会产生针对血吸虫的免疫应答，但这种应答无法完全清除宿主体内已有的血吸虫，只能减轻或限制血吸虫感染所致的病理损害，最终的结果是部分血吸虫与宿主长期共存，并导致多数病人和病畜在临床上出现慢性病程。同时宿主产生的免疫力不能完全抵抗血吸虫再感染，在血吸虫病流行区人、畜反复感染时常发生。

四、宿主免疫应答作用的两面性

血吸虫与宿主之间建立的寄生关系是两者在长期进化过程中积累形成的相互适应的结果，其中免疫学相互适应是寄生虫可在宿主体内存活和生长发育的重要因素之一。

对宿主而言，宿主针对血吸虫感染的免疫应答一方面可能与宿主杀伤体内虫体及抵抗血吸虫尾蚴的再感染有关；另一方面，也启动了肝脏与肠壁内虫卵肉芽肿的形成，而逐渐增强的 Th2 类应答更是使虫卵肉芽肿反应和随后的纤维化愈加严重。虫卵肉芽肿的形成，虽在一定程度上造成宿主肝、肠等组织的损伤，但也减少了虫卵内毛蚴分泌的有毒物质的扩散，对宿主起到保护的作用。

对血吸虫而言，宿主产生的抗感染免疫应答会造成部分血吸虫死伤或阻碍虫体的正常生长发育；另一方面，血吸虫也可利用宿主的免疫系统或免疫应答过程中诱导产生的某些分子、细胞来促进自身的生长发育和生活史的完成。在小鼠体内，已证实宿主在抗感染免疫应答过程中产生的一些分子或免疫相关细胞可促进血吸虫生长发育，甚至缺少了宿主免疫系统或免疫应答，血吸虫无法正常发育。

第二节 宿主抗感染免疫

一、先天性免疫

宿主对血吸虫感染的先天性免疫是宿主在长期进化中逐渐建立的天然防御能力，受遗传因素的控制，具有相对稳定性，但也受到一些机体生理因素的影响，包括宿主皮肤特性，激素水平，年龄和营养等。

血吸虫入侵宿主后，首先激发了宿主的先天性免疫应答，主要包括：①皮肤的屏障作用；②吞噬细胞的吞噬作用；③一些体液因素如补体等对寄生虫的杀伤作用等。

尾蚴入侵宿主的第一道天然屏障是宿主皮肤。在钻穿皮肤过程中，受激活的巨噬细胞等天然免疫应答效应细胞攻击，一些童虫出现受损或死亡。童虫在皮肤中的死亡比例依宿主的种类、年龄等的不同而不同。有报道初次感染曼氏血吸虫的小鼠皮肤中童虫的死亡率约为30%，大鼠约为50%，而在田鼠中仅10%左右。年长的小鼠皮肤密集，血吸虫虫体钻穿时消耗的能量要比年幼小鼠大。东毕吸虫和鸟毕吸虫等多种裂体科吸虫感染人体后，大多在皮肤期死亡，只引起尾蚴性皮炎而未造成进一步的伤害。同样，日本血吸虫感染鸟类后也大多死于皮肤期而不能进一步发育。裂体科吸虫感染引起的宿主尾蚴性皮炎，是造成血吸虫在非适宜宿主皮肤期大量死亡的主要原因之一。

参与抗血吸虫感染的天然免疫应答效应细胞主要有单核巨噬细胞、树突状细胞（dendritic cells，DC）、粒细胞、NK 细胞等；效应分子主要有补体、各种细胞因子、NO 等。被血吸虫感染活化的效应细胞通过分泌多种酶分子（如溶酶体酶、过氧化物酶等）、细胞因子（如 IL-1、IL-6、IL-12、IFN-γ、GM-CSF、TGF-β 等）、补体成分（C1～C9、B 因子、P 因子等）、反应性氧中间物等其他生物活性物质参与宿主早期的抗血吸虫感染作用（James 等，1989；Kane 等，2008；Goh 等，2009；朱荫昌等，2008）。

张祖航（2017）以日本血吸虫尾蚴攻击感染 C57BL/6 小鼠，于感染后 1d、2d、3d、4d、5d、7d、9d、11d、13d 分别收集小鼠脾脏组织和血清样品，检测分析早期感染阶段小鼠脾脏中重要炎症因子的动态表达变化和外周血血清中重要细胞因子的表达情况，以及脾脏中不同亚群免疫细胞的变化趋势和先天免疫相关通路上下游信号分子的表达情况。实时定量 PCR 分析结果表明，GZMA、GZMB、GZMK 等颗粒酶，CCL2、CXCL10、CXCL11 等趋化因子，IL-12a、IL-4、IL-6、IL-10 等白细胞介素，TLR2、TLR4、MyD88 等信号通路分子在小鼠感染日本血吸虫后均不同程度上调表达。流式细胞术分析结果表明，小鼠感染日本血吸虫后 $CD_3^+CD_4^+$ T 细胞和 $CD_3^+CD_8^+$ T 细胞比值一直高于未感染对照组小鼠；NK 细胞亚群比例在感染后第 5 天和第 7 天明显增加。ELISA 检测结果显示小鼠感染血吸虫后血清中 IL-2、IL-4、IL-6、IL-10、IL-12p70 在感染后不同时期呈上调表达。提示一些免疫相关分子和细胞在小鼠抗日本血吸虫感染先天免疫应答中发挥重要作用。

先天免疫应答主要依赖于一些模式识别受体（pattern recognition receptors，PRRs）对病原相关的分子模式（pathogen-associated molecular patterns，PAMPs）的识别。Toll 样受体（Toll-like receptors，TLRs）分子家族是巨噬细胞、树突状细胞上的重要模式识别受体。PAMPs 可为糖类、蛋白、脂类或核酸等。

TLRs 可识别并结合血吸虫的某些特殊分子结构，通过活化依赖于髓样分化因子 88（myeloid differentiation factor 88，MyD88）介导的 MyD88 依赖途径和由 β 干扰素 TIR 结构域衔接蛋白（TIR domain-containing adaptor inducing interferon-β，TRIF）介导的 MyD88 非依赖途径两种信号传导通路，募集、激活单核巨噬细胞、自然杀伤细胞、中性粒细胞，诱导 IL-12、TNF-γ、IL-10 等细胞因子、共刺激分子和其他免疫效应分子的表达以及树突状细胞的成熟，启动天然免疫应答，诱导获得性免疫的建立，发挥抗感染免疫防御作用。其中 MyD88 依赖途径是多数 TLR 家族成员的信号传导途径，同时 DC 通过此途径接受刺激信号，发挥吞噬功能，释放 IL－10、IL－12 以及 TNF－γ 等细胞因子。MyD88 非依赖途径激活独特的转录因子，干扰素调节因子 3（interferon regulation factor 3，IRF－3），在诱导干扰素产生、DC 表面共刺激分子的上调表达和增强 DC 的抗原提呈功能等方面发挥重要的作用。TLR1、TLR2、TLR5、TLR6、TLR7、TLR8、TLR9 依赖于 MyD88 的信号通路，TLR3 依赖于 TRIF 的信号通路，而 TLR4 依赖于以上两种信号通路。TLRs 的信号通路涉及多种信号分子的参与，主要包括 MyD88、TIRAP/TRIF、IL－1 受体相关激酶（IL－1 receptor associated kinases，IRAKs）、肿瘤坏死因子受体相关因子 6（TNF receptor associated factor 6，TRAF6）、丝裂原活化蛋白激酶（mitogen activated protein kinases，MAPKs）以及核转录因子－κB（Nuclear factor－κB，NF－κB）、活化蛋白－1（activating protein－1，AP－1）、干扰素调节因子（interferon regulatory factors，IRFs）等（Piras 等，2014；Visintin 等，2001；Kawai 等，2011；Gazzinelli 等，2006）。寄生虫感染宿主后，一些寄生虫来源的分子可以与宿主 TLRs 结合诱导先天免疫应答，TLRs 及其信号通路在宿主抵抗寄生虫的感染中扮演了关键的角色。在已发现的哺乳动物的 13 种 TLRs 中，已报道 TLR1、TLR2、TLR3、TLR4、TLR6、TLR7、TLR9、TLR11、TLR12 等与寄生虫抗原的识别有关。

有关 TLRs 介导抗血吸虫感染的天然免疫应答已有一些报道，但大多以小鼠和大鼠作为实验动物模型，研究结果表明，一些血吸虫来源的分子可以与 Toll 样受体结合诱导宿主的先天性免疫应答，在宿主抗血吸虫感染和病理变化中都发挥了重要的作用。

在血吸虫早期感染阶段，曼氏血吸虫童虫体表蛋白通过 TLR4 介导的 MyD88 通路激活 DC 细胞产生 IL－12，上调表达共刺激分子 CD40 和 CD86，诱导后续的获得性免疫应答（Durães 等，2009）。同时，有报道显示曼氏血吸虫表膜蛋白 Sm16 可通过阻遏 TLR 复合物的形成，抑制外周血单核细胞（PBMC）白细胞介素的生成，阻止巨噬细胞的活化并延迟抗原递呈，降低宿主对虫体的免疫杀伤作用（Sanin 等，2015；Brännström 等，2009）。

在血吸虫由童虫发育至成虫的过程中，曼氏血吸虫释放的半胱氨酸蛋白酶阻断 TLR4 和 TLR3 分子下游 MyD88 依赖性和 TRIF 依赖性信号通路，抑制 Th1 免疫应答，导致宿主 Th1 型免疫应答下降（Donnelly 等，2010；Venugopal 等，2009）。曼氏血吸虫成虫和虫卵中的含溶血磷脂酰丝氨酸的分子［lysophosphatidylserine（Lyso－PS）－containing molecules］可刺激 DCs 的分化及 TLR2 和 TLR4 的表达，诱导 IL－10 的分泌，通过调节性 T 细胞抑制 Th2 型免疫反应（Van 等，2002）。曼氏血吸虫虫卵的 dsRNA 能以依赖和非依赖 TLR3－MyD88 的信号途径激活 DCs，导致 Ⅰ 型 IFNs 和干扰素刺激基因（IFN stimulated genes，ISGs）的表达（Aksoy 等，2005）。当血吸虫感染进入慢性期后，宿主 T 细胞 PRR 识别血吸虫可溶性虫卵抗原 SEA，通过 TLR2 通路调节 $CD4^+$ T 细胞活性，使宿主呈现明显的免疫抑制现象（Burton 等，2010）。用日本血吸虫虫卵抗原刺激 RAW264.7 细胞，细胞可通过 TLR4 通路下调 MHC－Ⅱ类分子的表达，引起 TLR4 介导的 IL－10 和 IL－6 细胞因子的分泌增加（Tang，2012）。体内试验证明，TLR2 和 TLR4 免疫缺陷小鼠感染血吸虫 6 周后，TLR2 缺陷小鼠产生的病理变化轻于 TLR4 缺陷小鼠，且 T 细胞活化加强，一些免疫细胞因子上调表达（Zhang，2011）。以上研究表明，血吸虫不同发育阶段的虫源性抗原可通过抗原特异性的 PRRs 启动并调节宿主的获得性免疫应答的方向，其中以 TLR2、

TLR4 介导的信号传导通路尤为重要（Marshall，2008；Kane，2008）。

Jiang 等（2010）利用全基因组寡核苷酸芯片技术，对小鼠、大鼠和东方田鼠感染日本血吸虫前和感染后 10d 肝脏、脾脏和肺脏转录组进行比较分析。转录组分析结果表明，和血吸虫适宜宿主小鼠相比，非适宜宿主东方田鼠一些与免疫相关的基因表达显著上调，如补体成分1q（C1qa）、补体成分 8a（C8a）、蛋白酪氨酸磷酸酶受体 C（Ptprc）、免疫球蛋白 γFc 受体 1（cgr1）和免疫球蛋白 γFc 受体 3（cgr3）、干扰素调节因子 7（IRF－7）、血小板活化因子（PAF）、CD74 等，提示一些先天性免疫相关基因上调表达可能影响了血吸虫在非适宜宿主东方田鼠体内的生长发育和存活。Han 等（2013）应用 miRNA 芯片分析发现一些 miRNA 分子在小鼠、大鼠和东方田鼠三种不同适宜宿主感染日本血吸虫早期（10d）呈现差异表达，其中一些差异表达的 miRNA 分子（如 miR－223、miR－146a 和 miR－181 等）的靶基因与 Toll 样受体信号通路、TGF－β 信号通路等多个信号通路有关，可能在宿主抗日本血吸虫早期感染中发挥了重要的调节作用，并可能影响日本血吸虫在不同适宜宿主体内感染的建立及其后的生长发育及存活。黄牛、水牛血吸虫感染前后的外周血整体基因表达谱的比较分析显示，在感染 7 周后新呈现的一些差异表达基因与免疫系统及免疫调节通路，尤其是先天免疫系统及调节通路，包括补体级联及凝血系统、自然杀伤细胞介导的细胞毒性、Toll 样受体信号途径等相关，且这些基因大都为水牛显著下调表达基因（Yang 等，2012，2013）。采用高通量测序技术比较了黄牛和水牛 PBMC 在血吸虫感染不同时期 miRNA 的表达谱，发现急性感染期一些与调节 Toll 样受体信号通路的 miRNAs 呈现差异表达。这些提示一些水牛和黄牛与天然免疫相关的基因或与调节天然免疫信号通路相关的 miRNA 的差异表达可能影响了日本血吸虫在两种不同宿主体内的生长发育。

迄今，人们对血吸虫感染的先天免疫机制仍了解甚少，如对人体危害最大的三种血吸虫，为什么埃及血吸虫的宿主特异性最高，曼氏血吸虫次之，而日本血吸虫最低？为什么同一种血吸虫对不同宿主感染的适宜性存在较大的差别？为什么中国大陆株日本血吸虫感染水牛和猪后会出现自愈现象？为什么雄性小鼠和田鼠对曼氏血吸虫的易感性较雌性高？这是否与不同终末宿主对不同种血吸虫感染天然免疫应答相关？能否通过先天免疫的深入研究加以阐述？

二、获得性免疫

早前研究显示恒河猴对再感染的曼氏血吸虫和日本血吸虫能产生较强的抗力，在再次感染后的若干周内，能够杀灭体内大多数虫体（Smithers 等，1965）。He 等（2018）的研究证实了感染日本血吸虫并用吡喹酮治疗过的水牛，对日本血吸虫的再次感染产生了获得性抗性，不仅可杀灭大部分再感染的虫体，还会抑制残存虫体的生长发育。观察也显示，不同种终末宿主获得的特异性抗血吸虫再感染能力差别较大。如黄牛抗日本血吸虫再感染能力要明显比水牛差。狒狒对曼氏血吸虫再感染仅产生部分的抗力（Damain 等，1974；Taylor 等，1973），但对埃及血吸虫再感染却有很强的抗力（Webbe 等，1973）。

后天获得性免疫可分为后天获得性非特异性免疫和后天获得性特异性免疫两种，前者往往不是针对某一特定抗原，后者则具有针对性。以下介绍的主要是后天获得性特异性免疫相关研究。

在终末宿主体内寄生的血吸虫包括童虫、成虫和虫卵三个不同发育阶段的虫体，各期虫体抗原均可诱导宿主免疫系统致敏和产生抗感染的免疫应答。血吸虫一进入终末宿主皮肤，抗原即被皮肤局部的吞噬细胞捕获。侵入几分钟后，血吸虫抗原就出现在脾脏和淋巴结并被其中的巨噬细胞和树突状细胞（DC）捕获和摄取。巨噬细胞、DC 等具有很强的抗原摄取、加工和递呈能力，被激活后可产生多种细胞因子和趋化因子，启动相应的特异性免疫应答，对处于初始状态的 T、B 细胞的活化、分化过程起了决定性的作用（Perona - Wright 等，2006）。同时，这类细胞能识别不同血吸虫特定抗原所携带的信息，进而决定了随后宿主免疫应答的类型与趋向、强弱与变化。

血吸虫抗原经抗原递呈细胞（antigen presenting cell，APC）摄取和加工处理后，与细胞膜表面的主要组织相容性复合物 MHC -Ⅱ类分子共同表达于此类细胞表面，T 细胞/B 细胞通过其表面受体 TCR/BCR 特异性识别 APC 表面的 MHC -抗原肽复合物，启动了 T、B 细胞的活化、分化和增殖。T 细胞增殖分化为淋巴母细胞，最后成为致敏 T 细胞。B 细胞增殖分化为浆细胞，合成和分泌抗体。部分 T、B 细胞分化为记忆细胞。激活的 APC 和 T 细胞分泌多种细胞因子和化学因子，促进淋巴细胞的增生与分化及 T 效应细胞或浆细胞的形成，并分泌各种细胞因子、特异性抗体等免疫效应分子。免疫效应细胞和效应分子共同作用，发挥杀伤血吸虫虫体，或阻碍虫体正常发育，诱发宿主病理变化，或对血吸虫生长发育产生促进作用的效应。不同发育阶段虫体的寄生部位及释放的抗原组分不一样，在血吸虫感染的不同阶段，不同种宿主或同一种宿主被激活的免疫细胞，参与免疫应答的主要效应细胞和分子及免疫应答类型，导致的免疫效应及引起的免疫病理损伤都有所差别。同时，血吸虫在与宿主的共进化过程中，也利用了宿主的免疫系统及其应答来促进自身的生长发育。

三、免疫效应分子和细胞

血吸虫感染后，众多宿主免疫相关细胞和分子参与了抗血吸虫感染和病理变化过程的先天性及获得性免疫应答，有的细胞和分子还具有促进血吸虫生长发育的作用。

1. 补体　补体系统（complement，C）是机体发挥天然免疫（innate immunity）效应的重要组成部分，有经典途径（classical pathway）、替代途径（alternative pathway）和凝集素途径（lectin pathway or mannose - binding lectin pathway，MBL）三条激活途径，具有裂解靶细胞和病原微生物、促进吞噬细胞吞噬病原、清除免疫复合物和免疫调控等生物学功能。补体系统经典途径在特异性免疫阶段发挥重要的作用；替代途径和 MBL 途径参与非特异性免疫，在感染早期抵抗外来病原微生物中发挥着重要作用（Skelly，2004；Sarma 等，2011；McSorley 等，2013）。

日本血吸虫尾蚴侵入终末宿主后就暴露于宿主各类免疫系统的监视中。处于机体防御第一线的补体系统最早参与宿主杀伤虫体的免疫应答，可以迅速标记并参与清除入侵的病原微生物，介导体液免疫和细胞免疫，是机体中重要的免疫调控和效应级联放大系统，在宿主杀伤血液内寄生虫中发挥重要的作用（Ricklin 等，2010；Whaley 等，1997）。

已有研究表明补体在宿主抗日本血吸虫的天然免疫中起重要作用。小鼠是日本血吸虫的适宜宿主，大鼠和东方田鼠属非适宜宿主。张新跃等（2001）的比较分析显示东方田鼠天然血清中补体 C3、C4 的平均含量显著高于昆明系小鼠，分别为后者的 3.1 倍和 4.9 倍。感染血吸虫11d后东方田鼠血清中补体C3、C4平均水平呈升高趋势，至第26天时分别上升了74.58%和295.49%。东方田鼠血吸虫感染血清对血吸虫童虫的杀伤力明显大于未感染的鼠血清，两种血清灭活补体后对血吸虫童虫的杀伤力均减弱（刘金明等，2002）。蒋韦斌等（2009）对小鼠、大鼠和东方田鼠感染日本血吸虫后肝脏和肺脏转录组的表达变化进行了比较分析，结果显示东方田鼠感染血吸虫后肺组织中补体成分C1qa、C8a等免疫相关分子表达显著上调，上调幅度明显大于大鼠和小鼠，提示补体系统在东方田鼠抗血吸虫感染中可能发挥了重要作用。

尾蚴对宿主血清补体非常敏感，但在转变为童虫3h左右，血清补体对血吸虫杀伤力逐渐下降，提示在感染早期血吸虫就对宿主补体反应具有明显的调节和抑制作用，这种转变极有可能和血吸虫体被表膜结构变化及体被表膜上的分子组成变化等有关（Fishelson，1995）。

补体系统由30多种成分组成，多数为糖蛋白（Sarma等，2011），包括C1q、C1r、C1s、C2～C9、D因子及B因子等13种固有成分、10种调节蛋白和10种补体受体等。补体系统三个途径的初始激活信号不同，但最终都是通过形成C5b-9膜损伤复合体裂解靶细胞。在经典途径中，原始活化信号源自C1q与抗原抗体复合物中的Fc片段的补体结合位点结合，或者与C反应蛋白结合，招募并裂解C4、C2补体分子，形成C3转化酶。在替代途径中，补体的活化不依赖抗体，原始信号是脂多糖、肽聚糖等，在B因子和D因子的作用下形成C3转化酶。凝集素途径的启动信号是血清凝集素与病原表面的甘露糖残基结合，激活其蛋白酶活性裂解C4、C2形成C3转化酶C4b2a，继而激活后续补体反应（Sarma等，2011）。每种途径在形成C3转化酶后通过相同的途径形成膜损伤复合体，裂解靶细胞。

理论上，血吸虫进入宿主体内就可以激活上面所提到补体系统的三个途径，但血吸虫在与宿主的长期适应性进化过程中，也形成针对补体系统的调节和抑制的免疫逃避策略，降低了宿主补体系统分子对虫体的杀伤作用，一些虫体从而能够逃避宿主补体系统的攻击，在终末宿主体内生存。已有研究表明，一些血吸虫分子在对宿主补体的抑制和调节中发挥了重要作用，有利于血吸虫在终末宿主体内的发育和生存（Fishelson，1995；Schmidt，1995）。

（1）经典途径　补体系统的经典途径主要是由抗原抗体结合形成的免疫复合物激活的（图10-1）。IgM和大多数IgG类抗体与病原体的结合启动了经典途径的补体级联反应。该途径中的第一个补体成分为C1，是C1q、C1r、C1s三种蛋白的复合物。免疫复合物形成后抗体的构型发生改变，暴露出Fc片段CH_2区域的补体结合位点，与补体C1的C1q亚基结合，启动补体活化的过程。

C1q是补体系统经典途径的重要起始识别分子，能够启动补体系统的经典途径，发挥裂解靶细胞和病原微生物，促进吞噬细胞吞噬病原，清除免疫复合物和免疫调控等生物学功能，在天然免疫和获得性免疫之间发挥重要的连接作用（Kishore等，2000）。有文献报道曼氏血吸虫体被中的免疫球蛋白能够与C1q结合，是经典途径其他后续的补体成分继续发挥杀伤作用的位点（Kemp等，1976；Kemp等，1977；Kemp等，1978；Kemp等，1980；Tarleton等，1981）。早期研究报道从狒狒中收集的血吸虫成虫表面检测到宿主来源的免疫球蛋白（Kemp等，1976）。此后，在收集自小鼠的血吸虫成虫表面普遍检测到均匀分布的免疫球蛋白IgG1、IgG2a和IgG2b，及分布不均匀的免疫球蛋白IgG3、IgM、IgA（Kemp等，1978；Kemp等，1980）。张旻（2014）对收集自新西兰大白兔的血吸虫虫体体被表膜蛋白进行分析，发现不同时期的血吸虫体表都覆盖有数量不等的宿主蛋白，如IgG和IgM

抗体重链、C3 补体分子等。刘峰等（2006）从日本血吸虫中鉴定到 C1qBP 分子。贾秉光（2016）的研究显示，重组的日本血吸虫 C1q 结合蛋白（SjC1qBP）能竞争性结合 C1q，在体外抑制补体对绵羊红细胞的溶血作用。

研究也表明血吸虫体表存在 Fc 受体（Kemp 等，1977；Tarleton 等，1981）。抗体与血吸虫体表 Fc 受体结合后没有位点与补体 C1 结合，从而导致补体系统不能被激活。血吸虫童虫 Fc 受体的可能功能之一是与宿主的免疫球蛋白结合，掩饰虫体自身的抗原，从而帮助寄生虫逃避宿主的免疫系统的识别（Tarleton 和 Kemp，1981）。

存在于血吸虫体表的副肌球蛋白已被证实可在体外结合 C1q 进而抑制经典补体激活途径（Laclette 等，1992）。荧光素标记的 C1q 可通过血吸虫体表暴露的副肌球蛋白与 2～3h 童虫结合（Santoro 等，1980），但却不能和尾蚴、24h 童虫、肺期童虫以及成虫结合（Santoro 等，1980；Linder 和 Huldt，1983）。之后研究显示副肌球蛋白与补体分子 C8、C9 相互作用可抑制补体反应的膜攻击复合体形成（Deng 等，2003）。张旻（2014）在对日本血吸虫虫体体被表膜蛋白质组进行分析时也鉴定到副肌球蛋白等补体结合蛋白。

血吸虫排泄分泌物中有一种带负电荷、高度糖基化的循环阳性抗原（CAA），体外试验表明 CAA 与 C1q 相互作用，推测 CAA 可能保护血吸虫逃避补体系统的攻击（van Dam 等，1993）。

（2）替代途径和 MBL 途径　补体系统的替代途径和 MBL 途径的激活均不依赖于抗体（图 10－1）。替代途径又称旁路途径，其活化过程主要涉及 C3、B 因子和 D 因子，由自发性激活的补体成分 C3b 与病原表面结合而激活；替代途径与经典激活途径的不同之处在于其激活越过了补体成分 C1、C4、C2，直接激活 C3 并完成后续级联反应。此外该途径的激活物是脂多糖、肽聚糖、凝聚的 IgA 等，而不是抗原抗体复合物。

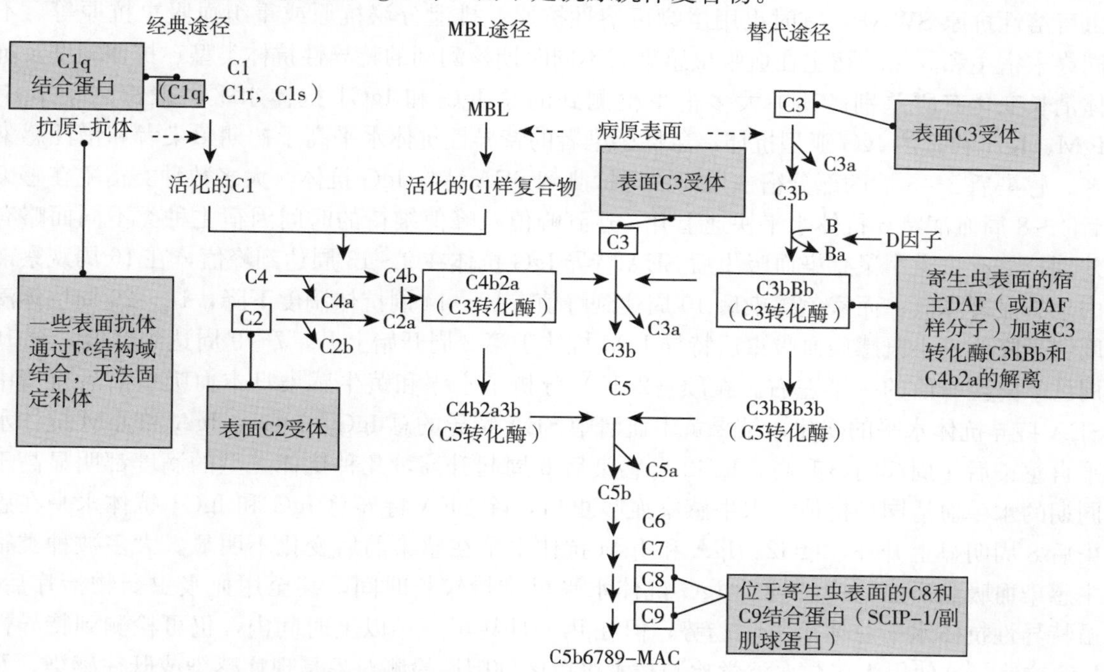

图 10－1　可能具有补体反应调节作用的血吸虫分子及其作用位点（引自 Skelly，2004）

MBL 途径的启动则是由于宿主体液中的凝集素与虫体表面的甘露糖结合而激活。虫体与甘露糖凝集素复合物孵育后，可在血吸虫成虫表面检测到甘露糖凝集素。血吸虫在含甘露糖凝集素复合物而不含 C1q 的血清中孵育，应用免疫化学方法检测到血吸虫表面的补体成分 C4c 分子（Klabunde 等，2000），说明通过甘露糖凝集素途径在体外可激活血吸虫的补体级联放大反应，提示血吸虫感染后宿主也可能通过这种途径激活补体系统。

有报道血吸虫具有一些调节蛋白，这些蛋白能够影响补体激活途径。早期的免疫荧光试验表明血吸虫表面存在一些补体结合蛋白（McGuinness 等，1981）。近来一些补体结合蛋白先后被鉴定，如血吸虫体表的 C1q、C2、C3、C8 和 C9 结合蛋白等，血吸虫可通过这些分子来调控宿主的补体系统的效应，通过抑制膜攻击复合物的形成逃避宿主的免疫攻击（Loukas 等，2001；Truscott 等，2013；贾秉光，2016）。

血吸虫副肌球蛋白（paramyosin）具有抑制补体 C9 分子的聚合作用（Loukas 等，2001；Deng 等，2003；McIntosh 等，2006；Jiz 等，2009）。血吸虫 TOR 蛋白分子可与补体 C2 结合调节补体级联反应等。此外，虫体表面的 Fc 受体可结合宿主免疫球蛋白并限制其和补体结合的能力。进一步研究表明，未作处理的血吸虫成虫和童虫对补体的损伤作用具有抗性，而胰酶处理过的血吸虫则对补体变得敏感（Ruppel 等，1984；Marikovsky 等，1990），这可能是由于胰酶裂解了血吸虫表面的补体受体或补体调节蛋白，而使其失去了调节补体的能力。因为抗裂解产物的抗体可以结合血吸虫并诱导补体对其进行杀伤（Marikovsky 等，1990）。

2. 抗体

（1）血吸虫特异抗体　血吸虫感染终末宿主后，会刺激宿主产生多种特异针对血吸虫抗原的不同亚型抗体。常用的检测血吸虫特异抗体的抗原是可溶性虫卵抗原 SEA，其次是成虫可溶性抗原 SWAP，有时也用尾蚴可溶性抗原、排泄分泌抗原或重组血吸虫抗原等。不同终末宿主和同一种宿主在血吸虫感染后不同时期检测到的特异性抗体类型、抗体滴度及抗体消长变化有所差别，其中大多宿主检测到的总 IgG 和 IgG1 抗体水平一般都高于 IgE、IgM、IgA 和其他 IgG 亚型抗体，急性感染者的特异性抗体水平高于初期感染者和慢性感染者。感染后 2～3 周的部分宿主血清中可检测到 SEA 特异 IgG 抗体，大多数种类宿主在感染后 4～8 周血清特异抗体水平快速上升，达到峰值及峰值维持的时间因宿主种类不同而略有差别，如有报道小鼠感染血吸虫后 SEA 特异 IgG 抗体在 9～13 周达到峰值，在 16 周观察期内未见显著降低；而家兔感染后 10 周达到峰值，12～14 周抗体滴度下降，18～20 周抗体滴度明显降低。小鼠感染血吸虫后特异 IgM 抗体于第 2 周开始上升，7～9 周达到峰值，至 16 周已下降至峰值的一半左右。翟颀（2018）分析了水牛和黄牛感染日本血吸虫前后血清中 SEA 特异抗体水平的变化，结果黄牛血清中 SEA 特异的总 IgG、IgG1、IgA 和 IgM 抗体水平自感染后 4 周起明显升高，IgG2 自感染后 6 周起升高，几种抗体亚型的滴度都明显高于同期的水牛血清同型抗体。水牛感染血吸虫后，除 SEA 特异总 IgG 和 IgG1 抗体水平在感染后 8 周明显上升外，IgG2、IgA 和 IgM 抗体水平在感染前后变化不明显。大多数种类宿主感染血吸虫后血清中特异性 IgG 抗体水平可维持较长时间，甚至用血吸虫药物治疗后，虽特异性抗体水平总体呈下降趋势，但在几个月甚至一年以上时间内，仍可检测到特异性 IgG 抗体，这使得大多数血清学检测技术难以区别阳性检测对象是现症感染或既往感染，及作为评估治疗药物疗效的依据。

由于商品化的牛、羊、猪等的抗体检测试剂品种较少，对抗体在杀伤血吸虫、参与诱导宿主免疫病理变化及免疫调节中的作用机制研究大多见于人体和实验动物的相关报道。

（2）对血吸虫的杀伤作用　终末宿主对血吸虫感染免疫应答产生的效应之一是清除入侵的虫体。有不少研究已证实，血吸虫抗原特异性抗体可与补体、嗜酸性粒细胞、巨噬细胞、肥大细胞等免疫相关分子或细胞协同，杀伤入侵的血吸虫。

血吸虫尾蚴入侵终末宿主后，感染者在尾蚴钻穿部位常出现由IgE介导的Ⅰ型超敏反应引起的尾蚴性皮炎。猩猩感染日本血吸虫后IgE抗体水平升高，其血清可引起恒河猴的被动皮肤过敏反应（PCA）。

用含抗曼氏血吸虫抗体的恒河猴血清和补体与曼氏血吸虫童虫一道孵育，24h内虫体死亡率为10%，第4天虫体死亡率为100%（Clegg，1972），提示血清中存在杀伤性抗体，可和补体协同杀伤血吸虫童虫。超微结构观察显示，杀伤性抗体主要损伤虫体体壁，童虫和杀伤性抗体一道培养24h后，体壁细胞的细胞质中出现空泡，外质膜见致密沉淀物。随着培养时间的延长，体壁细胞的细胞质中空泡不断增多，至第4天，虫体周围可见脱落的体被和体棘。

大鼠杀伤曼氏血吸虫的机制是抗体依赖细胞介导的细胞毒作用（ADCC）。参与的抗体有IgE和IgG2a等，细胞有嗜酸性粒细胞、巨噬细胞、单核细胞、中性粒细胞、肥大细胞及血小板。嗜酸性粒细胞、巨噬细胞等免疫相关细胞表面有IgE和IgG等抗体的Fc受体，一般认为免疫相关细胞在童虫表面的黏附主要是通过特异性抗体的Fc段与效应细胞表面Fc受体的桥连而实现的。黏附在血吸虫童虫表面的嗜酸性粒细胞释放出碱性蛋白质、过氧化物酶、磷酸酯酶B及磷酸酯酶D等细胞毒性物质，并起杀伤童虫作用（Capron等，1978；Ramalho-Pinto等，1978）。巨噬细胞在IgE介导下黏附于童虫体表面，并释放氧中间产物、溶酶体酶及IL-2等，对童虫起杀伤作用。血小板表面有IgE的特异受体，大鼠感染曼氏血吸虫后45d血小板含量增至感染前的3倍，在IgE介导下血吸虫感染大鼠的血小板对童虫有很高的杀伤率。在体外特异性抗血吸虫血清存在的情况下，也观察到巨噬细胞、嗜酸性粒细胞和中性粒细胞等均可黏附于日本血吸虫表面，使童虫死亡率显著增高。

人体感染曼氏血吸虫和日本血吸虫的研究发现，血液中高水平的血吸虫抗原特异性IgE等抗体介导ADCC作用，与获得性抵抗力相关，而特异性IgM和IgG4抗体能结合于童虫体表，阻断杀伤性抗体（如IgE）与嗜酸性粒细胞等免疫效应细胞对童虫的杀伤作用（Butterworth等，1984，1985，1987；Demeure等，1993；吴海玮等，1997；张兆松等，1997）。Kurtis等（2006）在菲律宾的调查证实了日本血吸虫副肌球蛋白和22.6ku重组蛋白的特异IgE抗体与人群抗再感染发生的抗性显著相关。

日本血吸虫感染东方田鼠后，大部分虫体在2周内死亡。用未感染或感染血吸虫的东方田鼠血清与日本血吸虫童虫体外共培养，童虫死亡率明显高于相应的昆明系小鼠血清。将东方田鼠血清通过肌内和尾静脉注射转移给昆明系小鼠，结果小鼠体内虫荷数减少，虫体变小，提示东方田鼠血清中的某种抗体或其他血清成分可能在东方田鼠杀伤日本血吸虫中发挥重要作用（He等，1999；蒋守富等，2004）。蒋守富等（2001）对东方田鼠抗血吸虫抗体亚型进行分析，发现东方田鼠抗血吸虫童虫IgG3抗体水平明显高于BALB/c小鼠和昆明系小鼠，抗童虫可溶性抗原（SSA）的IgG3抗体效价高于抗成虫可溶性抗原（SWAP）的效价，提示IgG3抗体可能是东方田鼠杀伤日本血吸虫童虫的重要效应抗体之一。

研究也表明，如果不经治疗，日本血吸虫易感宿主在感染血吸虫后血清中可检测到较高水平的不同亚型血吸虫抗原特异抗体，但这种抗体并不能清除宿主体内的血吸虫或保护宿主抵抗血吸虫的再感染，使得血吸虫呈现慢性持续性感染。

（3）参与诱导和调节宿主的免疫病理变化　目前认为血吸虫特异抗体不仅参与了抗血吸虫感染的保护性免疫，也参与了免疫病理过程，还具有一定的免疫调节功能。

有研究表明，日本血吸虫虫卵肉芽肿的免疫调节可通过抗体实现。在感染日本血吸虫的小鼠和家兔的肝组织内检测到特异 IgG 抗体，感染后 8～16 周抗体水平达高峰，20 周后抗体水平下降，肝组织内虫卵肉芽肿病变也减弱。推测是由于特异性抗体产生，与 SEA 结合形成免疫复合物，阻断了抗原对免疫系统中效应细胞的激发，从而减轻或抑制了虫卵肉芽肿反应。研究表明感染血吸虫小鼠血清中至少有一种抗体能在体外抑制 SEA 诱导的增生应答。以日本血吸虫慢性感染血清或 IgG1 进行被动转移试验，证明可抑制急性期感染小鼠肝内肉芽肿的产生。在体外模型中，自日本血吸虫慢性感染小鼠获得的抗独特型抗体 IgG1 可抑制虫卵肉芽肿反应，抑制 SEA 介导的淋巴细胞增殖和免疫球蛋白的合成（Wisnewski 等，1996）。这些提示 IgG1 可能在虫卵肉芽肿免疫应答调节上发挥了一定的作用。

Olds 等（1985）发现感染日本血吸虫的小鼠体内可自然产生抗独特型抗体，在慢性虫卵肉芽肿的调节中起着重要的作用。冯振卿等（2000）证实，给小鼠腹腔注射日本血吸虫单克隆抗独特型抗体 NP30，对肝脏虫卵肉芽肿的形成具有负调节作用。提示宿主体内可能存在独特型-抗独特型的免疫调节网络，在虫卵肉芽肿的免疫调节中发挥重要作用。

3. 免疫相关细胞　广义的细胞免疫包括参与先天性免疫和获得性免疫的各类免疫相关细胞的诱导、活化、免疫应答等，包括吞噬细胞的吞噬作用、K 细胞和 NK 细胞介导的细胞毒性作用、T 细胞介导的特异性免疫，等等。

（1）参与先天免疫应答的相关细胞　参与抗血吸虫感染的天然免疫应答效应细胞有吞噬细胞、粒细胞、肥大细胞、NK 细胞等。

血吸虫尾蚴入侵终末宿主时，虫体抗原可诱导宿主 B 细胞产生特异性 IgE 抗体，IgE 通过其 Fc 片段与肥大细胞或嗜碱性粒细胞表面受体结合，使细胞活化和脱颗粒，释放组胺、肝素、中性粒细胞趋化因子（NCF）、过敏反应嗜酸性粒细胞趋化因子（ECF－A）、血小板激活因子、血小板活化因子（PFA）、前列腺素等多种活性物质，诱发Ⅰ型超敏反应（速发型），引起反应部位嗜酸性粒细胞和中性粒细胞聚集，毛细血管扩张、通透性增加、水肿等尾蚴性皮炎病变。

在血吸虫感染中，具有抵御寄生虫感染功能的宿主吞噬细胞有单核吞噬细胞和中性粒细胞等，前者又包括宿主血液中的大单核细胞和组织中的巨噬细胞、肝脏枯否氏细胞等。在血吸虫感染早期，单核巨噬细胞可通过其表面模式识别受体 PRRs 识别血吸虫的分子模式 PAMPs 并被激活，活化的巨噬细胞通过分泌溶酶体酶、过氧化物酶等多种酶，IL－1、IFN－γ等细胞因子，C1～C4 等补体成分，以及 NO 等其他生物活性物质，参与宿主早期的抗血吸虫感染。

NK 细胞是机体重要的先天免疫细胞，颗粒酶是 NK 细胞杀伤寄生虫的重要效应分子。张祖航（2017）的观察显示，C57BL/6 小鼠脾脏组织中的 NK 细胞比例在感染日本血吸虫后的第 5 天和第 7 天明显升高；颗粒酶 GZMA 在感染后第 5 天表达水平达峰值，GZMB 与 GZMK 在感染后第 9 天呈上调表达，提示 NK 细胞在小鼠抗血吸虫感染先天免疫应答中发挥着重要作用。Li（2015）的研究显示，感染日本血吸虫的 C57BL/6 小鼠 NK 细胞经 PMA 和离子霉素刺激后高表达 CD25 和 CD69 分子，提示 NK 细胞参与了宿主早期抗血吸虫感染免疫。

（2）参与杀伤血吸虫的相关细胞　嗜酸性粒细胞、巨噬细胞、中性粒细胞、肥大细胞等可通过其 Fc 受体与血吸虫童虫表面 IgG 等抗体 Fc 片段结合并被活化，参与对童虫的抗体依赖细胞介导的细胞毒作用（ADCC）。

①嗜酸性粒细胞　在血吸虫尾蚴入侵部位、童虫移行时期的肺脏等都出现嗜酸性粒细胞局部浸润，提示嗜酸性粒细胞在宿主抗血吸虫感染中发挥了重要作用。

大鼠试验模型证实抗体依赖细胞介导的细胞毒作用是宿主杀伤血吸虫童虫的重要机制之一，观察证实嗜酸性粒细胞是 ADCC 的重要效应细胞。20 世纪 70 年代，寄生虫学者观察到感染血吸虫的病人和狒狒血清能促使嗜酸性粒细胞黏附到血吸虫童虫体表（Butterworth，1975）。Mackenize 等（1977）将血吸虫童虫和大鼠血清及腹腔嗜酸性粒细胞一道孵育，发现 90min 后整个虫体被嗜酸性粒细胞覆盖。若用葡萄球菌 A 蛋白封闭 IgG Fc 段，则细胞的黏附作用受到抑制，提示 IgG 是介导大鼠嗜酸性粒细胞黏附虫体的抗体之一。Capron 等（1978）进一步证实介导黏附作用的抗体是 IgG2a。

Ramalho - Pinto 等（1978）和 McLaren 等（1979）的研究结果都显示，在补体存在的情况下，大鼠嗜酸性粒细胞介导的杀伤血吸虫童虫的细胞毒作用增强。血吸虫童虫和嗜酸性粒细胞及新鲜大鼠血清一道孵育时，补体的经典和旁路途径被激活，产生的趋化因子促进嗜酸性粒细胞黏附童虫并发挥杀伤童虫作用。

体外观察显示，嗜酸性粒细胞黏附血吸虫童虫体表后，释放出主要碱性蛋白（MBP）、过氧化物酶和嗜酸性粒细胞阳离子蛋白（ECP）等细胞毒性物质，使童虫体被外质膜破损且部分与基膜分离，呈现空泡状，进而从肌层脱落，虫体受损。嗜酸性粒细胞含有丰富的过氧化物酶，加入过氧化物酶抑制剂后嗜酸性粒细胞介导的体外杀伤作用减弱。MBP 起着促进嗜酸性粒细胞和童虫黏附的作用。ECP 可促使童虫体被外质膜空泡形成。即使在没有嗜酸性粒细胞存在的情况下，MBP 和 ECP 对童虫都有较大的毒性。

Ramalho - Pinto 等（1979）的研究显示，与大鼠有所不同，促进小鼠嗜酸性粒细胞黏附血吸虫童虫进而发挥细胞毒作用的抗体亚型是 IgG1。

②单核巨噬细胞　单核巨噬细胞对血吸虫的杀伤作用有非特异性和特异性两种方式。BCG 刺激的巨噬细胞能杀灭体外培养的血吸虫童虫（Mahmoud，1979）。用 ConA 刺激脾细胞产生的巨噬细胞激活因子可激活小鼠腹腔巨噬细胞，后者可有效地杀伤体外培养的曼氏血吸虫童虫，平均杀伤率为 60%（Bout 等，1981）。

在血吸虫感染早期，巨噬细胞被 IFN - γ 等细胞因子激活，游走和吞噬能力增强，通过产生、释放 TNF、氧化氮产物（如 NO、NO_2^-、NO_3^-）等发挥杀伤血吸虫童虫作用（Liew，1991；James 等，1989）。分泌 Th1 型极化因子 IL - 12，促进炎症反应发生，发挥早期抗感染保护作用。

巨噬细胞亦是大鼠和人体通过抗体依赖细胞介导的细胞毒作用（ADCC）杀伤曼氏血吸虫童虫的效应细胞之一，发挥作用的抗体为血吸虫抗原特异性 IgE（Capron 等，1975，1983；Joseph 等，1977，1978）。小鼠抗血吸虫感染机制则主要是以激活巨噬细胞为中心的 Th1 型保护性应答为主。

③中性粒细胞　Dean 等（1974）和 Incani 等（1981）的研究显示，大鼠腹腔中性粒细胞和血吸虫童虫体外一道孵育时，可快速地黏附于童虫上。在有补体或补体＋特异抗体存在的情况下，不管来源于正常小鼠或是血吸虫感染小鼠的中性粒细胞，均对童虫产生了明显的杀伤作用。当只有特异抗体存在时，中性粒细胞虽同样可较快地黏附至童虫上，但 6h 后又与虫体分离，不会导致童虫明显的损伤和死亡。中性粒细胞通过补体受体而黏附至童虫表面，其黏附不如嗜酸性粒细胞那么紧密。中性粒细胞黏附至童虫表面后，虫体体被外质膜先出现小泡状，继而肌层暴露，虫体局部性损伤或死亡（Incani 等，1981）。

④肥大细胞　肥大细胞表面有 Fc 和 C3 受体，在抗体和补体存在时，肥大细胞可黏附到血吸虫童虫表面，但黏附后未见童虫明显损伤（John，1981）。Capron 等（1978）的研究结果显示，在肥大细胞存在的情况下，嗜酸性粒细胞的细胞毒作用明显增强。肥大细胞若和 IgG2a 或 IgG2a Fc 段预孵育，再加入嗜酸性粒细胞中，则嗜酸性粒细胞介导的细胞毒作用被抑制；而用 IgG2a Fab 段预孵育则不会出现抑制现象。推测可能与 IgG2a Fc 段结合至肥大细胞表面有关。用 IgG2a 和 IgE 等激活肥大细胞，导致其可溶性介质释放，如果将其加入不含肥大细胞的嗜酸性粒细胞中，嗜酸性粒细胞介导的细胞毒作用与加入完整的肥大细胞的效果相当。提示肥大细胞可能通过补体和增强嗜酸性粒细胞的作用而间接地杀伤童虫（John，1981）。

（3）参与肉芽肿和肝纤维化形成的相关细胞　血吸虫虫卵肉芽肿的形成是宿主对虫卵产生的一种免疫效应。血吸虫雌虫排出的虫卵随血流流入肝脏，成熟虫卵内的毛蚴分泌可溶性虫卵抗原 SEA 并通过卵壳上的微孔释出，经吞噬细胞吞噬处理后呈递给 T 辅助细胞（Th），被激活的 Th 产生多种细胞因子，包括嗜酸性粒细胞刺激素（ESP）、巨噬细胞游走抑制因子（MIF）、成纤维细胞刺激因子（FSF）、IFN-γ 及 IL-2 等。这些细胞因子使嗜酸性粒细胞、巨噬细胞、成纤维细胞等趋向、聚集至虫卵周围，构成以虫卵为中心的肉芽肿。这些病理变化在去除 T 细胞的小鼠或先天性无胸腺的小鼠（裸鼠）中明显减弱。而在 B 细胞缺陷或用抗 μ 链抗体处理的小鼠中则不影响肉芽肿的形成。表明血吸虫虫卵肉芽肿的形成是 T 淋巴细胞介导的迟发型超敏反应（刘约翰，1993；Hernandez 等，1997）。

对日本血吸虫感染家兔肝脏病理动态观察显示，在感染后第 4 周未发现有虫卵肉芽肿，汇管区有大量炎性细胞浸润；感染后第 6 周出现虫卵肉芽肿，8 周肉芽肿达高峰。用胶原酶和链丝蛋白酶对肝脏虫卵肉芽肿消化后进行细胞分类计数，结果显示日本血吸虫虫卵肉芽肿细胞总数在感染后第 6 周最多，12 周时减少 13%，20 周时减少 36%。在感染后 6～20 周，大单核细胞占细胞总数的 59%～65%，嗜酸性粒细胞约占 1/4，而小单核细胞和中性粒细胞较为少见（Warren，1978）。

在血吸虫虫卵诱导形成的肉芽肿内有大量嗜酸性粒细胞聚集。将未感染和感染血吸虫的小鼠嗜酸性粒细胞和成熟的血吸虫虫卵于 37℃体外共培养，结果感染小鼠的嗜酸性粒细胞可使 20%以上的虫卵受破坏，未感染鼠嗜酸性粒细胞则未见破坏作用。如虫卵经预处理去除 SEA 抗原后，则感染小鼠嗜酸性粒细胞对虫卵的破坏作用不再产生。

现已明确，肝星状细胞（HSC）激活并转化为肌成纤维细胞是肝纤维化发生、发展的核心环节。由于 SEA 的持续刺激和机体长期处于免疫应答状态，导致肝星状细胞激活和持续增殖，发生显著的表型变化并转化为肌成纤维细胞（MFB），分泌多种促纤维化细胞因子和迁移诱导因子，如 α-平滑肌蛋白（α-SMA）、单核细胞趋化蛋白-1（MCP-1）、转化生

长因子 β1（TGF－β1）等。同时，分化后的肌成纤维细胞大量合成和分泌细胞外基质（ECM），导致 ECM 的降解与合成过程失去平衡，最终肝脏结构破坏，肝纤维化发生，不断累积致使肝脏正常结构破坏而出现肝纤维化。

枯否细胞（Kupffer cells，KCS）分泌的 TGF－α、TGF－β1 和 PDGF 等细胞因子，刺激 HSC 的转化、增殖和合成 ECM，产生的过氧化物和明胶酶溶解Ⅳ型胶原后的产物均可激活 HSC。

血吸虫病肝纤维化的发生还有多种其他免疫细胞的参与。早期研究发现 B 细胞敲除小鼠血吸虫病肝纤维化依然发生，而胸腺敲除小鼠肝纤维化程度明显低于正常组（Cheever，1985）；Hou 等（2012）发现敲除天然杀伤细胞（NK 细胞）后感染日本血吸虫的 C57BL/6 小鼠肝纤维化程度变重，而激活 NK 细胞可以明显减轻。Chen 等（2014）发现滤泡样辅助型 T 细胞在日本血吸虫感染模型中可促进肝纤维化的发生。

（4）T 细胞在抗血吸虫感染和肉芽肿/肝纤维化形成中的作用　血吸虫感染后，T 细胞参与了宿主抗感染的免疫应答、肉芽肿形成及调节等过程，在杀伤血吸虫及诱发和调节宿主病理变化中发挥了重要作用。狭义的细胞免疫主要指 T 细胞介导的特异性免疫。参与特异性细胞免疫应答的 T 细胞主要有辅助性 T 细胞（Th）、迟发型超敏反应 T 细胞（TD）、调节性 T 细胞（Treg）、细胞毒性 T 细胞（Tc）及抑制性 T 细胞（Ts）。前三个功能亚群在分化抗原表型上都是 $CD4^+$ 细胞，Tc 和 Ts 是 $CD8^+$ 细胞。

血吸虫感染早期，在血吸虫抗原及巨噬细胞、DC 等抗原递呈细胞及其分泌的细胞因子和趋化因子的作用下，Th 被激活并分泌 IL－2 等细胞因子，促进 T 细胞活化及增殖，以及 B 细胞、巨噬细胞等其他细胞的生长、分化和发挥功能。Th 细胞包括 Th1、Th2、Th9、Th17、T 滤泡辅助细胞（Tfh）等。Th1 型细胞主要分泌 IL－2、IL－12、IFN－γ 等 Th1 类细胞因子，主要介导细胞免疫应答，可直接或间接地促使巨噬细胞、NK 细胞、Tc 细胞等活化，直接参与杀伤血吸虫作用，或分泌 TNF、RNI 和 ROI 等介质来发挥效应作用。Th2 型细胞则主要分泌 IL－4、IL－5、IL－6、IL－10、IL－13 等 Th2 类细胞因子，主要介导体液免疫应答，促进 B 细胞等的成熟、活化和各种血吸虫抗原特异抗体的产生，以及促进嗜酸性粒细胞等的增殖与分化。Th1 和 Th2 细胞产生的 Th1/Th2 类细胞因子，随后还活化诱导具有免疫抑制作用的专职免疫调节细胞 Treg 细胞，抑制或下调宿主的某些免疫应答反应，在免疫应答的效应阶段扮演了关键角色。

至今尚无 CTL 参与抗血吸虫感染保护性应答的直接证据。虽有报道 $CD8^+$ T 细胞参与血吸虫虫卵肉芽肿形成过程，但对其作用机制等仍了解甚少。

被 SEA 致敏的 Th 产生多种细胞因子，促使嗜酸性粒细胞、巨噬细胞、成纤维细胞等趋向、聚集至虫卵周围形成虫卵肉芽肿。研究显示，Th1 型细胞应答在肉芽肿的形成中起到一定的作用，然而促进虫卵肉芽肿形成与发展的优势 Th 应答为 Th2 型细胞应答，主要受 Th2 型细胞因子的影响。Th9 细胞激活后产生 IL－9，小鼠感染日本血吸虫后，肝、脾组织中 Th9 细胞比例明显升高，促进肝脏肉芽肿形成与肝纤维化发展。Th17 细胞及其产生的细胞因子 IL－17 在血吸虫虫卵引起的免疫病理损害中起了重要的作用。感染曼氏血吸虫的 CBA 小鼠体内 IL－17 水平的升高与肝脏虫卵肉芽肿的大小及肝脏病理损伤的严重程度呈正相关，但与小鼠的死亡率呈负相关。Tfh 细胞缺陷鼠感染日本血吸虫后，小鼠肝脏肉芽肿面积显著减少，过继转移 Tfh 细胞后，肉芽肿面积增加，表明 Tfh 在促进肝脏肉芽肿形成和肝脏纤维化发展中发挥了重要的作用。

在血吸虫感染的慢性期，由血吸虫虫卵抗原诱导，活化的 $CD4^{+}CD25^{+}$ Treg 细胞参与了宿主免疫应答的负调控（Hesse 等，2004；McKee 等，2004；Mo 等，2007；Yang 等，2007），其抑制了 Th1 类应答，使免疫应答呈现 Th2 类极化，产生的效应是减少了宿主因过度免疫反应所导致的严重病理损害及死亡，使得血吸虫可在宿主体内长期存活。Layland 等（2007）用曼氏血吸虫感染 TLR2 缺陷小鼠，结果发现其体内 Tregs 细胞数量下降，小鼠病理特征明显，当小鼠过继转移特异性 Tregs 细胞后病理变化减轻。

对另一类免疫负调控相关细胞 Ts 的研究显示，Ts 细胞在血吸虫虫卵肉芽肿形成的早期可轻度地抑制 IFN-γ 的产生，而在肉芽肿发展高峰期则显著抑制 IL-4 的产生。研究还发现，Ts 细胞还能减少 Th0 细胞分化为记忆 Th 细胞，但不能减少已有的记忆 Th 细胞。

曹建平课题组近期研究显示，日本血吸虫感染小鼠肝脏虫卵肉芽肿中存在 γδT 细胞，急性感染期小鼠 γδT 细胞分泌的 IL-17A 增加。与野生型感染小鼠相比，TCRδKO 小鼠的肝纤维化程度明显减轻，肝组织和血清中的 IL-17A 含量均降低，分泌 IL-17A 的Ⅴγ2 亚型 γδT 细胞可能通过募集中性粒细胞和直接激活肝星状细胞来促进肝纤维化的形成（Zheng 等，2017；孙磊等，2020；Sun 等，2020）。

4. 细胞因子 血吸虫感染后会刺激宿主淋巴细胞等产生各种细胞因子，通过不同途径参与宿主抗感染免疫和诱导宿主免疫病理变化，或在免疫应答调节中发挥重要作用。

产生细胞因子的细胞主要有淋巴细胞、单核巨噬细胞和上皮细胞等。淋巴细胞（包括 T 淋巴细胞、B 淋巴细胞和 NK 细胞等）产生的细胞因子主要有 IL-2、IL-3、IL-4、IL-5、IL-6、IL-9、IL-13、IL-14、IFN-γ、TGF-β、GM-CSF 等，通常称为淋巴因子（lymphokine）；单核巨噬细胞（单核细胞或巨噬细胞）产生的细胞因子主要有 IL-1、IL-6、IL-8、G-CSF 和 M-CSF 等，通常称为单核因子（monokine）；此外，上皮细胞、成纤维细胞、血管内皮细胞、骨髓及胸腺基质细胞等其他细胞也产生细胞因子，主要有 EPO、IL-8、IL-11、SCF 和 IFN-β 等。这些细胞因子可通过不同途径影响或调节宿主的免疫应答。在血吸虫的不同感染时期，虫体排泄/分泌/脱落的抗原组分，激活的免疫相关细胞不同，不同宿主对不同虫种血吸虫感染也呈现差别的免疫应答机制，因而宿主对不同种血吸虫在不同感染时期产生的主导、优势细胞因子种类及发挥的免疫效应有较大差别。其中较受关注、研究报道较多的细胞因子有参与早期抗感染免疫和肝脏肉芽肿及纤维化形成与调节中发挥重要作用的 IL-1、IL-2、IL-4、IL-12、IL-17、IFN-γ、TNF-β 等。

5. 一氧化氮 一氧化氮（NO）是一种重要的信使分子，具有独特的理化性质和广泛的生物学功能。已有研究表明，宿主 NO 在抑制和杀灭血吸虫、线虫、弓形虫、球虫等寄生虫，及调节由寄生虫感染引起的病理变化中发挥着重要作用。

（1）NO 的生物学特性及对寄生虫的作用 生物体内的 NO 是 L-精氨酸（L-arigne）在一氧化氮合成酶（nitricoxide synthase，NOS）催化作用下生成的。NOS 是合成 NO 的唯一限速酶，在 NO 发挥众多的生理和病理作用过程中起调节作用。生物体内的 NOS 一般分为结构型一氧化氮合成酶（cNOS）和诱导型一氧化氮合成酶（iNOS）两类。cNOS 为 Ca^{2+} 依赖性，在生理状态下催化形成少量的 NO，充当神经传递和血管舒张的调节因子。而 iNOS 为 Ca^{2+} 非依赖性，一般情况下不表达，可被细胞因子、病原体及免疫刺激物（脂多糖等）等通过 NF-κβ 信号传导通路激活，激活后的 iNOS 催化 L-精氨酸产生 NO，并通过多种复杂反应产生不同类型的活性氮中间体，通过免疫效应、细胞毒作用或与氧自由基作用直接或间接地抑制和杀伤寄生虫。在感染性疾病中，iNOS 催化产生的 NO 既可作为一种有效的细胞毒效应分子发挥对病原体的杀灭作用，也是一种炎症反应因子。

已有研究显示，寄生虫入侵时，宿主的巨噬细胞等合成大量 NO，对寄生虫造成能量代谢障碍、DNA 合成受阻、酶活抑制、自由基损伤等多种损害。宿主体内 NO 水平的变化受到多种免疫细胞和细胞因子的相互作用、相互制约，其抗感染的作用机制十分复杂。NO 一方面对宿主 T 细胞增生，抗体应答，巨噬细胞凋亡，NK 细胞、肥大细胞以及外周血单核细胞等的反应性，以及肿瘤坏死因子（TNF）、前列腺素 E2（PGE2）、白细胞介素（IL）、干扰素（IFN）等多种免疫活性介质的合成和分泌起着调节作用；另一方面，NO 的产生也受到 IL－4、IL－10 以及转化生长因子 β 等细胞因子的反向调节。

（2）NO 对血吸虫的杀伤作用　原虫和蠕虫感染时均会诱发宿主产生 NO，该分子是巨噬细胞介导的细胞毒性作用的主要效应分子。已有报道表明，宿主 NO、氧化还原蛋白等具有抗曼氏血吸虫感染的作用（Isabelle 等，1994；Ahmed 等，2006）。宿主 NO 既是抗病原生物免疫中重要的效应分子，又是重要的免疫调节分子。在血吸虫感染早期，宿主巨噬细胞等合成的 NO 通过干扰 DNA 复制、柠檬酸循环和线粒体呼吸作用等杀伤血吸虫童虫。活化的 M1 型巨噬细胞分泌的 iNOS 参与精氨酸代谢途径，催化 L－精氨酸生成 NO 和瓜氨酸，直接参与了早期的杀伤虫体作用。精氨酸酶（arginase，ARG）催化精氨酸合成鸟氨酸和尿素，为尿素循环的重要酶之一。ARG 还参与多胺、谷氨酸和脯氨酸的生成，并与 NO 的合成有关。多胺在稳定核酸和细胞膜及调节细胞的生长和分化中起着重要作用，宿主血循环中含高水平的多胺有利于曼氏血吸虫的生长发育（Goh 等，2009；James 等，1989；Gordon 等，2010；Abdallahi，2001）。宿主感染曼氏血吸虫后，选择性激活的巨噬细胞会表达精氨酸蛋白酶-1 和一种类似抵抗素 α 的分子，两者可通过抑制宿主细胞因子 IL－2、IL－23 的表达和降低嗜酸性粒细胞水平，IgE 抗体滴度等而有利于虫体在宿主体内的存活（Nair 等，2009；Herbert 等，2010）。

①体内杀伤效应　早在 20 世纪 80 年代中期，就有关于淋巴因子激活的巨噬细胞对曼氏血吸虫童虫具有杀伤作用的报道。20 世纪 90 年代初，研究者发现被 IFN－γ、LPS 或其他细胞因子激活的巨噬细胞产生的 NO 对血吸虫童虫有杀伤作用。Wynn 等（1994）运用放射自显影技术发现辐照尾蚴免疫鼠攻击血吸虫尾蚴后，大部分童虫停留在肺内，此后逐渐消失。鼠肺组织内检测到高水平的 IFN－γ、TNF－α、IL－2，激活巨噬细胞产生 NO。Oswald 等（1994）发现在细胞因子或寄生物的刺激下鼠肺组织，特别是血吸虫周围的炎性组织中高水平表达 iNOS mRNA，iNOS 进而催化产生大量的 NO 对血吸虫童虫发挥杀灭作用。龙小纯等（2005）在感染日本血吸虫后不同时间点剖杀小鼠并取其肺组织，用半定量 RT－PCR 技术检测肺部 iNOS 的转录水平，结果显示未感染小鼠肺组织无 iNOS 转录表达，感染日本血吸虫后 4d 呈现较高水平的转录表达，9d 表达消失；用 NOS 抑制剂氨基胍（aminoguanidine，AG）处理感染小鼠，结果从 AG 处理小鼠检获的虫荷较未处理组高。王艳蕊等（2006）以蜂蜡为 NO 的吸收剂，在不同条件下用逆转乳化法制备 NO 乳状液，在小鼠感染日本血吸虫尾蚴后 22d 起灌服，剂量为 0.5mL/d，NO 的含量为 536.2μmol/L，连续灌服 5d，再用灌注法收集虫体计数，结果减虫率达 45.0％，减卵率达 42.7％，提示外源性 NO 对小鼠体内日本血吸虫有一定的杀虫效果。以上结果都表明，NO 参与了宿主体内杀伤血吸

虫的作用。

②体外对血吸虫童虫的杀伤作用　Piedrfita 等（2000）报告了被 LPS 激活的大鼠腹腔灌洗细胞对曼氏血吸虫童虫的细胞毒作用，发现 66μmol/L NO_2^- 可杀灭 78%的童虫。龙小纯（2002）用 LPS 或 LPS+IFN-γ 处理体外培养的小鼠腹腔巨噬细胞，刺激其产生 NO，再加入机械断尾的日本血吸虫童虫，测定 48h 内童虫的死亡率。同时设试验组用诱导型一氧化氮合酶（iNOS）的抑制剂 L-NNA（N_ω-nitro-L-agrine）抑制 NO 的产生，观察未刺激组、刺激组、刺激+抑制组童虫死亡率的变化。结果 2.0×10^5 未激活的巨噬细胞培养上清 NO 的浓度为 29.92μmol/L，虫体死亡率为 12.21%；当细胞用 LPS 或 LPS+IFN-γ 刺激后，细胞培养上清 NO 浓度分别为 109.96μmol/L 和 113.50μmol/L，相应的虫体死亡率分别为 91.07%和 96.86%。当在培养基中加入 2μmol/L 的 iNOS 抑制剂 L-NNA 后，LPS 和 LPS+IFN-γ 刺激组 NO 浓度分别降至 28.45μmol/L 和 16.78μmol/L，虫体死亡率也相应降低至 15.73%和 11.11%，表明用 LPS 和 LPS+IFN-γ 刺激巨噬细胞产生的 NO 对日本血吸虫童虫具有杀伤作用。

周书林等（2013）以 NO 发生剂亚硝基铁氰化钠（sodium nitroprusside，SNP）作为外源性 NO，观察其对日本血吸虫尾蚴的体外杀伤作用。使用 NO 强效清除剂血红蛋白（hemoglobin，Hb）及特异性亚硝酰基阴离子清除剂 L-半胱氨酸（L-cysteine，L-cyst）、左旋精氨酸（L-arginine，L-arg）和硫酸亚铁（$FeSO_4$）作为 NO 抑制剂，观察其对 NO 杀伤日本血吸虫尾蚴的抑制作用。结果以 2.0mmol/L SNP 作用后，尾蚴死亡率为 59.4%，显著高于未处理对照组的 7.5%；在加入 2.0mmol/L SNP 的同时分别加入 Hb、$FeSO_4$、L-cyst、L-arg、$FeSO_4$+L-cyst、$FeSO_4$+L-arg 和 L-arg+L-cyst，结果日本血吸虫尾蚴死亡率分别降至 30.1%、45.1%、31.1%、34.2%、47.8%、49.1%和 44.2%，显示与 SNP 处理组相比，7 个加入不同 NO 抑制剂的试验组尾蚴死亡率均有不同程度的下降（$P<0.05$）。

也有报道显示血管内皮细胞（EC）能被一些细胞因子激活而发挥杀伤童虫的作用。用 TNF-α 与 IFN-γ 同时刺激的 EC 可大量表达 iNOS，细胞培养基上清中 NO 的浓度增加近 20 倍，对童虫的杀伤率达 100%。当在加入细胞因子的同时加入 iNOS 的特异抑制剂 L-NMMA（N_ω-monomethyl-L-agrine）或 L-NNA，细胞培养基上清中 NO 的浓度显著降低，EC 对童虫的杀伤作用也明显下降。可见 EC 对血吸虫童虫的细胞毒作用与巨噬细胞相似（Oswald，1994），但不完全一致，单独的 IFN-γ、TNF-α、IL-1α 或 IL-1β 对 EC 几乎无激活作用，只有两种或多种细胞因子同时刺激时，才能有效激活 EC 产生较高浓度的 NO 并发挥杀虫作用。另外，LPS 对 EC 无明显的激活作用。

刘文琪等（2004）用不同剂量 NO 供体——硝普钠（SNP）处理日本血吸虫成虫原代培养细胞，Annexin Ⅴ凋亡检测显示 SNP 能明显诱导日本血吸虫原代培养细胞发生凋亡，且细胞凋亡的发生率具剂量依赖性。

③不同宿主感染日本血吸虫后血清 NO 变化　孙军等（2006）比较了日本血吸虫抗性宿主东方田鼠和适宜宿主昆明系小鼠感染日本血吸虫后血清 NO 含量的变化，结果显示感染前东方田鼠血清内 NO 水平为 100μmol/L 左右，显著高于小鼠的 20～40μmol/L。感染日本血吸虫尾蚴后东方田鼠血清 NO 水平迅速下降，在感染后第 4 天降至最低值（16μmol/L），并一直维持至第 16 天，此后 NO 水平快速上升，在第 18 天后恢复到感染前水平。小鼠感染日

本血吸虫后 NO 水平也快速下降，在感染后第 2 天血清 NO 含量达到最低值（2μmol/L 左右），随后 NO 含量逐渐上升，在第 6～30 天基本接近感染前水平。第 34 天至小鼠剖杀，血清 NO 一直维持在 0～10μmol/L 较低的水平上。该结果提示，东方田鼠血清中 NO 含量高，但在血吸虫感染后的第 4 天至体内大部分虫体消失的第 16 天，东方田鼠体内 NO 水平一直维持在较低水平，可能参与抗血吸虫感染作用。日本血吸虫在东方田鼠体内发育不成熟，不产卵和诱导肝脏肉芽肿病变，因而在感染后 18～20d 后血清 NO 恢复到感染前的水平。小鼠感染日本血吸虫后 NO 水平先下降，感染后第 6～14 天基本恢复到感染前水平。感染后第 34 天至小鼠剖杀，血清 NO 水平一直维持在较低的水平。作者认为这可能与肝脏肉芽肿形成和调节等相关，因肉芽肿形成过程中有 Th2 释放的细胞因子参与，而 Th2 所分泌的 IL－4 和 IL－10 可抑制巨噬细胞 NO 的合成。

（3）血吸虫产卵与 NO 表达变化　Abdallahi（2001）等的研究显示，CBA/J 小鼠在感染曼氏血吸虫后第 5 周，即血吸虫产卵后肝脏 iNOS 才开始表达，在感染后 5～8 周内表达水平呈上升的趋势，酶活性的测定结果与其表达特征一致。进一步将活的曼氏血吸虫虫卵经尾静脉注入小鼠体内，2 周后在肺部检测到 iNOS mRNA 的表达和 iNOS 的活性，而注射生理盐水的对照组肺部未检测到 iNOS 的表达，说明 NO 的产生是由虫卵诱导的。Hirata 等（2001）用免疫组化方法证明，在虫卵经盲肠静脉植入后第 2 周 iNOS 表达最强，随后下降，这一结论与 Abdallahi 的报道一致。

Brunet 等（1999）比较了自然感染曼氏血吸虫的野生型（WT）C57BL/6 小鼠和 IL－$4^{-/-}$小鼠在血吸虫病急性期（虫卵产生后 2～3 周）NO 产生的变化与差别。结果表明，WT 小鼠血浆中 NO 的浓度在虫卵产生后有一个轻微增长的过程。IL－$4^{-/-}$小鼠在感染血吸虫后直至死亡 NO 持续高表达。检测这 2 种感染鼠脾细胞在体外受血吸虫抗原刺激后产生的 NO 水平，结果发现感染 37～45d 的脾细胞均能大量产生 NO，且 IL－$4^{-/-}$小鼠的脾细胞产生的 NO 明显高于 WT 小鼠。竞争 PCR 法分析显示，感染血吸虫前小鼠肝脏未见 iNOS 表达，感染后 14d 小鼠肝脏中检测到了 iNOS mRNA。IL－$4^{-/-}$小鼠持续、高水平地表达 NO，而 C57BL/6WT 小鼠的 NO 水平在虫卵产生后一定时期内呈微弱上升趋势，变化差异不显著。这两种小鼠的肝脏在虫卵沉积后同时也检测到 TNF－α 和 IFN－γ 的表达，提示 NO 的产生可能与雌虫产卵时的 Th1 型反应有关。IFN－γ 缺陷小鼠感染血吸虫后 NO 的产生出现严重的障碍。IL－4 缺陷鼠肝脏在血吸虫产卵后持续高水平表达 NO，而野生型 C57BL/6 小鼠则不然，说明与虫卵诱发的 Th2 型反应相关的Ⅱ型细胞因子 IL－4 能抑制 NO 的过度产生。

（4）NO 与宿主肉芽肿病变　龙小纯等（2004）通过免疫荧光试验表明，iNOS 主要分布在虫卵肉芽肿细胞中，提示 NO 可能参与虫卵肉芽肿的免疫病理反应。杨志伟等（1999）推测虫卵进入肝脏后释放可溶性抗原，使巨噬细胞趋化聚积并致敏。致敏的巨噬细胞再次受抗原刺激后释放 TNF 等细胞因子，经 iNOS 催化，虫卵周围聚积的巨噬细胞合成大量 NO。一方面 NO 可杀伤血吸虫虫卵，属于宿主的一种非特异性防御反应，另一方面 NO 又损伤了肝细胞，出现肝毒性作用。Oliveira 等（1998）通过实验室建立的体外肉芽肿模型研究了 NO 的产生与肉芽肿形成的相关性，发现曼氏血吸虫感染者的外周血细胞经血吸虫可溶性虫卵抗原或成虫抗原刺激后产生强烈的反应，第 7 天 GI 值达最高峰，NO 的浓度随抗原刺激时间的延长而呈升高趋势。加入 L－精氨酸抑制物 L－NAME（N_{ω}nitro－L－agrine methylester)，GI 值增加 30%～65%，提示 NO 的产生受抑制时，肉芽肿反应增强。夏超明等（2002）采用 HE 染色法观察感染日本血吸虫小鼠肉芽肿的病变情况，并用硝酸还原酶法和 ELISA 夹心法分别检测感染小鼠 0～12 周血清及脾 $CD4^+$ T 淋巴细胞培养上清 NO、IFN-γ 和 IL-4 的表达水平，发现 NO 和 IFN-γ 的表达水平都在感染后 4 周开始上升，8 周达到峰值，随后下降，与小鼠肝肉芽肿病变动态呈显著正相关，小鼠感染血吸虫 8 周后肉芽肿数及平均体积都达峰值，随后数量减少，体积缩小；而 IL-4 则从感染后 8 周开始上升，并随感染时间延长而升高。作者认为 NO 在日本血吸虫感染小鼠肝肉芽肿病变过程中可能是一种重要的调节因子，可能通过调节 Th1/Th2 细胞因子而发挥作用。

（5）NO 与宿主肝脏纤维化　血吸虫感染造成的主要病害是引起宿主肝脏纤维化。Brunet 等（1999）用 NO 的抑制剂氨基胍（AG）处理感染后的 C57BL/6 小鼠及 IL-$4^{-/-}$ 小鼠，发现 NO 的表达受抑制后这两种小鼠肝脏病变加重，肝脾肿大的程度减小。鼠肝脏病理切片观察到，AG 处理小鼠的肝细胞凝固性坏死区增多，面积增大，肉芽肿体积缩小。龙小纯等（2004）在小鼠感染日本血吸虫后连续用 AG 处理小鼠，观察结果显示，在感染后 38d 和 45d 小鼠肝脏内Ⅰ、Ⅲ型胶原的合成明显增加，AG 处理小鼠可间接反映肝脏纤维化程度的羟脯氨酸（Hyp）水平高于未处理的对照组，提示 NO 可抑制日本血吸虫感染小鼠肝脏早期纤维化。

张玲敏等（2006）的研究显示，昆明系小鼠感染血吸虫后，肝脏呈现明显的纤维化，血清中透明质酸（HA）、层粘连蛋白（LN）、谷-草转氨酶（AST）及谷-丙转氨酶（ALT）活性显著升高，肝组织羟脯氨酸含量明显增加。感染后第 4 周各试验组小鼠分别给予 NO 前体 L-精氨酸（L-Arg）或一氧化氮合成酶（NOS）抑制剂 L-NAME，结果与未处理的感染组相比，给予高、中剂量 L-Arg 的小鼠血清中 NO 的水平随着精氨酸剂量的增加而上升，LN、HA、AST、ALT 的水平下降，肝组织 Hyp 的含量降低，改善了血吸虫病小鼠肝脏受损的状况，减轻了小鼠肝脏纤维化的程度；而给予 L-NAME 抑制剂的小鼠血清中 NO 的水平明显下降，LN、HA、AST、ALT 水平和肝组织 Hyp 含量则均明显升高，小鼠肝脏损伤及肝脏纤维化程度加重。结果提示，NO 能明显降低血吸虫病肝纤维化的程度和减轻肝纤维化所造成的损伤。

四、免疫调节

宿主对血吸虫感染的免疫应答受到宿主和寄生虫双方遗传因素、参与免疫应答的不同细胞群、亚群及其分泌的细胞因子、化学因子、抗体、介质及 miRNA 等的相互调节。

1. 抗原递呈细胞的调节作用　血吸虫抗原经抗原递呈细胞 APC 处理与递呈后，可促使 Th0 细胞活化并分化为 Th1 或 Th2 细胞。研究显示，影响 Th1/Th2 极化的始动因素是由血吸虫抗原与 APC 两者之间相互作用结果决定的。MHC 是表达于 APC 和其他免疫细胞上的重要分子，其编码基因结构复杂且具有种属特异性。不同宿主 APC 的 *MHC* 基因结构存在一定差异，甚至同一种宿主不同个体 APC 的 *MHC* 基因结构间也具有高度的多态性。不同种株血吸虫及同一种株处于不同发育时期的血吸虫虫体在抗原组成上也存在明显差别。因此，不同宿主 APC 在血吸虫感染不同时期的抗原递呈上存在差别，影响着其后的 Th1/Th2 细胞活化及 Th1/Th2 类细胞因子分泌的类型、强弱及持续时间，并调控下游的细胞与体液免疫应答及宿主抗血吸虫感染免疫应答的成效。

研究显示，APC 分泌的 IL－12 是影响 Th1/Th2 极化的一个重要因素。IL－12 可促使 Th0 细胞向 Th1 细胞分化并上调表达 IFN－γ，同时下调表达 IL－4。APC 细胞表面 IL－12 受体 β2 链（IL－12Rβ2）的表达量调节着 IL－12 的表达水平。IL－12 和Ⅰ型干扰素能上调 IL－12Rβ2 的表达，而 IL－4 和 TGF－β 则下调其表达。IFN－γ 能增强 IL－12 的表达，而 PEG2 则下调 IL－12 的表达。APC 分泌的 IL－18 在 Th0 细胞活化的后期可使 IFN－γ 表达更为持久。APC 表面表达的 ICAM－1 有利于促进 Th1 极化，而 APC 分泌的 IL－4、PEG2、一氧化氮、细胞表面表达的 OX40L 则可促使 Th0 向 Th2 极化。

APC 处理和递呈某些血吸虫抗原后，也会活化诱导具有免疫抑制作用的 $CD4^+$（如 $CD4^+CD25^+$ Treg 细胞、Th17 细胞）或 $CD8^+$（Ts 细胞）的专职免疫调节 T 细胞，从而抑制宿主的一些免疫应答反应。如慢性血吸虫感染或血吸虫虫卵抗原可以活化 $CD4^+CD25^+$ Treg 细胞，诱导后者对 Th1/Th2 细胞、B 细胞、Tc 细胞、APC 等起抑制作用，从而抑制宿主对血吸虫感染的免疫应答。

APC 自身还能产生一些具有免疫抑制功能的细胞因子，对 APC 本身以及其他免疫细胞的成熟、分化或功能起到抑制作用。如曼氏血吸虫尾蚴可诱导皮肤局部产生 IL－10，抑制 APC 向感染皮肤局部迁移和产生前炎症因子（IL－12 和 IL－1β 等），及抑制 APC 表面表达 MHC－Ⅱ类分子和共刺激分子（CD80、CD86、CD40 等），并对其他免疫细胞的免疫功能产生明显的抑制作用（Hoggs 等，2003；Angeli 等，2001）。

2. T 细胞的调节作用

（1）Th1/Th2 漂移、极化及免疫调节　血吸虫入侵终末宿主后，Th0 细胞在血吸虫抗原刺激下被激活、分化为 Th1 和 Th2 细胞。Th 细胞的激活促进了巨噬细胞、B 细胞及其他类型细胞的生长、分化和功能成熟，在宿主抗血吸虫感染免疫应答的发生发展及调节中发挥了重要作用。研究显示，在自然感染血吸虫的不同时期，宿主的 Th1 与 Th2 类应答之间存在着此消彼长、相互抑制的调节机制，会出现不同的 Th1/Th2 漂移和极化。对血吸虫适宜宿主小鼠模型的研究表明，不同发育阶段虫体及其抗原引起的宿主优势免疫效应机制不尽相同，早期感染通常以 Th1 类应答占优势，该类免疫应答可能更有利于杀伤入侵的血吸虫童虫及抑制组织中虫卵肉芽肿的形成和发展。随着感染进程的发展，Th1/Th2 应答均逐渐增强。进入虫卵肉芽肿的形成与发展时期时，Th2 类应答逐渐地占据了优势并在肉芽肿形成的高峰期达峰值。研究表明，过高的 Th2 类应答不利于宿主对血吸虫的清除，并可能加重虫卵肉芽肿的发展。再随着自然感染的病程进入慢性期，宿主体内 Th1/Th2 应答均出现一定程度的下降，逐渐维持于较低的水平。

Th1 和 Th2 细胞产生的一些细胞因子具有相互抑制、调节的作用。Th1 细胞产生的 IFN－γ 可降低 Th2 细胞 STAT6 和 IL－4R 的表达水平，抑制 Th2 细胞的分化；而 Th2 细胞产生的 IL－4 可抑制 Th1 细胞内 STAT1 的表达，抑制 Th1 细胞的分化。Th2 细胞产生的 IL－10 和 Th17 细胞产生的 TGF－β 则可能对 Th1 和 Th2 细胞的分化都有一定的抑制作用。虫卵抗原活化的 $CD4^+CD25^+$ Treg 细胞抑制宿主的 Th1 类应答，导致宿主在感染慢性期呈现 Th2 类极化。但也有人认为血吸虫抗原特异的 $CD4^+CD25^+$ Treg 细胞对 Th1 和 Th2 类应答均有抑制作用。

对牛、羊等家畜日本血吸虫感染免疫的相关研究至今只有一些零星的报道，对其免疫应答机制仍了解甚少。Yang 等（2012）的研究结果表明，黄牛、水牛感染日本血吸虫前及感染后不同时期外周血 $CD4^+$ T 细胞和 $CD8^+$ T 细胞比例，IL－4、IFN－γ 水平都呈现较大的差别，提示这两种血吸虫不同适宜宿主对日本血吸虫感染可能呈现不同的 Th1/Th2 免疫应答特征。

（2）专职免疫调节细胞在血吸虫感染免疫应答中的调节作用　血吸虫感染后，一些血吸虫抗原特异性的专职免疫抑制细胞被诱导与活化，参与了宿主免疫应答的调节。专职免疫调节细胞主要有 $CD4^+$ 的 $CD4^+CD25^+$ 调节性 T 细胞、Th17 细胞和 $CD8^+$ 的 Ts 细胞，它们在免疫应答中主要起负调控作用，对 $CD4^+CD25^-$ T 细胞、免疫记忆细胞，甚至抗原递呈细胞等均有显著的抑制作用，引起各种细胞因子的分泌减少，细胞免疫功能减弱，产生的效应可能是使部分血吸虫能够逃避宿主免疫杀伤，及减轻宿主的病理损害。曼氏血吸虫的研究发现，随着感染病程进入慢性期，虫卵抗原活化的 $CD4^+CD25^+$ Treg 细胞参与了宿主免疫应答的负调控，减轻了宿主过度的免疫反应及由其引起的严重病理损害，抑制了宿主免疫应答对体内血吸虫的清除而使感染变为慢性化（Hesse 等，2004；McKee 等，2004）。Yang 等（2007）和 Mo 等（2007）的研究表明，血吸虫抗原除可以活化天然存在的 nTreg（nature $CD4^+CD25^+$ Treg）发挥免疫抑制作用外，还能够诱导生成 iTreg（induced $CD4^+CD25^+$ Treg），使得外周血中 iTreg 细胞占 $CD4^+$ T 细胞的比例由感染前的 5%～7%提高至感染后的 12%～15%甚至更高。这种血吸虫抗原诱导的 iTreg 细胞可抑制 $CD4^+CD25^-$ 靶细胞增殖和 IL－4、IFN－γ 等细胞因子产生。

Th3 细胞主要通过分泌 TGF－β 来发挥免疫抑制作用，且更倾向于对 Th1 反应的抑制。Remoue 等（2001）在埃及血吸虫病流行区现场人群调查中发现，慢性埃及血吸虫病患者体内 TGF－β、IL－10 和 IgA 的水平升高，Th1 类细胞因子 TNF－α 和 IFN－γ 的水平降低，患者外周血单核淋巴细胞 PBMC 对血吸虫抗原的增殖反应低下，提示 Th3 可能在血吸虫慢性感染所致的免疫负调控中起了重要作用。

Ts 细胞通过分泌抑制因子来抑制 B 细胞产生抗体和其他 T 细胞的分化增殖，其在血吸虫感染免疫调节上的作用的报道大多与虫卵肉芽肿的形成与发展的调节相关。Ts 细胞在肉芽肿形成的早期可轻度抑制 Th1 类应答，在虫卵肉芽肿发展高峰期，则显著抑制 Th2 类应答。

3. 抗体和细胞因子的调节作用　血吸虫感染适宜和非（半）适宜宿主后，宿主血清中可检测到不同水平的各种亚类的特异性抗体，不同亚类抗体的滴度会随着感染进程出现变化，这些抗体并不能清除宿主体内的所有血吸虫和保护宿主抵抗再感染。人体和大鼠试验发现，血吸虫抗原特异性 IgE 抗体等可通过细胞介导的、抗体依赖的细胞毒性作用（ADCC）杀伤血吸虫童虫，是具有杀伤血吸虫作用的功能抗体；而人体 IgG4 等抗体却是只能与血吸虫表面特异抗原结合，但不具有杀伤虫体或其他严重破坏虫体功能的封闭抗体，血吸虫感染宿主后可通过诱导封闭性抗体的产生来对抗保护性抗体对血吸虫的杀伤作用。

免疫学上把抗体、TCR、BCR Ⅴ区上的决定簇称为独特型（idiotype，Id），把特异性针对抗体（Ab1）、TCR、BCR Id 的抗体（Ab2）称为抗独特型抗体（anti－idiotype，Aid），而 Aid 中的 Id 又可诱导产生抗 Aid（Ab3）……如此形成 Id－Aid 网络，该网络在调节血吸虫感染免疫中起了重要的作用。

血吸虫感染后，宿主特异或非特异地产生了各种细胞因子，一些细胞因子可以通过不同的途径影响或调节宿主抗血吸虫感染的免疫应答。如 GM-CSF、G-CSF 和 M-CSF 等可刺激单核巨噬细胞等抗原递呈细胞增殖、活化，并增强其吞噬和递呈抗原的能力。由 $CD4^+$T细胞产生的 IL-2、IL-4、IL-5、TGF-β 等可以介导淋巴细胞活化、增殖，并分化成抗原特异性效应细胞，从而在特异性免疫应答中发挥作用。Th2 类细胞分泌的 IL-4、IL-13 和 IL-10 有拮抗 IFN-γ 和抑制巨噬细胞激活的作用。在埃及血吸虫和曼氏血吸虫感染人体中均观察到 IL-10 对 Th1 型细胞因子的下调作用。在体外培养的血吸虫慢性患者的外周血单核细胞中加入抗 IL-10 单抗后，血吸虫抗原 SWAP 和 SEA 刺激的淋巴细胞增生反应和 IFN-γ 表达水平均显著升高。IL-10 还可以下调虫卵肝脏肉芽肿的形成。

近期研究显示，一些与免疫调节相关的宿主 miRNA（如 miR-351、miR-21、miR-146b 等）的表达状况受一些特定细胞因子的影响，进而影响宿主抗血吸虫感染的免疫应答。IFN-γ 的表达水平在血吸虫感染早期呈升高趋势，而在感染后期则下降。IFN-γ 通过结合 STAT1 通路诱导干扰素调节因子 2（IRF2）的表达，后者结合于 miR-351 的基因启动子区域进而影响 miR-351 的表达（He 等，2018）。TGF-β1 和 IL-13 通过激活 SMAD 通路促进 miR-21 前体剪切加工为成熟 miR-21，从而升高 miR-21 的水平（He 等，2015）。多种 Th2 型细胞因子（包括 IL-4、IL-10、IL-13）通过激活 STAT3 和 STAT6 通路促进 miR-146b 的基因转录，从而上调 miR-146b 的水平（He 等，2016）。这些研究从另一角度揭示了细胞因子参与了血吸虫感染的疾病进展调控。

4. miRNA 的免疫调节作用　血吸虫感染会引起宿主 miRNA 表达谱发生变化。Cai 等（2013）的研究显示，日本血吸虫感染 BALB/c 小鼠后的不同时期，宿主肝脏中 miR-146a/b、miR-223、miR-155、miR-34c 等 miRNA 分子均表达上调，推测这些 miRNA 分子可能与宿主抗血吸虫感染的免疫调节有关。Han 等（2013）对 BALB/c 小鼠和东方田鼠感染日本血吸虫前和感染后 10d 肝脏、脾脏和肺脏 miRNA 表达谱的分析结果表明，miR-146a 等与调节 Toll 样受体信号通路、JAK-STAT 信号通路、TGF-β 信号通路、单核细胞和 T/B 细胞分化等免疫调节相关的 miRNA 分子等在血吸虫感染前后，以及在日本血吸虫非易感宿主东方田鼠和易感宿主 BALB/c 小鼠肝脏、脾脏和肺脏组织中呈现差异表达。已有研究还表明，日本血吸虫 miRNAs 可通过胞外囊泡传递至宿主细胞并影响宿主基因表达，参与宿主病理变化的免疫调节（Zhu 等，2016；Liu 等，2019）。这些都提示一些与免疫调节相关的 miRNAs 可能在宿主抗血吸虫感染免疫应答和宿主病理变化中发挥了重要的调节作用，并影响着日本血吸虫在不同宿主体内的生长发育、存活及宿主的病理损伤程度。

（1）宿主 miRNA 的调节作用

1）在宿主抗血吸虫感染免疫中的调节作用　沈元曦等（2017）用日本血吸虫尾蚴分别感染易感宿主 BALB/c 小鼠、非易感宿主 Wistar 大鼠和东方田鼠，在感染后 3d、7d 和 10d 收集血清，应用荧光实时定量 PCR 法测定了不同宿主在血吸虫感染前和感染后不同时期里对免疫应答具有调节作用的 miR-223 的表达变化。结果小鼠感染血吸虫后 miR-223 的表达水平呈上升趋势，大鼠先上升后略有下降，而东方田鼠则呈下降趋势。感染日本血吸虫小鼠 miR-223 的表达水平一直高于大鼠，而大鼠一直高于东方田鼠，提示 miR-223 可能在不同适宜宿主抗血吸虫感染中发挥重要的调节作用，并影响着日本血吸虫在不同适宜宿主体内的生长发育及存活。以血吸虫童虫可溶性抗原 SSA、虫卵可溶性抗原 SEA 和三种 TLR 配体刺激小鼠巨噬细胞 RAW264.7，结果 SSA 刺激后 miR-223 表达下调，而 SEA 刺激后

miR－223 则表达上调；POLY（I：C）（TLR3 受体配体）和 LPS（TLR4 受体配体）刺激后 miR－223 都表达下调，而 PAM3CSK4（TLR2 受体配体）刺激后 miR－223 表达上调。先用 miR－223 模拟物转染 RAW264.7 巨噬细胞，再分别用 SSA 或 SEA 刺激，结果显示 SSA 和 SEA 识别和激活的巨噬细胞 TLR 分子（TLR1、TLR2、TLR3、TLR4）和通路相关分子（MyD88、TRIF）及诱导产生的免疫效应分子（IL－6、IL－1β、IL－10、TNF）存在差别，miR－223 对这些分子的表达呈现不同的调节作用。

miR－146a 为慢性炎症中的关键负调节分子，前期研究发现血吸虫早期感染中肝脏组织 miR－146a 显著上调表达，提示该分子在血吸虫感染中可能发挥重要的作用。韩宏晓等以血吸虫可溶性童虫抗原（SSA）和可溶性虫卵抗原（SEA）及不同 TLR 受体的刺激剂 Poly（I：C）、Pam3CSK4 和 LPS 刺激小鼠巨噬细胞系 RAW264.7，检测 miR－146a 的表达情况，分析 miR－146a 调节 RAW264.7 免疫应答的可能作用通路，结果提示 miR－146a 分子可能通过 TLR2、TLR3 和 TLR4 介导的免疫信号通路，调节小鼠巨噬细胞系 RAW264.7 对 SEA、SSA 及其他免疫刺激剂的免疫反应。

唐仪晓等（2018）和 Tang 等（2021）应用实时定量 PCR 技术比较分析了适宜宿主 BALB/c 小鼠和非适宜宿主东方田鼠感染日本血吸虫前，及感染后 3d、7d、10d、24d、32d、42d 血清和肝脏中 miR－181a 的表达情况，结果表明两种宿主感染日本血吸虫后 miR－181a 表达呈现不同的趋势，其中小鼠感染后不同时期血清和肝脏中 miR－181a 的表达水平都高于未感染对照（感染后 42d 肝脏样品除外），而东方田鼠则都低于未感染对照。提示两种不同适宜宿主感染日本血吸虫后 miR－181a 的差异表达可能影响了寄生虫在宿主体内的生长发育及存活。唐仪晓等进一步应用血吸虫可溶性童虫抗原 SSA 和 miR－181a 模拟物分别或共同刺激/转染 RAW264.7 巨噬细胞，再用实时定量 PCR 技术或流式细胞术分析细胞 miR－181a 和 TNF－α 等细胞因子及 M1 型和 M2 型巨噬细胞标记分子的表达变化。结果显示 SSA 刺激 RAW264.7 巨噬细胞后，miR－181a 及 IL－1β、IL－4、TNF－α、IL－10、IL－6 等促炎因子上调表达，IL－13 下调表达；miR－181a 模拟物单独转染 RAW264.7 巨噬细胞后，细胞因子 IL－6、IL－1β、TNF－α 和 M1 型巨噬细胞标记分子 iNOS 等下调表达，IL－4 和 M2 型巨噬细胞标记分子 Arg－1 上调表达，而转染 miR－181a 抑制剂的细胞 iNOS 表达上升，Arg－1 表达下降。巨噬细胞先用 SSA 刺激后再转染 miR－181a 模拟物，IL－1β、IL－4、TNF－α、IL－10、IL－6 等促炎因子都下调表达。流式细胞术结果显示 miR－181a 对巨噬细胞 M1 型标记物 CD16/32 的表达起到下调作用，对 M2 型标记分子 CD206 的表达起上调作用。提示 miR－181a 对 SSA 抗原刺激的巨噬细胞的免疫应答起负调节作用，并促进巨噬细胞向 M2 型细胞转化。他们同时用 TLR4 受体的配体 LPS 刺激 RAW264.7 巨噬细胞，qPCR 检测显示细胞 TLR4 的表达上升，miR－181a 的表达下调，IL－1β、IL－6、TNF－α 三种 TLR4 通路相关的细胞因子上调表达。用日本血吸虫感染 TLR4 缺陷型小鼠与野生型小鼠，结果显示感染后 10d TLR4 缺陷鼠血清中 miR－181a 的表达量为野生鼠的 3 倍多，提示在日本血吸虫感染中，miR－181a 和 TLR4 信号通路之间存在着相互调节作用，miR－181a 可能通过 TLR4 受体通路调节细胞因子的表达，进而参与抗血吸虫感染的免疫调节作用。

2）参与调节肝型血吸虫病的病理学进程　研究显示小鼠感染日本血吸虫后肝脏一些 miRNAs 表达呈现变化，并和血吸虫感染引起的肝脏病理学变化发展进程相一致，提示

miRNAs 可能在宿主血吸虫感染的免疫病理变化中发挥重要的调节作用。

潘卫庆实验室近几年在 miRNA 调节日本血吸虫感染小鼠肝纤维化病理变化研究中发现：①在小鼠进行性肝型血吸虫病中 miR-21 显著升高，通过 8 型重组腺相关病毒（AAV-8）介导抑制 miR-21 的表达，血吸虫感染鼠 IL-13/Smad 和转化生长因子（TGF-β1）/ Smad 信号通路受到抑制，肝脏肉芽肿体积减小，肝脏纤维化和肝脏损伤程度大幅减轻。②宿主 miR-146b 通过靶向 STAT 1，抑制 M1 型巨噬细胞的激活，使其向 M2 型分化，发挥抗血吸虫肝脏病理学变化的保护功能。③在血吸虫感染早期，IFN-γ 通过 STAT 1 及 IFN 调节因子 2（IRF2）结合至 pre-miR-351 的启动子区域负调控 miR-351 的表达；在感染后期，IFN-γ 的表达水平下降，对 miR-351 的抑制作用减弱，miR-351 表达量增加，并通过靶向抑制 Smad 信号通路的抑制性受体维生素受体 D（VDR），促进日本血吸虫诱导的肝纤维化。这些研究试验证实 miR-21、miR-146b 和 miR-351 参与了血吸虫感染后肝脏纤维化的调节，在血吸虫病的发生和发展过程中发挥重要的调节作用（He 等，2015，2016，2018）。

Tang 等（2017）研究报道，日本血吸虫感染小鼠 miRNA-let7b 表达量下降，利用重组病毒 lenti-miR-let7b 转染小鼠后，鼠肝纤维化程度明显减轻，促纤维化相关细胞因子 IL-4、IFN-γ 等表达显著减少，分析显示其主要通过下调 TGF-β R1 受体，抑制 Th1 型和 Th2 型细胞免疫应答发挥作用。

肝星状细胞 HSC 是血吸虫病肝纤维化的主要效应细胞。研究发现，HSC 是 miR-21、miR-351 和 miR-203 的靶细胞。转化生长因子-β（TGF-β1）/SMAD 通路是 HSC 激活的主要促进信号之一，而 Smad7 和维生素 D 受体（vitamin D receptor，VDR）是该通路的两个主要抑制因子（Xu 等，2016；Ding 等，2013）。miR-21 和 miR-351 分别通过靶向 Smad7 和 VDR 促进 HSC 的激活和肝纤维化的发生。IL-13 是血吸虫病肝纤维化的另一个主要效应因子。miR-203 通过靶向 IL-33 调控Ⅱ型天然淋巴样细胞表达 IL-13，间接调控 HSC 的激活和肝纤维化的发生。

Zhu 等（2014）的研究显示，与健康小鼠相比，肝脏纤维化小鼠肝脏 miR-454 的表达水平在其感染血吸虫 8 周后急剧下降，而 Smad4 的表达水平则显著上调，表明 miR-454 可能在小鼠感染后肝脏纤维化进程中发挥重要调节作用，miR-454 可通过直接靶向 Smad4 抑制肝脏星状细胞活化。

（2）血吸虫 miRNA 的调节作用 近些年的研究表明，血吸虫 miRNAs 不仅参与调节其自身的生长发育，而且还在血吸虫致病中扮演着重要角色。血吸虫成虫寄生于宿主的肝门静脉系统血管中，雌虫产出的虫卵沉积于宿主肝脏和肠壁中，成虫和虫卵内的毛蚴可持续地分泌虫源性物质，其中包括血吸虫 miRNA，这些血吸虫 miRNA 能被邻近甚至是远处的宿主细胞摄取进而调控宿主细胞的功能。血吸虫感染造成的宿主病理损伤主要是由虫卵及其分泌产物等引起的。Cai 等（2013）的研究显示，sja-miR-71、sja-miR-71b、sja-miR-1、sja-miR-36 和 sja-miR-124 等在虫卵期大量表达，这些 miRNAs 可能参与调节虫卵的发育及对宿主的致病作用。Cheng 等（2013）在感染日本血吸虫的宿主血浆中检测到血吸虫特异的 bantam miRNA。在果蝇中已证实 bantam 参与抑瘤通路，提示血吸虫特异 miRNAs 有可能参与调控宿主血吸虫病（Nolo 等，2006）。

虫卵来源的血吸虫 miR-2162 和 miR-1 可被宿主 HSC 摄取，并通过跨物种调控的方式调节宿主靶基因的表达，促进 HSC 的激活。通过病毒载体抑制血吸虫 miR-2162 和

miR-1的表达，可明显减轻宿主肝纤维化（Wang 等，2020；He 等，2020）。

miRNA 的理化性质相对稳定，其作用机制也相对保守，高等生物（如人类）和低等生物（如血吸虫）中 miRNA 的作用机制基本相似（Bartel，2009）。已有研究表明，miRNA 可借助胞外囊泡等载体增加其稳定性，并实现细胞间的信息交流，甚至是不同物种间的信息交流和功能调节，miRNA 跨物种调节在多种疾病的发生、发展过程中发挥重要的调节作用。已有多家实验室的研究表明，血吸虫虫源胞外囊泡内的 miRNAs 能被哺乳动物肝细胞、巨噬细胞和其他外周血中的免疫细胞摄取，通过靶向调控宿主基因的表达进而影响宿主免疫细胞的活化/分化，参与调节宿主的免疫应答和病理变化（Marcilla 等，2014；Wang 等，2015；Zhu 等，2016；Liu 等，2019；Meningher 等，2020）。

5. 血吸虫虫体抗原的免疫调节作用 血吸虫也可通过合成和分泌一些蛋白酶或蛋白酶抑制剂、神经分子及一些小分子物质，如丝氨酸蛋白酶 M28、C1qBP、Sm16、阿黑皮素衍生肽和鸦片样物质等，直接或通过调节宿主的效应细胞和效应分子间接地抑制宿主的免疫应答（Duvaux-Miret，1992；Ccocude 等，1997；Rao 等，2000；Loukas 等，2001），这在本章第四节作了一些介绍。

一些血吸虫抗原分子对宿主抗血吸虫感染免疫应答具有“双刃剑”的调节作用，如这些年报道较多的血吸虫热休克蛋白 HSPs。金鑫等（2016）研究显示，日本血吸虫 SjHSP60 可在小鼠体内诱导产生特异性抗体及小鼠脾细胞增殖和分泌 IFN-γ。体外共培养试验表明，SjHSP60 可显著增强小鼠 $CD4^+CD25^+$ Treg 细胞的免疫抑制功能，提示 SjHSP60 在诱导特异性抗感染免疫应答的同时也增强了免疫抑制功能。齐倩倩等（2018）通过体外试验证实，SjHSP60 刺激后的 Treg 细胞可通过表达 IL-10 和 TGF-β 增强其免疫抑制功能，并可能与 SjHSP60 诱导 Treg 细胞表达 Foxp3 和 CTLA-4 有关。艾敏（2017）的研究显示，日本血吸虫 SjHSP70 可诱导小鼠巨噬细胞极化，前期以 M1 极化为主，48h 后以 M2 极化占主导。SjHSP70 可活化 DC 并促进 $CD4^+$ T 细胞向 Th2 型分化。DC 的活化可能与 TLR2 为主的 NF-κB 信号传递途径相关。

研究显示一些日本血吸虫 ESP 通过刺激巨噬细胞、肝星状细胞等，参与诱发或调节宿主抗血吸虫感染、肝脏肉芽肿和肝纤维化的形成与发展。曹晓丹（2016）的研究提示，重组日本血吸虫谷胱甘肽脱氢酶通过影响巨噬细胞活化和促炎性反应参与宿主抗血吸虫感染免疫应答；Sun 等（2015）的研究显示，重组 SjP40 可抑制肝星状细胞活化和增殖，降低纤维化相关基因的表达水平。

6. 免疫相关细胞和分子与血吸虫生长发育 宿主对血吸虫感染产生的免疫应答除了参与抗感染、诱导免疫病理变化外，以小鼠等作为动物模型的研究也表明，宿主免疫应答受抑制或激活会影响血吸虫的生长发育；宿主免疫受抑制，或缺少某类宿主免疫细胞/分子，血吸虫就不能在宿主体内正常发育（Davies 等，2003）。

1957 年，Coker 等人报道宿主的免疫因子可以影响血吸虫的生长发育。他们给曼氏血吸虫感染小鼠注射免疫抑制剂皮质类固醇后，发现明显影响虫体的发育。1960 年 Weinmann 和 Hunter 等人也报道了类似的研究结果。Doenhoff 等（1978）和 Harrison 等（1983）先后报道了在免疫抑制小鼠体内，曼氏血吸虫的发育及产卵受到阻抑。在人类免疫缺陷病毒（Human Immunodeficiency Virus，HIV）与曼氏血吸虫共感染人群的调查研究中也发现，HIV 病人的粪便虫卵数目显著减少，提示血吸虫虫体发育受到宿主免疫因子的影响也存在于人类。这些研究提示，皮质类固醇等免疫抑制剂和免疫缺陷等都会延迟血吸虫在小鼠体内的成熟及产卵，证实宿主的一些免疫细胞/分子可促进曼氏血吸虫的发育和生殖。

血吸虫生长发育受免疫细胞/分子的影响在免疫缺陷小鼠模型中得到进一步的验证。1992 年 Amiri 等人报道，在 T、B 淋巴细胞均被抑制的免疫缺陷 SCID 小鼠体内，血吸虫的生殖力被阻抑，而加入外源性的肿瘤坏死因子（tumour necrosis factor，TNF）可以恢复血吸虫的生殖力。Davies 等（2001）在免疫缺陷型小鼠（RAG－$1^{-/-}$）中发现曼氏血吸虫感染后虫体大小、虫体发育和虫体生殖力均受到显著抑制。研究还证实宿主的 $CD4^+$ T 淋巴细胞起到了主要作用，仅用 TNF 不足以恢复曼氏血吸虫感染免疫缺陷小鼠导致的缺损表型。在血吸虫发育早期注入 $CD4^+$ T 细胞后，虫体发育以及产卵都得到恢复。在野生型小鼠体内注入特异性的抗 $CD4^+$ 抗体后，发现虫体产卵受到了抑制，而注入抗 $CD8^+$ 抗体则不受影响（Davies 等，2001）。Hernandez 等（2004）利用单性曼氏血吸虫尾蚴感染免疫缺陷小鼠（RAG－$1^{-/-}$），发现是雄虫受到宿主适应性免疫的直接影响，而雌虫是通过雄虫间接受影响的。Lamb 等（2007）进一步揭示了虫体发育对宿主 $CD4^+$ T 细胞的依赖不仅发生于曼氏血吸虫，同样存在于日本血吸虫、埃及血吸虫和间插血吸虫，说明这一现象普遍存在于人体血吸虫病原，这种宿主和血吸虫之间的相互作用关系一直存在，且能够影响寄生虫发育。Lamb 等（2010）证实了 $CD4^+$ T 细胞是通过单核/巨噬细胞等先天免疫信号分子间接促进虫体发育的。作者认为这或许能为发展抗血吸虫感染提供新的思路。Yang 等（2012）和翟颀（2018）的研究结果都显示，无论在日本血吸虫感染前或感染后，黄牛的 $CD4^+$/$CD8^+$ 比例一直高于水牛，作者推测这或许是血吸虫在黄牛体内发育好于水牛的原因之一，他们的研究在大家畜水平上证实了血吸虫虫体发育对宿主 $CD4^+$ T 细胞可能有一定的依赖性。

Wolowczuk 等（1997，1999）发现外源性 IL－7 可以增加曼氏血吸虫的皮肤感染。之后他们又在 IL－$7^{-/-}$ 缺陷小鼠模型上感染曼氏血吸虫，发现与感染 RAG－$1^{-/-}$ 小鼠有着类似的结果，血吸虫的生长发育受到了阻碍，表型发生了明显的改变。Roye 等（2001）在转基因小鼠皮肤上过表达 IL－7，结果表明 IL－7 会直接或间接地影响血吸虫的生长发育。Wolowczuk 等认为 IL－7 直接与血吸虫的生长发育相关，而另一种观点认为 IL－7 的缺陷是通过影响淋巴细胞而间接影响了血吸虫的生长发育（von Freeden－Jeffry，1995）。

卢潍媛等（2011）在对小鼠、大鼠和东方田鼠三种不同适宜宿主感染日本血吸虫后的免疫应答差异研究中发现，IL－10 在非适宜宿主 SD 大鼠和东方田鼠血清中的含量均显著高于适宜宿主小鼠，提示 Th2 型免疫应答相关的细胞因子 IL－10 可能在抗血吸虫机制中发挥了作用。

日本血吸虫基因组、转录组和蛋白质组学等研究（Hu 等，2003；Liu 等，2006；Zhou 等，2009）也表明，血吸虫一些基因和宿主同类分子相似，可以接受宿主免疫相关信息，促进其更好地生长发育。

■第三节 血吸虫感染引起的病理变化及免疫病理学

日本血吸虫可感染人和其他 40 余种哺乳动物，不同宿主感染血吸虫后产生不同的免疫应答反应，影响了血吸虫在不同宿主体内的生长发育，同时，血吸虫感染也引起不同宿主产生程度不同的病理变化。

一、尾蚴所致病理变化

血吸虫尾蚴钻入宿主皮肤后会引起尾蚴性皮炎反应，尾蚴入侵后局部皮肤出现红色小丘疹，主要由Ⅰ型和Ⅳ型超敏反应引起，表现为皮下毛细血管扩张、充血、水肿，嗜酸性粒细胞、中性粒细胞和单核细胞浸润。Faust 和 Meleney（1924）报道犬在感染日本血吸虫后15h，真皮层内童虫周围出现充血、水肿和游走细胞集聚及中性和嗜酸性粒细胞浸润；感染后 36h 更为明显。

二、童虫所致病理变化

童虫在宿主体内移行时，所经过的器官会因机械性损伤而出现一过性的血管炎，毛细血管栓塞，局部细胞浸润和点状出血。童虫移行经过肺脏时，会引起肺组织点状出血，病灶的范围和数量与感染程度呈正相关，重度感染可发生出血性肺炎，称童虫性肺炎。童虫分泌的毒素、代谢产物或死亡后裂解的产物会引起宿主产生过敏反应。

Faust 和 Meleney（1924）的观察显示，在尾蚴侵入兔或小鼠 24h 时，宿主内脏即出现出血现象，尤以肺部最明显。感染后第 3 天最为严重，第 5 天逐渐消失。其原因系童虫穿破肺泡壁毛细血管进入肺组织内造成机械损伤所致。此外，肺血管周围组织有轻度水肿及炎症细胞集聚等。据报道，兔感染血吸虫早期肺部有小出血点，出现充血、出血和血管炎。血管壁及其周围有炎细胞浸润，以嗜酸性粒细胞为主。血管内皮细胞增生，平滑肌出现空泡变性。何毅勋等（1958）发现实验动物感染日本血吸虫后 1 周，肝窦内有炎细胞浸润，肝内血管充血，有淋巴细胞为主的炎细胞浸润。肝细胞胞质有空泡变性或脂肪变性。感染后 12d，肝内炎细胞浸润明显。感染后 2 周，肝内枯否氏细胞胞质内开始出现色素颗粒。16d 时，门脉区见到明显的炎细胞浸润。脾脏出现脾小体增大，脾窦出血并有大单核细胞及嗜酸性细胞浸润等。

机制研究表明童虫体表的某些分子能激活宿主的补体旁路和免疫相关细胞，产生趋化因子和免疫黏附，吸引肥大细胞和嗜酸性粒细胞，并诱导 T 细胞和 B 细胞活化。血吸虫抗原能激活嗜碱性粒细胞释放嗜碱颗粒，使组胺、激肽、五羟色胺类物质被活化，导致血管扩张、通透性增加，炎性细胞渗出，引起局部炎症反应。

三、成虫所致病理变化

日本血吸虫成虫定居于宿主门静脉和肠系膜静脉内，持续地吞食宿主红细胞和摄取宿主的营养成分，虫体的代谢物、排泄分泌物和更新脱落的表膜等不断地落入宿主血管内成为循环抗原，如肠相关抗原 GAA 和膜相关抗原 MAA 等。循环抗原和相应的特异性抗体形成免疫复合物并部分在组织内沉积，引起免疫复合物型（Ⅲ型）超敏反应，导致宿主出现嗜酸性粒细胞增多、脾肿大等现象，造成宿主出现贫血、发烧、精神沉郁、轻微静脉内膜炎、消瘦等症状。成虫口、腹吸盘吸附于血管壁引起静脉内膜炎和静脉周围炎，致使部分血管壁增厚，出现细胞浸润，其中以组织细胞、纤维母细胞和浆细胞较多。虫体死亡后引起血管阻塞，而后形成嗜酸性死虫脓肿，引起栓塞性静脉炎及静脉周围炎，其周围肝组织可发生凝固性坏死。成虫排出的有害物质也是造成静脉内膜炎的原因之一。

机制研究提示宿主嗜酸性粒细胞增多可能与成虫的排泄分泌物等作用于宿主 T 细胞而刺激产生嗜酸性粒细胞刺激因子等有关（Garb 等，1981）。Kurata 等（1966）发现感染日本血吸虫的家兔血清能与自身抗体相凝聚并破坏红细胞，提出血吸虫感染引起的贫血可能与自身免疫有关。

四、虫卵所致病理变化

血吸虫感染导致的终末宿主主要病理变化是由虫卵引起的。日本血吸虫虫卵主要沉积在宿主的肝、肠组织，受损最严重的组织亦是肝和肠，其中以肝脏、结肠和直肠最明显。重度感染时，成熟雌虫产生大量虫卵，其中部分虫卵会随血流进入其他脏器组织沉积，并引起所寄生脏器组织受损；虫体异位寄生时，雌虫产生的虫卵也会沉积在肝脏和门脉系统以外的脏器造成异位血吸虫损害。在一些终末宿主的心、肾、胃、胰、脾脏等器官都发现血吸虫虫卵肉芽肿及其造成的病理损害。

研究发现，不同动物宿主感染不同日本血吸虫虫株后，其虫卵在脏器组织中的分布比例存在明显差别，引发产生的病变也有所差别。如感染大陆株的小鼠分布在肝脏中的虫卵比例为 22.5%，日本株的夜猴为 11%～22%，台湾株的兔子为 45%～75%。感染大陆株的小鼠沉积在肠壁的虫卵比例为 69.1%，菲律宾株的猴子 41%分布在小肠，18%在结肠，日本株 3%分布在小肠，59%在结肠。

日本血吸虫引起的免疫病理变化比曼氏血吸虫和埃及血吸虫引起的更为复杂，因其产卵量大，一条日本血吸虫成熟雌虫每天可产 1 000～3 500 个虫卵，比曼氏血吸虫多 10 倍，虫卵在组织内成簇地聚集，抗原性更强，所形成的肉芽肿更大，细胞浸润更明显，诱导产生的致病作用更严重。

血吸虫虫卵肉芽肿的形成已证明是宿主对血吸虫虫卵抗原产生的一种迟发型、细胞介导的变态反应。由于虫卵体积较大进不了肝窦，一般随血流栓塞于门静脉末梢支，病变主要分布于肝汇管区。急性感染期，刚产出的未成熟虫卵会引起肝、肠等组织的轻度增生。肝表面及切面见许多粟粒至绿豆大小、灰白色至灰黄色结节，肝窦扩张充血，狭氏间隙扩大并有少量嗜酸性粒细胞和单核细胞浸润，枯否氏细胞增生；肝小叶周边的肝细胞出现不同程度的萎缩。慢性感染期，成熟虫卵内毛蚴释放的可溶性虫卵抗原经卵壳上的微孔渗透至宿主组织中，经巨噬细胞吞噬处理后呈递给 T 辅助细胞，同时分泌 IL-1 激活 T 辅助细胞，其中部分致敏 T 淋巴细胞转变为记忆细胞，当再次受 SEA 刺激后会迅速增殖并释放系列淋巴因子，包括巨噬细胞游走抑制因子（MIF）、嗜酸性粒细胞刺激促进因子（ESP）、IFN-γ、IL-2等，吸引嗜酸性粒细胞、单核细胞、淋巴细胞、巨噬细胞、中性粒细胞、浆细胞和成纤维细胞等趋向、集聚于虫卵周围，出现细胞浸润，浸润细胞以嗜酸性粒细胞为主，并逐渐生成以虫卵为中心的肉芽肿（Ⅳ型超敏反应）。随后，由肉芽肿的炎性反应而释放出的淋巴毒素和溶酶体酶，引起组织坏死并形成嗜酸性脓肿。一个虫卵结节中有虫卵一个至数十个。在成熟虫卵周围常见呈放射性状、由许多浆细胞伴以抗原抗体复合物沉着的嗜酸性物质，称“何博礼”现象（Hoeppli phenomenon）。这一现象最早在感染后 41d 出现，与毛蚴成熟的时间一致，在黄牛和水牛中的出现率分别为 69.9%和 31.3%（何毅勋，1987）。虫卵内毛蚴在肉芽肿形成后10d左右死亡，虫卵的毒性作用减弱，虫卵周围的炎性细胞逐渐减少，类上皮细胞等组织细胞增殖，嗜酸性脓肿逐渐被纤维母细胞吸收，形成以虫卵为中心，围有纤维细胞、类上皮细胞和少量淋巴细胞、多核白细胞及多核巨细胞的虫卵结节。此后，死亡崩解或钙化的虫卵周围的淋巴细胞及多核白细胞明显减少，出现大量纤维组织包围而成的纤维性虫卵结节。虫卵肉芽肿反应一方面有助于破坏和消除虫卵，减少虫卵分泌物对宿主的毒害作用，另一方面也损害了宿主正常组织，虫卵在肝、肠等组织沉积后诱发形成的虫卵结节，导致宿主肝硬化和肠壁纤维化，直肠黏膜肥厚和增生性溃疡，消化吸收机能下降等一系列病害。患者肝脏体积变小，质地变硬，表面不平。门静脉管腔受压，管壁增厚。肝细胞呈现不同程度的萎缩。由于虫卵栓塞于门静脉分支内，引起静脉内膜炎和血栓形成，周围纤维组织增生，造成肝内门静脉分支阻塞和受压。感染严重的晚期血吸虫病人常见肝脾肿大、腹水、纤维性肝硬变、门静脉高压症等症状。与人血吸虫病相比，血吸虫病牛、病羊腹水少，肝、脾肿大不明显。

由虫卵引起的肠病变以直肠、乙状结肠和降结肠最为明显。血吸虫虫卵沉积于肠壁引起的组织病理学变化过程类似于肝脏虫卵肉芽肿反应。但动物试验结果表明，肠壁的免疫病理学反应明显弱于肝脏，较少形成虫卵肉芽肿，而更多表现为肠黏膜及黏膜下层的炎性浸润、黏膜肿胀和增厚、脱落等（周金春等，1995）。血吸虫急性感染期，感染者肠黏膜红肿，外观凹凸不平，部分黏膜表面呈细颗粒状隆起，后黏膜溃破形成浅小的溃疡。慢性感染期，黏膜和黏膜下层形成慢性虫卵结节，肠壁因纤维组织增生而变厚。肠黏膜萎缩，表面粗糙，出现小溃疡及黏膜增生形成的多发性小息肉。

Cheever等（1985）用日本血吸虫尾蚴分别感染裸鼠和杂合子对照小鼠，观察T细胞在肉芽肿形成过程中的作用。结果表明两种小鼠均出现典型的血吸虫感染，雌虫的产卵数也相近，但裸鼠肝内虫卵肉芽肿小，所致的肝纤维化反应轻。对照鼠的虫卵肉芽肿内可见众多的嗜酸性粒细胞、浆细胞及上皮样巨噬细胞，而这些细胞在裸鼠的虫卵肉芽肿内呈散在性分布。作者认为日本血吸虫虫卵肉芽肿的形成和肉芽肿内的细胞组成是受T细胞调节的。同时，Cheever等（1985）用抗IgM血清处理小鼠去除小鼠体内的B细胞，再感染日本血吸虫，结果表明去除B细胞的小鼠不影响血吸虫的发育、虫卵和肉芽肿形成。作者认为抗体或是免疫复合物并未在日本血吸虫虫卵肉芽肿的形成上起必要的作用。

Yang等（2012）以日本血吸虫尾蚴人工感染黄牛、水牛、山羊、Wistar大鼠、BALB/c小鼠及新西兰大白兔，结果表明适宜宿主（黄牛、山羊、BALB/c小鼠和新西兰大白兔）感染后肝脏布满虫卵结节，而适宜性较差的水牛肝脏只有少量虫卵结节，非适宜宿主Wistar大鼠肝脏几乎看不到虫卵结节。对日本血吸虫感染黄牛、水牛和山羊三种天然宿主后宿主的肝脏组织病理变化差异作了比较，观察到适宜宿主黄牛和山羊的肝脏组织产生了更为强烈的免疫应答，肝细胞肿大，炎性细胞明显增多且聚集，虫卵周围有大量嗜酸性粒细胞、炎性淋巴细胞聚集浸润伴坏死，呈现特征性“何博礼”现象；而水牛组的肝细胞以中央静脉为中心，呈放射状排列，小叶结构完整，无明显肝细胞变性、无大量坏死及炎症细胞的聚集浸润，白细胞少于红细胞，呈散在分布，且以中性粒细胞和单核细胞居多，淋巴细胞较少。

五、免疫复合物肾病

血吸虫感染引起的免疫复合物肾病的病理变化主要表现为肾小球数量明显减少，出现萎缩或分叶状，有的发生纤维化及玻璃样变性。肾小球底膜及鲍曼囊壁均明显增厚，肾小管上皮细胞浊肿。电镜观察显示，肾小球系膜区及基底膜均有电子致密物沉积。荧光显微镜观察发现，肾小球间质和基底膜内有免疫球蛋白 IgG、IgA、IgM、IgE 及 C3 沉积。

六、现场血吸虫感染家畜的组织病理学观察

江西省 1959 年观察了 65 头日本血吸虫感染牛的组织病理学变化，除两例单性感染（只找到雄虫）牛外，其余均发现有肝脏的病变，占总数的 96.9%。病牛肝脏一般无明显肿大，表面有大量的粟粒大到高粱米大的灰白色结节，压片镜检内含有 1 个或几十个甚至上百个未成熟、成熟或钙化的虫卵。有的肝脏呈暗褐色或灰褐色。老年牛则出现部分肝萎缩、硬化或结缔组织形成的粗网状花纹与斑痕。虫卵肉芽肿大致可分为两类：一是嗜酸性结节，中心有 1 个至多个虫卵，周围有大量的嗜酸性粒细胞和小单核圆形细胞，中央呈现细胞浸润，或模糊不清的团块。二是嗜结核结节，中心有 1 个以上虫卵，周边围绕有巨噬细胞和上皮细胞，最外层为结缔组织，其中有嗜酸性粒细胞和小单核圆形细胞浸润。肝小叶间结缔组织增生，有大量嗜酸性粒细胞和小单核圆形细胞，肝组织细胞浸润，肝细胞萎缩，呈现轻度脂变和混浊肿胀等营养不良变化。血窦内皮细胞肿胀，有暗褐色颗粒性色素沉着于窦内皮细胞、星状细胞及小叶间质内的游走细胞中，胆囊黏膜上有时有息肉状肿块，镜检时发现部分组织坏死并有大量虫卵和变性虫卵沉着。

一部分虫卵进入肠黏膜血管形成虫卵结节，严重感染时，肠道各段黏膜均可找到虫卵结节，尤以直肠的病变更为严重。一般在小牛直肠黏膜距肛门 10～15cm 处，可见到增生性溃疡或炎性肿胀。黏膜上有较多黏液，并有灰白色、块状的虫卵肉芽肿。严重者直肠黏膜肥厚，表面呈现粗糙的颗粒状突起，有的直肠有赘瘤样病变。肠系膜和大网膜也常发现虫卵肉芽肿。慢性感染牛、羊肝、肠仍见结节，但周围炎症反应较轻。

■第四节　血吸虫的免疫逃避

免疫逃避是血吸虫抵抗宿主防御机制的一个重要途径，血吸虫可通过多种策略成功抵御宿主的免疫应答，在宿主体内生存繁殖，甚至可在其终末宿主体内存活数年。血吸虫的免疫逃避机制是复杂的，是血吸虫与宿主在长期共同进化过程中形成的。关于血吸虫逃避宿主免疫攻击的机制，现有的研究表明，既有血吸虫本身的因素，也有宿主的因素，可能是多种方式相互配合或一种方式为主其他方式为辅，主要有以下几种解释。

一、虫源因素

血吸虫能以多种方式逃避宿主的免疫攻击，包括抗原伪装、抗原模拟、虫体表面抗原的改变、下调或抑制宿主免疫反应等。

1. 体被结构和表面抗原分子组成变换　血吸虫的体被是由外质膜、基质和基膜等三部分构成，具有独特的七层膜结构（Hockley，1973）。体被独特的结构和生理特点使其成为虫体逃避宿主免疫系统攻击的一道有效防线。

血吸虫在终末宿主体内移行和生长发育过程中，其体被结构和表面分子组成呈现一个动态的变化过程，不仅有结构、表面抗原种类和表达量的变化，也有抗原修饰的变化，这种体被表面抗原的变化，降低了虫体对宿主免疫攻击的敏感性，削弱了宿主对感染的免疫应答，使宿主难以对虫体发挥免疫杀伤作用。尾蚴进入宿主体内后，尾蚴外质膜的外层糖萼和外质膜脱落，并逐步形成体被的外质膜。童虫体被从二层质膜逐渐演变成为七层质膜的完整体被。体被具有快速更新和修复的能力。不同发育阶段都出现一些体被蛋白的更换，每个阶段都呈现一些特异或差异表达的虫体抗原。血吸虫成虫体被内侧是一些转运载体蛋白、离子通道蛋白等执行重要生理功能的膜蛋白，而其外侧主要是一些糖基化修饰的蛋白，这样的分布方式巧妙地降低了虫体的免疫原性。血吸虫体被存在外质膜-膜萼的交换，膜分子的翻转也可阻碍宿主抗体对暴露的膜表面抗原的识别。这些都有利于血吸虫实现免疫逃避从而适应其寄生生活（Salzet 等，2000；Loukas 等，2007；Zhang 等，2012；Zhang 等，2013；Pearce 等，2008）。Brouwers 等认为成虫皮层磷脂酰胆碱（phosphatidylcholine，PC）的快速更新在血吸虫成虫免疫逃避中扮演着重要的角色。从某种意义上说，血吸虫发育过程中体被的改变是虫体逃避宿主免疫应答的重要策略。

2. 抗原伪装和模拟　血吸虫可以通过分子伪装方式逃避宿主的免疫监视。血吸虫在宿主体内的发育过程中获取、合成并加工来自宿主的不同抗原，以应对宿主免疫系统对异己成分的识别与攻击。血吸虫摄取宿主的糖蛋白、糖脂等分子，结合于虫体表面并掩盖其表面敏感的抗原，以抵御宿主免疫系统对它的识别与应答，这种方式称为分子伪装。研究表明血吸虫童虫的体被至少吸附有 23 种宿主的蛋白分子，包括宿主的 Lewis 抗原，宿主的血型抗原（A、B 和 H 型）和组织相溶性抗原，肝脏蛋白，γ 球蛋白，免疫球蛋白，低密度脂蛋白及促衰变因子（DAF），等等（Capron 等，2005；Liu 等，2007）。在曼氏血吸虫体表先后鉴定到了宿主的 IgM、IgG1、IgG3 与补体成分 C3 的 C3c/C3dg 片段 α 链的复合物。体外试验发现，DAF 能以可溶的形式转移至童虫表面（Ramalho - Pinto 等，1992）。研究显示通过血吸虫在宿主种间转移试验及体外试验证实的伪装抗原大部分都不是血吸虫合成的，而是结合的宿主抗原。

血吸虫可表达与哺乳动物宿主相同或相似的抗原或抗原表位，以模拟宿主抗原而逃避宿主免疫系统的识别与应答，这种方式称为分子模拟。对成虫体被蛋白质组学分析发现，体被蛋白中的微管蛋白、肌球蛋白、肌动蛋白、原肌球蛋白、副肌球蛋白等结构蛋白和伴侣蛋白以及 HSP60、HSP70、HSP90 等分子伴侣，均与宿主相对应的蛋白具有高度相似性（Joneset 等，2004；Liu 等，2006）；血吸虫一些体表抗原的抗原决定簇与宿主相对应抗原相似，使宿主不产生针对这些抗原的免疫应答。糖基化修饰也可能在血吸虫抗原分子模拟过程中起着非常重要的作用（Guillou 等，2007）。

血吸虫通过分子模拟或伪装的方式，使得宿主不能将其抗原分子当作异物识别，降低了宿主免疫系统的识别能力，或阻碍抗体、免疫相关细胞与虫体的结合，从而逃避宿主的免疫攻击。

3. 抗原变异　血吸虫的群体遗传多样性非常丰富，加之血吸虫基因组中 A/T 碱基含量较高，造成基因组不稳定，容易出现碱基序列突变和基因组间的重组（姜宁等，2007），使血吸虫产生抗原变异。血吸虫是雌雄异体的二倍体生物，并在终末宿主体内进行有性生殖，其二倍性和有性生殖有利于抗原差异性的产生和积累（Xu 等，2012）。

由于编码基因的转录后编辑和修饰使其一些血吸虫抗原性发生了改变。血吸虫基因组、转录组和蛋白质组信息分析注释表明，血吸虫基因中含有丰富的单核苷酸多态性。副肌球蛋白等 72 个表膜蛋白存在单核苷酸多态性，Actin 等抗原的同型异构体呈现期特异性表达（陈竺等，2010；Simoes 等，2007；Chen 等，2007）。血吸虫抗原分子发生变异，影响了宿主的免疫应答。

4. "表面受体"假说　血吸虫虫体存在表面受体，与虫体逃避宿主免疫攻击有关。血吸虫可分泌一些抑制宿主免疫效应的物质，如童虫体表含有多种蛋白酶和肽酶，这些酶不仅能分解结合于虫体表面的特异性抗体，使抗体依赖的、细胞介导的细胞毒性不能发生，而且抗体分解过程中产生的三肽（Thr－Lys－Pro）可抑制巨噬细胞的激活，从而影响巨噬细胞对童虫的效应功能。

5. 调节宿主的免疫应答　血吸虫可通过主动调节宿主免疫应答促使宿主免疫系统从不利于寄生虫生存的免疫应答类型转变为有利于生存的类型。血吸虫通过合成和分泌蛋白酶或蛋白酶抑制剂、神经分子及一些小分子物质来调节宿主免疫应答反应，抑制或下调宿主的免疫应答功能，使其不能对入侵的虫体产生免疫损伤。

血吸虫免疫调节的方式主要有两种。其一是通过产生免疫抑制分子直接抑制宿主的免疫应答，如存在于曼氏血吸虫分泌物中的 Sm16，该免疫调节蛋白可以直接抑制淋巴细胞表达 IL－2，还可以抑制内皮细胞表达 ICAM－1（intercellular adhesion molecule－1），该分子具有显著的抑制炎症反应的作用（Rao 等，2000；Allen 等，2011）。其二是通过调节宿主的效应细胞和效应分子而间接地抑制宿主的免疫应答。如血吸虫可以合成 α－促黑素细胞激素（α－melanocyte stimulating hormone，α－MSH）、β－内啡肽（β－enkorphin，β－EP）等阿黑皮素（proopiomelanocortin，POMC）衍生肽和鸦片样物质，这些分子存在于血吸虫生活史的各个时期，都具有免疫调节作用，它们可以抑制宿主免疫细胞的迁移，下调宿主的免疫反应，而利于血吸虫逃避宿主的免疫应答（Duvaux－Miret，1992）。还可通过刺激 $CD4^+$ $CD25^+$ 调节性 T 细胞（regulatory T cells，Tregs）分泌 IL－10 及 TGF－β 等细胞因子来实现（唐春莲等，2014）；或通过干扰宿主抗原呈递的过程，抑制宿主免疫相关蛋白的修饰，直接降解宿主的补体分子等来下调宿主的免疫应答反应，从而有利于血吸虫逃避宿主的免疫攻击，以利于虫体在宿主体内的存活。

6. 血吸虫免疫逃避相关分子

（1）免疫调节相关分子

①丝氨酸蛋白酶 M28 和丝氨酸蛋白酶抑制剂 Smpi56　血吸虫可以合成一些蛋白酶或蛋白酶抑制剂，降解宿主体内的补体蛋白，或与补体蛋白结合，阻断补体的激活，或抑制宿主体内蛋白水解酶活性，有利于血吸虫的存活。

曼氏血吸虫尾蚴产生相对分子质量为 28 000 的丝氨酸蛋白酶（M28），在尾蚴侵入宿主皮肤的过程中，通过这种蛋白酶消化宿主表皮和真皮从而进入皮肤（Fishelson 等，1992）。该蛋白也可通过破坏童虫表面免疫球蛋白的 Fc 片段，或者剪切补体，使虫体对补体介导的杀伤作用具有抵抗力，逃避宿主的免疫应答（Ccocude 等，1997）。Ghendler 等（1994）的研究显示，血吸虫童虫与人血清培养后补体系统被活化，虫体表面结合了 C3、补体 3b（C3b）、灭活的补体 3b（iC3b）、补体 9（C9）等补体蛋白，结合 C3b 有利于补体膜攻击复合物（MAC）的形成、C9 的聚集及靶细胞的裂解。M28 可以降解这些补体蛋白，其中对

iC3b 最敏感，iC3b 被降解后童虫就可避免受 iC3b 介导的白细胞依赖的杀伤作用。

在曼氏血吸虫中发现一种能特异性结合 M28、胰蛋白酶和嗜中性弹性蛋白酶的抑制剂，相对分子质量 56 000 的曼氏血吸虫丝氨酸蛋白酶抑制剂 Smpi56。血吸虫感染宿主后，Smpi56 和 M28 共价结合，可阻断蛋白水解酶的活性，利于血吸虫存活（Ghendler 等，1994）。

②副肌球蛋白　副肌球蛋白（Sjparamyosin）是一种分子质量为 97ku 的肌原纤维蛋白，主要分布于血吸虫等无脊椎动物的肌组织内，也分泌至体外血吸虫虫体表面。该蛋白可非特异性地与宿主 IgG 的 Fc 片段结合，阻碍抗体和血吸虫抗原的结合；能和补体 C8、C9 结合，抑制膜攻击复合体（MAC）的形成，保护血吸虫免受宿主的免疫损伤。副肌球蛋白还可以结合 C1q，抑制补体经典途径。这些都有利于血吸虫逃避宿主的免疫应答和在宿主体内存活。

③日本血吸虫 C1q 结合蛋白（SjC1qBP）　C1q 是补体系统经典途径的重要起始识别分子，能够启动补体系统的经典途径，并且在天然免疫和获得性免疫之间发挥重要的连接作用（Kishore 等，2000）。C1q 作为模式识别受体分子（pattern recognition receptor，PRR）能够结合多种类型的配体，其中最主要的功能是和免疫复合物（immune complex，IC）结合而激活补体的经典途径，发挥裂解靶细胞和病原微生物、促进吞噬细胞吞噬病原、清除免疫复合物和免疫调控等生物学功能。血吸虫可通过与补体 C1q 结合来调节宿主补体反应（Loukas 等，2001；McIntosh 等，2006；Jiz 等，2009）。

Liu 等（2006）在进行日本血吸虫蛋白质组学分析中鉴定到 C1qBP 分子。贾秉光等（2016）通过 PCR 技术扩增了日本血吸虫 C1q 结合蛋白（SjC1qBP）基因的开放阅读框，经生物信息学分析表明该基因 ORF 含 729 个核苷酸，编码 242 个氨基酸残基。生物信息学分析显示该基因编码的多肽含有补体 C1q 结合位点。RT-PCR 分析表明 *SjC1qBP* 基因在日本血吸虫的不同发育阶段均有转录，其中在尾蚴期的转录水平相对较高。免疫组化分析显示 SjC1qBP 蛋白主要分布于日本血吸虫虫体体被和虫卵的表层。作者构建了重组表达质粒 pET-32a（+）-SjC1qBP，并在大肠杆菌中成功表达。绵羊红细胞溶血抑制试验结果表明，重组蛋白 rSjC1qBP 抑制补体溶血的现象非常明显，在浓度为 1.5mg/mL 时，溶血反应抑制率大于 80%。补体分子结合试验显示，重组蛋白分子 rSjC1qBP 能特异地与 C1q 蛋白结合，表明日本血吸虫重组蛋白分子 rSjC1qBP 能够竞争性结合 C1q，从而抑制补体经典途径。用该重组蛋白分子 rSjC1qBP 免疫小鼠，诱导了 31.48%的减虫率及 45.12%的肝脏减卵率。

武闯（2015）使用人免疫球蛋白 IgG、IgM、IgE 为诱饵蛋白钓取日本血吸虫成虫蛋白质中的可结合组分，挑选其中的十个蛋白质并对它们与五种人免疫球蛋白和两种家畜 IgG 的结合性能进行了分析，发现它们都结合人 IgG 的 Fc 片段，其中 C1q 结合蛋白（C1qBP）具有比结合人 C1q 更强的 IgG 结合能力，而且人 IgG 可显著抑制人 C1q 与 C1qBP 的结合，抑制补体的激活和吞噬作用，从而帮助虫体逃避宿主免疫系统的识别和攻击。

④补体 C3 结合蛋白　曼氏血吸虫成虫和童虫表面表达的一种相对分子质量为 70 000 的补体结合蛋白（P70）可与补体 C3b 结合，阻断 C3 补体的激活，有利于血吸虫逃避免疫系统的攻击（Fishelson，1995）。用胰蛋白酶处理过的童虫除去了 C3 沉积的抑制剂，虫体对补体的敏感性要高于对照组。

⑤四跨膜孤儿受体（TOR）　四跨膜孤儿受体（TOR）是一种多跨膜受体蛋白，具有

补体 C2 结合位点，可抑制 C3 转化酶的形成而调节补体级联反应。已有研究结果表明，曼氏血吸虫和埃及血吸虫体被蛋白中的 TOR 通过与补体 C4b 竞争结合补体 C2a，抑制膜攻击复合物形成，使 C2a 和 C4b 的结合失败进而导致 C3 转化酶不能形成。

张旻（2014）在开展日本血吸虫体被表膜蛋白质组研究时鉴定到了日本血吸虫 TOR 蛋白（SjTOR）。马帅等（2014）和 Ma 等（2017）应用 PCR 技术克隆获得编码 SjTOR 的基因片段，长度为1 245bp，编码 414 个氨基酸。序列分析显示，SjTOR 不含信号肽，具有 5 个 N 糖基化位点，包含四个跨膜结构域。实时定量 PCR 分析显示，SjTOR 在虫体发育的不同时期均有转录，在尾蚴时期转录水平最高，在雌虫中的转录水平明显高于雄虫。免疫组化分析表明 SjTOR 主要分布于虫体的表膜。作者根据 SjTOR 第一个膜外区（SjTOR - ed1，AA 47 - 168）序列设计合成引物，构建含 SjTOR 第一个膜外区（SjTOR - ed1）DNA 片段的重组表达质粒 pET - 28a - SjTOR - ed1，在大肠杆菌中成功诱导表达。溶血试验结果表明，重组蛋白 rSjTOR - ed1 能抑制补体溶血，在浓度为 0.2～1.0μmol/L 时其补体抑制作用呈剂量依赖性，浓度为 10μmol/L 时的溶血抑制率为 60.26%。补体 C2 结合试验结果显示，重组蛋白 rSjTOR - ed1 可与补体 C2 结合。用重组蛋白 rSjTOR - ed1 免疫小鼠，在两次独立的动物试验中分别获得了 24.51%和 26.51%的减虫率及 39.62%和 32.92%的肝脏减卵率。

宰金丽（2017）克隆了日本血吸虫 SjTOR 全长蛋白编码区，构建了真核表达质粒 pXJ40 - FLAG - TOR。用真核表达质粒 pXJ40 - FLAG - TOR 免疫小鼠，或用 SjTOR 特异的 siRNA 分子通过小鼠尾静脉注射进行体内 RNA 干扰试验，结果都获得部分的减虫率和肝组织虫卵减少率。

⑥曼氏血吸虫 CD59 分子　CD59 是分子质量 18ku 的膜表面糖蛋白，它可抑制 C8、C9 及膜攻击复合体 MAC 的形成，从而阻止补体介导的溶细胞和杀伤血吸虫效应。抗人 CD59 抗体结合到血吸虫表面后，会增强人和豚鼠补体对血吸虫童虫的杀伤作用。

（2）神经分子

①阿黑皮素原（POMC）　放射免疫测定法检测显示 POMC 衍生肽，如促肾上腺皮质激素（ACTH）、α-促黑素细胞激素（α - MSH）、β-内啡肽（βE），存在于曼氏血吸虫尾蚴、童虫、成虫虫体的粗提物中，起着免疫调节作用，促使宿主的免疫应答下调。血吸虫释放 POMC 衍生肽使 T 辅助细胞 1（Th1）数量减少，白细胞介素 2（IL - 2）和 γ-干扰素（IFN - γ）表达水平降低。

②鸦片样物质　Leung 等用高效液相色谱（HPLC）方法从曼氏血吸虫分离出吗啡和可待因样物质（此类物质统称鸦片样物质）。这些物质可以诱导免疫下调，对纳洛酮（鸦片样肽拮抗剂）敏感。血吸虫成虫与人白细胞共同孵育，吗啡样物质会增加。乙二胺四乙酸（EDTA）可强烈地促进成虫体内吗啡样物质的合成。血吸虫可以利用吗啡样物质的免疫下调功能来逃避宿主免疫应答。

（3）免疫调节分子/小分子物质　血吸虫还合成一些小分子物质，可抑制宿主免疫细胞的功能，抑制补体的激活，下调宿主免疫功能，参与血吸虫的免疫逃避机制。

①前列腺素　前列腺素（PG）是免疫和炎症反应的重要调节分子。研究发现曼氏血吸虫产生的 PGD2 可抑制表皮朗罕氏细胞（LC）迁移到附近的引流淋巴结。在野生型小鼠体内皮下注射 Sm28GST（被认为是前列腺素 D2 合成酶）可以产生 PGD2，阻止 LC 从表皮迁

移至淋巴结。在感染过程中，前列腺素D受体1（D prostanoid receptor 1）缺陷的小鼠可以恢复LC的迁移，与野生型小鼠相比，DP1缺陷型鼠淋巴细胞分泌的IFN-γ和IL-10显著减少，但IL-4分泌未减少，产生倾向于Th2型偏移的体液免疫反应，减轻了肝脏和肠道内虫卵诱生的炎症反应。因此，由Sm28GST产生的PGD2抑制具有DP1的LC细胞迁移，是血吸虫逃避宿主免疫防御系统的一种可能机制，并且DP1也是调节Th1/Th2型免疫反应非常重要的因子。PGE2能够提高表皮细胞中IL-10的合成，下调皮肤的炎症反应。

②Sm16　Sm16是一种免疫调节蛋白，大量存在于曼氏血吸虫感染阶段的分泌物中。体外研究发现Sm16能促进人皮肤角质细胞产生IL-1γ而抑制IL-1α和IL-1β的产生，抑制抗原诱导的淋巴细胞增生和淋巴结细胞产生IL-2，抑制内皮细胞表达细胞间黏附分子1（intercellular adhesion molecule-1，ICAM-1），具有显著的抗炎症反应的效应。

二、宿主因素

血吸虫感染后，特异的血吸虫抗原可诱导和活化$CD4^+CD25^+$ Treg细胞，抑制宿主血吸虫抗原特异的Th细胞的活化和细胞因子的产生，Th1类应答优势受到抑制，并导致宿主在慢性感染期呈现Th2类极化，其结果是减轻宿主肝脏免疫病理损伤，抑制宿主的抗感染免疫应答，这也是血吸虫逃避宿主免疫杀伤的一个重要原因（McKee等，2004；Yang等，2007）。血吸虫可以通过产生某些物质（如蛋白酶等），主动下调宿主免疫反应，或分解、破坏宿主产生的效应抗体，诱导产生封闭抗体来对抗保护性抗体对虫体的杀伤作用，也是血吸虫与宿主长期进化过程中形成的免疫逃避手段之一。

1. 宿主细胞因子　一般认为，在寄生虫感染的免疫应答过程中辅助性T细胞（Th）处于核心位置，决定免疫特异性及发生何种免疫应答。在动物试验模型中，一种特异的B细胞能增强宿主对血吸虫虫卵抗原的免疫反应，产生免疫调节因子，如前列腺素PGE2和IL-10，使免疫反应向Th2方向偏移。在曼氏血吸虫感染中，Th1细胞因子有利于消除血吸虫，而Th2细胞因子对消除血吸虫成虫方面作用不大。IL-10是重要的免疫调节分子，作用于抗原呈递细胞，下调前炎症因子IL-12和IL-1β的产量，表达MHC-Ⅱ分子和协调刺激分子CD80、CD86和CD40。TGF-β也是一种炎症抑制因子，在埃及血吸虫的慢性感染患者体内，检测到较高水平的IL-10和TGF-β及高滴度的特异性IgA。

2. 免疫信号传导的调节　NF-κB转录因子家族是一类保守的具有免疫调节功能的蛋白分子，细菌的脂多糖、肽聚酶、细菌DNA分子和寄生虫针对Toll样受体的黏液素均能激活NF-κB。当病原体入侵或其代谢产物与宿主细胞相互作用时，可激活NF-κB抑制分子IκB磷酸化和泛素化，诱导NF-κB活化并转移至核内，启动众多免疫炎症反应分子，如趋化因子IL-8、细胞因子IL-2、IL-12、IFN-β和协同刺激分子B7.1的转录与表达，参与对病原体的免疫攻击和免疫清除。有研究发现，曼氏血吸虫感染后宿主细胞中NF-κB表达被抑制。体外培养发现曼氏血吸虫童虫的排泄-分泌产物中存在转录抑制因子，抑制NF-κB转录所需的蛋白复合体形成，并下调肺表皮细胞表达黏附分子，抑制炎症细胞募集到肺组织，有助于童虫逃避宿主的免疫反应。

3. 封闭抗体　虫卵多聚糖抗原可诱导宿主产生IgM和IgG2型抗体，此类抗体能与血吸虫童虫发生交叉反应，但不能诱导抗体依赖性细胞介导的细胞毒作用，且可封闭IgG1和

IgE 类效应抗体的作用。人体寄生虫感染可以诱导产生高滴度的 IgE 和 IgG4，IgG4 具有封闭 IgE 介导的保护作用。

第五节 血吸虫疫苗的探索

一、血吸虫疫苗研制的必要性和可行性

1. 疫苗研究的必要性 我国血吸虫病防控的主要难点是中间宿主钉螺难以消灭和动物保虫宿主种类多，数量大，防控难。近些年我国血吸虫病的主要防治对策是查、治病人、病畜，易感地区大规模化疗、灭螺以及健康教育。吡喹酮是目前唯一在现场大规模使用的治疗血吸虫病药物，但已有一些吡喹酮耐药性产生的相关报道。同时，多年来的实践证明连续群体化疗在江湖洲滩地区和大山区血吸虫病流行区可有效降低发病率，但由于血吸虫病传播的自然生态环境未能得到彻底改变，以及受到防治投入力度等因素的影响，防控效果难以巩固，难以阻断该病的传播。寄生虫学者普遍认为，化疗的“短效”作用如果能与疫苗的“长效”免疫预防作用相结合，将有助于在我国控制和消灭血吸虫病。发展血吸虫疫苗是综合防控血吸虫病的一项重要科技需求。世界卫生组织热带病研究培训特别规划署（WHO Special Programme for Research and Training in Tropical Diseases，TDR）也将血吸虫疫苗研制置于血吸虫病防治研究的优先地位，我国也将日本血吸虫病基因工程疫苗项目纳入了国家“863”高技术计划等国家科研计划的资助范畴。

20 世纪以来人们一直想通过研制血吸虫疫苗来预防血吸虫病的感染和传播，血吸虫疫苗研究也经历了死疫苗、活疫苗、基因工程疫苗等一系列探索过程。但迄今尚仍未有兽用或者人用血吸虫疫苗可在现场推广应用。

血吸虫在其终末宿主体内不繁殖，有效的疫苗应用后可降低宿主的虫体负荷和/或雌虫的产卵量，减轻宿主的病理损害，减少粪便虫卵对环境的污染，降低血吸虫病的传播风险。对血吸虫病疫苗应用潜力的评价，应从抗感染、减轻宿主病理损伤，及降低疫病传播风险等多方面综合考虑。牛、羊等家畜是我国日本血吸虫重要的保虫宿主，血吸虫病牛是我国血吸虫病最重要的传染源，牛等家畜用疫苗如能研制成功并应用于现场，不仅可减轻血吸虫感染对家畜造成的危害，还可有效减少传染源对环境的污染，对保障疫区人、畜健康，促进疫区生产发展，农民增收将发挥重要的作用。当前，我国血吸虫病防控已从疫情控制迈入传播阻断和疫情消除阶段，人、畜血吸虫感染率和感染强度都处于历史最低水平，在此情形下，如疫苗和药物治疗结合使用，将会推进我国消除血吸虫病的进程。

2. 疫苗研究的可行性 血吸虫病流行区人群流行病学调查研究表明，人群感染血吸虫后存在对再感染的部分免疫力。动物试验也显示血吸虫感染后机体可产生部分的获得性带虫免疫。用辐照尾蚴或童虫免疫啮齿类动物和牛、羊、猪等家畜，都诱导产生了较高的对攻击感染的免疫保护力和粪便虫卵减少率，提示血吸虫病疫苗研制是可行的。

这些年，寄生虫学者对大鼠、小鼠抗血吸虫的感染机制已有较深刻的了解，对人群抗血吸虫感染机制的认识也更深入。日本血吸虫和曼氏血吸虫基因组测序和注释的完成，血吸虫转录组学、蛋白质组学、miRNA 组学、血吸虫生长发育机制及与宿主相互作用机制研究等知识的不断积累，都为血吸虫病疫苗研制奠定了重要的理论基础。

分子免疫学、现代生物技术等研究新技术的快速发展，为诱导高免疫保护效果的疫苗候选分子的筛选鉴定、疫苗的生产制备等提供了有力的技术支撑，将会加速疫苗的研制和应用步伐。家畜用疫苗如能早日在当前我国血吸虫病防控难点地区——江湖洲滩地区和大山区的放牧家畜和耕牛中应用，将会对这类地区阻断血吸虫病传播发挥重要的作用。

二、血吸虫疫苗研制的历史和现状

在血吸虫病疫苗研制发展中，以往的主导策略是试图模拟宿主自然感染血吸虫后产生的免疫保护机制，或仿效病毒、细菌疫苗发展策略来设计疫苗，经历了从全虫体疫苗（不同发育阶段虫体死疫苗、致弱尾蚴/童虫活疫苗）到分子疫苗（单分子的虫体抗原苗、基因重组抗原苗、DNA 疫苗、表位疫苗、抗独特性抗体疫苗）的探索和发展历程。虽取得诸多进展，但迄今尚未有一种能诱导稳定有效的疫苗可在现场应用。

1. 虫源性疫苗

（1）死疫苗　早期的血吸虫病疫苗研究主要受到了传染病疫苗研制的启示，采用虫体粗抗原和纯化的虫体蛋白组分对动物进行免疫，1940 年 Ozawa 首先用血吸虫成虫和尾蚴匀浆分别免疫家犬，获得 35%和 25%的减虫率。此后，不少学者采用尾蚴、成虫、虫卵等不同阶段虫体的裂解抗原等免疫实验动物，结果表明死疫苗诱导的免疫保护效果有限。James 等（1984）应用冻融曼氏血吸虫尾蚴加卡介苗皮内免疫小鼠，对血吸虫攻击感染获得 35%～70%的减虫率，作者提出免疫成功与否取决于抗原的呈递。Xu 等（1995）应用冻融日本血吸虫童虫结合 BCG 皮内注射免疫绵羊，获得 37.26%～40.36%的减虫率（$P<0.05$）和 39.29%～42.90%肝脏虫卵减少率。该种疫苗需要大量的血吸虫虫体，限制了研究的深入进行。

（2）活疫苗　活疫苗包括异种活疫苗与同种活疫苗两种。

异种活疫苗是用动物血吸虫（如台湾株日本血吸虫、土耳其斯坦东毕吸虫）或不同种/株的人血吸虫（如菲律宾株日本血吸虫、曼氏血吸虫）免疫，再攻击人血吸虫或动物血吸虫，观察免疫保护效果。徐锡藩（1961）用台湾株日本血吸虫免疫恒河猴，再用大陆株日本血吸虫攻击，结果获得部分免疫保护作用。

同种活疫苗包括射线或化学方法致弱尾蚴或童虫疫苗。至今，在所有研制的血吸虫病疫苗中，用射线照射致弱的血吸虫尾蚴或童虫苗获得的保护效果最高。以 γ 射线致弱的血吸虫尾蚴或童虫苗在多种小鼠品系中均能诱导较高的免疫保护效果，减虫率达 60%～80%（Bickle 等，1979；Li Hsü 等，1981；Sher 等，1982）。沈际佳等用紫外线照射日本血吸虫尾蚴减毒活疫苗分别免疫 BALB/c 小鼠 1～3 次后，其减虫率分别为 59.7%、75.8%和 76.3%，肝脏减卵率分别为 85.5%、83.9%和 85.3%。Ford 等发现大鼠虽然不是血吸虫的适宜宿主，但致弱的曼氏血吸虫和日本血吸虫尾蚴均能使其对同种血吸虫攻击感染产生 60%～90%的保护效果，高于小鼠模型。Hsü 等（1984）用辐照致弱的日本血吸虫童虫免疫黄牛和水牛，每头牛分别用 10 000 条辐照童虫免疫 2～3 次，再实验室人工攻击感染日本血吸虫尾蚴 500 条（黄牛）或 2 000 条（水牛），或运送至血吸虫病流行区进行现场感染，结果获得 65.1%～75.7%的减虫率，在免疫水牛和黄牛中分别获得 70.4%～80.9%和 54.9%的肝脏虫卵减少率。以灵长目作为实验动物模型发现，免疫保护力跟免疫次数、实验动物有关。在黑长尾猴试验中，免疫 3 次获得的保护力最高（48%）；在狒狒试验中，4 次致弱尾蚴疫苗可达到 84%保护力，明显高于 3 次免疫获得的 52%保护力。为解决辐照致弱疫苗不易保存、运输困难的难题，许绥泰等采用乙二醇两步加入速冻法制成冷冻致弱血吸虫童虫疫苗，应用该种疫苗免疫绵羊、黄牛和水牛，分别获得 55.1%、55%～57%和 53%～65%的减虫率。化学致弱尾蚴疫苗是采用烷化剂 NTG 诱导尾蚴细胞 DNA 突变，从而使血吸虫在宿主体内生长发育受限，致病性减弱。蒋守富等（1999）用 10μg/mL 吖啶诱变剂 ICR－170 致弱日本血吸虫尾蚴，以此作为疫苗免疫小鼠，获得的减虫率为 68.9%，肝组织减卵率为 74.9%。尽管致弱尾蚴疫苗对多种宿主包括非人的灵长类可诱导较高的免疫保护力，但此类疫苗由于虫源有限、成本高以及安全性问题，无法在现场得到推广和应用。

（3）单一分子质量虫体抗原疫苗　林矫矫等（1996）应用免疫亲和层析法和生物化学方法分别纯化了日本血吸虫 GST 和 Paramyosin 虫体蛋白，结合福氏佐剂或 BCG 免疫 BALB/c 小鼠，虫体 GST 蛋白免疫鼠获得 29.58%～32.71%的减虫率及 52.94%～68.13%的粪便虫卵减少率。Paramyosin 虫体蛋白免疫鼠获得 32.18%～48.52%的减虫率。许绥泰等用纯化的虫体 GST 蛋白结合福氏佐剂免疫绵羊，获得 24.73%～35.93%的减虫率，以及 47.9%～49.29%的粪便虫卵减少率。Shi 等（1998）用纯化的 Paramyosin 虫体蛋白结合 BCG 免疫黄牛，获得 30.7%的减虫率和 36.4%的粪便虫卵减少率。以上结果表明，一些日本血吸虫单一分子质量虫体纯化抗原疫苗可在小鼠及牛、羊中诱导部分的免疫保护作用，但这类抗原的制备需要大量的虫体，难以大规模生产和在现场应用。

2. 基因工程疫苗　主要包括重组亚单位疫苗、核酸疫苗和基因工程活载体疫苗等。

重组亚单位疫苗指用原核表达系统（大肠杆菌）或真核表达系统（酵母菌、昆虫细胞以及哺乳动物细胞系）表达血吸虫候选疫苗编码基因，以重组抗原作为免疫原与佐剂配伍后进行免疫。核酸疫苗是将编码血吸虫保护性抗原的 DNA 或 RNA 基因片段重组到真核表达载体中，用纯化的重组真核表达质粒经肌内或皮下等途径免疫动物。重组活载体疫苗是指应用基因工程的方法，使非致病性的微生物携带并表达某种血吸虫的基因，将含血吸虫基因的重组活载体作为免疫原或通过饲喂等方式进行免疫。

至今，已有上百个血吸虫抗原基因被克隆和鉴定，其中有几十个基因被亚克隆至原核或真核表达载体或其他载体，用于研制重组亚单位疫苗、核酸疫苗和基因工程活载体疫苗，一些基因工程疫苗已在实验动物和牛、羊等家畜中证明可诱导较高的免疫保护效果。根据曼氏血吸虫的研究成果，20 世纪末 WHO/TDR 推荐了 6 种有发展潜力的曼氏血吸虫病疫苗候选分子：Sm28GST（谷胱甘肽－S－转移酶）、SmParamyosin（副肌球蛋白）、Sm23（23ku 膜蛋白）、SmTPI（3－磷酸丙糖异构酶）、SmIrV5（irradiated vaccine 5，照射减毒抗原 IrV5）、Sm14FABP（脂肪酸结合蛋白）（Bergquist 等，1998）。国内外寄生虫学者也对日本血吸虫、埃及血吸虫以上 6 种候选疫苗分子在实验动物和家畜中诱导的免疫保护效果进行了评估。同时，基于血吸虫基因组学、转录组学、蛋白质组学、血吸虫感染免疫学、血吸虫与宿主相互作用机制研究等取得的研究成果，寄生虫学者继续努力筛选、鉴定重要的血吸虫生长发育相关基因，评估其作为疫苗候选分子的潜力。但至今，仍没有一种能诱导稳定、高免疫保护效果的基因工程疫苗可在现场应用。

3. 表位疫苗　表位（epitope），即抗原决定簇（antigenic determinant），是决定抗原特异性的化学基团。T 细胞和 B 细胞表面均存在特异性抗原受体，根据受体所识别的抗原不同，分别称为T细胞表位和B细胞表位。表位疫苗是用抗原表位制备的疫苗，包括合成肽疫苗、重组表位疫苗及表位核酸疫苗。表位疫苗可利用反向疫苗学、噬菌体展示、生物信息学等技术将确定能诱导保护性免疫或能与主要组织相容性复合体（MHC）结合的抗原决定簇的编码核苷酸，插入到合适的表达载体上，再将重组表达的含抗原决定簇的蛋白用于免疫接种；或者用人工方法按天然蛋白质的氨基酸顺序合成保护性短肽，与载体连接后加佐剂所制成的疫苗。Fonseca等（2004）用TEPITOPE软件预测了3个能和不同的HLA-DR分子结合的Sm14抗原表位和9个副肌球蛋白的抗原肽段，在T细胞增殖试验中，这些肽段能被血吸虫病流行区的人外周血单核细胞所识别。周东明等（2002）用紫外线致弱尾蚴免疫兔血清IgG筛选噬菌体随机七肽库，经3轮筛选，得到较高富集程度的24个特异性噬菌体克隆，其中22个能被致弱尾蚴免疫兔血清识别。用第三轮洗脱的噬菌体接种昆明系小鼠，结果获得33.57%减虫率和56.07%减卵率。周智君等（2007）用4个模拟抗原表位短肽与KLH耦联后，对昆明小鼠进行免疫，结果发现短肽具有良好的抗原性。表位疫苗安全且稳定性高，运输方便。但一般合成多肽疫苗的免疫原性较弱，需要配合较强的免疫佐剂，另外，合成肽生产成本高，限制了该疫苗的广泛应用。

4. 抗独特型抗体疫苗 由于一些保护性抗原分子是多糖或糖基蛋白，而带有糖基表位的碳链用重组DNA技术或合成肽的方法无法解决，而且多糖的免疫原性较低，若制成疫苗则效力不高，应用单克隆抗体技术生产的抗独特型抗体可解决这一问题。针对抗原决定簇的抗体分子（Ab1）可变区上独特位（idiotype，id）刺激机体产生相应的抗id抗体（Ab2），其中，Ab2β具有与抗原相似的氨基酸排列顺序或空间构型，能够在体内模拟始动抗原，即“内影像”抗原——抗独特型抗体。抗曼氏血吸虫38ku表膜糖蛋白的抗体Ab1免疫小鼠后获得单克隆抗体Ab2，然后用该Ab2免疫大鼠，在鼠的血清中刺激产生了抗体Ab3。该抗体Ab3不仅能与虫体表膜糖蛋白结合，而且在嗜酸性粒细胞存在时表现出很强的细胞毒性作用。用该Ab2免疫大鼠，获得50.10%～80.10%的免疫保护作用。管晓虹等建立了一株日本血吸虫单克隆抗独特型抗体NP30，已证实为肠相关抗原（GAA）的内影像抗独特型抗体，其抗体亚型为IgM，与可溶性虫卵抗原（SEA）及膜相关抗原（MAA）有部分交叉反应。冯振卿等（2000）用NP30免疫山羊，获得42.78%的减虫率和35.83%的减卵率，还明显抑制了肝脏虫卵肉芽肿的大小和数量。林矫矫等（1994）研制了一株日本血吸虫特异性单克隆抗体SSj14，把该单抗被动转移昆明系小鼠，获得32.23%的减虫率。田锷等（1994）研制了针对该单抗的抗独特型抗体D5和E4，用这两种抗id免疫BALB/c小鼠，诱导了44.67%～47.28%的减虫率。抗id疫苗与其他类型的疫苗相比也有一些不足，如免疫原性弱、有异种蛋白的副作用等，主要适用于目前病原不能培养或培养困难的生物疫苗探索。

5. 多价疫苗或多表位疫苗 血吸虫虫体大，抗原性复杂，单一的抗原或抗原表位诱导产生的免疫保护力都不够高，将多种抗原或抗原的不同表位进行联合免疫，或构建多表位基因重组抗原疫苗和核酸疫苗，评估多价疫苗或多表位疫苗诱导的免疫效果能否高于单一抗原诱导的效果，是提高疫苗免疫保护效果值得探讨的途径之一。

中国农业科学院上海兽医研究所以BALB/c小鼠作为实验动物，开展了Sj28GST（日本血吸虫谷胱甘肽-S-转移酶）、Sj23（日本血吸虫23ku膜抗原）、SjGCP（日本血吸虫抱雌沟蛋白）三种基因重组抗原的混合免疫保护试验，结果表明三价重组抗原苗诱导的免疫保护效果高于双价或单价疫苗。进一步应用三价基因重组抗原Sj28GST+LHD-Sj23+SjGCP

免疫水牛获得55.32%～73.84%的减虫率和45.62%～84.34%的粪便孵化毛蚴减少率。胡雪梅等（2002）用日本血吸虫Sj338及膜蛋白Sj22.6抗原的各4个有效表位混合免疫小鼠，取得45.4%的减虫率和59.1%的减卵率，比Sj338的4个有效表位混合免疫组在保护力上有了显著的提高。曹胜利等设计合成了曼氏血吸虫28ku GST和日本血吸虫26ku GST中的两种不同肽段组成的血吸虫混合多抗原肽疫苗，对BALB/c小鼠进行免疫试验，获得73.6%的减虫率和75.9%的减卵率。结果表明一些多价疫苗组合或多表位疫苗确实可增强疫苗的免疫保护效果。

6. 血吸虫疫苗候选抗原筛选　在血吸虫疫苗研究中，除虫源性疫苗外，疫苗研究和开发的重要一环是有效、具有较好免疫原性的保护性抗原的筛选。保护性抗原基因的筛选和鉴定主要采用以下几种方法：①建立血吸虫表达性cDNA文库，使用抗血吸虫某一抗原特异性的单克隆抗体、多克隆抗体、自然感染血清或辐射致弱血吸虫尾蚴及童虫免疫血清筛选cDNA文库，通过抗原抗体反应挑选出阳性克隆；②建立血吸虫DNA或cDNA文库，用标记的特异性寡核苷酸作探针与重组体DNA杂交，经过反复筛选得到表型一致的阳性克隆；③基于血吸虫功能基因组学、蛋白质组学、血吸虫与宿主相互作用关系等的研究成果，分离、鉴定可能与血吸虫生长发育、繁殖等相关的重要功能分子，利用PCR或RT-PCR技术，克隆血吸虫保护性抗原编码基因；④基于血吸虫基因组提供的信息，利用反向疫苗学技术、生物信息学技术等，从血吸虫基因组序列中分析和寻找能诱发细胞免疫和体液免疫的基因序列或肽段；⑤基于免疫蛋白质组学技术，使用抗血吸虫某一抗原特异性的单克隆抗体、多克隆抗体、自然感染血清或辐射致弱血吸虫尾蚴及童虫免疫血清筛选保护性抗原。这些年，寄生虫学者筛选获得一些保护性抗原基因，主要可归纳为以下几类：表膜蛋白抗原、信号传导相关抗原、性别发育和虫卵形成相关抗原、酶类抗原和细胞骨架蛋白等。

（1）表膜蛋白抗原　血吸虫体被蛋白暴露于体表，与宿主免疫系统直接作用，是宿主对虫体免疫应答的重要靶标。开展血吸虫膜相关蛋白研究可为筛选血吸虫病疫苗候选抗原和诊断抗原分子，以及探索血吸虫与宿主相互作用关系奠定基础。

表膜蛋白被认为是鉴定抗血吸虫病疫苗的理想靶标，如血吸虫表膜中表达丰富的四跨膜蛋白分子（tetraspanin superfamily，TM4SF）家族成员（如23ku膜抗原、29ku膜蛋白、TSP-1、TSP-2等）已被证明是很好的疫苗候选分子。四跨膜蛋白分子等膜蛋白分子又是宿主体内某些蛋白的受体，与血吸虫的免疫逃避等相关（Tran等，2006；Loukas等，2007）。

曼氏血吸虫Sm23和日本血吸虫Sj23是血吸虫的一种膜蛋白，存在于血吸虫尾蚴、童虫和成虫，尤其是晚期童虫的表膜上。血吸虫23ku抗原编码基因的ORF含657个碱基，编码218个氨基酸，结构分析表明该抗原含4个跨膜区及2个亲水区，其亲水区具有较强的抗原性，含有多个T细胞表位和B细胞表位。林矫矫等（1995）克隆了23ku抗原大亲水区编码基因，并在大肠杆菌里得到高表达，融合蛋白具有较强的抗原性，动物试验结果表明，与空白对照组和载体pGEX表达蛋白组小鼠相比，应用重组抗原免疫小鼠分别获得了57.80%～70.30%和52.63%～62.96%的减虫率。任建功等用Sj23 DNA疫苗免疫BALB/c小鼠诱导的减虫率和减卵率分别为26.19%和22.12%。朱荫昌等将Sj23蛋白的全基因克隆到真核表达载体pcDNA3.1中，构建了Sj23 DNA疫苗，并与细胞因子佐剂IL-12联合免疫BALB/c小鼠，获得35.4%的减虫率。把IL-12作为佐剂和Sj23 DNA疫苗一道免疫猪，减虫率由单用疫苗的29.12%提高至58.6%。Shi等（2001，2002）用重组的23ku抗原大亲水区多肽结合FCA/FIA免疫水牛和黄牛，分别获得33.2%和31.8%的减虫率，以及50.6%和71.4%的粪便虫卵减少率。用重组的23ku抗原大亲水区多肽结合FCA/FIA免疫绵羊，和对照组相比，分别获得66.1%的减虫率和66.4%的减卵率。

Tsp-2也在血吸虫表膜表达，Tsp-2以融合表达蛋白的形式与弗氏佐剂配伍免疫小鼠，免疫组小鼠平均成虫负荷和肝脏虫卵负荷分别减少57%和64%（Tran等，2006）。中国农业科学院上海兽医研究所用重组的SjTSP2结合206佐剂免疫水牛，获52%的减虫率，62.08%的粪便孵化毛蚴减少率和66.13%的肝脏虫卵减少率。

陈虹等（2009）研究显示重组表膜蛋白rSj29在BALB/c小鼠中分别诱导了23.15%的减虫率和18.6%的肝组织减卵率。Hota等（1997，1999）用曼氏血吸虫表膜钙蛋白酶重组蛋白和核酸疫苗免疫动物，诱导产生了29%～60%的免疫保护效果。

22.6ku蛋白也是一种重要的血吸虫膜蛋白，存在于童虫和成虫表膜。Stein等（1986）以慢性血吸虫病患者血清从曼氏血吸虫cDNA文库中筛选获得了编码该蛋白的基因。苏川等（1998，1999）修饰了该编码基因，获得高效表达菌株并进行了免疫保护试验，证实该蛋白可诱导较高的抗感染免疫力。

脂肪酸结合蛋白（FABP）在血吸虫脂肪酸代谢中起着非常重要的作用。日本血吸虫脂肪酸结合蛋白分子质量大约为14ku，编码133个氨基酸，分析发现其具有良好的免疫原性。Gobert等对日本血吸虫脂肪酸结合蛋白进行了免疫定位，发现SjFABP主要存在于雌虫皮下脂质小滴内及雌虫卵黄腺内的卵黄小滴内。蔡学忠等用重组蛋白rSjFABP皮内免疫绵羊获得59.2%的减虫率和44.9%的肝组织减卵率。赵巍等（2002）用研制的SjFABP重组抗原和SjFABP/Sj26GST融合蛋白分别免疫BALB/c小鼠，结果分别诱导小鼠产生了23.60%、21.72%的减虫率和59.36%、49.68%的减卵率。Liu等（2004）用SjFABP/GST融合蛋白免疫小鼠、大鼠和羊，分别取得了34.3%、31.9%和59.2%的减虫率。冯新港等（2001）构建了重组表达质粒pCD-SjFABPc，将pCD-SjFABPc肌内及皮内注射BALB/c小鼠，观察结果显示，不同途径pCD-SjFABPc质粒免疫组，NK细胞及脾淋巴细胞增殖均明显高于对照组，IL-2和IFN-γ的水平也均显著高于对照组。

以上说明血吸虫表膜蛋白是一类重要的疫苗候选分子，重组的23ku抗原大亲水区多肽、SjTSP2等日本血吸虫表膜抗原已在实验动物及牛、羊等大家畜中证明可诱导较高的免疫保护作用。

（2）信号传导相关抗原　血吸虫童虫和成虫在终末宿主体内生长发育，雌虫在终末宿主体内产卵。基因组和转录组研究表明，血吸虫存在多种信号传导通路，它们可利用自身的，或终末宿主体内的各种信号分子影响血吸虫的各项生命活动，一些血吸虫的信号传导分子已被鉴定，并被用来评估作为血吸虫病疫苗候选分子的潜力。

陶丽红等（2007）对日本血吸虫信号传导蛋白Sjwnt10a和Sjwnt-4的编码基因进行了克隆、表达及功能分析。应用重组蛋白rSjWnt4免疫BALB/c小鼠，获得了19.90%的减虫率和20.58%的肝组织减卵率。

日本血吸虫14-3-3（Sj14-3-3）主要分布于表皮、肌肉以及成虫和童虫的实质层，作为一种信号传导蛋白在血吸虫生活史的各个时期都表达。以Sj14-3-3重组蛋白免疫BALB/c小鼠后进行攻击感染试验，获得34.2%的减虫率和50.74%的减卵率。日本血吸虫钙激活中性蛋白激酶主要分布于成虫的真皮层和表层，该酶在细胞膜和细胞骨架的更新过程中发挥着重要的作用。以该重组蛋白免疫 BALB/c 小鼠，获得 40%的减虫率。

（3）性别发育和虫卵形成相关抗原　日本血吸虫雌雄虫合抱是雌虫成熟产卵的前提，同时血吸虫雌虫产出的虫卵是引起宿主病理损害的主要原因和血吸虫病传播的传染源。抑制血吸虫虫体的性成熟和雌虫产卵是控制血吸虫病的关键。

血吸虫性别和发育调节及虫卵形成相关蛋白目前研究较多的主要有抱雌沟蛋白、卵壳蛋白和卵黄铁蛋白等。

Gupta 和 Basch（1987）证明了曼氏血吸虫的抱雌沟蛋白是由雄虫分泌，通过抱雌沟传递给雌虫的。Cheng 等（2009）应用 RNAi 干扰技术试验证明日本血吸虫抱雌沟蛋白的表达影响了雌雄虫的合抱及虫体的发育。中国农业科学院上海兽医研究所用重组蛋白 pGEX-SjGCP 结合 206 佐剂三次免疫水牛，获得 50.15%的减虫率和 55.99%的粪便毛蚴孵化减少率。

卵壳蛋白基因是一种在血吸虫雌虫体内特异性表达的基因，与雌虫的性成熟和产卵等方面关系密切。卵黄铁蛋白基因也是血吸虫雌虫体内呈特异性表达的基因，只有在性器官发育成熟并且产卵的雌虫体内才会大量表达，但是在未发育成熟的雌虫体内以及雄虫体内的表达水平都很低，而它在雌虫的卵黄腺中呈高水平的表达，是一种具有性别和组织特异性的发育调节蛋白。用卵黄铁蛋白基因核酸疫苗免疫小鼠，获得较高的减虫率和肝脏减卵率（Henkle 等，1990；Sugiyama，1997）。

王艳等（2010）研究显示血吸虫 SjNANOS 和 SjMSP 都在日本血吸虫雌雄虫中差异表达，与日本血吸虫的生长和发育，特别是性器官发育、成熟等有关。动物保护试验结果表明，重组的 SjNANOS 蛋白诱导了 31.4%的减虫率和 53.8%的肝脏减卵率；重组的 SjMSP 蛋白诱导了 24.8%的减虫率和 20%的肝脏减卵率。

（4）酶类抗原　寄生虫学者研究发现一些与血吸虫代谢相关的酶类除了执行着重要的生物学功能外，还具有一定的免疫原性，能够有效地刺激机体产生较强的免疫保护效果。其中研究较多的有谷胱甘肽-S-转移酶、组织蛋白酶、磷酸丙糖异构酶、烯醇化酶、磷酸甘油酸变位酶、天冬酰胺酰基内肽酶、硫氧还蛋白等。

谷胱甘肽-S-转移酶（glutathione-S-transferase，GST）包含分子质量分别为 26ku 和 28ku 的两种 GST 同工酶。它们具有解毒和抗氧化的功能，是血吸虫及其他蠕虫感染的重要疫苗候选分子和药物靶标。林矫矫等用纯化的日本血吸虫虫体谷胱甘肽-S-转移酶（Sj26GST 和 Sj28GST）结合 FCA/FIA 免疫 BALB/c 小鼠，获得 29.58%～32.71%的减虫率和 52.94%～68.13%的粪便减卵率。Xu 等用纯化的虫体 GST 结合 FCA/FIA 免疫绵羊，获得 35.93%的减虫率和 47.9%的粪便虫卵减少率。Taylor 等用重组的 Sj28GST 结合 FCA/FIA 免疫绵羊，获得 33.5%～69%的减虫率和 56.2%～69%的减卵率。Shi 等用重组的 Sj28GST 结合 FCA/FIA 免疫水牛，获得 32.9%的减虫率和 36.2%的粪便虫卵减少率。Wei 等（2008）用 pVAX/Sj26GST 真核质粒及含有 Sj26GST 和小鼠 IL-18 的 pVAX 质粒分别免疫 BALB/c 小鼠，和对照组相比，pVAX/Sj26GST 组诱导了 30.1%的减虫率、44.8%的肝脏减卵率和 53%的粪便减卵率；而含有 Sj26GST 和小鼠 IL-18 的 pVAX 重组质粒组诱导了 49.3%的减虫率、50.6%的肝脏减卵率和 56.6%的粪便减卵率。

血吸虫含有多种组织蛋白酶。蛋白水解酶能降解血红蛋白，为虫体的生长、发育和繁殖提供所必需的氨基酸和其他物质。许多学者将组织蛋白酶作为抗血吸虫病的药物靶标和疫苗候选分子来进行研究。

磷酸丙糖异构酶（triose phosphate isomerase，TPI）作为血吸虫糖酵解过程的一个关键酶，能够催化磷酸甘油醛和磷酸二羟丙酮间的可逆反应。缪应新等（1996）克隆了*SjTPI*全长cDNA，并在大肠杆菌中实现了高效表达。将该基因与IL-12重组后构建了核酸疫苗，进行了小鼠免疫保护试验，结果获得超过30%的减虫率和减卵率。

烯醇化酶和磷酸甘油酸变位酶也都是糖酵解过程中的重要酶类。Yang等（2010）研究显示大肠杆菌表达的重组日本血吸虫烯醇化酶蛋白与206佐剂配伍后免疫BALB/c小鼠，获得了24.28%的减虫率和21.45%的减卵率。郭凡吉等（2010）用重组的磷酸甘油酸变位酶rSjPGAM免疫小鼠，获得18.5%的减虫率和47.5%的肝组织减卵率。用串联表达的SjPGAM-SjEnol重组蛋白免疫BALB/c小鼠，诱导了39.7%（$P<0.01$）的减虫率和64.9%（$P<0.05$）的肝脏减卵率。孙帅等（2009）报道应用纯化的重组蛋白天冬酰胺酰基内肽酶免疫BALB/c小鼠，获得44.50%的减虫率和56.14%的肝脏组织减卵率。

（5）细胞骨架蛋白　研究较多的血吸虫细胞骨架蛋白抗原主要有副肌球蛋白（paramyosin）、辐射照射致弱抗原（IrV25）、肌球蛋白、原肌球蛋白、肌动蛋白等。其中，副肌球蛋白和照射致弱抗原为WHO/TDR推荐的曼氏血吸虫病疫苗候选分子。

副肌球蛋白是一种肌原纤维蛋白，分子质量大小为97ku，主要位于血吸虫各个发育期肌组织内，也分布于尾蚴的呼吸盘腺体内，以及肺期虫体的表膜和基底层。该蛋白可分泌到体外，在虫体发育过程中分泌并结合到虫体表面。该蛋白能与动物和人的Fc片段结合，抑制补体介导的免疫反应。副肌球蛋白能刺激小鼠T淋巴细胞产生IFN-γ。

林矫矫等应用纯化的日本血吸虫虫体副肌球蛋白结合佐剂FCA/FIA，或BCG免疫BALB/c小鼠，获得32.18%～48.52%的减虫率。施福恢等应用天然虫体副肌球蛋白或重组的日本血吸虫副肌球蛋白C端蛋白结合BCG皮内免疫绵羊，结果天然蛋白获得17.4%～55.3%的减虫率、14.6%～68.1%的粪便虫卵减少率和48.9%～76.7%的肝组织虫卵减少率；重组蛋白获得41.4%～44.2%的减虫率、15.9%～25.1%的粪便虫卵减少率和41.4%～48.0%的肝组织虫卵减少率。Chen等（2000）以重组的日本血吸虫副肌球蛋白免疫猪，诱导了53%的减虫率。McManus等（1998）用重组副肌球蛋白C端蛋白免疫水牛，获得42%～45%的肝脏虫卵减少率。Shi等用重组副肌球蛋白C端蛋白结合BCG免疫水牛，获得34.7%的减虫率；用天然虫体副肌球蛋白结合BCG免疫黄牛，获得30.7%的减虫率。周金春等用重组日本血吸虫副肌球蛋白免疫水牛，结果免疫组减虫率为49.9%（$P<0.05$），肝脏减卵率为57.3%（$P<0.05$）。Wu和Fu等（2017）用全长的重组副肌球蛋白rSj97结合佐剂ISA206免疫水牛，共免疫3次，每次250μg或500μg，每次间隔4周，最后一次免疫后每头牛用1 000条日本血吸虫尾蚴攻击感染，并于感染后8～10周解剖。共进行3次重复试验，结果和佐剂对照组相比，免疫牛获得51.5%～60.9%的减虫率，表明rSj97是一种安全、有发展潜力的水牛日本血吸虫病候选疫苗，值得作为一种血吸虫病候选疫苗分子深入研究。

Zhang等（2000）研究发现重组日本血吸虫IrV25抗原可被紫外线致弱尾蚴免疫鼠血清识别，慢性感染鼠血清也能产生较弱反应，但免疫小鼠后未取得明显免疫保护作用。用构建的IrV25核酸疫苗免疫小鼠，发现其可诱导产生高滴度的IgG类抗体，且减虫率有明显降低，结果表明 IrV25 具有部分抗血吸虫感染的作用。

其他一些血吸虫细胞骨架相关蛋白，如肌球蛋白、原肌球蛋白、肌动蛋白等基因也已得到了克隆和表达，并对其重组蛋白进行了动物保护试验，显示可诱导动物产生不同程度的保护力。

（6）其他蛋白　血吸虫线粒体相关蛋白在虫体的能量代谢及调节过程中发挥着重要的作用，提供虫体肌肉活动或神经传导所需的能量，维持虫体生殖。从干扰虫体的能量代谢及代谢调节入手，寻找新的疫苗候选分子，是筛选、鉴定日本血吸虫病疫苗候选分子的一个有效途径。已报道重组的日本血吸虫线粒体相关蛋白 Sj338 具有良好的免疫原性，免疫动物后可诱导 30.4%（$P<0.01$）的减虫率和 43.5%（$P<0.01$）肝脏减卵率。

血吸虫感染终末宿主后，由于生存环境、生理生化条件等的改变，免疫等多重因素作用的影响，使血吸虫处于应激状态，诱导虫体热休克蛋白等一些应激相关蛋白的表达。热休克蛋白具有参与寄生虫分化，作为分子伴侣，参与诱导特异性和非特异性免疫等生物学功能。血吸虫热休克蛋白表达受不同虫体发育阶段和热应激调控，热休克蛋白普遍存在于胞蚴、童虫和成虫，而在尾蚴几乎不表达。

三、血吸虫疫苗前景展望

虽然几十年来，寄生虫学者已尽了很大努力，但由于血吸虫虫体大，抗原成分复杂，宿主对血吸虫感染免疫应答的复杂多样性，以及血吸虫在与宿主长期进化过程中形成的免疫逃避机制及宿主适应性等原因，至今还没有一种高效、安全的血吸虫疫苗进入实际临床应用阶段。今后要进一步加强疫苗诱导的保护性免疫机制的基础研究；加强血吸虫功能基因组学、蛋白质组学、血吸虫与宿主相互作用机制等研究，筛选、鉴定血吸虫生长发育关键分子，探讨其作为疫苗候选分子的潜力，进一步筛选、鉴定可诱导更高免疫保护作用的抗原分子。同时加强多价疫苗、多表位疫苗、活载体疫苗、免疫佐剂、免疫程序、抗原制备技术等研究，进一步提高候选疫苗分子的免疫保护效果。期望首先研制出一种高效、安全的家畜用疫苗，并应用于血吸虫病防控实践。

（林矫矫）

■ 参考文献

艾敏，2017. 日本血吸虫热休克蛋白 70 诱导小鼠先天免疫的初步研究［D］. 北京：中国农业科学院.

卞国武，余新炳，吴忠道，等，2001. 日本血吸虫（中国大陆株）Sj16 基因的原核表达［J］. 中国血吸虫病防治杂志（6）：333-336.

蔡学忠，林矫矫，付志强，等，2000. 重组日本血吸虫中国大陆株脂肪酸结合蛋白的动物免疫试验［J］. 中国血吸虫病防治杂志，12（4）：198-201.

曹建平，胡媛，沈玉娟，等，2009. 血吸虫免疫逃避机制的研究现状［J］. 国际医学寄生虫病杂志，36（2）：65-68.

陈竺，王升跃，韩泽广，2010. 日本血吸虫全基因组测序完成［J］. 中国基础科学，3：13-17.

郭凡吉，王艳，李晔，等，2010. 日本血吸虫重组抗原 SjPGAM-SjEnol 的保护性免疫效果评价［J］. 中国寄生虫学与寄生虫病杂志，48（4）：246-251.

何兴，潘卫庆，2020. miRNA 介导血吸虫和宿主相互作用的研究进展 [J]. 中国寄生虫学与寄生虫病杂志，38 (3)：259-262.

贾秉光，洪炀，韩倩，等，2016. 日本血吸虫 C1q 结合蛋白基因的克隆表达及其免疫保护效果评估 [J]. 中国动物传染病学报，3：66-71.

姜宁，尹继刚，胡哲，等，2007. 血吸虫基因组及疫苗的研究进展 [J]. 中国基础科学，4：4-11.

蒋守富，魏梅雄，林矫矫，等，2001. 东方田鼠抗日本血吸虫抗体 IgG 亚类的初步研究 [J]. 中国血吸虫病防治杂志，13 (1)：1-3.

蒋守富，魏梅雄，林矫矫，等，2004. 东方田鼠血清被动转移抗日本血吸虫的保护力研究 [J]. 中国血吸虫病防治杂志，17 (5)：298-230.

蒋韦斌，林矫矫，2008. 一氧化氮/一氧化氮合酶与血吸虫感染．中国兽医寄生虫病 [J]，16 (6)：41-45.

金鑫，陈晓军，朱继峰，等，2016. 日本血吸虫热休克蛋白 60 kDa 的免疫原性及保护性研究 [J]. 中国血吸虫病防治杂志，28 (1)：45-50.

林矫矫，田锷，傅志强，等，1995. 中国大陆株日本血吸虫基因重组抗原的研究——重组的抗原大亲水区多肽对小鼠的免疫试验 [J]. 中国兽医科技，25 (8)：20-21.

林矫矫，田锷，叶萍，等，1996. 日本血吸虫谷胱甘肽-S-转移酶小鼠免疫试验 [J]. 中国兽医寄生虫，4 (1)：5-8.

林矫矫，叶萍，田锷，等，1996. 日本血吸虫副肌球蛋白小鼠免疫试验 [J]. 中国血吸虫病防治杂志，8 (1)：17-21.

刘金明，傅志强，李浩，等，2002. 东方田鼠血清体外杀伤日本血吸虫童虫效果的初步观察 [J]. 中国人兽共患病杂志，18 (2)：82-84.

刘文琪，龙小纯，李雍龙，2004. 一氧化氮诱导日本血吸虫成虫原代培养细胞凋亡的研究 [J]. 中国寄生虫病防治杂志，l7 (2)：117-119.

龙小纯，李雍龙，2004. 诱导型一氧化氮合酶在感染日本血吸虫小鼠肝组织中的表达 [J]. 中国寄生虫学与寄生虫病杂志，22 (3)：157-159.

龙小纯，李雍龙，方正明，2002. 一氧化氮对日本血吸虫童虫细胞毒作用的研究 [J]. 中国寄生虫学与寄生虫病杂志，20 (6)：342-344.

龙小纯，刘文琪，方正明，等，2004. 一氧化氮对感染日本血吸虫小鼠肝脏纤维化程度的影响 [J]. 中国血吸虫病防治杂志，16 (4)：249-251.

龙小纯，刘璋，刘文琪，等，2005. 小鼠感染日本血吸虫后 iNOS 的表达及 NO 介导的杀虫作用研究 [J]. 中国人兽共患病杂志，21 (2)：122-124.

马帅，韩艳辉，洪炀，等，2014. 日本血吸虫四跨膜孤儿受体（TOR）克隆及其第一个膜外区基因的表达 [J]. 中国动物传染病学报，6：46-52.

毛守白，1990. 血吸虫生物学与血吸虫病的防治 [M]. 北京：人民卫生出版社．

缪应新，刘述先，1996. 日本血吸虫磷酸丙糖异构酶小鼠免疫试验 [J]. 中国寄生虫学与寄生虫病杂志，14 (4)：257-261.

齐倩倩，王小番，张丽娜，等，2018. 日本血吸虫热休克蛋白 60 通过诱导 $CD4^+CD25^+$ Treg 细胞表达 IL-10 和 TGF-β 增强其免疫抑制功能 [J]. 中国血吸虫病防治杂志，30 (1)：42-46.

沈元曦，2017. miR-223 在日本血吸虫感染免疫调节中的作用分析 [D]. 上海：上海师范大学．

沈元曦，张祖航，韩宏晓，等，2017. 日本血吸虫可溶性虫卵和童虫抗原刺激 RAW264.7 巨噬细胞的初步分析 [J]. 寄生虫与医学昆虫学报，24 (1)：1-6.

孙军，李浩，王喜乐，等，2006. 东方田鼠和小鼠感染日本血吸虫后血清 NO 的变化以及肝、肺病变的比较 [J]. 中国人兽共患病学报，22 (5)：433-439.

孙磊，胡媛，沈玉娟，等，2020. γδ T 细胞分泌 IL-17A 激活肝星状细胞促进日本血吸虫感染小鼠肝纤维化［J］. 中国寄生虫学与寄生虫病杂志，38（3）：299－303.

唐仪晓，沈元曦，洪炀，等，2018. MicroRNA－181a 对日本血吸虫童虫抗原刺激巨噬细胞的免疫应答起负调节作用［J］. 中国兽医科学（2）：204－210.

陶丽红，姚利晓，付志强，等，2007. 日本血吸虫信号传导蛋白 Sjwnt－4 基因的克隆、表达及功能分析［J］. 生物工程学报，23（3）：1－6.

陶丽红，姚利晓，苑纯秀，等，2007. 日本血吸虫信号传导蛋白 Sjwnt10a 基因的克隆及其在童虫和成虫中 mRNA 表达量的变化［J］. 中国兽医科学，37（2）：93－97.

田锷，叶萍，林矫矫，等，1994. 日本血吸虫抗独特型单克隆抗体的建株及特性测定［J］. 中国血吸虫病防治杂志，6（5）：269－273.

王晓婷，朱荫昌，2005. 热休克蛋白及其在血吸虫研究中的进展［J］. 中国血吸虫病防治杂志，17（3）：234－238.

王艳，郭凡吉，彭金彪，等，2010. 日本血吸虫新基因 Sjnanos 的克隆、表达及免疫保护效果评估［J］. 中国人兽共患病学报，26（7）：631－637.

王艳蕊，郑新生，姚宝安，等，2006. 外源性一氧化氮抗日本血吸虫的实验研究［J］. 中国血吸虫病防治杂志，18（2）：125－127.

夏超明，骆伟，龚伟，等，2002. NO 介导 Thl/Th2 免疫偏移与日本血吸虫感染小鼠肝肉芽肿病变的作用［J］. 中国人兽共患病杂志，18（5）：29－31.

许绶泰，施福恢，沈纬，等，1993. 应用冷冻保存辐照童虫苗和冻融童虫苗免疫接种牛预防日本血吸虫病［J］. 中国兽医寄生虫病，1（4）：6－13.

杨志伟，杨镇，彭林，等，1999. 一氧化氮与血吸虫病肝损伤发病机制的关系研究［J］. 同济医科大学学报，28（2）：126－127.

张玲敏，李凯杰，张倩，等，2006. 一氧化氮及一氧化氮合酶抑制剂对小鼠血吸虫病肝纤维化程度的影响［J］. 中国人兽共患病杂志，22（11）：1048－1051.

张新跃，何永康，李毅，等，2001. 东方田鼠感染血吸虫前后血清补体 C3、C4 水平的动态［J］. 实用预防医学，244－245.

郑力，2017. 日本血吸虫感染小鼠 $\gamma\delta$T 细胞对中性粒细胞及肝纤维化作用的研究［D］. 北京：中国疾病预防控制中心.

周金春，程瑞雪，曾宪芳，1995. 不同动物宿主血吸虫病肝肠病理变化的比较观察［J］. 中国寄生虫学与寄生虫病杂志，13（4）：292－294.

周书林，黄春兰，赵劲松，等，2013. 外源性一氧化氮对日本血吸虫尾蚴的体外杀灭作用［J］. 中国血吸虫病防治杂志，25（6）：610－613.

周智君，唐连飞，黄复深，等，2007. 日本血吸虫合成表位肽疫苗对小鼠的保护性免疫［J］. 湖南农业大学学报（自然科学版），33（1）：44－48.

朱荫昌，任建功，司进，等，2002. 日本血吸虫 SjCTPI 和 SjC23DNA 疫苗联合免疫保护作用的研究［J］. 中国血吸虫病防治杂志，14（2）：84－87.

朱荫昌，吴观陵，管晓虹，2008. 血吸虫感染免疫学［M］. 上海：上海科学技术文献出版社.

Abdallahi O M，Bensalem H，Diagana M，et al，2001. Inhibition of nitric oxide synthase activity reduces liver injury in murine schistosomiasis［J］. Parasitology，122（3）：309－315.

Aksoy E，Zouain C S，Vanhoutte F，et al，2005. Double stranded RNAs from the helminth parasite Schistosoma activates TLR3 in dendritic cells［J］. J Biol Chem，280（1）：277－283.

Bergquist N R，Leonardo L R，Mitchell GF，2005. Vaccine－linked chemotherapy：can schistosomiasis control benefit from an integrated approach［J］. Trends Parasitol，21（3）：112－117.

Berriman M，Haas B J，LoVerde P T，et al，2009. The genome of the blood fluke *Schistosoma mansoni*［J］.

Nature, 460 (7253): 352 - 358.

Bickle Q D, Dobinson T, James E R, 1979. The effects of gamma - irradiation on migration and survival of *Schistosoma mansoni* schistosomula in mice [J]. Parasitology, 79 (2): 223 - 230.

Braschi S, Curwen R S, Ashton P D, et al, 2006. The tegument surface membranes of the human blood parasite *Schistosoma mansoni*: a proteomic analysis after differential extraction [J]. Proteomics, 6 (5): 1471 - 1482.

Braschi S, Wilson R A, 2006. Proteins exposed at the adult schistosome surface revealed by biotinylation [J]. Mol Cell Proteomics, 5 (2): 347 - 356.

Brouwers J F, Skelly P J, Van Golde L M, et al, 1999. Studies on phospholipid turn over argue against sloughing of tegument membranes in adult *Schistosoma mansoni* [J]. Parasitology, 119 (pt3): 287 - 294.

Brunet L R, Beall M, Dunne D W, et al, 1999. Nitric Oxide and the Th2 Response Combine to Prevent Severe Hepatic Damage During *Schistosoma mansoni* Infection [J]. J Immunol, 163 (8): 4976 - 4984.

Burton O T, Gibbs S, Miller N, et al, 2010. Importance of TLR2 in the direct response of T lymphocytes to *Schistosoma mansoni* antigens [J]. Eur J Immunol, 40 (8): 2221 - 2229.

Butterworth A E, 1984. Cell - mediated damage to helminthes [J]. Adv Parasitol, 23: 143 - 235.

Cai P, Piao X, Liu S, et al, 2013. MicroRNA - Gene Expression Network in Murine Liver during *Schistosoma japonicum* Infection [J]. PLoS one, 8 (6): e67037.

Capron A, Riveau G, Capron M, et al, 2005. Schistosomes: the road from host - parasite interactions to vaccines in clinical trials [J]. Trends Parasitol, 21 (3): 143 - 149.

Cardoso F C, Macedo G C, Gava E, et al, 2008. *Schistosoma mansoni* tegument protein Sm29 is able to induce a Th1 - type of immune response and protection against parasite infection [J]. PLoS Negl Trop Dis, 2 (10): e308.

Cheever A W, Byram J E, Hieny S, et al, 1985. Immunopathology of *Schistosoma japonicum* and *S. mansoni* infection in B cell depleted mice [J]. Parasite Immunol, 7 (4): 399 - 413.

Cheever A W, Byram J E, Vonlichtenberg F, 1985. Immunopathology of *Schistosoma japonicum* infection in athymic mice [J]. Parasite Immunol, 7 (4): 387 - 398.

Chen X, Yang X, Li Y, et al, 2014. Follicular helper T cells promote liver pathology in mice during *Schistosoma japonicum* infection [J]. PLoS Pathog, 10 (5): e1004097.

Cheng G F, Fu Z Q, Lin J J, et al, 2009. In vitro and in vivo evaluation of small interference RNA - mediated gynaecophornal Canal protein silencing in Schistosoma japonicum [J]. Journal of gene medicine, 11: 412 - 421.

Damian R T, 1997. Parasite immune evasion and exploitation: reflections and projections [J]. Parasitology, 115 (Suppl): S169 - 175.

Davies S J, Grogan J L, Blank R B, et al, 2001. Modulation of blood fluke development in the liver by hepatic $CD4^+$ lymphocytes [J]. Science, 294 (5545): 1358 - 1361.

Davies S J, McKerrow J H, 2003. Development plasticity in schistosomes and other helminthes [J]. Int J Parasitol, 33 (11): 1277 - 1284.

Deng J, Gold D, LoVerde P T, et al, 2003. Inhibition of the complement membrane attack complex by *Schistosoma mansoni* paramyosin [J]. Infect Immun, 71 (11): 6402 - 6410.

Durães F V, Carvalho N B, Melo T T, et al, 2009. IL - 12 and TNF - alpha production by dendritic cells stimulated with *Schistosoma mansoni* schistosomula tegument is TLR4 - and MyD88 - dependent [J]. Immunol Lett, 125 (1): 72 - 77.

Faust E C, Meleney H E, 1924. Studies on Schistosomiasis japonica [J]. Amer Jour Hyg Monographic series, 3: 339.

Fonseca C T, Cunha - Neto E, Kalil J, et al, 2004. Identification of immunodominant epitopes of *Schistosoma mansoni* vaccine candidate antigens using human T cells [J]. Mem Inst Oswaldo Cruz, 99 (5Suppl 1): 63 - 66.

Gobert G N, McManus D P, 2005. Update on paramyosin in parasitic worms [J]. Parasitol Int, 54 (2): 101 - 107.

Gryseels B, Polman K, Clerinx J, et al, 2006. Human schistosomiasis [J]. Lancet, 368 (9541): 1106 - 1118.

Gupta B C, Basch P F, 1987. Evidence for transfer of a glycoprotein from male to female *Schistosoma mansoni* during pairing [J]. Parasitol, 73 (3): 674 - 675.

Han H X, Peng J B, Han Y H, et al, 2013. Differential Expression of microRNAs in the Non - permissive Schistosome Host *Microyus fortis* under Schistosome Infection [J]. PLoS One, 8 (12): e85080.

Han H X, Peng J B, Hong Y, et al, 2013. Comparison of the differential expression miRNAs in Wistar rats before and 10days after *S. japonicum* infection [J]. Parasit Vectors, 6 (1): 120.

Han H X, Peng J B, Hong Y, et al, 2013. MicroRNA expression profile in different tissues of BALB/c mice in the early phase of *Schistosoma japonicum* infection [J]. Mol Biochem Parasitol, 188 (1): 1 - 9.

He X, Sai X, Chen C, et al, 2013. Host serum miR - 223 is a potential new biomarker for *Schistosoma japonicum* infection and the response to chemotherapy [J]. Parasites & Vectors, 6 (1): 552.

He X, Sun Y, Lei N, et al, 2018. MicroRNA - 351 promotes schistosomiasis - induced hepatic fibrosis by targeting the vitamin D receptor [J]. Proc Natl Acad Sci USA, 115 (1): 180 - 185.

He X, Tang R, Sun Y, et al, 2016. MicroR - 146 blocks the activation of M1 macrophage by targeting signal transducer and activator of transcription 1 in hepatic schistosomiasis [J]. Ebiomedicine, 13: 339 - 347.

He X, Wang Y G, Fan X B, et al, 2019. A schistosome miRNA promotes host hepatic fibrosis by targeting transforming growth factor beta receptor Ⅲ [J]. J Hepatol, 72 (3): 519 - 527.

He X, Xie J, Wang Y G, et al, 2018. Down - regulation of microRNA - 203 - 3p initiates type 2 pathology during schistosome infection via elevation of interleukin - 33 [J]. Plos Pathog, 14 (3): e1006957.

He X, Xie J, Zhang D, et al, 2015. Recombinant adeno - associated virus - mediated inhibition of microRNA -21 protects mice against the lethal schistosome infection by repressing both IL - 13 and transforming growth factor beta 1 pathways [J]. Hepatology, 61 (6): 2008 - 2017.

He Y, Luo X, Zhang X, et al, 1999. Immunological characteristics of natural resistance in *Microtus fortis* to infection with *Schistosoma japonicum* [J]. Chin Med J, 112 (7): 649 - 654.

Hernandez D C, Lim K C, McKerrow J H, et al, 2004. *Schistosoma mansoni*: sex - specific modulation of parasite growth by host immune signals [J]. Exp Parasitol, 106 (1 - 2): 59 - 61.

Hesse M, Piccirillo C A, Belkaid Y, et al, 2004. The pathogenesis of schistosomiasis is controlled cooperating IL - 10 producting innate effector and regulatory T cells [J]. Immunol, 172: 3157 - 3166.

Hirata M, Hirata K, Kage M, et al, 2001. Effect of nitric oxide synthase inhibition on *Schistosoma japonicum* egg - induced granuloma formation in the mouse liver [J]. Parasite Immunol, 23 (6): 281 - 289.

Hockley D J, McLaren D J, 1973. *Schistosoma mansoni*: changes in the outer membrane of the tegument during development from cercaria to adult worm [J]. Int J Parasitol, 3 (1): 13 - 25.

Hou X, Yu F, Man S, et al, 2012. Negative regulation of *Schistosoma japonicum* egg - induced liver fibrosis by natural killer cells [J]. PLoS Negl Trop Dis, 6 (1): e1456.

Hsu S Y, Hsu H F, Burmeister L F, 1981. *Schistosoma mansoni*: vaccination of mice with highly X - irradiated cercariae [J]. Exp Parasitol, 52 (1): 91 - 104.

Hsu S Y, Xu S T, He Y X, et al, 1984. Vaccination of bovines against *Schistosoma japonicum* with highly irradiated schistosomula in China [J]. Am J Trop Med Hyg, 33: 891 - 898.

Hu W, Yan Q, Shen D K, et al, 2003. Evolutionary and biomedical implications of a *Schistosoma japonicum* complementary DNA resource [J]. Nat Genet (2): 139 - 147.

Inal J M, 1999. Schistosoma TOR (trispanning orphan receptor), a novel, antigenic surface receptor of the blood - dwelling, Schistosoma parasite [J]. Biochim Biophys Acta, 1445 (3): 283 - 298.

Inal J M, 2005. Complement C2 receptor inhibitor trispanning: from man to schistosome [J]. Springer Semin Immunopathol, 27 (3): 320 - 331.

Inal J M, Hui K M, Miot S, et al, 2005. Complement C2 receptor inhibitor trispanning: a novel human complement inhibitory receptor [J]. J Immunol, 174 (1): 356 - 366.

Inal J M, Schifferli J A, 2002. Complement C2 receptor inhibitor trispanning and the beta - chain of C4 share a binding site for complement C2 [J]. J Immunol, 168 (10): 5213 - 5221.

Inal J M, Schneider B, Armanini M, et al, 2003. A peptide derived from the parasite receptor, complement C2 receptor inhibitor trispanning, suppresses immune complex - mediated inflammation in mice [J]. J Immunol, 170 (8): 4310 - 4317.

Inal J M, Sim R B, 2000. A Schistosoma protein, Sh - TOR, is a novel inhibitor of complement which binds human C2 [J]. FEBS Lett, 470 (2): 131 - 134.

James S L, Glaven J, 1989. Macrophage cytotoxity against Schistosomula of *Schistosoma mansoni* involves arginine dependent production of reactive nitrogen intermediates [J]. J Immunol, 143 (12): 4208 - 4212.

Jiang W B, Hong Y, Peng J B, et al, 2010. Study on differences in the pathology, T cell subsets and gene expression in susceptible and non - susceptible hosts infected with *Schistosoma japonicum* [J]. PLoS One, 5 (10): e13494.

Jiz M, Friedman J F, Leenstra T, et al, 2009. Immunoglobulin E (IgE) responses to paramyosin predict resistance to reinfection with *Schistosoma japonicum* and are attenuated by IgG4 [J]. Infect Immun, 77 (5): 2051 - 2058.

Kane C M, Jung E, Pearce E J, 2008. *Schistosoma mansoni* egg antigen - mediated modulation of Toll - like receptor (TLR) induced activation occurs independently of TLR2, TLR4, and MyD88 [J]. Infect Immun, 76 (12): 5754 - 5759.

Kemp W M, Merritt S C, Bogucki M S, et al, 1977. Evidence for adsorption of heterospecific host immunoglobulin on the tegument of *Schistosoma mansoni* [J]. J Immunol, 119 (5): 1849 - 1854.

King C H, 2009. Toward the elimination of schistosomiasis [J]. N Engl J Med, 360 (2): 106 - 109.

Kurtis J D, Friedman J F, Leenstra T, et al, 2006. Pubertal development predicts resistance to infection and reinfection wiuth *Schistosoma japonicum* [J]. Clin Infect Dis, 42 (12): 1692 - 1698.

Laclette J P, Shoemaker C B, Richter D, et al, 1992. Paramyosin inhibits complement C1 [J]. J Immunol, 148 (1): 124 - 128.

Lamb E W, Crow E T, Lim K C, et al, 2007. Conservation of $CD4^+$ T cell - dependent developmental mechanisms in the blood fluke pathogens of humans [J]. Int J Parasitol, 37: 405 - 415.

Liu F, Hu W, Cui S J, et al, 2007. Insight into the host - parasite interplay by proteomic study of host proteins copurified with the human parasite, *Schistosoma japonicum* [J]. Proteomics, 7 (3): 450 - 462.

Liu F, Lu J, Hu W, et al, 2006. New perspectives on host - parasite interplay by comparative transcriptomic and proteomic analyses of *Schistosoma japonicum* [J]. PLoS Pathog, 2 (4): e29.

Liu J T, Zhu L H, Wang J B, et al, 2019. *Schistosoma japonicum* extracellular vesicle miRNA cargo regulates host macrophage function facilitating parasitism [J]. Plos Pathog, 15 (6): e1007817.

Loukas A, Jones M K, King L T, et al, 2001. Receptor for Fc on the surfaces of schistosomes [J]. Infect Immun, 69 (6): 3646 - 3651.

Ma S, Zai J, Han Y, et al, 2017. Characterization of *Schistosoma japonicum* tetraspanning orphan receptor and its role in binding to complement C2 and immunoprotection against murine schistosomiasis [J] . Parasit

Vectors, 10 (1): 288.

McKee A S, Pearce E J, 2004. CD25^{+}CD4^{+} cells contribute to Th2 polarization during helminth infection by suppressing Thl response development [J]. Immunol, 173 (2): 1224 - 1231.

McManus D P, Loukas A, 2008. Current status of vaccines for schistosomiasis [J]. Clin Microbiol Rev, 21 (1): 225 - 242.

Meningher T, Barsheshet Y, Ofir - Birin Y, et al, 2020. Schistosomal extracellular vesicle - enclosed miRNAs modulate host T helper cell differentiation [J]. EMBO Rep, 21 (1): e47882.

Mo H M, Liu W Q, Lei J H, et al, 2007. *Schistosoma japonicum* eggs modulate the activity of CD4^{+}CD25^{+} Tregs and prevent development of colitis in mice [J]. Exp. Parasitol, 116 (4): 385 - 389.

Mulvenna J, Moertel L, Jones M K, et al, 2010. Exposed proteins of the *Schistosoma japonicum* tegument [J]. Int J Parasitol, 40 (5): 543 - 554.

Oliveira D M, Silva - Teixeira D N, Carmo S A, et al, 1998. Role of nitric oxide on human Schistosomiasis mansoni: upregulation of in vitro granuloma formation by N omeganitro - l - arginine methylester [J]. Nitric Oxide, 2 (1): 57 - 65.

Paveley R A, Aynsley S A, Turner J D, et al, 2011. The Mannose Receptor (CD206) is an important pattern recognition receptor (PRR) in the detection of the infective stage of the helminth *Schistosoma mansoni* and modulates IFNγ production [J]. Int J Parasitol., 41 (13 - 14): 1335 - 1345.

Pearce E J, MacDonald A S, 2002. The immunobiology of schistosomiasis [J]. Nat Rev Immunol, 2 (7): 499 - 511.

Perona Wright G, Jenkins S J, MacDonald A S, 2006. Dendritic cell activation and function in response to *Schistosoma mansoni* [J]. Parasitol, 36 (6): 711 - 721.

Ramalho - Pinto F J, Carvalho E M, Horta M F, 1992. Mechanism of evasion of *Schistosoma mansoni* schistosomula to the lethal activity of complement [J]. Mem Inst Oswaldo Cruz, 87 (Suppl4): 111 - 116.

Rao K V, Ramaswamy K, 2000. Cloning and expression of a gene encoding Sm16, an anti - inflammatory protein from *Schistosoma mansoni* [J]. Mol Biochem Parasitol, 108 (1): 101 - 108.

Roye O, Delacre M, Williams I R, et al, 2001. Cutaneous interleukin - 7 transgenic mice display a propitious environment to *Schistosoma mansoni* infection [J]. Parasite Immunol, 23: 133 - 140.

Santoro F, Ouaissi M A, Pestel J, et al, 1980. Interaction between *Schistosoma mansoni* and the complement system: binding of C1q to schistosomula [J]. J Immunol, 124 (6): 2886 - 2891.

Sher A, Rieny S, James S L, et al, 1982. Mechanisms of protective immunity against *Schistosoma mansoni* infection in mice vaccinated with irradiated cercariae. Ⅱ. Analysis of immunity in hosts deficient in T lymphocytes, B lymphocytes or complement [J]. Immunol, 128 (4): 1880 - 1884.

Shi F, Zhang Y, Lin J, et al, 2002. Field testing of *Schistosoma japonicum* DNA vaccines in cattle in China [J]. Vaccine, 20 (31 - 32): 3629 - 3631.

Shi F, Zhang Y, Ye P, et al, 2001. Laboratory and field evaluation of *Schistosoma japonicum* DNA vaccines in sheep and water buffalo in China [J]. Vaccine, 20 (3 - 4): 462 - 467.

Sun L, Gong W C, Shen Y J, et al, 2020. IL - 17A - producing γδ T cells promote liver pathology in acute murine schistosomiasis [J]. Parasit Vect, 13: 334.

Tang N, Wu Y, Cao W, et al, 2017. Lentivirus - mediated overexpression of let - 7b microRNA suppresses hepatic fibrosis in the mouse infected with *Schistosoma japonicum* [J]. Exp Parasitol, 182: 45 - 53.

Tarleton R L, Kemp W M, 1981. Demonstration of IgG - Fc and C3 receptors on adult *Schistosoma mansoni* [J]. J Immunol, 126 (1): 379 - 384.

Thomas P G, Carter M R, Atochina O, et al, 2003. Maturation of dendritic cell 2 phenotype by a helminth glycan uses a Toll - like receptor4 - dependent mechanism [J]. Immunol, 171: 5837 - 5841.

Thompson R C, 2001. Molecular mimicry in schistosomes [J]. Trends Parasitol, 17 (4): 168.

Tran M H, Pearson M S, Bethony JM, et al, 2006. Tetraspanins on the surface of *Schistosoma mansoni* are protective antigens against schistosomiasis [J]. Nat Med, 12 (7): 835 - 840.

Tylor M G, Maureen C H, Shi F H, et al, 1998. Production and testing of *Schistosoma japonicum* candidate antigens in the natural bovine host [J]. Vaccine, 16 (13): 1290 - 1298.

Van der Kleij D, Latz E, Brouwers J F, et al, 2002. A novel host - parasite lipid cross - talk. Schistosoma llyso - phosphatidylserine activates toll - like receptor 2 and affects immune polarization [J]. J Biol Chem, 277: 48122 - 48129.

Wang Y G, Fan X B, Lei N H, et al, 2020. A microRNA derived from *Schistosoma japonicum* promotes schistosomiasis hepatic fibrosis by targeting host secreted frizzled - related protein 1 [J]. Front Cell Infect Microbiol, 10: 101.

Wu H W, Fu Z Q, Lu K, et al, 2017. Vaccination with recombinant paramyosin in Montanide ISA206 protects against *Schistosoma japonicum* infection in water buffalo [J]. Vaccine, 35 (26): 3409 - 3415.

Wynn T A, Oswald I P, Eltoum I A, et al, 1994. Elevated expression of Th1 cytokines and NO synthase in the lungs of vaccinated mice after challenge infection with *Schistosoma mansoni* [J]. J Immunol, 153: 5200 - 5209.

Xu F Y, Liu C W, Zhou D D, et al, 2016. TGF - β/SMAD pathway and its regulation in hepatic fibrosis [J]. J Histochem Cytochem, 64 (3): 157 - 167.

Xu S T, Shi F H, Shen W, et al, 1993. Vaccination of bovines against schistosomiasis japonicum with cryproserved - irradiated and freeze/thaw schistomula [J]. Veterinary Parasitology, 47: 37 - 50.

Xu S T, Shi F H, Shen W, et al, 1995. Vaccination of sheep against schistosomiasis japonicum with either glutathione - S - transferase, keyhole limpet haemocyanin or the freeze/thaw Schistosomula/BCG vaccine [J]. Veterinary Parasitology, 58: 301 - 312.

Yang J, Feng X, Fu Z, et al, 2012. Ultrastructural Observation and Gene Expression Profiling of *Schistosoma japonicum* Derived from Two Natural Reservoir Hosts, Water Buffalo and Yellow Cattle [J]. PLoS One, 7 (10): e47660.

Yang J, Fu Z, Feng X, et al, 2012. Comparison of worm development and host immune responses in natural hosts of *Schistosoma japonicum*, yellow cattle and water buffalo [J]. BMC Vet Res, 8: 25.

Yang J H, Zhao J Q, Yang Y F, et al, 2007. *Schistosoma japonicum* egg antigens stimunate $CD4^+ CD25^+$ T cell and modulate airway inflammation in a murine model of asthma [J]. Immunol, 120 (1): 8 - 18.

Yang J M, Qiu C H, Xia Y X, et al, 2010. Molecular cloning and functional characterization of *Schistosoma japonicum* enolase which is highly expressed at the schistosomulum stage [J]. Parasitology Research, 107 (3): 667 - 677.

Zheng L, Hu Y, Wang Y J, et al, 2017. Recruitment of neutrophils mediated by Vγ2 γδ T cells deteriorates liver fibrosis induced by *Schistosoma japonicum* infection in C57BL/6 mice [J]. Infect Immun, 85 (8): e01020 - 16.

Zhou Y, Zheng H J, Liu F, et al, 2009. The *Schistosoma japonicum* genome reveals features of host - parasite interplay [J]. Nature, 460: 345 - 352.

Zhu D, He X, Duan Y, et al, 2014. Expression of microRNA - 454 in TGF - β1 - stimulated hepatic stellate cells and in mouse livers infected with *Schistosoma japonicum* [J]. Parasites & Vectors, 7 (1): 148.

Zhu L, Zhao J, Wang J, et al, 2016. MicroRNAs are involved in the regulation of ovary development in the pathogenic blood fluke *Schistosoma japonicum* [J]. PLoS Pathog, 12: e1005423.

第十一章　动物日本血吸虫病的流行病学

■第一节　传染源与传播媒介

国内通常把 infectious disease 翻译为传染病，把 source of infection 或 infectious source 翻译为传染源，故传染源的英文含义大多是指感染源。就日本血吸虫病而言，携带有血吸虫尾蚴的钉螺是人和动物的感染源，含有可孵出毛蚴的血吸虫虫卵的病人（畜、野生动物）粪便是钉螺的感染源，但一般习惯将后者称为日本血吸虫病的传染源，而把钉螺和水归为血吸虫病的传播媒介。

一、日本血吸虫病的传染源

不同血吸虫虫种都有自己专有的终末宿主种群，在各种血吸虫病传播中起主要传染源作用的终末宿主种群也因种而异（详见第六章）。如牛是我国大多数流行区日本血吸虫病传播的主要传染源，而对曼氏血吸虫和埃及血吸虫而言，它们属非易感宿主。即使同一种血吸虫，如在我国流行的日本血吸虫中国大陆株，在不同类型流行区（湖沼型、山区型、水网型）、同一类型流行区不同区域的保虫宿主种类、作为当地血吸虫病传播主要传染源的终末宿主种类也不尽相同。就是在同一流行区，在不同防治时期作为主要传染源的终末宿主种类也会出现变化。

日本血吸虫既可感染人，又可感染哺乳动物。除人以外，其终末宿主还有多种家畜、家养动物和野生动物，涉及 7 个目 28 个属 40 余种。虽然没有逐一地进行不同终末宿主间血吸虫相互交叉感染的试验验证，但多种动物来源的日本血吸虫病原间可交叉感染的事实已十分明确。从疫区采集的、不明来源毛蚴感染的阳性钉螺逸出的尾蚴，或用实验室人工感染、毛蚴来源明确（一般采用鼠或兔肝脏虫卵）的阳性钉螺逸出的尾蚴都可以成功感染小鼠、大鼠、兔、黄牛、水牛、绵羊、山羊、猪、犬、马等异种动物，提示 40 余种哺乳动物终末宿主间的病原都可能交叉感染，病人和各种患病动物感染的都是同一种日本血吸虫病原，都有可能是血吸虫病的传染源。

从流行病学意义上讲，能作为血吸虫病传染源的动物宿主需具备一个基本条件，即血吸虫可在其体内发育成熟，并排出可孵化出毛蚴的虫卵。宿主对血吸虫感染的适宜性及多种与血吸虫病传播相关的生物、自然及社会等因素决定了各种终末宿主在血吸虫病传播中的作用，如宿主的种群数量、分布和活动范围、感染易感性、粪便排卵量和排卵持续时间、粪便虫卵孵化率、粪便扩散和污染钉螺滋生地的概率、家畜饲养方式、耕作方式等。

一些日本血吸虫在其体内发育不良、性器官发育不（够）成熟的非适宜宿主（如东方田鼠、大鼠、马属动物等），或种群数量少、宿主粪便污染钉螺滋生地概率低的动物（如马属动物等）在血吸虫病传播上的作用要明显亚于牛、羊等血吸虫适宜宿主，详见第六章。

在某一流行区同时存在多种家畜、家养动物或野生动物宿主，野生动物宿主活动区域形成原发性疫源地，而牛、羊等家畜及家养动物活动区域形成次发性疫源地，宿主的多样性导致了我国血吸虫病传播特征的复杂性。不同类型流行区、不同区域、不同时期放牧或用于生产活动的家畜种类、数量不一样，野生动物种群分布及数量也存在差别，因而在同一时期的不同流行区，或同一流行区的不同防治时期作为主要传染源的家畜/动物种类也有所差别。确定哪些动物终末宿主在该地区血吸虫病传播中起主要作用需综合考虑各种可能与传播相关的因素。明确不同地区不同防治时期血吸虫病传播的主要传染源，对制定和实施精准、有效的防控策略和措施都是极为重要的。

二、日本血吸虫的动物试验感染观察

人工感染试验表明，日本血吸虫在黄牛、山羊、绵羊、犬、兔、小鼠、恒河猴等动物体内的发育率明显高于水牛、马、大鼠等，收集自黄牛、羊、兔、小鼠等动物体内的血吸虫虫体明显大于水牛、大鼠等体内的虫体。收集自大鼠的雌虫细小，生殖器官发育不成熟（何毅勋等，1960，1962，1963；杨健美等，2012）。用日本血吸虫攻击感染水牛和猪都观察到出现自愈现象（林邦发等，1977；罗杏芳等，1988；何永康等，2003；邱汉辉等，1993；黄飞鹏等，1987；刘跃兴等，1991）。用日本血吸虫攻击感染东方田鼠，虫体在宿主体内不能发育成熟和产卵（吴光等，1962；黎申恺等，1965；李浩，2000），详见第六章。

何毅勋等（1960，1962，1963）观察了不同动物人工攻击感染血吸虫后粪便中排出的虫卵数量和持续时间，结果表明，在实验动物中，以小鼠和家兔粪便中排出的虫卵数最多，豚鼠次之，大鼠和多数褐家鼠均未排出虫卵，仅个别褐家鼠粪便中有少量虫卵排出。对金黄仓鼠和长爪沙鼠人工感染日本血吸虫的试验结果显示，这两种常用实验动物不仅虫体发育率高，而且排卵时间持续较长。在家畜中，犬、黄牛排出的粪便中虫卵数量多，山羊和绵羊次之，这几种动物从粪便中排出虫卵的时间均持续一年以上。水牛于感染后 7 周在其粪便中查到血吸虫虫卵，但自感染后第 11 周粪便中排出的虫卵数逐渐减少，感染后第 19～27 周（不同个体间存在差别）粪便中开始查不到虫卵。马于感染后 7～15 周从排出的粪便中查到少量虫卵，此后无虫卵排出。林邦发等用日本血吸虫尾蚴人工感染 1 岁左右的健康水牛，2 个月后粪便排卵呈强阳性，而后粪孵毛蚴数随着时间的增长而减少，在感染 2 年后全部转阴。何永康等的研究显示，1 岁以内的水牛感染血吸虫后 1 年虫体均消亡，粪便不再排出虫卵（何永康等，2003）。

通过实验室人工感染试验观察日本血吸虫在不同动物体内的生长发育情况，依据虫体发育率、宿主排卵量、排卵持续时间、粪便虫卵毛蚴孵化率等指标可分析预判不同动物终末宿主在血吸虫病传播中的潜在重要性。一般血吸虫在其体内发育好、雌虫产卵量大、产卵时间持续长、虫卵毛蚴孵化率高，宿主排粪量大的动物宿主在该病传播上的潜在作用会更大些。但各种动物在不同流行地区及不同防控时期血吸虫病传播上的作用要结合该种动物在易感地带的分布/放牧数量、活动范围、粪便扩散和污染钉螺滋生地的概率等综合考虑。

三、不同时期动物终末宿主感染情况及疫区野粪污染情况

通过流行区不同时期放牧家畜及野生动物种类、数量、血吸虫感染情况，不同动物的行为习性，及钉螺滋生区域野粪种类、数量等的调查，可为明确不同流行区在不同防治时期血吸虫病的主要传染源、确定防控重点，因地因时实施精准防控措施提供实验依据。

1. 不同时期动物终末宿主的血吸虫感染情况　1938 年吴光教授在上海屠宰场开展血吸虫病调查，结果黄牛的感染率为 12.6%、水牛为 18.7%、绵羊为 1.7%、山羊为 8.2%。

20 世纪 50 年代末，我国各流行省组织开展了大规模的耕牛血吸虫病查、治工作，同时一些寄生虫学者也在部分地区对猪、羊、犬等其他家畜血吸虫感染情况进行了调查，结果在上海、江西、福建、浙江、湖南、云南、湖北等血吸虫病流行省（直辖市），黄牛感染率为 30.55%～44.73%，水牛为 11.01%～18.69%，羊为 15.14%～55.56%，猪为 23.36%～67%，犬为 56.66%。1956 年湖北省寄生虫病研究所杨波应等在黄陂区黄花涝开展家畜血吸虫病调查，结果猪、黄牛、水牛、犬、马、猫的血吸虫感染率分别为 7.29%、3.75%、0.38%、5.26%、12.5%、11.1%。1958 年福建省组织开展家畜血吸虫病调查，共检查黄牛 17 785 头、水牛 1 648 头、马 163 匹、猪 821 头、羊 498 只，检出血吸虫阳性黄牛 4 904 头、水牛 161 头、马 1 匹、猪 24 头、羊 30 只，阳性率分别为黄牛 27.57%、水牛 9.77%、马 0.61%、猪 2.92%、羊 6.02%。表明在防治初期我国大部分血吸虫病流行区牛、猪、羊、犬等家畜血吸虫感染都相当严重。

20 世纪 80 年代以来的调查结果显示，尽管吡喹酮已在疫区广泛推广应用，但由于重复感染严重，一些湖沼型和大山区流行区家畜和野生动物血吸虫感染仍很严重。如汪天平等 1987 年在安徽省铜陵县白浪湖区的调查显示，人、牛、猪血吸虫感染率分别为 1.64%（32/1 953)、16.91%（35/207）和 22.49%（47/209)。1993—2000 年安徽省东流观测点黄牛平均感染率为 50%，最高年份达 92.8%；水牛平均感染率为 14.3%；猪的感染率为 13.3%；羊的感染率连续几年维持 30%以上。1993—1999 年对属湖沼型流行区的湖南省岳阳县麻塘镇牛、羊血吸虫病疫情进行了调查，共查耕牛 7 707 头次，查出病牛 390 头次，平均感染率为 5.06%，查羊 346 只次，查出病羊 82 只次，感染率为 23.7%（张强等，2000)。2001—2005 年麻塘镇牛、羊血吸虫感染率有所下降，但仍在一定范围内徘徊，共查牛 4 618头次，感染率为 3.08%～3.62%，平均为 3.24%，查山羊 444 只次，感染率为 8.75%～13.6%，平均为 11.11%（朱春霞等，2007)。云南省巍山牛、猪、犬、驴、马、骡及羊七种家畜的血吸虫感染率分别为 17.27%、13.21%、8.22%、4.27%、3.36%、3.22%和 1.15%。2004 年全国血吸虫病流行状况抽样调查表明，黄牛、水牛、猪、羊的血吸虫感染率分别为 3.68%、4.66%、0.27%和 1.44%。表明这一时期牛、猪、羊等家畜血吸虫感染仍维持在较高水平；湖沼型地区各类动物的感染率普遍高于山丘型地区。调查也显示一些种类的野生动物血吸虫感染率较高。如安徽贵池野兔及野姬鼠感染率为 11.92%和 32.0%；云南洱源褐家鼠和沟鼠血吸虫感染率分别为 31.8%和 64.5%。

2014 年全国对 593 793 头牛、315 055 只羊以及 13 187 头（匹）猪、马、驴、骡等其他家畜进行了检测，分别查出 985 头病牛、411 只病羊，牛、羊和其他家畜的阳性率分别为 0.17%、0.10%和 0.00%。

近些年，大部分疫区牲猪都实施圈养。马属动物很少用于农田耕作和肥料、粮食运输，接触疫水和感染血吸虫的机会减少。血吸虫感染家畜以牛和羊为主。由于人群和牛被列为重点防控对象纳入国家血吸虫病防控规划，疫区实施了以机代牛、淘汰牛等防控措施，一些地区饲养牛的数量少了，而羊的饲养数量增加了，血吸虫病羊数占病畜总数的比例也随着升高。如据统计，疫区 7 省放牧羊的数量从 2012 年的 410 662 只上升至 2013 年的 504 854 只和 2014 年的 680 814 只，血吸虫病羊占所有病畜的比例也从 2012 年的 25.73%上升至 2013 年的 34.00%和 2014 年的 40.05%。

2. 疫区野粪污染情况 放牧家畜活动范围大，接触含血吸虫尾蚴疫水机会多，血吸虫感染率普遍较高。放牧家畜随意排粪，含血吸虫虫卵的粪便污染有螺环境概率大。防治初期至今的野粪调查都表明，大部分流行区 95%以上收集到的和查到血吸虫虫卵的野粪是家畜粪便，患病家畜是我国血吸虫病传播的主要传染源。

在江湖洲滩型流行区，1979—1982 年许绶泰教授等在目平湖（西洞庭湖，湖沼型流行区）草洲进行了 5 次野粪调查，总计查到野粪 5 017 份，其中畜粪 4 996 份，占总数的 99.58%，人粪占 0.42%。畜粪中牛粪占 87.1%，猪粪占 3.71%，羊粪占 8.51%，犬粪占 0.02%。阳性野粪中 99.8%属畜粪，其中阳性牛粪占 87.8%。汪天平等（1989）1987 年的调查显示，安徽铜陵县白浪湖区牛年排入滩地虫卵数占 51.7%，猪占 48.3%，人占 5.2%。人、牛、猪粪便的每克粪毛蚴数（MPG）即有效 EPG 分别为 1.34、0.63 和 1.19；根据牛、猪感染率、感染度及粪便对滩地实际污染推算，牛、猪粪便中排出的有效虫卵牛占 92.1%，猪占 7.9%。石中谷等（1995）的调查显示，湖南淯江村牲猪的实际污染指数为 2 271.11，高于牛的 249.23 和人的 8.01。Chen 等（2004）报道，湖沼型疫区耕牛排虫卵数占总排虫卵数的 90%，猪占 6%～8%。陈炎等（1999）对洞庭湖垸外洲滩进行连续 8 年观察，结果显示牛、猪、人野粪占比分别为 83.7%、11.9%和 2.3%，阳性野粪占比分别为 75.6%、16.6%和 5.0%。1993—1999 年在湖南岳阳县麻塘镇进行野粪调查，收集到的野粪中牛粪占 88.69%（580/654），羊粪占 11.31%（74/654）；共检测到阳性牛粪 25 份，阳性羊粪 22 份，羊粪的平均阳性率为 29.7%（27.5%～33.3%），高于牛粪的 4.31%（1.79%～7.21%）（张强等，2000）。2001—2005 年麻塘镇野粪调查共收集到野粪 713 份，其中牛粪占 70.3%（501/713），羊粪占 29.7%（212/713），牛粪数量仍最多，但羊粪的比例有所增加；共检测到阳性牛粪 23 份，阳性羊粪 20 份，羊粪的平均阳性率为 10.31%（7.6%～20.0%），高于牛粪的 4.6%（3.6%～6.1%）（朱春霞等，2007）。

在山丘型流行区，1991 年中国农业科学院上海兽医研究所等单位在云南南涧县试点区（山丘型流行区）调查野粪 348 份，其中黄牛粪 151 份，占 43.39%，马属动物粪 60 份，占 17.24%，猪粪 100 份，占 28.74%，山羊粪 30 份，占 8.62%，人粪 7 份，占 2%，野粪中畜粪占 98%。共查出阳性粪便 31 份，感染率为 8.85%，全部为畜粪。其中阳性黄牛粪占阳性粪的 83.87%。高原峡谷流行区乐秋山调查结果表明牛的相对污染指数为 67%（郭家刚，2006）。四川凉山山区的调查结果显示牛的污染指数高达 97.4%（苏禄权等，1999）。云南洱源中和村的调查结果表明牛的相对污染指数仅占 1.6%（郑江等，1990）。

四、不同动物终末宿主在我国血吸虫病传播上的作用

综合流行病学调查报道，在我国的大部分血吸虫病流行区，尤其是湖沼型流行区，在实施淘汰牛等传染源控制措施之前，水牛和黄牛是血吸虫病传播的主要传染源。无论在湖沼型或山区型或水网型流行区，牛血吸虫感染率都较高。野粪调查结果显示牛粪分布无论在数量上或阳性牛粪数量上所占比例都较高，同时粪量大、不易干燥，虫卵存活时间长，牛活动范围广，牛粪污染有螺环境机会大。无论从宿主感染率还是从实际污染情况等方面来看，均表明牛是血吸虫病重要的传染源。调查还显示，虽然在同一地区水牛血吸虫感染率一般都低于黄牛，但我国大部分血吸虫病流行区水牛饲养量比黄牛大，水牛喜水，接触疫水的机会比黄牛多、时间长，水牛常浸泡于河边或湖边的浅水中，有在水边或下水排粪的习惯，排出的粪便污染有螺环境机会较黄牛多，增加了毛蚴孵出和钉螺感染的机会，水牛一直是我国血吸虫病传播的重要传染源。

郭家钢（2006）在江西省永修县选取两个单元性强、环境条件相似、人群及牛感染率接近的行政村进行对比试验，连续三年对干预村所有人群和所有小牛都进行治疗，而对照村只对人群进行治疗，结果显示干预村比对照村人群血吸虫病感染率显著减少，推测牛对当地人血吸虫病传播起到的作用达75%。Gray 等（2008）采用双宿主（人、牛）数学模型推断，无论是在牛感染率高还是低的流行区，一旦移除牛这一主要传染源，该地区血吸虫病传播将会中断并无法维持。这些研究和推断都支持牛是我国大部分地区血吸虫病的重要传染源。

虽然感染血吸虫后期猪会对感染产生抗性，并出现自愈现象，但初次感染血吸虫的牲猪却对血吸虫表现易感，感染早期血吸虫在猪体内发育良好。流行病学调查也显示，在有钉螺滋生的湖滩、洲滩敞放的牲猪血吸虫感染率都较高，有的地区甚至高于牛等其他动物，是当地血吸虫病的重要传染源。近 20 年来，大部分地区的牲猪都实施圈养，牲猪在血吸虫病传播上的作用也减弱了。

羊是血吸虫易感宿主之一。调查显示，在湖沼型流行区，时常羊血吸虫感染率高于牛（张强等，2000；朱春霞，2007）。放牧羊多在青草生长茂盛，也是钉螺适宜滋生的地带活动。羊活动范围大，排出的粪便分散，污染面广，是一些地区血吸虫病的重要传染源。自国家血吸虫病中长期防控规划（2004—2015）实施以来，人群和牛被作为重点防控对象列入防控规划，一些流行区饲养和在湖洲、江滩及草坡放牧羊的数量增多，调查显示 21 世纪初以来一些地区血吸虫病羊数量占病畜总数比例增高，成为当地的重要传染源。

马属动物（马、驴、骡）对血吸虫的易感性较黄牛和羊差。但在云南、四川等地的大山区，马属动物有时被用于农田耕作、粮食和肥料等的运输，有接触疫水并感染血吸虫病的机会，但相对牛和羊，数量较少，是部分地区血吸虫病的次要传染源。现今，马属动物用于农田耕作和农用产品的运输已很少，血吸虫感染已少有报道。

犬亦是血吸虫的易感宿主。一些流行区的乡村养犬数量较多，犬的活动范围大，血吸虫感染率较高，是当地血吸虫病重要传染源。

一些地区野鼠等野生动物的血吸虫感染率较高。有学者认为，野鼠繁殖快，数量多，

分布广，活动频繁，接触疫水的机会多，阳性鼠粪易污染水源；同时有研究表明，血吸虫感染鼠排出的粪便 EPG（每克粪便虫卵数）和粪便虫卵毛蚴孵化率均高于人群和家畜；故野鼠可能是当地血吸虫病的重要传染源。也有调查认为，野鼠粪便污染有螺水体机会较少，同时鼠粪易干燥，鼠粪便中的血吸虫虫卵容易死亡，在血吸虫病传播上意义不大。

我国血吸虫病防治实践表明，在同一流行地区，不同防治时期作为血吸虫病主要传染源的动物种类和防控重点会随着防控进程及当地社会经济发展而发生变化。20 世纪下半叶，大多数流行区放牧牛是主要传染源。猪、羊等家畜分别是不同流行区血吸虫病传播的重要传染源，马、骡、驴等是一些地区的次要传染源。通过几十年的积极防控，各种家畜血吸虫感染都呈下降趋势，一些流行区作为主要传染源的家畜种类也发生变化。为了控制牛这一主要传染源，大多数流行区强化了牛血吸虫病查治工作，实施了以机耕代牛耕、封洲（山）禁牧、圈养或淘汰牛等血防措施，牛不再成为一些流行区的主要传染源。随着农业机械化进程的推进，血吸虫病牛也从以耕牛为主转变为以放牧肉用牛为主。大部分流行区牲猪都实施圈养，马、骡、驴等用于耕作、肥料和粮食运输等生产活动也减少；因而这几种家畜血吸虫感染率也明显降低，在当地血吸虫病传播上的作用减弱了。由于牛被列为传染源的重点防控对象，限制在有螺草洲草滩放牧，一些流行区为了充分利用当地资源发展养殖业、提高当地农民收入，饲养和放牧羊数量增多，病羊数占病畜总数的比例升高，野外羊粪数量和血吸虫感染阳性羊粪比例有所提高，如 2015 年全国推算血吸虫感染病牛数约占病畜总数的 65.73%，病羊数约占 34.27%。羊一般在居民生活区附近放牧，活动范围大、排粪分散、污染面广，已成为一些流行区主要的传染源。流行区一些乡村这些年犬的饲养量增加，犬血吸虫感染比例增多，对当地血吸虫病传播是否会产生影响应引起关注。随着防治工作的不断深入，人及牛、猪、羊等的血吸虫病得到有效控制，要在我国最终根除血吸虫病，野生动物在血吸虫病传播上的作用应受到关注。因而，要坚持做好流行病学调研，明确不同时期当地的主要传染源，因时因地制宜精准、科学防控。

五、日本血吸虫病的传播媒介

1. 水 日本血吸虫生活史中两个感染阶段的虫体——毛蚴和尾蚴都在水中完成感染过程。血吸虫病病人和病畜排出的粪便中的虫卵只有在有水环境中才能孵化；血吸虫感染钉螺中的成熟尾蚴只有在有水环境中才能逸出；钉螺、人和其他哺乳动物只有接触含有毛蚴或尾蚴的疫水才能被感染。血吸虫病必须借助水才能传播，水是血吸虫病传播的必需媒介。

2. 钉螺 钉螺是日本血吸虫的唯一中间宿主，是日本血吸虫病传播的唯一生物媒介。钉螺分布于亚洲东部和东南部，包括中国、日本、菲律宾和印度尼西亚等国。在我国，钉螺分布于北纬 33°15′以南的湖南、湖北、江西、安徽、江苏、四川、云南、浙江、上海、福建、广东、广西和台湾 13 个省（自治区、直辖市），都属湖北钉螺（*Oncomelania hupensis*），外形有肋壳钉螺和光壳钉螺之分，分属不同的亚种。不同流行区的钉螺在形态（大小、螺壳的颜色等）、对来自不同地区血吸虫尾蚴的易感性等方面存在一些差别（详见第八章）。

■第二节　传播环节与途径

一、传播环节

血吸虫病传播需要传染源、中间宿主钉螺和水的存在，需经过传染源排出虫卵、虫卵在水中孵出毛蚴、毛蚴侵入钉螺、幼虫完成在螺内的发育、尾蚴逸出并侵入终末宿主发育成熟和产卵等几个环节。

日本血吸虫病传染源指感染了血吸虫并排出可孵出毛蚴的虫卵的患病终末宿主。在某一流行区群体数量大、排卵量多、持续时间长且虫卵孵化率高、接触有螺区域概率大的患病终末宿主是当地的主要传染源。如感染血吸虫的病牛是我国多数地区血吸虫病的主要传染源；日本血吸虫在非适宜宿主马、驴、骡体内发育率比牛、羊等适宜宿主低，排出的成熟虫卵少，这几种动物的血吸虫感染个体是一些山丘型流行区的次要传染源。明确不同防治时期不同流行区的主要传染源，加强主要传染源的查、治工作，减少患病宿主粪便中排出的虫卵数量，是阻断传播环节的有效措施。

有钉螺的地区未必一定流行血吸虫病，但有血吸虫病流行的地区必定有钉螺存在。消灭易感地带钉螺，切断血吸虫病传播链，是控制血吸虫病传播的重要环节。环境改造灭螺和药物灭螺等技术措施的实施，已在我国血吸虫病防控中发挥了重要的作用。

水是钉螺生存和血吸虫病传播的必要条件。①长期干旱或水淹不适合钉螺滋生和生长发育。把有螺水田改旱田，在有螺湖（洲）滩进行垦种，在有螺低洼地挖池养殖，使钉螺较长时间生存在干燥或水淹环境下，可有效减少钉螺数量，降低钉螺滋生面积。②虫卵只有在有水环境中才能孵出毛蚴，才能感染钉螺。减少病人、病畜粪便中的虫卵落入水中和污染水源，是切断血吸虫病传播链的重要环节。虫卵入水的机会、数量与人、畜的生活习惯和习性及社会经济发展条件都有关。如早前一些居民有在河边洗刷粪桶、粪具的习惯，船民粪便直接排入河中等；再如黄牛比水牛易感，成虫发育率高，排卵量大，但水牛比黄牛更喜水，排出的粪便虫卵入水概率高于黄牛。实施家畜圈养，加强家畜和居民的粪便管理，修建卫生厕所等，都是防止粪便虫卵污染水源的有效措施。③只有在有水环境中，成熟尾蚴才能从钉螺中逸出，并感染人、畜。人和家畜等易感动物都是在参加生产劳动、耕作、放牧、游泳等情况下接触含尾蚴的水（称为疫水）而感染血吸虫。在易感地带从事生产活动时做好个人防护，在易感季节实施封洲（山）禁牧，推广以机耕代牛耕等，都是避免或减少人、畜感染血吸虫病的重要环节。

二、传播途径

以钉螺和水为传播媒介是血吸虫病传播的主要途径。在生产、生活和放牧过程中接触含尾蚴的水（称为疫水）是人畜感染日本血吸虫的主要途径。血吸虫尾蚴感染人和动物有两种方式。其一为皮肤感染，人、牛、羊及其他动物的皮肤接触疫水时，疫水中尾蚴侵入表皮进而进入人和动物体内。这种感染方式不受皮肤的厚薄和部位限制，也不受体表被毛稀疏的影响，只要疫水在体表停留足够时间，均可感染；尾蚴侵入数量与水源污染程度、皮肤暴露面积、接触疫水时间和次数呈正相关；该感染方式是人和动物感染血吸虫最主要的方式。其二为黏膜感染，当人饮用含尾蚴的水或动物饮用含尾蚴的水或吞食带有含尾蚴露水的青草时，尾蚴可以从口腔黏膜进入体内而发生感染。曾有用疫区带有露水的青草喂食圈养奶牛和家兔而发生感染的报道。血吸虫尾蚴入侵终末宿主皮肤只需很短的时间即可完成。有研究证明血吸虫尾蚴只需 10s 即可入侵小鼠皮肤。因此，在血吸虫病疫区，人、畜应尽可能避免接触疫水，哪怕是短暂接触。此外，中国医学科学院湖北分院寄生虫病研究所（1960）试验证明尾蚴能从动物的肛门附件的黏膜侵入。浙江农业科学院畜牧兽医研究所（1960）试验证明羊可因吞食阳性钉螺而感染日本血吸虫。

除通过皮肤和黏膜感染外，血吸虫还可经胎盘垂直传播。王溪云等在江西某一农场调查，发现 10 头死胎均为严重血吸虫感染所致，且 4 头初产胎牛经粪便孵化均为血吸虫阳性。1958 年在鄱阳湖的专项调查中，137 头 1 月以内的犊牛感染率为 54.7%，其中黄牛为 75%，水牛为 41%。Navabayashi（1914）在人工感染血吸虫的犬、鼠和兔的子代中发现血吸虫童虫。Willingham 等（1999）用猪作为动物模型，在母猪妊娠第 10 周（孕中晚期）试验感染日本血吸虫尾蚴 8 000～10 000 条，分娩后，在仔猪肝脏和粪便中均发现日本血吸虫虫卵。钱宝珍等（2002）用家兔对日本血吸虫垂直感染进行了试验观察，分别在妊娠中期、晚期经皮肤人工感染尾蚴 300 条，仔兔先天感染率分别为 13.5%和 46.7%；妊娠晚期分别感染 300 条、500 条、700 条尾蚴，母兔经胎传播率均为 100.0%，仔兔感染率分别为 46.7%、61.9%和 79.0%。

第三节　影响传播的相关因素

传染源、易感动物和中间宿主钉螺的存在是血吸虫病流行和传播的必备因素。但一个地区是否有血吸虫病流行和流行程度又受各种生物因素、自然因素和社会因素的影响。血吸虫病传播依赖于终末宿主、中间宿主的存在。中间宿主钉螺生长和繁殖需要相应的植被和水、土壤等其他自然条件。血吸虫虫卵孵化、钉螺感染、虫体在螺体内发育、尾蚴溢出和终末宿主感染均受到各种自然因素的影响。虫卵入水和尾蚴入侵等又涉及社会因素。

一、生物因素

生物因素主要涉及病原（血吸虫）、终末宿主、中间宿主钉螺和相关植被等。前三者是血吸虫病流行和传播的必备因素，缺一不可。有血吸虫病流行的地区必然有钉螺，在没有钉螺地区，即使有输入性病原也不会引起流行。在一些已消灭传染源的地区，可以做到有螺无病。钉螺生活在水陆交界处，岸边的植被是钉螺滋生和繁殖的必要环境。植被能提供钉螺滋生和活动所必需的温度、湿度、遮阳环境和食物。在没有植被但具备适宜湿度、温度的地方，如桥下、岸边、石头缝等，钉螺可以生存但繁殖力受影响。

二、自然因素

钉螺系水陆两栖生物，它的滋生与气温、水、土壤、植被等因素密切相关。血吸虫毛蚴和尾蚴各在水中有一短暂的自由生活阶段，毛蚴的孵化和尾蚴的逸出除了水以外，还受气温、光照等的影响。故血吸虫病流行和传播受气温、水（包括水的流速）、土壤等诸多自然因素影响。各种自然因素对血吸虫病流行和传播的作用是综合的，形成了有利或不利血吸虫病传播的条件。

1. 气温　气温对钉螺的繁殖、发育、活动和感染起决定性作用。我国钉螺分布在1月平均气温1℃以上等温线以南。在年极端气温低于−7.6℃的地区不适宜生存。钉螺最适滋生温度为15～25℃。当气温降至5℃以下时，钉螺就在草根下、泥土裂缝及落叶下隐藏越冬。因此，冬季家畜感染机会减少，阳性家畜作为传染源的作用降低。全球气候变暖为钉螺北移提供了可能性。气温会影响水温，而水温与血吸虫虫卵孵化、毛蚴在水体的活动、血吸虫幼虫在钉螺体内发育、尾蚴溢出、尾蚴在水体的活动密切相关。当水温在10℃以下或37℃以上时，大多数虫卵的孵化被抑制。一般适合血吸虫流行和传播的水温是10～33℃。

2. 水　血吸虫生活史中许多阶段必须在有水的条件下完成。虫卵孵化，毛蚴活动进而感染钉螺，尾蚴溢出、活动及侵入皮肤均在水中进行。钉螺卵必须在水中才能孵化，幼螺的生活环境也以含水丰富的环境为主。所以，血吸虫病流行区大多具有丰富的水源，如江、河、山溪或池塘等，且年降水量一般在750mm以上。水体如盐度、酸碱度过高，以及过急的流速，均不利于血吸虫病的流行和传播。水位变化如汛期迟早、涨落的速度与幅度，洪涝灾害的发生，均能影响血吸虫病流行的强度和范围。水位迅速上升，可以大大增加家畜和人的急性感染病例；而长期低水位则可以减少急性感染病例数。在湖沼型流行区，春汛时水位不高不低，草洲处于半淹状态，放牧家畜感染机会可能增加，阳性家畜作为传染源的作用也可能加大。夏汛时，因水位过高，家畜一般从垸外迁移到垸内，而通过多年防控，垸内几乎没有阳性钉螺且钉螺数量极少，因而夏汛时节家畜感染机会较少。

3. 土壤　钉螺一般生活在富含有机质和适量氮、磷和钙的土壤上。中性、微酸、微碱土壤均适合钉螺生存。无土的地方钉螺不能产卵和繁殖后代。土壤对钉螺的影响可能是多因素的。在贵州周围省份均有钉螺分布，贵州的气温、水等均适合钉螺生长繁殖，但贵州全省无钉螺，可以说是自然界的奇迹。

三、社会因素

许多社会因素会影响血吸虫病的流行和传播。这些因素涉及经济社会发展水平、文化教育、科技、人口、家畜饲养量、饲养方式、生产方式、生活习惯、人口和家畜流动、文化与科学素养、农田水利建设、防控队伍建设、防控经费、防控措施落实等。血吸虫病主要流行于发展中或不发达国家（或地区）。在中国主要发生地是农村，危害的主要是农民。因此，中国血吸虫病的流行和防控与“三农”问题密切相关。血吸虫虫卵是否能入水、尾蚴能否接触到人、畜皮肤，均与上述各项社会因素相关。一些大型水利工程的建设，可以从正反两个方面影响血吸虫病流行和传播。如果事前有充分的考虑和准备，可以改变库区的生态环境，减少钉螺滋生，达到趋利避害的目的。但也有因兴修水利而使钉螺和血吸虫病原扩散的惨痛教训。近年来，一些已达到传播阻断标准的地区，从洞庭湖和鄱阳湖等地区购买螺蛳作为饲养龙虾和螃蟹的饲料，有可能引入阳性钉螺，当地血防部门要高度重视，在相关区域加强人畜监测。随着经济、社会的发展，人畜流动机会增多，血吸虫病病原的扩散要引起高度重视。在控制血吸虫病流行的过程中，社会因素起着重要的作用。

第四节　日本血吸虫病的流行特点

血吸虫病流行和传播具有地方性和人畜共患两大特点，而血吸虫感染和传播具有季节性。

一、地方性

血吸虫病流行与钉螺分布和水系密切相关。虽然血吸虫病在我国长江流域及以南的12个省（自治区、直辖市）流行和传播，但在这些地区并不是普遍流行。由于钉螺的扩散能力和活动范围的局限性，血吸虫病仅在一定范围内流行，在有些地方甚至呈小块状或点状分布。在各流行省份有一些县（市、区）、各流行县有一些乡（镇）、各流行乡有一些村、甚至流行村里也有一些村民组没有血吸虫病流行。各流行区流行程度与钉螺密度以及传染源数量密切相关。在长江两岸的流行区，大体连成一线，其间有断有续。长江中下游流行区大多连接成大片，其间也有小范围没有血吸虫病流行的地方。在山区型流行省或县，流行区大多沿水系分布，局限于小块或呈狭长带状分布，有的面积很小，仅数平方公里（几个自然村）。在流行区，有阳性钉螺的地方称为易感地带，人、畜只要不到易感地带活动即不会发生感染。同样，阳性家畜只要不到有钉螺的地方放牧，即不会成为传染源。

二、季节性

血吸虫在动物和人体内寿命较长，因此，血吸虫病慢性病例一年四季均可存在。但血吸虫感染和疾病传播具有明显的季节性特点。血吸虫感染和传播的季节性主要与水位和气温的季节性变化有关，是尾蚴溢出季节、家畜和人接触疫水季节、钉螺活动季节、水位季节变化等综合因素交汇作用的结果。虽然已有报道认为，在我国一些流行区，全年均可发生血吸虫感染，但大多数流行区感染季节为春、夏、秋三季，感染高峰为4—5月和9—10月。中国农业科学院上海兽医研究所2010年开展的家畜血吸虫病感染季节动态研究显示，在湖南洞庭湖地区以及安徽长江沿岸，除1月感染机会较少外，其余月份均有感染。在江西鄱阳湖地区，除气温较低的1月和因水位较高而在垸内放牧的6—7月外，其余月份均有感染。在云南大山区，家畜感染主要与耕作有关，常见于5—9月。在湖沼型流行区，3—5月的春汛时节，水位不高不低，草洲处于半淹状态，是家畜血吸虫病感染和传播的高峰时节，需引起各地的高度重视。

三、人畜共患

人和40余种哺乳动物都可以感染血吸虫。病人和患病动物体内的血吸虫为同一病原，可交叉感染。人、动物、钉螺三者的感染具有相关性。在流行区，往往人和动物同时感染，迄今从未发现只有人群病例而无动物感染的地区。在阳性钉螺多，家畜感染率高的地方，一般人群的感染率也高，三者呈现一定的相关性。当然，在一些人类还未涉足的地方，血吸虫可能在野生动物和钉螺之间循环，形成自然疫源地。

第五节　我国日本血吸虫病流行区类型

我国学者根据地理环境、钉螺分布以及流行病学特点将我国血吸虫病流行区分为三种类型，即湖沼型、山丘型和水网型。

一、湖沼型

主要分布在湖北、湖南、安徽、江西、江苏五省的长江沿岸及所属大小湖泊周围的滩地和垸内沟渠。这些地区水系面广量大，大量的洲滩呈冬陆夏水，水位落差难以控制，钉螺分布面积大，累计有螺面积 113 亿 m^2，呈片状分布，占全国钉螺总面积的 79.5%，累计病人数占全国的 42.1%。根据不同地理环境、钉螺滋生地类型、水位变化和居民区分布特点，湖沼型流行区（图 11-1）又可分为洲滩（岛）、湖汊、洲垸和垸内 4 个亚型。湖沼型流行区是当前我国血吸虫病流行最为严重的地区。

图 11-1　湖沼型流行区
A. 垸外　B. 垸内　C. 洲岛　D. 洲滩

二、山丘型

在我国 12 个流行省（自治区、直辖市）中，除上海市外，均有山丘型流行区分布。四川、云南、福建和广西全部为山丘型流行区。山丘型流行区累计有螺面积 17.9 亿 m^2，占全国累计有螺面积的 12.6%，病人数占累计全国总病人数的 23.6%。在 1985 年全国 368 个流行县（市）中山丘型流行区为185个，占一半以上。该类型流行区内血吸虫病和钉螺分布于山区的山坡、水溪等，呈片状、线状和点状，地域上割裂，水系较为独立，自成体系。该型流行区可进一步分为平坝、高山（或大山峡谷）和丘陵3个亚型（图11－2），前两者在四川和云南两省，后者以浙江、江苏、安徽、江西等省为主。山丘型血吸虫病流行特点主要表现为传染源多样性，血吸虫易感地点散在、不确定性。

图11－2　大山峡谷型和丘陵型流行区

三、水网型

又称为平原水网型流行区（图11－3）。主要分布在长江三角洲如上海、江苏、浙江等处，北至江苏宝应、兴化、大兴，南至浙江省杭嘉湖平原。此外，安徽和广东也有部分水网型流行区。这类地区河道纵横，密如蛛网，钉螺沿河岸呈线状或网状分布。历史上水网型流行区钉螺面积仅占全国有螺面积的7.9%，其中长江三角洲地带占94.22%。但因人口稠密和居民感染率高，血吸虫病病人曾经占全国病人数的34.3%。

图11－3　水网型流行区

第六节　我国日本血吸虫病流行概况

一、我国人群血吸虫病流行状况及对社会经济发展的影响

1905年Logan首次报道湖南常德一个18岁渔民感染日本血吸虫。1971年和1975年我国寄生虫学者先后在湖南长沙马王堆出土的西汉女尸和湖北江陵县凤凰山出土的西汉男尸中查到日本血吸虫虫卵，表明血吸虫病至少已在我国流行2 100多年。

我国大规模的血吸虫病防控工作始于20世纪50年代，组建了国家和各流行省血吸虫病防治专业机构，组织了大规模的血吸虫病流行病学调查，结果表明该病在我国广泛流行，分布于长江流域及其以南的江苏、浙江、安徽、江西、湖南、湖北、广东、广西、福建、四川、云南、上海等12个省（自治区、直辖市）的454个县（市、区），流行区范围最北为江苏的宝应县（北纬30°25′），最南为广西的玉林县（北纬22°42′），最东为上海市南汇县沿海（东经121°51′），最西为云南的云龙县（东经99°05′）。流行区最低海拔为零（上海市），最高达2 500m左右（云南省）。全国累计查出病人约1 160万人，其中晚期病人50多万人，有1亿人受该病威胁。全国有钉螺面积148亿m^2。

血吸虫感染严重危害疫区人民的身体健康，1949年前该病的流行还造成众多人员死亡。如上海青浦县任屯村在1930—1949年有449人死于血吸虫病，其中全家因血吸虫病死亡的有121户，幸存的461人均为血吸虫病人。湖北省阳新县20世纪40年代有8万多人死于血吸虫病，被该病毁灭的村庄有7 000多个，荒芜耕地15 333hm^2以上。江西省羊城县百富乡梗头村原有100多户村民，至1954年只剩2人，其中90%死于血吸虫病。江苏省高邮市新民滩1950年发生一起群体性急性血吸虫病疫情，感染4 017人，死亡1 335人。

血吸虫病的流行严重地阻碍了疫区的社会经济发展，如江苏省的昆山市，20世纪50年代之前，因血吸虫病流行造成家破人亡的“无人村”就有100多个，1955年征兵时全县应征青年3 427人，体检发现血吸虫病病人2 829人，感染率高达82.55%，为此，昆山市多年未征兵役。通过20多年的努力，昆山市有效地控制了血吸虫病的流行，从1973年起，就没有发生过急性血吸虫感染，建设日新月异，已多次被列为我国经济百强县（市）的榜首。其他一些重流行区控制血吸虫病流行后，已成为重要的商品粮生产基地，或已发展成为经济发达、社会繁荣的地区。

二、我国不同时期家畜日本血吸虫病流行情况

1. 早期家畜日本血吸虫感染的相关报道　日本血吸虫病在我国流行至少已有2 100多年历史，发现证实牛、羊、犬、猫等家畜或家养动物是我国日本血吸虫天然宿主亦有上百年历史。1911年，Lanbert报道在江西九江发现犬自然感染日本血吸虫；1915年横川报道我国台湾犬和猫感染日本血吸虫。1924年Faust和Meleney、1929年Faust和Kellogg报道在我国福州水牛粪便中查到了日本血吸虫虫卵。1937年吴光教授在杭州从2头屠宰的黄牛体内找到了日本血吸虫虫体；1938年他在上海屠宰场调查了805头牛，发现黄牛日本血吸虫感染率为12.6%、水牛为18.7%；同年他在另一次调查中发现绵羊日本血吸虫感染率为1.7%、山羊为8.2%。总体来说，20世纪50年代之前，国内外寄生虫学者通过现场调查初步了解了我国部分地区血吸虫病流行情况及感染宿主种类，并认识到我国血吸虫病流行及危害的严重性，以及家畜作为日本血吸虫保虫宿主的重要性，但大多文献为临床报告。

2. 20世纪50年代家畜日本血吸虫病流行情况　20世纪50年代以来，国家高度重视家畜血防工作，组织开展了大规模的以耕牛为主的家畜血吸虫病调查，摸清了当时各流行区耕牛等家畜血吸虫病流行状况。1957年农业部在兰州举办了全国家畜寄生虫病讲习班，会后组织了以许绶泰教授为队长、由全国各地数十名专业人员组成的农业部耕牛血吸虫病调查队，在江苏和上海进行了耕牛血吸虫病调查，结果在4 485头黄牛中，查出血吸虫感染牛2 006头，阳性率为44.73%；在6 549头水牛中，查出血吸虫感染牛721头，阳性率为

11.01%。此后，上海、江西、福建、浙江、湖南、云南、湖北等地区也相继开展了家畜血吸虫病调查。1957 年在上海市郊区调查了 667 只绵羊，血吸虫感染率为 15.14%；1958 年江西农学院和农业厅组成的调查队在江西共调查耕牛 12 096 头，查到血吸虫感染阳性耕牛 3 850头，感染率为 31.83%；1958 年在江西永修调查 60 只犬，血吸虫感染率为 56.66%；1958 年福建福清调查 9 972 头黄牛和 371 头水牛，血吸虫感染率分别为 30.55%和 18.69%；1958 年在浙江嵊县调查 3 089 头黄牛和 1 641 头水牛，血吸虫感染率分别为 35.38%和 14.81%；1958 年在湖南城陵矶调查 90 只山羊，血吸虫感染率为 55.56%；1958 年在云南风仪等县调查 214 头猪，血吸虫感染率为 23.36%；1958 年在湖北圻春调查 100 头猪，血吸虫感染率为 67%。这些数据表明，20 世纪 50 年代我国大部分血吸虫病流行区牛、羊、猪、犬等家畜血吸虫感染都相当严重。据 1958 年统计，全国有血吸虫感染病牛 150 万头。虽然水牛接触疫水的机会比黄牛多、时间长，但在同一地区水牛血吸虫感染率一般都低于黄牛。一些流行区有在湖滩、洲滩敞放牲猪的习惯，因而牲猪血吸虫感染也相当严重，甚至是部分地区血吸虫病的主要传染源。在云南、四川等省的部分山区，马、骡、驴有时也用于耕作、粮食和肥料等的运输，也有接触疫水并感染血吸虫的机会，但数量较少、对血吸虫易感性较低，相对牛和羊，是部分地区血吸虫病的次要传染源。调查表明，家畜血吸虫病的流行，不仅严重危害我国血吸虫流行区畜牧业发展，由血吸虫感染引起的家畜（牛、马、骡、驴）死亡及体质衰弱，也影响了当地农田耕作等农业生产；更为重要的是，患病家畜是血吸虫病的重要传染源，严重威胁人类健康。

3. 2019 年家畜日本血吸虫病流行现状 经过 60 余年的积极防治，我国家畜血吸虫病防治取得了举世瞩目的成就。全国 12 个血吸虫病流行省（自治区、直辖市）中，广东、上海、福建、广西、浙江等地先后在 20 世纪 80 年代和 90 年代达到阻断血吸虫病传播标准，并在 2015 年年底和 2016 年年初通过了专家组复核达到了消除血吸虫病标准。四川省和江苏省先后于 2017 年和 2019 年达到传播阻断标准。湖南、湖北、江西、安徽和云南等 5 个省均于 2015 年年底前达到血吸虫病传播控制目标。截至 2019 年年底，全国 450 个流行县（市、区）中，301 个（66.89%）达到消除标准，128 个（28.44%）达到传播阻断标准，21 个（4.67%）达到传播控制标准。20 世纪 50 和 60 年代感染较普遍的猪、马、驴等其他家畜已少见日本血吸虫感染。牛、羊日本血吸虫感染率与感染强度都显著降低。2019 年我国血吸虫病流行区现有存栏耕牛 605 965 头，血检 183 313 头，阳性 1 176 头；粪检 134 978 头，阳性 7 头。2019 年在全国 455 个国家血吸虫病监测点中共检查家畜 8 117 头，未查到血吸虫感染阳性家畜（张利娟等，2020）。

4. 家畜日本血吸虫病流行态势分析

（1）感染率持续下降　以牛血吸虫感染情况为例，1958 年湖南、湖北、江西、四川、云南、广东、广西、上海、福建和浙江等地区平均耕牛血吸虫感染率分别为 9.94%、8.40%、17.50%、11.81%、5.53%、8.27%、2.74%、7.70%、12.42% 和 17.90%。2001 年，广东、上海、福建、广西和浙江 5 个省（自治区、直辖市）已查不到当地的血吸虫感染病牛，湖南、湖北、江西、安徽、四川、江苏和云南等 7 个省牛血吸虫感染率分别为 4.98%、3.40%、4.92%、4.90%、1.65%、0.13%和 2.97%。2015 年，全国达到血吸虫病传播控制标准，在血吸虫病流行区发现粪检阳性耕牛 315 头，全国 457 个国家级血吸虫病监测点平均耕牛血吸虫感染率为 0.04%。2017 年在全国血吸虫病流行区发现粪检阳性耕牛

1头，在全国457个国家级血吸虫病监测点未发现血吸虫感染阳性耕牛。与20世纪50年代以来不同防治时期相比，当前我国家畜血吸虫感染率处于历史最低水平。

（2）感染强度下降，引起的症状减轻　粪便毛蚴孵化中观察到的毛蚴数量常被家畜血防部门用作评价家畜血吸虫感染强度的参考指标，在50g牛粪中孵出1～5条、6～10条、11～20条和20条以上毛蚴时分别判为"+""++""+++"和"++++"。20世纪50年代，流行区家畜血吸虫感染强度高、引起的症状明显，重度流行区出现大批家畜死亡，病畜粪便毛蚴孵化呈现"++++"和"+++"强阳性的家畜比例较高。近些年查到的血吸虫感染阳性病畜感染强度显著降低、症状减轻，很少出现因血吸虫感染而引起的家畜死亡事件，且感染家畜粪便毛蚴孵化大部分为"+"或"++"。如8个农业部家畜血吸虫病流行病学观测点牛粪毛蚴孵化呈"+"的平均占比从1993年的42.80%上升至2003年的64.40%，而"++++"的平均占比则从1993年的12.00%降至2003年的1.50%。2017年8个观测点均未查到血吸虫感染阳性病牛。

（3）感染家畜以牛和羊为主　20世纪50、60年代放牧（养）的牛、羊、猪等血吸虫感染都较普遍，山区的马、骡、驴也时见感染。这些年大部分猪都实施圈养，马、骡、驴等用于耕作、肥料和粮食运输等生产活动也减少，因而血吸虫感染也少见，感染家畜主要以牛和羊为主。2015年全国推算血吸虫感染病牛数约占病畜总数的65.73%，病羊数约占34.27%。随着农业机械化进程的推进，血吸虫病牛也从以耕牛为主转变为以放牧肉用牛为主。人和牛被列为血吸虫病的重点防控对象，牛被要求圈养或禁止到有钉螺滋生的地带放牧。一些流行区为了充分利用当地资源发展养殖业、提高当地农民收入，放牧羊数量增多，成为当地重要的家畜传染源。因此，当前放牧牛是监测和防控的重点对象，部分地区同时应加强对放牧羊的监测和防控工作。

（4）洞庭湖和鄱阳湖湖区及长江洲滩是当前防控的重点区域　家畜血防部门对7个流行省份家畜血吸虫病疫情监测结果显示，从2009年始洞庭湖和鄱阳湖湖区血吸虫感染病畜数所占比例呈上升态势，地处洞庭湖和鄱阳湖湖区的3个动物血吸虫病流行病学纵向观测点病牛数在1996年占8个观测点总数的60.03%，到2015年占100%；洞庭湖所在的湖南和鄱阳湖所在的江西2省上报的血吸虫感染病牛数在1999年占全国病牛总数的34.80%，2012年占80.06%。洞庭湖和鄱阳湖湖区及长江洲滩是近阶段家畜血吸虫病防控的重点区域。

（刘金明、林矫矫）

■ 参考文献

戴一洪，朱鸿基，石耀军，等，1994. 湖南省岳阳麻塘血吸虫流行病学调查［J］. 中国兽医寄生虫病，2（3）：36-38.

戴卓建，颜洁邦，陈代荣，等，1992. 四川省家畜血吸虫病疫区的划分及流行病学研究［J］. 中国人兽共患病杂志，8（2）：2-4.

郭家钢，2006. 我国血吸虫病传染源控制策略的地位与作用［J］. 中国血吸虫病防治杂志，18（3）：231-232.

何毅勋，杨惠中，毛守白，1960. 日本血吸虫宿主特异性研究之一：各哺乳动物体内虫体的发育率、分布及存活情况［J］. 中华医学杂志，46（6）：470-475.

何永康，刘述先，喻鑫玲，等，2003. 水牛感染血吸虫后病原消亡时间与防制对策的关系［J］. 实用预防医学，10（6）：831-834.

胡述光，卿上田，石中谷，等，1996. 洞庭湖区生猪血吸虫病流行及危害情况的调查［J］. 湖南畜牧兽医，4（1）：25-26.

李长友，林矫矫，2008. 农业血防五十年［M］. 北京：中国农业科技出版社.

李浩，何艳燕，林矫矫，等，2000. 东方田鼠抗日本血吸虫病现象的观察［J］. 中国兽医寄生虫病，8（2）：12-15.

李浩，刘金明，宋俊霞，等，2014. 2012年全国家畜血吸虫病疫情状况［J］. 中国动物传染病学报，22（5）：68-71.

李剑瑛，林丹丹，2007. 中国家畜日本血吸虫病的流行与防治［J］. 热带病与寄生虫学，5（2）：125-128.

李石柱，郑浩，高婧，等，2013. 全国血吸虫病疫情通报［J］. 中国血吸虫病防治杂志，25（6）：557-563.

李孝清，黄四古，程忠跃，等，1996. 城市血吸虫病传染源的研究Ⅱ. 江滩野鼠感染情况调查［J］. 实用寄生虫病杂志，3（2）：92.

林丹丹，刘跃民，胡飞，等，2003. 鄱阳湖区日本血吸虫动物宿主及血吸虫病的传播［J］. 热带医学杂志，3（4）：383-387.

林矫矫，2015. 家畜血吸虫病［M］. 北京：中国农业出版社.

林矫矫，2016. 重视羊血吸虫病防治推进我国消除血吸虫病进程［J］. 中国血吸虫病防治杂志，28（5）：481-484.

林矫矫，胡述光，刘金明，2011. 中国家畜血吸虫病防治［J］. 中国动物传染病学报，19（3）：75-81.

刘金明，宋俊霞，马世春，等，2011. 2010年全国家畜血吸虫病疫情状况［J］. 中国动物传染病学报，19（3）：53-56.

刘金明，宋俊霞，马世春，等，2012. 2011年中国家畜血吸虫病疫情状况［J］. 中国动物传染病学报，20（5）：50-54.

刘效萍，操治国，汪天平，2013. 不同终宿主在血吸虫病传播中的作用［J］. 热带病与寄生虫学，11（1）：54-58.

吕大兵，汪天平，James Rudge，等，2007. 安徽石台县日本血吸虫病传染源调查［J］. 热带病与寄生虫学，5（1）：11-13.

吕美云，李宜锋，林丹丹，2010. 水牛和猪感染日本血吸虫后的自愈现象及其机制［J］. 国际医学寄生虫病杂志，37（3）：184-188.

罗杏芳，林森源，林彰毓，等，1988. 水牛日本血吸虫病自愈现象的观察［J］. 中国兽医科技（8）：42-44.

毛守白，1991. 血吸虫生物学与血吸虫病防治［M］. 北京：人民卫生出版社.

农业部血吸虫病防治办公室，1998. 动物血吸虫病防治手册［M］. 北京：中国农业科技出版社.

农业部血吸虫病防治办公室，农业部血吸虫病防治专家咨询委员会，中国农业科学院上海家畜寄生虫病研究所，2004. 中国农业血防（1990—2000）［M］. 北京：中国农业科技出版社.

钱宝珍，汤益，Henrik O Bogh，等，2002. 日本血吸虫经胎盘传播的实验研究［J］. 中国血吸虫病防治杂志，14（1）：25-27.

沈纬，1992. 家畜血防工作的回顾和建议［J］. 中国血吸虫病防治杂志，4（2）：82-84.

石中谷，胡述光，周庆元，等，1992. 清江村牲猪在血吸虫病传播中的作用［J］. 中国血吸虫病防治杂志，4（5）：293-295.

苏卓娃，胡采青，傅义，等，1994. 不同宿主在湖区日本血吸虫病传播中的作用［J］. 中国寄生虫学与寄生虫病杂志，12（1）：48-51.

汪奇志，汪天平，张世清，2013. 日本血吸虫保虫宿主传播能量研究进展［J］. 中国血吸虫病防治杂志，25（1）：86-89.

汪天平，汪奇志，吕大兵，等，2008. 安徽石台县山丘型血吸虫病区疫情回升及传染源感染现状调查［J］.

中华预防医学杂志，42 (8)：605 - 607.
王溪云，1959. 家畜血吸虫病 [M]. 上海：上海科学技术出版社.
王宜安，汪伟，梁幼生，2016. 羊在日本血吸虫病传播中的作用Ⅴ. 流行区羊养殖状况及在传播中的意义 [J]. 中国血吸虫病防治杂志，28 (5)：606 - 608.
吴有彩，邓德章，戴建荣，2007. 不同年龄牛群血吸虫感染调查 [J]. 中国血吸虫病防治杂志，19 (3)：228 - 229.
熊孟韬，杨光荣，吴兴，等，1999. 高原峡谷区鼠类感染日本血吸虫调查 [J]. 地方病通报，14 (4)：41 - 43.
熊孟韬，杨光荣，吴兴，等，2000. 永胜县山区鼠类感染日本血吸虫调查研究 [J]. 医学动物防制，16 (2)：81 - 83.
徐国余，田济春，陈广梅，等，1999. 南京日本血吸虫病沟鼠疫源地研究 [J]. 实用寄生虫病杂志，7 (1)：4 - 6.
许绶泰，武文茂，戴一洪，等，1988. 湖南目平湖地区耕牛血吸虫病流行病学和防制对策的研究 [J]. 中国兽医科技，18 (12)：5 - 11.
杨光荣，吴兴，熊孟韬，等，1999. 高原平坝区鼠类传播血吸虫病的作用 [J]. 中国媒介生物学及控制杂志，10 (6)：451 - 455.
杨健美，苑纯秀，冯新港，等，2012. 日本血吸虫感染不同相容性动物宿主的比较研究 [J]. 中国人兽共患病学报，28 (12)：1207 - 1211.
杨坤，李宏军，杨文灿，等，2009. 云南省山丘平坝型流行区以传染源控制为主的血吸虫病综合防治措施效果评价 [J]. 中国血吸虫病防治杂志，21 (4)：272 - 275.
姚邦源，郑江，钱珂，等，1989. 大山区动物血吸虫病流行病学的调查研究 [J]. 中国血吸虫病防治杂志，1 (4)：1 - 3.
依火伍力，周艺彪，刘刚明，等，2009. 四川省普格县血吸虫病综合治理 4 年效果 [J]. 中国血吸虫病防治杂志，21 (4)：276 - 279.
余晴，汪奇志，吕大兵，等，2009. 血吸虫病流行区各类传染源感染现况调查 [J]. 中华预防医学杂志，43 (4)：309 - 313.
张利娟，徐志敏，戴思敏，等，2017. 2016 年全国血吸虫病疫情通报 [J]. 中国血吸虫病防治杂志，29 (6)：669 - 677.
张利娟，徐志敏，戴思敏，等，2018. 2017 年全国血吸虫病疫情通报 [J]. 中国血吸虫病防治杂志，30 (5)：481 - 488.
张利娟，徐志敏，党辉，等，2020. 2019 年全国血吸虫病疫情通报 [J]. 中国血吸虫病防治杂志，32 (6)：551 - 558.
张强，卿上田，胡述光，等，2000. 1993—1999 年麻塘垸牛羊血吸虫病疫情动态调查 [J]. 中国兽医寄生虫病，8 (4)：37 - 39.
郑江，毕绍增，高怀杰，等，1991. 大山区粪便污染水源方式及其在传播血吸虫病中的作用 [J]. 中国人兽共患病杂志，7 (1)：47 - 49.
朱春霞，王兰平，胡述光，等，2007. 湖南省岳阳市麻塘垸牛羊血吸虫病疫情动态调查 [J]. 中国兽医寄生虫病，15 (5)：31 - 34.
朱红，蔡顺祥，黄希宝，等，2009. 湖北省实施以传染源控制为主的血吸虫病综合防治策略初期效果 [J]. 中国血吸虫病防治杂志，21 (4)：267 - 271.
朱允升，王溪云，1957. 江西九江地区牛血吸虫病的初步调查研究报告 [J]. 华中农业科学 (6)：428 - 436.
Cao Z，Huang Y，Wang T，2017. Schistosomiasis Japonica Control in Domestic Animals：Progress and Experiences in China [J]. Frontiers in Microbiology，8：2464.

Cao Z G，Zhao Y E，Lee Willingham A，et al，2016. Towards the elimination of schistosomiasis japonica through control of the disease in domestic animals in the People's Republic of China：A tale of over 60 years [J]. Adv Parasitol，92：269－306.

Faust E C，1924. Schistosomiasis in China：biological and practical aspects [J]. Proc R Soc Med，17：31－43.

Faust E C，Kellogg C R，1929. Parasitic infection in the Foochow area，Fukien Province，China [J]. J Trop Med Hgy，32：105－110.

Faust E C，Meleney H E，1924. Studies on Schistosomiasis japonica [J]. Am J Hyg Monographic Series，3：339.

Gray D J，Williams G M，Li Y S，et al，2008. Transmission dynamics of *Schistosoma japonicum* in the lakes and marshlands of China [J]. PLoS One，3 (12)：e4058.

Gray D J，Williams G M，Li Y S，et al，2009. A cluster－randomised intervention trial against *Schistosoma japonicum* in the People's Republic of China：bovine and human transmission [J]. PLoS One，4 (6)：e5900.

Guo J，Li Y，Gray D，et al，2006. A drug－based intervention study on the importance of buffaloes for human *Schistosoma japonicum* infection around Poyang Lake，People's Republic of China [J]. Am J Trop Med Hyg，74 (2)：335－341.

Guo J G，Ross A G，Lin D D，et al，2001. A baseline study on the importance of bovines for human *Schistosoma japonicum* infection around Poyang Lake，China [J]. The American journal of Tropical Medicine and Hygiene，65 (4)：272－278.

He C，Mao Y，Zhang X，et al，2018. High resistance of water buffalo against reinfection with *Schistosoma japonicum* [J]. Vet Parasitol，261：18－21.

He Y X，Salafsky B，Ramaswamy K，2001. Host－parasite relationships of *Schistosoma japonicum* in mammalian hosts [J]. Trends in Parasitology，17 (7)：320－324.

Li Y S，Mcmanus D P，Lin D D，et al，2014. The *Schistosoma japonicum* self－cure phenomenon in water buffaloes：potential impact on the control and elimination of schistosomiasis in China [J]. International Journal for Parasitology，44 (3－4)：167－171.

Liu J，Zhu C，Shi Y，et al，2012. Surveillance of *Schistosoma japonicum* infection in domestic ruminants in the Dongting Lake region，Hunan province，China [J]. PLoS One，7 (2)：e31876.

Liu J M，Yu H，Shi Y J，et al，2013. Seasonal dynamics of *Schistosoma japonicum* infection in buffaloes in the Poyang Lake region and suggestions on local treatment schemes [J]. Vet Parasitol，198 (15，1－2)：219－222.

Mao C P，1948. A review of the epidemiology of schistosomiasis japonica in China [J]. Am J Trop Med Hyg，28 (5)：659－672.

Narabayashi H，1914. Demonstration of specimens of *Schistosoma japonicum*：congenital infection and its route of invasion (in Japanese) [J]. Kyoto Igaku Zasshi，11：2－3.

Narabayashi H，1916. Contribution to the study of schistosomiasis japonica (in Japanese) [J]. Kyoto Igaku Zasshi，13：231－278.

Song L G，Wu X Y，Sacko M，et al，2016. History of schistosomiasis epidemiology，current status，and challenges in China：on the road to schistosomiasis elimination [J]. Parasitol Res，115 (11)：4071－4081.

Van Dorssen C F，Gordon C A，Li Y，et al，2017. Rodents，goats and dogs—their potential roles in the transmission of schistosomiasis in China [J]. Parasitology，144 (12)：1633－1642.

Wang T P，Vang Johansen M，et al，2005. Transmission of *Schistosoma japonicum* by humans and domestic animals in theYangtze River valley，Anhui province，China [J]. Acta Trop，96：198－204.

Willingham A L，Hurst M，Bogh H O，et al，1998. *Schistosoma japonicum* in the pig：the host－parasite relationship as influenced by the intensity and duration of experimental infection [J]. Am J Trop Med Hyg, 58 (2): 248-256.

Willingham A L, Johansen M V, Bøgh H O, et al, 1999. Congenital transmission of *Schistosoma japonicum* in pigs [J]. Am J Tr op Med Hyg, 60 (2): 311-312.

Xu J, Steinman P, Maybe D, et al, 2016. Evolution of the national schistosomiasis control programmes in the People's Republic of China [J]. Adv Parasitol, 92: 1-38.

Yang J, Fu Z, Feng X, et al, 2012. Comparison of worm development and host immune responses in natural hosts of *Schistosoma japonicum*, yellow cattle and water buffalo [J]. BMC Veterinary Research, 8: 25.

Zhou X N, 2018. Tropical Diseases in China: Schistosomiasis [M]. Beijing: People's Medical Publishing House.

第十二章　动物日本血吸虫病诊断

动物血吸虫病诊断在动物血防工作中始终处于中心位置，准确的诊断是掌握疫情、确定治疗对象、制定防控措施、评估防控效果的基础。几十年来，我国动物血防工作者先后建立和推广应用了粪便棉析毛蚴孵化法、间接血凝试验、酶联免疫吸附试验、斑点酶联免疫渗滤法、斑点金标等先进、实用的动物血吸虫病诊断技术，为我国动物血吸虫病的有效控制提供了重要的技术支撑。同时开展了特异性诊断抗原的筛选、鉴定，血吸虫病核酸分子检测技术等探索，为建立更为敏感特异的诊断、检测技术提供了新思路。

动物血吸虫病的诊断是采用一定的方法和技术确定特定动物群体或个体是否患血吸虫病的过程，确诊应是在流行病学调查基础上，应用各种检查方法，发现或检获血吸虫虫卵、童虫、成虫或特异性抗原、抗体、核酸而作出判断。根据目标群体的不同可以分为群体诊断和个体诊断。根据采用的方法技术不同，可分为临床诊断和实验室诊断。

准确掌握和发现病情和疫情，是确定治疗对象、考核评估防治效果的主要依据。动物血吸虫病的临床诊断主要是指临床兽医根据畜群或动物个体的临床表现和症状，流行病学调查结果，动物饲养管理等情况进行综合判断目标动物的患病情况。实验室诊断是指采用实验方法、技术等在动物体内或其代谢样品中找到血吸虫病原（虫体或虫卵），或检获动物体内特异性标志物以确定动物患病情况的过程。目前在动物血吸虫病诊断中应用的主要有病原学诊断方法及免疫学诊断技术两大类，常用的技术方法有粪便毛蚴孵化法、间接血凝检测抗体法、酶联免疫吸附法（ELISA）、斑点金标、免疫金标试纸条等。近些年血吸虫病分子生物学检测技术也取得进展，但尚未见现场应用于家畜血吸虫病检测的报道。

第一节　临床诊断

动物血吸虫病具有明显的地方流行性。在流行区，根据临床症状观察、流行病学及饲养管理方式调查等进行初步诊断。临床询问中要注意动物品种、来源、年龄、饲养方式、牧草来源等和该病流行密切相关的资料收集。

该病的临床症状主要由童虫移行的机械性损伤、虫体的代谢产物以及虫卵沉积于肝脏和肠壁组织等部位所引起的免疫病理反应引起。该病以犊牛、羊等的症状较重，猪、马等较轻。犊牛大量感染时，症状明显，发病往往呈急性经过。表现为食欲不振，精神沉郁、体温升高可达 40～41℃，患畜黏膜苍白，水肿，行动迟缓，日渐消瘦，甚至衰竭而死亡。慢性型病畜表现消化不良，发育缓慢，往往成为侏儒牛。病牛食欲不振，有里急后重现象，腹泻，粪便含黏液和血凝块，甚至块状黏膜。患病母牛有不孕、流产等现象。轻度感染时，症状不明显，常呈慢性经过，特别是成年水牛，临床症状不明显而成为带虫病畜，成为疫情传播的隐患。

死亡病畜剖检可见尸体消瘦、贫血、腹水增多。该病引起的病理变化主要是由虫卵沉积于组织中产生的虫卵结节（虫卵肉芽肿）所引起的，病变主要见于肝脏和肠壁，肝脏表面凹凸不平，表面或切面上有米粒大小的灰白色虫卵结节，初期肝脏肿大，后期肝萎缩、硬化。严重感染时，肠壁肥厚，表面粗糙不平，肠道各段均可找到虫卵结节，尤以直肠部分的病变最为严重，肠黏膜有溃疡斑，肠系膜淋巴结和肝门淋巴结肿大，常见脾脏肿大和门静脉血管肥厚。在肠系膜静脉、门静脉、痔静脉内可找到雌雄合抱的虫体。在心、肾、脾、胰、胃等器官有时也可查到虫卵结节。

临床上，可根据当地血吸虫病流行情况、病牛的症状、是否在有钉螺滋生的易感地带放牧或来自于疫区、牧草来源、放牧地点的钉螺情况等作出初步判断。对可疑病畜应收集血样、粪样进行实验室检查以确诊。死亡病畜可根据是否有典型的肝脏虫卵结节病理变化及其他相关资料综合判断，在死亡病畜体内找到血吸虫虫体、虫卵结节的病例可以确诊患血吸虫病。

■第二节　病原学诊断

病原学诊断是指对被检动物的粪便或组织进行血吸虫虫卵/毛蚴检查及动物扑杀后的虫体及虫卵检查。常用的病原学诊断方法包括粪便虫卵检查法、粪便毛蚴孵化法、组织虫卵检查法、虫体检查法等，其中在家畜血吸虫病诊断中应用最广泛的是粪便毛蚴孵化法。近些年建立的基于PCR技术和特异诊断分子的分子生物学检测技术主要是检测动物血清或粪便内游离的虫体核酸分子，理论上也属于病原学检测技术，它也可以提供动物体内是否有血吸虫感染的证据。本节重点介绍血吸虫病原体检测技术方法，分子生物学检测技术在第四节另行介绍。

病原体检查是动物血吸虫病最确切的诊断方法，无论是粪便或组织中的虫卵，还是动物血液和组织中不同发育阶段的虫体，只要能够发现其一，便可确诊。

从动物体内检获成虫是诊断血吸虫病的可靠依据。日本血吸虫成虫主要寄生于哺乳类动物肠系膜静脉、直肠痔静脉，有时也有少量虫体寄生于门静脉、胃静脉及肝脏。可以用肝门静脉灌注法收集或检获成虫。检获虫卵也是血吸虫病诊断的主要依据。血吸虫成虫呈雌雄合抱状态，雌虫每天持续不断产卵，虫卵大多随血液流至肝脏并沉积下来，少量滞留在局部肠组织毛细血管中，虫卵内毛蚴释放出的血吸虫抗原诱导虫卵周围组织炎症反应和大量以嗜酸性粒细胞为主的细胞集聚，形成一个以虫卵为中心的虫卵结节。肠壁组织中的脓肿局部破溃，虫卵随肠壁溃疡黏膜“掉”入肠腔，与肠内容物一起排出体外。据此可从动物体内组织和排泄物中查找虫卵而确诊。兽医临床上可从动物粪便或肝、肠组织中检获虫卵，前者称为粪便检查（简称粪检），后者称为组织内虫卵检查。

一、粪便虫卵检查

据估计，每条日本血吸虫雌虫每天排出1 000～3 000个虫卵，其中大部分虫卵滞留于肝脏，少量通过粪便排出宿主体外。牛等家畜每天排粪量大，粪中的虫卵密度相对较低。粪便虫卵检查方法虽操作简便、快速、易于确诊，但由于每次检查的粪便样品量较少，粪便样品中杂质较多，在轻度流行区和低感染度动物中时常会出现漏检。该法在重流行区及幼年动物中的诊断效果较好，如大量感染血吸虫的乳牛犊，取其大便上的血液、黏液或黏膜进行虫卵检查，往往可以很快确诊。钱承贵等在安徽省东至县东流畜牧场对一头疑似血吸虫病仔猪做粪便直接涂片法检查，在一个视野中发现多个血吸虫虫卵，又将 2～3g 粪便做直孵法毛蚴检查，孵出毛蚴数十个，据此判定该仔猪患日本血吸虫病。

粪便虫卵计数法在人工感染动物中的检查效果较好，而且可以用于定量评估动物血吸虫病的严重程度及在血吸虫病传播上的意义，常用于评价动物血吸虫病药物治疗效果和疫苗免疫保护效果。颜洁邦等发现在淘洗粪便时采用 80 目、120 目、160 目粪筛淘洗时可能会造成 20％的虫卵损失，而定量粪便孵化是以毛蚴量粗略计数粪便虫卵，只能是一种“半定量”方法，因此他们认为在进行粪便虫卵计数时最好采用孵化集卵法，即先孵化再将粪渣中的虫卵计数。许绥泰、施福恢等将粪便虫卵计数法进行优化，主要针对牛排粪量大的特点增加采样量并且简化洗粪步骤以减少虫卵损失，并应用于水牛疫苗免疫保护试验的效果评估。冯正等采用密度梯度离心和甲醛固定等方法改进水牛粪便虫卵处理方法，使粪便中的虫卵更易于计数。

肠壁中虫卵排向肠腔和肠蠕动及残渣特性等相关，而且宿主的肠蠕动、食物残渣形成、宿主排粪特点等具有一定的节律。余金明等的研究表明虫卵在同一粪便中的分布并非完全随机，有必要优化粪便虫卵的检查方法，以提高阳性检出率。牛、羊等家畜排粪量和排粪方式等有各自特点，孙承铣等的研究表明病牛粪便中虫卵的分布和季节、时间动态等有关，因此对牛、羊等动物粪便中虫卵的分布特征增加了解，可以提高粪便虫卵检查的准确性。

二、粪便毛蚴孵化法

粪便毛蚴孵化法是目前现场应用最广泛的动物血吸虫病诊断方法，主要包括粪便采集、孵化水准备、洗粪、孵化、观察、记录等步骤。每个血吸虫成熟虫卵内含有一个毛蚴，成熟的血吸虫虫卵在潮湿的粪便中及适宜的气温等条件下可在一段时间内保持孵化能力，但不能孵化。当虫卵随粪便进入水体后，在适宜的温度、光照、渗透压等条件下，毛蚴会脱壳而出，据此可从粪便孵化中观察到毛蚴。孵出的毛蚴具有向上性，毛蚴孵出后会向上运动到水体表层活动；毛蚴运动还具有一定的“穿泳性”，即毛蚴孵出后具有穿过粪层或棉花纤维构成的微隙层而达到水体的上层的特性；毛蚴活动具有向光、趋清、趋温等特性。在上层水体中的毛蚴一般做直线运动，如遇障碍物则做探索性的转折或回转后再做直线运动，操作人员可以据此进行肉眼（或借助放大镜、智能手机等工具）观察，并与水中的其他水虫相区别。

粪便毛蚴孵化法由于使用较多的被检动物粪便，其阳性病畜的检出效果远超过粪便虫卵检查法。一张涂片检查粪量仅为 0.2g 左右，而毛蚴孵化法常用 10～200 倍量的粪样，假设粪样中的虫卵是一定的，其检出率就可提高数十至数百倍。因此在轻流行区、低感染度疫区，粪样中的虫卵含量较少，需用粪便毛蚴孵化法进行检查。由于粪便中虫卵分布不均匀，采用一粪三检或三粪九检可提高检出率。

粪便毛蚴孵化法有多种方法。最早应用的是直接粪便毛蚴孵化法，后来发展为通过 20 目或 40 目铜筛过滤沉淀后集卵孵化法，70 年代后期又发展为通过 260 目尼龙筛清洗粪便集卵后孵化，然后观察毛蚴。为了能够更方便清晰地进行观察，又改进为顶管法和棉析法。在重流行区，由于粪便内血吸虫虫卵密度大，几种粪孵方法均可应用。但在轻流行区，则需要选择比较敏感的方法，如尼龙筛集卵棉析法等。

研究表明应用毛蚴孵化法检查1 328头耕牛，结果沉淀孵化法阳性 51 头，阳性率 3.8%，尼龙筛兜淘洗毛蚴孵化法阳性 74 头，阳性率 5.6%，尼龙筛兜淘洗毛蚴孵化法明显提高了阳性检出率，阳性病牛检到的毛蚴数也明显增多，操作时间可缩短 30%～40%，在气温较高的情况下，还可以省去盐水洗粪。用尼龙筛兜淘洗粪便是一个比较简便、经济的提高阳性检出率和工作效率的手段，在兽医寄生虫诊断中得到了广泛推广应用。

粪便毛蚴孵化法作为判断家畜感染日本血吸虫的金标准方法，已广泛用于疫情监测和流行病学调查，也可用于不同流行区家畜血吸虫病的诊断进而确定治疗的个体或群体。粪便毛蚴孵化法还可用于对环境中野粪进行监测。

三、直肠黏膜虫卵检查

直肠黏膜检查方法具有快速、简便、准确的特点，20 世纪 70 年代前曾被列为常规诊断方法，但该法对动物直肠黏膜有一定程度损伤，目前在动物血防工作中已少见应用。

四、解剖诊断

解剖诊断是指对活体动物或死亡动物尸体进行剖检，以发现血吸虫虫体或组织中的虫卵来判定动物是否感染血吸虫，这是判断动物血吸虫感染最准确、最直接的方法。血吸虫在宿主体内的主要寄生部位是肠系膜静脉、肝门静脉、痔静脉，有时也有少量虫体寄生于胃静脉及肝脏。血吸虫虫体大，肉眼可见，当感染度高时，在血管中可以直接观察到虫体。当感染度低时，利用生理盐水/PBS 在一定压力下灌注血管可以冲出并收集虫体，再进行观察和计数；血吸虫虫卵主要分布于肝脏和肠壁组织，剖检时可以对肝、肠组织进行压片镜检虫卵，也可以取这些组织进行虫卵孵化后观察毛蚴。

解剖诊断是一种确诊的手段，同时可以直接观察到动物的感染强度。由于需对动物进行解剖，该方法一般仅应用于药物疗效考核、免疫诊断和病原诊断技术的敏感性与特异性、疫苗的免疫保护效果的评估，以及暴发流行造成家畜死亡情况下的群体诊断，不适合作为大家畜如牛和羊的血吸虫病疫情调查。该方法可作为野生动物如野兔和野鼠感染状况调查的主要手段。

■第三节　血清学诊断

血清学诊断技术是血吸虫病诊断常用的技术之一。血吸虫感染后在宿主体内经历生长发育、性成熟、繁殖、死亡等过程，其产生的代谢物、分泌物、排泄物、虫体表皮脱落物及虫体死亡后崩解产物等成为循环抗原释放进入宿主血液中，并诱导宿主机体产生特异性的抗血吸虫抗体。一些血吸虫循环抗原还与相应的抗体形成免疫复合物。这些血吸虫循环抗原、特异抗体及抗原抗体免疫复合物可在宿主血液里存在一定时间。通过测定动物体内的血吸虫循环抗原、特异性抗血吸虫抗体或免疫复合物可为判定动物是否感染血吸虫提供参考依据。抗血吸虫抗体阳性可反映宿主现时及先前一段时间可能感染血吸虫；循环抗原检测阳性可反映宿主体内存在血吸虫现症感染。

随着现代生物技术、免疫学技术等的发展和研究的深入，一些免疫学诊断方法已被应用于动物血吸虫病诊断，如环卵沉淀试验、间接血凝法、PAPS、ELISA、Dot-ELISA、免疫胶体金试纸条法等。在吡喹酮面世之前，可用的抗血吸虫药物都具有较严重的副反应，确定血吸虫病治疗对象大都以找到病原体为准，血清学诊断一般仅作为流行病学调查的辅助工具或病例确诊的参考依据。自20世纪80年代安全、高效的血吸虫病治疗药物吡喹酮在现场大规模应用之后，除了用于血吸虫病流行病学调查，血清学诊断技术也用于确定药物治疗的家畜群体或个体。随着防治工作的深入，家畜血吸虫病感染率和感染度逐步下降，病原学检测技术敏感性低、操作烦琐等不足日显突出，而血清学诊断技术具有敏感、简便、快捷等特点，在流行病学调查、群体诊断等方面有着病原学检测法不可替代的优越性，其应用也日渐广泛。

但由于血吸虫虫体抗原成分复杂，不同发育阶段虫体都呈现一些阶段性表达的特异性抗原，虫体表膜抗原在发育过程中不断发生变异；感染宿主经药物治疗后，虫卵仍在宿主肝、肠组织长期存在并持续刺激宿主产生特异性抗体；以及一些血吸虫抗原与其他吸虫和血液寄生虫的抗原成分存在部分相似等因素，现有的血吸虫病免疫诊断技术的特异性、稳定性还不够理想，同时不能用于疗效考核，不能区分现症感染和既往感染，仍需进一步改进提高。目前一些地区普查家畜血吸虫病的常用方案是采用血清学检测技术对调查家畜进行血吸虫感染的初筛，再用粪便毛蚴孵化法对血清学阳性家畜进行复诊。

一、血清学诊断技术

1. 间接血凝试验 间接血凝试验（IHA）是将抗原（或抗体）包被于致敏的红细胞表面，然后与相应的抗体（或抗原）结合，红细胞会聚集在一起，出现可见的凝集反应。在动物血吸虫病诊断中，将日本血吸虫可溶性虫卵抗原（soluble egg antigen，SEA）吸附到经鞣酸处理的绵羊红细胞上，致敏红细胞与待检血清混合后，如待检血样中存在特异性抗SEA抗体，致敏红细胞因抗原抗体结合反应出现肉眼可见的凝集，即判为阳性反应；如血清中无SEA特异性抗体存在，致敏红细胞不出现凝集反应，红细胞沉集于血凝板反应孔底部形成边缘整齐的小圆点，为阴性反应，如图12-1所示。

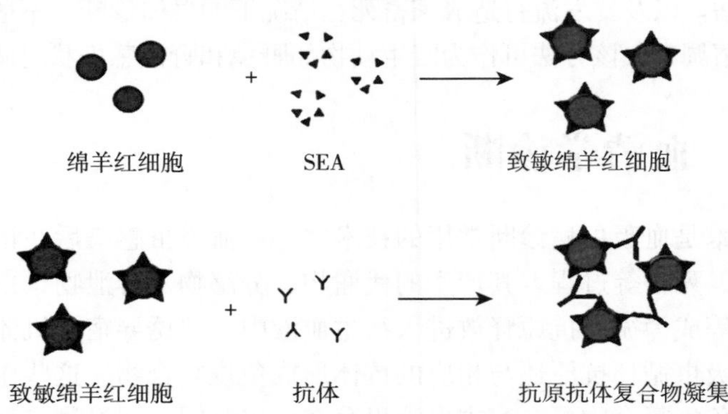

图12-1 间接血凝试验

当凝集反应在V型有机玻璃血凝板小孔中进行时，未凝集的红细胞会沉于孔底，形成一个肉眼可见的圆形红色点，而已凝集的红细胞则分散于孔中。当特异抗体水平较低时，部分红细胞未被凝集，形成较小的圆形红点，据此可判断被检血清中有无特异抗体及抗体水平。

1955年，Kagan等首先提出应用间接血凝试验诊断血吸虫病。杨赞元等1975年建立了冻干血球间接血凝试验诊断血吸虫病技术，为该试验的推广奠定了基础。1975年Preston和Duffus等将间接血凝试验应用于牛血吸虫病诊断。

周庆堂、沈杰等率先在我国将间接血凝试验技术应用于牛血吸虫病诊断，与粪孵法的阴、阳性符合率分别为91.4%和96.7%，且与肝片吸虫、前后盘吸虫、胰阔盘吸虫感染等没有交叉反应。该法具有较高的敏感性，只有1对成虫寄生的黄牛也可被检出。在多次现场试验中，与粪孵法的符合率为87%～97%。以剖检作为判断标准，间接血凝试验获得的检出率明显高于粪孵法。龚光鼎等应用间接血凝法普查耕牛血吸虫病时证实该法敏感性高，特异性好，阳性检出率高于粪便孵化试管倒插法，阳性符合率为94.1%。

徐维华比较了棉析粪孵法与间接血凝法诊断耕牛日本血吸虫病效果，在南陵县疫区乡3个行政村的200头耕牛中，棉析粪孵法检出阳性牛15头，阳性率为7.5%，间接血凝法检出阳性牛21头，阳性率为10.5%。间接血凝法检出的21头阳性牛中包含棉析粪孵法检出的所有15头阳性牛，表明间接血凝法没有出现漏检。

张建安等应用间接血凝（IHA）诊断绵羊日本血吸虫病，以滴度1∶80作为判定标准，阳性血清检出率为97.07%，漏检2.93%，敏感性和特异性均较高。在现场比较了319只羊的阳性检出率，结果IHA法优于粪孵三送三检，对轻度感染羊群则更为敏感。

石耀军等改进了血吸虫病兔肝脏虫卵提取方法，采用胰蛋白酶和胶原酶消化兔肝组织，并将水剂抗原改为冻干抗原，提高了诊断方法的准确性，阳性和阴性符合率均在95%以上，制备的抗原更易保存，更适合现场推广应用。

本法自1980年建立以后，即在血吸虫病疫区广泛推广应用。1986年农业部畜牧兽医司确定本法为全国家畜血吸虫病普查方法。1989年农业部动物检疫规程委员会将本法列入我国动物检疫规程。本法在疫区使用面广，时间较长，目前仍作为家畜血吸虫病初筛方法之一在疫区广泛应用。

多个研究单位曾将间接血凝法与粪孵法、环卵沉淀试验等诊断方法做过比较，结果其检出率明显高于其他方法，被检牛的总阳性率比粪孵法高。绝大部分多次剖检粪孵法阴性而本法阳性的牛体内有血吸虫虫体。多个应用单位也做过比较，认为本法比粪孵法检出率高，节省人力、物力，快速、容易操作，不受季节限制，比环卵沉淀简便、快速、敏感，适合在我国农村疫区使用。

2. 胶体金试纸条法　自1971年，Faulk和Taylor报道将胶体金与抗体结合应用于电镜水平的免疫组化研究以来，胶体金作为一种新型免疫标记技术得到了广泛而快速的发展。

氯金酸（$HAuCl_4$）在还原剂（如柠檬酸钠、鞣酸、抗坏血酸、白磷、硼氢化钠等）和加热的作用下，可聚合成一定大小的金颗粒，形成带负电的疏水胶体溶液，由于静电作用而形成稳定的胶体状态，称胶体金。胶体金对蛋白质有很强的吸附功能，与葡萄球菌A蛋白、免疫球蛋白等非共价结合，可作为探针进行细胞和生物大分子的精确定位，在基础研究和临床检验中得到了广泛的应用。当蛋白溶液的pH等于或稍高于蛋白质等电点时，蛋白质呈电中性，此时蛋白质分子与胶体金颗粒相互间的静电作用较小，但蛋白质分子的表面张力却最大，处于一种微弱的水化状态，较易吸附于金颗粒的表面，由于蛋白质分子牢固地结合在金颗粒的表面，形成一个蛋白质层，阻止了胶体金颗粒的相互接触，而使胶体金处于稳定状态。

胶体金标记在免疫检测中的应用也主要基于抗原抗体反应，其常见的标记对象有抗原、一抗（单克隆抗体或多克隆抗体）、抗抗体以及葡萄球菌A蛋白（staphylococcal protein A，SPA）等。将胶体金与抗原结合后，利用间接法或双抗原夹心法检测未知抗体。利用间接法只能检测单一动物品种的抗体血清；而利用双抗原夹心法可检测多种动物的抗体血清，其敏感性和特异性比其他方法要高。但由于抗原蛋白结构复杂，标记的难度比较大，使其应用受到限制。用胶体金标记多克隆抗体或单克隆抗体，以直接法检测相应的抗原或利用双抗体夹心法检测未知抗原。利用胶体金标记二抗多应用于只有单一传染源或人类疾病的诊断，这种方法是通过一抗搭桥建立间接法以检测相应的未知抗原或抗体。标记二抗具有一定的放大作用，其灵敏度高于标记一抗的直接法。

检测血吸虫感染的诊断试纸条一般是将血吸虫抗原SEA固相于硝酸纤维膜作为检测线。质量控制线可以依据被标记分子的不同而不同。如果被标记分子为葡萄球菌A蛋白（SPA）或链球菌蛋白G，质量控制线可以用牛、羊、兔或鼠的IgG抗体；如果被标记分子为靶标动物的第二抗体，质量控制线为靶标动物的IgG抗体；如果标记分子为血吸虫抗原SEA，质量控制线为抗SEA抗体。

目前利用胶体金标记技术诊断动物日本血吸虫病的方法主要有快速斑点免疫金渗滤法（dot - immunogold filtration assay，DIGFA）和胶体金免疫层析法（gold immunochromatography assay，GICA）。利用胶体金标记抗牛IgG或SPA、SPG、血吸虫抗原等，分别用间接法或双抗原夹心法诊断动物血吸虫病。朱荫昌、华万全等以D-1胶体染料代替胶体金分别标记日本血吸虫可溶性虫卵抗原和可溶性尾蚴抗原，并以SPA搭桥建立了日本血吸虫病的快速诊断试纸条。

彭运潮等利用双抗原夹心法，以日本血吸虫可溶性虫卵抗原（SEA）为检测抗原，以胶体金标记SEA为探针，采用自行设计的免疫层析试纸条装置，检测家畜血清中血吸虫特异性IgG抗体，并和ELISA方法进行比较，结果用该试纸条检测107份人工感染血吸虫病羊血清，其检出率为91.6%；检测80份健康绵羊血清，阴性符合率为87.5%；检测20份粪检阳性水牛血清及15份粪检阴性血清，其阳性符合率为100.0%，阴性符合率为86.7%；检测24份肝片形吸虫病羊血清，交叉反应率为12.5%，与锥虫病牛血清未见交叉反应。与ELISA检测结果比较，两种方法具有良好的一致性，作者认为应用试纸条诊断家畜日本血吸虫病敏感性高、特异性强，且操作简便、快速，不需特殊仪器设备，适合基层使用。以GICA法对来自湖南血吸虫病流行区和非流行区的山羊、水牛、黄牛血清进行检测，并和间接血凝法（indirect haemagglutination test，IHA）及粪便孵化法的诊断结果进行比较。结果显示，GICA对流行区284只山羊、172头水牛和145头黄牛血清检测的阳性率分别为10.21%、8.14%、8.28%；对非流行区的30只山羊、25头水牛、17头黄牛检测的假阳性率分别为10%、12%和11.76%。GICA和IHA的诊断结果相比，阳性符合率分别为93.8%、100%、100%，阴性符合率分别为99.7%、98.9%、98.7%；GICA与粪便孵化法的诊断结果相比，阳性符合率均为100%，阴性符合率分别为94.6%、96.9%、94.3%。可见，GICA 法快速、简便，可以代替现行的 IHA 和粪便孵化检查法，用于疫区家畜血吸虫病的筛查。

Xu 等（2017）应用建立的胶体金免疫层析试纸条（GICA）（图 12－2）检测日本血吸虫人工感染小鼠与兔血清各 50 份，敏感性均为 100.00%，检测健康小鼠和兔血清各 20 份，特异性亦均为 100%。检测日本血吸虫人工感染山羊血清 73 份，敏感性为 100.00%，与 ELISA 法相同；检测健康山羊血清 44 份，阴性符合率为 88.64%，高于 ELISA 法的 75.00%。检测日本血吸虫感染水牛血清 80 份，敏感性为 100.00%，与 ELISA 法相同；检测健康水牛血清 52 份，阴性符合率为 94.23%，高于 ELISA 法的 84.62%。对不同感染强度的水牛进行检测，结果在感染强度<20 条/头时，GICA 法的敏感性为 75.00%，低于 ELISA 法的 100.00%。在感染强度>20 条/头时，GICA 法和 ELISA 法的敏感性均为 100.00%。与前后盘吸虫的交叉反应率为 14.29%，与捻转血矛线虫的交叉反应率为 16.67%，与东毕吸虫的交叉反应率为 33.33%。

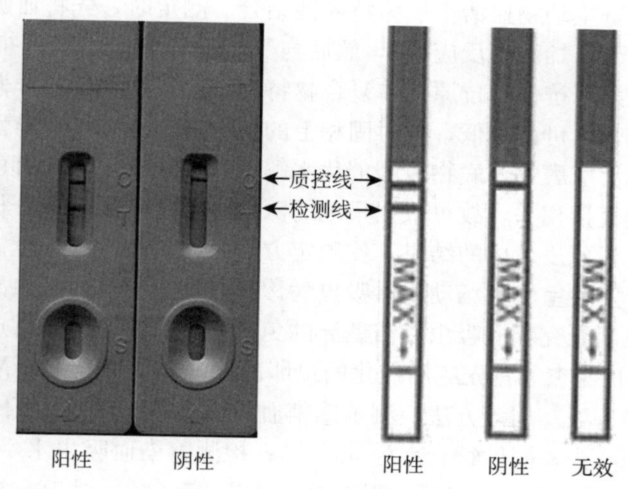

图 12－2　试纸条结果示意

卢福庄等将待检家畜血纸浸出液点在硝酸纤维素膜上，以金标记的血吸虫虫卵可溶性抗原为探针（以下简称血吸虫抗原胶体金），建立了检测家畜血吸虫抗体的二步金标免疫渗滤法（two－step dot immunogold filtration assay，T－DIGFA）。该法可以检测出人工感染血吸虫尾蚴 7d 和 7d 以上的阳性牛和兔血纸抗体，与肝片吸虫病、锥虫病、蛔虫病之间无交叉反应。应用 T－DIGFA 检测粪便毛蚴孵化血吸虫阳性牛血纸 139 份、阴性牛血纸 130 份，与粪孵法阳性符合率为 100%，阴性符合率为 99.2%。试验证实，T－DIGFA 有较高的敏感性、特异性、重复性和稳定性，适合基层单位和现场进行家畜血吸虫病抗体的快速诊断、普查。

阳爱国等应用斑点金标免疫渗滤技术检测粪孵阳性牛血纸，阳性符合率为 100%；对非疫区牛血纸的阴性符合率为 100%。在现场试验中金标法检出的阳性牛粪孵的阳性符合率为 99.2%（128/129）。该法在四川省 54 个血防疫区县推广应用取得了较好的效果。胡香兰等应用斑点金标免疫渗滤技术与粪便毛蚴孵化法进行对比，阳性符合率为 94.8%～97.3%。但季平等应用该试剂盒检测疫区放养耕牛、圈养猪的结果表明有一定的假阳性和假阴性。朱春霞等于2007年比较了牛羊血样的血纸间接血凝与斑点金标诊断结果，斑点金标比血纸间接血凝法的阳性率高出56%。

付媛等以胶体金标记的日本血吸虫重组抗原GST-Sj22.6为探针，建立重组抗原金标免疫渗滤法（RAg-T-DIGFA），可以检测出人工感染血吸虫尾蚴28d和21d以上的阳性牛和兔血纸抗体，与肝片吸虫病、蛔虫病、弓形虫病、旋毛虫病血清抗体无交叉反应，与T-DIGFA法阴、阳性符合率都为100%。

3. 酶联免疫吸附试验 酶联免疫吸附试验（enzyme-linked immunosorbent assay，ELISA）是一种抗原和抗体的特异性免疫反应和酶催化反应相结合，通过酶与底物产生颜色反应，定量待测物含量的一种免疫测定技术。该方法最早在1971年由瑞典学者Engvail、Perlmann和荷兰学者Van Weerman、Schuurs报道，现已成为一种常用的定性定量测定方法。

在动物血吸虫病诊断中，ELISA常用于检测动物血清中血吸虫特异性抗体的含量及变化。血吸虫抗原可与寄主动物血清中抗体特异性结合。测定时，先将血吸虫抗原固定结合于固相载体表面（如聚苯乙烯微量反应板），然后与受检血清中的特异性抗体形成抗原抗体复合物，再加入酶标记第二抗体与抗原抗体复合物特异结合，在每次特异性结合反应后用洗涤的方法使非特异性结合尽可能降低，此时固相上的酶含量与血吸虫特异性抗体的含量呈正比例关系，最后加入酶反应底物，底物被酶催化水解或氧化还原而成为有色产物，产物的量与标本中受检物质的量直接相关，故可根据呈色的深浅进行定性或定量分析。由于酶的催化效率很高，间接地放大了免疫反应的结果，使测定方法获得较高的敏感度。

该方法不仅用于实验室和现场动物血吸虫病诊断，在宿主抗血吸虫感染的免疫应答机制分析、血吸虫致病机制研究和血吸虫疫苗诱导的免疫机制研究中也时常应用。

20世纪80年代初沈杰等首先应用纯化的虫卵冷浸液作抗原建立了酶联免疫吸附试验诊断牛日本血吸虫病的方法。用该方法检测了感染血吸虫黄牛157头，阳性检出率为97.5%，未感染血吸虫黄牛260头，阴性符合率为98.5%；检测感染血吸虫水牛43头，未感染血吸虫水牛108头，阳性检出率为97.7%，阴性符合率为97.2%。对105头感染其他寄生虫的牛做了交叉反应试验，其中26头感染肝片吸虫，22头感染前后吸盘吸虫，3头感染棘球蚴，30头感染东毕吸虫，24头无吸虫及绦虫感染，104头牛呈阴性反应，仅1头肝片吸虫感染牛呈阳性反应，提示交叉反应不明显。在基本消灭血吸虫病地区对109头牛（82头水牛、27头黄牛）用ELISA法和粪孵常规法（三粪六检）同时进行了检查，结果ELISA阳性8头，粪孵法阳性2头。其中粪孵法阳性的，ELISA均为阳性，ELISA阳性、粪孵法阴性的牛重复做粪孵后为阳性，结果表明，ELISA的检出率高于粪孵法。

程天印等建立了山羊日本血吸虫病酶联免疫检测法，应用酶联免疫吸附试验对7只实验山羊血吸虫病抗体消长进行观察，结果表明特异性IgG最早于尾蚴感染后第8天出现，吡喹酮治疗后7个月消失。

林矫矫等应用ABC-ELISA和常规ELISA对比诊断耕牛日本血吸虫病，结果两种方法对18份实验感染牛血清的检出率都达100%，对84份健康牛血清的检出结果也完全一致，阴性符合率都为95.24%（80/84），对其他两种寄生虫阳性牛血清都不出现交叉反应，然而对87份自然感染血吸虫牛血清，ABC-ELISA法的检出率为97.70%（85/87），常规ELISA法为88.51%（77/87），说明采用ABC-ELISA法不仅可提高敏感性，而且不会影响特异性。

朱明东等连续三年应用 ELISA 检测基本消灭或消灭血吸虫病地区的耕牛血吸虫抗体水平，结果与粪检结果相同。

沈杰等采取提高孵育温度，缩短孵育时间，优化成快速酶联免疫吸附试验，结果表明对牛日本血吸虫病检测的特异性影响不大。

实验室广泛应用该法进行血吸虫特异性抗体的检测分析。应用本方法诊断牛血吸虫病技术在部分血吸虫病流行区曾推广应用。

与各种沉淀试验、凝集试验相比，本技术较敏感，特异性高，判定结果时能定量、准确，可作自动化操作，血清用量少，是一种高效的血吸虫病诊断技术。前几年我国一些地方兽医检疫条件差，没有酶标仪等设备，本技术难以推广应用，随着科技与经济水平的提高，使用本技术的条件在我国大部分疫区都已具备，因此可以在更大范围应用。

4. 斑点酶联免疫吸附试验　斑点酶联免疫吸附试验（Dot-ELISA）是在 ELISA 基础上发展起来的更加简便的血清学诊断方法。选用对蛋白质有较强吸附能力的硝酸纤维素薄膜作固相载体，底物经酶促反应后形成有色沉淀物使薄膜着色，然后目测或用光密度扫描仪定量。Dot-ELISA 可用来检测抗体，也可用来检测抗原，由于该法检测抗原时操作较其他免疫学试验简便，故目前多用于抗原检测。已报道的动物血吸虫病斑点酶联免疫吸附试验诊断有两种方法，分别为中国农业科学院上海兽医研究所研制的单克隆抗体斑点酶联免疫吸附试验（简称 McAb-Dot-ELISA）和浙江农业科学院研究的三联（血吸虫、肝片吸虫和锥虫）斑点酶联免疫吸附试验。

林矫矫等以硝酸纤维膜为载体，水溶性日本血吸虫虫卵为抗原建立了简易 Dot-ELISA 法用于诊断耕牛和家兔日本血吸虫病，结果表明试验感染牛血清和兔血清都呈阳性反应，检出率达 100%。自然感染牛血清的阳性检出率为 93.93%（62/66），健康牛血清的阴性符合率为 95.24%（80/84）。阴性兔血清都呈阴性反应。检测了 4 份肝片吸虫阳性兔血清和 31 份锥虫阳性牛血清，都不出现交叉反应，表明简易的 Dot-ELISA 法可作为耕牛日本血吸虫病免疫诊断的一种补充方法，在现场扩大应用。

叶萍等应用单克隆抗体 SSJ14 建立了 McAb-Dot-ELISA，用于检测日本血吸虫感染耕牛和家兔血清中的循环抗原，结果表明，McAb-Dot-ELISA 对试验感染耕牛的阳性检出率为 100%（32/32）。对安徽、江西和湖南 3 省血吸虫病流行区自然感染耕牛（粪孵阳性）的阳性检出率分别为 93.93%（418/445）、88.50%（100/113）和 81.71%（143/175）；对健康耕牛的阴性符合率为 98.51%（66/77）；对 16 份感染锥虫和 8 份试验感染肝片吸虫的耕牛血清均未见交叉反应。同期进行的常规 ELISA 结果为，试验感染耕牛阳性检出率为 95.35%（41/43），对安徽省同一地区的自然感染耕牛的阳性检出率为 90.82%（188/207），对健康耕牛的阴性符合率为 86.27%（88/102）。结果提示，直接法 McAb-Dot-ELISA 不仅具有操作简便、反应快速、成本低廉等优点，而且在阳性检出率和阴性符合率方面均优于常规 ELISA。傅志强等用该法检测牛日本血吸虫病血清循环抗原诊断牛日本血吸虫病，结果试验感染血吸虫的阳性牛血清及健康牛血清符合率都为 100%，对现场采集的血清循环抗原检测方法结果和粪孵结果的总符合率为 82.91%。张军等在安徽安庆地区用 McAb-Dot-ELISA 检测牛日本血吸虫病，与粪检（直孵法）进行了同步双盲法检测，结果符合率为 92.11%（35/38）。邵永康等进行了 McAb-Dot-ELISA 扩大试验，在安徽安庆市望江、桐城、宿松、潜山、枞阳5县应用血检法与直孵法进行同步双盲试验，共检测牛778头，阳性符合率为95.94%，阴性符合率为94.94%。在肝片吸虫、双腔吸虫流行县，屠宰牛多见肝片吸虫、双腔吸虫等体内寄生虫，共检测牛835头，其中与直孵法同步双盲对比125头，均未检出血吸虫病阳性牛，阴性符合率为100%。在安徽安庆市共扩大试验5 193头，取得了较好的效果。朱春霞等用单克隆抗体斑点酶联免疫吸附试验调查羊血吸虫病，总阳性率为34.02%，与粪便棉析法结果大体一致。周日紫等、杨琳芬等也分别用该法在现场进行家畜日本血吸虫病诊断试验。

张雪娟等建立了斑点酶联SPA（Dot-PPA-ELISA）检测动物血吸虫病方法，并应用该法和间接血凝试验（IHA）对188头份黄牛血吸虫病血清及275头份兔血吸虫病血清样品进行了对比，结果两种诊断方法都能测出人工感染4周以上的病畜抗体，其阴阳性符合率均达100%。后又建立了可同时用于牛、羊血吸虫病和肝片吸虫病诊断的Dot-ELISA技术，能测出人工感染1～150条虫体、7～42d病畜的抗体，阳性检出率达100%。

张雪娟等建立了可同时检测牛血吸虫病、肝片吸虫病和锥虫病的三联Dot-ELISA。江为民等比较了三联Dot-ELISA与粪检法三粪九检检测牛日本血吸虫病的检测结果，两者不存在显著性差异（$P>0.05$）。三联Dot-ELISA的敏感性为98.2%，特异性为84.2%。浙江省龙游、衢县等地应用三联Dot-ELISA对人工及自然感染血吸虫病牛57头份血清及血纸（粪孵见有毛蚴）的检测，结果均呈阳性反应，符合率达100%（57/57）。湖北省天门市测定血吸虫疫区和非疫区的8 667头牛血纸，其中对96头血吸虫病血清学性反应牛只进行毛蚴孵化法复核，证实确系血吸虫病病牛，与多次粪孵法比较符合率达100%，比一次粪孵法检出率高31.5%。安徽省安庆市怀宁、宿松等地用该法检测442头牛血，其中对35头阳性反应牛采粪进行毛蚴孵化，有34头牛粪孵法见毛蚴，其阳性符合率达97.14%（34/35）。

5. 环卵沉淀试验 环卵沉淀反应（COPT）最早由Oliver-Gonzalez（1954）应用于曼氏血吸虫诊断。COPT主要用于检测病畜血清中抗血吸虫虫卵特异性抗体，虫卵抗原可从卵壳微孔中渗出卵外，与病畜血清中的特异性抗体相结合，在虫卵周围形成特异性沉淀物，非血吸虫阳性病畜血清在虫卵周围不出现沉淀物。虫卵周围沉淀物的出现和形状大小取决于血清中特异性抗体的量和虫卵内抗原物质的渗透速度和透过部分的面积。

Oliver-Gonzalez等以曼氏血吸虫虫卵置于同种免疫血清中，发现有环卵沉淀物的形成，并证实该反应有高度的特异性和敏感性。刘献等（1958）首次在国内将环卵沉淀反应用于人的日本血吸虫病诊断。郑思民等（1958）首次报道应用环卵沉淀试验诊断耕牛日本血吸虫病，环卵沉淀反应与粪孵的阳性符合率为75%，粪检阴性牛中也有21.4%的牛呈阳性。上海农业科学院（1977）用冻干虫卵抗原进行了耕牛日本血吸虫病环卵沉淀反应判断标准的研究，环沉率2.1%以上作为判断阳性牛的界限，对粪孵阳性病牛的检出率可达94.1%。中国医学科学院上海寄生虫病研究所以1.5%甲醛处理虫卵后进行减压冷冻干燥制备干卵抗原，为现场推广应用提供了条件。沈杰等对COPT法加以改进，使其更适合在耕牛诊断中应用，结果与粪孵法的阳性符合率为94%。在此基础上制定了“耕牛日本血吸虫病环卵沉淀试验干卵抗原的制造方法与步骤”及“耕牛日本血吸虫病环卵沉淀试验操作方法与结果判定标准”，促进了该法在我国血吸虫病流行区耕牛血吸虫病诊断上的推广使用，1986年农业部畜牧兽医司确定该法为我国动物疫病普查方法。

葛仁稳等对环卵沉淀法、粪孵法和动物解剖的结果进行比对，在粪检阳性的116头水牛中有108头环卵沉淀法呈阳性，符合率为93.1%；在粪检阳性的46头黄牛中有44头环卵沉淀法呈阳性，符合率为95.6%。在疫区现场检测的403头水牛中，粪检查出阳性114头，环卵沉淀法阳性189头，环卵沉淀法检出率比粪孵法高18.61%；在58头黄牛试验中，粪检查出阳性46头，环卵沉淀法阳性49头，环卵沉淀法检出率比粪检高5.1%。进一步解剖3头粪检阴性、环卵沉淀法阳性牛，有两头冲出血吸虫合抱虫体。研究发现环卵沉淀的阳性标准对结果影响较大，他们认为采用2.1%以上环沉率作为阳性判定标准较合适。

张建安等应用环卵沉淀法分别检测不同疫区与非疫区绵羊时发现，判断界限应以反应物大于虫卵面积的1/8为阳性反应虫卵，将判断标准环沉率设定在4%时，敏感性较好，与粪孵的符合率为95.94%，阴性血清的特异性为97.8%。应长沅等应用该法检测羊抗体，在接种日本血吸虫尾蚴后41d用环卵沉淀法检测，全部山羊都呈强阳性，说明用环卵沉淀法检测山羊日本血吸虫病有较好敏感性，可供山羊日本血吸虫病普查现场应用，以及供其他家畜和野生哺乳动物日本血吸虫病普查时参考之用。韩明毅分别用血纸法采集的血清和全血进行“环沉”，结果两者的阳性符合率为100%。

综合各地的试验结果和文献报道，环卵沉淀反应的判断标准对结果影响较大。因此该试验的阳性判定标准应根据动物种类、疫情的严重程度可作适当的调整，恰当地制定符合当地实际情况的判定标准，对于减少假阳性，提高判定的准确性都有较重要的意义。进行环卵沉淀反应试验时虽然受限因素较少，所需费用较低，但与间接血凝、酶联免疫吸附试验等相比，其敏感性稍差，花费时间较长。

6. 胶乳凝集试验　胶乳凝集试验（PAPS）的基本原理与间接血凝试验相似，其差别在于以聚醛化聚苯乙烯颗粒交联血吸虫抗原，当抗原与血清中血吸虫特异性抗体结合时，分散的、肉眼不能分辨的聚苯乙烯小颗粒会凝集成肉眼能见的聚乙烯凝集颗粒，从而确定有特异性抗体存在。

PAPS快速诊断试剂研制成功后，在疫区七省一市推广应用100万余例，深受基层血防工作者欢迎。

应用PAPS制备的诊断液，对日本血吸虫病具有较强的特异性和敏感性，重复性好，性能稳定（一年内有效），方法简单易行，得出的结果快速而清晰，还可用血纸代替血清进行诊断，大大简化了采样手续，是一种省时、省力和省钱的动物血吸虫病诊断技术。

二、动物血吸虫病基因重组诊断抗原的研制及应用

虫卵可溶性抗原（SEA）是目前血吸虫诊断中效果最好、应用最广泛的抗原。该抗原是一种异质性混合物，含有蛋白、糖蛋白和多糖等成分。制备虫卵抗原时需先用血吸虫攻击感染家兔或其他动物，摘取其肝脏分离血吸虫虫卵，收集虫卵所需时间长，SEA制备成本也较高、得量少。同时以SEA作为诊断抗原，不适合用于疗效考核，不能区分现症感染和既往感染。同时抗原制备技术不易标准化。为解决这些问题，一些研究者尝试利用免疫蛋白质组学等技术，筛选、鉴定特异性高、敏感性强、可用于疗效考核，以及可区分现症感染和既往感染的诊断抗原，并通过基因工程技术大量制备有应用潜力的重组诊断抗原或多表位重组抗原。因基因重组抗原制备简便，抗原制备成本低，同时有利于诊断技术的标准化，在血吸

虫病诊断中有良好的应用前景。

1. 重组抗原作为诊断抗原检测牛、羊血吸虫病

（1）日本血吸虫 31/32ku 蛋白　血吸虫 31/32ku 蛋白是一组血吸虫肠相关抗原，多个实验室的研究结果表明，应用纯化的 31/32ku 组分抗原诊断血吸虫病具有较高的敏感性和特异性，因而多个实验室应用基因工程技术制备血吸虫 31/32ku 重组蛋白，并评价重组蛋白在血吸虫病诊断中的应用潜力。傅志强等（2007）应用 PCR 技术扩增到日本血吸虫 Sj32 编码基因，并在大肠杆菌中成功表达重组蛋白 rSj32，以该重组蛋白建立 ELISA 法检测试验感染羊日本血吸虫病阳性血清和粪孵确诊的阴性羊血清，结果阴性血清的特异性为 85.71%，阳性血清的敏感性为 95.45%，表明以该重组蛋白作为诊断抗原，具有一定的应用潜力。孙帅等（2009）以该重组抗原作为诊断抗原，应用 ELISA 法检测人工感染血吸虫和未感染的兔、小鼠和水牛血清，结果特异性分别为 100.0%、96.7%和 96.9%，敏感性分别为 88.9%、85.0%和 71.8%，进一步证实该重组抗原的诊断效果。

（2）日本血吸虫 Sj23 蛋白　血吸虫 23ku 蛋白分子是一个表膜相关蛋白，主要分布于血吸虫尾蚴、童虫及成虫的表膜。23ku 蛋白在童虫阶段高表达，免疫原性强，是良好的血吸虫病诊断候选抗原。

林矫矫等（2003）克隆了日本血吸虫中国大陆株的 23ku 抗原大亲水区的基因片段，并和表达载体 pGEX（表达日本血吸虫 26ku GST 蛋白）融合表达得到重组抗原 LHD - Sj23 - GST，分别用 LHD - Sj23/pGEX 基因重组抗原作为诊断抗原，应用间接 ELISA 法检测了 98 份健康黄牛血清，84 份血吸虫感染的黄牛血清，81 份健康水牛血清，62 份血吸虫感染的水牛血清，结果黄牛和水牛的阴性符合率分别为 82.65%（81/98）和 95.06%（77/81），阳性符合率分别为 94.05%（79/84）和 85.48%（53/62）。以该重组抗原作为诊断抗原，同时检测了 129 份血吸虫感染绵羊血清，91 份健康绵羊血清，以及 24 份锥虫感染的绵羊血清，结果阳性符合率和阴性符合率分别为 86.04%（111/129）和 100%（91/91），和锥虫感染的绵羊血清未出现交叉反应（0/24）。说明该融合蛋白具有较理想的诊断效果。周伟芳等采用酶联免疫吸附试验（ELISA）比较了日本血吸虫重组抗原 LHD - Sj23 - GST 和日本血吸虫 SEA 检测牛血吸虫病的敏感性和特异性，结果以 SEA 和 LHD - Sj23 作为诊断抗原对 189 例血吸虫病牛和 92 例健康牛的阳性检出率分别为 87.8%和 90.5%，阴性符合率分别为 93.5%和 92.4%。两种抗原之间敏感性和特异性均无显著性差异（$P>0.05$）。提示 LHD - Sj23 重组抗原可替代 SEA 用于家畜血吸虫病的血清学诊断。陆珂等（2005）以日本血吸虫基因重组抗原 LHD - Sj23/pGEX 和 SjCL/pET - 28a（+）作为诊断抗原，应用 ELISA 法检测水牛日本血吸虫病，结果阳性符合率分别为 93.3%（42/45）和 95.6%（43/45），阴性符合率分别为 93.3%（42/45）和 80%（36/45），同以血吸虫成虫抗原（SWAP）和虫卵（SEA）抗原作为诊断抗原获得的结果差异不明显。赵清兰等（2009）也以重组日本血吸虫 LHD - Sj23 蛋白作为抗原致敏乳胶，建立了诊断牛血吸虫病的乳胶凝集试验（LAT）。用 LAT 法与 ELISA 法同时检测 169 份牛血清，结果表明 LAT 法的特异性为 94.29%，敏感性为 93.10%，两种方法的符合率为 94.08%（$P>0.05$），且与牛结核杆菌、牛泰勒虫、牛巴贝斯虫、牛口蹄疫、牛边虫、牛传染性支气管炎等的阳性血清无交叉反应。

（3）日本血吸虫磷酸甘油酸酯变位酶（phosphoglycerate mutase，PGM）　Zhang 等（2015）克隆表达了日本血吸虫磷酸甘油酸酯变位酶（SjPGM）蛋白，比较分析了重组

SjPGM（rSjPGM）在血吸虫病诊断上的应用价值。应用 ELISA 法检测了 104 份血吸虫感染阳性水牛血清和 60 份健康水牛血清，结果以 rSjPGM 和 SEA 作为诊断抗原，其敏感性分别为 91.35%和 100.00%，特异性分别为 100.00%和 91.67%。同时检测了 14 份前后盘吸虫和 9 份大片吸虫感染水牛血清，rSjPGM 的交叉反应率分别为 7.14%和 11.11%，显著低于 SEA 的 50.00%和 44.44%。张旻等的研究还表明，rSjPGM 作为诊断抗原，有用于疗效考核的潜在价值。表明 rSjPGM 作为牛血吸虫病的诊断抗原具有潜在的应用价值。

（4）日本血吸虫辐射敏感蛋白 23（SjRAD23）　李长健（2014）以重组抗原 rSjRAD23 和日本血吸虫可溶性虫卵抗原 SEA 作为诊断抗原，分别检测了 60 份健康水牛血清和 75 份感染日本血吸虫水牛血清，以及 14 份前后盘吸虫感染牛血清和 6 份大片吸虫感染牛血清，结果以重组抗原 SjRAD23 作为诊断抗原，特异性为 98.33%；敏感性为 89.33%，与前后盘吸虫的交叉反应率为 14.28%，大片吸虫无交叉反应。以虫卵可溶性抗原 SEA 作为诊断抗原，特异性为 91.67%；敏感性为 100%，与前后盘吸虫和大片吸虫的交叉反应率分别为 50%和 16.67%。表明以重组抗原 SjRAD23 作为牛血吸虫病诊断抗原，敏感性略低于 SEA，但特异性及与其他寄生虫交叉反应性都好于 SEA。他们的结果还表明，以重组抗原 rSjRAD23 作为诊断抗原，比 SEA 有更好的疗效考核价值。

（5）日本血吸虫亲环蛋白 A（SjCyPA）　翟颀（2018）克隆表达了日本血吸虫亲环蛋白 A（SjCyPA），应用 ELISA 法检测了 114 份日本血吸虫感染的水牛血清和 86 份健康水牛血清，结果显示以重组蛋白 rSjCyPA 和 SEA 作为诊断抗原，其敏感性分别为 79.82%和 100.00%，特异性分别为 95.35%和 67.41%，与前后盘吸虫感染水牛血清的交叉反应率分别为 14.29%和 71.43%，表明以 rSjCyPA 作为水牛血吸虫病的诊断抗原具有潜在的应用价值。

2. 多表位重组抗原作为诊断抗原检测牛、羊血吸虫病

（1）rSjGCP-Sj23　如上，以单一的重组抗原作为诊断抗原，和目前最常用的日本血吸虫虫卵抗原 SEA 相比，明显提高了检测方法的特异性，但敏感性往往比 SEA 差。因此有学者提出研制多表位重组蛋白作为诊断抗原来检测日本血吸虫病，以期在保持重组抗原具有高特异性的同时，提高诊断方法的敏感性。章登吉等研制了日本血吸虫多表位重组抗原 rSjGCP-Sj23-Sj28 和 rSjGCP-Sj23。Jin 等（2010）以 rSjGCP-Sj23-Sj28、rSjGCP-Sj23 和日本血吸虫重组抗原 rSj23-LHD、rSjTPX1、rSjEF1 及虫卵抗原 SEA 作为诊断抗原，应用 ELISA 法分别检测了 189 份血吸虫病粪检阳性牛血清、92 份采自血吸虫病非疫区的健康牛血清、12 份大片吸虫感染牛血清和 12 份锥虫感染的兔血清，结果表明以重组抗原 pGEX-SjGCP-Sj23 作为诊断抗原，检测阳性牛血清获得的平均 OD 值最高，对阳性牛的检出率和对健康牛的阴性符合率分别为 91.0%和 97.8%，在 6 种抗原中都是最高的。

周伟芳等（2008）分析比较日本血吸虫感染兔药物治疗前后基因重组抗原特异性抗体消长情况，结果表明用吡喹酮治疗后抗二价多表位重组抗原 pGEX-SjGCP-Sj23 的特异性抗体水平下降趋势最明显，治疗后第 18 周和第 20 周 5 只存活的兔子中有 3 只转阴，占 60%，第 24 周 5 只存活的兔子全部转阴，占 100%；而治疗后 24 周，所有兔子抗 SEA 的特异性 IgG 抗体都呈阳性。以上初步结果表明，如用于疗效考核或区分现症感染和既往感染目的，在所测试的几种抗原中，以二价多表位重组抗原 pGEX-SjGCP-Sj23 效果最佳。周伟芳等的研究还表明，兔抗 pGEX-SjGCP-Sj23 的特异性 IgM 在血吸虫攻击感染后第3～5 天就出现，且特异性 IgM 下降速度较缓慢。抗 pGEX－SjGCP－Sj23 的特异性 IgG 的出现总体要比 IgM 晚 2～3 周，但其平均 OD 值较高。初步结果表明，建立针对 pGEX－SjGCP－Sj23 的特异性 IgM 的检测技术有用于血吸虫病早期诊断的应用潜力。该结果表明，二价多表位重组抗原 pGEX－SjGCP－Sj23 有用于疗效考核和早期诊断的潜力，是一种值得深入研究、有应用前景的血吸虫病新诊断抗原。

陆珂等（2010）制备了酶标兔抗 IgG，并表达和纯化了日本血吸虫二价表位重组抗原 pGEX－BSjGCP－BSj23，建立了检测牛血吸虫病的间接 ELISA 方法，其特异性明显高于 SEA，敏感性与 SEA 相当。检测现场水牛血清样品阴性符合率为 100%，阳性符合率为 90.97%。结果表明，建立的 ELISA 检测方法对牛血吸虫病的诊断具有良好的特异性和敏感性。

（2）rBSjPGM－BSjRAD23－1－BSj23　Lyu 等（2016，2018）应用在线预测软件从日本血吸虫 SjPGM 和 SjRAD23 抗原中筛选出 3 段 B 细胞表位富集肽段，包括 BSjPGM（氨基酸 85～166）、BSjRAD23－1（氨基酸 46～123）和 BSjRAD23－2（氨基酸 166～230）。以这 3 个多肽和先前被证明有血吸虫病诊断价值的日本血吸虫 23ku 抗原大亲水区（LHD－Sj23/BSj23）为基础，设计特异性引物，共构建了 6 种重组原核表达质粒，并在大肠杆菌中成功表达，获得 6 种表位重组蛋白：rBSjRAD23－1、rBSj23、rBSjPGM－BSj23、rBSjPGM－BSjRAD23－1、rBSjPGM－BSjRAD23－1－BSj23 和 rBSjRAD23－2－BSjPGM－BSj23。

以重组抗原 rSjPGM 和 rSjRAD23 及新构建的 6 种表位重组蛋白作为诊断抗原，以 SEA 作为参照抗原，应用间接 ELISA 方法检测山羊日本血吸虫病，共检测 91 份山羊感染日本血吸虫血清、44 份健康山羊血清、12 份捻转血矛线虫感染羊血清及 37 份东毕吸虫感染羊血清，结果显示，除 rBSjPGM－BSjRAD23－1 外，其余 3 种多表位重组抗原（rBSjPGM－BSj23、rBSjPGM－BSjRAD23－1－BSj23 和 rBSjRAD23－2－BSjPGM－BSj23）获得的敏感性都高于 4 种单分子重组抗原或单分子表位重组蛋白（rSjRAD23、rSjPGM、rBSjRAD23－1、rBSj23），其中多表位重组抗原 rBSjPGM－BSjRAD23－1－BSj23 获得的敏感性最高（97.8%，89/91），且保持良好的特异性（100%，44/44）和较低的交叉反应性（捻转血矛线虫：8.33%，1/12；东毕吸虫：13.51%，5/37）；而以 SEA 作为诊断抗原，其敏感性为 100%（91/91），但特异性仅为 75%（33/44），且与捻转血矛线虫和东毕吸虫分别有 25%（3/12）和 83.78%（31/37）的交叉反应。

以 5 种表位重组抗原（rBSjRAD23－1、rBSj23、rBSjPGM－BSj23、rBSjPGM－BSjRAD23－1－BSj23、rBSjRAD23－2－BSjPGM－BSj23）作为诊断抗原，以 SEA 作为参照抗原，共检测 114 份日本血吸虫感染水牛血清、92 份健康水牛血清、14 份前后盘吸虫感染牛血清。ELISA 结果显示，5 种表位重组抗原中 rBSjPGM－BSjRAD23－1－BSj23 获得最高的敏感性（95.61%，109/114），其特异性和交叉反应率分别为 97.83%（90/92）和 14.29%（2/14）；而以 SEA 作为诊断抗原，获得的敏感性为 100%，特异性和交叉反应率分别为 82.61%（76/92）和 50%（7/14）。

以上结果显示，多表位重组抗原 rBSjPGM－BSjRAD23－1－BSj23 的研制与应用，相对单一分子的重组抗原，提高了检测的敏感性；相对目前最常用的血吸虫病诊断抗原 SEA，提高了检测的特异性，降低了交叉反应率；同时有疗效考核的潜在价值；可作为山羊和水牛血吸虫病的一种优选诊断抗原。

3. 模拟抗原　噬菌体展示技术是把外源蛋白与丝状噬菌体的外壳蛋白融合表达而被展示于噬菌体表面，可以对特定的配基进行亲和筛选，可得到具有良好的抗原性及免疫原性的外源蛋白或抗原多肽，所获得的噬菌体克隆、蛋白和多肽可用于诊断抗原的筛选研究中。王欣之等用日本血吸虫 SSj14 单抗筛选噬菌体展示随机十二肽库得到一条多肽 HNNSLPFFKLAT，人工合成后与 BSA 偶联，以该偶联蛋白作为诊断抗原建立 ELISA 检测方法，检测 40 份小鼠感染血清和 20 份小鼠健康血清，阴阳性符合率均为 100%，提示是筛选血吸虫诊断抗原的一种有效技术，但目前尚未用于牛、羊等家畜的诊断。

三、不同血清学诊断方法的选择和应用

1. 不同血清学检测方法的特异性和敏感性　日本血吸虫感染动物后，在动物血液内存在有日本血吸虫抗原和相应抗体。日本血吸虫的抗原和相应抗体按免疫特异性可分为两部分，一部分是日本血吸虫特有的抗原和相应抗体，另一部分是日本血吸虫和其他寄生虫或其他病原（细菌、病毒等）共有的抗原及其相应抗体，动物机体患有其他非寄生虫病时血清中有时也会存在与血吸虫抗原能结合的抗体决定簇。因此诊断样品中仅含日本血吸虫特有抗原或相应抗体时才会有较高的特异性，如含有与其他寄生虫共有抗原或相应抗体，甚至有非寄生虫相同决定簇的抗原或相应抗体时，则特异性低，而特异性和敏感性的高低则是由包括与其他病原共有的抗原或相应抗体在内的日本血吸虫总抗原或相应总抗体的多少决定的。此外，感染日本血吸虫的动物，当血吸虫被杀死并排出体外后（如用吡喹酮治疗），血吸虫虫卵在宿主的肝、肠等组织仍长时间存在，相当长一段时间内动物血液中仍会有血吸虫抗原和相应抗体，一般血吸虫特异性抗体可在宿主体内存在几个月甚至更长时间，因此，在虫体消失后，血清学检测的阳性反应仍有可能持续一段时间，这就导致免疫诊断呈阳性，而疾病诊断呈假阳性的现象。敏感性和特异性是衡量血清学诊断方法优劣的两个重要指标。在临床上，敏感性以该方法对寄生血吸虫的检出率来判定，特异性是以对未寄生血吸虫或感染其他病原的同种动物的阴性符合率来判定。但在建立某种诊断方法时，对疫区无日本血吸虫寄生的动物的阴性符合率往往难以判定，过去曾采取剖检部分血清学诊断结果为阳性，而粪便孵化为阴性的疫区动物来参考说明，如其中有一定数量的动物无血吸虫寄生，则按这个数量来估测血清学检测阳性数中有多少假阳性，再加上同群被检动物中的阴性结果数来估算该方法的假阳性率，以 100%减去这个假阳性率为该方法的阴性符合率。对血清学方法特异性的判定，一般可按下列几个方面综合进行。

（1）非疫区同种动物的阴性符合率。

（2）病畜经治愈后的转阴时间及治疗后不同时间的转阴率，以转阴时间早为好。

（3）与其他寄生虫的交叉反应情况，以交叉反应小为好。

敏感性则以对寄生日本血吸虫动物的检出率来表示，有条件时也可辅以其他资料进一步说明，如对人工感染血吸虫动物的检出率，以感染虫量越少、检出动物数越多为好；以动物感染血吸虫后检出的时间越早越好，同时能在整个感染期间都呈现阳性；与病原诊断阳性动物的符合率，以高为好。

2. 不同条件下血清学方法的选择　用于血吸虫病非疫区和基本消灭地区疫情监测的诊断方法应该是敏感性、特异性均高的方法，尤以敏感性高更为重要，这样才不至于漏检，并

可准确判断结果。可采用间接血凝试验等血清学方法，有条件的地区也可采用酶联免疫吸附试验法。对血清学方法检测判定为阳性的动物，再以病原诊断方法确诊。

用于日本血吸虫病流行病学调查和抽查时，要求诊断方法的敏感性、特异性均高且操作简便快速，因此可采用间接血凝试验、试纸条法等血清学方法。对血清学方法检测判定为阳性的动物，再以病原诊断方法确诊。

普查日本血吸虫病时，由于工作量大，查出的阳性动物主要作为治疗对象，因此对诊断方法要求往往以敏感、简便、快速更为重要，可采用间接血凝试验、试纸条法等血清学方法。

动物检疫是执法行为，把血吸虫病作为检疫对象，要采用法定检疫规程。根据我国1989年确定的检疫规程，检疫血吸虫病的血清学检测方法使用间接血凝试验。

第四节　核酸检测技术

由于血吸虫病诊断在血吸虫防治中的中心位置，对血吸虫诊断技术的改进方兴未艾，近年来随着分子生物学技术，特别是PCR技术的发展，血吸虫病核酸分子检测研究也取得一些进展。

检测病原体核酸物质的方法为寄生虫病诊断开辟了新途径。在某种意义上，核酸检测也属于病原学诊断，同样可以作为确诊的依据。核酸检测技术由于直接检测病原体DNA，属于直接诊断法，特异性高，在血吸虫感染检测方面一直受到学者们的关注。2002年，粪检PCR法首先应用于检测曼氏血吸虫感染。其后，PCR技术在血吸虫病诊断方面的应用不断增多，相继用于日本血吸虫病与埃及血吸虫病诊断。

一、血吸虫核酸检测的可行性

日本血吸虫尾蚴侵入终末宿主后在宿主体内移行、发育、成熟、产卵。血吸虫寄生于宿主的肠系膜静脉和肝门静脉内，在移行、发育、产卵等过程中，血吸虫释放的排泄、分泌物，表皮脱落物、虫体呕吐物等持续释放入宿主血液中。感染血吸虫的宿主在血吸虫成熟后排出的粪便中含有血吸虫虫卵。因而，从宿主血液或粪便中提取血吸虫虫体或虫卵核酸，建立血吸虫核酸检测技术是可行的。分析也显示在宿主的血清和粪便中检测到血吸虫核酸，为日本血吸虫核酸检测提供了依据。

聚合酶链反应（polymerase chain reaction，PCR）可将微量的靶DNA特异地扩增，从而提高对DNA分子的分析和检测能力，因而可以直接从宿主血液标本和排泄物中检出相应的DNA，简化了诊断过程，提高了敏感性。目前用于动物血吸虫病诊断的分子生物学技术大多基于PCR，从普通PCR到套式PCR、实时定量PCR、LAMP等都有报道。

二、核酸检测靶标

核酸诊断从其本质而言是检测待检样品中是否存在特异的核酸靶标分子。因此对于诊断靶标的选择是建立敏感、特异分子生物学检测技术的核心。目前已报道的血吸虫核酸诊断方法采用如下靶标分子。

1. 5*D* 基因　编码日本血吸虫毛蚴抗原的 5*D* 基因是最早应用于日本血吸虫核酸诊断的靶基因。该基因在日本血吸虫基因组中为一重复序列，共有 560 个核苷酸。陈一平等以血吸虫成虫，感染兔肝脏中的虫卵、尾蚴 DNA 为模板，利用普通 PCR 在单个虫卵、单个尾蚴或针尖大小的成虫组织中检测到该基因，且与常见的肠道细菌及人基因组 DNA 不出现交叉反应。

2. 日本血吸虫的逆转录转座子 SjR2　SjR2（AY027869）是日本血吸虫 Non－LTR 逆转录转座子 2，长 3 921bp，在日本血吸虫基因组中约有 400 个完整拷贝和 23 755 个不完整拷贝，其序列总数占基因组的 4.43%，分散在整个染色体中。因为 SjR2 具有高度保守和多拷贝的特点，被多个研究单位选为靶基因应用于日本血吸虫核酸诊断中，并在日本血吸虫成虫、尾蚴和虫卵及宿主粪便和血清中检测到该基因的特异 DNA 片段。

Driscoll 等首次以 SjR2 为靶标进行日本血吸虫分子检测，应用 PCR 方法在含 2 个以上尾蚴的样本中检测到该分子。Xia 等（2009）根据日本血吸虫逆转录转座子 *SjR2* 基因分别设计 PCR 法及 LAMP 法引物，在日本血吸虫成虫、感染兔粪便和肝组织虫卵，以及血吸虫病人、病兔的血清中都检测到了特异的片段，其敏感性分别达到 80 fg/μL、0.08 fg/μL，与曼氏血吸虫、肝吸虫未出现交叉反应。在感染后第 1 周即可扩增出特异条带，在治疗后12～13 周即转为阴性，表明该靶序列具有早期诊断和疗效考核的潜在应用价值。之后，余传信等选择 *SjR2* 的 3 个不同区段作为靶序列也得到了相似的结果，为该基因在血吸虫核酸诊断中应用奠定了基础。

Zhang 等（2017）以 *SjR2* 作为目的基因，建立了诊断家畜血吸虫病的巢式 PCR 技术。结果该法从日本血吸虫成虫、虫卵以及日本血吸虫感染的山羊和水牛的血液样品中均可检测出目的片段，从 1 个虫卵的样品中即可检出，在肝片吸虫和捻转血矛线虫虫体中均未能扩出该片段，显示该技术具有良好的特异性和敏感性。对人工感染日本血吸虫后不同时间节点的山羊和水牛血清及血纸进行检测，结果应用血纸法在感染后第 3 天均呈阳性，而血清法在感染后 7d 出现阳性。对感染后 14d 和 28d 的牛血纸进行检测，敏感性分别为 92.31%（36/39）和 100%（39/39），对健康水牛的特异性为 97.62%（41/42）。对东至和望江两县的家畜血纸样品进行检测，牛的阳性率分别为 6.00% 和 8.00%，山羊的阳性率分别为 22% 和 16.67%。

3. 血吸虫核糖体序列 18S rRNA　18S rRNA（AY157226）是血吸虫看家基因，DNA 序列长度为 1 883bp，在血吸虫基因组中拷贝数较多。以 18S rRNA 为靶标序列，先后在日本血吸虫不同发育阶段和各种宿主的多种样本中检测到了特异性片段，显示 18S rRNA 靶序列在血吸虫感染诊断具有应用价值。

陈军虎、李洪军等报道以 18S rRNA 为靶序列设计引物，采用普通 PCR 方法在日本血吸虫感染性钉螺、日本血吸虫基因组中均检测到长度为 469bp 的 DNA 片段。周立等选择了新靶序列，扩增片段长度为 1 450bp，采用荧光定量 PCR 水解探针法检测日本血吸虫成虫 DNA，最低检测浓度为每个反应 6.15pg，检测了 50 份患者粪便中虫卵 DNA，检测阳性率为 48.0%。之后他们改进了试验方法，敏感性可以达到 10fg（成虫 DNA），可以在小鼠感染后 1 周血清，感染后 4 周的粪便标本中检测到特异性 DNA 片段，提示了 18S rRNA 靶序列的血吸虫感染的诊断价值。

4. 血吸虫线粒体基因 多个研究者采用线粒体基因（GenBank 登录号 NC _ 002544）用于动物日本血吸虫感染的检测。Gobert 等分别扩增了两段长 242bp 和 668bp 模板 DNA，使用 BLAST 比对检测显示该模板 DNA 具有特异性，在血吸虫感染小鼠和兔粪样分别检测到了特异性片段。Lier 等也针对这一靶序列扩增了一段 82bp 的 DNA 片段，在日本血吸虫感染猪粪样、血样、直肠组织样本中均检测到该片段，并比较检测了曼氏血吸虫病、钩虫病、鞭虫病与绦虫病粪样，以及曼氏、埃及与牛血吸虫等成虫 DNA，结果均为阴性。结果表明，NC _ 002544 是一个较好的日本血吸虫分子检测靶标。

NADH－Ⅰ基因是另一个线粒体基因，是血吸虫核酸诊断中应用较多的靶序列。Lier 等应用以 *NADH*－Ⅰ基因为靶序列建立的 Real－time PCR 法检测了日本血吸虫低感染度病人粪便，同时与 IHA、粪便毛蚴孵化和 Kato－Katz 等方法进行了比较，检出率分别为 5.3%、26.1%、3.2%和 3.0%。

5. 日本血吸虫 SjCHGCS20 序列 洪炀课题组筛选到一段非 LTR 转座子 SjCHGCS20 序列，并以此作为靶序列，建立了一种检测小鼠和羊日本血吸虫病的实时定量 PCR 方法。应用该法对感染 10 条、40 条和 100 条日本血吸虫尾蚴 42d 的 BALB/c 小鼠血浆样本进行检测，敏感性为 99.35%（152/153），其中感染 40 条尾蚴的小鼠在感染后 28d 全部检出阳性；而 77 份健康小鼠均为阴性，特异性为 100%。用 10 条和 40 条日本血吸虫尾蚴感染小鼠，经吡喹酮治疗后 6 周所有小鼠全部转为阴性，表明该法具有疗效考核的潜力。该法对羊血吸虫病的敏感性和特异性分别为 98.74%（157/159）和 100%（94/94），略高于 ELISA 法的 98.11%（156/159）和 90.43%（85/94）；同时与捻转血矛线虫、片形吸虫、弓形虫、旋毛虫、巴贝斯虫、迭宫绦虫、前后盘吸虫和住肉孢子虫感染均不出现交叉反应；是一种敏感、特异的羊日本血吸虫病诊断方法（陈程，2020；Guo 等，2020）。

三、核酸检测技术

1. 普通 PCR 技术 PCR 是 20 世纪 80 年代中期出现的一种新技术。1991 年以色列学者 Hamburguer 等以曼氏血吸虫基因组中的一个 121bp 的高度重复序列为检测靶标设计引物，建立检测水中血吸虫尾蚴 DNA 的 PCR 技术。Sandoval 等利用小鼠血吸虫病模型，建立通过尿液检测非疫区人群是否感染曼氏血吸虫的 PCR 技术。陆正贤等采用日本血吸虫尾蚴感染新西兰家兔的模型，进行 PCR 检测日本血吸虫 DNA 的试验研究，从日本血吸虫的成虫、虫卵，日本血吸虫感染家兔的肝组织、粪便和外周血清中均扩增到特异性条带。

2. 巢式 PCR 技术 巢式 PCR 是利用两套引物进行两轮 PCR 扩增，先用目的片段外侧的外引物进行第一轮扩增，然后用内引物再扩增目的片段。采用巢式 PCR 可以提高 PCR 的敏感性并兼顾其特异性，对于微量样品的检测有重要意义。刘爱平等建立了巢式 PCR 法检测日本血吸虫低感染度宿主血清 DNA，研究结果显示，应用巢式 PCR 法可从仅有 3～5 对成虫的家兔血清中检出特异性条带，为低感染度日本血吸虫病诊断提供了新方法。

3. 实时荧光定量 PCR 技术 实时荧光定量 PCR（real－time quantitative PCR）方法在 PCR 中引入了荧光标记探针或双链 DNA 特异的荧光染料，使得在 PCR 反应中产生的荧光信号与 PCR 产物量呈正相关，可根据 PCR 反应中实时荧光信号分析，计算出 PCR 反应特性，并推算原始样品中的模板含量。Huang 等报道了检测不同水源中的日本血吸虫尾蚴的实时定量 PCR 检测方法。Lier 等建立了从粪便中检测日本血吸虫虫卵 DNA 的 Real - time PCR 法，并用于日本血吸虫感染猪模型的检测。Li 等建立了检测感染小鼠粪便及血清日本血吸虫 18S rRNA 的 Taqman 实时定量 PCR 法，能检测到 10fg 的日本血吸虫基因组 DNA，其敏感性较普通 PCR 高 100 倍。

4. 环状介导的等温核酸扩增技术　环状介导的等温核酸扩增（loop - mediated isothermal amplification，LAMP）是 Notomi 等于 2000 年开发的一种新颖的恒温核酸扩增方法，其特点是针对靶基因（DNA、cDNA）的 6 个区域，设计 4 种特异引物，利用 Bst 链置换 DNA 聚合酶在 65℃左右保温 1h，即可完成核酸扩增反应。反应结果可直接根据扩增副产物焦磷酸镁的沉淀用肉眼直接观察或浊度仪检测沉淀浊度来判定。许静等以逆转录转座子 SjR2 为靶序列建立了检测日本血吸虫的 LAMP 技术，其检测阈值可达到 0.08fg DNA，灵敏度为普通 PCR 的 10^4 倍，应用 LAMP 法可从感染日本血吸虫家兔模型中感染后第 1 周的血清中检测出日本血吸虫特异性 DNA，对疗效考核的结果表明 LAMP 法于治疗后第 12 周血清 DNA 的检测结果即转为阴性。Kumagai 等针对日本血吸虫 28SDNA（rDNA）设计 LAMP 引物建立了单一尾蚴感染钉螺的检测方法，并在感染后 1d 即可检测到血吸虫感染钉螺 DNA。

四、核酸检测的特异性与敏感性

高特异性与敏感性是血吸虫核酸分子检测技术得到迅速发展的重要因素。

特异性是评价血吸虫分子检测技术的最重要指标。血吸虫具有许多特异的基因序列，检测其特异性基因片段与检获虫体具有同样的诊断价值。由于分子生物学方法直接检测血吸虫 DNA 片段，理论上不同于检测抗体和抗原会受宿主及寄生虫各发育阶段抗原变异的影响，比血清学方法更加可靠、稳定。目前大多数血吸虫分子检测技术基于 PCR，因此其引物的特异性决定了该类检测方法的特异性。虽然 PCR 技术本身的特异性是毋庸置疑的，但扩增的靶基因（片段）是制约其特异性的决定因素，如果目的片段在不同种属间具有较高相似性，就有可能出现一定的交叉反应。因此在设计 PCR 引物时需特别注意其特异性。BLAST 比对和电子 PCR 是较好的检验引物特异性的途径，方便快捷，检测范围广，但由于 GenBank 储存信息的不完整性限制了 BLAST 和电子 PCR 的可靠性。提取其他病原体 DNA 和/或正常宿主样本中总体 DNA 进行 PCR 反应检测，也是评价该类检测技术特异性的重要途径。

PCR 产物的生成量是以指数方式增加的，能将 pg 量级的起始待测模板扩增到 μg 级，这种大量扩增为该类方法的敏感性奠定了基础。但伴随高灵敏度而来的则是假阳性的问题。仔细分析该类检测方法的假阳性主要来源是 PCR 过程：①选择的扩增序列与非目的扩增序列有同源性；②靶序列太短或引物太短，容易出现假阳性；③样品或试剂的交叉污染；④PCR体系不稳定；⑤气溶胶污染。经验表明可以通过重新设计引物、优化反应条件、严格控制实验环境、简化样品处理等方法可以有效降低或解决假阳性的问题。同时，PCR 检测技术需对血样中的 DNA 进行纯化，操作烦琐，需要具备一定专业技术技能的技术人员，且容易因实验室环境中 DNA 气溶胶污染而呈现较高假阳性。因此，应用该类技术开展血吸虫病检测最好在有符合国家标准的 PCR 诊断（检测）实验室进行，并具有合格的专业人员。

目前，国内外多家实验室已经建立了较稳定的血吸虫病核酸诊断技术或方法，但大多处在实验研究阶段，在临床应用上还不多见，实验对象局限于小鼠和兔等实验动物。随着分子生物学技术的快速发展，血吸虫核酸分子检测技术的优势日益突显，可以在微量病原体DNA（RNA）存在的情况下，即能做出迅速、准确的判断，可在疾病的早期诊断、疗效考核和流行病学调查研究中发挥重要作用。牛羊等动物是我国血吸虫病流行的重要保虫宿主，针对牛羊等大动物的血吸虫病分子检测技术研究还极少，在兽医临床中还未见应用。因此，应用合适的针对牛羊等大动物的血吸虫病核酸分子检测方法必将促进动物血吸虫病的诊断水平，从而为该病的防治和流行病学调查提供新方法。

（傅志强）

■ 参考文献

蔡世飞，李文桂，王敏，2011. RT-PCR 扩增 Sj26、Sj32 和 Sj14-3-3 抗原编码基因用于慢性日本血吸虫病诊断的研究 [J]. 中国病原生物学杂志，2：133-135.

陈程，2020. 一种日本血吸虫病核酸诊断方法的建立 [D]. 北京：中国农业科学院.

陈代荣，余文正，蒋学良，等，1984. 粪孵法诊断血吸虫病新工具——玻璃顶管塑料瓶 [J]. 兽医科技杂志，2：45-46，42.

陈清，吴琛耘，冯艳，等，2013. 日本血吸虫虫卵 SjE16、SjPPIase 和 SjRobl 基因的真核表达及其在诊断中的应用 [J]. 中国寄生虫学与寄生虫病杂志，3：170-175.

陈淑贞，吴观陵，蔡银龙，等，1985. 间接血凝抗体滴度在血吸虫病流行病学上的意义 [J]. 江苏医药，10：12-15.

陈锡奇，1998. 粪孵法诊断动物血吸虫病 [J]. 中国农业大学学报，S2：132.

陈一平，翁心华，沈雪芳，等，1998. 聚合酶链反应检测日本血吸虫 5D 基因的实验研究 [J]. 中国寄生虫学与寄生虫病杂志，1：61-64.

陈一平，翁心华，徐肇玥，等，1997. 聚合酶链反应检测日本血吸虫 DNA 的探索 [J]. 中华传染病杂志，4：203-206.

程天印，施宝坤，1990. 应用酶联免疫吸附试验检测山羊日本血吸虫病抗体的研究 [J]. 信阳师范学院学报（自然科学版），1：75-82.

付媛，何永强，卢福庄，等，2011. 日本血吸虫 22.6kD 重组抗原二步金标免疫渗滤法诊断家畜血吸虫病的初步研究 [J]. 浙江农业科学，5：1166-1168.

付媛，卢福庄，石团员，等，2011. 重组抗原金标免疫渗滤法诊断家畜血吸虫病血纸抗体初探 [C] //中国畜牧兽医学会家畜寄生虫学分会第六次代表大会暨第十一次学术研讨会. 武汉.

傅志强，刘金明，李浩，等，2007. 日本血吸虫 Sj32KD 抗原基因的克隆、表达及诊断应用 [J]. 中国兽医寄生虫病，4：1-6.

傅志强，石耀军，刘金明，等，2002. McAb-Dot-ELISA 检测牛日本血吸虫病血清循环抗原 [J]. 中国血吸虫病防治杂志，2：95-97.

高珏，余传信，宋丽君，等，2014. 日本血吸虫热休克蛋白 70（Sj HSP70）的抗体反应特征及免疫诊断价值 [J]. 中国病原生物学杂志，8：699-705.

葛仁稳，熊才永，谢帮海，1981. 环卵沉淀反应诊断耕牛血吸虫病 [J]. 湖北畜牧兽医，2：14-16，13.

龚光鼎，刘尧，杜远海，等，1985. 应用间接血凝普查耕牛血吸虫病 [J]. 湖北畜牧兽医，1：19-20，24.

官威，许静，孙缓，等，2014. Real-time PCR 法用于日本血吸虫感染宿主血清 DNA 的定量检测及其感染度的评价 [J]. 中国人兽共患病学报，3：263-267，277.

韩明毅，1989. 环卵沉淀反应血纸法诊断耕牛日本血吸虫病的试验［J］. 中国兽医杂志，3：29-30.
洪佳冬，何蔼，王轶，等，2002. 日本血吸虫核酸在宿主体内的代谢［J］. 中国人兽共患病杂志，1：59-61，72.
胡洪明，彭文先，荣德智，等，1992. 用间接血凝试验诊断牛血吸虫病和锥虫病［J］. 中国兽医杂志，8：20-21.
黄天威，狄德甫，林筱勇，等，1981. 关于影响间接血凝试验诊断血吸虫病效果的若干问题的探讨（二）［J］. 浙江医科大学学报，1：5-10.
黄文长，马细妹，周宪民，1980. 影响血吸虫虫卵抗原间接血凝试验因素的探讨［J］. 江西医学院学报，2：49-52.
季平，李新华，毛清梅，等，2007. 免疫胶体金试剂盒检测家畜血吸虫病的效果及分析［J］. 中国兽医寄生虫病，4：16-18.
江为民，向静，江新明，等，2006. 三联 Dot-ELISA 与粪检法检测牛日本血吸虫的比较研究［J］. 上海畜牧兽医通讯，3：21-22.
蒋鉴新，裴洪康，潘孺孙，1959. 赤血球凝集反应对日本血吸虫病的诊断价值［J］. 上海医学院学报，4：295-300.
李长健，2014. 日本血吸虫表膜蛋白 SjRAD23 和 SjMBLAC1 的初步研究［D］. 上海：上海师范大学.
李成亮，邹雯，1979. 耕牛血吸虫病粪孵诊断对比试验的初步结果［J］. 江西农业科技，8：23，17.
李亚敏，邱丹，张咏梅，等，1995. 猪、牛日本血吸虫病粪便孵化法毛蚴孵出时间比较［J］. 中国兽医寄生虫病，2：32，49.
李友，2008. 牛血吸虫病分子 ELISA 诊断方法的建立和应用［D］. 武汉：华中农业大学.
李豫生，1987. 耕牛日本血吸虫病诊断和治疗方法的改进［J］. 四川畜牧兽医，3：26-27.
李允鹤，1974. 国外血吸虫病诊断研究的进展［J］. 动物学报，3：297-310.
李允鹤，1976. 血吸虫病环卵沉淀反应［J］. 国外医学—寄生虫病分册，1：7-12.
林矫矫，1995. 中国大陆株日本血吸虫 23kD 基因重组抗原的研究——23kD 抗原大亲水区多肽基因重组抗原的制备及抗原性测定［J］. 中国兽医科技，5：21-23.
林矫矫，李浩，陆珂，等，2003. 应用 Sj23 基因重组抗原诊断牛、羊血吸虫病研究［J］. 畜牧兽医学报，5：506-508.
林矫矫，吴文涓，刘训暹，等，1991. ABC-ELISA 诊断耕牛日本血吸虫病［J］. 中国兽医科技，1：44-45.
林矫矫，吴文涓，刘训暹，等，1991. 简易的 Dot-ELISA 法诊断耕牛和家兔日本血吸虫病［J］. 中国人兽共患病杂志，2：66-68.
刘爱平，杨巧林，郭俊杰，等，2010. 巢式 PCR 法检测日本血吸虫低感染度宿主血清 DNA 的研究［J］. 苏州大学学报（医学版），5：915-917，930.
刘堂建，1993. 试管口入水深度对应用试管倒插法诊断家畜血吸虫病的影响［J］. 中国兽医杂志，9：30-31.
刘锡生，1987. 塑料顶罐法和三角烧瓶法检查耕牛血吸虫病的效果对比试验［J］. 江西畜牧兽医杂志，3：18.
刘跃兴，邓乃宏，刘振华，等，1991. 耕牛日本血吸虫病粪检次数与阳性检出率的关系［J］. 中国血吸虫病防治杂志，3：188.
卢福庄，方兰勇，张雪娟，等，2006. 检测家畜血吸虫抗体的二步金标免疫渗滤法研究［J］. 畜牧兽医学报，7：687-692.
卢福庄，付媛，赵俊龙，等，2009. 实验感染血吸虫牛、兔抗体的消长规律［J］. 浙江农业学报，4：316-320.
卢福庄，张雪娟，付媛，等，2009. 家畜血吸虫病金标免疫渗滤试剂盒检测实验感染血吸虫牛治疗前后抗体水平的研究［C］//中国畜牧兽医学会家畜寄生虫学分会第六次代表大会暨第十次学术研讨会. 兰州.

陆珂，李浩，石耀军，等，2005. 应用 LHD-Sj23 和 SjCL 基因重组抗原诊断水牛日本血吸虫病的研究［J］. 中国兽医寄生虫病，1：1-4.
陆珂，李浩，石耀军，等，2012. 牛日本血吸虫重组二价表位抗原间接 ELISA 检测方法的建立及应用［J］. 中国兽医科学，12：1273-1277.
陆正贤，许静，龚唯，等，2007. 聚合酶链反应检测日本血吸虫 DNA 的实验研究［J］. 中国人兽共患病学报，5：479-483.
罗庆礼，沈继龙，汪学龙，等，2005. 重组日本血吸虫 26ku 谷胱甘肽-S-转移酶的表达、纯化及其免疫特性分析用于急性血吸虫病免疫诊断［J］. 安徽医科大学学报，6：5-8.
罗庆礼，周银娣，沈继龙，2012. 抗 Sj14-3-3 特异性 IgY 的制备及其诊断日本血吸虫病循环抗原的价值［J］. 安徽医科大学学报，9：1011-1014.
农业部血吸虫病防治办公室，1998. 动物血吸虫病防治手册［M］. 北京：中国农业科技出版社.
彭运潮，2006. 快速诊断家畜日本血吸虫病免疫层析条的研制与初步应用［D］. 长沙：湖南农业大学.
彭运潮，邓灶福，欧阳叙向，等，2009. 胶体金免疫层析条诊断家畜日本血吸虫病的现场应用［J］. 中国动物传染病学报，4：67-70.
彭运潮，刘金明，孙安国，等，2006. 快速诊断家畜日本血吸虫病免疫层析试纸条的研制与初步应用［J］. 中国血吸虫病防治杂志，3：197-200.
彭运潮，章登吉，石耀军，等，2006. 三种抗原对家畜日本血吸虫病诊断价值的比较［J］. 中国兽医科学，3：207-211.
卿上田，胡述光，谈志祥，等，1994. 间接血凝试验调查不同地区耕牛日本血吸虫病的报告［J］. 湖南畜牧兽医，3：29.
单家瑶，1980. 耕牛日本血吸虫病粪便孵化诊断法研究概况［J］. 浙江畜牧兽医，4：1-8.
邵永康，蔡道南，荣先行，等，1995. 单克隆抗体 Dot-ELISA 诊断日本血吸虫病的扩大试验［J］. 中国兽医科技，9：34-35.
邵永康，吴炳生，1995. 粪便直接孵化毛蚴法诊断牛日本血吸虫病的试验［J］. 中国兽医寄生虫病，2：33-35，40.
沈杰，1995. 粪孵法对自然感染日本血吸虫牛检出率效果的评价［J］. 中国兽医寄生虫病，1：36-37，25.
沈杰，孙纪岚，方渭民，等，1985. 酶联免疫吸附试验（ELISA）诊断牛日本血吸虫病的研究［J］. 畜牧兽医学报，4：247-251.
沈杰，王云方，王理方，等，1981. 应用环卵沉淀试验诊断耕牛日本血吸虫病的研究（一）［J］. 中国兽医杂志，3：2-4.
沈杰，郑韧坚，邱巧平，等，1991. 快速酶联免疫吸附试验诊断牛日本血吸虫病的研究［J］. 畜牧与兽医，5：203-204.
沈杰，朱国正，孙承铣，等，1982. 基本消灭耕牛血吸虫病地区监察方法探讨［J］. 湖南农业科学，5：46-47.
沈纬，1992. 家畜血防工作的回顾和建议［J］. 中国血吸虫病防治杂志，2：82-84.
施人杰，谢邦海，熊才咏，等，1990. “间接血凝一血两检”诊断耕牛血吸虫病和锥虫病试验［J］. 中国兽医杂志，5：26-42.
石耀军，李浩，刘一平，等，2007. 间接血凝诊断家畜日本血吸虫病试剂的改进研究［J］. 中国兽医寄生虫病，6：21-23.
石耀军，李浩，陆珂，等，2006. 冻干间接血凝试验抗原诊断家畜日本血吸虫病效果的评价［C］//中国畜牧兽医学会家畜寄生虫学分会第九次学术研讨会. 长春.
孙承铣，1982. 近年来我国研究粪孵法诊断耕牛日本血吸虫病的成就与展望［J］. 兽医科技杂志，8：42-44.
孙承铣，1984. 磁感应孵化日本血吸虫卵的试验［J］. 兽医科技杂志，8：27-29.

孙承铣，1987. 电热毯孵化日本血吸虫卵的试验［J］. 中国兽医科技，7：40.
孙承铣，1989. 日本血吸虫毛蚴孵化率的节令调节现象［J］. 中国兽医科技，5：27.
孙承铣，朱国正，1981. 用湿育粪孵法提高耕牛血吸虫病的检出率［J］. 畜牧与兽医，3：48.
孙承铣，朱国正，1983. 牛日本血吸虫病粪孵毛蚴的年周期探索［J］. 寄生虫学与寄生虫病杂志，4：43.
孙帅，刘金明，宋震宇，等，2009. 日本血吸虫天冬酰胺酰基内肽酶编码基因表达及诊断应用［J］. 中国血吸虫病防治杂志，6：464-467.
汪明，2003. 兽医寄生虫学［M］. 北京：中国农业出版社.
王岑，余传信，季旻珺，等，2010. 环介导同温扩增检测全血日本血吸虫 DNA 的研究［J］. 中国病原生物学杂志，10：749-753.
王道茂，1990. 血纸片间接血凝法诊断耕牛血吸虫病［J］. 中国兽医杂志，11：11-12.
王继玉，1982. 间接血凝试验诊断水牛血吸虫病的效果观察［J］. 江西农业科技，5：25-27.
王玠，余传信，殷旭仁，等，2011. 血吸虫感染小鼠早期诊断抗原的研究［J］. 中国血吸虫病防治杂志，3：273-278.
王玠，余传信，张伟，等，2012. 检测抗 Sj23HD IgG 在监测预警哨鼠血吸虫感染早期诊断中的价值［J］. 中国病原生物学杂志，8：594-598.
王敏，李文桂，蔡世飞，2011. PCR 扩增 Sj26、Sj32 和 Sj14-3-3 抗原编码基因用于急性日本血吸虫病诊断的研究［J］. 中国病原生物学杂志，4：273-275.
王敏，李文桂，蔡世飞，2011. RT-PCR 扩增 Sj26、Sj32 和 Sj14-3-3 抗原编码基因诊断急性日本血吸虫病的初步研究［J］. 中国人兽共患病学报，3：229-232.
王维金，许亚琴，干赛宝，等，1985. 应用间接血凝试验诊断牛肝片吸虫病［J］. 中国兽医科技，2：41-43.
王文忠，李雪霞，丁福先，2012. 粪便顶管毛蚴孵化法应注意的问题［J］. 云南畜牧兽医，2：44-45.
王溪云，1958. 家畜日本血吸虫病直肠黏膜刮取诊断法及其应用［J］. 中国兽医学杂志，11：435-436.
王宗安，龙泽君，吴宪波，2006. 黄牛日本血吸虫病日排卵量和排卵周期测定［J］. 云南畜牧兽医，6：39-40.
翁玉麟，黄贤造，彭文元，等，1959. 使用二种搔爬器诊断耕牛血吸虫病的体会［J］. 上海畜牧兽医通讯，1：37-38，26.
吴有彩，邓德章，戴建荣，2007. 不同年龄牛群血吸虫感染调查［J］. 中国血吸虫病防治杂志，3：228-229.
吴玉荷，张仁利，胡章立，等，2004. 重组 Calpain 蛋白的免疫原性及其诊断上的应用研究［J］. 实用预防医学，4：652-654.
夏超明，许静，时长军，等，2008. 核酸检测技术在日本血吸虫感染宿主早期诊断及疗效考核中的应用研究［C］//全国寄生虫学与热带医学学术研讨会. 深圳.
夏立照，1978. 血吸虫病的免疫学诊断［J］. 安医学报，1：17-22.
向静，刘毅，江为民，等，2007. 牛日本血吸虫病 5 种血清学诊断技术比较［J］. 湖南农业大学学报（自然科学版），1：49-52.
肖西志，林矫矫，于三科，等，2004. 日本血吸虫中国大陆株 Sj23 抗原基因在家蚕细胞中的表达及鉴定［J］. 中国兽医学报，1：43-46.
肖西志，于三科，林矫矫，等，2003. 应用重组日本血吸虫组织蛋白酶 L 诊断日本血吸虫病的研究［J］. 中国预防兽医学报，5：68-70.
熊才永，葛仁稳，1982. 间接血细胞凝集试验诊断耕牛血吸虫病试验报告［J］. 中国兽医杂志，11：22-23.
徐斌，段新伟，卢艳，等，2011. 日本血吸虫 P7 抗原的克隆表达、虫期特异性分析以及早期诊断价值的研究［J］. 中国寄生虫学与寄生虫病杂志，3：161-166.
徐妮为，丘继哲，邹艳，2013. 核酸检测在日本血吸虫病诊断中的应用价值分析［J］. 中国医药指南，2：63-64.

徐维华，1995. 棉析粪孵法与间接血凝法诊断耕牛日本血吸虫病效果比较试验 [J]. 畜牧与兽医，2：74-75.
徐雪萍，张咏梅，张观斗，等，1991. 粪孵法诊断猪日本血吸虫病不同用粪量检出率比较 [J]. 中国血吸虫病防治杂志，3：188-189.
徐志明，饶雪梅，蔡美瑛，等，1985. 血纸间接血凝试验诊断耕牛血吸虫病效果观察 [J]. 江西畜牧兽医杂志，1：45-48.
许静，张惠琴，骆伟，等，2008. 日本血吸虫感染小鼠血清中虫体核酸来源的实验研究 [J]. 中国人兽共患病学报，3：260-262.
颜洁邦，代卓迹，1989. 牛粪血吸虫卵计数方法的探讨 [J]. 中国人兽共患病杂志，4：49-50.
颜洁邦，戴单建，杨明富，1993. 黄牛和猪人工感染血吸虫的荷虫、排卵及虫卵孵化率研究 [J]. 四川畜牧兽医，2：3-4.
阳爱国，毛光琼，谢智明，等，2008. 斑点金标免疫渗滤新技术检测家畜血吸虫病的效果试验 [J]. 中国兽医杂志，4：3-4.
杨安龙，葛存芳，冯太兰，等，2004. 耕牛血吸虫病检测方法比较试验 [J]. 中国兽医寄生虫病，3：12-13，21.
杨琳芬，吴国昌，涂芬芳，等，1997. McAb-Dot-ELISA 试剂盒诊断日本血吸虫病的实验 [J]. 江西畜牧兽医杂志，2：22-23.
杨艺，王建民，李小红，等，2011. 盐浓度、温度、孵化时间对日本血吸虫虫卵孵化的影响 [J]. 中国病原生物学杂志，11：822-824.
杨永康，李金荣，1991. 糖水瓶粪孵血吸虫的试验与应用 [J]. 中国兽医科技，3：33-34.
姚邦源，钱珂，祝红庆，等，1991. 集卵薄涂片法检测牛粪中血吸虫卵含量的研究 [J]. 寄生虫学与寄生虫病杂志，4：55-59.
姚宝安，1995. 血吸虫毛蚴检查法的改进及其效果 [J]. 湖北农业科学，2：61-62，58.
叶萍，林矫矫，田锷，等，1994. 直接法单克隆抗体酶联免疫吸附试验和常规酶联免疫吸附试验诊断耕牛日本血吸虫病的比较 [J]. 中国兽医科技，6：12-13.
叶萍，林矫矫，吴文涓，等，1992. 用单克隆抗体 Dot-ELISA 检测日本血吸虫感染牛兔的血清循环抗原 [J]. 中国兽医科技，9：28-29.
叶萍，张军，田锷，等，1993. 直接法 McAb-Dot-ELISA 检测日本血吸虫感染耕牛血清循环抗原的研究 [J]. 中国血吸虫病防治杂志，6：341-343.
应长沅，1985. 应用环卵沉淀反应检测山羊日本血吸虫病和治疗羊体内抗体消长规律的研究报告 [J]. 中国兽医杂志，10：11-14.
应长沅，1985. 应用环卵沉淀反应诊断牛日本血吸虫病的体会 [J]. 中国兽医杂志，6：50.
应长沅，许平荣，1994. 用间接血凝反应和环卵沉淀试验诊断耕牛日本血吸虫病 [J]. 中国兽医杂志，8：30-31.
应长沅，许平荣，1996. 用间接血凝反应和环卵沉淀试验诊断耕牛日本血吸虫病 [J]. 畜牧与兽医，2：81.
应长沅，许平荣，任叶根，1992. 用间接血凝反应诊断耕牛日本血吸虫病的体会 [J]. 上海畜牧兽医通讯，1：31.
余炉善，邓水生，袁兆康，等，1996. 顶罐孵化法和间接血凝血纸法诊断耕牛血吸虫病的效果及费用研究 [J]. 中国兽医寄生虫病，4：48-50.
翟颀，2018. 水牛和黄牛来源日本血吸虫蛋白质组和免疫蛋白质组比较研究 [D]. 广州：华南农业大学.
张观斗，张永梅，徐雪萍，等，1991. 粪孵法诊断山羊血吸虫病不同用粪量检出率比较 [J]. 中国血吸虫病防治杂志，4：247.
张国芳，刘玉霞，陈启仁，1982. 酶标记免疫吸附试验等四种免疫学方法诊断血吸虫病的研究 [J]. 皖南医学院学报，2：13-16.

张建安，邓水生，余炉善，等，1982. 间接血凝（IHA）诊断綿羊日本血吸虫病的试验［J］. 江西农业大学学报，3：68-70.

张建安，余炉善，邓水生，等，1983. 环卵沉淀反应诊断绵羊血吸虫病试验研究［J］. 中国兽医杂志，9：2-4.

张军，田锷，张正达，等，1993. 单克隆抗体 Dot-ELISA 现场诊断日本血吸虫病［J］. 中国兽医科技，11：43-44.

张伟，王玠，余传信，等，2013. 血吸虫感染小鼠及家兔抗 Sj23ku 膜蛋白大亲水肽段（Sj23HD）IgG 应答模式及其免疫诊断价值［J］. 中国病原生物学杂志，2：109-114.

张雪娟，孙仁寅，冯尚连，等，1999. 应用酶标 SPA Dot-ELISA 同时检测牛羊血吸虫病和肝片吸虫病［J］. 中国兽医学报，3：68-69.

张雪娟，王一成，黄熙照，等，1993. 斑点酶联 SPA 诊断动物血吸虫病的研究［J］. 中国兽医科技，6：10-12，48.

张愉快，1985. 一种可长期保存的血吸虫环卵沉淀反应玻片标本的制作［J］. 衡阳医学院学报，1：55.

张正仁，1985. 间接血凝试验诊断水牛日本血吸虫病［J］. 江苏农业科学，9：32-33.

张正仁，田名云，1986. 间接血凝试验诊断水牛日本血吸虫病的应用体会［J］. 中国兽医杂志，11：20-21.

赵灿奇，佟树平，李林双，等 . 2014. 大理州试验推广斑点金标免疫渗滤诊断技术［J］. 云南畜牧兽医，2：38-39.

赵清兰，李友，聂浩，等，2009. 检测牛血吸虫病的重组 LHD-Sj23 蛋白乳胶凝集试验的建立［J］. 湖北农业科学，9：2061-2065.

郑思民，王启亶，徐用宽，等，1965. 耕牛血吸虫病实验诊断的研究——（一）粪便沉孵法、直孵法及直肠黏膜镜检法之比较［J］. 中国兽医杂志，5：32-33，30.

钟光智，李豫生，贾明富 . 1986. 薄膜湿育法诊断耕牛日本血吸虫病［J］. 中国兽医科技，6：45-46.

周立，荣秋亮，王业富，2012. 日本血吸虫荧光定量 PCR 检测方法的建立［C］//2012 年湖北生物产业发展高端论坛暨湖北省生物工程学会 2012 年度学术交流会. 武汉 .

周庆堂，冯德南，1980. 冻干血球间接血凝试验诊断耕牛血吸虫病的研究［J］. 湖南农学院学报，2：53-57.

周庆堂，冯德南，沈杰，等，1981. 间接血凝试验诊断耕牛日本血吸虫病的研究［J］. 湖南农业科学，2：44-48.

周日紫，康赛娥，万朝晖，等，1996. 单克隆抗体斑点酶联免疫吸附试验调查耕牛血吸虫病［J］. 湖南畜牧兽医，4：11.

周述龙，2001. 血吸虫学［M］. 北京：科学出版社 .

周伟芳，林矫矫，朱传刚，等，2008. 用日本血吸虫重组抗原诊断牛血吸虫病的研究［J］. 中国兽医科学，6：489-493.

朱春霞，卿上田，张强，1995. 单克隆抗体斑点酶联免疫吸附试验调查羊血吸虫病［J］. 湖南畜牧兽医，5：12.

朱春霞，王兰平，王孟利，2007. 血纸间接血凝与斑点金标诊断血吸虫病效果对比试验［J］. 湖南畜牧兽医，6：6-7.

朱敬，卫荣华，2014. 斑点 ELISA 与环幼沉淀试验诊断旋毛虫病的研究［J］. 热带医学杂志，2：169-171.

朱敬，卫荣华，2014. 免疫酶染色试验与环幼沉淀试验诊断旋毛虫病的研究［J］. 中国热带医学，2：137-138.

朱明东，华大曙，陶海全，等，1997. ELISA 检测耕牛血吸虫抗体调查［J］. 浙江预防医学 . 2：9.

左新，1991. 巍山县家畜吸虫病调查报告［J］. 云南畜牧兽医，2：19.

Faustina Halm-Lai，罗庆礼，钟政荣，等，2011. 重组果糖二磷酸醛缩酶 SjLAP 和亮氨酸氨基肽酶 SjFBPA

用于日本血吸虫病的诊断和疗效考核的评价［J］. 中国寄生虫学与寄生虫病杂志，29（5）：339－347.

Feng J，Xu R，Zhang X，et al，2017. A candidate recombinant antigen for diagnosis of schistosomiasis japonica in domestic animals［J］. Vet Parasitol，243：242－247.

Guo J J，Zheng H J，Xu J，et al，2012. Sensitive and specific target sequences selected from retrotransposons of *Schistosoma japonicum* for the diagnosis of schistosomiasis［J］. PLoS Negl Trop Dis，6（3）：1579.

Guo Q，Chen C，Zhou K，et al，2020. Evaluation of a real－time PCR assay for diagnosis of schistosomiasis japonica in the domestic goat［J］. Parasit Vectors，13（1）：535.

Jin Y M，Lu K，Zhou W F，et al，2010. Comparison of Recombinant Proteins from *Schistosoma japonicum* for Schistosomiasis Diagnosis［J］. Clin Vaccine Immunol，17（3）：476－480.

Lyu C，Fu Z Q，Lu K，et al，2018. A perspective for improving the sensitivity of detection：The application of multi－epitope recombinant antigen in serological analysis of buffalo schistosomiasis［J］. Acta Tropica，183：14－18.

Lyu C，Hong Y，Fu Z Q，et al，2016. Evaluation of recombinant multi－epitope proteins for diagnosis of goat schistosomiasis by enzyme－linked immunosorbent assay［J］. Parasit Vectors，9（1）：135.

Xia C，Rong M，Lu R，et al，2009. *Schistosoma japonicum*：a PCR assay for the early detection and evaluation of treatment in a rabbit model［J］. Exp Parasitol，121（2）：175－179.

Xu J，Liu A P，Guo J J，et al，2013. The sources and metabolic dynamics of *Schistosoma japonicum* DNA in serum of the host［J］. Parasitol Res，112（1）：129－133.

Xu J，Rong R，Zhang H Q，et al，2010. Sensitive and rapid detection of *Schistosoma japonicum* DNA by loop－mediated isothermal amplification（LAMP）［J］. Parasitol，40（3）：327－331.

Xu R，Feng J，Hong Y，et al，2017. A novel colloidal gold immunochromatography assay strip for the diagnosis of schistosomiasis japonica in domestic animals［J］. Infect Dis Poverty，6（1）：84.

Zhang M，Fu Z Q，Li C J，et al，2015. Screening diagnostic candidates for schistosomiasis from tegument proteins of adult *Schistosoma japonicum* using an immunoproteomic approach［J］. PLoS NTD，9（2）：e0003454.

Zhang X，He C C，Liu J M，et al，2017. Nested－PCR assay for detection of *Schistosoma japonicum* infection in domestic animals［J］. Infect Dis Poverty，6（1）：86.

Zhu H，Yu C，Xia X，et al，2010. Assessing the diagnostic accuracy of immunodiagnostic techniques in the diagnosis of schistosomiasis japonica：a meta－analysis［J］. Parasitol Res，107（5）：1067－1073.

第十三章　动物日本血吸虫病的治疗

家畜血吸虫病的治疗即可驱除患病家畜体内的虫体，减轻血吸虫对家畜造成的病害，同时，可减少患病家畜粪便中虫卵对环境的污染，是控制血吸虫病传播的重要环节。几十年来，我国先后开展了二巯基丁二酸锑钠、青霉胺锑钠、锑 273、血防 846、敌百虫、硝硫氰胺、硝硫氰醚和吡喹酮等家畜和人血吸虫病治疗药物的药效、制剂、治疗剂量、毒理、药理等研究，并在不同时期推广应用于家畜和人血吸虫病的治疗，对控制病情和疫情，保护人畜健康发挥了重要的作用，取得显著的社会经济效益。

■第一节　动物血吸虫病治疗药物的演变和发展

一、血吸虫病治疗药物的发展

自 1918 年酒石酸锑钾用于治疗埃及血吸虫病以来，经过近百年的努力，先后发展了硫杂蒽酮类化合物、奥沙尼喹、尼立达唑、硝基呋喃类化合物、六氯对二甲苯、敌百虫、硝硫氰胺和吡噻硫酮等血吸虫病治疗药物。特别是 20 世纪 70 年代中期，高效、安全的血吸虫病治疗药物吡喹酮的问世，为血吸虫病的有效防控做出了巨大贡献。

1. 锑剂　1918 年，Christopherson 首先用酒石酸锑钾（吐酒石，potassium antimony tartrate，PAT）治疗埃及血吸虫病，这是首次公开的血吸虫病化学治疗方法。1975 年以前，我国研制与应用了三价锑剂的化学药物，以酒石酸锑钠（锑 273）为主的三价锑剂在血吸虫病防治工作中被广泛使用 30 余年，疗效一般在 70%以上，为初期我国血吸虫病疫情的控制发挥了重大作用。由于锑剂对心脏和肝脏的毒副作用大，主要因阿斯综合征导致的治疗病死率与肝损害率分别达 0.005%与 15%，故至 20 世纪 80 年代初已被淘汰。该类药物一般只用于血吸虫病人的治疗。

（1）酒石酸锑钾　口服吸收很不规则，且对胃肠道刺激性大；做皮下或肌内注射，吸收较差，且药物的刺激性大并可引起注射部位的局部坏死；故采用静脉给药。我国在 1956 年后曾研究和推广过总剂量为 16mg/kg 的 7d 疗法和总剂量为 12mg/kg 的 3d 疗法。该药的不良反应相当严重，几乎每一例受治者都有心电图的改变，可引起严重的心脏毒性和心律失常；也可引起中毒性肝炎、急性锑中毒等。

（2）酒石酸锑钠（锑 273，sodium antimony gallate）　也称没食子酸锑钠。为 20 世纪 60 年代初我国研制的口服锑剂，1964 年后用于临床血吸虫病的治疗。该药与酒石酸锑钾比较，毒性有所降低，治疗血吸虫病比较安全、有效。

临床上使用的缓释剂型为没食子酸锑钠以硬脂酸为阻滞剂的缓释片，药品主要在胃和肠腔中释放，可达95%。家兔一次口服后8h，血药浓度升至高峰。一般采用10d、15d疗法，总剂量分别按500mg/kg和600mg/kg计算，用药后3～7个月，粪便阴转率为55.8%～82.8%。

2. 非锑剂

（1）呋喃丙胺（F30066，furapromide） 1960年上海医药工业研究所雷兴翰等合成对血吸虫有杀灭作用的呋喃丙胺。该药在体内主要吸收部位为小肠，吸收后药物可很快被肝脏和红细胞破坏。呋喃丙胺唯有口服才有杀虫作用，其代谢产物无杀虫作用，杀虫机制主要通过抑制成虫的糖酵解、影响糖代谢而发挥作用。该药对血吸虫童虫作用也较强，特别是对肝期童虫，因此呋喃丙胺可用于治疗各型血吸虫病。在治疗急性血吸虫病时，使用呋喃丙胺有特异退热作用，与敌百虫合用采用8d疗法，治疗后3～6个月，粪检阴转率可达60%以上。在20世纪60年代和70年代，该药在血吸虫病治疗中发挥过历史性作用。

呋喃丙胺药物副反应较多且发生率及程度与每天总剂量、每次服药量有关，常见的副反应主要有腹痛、腹泻、便血、肌痉挛、食欲减退。便血发生率为10%左右。

（2）六氯对二甲苯（血防-846，hexachloroparaxylol） 1963年重庆医学院合成的六氯对二甲苯，依据分子式$C_8H_4Cl_6$中3个元素数命名为血防-846。该药口服后主要在小肠部位吸收，口服5～7h血药浓度达到高峰，24h即可清除。该药可使虫体细胞变形，引起血吸虫性腺萎缩，肌肉活动力减弱，从而使虫体合抱分离并肝移，最后被肝内白细胞与网状内皮细胞浸润、吞噬而杀伤。

临床上主要用20%的血防-846油剂、片剂口服治疗血吸虫病，临床观察治疗后3～6个月，粪便孵化阴转率为69.2%～76.6%。

该药虽然具有一定的杀虫效果，因毒性作用明显而被淘汰。临床应用中常见的副反应主要有头昏、头晕、嗜睡等精神反应，恶心、呕吐、食欲减退、腹痛、腹泻等消化道症状以及严重的溶血反应。

（3）尼立达唑（硝咪唑，niridazole） 1964年由瑞士Ciba药厂研制，我国于次年合成。感染血吸虫的病兔连续3d灌服50mg/kg，或100mg/kg尼立达唑，减虫率可分别达到72%和92%。尼立达唑对日本血吸虫的杀灭作用不如对埃及血吸虫和曼氏血吸虫有效，每天口服25mg/kg，连服7d，治疗埃及血吸虫病、曼氏血吸虫病和日本血吸虫病，治愈率分别为75%～95%、40%～75%和40%～70%。

尼立达唑对血吸虫童虫也有作用，并能够抑制和杀死血吸虫病小鼠体内的未成熟虫卵。该药在临床应用上对日本血吸虫病疗效欠佳，提高剂量又会产生副作用。常见的副反应有恶心、呕吐、食欲减退、腹痛、腹泻等消化道症状以及肌肉震颤、癫痫发作和惊厥。神经系统反应发生率为3%（早期血吸虫病）和60%（晚期血吸虫病）。

（4）双萘羟副品红（pararosaniline pamoate） 20世纪70年代中期，用双萘羟副品红试治1 000例血吸虫病患者，20d疗法，疗效可达80%～90%，虽然疗效较好，但疗程长，且有严重皮疹、急性粒细胞减少和中毒性肝炎等严重副作用发生，因副作用大而难推广应用。

（5）敌百虫（美曲磷酯，metrifonate） 该药对埃及血吸虫病有较好的疗效，但对曼氏血吸虫病和日本血吸虫病无效或疗效较差。该药能抑制日本血吸虫胆碱酯酶，使虫体麻痹不能吸附于血管而肝移，但杀虫效果差。在20世纪70年代中期，我国学者根据该药的药理特性提出呋喃丙胺与敌百虫合并疗法，即用呋喃丙胺治疗前的第1～3天或第3～5天，每天从肛门给予敌百虫栓剂或肌内注射针剂，以麻痹血吸虫并导致血吸虫肝移，然后口服呋喃丙胺，使移行至肝内的虫体能充分与药物呋喃丙胺作用。合并疗法提高了药效，治疗 6 个月的粪检阴转率在 60%以上。该药对水牛血吸虫病疗效较好，但对黄牛血吸虫病无效。

（6）硝硫氰胺（7505，nithiocyamine，amoscanate）　化学名称 4 -硝基- 4′-异硫氰基二苯胺。本药最初由瑞士 Ciba 药厂合成，1976 年通过动物试验证明其对曼氏血吸虫、埃及血吸虫与日本血吸虫均有效。我国于 1975 年 5 月仿制合成此药，并进行了动物试验及大规模现场治疗。在以后 8 年时间里，该药在四川、湖南、安徽、江苏、江西和湖北六省广泛使用治疗各型血吸虫病人 350 万人次，证明效果良好。该药是一种用量小、价廉、疗程短、副反应轻的广谱抗蠕虫药，是当时治疗血吸虫病非锑剂中较理想的药物。

由于硝硫氰胺价廉，治疗牛血吸虫病用药量少，疗程短且疗效好，故在治疗牛血吸虫病时有一定价值。

（7）氯硝柳胺　又称血防-67、育米生、灭绦灵、百螺杀等，淡黄色粉末，无味，不溶于水，稍溶于乙醇、氯仿、乙醚。氯硝柳胺是 WHO 推荐使用的唯一高效低毒的杀螺灭蚴药物，因有效期短（7～10d），需反复使用，对鱼有一定毒性，而且耗费很大。因此氯硝柳胺的临床应用已从传统的片剂、糊剂改进为缓释剂。氯硝柳胺主要用于杀灭血吸虫尾蚴，进而达到防治血吸虫病的目的。

血吸虫的生活史分为成虫、虫卵、毛蚴、母胞蚴、子胞蚴、尾蚴、童虫等 7 个发育阶段。研究表明，尾蚴是感染人畜的唯一阶段，98%以上的血吸虫尾蚴以静态方式浮在水面上，尾蚴是血吸虫生命周期中最脆弱的阶段。氯硝柳胺不仅是一种有效杀螺剂，对血吸虫尾蚴也有较强的杀灭作用，氯硝柳胺难溶于水、在水中易沉降的性质限制了其作为灭蚴药物的使用。因此，研制出能够沿水面扩散、在水面保留一定时间并能在较短的时间内杀灭血吸虫尾蚴的漂浮缓释剂尤为重要。李洪军等以氯硝柳胺为原药，经疏水处理的锯末为载体，并加入表面活性剂研制而成的新型氯硝柳胺漂浮缓释剂可在水面漂浮 30d 而不下沉，药物缓慢释放，杀灭血吸虫尾蚴有效时间超过 30d。这种新剂型为控制血吸虫病的蔓延提供了有效的手段。

最近几年，江苏省血吸虫病防治研究所利用氯硝柳胺为原料药研制了可用于预防家畜血吸虫感染的浇泼剂，该药在杀灭血吸虫尾蚴及预防家畜的感染具有一定的效果。

（8）依弗米丁（伊维菌素，ivermectin）　伊维菌素可增强无脊椎动物神经突触后膜对 Cl^- 的通透性，从而阻断神经信号的传递，最终使神经麻痹，并可导致虫体死亡。伊维菌素抗寄生虫的作用机制是阻断对运动神经元的信息传递。它是抑制性神经介质- C -氨基丁酸（GABA）的促进剂，刺激寄生虫的神经突触前 GABA 的释放和 GABA 与突触后 GABA 受体结合，从而增强了 GABA 的作用，抑制神经间的信息传递，引起虫体麻痹。

（9）吡喹酮（praziquantel，PZQ，EMBAY 8440）　1972 年由德国 E. Merck 和 Bayer 药厂研制的广谱抗蠕虫药，我国于 1977 年合成。该药不仅对寄生人体和动物的血吸虫有效，对华支睾吸虫、并殖吸虫、姜片虫和多种绦虫的成虫及其幼虫都有显著的杀灭作用，特别是对人体埃及血吸虫、曼氏血吸虫和日本血吸虫均有高效的杀灭作用，常规剂量下寄生虫治愈率可达 90%以上，明显优于其他类血吸虫药物，而且该药毒性低，病人/病畜耐受性良好，疗程短、口服方便，适于现场普治应用。据此，WHO 于 1984 年将血吸虫病的防治策略从以往以消灭中间宿主钉螺为主转变为以化疗控制传染源为主的防治策略。其后，我国对血吸虫病防治策略也做了重大调整，将以消灭钉螺为主的综合防治措施，转变为以扩大化疗控制传染源为主，健康教育、易感地带灭螺为辅的控制血吸虫病防治措施。吡喹酮的问世，自20世纪80年代起在疫区大规模地推广应用，并取得很大成效，有力地推进了我国血吸虫病防控进程。该药已在全球广泛应用，是目前唯一在疫区大规模使用的治疗日本血吸虫病的首选药物。

（10）青蒿素及其衍生物　20世纪80年代初发现白菊科植物的青蒿素具有抗血吸虫作用，随后发现青蒿素及其多种衍生物如蒿甲醚、蒿乙醚、青蒿琥酯及还原青蒿素等都具有抗血吸虫作用。吡喹酮对肝期童虫作用仅限于感染尾蚴后2～8h内，而青蒿素及其衍生物在整个服药期对童虫期的血吸虫都有杀灭作用，因此具有较好的预防效果。国内研究表明，青蒿素及其衍生物用于感染日本血吸虫尾蚴后的早期治疗，可降低血吸虫感染率和感染度，防止急性血吸虫病。

动物试验和现场使用结果表明，青蒿素、蒿甲醚及蒿苯酯类药物对血吸虫病的疗效主要有：①对虫体肝移作用的影响。青蒿素可致血吸虫虫体肝移缓慢，从而阻碍血吸虫的发育。试验表明，给小鼠口服蒿甲醚24h后，只有5%的虫体肝移；②改善临床和病理表现。以蒿甲醚预防治疗的兔与犬，一些与急性血吸虫病有关的指标如高热、嗜酸性粒细胞增加、粪便虫卵等均无异常。病理检查证明，多次以蒿甲醚预防治疗的兔与犬，血吸虫感染后肝组织结构正常，虫卵肉芽肿数亦明显减少。治疗兔的肝脏在肉眼观察上与未感染兔相仿，或仅有轻微的虫卵损害；③减虫作用。研究证明，第6～11天肝期童虫对青蒿素、蒿甲醚和蒿苯酯最为敏感。青蒿素对小鼠的治疗效果最好，但对犬较差，而蒿甲醚几乎对所有的受试动物均有较好的疗效。

（11）环孢菌素A（CsA）　CsA是一种强效免疫抑制剂，自1978年以来用于器官移植抗排斥反应。1981年，Bueding首次发现亚免疫抑制剂量的CsA具有抗曼氏血吸虫作用。该药同青蒿类药物类似，对童虫有较好的作用，对成虫无作用或效果较差。在感染前后5次给药，小鼠获得99%减虫率；而在感染后42d左右给药，成虫几乎不受药物的影响。我国学者研究发现CsA具有抗日本血吸虫肝门型童虫的作用，对童虫的生长发育产生一定抑制作用。该药抗日本血吸虫成虫的作用优于曼氏血吸虫成虫。但最近，国外有学者研究发现，日本血吸虫对CsA的敏感性不如曼氏血吸虫。

鉴于该药的作用特点，利用该药可以起到预防血吸虫感染的作用。小鼠于感染曼氏血吸虫前后5d给药，减虫率达99%；即使于感染前第14天连续给药5d，小鼠仍可获得高度的保护力，减虫率达75%左右。CsA的抗虫效果取决于给药途径、给药时间、药物剂量以及药物载体的性质。试验证明用30～50mg/kg的剂量连续3～5d皮下注射给药有很好的效果，而低于30mg/kg的剂量以及其他途径给药（如口饲、腹腔内注射等）或给药次数少于3次的效果都不太好。另外，用吸收速度慢的药物载体比用吸收速度快的药物载体效果要好。

二、血吸虫病治疗药物的探索

20世纪70年代中期，吡喹酮的发明是抗血吸虫病药物发展史上的一个里程碑，由于该药口服方便、低毒、高效和疗程短（1～2d），适于群体治疗，故迅速得到推广应用，并对全球血吸虫病的防治产生深远影响。吡喹酮问世后，先后取代了用于治疗血吸虫病的呋喃丙胺、敌百虫、奥沙尼喹和硝硫氰胺，并成为5种人体血吸虫病唯一大规模使用的治疗药物。国内外的防治实践证明，吡喹酮虽是治疗血吸虫病的有效药物，但因其仅对刚钻入皮肤的早期童虫（3～6h）和成虫有效，故无预防作用。在血吸虫病重度流行地区，因人体内可同时存在不同发育阶段的童虫和成虫，故吡喹酮治疗后，一部分童虫未能被清除，且治愈患者在传播季节接触疫水后又可重复感染，因而，流行病学调查也表明，单靠吡喹酮治疗的防控措施不能阻断我国血吸虫病的传播。再则反复用吡喹酮治疗可能促使抗性虫株产生，如抗性株一旦出现，将使血防工作严重受挫，目前已有对吡喹酮抗性的血吸虫虫株的报道。鉴于吡喹酮的突出优点，自20世纪80年代后，全球有关抗血吸虫新药的研究迅速减缓，除我国为主的研究者在20世纪末将蒿甲醚和青蒿琥酯发展为预防血吸虫病药物外，未再见有其他新研发的抗血吸虫病药物问世，这显然与繁重的血吸虫病防治需求很不相适应。

长期以来，寄生虫学者都希望通过已知有效抗血吸虫药物的分子作用机制探讨，寻求药物作用的靶分子，用以设计新药。自1918年酒石酸锑钾用于治疗血吸虫病，开拓了血吸虫病的化疗后，直至吡喹酮在内的一些抗血吸虫药物的出现和应用，所有有关药物杀虫机制的研究都是围绕这一目的进行探讨，但鲜有成功案例。就吡喹酮而言，血吸虫的 Ca^{2+} 通道是至今比较明确的作用靶标，但确切的作用机制尚未阐明。近年来一些实验室开展了药物筛选或抗血吸虫病药物作用靶点的探讨，发现了几个新类型的抗血吸虫化合物，主要是特异性抑制血吸虫硫氧还蛋白谷胱甘肽还原酶（thioredoxin glutathione reductase，TGR）的噁二唑-2-氧化物（oxadiazole-2-oxides）类型化合物，半胱氨酸蛋白酶抑制剂N-甲基-哌嗪-苯丙氨酰-高苯丙氨酰-乙烯砜苯基（K11777）、6-螺金刚烷臭氧化物（1,2,4-trioxolanes）和甲氟喹等。

近年来一些研究者通过对血吸虫抗氧化系统的研究，通过生物化学和遗传学方法分析哺乳动物和血吸虫在消除活性氧分子的酶系统之间的差异，发现血吸虫将哺乳动物消除活性氧分子的2个独立的TrxR和GR酶系统合并为单一的TGR。通过一系列生化、酶学和抑制剂的试验观察，设想TGR可能是血吸虫的一个重要酶和药物的作用靶标。继而通过定量、高通量筛选，发现低浓度的噁二唑-2-氧化物的化合物9有很好的体外杀虫作用。体内试验对不同发育期童虫和成虫均有很好的疗效，为进一步发展新药提供了思路。这一发现受到普遍关注。但由于目前报道的是采用化合物9进行腹腔注射的治疗方案，疗程为5d，故还有待于向口服、单次用药和短疗程方向发展。

自吡喹酮问世后，除蒿甲醚和青蒿琥酯在20世纪末被发展为预防血吸虫病药物外，发展新的抗血吸虫药物几乎沉寂了20余年。直至2007年，有报道一种用于治疗非洲锥虫病的半胱氨酸蛋白酶抑制剂（K11777）经腹腔注射对小鼠的曼氏血吸虫童虫有很好的杀伤效果，但对成虫的效果差。同时由于应用K11777作为治疗药物的疗程长［2次/d，（2～28）d］，似无进一步发展的前景，但提示可从组织蛋白酶抑制剂入手寻求有效的抗血吸虫药物。同年，有报道由简化青蒿素结构而合成的螺金刚烷臭氧化物（OZ化合物）不仅有很好的抗疟作用，而且对血吸虫亦有效。这类化合物和青蒿素类化合物均为过氧化物，它们在抗血吸虫方面有相似之处，即一次服药对小鼠体内不同发育期曼氏血吸虫童虫有很好的杀灭作用，但对成虫的作用较蒿甲醚差或无效。在体外杀伤血吸虫方面，此类化合物需与血红素伍用才显示杀伤血吸虫作用，少数则有直接的杀虫作用，而且与这些药物的体内杀虫作用无相关性。有趣的是，OZ化合物对仓鼠感染曼氏血吸虫和日本血吸虫的童虫和成虫均有效，且以童虫较敏感。由于上述 OZ 化合物对感染血吸虫成虫期的小鼠疗效差，故未做进一步的研究。

（一）抗氧化系统药物

曼氏血吸虫的硫氧还蛋白谷胱甘肽还原酶是一个重要的抗氧化酶。血吸虫生活在宿主体内的血液有氧环境中，它们必须通过解毒机制消除其自身的有氧呼吸和宿主的免疫反应所产生的活性氧分子（reactive oxygen species）的危害。哺乳动物系通过 2 个独立系统消除活性氧分子达到解毒的目的，即专一的还原型辅酶Ⅱ烟酰胺腺嘌呤二核苷酸（NADPH）依赖的谷胱甘肽还原酶（glutathione reductase，GR）和硫氧还蛋白还原酶（thioredoxin reductase，TrxR），两者的底物分别为谷胱甘肽（GSH）和硫氧还蛋白（Trx），在 GR 和 TrxR 的作用下，催化 GSH 和 Trx 氧化型与还原型的相互转换，维持细胞氧化还原的平衡。已证实曼氏血吸虫无过氧化氢酶，其基因组亦无 GR 和 TrxR，但发现有 *TGR* 基因。TGR 是一种含硒的多功能酶，兼有 GR 和 TrxR 的功能，维持虫体内氧化还原的平衡。由于氧化型 GSH（GSSG）和硫氧还蛋白的还原依赖单一的 TGR 调节，其失活将对维持虫体氧化还原的平衡造成很大的损害作用。多功能的 TGR 先是在小鼠的睾丸中发现，然后又在曼氏血吸虫（*Schistosoma mansoni*）、细粒棘球绦虫（*Echinococus granulosus*）和肥头带绦虫（*Taenia crassiceps*）中相继查见。进而又观察到曼氏血吸虫的重组 TGR 的酶动力学和抑制剂的抑制效应与人的 GR、TrxR 的酶动力学和抑制剂的抑制效应均不同。根据上述曼氏血吸虫与宿主的细胞氧化还原系统的差异，人们设想 TGR 可能是血吸虫的一个重要酶，并有可能作为抗血吸虫病药物作用的靶标。

对曼氏血吸虫 *TGR* 基因进行重组表达和纯化，继而进行酶学分析、动力学分析、重组蛋白抑制剂对体外培养血吸虫的作用及对感染鼠的疗效试验，开展了 *TGR* 基因的 RNA 干扰试验等。结果，在 RNA 干扰试验中发现 TGR 对血吸虫的存活是必需的，体外培养血吸虫的 TGR 活力被抑制 60%，90%的血吸虫在 4d 内死亡；在抑制剂筛选中发现有抗类风湿病类药（含金的金诺芬 auranofin，AF）对纯化的重组 TGR 是一个有效的抑制剂，由金诺芬释放的金原子对 TGR 有抑制作用。当培养基中金诺芬浓度为 5mol/L 时，血吸虫被迅速杀死，而用金诺芬治疗感染血吸虫的小鼠，获得的减虫率为 59%～63%。此外，以往用于治疗血吸虫病的酒石酸锑钾和吡噻硫酮亦有抑制血吸虫 TGR 的作用。由此可见，血吸虫的 TGR 可作为抗血吸虫药物靶分子做深入研究，这是首次通过分子生物学和生化方法确认的抗血吸虫病药物的作用靶酶。

Sayed 等对抗血吸虫药物库进行定量高通量筛选，筛选出次磷酰胺和噁二唑-2-氧化物，该氧化物在很低的微摩尔至纳摩尔级对 TGR 有很好的抑制活性。由于血吸虫寄生在宿主的肠系膜下腔静脉中，必须通过有效机制来维持氧化还原平衡，以逃避来自宿主活性氧分子的损伤作用。在血吸虫体内，TGR 发挥了重要作用，抑制 TGR 活性，虫体因不能抵抗来自宿主的氧化损伤而死亡。噁二唑-2-氧化物可以快速抑制 TGR 活性，引起寄生虫死亡。观察次磷酰胺化合物、N-苯并噻唑-2-基-苯基-磷酰基（化合物 3）和噁二唑-2-氧化物、4-苯基-3-腈基-1，2，5-噁二唑-2-氧化物（化合物 9）体外对血吸虫作用，结果发现，化合物 9 对曼氏血吸虫、日本血吸虫和埃及血吸虫均有效，而化合物 3 体外抗血吸虫作用低于化合物 9。体外培养的曼氏血吸虫成虫在化合物 9（10μmol/L）作用 18h 后，其硫氧还蛋白还原酶（TrxR）和谷胱甘肽还原酶（GR）活力分别降低 83%和 93%；而化合物 3（50μmol/L）作用相同时间后，TrxR 和 GR 活力分别下降 69%和 59%。结果证明，抗血吸虫作用效果与抑制虫体 TGR 有关，且化合物 9 对虫体 TGR 的抑制作用较化合物 3 强。噁二唑- 2 -氧化物为一氧化氮（NO）供体，具有明显的生物活性，如抗微生物、免疫抑制、抗癌和舒张心血管等作用。试验证明，化合物 9 在 TGR 和 NADPH 存在的情况下可释放 NO，在加入 NO 清除剂后其体外抗血吸虫作用减弱，提示在化合物 9 抑制虫体 TGR 时可导致活性氧分子储积，而促使血吸虫死亡的过程中有 NO 参与。

根据体外试验结果，选择化合物 9 进行体内试验，小鼠于感染曼氏血吸虫尾蚴 1d、23d 和 37d 后，分别用化合物 9 腹腔注射治疗，剂量按照每天每千克 10mg，连续给药 5d，每天 1 次，并于感染后 49d 解剖小鼠，采取心脏-肝门静脉灌注冲虫，结果各组小鼠减虫率分别为 99%、89%和 94%，表明化合物 9 对曼氏血吸虫童虫和成虫均有很好的杀虫作用，能有效降低小鼠体内血吸虫数量，缓解感染后的症状，有望成为兼具治疗和预防血吸虫病双重作用的新型抗血吸虫病药物。这一新的候选药物有可能对其他以 TGR 作为巯基-氧化还原系统的细粒棘球蚴和带绦虫也有效。最近有报道，通过对化合物 9 的化学结构和疗效关系的研究，确认 3 -腈- 2 -氧化物为有效基团模型，并建立了以围绕苯环为核心结构的构效关系。同时通过生物素转换试验确证 TGR 与化合物 9 作用可导致巯基亚硝基化（或硒亚硝基化），进一步确定此类化合物对虫体 TGR 的作用，而对体外有选择性的药代动力学，包括水溶性、对 Caco - 2 细胞（人结肠肠癌上皮细胞）的渗透性和微粒体稳定性的初步评价，认为该类型化合物有可能发展为口服治疗血吸虫病的药物。

2009 年 Rai 等通过对噁二唑- 2 -氧化物化学结构系统的试验评价，证明了 3 -腈基- 2 -氧化物为主要的药效基团，并阐释了以苯环为核心结构的构效关系，发现 NO 供体与 TGR 抑制剂间的联系，决定这种化学结构在相关还原酶中的选择性，并且证实这种化学结构可以通过改造而拥有合适的代谢和药动学特性，更深入地研究了外源性 NO 供体和寄生虫损伤间的联系。这些研究显示噁二唑- 2 -氧化物有发展为一种 TGR 新型抑制剂和有效抗血吸虫药物的潜力。

（二）地西泮类药物

罗氏制药公司（Hoffmann - La Roche，瑞士）于 20 世纪 80 年代初合成了吖啶类衍生物，发现这些化合物对小鼠和仓鼠的曼氏血吸虫感染有很好的治疗作用，其中之一是 9 -吖啶肼（Ro 15 - 5458）。

1989 年，感染曼氏血吸虫的长尾猴用 15mg/kg 和 25mg/kg Ro 15 - 5458 治疗后，血吸虫排卵停止并被杀灭。1995 年，感染曼氏血吸虫的卷尾猴用 12.5mg/kg Ro 15 - 5458 单剂治疗后 29～226d，粪检虫卵呈阴性；受治猴没有查到虫体或只找到个别残留虫体，而未治疗的对照猴则检获虫体 83 条；未见受治猴有不良反应。其后用 25mg/kg Ro 15 - 5458 对感染曼氏血吸虫 7d 童虫的卷尾猴进行治疗并获得治愈，表明该化合物对血吸虫有预防作用。进一步用感染曼氏血吸虫成虫期的小鼠观察疗效，表明 Ro 15 - 5458 治疗鼠获得的减虫率和肝、肠组织的虫卵减少率与剂量相关，治后 2 周肝脏没有或仅有轻度病理变化。2003 年，用 20mg/kg Ro 15 - 5458 或 100mg/kg 吡喹酮治疗感染埃及血吸虫 4 周的仓鼠，减虫率分别为 83.2%和 55.6%，但当感染后 8 周和 12 周进行治疗，Ro 15 - 5458 和吡喹酮的疗效相仿，故认为 Ro 15 - 5458 治疗成虫感染的疗效与吡喹酮相仿，而对童虫感染的疗效则优于吡喹酮。对 Ro 15 - 5458 的抗虫作用进行探讨，观察到感染曼氏血吸虫小鼠用 15mg/kg Ro 15 - 5458 治疗 4d 后，仅见虫体的蛋白含量降低和虫体重量减轻，虫体利用葡萄糖、虫体的糖原含量和肠管色素或 ATP 水平均无明显受影响，故虫体的死亡可能因蛋白减少所致，并与药物引起的 mRNA 减少有关。感染小鼠用上述剂量的 Ro 15－5458 治疗后 12h、72h 和 96h，虫体的总 RNA 分别减少 14.0%、30.0%和 41.0%。进一步分析表明，Ro 15－5458 可能直接抑制虫体的基因表达。Ro 11－3128（甲胺西泮，meclonazepam）是一个抗焦虑药。1978 年，苯二氮䓬类的氯硝西泮（benzodiazepines clonazepam）和 Ro 11－3128 有抗血吸虫病作用被证实。试验证明，Ro 11－3128 对感染曼氏血吸虫和埃及血吸虫的仓鼠有效，但对日本血吸虫无作用。其作用机制与吡喹酮类似，低浓度 Ro 11－3128 可引起曼氏血吸虫雄虫痉挛性麻痹，此作用在培养液中移去 Ca^{2+} 或加入 Mg^{2+} 后可被阻断，都能引起 Ca^{2+} 内流和皮层损伤。但同时使用这两种药物，都不能抑制其中一种药物的活性，表明 Ro 11－3128 和吡喹酮作用于不同受体。曾在南非用该化合物（0.2～0.3g/kg）治疗曼氏血吸虫病和埃及血吸虫病患者均有效。用该化合物治疗出现嗜睡的不良反应。氟吗西尼（flumazenil）是苯二氮䓬类药物的拮抗剂，可拮抗 Ro 11－3128 的中枢神经效应，但不影响其抗血吸虫病作用。应用 ^{14}C 标记的 Ro 11－3128 观察到该药能与曼氏血吸虫皮层的特异苯二氮䓬位点结合，而日本血吸虫则无此特性。新近的研究结果表明，吡喹酮和 Ro 11－3128 与血吸虫有不同的结合位点。虽然从 20 世纪 80 年代中期至今陆续有关于 Ro 11－3128 的上述或其他方面的作用机制的研究，但因该药有镇静、睡眠作用，所以未做进一步发展。新近合成 2－位和 4－位取代的甲胺西泮，体外试验有麻痹虫体和杀虫作用，但尚未有体内试验的报道。

李欣等探讨了 5 种地西泮类衍生物 B3、B7、B8、B26、B30 抗血吸虫效果，并探讨其作用机制。结果表明，在体外，B3 作用于虫体后，日本血吸虫存活率和活力降低率分别为 0 和 100%，曼氏血吸虫分别为 20%和 93.3%；B30 作用于虫体后，日本血吸虫和曼氏血吸虫存活率分别为 0 和 13%，两者活力降低率则分别为 100%和 94.3%。B7、B8、B26 抗日本血吸虫效果不明显，但对曼氏血吸虫作用略好于日本血吸虫。研究者进一步以细胞肌松素 D 和钙通道阻滞剂预处理虫体 1h 后，再加 B3 和 B30 共同培养 16h，观察拮抗效应。结果显示，细胞肌松素 D 可显著拮抗 B3、B30 的抗日本血吸虫效果，拮抗后 B3 试验组虫体存活率和活力降低率分别为 80%和 59%～63%，B30 试验组分别为 70%和 46%～55%。钙通道阻滞剂尼非地平、尼群地平拮抗 B3、B30 后虫体存活率为 10%～40%，活力降低率为 85%～96%。结果表明，地西泮衍生物 B3、B30 在体外具有显著抗血吸虫作用，且日本血吸虫对该两种衍生物敏感性好于曼氏血吸虫，而其他 3 种衍生物抗曼氏血吸虫作用则更明显。细胞肌松素 D 对 B30 有显著的拮抗作用，钙通道阻滞剂尼非地平、尼群地平也有一定的拮抗效应，提示地西泮衍生物的抗血吸虫效应也可能与钙通道有关。

（三）半胱氨酸蛋白酶抑制剂

一些半胱氨酸蛋白酶对许多寄生虫的代谢是必需的，已发现一些半胱氨酸蛋白酶抑制剂可在体外和动物体内杀死一些原虫，用氟甲基酮半胱氨酸蛋白酶抑制剂治疗曼氏血吸虫感染小鼠可减少虫数和虫卵数。其后又改进新一代半胱氨酸蛋白酶抑制剂，提高它们的溶解度、生物利用度和降低毒性，其中的 N－甲基－哌嗪－苯丙氨酰－高苯丙氨酰－乙烯砜苯基（K11777）是一个用于治疗美洲锥虫病的新药，观察了其对血吸虫的作用。小鼠于感染曼氏血吸虫尾蚴后 7～35d，每天腹腔注射 2 次，注射剂量为每千克体重 25mg K11777，雌、雄虫的减虫率分别为 80.0%和 79.0%，肝脏虫卵减少率为 92.0%。小鼠感染后 1～14d，每天同上剂量腹腔注射，受治的 7 只小鼠中有 5 只治愈，另 2 只鼠的雌、雄虫各减少 90.0%和

88.0%。小鼠感染后 30d 腹腔注射 2 次，注射剂量为每千克体重 25mg K11777，连续给药 8d，雌、雄虫的减少率分别为 54.0%和 57.0%。通过半胱氨酸蛋白酶的特异性底物和活性位点的标记，证明 K11777 作用的靶分子是血吸虫与肠相关的组织蛋白酶 B1。

1. 甲氟喹　P糖蛋白（P-gp）是一种外排药泵，属于三磷酸腺苷（ATP）结合盒超家族的成员，即三磷酸腺苷（ATP）结合盒（ABC）蛋白，被公认为与脊椎动物的多药耐药性和抗蠕虫药物耐药性有关，而甲氟喹可抑制对多种药物有耐药性细胞系的 P-gp，并在相应的大鼠细胞系的体外试验和小鼠的体内试验得到证实。曼氏血吸虫有 2 个编码 ABC 蛋白基因。一是雌虫的 P-gp SMDR2，另一是 SMDR1，SMDR1 蛋白与 SMDR2 蛋白的 N 端片段和哺乳动物的 P-gp 很类似。药理学研究证明，P-gp 类似物或多药耐药性的蛋白是由血吸虫原肾系统的排泄上皮细胞表达。由于干扰哺乳动物 P-gp 功能的物质可影响代谢物的排泄，从而危及机体的生存，因而 2008 年比利时一研究小组推测甲氟喹可能具有抗血吸虫作用，并试用口服单剂甲氟喹 150mg/kg 治疗感染曼氏血吸虫成虫的小鼠，发现小鼠经治疗后的虫卵数明显减少，但对虫体的负荷则无明显影响。与此同时，瑞士与中国的寄生虫学者在用一些抗疟药进行抗曼氏血吸虫的体内筛选试验时，发现感染小鼠一次口服甲氟喹 400mg/kg 对血吸虫童虫和成虫均有很强的杀灭作用，继而又用于治疗感染日本血吸虫的小鼠，亦获得相仿的疗效。甲氟喹是继青蒿素类药物后发现的又一个抗疟药。

目前临床用以治疗疟疾的甲氟喹为（2R）-（+/-）-2-哌啶基-2，8-双三氟甲基-4-喹啉甲醇单盐酸盐（简称盐酸甲氟喹或盐酸六氟哌喹），但亦有将该化合物看作是氨基乙醇类化合物。甲氟喹系为含有 2 个不对称碳原子中心的手性分子，故有 4 个不同的立体异构体，即 2 个苏型构型（threo configuration）和 2 个赤型构型（erythro configuration）或称为赤型对映体，以及它们的 2 个消旋体。赤型消旋体是由瑞士罗氏制药公司（Hoffman-LaRoche）首先推出并沿用至今的甲氟喹产品，即（R，S）-和（S，R）-赤型对映体消旋品（商品名为 Lariam）。甲氟喹盐酸盐为白色或微黄色结晶，微溶于水，其分子式与相对分子质量分别为 $C_{17}H_{16}F_6N_{20}$ · HCl 和 414.77。

甲氟喹抗曼氏血吸虫的作用：感染曼氏血吸虫成虫的小鼠一次口服甲氟喹 400mg/kg 后 24h，肝移虫数占总虫数的 37.9%，给药后 3d、7d 和 14d 则肝移虫数为 96.4%～100%。感染血吸虫成虫的小鼠一次口服不同剂量的甲氟喹治疗，剂量为 200mg/kg 时，减虫率和减雌虫率分别为 72.3%和 93.0%；剂量为 400mg/kg 时，减虫率和减雌虫率分别为 77.3%和 100%；剂量为 100mg/kg 的减虫率和减雌虫率均降至约 50%，而较小剂量 25mg/kg 和 50mg/kg 则疗效甚差。在童虫方面，用上述不同剂量的甲氟喹治疗感染 21d 的童虫，观察到一次口服 100mg/kg、200mg/kg 和 400mg/kg 对该期童虫均高效，减虫率和减雌虫率分别为 94.2%～97.6%和 94.6%～100%，而小剂量 25mg/kg 和 50mg/kg 的疗效差或无效。感染不同时期血吸虫的小鼠一次口服甲氟喹 400mg/kg，结果甲氟喹对 7d、14d、21d 童虫和对 28d、35d、42d、49d 成虫的减虫率和减雌虫率相仿，分别为 83.9%～100%和 85.4%～100%，但小鼠于感染前 1d、2d 和感染后 3h 服药的疗效差，减虫率和减雌虫率均为35.9%～46.5%。

甲氟喹的抗血吸虫作用具有以下几个特点：①一次用药对感染血吸虫不同发育期童虫和成虫具有相仿的疗效；②在体内，甲氟喹的抗血吸虫作用不依赖于宿主的免疫效应；③对血吸虫的作用迅速，可引起虫体广泛变性，主要是皮层、肌层肿胀、肠管扩大，破坏肠黏膜和生殖腺，特别是卵黄腺受损，给药后24h即可出现虫体死亡；④经甲氟喹作用后，血吸虫的皮层、感觉结构、皮层细胞、肌层、实质组织、肠上皮细胞、卵黄细胞和线粒体等的超微结构严重受损；⑤在有效浓度下，甲氟喹对体外培养的血吸虫童虫和成虫的作用迅速，主要是先出现虫体活动兴奋，继而抑制，出现皮层受损，虫体混浊、伸长、局部肿大和死亡，甲氟喹浓度高于10μg/mL时，虫体可迅速或在数小时内死亡。

尽管从动物试验的角度评价，甲氟喹无疑是迄今所见到的一个最有潜力的抗血吸虫药物，符合WHO有关发展一个治疗血吸虫病兼具预防作用药物的要求，但要将其发展为可在临床应用的抗血吸虫药物还存在以下2个问题：①在疟疾的防治中，为延缓抗性的产生和增效WHO制定了以青蒿素类药物为基础的联合治疗疟疾（artemisininbased combination therapies，ACTs）的策略，而甲氟喹与青蒿琥酯伍用是较好的疗法之一，故不宜将甲氟喹单独发展为抗血吸虫药物，特别是在疟疾与血吸虫病混合流行地区；②单细胞的疟原虫寄生在宿主的红细胞中，而多细胞的血吸虫则寄生在肠系膜静脉内，它们在寄生环境上完全不同，对同一有效药物的敏感性也有很大的差别。在体内，甲氟喹对感染伯氏疟原虫小鼠的ED_{50}和ED_{90}分别为1.5mg/kg和3.8mg/kg，而治疗感染日本血吸虫成虫小鼠的ED_{50}和ED_{90}的剂量则分别为58.8mg/kg和251mg/kg，即甲氟喹治疗感染血吸虫小鼠和感染疟原虫小鼠的等效剂量相差38倍和65倍。再则，在体外试验中，甲氟喹使恶性疟原虫增殖数量减少99%的有效浓度（EC_{99}）为0.03μg/mL（0.07μmol/L），而使日本血吸虫95%致死（LC_{95}）的浓度为8.7μg/mL，两者相差290倍。临床曾试用甲氟喹25mg/kg治疗感染埃及血吸虫的儿童，但疗效甚差。目前治疗成人恶性疟的总剂量为1～1.5g，若以该剂量治疗血吸虫病恐亦难以有较好的疗效，若增大剂量则不良反应增多，甚或出现中枢神经系统毒性。值得注意的是，在非洲疟疾与血吸虫病混合流行区的初步临床试验结果表明，甲氟喹与青蒿琥酯伍用治疗疟疾的剂量疗程治疗埃及血吸虫病和曼氏血吸虫病，均有较好的疗效，与动物试验的结果相一致，宜继续观察和探讨，为进一步的临床研究提供依据。

就目前而言，试验研究甲氟喹抗血吸虫作用的意义在于以下2个方面：①探讨甲氟喹的化学结构与其抗血吸虫的关系，分析其针对的血吸虫靶基团，并据以设计新型化合物，通过构效关系的研究，筛选和发展具有高效和低毒的抗血吸虫新药；②在已了解甲氟喹抗血吸虫特性的基础上，进一步分析甲氟喹抗血吸虫的作用特点，探讨其对血吸虫生化代谢的影响，了解其可能作用的虫体部位和过程。通过分子作用机制的研究，确定甲氟喹抗血吸虫的可能作用靶点或靶部位，进而加以验证，为深入研究甲氟喹的抗血吸虫作用机制和发展新药提供有益的依据。

2. 螺金刚烷臭氧化物 青蒿素类药物问世后由于其化学结构复杂，故一些实验室致力于简化其结构的研究，螺金刚烷臭氧化物（OZ化合物）就是其中经过结构简化的一类过氧化合物，是从20世纪末开始研制的抗疟新药，其化学结构较青蒿素类的简单，易于合成，而且有些化合物的效果优于青蒿素。与此同时，在筛选试验中发现该类化合物对血吸虫有效，故又对此类化合物的抗血吸虫作用进行了系统观察。在体外抗曼氏血吸虫成虫试验中，有些化合物，如OZ209（20μg/mL）对血吸虫有直接作用，血吸虫的皮层受损，活动减弱并在72h内死亡。但有些化合物，如OZ78（20μg/mL）对血吸虫无直接作用，与蒿甲醚相似需在培养系统中加入血红素后，虫体的活动和皮层始见逐渐减弱和损害，而且大部分虫体在96h内死亡，杀虫效果较蒿甲醚与血红素伍用为弱。OZ化合物对曼氏血吸虫童虫有很好的杀灭作用，1次口服OZ03、OZ78和OZ209 200mg/kg对21d童虫的减虫率为79.2%～87.3%，而OZ288为95.4%。用这些化合物400mg/kg一次口服治疗感染曼氏血吸虫成虫期（49d）小鼠，仅OZ288获得52.2%的减虫率，在此剂量下OZ209则无效，并有部分鼠死亡。由此可见，此类化合物对感染童虫期的小鼠有很好的疗效，而对成虫的作用则甚差。但用感染曼氏血吸虫童虫（21d）和成虫（49d）的仓鼠作为模型，50～200mg/kg OZ78和OZ288对童虫的减虫率分别为73.4%～93.2%和82.7%～86.5%，对成虫的减虫率分别为46.1%～85.0%和46.6%～71.7%。在仓鼠模型中OZ化合物显示对成虫亦有效，但逊于对童虫的疗效。此外用OZ78 200mg/kg一次口服治疗感染日本血吸虫成虫的仓鼠，减虫率和减雌虫率分别为94.2%和100%；而一次口服15mg/kg对感染日本血吸虫成虫的兔无明显疗效，减虫率为40.7%。OZ78尚对小鼠的棘口吸虫和大鼠的肝片形吸虫及华支睾吸虫有效。构效关系的研究结果表明，OZ化合物的过氧键是其抗血吸虫所必需的。

3. 抗疟药　血红素对于大多数生物的存活具有重要的意义，但其一旦呈游离状态就产生毒性作用，即游离的血红素能引起氧自由基的形成，脂质过氧化和蛋白质及DNA氧化，同时由于其亲水脂分子的特性，游离血红素可干扰磷脂膜的稳定性和溶解性。食血生物，包括疟原虫和曼氏血吸虫，具有有效的途径对由消化血红蛋白所产生的游离血红素进行解毒，关键的机制是将血红素结晶化为色素（hemozoin，HZ）并起着抗氧化的防御作用。由于HZ的形成是食血寄生虫所特有，而且在以前的试验中观察到感染曼氏血吸虫的小鼠用氯喹治疗后，其病情减轻，认为HZ的形成可能是一个有吸引力的药物作用靶，故又用奎宁（QN）、奎尼丁（QND）和奎纳克林（阿的平，QCR）治疗感染曼氏血吸虫小鼠，并用生化、细胞生物学和分子生物学进行评价分析。结果，小鼠于感染曼氏血吸虫尾蚴后11～17d，每天腹腔注射75mg/kg QN、QND或QCR后，前两者的减虫率为39%～61%，虫卵减少率为42%～98%；QCR获得的减虫率和虫卵减少率分别为24%和24%～84%；从QN和QND治疗小鼠检获的雌虫的HZ形成被明显抑制（40%～65%），但QCR对HZ的形成无明显影响；QN治疗后，雌、雄虫的超微结构有明显变化，特别是肠的上皮细胞和肝内虫卵肉芽肿反应减轻。此外，微阵列基因表达数据分析表明QN治疗后，与虫体肌层、蛋白质合成和修复有关的转录表达增强。作者认为，干扰血吸虫HZ的形成是QN和QND抗血吸虫的重要作用机制，即血红素结晶化过程是抗血吸虫药物的一个有效作用靶。

4. 其他　没药是一种油胶树脂，由没药树的茎提取所得。Mirazid系其商品名，2001年起在埃及用该药治疗肝吸虫病和血吸虫病，其治疗作用尚不清楚，抗血吸虫病作用尚有争议，主要是动物试验和临床观察存在有效和无效截然不同的结果，故须重新对没药进行试验和临床疗效的评价。最近Abdul－Ghani等对没药的安全性、在埃及的试验和临床治疗吸虫感染的疗效、对吸虫中间宿主螺类的杀灭作用及可能的作用方式等进行了综述。

由上述可见，近年来一些抗血吸虫新药的发展多与抗疟药有关联。疟原虫和血吸虫是两种完全不同的寄生虫，其共同点是两者均需要从消化宿主的血红蛋白中获取营养，这也是青蒿素类药物和OZ化合物对血吸虫都有效的基础。在对其他抗疟药的筛选中发现了甲氟喹的抗血吸虫病作用。这一发现的意义是：①甲氟喹是一类新型的抗血吸虫病药物，它与青蒿素类和OZ化合物不同，对不同发育期血吸虫童虫和成虫均有相似的杀灭作用；②在等剂量下甲氟喹的疗效优于吡喹酮，前者可用于治疗和预防，而后者则仅用于治疗。从动物试验结果评价，甲氟喹是现有抗血吸虫药物中最好的一种，但由于它是现用的抗疟药，目前多采用与青蒿琥酯伍用治疗疟疾，服用剂量大，有神经和精神等不良反应，故用以研发为临床治疗血吸虫病药物有一定难度。因此，一方面要通过其衍生物或类似物的合成研发低毒和可用于预防及治疗的抗血吸虫药物，另一方面则要在甲氟喹抗血吸虫病作用的基础上，探讨甲氟喹的杀虫机制，特别是涉及血吸虫的肠管受损，与肠相关的组织蛋白酶、肠管内血红蛋白的代谢和血红素的结晶化等，后者被认为与奎宁和奎尼丁抗血吸虫童虫有关，这些都是值得关注的。

第二节　常用治疗药物和制剂

家畜血吸虫病的化疗是血防工作的重要一环。流行病学调查显示牛、羊等家畜是我国血吸虫病最重要的保虫宿主，也是最重要的传染源。早期，化疗药物由于成本和副作用的因素，主要应用于人的血吸虫病治疗，对家畜的治疗相对薄弱。吡喹酮问世以来，提出了以化疗为主的防治策略，家畜血吸虫病治疗也逐步得到重视，本节就常用的血吸虫病治疗药物作介绍，重点介绍在家畜血吸虫病治疗使用最广泛，疗效最好的吡喹酮。

一、常用治疗药物的药效、药理、性状和作用机理

（一）吡喹酮

吡喹酮（praziquantel，PZQ，EMBAY 8440）对埃及血吸虫、曼氏血吸虫和日本血吸虫三种最重要的人体血吸虫均有很强的杀灭作用，而且毒性低，是目前治疗日本血吸虫病的首选药和唯一大规模使用的药物。

1. 药理学

（1）理化性质　吡喹酮相对分子质量为312.42，白色、无味、微苦的结晶性粉末，易吸潮，难溶于水，微溶于乙醇，易溶于氯仿、二甲亚砜和聚乙二醇等有机溶剂，每100mL氯仿、乙醇和水可分别溶解吡喹酮56.7g、9.7g和0.04g；吡喹酮在无水乙醇中的最大紫外吸收波长为264nm，在甲醇中为210nm。

（2）体内代谢　吡喹酮的代谢具有三快的特点，即吸收快、降解快和排泄快。吡喹酮系脂溶性，口服吡喹酮后吸收迅速，80%以上的药物可从小肠吸收，在大肠和胃内吸收较少。血浆放射性浓度在0.5～1h达到最高峰，即达到血药峰值在1h左右，口服10～15mg/kg后的血药峰值约为1mg/L。犬和绵羊用药后，分别在0.5～2h和2h左右达到血药峰浓度。黄牛按每千克体重30mg口服后的药动学符合一室开放模型，吸收不规则，其药动学参数吸收半衰期为（1.08±0.13）h，消除半衰期为（6.81±1.26）h，药时曲线下面积为（8.51±1.78）mg/（L·h），达峰时间为（4.33±1.36）h，峰浓度为（0.70±0.08）mg/L，生物利用度为32.31%。水牛内服吡喹酮片（20mg/kg）的达峰时间为（0.60±0.29）h，峰浓度为（0.57±0.37）μg/mL，消除半衰期为（0.70±0.42）h，药时曲线下面积为（0.80±0.70）μg/（mL·h）。药物进入体内后，可被组织迅速摄取并分布到全身，药物主要分布于肝脏，其次为肾脏、肺、胰腺、肾上腺、脑垂体、唾液腺等，很少通过胎盘，无器官特异性蓄积现象。吡喹酮可以通过血脑屏障，检测大鼠脑脊液中药物的浓度为血浆的15%～20%。哺乳期服药后，其乳汁中药物浓度相当于血浆的25%。门静脉血中药物浓度可较周

围静脉血浓度高 10 倍以上。该药经门静脉入肝后很快代谢，表现吡喹酮通过肝脏的“首过效应”，其通过肝脏后主要形成羟基代谢物，仅极少量未代谢的原药进入体循环，药物的半衰期为 0.8～1.5h，其代谢物的半衰期为 4～5h。内服给药的消除半衰期分别为：黄牛 5.6～8.1h，羊、猪 1.1～2.5h，犬、兔 3～3.5h。主要与葡萄糖醛酸或硫酸结合成盐由肾脏排出，72%于 24h 内排出，80%于 4d 内排出。

(3) 毒性　吡喹酮是一个毒性较低的药物，且无致突变性、致畸性和致癌性，故是一个无遗传毒性的药物，动物对吡喹酮的耐受良好。小鼠、大鼠和兔口服半数致死量（LD_{50}）为每千克体重 1 000～4 000mg；感染血吸虫的动物较正常动物的 LD_{50} 显著为低，说明吡喹酮的毒性与患病动物的机能状态有关。当分次给药时可明显降低毒性，提高动物半数致死量。在治疗剂量下，实验动物的神经系统和心、肝等脏器均无病理性损害。

2. 作用机理　吡喹酮作用机制尚不明确。但已有试验表明，一是干扰虫体肌肉的糖代谢，使肌肉无力，挛缩，虫体随血流进入肝脏并最终死亡；二是对虫体表皮的直接毒性作用，使其表皮糜烂，通透性增加，水分渗入虫体导致代谢紊乱，促进其死亡；三是可干扰血吸虫的 Ca^{2+} 内环境，吡喹酮可能改变虫体对 Ca^{2+} 的渗透性，促使内流而使虫体挛缩，或改变 Ca^{2+} 在皮层细胞质和肌肉内的分布并引起皮层损害；四是吡喹酮能够影响寄生虫体内的谷胱甘肽-S-转移酶（GST）的活性，从而影响其抗氧化机能，导致大量的 H_2O_2 和 O_2 等活性氧产物在体内的大量积聚，致使寄生虫体内的抗氧化系统损伤，从而起到了杀虫作用。此外，吡喹酮作用后，血吸虫皮层被破坏后直接影响虫体的吸收和排泄功能，更重要的是虫体体表的抗原暴露后免疫伪装破坏，皮层重要防御功能失去，使血吸虫易受宿主的免疫攻击而死亡。

3. 杀虫效果

(1) 虫卵　吡喹酮对血吸虫卵无效。黄一心（2010）报道，用治疗量的吡喹酮 300mg/kg 治疗感染小鼠，1 次口服治疗剂量的吡喹酮后 1～3d，肝组织虫卵孵出的毛蚴数明显减少，治疗后 4～14d，孵化的毛蚴数与对照组相仿。粪便虫卵孵化于治疗后 1～3d 为阴性，停药后 1 周恢复阳性，至停药后 21～25d 才再次转为阴性。

(2) 毛蚴　吡喹酮对血吸虫毛蚴有杀灭作用。黄一心（2010）在体外用含吡喹酮 1～100μg/mL 的水溶液孵化虫卵，未能在水的上层观察到毛蚴，但在沉淀中可检获大量变形、活动异常或死亡的毛蚴。当吡喹酮浓度降低至 0.1μg/mL 时，水的中上层可出现较多活动异常的毛蚴。可见，吡喹酮虽不能抑制成熟虫卵的孵化，但毛蚴孵出后，立即影响其形态、活动与活力。

(3) 母胞蚴与子胞蚴　吡喹酮对母胞蚴与子胞蚴无杀灭作用。经吡喹酮 0.3～30μmol/L 作用 24～48h 后，钉螺体内母胞蚴、子胞蚴和未发育成熟的尾蚴均未见有明显影响。

(4) 尾蚴　吡喹酮对螺体内将成熟和已成熟的尾蚴有杀灭作用，并可阻止血吸虫尾蚴从螺内逸出。吡喹酮在水中杀死尾蚴的最低有效浓度为 0.05μg/mL，尾蚴与吡喹酮接触 2h 后死亡。其机制主要是吡喹酮可溶解尾蚴体表的糖萼糖膜，使其不能适应非等渗的水环境。

(5) 童虫　吡喹酮对刚侵入皮肤的血吸虫极为有效，对 3d、7d、14d 童虫皮层则无或仅有轻度损害。对 3h、21d 和 28d 虫体皮层体被有中度或重度损害。

(6) 成虫　吡喹酮对日本血吸虫、埃及血吸虫和曼氏血吸虫均有明显而快速的杀灭作用。据报道，吡喹酮治疗感染日本血吸虫的小鼠，按每千克体重 300mg 1 次口服获得的减虫率为 72.3%，按此剂量一天 3 次分服则为 81.2%。家兔按每千克体重 60mg 1 次口服获得的减虫率达 90%；犬用该剂量一天 3 次分服可获治愈。

4. 吡喹酮给药途径与其他制剂的研究 吡喹酮首过效应强，代谢产物基本无活性，口服剂量大，生物利用度低，对血吸虫童虫作用不明显，限制了其推广应用。以制剂技术维持吡喹酮原型药物在血液中的有效浓度是充分发挥其药效的前提。因此，提高吡喹酮疗效的新制剂技术成为近年来国内外防治血吸虫病的研究热点。目前，新的制剂技术包括包合物、经皮给药、脂质体等，主要通过提高吡喹酮溶出速率、改变给药途径、延长体内循环时间等方法改善药物功效。

(1) 吡喹酮注射剂 吡喹酮注射剂可通过肌内、皮下、静脉注射。操继跃 (2001) 报道，静脉注射吡喹酮，其消除半衰期短，有效血药质量浓度维持时间仅为 4h，为肌内注射的 1/2。因此，在防治耕牛血吸虫病中，采用肌内或皮下注射吡喹酮较好。

先后研制了吡喹酮浓度为 2%、4%、6%、20%等吡喹酮注射剂。2%和 4%吡喹酮注射剂以聚乙二醇为溶媒，它对动物的刺激大，使用后出现耕牛倒地不起的毒副作用。赵俊龙 (2003) 报道，按牛体重 10mg/kg 剂量肌内注射 6%注射剂，对于大型家畜来说，注射剂量太大，肌内注射不方便。随后通过新溶媒制备的 20%吡喹酮注射剂，性质稳定、毒性小，在小鼠药效学研究中该制剂的减虫率达 100%。20%注射剂仍按牛体重 10mg/kg 肌内注射，用药剂量明显减少。刘粉 (2009) 用 20%吡喹酮注射剂按小鼠体重 600mg/kg 肌内注射，减雌率 100%，减虫率 97.2%。中国农业科学院上海兽医研究所（原家畜寄生虫病研究所）与南京药物研究所、上海兽药厂联合研制了 10%吡喹酮肌内注射剂，并进行了水牛血吸虫病的治疗试验，结果发现，肌内注射吡喹酮 25mg/kg，减虫率和减雌率分别为 81.9%和 100%。

(2) 吡喹酮透皮剂 吡喹酮与 Azone 等配伍后涂在皮肤上，可直接吸收进入体循环，避免吡喹酮经过肝脏受到“首过效应”与胃肠道的分解作用，不仅可减轻副反应，且提高了药物的生物利用度，对需要灌胃治疗的家畜用透皮剂治疗有其优点。

王在华等 (1994) 应用吡喹酮透皮剂对动物日本血吸虫病进行系列试验治疗研究，筛选出代号为 860421－3 的 4%吡喹酮透皮剂，减虫率 94.3%。急性毒性试验表明，在同等剂量下，透皮给药的毒性作用比口服给药小，小鼠致死率低，LD_{50} 为 (3.741±0.379) g/kg。黄铭西等曾试验证明吡喹酮与二甲亚砜配伍制成的吡喹酮霜剂防护效果良好，无毒副作用，很低剂量就能达到 10h 完全防护，12h 仍在 99%以上。

(3) 吡喹酮缓释剂

①缓释剂的种类 吡喹酮缓释剂有缓释片剂、缓释包埋剂、缓释栓剂、脂质体、长循环脂质体等。缓释剂可以避免首过效应，降低给药剂量，延长治疗时间，减少给药频率，提高生物利用度，同时可以提高吞咽困难患者或家畜的用药顺应性。

②吡喹酮缓释片 每片含吡喹酮 200mg，系南京药物研究所研制，与吡喹酮普通片平行对照相比，家犬按每千克体重 1 次口服吡喹酮缓释片 200mg，其体内药代动力学特性为：C_{max}下降、T_{max}推迟，有效血药浓度时间延长，而生物利用度没有显著改变。按每千克体重 20mg/kg，2 次，于 1d 内服用，血药浓度长时间维持在有效浓度以上，第 27h 血药浓度为 2μg/mL，无明显峰谷现象。比普通片吸收慢、高峰血浓度下降慢，高峰时间推迟。吡喹酮缓释片治疗日本血吸虫病患者，一般认为具有副反应低的特点。

③缓释包埋剂　贺宏斌等（2003）曾报道，将PZQ原药与控释材料硫化硅橡胶、交联剂和催化剂等按一定比例混匀后用挤压机挤出制得长2cm、外径2mm的PZQ缓释包埋剂，每根含PZQ原药30mg，小鼠皮下包埋药棒后4周感染尾蚴，感染后7周解剖观察，虫体减少率为40.2%，肝脏减卵率64.3%，每克粪便虫卵数（EPG）减少率70.5%。缓释包埋剂具有将药物缓慢释放的特点，因此具有一定的预防血吸虫病效果。然而在家畜治疗上存在药物残留以及使用不方便等不利因素。

④水凝胶栓剂　申献玲等（2006）曾报道，温敏水凝胶能随环境温度的变化发生可逆性的膨胀收缩，高温收缩型水凝胶在温度低于低温临界溶解温度时，凝胶在水中形成良好的水化状态，温度升高时，凝胶脱水收缩，从而可以控制药物的释放。用胶凝温度37℃以下的泊洛沙姆P407/P188（15%：20%）为基质制备的吡喹酮水凝胶栓剂，以40mg/kg通过家兔直肠给药，药动学研究表明PZQ水凝胶栓剂的吸收优于口服给药，生物利用度为口服给药的1～7倍。

⑤脂质体　是一种类似生物膜结构的双分子层微小囊泡。吡喹酮亲脂性强，镶嵌于脂质材料形成脂质体后，稳定性提高，肾排泄与代谢减少，在血液中的滞留时间延长，生物利用度提高。经薄膜分散法制得的粒径46.65nm的脂质体，在体外对曼氏血吸虫虫体收缩作用与相同浓度的PZQ原药相似。对感染血吸虫14d的小鼠给药，PZQ脂质体（PZQ-L）减虫率及减卵率分别为43.51%和51.56%，PZQ游离原药（PZQ-F）减虫率及减卵率分别为0和17.18%，可见脂质体技术可显著提高PZQ对14d童虫的疗效。

长循环脂质体是表面经适当修饰后体内循环时间延长的脂质体。相比于普通脂质体，长循环脂质体粒径小、表面亲水性强，可以减少血浆蛋白的结合，避免单核吞噬细胞的吞噬，延长药物在体内循环系统的滞留时间，提高生物利用度。采用薄膜-超声法制得的表面经PEG修饰的长循环脂质体，包封率72%，粒径范围200～300nm，家兔药物动力学研究表明，AUC（药物浓度-时间下面积）较普通脂质体提高24倍。有研究表明，吡喹酮治疗慢性日本血吸虫病12个月后的阴转率仅为53.8%，减虫率随感染时间的延长而提高，主要因为普通吡喹酮制剂在感染早期宿主的肝首过作用强，部分血吸虫童虫对药物不敏感所致。因此，这种在宿主体内具有较长滞留时间，并能在血吸虫童虫发育为成虫后仍保持有效血药浓度的PZQ长循环脂质体，是一种提高血吸虫病治愈率的理想制剂。

5. 副作用　在治疗血吸虫病中，吡喹酮作为我国治疗家畜血吸虫病的首选药物，已在我国流行区治疗各种家畜（主要是耕牛、羊、猪和马）血吸虫病数百万头（次），有效地控制了家畜血吸虫病疫情，减少了对人、畜的危害。然而，吡喹酮虽然具有疗效高、毒性低的特点，但也出现了不同程度的副反应。

（1）神经肌肉系统反应　以家畜的精神沉郁多见，表现为嗜睡、多汗、肌颤动、晕厥、跌倒、肢体麻木、步态不稳等。少数病牛口服吡喹酮后可出现下肢弛缓性瘫痪、共济失调等严重反应。不良反应率在4.47%左右。

（2）消化系统反应　消化系统不良反应发生率较高，家畜的主要表现为瘤胃胀气、反刍停止、腹泻等。家畜这种用药后的不良反应一般1～5d。

（3）其他　利用吡喹酮治疗家畜血吸虫病出现的其他不良反应表现为：鼻镜干燥，流涎，呼吸加快等。

鉴于吡喹酮可引发一些严重反应，且一些反应机制尚不完全清楚，特别是治疗家畜血吸虫病时，可能出现家畜的非药物的应激反应，因此需要仔细区分。对刚出生的犊牛、处于妊娠期和哺乳期的母牛一般不宜施治。

（二）硝硫氰胺

硝硫氰胺（nithiocyamine，amoscanate，7505）是一种二苯胺异硫氰酯类化合物，化学名称为4-硝基-4′-异硫氰基二苯胺，系瑞士Ciba药厂研制，湖北省医药工业研究所1975年5月仿制成的一种广谱抗蠕虫药，国内代号为“7505”，1975年10月进入临床试验。我国是全球使用硝硫氰胺治疗人体血吸虫病最早、最多的国家，由于硝硫氰胺疗效较好，用量小、价廉、疗程短、副反应较轻，是当时治疗血吸虫病非锑制剂中较理想的药物，在部分省血吸虫病防治工作中起过重要作用。

1. 药动学 口服后肠道吸收快，5min即可在血中测到，2h后血药浓度达高峰，72h仍维持较高浓度，至第6周还有微量，服药15min以后就可以在虫体内检测到，6h即达高峰，第2～6天仍维持一定浓度。血浆浓度高于血细胞的2倍左右，在组织中分布广泛，按含量高低依次为肝、肾、肺、心、小脑、脂肪、大脑、脾、肌肉、骨、睾丸、卵巢。主要由胃肠道排出，24h粪中排出量为摄入量的65.6%，72h为71.6%。尿中排出量甚微，主要为葡萄糖醛酸结合物。主要在肝内代谢。原药及其代谢产物可通过血脑屏障。

2. 杀虫作用 硝硫氰胺对1d、7d及14d的童虫几乎无效，但对21d、28d、35d及42d的虫体有效。黄文通等（1980）曾报道，小鼠感染血吸虫尾蚴后，每隔7d，分别口服硝硫氰胺22.7mg/（kg·d），每次连服3d，治愈率随着虫龄的增长，由21d的57.1%增加到42d的100%。

3. 剂型 硝硫氰胺可分为微粉型、粗粉型、固体分散型（PEG型）、微粉油型及水溶性衍生物等。

（1）微粉胶囊　药物粒径3～6μm，每粒含原药50mg，为临床使用的主要剂型。

（2）微粉胶丸　将微粉硝硫氰胺混于麻油中研磨成粒径为1～3μm的油混悬剂。

（3）PEG片　将硝硫氰胺经聚乙二醇（polyethylene glycol）12 000固体分散后制成片剂，每片含原药10mg。

（4）微囊片　用邻苯甲酸醋酸纤维素为囊材的单凝聚微囊粉，每片含原药20mg，此型为肠溶片。

（5）2%水悬剂　用于治疗牛血吸虫病。治疗家畜如牛的用量一般为口服20mg/kg，静脉注射为2mg/kg。不同剂型有效剂量的减虫率均达到95%以上。硝硫氰胺虽然安全有效，但要采用静脉注射，目前市场上已无该药供应。

（三）青蒿类化合物

该类化合物的突出特点是可用于血吸虫病的预防治疗，即该类化合物对血吸虫的童虫有一定的杀灭作用，可以有效减少血吸虫病对机体的损伤。然而家畜血吸虫病一般采用粪样虫卵孵化的病原学检测方法，检测阳性已表明血吸虫在宿主体内已经发育至成虫阶段，因此失去了使用该药的条件。加之，该药需要连续大剂量的给药，也限制了该药在家畜血吸虫病上的使用。

1. 蒿甲醚 蒿甲醚（artemether，β-甲基二氢青蒿素）系含过氧桥的新型倍半萜内酯青蒿素的衍生物，由中国科学院上海药物研究所首先合成，白色片状结晶，脂溶性比青蒿素大，它不仅具有杀疟原虫作用，而且还有抗日本血吸虫和曼氏血吸虫作用。

（1）药动学　口服蒿甲醚吸收迅速，但不完全，给药后 2h 血药浓度达峰值，峰值可达 16～372mg/kg，半衰期为 1～2h，但与肌内注射给药相比，相对生物利用度仅为 43%。蒿甲醚主要由肝脏代谢，肌内注射吸收缓慢但完全，肌内注射 10mg/kg 后，血药达峰时间为 7h，峰值可达到 0.8μg/mL 左右，半衰期约为 13h。在体内分布甚广，以脑组织最多，肝、肾次之。主要通过肠道排泄，其次为尿排泄。本品在家兔的生物利用度仅为 36.8%～39.5%。

（2）杀虫作用　蒿甲醚灌胃治疗血吸虫病的疗效比肌内注射更好或相仿。肖树华（2005）报道，兔于感染血吸虫尾蚴后不同时间 1 次灌服蒿甲醚 15mg/kg，虫龄为 5d、7d、9d、11d 和 14d 的童虫最敏感，减虫率达 90%以上，虫龄为 17～21d 的童虫也较敏感，减虫率约为 70%。小鼠试验结果表明，对蒿甲醚最敏感的为 7d 童虫，蒿甲醚对成虫也有一定的作用。35d 成虫经蒿甲醚作用后，最早出现形态学变化是雄虫睾丸和雌虫卵黄腺及卵巢迅速萎缩退化，虫体缩小。

（3）预防血吸虫病的效果　小鼠于感染血吸虫尾蚴后 7d 一次灌服蒿甲醚 300mg/kg，减虫率和减雌率分别为 69.8%和 77.3%，若一次给药后，每周追加一次，共 4 次，则减虫率和减雌率分别为 93.7%和 93.6%。兔与犬于感染后 7d 灌胃蒿甲醚 10mg/kg 或 15mg/kg（以体重计），以后每 1～2 周重复 1 次，共 2～4 次，总减虫率与减雌率为 96.8%～100%。

2. 青蒿琥酯　青蒿琥酯（artesunate）化学名为二氢青蒿素-10-α-琥珀酸单酯，也是青蒿素的一种衍生物。

（1）药动学　静脉注射后血药浓度很快下降，$T_{1/2}$ 为 30min 左右。体内分布甚广，以肠、肝、肾较高。主要在体内代谢转化。仅有少量由尿、粪便排泄。

（2）杀虫作用　茹炜炜等（2006）报道，小鼠分别在感染后 2h、1d、3d、7d、12d、14d、16d、25d、35d、42d 一次灌服青蒿琥酯 500mg/kg，对照组感染后不给药。1d、3d、7d、12d、14d、16d、25d、35d、42d 组鼠的减虫率分别为 16.9%、18.0%、71.3%、50.2%、36.9%、31.3%、45.3%、58.0%、26.4%。青蒿琥酯对感染小鼠体内不同发育阶段的日本血吸虫有不同程度的杀灭作用，但以 7～35d 童虫或成虫对该药最敏感。药物对 7d 童虫效果最佳，减虫率达 71.3%；35d 成虫次之，为 58.0%。

（3）预防血吸虫病的效果

①最佳给药时间　预防小鼠血吸虫病以感染后 6～11d 给药为好，减虫率和减雌率分别为 69.5%～78.8%和 67.3%～80.9%。最佳给药间隔时间以每隔 2～10d 给药 1 次或连续 4 次给药均可，减虫率为 76.5%～84.0%，减雌率为 79.3%～84.9%。

②不同剂量与疗程　相同剂量给病鼠投药 4 次或 6 次其杀童虫作用相似，疗程相同时，杀虫效果随剂量增加而增强。病鼠口服青蒿琥酯 300mg/（kg·次），口服 4 次的杀虫效果（减虫率与减雌率分别为 89.1%与 90.7%）优于其他各组。

③不同给药途径　青蒿琥酯杀童虫作用皮下注射比口服为佳。病鼠每千克体重以 300mg 剂量 1 次皮下注射与 300mg 剂量 4 次口服，其减虫率分别为 92.9%与 78.6%，有显著差异。

④不同感染度　小鼠分别感染血吸虫尾蚴 20 条、40 条和 80 条后 7d，给相同剂量与疗程的青蒿琥酯，减虫率无明显差异，而治愈率随感染度加重而降低。

吴玲娟等（1995）曾报道，实验动物于感染尾蚴后第 7 天分别灌服青蒿琥酯，剂量分别为小鼠300mg/kg、新西兰兔20～40mg/kg、犬30mg/kg，每周1次，服4～6次，减虫率分别为77.50%～90.66%、99.53%与97.10%。用相同剂量与疗程比较，青蒿琥酯杀童虫作用在少数小鼠试验中似优于蒿甲醚和还原青蒿素。

（四）奥沙尼喹

奥沙尼喹（羟氨喹，oxamniquine）于1969年合成，1973年开始临床试用，由于该药仅对曼氏血吸虫有杀灭作用，且疗效好，毒性低，成为全球治疗曼氏血吸虫病的主要药物之一，仅次于吡喹酮。我国主要流行日本血吸虫病，故没有推广使用过该药治疗家畜血吸虫病。随着国际交流的日益广泛，曼氏血吸虫病也有可能在我国出现，故在此对该药作一介绍。

1. 药理作用 奥沙尼喹属四氢喹啉类化合物，微橙色结晶体。给动物灌胃或肌内注射后吸收良好，血药浓度半衰期2～6h，以尿中排泄最多。一般该药口服后吸收较完全，代谢产物多从尿中排出，12h内排出量占给药量的38.3%～65.9%，36h内尿中排出原药仅占0.4%～1.9%。代谢产物无杀虫作用。

2. 杀虫作用 奥沙尼喹有较强的杀曼氏血吸虫作用，感染曼氏血吸虫小鼠以每天20mg/kg连续3d灌胃，100%治愈。不同地区曼氏血吸虫对奥沙尼喹的敏感性有差异。奥沙尼喹对皮肤内与肺期以前的童虫有杀灭作用，且杀童虫作用比杀成虫作用强。该药对日本血吸虫与埃及血吸虫无杀灭作用。在奥沙尼喹作用后，曼氏血吸虫雄虫较早出现变化，实质疏松、皮层中度损伤，雌虫卵黄腺与卵巢发生退行性变。临床上已发现极少数曼氏血吸虫病例对奥沙尼喹产生抗药性。对海蒽酮有抗药性的曼氏血吸虫对奥沙尼喹有交叉抗药性。

3. 疗程与疗效 在巴西早期用奥沙尼喹以每千克体重5～7.5mg单剂肌内注射，4～6个月粪便虫卵阴转率为85.5%。由于肌内注射后局部疼痛显著，后改为口服。治疗效果同用药剂量和方式有关，单剂口服，治愈率为81.3%，若将总量分2次服，治愈为90%，治疗后3个月内虫卵减少率为93%～95%。不同地区用奥沙尼喹治疗曼氏血吸虫病的剂量差别颇大，在西非、巴西等地每千克体重15～20mg单剂口服，治愈率为85%～90%；在坦桑尼亚与赞比亚采用每千克体重总量40mg的剂量，分2d口服；而在南非、埃及与苏丹用每千克体重总量60mg的剂量，分3～5d口服，治愈率只有55%～85%。

4. 副作用 奥沙尼喹口服副反应程度较轻，一般在6h内可消失，该药的临床耐受良好。

（五）敌百虫

敌百虫（metrifonate）是一种有机磷化合物，为白色结晶粉末，易溶于水及多种有机溶剂。敌百虫用于治疗人体寄生虫病有30多年历史，对埃及血吸虫病疗效好，对曼氏和日本血吸虫病疗效差，它曾被广泛用于治疗埃及血吸虫病的首选药物，有一定疗效，毒性低、价廉、使用方便。中国于20世纪70年代初用于治疗日本血吸虫病，效果不佳，后改与呋喃丙胺合并应用，疗效明显提高。但是，由于约有15%的病例敌百虫治疗无效，且治疗需要每2周投药1次，连服3次才有效果，往往较难完成疗程。WHO于1997年已将敌百虫从抗血吸虫基本药物中删除。但许发森等（2003）报道，敌百虫杀粪中血吸虫卵及钉螺具有良好的效果，20mg/L的敌百虫杀虫卵率24h为100%，10mg/L的敌百虫72h杀钉螺率为96%。

（六）中草药

中草药在防治血吸虫病工作中起到了一定的辅助作用，已发现经济、高效和保护人畜效果较好的中草药。早在20世纪50年代就有很多中草药用于治疗血吸虫病，随着医疗技术的发展和学者不断的探索研究，中草药防治血吸虫病的效果也在不断提高。

范立群（2008）报道，射干、徐长卿和苦参在一定程度上抑制或阻止了尾蚴对琼脂的钻穿；商陆则主要作用于童虫。用这几种中药进行动物灌胃试验，商陆低、中、高3种浓度（0.2g/mL、0.4g/mL、0.8g/mL），均获得明显减虫率和减卵率，减虫率、减卵率最高都可达100%；苦参（0.4g/mL、0.8g/mL、1.6g/mL）获得的最高减虫率为50%，最高减卵率为100%；徐长卿（0.4g/mL、0.8g/mL）获得的减虫率与减卵率均很明显，减虫率可达90%，减卵率达100%。但张爱华等（2007）报道，用荆芥、柴胡、桂枝3种中草药预防日本血吸虫尾蚴感染，结果表明3种中药均无明显的抑制血吸虫尾蚴感染的作用。

也可以联合用中草药治疗血吸虫病。邹艳等（2010）报道，单用南瓜子或黄芪治疗感染血吸虫尾蚴后1～10d的小鼠，减虫率分别为5.66%和10.2%；若南瓜子和槟榔连用治疗感染后1～10d小鼠，减虫率为22.13%；用中药复合剂（黄芪36g、南瓜子仁36g、槟榔12g）治疗感染后1～10d、8～17d、15～24d和28～37d小鼠，减虫率分别为36.21%、26.74%、39.04%和20.22%，肝脏虫卵减少率分别为58.6%、32.2%、47.7%和27.3%。结果表明，中草药联合用药治疗血吸虫病的效果优于单一用药。

中草药也可针对血吸虫病引起的病症对症下药。赵建玲等（2008）曾报道，用先进水提工艺提取制备含生药1g/mL的复方中药制剂（黄芪、蜈蚣、三七、鳖甲、当归、桃仁、连翘、夏枯草等），灌喂感染血吸虫尾蚴的小鼠，治疗血吸虫病引起的肝纤维化。结果，治疗组肝内虫卵肉芽肿普遍较对照组小，虫卵肉芽肿内的胶原分布亦较感染对照组减少。治疗组肝内TGF-β1阳性着色较对照组少。

二、家畜血吸虫病治疗方案、疗效考核方法与治疗策略

1. 家畜血吸虫病治疗方案　家畜是现阶段我国血吸虫病流行区主要的保虫宿主和传染源，加大家畜血吸虫病的查治力度需要以有限的投入获得最佳的防治效益。根据家畜血吸虫病流行病学调查，制定并优化针对家畜血吸虫病的治疗方案，在不同流行区，对服药对象的选择、治疗方案的确定，最佳治疗时机的选择，人畜同步化疗以及不良反应的预防和处理，需要制定切实可行的规划，达到事半功倍的效果。家畜血吸虫病的治疗必须重视治疗方案的制定，详见第十六章。

2. 家畜血吸虫病疗效考核方法　粪检是血吸虫病疗效考核的方法，粪检的质量严重影响粪检结果。近年来家畜血吸虫病的感染率和感染度普遍降低，粪便虫卵数量减少，漏检的概率提高，从而相对“提高”了药物的疗效。在目前家畜血吸虫病的防治工作中，有必要重新评定现用的粪检方法，规范粪检考核疗效的标准，以期能真实地反映药物疗效。同时开展相关的家畜血吸虫病疗效考核新方法的研究。

3. 家畜血吸虫病治疗策略　20世纪80年代新的安全有效的吡喹酮出现，为家畜血吸虫病的化疗提供了使用方便、可反复使用、价格低的化疗药物。一般认为，治疗是达到血吸虫病控制目的最经济有效的途径。有关化疗策略的提法不一，家畜血吸虫病治疗策略大体可以分为以下三种：①群体化疗，即不经过检查的普遍治疗，适合于经流行病学抽样调查证明有此必要时实施；随着家畜血防工作的开展，各地的家畜血吸虫病感染已经明显下降，群体感

染率大多在10%以下，而群体化疗一般抽样的感染率在40%以上时，才有必要全部进行化疗；②选择性化疗，即只治疗普查结果阳性的家畜；③选择性畜群化疗，对在有钉螺滋生、畜群活动场所有疫水的放牧草场上放牧的畜群，因具有高危的感染血吸虫和传播血吸虫病机会，对这类畜群进行普治或治疗阳性感染家畜。各地在对家畜血吸虫病化疗过程中，因地制宜地采取了各种策略，上述化疗策略，可根据当地的疫情、财力、人力和物力情况，加以选择实施以达到事半功倍的效果。

第三节　动物血吸虫病药物治疗的需求及发展方向

几十年来，我国在防治血吸虫病方面取得了举世瞩目的成就。然而，作为重要的保虫宿主，家畜血吸虫病的查治形势依然严峻。在防治过程中，除组织领导和各种防治措施外，药物治疗和药物研发是整个防治工作中一个重要的、不可替代的环节。

理想的抗血吸虫病药物应具备以下特征：①对家畜没有毒性和严重副作用；②对3种主要血吸虫病均有效；③能口服或注射、疗效短；④对各期血吸虫病都有效；⑤价格低廉。随着分子生物学、基因操作技术和其他新技术的不断引入，以及对血吸虫生理代谢和宿主病理学等的进一步阐明，血吸虫基因组序列测定的完成，一些抗血吸虫药物的作用靶位被发现，将为抗血吸虫药物研发工作提供新思路和理论指导。

一、新治疗药物的研发

自20世纪70年代末安全、高效的血吸虫病治疗药物吡喹酮问世后，国内外对抗血吸虫新药物的研制一直没有取得新突破。20世纪90年代，Fallon等在实验室内采用亚治疗剂量吡喹酮诱导出曼氏血吸虫吡喹酮抗性株，证实了在反复药物压力下血吸虫可对吡喹酮产生抗性的可能。此外，在非洲和南美洲一些曼氏血吸虫病流行区陆续出现了对吡喹酮不敏感的地理株、吡喹酮疗效差或治疗无效的异常现象。因此，研发抗血吸虫新药对血吸虫病防治工作具有重要的现实意义。

20世纪末我国科研人员与瑞士和美国科学家合作，发现抗疟新型化合物三噁烷（trioxolanes）对感染小鼠体内的血吸虫童虫具有很强的杀灭作用，而对成虫的作用差，但该类化合物在仓鼠体内则对曼氏血吸虫和日本血吸虫的童虫和成虫均有较好的疗效。2007年，他们与瑞士合作在对一些已知的抗疟药筛选时发现甲氟喹（mefloquine）对曼氏血吸虫和日本血吸虫不同发育期童虫和成虫均有很好的杀虫效果，感染血吸虫成虫的小鼠一次灌服甲氟喹200mg/kg或400mg/kg，获得的减虫率和减雌虫率为72.3%～100%。用感染童虫的小鼠观察，结果相仿。组织病理学观察甲氟喹对血吸虫童虫和成虫均有很强的杀灭作用。这与吡喹酮仅对成虫有较好的疗效，而对不同发育期童虫无效，或蒿甲醚对童虫的作用优于成虫显然不同，再则同属氨基乙醇类抗疟药的喹啉和卤泛曲林对血吸虫童虫和成虫亦有效，故此类型化合物值得进一步研究。新药的研发策略可从以下几方面考虑：

1. 发现新的药效基团及新药设计　可根据血吸虫特有的生理生化特征，筛选新的药效基团，并设计新药。血吸虫寄生在宿主的肠系膜静脉中，必须通过有效机制来维持氧化还原平衡，并且能够逃避来自宿主活性氧分子的损伤作用。在血吸虫体内，TGR发挥了重要作用，抑制 TGR 活性，虫体因不能抵抗来自宿主的氧化损伤而死亡。Sayed 等针对血吸虫的这一生理特性对抗血吸虫药物库进行定量高通量筛选，筛选出次磷酰胺和噁二唑-2-氧化物，该氧化物在微摩尔至纳摩尔级对硫氧还蛋白谷胱甘肽还原酶（TGR）的活性有很强的抑制作用。由于噁二唑-2-氧化物可以快速抑制 TGR 活性，引起寄生虫死亡，2009 年 Rai 等通过对噁二唑-2-氧化物化学结构系统的试验评价，证明了 3-腈基-2-氧化物为主要的药效基团，并建立了以苯环为核心结构的构效关系，建立 NO 供体与 TGR 抑制剂间的联系，决定这种化学结构在相关还原酶中的选择性，证实这种化学结构可以通过改造而拥有合适的代谢和药动学特性，更深入地研究了外源性 NO 供体和寄生虫损伤间的联系。这些研究显示了噁二唑-2-氧化物有望发展为一种 TGR 新型抑制剂和有效抗血吸虫药物。

2. 新化合物的大规模筛选寻找　地西泮类药物 Ro 11-3128（甲胺西泮）是一类抗焦虑药，1978 年已证实其有抗血吸虫作用，主要作用于曼氏血吸虫和埃及血吸虫童虫，可用于早期感染治疗，但对日本血吸虫无作用。其作用机制与吡喹酮类似，低浓度 Ro 11-3128 可引起曼氏血吸虫雄虫痉挛性麻痹，引起 Ca^{2+} 内流和皮层损伤。此作用在培养液中移去 Ca^{2+} 或加入 Mg^{2+} 后可被阻断。但同时使用 Ro 11-3128 和吡喹酮，都不能抑制其中一种药物的活性，表明这两种药物作用于不同受体。

3. 以现有药物为先导物寻找有效结构　为寻找新的药物，国内外研究者进行了大量的探索研究。近年来，对青蒿素及其衍生物和吡喹酮药物结构改进、改性、联合筛选药物等多方面进行了探索性的研究。Dong 等对合成的吡喹酮六胺和四脲类衍生物抗曼氏血吸虫童虫和成虫活性进行观察，发现在这些化合物中仅有一种对成虫有明显活性。但是，与吡喹酮不同，有 6 种化合物对童虫有一定的活性。一种吡喹酮酮基衍生物对童虫和成虫都有很好的效果，但其对体外培养的曼氏血吸虫没有效果。细胞色素 P450 代谢分析表明，吡喹酮反式环已醇代谢物在这种药物的抗血吸虫活性中起重要作用。Ronketti 等通过对吡喹酮芳环上的取代变化，得到几种有效的吡喹酮类抗寄生虫药，通过与已知的该类化合物进行活性对照，对其药效进行评估。结果表明，芳环上的胺基化药效保持，而其他部位取代后吡喹酮活性难以保持，这些结果对抗血吸虫药物的发展具有重要意义。

与此相类似的，如合成的螺金刚烷臭氧化物，化学结构较青蒿素简单，易于合成，其抗寄生虫机制与青蒿素相似，有赖于血红素和游离铁的存在，通过铁介导的药物内过氧桥裂解，产生大量的自由基，通过膜脂质过氧化、烷化或氧化生物大分子，尤其是蛋白质，造成虫体生物膜损伤，干扰虫体氧化-抗氧化平衡系统，导致虫体死亡。

二、预防药物的研发

吡喹酮仅对成虫和刚钻入皮肤的早期童虫有效，故其主要用于临床血吸虫病的治疗。但治愈的家畜在接触疫水后可重复感染血吸虫，重复感染已成为血吸虫病疫情难以持续降低的主要原因。由于目前尚无可用于预防血吸虫病的疫苗，亟须发展预防血吸虫病的药物。我国研究者于 20 世纪 80 年代初即发现抗疟药青蒿素及其衍生物蒿甲醚和青蒿琥酯对不同发育期的血吸虫童虫有较好的杀灭效果，并在“八五”和“九五”期间，通过研究将它们发展成为预防血吸虫病的药物。在不同类型的血吸虫病疫区开展人群随机双盲口服蒿甲醚预防血吸虫感染的观察中，受试者在血吸虫传播季节接触疫水期间，每 2 周口服一次蒿甲醚 6mg/kg，末次接触疫水后2周再服一次。结果，不同人群的保护率为60%～100%。青蒿琥酯在16个试点进行了与上述相仿的预防血吸虫感染的观察，其中4个试点的受试者在接触疫水期间每周服一剂青蒿琥酯6mg/kg，人群保护率为100%；另12个试点的受试者则每2周服一剂青蒿琥酯，人群保护率为40%～90%。然而对家畜血吸虫病预防药物的研发仍未取得进展。2012年中国农业科学院上海兽医研究所同上海交通大学药学院一道把研制的吡喹酮缓释药棒植入小鼠皮下，不仅对各期童虫显示了良好的效果，而且在植入后两周时间均可100%预防血吸虫尾蚴的攻击。

三、药物新剂型

家畜种类繁多，一年四季均可能感染血吸虫，因此家畜的治疗不仅需要与家畜种类配套的各种剂型，也需要长效的给药装置和剂型，以减小反复用药的工作量。家畜血吸虫病治疗用药物的剂型必须根据家畜的特点以及血吸虫病的特点进行有针对性的设计。

1. 缓释包埋剂 控制释放给药系统是20世纪60年代发展起来的一项新技术。该技术已被用于避孕、医药和畜牧兽医等领域。用驱（杀）虫药物和高分子聚合物制成的缓释剂被用于抗寄生虫感染。贺宏斌和石孟芝等将吡喹酮原药与控释材料硫化硅橡胶、交联剂和催化剂等按一定比例经一定工艺制成吡喹酮缓释包埋剂，经体外释放试验确定最佳配方剂型，并进行动物试验观察其预防小鼠血吸虫病的效果。结果缓释剂型预防保护率为40.2%，肝脏虫卵减少率为64.3%，粪便EPG减少率为70.5%。叶萍等试用了两种剂量的PZQ缓释剂，与低剂量组相比，高剂量组取得了较好的疗效，说明PZQ应维持一定的血药浓度，才能取得有效的杀虫作用。试验结果提示，PZQ缓释剂不仅可用于治疗血吸虫病，而且有可能降低PZQ的毒副作用。

2. 微囊 陆彬等以可生物降解的明胶为包装材料，采用单凝聚法制得流动性粉末状的吡喹酮微囊。吡喹酮微囊在体内生理环境条件下可以产生缓释、长效的药理作用，该生物降解型吡喹酮微囊可达到缓慢释放和长效制剂的基本要求。

3. 脂质体 脂质体近年来被喻为“药物导弹”，静脉注射药物脂质体，可使药物定向性地富集于肝靶区，被脂质体包裹的药物还具有明显的缓释特征，因此，吡喹酮脂质体研究报道较多。李荣誉等报道以氢化豆磷脂和胆固醇为包装材料，采用逆相薄膜蒸发法制备吡喹酮脂质体。吡喹酮脂质体对动物机体无蓄积毒性作用，对动物的组织和器官无损害作用，注射吡喹酮脂质体小鼠体内的两性血吸虫表层结构的损伤最为明显，对两性血吸虫的杀伤作用比游离吡喹酮快，损伤程度也较严重，认为脂质体提高了药物的靶向性，提高了疗效，减少毒性反应。但用于家畜血吸虫治疗需要的药量较大，如何提高脂质体的载药量和稳定性依然是亟待解决的问题。

4. 凝胶剂与涂剂 凝胶剂为一种较新的软膏剂型，其主要特点是制剂为透明的半固体，释药速度较快，涂在皮肤上能形成透明的薄膜。该类药物的设计思路一方面是阻碍血吸虫尾蚴的攻击，另一方面是治疗血吸虫病。江苏血吸虫病防治研究所研制的氯硝柳胺浇泼剂是一种有效阻碍血吸虫感染的药物，对家畜预防血吸虫感染起到很好的保护作用。这类药物的明显不足在于，对于大型家畜需要反复用药而且每次的用药量较大，限制了该药的发展。

利用吡喹酮研制的透皮剂在小鼠人工感染模型上取得了一定的保护效果。鼠的腹部感染血吸虫尾蚴 40 条。感染后 35d 进行透皮治疗，结果显示，10％吡喹酮透皮液获得的减虫率在 60％以上。然而，药物浓度与药物的吸收存在复杂的关系，药物浓度高，药物吸收比例下降；药物浓度低，则需要用较多的透皮剂。因此，吡喹酮透皮剂的研制依然任重道远。

5. 栓剂　根据血吸虫成虫主要寄生在肝门和肠系膜静脉的特点，采用直肠给药，可以避开药物的肝脏首过效应，直接作用到血吸虫。采用吡喹酮栓剂治疗家兔及小鼠试验性日本血吸虫病，结果证明在相同剂量条件下，吡喹酮栓剂组的平均减虫率优于吡喹酮口服组。研究证明，吡喹酮肛栓投药是治疗血吸虫病的又一有效途径。

6. 注射剂　家畜血吸虫治疗使用注射剂具有用量准确、治疗效果好的特点。同时由于注射剂的药物生物利用度较口服高，可以减少用药量，节约用药成本并减少副作用。然而吡喹酮注射剂为非水溶性药物，以往研制的吡喹酮氯仿油制剂，副反应大。赵俊龙等制备了 6％吡喹酮非水溶液注射剂，分别进行了小鼠和牛的日本血吸虫病治疗试验。结果表明，感染日本血吸虫的小鼠按 20mg/kg 和 30mg/kg 的剂量肌内注射吡喹酮，减雌率均达 100％；人工感染日本血吸虫的牛用 10mg/kg 和 12mg/kg 的剂量肌内注射吡喹酮，获得的减雌率均达 100％；自然感染血吸虫病牛用 10mg/kg 的剂量肌内注射后 30d 粪便转阴率达 90.50％。这一结果说明，研制的吡喹酮注射剂具有良好的治疗效果。中国农业科学院上海兽医研究所研制了 20％吡喹酮注射剂，观察了吡喹酮注射剂的稳定性和对小鼠的刺激性。用此注射剂对人工感染日本血吸虫的小鼠和兔进行了肌内注射治疗试验。结果表明，20％吡喹酮注射剂对日本血吸虫感染小鼠和兔的治疗效果良好，在使用剂量仅为口服剂量的 1/3 时即可达到相同的减虫效果。此外该注射剂在加倍使用时，对血吸虫童虫也产生了很好的抑制发育和杀灭作用，可以很好地预防血吸虫病的发生。

四、联合用药

随着养殖业的发展，家畜的饲养逐步向集约化养殖发展，在血吸虫病流行区，除家畜患血吸虫病外，常见感染的寄生虫还有线虫类的蛔虫、捻转血矛线虫、钩口线虫、毛首线虫、夏伯特线虫、奥斯特线虫等，绦虫类的莫尼茨绦虫、泡状带绦虫、细粒棘球绦虫、迭宫绦虫，以及吸虫类的华支睾吸虫、片形吸虫、东毕吸虫，原虫类的弓形虫、隐孢子虫、附红细胞体等。家畜感染这些寄生虫不仅会影响家畜的生长发育，还会引起家畜免疫力的降低，从而导致其他传染性疾病的感染。更为严重的是，许多寄生虫病为人畜共患病，存在传染人的可能。

在有多种寄生虫感染的流行区，针对不同虫种对药物敏感性的不同，采用联合用药，可以扩大驱虫种类，在较短时间内使家畜寄生虫感染得到较好控制。有时 2 种不同的药物对同一寄生虫有效，但其作用机制不同，联合用药不仅可以提高疗效，而且可以延缓抗性的产生。故应积极开展这方面的工作，以期达到综合驱虫的目的。如应用吡喹酮与阿苯达唑或甲苯达唑联合用药治疗血吸虫病、囊尾蚴病、棘球蚴病和肠道寄生虫病等，不仅提高疗效，降低不良反应，而且提高了防治工作的效率。

（朱传刚）

■ 参考文献

操继跃，刘思勇，赵俊龙，等，2001. 黄牛静注、肌注和内服吡喹酮的药动学与生物利用度［J］. 中国兽医学报，21（1）：614－616.

陈文行，王兴大，齐家富，2001. 吡喹酮水溶液瓣胃注射治疗牛血吸虫病［J］. 中国兽医科技，31：37－38.

崔金凤，2005. 治疗血吸虫病药物综述［J］. 安徽预防医学杂志，11（3）：172－173.

郭家钢，2006. 中国血吸虫病综合治理的历史与现状［J］. 中华预防医学杂志，40（4）：225－228.

胡述光，李景上，1992. 吡喹酮治疗猪血吸虫病试验［J］. 中国兽医杂志，18：16－17.

胡述光，张强，卿上田，等，1995. 吡喹酮治疗绵羊血吸虫病效果试验［J］. 中国兽医寄生虫病，3：49－50.

黄一心，蔡德弟，1995. 一个有希望的抗血吸虫新化合物 Ro－15－5458［J］. 中国血吸虫病防治杂志，7（2）：125－126.

黄一心，肖树华，2008. 抗蠕虫药吡喹酮的研究与应用［M］. 北京：人民卫生出版社.

江艳，蒋作君，2001. 血吸虫病防治药物研究概况［J］. 中国血吸虫病防治杂志，13（1）：59－61.

李朝晖，董兴齐，2009. 血吸虫病治疗药物研究进展［J］. 中国血吸虫病防治杂志，21（4）：334－339.

李龙，2009. 抗血吸虫病药物的研究现状［J］. 江西畜牧兽医杂志，4：5－8.

李欣，蔡茹，张惠琴，等，2009. 5 种地西泮类衍生物抗血吸虫的初步评价［J］. 中国人兽共患病学报，25（6）：563－566.

李岩，周艺，2007. 我国血吸虫病现状及治疗药物［J］. 畜牧兽医杂志，26（1）：63－65.

林邦发，施福恢，朱鸿基，等，1994. 吡喹酮肌内注射液治疗山羊实验血吸虫病研究［J］. 中国兽医科技，24：16－17.

刘约翰，1988. 寄生虫病化学治疗［M］. 重庆：西南师范大学出版社.

娄小娥，周慧君，2002. 青蒿琥酯的药理和毒理学研究进展［J］. 中国医院药学杂志，22（3）：175－177.

马雅娟，郭敏，柳建发，2007. 抗日本血吸虫的化疗药物［J］. 地方病通报，22（3）：68－69.

毛守白，1991. 血吸虫生物学与血吸虫病的防治［M］. 北京：人民卫生出版社.

农业部血吸虫病防治办公室，1998. 动物血吸虫病防治手册［M］. 北京：中国农业出版社.

沈光金，1997. 青蒿素及其衍生物的抗血吸虫作用［J］. 中国寄生虫病防治杂志，10（2）：145－147.

施福恢，沈纬，钱承贵，等，1993. 水牛实验血吸虫病的药物治疗效果比较［J］. 中国兽医寄生虫病，1：30－33.

宋丽君，余传信，2009. 血吸虫病治疗药物的研究进展［J］. 医学研究杂志，38（12）：16－19.

宋宇，肖树华，吴伟，等，1997. 蒿甲醚预防抗洪抢险人群感染血吸虫病的观察［J］. 中国寄生虫学与寄生虫病杂志，15（3）：133－137.

王镜清，陈光祥，1997. 化疗控制家畜血吸虫病的效果观察［J］. 中国血吸虫病防治杂志，9：187.

王在华，1980. 硝硫氰胺（7505）治疗血吸虫病的研究进展［J］. 武汉医学，4（1）：42－46.

吴玲娟，宣尧仙，郭尧，等，1996. 青蒿琥酯对日本血吸虫童虫体内四种酶活性的影响［J］. 中国血吸虫病防治杂志，6（5）：267－269.

肖树华，1995. 吡喹酮的药理、毒理及应用中的一些问题［J］. 中国血吸虫病防治杂志，7（3）：189－192.

肖树华，2005. 蒿甲醚防治血吸虫病的研究［J］. 中国血吸虫病防治杂志，17（4）：310－320.

肖树华，2010. 近年来发展抗血吸虫新药的进展［J］. 中国寄生虫学与寄生虫病杂志，28（3）：218－255.

肖树华，薛剑，沈炳贵，2010. 甲氟喹单剂口服治疗对小鼠体内日本血吸虫成虫皮层的损害［J］. 中国寄生虫学与寄生虫病杂志，28（1）：1－7.

杨琳芬，俞华，吴国昌，等，1998. 吡喹酮化疗耕牛血吸虫病投药方法探讨［J］. 中国血吸虫病防治杂志，

10：382.

杨忠顺，李英，2005. 与青蒿素相关的 1，2，4-三噁烷及臭氧化物的研究进展［J］. 药学学报，40（12）：1057-1063.

尤纪青，梅静艳，肖树华，等，1992. 蒿甲醚抗日本血吸虫的作用［J］. 中国药理学报，13（3）：280-284.

张芳，方渡，彭彩云，等，2005. 抗血吸虫病药物的研究概况［J］. 中医药导报，11（12）：79-81.

张苏川，1991. 环孢菌素 A 抗血吸虫作用［J］. 国外医学寄生虫病分册（1）：3.

张薇，滕召胜，2006. 血吸虫病预防与治疗的研究进展［J］. 实用预防医学，13（3）：798-800.

张媛，林瑞庆，李晓燕，等，2009. 抗日本血吸虫药物的研究进展［J］. 中国畜牧兽医，36（7）：171-174.

中华人民共和国卫生部地方病防治司，1990. 血吸虫病防治手册［M］. 上海：上海科学技术出版社，95-178.

周述龙，林建银，蒋明森，2001. 血吸虫学［M］. 2 版. 北京：科学出版社.

Abdul-Ghani R A，Loutfy N，Hassan A，2009. Experimentally promising antischistosoma drugs：a review of some drug candidates not reaching the clinical use［J］. Parasitol Res，105（4）：899-906.

Abdul-Ghani R A，Loutfy N，Hassan A，2009. Myrrh and trematodoses in Egypt：an overview of safety efficacy and effectiveness profiles［J］. Parasitol Int，58（3）：210-214.

Alger H M，Williams D L，2002. The disulfide redox system of *Schistosoma mansoni* and the importane of a multifunctional enzyme，thioredoxin glutathione reductase［J］. Mol Biochem Parastol，121（1）：129-139.

Brindley P J，Sher A，1990. Immunological involvement in the efficacy of praziquante［J］. Exp Parasitol，71（2）：245-248.

Cerecetto H，Porcal W，2005. Pharmacological properties of furoxans and benzofuroxans：recent developments［J］. Mini Rev Med Chem，5（1）：57-71.

Doenhoff M J，Cioli D，Utzinger J，2008. Praziquantel：mechanisms of action resistance and new derivatives for schistosomiasis［J］. Curr Opin Infect Dis，21（6）：659-667.

Duong T H，Furet Y，Lorette G，et al，1988. Treatment ofbilharziasis due to *Schistosoma mekongi* with praziquantel［J］. Med Trop（Mars），48（1）：39-43.

Fallon P G，Doenhoff M J，1994. Drug-resistant schistosomiasis：resistance to praziquantel and oxamniquine induced in *Schistosoma mansoni* in mice is drug specific［J］. Am J Trop Med Hyg，51（1）：83-88.

Guisse F，Plman K，Stelma F F，et al，1997. Therapeutic evaluation of two different dose regimens of praziquantel in a recent chistosoma mansoni focus in Northern Senegal［J］. Am J Trop Med Hyg，56（5）：511-514.

Keiser J，Chollet J，Xiao S H，et al，2009. Mefloquine-an aminoalcohol with promising antischistosomal properties in mice［J］. PLoS Negl Trop Dis，3（1）：e350.

Mahajan A，Kumar V，Mansour R N，et al，2008. Meclonazepam analogues as potential new antihelmintic agents［J］. Bioorg Med Chem Lett，18（7）：2333-2336.

Pica-Mattoccia L，Orsini T，Basso A，et al，2008. *Schistosoma mansoni*：lack of correlation between praziquantel induced intra worm calcium influx and parasite death［J］. Exp Parasitol，119（3）：332-335.

Pica-Mattoccia L，Ruppel A，Xia C M，et al，2008. Praziquantel and the benzodiazepine Ro11-3128do not compete for the same binding sites in schistosomes［J］. Parasitology，135（Pt 1）：47-54.

Rai G Sayed A A，Lea W A，et al，2009. Structure mechanism insights and the role of nitric oxide donation guide the development of oxadiazole-2-oxides as therapeutic agents against schistosomiasis［J］. Med Chem，52（20）：6474-6483.

Sayed A A，Simeonov A，Thomas C J，et al，2008. Identification of oxadiazoles as new drug leads for the control of schistosomiasis［J］. Nat Med，14（4）：407-412.

Steinmann P，Keiser J，Bos R，et al，2006. Schistosomiasis and water resources development：systematic review, meta - analysis, and estimates of people at risk [J]. Lancet Infect Dis, 6 (7): 411 - 425.

Xiao S H, Keiser J, Chollet J, et al, 2007. *In vitro* and *in vitro* activities of synthetic trioxolanes against major human schistosome species [J]. Antimicrob Agents Chemother, 51 (4): 1440 - 1445.

Zhou X N, Wang L Y, Chen M G, et al, 2005. The public health significance and control of schistosomiasis in China - then and now [J]. Acta Trop (2 /3): 97 - 105.

第十四章　家畜日本血吸虫病的预防

家畜血吸虫病作为一种传染病，预防与控制遵循传染病防控的基本原则，即传染源控制、切断传播途径和保护易感动物。

第一节　控制传染源

家畜是我国血吸虫病的主要传染源，只有控制了家畜血吸虫病，才能在我国最终阻断血吸虫病传播。几十年来，我国探索和实施了系列行之有效的控制家畜传染源的技术措施，如强化病畜的查治、动物预防性驱虫、加强家畜粪便管理、封洲（山）禁牧、建安全牧场、以机耕代牛耕、家畜圈养、限养易感家畜、加强家畜流通检疫等，取得良好的成效。其中，封洲（山）禁牧、建安全牧场、以机耕代牛耕、家畜圈养等措施同时也减少了易感家畜感染血吸虫的机会。

一、动物预防性驱虫

家畜预防性驱虫又可称为群体治疗，是指在未开展诊断检查的情况下，根据历史疫情资料和当地螺情调查资料，对在易感地带放牧的家畜实施群体药物治疗，驱除部分家畜体内血吸虫，达到控制传染源和保护感染家畜的目的。

预防性驱虫的首选药物为吡喹酮，可以使用片剂进行口服，也可以使用注射剂进行肌内注射。动物在投药前需进行称重，或测量胸围和体斜长（图 14-1），采用本书第十六章第五节介绍的公式进行估重，再按治疗剂量投药。

图 14-1　估测家畜体重后进行治疗或预防性驱虫

实施预防性驱虫并取得良好效果的关键是制定切实合理的驱虫方案，包括：①明确给药对象，即在易感地带放牧或活动的家畜。各地要在开展常规性监测的基础上，确定当地的易感地带和主要的感染动物。就目前而言，主要是易感地带放牧的牛和羊；部分地区还应包括犬和野外放牧的猪、马和骡。②确定给药时间，综合考虑控制传染源和治病两方面的效果，我国大多数疫区最好在每年的 3—4 月和 10—11 月进行两次预防性驱虫。

每年9—11月驱虫是我国大多数疫区传统的预防性驱虫时间。这一方案主要是从治病的角度以及易于实施的角度考虑的，因为冬季草料较少，在冬季来临前进行预防性驱虫，可以减少血吸虫对家畜的危害，减少冬季死亡率和提高家畜的膘情。同时，在洞庭湖和鄱阳湖地区，9月夏汛结束，家畜重新回到垸外放牧前，开展群体预防性驱虫，可以减少工作量。该方案的缺点是不能杀灭感染家畜体内未发育成熟的血吸虫，即不能达到完全驱虫，且服药后家畜还会发生感染。这些未驱除的虫体和新感染的虫体，在第二年的3—5月春汛时节又将成为新的传染源。在每年3月底至4月初再开展一次预防性驱虫，可以清除上年度末未驱除及新感染的虫体。

岳阳（麻塘）流行病学纵向观测点在2011年前，主要实施5—6月阳性家畜治疗和9—10月预防性驱虫的治疗方案，其家畜（牛）血吸虫病疫情从2000—2011年一直在3.08%～4.8%之间徘徊。2011年开始，每年在原有治疗方案的基础上，增加一次3—4月的预防性驱虫，结果牛感染率从2010年的3.08%逐年下降到2013年的0.46%，羊感染率从2010年的4.08%逐年下降到2013年的0.77%。

湖南澧县在上海兽医研究所设置的退田还湖流行病学调查区，于2013年3月25—29日，对牛、羊进行了预防性驱虫，5月2日调查野粪67份，未发现阳性野粪，5月24日，调查野粪64份，阳性3份，阳性率4.69%。说明3月预防性驱虫，可以减少2个月的环境污染。

二、封洲（山）禁牧及安全放牧

血吸虫病的流行和传播具有明显的地方性，即使在血吸虫病流行区，其感染和传播也仅限于易感地带，患病家畜也只有在有钉螺的地方才能成为传染源。因此，有螺地带禁牧和无螺地带的安全放牧是防控血吸虫病的有效措施。

封洲（山）禁牧主要是针对湖沼型流行区和水网型流行区。封洲是指非生产人群在封洲期间一律禁止到有螺草洲活动和接触疫水；禁牧是指所有家畜（包括牛、羊、猪等）在禁牧期间禁止到有螺草洲放牧和接触疫水（包括滚水和经过疫水等）。封山禁牧主要是针对山丘型流行区，即禁止家畜在有螺山坡（或山体）放牧。安全放牧即是在没有钉螺的地方放牧。

封洲（山）禁牧和安全放牧可以认为是同一措施，即真正做好封洲（山）禁牧也就做到了安全放牧。

封洲（山）禁牧应由当地政府组织实施和管理。县级动物疫病控制中心等技术服务部门根据当地的流行病学资料，确定实施封洲（山）禁牧的地点和时间。

在我国湖沼型流行区，有实施全年封洲禁牧的，也有一些地方实施季节性封洲禁牧，即将每年自3月1日起至10月31日止设为封洲禁牧时间。部分地区由于春季气温偏低（在0℃以下），在经县级有关部门的同意后，可延期到3月15日起实施封洲禁牧；秋季由于天气干旱，河、湖水位降落于草洲之下，草洲地面干燥，可提前至10月15日起实施开洲放牧，但人畜血吸虫病的查治工作亦需提前15d进行。如果秋季气温偏高、雨水较多，草洲积水或河、湖水位线尚未完全退落于草洲水平线之下，封洲禁牧期亦应延期至11月30日左右（以水位完全退落于草洲水平线之下的时间为准）。

由于血吸虫中间宿主钉螺活动与气温变化有密切关系而具有季节性特点，山丘型地区有雨季、旱季之分，感染血吸虫病主要在雨季。因此，山丘型疫区封山禁牧的时间，应根据调查数据分析，提出某一时间段并报同级兽医和卫生行政主管部门，经兽医、卫生主管部门审议后确定。

封洲（山）禁牧的具体实施方式包括：①由当地政府（乡、镇）或县人民政府，统一发布封洲（山）禁牧公告、设置“防控血吸虫病禁牧区警示牌”禁牧警示标牌（图 14－2）。警示牌长×宽不小于 80cm×50cm，可用木、竹、金属或水泥制作，牌上要写明或刻明禁牧区地点、范围、时间、咨询或举报电话。②有条件的地方，可以通过开挖隔离沟、修建隔离栏，实施全年禁牧。隔离栏以水泥桩和铁丝构成，高度不低于 1m。

图 14－2　血吸虫病疫区的禁牧标牌

封洲（山）禁牧的后续管理和督查是取得防控血吸虫病效果的关键，其管理措施包括：①成立封洲（山）禁牧管理委员会。管理委员会要定期召开会议，部署检查、指导工作，及时解决封山禁牧工作中出现的具体问题，招聘看护人员，落实看护人员应得补助，提供必要的劳防用品等。②必须由专（兼）职人员负责禁牧区的日常维护、管理和监督。

王溪云教授等在鄱阳湖区 4 个重疫区乡实施季节性封洲禁牧，即从每年的 3 月 1 日起至 10 月 31 日止，实施封洲禁牧措施或以封洲禁牧为主的综合防治措施，监测各试点人、畜、螺血吸虫的感染率，连续 2～3 年后，4 个试点区域内人、畜、螺血吸虫的感染率大幅度下降或达到 0，无急性感染病人，人、畜、螺无血吸虫新感染（刘晓红等，2010）。

刘宗传等（2010）选择洞庭湖区沅江市冯家湾村为观察试点，调查围栏封洲禁牧前后人、畜、钉螺血吸虫感染率，家畜传染源数量和饲养方式，洲滩野粪分布，水体感染性，人畜在洲滩的活动情况，实施成本及其经济效益。结果围栏封洲禁牧 2～5 年后，人、畜、钉螺血吸虫感染率分别下降了 88.89％、100％、100％，耕牛数量减少了 73.60％，敞放饲养户减少 100％，舍饲圈养户增加了 88.58％，人畜在洲滩的活动及污染减少，滩地生态经济效益提高了 15％～20％。

实施安全放牧的方式包括：①在无螺区放牧。根据历史调查资料，确定无螺区，同时根据无螺区周边环境采取相应措施。如果牧场周边有钉螺滋生，可以采取通过开挖隔离沟、修建隔离栏的方式将无螺区与有螺区隔离。②先灭螺后建场。可以采用药物灭螺、拖拉机深耕后播种优质牧草的方式建设安全牧场。放牧家畜在入场前 3～4 周进行全面驱虫。灭螺和未灭螺的草洲/草滩须用开挖隔离沟、修建隔离栏的方式隔离。

上述实施安全放牧方式又称为安全牧场建设。根据我国血防的相关对策，在血吸虫病疫区要尽量限养易感家畜，因此，实施安全牧场建设，其目的并不是发展当地的牛、羊饲养业，而是为因生产等需要不能淘汰的牛羊提供放牧场所，并保障其不受血吸虫感染。

安全牧场建设的地点与规模，须根据当地放牧家畜数量以及自然状况（螺情以及地貌等）而定。安全牧场要选择在地势较高、牧草丰盛、水源充沛、无螺或能采用药物灭螺的草洲建立。在地形环境复杂，水位不易控制，难以实施有效药物灭螺或环改灭螺地区，不宜建立安全牧场。在有螺草洲、草坡建立动物放牧场，首先要采取有效措施消灭钉螺。对已建立安全牧场且开始放牧的，须经县级卫生、农业血防专业技术人员对安全牧场内的螺情、放牧家畜血吸虫感染状况进行2～3次详细调查，发现螺情和疫情，要及时处理，确保牧场和放牧家畜的安全。

安徽省在和县陈桥洲建立安全牧场、实施放牧规划控制耕牛血吸虫病，结果耕牛感染率由建场前的26.1%下降为两年后的2.0%，下降了92.34%。滩地钉螺感染率也显著下降，野粪的污染已明显减轻（汪天平，1994）。

三、畜粪管理

人和家畜排出的血吸虫虫卵，只有进入水体方可成为传染源。强化人畜粪便管理，就是控制血吸虫虫卵直接入水，同时，通过发酵等处理，杀灭虫卵，达到控制传染源的目的。

1. 建沼气池　以家畜粪便生产沼气，是目前农村广泛推广的一项新能源技术，是建设社会主义新农村的一项重要举措，对改善生态环境、节约能源、阻断血吸虫病等重要寄生虫病和其他疾病病原的传播具有重要意义。

建沼气池阻断人、畜传染病传播的机理主要在于三个方面：①沼气池是一个密闭的厌氧环境，会产生大量有机酸和游离氨离子，可以灭活寄生虫虫卵；②沼气池在发酵代谢过程中产生大量新的蛋白酶，具有消灭病原和消毒功能；③沼气池本身也是沉淀装置，寄生虫虫卵将被滞留在沼气池内至少半年以上，才会随沼渣取出，用作肥料，此时99%以上的寄生虫虫卵已经灭活，完全满足卫生要求。

有关农村家用沼气池设计、施工、质量验收、发酵使用等参照国家相关技术规范。

2. 修建蓄粪池　蓄粪池在改变农村卫生环境以及防控人畜共患病方面具有重要作用。常用蓄粪池为两格三池，其第一池为进粪池，具有好气分解及沉卵的作用，第二池是密封的厌气发酵池，第三池是蓄粪池。

3. 粪便堆积发酵　常用方法是在畜舍边挖一小坑，将每天收集的畜粪（也可以收集放牧场所的野粪）倒入坑内，达到一定数量后用烂泥密封或用塑料薄膜覆盖，在不同气温条件下，发酵5～10d（一般夏季5d，春、秋季7d，冬季10d）即可杀灭其中的血吸虫等寄生虫虫卵。这种利用粪便中微生物发酵产生热量来杀灭病原的方法，简便易行，投资少，可以在广大疫区推广应用。

四、家畜圈养

实施家畜圈养，配合安全饮水，一方面可以减少家畜接触疫水的机会，预防家畜感染血吸虫，另一方面可以杜绝感染家畜粪便中虫卵污染环境。

该方法适合于血吸虫病流行区，特别是血吸虫病重流行区。

家畜圈养，最好实施全年舍饲圈养（图14-3），也可以与封洲（山）禁牧相配合，实施季节性圈养，即禁牧季节圈养。要根据当地血吸虫病流行规律和特征（气温、水文、钉螺和血吸虫的流行病学资料等）来确定舍饲圈养的时间，一般为每年3月1日到10月31日。如果饲料充裕，建议实行全年舍饲圈养，这样家畜感染血吸虫的风险更小。

家畜圈养特别是牛的圈养和传统敞放相比，饲养成本高，须由县级农业血防部门统一管理，制定圈养的时间与范围。可以在相关血防项目支持下，帮助农户修建圈养设施，对圈养养殖户实施一定的补贴资助等。同时，畜牧部门要在养殖技术、疾病防控、饲料准备的方面给予技术支持和帮助。

圈养家畜的饮用水应为无尾蚴的水，最好用自来水或井水。到草洲割草喂饲，除做好个人防护外，还需将草料晾干或晒干后饲喂。

图 14-3　家畜圈养，杜绝感染和传播机会

云南省洱源县曾是血吸虫病重疫区，2002 年人群和家畜血吸虫病感染率分别为 10.45%和 11.68%。血吸虫病流行于高山、高山平坝和丘陵地区，这些地区环境复杂，常年气候温暖湿润，防控难度非常大。洱源县从 2002 年开始加大种草圈养家畜为主的控制家畜传染源的综合措施，同时结合草山草坡开发示范工程项目建设、农田种草养畜项目、奶源基地建设项目、农业循环经济农田种草示范工程项目的实施，在疫区积极推广改厩、种草、青贮、定点放牧、有螺地带禁牧等系列措施。2005 年统计，全县种草养畜增加产值 3 119.4 万元，农民人均畜牧业产值达 1 322 元，农民饲养奶牛增加纯利润 496.9 万元。全县人群感染率从 2004 年的 9.18%下降至 2008 年的 0.09%，家畜阳性率从 6.02%下降至 0.29%，以行政村为单位，居民粪检阳性率和家畜粪检阳性率均低于 1%，达到了传播控制标准。钉螺面积从 1 083 万 m^2 降至 471 万 m^2，下降了 56.51%，其中，易感地带钉螺面积下降了 37.6%；阳性螺点由 104 个降至 0。通过种草和家畜圈养，在发展传统奶牛养殖业的同时，又控制了血吸虫病，获得经济、社会同步发展的可喜成绩。

五、调整养殖结构

调整养殖结构主要是从控制传染源角度考虑，限制牛、羊等易感家畜的养殖，大力发展非易感家禽养殖。因此，调整养殖结构防控血吸虫病技术又称为扩禽压畜防控血吸虫病技术。

禽类是卵生动物，不感染、不传播血吸虫病，又有采食螺类和水生植物的习性。在湖沼型地区特别是钉螺难以消灭或暂不能彻底消灭的湖沼水网地区，可利用疫区水面广、水草茂盛的特点，调整养殖业结构，发展养禽业，压缩易感家畜的饲养数量，建立水禽饲养基地，限养牛羊等易感家畜，达到有效控制血吸虫病传播和发展农村经济、促进农民增收的目的。

同时，在有螺环境养殖鸭、鹅等禽类，还可以达到吞食钉螺、改变钉螺滋生环境的目的。龚先福等（2006）报道，让成年鸭、鹅自由采食捕捉活钉螺 1 000 个，结果 60%的钉螺被吃掉。

在实施调整养殖结构的疫区，县级动物疫病预防控制中心要和其他畜牧部门密切协作，就家禽养殖场所的修建、引苗（引种）、疾病防控等提供相关的技术服务与咨询。

湖南沅江市白沙乡，1998 年存栏水牛 827 头，人群血吸虫病感染率为 13.85%，水牛感染率为 10.80%。1999 年白沙乡试点选择适宜本地域生长、觅食力强的滨湖麻鸭作为发展的品种，至 2001 年形成了在就近湖洲放养 20 万羽，在宪成长河、八形汉长河水系 10 公里河岸放养 10 万羽的规模。配套建成白沙乡鸭业开发总公司，下设蛋品加工厂、饲料加工厂、孵化厂。形成了向社会年提供鲜蛋 2 800t、蛋鸭配合饲料 5 000t、鸭苗 30 万羽、咸鸭蛋 1 500t的规模。水牛群饲养量由 1998 年的 827 头降到了 2001 年的 286 头，下降了 65.42%。牛群血吸虫病感染率由 10.80%下降到 4.27%，下降了 60.46%。

六、以机耕代牛耕

简称为"以机代牛"，可以减少牛饲养量和人畜接触疫水的机会，达到预防家畜感染血吸虫和控制传染源的目的，同时可以提高生产效率(图 14 - 4)。由于农村青壮年人口大量进城务工和政府对机耕的大力扶持，机耕在我国血吸虫病流行区得到普遍应用。牛的养殖则主要是用于满足居民肉食需求。

图 14 - 4 以机耕代牛耕，减少牛感染和传播血吸虫的机会

以机耕代替牛耕防治血吸虫病涉及面大，包括实施范围的制定、农机的采购、农机运用与保养的技术培训、相关补助政策的制定与执行、机耕道路的修建、耕牛淘汰的实施与补助，等等，因此，本项工作应由各级政府统一领导，协调相关部门参与实施，如农业血防部门负责制定以机耕代替牛耕防治血吸虫病项目的具体计划，农机部门负责农机的采购、农机运用与保养的技术培训，村、镇干部负责协调与农户的各种利益关系等。

有条件的地方，可以由政府牵头，组织机耕专业队（户）。近年来，在疫区县、乡出现了"以机耕代替牛耕"耕作技术群众组织，并实行"五统一"服务：一是统一组织机耕作业；二是统一调配机具，由农机部门组织调配机具，向农民优惠供应耕作整地机；三是统一技术培训，举办各种类型的培训班；四是统一负责维修，疫区统一组织维修人员，在广大农村巡回服务；五是统一收费标准，每亩*收费比牛耕少 6～10 元。由于措施得力，效果明显，为控制畜源性传染源创造了条件。

安徽铜陵县老洲乡试点是血吸虫病重流行区，原有钉螺面积 3 040 650m^2，其中 867 250m^{2}为易感地带，均分布于洲滩。2006 年人群血吸虫病感染率为 5.72%，牛感染率高达 41.1%，羊感染率 50%。2007 年起老洲乡推行"以机耕代牛耕"等综合防治措施，淘汰牛 917 头，羊 510 只，做到洲滩已没有放牧家畜。到 2008 年年底，该乡钉螺感染率由 2006 年年底的 2.6%下降至 0.03%，人感染率由 5.72%下降至 0.05%。

七、家畜流通环节的检验检疫

随着农业经济的发展，家畜的流通变得更为频繁，这必然会导致血吸虫等病原的输入和输出增多，因此，加强对重流行区输出动物和传播控制地区输入动物的检验检疫显得尤为

---

* 亩为非法定计量单位，1 亩≈667m^2。

重要。

检疫方法：采用血清学技术，其具体操作参见本书家畜血吸虫病诊断的相关章节。

阳性家畜的处置：禁止输入或输出，或用吡喹酮药物治疗后方可输入或输出。

■第二节　消灭中间宿主钉螺

钉螺是血吸虫的唯一中间宿主，消灭钉螺是控制血吸虫病传播的一项重要措施。除了通常采用的药物灭螺以外，通过种植业结构调整，在疫区因地制宜地实施水改旱、水旱轮作，退耕还林（草），坑内洼地垦种，挖塘养殖，沟渠硬化等措施，改变钉螺赖以滋生繁衍的生态环境，达到消灭钉螺和控制血吸虫病流行的目的。实践表明，农业工程灭螺防控血吸虫病技术，在取得明显灭螺效果的同时，还能增加农民收入、保护生态环境（减少灭螺药物的污染），达到了治虫、治穷、致富的目的。

灭螺要全面规划，因时因地制宜实施。要针对不同的环境，根据当地钉螺的分布及感染程度，坚持按水系分片块，先上游后下游，由近及远，先易后难的原则，做到灭一块，清一块，巩固一块。

灭螺工作要有严格的管理制度和周密的工作计划，在卫生部门开展化学灭螺的基础上，农业血防部门要总结环改灭螺经验、科学地制订结合农业经济发展的灭螺规划、规范环改灭螺技术，以提高灭螺控病效果，确保环改灭螺的长效性。

在开展农业工程灭螺前，要做好调查研究，掌握螺情，做到心中有数；灭螺过程中，要严格掌握技术要求，注意质量；灭螺后，进行效果考核，分析评估效果。

一、化学灭螺

化学灭螺又称为药物灭螺，主要由卫生血防部门负责。

目前常用的灭螺药物主要有氯硝柳胺、五氯酚钠和溴乙酰胺等。氯硝柳胺为棕色可湿性粉剂，无特殊气味，对皮肤无刺激，对人畜毒性低，不损害农作物，可直接加水稀释应用。该药杀螺效力大，持效长，但作用缓慢，施药后有钉螺上爬现象，影响灭螺效果。为防止钉螺上爬，可与五氯酚钠合用。该药还可杀灭水中尾蚴。该药对水生动物毒性大，故不可在鱼塘内使用。五氯酚钠虽然也有很好的灭螺效果，但因污染环境，已逐步被淘汰。溴乙酰胺灭螺作用强，对鱼类毒性低，易溶于水，使用方便，但价格较贵，目前尚未大量生产。

药物灭螺常用的施药方法一是浸杀法，适用于能控制水位和水量的沟、渠、田、塘。二是喷洒法，该法应用比较普遍，在不能用浸杀法的环境均可采用。用喷雾器按用药量喷洒有螺环境，要多次喷洒，不留死角。

二、环境改造灭螺

钉螺的繁殖和生活都离不开水。钉螺喜欢生活在土地潮湿、杂草丛生的河道、沟渠、池塘、田地、竹园、江湖洲滩等自然环境中，但长时间的水淹又不利于钉螺的生长和繁殖。因此，通过改变钉螺滋生环境，可以达到消灭钉螺或减少钉螺数量的目的。

1. 农业工程灭螺 农业工程灭螺就是利用农田基本建设、垦种等改造钉螺滋生环境、达到灭螺防病和发展生产的目的。

（1）土埋灭螺 土埋灭螺就是将钉螺埋于一定深度的土层下，促使钉螺死亡的灭螺方法。土埋和药物相结合，钉螺死亡加快，如夏季土埋前撒一层石灰，2d 后钉螺全部死亡。

土埋灭螺适合于山区型流行区的生产生活区，水网型流行区的小河、沟、渠、坑、塘、低洼地、田埂等多种有螺环境。

土埋灭螺的基本要求是铲净、扫清、埋深、压紧，灭螺后的现场要求达到"平、光、实"。基本方法有：①填埋法（全埋法），是对一些废塘、废沟、洼地及无用的小河或断头浜，用无螺土全部填高填平改为田地的灭螺方法。填埋时先将有螺环境周围岸边的有螺草土分层铲下 10～17cm，推入底部，其上覆盖不少于 30cm 无螺土，压紧；②覆土法，是用无螺土覆盖在有螺地面并打实的灭螺方法，如水网地区河道修建灭螺带，山丘地区梯田后壁半封闭土埋（培田埂）和筑泥墙土埋灭螺等；③封土法（封嵌法），有洞缝的石砌有螺环境，如石砌的沟壁、溪壁、塘壁、石帮岸、石河埠、码头、桥墩、涵洞等环境，采用田泥、黄泥、三合土或水泥等封嵌石块之间的洞缝灭螺；④铲土法，是一种将有螺草土分层铲下，集中堆埋或坑埋的灭螺方法，适用于各类环境的灭螺，是使用最广泛的土埋灭螺法；⑤全移沟法（开新填旧法），是开挖新沟填埋旧沟的灭螺方法，适用于农业上必须留用而在旧沟附近能开挖新沟的沟渠灭螺。对老沟的处理同填埋法，灭螺时，把旧沟两壁上部有螺土铲入沟底打实，在旧沟 1m 以外再另开新沟，用挖出的无螺土填平旧沟并打实；⑥半移沟法，是将沟的一侧扩大而对侧缩小，灭螺后使沟身向一侧移动的土埋灭螺法。此法适用于沟渠不能废除，且又难以开新填旧者，灭螺时，将沟的一侧沟壁及沟底的有螺草土分层铲下，分层堆于对侧沟壁，铲深层无螺土覆于有螺土上打实；⑦开沟沥水覆土土埋法，适用于土层较厚的荒滩、山坡、旱地等环境灭螺。灭螺时，随地势从上到下开挖平行的排水沟，两沟间的距离随泥层的厚薄而定，一般为 1.5～2.0m。开沟时先铲新沟表层有螺土分摊于两边耙平，挖新沟深层无螺土覆盖于地面摊平打实。

土埋灭螺简单易行，投资少，但投入人力较多，在 20 世纪 80 年代前，在我国疫区得到很好推广应用并取得良好的效果。随着农村承包制的实施以及富余人员进城务工等社会因素的影响，目前较少单独采用，一般与水改旱或挖塘养鱼等联合应用。

（2）水改旱和水旱轮作灭螺 水改旱和水旱轮作灭螺适合于所有血吸虫病疫区，特别在耕作是人畜感染血吸虫主要方式的疫区。水改旱项目的实施如形成规模，且在项目实施后经济作物（包括水果）的种植和销售等方面有政府的统一规划和群众基础，能取得灭螺防病和经济效益双丰收。水改旱实施数年后，如完全消灭了钉螺且周边确无钉螺向内扩散，可根据国家对粮食生产的需求，分批改种水稻或实施水旱轮作。

水改旱的基本做法是按照田园化建设要求，在钉螺密度较高的水田区域，开挖深沟大渠，降低水位，抬高田地，保持常年无水（图 14－5）。水改旱的实施应选择血吸虫病疫区、地势较高、无旱作物种植限制因素（如黏土等）、有螺滋生的水田进行。

在开挖深沟、建立排灌系统时，应按农田水利基本建设要求进行，同时按土埋灭螺的方法和要求进行灭螺。有条件的地方可对沟渠进行硬化。

水改旱的血防效益主要体现在以下几方面：①由于旱地不适合钉螺生长和繁殖，水改旱可以显著减少钉螺密度和有螺面积；②水改旱后耕作在无水的条件下进行，减少家畜和人感染血吸虫的机会，也减少了阳性家畜在传播上的作用；③一些地方水改旱后种植水果，减少对役用牛的需求，进而减少家畜饲养量。

水改旱涉及种植业结构调整，可以实现农业生产结构多元化。水改旱后的种植模式多样，如果能适应市场经济，种植大棚蔬菜、水果、中草药等经济作物，会取得显著的经济效益，特别是当地政府通过引导形成一定的市场规模后，效益更为明显，农民实施的积极性更高。如果改旱后种植牧草，同时与家畜的饲养结合起来，同样会产生显著的经济效益。

图 14-5　将有螺水田改为旱田，改变钉螺滋生环境

水旱轮作是指在同一田地上有顺序地在季节间或年度间轮换种植水稻和旱作物的种植方式。水旱轮作一般有两种形式：①长期沿用的季节间水旱作物交替转换，其种植形式较多，其中以小麦-水稻轮作最为普遍，其次是油菜-水稻轮作；②在年度间水旱作物交替转换。如棉稻轮作：一年种水稻，下一年种棉花，两年一个周期；或者 3 年种水稻，3 年种棉花，6 年一个周期等。周期时间长短，或者水旱作物轮作时间长短以各地种植习惯、地理环境、水利条件、市场需求等因素来确定。从防治血吸虫病的角度上讲，以年度间轮作，尤其是 3 年种水稻，3 年种棉花（旱作物），6 年一个周期效果最为理想。

水旱轮作防控血吸虫病技术，适合南方血吸虫病流行区，凡年均降水量为 700～1 600mm，日照时数为 1 200～2 200h，农田地下水位较低，水利设施基本建设比较完善，可水可旱，能灌能排的地区或田块都可以应用。

湖南安乡县安丰乡 1997 年春季对 573.7hm^2 耕地中的 341.3hm^2 水田实施水改旱，改种水稻为种油菜、棉花等经济作物。通过水改旱项目的实施，该乡活钉螺检出率由 1996 年的 16.67%（阳性螺率为 0.62%）下降到 1998 年的 0；牛血吸虫感染率由 1996 年的 10.43%下降到 2001 年的 3.47%，下降 66.73%；居民血吸虫感染率由 1996 年的 7.63%下降到 2001 年的 3.88%，下降 49.15%，没有发生一例急性血吸虫病病人。

（3）高围垦种灭螺　高围垦种灭螺即是在湖沼型流行区修建防洪大堤围垦江湖洲滩进而达到消灭钉螺的一项技术。该技术只有在建大堤不影响蓄洪和洲滩并征得水利部门同意后方可实施。实施这一工程时，农业、农垦、水利、卫生等部门要密切协作，共同协商，联合进行规划、勘测、设计、施工、检查与验收。在建筑高堤的同时，要按照农田水利基本建设要求，配置灌溉设备，有计划地开挖或修建排灌沟渠。围堤内平整土地，填埋低洼有螺地段，尽量种植旱地作物，并经常开展查、灭螺工作。对堤外要结合堤坝的维修、加固，进行植树造林或开展药物灭螺工作。

江湖洲滩经高围垦种后钉螺面积显著下降，原临湖（江）的严重流行村疫情迅速减轻，病人大幅度减少，村民健康状况明显好转。围垦江湖洲滩也为缺少耕地的农民提供了新的耕作土地，增加了农民收入。因此，高围垦种灭螺作为一项确实有效的措施为血防部门大力提倡，在 20 世纪 90 年代前得到疫区政府的全面支持和农民的广泛拥护。高围虽能使原傍湖的严重流行村变成垸内轻流行村或完全消灭村，但如新修防洪大堤外仍有湖洲，则新防洪大堤坝又会立即产生新的严重流行村，因此，高围垦种不能减少严重流行村数。高围垦种减少蓄洪面积和妨碍泄洪，近年来很少开展这一灭螺工程。

(4) 矮围和不围垦种灭螺　矮围垦种灭螺是指在湖沼型流行区和水网型流行区的江湖洲滩地区，在秋季水退后修筑高出滩地 1.0～1.5m 的牢固矮堤，在矮堤内滩地每年进行耕作，种植夏季早熟作物，同时起到灭螺作用的技术。

不围垦种灭螺是在一些围堤不利于防洪且地势较高的江湖洲滩，不修围堤而直接垦种的一种灭螺技术。在秋季水退后，成片的洲滩露出水面，可以通过深耕并种植夏季早熟作物如大麦、蚕豆、油菜或蔬菜等，达到灭螺目的。

矮围垦种灭螺和不围垦种灭螺一方面可以改变钉螺滋生环境，达到局部灭螺目的；另一方面可以强化洲滩管理，减少家畜放牧，实现类似封洲禁牧的目的。但矮围垦种灭螺和不围垦种灭螺并不能根除钉螺，在次年水淹后又会有钉螺滋生。因此，加强对垦种人员的教育，做好个人防护至关重要。

(5) 蓄水养殖灭螺　蓄水养殖灭螺的基本原理是长时间水淹不利于钉螺的交配、产卵和生长发育。通常在连续水淹 8 个月以上即没有钉螺滋生。蓄水养殖灭螺可分为堵江（湖）汊养殖灭螺和矮堤高网蓄水养殖灭螺两种。

堵江（湖）汊养殖灭螺是在汊口较小、汊内坡度较大、地势低洼的江（湖）汊，于秋季水退后筑堤建闸，通过在雨季开闸蓄水，水退关闸，汊内保持一定水位，达到灭螺的目的，同时投放鱼苗，发展水产养殖业。

矮堤高网蓄水养殖灭螺是在秋季水退后，于防洪大堤 100～200m 处修建坚实矮堤，堤内平整土地，使堤内成为鱼塘进而达到灭螺目的的一种方法。实施这一工程，需在矮堤上竖立一排电线杆或打桩，雨水时节在堤内投放鱼饵，水退前沿电线杆或木桩张网，阻止鱼返回江湖，水退、见矮堤时再投放鱼苗使其成为养鱼塘。

(6) 挖塘养殖灭螺　开挖鱼池养殖灭螺是在易积水的低洼湖滩、小块荒滩、低产水田等有螺环境，可以开挖鱼池，结合养鱼（虾、蟹）实施水淹灭螺。该技术适用于湖沼水网型区域和山间坪坝有螺区域。

开挖鱼池前要做好规划，规划的原则是要选择在圩内低洼有螺地区，交通方便，周围市场活跃，水源充沛，水质良好。如采用湖区水源，应满足水产养殖对水源的水质要求，即溶氧量能终日保持在 4mg/L 以上，最适 pH 为 7～8.5，总硬度保持在 5～8 度，有机物耗氧保持在 30mg/L 以下，不含沼气和硫化氢。也可因地制宜采用湖区沼泽、芦苇塘的水或地下水。

确定开挖鱼池地点之后，先在滩地上划块，块的大小根据地形和需要而定，在各块之间预留一定空地，宽 5～10m。开挖鱼池时，先将滩地表面 20～30cm 厚的有螺土层铲起，堆在拟筑池岸的中央，然后在拟挖鱼池的各地块内逐层挖深，将挖出的土堆放在拟筑池岸的上边和两边，打紧压实。有条件的地方，可以将池岸用水泥硬化。

(7) 沟渠硬化　血吸虫病疫区因灌溉需要，沟渠密布。沟渠是钉螺滋生和繁殖的良好场所。沟渠硬化主要是指采用水泥砂浆或水泥混凝土对水渠进行处理，去除沟渠中的淤泥和杂草，减少钉螺的分布面积和扩散机会，同时可畅通行水、防止洪涝的发生。尽管这种工程灭螺一次性投入较大，但易于巩固，能灭一段、清一段、巩固一段，因而沟渠硬化是疫区消灭钉螺，巩固灭螺成果的重要措施之一。

一般主沟大渠的改造归水利部门负责。因此，农业血防中的沟渠硬化主要指田间的小沟小渠。

实施沟渠硬化前，须对当地的钉螺面积及阳性螺分布，有螺地区水源、水系分布，种植作物种类、养殖方式，已有的水利基础设施条件及是否符合开展沟渠硬化建设等进行调查。

沟渠硬化选址根据“由近及远”的原则，即从有阳性螺的村庄及阳性螺区域附近做起。对水流较缓慢、土肥草密的水田间灌溉沟，地势低洼或排水不畅通的稻田或渗水的放牧等场地排水沟，优先开展硬化沟渠工程。

沟渠硬化尽量避免新规划开辟沟渠，最好要结合原有沟渠体系，在原有基础上做局部调整，如适当截弯改直，提高沟渠输水能力和灭螺效果，但不占用过多的农田，以利于工程建设。在地方政府的统一领导下，协调相关部门，结合农田水利建设，从全局出发考虑，在适宜沟渠硬化地带，综合各类项目建设，在一定水系范围内合理规划农沟、支沟、干沟数量，充分发挥沟渠硬化工程的作用。

沟渠硬化的设计、施工要求、主要措施、改造有螺涵闸的技术方法、进水闸口垸内和垸外渠道的处理方法、硬化后防渗处理、工程建设管理、工程维护管理等方面的技术要求参见《农业综合治理防控血吸虫病技术导则》的相关章节。

2. 地膜覆盖灭螺 地膜覆盖灭螺法是在钉螺滋生环境中覆盖一层塑料地膜，边缘用无钉螺泥土封严以保持膜内环境呈相对封闭状态（图 14-6），通过阳光照射后膜内温度的提高达到杀灭钉螺的一种技术。黑色地膜和白色地膜均可。

图 14-6 在有螺沟渠实施覆盖地膜灭螺

该方法适合于山区型流行区和其他流行区的沟渠和水田（塘）边等的钉螺滋生环境的灭螺。

钉螺最适宜的生长温度在 13～29℃，如果温度大于 40℃数小时就会死亡。祝红庆等（2011）观察到整个试验期间，地膜内土表温度大多数时间维持在 35℃左右，有 30d 大于 40℃，甚至有数天大于 50℃，表明覆盖地膜内的沟渠环境不适宜钉螺生存。覆膜 7d 后的活螺密度较试验前下降 67.71%，10d 后下降 93.06%，40d 后均可达 100%。

3. 兴林抑螺 在有螺环境的滩地通过适当的工程技术措施，栽植耐水耐湿树种，并间种农作物，建立起以林为主的农林复合生态系统，可以有效地改变钉螺的滋生环境，使系统内活螺密度大大降低。同时，兴林抑螺工程实施后，改变了洲滩生产、利用与管理方式，有利于控制牛羊和人进入林地，起到封洲禁牧的类似效果。

兴林抑螺的基本原理如下：林农复合生态系统改变了芦苇滩地的地表动植物组成和原系统内的光照强度、温度、湿度和植物等生态因子，形成新的不利于钉螺生存和繁殖的生态系统，从而达到抑螺灭螺的效果。钉螺的食物种类有白茅（*Imperata cylindrica*）、狼尾草（*Pennisetum alopecuroides*）、稗（*Echinochloa crusgalli*）、芦（*Phragmites communis*）、荻（*Miscanthus sacchariflorus*）、雀舌草（*Stellaria uliginosa*）、地锦草（*Euphorbia humifusa*）、小羽藓（*Haplocladium angustifolium*）、浮藓（*Riccia fluitans*）、角藓（*Anthoceros laevis*）等。建立以木本植物为主体的林农复合生态系统后，地表光照强度和质量的变化，地表植物种类的变化改变了钉螺的食物结构，有利于对钉螺的抑制。

实施兴林抑螺需注意以下几点：

（1）在有螺洲滩种植抑螺林前，需进行机耕深翻，一般深度30～40cm，去除芦苇和杂草。营造抑螺防病林必须选在常年最高水位3.5m以下的地方。对于年淹水时间超过60d的造林地，必须进行挖沟抬垄，抬垄高度应在1m以上（图14-7），对于常年淹水时间小于60d的造林地，必须进行全面深翻，深度要达15cm以上。

图14-7 有螺地带深挖水沟，降低水位，兴林抑螺

（2）同时平整土地，开挖深1m、宽0.6～0.8m的沥水沟，林区与大堤间开挖深1.5m、宽2m的隔离沟，并设置栅栏。抑螺防病林的整地应该与农田基本建设相结合，路、沟要配套，做到“路路相连、沟沟相通、林地平整、雨停地干”。

（3）选择耐水性强、生长较好、有灭螺效果、有较好经济效益的树种。常见的有杨树、柳树、池杉、乌桕、枫杨等。研究表明，枫杨和乌桕的一些化学成分可使钉螺糖原含量下降、谷丙转氨酶及谷草转氨酶比活力发生变化，导致钉螺死亡率升高，同时含有一些有毒物质，如没食子酸、异槲皮素等，对钉螺有明显的抑制作用，使其密度明显下降。王万贤等对枫杨林、意杨林、旱柳林和芦苇林中的钉螺密度和数量进行观测研究，发现钉螺密度从高到低依次为意杨林＞芦苇林＞旱柳林＞枫杨林，而钉螺死亡率从高到低为枫杨林＞意杨林＞旱柳林＞芦苇林。此外，据研究，对钉螺毒杀作用效果较好的植物还有紫云英、射干、泽泻、皂荚、苦楝、清风藤、无患子、巴豆、闹羊花等，可以选择合适的植物，在上述树种中间进行套种。

（4）坚持林间套种。在林间套种作物，既有收益又可通过翻耕将钉螺深埋，杀灭钉螺。也可以选择具有灭螺作用的灌木进行套种。

4. 水利工程灭螺 钉螺滋生与水密切相关，钉螺的扩散一般沿水系进行。水利工程特别是血吸虫病疫区的大型水利工程建设，往往会改变工程区及其下游地区的生态环境。这些生态环境变化有可能利于控制或消除血吸虫病，也有可能导致钉螺扩散和血吸虫病蔓延。水利血防工程就是将水利工程建设与血吸虫病防治工作紧密结合，充分发挥水利工程效益，同时又使其利于防控钉螺扩散，减轻血吸虫病危害，以实现水利、血防及社会、经济等综合效益。

水利工程灭螺主要涉及河流综合治理、节水灌溉、小流域治理等。

河道治理类水利血防工程包括堤防血防工程和河湖整治血防工程。

堤防血防工程措施有填塘灭螺、防螺平台（带）、防螺隔离沟、硬化护坡防螺。河湖整治血防工程措施有抬高或降低洲滩、封堵支汊、坡面硬化等防螺、灭螺措施。抬高后的洲滩顶面高程，应高于当地最高无螺高程线，降低后的洲滩顶面高程，应低于当地最低无螺高程线。河道整治的弃土堆置应规则、平顺、表面平整、无坑洼。有螺弃土应进行灭螺处理。堤坡面硬化措施可采用现浇混凝土、混凝土预制块或浆砌石等，坡面应保持平整无缝。坡面硬化的下缘宜至堤脚，顶部应达到当地最高无螺高程线。凡是从有钉螺水域引水的涵闸（泵站）应修建防螺、灭螺工程设施，如沉螺池或中层取水防螺设施。

灌区改造类水利血防工程措施有渠道硬化、修建水闸、沉螺池、渡槽、倒虹吸、涵洞、隧洞、桥梁等。灌排渠系防螺、灭螺可采用暗渠（管）、开挖新渠、渠道硬化或沉螺池。对废弃的有螺旧渠，应进行填埋处理，或铲除有螺土厚度大于15cm，并进行灭螺处理。渠道边坡硬化，应上自渠顶或设计水位以上0.5m，下至渠底或最低运行水位以下1m。渠底是否硬化，根据渠道建设要求和运行等条件确定。渠道硬化可采用现浇混凝土、预制混凝土块（板）、浆砌石或砖砌等形式。常用混凝土块厚度6～12cm。

沉螺池截螺工程：基本原理是钉螺和螺卵在水中具有沉降和表、底两层分布特点，运用沉降、拦截的方法，将涵闸引水输入的钉螺和螺卵截留在沉螺池内，阻止钉螺沿水流向下游无螺区渠道扩散。沉螺池一般建筑在灌溉涵闸（泵站）后方（即堤内）。

中（深）层无螺取水工程：中（深）层取水就是根据钉螺在正常水位1.2m下分布仅占1.2%的特性，避开表层有螺水体，将抽水泵进水管口或将引水涵闸的进水口口顶高程置于正常水位1.2m下取水，从而达到有效防止引入表层有螺水体的作用。

降滩防灭螺工程：根据钉螺连续淹水超过8个月不能存活这一生活习性，在河道治理疏浚和整治时，通过适当疏挖降低洲滩高程，用土料与主堤围筑成较矮的水产养殖池，达到水淹较宽洲滩防、灭螺的目的。

三、生物灭螺

生物灭螺是利用自然界中部分生物种群（如天敌等）或其他生物学方法，造成对钉螺生存或繁殖不利的环境，打破原有的种群平衡，达到控制或消灭钉螺的目的。

理论上，种植具有灭螺作用的植物、造防螺林等措施均属生物灭螺范畴，但生物灭螺一般只包括如下三类：一是利用水生或陆生动物捕食钉螺；二是利用细菌和放线菌等微生物灭螺；三是利用竞争性螺蛳控制钉螺。利用生物竞争或生物寄生的特性控制和杀灭钉螺是当前值得研究和开发的重要灭螺方法。

自然环境中的鸭、鹅、鸟、乌龟、青蛙、黄鳝、蟹、蜻蜓、蚜虫等动物都有捕食或咬碎钉螺的现象。龚先福等（1996）报道，让成年鸭、鹅自由采食捕捉活钉螺1 000个，结果60%的钉螺被吃掉；张世萍等（2003）对野外黄鳝、泥鳅、蟹等几种水生动物的肠管进行了解剖均发现有钉螺，进一步试验表明，河蟹每天每只能摄食钉螺418只，黄鳝每天每尾能摄食钉螺17只。因此，结合养殖结构调整，在有螺环境放养家禽和养殖相关水产品，可以达到增收和防控钉螺的目的。

微生物灭螺：包括细菌灭螺和寄生灭螺。细菌灭螺是通过人工培养或繁殖对钉螺敏感的菌种及代谢产物毒杀钉螺。中国从20世纪50年代起，开展微生物对钉螺的影响研究，在死亡螺体及土壤中分离出真菌、分枝杆菌等对钉螺有抑制和杀灭作用的菌种，后来分离、筛选出近百个菌株，证实了凸形假单胞菌、浅灰链霉菌230、链霉菌218、灰色直丝链霉菌、苏云金芽孢杆菌、土味链霉菌339、抗生素230、放线菌132等一些细菌或细菌的分离产物均对钉螺有很好的抑制或杀灭的作用。寄生灭螺是利用一些寄生虫如吸虫、线虫、沼蝇（蝇蛆）来达到杀灭钉螺的目的。

竞争灭螺是利用生物的优胜劣汰理论，在某一区域引入一种螺使其成为优势种，使得原始螺被淘汰甚至消失。但竞争灭螺在中国还未见报道。

第三节 安全用水

对血吸虫病防控而言，安全用水是指人畜饮用水及生活用水均为无尾蚴的水。随着我国社会经济的发展以及血吸虫病疫区改水改厕、新农村建设事业的推进，目前我国大多数疫区均使用自来水，实现了安全用水。在没有自来水的地方，可以通过以下方式实现安全用水。

一、开挖浅井

在河边或溪边开挖浅井，使河中或溪中的疫水通过地下沙尘自然过滤后渗入井中，成为无尾蚴的水。浅水井可为土井亦可为砖瓦井。建浅水井要筑高井台，以防尾蚴或钉螺随雨水流入浅水井。浅水井要有井盖和公用吊桶，根据用户及人口数量在浅水井旁建造洗物池和排水沟。浅水井址应远离厕所或粪池 30m 以上，以免井水受到污染，保持饮用水卫生。

二、打手压机井

在地下水位较高的地方，先用铁锹挖一个 V 形坑，然后 2 人对立持筒形铲在坑中垂直地挖掘，挖掘时边冲击边搅动，遇到硬土层，灌水反复下冲，直至掘到地下水层为止，待水澄清后放入钢管，再投下一些碎石子或木炭渣、碎砖瓦于钢管四周，钢管的地上部分用水泥固定，钢管顶端安装手压泵即可取水。

三、分塘用水

在不具备打井的血吸虫病疫区，应提倡分塘用水，家畜下塘饮水或挑水供家畜饮用，要选用无钉螺的水塘。如果所用水塘都有钉螺滋生，则要采取有效措施消灭钉螺，并做到家畜饮水与居民生活用水分开，确保用水卫生。在饲养水牛的疫区要特别注意水牛有泡在水里或泥浆中（俗称沾塘或打汪）的习惯，水牛饮水或沾塘时，一定要选择无螺水塘，也可在牛棚前后挖一个可让水牛自由进出的坑，坑内经常加满水，供水牛沾塘用。在山区家畜饮用泉水时，要仔细检查山泉流经的地区有无钉螺滋生，一旦发现钉螺，立即采取灭螺措施或改用无螺区山泉水，以保证家畜安全。

四、砂缸（桶）滤水

生活在有螺地区的单个家庭，为保障人、畜饮用水安全，可采用砂缸（桶）过滤水质。方法是在缸或桶的底边凿一小洞，装置一根出水管，从容器底部依次向上铺碎石、粗砂、细沙、碎木炭、细沙、粗砂和碎石，滤层总厚度不超过容器的 2/3 为宜。使用一段时间后发现滤水不清时，按上法更换用于滤水的材料。

五、建农村自来水厂

在血吸虫病疫区人口密集，家畜饲养量大的村庄，要有计划有步骤地兴建农村自来水厂，这是实施安全用水最可靠的方法，也是农村开展精神文明和物质文明建设的重大举措之一。建农村自来水厂，首先要调查地形、水文和地址等方面的情况，确定水质后建厂，水厂建成后还要经常检测水质是否符合国家饮用水标准，选择自来水的水源一般用地下水，无螺区泉水，如是地面水源（江、河、湖水）必须在江河湖深处取水，而且水量和水质因受到水位变化的影响常出现季节性差异，水质时清时浑，必须进行处理。

六、杀灭尾蚴

杀灭水中尾蚴也是特殊情况下应急的方法之一。在一些钉螺难以消灭或暂时尚未达到彻底消灭钉螺的地区，建农村自来水厂条件尚不成熟，而人畜日常生产、生活又离不开水，为预防血吸虫病感染，可采用杀灭尾蚴的方法。杀灭尾蚴的方法常用的有：①将饮用水加热到60℃以上；②每 50kg 水加含 30％有效氯的漂白粉 0.35g 或含 65％有效氯的漂白精 0.17g，先加少量水调成糊状，再加入其余的水搅拌 15min；③每 50kg 水中加入 3％碘酊 15mL，拌匀 15min；④在 50kg 水中加入 12.5g 生石灰，搅拌 30min 后应用，如急需用水则在 50kg 水中加硫代硫酸钠 0.2～0.4g。

■第四节　动物血吸虫病监测

动物血吸虫病监测是指系统性地收集、整理和分析动物血吸虫病疫情相关的信息，及时向需要该信息的单位和个人传递以便采取相应的措施。包括传播阻断地区无疫状态下的监测和疫区疾病存在状态下的监测。传播阻断地区无疫状态下监测的目的是及时探测、发现新病例以及外来病例，防止疫情复燃；疫区疾病存在状态下监测的目的是明确家畜血吸虫病发生的水平和疾病分布状况，评估前期干预措施的效果，进而为下一步干预对策制定提供依据。

家畜血吸虫病全国常规性监测包括血吸虫病防控工作中产生的相关数据的收集与分析以及突发疫情监测。

一、全国常规性监测

1. 血吸虫病防控相关数据的收集与分析　未达到传播阻断标准的疫区，各级动物血防机构要注意收集本地区农业血防工作中产生的相关数据，包括家畜饲养量、感染状况（感染率、感染度）、各项干预措施的实施力度、螺情等，将各项数据统计汇总后逐级上报，同时通报同级卫生血防部门。

2. 突发疫情监测　突发疫情标准：①在血吸虫病疫情还未达到传播控制标准的地区，以行政村为单位，2 周内发生急性血吸虫病病例 10 例以上（含 10 例），或同一感染地点 1 周内连续发生急性血吸虫病病例 5 例以上（含 5 例）；②血吸虫病传播控制地区，以行政村为单位，2 周内发生急性血吸虫病病例 5 例以上（含 5 例），或同一感染地点 1 周内连续发生急性血吸虫病病例 3 例以上（含 3 例）；③血吸虫病传播阻断地区，发现当地感染的血吸虫病病人或有感染性钉螺分布；④非血吸虫病流行县（市、区），发现有钉螺分布或当地感染的血吸虫病病人。

突发疫情监测：以行政村为单位，对全部放牧家畜，采用粪便毛蚴孵化法进行疫情调查，或先用血清学方法检查后再用粪便毛蚴孵化法确诊。

二、监测点监测

未达到传播阻断标准且未实施普查普治的疫区、达到传播阻断标准的疫区需设立监测点。

监测点设立：未达到传播阻断标准的县（市、区），每个县（市、区）至少设立 1～2 个县级监测点，每个点范围涵盖 1 个以上行政村；各流行省除农业部 8 个纵向观测点作为国家级监测点外，应设立省级监测点。省级监测点要考虑不同流行类型和不同流行程度，从而使监测数据能反映本省的流行状况。各级卫生血防部门已设立监测点的，原则上在相同位置设立。达到传播阻断标准的省（自治区、直辖市），选择在原血吸虫病重疫区已达阻断传播标准的县（市），尚有残存螺点或仍然存在适宜钉螺滋生的条件，历史上家畜有较高的感染率，人畜流动频繁的地区，每省（自治区、直辖市）选择 1～2 个乡（镇）作为动物血吸虫病疫情监测点，每个点牛羊存栏量不少于 200 头（只）。未达到传播阻断标准的流行省内血吸虫病传播阻断的县（市、区），选择尚有残存螺点或仍然适宜钉螺滋生条件或与未达到传播阻断标准的县（市、区）相邻的 1 个乡（镇）作为监测点，每个点牛羊存栏量不少于 200 头（只）。重大水利工程建设地区特别是水源流经血吸虫病流行区的地区，根据需要，参照达到传播阻断标准的省（自治区、直辖市）的要求设立 1～2 个监测点。

监测内容和方法：以在有螺地带敞放的大家畜为监测对象，每个监测点随机抽查牛、羊或猪、马等家畜各 100 头（不足者全部检查），采用粪便毛蚴孵化法进行疫情调查，或先用血清学方法检查后再用粪便毛蚴孵化法确诊。查病在 5—7 月进行。有条件的地方，和卫生部门协作，开展钉螺监测。

阳性畜处置：未达传播阻断标准的地区，治疗阳性畜，必要时淘汰病畜；其他地区，淘汰阳性畜。突发疫情监测发现阳性病畜的，还需开展相关流行病学调查，并对调查点牛、羊实施预防性治疗。

监测结果报告：监测结果要及时汇总，由省级动物血防机构于每年 12 月前上报中国动物疫病预防控制中心和中国农业科学院上海兽医研究所国家动物血吸虫病参考实验室。

■第五节　宣传教育

宣传教育是血吸虫病防控的一项重要举措，可以使其他血防措施起到事半功倍的效果。

血吸虫病防控宣传教育的目的在于提高疫区干部群众血防知识水平和防护技能，使他们首先能实现自我保护，并从思想上、行动上真正认识农业血防工作的重要性和紧迫性，提高他们参与、配合农业血防工作的积极性和主动性，改变不良行为，降低人畜血吸虫病感染率，发展农牧业经济。

开展农业血防宣传教育，要根据我国血吸虫病疫情现状，对血吸虫病未控制地区、疫情控制地区、控制传播地区和阻断传播地区实施分类指导、突出重点的原则，积极贯彻巩固清净（监测）区、突破轻疫区、压缩重疫区的防治对策，把工作重点落实在血吸虫病重疫区乡（镇）和行政村。

一、宣传教育的主要内容

血防基本知识：包括血吸虫生活史、人群患血吸虫病的临床表现和危害、畜源性血吸虫传染源在血吸虫病流行与传播中的作用，血吸虫病在我国的基本流行情况，血吸虫感染的地点、方式和防护技术措施，农业血防基本内容（如结合农业经济发展改变钉螺滋生环境，患病家畜的查、治等）及其在血吸虫病控制中的作用与地位。

血防法规：包括国务院颁发的《血吸虫病防治条例》，地方政府颁布的法律法规以及与血防相关的村规民约。

当地的血防形势：当地的血吸虫病流行情况、已取得的血防效果、主要易感地带的分布、主要的农业血防措施等。

实物：包括血吸虫和钉螺标本的识别。

二、宣传教育的主要形式

会议学习：组织疫区广大干部群众认真学习《血吸虫病防治条例》、宣传血防基本知识、介绍当地的血防形势。召开农业血防工作会议，开办培训班，总结交流农业血防工作取得的主要成绩，研讨分析农业血防工作的难点和重点，准确找出突破口，组织对口检查或督查，总结典型经验，开展评比表彰等。

学校教育：在疫区农村中、小学开设血防知识和技能教育课，认真开展“五个一”活动，即学生上一堂血防知识课，听一次血吸虫病疫情专题讲座，开展一次与血防相关的课外活动，写一篇与血吸虫病相关的作文，学校办一块宣传血防相关知识的黑板报或墙报。通过理论结合实际的教学实践，提高他们的自我保护意识，掌握简单的防治技术和方法，同时通过教师的威望和学生对家长的影响力，使疫区广大村民自觉贯彻《血吸虫病防治条例》和各种血防村规民约，不断巩固和加强人们的血防意识和行为规范。

充分利用广播、电视和报刊等媒体开展农业血防教育工作：根据实际情况，因地制宜地采取出动宣传车，或充分利用广播、电视、录像、黑板报、警示牌、宣传栏（窗）、标语、宣传资料等多种形式，对目标人群进行教育。把已经拍制的《动物血防的呼唤》《创新思路送瘟神》等宣教片在疫区农村广泛播放。

三、组织与实施

农业血防宣传教育工作主要由疫区各县（市、区、场）动物疫病预防控制中心负责，乡（镇）或村兽医站协助组织实施，对乡村和城镇居民，充分依靠学校班主任、辅导员，聘请他们为血防健康教育宣传员，常年对群众、学生开展血防健康教育。疫区各县（市、区、场）动物疫病预防控制中心要和当地卫生血防部门和上级主管部门合作，编印教育材料，建立血防宣传室，配备血防知识宣传画、《送瘟神》诗篇、《血防三字经》、血吸虫虫体标本、钉螺标本，血吸虫病防治录像片、录音带、血防专刊等。农业血防宣传教育工作要有专人负责，做到工作责任明确。

疫区各县（市、区、场）动物疫病预防控制中心要制订详细的农业血防教育年度工作计划，内容包括教育的范围、基本情况、目标人群、目的、目标与效果评价。宣教工作结束后要及时总结，写出总结报告，评价宣教效果和效益，总结典型经验和存在问题，提出今后工作的思路，并作为农业血防工作总结报告的主要内容之一，逐级报告上级行政和业务主管部门。

（刘金明）

■ 参考文献

龚先福，刘国海，唐子尤，1997. 鸭鹅采食钉螺情况观察 [J]. 中国兽医杂志，23 (2)：40.

刘宗传，贺宏斌，王志新，等，2010. 洞庭湖区围栏封洲禁牧控制血吸虫病效果 [J]. 中国血吸虫病防治杂志，22 (5)：459 - 462.

汪天平，吕大兵，肖祥，等，1994. 安全放牧控制洲滩地区耕牛血吸虫流行的效果 [J]. 热带病与寄生虫学，23 (4)：223 - 225.

王小红，刘玮，杨一兵，等，2010. 封洲禁牧防制湖区血吸虫病效果的现场观察 [J]. 中国人兽共患病学报，26 (6)：609 - 610.

徐百万，林矫矫，2007. 农业综合治理防控血吸虫病技术导则 [M]. 北京：中国农业科技出版社.

张世萍，金辉，倖艳萍，等，2003. 河蟹、克氏原螯虾、黄鳝摄食生态研究 [J]. 水生生物学报，27 (5)：27.

周晓农，2005. 实用钉螺学 [M]. 北京：科学出版社.

祝红庆，钟波，张贵荣，等，2011. 山丘型血吸虫病流行区沟渠环境地膜覆盖灭螺效果观察 [J]. 中国血吸虫病防治杂志，23 (2)：128 - 132.

第十五章　我国家畜日本血吸虫病防控历程及成效

日本血吸虫病是一种危害严重的人畜共患寄生虫病，是我国重大的公共卫生问题之一，农业农村部将其列为二类动物传染病。

20 世纪 50 年代之前，国内外寄生虫学者主要通过现场调查，初步了解了我国部分地区血吸虫病的流行情况及感染宿主种类，并认识到我国血吸虫病流行及危害的严重性，揭示了日本血吸虫生活史，为防治工作的开展奠定了重要基础。

我国血吸虫病的大规模防治始于 20 世纪 50 年代。几十年来，历届政府都把血吸虫病列为国家优先防治的重大传染病和动物疫病，高度重视该病的防治。各级政府先后设立了专门的血防领导机构，组建了国家和各流行省相关的血防工作机构和专业机构，发布了血吸虫病防治条例，制定了国家防治规划，组织全国血吸虫病防治和科研的大协作，有力地推进了该病的防控进程。

60 余年来，根据不同防治时期社会、经济和科技发展水平，以及国家实施的总体防治对策，农业血防部门以控制家畜感染、保障人畜健康、促进疫区社会经济发展为目标，在家畜血吸虫病防控方面先后经历了耕牛血防、家畜血防和农业血防三个阶段，实施了以灭螺为主的综合防治策略，以化疗为主、结合易感地带灭螺的防治策略和以传染源控制为主的血吸虫病综合防治策略三种防治对策，有效地控制了家畜血吸虫病疫情，为保障疫区人民身体健康，促进疫区社会经济发展做出了贡献。

第一节　防治初期的耕牛血吸虫病查治

1956 年 1 月发布的《全国农业发展纲要》明确提出了消灭血吸虫病的任务。从 20 世纪 50 年代开始，国家和各流行省份血吸虫病防控和科研人员对我国血吸虫病流行范围及疫情进行了广泛的调查，明确了湖南、湖北、江西、安徽、江苏、四川、云南、广西、上海、浙江、福建等省（自治区、直辖市）为我国血吸虫病流行区。寄生虫学者通过流行病学调查，阐述了我国血吸虫病流行具有地方性和季节性等特点。根据地理环境，流行病学特点及钉螺滋生地区，将全国流行区分为湖沼型、山丘型、水网型三大类型。各省根据调查结果，明确了各自的流行区域及流行区类型，为因地制宜制定不同类型流行区血吸虫病防治策略奠定了基础。

在我国血吸虫病防治初期的 20 世纪 50—80 年代初期，我国实施了以灭螺为主的综合防治对策，包括药物灭螺和环境改造灭螺，查治病人、病畜，加强粪便管理等技术措施。家畜血吸虫病防治方面重点开展以下四项工作：

1. 大规模开展耕牛血吸虫病调查　了解耕牛及其他家畜血吸虫病的危害程度及流行范围。1957 年农业部在西北畜牧兽医学院主办了全国家畜血吸虫病讲习班，为各疫区省培训一批业务技术骨干，同时委托许绶泰教授带领农业部家畜血吸虫病调查队深入江苏省的5个流行县进行流行病学调查。1958年8月，农业部又委托江西农学院举办了一期家畜血吸虫病讲习班，由农业部金重冶技师主持，王溪云教授编写教材并授课，其教材《家畜血吸虫病》后由上海科学技术出版社出版，成为我国第一本防治家畜血吸虫病专著。自20世纪50年代中期起，各流行省农业血防部门相继成立了耕牛血防小分队，开展大规模的耕牛血吸虫病查治工作，同时一些寄生虫学专家在一些地区也对猪、羊、马、驴、犬等其他家畜血吸虫感染情况进行了调查，结果显示我国大部分流行区牛血吸虫感染相当普遍和严重，阻碍疫区牛养殖业的发展，并影响了农业生产。一些地区猪、羊、马、骡、犬等家畜血吸虫病的流行也很严重。调查也发现，血吸虫患病家畜与病人的感染率大多呈正相关，表明家畜（主要是牛、猪、羊）不仅是血吸虫病的保虫宿主，更是血吸虫病的重要传染源，其中病牛是我国大部分流行区血吸虫病的主要传染源，猪、羊等家畜是一些地区的重要传染源，马属动物是一些山区型流行区不可忽视的传染源。调查还显示，湖沼型、水网型疫区牛的感染率较山丘型疫区高，黄牛的感染率高于水牛（详见第九章和第十一章）。1958年8月，全国血吸虫病研究委员会兽医组在江西南昌召开了全国防治家畜血吸虫病座谈会，据会议统计，全国有血吸虫病病牛约150万头，受威胁的牛约500万头。

1964年中国农业科学院家畜血吸虫病研究室成立后不久，即带领上海市奉贤县、金山县和松江县农业血防人员深入安徽省安庆市皖河农场进行耕牛血吸虫病流行病学调查。1965—1966年又先后在上海市青浦县（水网型）、浙江省常山县（山丘型）和湖北阳新县（湖沼型）地区设点，通过流行病学调查，了解3种不同类型流行区家畜血吸虫病的疫情、传播途径、流行规律和对人的危害等，并开展了家畜血吸虫病现场防治研究。

2. 积极抢救血吸虫病病牛 各地农业血防部门积极组织开展病牛的查、治工作。兽医寄生虫学者先后建立了粪便直接涂片镜检、直肠黏膜镜检、沉淀集卵镜检、粪便毛蚴孵化、沉淀集卵/尼龙筛集卵棉析孵化法和塑料杯顶管孵化法等病原诊断技术，以及间接血凝试验（IHA）和环卵沉淀试验（COPE）等血清学检测技术。先后开展了酒石酸锑钾（钠）、锑-273、血防-846、敌百虫、硝硫氰胺、硝硫氰醚等药物治疗耕牛血吸虫病的药效、制剂、治疗剂量、毒性与毒理、安全性及中毒反应的解救方法等研究，筛选有效治疗药物，制定合理治疗方案，在不同时期推广应用于耕牛血吸虫病的治疗，保护耕牛健康和确保流行区农田耕作顺利进行；同时控制牛血吸虫病疫情扩散，保护疫区人民群众的身体健康。由于当时已有的治疗药物副反应较大，安全性较差及耕牛在农业生产中的不可替代作用等原因，那一时期耕牛是重点关注和治疗对象。

3. 结合农田水利基本建设消灭钉螺 和水利部门等密切协作，充分利用农村集体所有制的优势，结合农田水利基本建设，实施围垦、矮埂水浸、矮埂高网蓄水养鱼灭螺，及挖新沟填旧沟、土埋灭螺等技术措施改造钉螺滋生环境、压缩钉螺滋生面积，降低单位面积中的钉螺密度，降低人、畜血吸虫感染风险。江西省余江县在修筑白塔东渠和新渠时，进行了土地田园化建设，实施了开新沟填旧沟、土埋灭螺等灭螺技术措施，总结了结合农田水利建设灭螺的经验。湖南启动围垦湖洲、堵塞湖汊、筑堤建垸、堵支开垸等190多处工程，把荒洲变良田，围垦湖洲10万hm^2以上，共建15个大、中型国营农场，消灭湖洲钉螺面积26万hm^2以上。江苏省总结出“围堤隔埂、高低分隔，提水（引潮）药浸、机口投药”等一整套江滩保芦灭螺的成功经验。全省沿江沿湖的29个县市，先后出动民工65万多人，几百台拖拉机，上千台抽水泵，上万吨五氯酚钠，灭螺面积达 6.7 万 hm^2 以上，使江滩湖滩的有螺面积下降 90%以上。

4. 加强各种家畜粪便管理　通过粪便堆积发酵等杀灭粪便虫卵，防止家畜传染源扩散。

这一时期，我国在水网型流行区有效地控制了血吸虫病流行，湖沼型和山丘型流行区范围也有所压缩。广东、上海、福建和广西 4 个省（自治区、直辖市）及其他 8 个流行省一大批县（市、区）先后达到了基本消灭和消灭血吸虫病的标准。湖南、湖北、江西、安徽、广东通过围垦和对低洼有螺地带的改造，消灭了大量钉螺、降低了有螺面积。但在长江洲滩、洞庭湖、鄱阳湖等大江大湖流行区及大山区流行区环境改造灭螺实施极为困难，药物灭螺效果不理想。同时，改革开放以来，农村的经济体制由"队为基础、三级所有"的集体经济体制逐渐过渡到联产承包制，实施大规模环境改造灭螺的社会基础条件比以往薄弱了。

■第二节　家畜血防的拓展

20 世纪 70 年代中期，安全高效的血吸虫病治疗药物吡喹酮问世，1977 年该药开始在中国合成生产。80 年代起，吡喹酮已在我国血吸虫病防控中广泛应用。1992 年世界银行贷款中国血吸虫病控制项目启动。有了更安全高效的治疗药物和更敏感、特异的检测手段，自 20 世纪 80 年代至 21 世纪初，国家实施了以化疗为主、结合易感地带灭螺的防治策略。农业部门的防控对象也从以耕牛为主扩大到各种放牧易感家畜。

这一时期，各流行省份农业血防部门按照农业部统一部署，除继续加强耕牛血吸虫病查治以外，对流行区放牧猪、羊、马、驴等易感家畜加大了查、治、防覆盖面。

寄生虫学者进一步阐述了猪、羊等家畜血吸虫感染的生物学特征。建立了酶联免疫吸附试验（ELISA）等家畜血吸虫病检测技术，IHA 等血清学诊断技术在流行区得到推广应用，进一步提高了病畜的检出率和治疗率。同时对吡喹酮治疗牛、羊、猪等家畜血吸虫病的药效、制剂、治疗剂量、药理、安全性、治疗方案等进行了系统研究，并将该药广泛应用于现场家畜血吸虫病防治，显著减少了血吸虫病畜数量，减轻了病畜粪便对环境的污染，对有效控制我国血吸虫病疫情发挥了重要作用。

疫区各省份通过流行病学调查进一步明确了不同类型流行区各种家畜血吸虫感染情况和主要传染源，及不同家畜在不同流行区血吸虫病传播中的作用（详见第九章和第十一章）。调查总体结果显示，20 世纪 80 年代至 21 世纪初，我国一些地区家畜血吸虫病感染仍较严重。大部分流行区牛是血吸虫病传播的主要传染源。一些有在湖滩、洲滩敞放牲猪习惯的流行区，牲猪的血吸虫感染率都较高，有的地区甚至高于牛等其他动物，是当地血吸虫病的重要传染源。羊是血吸虫易感宿主之一，不少地区山羊血吸虫病感染率高于牛，是当地血吸虫病的重要传染源。马属动物（马、驴、骡）对血吸虫的易感性较黄牛和羊差，但在一些山区型流行区马属动物是血吸虫病的次要传染源。一些地区野鼠等野生动物的血吸虫感染率较高，但对野鼠等在血吸虫病传播上的作用仍有不同看法。

由于对不同流行区家畜/动物血吸虫病的流行特点和规律有了更深入的了解和认识，寄生虫学者在调研基础上，提出了适合不同流行区的科学防治对策和防控方案，在一些地区实施后取得显著的成效。

中国农业科学院上海兽医研究所许绶泰教授和湖南省畜牧兽医总站等单位合作，于

1979—1985 年在湖南汉寿县目平湖地区进行了《耕牛血吸虫病调查和防治对策的研究》。鉴于垸外草洲面积大，地理条件复杂，钉螺难以消灭，安全牧场无法建立，同时大量放牧牛的粪便没有办法做无害化处理，在调研基础上，从打击病原体，净化草洲作为防控的切入点，于 1981 年提出了“人畜联防围歼疫源、易感地带灭螺”的防治对策，即通过扩大人畜化疗减少传染源扩散和污染湖洲，在钉螺不能消灭的情况下，减少或杜绝人、畜重复感染，达到控制血吸虫病的目的。在具体做法上注重区域联防和人畜联防。区域联防指根据共同放牧湖洲划分区域，每年 4 月 10 日前进行一次耕牛查治，8 月洪水期进行一次耕牛普治，牛化疗 3 周后方准许上湖洲。人畜联防指当地居民在上湖洲前 3 周需同步进行查治或普治。这一防治对策在目平湖实施 3 年（1982—1984 年）后，西港乡耕牛血吸虫感染率由 2.84%降至 0.82%，西湖农场由 10.96%降至 0，鸭子港乡由 11.61%降至 0.84%。此后，其他流行区通过推进人畜联防、扩大化疗等措施，也证实可有效降低家畜血吸虫感染率，遏制血吸虫病疫情回升。研究成果引起了当地政府的高度重视。1983 年，湖南省血防和农业部门召开了“搞好联防、围歼血吸虫病疫源”专题会议。1985 年，湖南省进一步明确全省人畜同步防治血吸虫病工作的原则：“突出重点，以洲垸型疫区为主；讲究策略，实行人畜同步化疗。在做法上实行统一部署，分区围歼，县自为战，点面结合，抓点带面。”全省以常德地区的七里湖、益阳地区的万子湖和岳阳地区的菱子湖作为试点，各地、市、县也相应做出各自的安排和部署，以县为作战指挥单位，充分发挥县自为战的作用。1987 年，湖南省人民政府决定，在洞庭湖区每年开展一次血吸虫病人畜同步化疗。

“七五”“八五”期间，中国农业科学院上海兽医研究所和各流行省农业血防部门合作，先后在安徽省东至县江心洲（洲岛型）、湖南省岳阳县（洲垸型）、云南省南涧县（大山峡谷型）和永胜县（山丘型）等地区设点进行血吸虫病调查。1993 年起农业部在疫区 7 省不同类型流行区设立了 8 个动物血吸虫病流行病学纵向观测点，对血吸虫病流行的生态环境、家畜行为、疫情螺情、野粪等进行了系统的调查，对各种家畜血吸虫病防控措施的实施效果进行分析、总结，以点窥面，了解全国家畜血吸虫病流行现状，分析疫情发生发展演变规律，及对社会、经济、生态的影响，为农业部、各流行省农业血防部门及时制订或调整家畜血吸虫病防治措施与策略提供第一手有价值的资料。

通过以化疗为主、结合易感地带灭螺防治策略的实施，有效降低了血吸虫病感染率，全国病人总数从 163.8 万减少到 2001 年的 82 万，下降了 49.94%，病牛数下降了 47.08%。浙江省于 1995 年达到了血吸虫病传播阻断标准。但防治实践也表明，以化疗为主的防治策略，虽可有效降低疫情，但不能控制重复感染和难以巩固防治效果。

第三节　农业血防思路的形成、发展与实施

一、“围绕农业抓血防，送走瘟神奔小康”思路的形成

（一）农业血防思路的形成

20 世纪 80 年代，虽然吡喹酮已在疫区广泛推广应用，但防治实践表明，以化疗为主的防治策略不能防止人、畜重复感染血吸虫，防治成果难以巩固，局部地区血吸虫病疫情甚至有所回升。1989 年 9 月，武汉市杨园地区 2 300 多人发生急性血吸虫病，引起了各级领导的

高度重视。同年底，国务院在江西南昌召开了湖区五省省长血防工作会议。1990 年 3 月 23 日，国务院下发了《关于加强血吸虫病防治工作的决定》（国发〔1990〕18 号），掀起了“再送瘟神”的高潮。为贯彻落实此次会议精神和国务院文件精神，1992 年国务院在湖区 5 省 8 个血吸虫病重疫区县（市）（湖南安乡、湖南益阳、湖北潜江、湖北应城、湖北江陵、江西彭泽、安徽青阳、江苏高邮）开展血吸虫病综合防治试点工作。1995 年在湖北孝感、湖南常德、江西南昌等开展大区域血防综合试点工作。

在国务院 8 个血吸虫病重疫区县（市）试点中，湖北潜江市试点由农业部负责组织实施。农业部门回顾了过去几十年我国血防的实践，对采取的主要措施的实施效果及面临的主要问题进行了梳理和思考总结，认识到仅仅依靠当时采用的血防策略与技术措施，要从根本上控制血吸虫病流行难度很大，迫切需要进一步创新防控思路，攻克防控难点，激励群众参与的积极性，以推进血防工作持续、稳定开展。有以下思考：

防控问题或难点一：药物灭螺措施受到限制，环境改造灭螺措施受地域制约。药物灭螺是血吸虫病防控中采用的一种主要的和有效的措施。在我国的水网型和丘陵型血吸虫病流行区，采用环改灭螺、药物灭螺等综合措施，同时加大人、畜查治力度，已有效控制血吸虫病疫情。但在长江流域洲滩、洞庭湖和鄱阳湖湖滩及大山区，大规模以水利工程建设和农田改造为主的环境改造灭螺实施极为困难。药物灭螺不能彻底地消灭钉螺和改变钉螺的滋生环境，一旦停药，钉螺又会迅速繁殖；同时大规模、长期使用药物灭螺会破坏生态环境，不可持续实施。一些灭螺药物，如五氯酚钠等，因对农作物、人畜及鱼类毒性较大，对环境污染严重，已被世界卫生组织及我国政府禁用。

思考：农民和家畜主要在从事农业生产活动中或家畜在放牧时因接触含血吸虫尾蚴的疫水而感染血吸虫病，在大规模灭螺难以开展的湖区和江滩流行区，针对长期干燥或水淹不利钉螺生存，能否结合农业产业结构调整和农业生产开发，把灭螺的地点重点放在有螺水田和有螺、有水的低洼地等血吸虫易感地带，达到灭螺防病，同时发展农村经济，提高农民收入的目的。

防控问题或难点二：人畜同步化疗结合易感地带灭螺防控效果难以巩固。防治实践证明，虽然强化对病人病畜的查治和扩大化疗可减少传染源扩散，但治愈的人、畜接触疫水后又重复感染，不能达到根治的目的，查治效果难以巩固。往往政府重视一点，查治工作力度大一点，疫情下降也大一点，反之，疫情又回升。

思考：流行病学调查已表明，家畜（特别是牛）是我国血吸虫病主要的传染源，在积极查治病畜的同时，还有多种途径可减少畜源性传染源对环境的污染：①少养或不养牛、羊等易感家畜；②加强牛、羊、猪等易感家畜的饲养管理，改变养殖习惯。限制易感家畜在易感季节到有螺洲滩、草洲、草坡放牧，减少家畜感染血吸虫病和排出的粪便虫卵对草洲的污染；③加强家畜粪便管理。农民作为家畜的饲养者和管理者，怎样引导他们？作为农业和农村的管理部门，怎样想方设法减少农民因少养牛、羊带来的损失？解决好这些问题，对控制畜源性传染源和血吸虫病传播都有很大的促进作用。江苏、福建、浙江、云南、安徽、广西、湖北、上海等地的 88 个县，735 个乡中实现了有螺无病，证实控制好传染源，实现有螺无病是可行的。

此外，从农村社会经济和农业生产发展层面考虑，由于血吸虫病的长期流行，严重危害着疫区人民的身体健康，制约着疫区农业生产和农村社会经济的发展，疫区经济发展滞后了也反过来影响了当地血吸虫病防控工作的正常开展，形成“因病致穷”“因穷返病”的恶性循环局面。体现血防工作不单纯是一个治虫治病的问题，而是疫区农业农村工作的一个重要组成部分。

针对上述情况，1992年农业部在湖北潜江召开了血防工作座谈会，贯彻落实国务院南昌会议精神和国发〔1990〕18号文件精神，对家畜血防工作有了新的认识。从血吸虫病的危害和血防工作的实际情况看，血防工作的主战场在农村，危害的对象主要是农民，主要制约农业经济的发展，主要传染源是家畜，血防工作应该也可以与推进“三农”工作相结合。由此，农业部提出了“围绕农业抓血防，送走瘟神奔小康”的血防工作新思路，从服务农业、农村、农民的宗旨出发，把治病和发展农村经济相结合，具体做法是：①政府领导，部门联动，国家支持，社会参与，群众投工，实行双轨双向目标合同管理。做到领导到位，任务明确，措施具体，经费落实。②把灭螺防病和发展农业生产有机结合起来，通过推行水改旱，水旱轮作，在加强农田水利建设的同时，优先改造低洼有螺中低产田；在有螺低洼地挖池养殖，大力发展水产养殖灭螺；兴林抑螺，发展多种经济作物，提高农业生产效益。③在实行人畜同步化疗的基础上调整畜禽结构，改变饲养方式，控制和消除畜源性传染源的危害。在疫区大力发展非易感动物水禽，对易感家畜实行圈养，奖励“以机代牛”，提倡安全放牧。④把治虫、治患、治水、治脏同发展农村经济，加强精神文明建设结合起来，积极推行改水改厕，加强粪便管理和沼气池建设，为农村创造良好的文明生活环境。

以上这些农业综合开发防控血吸虫病技术措施在湖北潜江和四湖地区实施后，取得灭螺、防病和发展农村经济的双重效益。农民感受到在防控血吸虫病的同时，在经济收入和生活环境改变上都得到实惠，提高了民众参与血防工作的积极性，确保了血防工作的可持续发展。

（二）农业血防试点的探索及成效

20世纪90年代初起，农业部门等在湖北省潜江市和四湖地区等国务院和农业部血吸虫病综合防治试点开展农业血防综合防治和优化对策研究，探索血吸虫病综合治理的新路子，取得显著的成效。

1. 潜江市试点

（1）试点基本情况　潜江市位于湖北省中南部，地处江汉平原腹地，四湖流域源头。全市2 000km^2，辖18个乡、镇、办事处。境内有19个中央企业和省、市管农场，共364个村，2 841个村民小组。总人口94万，耕地70 000hm^2，水旱各半，主产粮棉，是国家商品粮、优质棉、商品油、商品鱼、瘦肉型猪、速生丰产林、农业创汇和农业综合开发八大生产基地。1995年，全市工农业总产值104.29亿元，其中农业总产值16.95亿元，农民人均纯收入1 929元。潜江市曾是血吸虫病重疫区。1991年年底，全市共有14个乡、镇、办事处，14个农场流行血吸虫病，疫区人口55万，占总人口的66.3%；疫区有耕牛23 370头；有螺面积26 785.9hm^2；人和牛血吸虫病感染率分别为10.87%和10.10%。

（2）主要做法　一是实施人畜同步查治和化疗。人、牛普查率达95%，扩大化疗覆盖率达90%。二是针对长期干旱或水淹不利于血吸虫中间宿主钉螺滋生，通过推行水改旱、水旱轮作，改造有螺中低产田；在有螺低洼地挖池养殖，发展水产养殖等；把灭螺防病和发展农业生产有机结合。三是根据牛、羊等家畜是我国血吸虫病主要传染源，在血吸虫病流行区发展非易感动物水禽等的养殖，限养牛、羊等易感动物，提倡对易感家畜实行圈养和安全放牧。四是推行改水改厕和沼气池建设，加强人畜粪便管理，阻断血吸虫病传播途径。

(3) 取得的主要成效　试点工作开展 4 年后，取得显著的成效：

①人、畜血吸虫病疫情明显下降。与 1991 年比，血吸虫病牛数减少 1 685 头，减少 74.9%；牛感染率由 10.1%下降到 1.98%，下降 80.4%；血吸虫病人数减少 18 052 人，减少 57.9%；人群感染率由 10.87%下降到 4.98%，下降 54.2%；急感病人数从 295 人减少至 3 人，减少 98.9%。

②钉螺面积减少。实施水改旱 12 800hm^2，水旱轮作 14 330hm^2，挖鱼池 2 330hm^2，改变了钉螺滋生环境，钉螺面积减少 1 412.8hm^2，减少 52.7%。

③生产、生活环境明显改善，感染血吸虫风险降低。改水 966 处，受益人口 87.3 万，自来水饮用率达 93.6%，减少了人畜接触疫水的机会。兴建高标准“双瓮式”漏斗厕所 37 412个，配套建沼气池 3 476 口，改建露天厕所 76 508 个，全市兴建、改建厕所总数达到 113 920 个，占农户总数 16 万户的 71.2%，减少了粪便对环境的污染。

④生产效益明显提高。1995 年粮食总产 5.27 亿 kg，比 1991 年增产 0.98 亿 kg，增产 22.8%；棉花总产 10 406kg，与 1991 年相比，增产 3 070kg，增产 41.8%；油料总产 23 160kg，与 1991 年相比，增产 15 842kg，增产 216.5%；牲猪出栏 102.25 万头，与 1991 年相比，增加 67.91 万头，增产 197.8%；家禽出笼 1 066.3 万只，与 1991 年相比，增加 902 万只，增产 549%；鲜鱼产量 0.5 亿 kg，与 1991 年相比，增产 0.32 亿 kg，增产 177.8%；蔬菜产量 5 亿 kg，与 1991 年相比，增产 2.75 亿 kg，增产 122.2%；农业总产值与 1991 年相比增加 8.44 亿元，增加 99.2%；农民人均纯收入比 1991 年增加 1 210 元，增加 168.3%；全市城乡居民储蓄突破 20 亿元大关。

2. 湖北四湖地区试点

(1) 试点基本情况　四湖地区位于湖北省江汉平原腹地，含潜江、仙桃、监利、洪湖及江陵 5 个县（市），总面积 1.28 万 km^2，共有 111 个乡镇、28 个场、2 775 个村，人口 540 万，耕地 45.27 万 hm^2。境内河流纵横，湖网交织，是有名的“水袋子”“虫窝子”。有 104 个乡（镇）、24 个场、1 454 个村流行血吸虫病，疫区人口 324 万，疫区耕牛存栏 122 149 头。

(2) 主要做法

①开展以消灭传染源为主的综合防治，实施人畜同步查治和扩大化疗。每年 5—6 月对疫区人畜进行普查和阳性人、畜的治疗，8—10 月对人群进行化疗，11 月对耕牛进行化疗；3 年来累计检查耕牛 349 277 头次，受检率 94.2%，治疗病牛数 19 127 头，受治率 99.5%，化疗人群 134.05 万人次，化疗耕牛 164 790 头次，减少疫病传播机会。

②结合农业综合开发项目建设和农业产业结构调整，改造低产田，在有螺水田进行水改旱、水旱轮作；在有螺的连片低洼地段开挖精养鱼池；结合农田水利基本建设，大规模地开展群众性的土埋灭螺；对钉螺密度大的沟渠进行全面整治，按水系进行扩流疏挖，抽槽填埋；对沟渠河道和人畜常到的易感地带进行药物灭螺，改造钉螺的滋生环境，压缩钉螺面积。

③抓好农村饮水和粪便管理这两个环节。把农业血防同农村社会经济发展、农村环境改善等紧密结合。

(3) 取得的主要成效

①试点地区人畜血吸虫病疫情显著下降。1994 年四湖五县（市）病牛数、病人数、急

感病人数、晚血病人数分别为 3 508 头、85 826 人、43 人和 1 321 人，分别比 1991 年减少 5 917头、44 825 人、1 295 人和 653 人，分别下降 62.8%、34.3%、96.8%和 33.1%。

②压缩钉螺面积，降低感染血吸虫风险。4 年来，五县（市）共整治沟渠 200 万 m，实施水改旱 40 267hm²，水旱轮作 55 107hm²，开挖精养鱼池 22 333hm²，1994 年垸内钉螺面积比 1991 年减少 3 150.5hm²，下降 34.8%。

③经济、社会、生态效益显著提高。3 年共获得 33 572 万元经济效益，其中包括病人病牛绝对数减少而节省医药费用 1 356.66 万元，因钉螺面积下降减少灭螺开支 121.96 万元；由水旱轮作提高了农作物的单产使农民增收 2 235 万元，利用低洼地开挖精养鱼池增收 25 050万元等。

改厕 41.21 万个，建粪便发酵池 30 万个，建水塔 1 294 个，打水井 213 148 个，使 451.7 万人饮上了清洁卫生水，占农村总人口的 91.3%；建沼气池 24 376 口，改善了疫区生活环境，减少了人畜感染血吸虫病的机会。

3. 江西南昌试点

（1）试点基本情况　南昌试点包括南昌、新建、进贤、安义 4 个县和郊区及省、市属 6 个国营农（垦殖）场，共计 52 个乡（镇、场），占全市总乡（镇、场）数的一半，全市总人口数的 1/3。试区内既有湖沼型流行区，也有山丘型流行区。有钉螺面积 21 867hm²，其中堤外有螺草洲面积 21 293hm²，堤内散在钉螺面积 1 097hm²。试点实施前居民平均感染率为 6.33%，耕牛平均感染率为 5.07%，是江西省血吸虫病重流行区之一。

（2）主要做法

①每年组织专业队伍深入试区开展春、秋两次人畜血吸虫病查治和查螺灭螺工作，做到人、畜血防“三同步”，同步在一个乡、村，同步在一片草地，同步进行防治效果考核评估。在沿湖 8 个重疫区乡建立 10 个示范村，在示范村实施查病、治病，查螺灭螺，改水改厕，建沼气池，禁牧圈养，健康教育等综合措施。

②实施安全放牧，净化草洲，阻断血吸虫病传播。分别在进贤县军山湖乡和南昌县泾口乡采用“时间”和“空间”两种不同对策，实施感染季节禁牧，隔年轮牧。在沿湖疫区实行以牲猪圈养、耕牛安全放牧为主的防控措施。

③围绕农业抓血防，实行血防工作与农业开发、农田水利基本建设，水利基本建设，发展畜牧养殖业，农村改水改厕、开发农村新能源，植树造林相结合，因地制宜地开展试点项目工作。堤内结合农田水利基本建设，开新渠埋旧渠；结合低洼地开挖养鱼池，消灭堤内钉螺。堤外结合矮埂灭螺，不围垦种灭螺；结合开发荒滩荒洲，压缩有螺洲滩和易感洲滩。

④在疫区推广使用“斜置椭圆 B 形血防沼气池”和“ZBQ 一组合式三格式粪池厕所”技术；推广联户建设自来水厂，建沼气池，建厕所，形成“三位一体”。

（3）取得的主要成效

①人、畜血吸虫病疫情显著下降。共查牛 10 639 头，治牛 17 832 头，在堤外草洲建安全牧场 1 533hm² 以上，可安全放牧 3 800 头牛，净化草洲 6 200hm² 以上。耕牛血吸虫病感染率由设点前的 5.07%下降至 0.72%，人群血吸虫病感染率由 6.33%下降至 1.38%，急感病人由 14 例降为 4 例；进贤县军山湖乡和南昌县泾口乡两个试点耕牛血吸虫病感染率分别由设点前的 4.34%和 4.01%下降至 0.96%和 1.81%。

②钉螺面积和阳性钉螺密度下降。进贤县军山湖乡和南昌县泾口乡两个试点放牧草洲

的阳性螺密度由设点前的每 0.11m^2 0.002 19 只降为 0。查螺 11 862.14hm^2，灭螺 2 534.75hm^2，压缩了易感地带。

③经济、社会、生态效益显著提高。通过试点新增耕地 78.8hm^2，年增产粮 435 万 kg，新增效益 522 万元；新增水产养殖面积 1 514hm^2，新增水产品 115 万 kg，年增效益 460 万元；建无害化厕所和沼气池 1 303 座，产优质肥 2.6 万 t，产气 45.6 万 m^3，产值 56 万元；外滩垦种、林间套种萝卜产量 60 万 kg，油料 1 万 kg，产值 89 万元。合计年新增效益 1 267 万元。

④建自来水厂、自来水塔及自来水池 1 073 座，手压机井 4 381 只，建三格式厕所和卫生厕所、沼气池及粪便无害化，净化了疫区生活环境，提高了村民生活质量。

4. 湖南常德试点

（1）试点基本情况　常德市地处湖南省西北部，长江中游，西洞庭湖畔，长江三口（支流）和沅江、澧水越境而过。常德市下辖安乡、汉寿、临澧、石门、桃源、澧县、津市、武陵、鼎城 9 个县（市、区）及西洞庭湖、西湖、贺家山、涔澹、东山峰 5 个国营农场，面积 1.82 万 km^2，总人口 590 万，其中农业人口 490 万，疫区常年存栏草食家畜 25 万头左右。设点前有螺面积 47 000hm^2 以上，其中垸外高危地带 15 000hm^2，垸内 1 233hm^2。全市 9 个县（市、区）和 5 个农场，除东山峰农场外，均有血吸虫病流行，有血吸虫病人 8 万余人。1995 年全国第二次血吸虫病抽样调查时，抽查耕牛 896 头，查出病牛 150 头，感染率为 16.74%，是湖南省血吸虫病流行较严重的地区之一。

（2）主要做法

①加大重点人群和家畜的查治次数和扩大化疗覆盖面，对重疫村和高危人群每年查治和扩大化疗。对牛、羊等畜源性传染源实施定点、定人、定时放牧，定期查治和扩大化疗。

②通过在有螺低产水田和低洼地开挖精养鱼池，对有螺沟渠进行硬化，或实施开新沟填旧沟和铲草土埋等环境改造技术消灭垸内钉螺。对垸外高危易感地带实施药物灭螺。

（3）取得的主要成效

①人、畜血吸虫病疫情显著下降。3 年共检查耕牛 82 376 头次，治病牛 6 665 头次，扩大化疗 91 750 头次；检查人群 1 191 816 人次，治病 62 096 人次，扩大化疗人群 612 181 人次，人、畜血吸虫病感染率分别下降到 5%和 3%以下。已达到国家消灭血吸虫病标准的武陵区，西洞庭湖农场未发现新的疫情；涔澹农场达到了消灭血吸虫病标准；石门、澧县所辖的 77 个乡（镇）达到了消灭血吸虫病标准；其他县（市、区、场）的 23 个乡（镇、分场）通过省级组织的基本消灭血吸虫病达标验收。

②钉螺面积显著减少。3 年垸内共减少钉螺面积近 3 333hm^2，其中农业工程灭螺 615hm^2，开新沟填旧沟灭螺 121hm^2，沟渠硬化 397 处，灭螺 94.5 万 m^2。改造进螺涵闸 77 座。垸外易感地带查螺 36 800hm^2，兴林抑螺 262hm^2，矮埂高围蓄水养鱼灭螺 100hm^2。

③取得灭螺防病与发展农业经济的双重效果。通过挖精养鱼池灭螺，改造低产田和低洼沼泽地 800hm^2，每年增加农业产值 800 万元；通过兴林抑螺、翻耕垦种利用外洲4 333hm^2，每年增收近千万元。

5. 湖北孝感试点

（1）试点基本情况　孝感市位于湖北省东北部，南邻武汉市。全市辖 8 个县（市、区），总人口 580.93 万。南部的汉川、应城、云梦、孝南 4 个县（市、区）是血吸虫病疫区，人口 305 万。历史累计有钉螺面积 46 267hm²，血吸虫病人 20.4 万。1993 年底全市有钉螺面积 6 933hm²，血吸虫病人 2.2 万。

（2）主要做法

①推行人畜同步查治和大范围扩大化疗。

②实施开挖精养鱼池养殖、水改旱、翻耕、种植意杨等农业和林业工程灭螺技术措施。

（3）取得的主要成效

①疫区疫情显著下降。普查耕牛 13.16 万头次，治疗病牛和扩大化疗牛 5 万余头次；人群查病 174 万人次，治疗病人和扩大化疗 77.07 万人次，治疗晚血病人 1 250 余人次。7 个乡镇达到消灭血吸虫病标准，20 个乡镇场达到基本消灭标准，3 个乡镇达到控制疫情标准；人群和耕牛粪检阳性率分别由 6.21%和 7.25%下降至 1.31%和 0.95%；急性感染发病人数由 75 例下降至零。

②钉螺面积显著减少，阳性钉螺密度减少。开挖精养鱼池养殖灭螺 267hm² 以上；水改旱灭螺 1 333hm²；种植意杨兴林控螺 280hm² 以上。采取建股份合作农场的措施，连续 3 年对汉北河、府环河滩进行翻耕灭螺累计 7 333hm²；共投各类药物 500 多 t、灭螺 8 533hm² 以上；钉螺面积由 6 933hm² 下降至 2 133hm²，垸外感染性钉螺密度由每 0.11m² 0.024 31 只下降至 0.002 86 只。

③促进疫区社会经济发展。开发利用河滩资源，翻耕种植的农作物年创产值近千万元，探索了一条血防工作与农业综合开发相结合的成功之路。在 18 个村建水塔 11 座，实行集中供水；在条件较差的 67 个村打手压井 13 952 眼，实行分散式供水；改厕 5 950 个；改善了疫区人民的生活条件，减少了血吸虫病和其他疾病的传播。

二、“四个突破”为主的农业综合治理策略的主要内容、实施及成效

（一）“四个突破”策略的主要内容

为贯彻“围绕农业抓血防，送走瘟神奔小康”的血防新思路，在分析总结湖北潜江市和四湖地区试点工作各项防控措施的成效及经验的基础上，1996 年农业部进一步提出了“四个突破”的防治策略，基本内容如下：

1. 改变耕作制度和耕作方式，突破传统的种植习惯 把有螺稻田改种油菜、棉花、瓜果、蔬菜、中草药等旱田作物；或实施水旱轮作，以改变钉螺滋生环境，达到降低钉螺密度或消灭钉螺的目的，并提高农业生产的单位效益。实施免耕和抛秧技术，推广以机耕代替牛耕，避免人、畜接触疫水而感染血吸虫病和血吸虫病畜排出的粪便污染水田。

2. 改变养殖模式、调整养殖结构，突破传统的饲养习惯 实行养殖业结构调整，少养或不养血吸虫易感家畜，引导农民多养非易感家禽；对易感家畜改传统的放牧饲养为舍饲，推广种草养畜，割草喂畜。发展规模养殖和产业化经营。减少患病家畜粪便对水源和环境的污染，以及人和家畜接触疫源的机会。对湖区有螺低洼地带进行整体规划，开挖成精养鱼池，改变钉螺滋生环境，通过长期水淹达到灭螺目的；同时利用水面养鱼、养鸭（鹅）、螃蟹等增加单位面积的经济效益，发展农村经济。

3. 实施改水改厕、硬化沟渠，突破传统的生活习惯 结合社会主义新农村建设，在疫区优先推广自来水工程，改变日常生活饮水用河水、湖水、塘水、沟渠水的习惯，逐步推广

应用深井水、井水、自来水等清洁水源；改造农村旧式厕所，建造冲洗式厕所；对人、畜粪便进行无害化处理，大力发展沼气池建设，减少人、畜粪便污染环境，同时为农民开发新能源。对房前屋后及人畜活动频繁的有螺沟渠，结合农田水利基本建设，统一规划，实施开新沟，填旧沟及沟渠硬化，消灭沟渠内的钉螺，改善农民的生产生活环境，减少人、畜接触疫水感染血吸虫病的概率。

4. 依法治虫，加强畜源性传染源管理，突破传统的管理方法　加强法制建设，做到依法治虫，依法管理；加强宣传教育，制订相关民约，强化家畜的放牧管理，在感染季节严禁易感家畜进入有螺草洲、草坡放牧；规范牲畜流通，加强对疫区家畜的查、治和检疫，防止病原扩散和输入。

农业部专门成立了血吸虫病防治领导小组和办公室，负责组织协调部内相关司局协调作战。要求农业司、计划司把农田水利基本建设，商品粮、棉、油基地建设和流行区灭螺规划有机结合，优先在血吸虫病流行区立项；财务司优先安排农业血防工作经费，切实加强防治体系建设；环保能源司加大在流行区推广沼气池建设力度；水产司加大在流行区推广挖池养鱼的工作力度；农垦司成立了全国农垦血防中心，切实加强对流行区大、中型农场血吸虫病防治工作的指导。

20 世纪 90 年代后期起，各流行省分别在相近类型的流行区推广应用“四个突破”的各项技术措施，并取得显著的防控成效和社会经济效益。

（二）“四个突破”策略的实施及成效

1. 农业血防综合治理试点

（1）湖南沅江市双丰乡试点

1）试点基本情况　沅江市双丰乡地处洞庭湖腹地，沅江市东北部，三面被东洞庭湖的漉湖环绕。村民饲养的耕牛除洪水期牧草被淹和部分从事耕作外，常年放牧于堤外草洲。1992 年水牛血吸虫病感染率为 26.4%，黄牛感染率为 49.1%。外洲有螺面积为 3 335 万 m^2。活螺密度为每 0.11m^2 4.405 只，阳性螺密度为每 0.11m^2 0.004 7 只，是湖南省血吸虫病流行较严重地区之一。

2）主要做法

①强化耕牛的查治。上半年对耕牛进行查治、洪水后期对放牧牛实行普治，化疗覆盖面达 95%以上。

②全乡实施“以机代牛”工程，至 1999 年年底，全乡新增农机具 458 台，机耕面积达 90%以上，耕牛数量逐年减少。

③围绕农业生产综合开发，改造钉螺滋生环境。一是在垸内低洼地带开挖精养鱼池，改造钉螺滋生地 200hm^2。二是综合开发垸外湖洲，先后在双丰乡堤外湖洲垦种油菜、萝卜等早熟作物及种植意大利杨面积 2 800hm^2，达到既发展生产又灭螺或控制螺情的目的。

3）取得的主要成效

①牛和人群血吸虫感染率下降。耕牛血吸虫感染率由 1992 年的 28.0%下降到 1999 年的 15.7%，其中水牛感染率由 26.4%降至 13.0%，黄牛由 49.1%降至 35.9%。人群阳性率由 1992 年的 24.28%降至 1998 年的 14.16%，急感病人由 8 例降至 3 例。

②野粪血吸虫阳性率显著下降。每年于 4 月和 11 月各进行一次野粪调查，检获的野粪

全为牛粪。4 月调查的牛野粪中阳性率由 1993 年的 29.4%降至 1998 年的 5.1%，11 月调查的牛野粪中阳性率由 1992 年的 29.7%降至 1998 年的 2.9%。

③阳性螺密度由 1992 年的每 0.11m^2 0.004 7 只降至 1996 年的每 0.11m^2 0.003 8 只；阳性螺率由 1992 年的 0.157 7%降至 1996 年的 0.044 1%，下降了 72.04%。

（2）湖南沅江市南大镇试点

1）试点基本情况　南大镇（含漉湖）位于沅江市北部，共有 54 个村，26 000 户农户，11.5 万农业人口，总面积 7 000hm^2，其中旱田 733hm^2、低洼田 1 467hm^2、低洼湿地 533hm^2，以种植水稻、苎麻、油菜等农作物为主。养殖业以饲养牲猪、牛、羊、水禽、鱼为主。试区有螺面积 1 467hm^2。1992 年牛群血吸虫平均感染率为 28.01%，人群感染率为 24.28%，是洞庭湖腹地血吸虫病流行较严重的乡（镇）之一。

2）主要做法

①人畜同步化疗。每年 5—6 月涨水前对牛、羊进行普查并治疗病畜；10 月退水后对全部牛、羊进行全面化疗，与人群查治同步。

②挖塘养殖灭螺。改造有螺低洼湿地，开挖精养鱼池，减少钉螺滋生面积。

③水改旱。结合农业产业结构调整，将有螺、低洼水田进行改造，开沟沥水改为旱田，种植苎麻等经济作物，以防止人、畜入水田接触含尾蚴的疫水和减少钉螺滋生面积。

④ 扩禽压（圈）畜。结合畜牧业产业结构调整，大力发展养禽，少养牛、羊等易感家畜。

⑤ 兴林抑螺。在外湖与内垸沟港大量种植杨树，实施土埋灭螺，翻耕灭螺，抬高土埂，减少水面湿地。

3）取得的主要成效

①家畜血吸虫感染率显著下降。通过扩禽压畜减少易感家畜 3 202 头。耕牛血吸虫感染率从 1992 年的 28.01%（其中黄牛感染率达 49.06%）下降至 2005 年的 4.18%，下降 85.08%；马属类动物血吸虫感染率由 1993 年的 12.86%降为 0；2005 年猪、犬未发现阳性。

②耕牛血吸虫感染强度逐年下降。粪便孵化检测显示水牛“+++”以上阳性牛的比例由 1993 年的 23.2%降至 2004 年和 2005 年的 3.3%（两年合并），下降 85.8%；黄牛“+++”以上阳性牛的比例由 1993 年的 40.0%降至 2004 年和 2005 年的 20.0%（两年合并），下降 50%。

③野粪血吸虫阳性率明显下降。从 1992 年下半年至 2005 年 11 月，每年 4 月和 11 月进行两次野粪调查，收集的野粪均为牛粪。在项目实施的前几年，野粪阳性率降低极为明显，11 月检测的野粪阳性率由 1992 年的 29.73%降至 1995 年的 1.52%，下降 94.89%；4 月检测的野粪阳性率由 1993 年的 29.41%降至 1995 年的 8.77%，下降 70.18%。但 1996 年后野粪阳性率在 2%～5%之间徘徊，进一步下降的趋势不明显。

④钉螺面积显著减少。通过水改旱、兴林抑螺和开挖精养鱼塘等农（林）业工程灭螺措施的实施，减少有螺面积1 253hm^2，基本消灭了垸内钉螺。但垸外钉螺密度等没有明显变化，1992 年活螺密度为每 0.11m^2 4.405 只，钉螺阳性率为 0.1577%；1997 年活螺密度为每 0.11m^2 5.268 只，钉螺阳性率为 0.088 1%。1997 年钉螺阳性率比 1992 年下降 44.13%。1998 年发生特大洪灾后，钉螺阳性率出现反弹，2005 年为 0.26%。

⑤人群血吸虫阳性率显著下降。人群血吸虫阳性率由 1992 年的 24.28%下降至 2005 年的 6.89%，下降了 71.62%；急感病人由 8 例降到 1 例。

⑥取得显著的经济效益。开挖精养鱼池 340hm^2，净增值 1 632 万元；水改旱 800hm^2，增纯利 1 110 万元；发展水禽 8.2 万羽，新增水禽 6.1 万羽，增加纯利 732 万元；垸内新增杨树林 3 333hm^2，增效 1 750 万元。合计每年可增纯利 5 224 万元。通过农业血防综合防治措施，垸内和易感地带感染性钉螺显著减少，节省了药物灭螺经费 52 万元；人畜血吸虫病感染率大大下降，减少人群血吸虫病治疗费、误工费等约 173.89 万元。总共年均增收节支 5 397.89 万元。

2. 封洲禁牧试点

（1）江西南昌县泾口乡山头片试点

1）试点基本情况　山头片草洲位于南昌县泾口乡山头村堤外，抚河出口处，总面积 1 000余 hm^2，沿湖一带有山头、东湖等行政村 8 个，堤内是粮田和村庄。草洲植被的覆盖度为 80%～90%，主要植物群落有铁马鞭、苔草、水花生、苦草、游草、鸡眼草、艾蒿等，每公顷单产鲜草 15 000～30 000kg，是耕牛良好的天然牧场，也是钉螺的滋生地带，每年 4 月下旬至 8 月下旬洪水汛期浸没草洲，其余 8～9 个月为草洲外露期，当地及邻乡的 4 000 余头耕牛在此草洲放牧。

试点选择在泾口乡山头片的 12 个草洲，总面积为 544.5hm^2，属于山头、水各、东湖等 8 个行政村所有。有存栏耕牛 2 476 头。据 1994 年 3 月调查，有螺面积为 544.5hm^2，其中阳性螺面积为 126.5hm^2，阳性螺密度为每 0.11m^2 0.003 36 只；1995 年 3 月调查，有螺面积不变，阳性螺密度为每 0.11m^2 0.002 19 只。1994 年上半年调查耕牛 1 901 头，阳性 70 头，阳性率为 3.69%；1995 年上半年调查耕牛 2 019 头，阳性 81 头，阳性率为 4.01%。根据血防站 1995 年 6—10 月的调查资料，8 个行政村共查 23 585 人，阳性人数 1 755 人，阳性率平均为 7.44%，各村的阳性幅度为 1.7%～8.4%。

2）主要做法　该项目于 1996—1997 年实施。

①每年由县专业查螺队查螺 2 次，解剖所获全部活螺，并记录阳性螺数。

②每年夏秋季对试区 8 个村的耕牛全面普查 1 次，病牛全部治疗；牛群在第 1 次进入试区草洲放牧之前进行 1 次化疗，每年查出的阳性牛和新购进、检查为阳性的牛均在放牧之前进行治疗。

③每年 3 月 16 日起至 9 月 14 日止为封洲禁牧期（1996 年水退较晚，故封洲禁牧期延至 10 月 30 日止，1997 年水退较早，故封洲禁牧至 9 月 14 日止）。由乡人民政府发布封洲禁牧通告，由乡政府及乡兽医站负责人共同组织草洲安全放牧管理委员会进行管理实施，专人负责管理。封洲期间，居民不得入洲从事各种生产活动。

④做好宣传工作。推行禁牧期间耕牛的相关饲养管理技术措施，如湖草青贮、稻草氨化等。

3）取得的主要成效

①阳性螺的数量和密度显著降低。1996 年 3 月项目实施前活螺框数占检查框数的 14.6%，阳性螺密度为每 0.11m^2 0.000 403 只；项目实施后，1997 年春秋两次查螺 1 079hm^2，均未查到阳性螺。

② 牛感染率显著下降。1995 年项目实施前查牛 2 019 头，阳性 81 头，阳性率为

4.01%；实施2年后，2017年查牛1 725头，阳性8头，阳性率下降至0.46%。

③1995年项目实施前试验区居民查病23 585人，阳性1 755人，阳性率7.44%；实施2年后，2017年查病22 014人，阳性398人，阳性率降至1.81%。

(2) 江西都昌县多宝乡试点

1）试点基本情况　都昌县多宝乡位于鄱阳湖北部，东倚丘陵，南、西、北三面环水，有草洲面积400hm²，分为范珑洲、马影湖洲和洞子洲3片。全乡有7个行政村，16 000余人，耕牛近2 000头。沿湖5个行政村40个自然村为疫区村。1998年洪灾后，多宝村人群感染率为14.8%，耕牛感染率为17.91%。

2）主要做法　自1999年9月至2002年年底在该乡开展了封洲禁牧工作。

①成立"封洲禁牧"领导小组，成员包括农业、畜牧、卫生、教育、宣传、公安等各方面人员。由乡人民政府发布"封洲禁牧"公告，内容包括"封洲禁牧"的时间、地点、范围以及督促检查和奖罚的办法。每年自3月1日起至10月31日止为"封洲禁牧"期，禁止人、畜下湖洲活动和放牧。在"封洲禁牧"期间草洲由专人管理。

②加强人、畜查治血吸虫病工作。人群和耕牛均在每年10月进行查病，治疗病人和病畜。

③每年11月组织查螺，所获活螺全部进行解剖。

④每年4月对范珑洲进行野粪调查，5月用小鼠进行疫水测定。

3）取得的主要成效

①牛血吸虫病疫情明显下降。1999年项目实施前查牛1 747头，阳性率为4.90%，项目实施后的2001年查牛1 420头，阳性率为0.21%，2002年查牛1 372头，阳性率为0.14%。

②人群血吸虫感染率也呈下降趋势。1999年人群血吸虫感染率为2.66%，2001年和2002年各检查300人，均检出5位病人，阳性率为1.66%，其中2人为长期在外湖捕鱼的渔民，2人是在下游洗沙的女工。2002年10—11月用病原学方法检查871个居民和学生，阳性5人，阳性率为0.57%。自2000年以来，全乡未发生新感染和急性感染。

③阳性螺密度显著下降。范珑洲2000年起实施了"封洲禁牧"，2002年比1999年钉螺阳性率和阳性螺密度分别下降99.62%和99.26%；洞子洲2000年和2001年作为对照未实施"封洲禁牧"，钉螺阳性率和阳性螺密度都明显上升，2002年实施"封洲禁牧"后，钉螺阳性率和阳性螺密度比2001年分别下降94.66%和95.82%。

④2002年4月对范珑洲进行野粪调查，检获野粪100份，均为牛粪，孵化结果均为阴性。2001年和2002年分别用34只和33只小鼠在范珑洲进行疫水哨鼠测定，结果均为阴性。

(3) 江西都昌县封洲禁牧试点

1）试点基本情况　江西都昌县有14个乡镇（其中沿鄱阳湖有12个）、80个行政村、594个自然村为血吸虫病疫区，疫区人口26.5万，常年下湖放牧耕牛4 000余头。疫区村周边有螺草洲40个，面积约5 192hm²，枯水季节，绿草如茵，大量耕牛在草洲放牧，感染血吸虫并传播病原。2000年10—11月调查耕牛3 402头（一粪三检），阳性352头，阳性率10.35%；对4个重点疫区村人群用Kato粪检法进行调查，共查1 733人，阳性53人，阳性率3.06%，当年在和合乡还发现新疫区村和急感病人；对6个重点草洲的螺情调查，查螺面积432.06hm²，解剖活螺75 984只，阳性451只，阳性率0.59%，阳性螺密度为每0.11m² 0.006 8只。

2）主要做法　王溪云教授和江西省动物血防站2001—2002年在农业部江西都昌县“四个突破”农业血防试点实施了“封洲禁牧”等血防措施，取得良好效果。

在三峡建坝前，鄱阳湖一般每年4—10月为涨水期，草洲或现或淹，是人、畜血吸虫病的感染期，特别是水涨水落期间是感染的高峰期。每年的11月至翌年2月底为枯水季节，气温低，洲面干，钉螺栖于草根或土壤缝隙中，相对来说属安全期。定期实施封洲禁牧，即在感染期禁止人、畜进入草洲，安全期则允许家畜进入放牧。实施封洲禁牧一是防止人、畜粪便污染草洲，降低钉螺的感染率，达到净化草洲的目的；二是防止人畜重复感染或新感染。

封洲禁牧试点的具体做法：

①每年3月1日至10月31日为封洲禁牧期，禁止人、畜进入有螺草洲，11月1日至翌年2月28日为开洲放牧期，允许人、畜进入草洲。开洲前半个月对疫区人、畜进行血吸虫病的同步查治。封洲是对居民（人群）而言，禁牧是对家畜（主要是耕牛）而言。

草洲禁牧期间把牛群转向丘陵山地放牧或舍饲，做好饲养管理技术服务。舍饲可结合推广秸秆氨化、草料青贮等技术，由当地兽医站负责技术指导。

②在有螺草洲设立封洲禁牧“公告牌”，明确封洲禁牧的地点、范围、时间和要求，在草洲周边设立封洲禁牧“标志牌”。

③县人民政府颁布《关于在湖区草洲实施“封洲禁牧”，加速控制血吸虫病流行的通告》，同时制订《湖区草洲“封洲禁牧”实施细则》，作为地方性法规执行。地方政府成立封洲禁牧管理委员会，明确职责，层层签状，同时制订乡规民约或村规民约等。

④通过广播电视、张贴标语、发放宣传资料、开设讲座，以及在湖区中、小学开展血防健康教育等多种形式，宣传血防基本知识和封洲禁牧的做法、要求和意义，做到家喻户晓、人人皆知，增强全民血防意识和防患能力。

⑤每个草洲确定一名专职看管员和2～3名协管员，并对看管员、协管员的工作情况进行经常性监督检查。

3）取得的主要成效

①试点人、畜、螺血吸虫感染率均显著下降。2002年粪检牛2 919头，阳性37头，阳性率1.27%，比2000年下降了87.81%。2002年以粪检法抽查3～60岁居民（包括渔民在内）1 130人，阳性15人，阳性率1.32%，比2000年下降56.72%，其中高感染年龄段7～14岁的学童，2002年比2000年下降了67.7%，未发现急感病人。

②2002年对6个重点草洲进行系统抽样和环境抽样调查，共解剖活螺77 087只，阳性72只，阳性率0.093%，阳性螺密度为每0.11m² 0.001 7只，钉螺的阳性率和阳性螺密度比2000年分别下降了84.29%和75%。

③2001年4月和2002年4月对3个草洲进行了野粪调查，野粪阳性率2002年比2001年下降80.7%，且阳性野粪的毛蚴数量也有明显下降。2001年5月和2002年5月对4个草洲进行疫水哨鼠测定，其结果与该洲螺情和当地人、畜血吸虫病感染率基本相吻合。

3. 家畜圈养、种草养畜试点

（1）云南洱源县试点基本情况　云南洱源县曾是血吸虫病重疫区，全县8个镇乡、56

个村民委员会流行血吸虫病，近18万人受血吸虫病的威胁。2002年该县人群和家畜血吸虫病感染率分别为10.45%和11.68%。畜牧业是洱源县的优势产业，结合山区草山草坡开发利用，洱源县探讨了在有螺地带禁牧，种草圈养家畜的控制家畜传染源的技术措施，血吸虫病防治取得可喜的成绩。

（2）主要做法　推广改厩、种草、青贮、定点放牧、有螺地带禁牧、家畜粪便无害化处理等系列措施，加强畜源性传染源控制。1996—2008年全县总共人工种草14 833hm^2，种草养畜推广面占全县的91.67%，年产鲜草60万t以上。累计推广青贮、氨化饲料及发酵饲料39.603 7万t。新建或改建家畜圈舍11.5万m^2，圈养家畜1.872万头，新建畜粪堆放发酵池5 028个共31 723m^3，在全县基本形成规模化、区域化种草圈养家畜，家畜粪便无害化处理率不断提高的格局。

（3）取得的主要成效

①全县家畜血吸虫感染率从2004年的6.02%下降至2008年的0.29%，人群感染率从9.18%下降至0.09%；以行政村为单位，居民粪检阳性率和家畜粪检阳性率均低于1%，达到了传播控制标准。

②血吸虫阳性螺点由104个降至0。

③全县种草养畜增加产值3 119.4万元，农民人均畜牧业产值达1 322元，农民饲养奶牛增加纯利润496.9万元。

4. 限养易感家畜，增养非易感家禽试点

（1）湖南沅江市白沙乡试点基本情况　白沙乡地处南洞庭湖北岸，东、南、西三面分别由南洞庭的东南湖、万子湖、草尾长河环绕，辖19个行政村，人口2.04万，60%居民傍防洪大堤居住，种植业以水稻为主。垸外洲滩水草茂盛，垸内沟渠纵横，水网密布，适宜钉螺滋生繁衍，垸外有螺湖洲8 000万m^2，垸内尚有残存钉螺面积46万m^2。1998年，存栏水牛827头，人群血吸虫病感染率为13.85%，水牛感染率为10.80%。

（2）主要做法　为减少畜源性传染源对环境的污染，1999—2001年，湖南沅江市白沙乡试点进行了限养血吸虫易感动物牛，扩大非易感动物蛋鸭生产规模，控制血吸虫病疫情的探索。发展养鸭产业主要是为弥补因减少牛饲养量造成的经济损失。具体做法：

①1999年选择适宜本地域生长，觅食力强的滨湖麻鸭作为发展的品种，至2001年形成了30万羽的饲养规模。

②配套建成白沙乡鸭业开发总公司，下设蛋品加工厂、饲料加工厂、孵化厂，形成了向社会年提供鲜蛋2 800t、蛋鸭配合饲料5 000t、鸭苗30万羽、咸蛋1 500t的规模。

③水牛饲养量由1998年的827头降至2001年的286头，下降了65.42%。

（3）取得的主要成效

①减少了牛的饲养量，降低了牛传染源对环境的污染。牛群血吸虫病感染率由1998年的10.80%下降至2000年的5.76%和2001年的4.27%，分别下降了46.67%和60.46%。

②调整畜禽结构实施3年后，仁中村河岸阳性螺密度、阳性螺率逐年下降，阳性螺密度和阳性螺率分别由1998年的每0.11m^2 0.001 5只和0.29%降为0。明月村外洲阳性螺密度和阳性螺率分别由1998年的每0.11m^2 0.023 1只和0.64%下降至2001年的每0.11m^2 0.004 5只和0.22%，分别下降80.52%和65.63%。

③居民血吸虫病感染率由调整畜禽结构前的13.85%降至6.13%，下降55.74%，2001

年与1998年相比差异极显著。

④取得较大的经济效益。蛋鸭产鲜蛋年纯收入600万元，加工咸蛋年纯收入76.8万元，鸭苗年纯收入7.5万元，共计684.3万元，全乡2.04万人，人均增收336元，而农民饲养一头水母牛估算年均获纯利407.3元，以1998年827头生产规模计，全乡养牛收入18.7万元，人均增收仅9.3元。

5. 在有螺水田实施水改旱，发展大棚蔬菜试点

（1）和县试点基本情况　和县位于安徽省中东部，长江下游西北岸，东与南京、马鞍山、芜湖三市隔江相望。全县辖10个乡镇，166个行政村，总人口65.1万，其中农业人口55.7万，总面积1 412km^2，耕地面积50 667hm^2。境内西北部以丘陵为主，东南部多为水网地区，长江岸线长65km。全县血吸虫病流行区有9个乡镇，53个行政村，曾是安徽省血吸虫病重疫区县之一，疫区类型兼有山丘型和水网型。流行区有人口11万，存栏耕牛6 000多头。

（2）主要做法　1992年，县政府成立了“和县大棚蔬菜生产”领导组，疫区乡镇政府结合独特的区位优势，在疫区有螺水田实施水改旱，发展大棚蔬菜生产，以减少人畜接触疫水的机会，降低血吸虫病对人畜的危害。政府给予特殊的政策扶持，每亩大棚蔬菜补贴1 000～2 000元。县农业主管部门和部分疫区乡镇政府在有螺地带建立10个大棚蔬菜种植示范片，以点带面，推动大棚蔬菜生产的发展。同时，在疫区加大了科技扶持的力度，推广新品种、新技术、新设施，聘请科研院校有关专家对疫区群众进行技术培训，因地制宜，引导调整蔬菜品种结构，生产优质高档蔬菜品种。

通过实行以上措施，疫区乡镇大棚蔬菜种植面积由1993年的167hm^{2}发展到2005年的6 867hm^2，占疫区总耕地面积的35.7%。

（3）取得的主要成效

①钉螺面积下降。大棚内高温及深沟沥水改造了钉螺的滋生环境，取得了灭螺的效果。全县钉螺面积由“九五”末的828.57万m^{2}下降到“十五”末的787.36万m^2；易感地带面积由“九五”末的275.5万m^{2}下降到“十五”末的177.33万m^2。

②人、畜感染率下降。由于种植蔬菜和实行机械耕作，降低了人、畜接触疫水感染血吸虫病的概率。全县人、畜血吸虫病感染率由“九五”末的2.89%和2.13%分别下降到“十五”末的1.7%和1.12%。

③生产效益和农民收入大幅度提高。种植大棚蔬菜每亩产值3 000元左右，是种植水稻亩均800元左右产值的3.75倍；种植大棚蔬菜亩均纯利2 000元左右，是种植水稻亩均500元左右纯利的4倍。和县大棚蔬菜种植始于1985年，1990年前后已成为华东地区最大的“菜园子”，2002年蔬菜瓜果种植面积达17 800hm^2，年产量50.9万t，成为仅次于山东寿光之后的全国第二大蔬菜生产基地。2006年发展到30 667hm^2，年产各类无公害蔬菜88万t，总产值达9.3亿元，农民人均种菜纯收入1 260元，占同期农民人均纯收入的33.6%。全县疫区乡镇农民人均纯收入由“九五”末的2 301元，增加到“十五”末的3 237元。

6. 有螺低洼地挖池养殖灭螺试点　湖区垸内一些有螺低洼地是日本血吸虫的易感地带。在低洼地开挖鱼池，发展水产养殖，可达到灭螺防病和发展农村经济的双重效益。

（1）湖南岳阳县中洲乡新明、利民村试点　湖南岳阳县中洲乡新明、利民两村试点有低洼地带80hm^{2}以上，有螺面积8.6万m^2，活螺密度平均为每0.11m^2 0.038只。1996年11

月开挖鱼池后，试点区域1998年后一直未发现活螺。牛血吸虫感染率由1996年的7.46%下降到2001年的3.20%，下降57.1%。两村居民血吸虫病阳性率由1996年的9.28%下降到2001年的4.66%，下降49.78%。1996—1997年共开挖鱼池67.2hm^2，投入资金160万元，鱼池建成后，每年投入生产费用约200万元，渔业产值达350万元，每年纯收入150万元，年均每亩为1 500元，比种植水稻效益提高4～5倍，两村人均年收入达2 800元，较1996年增加500元。5年共计投入1 164万元，创总产值1 826.4万元，纯增收益662.4万元。

（2）湖南常德桑园场试点　湖南常德桑园场试点隶属鼎城区牛鼻滩镇，位于西洞庭湖西部，1997年当地居民血吸虫病感染率为14.79%，耕牛感染率为16.94%。1997年10月将36hm^{2}低洼田划成10块，按一般珍珠养殖建设标准开挖池塘。1998年4月开始蓄水养蚌和珍珠，同时每亩放养常规鱼1 000尾，蛋鸭10只。自1999年春试点区域就查不到感染螺，活螺密度也显著下降；2000年后一直未发现过活螺。

该试区耕牛饲养量由1997年的124头降到2002年的32头，减少74.19%。牛血吸虫病感染率由16.94%下降至3.13%，下降了81.52%。居民血吸虫病感染率由1997年的14.79%下降到2002年的3.11%，下降了78.97%。

通过项目的实施，试点5年共获纯利311.02万元，年均纯收入为62.2万元。每亩年均纯收入1 152元，是以往种植水稻效益（年均50～100元）的10倍以上。

7. 有螺湖洲垦种灭螺试点　洞庭湖区的部分湖洲地势较高，是草食动物理想的放牧场所，也是血吸虫病的易感地带。湖南省汉寿县垸外有螺面积27 658万m^2，其中易感地带6 855万m^2，以药物为主灭螺是不现实的。1996年以来，该县选择周文庙乡龙口、龙王两村堤外湖洲——七荆障进行了湖洲农业生产开发垦种灭螺的试点工作。每年湖水退后，11月上、中旬在七荆障对湖洲全面翻耕，再播种辣油菜。

自1996年11月开始实施后，湖洲螺情明显下降，1998年后查螺一直未发现阳性钉螺。垦种辣油菜可减少湖洲钉螺面积，减少人畜感染血吸虫病主要有两个原因：一是辣油菜野性强，冬季在湖洲生长快，抑制湖洲杂草生长；二是辣油菜茎叶味辛辣，牛不吃，湖洲种植辣油菜后，实际上起到了阻止牛上湖洲放牧的作用，避免了阳性牛粪污染湖洲。周文庙乡龙口、龙王两村垦种前养牛186头，以后逐年减少，到2001年减少为103头，控制了湖洲草食动物的发展。

1990—1995年龙口、龙王两村居民的血吸虫病感染率一直徘徊在6.87%～9.26%，牛的感染率为6.79%～11.24%。垦种后牛群血吸虫病感染率逐年呈下降趋势，由1996年的8.60%下降到2001年的2.91%。两村居民1996年血吸虫病阳性率为8.16%，到2001年下降为3.86%，下降52.70%。通过湖洲垦种，5年创收326.4万元，年均纯收益52.37万元。

垦种辣油菜投入低，易管理，无需农药化肥，又有良好的经济效益，投资效益比可达1∶4。湖洲垦种有效控制钉螺后，减少了湖洲灭螺费用，生态环境得到了保护，为血防工作的可持续发展创造了条件。

8. 湖南安乡综合治理试点

（1）试点基本情况　安乡县是湖南省血吸虫病流行较严重的地区之一。位于湖南省北部，地处长江中下游，洞庭湖西北部，总面积1 087km^2，耕地面积43 333hm^2，总水面13 333hm^2。安乡县下辖22个乡（镇），304个村（居委会），总人口58.3万；其中，22个乡、镇（场）的 236 个村为血吸虫病流行区，流行区人口 42.8 万。全县乡乡濒水，镇镇围堤，堤外河流纵横，垸内沟渠成网，属典型的湖沼、水网相兼型疫区。垸外钉螺呈洪道型分布，垸内钉螺沿引洪涵闸和沟渠网络肆意扩散。

2005—2008 年，安乡县在 50 个村（场）开展了淘汰牛和封洲禁牧栏网等的试点工作，试点地区有 21 631 户，人口 66 682 人；其中，689 户有牛 3 192 头（包括耕牛 2 265 头、菜牛 927 头）、羊 1 832 只；垸外有钉螺面积 44 936.3km^2（易感地带面积 33 052.2km^2），垸内有钉螺面积 1 402.06km^2；居民平均感染率为 8.36%、耕牛感染率为 13.5%、羊感染率为 16.8%，是安乡县血吸虫病重度流行区。

（2）主要做法

①查病 63 163 人次，化疗 10 377 人次；查牛 3 601 头，化疗 7 016 头次；查羊 2 120 只，化疗 2 085 只次；淘汰处理牛 3 192 头，羊 1 832 只；封洲禁牧堤线长 53.1km。购买大型旋耕机 10 台，耕整机 615 台。

②开发有螺草洲 220hm^2，发展网箱养鳝 0.67hm^2；兴林抑螺 1 209hm^2；硬化有螺沟渠 12km；完成查螺 89 904km^2，灭螺 4 578km^2，灭蚴 2 485km^2。

③建沼气池 563 个，农户改厕 5 025 个；在水上流动人口集中点建厕 5 座。

（3）取得的主要成效

① 试点村传染源得到有效控制，居民血吸虫感染率显著下降。试点内牛、羊全部淘汰；2008 年居民感染率为 1.00%，较项目实施前的 8.36%下降了 88.04%。

②试点村钉螺面积显著减少，钉螺感染率显著下降。垸外易感地带面积比禁牧前减少 90%；洲滩易感环境中阳性螺的平均密度从每 0.11m^2 0.007 3 只降至 0.000 2 只，下降了 97.3%；钉螺阳性率由 0.681%降至 0.05%，下降了 92.66%。垸内钉螺面积由1 402.06km^{2}下降至 910.60km^2，下降了 35%。

9. 种草圈养家畜试点

（1）试点基本情况　超飞乳品公司奶牛场，位于巢湖市无为县高沟镇长江大堤内侧，此处是血吸虫病重流行区。奶牛场外滩（靠长江）都有钉螺滋生，2007 年调查钉螺最高密度为每 0.11m^2 48 只，感染性钉螺密度为每 0.11m^2 0.000 39 只，人群血检阳性率 8.427%，牛粪检阳性率为 3.28%。提供青饲料的 8 个乡（镇）草场都有钉螺滋生，每个村民组都有血吸虫病人、病畜。该场是个体企业，建于 2002 年，占地面积 22.87hm^2，初办时一次从外地购进奶牛 92 头，现奶牛存栏 1 300 多头，其中产奶牛 700 多头。有固定资产 2 971 万元。该场是安徽省农业产业化龙头企业，2006 年营销总收入 3 800 万元，纯利 212 万元。

（2）主要做法及成效　奶牛全部圈养舍饲，青饲料来自血吸虫病疫区，有的经青贮氨化后饲喂奶牛，有的新鲜青草晾干储存，牛群不与疫水接触，未感染和传播血吸虫病。

超飞奶牛场发展奶牛说明，血吸虫病疫区可以发展养牛，关键在管理。一是严禁到疫区放牧，不让牛群接触疫水；二是牛群圈养舍饲，不能散放；三是来自疫区新鲜青绿饲料，要晾干或青贮氨化后舍饲；四是随时加强血吸虫病疫情监测，严防露水草携带尾蚴直接饲喂牛群。

三、“巩固清净区，突破轻疫区，压缩重疫区”的工作部署

为推进全国家畜血吸虫病的防控进程，农业部于 1996 年 10 月召开全国农业血防暨科研

协作座谈会，根据因地制宜、分类指导的原则，作出了“巩固清净区，突破轻疫区，压缩重疫区”的工作部署。1997 年农业部在全国血防工作会议上所作的工作报告中，进一步细化、落实了这一部署，要求各地结合实际，认真落实。

巩固清净区即对已达到传播阻断标准的地区，以县为单位建立常年监测网络，加强监测巩固工作，有组织、有计划、有措施，坚持开展血防监测工作，同时加强对外来人、畜的检疫督查和疫情监测，防止带入病原，做到严防死守，做好风险评估，防止病原输入和疫情反复。

突破轻疫区即对当时一些疫情较轻的流行乡、村，加大投入，选准突破口，优化防治方案，采取切实可行的措施，集中力量打歼灭战，做到治理一片，巩固一片，逐一达到消灭血吸虫病的标准。

压缩重疫区即要不断减轻重疫区的疫情和压缩重疫区的范围。加大病人、病畜的查、治力度和化疗的覆盖度，减少病人、病畜数量，降低人、畜感染率和感染强度。学习推广“四湖地区围绕农业抓血防”的工作经验，结合农田水利基本建设和农业生产开发工程，大力实施环境改造灭螺，压缩钉螺面积，最大限度控制家畜传染源和压缩钉螺面积，不断压缩重疫区范围。

按照这一部署，到“九五”期末，全国达到血吸虫病消灭标准的县要在 222 个的基础上增加到 239 个，达到基本消灭血吸虫病标准的县要在 56 个的基础上增加到 77 个。急感病人、慢性病人、晚血病人都要下降 30%；全国有螺面积要降至 11 亿 m^2 以内。

第四节　传染源控制为主的血吸虫病综合防治策略的提出、实施及取得的成效

一、以传染源控制为主的血吸虫病综合防治策略的提出

进入 21 世纪，我国血吸虫病流行区主要分布于洞庭湖、鄱阳湖等湖区和长江中、下游洲滩的湖沼型流行区及部分大山区的山丘型流行区。这些流行区环境复杂、防治难度大，原有一些被证明有效的防控措施，如药物灭螺、环境改造灭螺等技术措施由于受生态环境、地域等因素制约不能大规模地应用，在湖区和大山区彻底灭螺很难实现。同时，部分地方对血防工作的重要性和艰巨性认识不足，防治力度有所减弱，经费投入不足，综合治理措施落实不到位，专业防治机构和队伍难以适应新形势下防治工作的需求，导致局部地区疫情有所回升，表现在：一是血吸虫病病人数和急性感染病人数有所上升。2003 年全国有血吸虫病人 84 万，比 2000 年增加了 15 万，2002 年急性感染比上一年增加 59%，2003 年又递增 22%，并有 30 多起急性血吸虫病暴发疫情。二是家畜感染率居高不下。2002 年调查发现有些地区水牛、黄牛、山羊感染率仍高达 25.0%、37.5%、36.6%。和 2001 年相比，农业部 8 个动物血吸虫病流行病学观测点 2003 年耕牛血吸虫病感染率（%）有 3 个点变化不大（3.3/3.2、19.1/19.3、2.2/2.3），2 个降低（6.3/14.9、0.6/1.5），3 个升高（8.2/7.4、17.4/0.7、20.1/0），其中 2 个显著升高。三是部分地区螺情、病情回升。2003 年，在 150 个已达到传播阻断标准的县（市、区）中，有 17 个螺情、病情出现回升；在 63 个已达到传播控

制标准的县（市、区）中，有 21 个螺情、病情出现明显回升。2000—2003 年，7 个流行省钉螺面积持续上升，感染性钉螺分布范围明显扩大，人畜感染的危险增加。2003 年，全国实有钉螺面积 37.9 亿 m^2，比 2002 年上升了 8%，新发现有螺村 38 个，新增有螺面积 4 246.24m^2。疫区范围扩大并向城市蔓延。

面对新世纪血防出现的新形势，2004 年国务院成立了血防工作领导小组，下发了《国务院关于进一步加强血吸虫病防治工作的通知》，并以国务院的名义在湖南召开血防工作会议，明确了当时和今后一个时期血防工作的目标、任务和措施。

专家们分析了新世纪以来我国血吸虫病防控的形势和难点，认为控制传染源，严控人畜粪便中的虫卵污染环境是突破当时血吸虫病防控困局的关键。国务院血吸虫病防治领导小组办公室提出了以控制传染源为主的综合防治策略，并于 2004 年在湖北、湖南、江西和安徽确定试点进行探索，其重点是根据不同地区不同流行类型采取不同阻断传染源的防治策略。在 2004 年由卫生部、发展改革委、农业部、水利部、林业局、财政部等六部委联合发布的《血吸虫病综合治理重点项目规划纲要（2004—2008 年）》中明确提出，分布在目前疫情较为严重的湖区 5 个省 67 个项目县，主要采取以控制传染源为主的防治措施，实施人畜同步化疗，易感地带灭螺，家畜圈养舍饲，以机耕代替牛耕，在有条件的地区结合农田基本建设项目和林业工程项目改变生态环境，抑制钉螺滋生，以较为经济有效的策略来达到遏制疫情回升、有效控制疫情扩散的目标。在该规划中，农业血防主要包括农业灭螺工程（种植旱地经济作物或水旱轮作、沟渠硬化、养殖灭螺）和家畜传染源的管理（圈养舍饲、以机代牛、建沼气池、家畜查治）两大方面。规划的实施显著地促进了我国家畜血吸虫病防控进程。2004 年湖南、湖北、江西、安徽、四川、云南和江苏 7 个流行省牛血吸虫感染率分别为 4.51%、6.3%、4.77%、3.99%、2.15%、3.29%和 0.053%，至 2015 年年底各流行省家畜血吸虫病全部达到传播控制标准。

二、传染源综合控制策略试点探索及成效

1. 江西进贤县试点

（1）试点基本情况　国务院血防办于 2005 年将江西省进贤县 3 个重疫村定为血吸虫病综合治理联系点。进贤县位于江西省中部，鄱阳湖南岸，辖 22 个乡镇场，面积 1 971km^2，人口 75 万，曾是江西省血吸虫病重度流行区。血吸虫病涉及 6 个乡镇、36 个行政村，疫区人口 16 万，占全县总人口的 21%，有螺草洲 5 200hm^2，其中，易感草洲 3 333hm^2。

（2）主要做法　以控制传染源为重点，推进五项措施，即以机代牛、封洲禁牧、改水改厕、建沼气池、健康教育和优化产业结构。2006 年在三里、三阳集 2 个乡 18 个行政村实施了血防扩大试点工作。

①推行以机代牛。3 年全县共淘汰处理耕牛 7 124 头，购买农机 1 156 台，修建简易机耕道 120km。

②实施“封洲禁牧”。对 5 200hm^2 有螺草洲实施封洲禁牧，在草洲岸边建成血防隔离林 38.8hm^2。

③改水、改厕、建沼气池。3 年共改厕 7 382 户，改水 2 444 户，建沼气池 443 个。

④强化宣传教育。在疫区每个村庄的重要场所、主要道路口都刷写了“湖区血防三字

经”；先后散发血防知识宣传单 3 万余份；张贴血防宣传画 4 500 张；在渡口、船码头等人流、物流集散地树立醒目的警示牌；做好学生和渔民这两个高危人群的宣传教育。

⑤实施了水禽养殖、网箱养鳝等农业血防开发项目；对禁牧草洲进行开发利用，种植了芝麻、油菜等经济作物 200hm^2。

(3) 取得的主要成效

①试点人群血吸虫感染率从 2004 年的 9.33%下降至 2006 年的 1.64%和 2007 年的 0.89%。其中，一类流行村人群感染率从 2004 年的 11.35%下降至 2006 年的 1.76%和 2007 年的 0.53%，没有发生新的急感病例。扩大试点区二类流行村人群感染率从 2005 年的 8.67%下降至 2006 年的 3.17%和 2007 年的 1.97%。

②血吸虫阳性螺密度从 2005 年的每 0.11m^2 0.038 9 只下降至 2007 年的 0。有螺草洲哨鼠水体试验，感染率由 2005 年的 79.31%下降至 2006 年的 2.22%和 2007 年的 0。扩大试点区一类流行村的感染螺密度从 2006 年的每 0.11m^2 0.004 9 只下降至 2007 年的 0。

③村民生活质量得到明显提高。试点村村民基本用上了自来水和卫生厕，建了沼气池。不只是血吸虫病得到控制，居民的蛔虫、鞭虫及其他土源性肠道寄生虫感染也明显减轻。

④生产发展能力得到提高。试点村基本走上了“一村一品”的经济发展之路，村集体经济和农民人均收入得到提高。2007 年试点村农民人均纯收入达 4 350 元，比 2005 年净增 600 元；集体经济收入平均达 6 万元，比 2005 年增长 66.7%。

2. 安徽铜陵老洲乡试点

(1) 试点基本情况　老洲乡四面环水，为独立江心洲，东与铜陵县城隔江相望，西与无为县、枞阳县隔江相邻，总面积 42km^2，辖 5 个村委会，123 个村民组，3 543 户，耕地面积 914.3hm^2，滩涂地约 560.7hm^2，总人口 13 106 人。乡内有三大圩口，其中老洲大圩堤长 17.5km，外挂幸福、成德两个独立圩口，洲内交通发达，东西、南北公路纵横交错。

老洲乡是铜陵县血吸虫病重流行区中的重中之重，所辖 5 个行政村均为血吸虫病重流行村，在有螺面积、钉螺感染率等方面都居全县各乡镇之首。2006 年有钉螺面积 304.065 万 m^2，其中，86.725 万 m^2 为易感地带，均分布于洲滩。人群感染率 5.72%，耕牛感染率高达 41.1%，羊感染率 50%，家畜是老洲乡血吸虫病主要传染源。

(2) 主要做法　2007 年起在铜陵县老洲乡整体实施血吸虫病传染源控制综合治理工程。铜陵县政府修改、完善了《铜陵县血防综合治理试点工作实施方案》，发布了封洲禁牧的公告，制定了《牛羊弃养工作实施细则》和《以机代牛实施细则》。采取了以下主要措施：

①禁止在有螺江滩地带放牧，强制推行家畜圈养。

②实行“以机代牛”。对农民购买农机给予补贴，以机耕代替牛耕，淘汰所有耕牛。

③全面实施改水、改厕。对全乡所有住户进行改厕，建造粪便无害化厕所和沼气池，所有人畜粪便经过无害化处理，卫生饮用水覆盖全乡。

④农业产业结构调整。鼓励、引导肉牛等家畜养殖大户减少养殖，扶持养殖家禽；在老洲乡建设蔬菜生产基地。

⑤继续做好人畜查、治病，查灭螺和健康教育工作。

(3) 取得的主要成效

①至 2007 年 3 月 15 日，家畜全面实现弃养。全乡共淘汰牛 917 头、羊 510 只，洲滩无放牧家畜；至 2007 年底购置农机具 302 台套，培训机手 302 人。

②改厕 3 500 户，无害化厕所覆盖全乡；建沼气池 210 口。完成了 2 个自来水厂改造工程，确保居民饮水安全。

③建成抑螺血防林 288.4hm^2，覆盖 90%以上的滩地。

④加大产业结构调整力度，大力推广蔬菜生产，全乡无公害蔬菜种植达 400hm^2 以上；鼓励牛、羊养殖大户转向家禽养殖，发展水产养殖。

⑤ 通过综合治理，到 2008 年年底，该乡钉螺感染率由 2006 年底的 2.6%下降至 0.03%，人感染率由 5.72%下降至 0.05%，成效显著。

三、血吸虫病农业综合治理重点项目的实施与成效

为了全面落实国务院确定的以传染源控制为主的防控策略，根据《全国预防控制血吸虫病中长期规划纲要（2004—2015 年）》的主要精神，农业部制定了《全国血吸虫病农业综合治理重点项目建设规划（2006—2008 年）》（以下简称《规划》），提出了在湖南、湖北、江西、安徽、江苏、四川和云南 7 个疫区省重点实施“重疫区村综合治理、以机耕代牛耕、沼气池建设和畜源性传染源控制”为主要内容的“四大工程”，以及农业综合灭螺和农业血防能力建设两项辅助工程。其中，重疫村综合治理项目解决“点”的问题，动物传染源控制项目解决“面”的问题，沼气池建设解决农村家畜粪便虫卵处理和农村卫生问题，以机耕代牛耕解决农田耕作问题。农业血防部门意识到，2008 年全国能否顺利达到疫情控制标准的最大障碍是重疫村能否有效控制血吸虫病流行，因此，重疫区村综合治理项目被列为“四大工程”建设中的首要项目。《规划》计划在 3 年内投入 18 亿元，对 164 个县的 11 713 个重流行村进行治理，重点开展了家畜血吸虫病查治、家畜圈养、以机耕代替牛耕、封洲（山）禁牧、建沼气池等工作。同时结合病畜淘汰和水改旱或水旱轮作、挖塘养鱼等农业综合治理措施，控制畜源性传染源、保护人畜健康。

通过“四大工程”的实施，有效地控制了家畜传染源，2008 年全国各流行县（市、区）都达到了疫情控制标准。同时产生了良好的社会、经济和生态效益。据湖南、湖北、江西、安徽、四川等省 2006 年统计，在血吸虫病流行疫区累计实施“以机代牛”5.8 万余台（套），完成 31 万余个沼气池建设，实施水改旱 19 333hm^2 以上，开挖鱼池 10 000hm^2 以上，完成 38 万余头耕牛（羊）的舍饲圈养；湖南、湖北、江西、四川四省发展非易感水禽养殖 2 467 万余羽。农业综合治理血防项目的实施极大地促进了农业生产方式转变。一是调整了种植业和养殖业结构。加大了水改旱、水旱轮作力度，改变了钉螺滋生环境，缩小了有螺面积，降低了人畜在水田劳作感染血吸虫的概率；发展水禽等非易感动物，减少了饲养耕牛的数量及耕牛传染源对环境的污染。二是转变了农业生产方式和农民生活方式。提高了农业机械化水平，推进畜牧业规模化小区养殖；引导农民逐步做到人畜分离、厕所和家禽圈舍分离。降低人畜感染血吸虫病概率，防止病原传播和扩散。

2008 年后，一些被防治实践证明有效的技术措施继续在各疫区省推广应用。至 2015 年，7 省累计圈养家畜 98 万头，建设禽舍 40 500 万 m^2，实施水改旱或水旱轮作 49 333hm^2，开挖鱼塘 11 000hm^2。通过综合治理，疫区家畜疫情显著降低，传染源扩散得到有效遏制，同时取得良好的经济、社会和生态效益。

（1）家畜疫情显著降低　全国家畜血吸虫病感染率由 2006 年的 3.42%下降到 2015 年

的0.05%，降幅达98.5%，推算病畜数由2006年的79 308头（只）下降到2015年的1 504头（只），下降了98.1%，家畜感染强度和病畜数显著下降，有效保障了畜牧业生产发展和人民群众身体健康。

（2）农业综合治理成效明显　各地认真实施家畜圈养、替代养殖、以机耕代牛耕等措施，疫区农村放牧家畜数量显著降低，农业机械化水平显著提升，显著改善了疫区生产生活条件和环境，人群感染血吸虫风险显著降低。7个疫区省放牧牛的数量由2006年的180多万头降至2015年的90多万头，有效遏制了传染源的扩散。通过实施水改旱或水旱轮作、挖池养鱼灭螺等农业综合灭螺工程，改造了疫区易感地带的钉螺滋生环境，减少了人畜感染血吸虫的概率。

（3）经济、社会和生态效益成效显著　通过在疫区大力实施农业工程灭螺、沼气池和农机推广等多项农业综合治理措施，既增加了农民收入，改变了农村生产生活环境，降低了人群感染血吸虫的风险，又取得了显著的综合生态效益。据初步统计，2006—2015年全国疫区水改旱、水旱轮作增收约53 280万元，开挖鱼塘增收约25 987.5万元，圈养家畜增收约20 580万元，发展禽类养殖增收约772.6万元，总计增收约10.06亿元。疫区农业生产效率和经济效益明显提升，社会效益日渐凸显，生态环境逐步改善。

四、科技进步为传染源控制提供了技术支撑

进入新世纪以来，兽医寄生虫学者加强查、治技术创新，使防治更精准、有效。建立了试纸条法等多种家畜血吸虫病诊断技术。应用免疫蛋白质组学技术筛选日本血吸虫体被蛋白，获得SjPGM等血吸虫病诊断抗原，研制了多种具有诊断价值的多表位基因重组抗原，建立了基于多表位重组抗原作为诊断抗原的BSjPGM-BSjRAD23-1-BSj23-ELISA和Sj23-SjGCP-ELISA家畜血吸虫病诊断新技术，提高了检测技术的特异性和敏感性。在牛血吸虫感染季节动态调查的基础上，提出在湖沼型流行区每年3—4月和10—11月分别进行两次群体服药驱虫，5—6月治疗阳性家畜的查、治新模式。该模式2012年起在湖南沅江双丰、岳阳麻塘两个观测点实施3年后，牛血吸虫病感染率从多年处于3%～5%徘徊状态下降到1%以下，突破了疫情下降难的难题。

中国农业科学院上海兽医研究所和中国动物疫病预防控制中心，湖南、湖北、安徽、江苏、江西、云南、四川、重庆等动物血防部门合作，在动物血吸虫病流行病学观测点、三峡库区、南水北调东线、洞庭湖退田还湖地区以及血吸虫病传播阻断地区开展家畜血吸虫病疫情监测，了解掌握家畜血吸虫病的流行现状及动态变化，防患传播阻断地区疫情反弹和重大水利工程建设地区疫情扩散。先后建立了单机版家畜血吸虫病流行病学数据分析系统和网络版农业血防流行病学分析系统，为各级农业血防部门开展家畜血吸虫病疫情分析、制定或调整防治对策等提供技术平台。

中国农业科学院上海兽医研究所和中国动物疫病预防控制中心、疫区省农业血防部门在不同类型流行区因地制宜推广“四个突破”各项技术措施和传染源控制综合防治策略，试点家畜血吸虫病防控取得显著的成效。2004年，湖南沅江、湖南岳阳、湖北潜江、江西永修、安徽东至、江苏镇江、四川丹棱、云南巍山8个农业部家畜血吸虫病流行病学观测点牛血吸虫感染率分别为9.0%、3.9%、5.6%、11.8%、5.8%、14.3%、2.1%和0.9%；2016

年，8 个观测点共检测 7 049 头牛、1 826 只羊、396 头猪、439 条犬和 47 匹马属动物，均未查到血吸虫感染阳性家畜。2009 年，湖北监利、四川广汉、云南巍山、湖南资阳、江西新建和安徽望江 6 个家畜血吸虫病防控示范点牛血吸虫感染率分别为 2.8%、0.56%、1.42%、2.3%、4.3%和 4.23%，2016 年也都查不到血吸虫阳性家畜。2004 年，湖南、湖北、江西、安徽、四川、云南和江苏 7 个流行省牛血吸虫平均感染率分别为 4.51%、6.3%、4.77%、3.99%、2.15%、3.29%和 0.053%，至 2015 年年底各流行省牛血吸虫感染率都降至 0.5%以下，全部达到血吸虫病传播控制标准。

■第五节　我国家畜血吸虫病防控取得的主要经验

我国血吸虫病主要在相对贫困、环境复杂的乡村传播，流行历史长、分布广、危害大、防治难。几十年来，我国血吸虫病防治取得举世瞩目的成就，赢得世人关注，也获得一些宝贵的经验和体会。

1. 各级政府的高度重视　60 多年来，历届政府都对血吸虫病防治高度重视，始终把消除血吸虫病，为疫区人民送走“瘟神”作为政府义不容辞的政治责任和意愿，把血吸虫病作为我国最重要的公共卫生问题之一，列为国家优先防治的重大传染病和动物疫病。各级政府先后设立专门的血防领导机构，组建国家和各流行省相关的血防工作机构和专业机构，将血防工作列入全国农业发展纲要，制定了《全国预防控制血吸虫病中长期规划纲要》和发布了《血吸虫病防治条例》，组织全国血防科研大协作和血防大会战，为血防工作的顺利开展和取得决定性胜利提供了组织、队伍、经费和法律等保证。

2. 坚持“政府领导、部门协作、联防联控、社会参与”的血防工作机制　血防工作是一项系统的社会工程，防治难度之大并非某一部门单独努力就可企及，需凝聚全社会的力量，加强不同部门之间的协调配合才能打赢这场“战争”。我国血防工作充分发挥了政府的主导作用，将血防工作纳入疫区的社会经济发展规划，与当地的社会经济发展紧密结合，与社会主义新农村建设、农田水利建设、农业产业结构调整和国家大型水利工程建设等相结合；充分整合了卫生、农业、水利、林业等部门及各疫区省之间的资源，加强了各部门之间的合作与协调，坚持人畜同步，联防联控、群防群控，充分彰显了我国在重要疫病防控方面拥有的得天独厚的社会政治体制优势。同时做好部门内部的协调配合，如农业系统内兽医、畜牧、水产、农业、农机、农垦、环保能源和计划等部门之间的协同作战和相互支持。

血吸虫病的流行和传播受地理、环境等因素影响较大，在地理和环境因素相同的毗邻地区开展联防联控，同步实施血吸虫病的防治措施，可促进整体防治效果。我国根据流行区的地域特点，在血吸虫病防控方面相继建立了三个省际联防联控区域。一是湖南、湖北、江西、安徽、江苏等湖区联防联控区域，其主要工作内容是同步查灭螺、同步查治病、同步开展化疗、同步管理家畜、同步改水改厕、同步健康教育、同步巩固监测等；二是云南、四川、重庆等三省（直辖市）的山区流行区，其主要工作内容是加强信息沟通和相互协作，组织开展人员培训、人员交往和技术交流，加强科研协作等；三是已达到阻断传播标准的上海、浙江、广东、广西、福建等五省（自治区、直辖市），其主要工作是毗邻地区的螺情和病情监测，与尚未控制或阻断血吸虫病传播省份的毗邻地区开展螺情和病情联防联控工作，开展年度血防工作检查和专题调查研究等。

3. 坚持"因时因地制宜、综合防治"的防治方针 我国血吸虫病流行区分布范围广，不同类型流行区生态环境、钉螺分布、主要保虫宿主及应采取的防治措施不尽相同。日本血吸虫生活史复杂、保虫宿主种类多，传染源控制难，江湖洲滩地区和大山区钉螺难以消灭，防控难度大，单靠一种防治措施难以控制该病的流行。几十年来，我国血防工作人员坚持根据不同流行区的流行特点，有针对性地、因时因地制宜地制订和实施适合的综合防治措施，以取得最佳的防治效果。如在人畜血吸虫病感染率相对较高的湖沼型流行区全面推进消除传染源的各种综合措施，在感染率相对较轻的山丘型流行区重点开展消除残存传染源，以及处置疫点等工作，而在已达到消灭血吸虫病标准的广东、上海、福建、广西、浙江五省份，重点工作是防止传染源输入、索清残存传播因素等。在湖沼型流行区推广把有螺水田改旱田、挖池养殖等农业工程灭螺措施，在四川等山丘型流行区的有螺山坡推广种植果树灭螺，在上海、江苏、浙江、广东等省（市），充分发挥经济较发达等优势，把引进各类企业投资建厂、房地产开发、环境绿化、生活设施建设等与改造钉螺滋生环境相结合，既创造经济效益并改善市民生活环境，又达到消灭钉螺的目的。

4. 坚持科学防治的指导思想 我国血吸虫病防治坚持科研为防治服务，科研与防治结合，以科学研究指导防治实践，根据科学依据制定防治对策。组织全国科研大协作，根据不同时期疫区的社会经济发展状况与科学发展水平，研究提出诊断、治疗技术与产品，实施不同的综合防治策略和技术措施，为我国血防工作取得巨大成就发挥了举足轻重的作用。在防治初期缺少安全、有效治疗药物的情况下，实施了以灭螺为主，重点查治人和耕牛的防治策略；在安全、高效治疗药物吡喹酮问世后，实施了以化疗为主、易感地带灭螺的防治策略，保虫宿主防治对象拓展至放牧家畜；进入新世纪以来，认识到采用单一措施很难控制血吸虫病传播，实施了传染源综合防控技术措施。在防控实践中探索出一些灭螺防病与农业生产开发有机结合的好经验，如结合种植业结构调整在有螺水田推广水改旱、水旱轮作，种植经济作物，改造钉螺滋生环境，在有螺低洼地挖池发展水产养殖等，收到灭螺防病和发展农村经济的双重效益。探索和实施了以机耕代牛耕、封洲禁牧、种草养畜、淘汰病畜、引导扩大养殖水禽等非易感动物、限养牛羊等易感家畜、建沼气池杀灭家畜粪便虫卵等控制传染源措施，有效降低畜源性传染源对环境的污染。这些都为我国血吸虫病防控提供了重要技术支撑。

5. 坚持依法防治的管理制度 1987年起，湖南、湖北、江西、江苏等省先后制定颁布了血防条例、管理办法等地方性法规，推进了血防工作法制化、规范化进程。2006年4月1日，国务院颁布了《血吸虫病防治条例》，共7章54条，其中涉及农业部门的有30多条，对农业部门在血吸虫病防控中的主要职责、保障措施和法律责任等都作出明确规定。将开展家畜血吸虫病筛查、治疗和管理、家畜血吸虫病疫情监测，引导和扶持疫区种植业和养殖业结构调整，实施家畜圈养、封洲（山）禁牧、以机耕代牛耕、建沼气池等措施纳入法律范畴，为农业血防工作的顺利开展提供了有力的法律保障，标志着我国血吸虫病防治工作进一步纳入了法制化的轨道，深化了依法治疫的理念。

农业部根据自身的任务和职责，先后出台了一系列文件，规范农业血防工作。1990年下发了《关于颁发家畜血吸虫病查治规程、消灭家畜血吸虫病分级标准和考核验收办法、消灭家畜血吸虫病地区疫情监测办法（试行）的通知》，组织编写了《农业综合治理防控血吸虫病技术导则》，详细阐述了农业综合治理防控血吸虫病的各项技术措施及要求。疫区各级政府和血防工作者加强相关法律、法规的宣传、贯彻和落实，坚持依法科学管理，为血防工作的顺利开展提供了保障。

做好依法防治首先要加强宣传工作，让疫区各级干部群众了解血吸虫病的危害、血防工作的基本知识，理解血防工作的重要性、必要性、长期性、经常性和科学性，提高自我防病意识，自觉改变传统的不良生活习惯，形成群防群控的血防工作氛围。

6. 重视机构队伍建设　为推进我国的血防事业，党中央和国务院先后成立了中共中央血吸虫病防治领导小组和国务院血吸虫病防治工作领导小组，先后组建了国家级和省级专业研究或防控机构；各疫区省加挂省、地（市）、县（市）和乡动物疫病预防控制中心的牌子；成立了全国血吸虫病研究委员会/血吸虫病防治专家咨询委员会；建立了一支独立的、专职从事血防工作的专业技术队伍，20 世纪 50 年代和 60 年代全国曾拥有血防专业技术人员 17 000 多人，并定期对专业人员进行技术培训，为血防工作的顺利开展提供了组织保障。

■第六节　动物血吸虫病防治工作面临的主要问题与任务

一、面临的主要问题

虽然血吸虫病流行区范围已显著压缩、病人病畜数量已显著减少，但由于影响血吸虫病流行与传播的多种因素依然存在，血防工作只要稍有松懈，血吸虫病在局部地区死灰复燃或疫情回升的风险仍然存在。主要原因有：

1. 传染源控制困难　这些年，我国血吸虫病流行区存栏牛数一直维持在 60 万头以上，2017 年全国流行区羊存栏量达 228 万只，全面实施易感家畜圈养、封洲禁牧等工作缺少长效机制、推广难度大，部分实施淘汰牛的地区出现牛复养、放养现象。2019 年仍有 1 176 头牛血检阳性，一些地区在野粪调查中仍然查到血吸虫阳性的牛、羊、马、猪、犬野粪。近些年随着疫区生态环境保护措施的实施，更适宜野生动物栖息，一些流行区野生动物种群数量和密度大幅提高。部分省份在血吸虫病传播风险监测中均发现野生动物感染血吸虫，其在血吸虫病传播中的作用日益凸显。但目前仍缺少预防控制野生动物传染源的相应技术措施。

2. 钉螺消灭难　目前尚存的血吸虫病流行区地形、地貌复杂，水位难以控制，钉螺难以消灭。2002—2019 年，我国钉螺面积徘徊在 35.19 亿～38.63 亿 m^2 之间，钉螺分布面积居高不下，新发现与复现钉螺时有报道。受全球气候变暖、环境及植被变化、苗木移栽以及监测力度等诸多因素影响，部分地区钉螺面积甚至有回升趋势。2002—2019 年，全国 12 个血吸虫病流行省（自治区、直辖市）均有新发现的有螺环境，累计新发现有螺面积 16 838.00hm^2。虽然在全国血吸虫病监测点解剖镜检未发现血吸虫感染性钉螺，但用环介导等温扩增技术仍检测到血吸虫核酸阳性钉螺样本（张利娟，2020）。

3. 受自然、社会等因素影响　洪涝灾害时常发生、人畜流动频率增多等都会对家畜血吸虫病疫情回升带来风险。一些地区家畜血吸虫病防治经费短缺，基层防治机构不健全，家畜血防专业人员队伍老化。这些自然、社会因素都会对家畜血吸虫病防控产生影响。

4. 消除家畜血吸虫病技术难点仍未突破　目前仍缺少适合低度流行区诊断、监测与预警预测，能区分现症感染和既往感染的家畜血吸虫病检测技术；亟待家畜用疫苗的研制与开发取得新突破；需研究提出适应新时期、更加精准的血吸虫病综合防控技术措施和策略。

二、主要任务

1. 加强监测、预警，巩固消除和传播阻断地区血防成果 要进一步加强和完善家畜血吸虫病监测和预警体系建设。在血吸虫病消除地区，重点加强监测工作。在传播阻断地区，要同时做好防治成果巩固和监测工作。采取切实有效措施，及时处置可能存在的风险因素，防止血吸虫病疫情死灰复燃。

2. 科学精准防控，推进血吸虫病消除进程 在尚未达到传播阻断的地区，进一步明确重点防控区域和主要传染源，因地制宜地优化组合防控措施，强化家畜血吸虫病预防性驱虫，整合技术力量，加大资金投入，加强防治力度，科学、精准综合防治，整体推进，突破防控难点，进一步降低家畜血吸虫感染率，压缩血吸虫病流行区域，推进血吸虫病消除进程。

3. 加强科学研究，突破防控技术难点 研究提出适用低度流行区的家畜血吸虫病防控技术和产品，如更为敏感、特异的诊断、监测、预测预警技术和产品等；加强家畜用血吸虫病疫苗研制与开发；研究提出并实施“一村一策”“一境一策”的精准防控措施和策略，为消除家畜血吸虫病提供技术支撑。

4. 加强部门协作和能力建设 继续加强卫生、农业、水利等部门、各流行区区域之间的资源整合和协作。加强宣传教育、坚持依法防治、科学管理。推进基层家畜血防专业机构、队伍和能力建设，为消除血吸虫病提供保障。

在我国实现消除家畜血吸虫病仍是一项艰巨的任务，只要不懈努力，在我国最终送走“瘟神”，“还一方水土清净、还疫区百姓安宁”的宏伟目标终会实现。

（林矫矫）

■ 参考文献

曹淳力，李石柱，周晓农，2016. 特大洪涝灾害对我国血吸虫病传播的影响及应急处置［J］. 中国血吸虫病防治杂志，28（6）：618-623.

曹淳力，张利娟，鲍子平，等，2019. 2010—2017年全国血吸虫病疫情分析［J］. 中国血吸虫病防治杂志，31（5）：519-521，554.

陈贤义，姜庆五，王立英，等，2002. 2001年全国血吸虫病疫情通报［J］. 中国血吸虫病防治杂志，14（4）：241-243.

戴一洪，朱鸿基，石耀军，等，1994. 湖南省岳阳麻塘血吸虫流行病学调查［J］. 中国兽医寄生虫病，2（3）：35-38.

戴卓建，颜洁邦，陈代荣，等，1992. 四川省家畜血吸虫病疫区的划分及流行病学研究［J］. 中国人兽共患病杂志，8（2）：2-4.

郝阳，吴晓华，夏刚，等，2005. 2004年全国血吸虫病疫情通报［J］. 中国血吸虫病防治杂志，17（6）：401-404.

胡述光，李景上，杨锡玖，等，1992. 吡喹酮注射液治疗猪日本血吸虫病试验［J］. 中国兽医杂志，18（10）：16-17.

胡述光，卿上田，石中谷，等，1996. 洞庭湖区生猪血吸虫病流行及危害情况的调查［J］. 湖南畜牧兽医，4（1）：25-26.

雷家全，沈汉泽，邵声洋，等，2000. 平原湖区开挖精养鱼池灭螺效果试验［J］. 中国兽医寄生虫病，8（1）：40，62.

李长友，林矫矫，2008. 农业血防五十年［M］. 北京：中国农业科技出版社.

李浩，刘金明，宋俊霞，等，2014. 2012年全国家畜血吸虫病疫情状况［J］. 中国动物传染病学报，22（5）：68-71.

李剑瑛，林丹丹，2007. 中国家畜日本血吸虫病的流行与防治［J］. 热带病与寄生虫学，5（2）：125-128.

梁幼生，王宜安，神学慧，等，2016. 羊在日本血吸虫病传播中的作用Ⅲ. 羊粪对环境的污染及血吸虫感染高危环境预测［J］. 中国血吸虫病防治杂志，28（5）：497-501.

林邦发，施福恢，朱鸿基，等，1994. 吡喹酮肌肉注射液治疗山羊实验感染日本血吸虫病研究［J］. 中国兽医科技，24（1）：7-9.

林矫矫，2015. 家畜血吸虫病［M］. 北京：中国农业出版社.

林矫矫，2016. 重视羊血吸虫病防治推进我国消除血吸虫病进程［J］. 中国血吸虫病防治杂志，28（5）：481-484.

林矫矫，2019. 我国家畜血吸虫病流行情况及防控进展［J］. 中国血吸虫病防治杂志，31（1）：40-46.

刘恩勇，袁对松，彭又新，等，1999. 结合农业生产灭螺预防血吸虫病的效果观察［J］. 华中农业大学学报，27（增刊）：114-116.

刘金明，宋俊霞，马世春，等，2011. 2010年全国家畜血吸虫病疫情状况［J］. 中国动物传染病学报，19（3）：53-56.

刘金明，宋俊霞，马世春，等，2012. 2011年中国家畜血吸虫病疫情状况［J］. 中国动物传染病学报，20（5）：50-54.

刘跃兴，吴椿年，1991. 黄牛日本血吸虫病三种诊断方法比较［J］. 中国血吸虫病防治杂志，3（5）：116-117.

吕超，周理源，幸小英，等，2018. 山丘型血吸虫病传播阻断示范区血吸虫病传播高危风险因素分析［J］. 中国寄生虫学与寄生虫病杂志，36（4）：333-339.

吕尚标，陈年高，刘跃民，等，2019. 江西省山丘型血吸虫病传播控制地区野生动物血吸虫感染调查［J］. 中国血吸虫病防治杂志，31（5）：463-467.

罗长荣，谢智明，毛光琼，等，2003. 四川省农业血防“四个突破”区域试验［J］. 中国兽医寄生虫病，4（1）：36-37.

毛光琼，阳爱国，谢智明，等，2004. 青神县血防“四个突破”防治成效及体会［J］. 中国兽医寄生虫病，1（1）：25-27.

农业部动物血吸虫病防治办公室，1998. 动物血吸虫病防治手册［M］. 北京：中国农业科技出版社.

农业部血吸虫病防治办公室，农业部血吸虫病防治专家咨询委员会，中国农业科学院上海家畜寄生虫病研究所，2004. 中国农业血防（1990—2000）［M］. 北京：中国农业科技出版社.

卿上田，冯安良，胡述光，等，2003. 调整畜禽结构与血吸虫病疫情控制技术研究［J］. 中国兽医寄生虫病，11（2）：45-47.

卿上田，胡述光，张强，等，2001. 沅江市双丰乡耕牛血吸虫病防治效果纵向观察. 中国兽医寄生虫病，3：11-19.

卿上田，胡述光，张强，等，2003. 结合农业生产开发灭螺与血吸虫病疫情控制技术研究［J］. 中国兽医寄生虫病，11（3）：32-33，44.

沈红升，雷家全，沈汉泽，等，1995. 以灭源为主综合治理血吸虫病［J］. 中国兽医寄生虫病，3（1）：41-43.

沈纬，1992. 家畜血防工作的回顾和建议［J］. 中国血吸虫病防治杂志，4（2）：82-84.

施福恢，沈纬，钱承贵，等，1993. 水牛血吸虫病的药物治疗效果比较［J］. 中国兽医寄生虫病，1（2）：

30-33.
汪奇志，汪天平，张世清，2013. 日本血吸虫保虫宿主传播能量研究进展［J］. 中国血吸虫病防治杂志，25（1）：86-89.
汪天平，2019. 迈向消除血吸虫病阶段的防控策略与思考［J］. 中国血吸虫病防治杂志，31（4）：358-361.
汪伟，杨坤，2020. 开展精准防控，推动我国消除血吸虫病进程［J］. 中国热带医学，20（7）：595-598.
王陇德，2005. 中国控制血吸虫病流行的关键是管理好人畜粪便［J］. 中华流行病学杂志，26（12）：929-930.
王盛琳，李银龙，张利娟，等，2019. 长江经济带建设战略下血吸虫病防治工作思考［J］. 中国血吸虫病防治杂志，31（5）：459-462.
王文粱，沈红升，1995. 以消灭传染源为主综合防治血吸虫病 3 年的效果观察［J］. 湖北预防医学杂志，6（3）：31-32.
王溪云，1959. 家畜血吸虫病［M］. 上海：上海科技出版社.
王小红，刘玮，杨一兵，等，2010. 封洲禁牧防制湖区血吸虫病效果的现场观察［J］. 中国人兽共患病学报，26（6）：609-610.
王宜安，汪伟，梁幼生，2016. 羊在日本血吸虫病传播中的作用Ⅴ. 流行区羊养殖状况及在传播中的意义［J］. 中国血吸虫病防治杂志，28（5）：606-608.
徐百万，林矫矫，2007. 农业综合治理防控血吸虫病技术导则［M］. 北京：中国农业科学技术出版社.
徐明生，汪昊，1997. 沙山村从非疫区引进牛羊发生成批血吸虫急性感染调查［J］. 中国血吸虫病防治杂志，9（6）：372-373.
许绥泰，武文茂，戴一洪，等，1988. 湖南目平湖地区耕牛血吸虫病流行病学和防制对策的研究［J］. 中国兽医科技，18（12）：5-11.
姚邦源，郑江，钱珂，等，1989. 大山区动物血吸虫病流行病学的调查研究［J］. 中国血吸虫病防治杂志，1（4）：1-3.
叶萍，林矫矫，田锷，等，1994. 直接法单克隆抗体酶联免疫吸附试验和常规酶联免疫吸附试验诊断耕牛日本血吸虫病的比较［J］. 中国兽医科技，24（11）：33-34.
曾宪光，王庆坡，李克斌，等，1995. 三种类型优化防制血吸虫病对策研究［J］. 湖北畜牧兽医，3（1）：9-11.
张利娟，徐志敏，戴思敏，等，2017. 2016 年全国血吸虫病疫情通报［J］. 中国血吸虫病防治杂志，29（6）：669-677.
张利娟，徐志敏，戴思敏，等，2018. 2017 年全国血吸虫病疫情通报［J］. 中国血吸虫病防治杂志，30（5）：481-488.
张利娟，徐志敏，党辉，等，2020. 2019 年全国血吸虫病疫情通报［J］. 中国血吸虫病防治杂志，32（6）：551-558.
张利娟，徐志敏，钱颖骏，等，2016. 2015 年全国血吸虫病疫情通报［J］. 中国血吸虫病防治杂志，28（6）：611-617.
张强，卿上田，胡述光，等，2000. 1993—1999 年麻塘垸牛羊血吸虫病疫情动态调查［J］. 中国兽医寄生虫病，8（4）：37-39.
周晓农，2016. 开展精准防治，实现消除血吸虫病的目标［J］. 中国血吸虫病防治杂志，28（1）：1-4.
Cao Z，Huang Y，Wang T，2017. Schistosomiasis japonica control in domestic animals：Progress and experiences in China［J］. Front Microbiol，8：2464.
Cao Z G，Zhao Y E，Lee Willingham A，et al，2016. Towards the elimination of schistosomiasis japonica through control of the disease in domestic animals in the People's Republic of China：A tale of over 60 years［J］. Adv Parasitol，92：269-306

Faust E C，1924. Schistosomiasis in China：biological and practical aspects [J]. Proc R Soc Med，17：31-43.

Faust E C，Kellogg C R，1929. Parasitic infection in the Foochow area，Fukien Province，China [J]. J Trop Med Hgy，32：105-110.

Faust E C，Meleney H E，1924. Studies on Schistosomiasis japonica [J]. Am J Hyg Monographic Series，3：339.

Gray D J，Williams G M，Li Y，et al，2008. Transmission dynamics of *Schistosoma japonicum* in the lakes and marshlands of China [J]. PLoS One，3 (12)：e4058.

Gray D J，Williams G M，Li Y，et al，2009. A cluster-randomised intervention trial against *Schistosoma japonicum* in the People's Republic of China：bovine and human transmission [J]. PLoS One，4 (6)：e5900.

Li H，Dong G D，Liu J M，et al，2015. Elimination of schistosomiasis japonica from formerly endemic areas in mountainous regions of southern China using a praziquantel regimen [J]. Vet Parasitol，208 (3-4)：254-258.

Liu J，Zhu C，Shi Y，et al，2012. Surveillance of *Schistosoma japonicum* infection in domestic ruminants in the Dongting Lake region，Hunan province，China [J]. PLoS One，7 (2)：e31876.

Liu J M，Yu H，Shi Y J，et al，2013. Seasonal dynamics of *Schistosoma japonicum* infection in buffaloes in the Poyang Lake region and suggestions on local treatment schemes [J]. Vet Parasitol，198 (1-2)：219-222.

Lu D B，Wang T P，Rudge J W，et al，2010. Contrasting reservoirs for *Schistosoma japonicum* between marshland and hilly regions in Anhui，China—a two-year longitudinal parasitological survey [J]. Parasitology，137 (1)：99-110.

Song L G，Wu X Y，Sacko M，et al，2016. History of schistosomiasis epidemiology，current status，and challenges in China：on the road to schistosomiasis elimination [J]. Parasitol Res，115 (11)：4071-4081.

Wang L D，Chen H G，Guo J G，et al，2009. A strategy to control transmission of *Schistosoma japonicum* in China [J]. N Engl J Med，360 (2)：121-128.

Wang T P，Vang Johansen M，Zhang S Q，et al，2005. Transmission of *Schistosoma japonicum* by humans and domestic animals in the Yangtze River valley，Anhui province，China [J]. Acta Trop，96 (2-3)：198-204.

Wu W，Huang Y，2013. Application of praziquantel in schistosomiasis japonica control strategies in China [J]. Parasitol Res，112 (3)：909-915.

Xu J，Steinman P，Maybe D，et al，2016. Evolution of the national schistosomiasis control programmes in the People's Republic of China [J]. Adv Parasitol，92：1-38.

Xu R，Feng J，Hong Y，et al，2017. A novel colloidal gold immunochromatography assay strip for the diagnosis of schistosomiasis japonica in domestic animals [J]. Infect Dis Poverty，6 (1)：84.

Zhou X N，2018. Tropical Diseases in China：Schistosomiasis [M]. Beijing：People's Medical Publishing House.

第十六章　动物血吸虫病防治和研究相关技术

第一节　家畜血吸虫病防治技术规范

为了预防和控制家畜血吸虫病，依据《中华人民共和国动物防疫法》和《血吸虫病防治条例》制定本技术规范。

一、适用范围

本规范适用于中华人民共和国境内血吸虫病疫区从事家畜血吸虫病防治以及家畜饲养、经营等活动。

本规范包括家畜血吸虫病流行病学、诊断、治疗、疫情报告、疫情处理、防治措施、控制标准、考核验收和巩固监测等。

二、诊断

1. 临床诊断　家畜患血吸虫病所表现的临床症状，因家畜品种及其年龄和感染强度而异。一般黄牛、奶牛较水牛、马属动物、猪明显，山羊较绵羊明显，犊牛较成年牛明显，急性型症状多出现在 3 岁以下的犊牛，体温升高达 40℃以上。临床症状主要表现为消瘦，被毛粗乱，腹泻，便血，生长停滞，役力下降，奶牛产奶量下降，母畜不孕或流产，少数患畜特别是重度感染的犊牛和羊，往往长期腹泻、便血，肛门括约肌松弛，直肠外翻、疼痛，食欲停止，步态摇摆、久卧不起，呼吸缓慢，最后衰竭而死。

2. 病理诊断　血吸虫尾蚴钻入家畜皮肤后，皮肤发生红斑，出现尾蚴性皮炎，进入真皮层中周围组织水肿，毛细血管充血、游走细胞集聚并有中性粒细胞和嗜酸性粒细胞浸润。幼虫移到肺部时出现弥漫性出血性病灶。

成虫产卵后主要引起肝和肠病理变化。由于大部分虫卵随静脉血流进入门静脉系统和肝脏并在此发育或死亡和钙化，引起肝脏肿大，肝表面有大量大小不等的灰白色颗粒，结缔组织形成的粗网状花纹和斑痕，最后导致肝硬化。部分虫卵穿透毛细血管进入肠黏膜后，造成肠壁增厚，浆膜面凹凸不平，有黄豆到鸡蛋大小的肿块，黏膜充血，黏膜下有灰白色点状或线状虫卵结节，形成溃疡面或肉芽肿。其他脏器如胃、脾、肾、肺等主要在脏器表面见有数目不等的虫卵结节。

3. 血清学诊断　间接血凝试验，操作详见本章第四节。

4. 病原学诊断　粪便毛蚴孵化法，操作详见本章第四节。

5. 判定标准

（1）疑似　凡到过流行区活动过的家畜，出现被毛粗乱、消瘦、腹泻等临床症状。

（2）确诊　活畜经粪便检查发现血吸虫虫卵或粪便孵化发现毛蚴；尸检检到虫体或肝组织压片发现虫卵。

在进行流行病学调查或普查时，要求诊断方法敏感性、特异性均高且操作简便快速，建议可采用间接血凝试验。阳性畜可列为治疗对象。但在报告疫情或进行达标考核、验收时，必须以粪检结果为准。

三、疫情报告

任何单位和个人发现血吸虫病可疑病畜时，应及时向当地动物疫病预防控制（血防）机构报告。当地动物疫病预防控制（血防）机构应及时组织确诊，对确诊的按规定逐级上报并通报当地卫生部门。

四、疫情处置

1. 病畜处理

（1）隔离病畜，限制移动。

（2）治疗病畜，见本章第五节。

2. 对病畜所在地有关家畜的处置　对病畜所在地（以村为单位）所有放牧家畜采用血清学或病原学方法进行检查。对感染率在5%以上的，采取扩大化疗措施；对感染率在5%以下的，采取治疗措施；必要时可淘汰病畜。

3. 污染物的处理　将病畜粪便及污染和可疑污染的饲草、垫料、设备设施等，进行消毒、发酵等无害化处理。

4. 必要时进行流行病学调查　对曾经到过流行区耕作、放牧或其他活动的家畜，以村为单位采用血清学或病原学检查，统计感染率。

（1）感染率

$$感染率=\frac{发现病畜数}{受检畜数}\times 100\%$$

（2）新感染率

$$新感染率=\frac{原为阴性转为阳性畜数}{原检查为阴性畜数}\times 100\%$$

（3）再感染率

$$再感染率=\frac{期初阳性经治疗转阴后再获感染的家畜数}{期初阳性畜数}\times 100\%$$

五、防治措施

1. 查治

（1）查病，见本章第四节。

（2）治疗，见本章第五节。

2. 检疫 在血吸虫病流行区对输出的活畜除进行国家规定的检疫项目外尚须进行本病的血清学检验，经检疫合格方可出具检疫合格证明。

3. 综合治理 各地应根据国家和当地血吸虫病农业综合治理规划和技术要求结合当地实际，实施以机代牛、建沼气池、养鱼灭螺、禁牧圈养、调整种养结构等进行综合治理。

六、控制和消除标准

1. 疫情控制标准

（1）粪检阳性率在5%以下。

（2）不出现急性血吸虫病暴发疫情。

（3）已建立以行政村为单位，能反映当地家畜疫情变化的档案资料。

2. 传播控制标准

（1）粪检阳性率在1%以下。

（2）不出现当地感染的急性血吸虫病病例。

（3）已建立以行政村为单位，能反映当地家畜疫情变化的档案资料。

3. 传播阻断标准

（1）连续5年未发现当地感染血吸虫病病畜。

（2）已建立以行政村为单位，能反映当地家畜疫情变化的档案资料。

（3）有监测巩固方案和措施。

4. 消除标准 达到传播阻断标准后，连续5年未发现当地新感染血吸虫病家畜。

七、考核验收

1. 组织形式 乡级的达标考核验收由市（设区的市，以下简称市）级兽医行政部门负责；县级的达标考核验收由省级兽医行政部门负责；省级的达标考核验收由国务院兽医行政部门负责。

2. 验收程序 凡达到相应标准的，应按以下要求提出书面申请：

（1）乡级达标考核由县级兽医行政部门向市级兽医行政部门申请；县级达标考核由市级兽医行政部门向省级兽医行政部门申请；省级达标考核由省级兽医行政部门向国务院兽医行政部门申请。

书面申请应包括基本情况、疫情变化情况、既往考核情况和自查结果等内容。

（2）审查书面申请 地市级以上兽医行政部门收到书面申请后，批转同级动物疫病预防控制（血防）机构进行审查评估，符合条件的组织验收工作。

（3）现场考核验收 由动物疫病预防控制（血防）机构组织专家组成考核验收小组，进行达标考核。考核结束后考核验收小组完成验收报告并报兽医行政主管部门。

（4）批复 兽医行政主管部门对考核结果进行审查、批复，并报上级兽医行政主管部门备案。

3. 内容与方法

（1）考核时间　应在当年血吸虫病感染季节后（秋季）进行。

（2）资料审核

①内容：凡需考核的乡、县应具备以行政村为单位，能反映当地达到相应标准的病情逐年动态变化的各种查治记录和报表等资料。

②分级考核的方法：乡级达标考核要求对每个行政村的档案资料进行审核，县级达标考核要求对县、乡和抽查行政村的档案资料进行审核，省级达标考核要求对省达标考核资料及抽样单位的档案资料进行审核。

（3）现场考核与评估

①乡级达标考核

疫情控制：随机抽取一个行政村进行现场考核。采用粪便毛蚴孵化法（GB/T 18640—2017）一粪三检，对该村最主要传染源的家畜抽查100头，不足100头全部检查。

传播控制：随机抽取一个历史上疫情较重的行政村进行现场考核。采用粪便毛蚴孵化法（GB/T 18640—2017）一粪三检，对该村最主要传染源的家畜抽查100头，不足100头全部检查。

传播阻断：同疫情控制。

②县级达标考核

疫情控制：随机抽取两个乡，每个乡随机抽取一个行政村进行现场考核。采用粪便毛蚴孵化法（GB/T 18640—2017）一粪三检，对该村最主要传染源的家畜抽查100头，不足100头全部检查。

传播控制：随机抽取三个乡，每个乡随机抽取一个历史上疫情较重的行政村进行现场考核。采用粪便毛蚴孵化法（GB/T 18640—2017）一粪三检，对该村最主要传染源的家畜抽查100头，不足100头全部检查。

传播阻断：同传播控制。

③省级达标考核：省级所辖的血吸虫病防治地区达到疫情控制、传播控制、传播阻断标准后，由省级兽医行政部门组织省内外专家进行考核，随机抽取两个市，每个市随机抽取1～2个县进行现场考察。评估结果报请国务院兽医行政部门审批。

各省级兽医行政部门根据本规范，结合当地实际情况制定具体考核验收办法。

④其他：国务院血防办部署的达标考核、评估工作，根据国务院血防办下达的方案组织实施。

八、监测巩固

1. 监测　凡达到传播阻断标准的地区，每年要组织定期监测。

（1）监测时间　每年秋季监测一次。

（2）抽样方法　原流行区要抽检10%的行政村，每个行政村至少抽检2岁以下的牛30头，不足30头的全部检查。

（3）监测方法　采用间接血凝试验进行检测，检出的阳性牛采用粪便毛蚴孵化法进行确认。

2. 阳性结果处置

（1）阳性畜处理　淘汰阳性畜。

（2）疫情排查　对阳性畜所在乡的放牧家畜采用血清学或病原学方法进行普查，并根据普查结果采取相应措施。

第二节　传播阻断地区家畜血吸虫病疫情监测

至1995年，我国已有广东、上海、福建、广西、浙江5省（自治区、直辖市）达到了阻断血吸虫病传播标准，全国累计达到阻断血吸虫病传播标准和控制传播标准的县（市、区）分别为238个和52个。随着防治工作的不断深入，达到阻断血吸虫病传播标准和控制传播标准的县（市、区）数量将不断增加。但一个地区达到血吸虫病传播阻断标准后，还可能残存少量钉螺和传染源，也可能从外地疫区输入钉螺和传染源，血吸虫病流行的条件依然存在，如果放松警惕，血吸虫病有可能死灰复燃。为巩固血吸虫病防治成果，必须将血吸虫病的监测巩固工作纳入本地区的社会经济发展的总体规划。家畜活动范围广、接触疫水的机会多，其血吸虫感染情况的监测是血吸虫病监测的主要内容之一。

一、监测点的选择

1. 血吸虫病传播阻断的省（自治区、直辖市）　选择在原血吸虫病重疫区已达阻断传播标准的县（市），尚有残存螺点或仍然存在适宜钉螺滋生的条件，历史上家畜有较高的感染率、人畜流动频繁的地区，每省（自治区、直辖市）选择2个乡（镇）作为农业农村部动物血吸虫病疫情监测点，每个点每年监测耕牛（以2岁以下犊牛为主）200～300头。

2. 流行省内血吸虫病传播阻断的县（市、区）　选择尚有残存螺点或仍然适宜钉螺滋生条件的1个乡（镇）作为农业农村部动物血吸虫病疫情监测点，每年监测耕牛（以2岁以下犊牛为主）不少于200头。

二、监测的内容及方法

家畜种类、数量的调查：监测点对放牧输入家畜种类、畜龄结构、数量登记造册。

家畜行为学调查：家畜饲养方式、流动（输入、输出）状况。

家畜疫情调查：对本地区列入登记册的动物（家畜）在每年10—11月采用病原学（粪孵法）调查，查出病畜及时进行治疗或淘汰。对来自血吸虫病流行区的动物（家畜）在输入时及时用病原学（粪孵法）调查。

三、监测工作的管理

1. 加强领导　血吸虫病传播阻断地区的监测工作是一项涉及人民切身利益的长期艰苦工作，必须要由政府统一组织领导，卫生、农业、水利等部门共同参与，县血防办领导同志应根据监测方案结合本地区实际，制订年度工作计划，落实部门职责和经费，每年召开会议，检查当年工作和部署次年工作。

2. 机构建设　以县为单位，应有开展监测工作的机构和实验室。从事监测点工作应有一支精干的专业技术队伍，定期培训，不断提高他们的政治和业务素质。

四、建立监测点工作汇报、交流制度

我国血吸虫病分布范围广，地理环境与流行因素各不相同，各省可根据本方案，结合当地实际，制订具体的监测巩固细则，由国家动物血吸虫病参考实验室进行技术核定后，按照方案要求认真开展工作，每年将疫情和螺情的监测结果，于当年 11 月底前向部血防办、兽医局防疫处、国家动物血吸虫病参考实验室和省级兽医行政主管部门作书面汇报，各级都要定期研究和督查监测巩固工作。

五、巩固工作

血吸虫病的监测工作是一项长期的工作，必须与当地农业经济发展、人民生活改善相结合。在中央关于建设社会主义新农村的大战略下，要坚持预防为主的方针，坚持环境改造灭螺，以农业血防"四个突破"的措施，结合本地区的实际，积极开展综合治理，巩固发展血吸虫病防治成果。

第三节　动物血吸虫病流行病学调查的基本内容和方法

一、流行病学调查的目的

动物血吸虫病的流行病学调查，目的是了解动物血吸虫病流行状况、分析流行和传播规律、明确影响疫病发生和发展的相关因素，评估相关干预措施的防控效果，从而为制定或调整防控对策提供依据。调查单元可以是单个动物，也可以是动物群体，还可以是养殖场或村或乡镇。

二、调查的基本内容和方法

动物血吸虫病流行病学调查内容一般包括：自然因素（自然地理概况、气象、水文等资料），社会因素（包括人口、家畜饲养方式、经济状况、生产生活方式等），家畜种类与数量，家畜（包括野生动物）及人群感染率、钉螺分布、密度和感染情况，野外血吸虫虫卵污染情况、防治工作开展情况等。调查结果常以动物血吸虫病以及野外粪便虫卵污染的三间分布（群间、时间和空间分布）、螺情的时间和空间分布等形式展现。

三、动物感染情况调查

由于全国大多数流行区对家畜血吸虫病实施普查普治对策，因此，家畜血吸虫病的疫情

资料可以从每年查治数据获得。在没有开展普查普治的流行区，可以实施抽查。

抽查时，首先根据调查目的，确定调查单元，然后根据估计的（或已有资料的）流行率、置信水平或置信区间，按流行病学调查原理确定抽样样本量，采用随机方法抽取调查对象，明确调查范围。如果调查单元为群体（包括养殖场或村或乡镇），还需明确每个单元的调查数量。为了保持家畜血吸虫病流行病学调查的延续性和防治工作的可持续性，可以和医学部门的调查点相结合，确定调查点和范围，然后实施定点调查。

根据血吸虫病流行和传播特点，家畜血吸虫病感染情况调查只调查有野外放牧史或野外活动的家畜，一般包括放牧牛、羊、猪和马属动物。在开展特殊目的的调查时，还应对家养犬、猫，以及野兔、鼠等野生动物进行感染情况调查。

疫病筛查方法：家畜血吸虫病的筛查可以采用免疫学（血清学）方法和病原学方法。免疫学（血清学）方法主要是检测家畜体内抗血吸虫抗体，目前采用的主要技术有间接血凝试验（IHA）、ELISA、胶体金试纸条法等。由于家畜血吸虫病的治疗和感染的经常性，且阳性家畜经治疗后其体内抗血吸虫抗体存在时间较长，血清学筛查结果不能作为最终确定病畜的依据。因此，血清学筛查结果不用疫情上报、疫情统计、防控效果考核和评估。病原学筛查技术目前主要采用粪便毛蚴孵化技术。各种筛查技术的具体技术内容、原理和操作方法参见家畜血吸虫病诊断的相关章节。

对野生动物的调查一般采用解剖收集虫体的方法进行。

感染度调查：血吸虫感染度是反映血吸虫病流行程度的一个统计指标，指人和动物的虫体负荷或虫卵负荷。一般以成虫计数、虫卵计数和毛蚴计数为评估依据。在解剖大、中型动物时，在肝门静脉处开一切口，从胸主动脉加压注水，用 80 目铜筛收集从切口随水流出的虫体。虫卵计数主要是对粪便中虫卵进行计数，粪样称重后用生理盐水或饱和盐水（水亦可，但夏天气温较高时虫卵易孵化从而影响计数）沉淀 30min，取沉淀定容，在显微镜下计数。开展毛蚴计数时，如毛蚴数在 4 个以下，可以直接计数，当孵出的毛蚴数在 4 个以上时，用吸管将含毛蚴的上清吸出并补加清水，如此反复将全部毛蚴吸出，滴加碘酊数滴，离心，在显微镜下对沉淀中毛蚴进行计数。

进行剖检时，可以直接计算收获的成虫数；进行粪便虫卵计数时，一般以每克粪便虫卵数为标准进行统计；感染度也可以用虫体数或虫卵数的算术均数说明感染动物的平均虫负荷。

四、钉螺调查

钉螺调查是血吸虫病流行病学调查的重要内容之一，可以明确易感地带、考核和评估防控效果（图 16-1）。为了保证调查资料的完整性，可以和当地卫生血防部门协商，分工负责或联合调查。

钉螺调查的主要内容包括有螺面积和阳性螺面积、钉螺数量（密度）、钉螺感染率等。

（1）查螺工具　①查螺框，可用 8 号铅丝制成边长为 33.33cm 正方形的框（框内面积为 $0.1m^2$）；②镊子或筷子，镊子为 15～20cm 医用直镊，筷子为普通筷子；③螺袋，用牛皮纸制成 5cm×8cm 螺袋，并印刷以下信息：环境名称、查螺日期、天气情况、线号、点号（框号）、捕螺只数、查螺员签名等；④防护用具，查螺时用防护剂、手套、胶靴等作为个人防护用具，以防止血吸虫感染。

(2) 调查时间　一般为3月、4月、5月和9月、10月、11月。特殊目的的调查可以根据钉螺生态学具体设定调查时间。

(3) 调查方法　①现有钉螺环境调查，包括易感环境调查和其他有螺环境调查。易感环境采用系统抽样方法查螺（江湖洲滩环境框线距20～50m，其他环境框线距5～10m）；检获框内全部钉螺，并解剖观察（图16-2），鉴别死活和感染情况。其他有螺环境采用环境抽样方法，根据植被、低洼地等环境特点及钉螺栖息习性，设框查螺；检获框内全部钉螺，并解剖观察，鉴别死活和感染情况；②可疑环境调查，采用环境抽样方法查螺，若检获活钉螺，再以系统抽样进行调查，检获框内全部钉螺，并解剖观察，鉴别死活和感染情况；③对所有查出钉螺的环境采用GPS进行定位、面积测量，并收集、汇总有关数据。

图16-1　钉螺调查

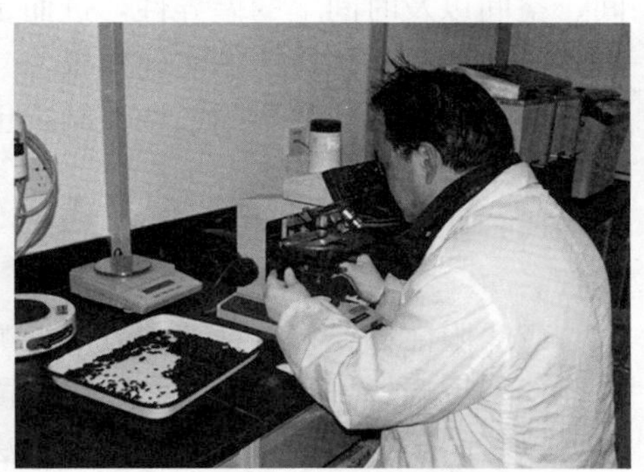

图16-2　解剖钉螺，观察感染情况

五、野粪调查

野粪调查主要是了解血吸虫虫卵的污染情况，分析各种动物在血吸虫病传播中的作用，同时也可以用于相关干预措施的效果分析。根据当地的地形地貌，选择有螺环境进行调查。可以设多个调查点，每个点的面积最好等于或大于10 000m²。根据野粪外形区分其种类（来源动物）。对调查范围内成形的野粪按每一摊为一个单位，散在的羊粪收集后每20g为一个单位，进行计数。对成形的每一摊野粪称重后采样，其中粪量较大的牛和马属动物的野粪，每份采集50g样品，人粪、犬粪采集20g样品；不足分量的野粪全部采集。将所有样品带回实验室，用粪便毛蚴孵化法进行检测，并对孵化出的毛蚴进行计数。

根据每种动物野粪数量（N）、阳性率（PR）、平均重量（MW，g）、毛蚴数（根据孵化结果计算出平均每克粪便孵化出的毛蚴数mpg），按如下公式计算每种动物的污染指数（$RECI$），分析各种动物在血吸虫病传播中的作用。

$$RECI = (N \times PR \times MW \times mpg) \div \sum (N \times PR \times MW \times mpg)$$

六、疫水调查

对可疑有感染性钉螺分布的水域可选用小鼠感染法（哨鼠法）或粘取法、网捞法、

C－6膜黏附法进行水体感染性测定。其中粘取法、网捞法、C－6 膜黏附法获取的尾蚴可直接在显微镜下进行鉴定，也可以用 PCR 等分子生物学技术鉴定。

小鼠测定水体感染性的方法是，将未感染过尾蚴的小鼠，装入两边置有浮筒的特制铁丝笼内，按每点用小鼠 30 只，间距 10～20m 设点，自岸上放入欲测定感染性的自然水体中，使小鼠的四肢、腹部和尾巴等接触疫水水面一定时间（一般为 5～7h，可以每天 1～2h，连续数天进行），然后取出，饲养 35d 后解剖检查虫数。

七、调查资料的统计和分析

动物血吸虫病流行病学调查结果一般以各种率和度等形式展现。通过统计分析疾病在群间、空间以及时间上的差异性，进而了解疾病的三间分布及其演变规律，分析流行和传播因素，评估各种干预措施的实施效果。

根据调查单元的不同，调查结果也可用不同形式展现。如阳性率有个体阳性率、群阳性率、场阳性率等。

（1）调查数　指实际调查数目，可以是调查的动物数，也可以是调查的动物群数或场数。

（2）阳性数　指某种筛查方法检测后呈阳性的动物数（群数或场数）。

（3）患病数　指某个时点或某一段时间内的病例数或发病群数。对血吸虫病而言，患病数可以等同于感染数，即用病原学方法筛查的阳性数。

（4）发病数　指观察期内所观察群体中新发病例数或新发病群数。在当前全面实施病畜及时治疗或群体治疗的情况下，发病数可以等同于感染数。当一个动物在观察期多次发生感染、治疗（即治愈后再次发生感染），应多次计为新发病例数。因此，在观察时间较长（如 1 年）的情况下，发病数可以大于调查数。

（5）阳性率　指某种筛查方法的阳性数与调查数的比值，即阳性数÷调查数×100％。根据调查单元的不同，可以计算户阳性率、场（或村）阳性率。

（6）发病率　表示在一定时期内、一定畜群中血吸虫病新病例出现的频率，即群体中个体成为病畜的可能性。计算公式为：发病数÷调查数×100％。理论上，发病率可以大于 100％。某一时间点的发病率，即为流行率或患病率。

（7）感染率　家畜血吸虫感染率又可称为流行率，即某一调查时点感染动物数占调查数的比率。计算公式为：感染数÷调查数×100％。家畜血吸虫感染数为病原学筛查的阳性结果，血清学筛查的阳性动物需用病原学方法确定后方可用于计算。

（8）感染度　一般以算术平均数或几何平均数的形式展示。

随着计算机的普及和各种统计软件的开发利用，可以很方便地对调查结果进行统计和分析。一般对平均数（如感染度、钉螺密度等）的分析可以用 T 检验，对各种率的检验用卡方检验。

以下用一般计算机常备软件 EXCEL 分析某地实施某种干预措施前后家畜血吸虫感染率（或血清阳性率）的差异为例：

假设实施前后的调查数据分别为 A、B 两组，分别用 a、b、c、d 表示，a 为 A 组的阳性例数，b 为 A 组的阴性例数，c 为 B 组的阳性例数，d 为 B 组的阴性例数。用 EXCEL 进行卡方检验时，先用相关数据准备四格表，包括实际值和理论值，如图 16－3 所示。其中理论值 T11、T12、T21 和 T22 按图中公式计算。选择表的一空白单元格，存放概率 P 值的计算结果，将鼠标器移至插入项下圈子函数“fx”，在函数选择框的“函数分类”栏选择“统计”项，然后在“函数名”栏内选择“CHITEST”函数，用鼠标器点击“确定”按钮，打开数据输入框，在“Actual _ range”项的输入框内输入实际值（a、b、c、d）的起始单元格和结束单元格的行列号，在“Expected _ range”项的输入框内输入理论值（T11、T12、T21、T22）的起始单元格和结束单元格的行列号，在数据输入完毕后，点击“确定”按钮，P 值的计算结果立即显示。

D	E	F	G
	阳性例数	阴性例数	合计
A组	a	b	a+b
B组	c	d	c+d
合计	a+c	b+d	a+b+c+d
实际值	a	b	
	c	d	
理论值	T11	T12	
	T21	T22	

注：T11=(a+c)(a+b)/(a+b+c+d)
T12=(b+d)(a+b)/(a+b+c+d)
T21=(a+c)(c+d)/(a+b+c+d)
T22=(b+d)(c+d)/(a+b+c+d)

图 16－3　应用 EXCEL 进行统计分析

■第四节　家畜血吸虫病诊断技术

一、病原学诊断技术

（一）粪便虫卵检查

1. 直接涂片法检查　粪便虫卵直接涂片法是直接取被检动物粪便少许（约 0.5g）置于载玻片上，加 2～3 滴生理盐水，涂抹均匀，除去较大的粪便颗粒，盖上盖玻片，于显微镜下检查，阳性者可发现有特征性的日本血吸虫虫卵。血吸虫虫卵呈椭圆形或圆形，平均大小为 89μm×67μm，淡黄色，卵壳厚薄均匀，无卵盖，卵壳一侧有一小刺，表面常附有残留物，卵壳下面有薄的胚膜。成熟虫卵内可见毛蚴，毛蚴与卵壳之间通常有大小不等圆形或长圆形油滴状的头腺分泌物（图 16－4）。

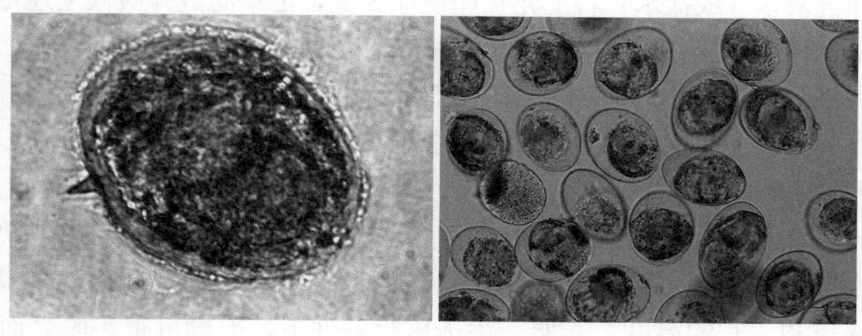

图 16－4　血吸虫虫卵

2. 沉淀集卵法检查　粪便沉淀集卵法是取被检动物粪便 3～5g 置于杯内，加 10～20 倍体积的自来水（或盐水）调匀，用 40 目铜筛（图 16－5）过滤于量杯内，弃去粪渣，让其自然沉淀约 20min，倒去上清液，将沉淀物直接涂片镜检。这种方法由于加大了粪便检查量并去掉一部分粪渣，病畜虫卵检出率有较大提高。

3. 尼龙筛集卵法检查 取被检动物粪便5～10g，加上10～20倍体积的自来水（或盐水）调匀，以40目铜筛过滤于粪杯内，弃去粪渣。将粪便滤液倒入260目尼龙筛兜（图16-6）内，用自来水（或盐水）反复冲洗，应用直接涂片法检查尼龙筛兜内的粪渣。该方法由于检查的粪便量较大，并滤去了比较大的粪渣和比虫卵小的杂质，其虫卵的检出效果优于直接涂片法和普通沉淀集卵法。

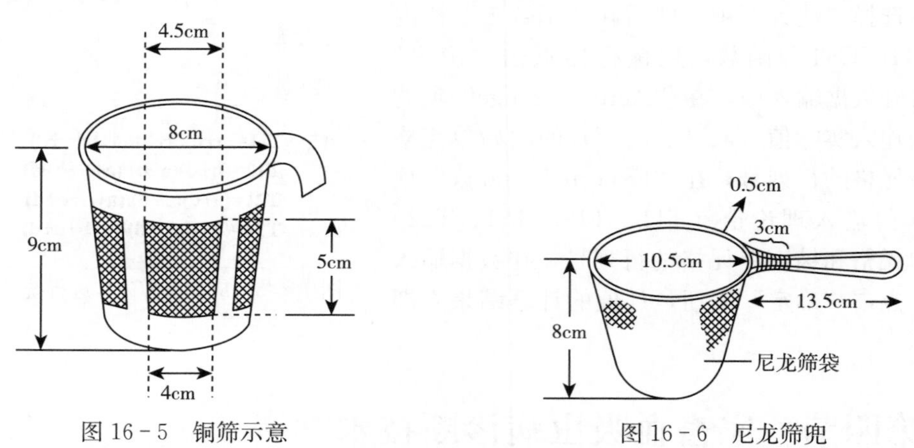

图16-5 铜筛示意　　图16-6 尼龙筛兜

经过优化和标准化后该法也常被用于计量动物粪便虫卵数，用于动物血吸虫病药物治疗和免疫保护试验等的效果评价。

［附］动物（牛）粪便虫卵计数方法

（1）采集50～100g动物粪便装于塑料袋中，于4℃保存。

（2）检查时将粪便样品用搅棒混匀，并用天平精确称量20g。

（3）加上10～20倍体积的自来水（或盐水）调匀。

（4）以40目铜筛过滤于粪杯内，弃去粪渣。

（5）将滤液倒入260目尼龙筛兜内，加自来水（或盐水）洗净，稍沥干将尼龙筛兜底部滤液约10mL吸入量筒或量杯内。

（6）用少许自来水（或盐水）将尼龙筛兜洗涤3次，汇集滤液并吸入上述量筒或量杯内。

（7）在收集滤液的容器内滴加1～2滴甲基绿染色液，并定容至20mL。

（8）混匀后用移液器吸取4×100μL，在细胞计数板上作涂片镜检计数。

（9）换算每克粪便虫卵数（EPG）。EPG换算公式：计数虫卵数×2.5。

（二）粪便毛蚴孵化检查

粪便毛蚴孵化法是目前现场应用最广的动物血吸虫病病原学诊断方法，操作过程包括粪便采集、孵化水准备、洗粪、孵化、观察、记录等步骤。每个血吸虫成熟虫卵内含有一个毛蚴，在有水的环境和适宜的温度、光照、渗透压等条件下，毛蚴可很快脱壳而出。毛蚴孵出后会穿过粪层或棉花纤维构成的微隙层而达到水体上层，同时毛蚴活动具有向光、趋清、趋温性等特性。在上层水体中的毛蚴一般做直线运动，操作人员可以据此进行肉眼（或借助放大镜、智能手机等工具）观察，并与水中的原生动物相区别。

1. 粪样的采集

（1）采粪量 牛每日排粪量大，牛粪单位重量内血吸虫虫卵的数量相对较少，故采集牛粪以 250g 为宜，猪、羊、犬粪为 100g。

（2）采粪方法

①拾粪：即捡拾采集动物自然排出的粪便。在采集粪样前通知畜主将家畜固定位置饲养并间隔一定距离，便于捡拾新排出的粪便并与采集动物对应。采集时可以用树枝或竹签等工具捡拾，也可用一次性塑料手套直接抓取。捡拾工具要每头（只）更换，以防交叉污染；对粪量较大的牛粪，可以人工搅拌混匀后再捡拾。一般进行野粪调查时常采用该方法，可根据野粪性状确认动物种类。

②掏粪：即用手伸进直肠直接采粪或用搔爬器等刺激动物肛门促其排粪后采集。如无法将粪样和家畜相对应或没有新排出的粪便，须直接从直肠中采取粪样。采集时需戴上塑料手套并每头（只）更换，如徒手采集，在不同家畜之间要彻底洗手。对羊、兔等动物可采用肛门布袋套的方法收集粪样。

③包装：送检采集粪样可用一次性塑料袋包装或其他简易材料（如薄膜、纸袋等）包扎，包装材料应确认没有农药、化肥等污染，以免影响毛蚴孵化。粪样包装后应附送粪卡，其格式见表 16－1。要逐项填明，必须用铅笔或圆珠笔填写，以免受潮后字迹不清。

表 16－1　动物血吸虫病查病送粪卡式样

乡镇	村	畜主
动物种类	性别	年龄
特征	送粪日期	

粪样应保存于 4℃冰箱，条件不许可时也可保存于阴凉处。冬季要防止结冰结块，夏季要防止日晒发酵。送到化验地点应指定专人登记，并在 2d 内开展检查。

2. 孵化用水的准备　可用自来水、河水、池水、井水等。

（1）河水、井水处理　河水和井水均可能有水虫，尤其是河水，水质比较混浊，会影响对毛蚴的观察，因此，如用河水、井水作为孵化用水必须进行杀灭水虫和澄清水质处理。

①杀灭水虫　有两种方法：一种高温消毒法，将水加温至 60℃以上杀死水虫，冷却备用；另一种氯消毒法，在 50kg 水中加入含 30%有效氯的漂白粉 0.35g，或用含 65%有效氯的漂白粉精 0.7g 搅拌均匀，让漂白粉释放出游离氯以杀灭水虫。经漂白粉处理过的水，应在不加盖的缸内或桶内放置 20h 以上，余氯逸出后方可使用，否则这种游离氯同样会杀死血吸虫毛蚴。如需急用，可在加入漂白粉 1h 后，再按每 50kg 水中加入硫代硫酸钠 0.2～0.4g，以中和水中余氯，经 0.5h 后即可使用。有条件的地方可进行余氯测定。

余氯测定方法：河水、井水经漂白粉处理 0.5h 后取水样 5mL，加入邻甲苯联胺试剂 0.5mL，混合后静置 2～3min 再与余氯标准管进行比色，余氯浓度应为（0.7～1）$\times 10^{-6}$，肉眼所见为淡黄色，方有灭虫作用。当处理的河水、井水或余氯较重的自来水，在静置约 20h 后，或用之前以同样方法进行余氯测定，此时余氯浓度应不超过 0.3×10^{-6}，肉眼所见水色较淡，方可作孵化之用，否则将影响毛蚴孵出。

邻甲苯联胺试剂的配制：称取化学纯的邻甲苯联胺 1g 于研钵中，加入 5mL 30%盐酸调成糊状，加入蒸馏水充分搅拌，稀释成 1 000mL（或按以上比例少量配制），存于棕色瓶中，在室温下可保存 6 个月，如溶液变黄则不能使用。

②澄清水质：水质混浊者，应按每 50kg 水中加入明矾 1.5～2g 使之澄清，加入明矾时应充分搅拌，要注意明矾不宜过量，而且每次使用后容器应该彻底清洗，以免影响毛蚴的孵化。

(2) 自来水的处理　凡有条件的地方，尽可能用自来水作孵化用水，可以省去杀灭水虫和澄清水质等处理环节。但是余氯较重的自来水，应该存放于敞口容器中 20h 以上，让余氯逸出后方可用作孵化用水。有些“自来水”仅是把河水或井水抽上来后输送，没有做任何消毒和澄清处理，同样应按上述方法进行处理后方可使用。

(3) 高温季节用水处理　夏季气温、水温高时，毛蚴孵出速度较快，为防止在洗粪、换水过程中有毛蚴过早孵出并被倒掉，影响检出结果，可用 1.0%～1.2% 的食盐水洗粪以抑制毛蚴过早孵出，但是孵化用水应改用清水。

(4) 孵化用水的 pH　孵化用水的最适 pH 为 6.8～7.2。有些地区水偏酸或偏碱，可用 10% NaOH 或 3%～5% HCl 调节 pH。

3. 粪便虫卵毛蚴孵化法

(1) 粪便沉淀毛蚴孵化法

①洗粪：将被检动物粪样依次放在预先排列好的洗粪容器旁，并将送粪卡或编码移贴其上。取牛、马粪 50～100g，猪粪 20～30g，羊、犬粪 5～10g，其他动物按其排粪量类推，并尽可能挑取带有黏液或带有脓血的粪便进行淘洗。将粪样投入粪杯内，加水充分捣碎，使成糊状，然后通过 40 目或 20 目的铜筛过滤入另一杯中；或将粪样直接投入筛杯中，边搅拌边过滤，力求充分洗净，直至见到明显的剩余粗纤维为止。孙承铣等研究表明采用悬浆过筛的方法可有效提高阳性检出率。

用过的铜筛、筷子和其他用具，洗净并用 80℃以上的热水灭卵后方可使用，化验人员应每做一个粪样后洗手一次，以防污染。

②沉淀：经淘洗滤出的粪液一般静置 30min，待含虫卵粪渣下沉后，倒去上层液体。由于最初的粪液黏稠度较大，沉淀不充分，为了防止丢弃虫卵，第一次换水时，一般只倒去上层粪水的 1/3～1/2，加水进行再沉淀。之后可每隔 10～15min 换水一次，直至上层水干净。当水温在 15℃以上时应改用 1.0%～1.2% 盐水。因为毛蚴孵出较快，以免在换水过程中虫卵孵化及丢失。

换水时，要求轻拿轻放，动作缓慢均匀，以免激起沉渣上浮，把虫卵丢失。

③孵化：将粪渣移入 250～500mL 的长颈平底烧瓶或三角烧瓶内（图 16-7），加入预先准备好的孵化用水至距瓶口 1～2cm 处进行孵化。

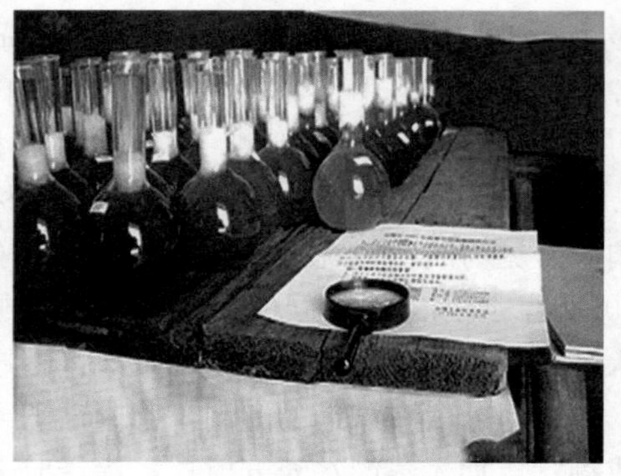

图 16-7　粪便毛蚴孵化

适宜的孵化条件是室温为 20～30℃，具有一定的光照（日光或灯光）。当室温在 15℃以上时，可在室温中孵化。当室温低于 15℃时，可将孵化用水加热至 30～33℃，同时在房间内开启取暖设备；也可将孵化瓶（杯）放入 25℃水浴锅中孵化。

④观察毛蚴：牛、羊粪血吸虫虫卵孵化应在孵化后 1h、3h、5h 各观察一次。孵化猪粪时应在 5h、8h 各观察一次。猪和牛的粪便虫卵毛蚴孵出

时间有明显的差别，猪粪便虫卵毛蚴孵出时间明显较牛长。试验表明以人工感染的血吸虫病猪、病牛粪便各 16 份进行比较试验，在同样水温条件下，孵化后 5h 进行观察，16 个牛粪样品均已出现阳性，而猪粪样品仅出现 2 个阳性，8h 后才全部出现阳性。以猪、牛粪血吸虫虫卵进行对比试验，在水温 22～26℃条件下，5h 的孵出率牛粪为 93.9%，猪粪仅为 17.2%；6h、8h 牛粪孵出率已达 100%，而猪粪为 72.4%；至 12h 猪粪为 100%。单以猪粪进行试验，2h 的孵出率为 1.75%，4h 为 31.01%，6h 为 64.63%，8h 为 89.85%，10h 为 96.94%，12h 为 99.12%，14h 为 100%。

观察毛蚴时应在光线充足的地方进行，为便于观察，可衬以黑色背景。毛蚴呈梭形，针尖大小，灰白色，折光性强，多在距水面 3cm 范围内呈直线运动。可肉眼或用放大镜观察，也可以将手机开启到摄像状态，镜头对准观察部位，直接在手机屏幕上调整放大并观察。

发现血吸虫毛蚴即判定为阳性。持续观察 2min 以上仍未见毛蚴者判为阴性。

如对疑似毛蚴有怀疑，可用滴管将其吸出，置显微镜下鉴别。血吸虫毛蚴显微观察特征为前部宽，中间有个顶突，两侧对称，后渐窄，周身有纤毛，如图 16－8 所示。

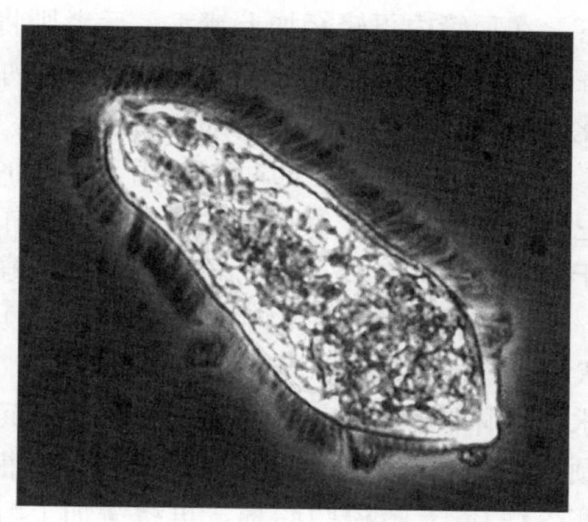

图 16－8 日本血吸虫毛蚴

如果是开展流行病学调查，有时还需对毛蚴进行计数。计数方法为：采用长颈平底烧瓶（或三角烧瓶）进行孵化，当每个孵化样品毛蚴数为 5 个以下时，直接计数；当毛蚴数多于 5 个时，将脱脂棉以上的清水全部吸出，置于离心管内，加 3～5 滴碘酒，1 000～2 000r/min 离心，弃上清，将沉淀重悬并吸出，置于载玻片，显微镜下计数。根据毛蚴数确定感染强度：1～5 个毛蚴为＋，6～10 个毛蚴为＋＋，11～20 个毛蚴为＋＋＋，21 个以上毛蚴为＋＋＋＋。也可根据阳性粪样的平均每克粪样孵出毛蚴数（*mpg*）、阳性率（*PR*）、当地各种放牧家畜数量（*N*）以及每头（只、匹）家畜平均排粪重量（*MW*，以 g 为单位）等计算各种动物在血吸虫病传播中的相对指数（*RTI*），评估其在血吸虫病传播中的作用，为确定重点防控的靶标动物提供依据。

如果用本方法开展野粪污染情况调查，计算各种动物的污染指数（*RECI*），根据污染指数分析各种动物在血吸虫病传播中的作用。

$$RTI \text{ 或 } RECI = (N \times PR \times MW \times mpg) \div \sum (N \times PR \times MW \times mpg)$$

计算相对污染指数时，*N* 表示采集到的每种动物野粪数量、*PR* 为阳性率、*MW* 为每堆野粪的平均重量（g）、*mpg* 为根据孵化结果计算出平均每克野粪孵化出的毛蚴数。

（2）粪便尼龙筛兜淘洗毛蚴孵化法　取新鲜牛、马属动物粪便 50～100g，猪粪 20～30g，羊、犬粪 5～10g，置于 40 目铜筛内，然后将该铜筛放入预先盛水的粪杯内进行淘洗。淘洗时应三上三下，即淘洗一次，把铜筛提起滤干，再放入杯里淘洗，反复三次，力求把大部分血吸虫虫卵洗下。除去粪渣，将滤液倒进 260 目的尼龙筛兜内再淘洗，由于血吸虫虫卵不能通过 260 目的尼龙筛兜网眼，但比血吸虫虫卵小的粪便杂质可以通过，因此，通过淘洗可以提高血吸虫虫卵的密度，提高孵出毛蚴的概率。尼龙筛兜洗粪可直接置于自来水龙头下边放水边冲洗，在没有消毒自来水的地方也可依次通过 3 个事先盛好灭虫处理水的木盆或桶进行清洗，直至尼龙筛兜内的粪水清晰为止，最后将清洗好的粪渣倒入孵化瓶内，孵化及毛蚴观察方法与粪便沉淀毛蚴孵化法相同。

（3）粪便顶管毛蚴孵化法　将被检牛或马属动物粪便 50～100g，猪粪 20～30g，羊、犬粪 5～10g，置于 20 目或 40 目铜筛内，加水调匀，过滤于特制的孵化杯（图 16－9）内，弃去粪渣，滤液换水 1～2 次即可，不必换水至上层液体清晰为止。特制的孵化杯有普通加盖式或螺口式塑料杯，也可以用 500mL 医用盐水瓶，如用螺口式孵化杯或医用盐水瓶，可以用两端不封口的小玻璃管作顶管，而普通加盖式孵化杯则用一般试管作顶管。孵化杯内加满孵化用水后，前者应盖紧，插上顶管，在顶管内再轻轻加上清水。后者则将试管事先安插在塑料盖上加满清水后倒插于孵化杯内，然后让其孵化。毛蚴多集中于顶管上部，易于观察。

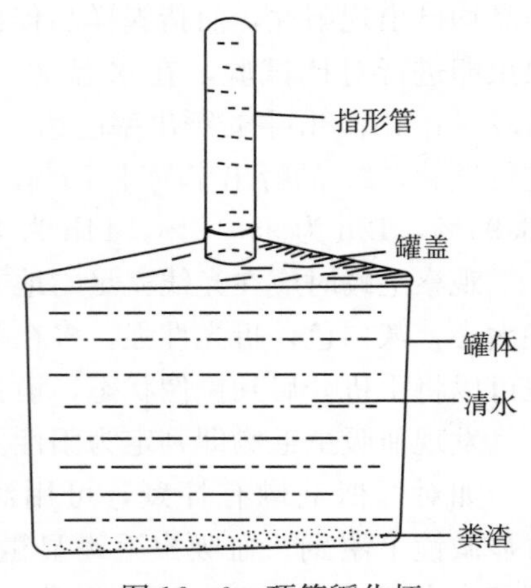

图 16－9　顶管孵化杯

顶管毛蚴孵化法也可以应用于常规的沉淀孵化法或尼龙筛兜淘洗法，其他程序均按常规操作，最后在三角烧瓶上或孵化杯上安上顶管即可。由于顶管比较细，比之于三角烧瓶顶部观察毛蚴更为方便。

（4）粪便直接毛蚴孵化法（直孵法）　将被检牛或马粪 50～100g，猪粪 20～30g，羊、犬粪 5～10g，放入 500mL 塑料量杯内，加 50～100mL 孵化用水，充分搅碎，然后加入孵化水至满杯，静置 15～20min，使其自然沉淀后，轻轻倒去 2/3 的上清液，将沉渣移入球形长颈烧瓶或三角烧瓶内。如是球形长颈烧瓶，将孵化用水加至距瓶口 5～6cm 处，在瓶颈水面塞入约 0.1g 疏松脱脂棉，再缓缓加上孵化用水至距瓶口 1～2cm 处。如果是用三角烧瓶，则将备好的试管（试管口周围用 0.5cm 宽的胶布缠紧，直至能固定在瓶口上为止）加入 2/3 容量的孵化用水，将管口罩上 7cm×7cm 100 目的尼龙绢布，倒插在三角烧瓶口上即可。孵化和毛蚴观察方法与粪便沉淀毛蚴孵化法相同。该法操作简便，虫卵散失少。

（5）粪便棉析毛蚴孵化法（棉析法）　上述粪便沉淀毛蚴孵化法、粪便尼龙筛兜清洗法或粪便直接孵化法均可于三角烧瓶瓶颈处或顶管下端塞上一团脱脂棉进行孵化。由于毛蚴具有向清性、向上性以及穿透性，且毛蚴能自由伸缩，能通过脱脂棉纤维而游向顶管上端或三角烧瓶上部，而粪便中的一些杂质则被脱脂棉的纤维挡住，致使观察毛蚴范围内的水质更加清晰，更便于观察。

（6）影响粪便毛蚴孵化法检测结果的相关因素

①用粪量：根据牛血吸虫病粪便毛蚴孵化法各种用粪量对比试验结果，75g 粪量组较 50g 粪量组孵出毛蚴数多，100g 粪量组又较 75g 粪量组为多，但是 150g 和 200g 粪量组与 100g 粪量组相似，为此，牛粪用量以 100g 为宜。

以人工感染 50 条、100 条及 200 条尾蚴三种不同感染强度的血吸虫病羊粪，分别采用 5g、10g 和 20g 羊粪进行毛蚴孵化比较试验，结果 5g 粪量组检出全部为阳性。因此，羊粪用量 5～10g 即可。以同样的方法以 50 条、100 条及 200 条血吸虫尾蚴感染猪，分别采集 5g、10g 和 20g 猪粪进行毛蚴孵化对比试验，结果只有 20g 粪量组全部出现阳性。为此猪粪用量以 20～30g 为宜。

②洗粪：洗粪应彻底，力求把大部分血吸虫虫卵清洗掉。以铜筛滤粪时，不能随意一搅拌就把粪渣倒去，这样血吸虫虫卵也就随着粪渣被倒掉。应该是三上三下进行淘洗，即淘洗一次后，取出滤干，再淘洗，再取出滤干，每个样品反复三次，就会清洗得较彻底。以人粪进行试验，共 16 份阳性标本，合计孵出毛蚴 1 998 个，其中沉淀内仅检出 1 171 个，占 58.6%，漏掉 827 个，占 41.4%，主要是粪便粗渣中，有 761 个，占 38.1%，换水倒掉 47 个，占 2.4%，其他则附在量杯壁等处。

③孵化温度：血吸虫虫卵可在 2～37℃的水中孵化，以 10～30℃时孵化居多，而孵化的适宜温度为 25～30℃。当水温在 11℃以下或 37℃以上时，大部分虫卵孵化被抑制。在 13～28℃条件下，大部分虫卵在 48h 内孵出，温度愈高，孵化愈快。

温度对虫卵孵化速率影响较大，夏季温度高，需早观察。当监测数量较大时，第一份粪样和最后一份粪样时间差别较大，最好依次观察，或多人多次观察。

④光照：光照能加速血吸虫虫卵的孵化。在 75W 人工灯光照下，大多数虫卵在 5～6h 孵化。在完全黑暗的环境中，虫卵仅部分孵化或完全不能孵化。把待检样品分为两个组，一组为自然光线下孵化，另一组为黑暗条件下孵化，其他粪量、操作、水温条件均相同，先后反复进行 50 次试验，结果每次试验都是绝大部分有光线组的较黑暗组孵出的毛蚴数为多。有光线组共计孵出毛蚴 7 355 个，而黑暗组仅为 1 990 个。有光线组超过黑暗组达 3.5 倍以上。

⑤水质及 pH：血吸虫虫卵在自然环境的清水中均能孵化，但水质及水的 pH 对血吸虫虫卵的孵化有显著的影响。水的混浊度会影响血吸虫虫卵的孵化，水质（如井水）愈好，孵化率愈高，但在新鲜自来水中不能孵化。孵化的最适 pH 为 7.5～7.8，但在 pH 为 3.0～8.6 的范围内均可以孵化。水的酸性或碱性过高均不利于虫卵孵化，pH 为 2.8 时或 pH 为 10 时，虫卵孵化完全被抑制。

⑥毛蚴观察：毛蚴体小，加上与水的颜色相近，难以观察。特别是轻流行区的水牛，往往一个粪样仅出现 1～2 个毛蚴，容易被疏忽。由于毛蚴不是同时孵出而是陆续孵出，再加上毛蚴孵出2～4h后就会死亡下沉，因此，对一个样品的观察至少要在 1min 以上。观察毛蚴时应该间隔一定时间，多次观察，尤其在水温较高的情况下，不能把 1h、3h、5h 各观察 1 次自行改为在 5h 进行一次观察（图 16 - 10）。

图 16 - 10　毛蚴观察

观察毛蚴时最易与水中的草履虫相混淆，一般可按下列办法区别：血吸虫毛蚴大小比较一致；而草履虫则因为分裂原因，大小略有差别，分裂前略比毛蚴大，但分裂后的一段时间内大小与毛蚴相似。毛蚴出现时间较早，一般在孵化后 5h 以内，而草履虫一般在孵化 6h 后由于分裂而增殖，数量逐渐增多。必要时可用吸管吸出置于载玻片上，在显微镜下鉴定。为限制毛蚴运动，便于观察，鉴定时可少许加温或加一滴碘溶液将其杀死。草履虫周身亦布满纤毛，呈鞋底状，体侧有一明显口，前后端有伸缩泡，整体不表现明显伸缩，呈自右向左旋转前进运动。

⑦不同种类家畜粪样中虫卵孵化时间不同，如猪和牛的粪便虫卵毛蚴孵出时间有明显的差异，猪粪便虫卵毛蚴孵出时间较牛更迟。对猪开展监测，一般要在孵化 5h 后才进行

观察。

⑧为了提高阳性检出率，一般应做到一粪三检，即 1 个粪样做 3 个同样检查，而不是把 1 个粪样放在 3 个孵化瓶内，或者把洗好的 1 个粪样分在 3 个瓶内观察。研究表明，即使是一粪三检，也只能检出 70%～80%。江为民等研究表明，采用尼龙兜筛淘洗棉析孵化法进行粪检，一粪三检与二粪六检、三粪九检的阳性结果存在显著性差异（$P<0.05$），而二粪六检与三粪九检的阳性结果不存在显著性差异（$P>0.05$）。一粪三检存在较大的漏检率，其检出率仅为三粪九检结果的 75.5%，基层提倡采用的二粪六检的阳性检出率相对提高，但也存在一定的漏检，其检出率为三粪九检结果的 92.7%，并且漏检率与感染强度有关。

粪便毛蚴孵化法由于使用较多的被检动物粪便，其阳性病畜的检出效果远超过粪便虫卵检查法，因为一张涂片检查粪量仅为 0.2g 左右，而毛蚴孵化法常用 10～200 倍量的粪样，理论上其检出率可提高数十至数百倍。特别在轻流行区、低感染度疫区，粪样中的虫卵含量较少，需用粪便毛蚴孵化法进行检查。

粪便毛蚴孵化法有多种，最早应用的是直接粪便毛蚴孵化法，后来发展为通过 20 目或 40 目铜筛过滤沉淀后集卵孵化法，20 世纪 70 年代后期又发展为通过 260 目尼龙筛兜清洗再集卵后孵化，然后观察毛蚴。为了能够更方便清晰地进行观察，又改进为顶管法和棉析法。在重流行区，由于粪便内血吸虫虫卵密度大，几种粪孵方法均可应用，但在轻流行区，则需要选择比较敏感的方法。

（7）毛蚴孵化法注意事项

①防止化学污染。血吸虫虫卵孵化时受环境影响较大，微量的化学污染（如化肥污染）都可以影响孵化结果。因此，无论是粪样采集、包装运输以及孵化过程中都要防止化学污染。

②防止交叉污染。在粪样采集、洗涤和孵化过程中使用的相关工具，做到一粪一换，或者用清水彻底冲洗干净后再用。

③设置阳性参考。影响血吸虫虫卵孵化的因素较多，在当前感染率和感染度较低的情况下，有条件的地方，建议设置阳性参考。阳性参考可以是从人工感染的小鼠或家兔的肝脏提取的虫卵。

④夏季气温、水温高时，用食盐水洗粪和沉淀。夏季气温、水温高时，毛蚴孵出速度较快，为防止在洗粪、沉淀换水过程中虫卵孵化并将毛蚴丢弃，影响检测效果，必须准备 1.0%～1.2%的食盐水用于洗粪和沉淀，但孵化时须换成孵化专用水。

（三）直肠黏膜虫卵检查

直肠黏膜检查法是以直肠搔爬器（直肠吻合器见图 16－11）等工具伸入动物直肠 10～40cm 处，轻轻刮取直肠的一小块黏膜，以镊子取下并于水中略清洗，然后置于载玻片上压片，于显微镜（10×10）下检查，阳性者可发现散在的或成串成丛的血吸虫虫卵（图 16－12）。王溪云（1958）、翁玉麟（1959）等分别在 20 世纪 50 年代应用该法诊断牛等大家畜日本血吸虫病，取得了较好的效果。

直肠黏膜检查方法具有快速、简便、准确的特点，70 年代前曾被列为常规诊断方法，但该法对动物直肠黏膜有一定程度损伤，目前在动物血防工作中已稀见应用。

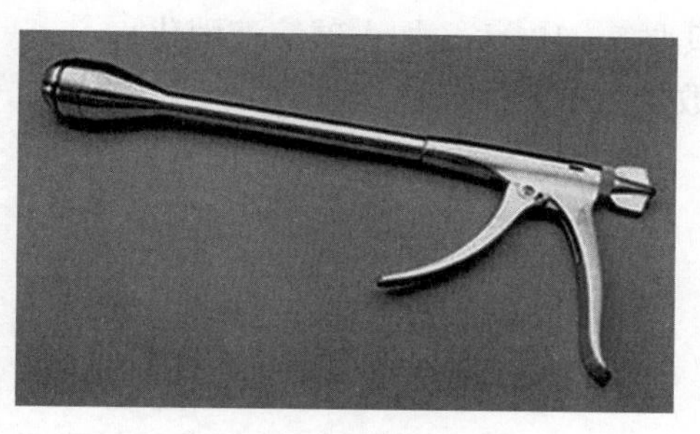

图 16-11　直肠吻合器

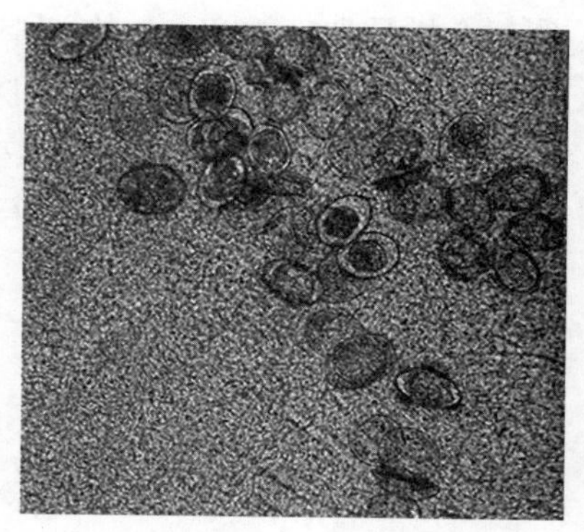

图 16-12　肠黏膜内虫卵

（四）解剖诊断

解剖诊断，即检查动物尸体内是否有血吸虫虫体，或组织中是否有血吸虫虫卵，是确诊血吸虫病的方法。

1. 虫体收集检查　日本血吸虫成虫在宿主体内的主要寄生部位是肝门静脉、肠系膜静脉和痔静脉等，有时在胃静脉及肝脏也能找到少量虫体。血吸虫虫体大，当感染度较高时，在宿主血管中可肉眼直接观察到虫体；也可采用灌注法对肝门静脉、肠系膜静脉等进行冲洗收集虫体。有时寄生在痔静脉等部位内的虫体不能完全冲洗出来，必须另作检查，收集虫体的具体技术方法详见本章第六节。

2. 肝脏虫卵检查　日本血吸虫虫卵主要分布于肝脏和肠壁等组织，检查虫卵时主要对肝、肠组织进行压片镜检或孵化检查。

（1）肝脏血吸虫虫卵压片检查法　将肝脏表面或切面上粟米大小的白色虫卵结节（图 16-13）以眼科剪取下，置于载玻片上，每片可置 4～5 个结节，压片后于低倍显微镜（10 倍或 40 倍物镜）下检查。阳性者可见血吸虫虫卵。

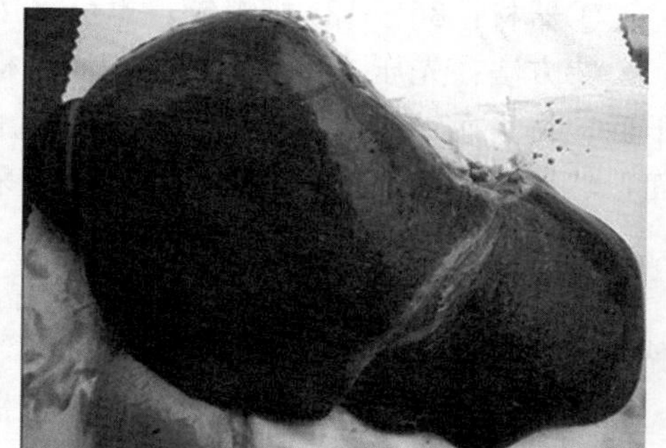

图 16-13　黄牛肝脏虫卵结节

日本血吸虫虫卵显微观察的形态特征为淡黄色，椭圆形，卵壳均匀，无卵盖，卵壳一侧有一小棘，大小为（74～106）μm×（55～80）μm。

（2）肝脏血吸虫虫卵毛蚴孵化法　轻度血吸虫感染的动物扑杀后，肝脏病变不甚明显，任意取肝组织压片检查往往查不到虫卵，在这种情况下，可做肝组织毛蚴孵化检查。

方法：取肝组织 10～20g，剪碎，置于组织捣碎机内捣碎，加上适量水调匀，先通过 40 目铜筛过滤，弃去滤渣，将滤液倒进 260 目尼龙筛兜内淘洗干净，然后将这些肝组织泥倒入长颈平底烧瓶内进行毛蚴孵化。孵化条件和结果观察方法与粪便虫卵毛蚴孵化相同。

（3）动物（牛、鼠）肝脏虫卵计数　肝脏虫卵计数常用于实验室评估动物病理损害的严重程度。

①分别从各肝叶背面取 1～2g 组织，浸泡于 10%甲醛溶液中保存。

②检查时将组织从溶液中取出，用吸水纸吸干，在天平上准确称取重量，并做好记录。

③每个样品加入约 20mL 的 PBS 或生理盐水，于组织匀浆器中捣碎成肝匀浆。

④将肝匀浆定容至 30mL，并加入等量 10% KOH 溶液，混匀。

⑤于 56℃水浴消化 2h（肝匀浆定容后也可只取 5～10mL，加入碱溶液消化）。

⑥取 4×100μL 溶液作涂片镜检，在细胞计数板上进行肝脏虫卵计数。

⑦换算成每克肝脏虫卵数。

二、血清学诊断技术

（一）血液的采集、血清的分离和保存

在采集血样前，对拟采集血样的家畜、实验动物进行登记编号。记录每个编号家畜采集地点、饲养员或畜主姓名、畜别、畜号、性别、年龄、怀孕状况。

1. 血液采集方法

（1）颈静脉采血（用于牛、羊、马等大家畜）

①器材：12#～18#蝴蝶针，也可采用 12#～16#一次性注射器，真空负压采血管（容量 5mL）。

②方法：将动物保定好，暴露动物颈部位置，在颈静脉沟 1/3 处剪毛消毒，用左手拇指在采血点近心端压紧，其余四指在右侧相应部位抵住，其上部颈静脉会鼓起，如鼓起不明显，可用绳子勒住颈基部使静脉鼓起，右手将采血针在远心端对准颈静脉管刺入，用真空负压采血管接取 5mL 血，标记样品号。

（2）耳缘静脉采血（用于兔、猪、牛）

①器材：8#～12#蝴蝶针，也可采用一次性注射器，真空负压采血管（容量 5mL）。

②方法：先压住动物耳根，用酒精棉球擦拭耳缘静脉，使耳静脉充分鼓起，用干棉球擦干后，将采血针或注射器刺入血管，见血后即用左手拇指按着针头，食中二指托于耳的腹面，然后放松耳根按压处，用真空负压采血管接取 1～5mL 血，标记样品号。

（3）毛细管采血

①器材：塑料毛细管，长 8cm 左右，管内先浸入 10%枸橼酸钠溶液，烤干，使管内壁黏附固体枸橼酸钠。12 号采血针。

②方法：在动物耳背血管处用酒精棉消毒，待酒精挥发后，用针头刺破血管，血滴流出后将毛细管插入血中，血液进入管内 5～10cm 后停止，将毛细管两端封住（可用酒精灯或用烧烫的金属镊子使塑料管烧熔封闭）。

多头动物采血时需在管壁上写上动物号码。

（4）血纸采血或采血卡

①器材：采血卡或高温消毒过的厚滤纸。玻璃或塑料毛细管，或注射针。

②方法：采用毛细管采血法，将毛细管中的血直接滴在采血卡或滤纸上，注意不要超过集血区域，晾干后密封保存于 4℃。

2. 血清的分离与保存

（1）分离血清时可用木签或竹签沿管壁将凝血块与管壁分离，促使血清渗出。于 4℃ 3 000r/min离心 20min，用移液器或移液管将血清吸到灭菌试管或 Eppendorf 管内，以便于分批使用，也可分装成若干份后于－20℃保存备用。血清在 0～10℃冰箱中一般仅能保持

14d，并需加入 0.02%叠氮钠。在−20℃冰箱中可保存 3 个月。若更长期保存则最好保存于−70℃低温冰箱中。长时间保存后血清抗体滴度会有所下降。

(2) 含血液的毛细管需直立放置，使血细胞下沉，上层出现黄色血清，将血细胞部分毛细管剪掉，保存血清部分。如需立即检验，可通过离心使血细胞迅速下沉。如当天不检验，可将毛细管置于 0～10℃冰箱中保存，保存期以 3d 为限。

(3) 裁取一定面积（$1cm^2$）待检干燥血纸片，投入无菌 Eppendorf 管或试管内，加入 0.5mL 生理盐水浸泡 0.5～1h，间或摇动，4℃、3 000r/min 离心 10min 吸取血清备用。

（二）常用的血清学诊断方法

1. 间接血凝试验　间接血凝试验（IHA）技术自 20 世纪 80 年代已应用于家畜血吸虫病的检测，1986 年农业部畜牧兽医司确定本法为家畜血吸虫病的普查方法，1989 年动物检疫规程委员会把本法列入我国动物检疫规程。

(1) 血吸虫虫卵提取制备

①选用若干只健康家兔，通过腹部贴片法每只感染日本血吸虫尾蚴 2 000 条，感染后 42d，解剖家兔取出肝脏，除去胆囊、血管及结缔组织等备用。如将肝脏在 4℃保存 24～48h 可增加虫卵得率。

②将兔肝剪成碎块，加 2 倍量的 1.2% NaCl 溶液（气温高时也可加冰致冷），用组织捣碎机以 8 000r/min 速度将肝脏匀浆 3 次，每次 1min，完成后将捣碎物移至 40、80、100、120 目分样筛中，用 1.2% NaCl 溶液过滤。收集所有滤渣重复捣碎 3 次，以便收集更多虫卵。

③将滤液倒入量杯内，再经 260 目尼龙网滤除水分。

④将沉淀液倒入离心管内离心后，除去上层清液及中层褐色肝糊，反复离心多次直至下层管底见金黄色虫卵。

⑤合并各管虫卵，反复加盐水离心洗涤，直至看不见灰褐色肝组织为止。

⑥将获得的虫卵再经尼龙绢（140 目和 260 目）重叠过滤，去除残留的肝组织细胞，滤液经离心沉淀反复去除白褐色絮状物，即得纯净的血吸虫虫卵，置于 4～8℃冰箱内备用。

(2) 抗原制备

①抗原溶液的制备：取出新鲜制备的血吸虫虫卵进行冷冻干燥、磨碎，每克干粉加 100mL 生理盐水浸泡，在 4℃条件下泡 5～6d，其间不断摇动，然后用干冰-丙酮反复冻融 5 次及用超声破碎处理 5min，将抗原提取液在 4℃以 10 000r/min 离心 20min，上清液即为抗原液，用酚试剂法或紫外分光光度计测定蛋白浓度后，−20℃保存备用。

②制备致敏绵羊红细胞（诊断原液）：采集公绵羊血液，与等量阿氏液混合离心除去上清液，血细胞部分用生理盐水离心洗涤 3 次，以去除红细胞外其他血液成分，弃掉上清液，加入等体积 0.15mol/L pH7.2 PBS 混匀，然后每 25mL 红细胞液中滴加 2.5%戊二醛 1mL，边滴边摇，于 20～22℃环境中醛化 1h，用 PBS 洗 3 次后配成 2.5%悬液，再加入等量 1∶5 000鞣酸生理盐水溶液，在 37℃水浴中孵育 15min，用 PBS 洗 3 次，弃掉上清液再用 0.15mol/L pH6.4 PBS 配成 2.5%红细胞悬液。将上述制备的抗原溶液用 0.15mol/L pH6.4 PBS 稀释至 20mg/mL，在红细胞悬液中加入 2 倍量的抗原溶液，于 37℃水浴作用 30min，用含 1%灭活（50℃中水浴 30min）兔血清的 pH7.2 PBS 洗 1 次，即成为抗原致敏的红细胞，用含 10%蔗糖及 1%灭活兔血清的 pH7.2 PBS 配成 5%红细胞悬液（V/V），即为诊断原液。

③致敏红细胞的冻干与保存：将诊断原液分装于5mL容量的安瓿或青霉素瓶中，每瓶2mL，摇匀诊断原液在液氮或干冰中速冻，再于冷冻干燥机中冻干，封口并保存于4℃。用时每瓶加蒸馏水2mL，即为诊断液。

冻干血细胞于室温条件下可保存3个月，4℃中保存1年；未冻干的血细胞于4℃中可保存6个月，室温中可保存1d。

④诊断液的质量检验：按间接血凝操作方法进行检验操作，血清用参考阳性兔血清或参考阳性牛血清，从1∶5起倍比稀释至1∶2 560，结果以兔血清滴度达1∶（640～1 280）或牛血清滴度达1∶（160～320）为合格。

参考阳性兔血清：每只接种血吸虫尾蚴1 500～2 000条，42～45d采血，分离血清，10只兔血清等量混合。参考阳性牛血清：黄牛每头接种血吸虫尾蚴500条，水牛1 000条，黄牛50～55d采血，水牛55～60d采血，10头牛血清等量混合。

（3）操作方法

①器材：V形微孔有机玻璃血凝板、移液器。

②操作步骤：将被检血清以生理盐水作1∶5、1∶10、1∶20、1∶40稀释，每孔加被检血清25μL，同时设空白孔、阳性血清对照孔和阴性血清对照孔，每个样品加2孔。在每孔中加致敏红细胞抗原液25μL，振荡血凝板，将诊断液与血清混匀，置于20～37℃条件下1～2h，待空白对照孔中血细胞全部沉淀于孔底中央呈一圆形点时，即可判断结果（图16-14）。

图16-14　间接血凝试验操作

（4）判断标准

1）各孔按下列标准判定（图16-15）

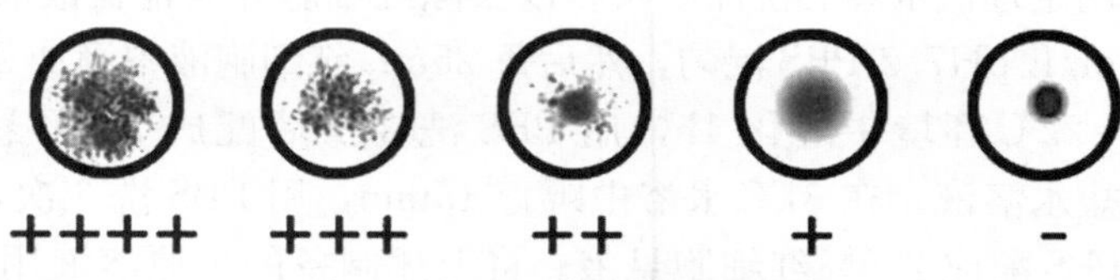

图16-15　间接血凝结果判定

①红细胞完全不凝集，即全部下沉到孔底中央，形成紧密圆点，周缘整齐，判为阴性（—）。

②红细胞凝集少于25%，即75%以上沉于孔底中央，见一较阴性为小的圆点，周围有

一薄层凝集红细胞，视为弱阳性（＋）。

③红细胞近 50％凝集，即约半数沉于孔底中央，于孔底中央见一更小圆点，周围有一薄层凝集红细胞，视为阳性（＋＋）。

④红细胞全部凝集，均匀地分散于孔底斜面上，形成一淡红色薄层，视为强阳性（＋＋＋或＋＋＋＋）。

2）被检血清按下列标准判定

试验成立条件：当阳性对照血清全部为“＋＋”以上，阳性、阴性对照血清及生理盐水各孔均为“－”时，试验成立，否则试验不成立，需检查原因，重新试验。

诊断结果：当血清 10 倍和 20 倍稀释孔均出现阳性（包括弱阳性）结果时，被检血清判为阳性。

（5）注意事项

①操作中移液器在每孔中吸吹次数、力度等要一致。

②诊断液和待检血清等要尽量避免反复冻融。

③检测试剂从冰箱取出后，应放在室温条件下平衡 30min 以上再行使用。

④判读结果时如空白对照孔 2h 后沉淀图像不标准，说明生理盐水质量或器材不合格，需用重配的生理盐水或更换的器材重新操作。

2. 胶体金试纸条法　目前利用胶体金标记技术诊断动物日本血吸虫病的方法主要有快速斑点免疫金渗滤法（dot - immunogold filtration assay，DIGFA）和胶体金免疫层析法（gold immunochromatography assay，GICA），利用胶体金标记抗某种动物 IgG 或 SPA、SPG、血吸虫抗原等，分别用间接法或双抗原夹心法诊断动物血吸虫病。

（1）胶体金试纸条法　一般是将血吸虫可溶性虫卵抗原 SEA 固相于硝酸纤维膜作为检测线。质量控制线可依据被标记分子的不同而不同。如果被标记分子为葡萄球菌 A 蛋白（SPA）或链球菌蛋白 G（protein G），质量控制线可以用牛、羊、兔或鼠的 IgG 抗体；如果被标记分子为靶标动物的第二抗体，质量控制线为靶标动物的 IgG 抗体；如果标记分子为血吸虫抗原 SEA，质量控制线为抗 SEA 抗体。

1）操作方法

①在血凝板或 ELISA 板的孔中用 PBS 或生理盐水将血清作 1∶10 稀释。如果血样为血纸，剪下 1cm×1.2cm 血纸，加 200μL 生理盐水，浸泡 10min，为血纸浸泡液；取 100μL 用生理盐水或配备稀释液作 1∶2 稀释。

②将试纸条插入端分别插入稀释的血清（或血纸浸泡液）样本孔中，血清液面勿超过试纸条标注的刻度线，15s 后取出平放。如果试纸条已装入塑料板内，则在其样品垫端加样处（加样孔中）滴加 50～100μL（1～2 滴）稀释后的血样，平放。

③5～15min 内肉眼观察结果。

2）判断标准

阳性：检测线区（T）及质控线区（C）同时出现红色条带。

阴性：只有质控线区（C）出现一条红色条带。

失效：质控线区（C）不出现红色条带。

3）注意事项

①严禁触摸试纸条检测膜。

②试纸条从盒中取出后，应尽快试验，避免放置于空气中过长时间，试纸条受潮后将失效。

③试纸条如冷藏放置，需平衡至室温再使用。

④冷藏的血清标本，须平衡至室温再做检查。

⑤由于使用血纸进行监测，血纸在浸泡时有溶血，导致血红蛋白进入反应体系，会影响最后结果的观察。建议使用试纸条进行监测时，最好使用血清。

（2）斑点免疫金渗滤法检测动物血吸虫病的方法　斑点金标法采用了免疫渗滤检测技术，用于检测血清中血吸虫抗体。在硝酸纤维膜上吸附动物血清，然后滴加金标记血吸虫虫卵可溶性抗原（Au-Ag）。当检测样本为阳性时，样本中的血吸虫抗体与胶体金标记的血吸虫抗原结合形成复合物，停留在膜上形成红色斑点。当检测样本为阴性时，不能形成金复合物，金标抗原由于下层吸水纸的强力吸附作用而不能停留，硝酸纤维膜上不形成红色斑点。

1）操作方法

①T-DIGFA测定反应盒准备：测定装置为一塑料小盒（3cm×2.5cm×0.6cm），分底和盖两部分，盖的中央有直径0.8cm的小孔，盒内垫满吸水纸，在盖孔下紧贴吸水纸上面放置一张1.3cm×1.3cm硝酸纤维素膜，合上盒盖即成。

②测定方法：用内径1mm玻璃毛细管吸取待检血纸浸出液（每个样品用一根玻璃毛细管），若检测1个样品，将血纸浸出液点在塑料反应盒圆孔中央的硝酸纤维素膜上；若检测2～4个血样，按顺时针方向，在距小孔边缘1mm左右等距离地将蘸有浸出液的玻璃毛细管轻贴硝酸纤维素膜点样，待浸出液渗入膜直径达1.5mm左右（用量约1μL），移走玻璃毛细管，滴加血吸虫抗原标记胶体金2滴（100μL）。90s后判定结果。

2）判定标准　依斑点深浅和有无而定：深红色为＋＋＋＋，红色为＋＋＋，浅红色为＋＋，橘黄色为＋，淡橘黄色为±，淡黄色或无色为－。若点样处显现红色斑点（＋＋以上），判为血吸虫病阳性，否则判为阴性。

3. 酶联免疫吸附试验　酶联免疫吸附试验（ELISA）是一种常用于检测动物血清中血吸虫特异性抗体或循环抗原的含量及变化的定性定量测定方法。该法不仅用于动物血吸虫病诊断，也常用于血吸虫感染免疫机制分析等研究。

（1）抗原的制备　常用的血吸虫诊断抗原为虫卵可溶性抗原（soluble egg antigen，SEA）、成虫可溶性抗原（soluble adult worm antigen preparation，SWAP）、虫体组分抗原及基因重组抗原等。虫卵可溶性抗原的制备方法同间接血凝法。用于ELISA的血吸虫SEA可进一步用Saphadex G-200纯化，检测效果较未纯化的SEA好。SEA在－20℃可保存3年以上，在4℃可短期保存。

（2）标准血清

①标准阴性血清：用粪检或解剖确定无血吸虫寄生，来自非血吸虫病疫区的动物血清100份等量混合。

②标准阳性血清：用粪检或解剖诊断血吸虫感染的健康动物血清100份等量混合。

（3）酶标记兔抗牛（羊、猪）IgG　以下以牛为例介绍，酶标记兔抗牛IgG可从生物试剂公司购置，也可按下述方法制备：

兔抗牛IgG制备：采牛血清，用饱和硫酸铵溶液沉淀法提取IgG，经Sephadex G-50柱层析除去硫酸铵，获得粗制球蛋白。再经QAE-Sephadex A-50柱层析得到纯化的牛

IgG。用纯化的牛 IgG 免疫兔，共 3 次，第一次加弗氏完全佐剂，作四肢足垫肉注射，免疫剂量为每千克体重 1mg。14d 后加弗氏不完全佐剂于兔小腿皮下多点注射，IgG 量同上；再过 14d 不加佐剂进行大腿肌内注射，IgG 量同上。第三次免疫后 10d 起采兔血和健康牛血清做环状沉淀试验，效价达 1：12 800 以上即可采血，分离血清。用与分离牛 IgG 同样方法分离纯化兔抗牛 IgG。

酶标记兔抗牛 IgG：标记酶可用辣根过氧化物酶，先将酶溶于 pH9.6 的 0.05mol/L 碳酸缓冲液中，每 10mg 酶加缓冲液 0.4mL，滴加 25%戊二醛 0.1mL，在 37℃中放置 2h，再用 2mL 冰冷的无水乙醇沉淀酶，4℃、2 500r/min 离心 15min，倒去上层液体，用 5mL 80%乙醇混合沉淀，加入 1mL 含有 15mg IgG 的溶液混匀，4℃过夜，次日用 KH_2PO_4 溶液调节 pH 至中性，保存于－20℃备用。

酶标记物工作浓度的确定：用不同稀释浓度的酶标记物进行酶联免疫吸附试验，测定上述标准阴阳性血清，取两者间吸光值差异最大的酶标记物稀释浓度作为酶标记物工作浓度。

检查其他动物血吸虫病时要制备抗该种动物 IgG 的抗体，或用 SPA、SPG 等。

（4）试剂准备和仪器

1）聚苯乙烯微量板（平板，40 孔、96 孔）。

2）酶联免疫检测仪。

3）辣根过氧化物酶标记的兔抗牛 IgG。

4）包被液：0.05mol/L pH9.6 碳酸缓冲液，4℃保存。配制方法：Na_2CO_3 0.15g，$NaHCO_3$ 0.293g，蒸馏水稀释至 100mL。

5）稀释液：0.01mol/L pH 7.4 PBS－吐温－20，4℃保存。配制方法：NaCl 8g，KH_2PO_4 0.2g，$Na_2HPO_4 \cdot 12H_2O$ 2.9g，吐温－20 0.5mL，蒸馏水加至 1 000mL。

6）洗涤液：同稀释液。

7）封闭液：0.2%明胶溶液/pH7.4 PBS。

8）底物溶液：临用前配制。

①邻苯二胺溶液：0.1mol/L 柠檬酸（2.1g/100mL）6.1mL，0.2mol/L $Na_2HPO_4 \cdot 12H_2O$（7.163g/100mL）6.4mL，蒸馏水 12.5mL，邻苯二胺 10mg，溶解后临用前加 30% H_2O_2 40μL。

②TMB 溶液：

底物液 A 的制备：Na_2HPO_4 14.6g、柠檬酸 9.33g、过氧化氢脲 0.52g，加去离子水至 1 000mL，调至 pH5.0～5.4，过滤除菌，无菌分装，10mL/瓶。

底物液 B 的制备：TMB200mg、无水乙醇 100mL，加去离子水至 1 000mL，过滤除菌，无菌分装，10mL/瓶。

9）终止液：2mol/L H_2SO_4。

（5）ELISA 的操作步骤

①包被抗原：用包被液将抗原作适当稀释，一般为 10μg /孔，每孔加 100μL，37℃温育 1h，或 4℃冰箱放置 16～18h。

②洗涤：倒去板孔中液体，甩干，加满洗涤液，静放或 50～100r/min 离心 3min，反复 3 次，最后将反应板倒置在吸水纸上，使孔中洗涤液流尽。

③加封闭液 200μL，37℃放置 1h。

④洗涤同步骤 2。

⑤加被检血清：用稀释液将被检血清作 1∶100 稀释，每孔 100μL。同时加标准阴、阳性对照血清。37℃放置 1～2h。

⑥洗涤同步骤 2。

⑦加辣根过氧化物酶兔抗牛 IgG，每孔 80～100μL，37℃放置 1h。同步骤 2 洗涤。

⑧加底物：加 100μL 邻苯二胺或 TMB 溶液，室温暗处 10～15min。

⑨加终止液：每孔 50μL。

⑩观察结果：用酶联免疫检测仪记录 490nm（OPD）或 450nm（TMB）读数。

（6）判定标准　分别得出待测样本（S）和标准阴性对照（N）的平均 OD 值后，计算 S/N 值，将 S/N 值≥2 的样品判为阳性，＜2 判为阴性。如果使用试剂盒，则按其提供的判定标准确定检测结果。以标准阳性对照血清的 OD 值大于标准阴性对照的 2 倍作为本试验的质量控制，即标准阳性血清检测结果为阳性时试验成立，反之试验不成立。

（7）注意事项

①血清自采集时就应注意无菌操作，也可加入适当防腐剂。

②抗原、血清、酶标记物和封闭液可 4℃冰箱短期保藏；如超过一周，需加防腐剂；酶标记物最好加甘油后－20℃保藏，尽量避免反复冻融。

③按试剂盒说明书的要求准备试验中需用的试剂。从冰箱中取出的试验用试剂应待温度与室温平衡后使用。

④由于酶联免疫吸附试验具有高度敏感性，因此在加抗原液、血清、酶标物溶液、底物溶液时，量要准确。每次加样品应更换吸嘴，加酶标记物和底物时尽可能用定量多道加液器，使加液过程迅速完成。

⑤洗涤在 ELISA 试验过程中决定着试验的结果。ELSIA 就是靠洗涤来达到分离游离的和结合的酶标记物的目的。通过洗涤以清除残留在板孔中未能与固相抗原或抗体结合的物质，以及在反应过程中非特异性地吸附于固相载体的干扰物质。聚苯乙烯等塑料对蛋白质的吸附是普遍性的，而在洗涤时又应把这种非特异性吸附的干扰物质洗涤下来。可以说在 ELISA 操作中，洗涤是关键技术，应引起操作者的高度重视，操作者应严格按要求进行洗涤。

洗涤的方式除某些 ELISA 仪器配有特殊的自动洗涤仪外，手工操作一般用浸泡式洗涤，过程如下：①吸干或甩干孔内反应液；②用洗涤液洗一遍（将洗涤液注满板孔后，即甩去）；③浸泡，即将洗涤液注满板孔，放置 1～2min，间歇摇动，浸泡时间不可随意缩短；④吸干孔内液体，吸干应彻底，可用水泵或真空泵抽吸，也可甩去液体后在清洁毛巾或吸水纸上拍干；⑤重复操作③和④，洗涤 3～4 次（或按说明规定）。在间接法中如本底较高，可增加洗涤次数或延长浸泡时间。

4. 斑点酶联免疫吸附试验　已报道的动物血吸虫病斑点酶联免疫吸附试验（Dot-ELISA）诊断技术有两种，即单克隆抗体斑点酶联免疫吸附试验（简称 McAb-Dot-ELISA）和三联（血吸虫、肝片吸虫和锥虫）斑点酶联免疫吸附试验。

（1）单克隆抗体斑点酶联免疫吸附试验　血吸虫成虫寄居在宿主门静脉和肠系膜静脉，虫体的分泌、排泄物及脱落的表膜成分释放入血流，成为循环抗原。将被检家畜血清吸附于硝酸纤维薄膜载体上，加上血吸虫抗原特异的单克隆抗体酶标记物后，载体上的血吸虫循环抗原与酶标记的抗日本血吸虫单克隆抗体结合，再与酶底物（如3,3-二氨基联苯胺）产生显色反应，如载体上出现棕红色斑点，即判为阳性，否则判为阴性。

1）单克隆抗体及其酶标记物的制备　用血吸虫尾蚴人工感染BALB/c小鼠，42d后取脾脏，制备脾淋巴细胞，与小鼠骨髓瘤细胞SP2/0融合，经选择性培养基培养后，用血吸虫虫卵抗原筛选阳性孔，通过3次亚克隆后，筛选获得一株特异的单抗细胞株SSj14，将生长良好的细胞转入培养瓶中扩大培养，每隔3～4d收集细胞培养上清液，用饱和硫酸铵法纯化单抗，按戊二醛交联方法交联辣根过氧化物酶，经测定效价后，分装冻干，保存于-20℃冰箱中备用。

2）操作方法

①将被检耕牛血清用0.02mol/L pH 7.2 PBS作1∶10稀释（绵羊血清作1∶50稀释）。

②用玻璃毛细管（内径0.9mm）取1μL稀释血清点样于划痕为5mm×5mm的硝酸纤维薄膜（NC）上，60℃烘干1h。

③点样面朝下浸没于5%脱脂奶粉/PBS溶液中，在摇床上37℃恒温作用30min。

④用0.5%吐温-20/PBS（PBST）洗涤2次，每次3～5min。

⑤将NC膜浸没于工作浓度为1∶800的单克隆抗体辣根过氧化物酶标记物（用PBST稀释）溶液中，在25～37℃条件下，在摇床上恒温作用2h。

⑥取出NC膜，用PBST洗3～5次，每次3～5min，去除NC膜表面水分。

⑦浸于3,3-二氨基联苯胺（DAB）底物溶液（临用前加入H_2O_2）中，37℃避光作用1h 5min。

⑧用水冲洗终止反应。

3）判定标准

阴性反应：在NC膜上未见显色反应，判定为阴性血清。

阳性反应：在NC膜上出现淡棕色斑点为+，出现棕色斑点为++，出现深棕色斑点为+++和++++。

4）注意事项　①冻干的单克隆抗体辣根过氧化物标记物应保存于-20℃。②底物溶液（1mg DAB溶于20mL PBS中）在临用前加入20μL 0.33% H_2O_2。③底物（显色物）有毒性，切勿接触口、眼等。

（2）三联（血吸虫、肝片吸虫和锥虫）斑点酶联免疫吸附试验　本法以硝酸纤维素膜为固相载体，在一张膜上分别吸附血吸虫、肝片吸虫和锥虫3种抗原，根据膜上底物反应出现的颜色有无及深浅判断结果。可同时诊断上述3种寄生虫病。

1）操作方法

①NC预处理：将NC浸入预处理液中，室温30min后，37℃烘干。

②抗原膜的制备：用打孔器在NC上压印直径3mm圆圈，在每个压印中央加1μL抗原液（0.94μg蛋白），置室温2h或4℃过夜。

③封闭：用0.5%明胶/PBST封闭抗原膜，37℃封闭1h，用PBST洗涤3次，每次3min。

④加待检血清：将膜浸入300倍稀释的待检血清中，37℃结合50min，弃去待检血清，重复上法洗涤。

⑤加兔抗牛IgG抗血清：将膜浸入300倍稀释的兔抗牛IgG抗血清中，37℃50min，重

复上法洗涤。

⑥加 PPA：将膜浸入 1：800 浓度的 PPA 中，37℃反应 30min，重复上法洗涤。

⑦加底物溶液显色：DAB 溶液（0.5mg/mL）临用前加 30% H_2O_2，使最终浓度为 0.01%，混匀后立刻将膜浸入，轻轻振摇。

⑧终止反应：室温反应 1～2min 后，自来水终止反应，漂洗后晾干。

⑨判定结果。

2）判定标准　目测颜色深浅的有无，记录标准：深棕色为＋＋＋＋，浅棕色为＋＋＋，黄色为＋＋，浅黄色为＋，稍黄色为±，无色为－。＋＋以上可判为阳性。

以膜编号端为右端，左圆斑为血吸虫病；中间圆斑为锥虫病；右圆斑为肝片吸虫病。若有 3 个圆斑，则为 3 种寄生虫病都为阳性；若有某 1 个或 2 个圆斑，则为某一种或两种寄生虫病为阳性。

3）注意事项　①斑点酶标三联快诊盒置干燥、避光、4℃保存。②斑点酶标三联快诊盒有效期为 9 个月。

5. 环卵沉淀试验　环卵沉淀试验（COPT）主要用于检测病畜血清中抗虫卵特异性抗体（图 16－16）。虫卵抗原性物质可从卵壳微孔中渗出卵外，与病畜血清中的特异性抗体相结合，在虫卵周围形成特异性沉淀物，虫卵周围沉淀物的出现和形状大小取决于血清中特异性抗体的量和虫卵内抗原物质的渗透速度和透过部分的面积。

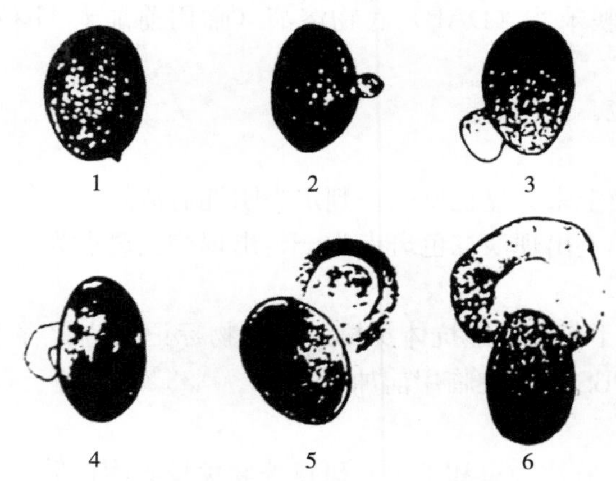

图 16－16　环卵沉淀试验

1. 无反应　2. 反应物小于虫卵面积 1/8　3. 反应物大于虫卵面积 1/8 而小于虫卵面积 1/2　4. 反应物长度大于虫卵长 1/3 而短于 1/2　5、6. 反应物大于虫卵面积 1/2

（1）虫卵制备

1）按间接血凝试验（IHA）方法提取血吸虫虫卵。

2）虫卵冰冻干燥方法

①取上述血吸虫纯化虫卵 1 份（约 0.2mL）置于 15mL 试管中，加入 30～40 倍量的 1.5%甲醛，充分混匀作用 15min，每 5min 混匀一次，自然沉淀后吸弃上清液。

②按上述方法加蒸馏水浸洗，重复 3 次。

③将醛化处理的虫卵冷冻干燥。

④所得干燥虫卵分装于玻璃安瓿瓶内，在抽气条件下封口，注明批号置冰箱内贮存备用。

（2）器材　针头（采血）、指形管或毛细玻璃管（收集血用）、滴管、载玻片、盖玻片（24mm×24mm 或 22mm×22mm）、蜡、杯（熔蜡用）、针（挑虫卵用）、镊子或眼科镊子、玻璃蜡笔、脱脂棉、有盖盘、酒精灯、温箱、计数器、显微镜。

（3）操作方法

①先在载玻片中央沿横轴涂两条平行的蜡线，脊间距离与盖玻片宽度相同。

②用滴管吸取被检牛血清 1～2 滴（约 0.05mL），用针挑取虫卵（100±20）个，放入血清中，并使虫卵散开。

③盖上盖玻片，四周以蜡封闭，放在有盖盘中（盘中先放上湿药棉或纱布），置 37℃温箱中培养 48h。

④取出在显微镜下顺序观察全片虫卵，并记录反应情况，反应按登记表（表 16－2）所列项目填写，再计算环沉率（亦可培养 24h 取出观察，但对结果报告属阳性者要再培养 24h 后观察）。

表 16－2　牛环卵沉淀试验结果记录

牛号	块状反应物＞1/8 而＜1/2 虫卵面积 索状反应物＞1/3＜1/2 虫卵长径 ＋	块状反应物＞1/2 虫卵面积 索状反应物＞1/2 虫卵长径 ＋＋	全片虫卵数	全片阳性反应卵数	环沉率

注：环沉率计算：环沉率＝全片阳性反应卵数/全片虫卵数×100％。

（4）判定标准

①凡环沉率达到 2％者为阳性。

②环沉率在 1％～2％时或虽在 1％以下，但反应出现＋＋者为可疑。

③环沉率不到 1％，未出现＋＋反应者为阴性。

对于可疑者需再次进行观察，结果仍按上述标准判定。如再次为可疑，可定为阴性。

6. 胶乳凝集试验　以聚醛化聚苯乙烯颗粒交联血吸虫抗原，当抗原与血清中抗体相结合时，分散的、肉眼不能分辨的聚苯乙烯小颗粒会凝集成肉眼能见的聚乙烯凝集颗粒，从而确定有特异性抗体存在。

（1）PAPS 诊断液的制备

①取 1×体积 5％ PAPS 悬液，经 4 000r/min 离心 15min，弃上清液，用 pH 7.2 PBS 洗 1 次。

②沉淀物加入 2×体积的血吸虫抗原溶液（蛋白浓度为 0.8mg/mL），混匀，置于 37℃水溶箱中交联反应 2h。

③12 000r/min 离心 10min，弃上清液。

④沉淀物用 PBS 洗 2 次，最后用含 0.1％ NaN_3 的 PBS 配成 0.5％的混悬液装瓶备用。

（2）操作方法

①采用血清试验的操作方法：取一块 12cm×16cm 的玻璃凝集反应板，板上有 30 个

1.0cm×1.5cm 的小方格。每份血清用 2 小格，在第 1 格中加 100μL PBS 和 25μL 血清作 1∶5稀释，第 2 格中作 1∶10 血清稀释。每格中血清稀释量为 50μL，再加 PAPS 快诊液一滴，轻轻摇动，充分混匀，10min 以内观察记录结果。

②采用血纸试验的操作方法：用剪刀取 1cm×1.2cm 血纸，剪碎后放入血凝板孔中，编上号码，然后将每份血纸样加 0.2mL PBS 浸泡 10min，吸取 50μL 血纸浸泡液，加入玻璃凝集反应板的小方格中，再滴加 PAPS 快诊液一滴，轻轻摇动，充分混匀，10min 以内观察记录结果。

(3) 判定标准

1) 按下列标准记录 PAPS 凝集反应的结果和反应强度

＋＋＋＋：乳胶颗粒全部凝集出现粗颗粒，并且四周形成一白色框边，一般 1～2min 就出现凝集颗粒，液体清亮。

＋＋＋：乳胶颗粒全部凝集出现粗颗粒，四周白色框边不太明显，一般 3～4min 出现凝集颗粒，液体较清亮。

＋＋：70%～80%的乳胶出现凝集颗粒，液体微混浊；一般 5～6min 出现凝集颗粒。

＋：40%～50%乳胶出现凝集颗粒，液体混浊；一般 8～10min 才出现凝集颗粒。

－：不出现凝集颗粒。

2) 阳性判定标准

①血清试验以 1∶10 血清稀释出现凝集的判为阳性。

②血纸试验只做一格，凡出现凝集反应者判为阳性。

(4) 注意事项

①PAPS 快诊液一般放置 4℃冰箱保存，保存期为一年。使用前必须充分摇匀。

②冻干阴、阳性血清使用时每支加 0.2mL 生理盐水溶解后使用。未冻干的阴、阳性血清可直接使用。

③PAPS 快诊液切不可冻结，以免失效。

三、核酸分子检测技术

日本血吸虫成虫寄生于宿主肠系膜静脉和肝门静脉中，在终末宿主体内移行、发育、产卵及虫体死亡崩解等过程中，血吸虫释放一些排泄物、分泌物、呕吐物、表膜脱落物及全虫体崩解物进入宿主血液中。血吸虫虫卵随粪便排出体外。通过 PCR 技术等检测动物宿主血液或粪便中是否存在血吸虫的特异核酸分子，也可作为判断宿主是否感染血吸虫的依据。

目前已报道的用于动物血吸虫感染的核酸检测技术主要是 PCR 技术，包括普通 PCR、巢式 PCR、实时荧光定量 PCR、环介导等温扩增技术（LAMP）等。选用的血吸虫靶序列主要有 5D、*SjR*2、18*S rRNA*、*NC* _ 002544、*NADH*－Ⅰ基因等。由于家畜特别是牛个体大，血液中血吸虫 DNA 丰度相对较低，至今大多数血吸虫感染核酸检测的研究报道主要见于人群及兔、鼠等实验动物，在家畜方面报道很少。

1. 核酸样品及处理方法　在日本血吸虫核酸检测中最常用的样本为宿主的血液和粪便，采集方法同血清学诊断和病原学诊断。采用 PCR 检测法，以粪便 DNA 作为模板最早在感染后 3 周才能检出血吸虫感染。但以血液 DNA 作为模板，在感染后 1～2 周即可检测到阳性，提示血液的 PCR 检测法可用于血吸虫感染早期诊断。

样品的保存主要是防止样品中DNA的降解，一般常采用低温保存或加抑制剂。制备模板的关键在于去除模板DNA中PCR反应抑制物。粪样中最常见的PCR反应抑制物为胆汁酸盐与多糖类物质，血样中PCR反应抑制物主要为亚铁血红素等。

传统提取粪样DNA的方法为ROSE法，提取血样DNA的方法为碱裂解法，方法成熟且花费较少，但结果不稳定和费时费力，早期研究中经常使用该法。现常采用商业化试剂盒（如QIAamp系列试剂盒），试剂盒中Spin柱子中的二氧化硅能够有效去除粪样中PCR反应抑制物。

2. 实验室及仪器设备、器材与试剂

（1）实验室及仪器设备　有条件的要在具有符合国家标准的PCR实验室进行。实验室应分为4个隔开的工作区域，每一区域都应有专用的仪器设备。

①试剂贮存和准备区：配置4℃冰箱、－20℃低温冰柜、混匀器、微量移液器、电子天平、专用工作服和工作鞋、专用办公用品、可移动紫外灯、一次性手套、离心机、离心管和加样吸头等。

②样品准备区：配置冰箱、冰柜、高速台式离心机、混匀器、水浴箱、微量移液器、电子天平、专用工作服和工作鞋、专用办公用品、超净工作台、可移动紫外灯、超声波处理器、一次性手套、离心机、吸水纸、离心管和加样吸头等。

③扩增反应混合物配置和扩增区：配置PCR仪、微量移液器、专用工作服和工作鞋、专用办公用品、超净工作台、可移动紫外灯、超声波处理器、一次性手套、离心机、吸水纸、离心管和加样吸头等。

④产物分析区：配置微量移液器、DNA电泳仪、凝胶成像系统、实时荧光定量PCR仪、专用工作服和工作鞋、专用办公用品、可移动紫外灯、一次性手套、离心机、吸水纸、离心管和加样吸头等。

（2）主要试剂与生物材料　①特异引物；②DNA提取试剂盒；③PCR反应试剂盒；④其他用于DNA提取和电泳的常规试剂如酒精、氯仿、琼脂糖等。

3. 检测技术方法　参照所用PCR技术（普通PCR、巢式PCR、实时荧光定量PCR、环介导等温扩增技术等）的技术指南及采用的试剂盒使用说明书进行。

4. 注意事项

（1）PCR灵敏度高，在血样采集、运输、分装、保藏、取样、DNA纯化等过程中要防止交叉污染。

（2）扩增的靶基因（片段）序列和引物的特异性决定了检测方法的特异性和敏感性。选择的扩增序列一般应有较高的拷贝数，同时与其他非目的扩增序列有较低的同源性；设计PCR引物时需特别注意其特异性。靶序列太短或引物太短，容易出现假阳性。

（3）PCR检测时，要尽量做到分区操作，由具备一定专业技能的技术人员进行操作，以杜绝出现污染，特别是气溶胶污染。

■第五节　家畜血吸虫病治疗技术

血吸虫感染家畜后会引起宿主肝、肠产生肉芽肿病变、消瘦、腹泻等症状。同时，患病家畜是我国血吸虫病的主要传染源。因此，对血吸虫阳性家畜需要及时进行治疗。

吡喹酮是当今唯一一种在现场大规模推广使用的家畜血吸虫病治疗药物。早在1978—

1979 年中国农业科学院上海家畜血吸虫病研究所等单位就开展了吡喹酮治疗各类家畜血吸虫病的研究，并取得良好的效果，积累了治疗家畜血吸虫病的经验，规范了家畜血吸虫病的治疗方案。

1. 治疗对象的确定 凡用血清学或病原学方法查出的阳性家畜，经健康检查除列为缓治或不治的病畜外，均应进行治疗。

（1）血吸虫病畜的临床表现 家畜感染血吸虫病后因家畜品种、年龄和感染强度不同可呈现不同的临床症状。主要表现为消瘦、被毛粗乱、腹泻和便血，犊牛的生长停滞、奶牛产奶量下降，母畜不孕或流产。少数患病家畜特别是严重感染的犊牛和山羊可能出现严重的腹泻、肛门括约肌松弛、直肠外翻等症状，表现出呼吸缓慢、步态摇摆和久卧不起的病状。

（2）病理变化 血吸虫尾蚴进入家畜体内后，幼虫移行至肺部时可导致家畜肺部出现弥漫性出血病灶；血吸虫发育成熟后雌虫产卵引起肝和肠的病理变化，起初家畜肝脏多肿大，肝表面出现虫卵结节，部分虫卵沉积在家畜肠黏膜，导致肠壁增厚，黏膜肿胀充血，黏膜下可见灰白色虫卵结节。

2. 缓治或不治对象

（1）妊娠 6 个月以上和哺乳期家畜，以及 3 月龄以内的犊牛和其他幼小家畜可缓治。

（2）有急性传染病、心血管疾病或其他严重疾病的家畜缓治或不治或建议淘汰。

（3）年老体弱丧失劳力或生产能力的病畜建议淘汰。

（4）对列为缓治的病畜，在缓治期间必须实施圈养并限制其流动和流通。

3. 称重或估重 吡喹酮治疗家畜血吸虫病须按体重给药，切忌目测估重。在有条件的情况下，尽可能实际称重，以便准确计算用药量，无称重条件时则可采用测量估重，计算公式如下：

$$\text{黄牛体重（kg）}=\frac{(\text{胸围})^2\text{cm}^2\times\text{体斜长（cm）}}{10\,800}$$

$$\text{水牛体重（kg）}=\frac{(\text{胸围})^2\text{cm}^2\times\text{体斜长（cm）}}{12\,700}$$

$$\text{羊体重（kg）}=\frac{(\text{胸围})^2\text{cm}^2\times\text{体斜长（cm）}}{300}$$

$$\text{猪体重（kg）}=\frac{(\text{胸围})^2\text{cm}^2\times\text{体斜长（cm）}}{14\,400}$$

马属动物体重（kg）＝体高× 系数（瘦弱者为 2.1，中等者为 2.33，肥胖者为 2.56）。

胸围是指从肩胛骨的后角围绕胸部一周的长度，体斜长是指从肩端到坐骨端的直线长度，两侧同时测量，取其平均值（图 16－17）。体高是指鬐甲到地面的高度。

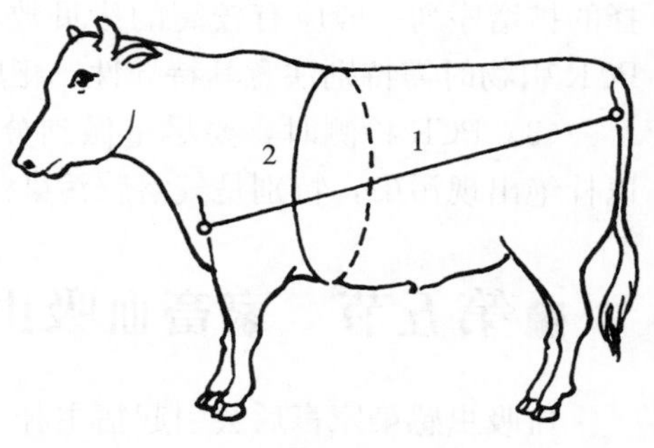

图 16－17 牛体尺测量部位
1. 体斜长 2. 胸围

4. 病畜治疗记录 最好以县（市）为单位统一印制病畜治疗记录表（表 16－3）。对已确定的治疗对象，要认真填写治疗登记表。在治疗过程中要认真做好记录，治疗结束后，要整理成册，归档备查。

表 16－3　家畜血吸虫病治疗记录表

乡村＿＿＿＿畜主＿＿＿＿　＿＿＿＿年＿＿月＿＿日　编号＿＿＿＿

<table>
<tr><td colspan="2">畜号＿＿＿＿畜别＿＿＿＿性别＿＿＿＿膘度特征
病：化验结果</td></tr>
<tr><td colspan="2">体重：（胸围＿＿＿＿）^{2} cm^2 × 体斜长（＿＿＿＿ cm）÷＿＿＿＿＝＿＿＿＿ kg</td></tr>
<tr><td>用药情况</td><td>治疗药物拟用剂量＿＿＿＿ mg/（kg・d）　拟用疗程日总剂量＿＿＿＿ g 含＿＿＿＿%溶液＿＿＿＿ mL
治疗药物拟用剂量＿＿＿＿ mg/（kg・d）　拟用疗程日总剂量＿＿＿＿ g 含＿＿＿＿ mg＿＿＿＿片
每次药量治疗药物　1. ＿＿＿＿ 2. ＿＿＿＿ 3. ＿＿＿＿ 4. ＿＿＿＿ 5. ＿＿＿＿ mL
分配治疗药物　1. ＿＿＿＿ 2. ＿＿＿＿ 3. ＿＿＿＿ 4. ＿＿＿＿ 5. ＿＿＿＿片
用药日期自＿＿月＿＿日至＿＿月＿＿日</td></tr>
<tr><td>治疗前
健康检查</td><td>体重＿＿＿＿食欲＿＿＿＿饮水＿＿＿＿反刍＿＿＿＿瘤胃蠕动＿＿＿＿次/2min
大便＿＿＿＿小便＿＿＿＿心跳＿＿＿＿次/min 心音＿＿＿＿呼吸＿＿＿＿次/min
精神＿＿＿＿鼻镜＿＿＿＿眼结膜＿＿＿＿其他＿＿＿＿
检查人签名＿＿＿＿　＿＿＿＿年＿＿月＿＿日</td></tr>
<tr><td>反应处理</td><td>取药：

兽医签名＿＿＿＿　＿＿＿＿年＿＿月＿＿日</td></tr>
<tr><td colspan="2">反应检查</td></tr>
</table>

<table>
<tr><td colspan="3">时间</td><td rowspan="2">体温（℃）</td><td rowspan="2">食欲</td><td rowspan="2">饮水</td><td rowspan="2">反刍</td><td colspan="2">瘤胃蠕动</td><td rowspan="2">大便</td><td rowspan="2">小便</td><td rowspan="2">精神</td><td rowspan="2">心跳（次/min）</td><td rowspan="2">心音</td><td rowspan="2">呼吸（次/min）</td><td rowspan="2">鼻镜</td><td rowspan="2">眼结膜</td><td rowspan="2">局部</td><td rowspan="2">检查人签名</td></tr>
<tr><td>月</td><td>日</td><td>时</td><td>（次/2min）</td><td>强弱</td></tr>
<tr><td></td><td></td><td></td><td></td><td></td><td></td><td></td><td></td><td></td><td></td><td></td><td></td><td></td><td></td><td></td><td></td><td></td><td></td><td></td></tr>
<tr><td></td><td></td><td></td><td></td><td></td><td></td><td></td><td></td><td></td><td></td><td></td><td></td><td></td><td></td><td></td><td></td><td></td><td></td><td></td></tr>
</table>

5. 口服治疗的药物和方法

（1）药物　当前用于治疗血吸虫病病畜的首选药物是吡喹酮，其粉剂、片剂或其他剂型一次口服治疗各种家畜均可达到 99.3%～100%的杀虫效果。

（2）剂量　因病畜种类不同和药物剂量不同，其用药量也不尽相同。

①黄牛（奶牛）：口服每千克体重 30mg（限重 300kg）。

②水牛：口服每千克体重 25mg（限重 400kg）。

③羊：口服每千克体重 25mg。

④猪：口服每千克体重 60mg。

⑤马属动物（马骡驴等）：口服每千克体重 20mg。

（3）投药　投药时，按治疗家畜的体重和不同家畜的治疗剂量计算每头（只）动物的用药量，将药物用菜叶或其他易于消化的草纸包好，也可将药物放入塑料瓶或玻璃瓶中，加少量水摇匀；将被治家畜保定，抬高头部，喂药者右手拿药（或装好药物的瓶），左手食指、中指自牛、羊右口角伸入口中，轻轻压迫舌头使口张开；然后右手将药物塞入并压至舌根背面，再倒入少量清水，或者将装药的瓶子从左口角伸入口中并将瓶口伸至其舌中部，让药液缓慢流入；将左手抽出，使家畜嘴闭上，即可将药物咽下。当家畜有咳嗽表现时，立即将家畜头放低。均为一次用药。

（4）治疗时间　化疗实施时间的选择如以控制传播为目标，每年家畜血吸虫病化疗宜选择在幼螺孵出前进行，以尽量减少新螺感染毛蚴；若仅以控制疾病为目标，则选择在易感季节后实施，即选择钉螺已越冬时；此外对于使役家畜，应避开使役高峰季节；对于长期在有螺疫区活动的家畜，则可根据当地调查情况采用更频繁的化疗措施，以控制反复感染和病原传播；对于食用家畜应留足必要的休药期。

6. 吡喹酮其他剂型治疗家畜血吸虫病　治疗家畜血吸虫病的吡喹酮主要为粉剂和片剂，口服使用，虽然具有安全、高效和疗程短的特点，但在现场用于治疗家畜血吸虫病的时候，依然存在用药剂量不准确、用药成本高等缺点。有关单位对吡喹酮剂型及投药途径进行了改进，其中包括吡喹酮注射液，用于肌内注射和三胃注射，使用时较口服用药剂量准确。同时，吡喹酮注射液的药代显示，吡喹酮的生物利用度比口服用药提高 3～6 倍，因此，一般认为使用吡喹酮注射剂进行肌内注射时可以减少用药量，一般为口服用药量的 1/3。

7. 药物反应及处理

（1）不良反应　吡喹酮一次口服疗法治疗家畜血吸虫病，一般无副反应或出现轻微反应，但也有个别家畜出现不良反应，主要表现为反刍减少、食欲减退、瘤胃臌气、流涎、腹泻、心跳加快、精神沉郁，有时个别治疗家畜甚至会出现流产甚至死亡等较严重副反应。

（2）不良反应处理　应用正常剂量的吡喹酮治疗家畜血吸虫病，绝大多数受治家畜反应轻微，不需特殊处理，症状会逐渐减轻或消失。少数病例特别是老弱病畜或奶牛可能出现严重反应，如对长期腹泻、卧地不起的家畜，可采用中西医结合的方法对症处理，结合补液、消炎等措施。如出现过敏反应，可肌内注射苯海拉明，口服马来酸氯苯那敏等。同时应加强观察。

8. 注意事项

（1）由专业技术人员或熟练的畜主喂药，以防将药喂入呼吸道引起家畜窒息和死亡。

（2）在口服喂药中，有的家畜会将药物部分吐出，应适当补喂，确保剂量充足。

（3）口服治疗应做到兽医人员送药上门，亲自或督促畜主灌服，不要将药随便交给畜主喂服，以免发生遗漏、少喂药等其他意外。

（4）如果使用注射剂肌内注射治疗，宜选择颈部两次或臀部肌肉多点注射。

（5）在消除阶段，病原学监测的阳性家畜至少在治疗后 1 个月内实施圈养，限制流动（放牧）和流通，防止病原扩散。试验观察表明，人工感染的牛在用吡喹酮治疗后第 34 天，粪便虫卵才开始转阴，一般到 45d 才全部转阴。

第六节　动物试验感染与血吸虫虫体收集技术

一、动物日本血吸虫试验感染技术

1. 尾蚴的逸出与计数

（1）器材准备　解剖镜、载玻片、盖玻片、烧杯、去氯水、直径 1cm 的 5mL 玻璃试管、纱网罩、试管架、平底指管、镊子、解剖针、铂金环、托盘、光源、干棉球、加温设备、乳胶手套等。

（2）尾蚴的逸出　在动物试验感染前3～5h，取人工感染或疫区分离的血吸虫阳性钉螺若干，分装于5mL的试管中，每管2～3只，20根左右为一组，用橡皮筋捆紧置于大培养皿中，试管加满去氯水，上面罩上纱网罩，置有光源、25～30℃孵育箱中孵育释放尾蚴，2h后尾蚴陆续逸出，把悬浮在试管表层的尾蚴倒入2～4管干净的平底指管中，汇集当日释放的尾蚴。

（3）尾蚴计数　用铂金环在洁净的载玻片上点一滴水，再在水滴上放一片10mm×10mm（小鼠）或22mm×22mm（牛、羊、兔）的洁净盖玻片，使载玻片和盖玻片的边缘错位，用铂金环蘸取去氯水滴于盖玻片上，一般每片盖玻片上滴4～9点，各点间有明显的界线。用解剖针蘸取尾蚴收集管表面的尾蚴于盖玻片的水滴中，于解剖镜下计数。一般每滴水中的尾蚴数不超过40条，每块盖玻片上尾蚴数不超过360条。

2. 动物日本血吸虫试验感染

（1）器材准备　动物保定架、剪毛剪、剃须刀（片）、镊子、棉球、去氯水、大小烧杯、计时器、计算器、乳胶手套、绑定绳、纱布等。

（2）实验动物　常用的实验动物有小鼠（昆明系小鼠、BALB/c小鼠、C57BL/6小鼠、各种基因敲除鼠等）、大鼠（Wistar大鼠、SD大鼠）、新西兰白兔等。通常小鼠和大鼠采用6周龄左右的SPF级或清洁级动物，根据试验目的可选用单一性别鼠，或雌雄鼠各半，如选择后者则雌雄鼠应分开饲养。新西兰白兔通常采用2.5kg左右的清洁级、无其他寄生虫感染的动物。

牛、羊、猪是日本血吸虫的天然宿主，血吸虫病牛（羊、猪）亦是我国血吸虫病的重要传染源，因而常以牛、羊、猪作为动物模型，开展血吸虫感染生物学、免疫学以及治疗药物疗效和候选疫苗效果评估等研究。与SPF级或清洁级的实验动物不一样，用于开展血吸虫病研究的牛、羊、猪主要来自未接触过血吸虫的牛（羊、猪）场或农户（牧民），机体状况较复杂。通常挑选体格健全的健康青壮年动物作为研究对象，水牛和黄牛2岁左右，体重200～300kg，山羊、绵羊和猪体重30～50kg。在血吸虫感染前，对所有实验动物粪便进行毛蚴孵化，以剔除可能的血吸虫病阳性动物，再用适当的驱虫药驱除其他体内外寄生虫，驱虫后4周进行动物感染。

（3）动物感染

①动物保定：自制小鼠和大鼠的保定板，大小分别为15cm×10cm和25cm×15cm左右的长方形木板。小鼠保定板在4个边角各钻1个小洞并穿入橡皮筋，将要感染的小鼠腹部朝上，四肢分别套在4个角的橡皮筋里再绑定在保定板上。大鼠保定板在4个角各钉一个小钉子，先用绳子绑在大鼠四肢上，再腹面朝上绑定在保定板4个角的钉子上。兔子的保定方法同大鼠，只是需要采用更大的保定板，有时就保定在饲养兔子的铁丝笼上。羊和猪感染时也需在特制的保定架上进行，保定架为等腰梯形槽（图16-18），动物腹部朝上，绑牢4腿。牛不需保定，收短牛笼头，拴紧牛绳，用绳子绑住牛尾巴，防止其摆动幅度过大将背部感染部位的玻片扫落。

动物保定后，用刮毛刀刮毛，部位为鼠和兔的腹部、羊和猪的腹股沟、牛的臀背部。牛、猪、羊的毛较粗，注意要把毛刮干净，以免感染时盖玻片不能贴紧动物皮肤。刮毛部位

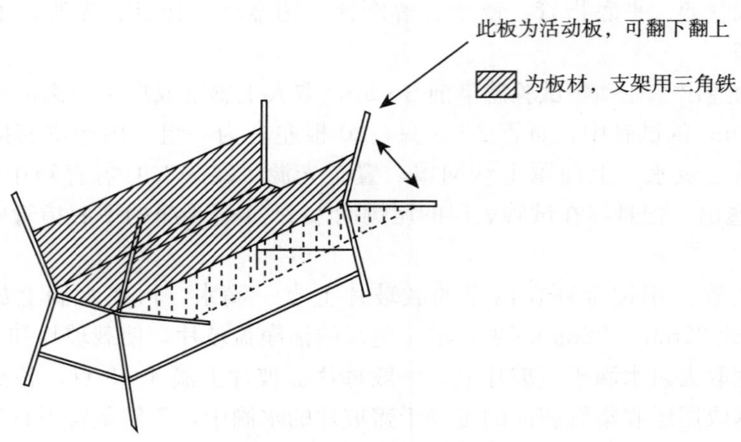

图 16 - 18　羊和猪保定架示意

需用纱布或棉球蘸上去氯水反复清洗干净。刮毛的面积视尾蚴的感染量及需要贴的盖玻片数量而定。

②感染尾蚴：将已计数尾蚴的盖玻片液面贴在湿润的动物刮毛部位，感染时间 20min（从贴上最后一片盖玻片时开始计时），其间不时用吸管从盖玻片边缘加去氯水，以保持贴片处湿润。感染时需确保盖玻片不掉落，含尾蚴的水不流出感染部位。

尾蚴感染数量根据不同试验目的而确定，如开展药物治疗效果和候选疫苗免疫保护效果评估等研究，通常每只小鼠、大鼠、新西兰大白兔、山羊/绵羊、猪、黄牛和水牛感染尾蚴量为（30～40）条±1 条、100 条±2 条、300 条±3 条、300 条±3 条、（600～1 000）条±3 条、500 条±3 条和 1 000 条±5 条；开展血吸虫感染免疫应答分析、病理学观察和诊断靶基因筛选等研究，实验动物需饲养较长时间，通常每只小鼠感染（10～30）条±1 条尾蚴；若要从感染兔收集血吸虫虫体/虫卵用于组学研究或抗原制备等，收集成虫和虫卵时，通常每兔感染 1 000 条±3 条尾蚴，于感染后 42d 左右剖杀；而收集肝/肺期童虫时，由于虫体较小，需要感染更多的尾蚴才可收集到足够量的虫体，兔尾蚴感染量可适当提升至 3 000～8 000条。

感染结束时，取下盖玻片置于 75%的酒精中以杀灭可能残余的尾蚴，感染部位用棉花球擦干，剩余的尾蚴及盛尾蚴的管子、接触过尾蚴的解剖针、镊子等用开水浸泡或置于锅、盆中煮沸处理。动物解除保定。

鼠、兔等实验动物感染在 20～30℃的动物试验操作室里进行。牛、羊、猪等大家畜感染时如缺少温度控制条件，天气炎热时动物感染最好安排在早上 5：00—8：00 天气稍微凉快时进行，动物感染也要避开在天气严寒时进行，因过高或过低的气温都会使尾蚴的活力降低和钻穿宿主皮肤的能力下降。

二、血吸虫虫体收集技术

1. 小鼠、大鼠和家兔体内虫体收集

（1）成虫和肝门型童虫的收集　收集肝门型童虫和成虫都采用肝门静脉灌洗法，收集时间分别在感染后 7～21d 和 22d 以后进行。

家兔剖杀后，剥皮，尸体置于搪瓷盘中，腹部朝上。于腹中线由下而上剖开腹腔和胸腔，暴露内脏。冲洗胃肠道血管寄生虫体时，分离肝门静脉，并在此静脉近肝脏处用医用小剪刀剪一开口。在胸腔紧靠脊柱处可见充血的胸主动脉，用连接冲洗液容器的 16# 针头（针尖磨平）插入该血管中，将冲洗液容器内的生理盐水压入血管内，片刻可见肠蠕动，寄居于肠、胃血管内的虫体从门静脉开口处流出，不断揉动肠管，直至血管变清见不到虫体，停止注入生理盐水。冲洗肝脏虫体时，冲洗前分别在肝门静脉的近肝端和远端同侧用止血钳夹住，在两止血钳间切断肝门静脉。分离肺动脉，在其近肝端做切口，将注水针头插入。将收集虫体的筛子置于肝门静脉近肝端，注入冲洗液并放开止血钳，收集从肝脏流出的虫体，至水流颜色变白为止。计数收集的虫体数，或虫体用 PBS 反复洗涤去除杂质后，置 1.5mL 离心管保存备用。收集成虫时，可用吸管把虫体吸至 1.5mL 的离心管，让虫体自然沉淀，去上清，管底即为成虫；收集早期童虫时，可将搪瓷盘中的液体置于离心管中，于 1 500r/min 离心 2～3min，去上清，管底即为肝门型童虫。为防止虫体与冲出的血液凝固黏结，可预先在搪瓷盘中加入 10%枸橼酸钠溶液，也可在冲洗液中加入终浓度为 0.1%枸橼酸钠。如虫体不作为样本或用于其他生化、分子生物学等研究，只进行计数，则可将注射针接在装有软管的自来水龙头上冲洗集虫。

收集实验小鼠和大鼠体内的血吸虫时，动物可不剥皮，冲洗的针头改为 8#，其他的参照家兔虫体收集方法。

若收集的虫体样品用来提取虫体蛋白、RNA 等物质，需将冲洗用水、用具等高温高压消毒，并尽量注意收集过程中不损伤虫体，收集过程尽量快速。如收集的虫体样品要用于体外培养等，则需换用 37℃预温的生理盐水或 PBS，同时对冲洗液和用具等进行消毒。

（2）肺期童虫的收集　剖杀感染日本血吸虫尾蚴 3～6d 的小鼠或兔，打开胸腹腔，暴露心脏和肺脏等器官。用注射器于右心室分别注入 10～20mL 灌注液（含每毫升 0.1mg 肝素的 RPMI 1640 培养基），使其充分膨胀。剪下肺脏组织并剪碎成粟米粒状，置含 5%灭活小牛血清和抗生素的 RPMI 1640 培养液中于 37℃温箱培养 4h 左右，大部分虫体从组织颗粒中释放出来，吸出培养上清，于 1 500r/min 离心 2～3min，去上清，管底即为肺期童虫，用于培养或制备抗原用。如要计数肺部虫体数，在肺组织颗粒中再次加入同上的 RPMI 1640 培养液，继续于 37℃温箱培养过夜，次日将肺脏组织颗粒和培养液用网筛过滤，滤液同上离心，去上清，收集第一天未释出的童虫，计数 2d 收集的虫体数量。

（3）皮肤期童虫的收集　剖杀感染日本血吸虫尾蚴 1～2d 的小鼠，用眼科剪剪下感染部位的皮肤，RPMI 1640 培养液洗涤 2 次后将皮肤组织剪碎成粟米粒状，置含 5%灭活小牛血清和抗生素的 RPMI 1640 培养液中于 37℃温箱中孵育，同收集肺期童虫的方法收集皮肤期童虫。

2. 牛、猪、羊虫体收集

（1）胃肠道血管虫体收集法　有非离体冲虫法和离体冲虫法两种。

①非离体冲虫法：实验牛、猪、羊宰杀后，从速剥皮，将头弯转至左侧，使动物仰卧呈偏左倾斜姿势，剖开胸腔和腹腔，暴露内脏。第一，分开左右肺，找出暗红色的后腔静脉（肺静脉）并进行结扎；第二，在胸腔紧靠脊柱部位分离白色的胸主动脉，左手将其托起，右手用手术剪在血管上剪一横切口；第三，将连接橡皮管的金属插管从离心方向插入，并以

棉线扎紧固定，橡皮管的另一端与冲洗液容器连接；第四，在左右肾脏处分别将左右肾的动静脉一起结扎，然后在髂关节和盆腔处分离左右髂动静脉，将通向后肢的髂动静脉一起结扎或以止血钳夹紧，避免冲洗液流向后肢其他部位；第五，在肝脏背面，胆囊下方，清除肝门淋巴结，细心分离出肝门静脉，在靠肝端以棉线结扎，离肝端与血管平行方向剪一开口（尽可能贴近肝脏，以免接管进入下腔静脉的肠支而影响胃支中虫体收集），插入带有橡皮管的玻璃接管，并将其固定。为防止血液凝固，可用5%的枸橼酸钠溶液作为冲洗液，橡皮管的另一端接60目铜丝筛，以收集虫体。以上准备工作做好后，即可启动冲洗，注入加温至37～40℃的0.9%生理盐水进行冲洗，虫体即随血水流入铜丝筛中，直至水清晰无虫体冲出为止。如收集的虫体仅作为计数用，也可以将进水橡皮管直接接到自来水管上冲洗。为操作便捷，分离的肝门静脉可不必进行结扎和插管，直接用两把大号止血钳夹住，然后从中间剪断，靠肝端的止血钳保持固定不动，离肝端的止血钳在放开的同时用60目铜丝筛接住流出的血液和虫体，注意保持血管开口畅通。为保证冲洗时虫体不漏失，可在动物尸体腹壁下方另放一大号60目铜筛，再次过筛冲洗液，收集第一次过筛时可能流漏的虫体（图16-19）。

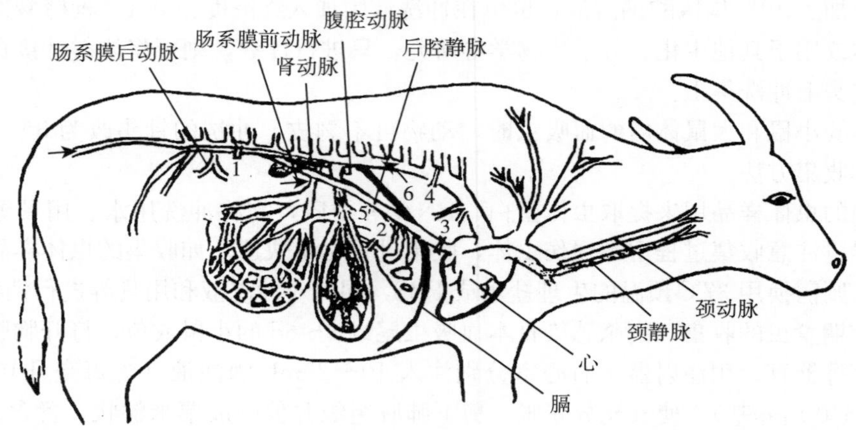

图16-19 牛体血吸虫冲洗（箭头表示水在血管内的流动方向）

1. 腹主动脉和后腔静脉同时结扎处 2. 门静脉结扎处 3. 后腔静脉结扎处 4. 胸主动脉结扎处 5. 门静脉插入玻璃导管接水处 6. 胸主动脉结扎处之远心端插入导管进水处。

②离体冲虫法：动物扑杀的要求与非离体冲虫法相同，剖开腹腔后，于十二指肠近幽门处和直肠部分分别结扎并剪断，细心分离出全部肠管和肠系膜，将其移至盛有温水的容器（木盆或塑料盆）中。在门静脉附近找到白色管壁较厚的肠系膜前动脉，插入接管，接管的另一端与冲洗液容器连接。剪断门静脉结扎线，以止血钳夹住管壁一边，使得冲洗液可流入铜丝筛中以便收集虫体。以上准备工作做好后，即可导入冲洗液冲虫。

离体法的操作比较简单，但不能收集到胃脾静脉内的虫体，试验表明在人工感染情况下，胃脾静脉内仍有一定数量的虫体寄生。也有研究者将胸腹腔的内脏整体移出，再按非离体冲虫法进行冲洗集虫，也取得较好的效果。

（2）肝脏中的虫体收集法　胃肠血管内虫体收集完毕后，细心取出肝脏，防止肝组织损伤，以避免冲洗时发生漏水而影响冲虫效果。同时肝脏的后静脉应尽量留得长些，便于结扎固定。取出肝脏后将其置于盆中，后腔静脉的一端以棉线结扎，另一端插入接水管，同样与冲洗液容器或自来水管相接，以备进水冲虫。然后解开门静脉的扎线（或止血钳），置入出水接管，将橡皮管导入 60 目铜丝筛中，以备出水收集虫体（图 16－20）。操作完毕，启动冲洗液容器或打开自来水龙头，慢慢放水，以避免水压过大造成肝脏破裂，待至血水变清，无虫体冲出为止。肝脏虫体收集也可不取出肝脏，直接将导水管通过肺静脉近心端将冲洗液注入，从肝门静脉处收集虫体。

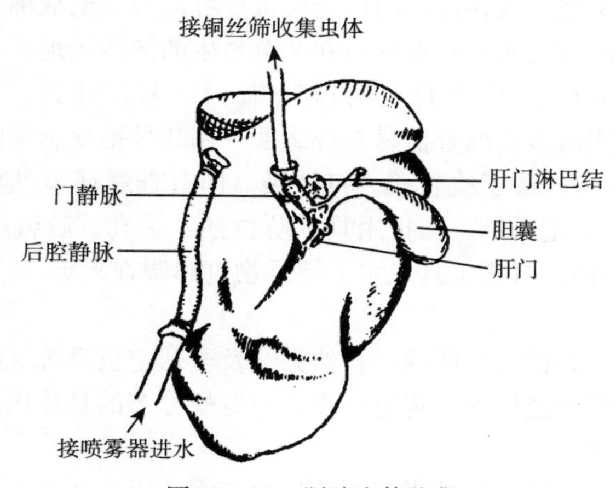

图 16－20　肝脏虫体收集

（3）胎儿虫体收集法　试验证明妊娠 6 个月以上的乳牛，人工感染血吸虫后，可从胎儿体内检获到血吸虫虫体，但由于胎儿血液循环上的差异，在冲洗方法上则有所不同。胎儿取出后置于大盆内，取仰卧姿势，沿腹中线剖开胸、腹腔，分别结扎胸主动脉和后腔静脉。在已切断的脐带中，可见到两支管壁较厚的脐动脉和一支管壁较薄的脐静脉，把这些血管分离后，将其中一支动脉进行结扎，另一支脐动脉接入注射针头，并固定。然后分离出脐静脉，直接导入铜丝筛内，以便出水时收集虫体，操作完毕，用两个 100mL 玻璃注射器交替连续注入温生理盐水，至血水变清无虫体流出为止。

（4）痔静脉内的虫体收集法　试验证明人工感染血吸虫病的动物，包括牛、羊、猪等，大部分在痔静脉内可检获到一定数量的虫体，有时常规冲洗方法，不能把痔静脉内的虫体完全冲洗出来，必须另作检查。其方法是剖开骨盆腔取出直肠，先排出直肠内残余粪便，然后以左手伸入直肠中进行衬托，此时痔静脉充分暴露，沿痔静脉进行检查，发现痔静脉内有虫体（多半是雌雄虫合抱，呈黑色）时，用剪刀剪断血管，然后用镊子轻轻将其推出。

第七节　钉螺的现场调查与解剖

一、钉螺的现场调查

钉螺是日本血吸虫的唯一中间宿主。血吸虫病只在有钉螺分布的区域流行。调查钉螺分布、密度和血吸虫感染情况，是确定疫区范围，制定灭螺规划，考核评估灭螺及血吸虫病防治效果的重要依据。

1. 钉螺的现场调查

（1）调查原则　调查范围应包括现有钉螺环境、历史钉螺分布环境、可疑钉螺滋生环境，以及潜在的钉螺扩散环境。湖沼型地区按自然或人工标记将滩地分成若干条块，逐块进行棋盘式设框查螺；水网型地区沿河道和灌溉水系，按干流、支流、毛渠及其连通的田地、鱼塘等顺序进行调查；山丘型地区按从源头到下游，顺着水系系统进行调查，发现钉螺后要追查有螺水系的源头和末尾；残存钉螺的调查要重点考虑容易造成漏查、漏灭和查漏、灭漏的环境，如荒滩野岭、暗沟涵洞、乱石密布并杂草丛生的溪沟等地。

（2）调查时间　一般在 3 月、4 月、5 月和 9 月、10 月、11 月。

（3）调查器材　使用最多的调查器材有查螺框（用 8 号铅丝制成的 0.33m×0.33m 正方形框，框内面积为 0.1m^2）、镊子或竹筷、钉螺袋（印有查螺环境/地点、查螺时间、线号、框号、捕螺只数等信息）、记录笔、防护用具（防护油、手套、胶靴等）、查螺服和查螺包，以及铲子（土层钉螺调查）、打捞工具（水上漂浮物钉螺调查）等。

2. 查螺内容

（1）分布范围调查　先按行政区域、自然界线及全球定位系统（GPS）技术初步确定辖区范围内钉螺的分布范围和经纬度，再进一步查清钉螺分布的具体区域、地点、面积、环境等，绘制钉螺分布示意图。

（2）分布密度调查　常用系统抽样的方法进行查螺，以每 0.1m^2（每查螺框）内活钉螺数表示。统计分析调查数据时按以下公式计算：活螺平均密度（只/0.1m^2）＝捕获活螺数/调查框数；活螺框出现率＝活螺框数/调查框数×100%。

（3）感染性调查　通常采用压碎镜检法、逸蚴法或分子生物学方法，检测钉螺体内是否有日本血吸虫胞蚴和尾蚴或血吸虫特异核酸，以钉螺感染率和感染性钉螺密度来作为钉螺危害程度的指标：钉螺感染率＝感染螺数/检查活螺数×100%；感染性钉螺密度（只/0.1m^2）＝感染钉螺数/调查框数。

3. 查螺方法

（1）土表钉螺的现场调查

①系统抽样调查法：又称等距离设框法或机械抽样法。调查时每隔一定距离设框（点）查螺，框（点）的面积为 0.1m^2，框（点）距离通常根据面积大小和钉螺密度决定。通常江湖洲滩、田地等采用棋盘式抽样，线（点）距离为 20～50m，最大不超过 50m。河、沟、渠、塘一般每隔 5m 或 10m 检查一框。该法适合初查，或灭螺后钉螺面积仍较大，有散在性分布的环境。

②环境抽样调查法：在钉螺可能滋生的环境设框调查。根据山地、植被、竹林、低洼地等环境特点，以及钉螺栖息习性，寻找可疑环境设框调查。该法适合山地、竹林等特殊环境查螺。

③系统抽样结合环境抽样调查法：又称双重查螺法。系统抽样调查未查到钉螺时，对一些可疑钉螺滋生环境进行设框抽查。或在系统抽样调查基础上，对适宜钉螺滋生的环境设框抽查。该法适用于钉螺密度下降时的调查。系统抽样结合环境抽样调查结果可用于计算钉螺面积和感染性钉螺面积。

④全面细查法：调查时不设框，仔细检查全部可疑钉螺滋生环境，发现钉螺后采用系统抽样调查法进行调查。一般适用于钉螺接近消灭的流行区及难以系统抽样的小块复杂环境。

总体而言，现有钉螺环境直接采用系统抽样法调查，如没有查到钉螺，再采用环境抽样法调查。对历史有螺环境、可疑钉螺滋生环境及其他环境，可先采用环境抽样法调查，查获钉螺后再采用系统抽样法调查。

（2）土内/水下钉螺、螺卵等的调查

①土内钉螺调查：采用分层铲土筛螺法。以 0.1m² 为单位，每 2cm 为一层，逐层向土层深处铲土，铲下的土过 30 孔/25.4mm 铜丝筛，检查筛里有无钉螺及钉螺的死活状态，记录钉螺在各土层的分布比例和分布深度。

②水下钉螺和幼螺调查：幼螺生活在水中，部分成螺分布于水下。可采用草帘诱螺法和三角网袋捞螺法，或打捞水域里水生植物等漂浮物，检查收集到的稻草、漂浮物和三角网袋里是否有成螺或幼螺。

③螺卵调查：取表层泥土，一般厚 2cm，面积为 0.1m²，先后过 30 孔/25.4mm 和 60 孔/25.4mm 的两只相叠的铜丝筛，上只铜丝筛可筛去钉螺、水草、石头等体积较大的物质，螺卵可过上只铜丝筛而被下只铜丝筛截留。用水冲洗下只铜丝筛，收集洗脱液至平皿内，再用乳头吸管把可能的螺卵吸出，于解剖镜或显微镜下检查鉴定，螺卵呈球形或椭圆形，直径约 0.8mm，边缘光滑，透明的胶球内有黄色、不同发育阶段的卵胚。

4. 调查资料的登记、整理、分析和上报 一般以行政村为单位收集现场原始查螺记录表、查螺日志、查螺图账、业务总结等资料，并进行登记和整理分析，主要内容包括调查日期、条块编号、环境名称、环境类别、植被类别、调查宽度、经纬度、查螺及有螺框数等。建立螺点卡，计算有螺面积和感染性钉螺面积。乡（镇）、县及以上机构负责对下级查螺数据进行审核、汇总、上报和网报审核。

二、钉螺解剖

在血吸虫病的防治和科研工作中，解剖钉螺可明确钉螺是否感染血吸虫。了解疫区易感地带分布、疫情动态变化；观察血吸虫在钉螺内的生长发育情况，以及各种生态环境因素、灭螺药等对钉螺生理生化、组织器官变化的影响；同时也是钉螺分类定种、雌雄鉴别等研究的关键环节。

1. 解剖器材和试剂

（1）器材 解剖钉螺所需的器械，常根据解剖的目的、解剖的器官不同而异。常用的解剖器械包括解剖显微镜、光学显微镜、解剖台、尖头小镊子、解剖针、眼科剪、小手术刀、移动标尺、标本针、培养皿、玻璃片和盖玻片等。

（2）试剂 螺壳清洗液（0.2%草酸）、软体平衡液（0.3%氯化钠）、齿舌染色液等。

2. 解剖步骤 钉螺解剖包括以下几个基本步骤。

（1）麻醉钉螺 通常情况下，解剖钉螺可活体进行而不必麻醉。若要比较软体组织大小，一般在解剖前先将钉螺麻醉。常用的麻醉方法有：①樟脑麻醉法：将钉螺连壳浸入含 1%樟脑液的小培养皿内，盖上培养皿盖，静置 20min；②冷冻法：将带壳的钉螺放入干冰保温盒或－80℃冰柜内 5min；③药物麻醉法：取钉螺放入盛有 2/3 凉开水的指形瓶中，加 1～2滴乙醚，紧闭瓶塞，静置 12～24h。

（2）去螺壳 常用的去螺壳方法有玻片重压法和血管钳夹碎法。玻片重压法是将钉螺置于两块厚玻片之间，对上面一块玻片自壳口逐渐向壳顶方向加压，至螺壳各部位出现裂缝，然后将整个钉螺移入加有螺平衡液或清水的解剖台内，用小镊子和解剖针轻轻移去破碎螺壳；血管钳夹碎法是将钉螺放入血管钳间，螺壳纵轴方向与血管钳成90°，在次体螺旋位置上轻轻夹碎，再置于螺平衡液或清水中移去螺壳。

（3）确定解剖体位　最常采用的解剖体位是钉螺软体的头足部朝向解剖者，软体后部保持自然弯曲的状态。

（4）打开外套膜　安置好钉螺解剖体位后，用标本针插入头足部前沿入解剖台，以固定钉螺头足。然后用小镊子轻挑外套膜左侧前沿部，同时执眼科剪沿左侧外套膜根部的壳轴肌边缘剪开，打开外套膜翻至钉螺右侧，充分展开后用昆虫针固定，将外套腔和软体颈部充分暴露。翻开外套膜可见鳃管及纺锤形嗅检器，头足部的嘴、触角、眼及假眉。雄螺的阴茎弯曲于颈背部，雌螺则无此结构。

（5）打开头颈部　用手术刀在头颈部背面中线轻轻切开平层，向两侧打开皮层，可见红色口球，内有齿舌及齿舌上面的一条齿舌带，另可见一对管状的唾液腺，一个比较肥大的咽和食管。咽与口腔相接处有一球状的咽神经环和咽下神经节。

（6）分离组织系统　对不同的组织系统分离的方法有所不同。①神经系统：在打开头颈部皮肤后，即可见咽部神经环，要保持该神经环完整，需割断咽管。用解剖针挑开红色口球，再用解剖针分离各神经节、节间联合及平衡囊，然后再逐步分离出全部神经；②内脏囊：位于头颈部后面，外被有一层结缔组织膜，用解剖针轻轻挑破并打开这层组织膜后，可见胃、心、肾等较大的器官，以及后部的肝和被肝包裹的生殖器官；③生殖器官：标本针固定头足部后，用解剖针在肝部位轻轻拉直，继而用标本针将其固定。在挑破内脏囊膜后，用解剖针轻轻剥去肝组织，即可取出雌性生殖腺——卵巢或雄性生殖腺——精巢。

第八节　血吸虫体外培养技术

血吸虫体外培养技术的建立与应用，为深入了解血吸虫的生理生化、发育等生物学现象，开展血吸虫抗原组分分析和免疫机制探究、治疗药物筛选及作用机制研究、血吸虫重要基因生物学功能探索等提供了重要的技术手段。

一、血吸虫体外培养技术探索

曼氏血吸虫毛蚴（Muftic，1969；Voge，1972；Basch，1974）、胞蚴（DiConza，1974）、尾蚴（Basch，1977）、童虫（Senft，1956；Cheever，1958；Clegg，1959，1965；Basch，1981）、成虫与虫卵（Senft，1962）和日本血吸虫毛蚴（Voge，1972；梅柏松，1988；Coustau，1997）、尾蚴（王薇，1985）、童虫（Yasuraoka，1978；林建银，1983；王薇，1986）、成虫与虫卵（许世锷，1974；王风临，1983；Kawanaka，1983）等生活史不同发育阶段虫体均有体外培养的相关报道，大多建立的培养技术可使血吸虫虫体在体外存活较长时间，并发育至下一阶段虫体，但尚未能使虫体完成整个生活史各期虫体的连续培养。埃及血吸虫等其他血吸虫虫种体外培养的相关报道较少。

在日本血吸虫体外培养技术探索方面，梅柏松等（1988）用稀释一倍的RPMI 1640培养基加40%兔血清体外培养日本血吸虫毛蚴，观察到虫体成功发育至母胞蚴阶段。Coustau等（1997）建立了光滑双脐螺胚胎细胞系与日本血吸虫毛蚴-母胞蚴-子胞蚴同培养体系，毛蚴体外培养11周后有少数子胞蚴逸出。王薇等（1985）用含10%、25%或50%新鲜兔血清的RPMI 1640培养基培养尾蚴，72h后几乎所有的尾蚴均转变为童虫。他们的研究还显示，RPMI 1640培养基中加入补体灭活血清、去补体C3血清或储存血清，尾蚴转变为童虫的转化率低，提示补体可能与尾蚴转化为童虫有关。多个实验室开展了日本血吸虫童虫体外培养技术探索。多位研究者建立的培养技术都可使童虫在体外发育至肠管汇合期或生殖器官发育期（Yasuraoka，1978；林建银，1983；王薇，1985）。王薇等（1986）用含10%兔血清的841培养基培养童虫，结果雌雄虫在培养后第41天出现合抱，合抱雌虫在80d左右开始产卵，但虫卵数量很少。他们观察了不同成分培养基对童虫早期发育的影响，结果显示RPMI 1640培养基的效果比TC-199培养基好；兔血清比犊牛血清更适合童虫的生长发育；含10%兔血清的培养基最利于童虫发育；胰岛素、氢化可的松和5-羟色胺对童虫的发育有促进作用。许世锷等（1974）观察了日本血吸虫成虫在体外产卵的情况及虫卵的发育，发育成熟的血吸虫雌虫在离体培养中仍能产卵，其所产出的虫卵数量与所用的培养基种类等相关。雌虫不仅能将子宫中已形成的虫卵排出，还有新的虫卵形成。产出的虫卵继续胚胎发育，在13d内孵出毛蚴。在体外培养条件下虫卵发育至成熟的必要条件是培养基中必须有血清和宿主红细胞的存在，其中红细胞的存在尤其重要。Kawanaka等（1983）比较了不同培养基对雌虫产卵的影响，结果雌虫在EBSS（欧氏平衡盐溶液）、DEM（Dulbecco's改良的Eagle培养基）或RPMI 1640培养基中培养48h后，其产卵数量分别为104.8枚、1 392.7枚和748.6枚。在这些培养基中加入10%胎牛血清后，产卵数量则分别为365.3枚、2 270.8枚和1 826.7枚。培养2周后虫卵可发育至毛蚴阶段。单纯的RPMI 1640培养基能供毛蚴发育，孵出的毛蚴在培养基中可发育成母胞蚴，并在体外存活10d。

二、血吸虫童虫和成虫的体外培养

1. 童虫的培养

（1）培养基1（Basch，1981）

①培养基配制：BME（1L）、水解乳蛋白（1g/L）、葡萄糖（11.1mmol/L）、次黄嘌呤（5×10^{-7}mol/L）、胰岛素（0.2U/mL）、氢化可的松（10^{-6}mol/L）、5-羟色胺（10^{-6}mol/L）、三碘甲状腺素（2×10^{-7}mol/L）、MEM维生素类（0.5×）、Schneider's培养基（5%）、HEPES（10mmol/L）。

用适量5mol/L NaOH调pH至7.4，用适量蒸馏水调渗透压至275mOsm/L。配制好的培养液通过0.22μm膜过滤器过滤，加入10%血清。Basch的培养观察显示，采用人血清的效果好于胎牛、猪、母牛、马和山羊血清。

②培养方法：采用机械断尾法把尾蚴转变成童虫，或采用灌注法从感染日本血吸虫21d以前的小鼠、家兔等动物中冲洗收集童虫，用洗涤培养基洗3次，后转入盛有2～2.5mL预温的童虫培养基的35mm×100mm培养瓶中，置36℃、5%CO_2的培养箱中培养。培养24～48h后，加入1滴洗涤过的人O型血红细胞。每周更换培养液2次。培养至成虫阶段，培养温度改为37～38℃。

（2）培养基 2（王薇等，1986）

①培养基配制：RPMI 1640（10.4g/L）、0.1%水解乳蛋白（*W/V*）、5-羟色胺（10^{-6}mol/L）、次黄嘌呤（5×10^{-7}mol/L）、胰岛素（0.2U/mL）、氢化可的松（10^{-6}mol/L）。

用超纯水配制培养基，在超净台上用 0.22μm 膜过滤器过滤后分装，加入 10%兔血清（*V/V*），置 4℃冰箱保存。使用前用 4.4%$NaHCO_3$ 调节 pH 至 7.4，加入青霉素（100U/mL）和链霉素（100μg/mL）。

②培养方法：采用机械断尾法把尾蚴转变成童虫，或采用灌注法从感染日本血吸虫 21d 以前的小鼠、家兔等动物中冲洗收集童虫，用含双抗（青霉素和链霉素）的 RPMI 1640 培养基清洗三次，后转入盛有预温童虫培养基的 6 孔/24 孔培养板或培养瓶，置 37℃、5% CO_2 的培养箱中培养。培养 48h 左右，加入 1 滴兔红细胞。在童虫培养的第一周内，培养液中的兔血清经灭活后使用，一周后采用 10%新鲜兔血清。每周更换培养液二次。

2. 成虫的培养

（1）培养基配制

①培养基 1 配制：在 1L 上述童虫培养基 2 中，加入 0.01g 维生素 C、2.2g 199 培养基干粉末、1g 水解酪蛋白和 0.2gATP。

②培养基 2 配制：DMEM 培养基中加入 10%胎牛血清、青霉素（100U/mL）、链霉素（100μg/mL）。

（2）培养方法　采用门静脉灌注法从感染日本血吸虫 22d 及以后的小鼠、家兔等动物中冲洗收集成虫，用含双抗（青霉素和链霉素）的 RPMI 1640 培养基清洗 3 次，后转入盛有成虫培养基和兔红细胞的 6 孔/24 孔培养板或培养瓶，置 37～37.5℃、5%CO_2 的培养箱中培养。每周更换培养液 2 次。

三、血吸虫体外培养技术的应用

体外培养技术具有直观性、不受个体差异影响及条件易于控制等优点。尽管在体外与体内环境中血吸虫生长发育状况不尽相同，一些通过体外培养试验获得的结果不一定完全准确地反映体内的实际情况，但由于涉及血吸虫生长发育、生殖等一些重要问题可通过体外培养试验进行直观观察，血吸虫感染免疫机制、重要分子功能解析等研究可借助体外培养技术平台进行探索，体外培养技术已在血吸虫抗原组分分析、免疫机制与分子功能探索、治疗药物筛选与作用机制等研究方面得到广泛应用。

1. 在免疫学研究中的应用

（1）排泄分泌抗原等的分析　血吸虫的排泄分泌抗原（ES）主要由虫体肠上皮、表皮及其他特异排泄分泌器官在生活史不同时期不断地释放、脱落或分泌进入宿主体内，这些抗原直接暴露于宿主免疫系统，引发宿主的免疫应答和免疫病理变化。ES 还可通过激活 Ts 细胞等具有免疫抑制功能的细胞，诱导宿主免疫耐受、免疫下调，起到免疫调节或免疫逃避作用。作为循环抗原，ES 是宿主体内存在活虫体的重要指征。开展 ES 抗原的深入研究，有助于理解血吸虫引发和调节宿主免疫应答的机制，以及鉴定血吸虫病的疫苗候选分子和诊断抗原靶标。目前尚无相关技术可有效从感染宿主体内分离血吸虫 ES，体外培养技术的建立使研究者对不同发育阶段血吸虫虫体 ES 进行分离、分析成为可能，进而可通过获得的信息并进一步试验验证，阐述血吸虫与宿主的相互作用机制；亦可结合免疫蛋白质组学等技术，筛选、鉴定血吸虫病疫苗候选分子和诊断分子靶标。

（2）宿主抗血吸虫感染免疫应答机制探索 基于血吸虫体外培养技术和免疫相关细胞培养技术，建立了抗体依赖的细胞毒作用（ADCC）、虫卵肉芽肿体外试验模型等研究技术方法，为了解某一种（类）血吸虫抗原分子或某种（类）宿主免疫相关分子（补体、抗体、细胞因子、miRNAs 等）、细胞在诱发/参与宿主免疫应答、病理变化、免疫调节及血吸虫免疫逃避中的作用提供了重要技术手段，如通过抗体依赖的细胞毒作用（ADCC）可初步了解哪一类抗体或免疫细胞在杀伤血吸虫童虫中发挥主要作用；通过虫卵肉芽肿体外试验模型的建立，可为明确不同免疫相关分子/细胞在肉芽肿形成和发展中的作用提供信息，等等。

2. 在药物研究中的应用 可借助血吸虫体外培养体系，评估潜在的血吸虫治疗药物靶标（化合物、生物大分子等）对血吸虫的杀伤/毒性作用；明确药物对血吸虫生活史中不同发育阶段虫体的杀伤作用，不同药物溶剂等添加物对药效的影响；估算最低有效药物浓度；分析药物对血吸虫的作用机制，如对虫体生理机能和形态结构等的影响，药物作用靶点及通路等。

3. 在生理生化研究中的应用 体外培养技术是探明血吸虫生理生化现象的重要技术手段，使得寄生虫学者对血吸虫摄食、消化、营养、生长发育、生殖等的了解更加深刻。在可控的理化条件下，体外培养能直观体现虫体各种生理生化变化，如不同营养成分、理化因素等对血吸虫生理、生长发育、生殖等的影响等。

4. 在基因功能研究中的应用 借助体外培养技术研究平台，寄生虫学者可利用 RNAi 等技术观察某一血吸虫基因表达受抑制后对血吸虫生长发育及对宿主致病作用的影响，评估基因的生物学功能。

（傅志强、陆珂、李浩、林矫矫）

■ 参考文献

林建银，李瑛，周述龙，1983. 日本血吸虫肺期童虫体外培养的初步研究 [J]. 寄生虫学与寄生虫病杂志，1：164 - 167.

林矫矫，2015. 家畜血吸虫病 [M]. 北京：中国农业出版社.

梅柏松，周述龙，1989. 营养因素对日本血吸虫毛蚴人工转变母胞蚴及体外培养的影响. 水生生物学报，13：326 - 333.

农业部动物血吸虫病防治办公室，1998. 动物血吸虫病防治手册 [M]. 北京：中国农业科学技术出版社.

王凤临，王雅秋，王秀珍，等，1980. 日本血吸虫的体外培养观察 [J]. 动物学报，26：398.

王薇，李瑛，周述龙，1986. 日本血吸虫尾蚴在体外转变为童虫的观察 [J]. 寄生虫学与寄生虫病杂志，4：212 - 214.

许世锷，1974. 日本血吸虫离体培养中的产卵和虫卵发育过程的研究 [J]. 动物学报，20：231 - 240.

杨坤，李石柱，2020. 血吸虫病控制和消除适宜技术 [M]. 北京：人民卫生出版社.

中国动物疫病预防控制中心，农业部血吸虫病防治专家咨询委员会，中国农业科学院上海兽医研究所，国家防治动物血吸虫病专业实验室，2007. 农业综合治理防控血吸虫病技术导则 [M]. 北京：中国农业科学技术出版社.

周述龙，林建银，蒋明森，2001. 血吸虫学 [M]. 北京：科学出版社.

周晓农，2005. 实用钉螺学［M］. 北京：科学出版社 .

Basch P F，1981. Cultivation of *Schistosoma mansoni in vitro*. Ⅱ. Production of infertil eggs by worm pairs cultured from cercariae [J]. J Parasitol，67：186 - 190.

Basch P F，1981. Cultivation of *Schistosoma mansoni in vitro*. Ⅰ. Establishment of cultures from cercariae and development until pairing [J]. J Parasitol，67：179 - 185.

Basch P F，DiConza J J，1974. The miracidium - sporocyst transition in *Schistosoma mansoni*：Surface changes *in vitro* with ultrastructural correlation [J]. J Parasitol，60：935 - 941.

Basch P F，DiConza J J，1977. *In vitro* development of *Schistosoma mansoni* cercariae [J]. J Parasitol，63：245 - 249.

Cheever A W，Weller T H，1958. Observation on the growth and nutritional requirement of *Schistosoma mansoni in vitro* [J]. Amer J Hyg，68：322 - 339.

Clegg J A，1965. *In vitro* cultivation of *Schistosoma mansoni* [J]. Exp Parasitol，16：133 - 147.

Coustau C，Ataev G，1997. *Schistosoma japonicum*：*in vitro* cultivation of miracidium to daughter sporocyst using *Biomphalaria glabrata* embryonic cell line [J]. Exp Parasitol，87：77 - 87.

DiConza J J，Basch P F，1974. Axenic cultivation of *Schistosoma mansoni* daughter sporocysts [J]. Parasitol，60：755 - 763.

Kawanaka M，Hayashi S，Ohtomo H，1983. Nutrition requirements of *Schistosoma japonicum* eggs [J]. J Parasitol，69：857 - 861.

Muftic M，1969. Metamorphosis of miracidia into cercariae of *Schistosoma mansoni in vitro* [J]. Parasitol，59：365 - 371.

Senft A W，Senft D G，1962. A chemical defined medium for maintenance of *Schistosoma mansoni* [J]. J Parasitol，48：551 - 554.

Senft A W，Weller T H，1956. Growth and regeneration of *Schistosoma mansoni in vitro* [J]. Proc Soc Exp Biol Med，93：16 - 19.

Voge M，Seidel J S，1972. Transformation *in vitro* of miracidia of *Schistosoma mansoni* and *Schistosoma japonicum* into young sporocysts [J]. J Parasitol，58：699 - 704.

Yasuraoka K，Irie Y，Hata，1978. Conversion of schistosome cercariae to schistosomula in serum supplement media and subseguent culture *in vitro* [J]. Jpn J Exp Med，48：53 - 60.

彩图 1　日本血吸虫中间宿主钉螺

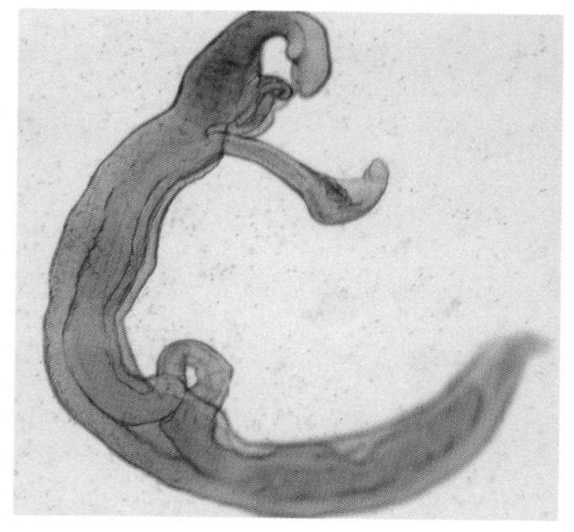
彩图 2　日本血吸虫成虫（雌雄合抱）

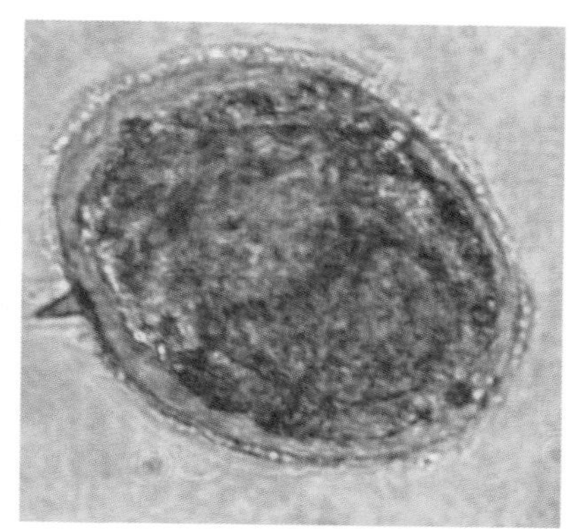
彩图 3　日本血吸虫虫卵

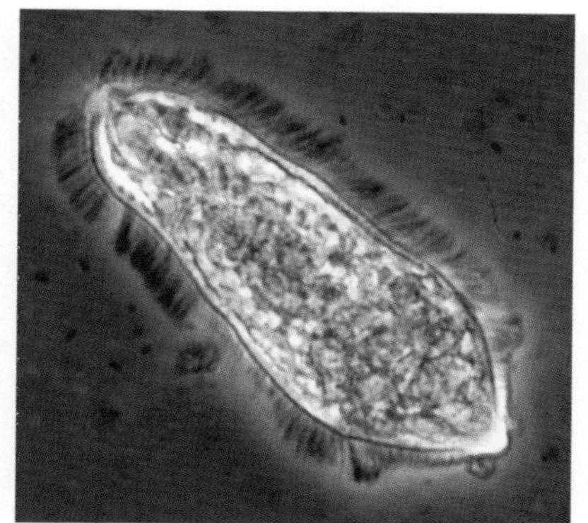
彩图 4　日本血吸虫毛蚴

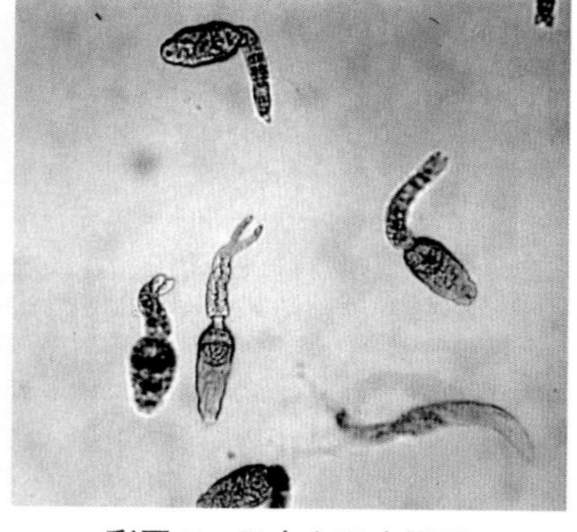
彩图 5　日本血吸虫尾蚴

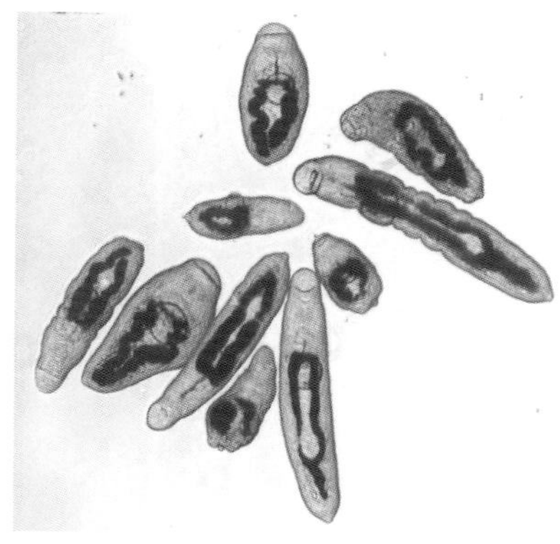
彩图 6　不同形态结构的日本血吸虫童虫

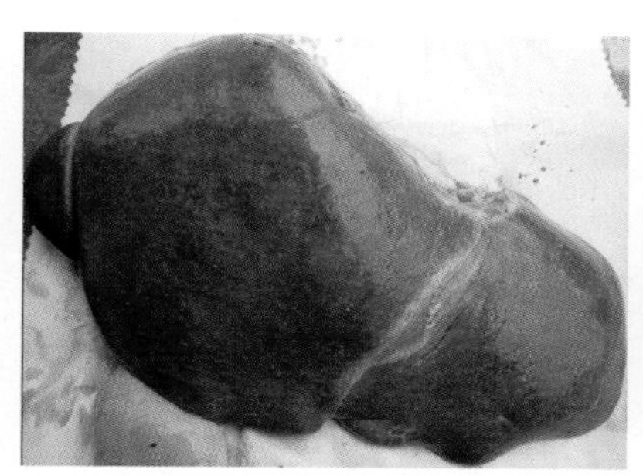
黄牛

水牛

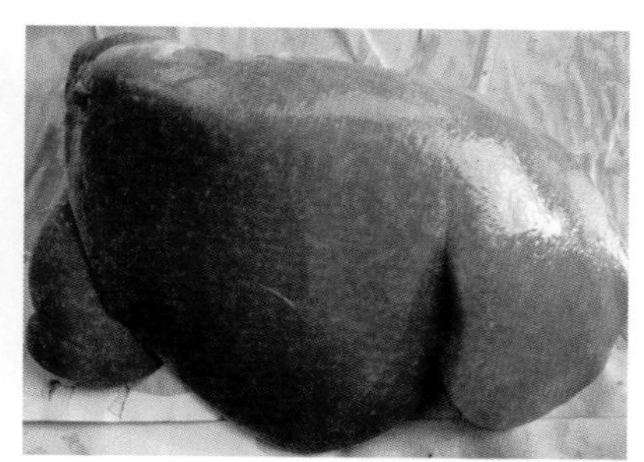
山羊

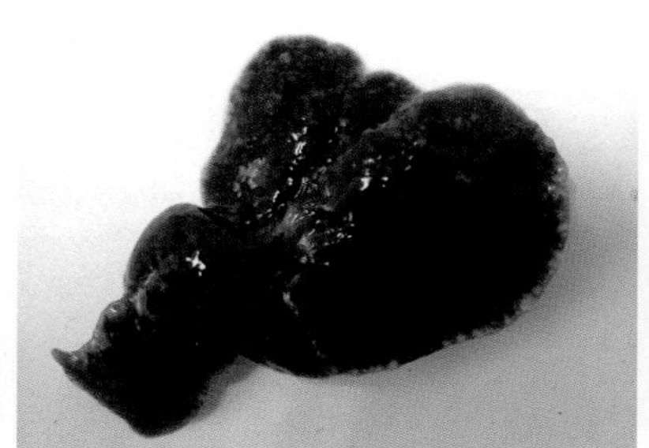
BALB/c 小鼠

新西兰大白兔

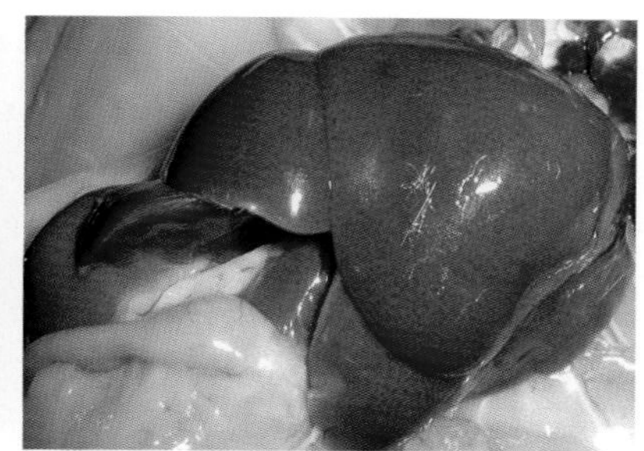
Wistar 大鼠

彩图 7　不同动物宿主感染日本血吸虫尾蚴后 49d 的肝脏（图片由杨健美提供）

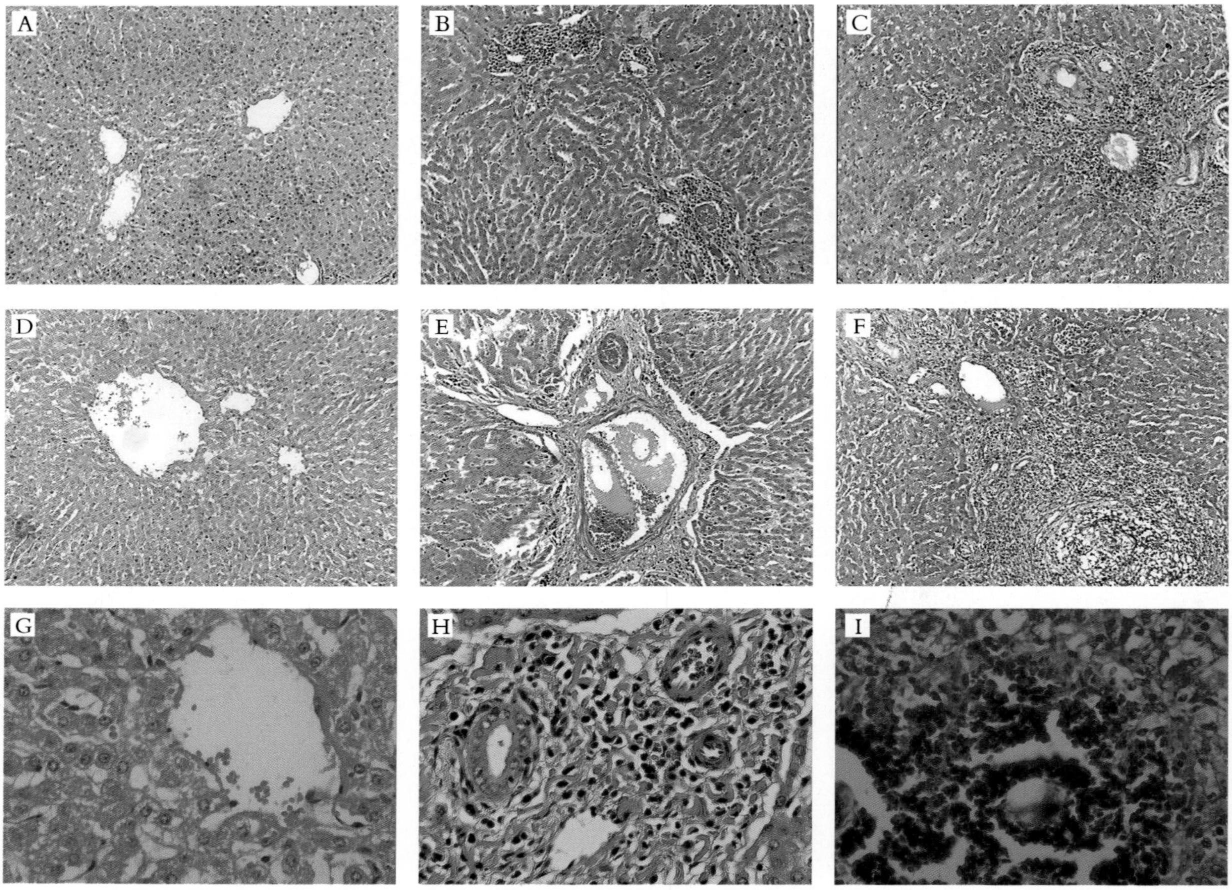

彩图8　三种天然保虫宿主感染日本血吸虫尾蚴49d后的肝脏石蜡切片HE染色（图片由杨健美提供）

A、D、G. 水牛组　B、E、H. 黄牛组　C、F、I. 山羊组

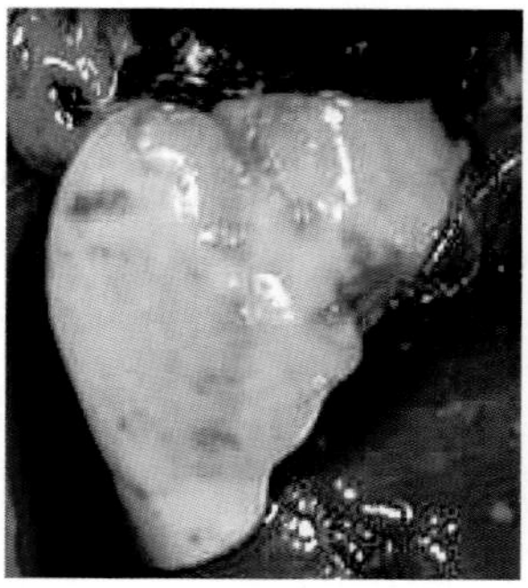

未感染Sj的东方田鼠肺 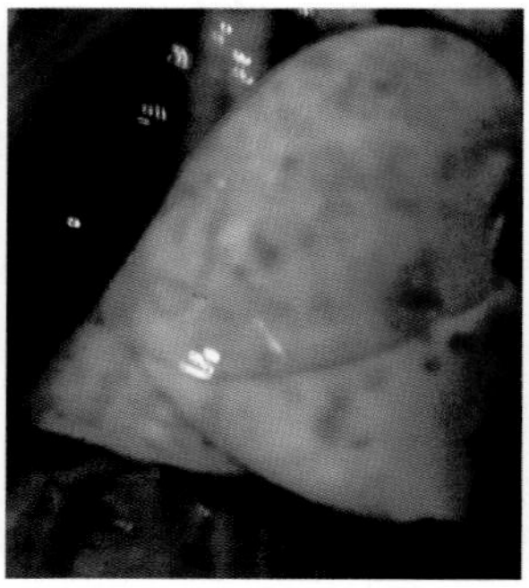　感染Sj的东方田鼠肺 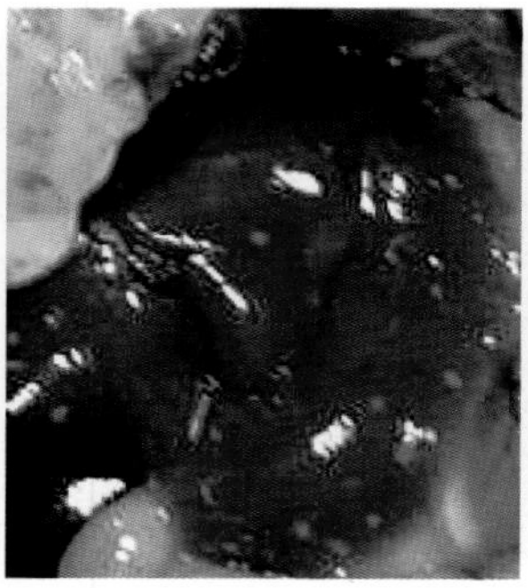　未感染Sj的东方田鼠肝 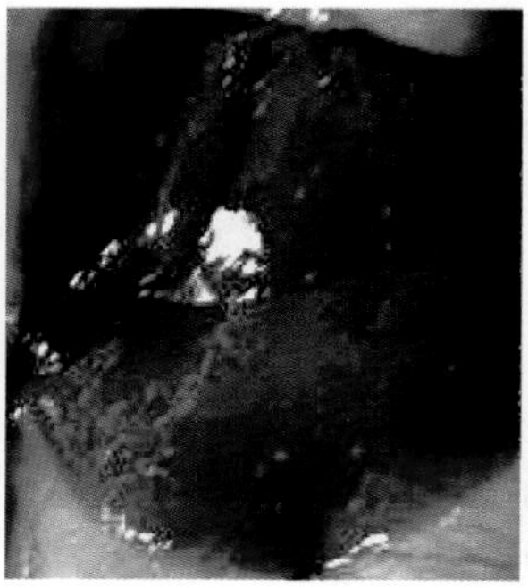　感染Sj的东方田鼠肝

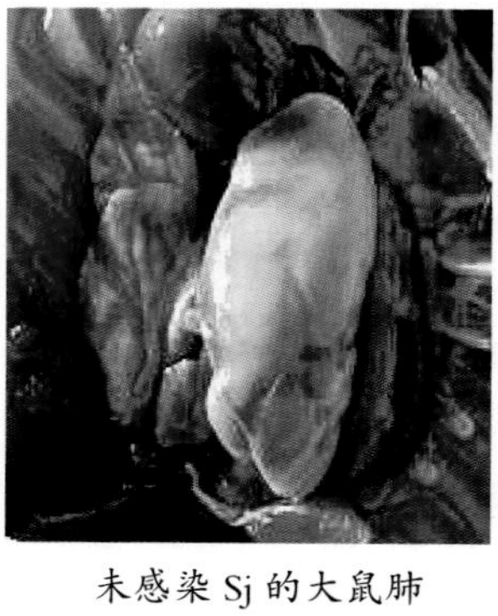

未感染Sj的大鼠肺 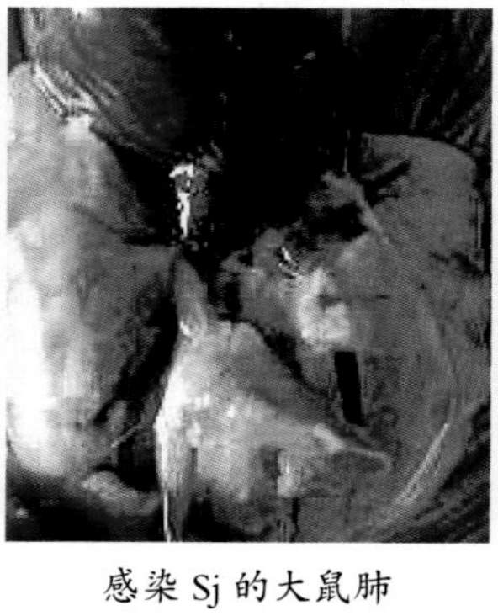　感染Sj的大鼠肺 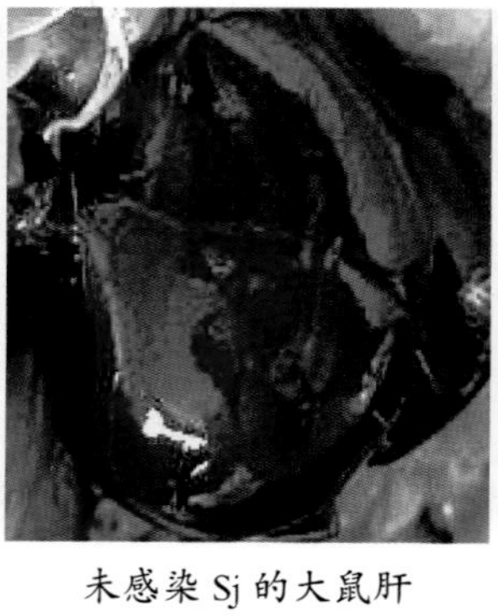　未感染Sj的大鼠肝 　感染Sj的大鼠肝

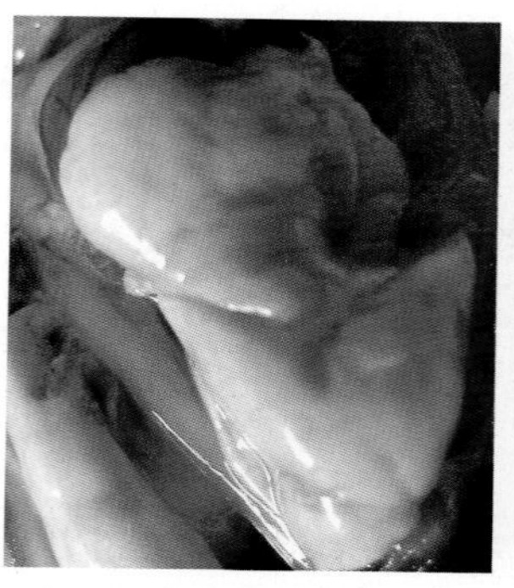

未感染 Sj 的小鼠肺

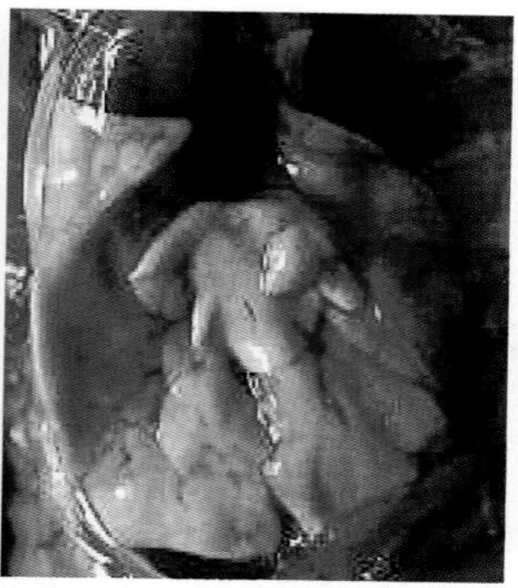

感染 Sj 的小鼠肺

未感染 Sj 的小鼠肝

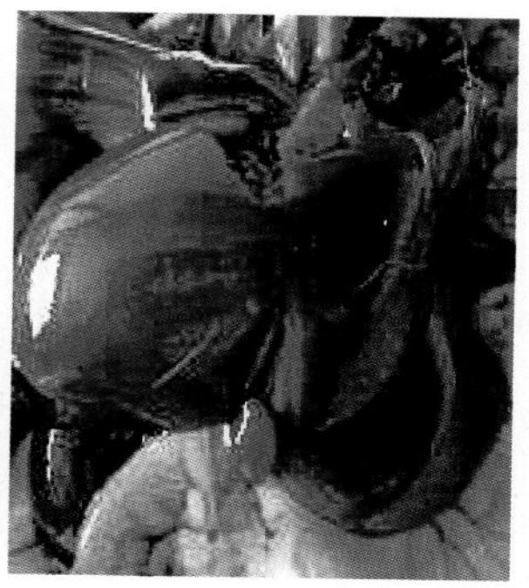

感染 Sj 的小鼠肝

彩图 9　三种不同啮齿类动物感染日本血吸虫（Sj）前与感染后 10d 肺、肝组织（图片由蒋韦斌提供）

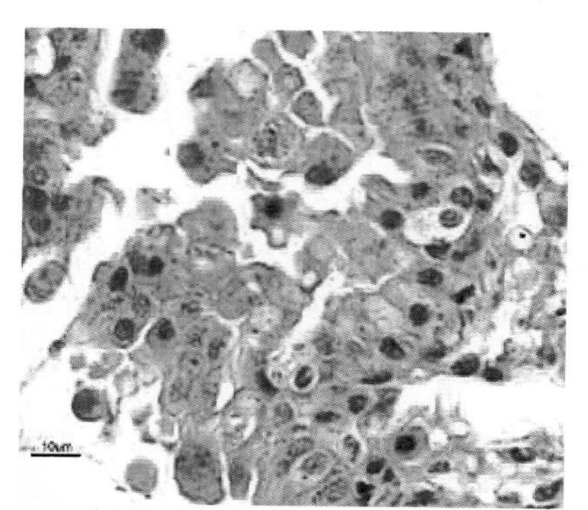

未感染 Sj 的东方田鼠肺

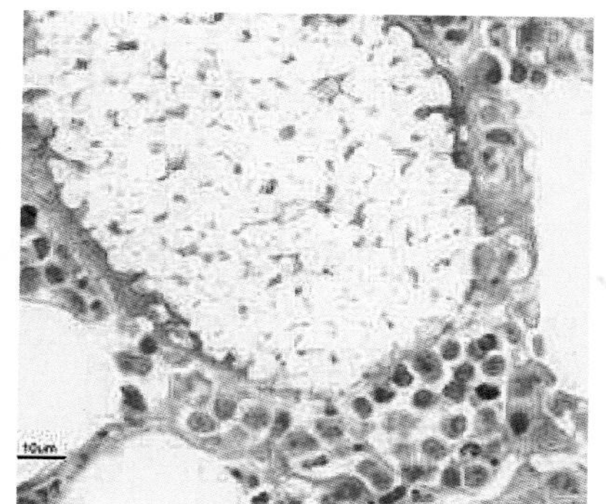

感染 Sj 的东方田鼠肺

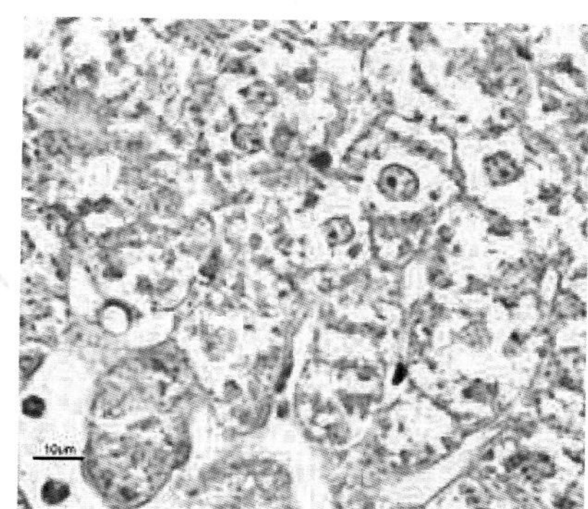

未感染 Sj 的东方田鼠肝

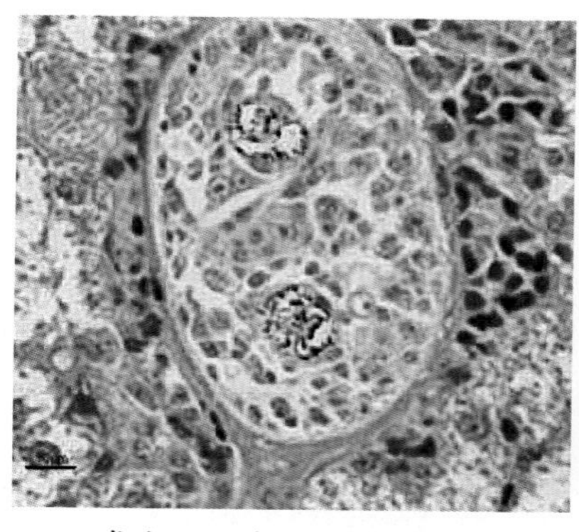

感染 Sj 的东方田鼠肝（1）

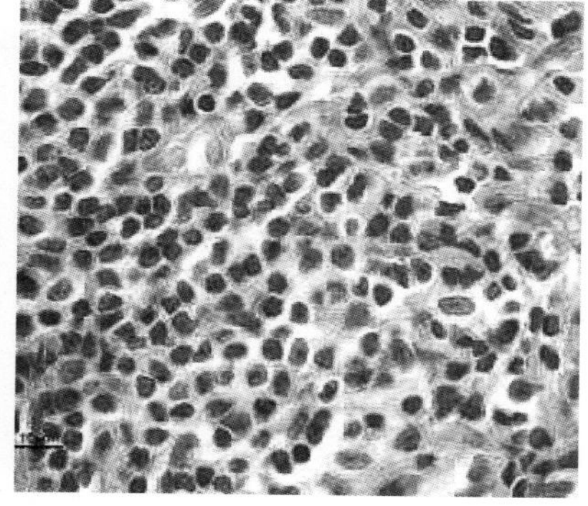

未感染 Sj 的大鼠肺

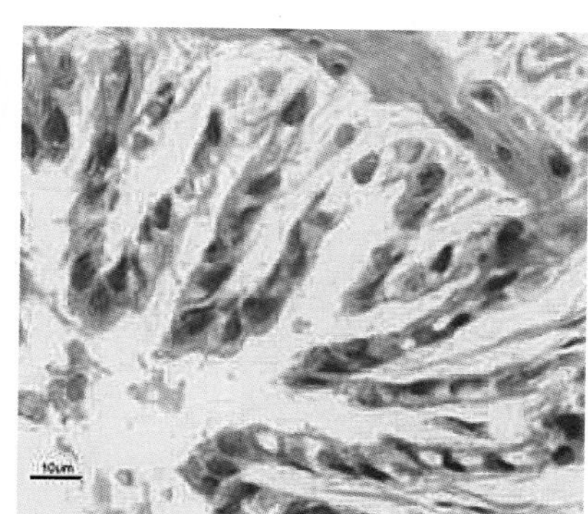

感染 Sj 的大鼠肺

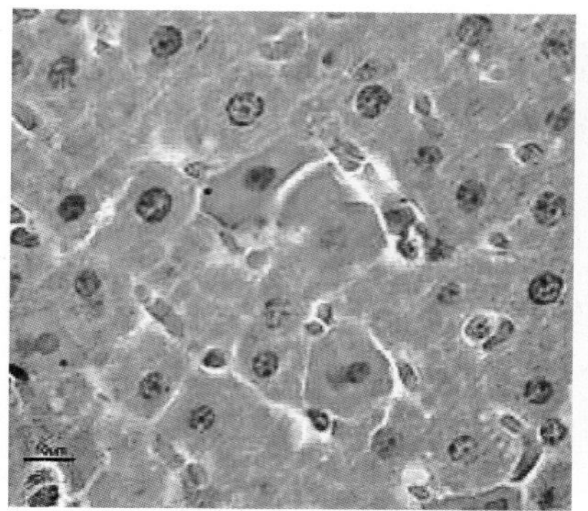

未感染 Sj 的大鼠肝

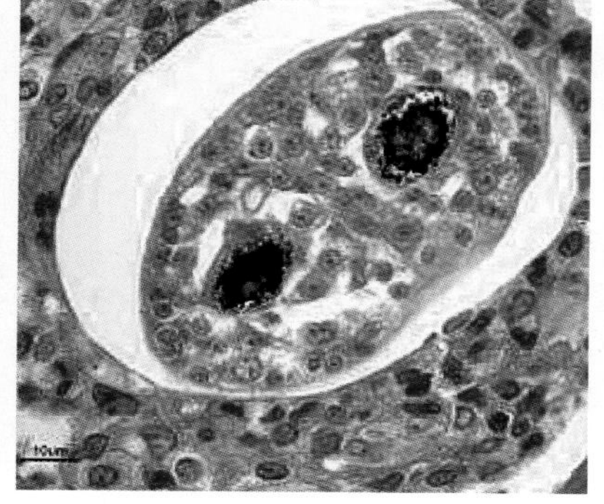

感染 Sj 的大鼠肝（1）

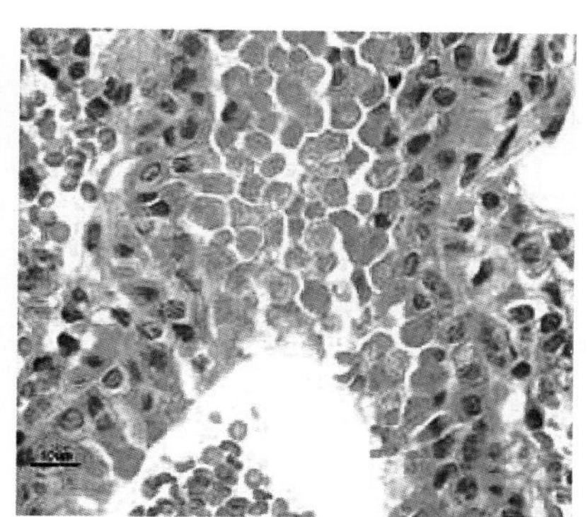

未感染 Sj 的小鼠肺

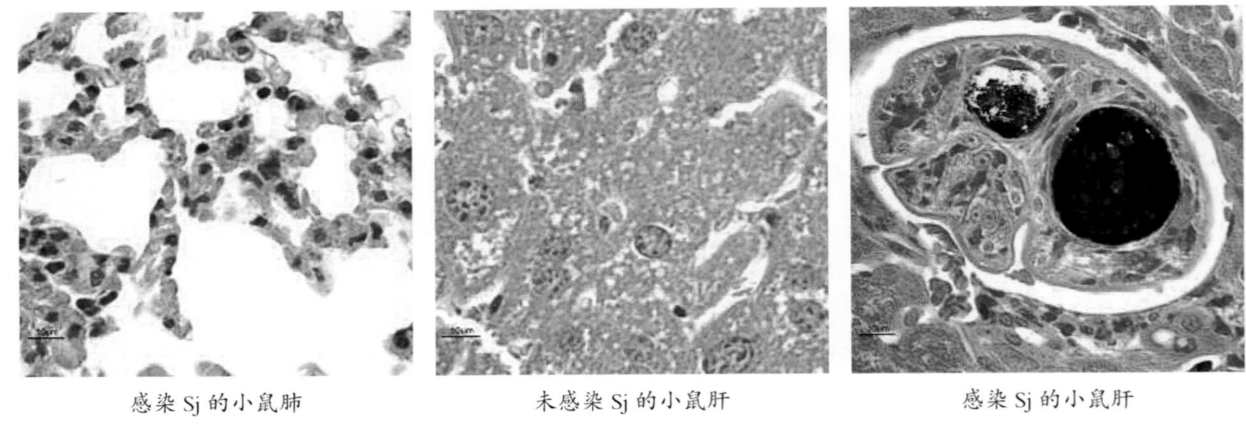

感染 Sj 的小鼠肺　　　未感染 Sj 的小鼠肝　　　感染 Sj 的小鼠肝

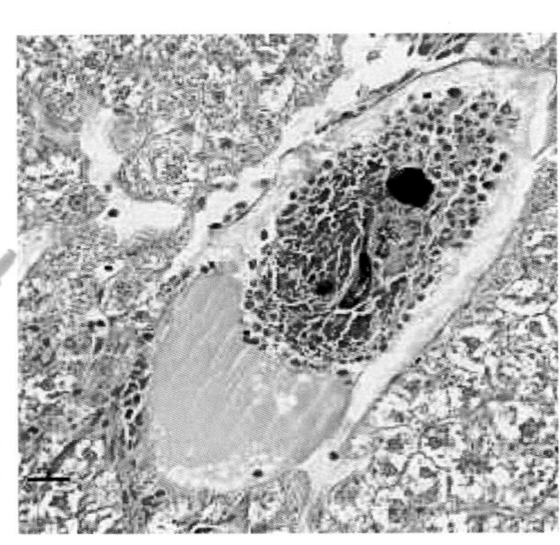

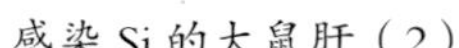

感染 Sj 的大鼠肝（2）　　　感染 Sj 的东方田鼠肝（2）

彩图 10　三种不同啮齿类动物感染日本血吸虫（Sj）前和感染后 10d 肺、肝组织切片（图片由蒋韦斌提供）

彩图 11　血吸虫病牛呈现发育不良、消瘦等症状